W0260828

QUANTITATIVE GENETIK

VON

GUNNAR EILERT HIORTH

DOCTOR AGRICULTURAE, MAGISTER SCIENTIARUM

MIT 52 ABBILDUNGEN

SPRINGER-VERLAG BERLIN HEIDELBERG GMBH

1963

ISBN 978-3-642-48460-5 ISBN 978-3-642-88018-6 (eBook)
DOI 10.1007/978-3-642-88018-6

Ursprünglich erschienen bei Springer-Verlag OHG / Berlin • Gottingen • Heidelberg 1963

Softcover reprint of the hardcover 1st edition 1963

MEINEN ENKELTÖCHTERN
GEWIDMET

Vorwort

Das vorliegende Buch entstand durch Umbearbeitung eines Manuskriptes vom halben Umfang, das im Jahre 1958 in Buenos Aires geschrieben wurde, damals aber wegen ungünstiger ökonomischer Verhältnisse zu einem vorzeitigen Abschluß gebracht werden mußte. Die Neubearbeitung erfolgte in den Jahren 1961—1962 an den Bibliotheken der niederländischen Landwirtschaftlichen Universität Wageningen mit ökonomischer Hilfe von Norwegens allgemeinwissenschaftlichem Forschungsrat, dem ich auch an dieser Stelle meinen besten Dank aussprechen möchte. Zahlreichen Bibliotheken in Buenos Aires und in Wageningen bin ich für eine effektive Unterstützung meiner Studien zu großem Dank verpflichtet.

Die Mehrzahl der Gesichtspunkte, die der Ausformung dieses Buches zugrunde liegen, waren schon im ursprünglichen Manuskript des Jahres 1958 enthalten. Aber erst im Jahre 1962 gelang es bei der Reinschrift der einzelnen Kapitel eine Reihe von anscheinenden Widersprüchen zwischen diesen Gesichtspunkten zu beseitigen oder zu reduzieren und auf diese Weise zu einer einheitlicheren Interpretation der fundamentalen Probleme zu gelangen. Die Konklusionen, die sich hierbei ergaben, sind in verschiedenen Abschnitten des Buches schon eingehend behandelt. Andererseits war es bei dem heutigen Stand der Dinge noch nicht möglich, solche Gesichtspunkte und Konklusionen auf alle Probleme der Quantitativen Genetik zu erstrecken. In Teilen des Manuskriptes wurden daher ältere Auffassungen noch nicht eliminiert. Vielfach wurde auch auf eine Interpretation der Phänomene verzichtet, um größeres Gewicht auf ihre Beschreibung zu legen. Die Diskussionen der Dominanzverhältnisse der Gene der Quantitativen Genetik wurden stark reduziert, da sie nach neueren Erkenntnissen weniger Bedeutung haben als man dies früher annahm.

Die Literatur des Jahres 1960 wurde noch relativ vollständig berücksichtigt, die des Jahres 1961 nur zum geringen Teil. — Leider gelang es nicht, die Literatur aus den ersten beiden Jahrzehnten dieses Jahrhunderts so gründlich zu studieren wie erwünscht. Der allgemeine Eindruck ist, daß der Forscher viel von dieser älteren Literatur lernen kann. In jenen Zeiten experimentierte man zwar schlechter als heute, aber andererseits diskutierte man die Probleme auf allseitigere Weise, indem die Richtung der Beobachtung, des Forschens und Denkens nicht so einseitig in bestimmte Kanäle geleitet war. Erst bei einem vorurteilslosen Studium dieser älteren Literatur versteht man, wieviele Erscheinungen und Probleme sich noch studieren lassen.

Die Quantitative Genetik hat noch kein solides Fundament. In krasser Ausdrucksweise könnten wir sie in einigen Hinsichten mit einem „bodenlosen Sumpf" vergleichen. Das beste was man tun kann, um einen solchen Sumpf zu erforschen, ist zunächst um ihn herum zu gehen. Dies heißt in diesem Zusammenhang, von allen möglichen besser fundierten Erfahrungen und Gesichtspunkten ausgehend versuchen, konzentrisch in das Unbekannte vorzudringen, ähnlich wie dies die Geographen vergangener Jahrhunderte mit den damaligen großen „weißen" Arealen der Weltkarte machten.

Die unbekannten Fundamente der Quantitativen Genetik lassen sich allem Anschein nach mit gewöhnlichen genetisch/physiologischen Methoden untersuchen, vorausgesetzt, daß der Forscher eine genügende Ausdauer zeigt. Man sollte sich nämlich von Anfang an an den Gedanken gewöhnen, daß sich wesentliche Fortschritte auf diesem Gebiete nur durch langwierige, geduldige Experimente erzielen lassen, und daß in der Quantitativen Genetik noch mehr als in der Qualitativen BATESONs bekannter Ausspruch gilt: "Treat your exceptions".

G. HIORTH

Inhalt

Literatur am Schluß jedes Kapitels.

Einführung

Quantitative und qualitative Charaktere

Man unterscheidet in der Genetik zwischen quantitativen und qualitativen Charakteren. Erstere sind durch eine kontinuierliche Variation in Dimensionen, Konzentrationen, Intensitäten oder anderen meßbaren Eigenschaften charakterisiert. Beim Menschen variiert z. B. die Höhe oder das Gewicht kontinuierlich von einem Extrem zum anderen, bei der Rübe der Zuckergehalt, beim Weizen Reifezeit und Ertrag. Qualitative Charaktere zeichnen sich dagegen durch diskontinuierliche Variation aus, d. h. die verschiedenen Ausprägungen des betreffenden Charakters, die wir in einer Population antreffen, sind nicht durch Übergangsformen verbunden oder solche Übergangsformen sind seltener als die typischen Ausprägungen. In den Erbsenäckern eines Landes treffen wir z. B. in erster Linie Individuen mit rotvioletten oder mit weißen Blüten. Gelegentlich finden wir noch einige andere Farbstufen, z. B. hellrote. Aber die Anzahl der gewöhnlicheren Stufen ist begrenzt, und in Kreuzungen erhalten wir scharfe Spaltungen. Die großen Fortschritte der Genetik in den ersten Jahrzehnten dieses Jahrhunderts wurden in erster Linie dadurch ermöglicht, daß man unter den zahllosen erblichen Unterschieden der besseren Versuchsobjekte eine strenge Auswahl traf, indem man die Charaktere aussuchte, die sich am leichtesten identifizieren ließen und die schärfsten Spaltungen zeigten.

Mit den übrigen Charakteren und besonders mit den quantitativen, wußte man zunächst nicht viel anzufangen. Zu Beginn dieses Jahrhunderts standen zwei Auffassungen einander steil gegenüber. Nach der einen zeigten die quantitativen Charaktere in Kreuzungen keine scharfe Spaltung von erblichen Einheiten, sondern eine „Mischvererbung", indem die erblichen Faktoren der divergenten Elterntypen in der Deszendenz der Kreuzungen nicht mehr in ihrer ursprünglichen Form herausspalteten, sondern eine intermediäre Form annahmen. Nach der anderen Auffassung dagegen zeigten die Erbfaktoren der quantitativen Unterschiede eine genau so scharfe Spaltung wie die der qualitativen, diese Spaltung würde indessen in ihrer äußeren Erscheinung durch nichterbliche Effekte des Milieus verschleiert. Obgleich diese beiden Auffassungen keine sich ausschließenden Alternativen zu sein brauchen, indem die Vererbung auf mehreren Komponenten beruhen könnte, die sich in dieser Hinsicht verschieden verhalten, hat man sie doch meist als Alternativen betrachtet. Auf Grund von relativ oberflächlichen Untersuchungen akzeptierte die überwiegende Mehrzahl der Forscher die Spaltungstheorie, ausgebaut durch die recht elastische Theorie der polymeren Gene. Wenn einige Phänomene nachweislich nicht mit dieser Theorie übereinstimmten, so wurden sie übersehen oder als Ausnahmen von untergeordneter Bedeutung betrachtet.

Quantitative Genetik versus genetische Biometrie

Im großen und ganzen ließen sich die meisten Erfahrungen über Vererbung quantitativer Unterschiede durch die Theorie der polymeren Gene erklären, die wir in späteren Kapiteln besprechen. Aber von strikten Beweisen ist selten die Rede.

Wegen der außerordentlichen Mühsamkeit exakter Analysen in Fällen quantitativer Vererbung kamen die meisten Genetiker bald zu dem fraglichen Schluß, daß diese Probleme sich nicht für die Erforschung mit Hilfe rein genetischer Methoden eignen, sondern daß sie besser durch statistisch orientierte summarische Verfahren aufzuklären wären. Es entstand somit die sogenannte biometrische Genetik, die in relativ kurzer Zeit eine so große Beliebtheit gewann, daß sie die eigentliche genetische Forschung auf diesem Gebiet in den Hintergrund drängte.

Eine Durchsicht der biometrischen Literatur zeigt, daß einige biometrische Methoden der Genetik unschätzbare Dienste erwiesen haben. Andererseits finden wir, daß die Hauptmasse der heutigen biometrischen Forschung Modelle und Methoden benutzt, die auf unbewiesenen, ungenauen und z. T. mehr oder minder falschen Prämissen aufbauen. Wenn wir diese Prämissen näher studieren, erscheint es uns fraglich, ob auf solcher Grundlage entscheidende Fortschritte zu erzielen sind, zumal wenn wir außerdem den Eindruck bekommen, daß die Mehrzahl der laufenden Untersuchungen keine reellen Fortschritte bringen, sondern manchmal sogar die bestehende Verwirrung vergrößern.

Dies soll nun keineswegs bedeuten, daß wir die biometrische Forschung geringschätzen. Sondern es scheint uns, daß es zur Zeit besser wäre, quantitative Genetik und genetische Biometrie als getrennte Forschungsgebiete zu betrachten. Der Genetiker sollte nur statistische Methoden und Modelle benutzen, deren Prämissen er selber als einwandfrei betrachtet, und die außerdem nachweislich zu konkreter Erweiterung unserer Kenntnisse führen. Für den Biometriker dagegen wollen wir keine Vorschriften und Empfehlungen machen. Er sollte ungehindert an seinen Modellen arbeiten, bis er etwas Brauchbares findet. Je intensiver er arbeitet, desto früher mögen die gewünschten Fortschritte kommen. Selbst für Modelle, die auf fraglichen Prämissen aufbauen, mag man nützliche Anwendungen finden. — Aber bevor irgendeine biometrische Methode in die eigentliche quantitative Genetik eingeführt wird, sollte sie einer kritischen und allseitigen Prüfung an geeignetem Material unterworfen werden. Es genügt nicht, daß sie dem deduktiven Statistiker als einwandfrei erscheint.

Die Aufgabe dieses Buches

Wenn wir versuchen, eine reinliche Trennung zwischen genetischer Biometrie und quantitativer Genetik vorzunehmen, so bleiben freilich nur Rudimente einer quantitativen Genetik übrig. Wenn wir dieselben näher analysieren, so überrascht uns zunächst die Einseitigkeit und Unzulänglichkeit der vorliegenden Untersuchungen, der Mangel an positivem Wissen. Aber betrachten wir diese Rudimente einer quantitativen Genetik in engster Anlehnung an vergleichbare Erfahrungen aus der qualitativen Genetik sowie in ihren verschiedensten physiologisch-biologischen Perspektiven, so gelingt es vielleicht dennoch, auf dieser Grundlage eine vorläufige Übersicht über die Kernprobleme der quantitativen Genetik zu gewinnen. In Anbetracht solcher Verhältnisse müssen wir indessen in unserer Darstellung das eigentliche Gebiet der quantitativen Vererbung häufig verlassen, um bis in weiter Ferne nach Bausteinen zu suchen, die für ein neues Fundament dieser Wissenschaft brauchbar erscheinen.

Nun gibt es in der quantitativen Genetik Unterschiede, die eine einfache oder eine komplexe Grundlage haben. Höhenunterschiede bei autogamen Kulturpflanzen wie Erbse und Sorghum können scharf wie die besten qualitativen Charaktere spalten. Höhenunterschiede bei natürlichen Rassen allogamer Arten werden schon meist wesentlich komplizierter vererbt. Charaktere, die ein Ausdruck für die allgemeine Effektivität des genetisch-physiologischen Systems der Organismen sind, wie Ertrag oder Öl- und Proteingehalt der Samen, Fettprozent der Milch, können eine äußerst komplizierte Grundlage haben, indem sie von Hunderten von genetischen Faktoren beeinflußt werden. Wenn wir dennoch in unserer Darstellung großes Gewicht auf den am meisten komplexen Charakter legen, den Ertrag, so kommt dies daher, daß an der Regulierung höchst komplexer Funktionen einfache Prinzipien beteiligt sein können, die manchmal gerade an den komplexen Funktionen am klarsten zum Ausdruck kommen. Der Ertrag kann mit der Funktion einer komplexen Maschine verglichen werden, deren einfachere Teile, sich nur auf Grundlage der generellen Funktion erklären lassen. Mit anderen Worten könnten wir sagen, daß auf biologischem Gebiet durch Wechselwirkungen zwischen dem Einfachen und dem Komplexen oft sowohl das Einfache wie das Komplexe am besten verstanden wird, wie es auch aus späteren Diskussionen hervorgehen wird.

Abgesehen von solcher abstrakten Motivierung sind wir der Ansicht, daß die Genetik die einfacher bedingten quantitativen Unterschiede in hohem Grade vernachlässigt hat. Die Mehrzahl der Forscher war so stark von der alleinigen Richtigkeit der akzeptierten Vorstellungen überzeugt, daß sie sich mit oberflächlichen Untersuchungen begnügte. Widersprüche zwischen theoretischer Erwartung und experimentellen Befunden, die nach näherer Untersuchung verlangen, wurden entweder übersehen oder „wegerklärt". Die genetische Analyse stoppt gewöhnlich an den Punkten, da sie interessant werden könnte. Unter diesen Umständen ist es mit Schwierigkeiten verbunden, einwandfreie, eindeutige und unkomplizierte Beispiele für die einfacheren Prinzipien quantitativer Vererbung in der Literatur nachzuweisen. Sie mögen existieren, sind aber noch nicht systematisch zusammengestellt.

Theoretische Forschung versus Züchtung

Es gibt zwar zahlreiche Untersuchungen über quantitative Vererbung bei *Drosophila* und anderen Standardobjekten der zoologischen Genetik. Die vorliegenden Analysen haben indessen ihre Begrenzungen. Denn es ist durchaus nicht einfach, den Eiertrag oder das Körpergewicht von Drosophila zu messen, und solche Untersuchungen haben daher meist geringeren Umfang als wünschenswert. Außerdem ist das Milieu für Drosophila in dieser Hinsicht gewöhnlich reichlich variabel, indem z. B. das Futter durch Gärung und andere Prozesse periodisch tiefgehende Veränderungen erleidet. Schließlich wird die quantitative Vererbung bei Drosophila durch die Eigentümlichkeiten des genetischen und reproduktiven Systems dieser Gattung und durch die hohen selektiven Kräfte, die bei einem so kurzlebigen und fertilen Objekt in Wirksamkeit sind, in starkem Grade modifiziert, so daß sich Erfahrungen an dieser Gattung nur mit Vorsicht für andere Objekte verwerten lassen.

Unter diesen Umständen liegt das Hauptgewicht der Untersuchungen über quantitative Vererbung bei geeigneten Kulturpflanzen, wie Mais und Gerste. Diese Untersuchungen werden in wechselnden Proportionen aus theoretischen und praktischen Motiven ausgeführt. Gewöhnlich liegt jedoch der Schwerpunkt auf der Praxis, d. h. auf züchterischem Gebiet. Die Gesichtspunkte des Genetikers und des Züchters sind verschieden. Der Genetiker würde zunächst die Vererbung eines quantitativen Charakters, z. B. des Ertrages, in einer so konstanten Umgebung wie möglich studieren, um zu sehen, wie sich unter diesen Bedingungen die Erbfaktoren auswirken. Danach würde er das Milieu nach gewissen Prinzipien variieren, um die Reaktionen der verschiedenen Genotypen auf bestimmte, quantitativ seriierbare Milieutypen zu untersuchen. Der Züchter dagegen wünscht direkt den Ertrag verschiedener Varietäten im Bereich der gewöhnlichen, unregelmäßigen Milieuschwankungen (Wetter, Bodenverhältnisse ...) einer Lokalität oder eines kleineren oder größeren Distriktes kennenzulernen. Da der Züchter gewöhnlich über sehr viel mehr technische Hilfsmittel verfügt als der Theoretiker, ist die Forschung über quantitative Vererbung zum Nachteil beider Wissenschaften enger an die Züchtung als an die eigentliche Genetik geknüpft.

Unter diesen Umständen müssen wir uns im folgenden mit vielen Problemen der praktischen Züchtung befassen. Es besteht indessen nicht die Absicht, ein Lehrbuch für Pflanzenzüchter zu schreiben, sondern eine Übersicht über die Probleme zu geben, die für die allgemeine Vererbungstheorie die größte Bedeutung haben. Viele dieser Probleme können hier nur angedeutet werden, indem wir im übrigen auf den Abschnitt allgemeine Literatur des Literaturverzeichnisses (S. 442) verweisen.

Kapitel 1
Selektion in Gemischen und in reinen Linien

I. Historische Einleitung

1. Erfahrungen der Pflanzenzüchter[1, 2]

Im 19. Jahrhundert gab es unter Biologen und Züchtern zwei verschiedene Richtungen, von denen die eine die relative Stabilität der erblichen Charaktere betonte, die andere ihre Veränderlichkeit und kontinuierliche Variation. Außerdem spielen in den Diskussionen dieser Periode die „sports“, sprunghafte erbliche Änderungen, die zum Teil dem modernen Begriff der Mutation entsprechen, eine gewisse Rolle.

Repräsentanten der ersten Richtung befanden sich besonders unter Züchtern, die mit selbstbefruchtenden *(autogamen)* Gewächsen arbeiteten. PATRICK SHIREFF, ein schottischer Züchter, fand z. B. im frühen Teil des 19. Jahrhunderts in seinen Weizen- und Haferäckern einzelne abweichende Pflanzen. Indem er die Samen solcher Pflanzen getrennt erntete und ihre Nachkommenschaft in allen folgenden Generationen getrennt hielt, benutzte er das Prinzip der Individualauslese. Mit dieser Methode gelang es ihm, neue, verbesserte Varietäten zu erzeugen.

Das Prinzip der Individualauslese wurde in der zweiten Hälfte des 19. Jahrhunderts von VILMORIN und anderen weiter ausgebaut. Indem die Pflanzen nicht nur auf Grund ihrer individuellen Eigenschaften sondern auch auf Grund der Beschaffenheit ihrer Nachkommenschaften ausgelesen wurden, und diese Nachkommenschaften mit verbesserter Technik verglichen wurden, entstand die Methode der Individualauslese mit Nachkommenschaftsbeurteilung. Eine große Reihe von damals weit kultivierten Handelsvarietäten verschiedener Kulturpflanzen wurden mit Hilfe dieser Methode und ihrer Varianten hergestellt. Gegen Ende des 19. Jahrhunderts fand HJALMAR NILSSON, damals Direktor der schwedischen Saatzuchtinstitution in Svalöf, bei genauen Untersuchungen über botanische Differenzen bei kultivierten Weizenvarietäten, daß die Nachkommenschaften von einzelnen Pflanzen eine auffällig größere Gleichförmigkeit zeigen konnten als die Varietäten, aus denen sie stammten. Dies legte den Schluß nahe, daß die Varietäten aus Mischungen von zahlreichen konstanten Typen bestanden, deren Unterschiede allerdings sehr klein sein konnten.

Alle diese Untersuchungen führten zu der Erkenntnis, daß bei autogamen Arten der Schwerpunkt der Selektion auf der initialen Auslese von Einzelpflanzen oder Einzelpflanzen-Nachkommenschaften lag. Die Eigenschaften solcher Auslesen konnten einen hohen Grad von Stabilität in allen folgenden Generationen zeigen. Gerade auf der Stabilität der Charaktere beruhte der Erfolg der Züchter. Die spätere Selektion innerhalb der ausgelesenen Linien erwies sich von untergeordneter Bedeutung.

---

[1] HAYES u. Mitarb. (1955). [2] SCHEIBE (1951).

Diese Erfahrungen standen in einem gewissen Gegensatz zu DARWINs im Jahre 1859 veröffentlichten Theorie der natürlichen Selektion, in der eine kontinuierliche erbliche Variation angenommen wird, sowie eine progressive Veränderung der Merkmale durch Selektion, die zahlreiche Generationen hindurch in derselben Richtung fortgesetzt wird. Diese Vorstellungen von DARWIN wurden zunächst scheinbar durch statistische und experimentelle Untersuchungen seines Vetters GALTON über die Vererbung quantitativer Merkmale gestützt.

2. GALTONs Rückschlagsgesetz [1]

GALTON studierte z. B. die Erblichkeit der Höhe des Menschen, indem er die Höhe einer größeren Anzahl von Elternpaaren mit der ihrer erwachsenen Kinder verglich. Ein Teil seines Materials ist in stark vereinfachter Form in Tabelle 1 wiedergegeben. Die Elternpaare wurden in Höhenklassen vom Spielraum eines englischen Zolls eingeteilt, wobei als Höhe eines Elternpaares der Durchschnitt beider Eltern benutzt wurde. Ein Vergleich von Zeile 1 mit Zeile 2 zeigt, daß eine ausgeprägte Korrelation zwischen der Höhe der Eltern und dem Mittel ihrer Nachkommen besteht, indem die Werte der Nachkommen in Klasse 1—9 in gleicher Rangordnung ansteigen wie bei

Tabelle 1.
GALTONs *Untersuchungen über Korrelation der Höhe der Eltern und ihrer Nachkommen beim Menschen. Höhenangaben in englischen Zoll*
DE = Abweichung der betreffenden Elternklasse vom Mittel der Elterngeneration 68,3.
DN = Abweichung des Mittelwertes ihrer Nachkommen vom Mittel der Nachkommengeneration 68,2.

Z	Klassen	1	2	3	4	5	6	7	8	9	Mittel
1	Eltern. . .	64,5	65,5	66,5	67,5	68,5	69,5	70,5	71,5	72,5	68,3
2	Nachkommen	65,8	66,7	67,2	67,6	68,3	68,9	69,5	69,9	72,2	68,2
3	DE. . . .	—3,8	—2,8	—1,8	—0,8	+0,2	+1,2	+2,2	+3,2	+4,2	
4	DN. . . .	—2,4	—1,5	—1,0	—0,6	+0,1	+0,7	+1,3	+1,7	+4,0	
5	DN/DE. .	(0,63)	0,54	0,56	(0,75)	(0,5)	0,58	0,59	0,53	(0,95)	

den Eltern. Diese Beziehungen werden verdeutlicht, wenn wir statt der absoluten Zahlen die Abweichungen vom Mittelwert der betreffenden Generation, 68,3 für die Eltern und 68,2 für die Nachkommen, vergleichen, siehe Zeile 3 und 4. Zeile 5 gibt für jede Klasse den Quotienten der Abweichungen von Nachkommen und Eltern. Wir haben einige Werte eingeklammert, da sie wegen geringer Individuenzahl unsicher sind oder da Quotienten kleiner Zahlen großen Schwankungen ausgesetzt sind. Betrachten wir die übrigen Werte, so zeigen diese auch ohne moderne statistische Methoden eine große Gleichförmigkeit. Wir finden ungefähr 56% der elterlichen Abweichungen vom Mittelwert in der Nachkommenschaft wieder, 44% der Abweichungen gehen also verloren. Es sei betont, daß diese Angaben nur für Durchschnitte gelten, da die Nachkommen einer jeden Elternklasse eine ziemlich große Variationsbreite zeigen.

Auf Grund dieser Erfahrungen stellte GALTON sein berühmtes Regressionsgesetz auf. Nach diesem fallen die Abweichungen der Nachkommen vom Mittel ihrer Generation in die selbe Richtung wie die der Eltern, sind aber kleiner. Die Nachkommen zeigen mit anderen Worten einen partiellen Rückschlag zum Mittel der Population.

GALTON führte eine analoge Untersuchung bei der Zierpflanze *Lathyrus odoratus* aus, indem er die Samen einer Probe dem Gewicht nach in verschiedene Größenklassen

[1] JOHANNSEN (1903, 1926).

einteilte und für jede Größenklasse das Samengewicht der Nachkommen feststellte. Im Prinzip wurden ähnliche Verhältnisse gefunden wie für die Höhe beim Menschen; der Rückschlag zum Mittelwert der Varietät war indessen wesentlich stärker, indem nur etwa ein Viertel der elterlichen Abweichung bei den Nachkommen wiedergefunden wurde. Es lag nahe zu schließen, daß das Rückschlaggesetz allgemein gültig ist, daß aber der Grad der Erblichkeit der Abweichungen bei verschiedenen Objekten und Charakteren verschieden ist.

GALTONs Gesetz, das im Jahre 1889 aufgestellt wurde, hatte für die Züchter seiner Zeit beträchtliches Interesse. Es zeigte, daß die Selektion elterlicher Charaktere einen großen Einfluß auf die Beschaffenheit der Nachkommenschaft hat. Man zog außerdem den Schluß, daß die Selektion in jeder Generation wiederholt werden müßte, da sonst der betreffende Charakter sehr bald zum Durchschnitt der betreffenden Rasse oder Art rückschlagen würde.

II. JOHANNSENs Untersuchungen an Bohnen[1]

1. Das Ausgangsmaterial

Daß die entgegengesetzten Erfahrungen über die Wirkungen der Selektion mit der Methode der Selektion in Zusammenhang stehen, läßt sich bei autogamen Pflanzen leicht demonstrieren, wenn zwei verschiedene Methoden am selben Objekt verglichen werden. Die grundlegenden Untersuchungen auf diesem Gebiet wurden von dem dänischen Forscher W. JOHANNSEN im Jahre 1901 an einer gewöhnlichen Handelsvarietät von niedrigen braunen Bohnen eingeleitet. Die Bohne, *Phaseolus vulgaris*, ist unter den ökologischen Verhältnissen Dänemarks eine streng selbstbestäubende Art, weshalb die Handelssorten sich ohne Schwierigkeiten rein halten lassen. Die benutzte Varietät war in Samen- und Blütenfarbe, sowie in zahlreichen anderen Charakteren, die die Hunderte von Bohnenvarietäten unterscheiden, anscheinend völlig einförmig. Der Versuch begann damit, daß im Jahre 1901 19 Pflanzen aus dieser Handelsvarietät einzeln geerntet wurden und ihre Nachkommenschaft in allen folgenden Generationen getrennt ausgesät und geerntet wurde. Auf diese Weise wurden 19 *reine Linien* errichtet. Unter diesem Terminus versteht JOHANNSEN die Summe aller Nachkommen in allen Generationen, die von einer einzigen absolut homozygoten Ausgangspflanze durch konsequente Selbstung hervorgehen. Die 19 Pflanzen des Jahres 1901 gaben 1902 zusammen 524 Nachkommen, von denen Proben von zusammen 5494 Samen einzeln gewogen wurden.

2. Statistische Methoden

a) Selektion in einer Mischung

Bei der statistischen Analyse dieses Materials wurden zwei verschiedene Methoden angewandt. Zunächst wurden die 524 Muttersamen des Jahres 1901 als eine Einheit betrachtet, indem ihre Abstammung von den 19 Ausgangspflanzen nicht berücksichtigt wurde. Wenn nun diese Muttersamen in Gewichtsklassen von 10 Centigramm Spielraum eingeteilt werden, und das aus jeder dieser Gewichtsklassen hervorgehende Material von „Tochterbohnen", also Samen der Tochterpflanzen des Jahres 1902, auf gleiche Weise gewogen wird, so erhält man die in Tabelle 2 wiedergegebenen Ergebnisse. Wir sehen, daß gewisse Beziehungen zwischen dem Gewicht der Mutter- und Tochterbohnen bestehen. Dies wird noch deutlicher, wenn wir dieses Material ebenso

[1] JOHANNSEN (1903, 1926).

anordnen, wie GALTONs Material über die Höhe des Menschen, Tabelle 3. Wir sehen dann, daß die Abweichungen vom Mittel der respektiven Generation bei Mutter- und Tochterbohnen stets in die gleiche Richtung fallen. Die Rangordnung der Abweichungen ist bei beiden Generationen die gleiche. In dieser Hinsicht stimmt das Ergebnis gut mit GALTONs Regressionsgesetz überein. Die Erblichkeit der Abweichungen im Samengewicht ist zwar relativ gering, indem wir nur knapp ein Viertel der mütterlichen Abweichung in der Nachkommenschaft wiederfinden. Statistisch ist jedoch eine Korrelation der Abweichungen in beiden Generationen einwandfrei nachgewiesen.

Tabelle 2.
Beziehungen zwischen Gewicht von Muttersamen und Tochtersamen in einer Varietät von braunen Bohnen

Die Zahlen der Tabelle geben die Anzahl der Tochterbohnen in den verschiedenen Gewichtsklassen. Die 5494 gewogenen Tochtersamen stammen von 524 Muttersamen von 19 Ausgangspflanzen

Gewicht der Mutterbohnen	Gewicht der Tochterbohnen									
	10	20	30	40	50	60	70	80	90	Mittel
20	—	1	15	90	63	11	—	—	—	43,8
30	—	15	95	322	310	91	2	—	—	44,5
40	5	17	175	776	956	282	24	3	—	46,2
50	—	4	57	305	521	196	51	4	—	48,9
60	—	1	23	130	230	168	46	11	—	51,9
70	—	—	5	53	175	180	64	15	2	56,0
Summe	5	38	370	1676	2255	928	187	33	2	47,92

Tabelle 3.
Vergleich der Abweichungen der Tochtersamen und Muttersamen vom Mittel der respektiven Generationen

Material aus Tabelle 2

Gewicht der Muttersamen M Mittel der Tochtersamen T	20 43,8	30 44,5	40 46,2	50 48,9	60 51,9	70 56,0	Mittel 44,3 47,9
Abweichungen vom Mittel: Muttersamen DM	—24,3	—14,3	—4,3	+5,7	+15,7	+25,7	
Tochtersamen DT	— 4,1	— 3,4	—1,7	+1,0	+ 4,0	+ 8,1	
DT/DM	0,17	0,24	0,40	0,18	0,25	0,32	

b) Selektion innerhalb von reinen Linien

Wenn aber die 19 verschiedenen reinen Linien, die das obige Material zusammensetzen, statistisch getrennt analysiert werden, erhält man ganz andere Ergebnisse, wie dies Tabelle 4 für 8 von diesen Linien zeigt. Die übrigen 11 Linien zeigen im Prinzip genau das gleiche. Wir sehen, daß innerhalb ein und derselben Linie das Gewicht der Muttersamen keinerlei Einfluß auf die Größe der Tochtersamen hat. In Linie 2 geben z. B. Muttersamen von 35—45 cg Tochtersamen mit einem Mittel von 57,2,

Muttersamen von 65—75 cg Tochtersamen von 55,5. Die Differenz zwischen den Durchschnitten der Tochtersamen ist insignifikant. Innerhalb der reinen Linien ist also die Vererbung des Samengewichtes gleich Null und der Rückschlag gleich 100%.

Weiter zeigte die Analyse, daß die Handelssorte trotz ihrer Einförmigkeit in anderen Merkmalen aus einer größeren Anzahl reiner Linien von sehr verschiedenem Samengewicht zusammengesetzt ist, indem in der vorliegenden Probe das durchschnittliche Samengewicht der Linien zwischen 35,1 und 64,2 variierte. Die Linie mit

Tabelle 4.
Selektion in reinen Linien von Bohnen. Die Rubriken der Tabelle geben für 8 verschiedene reine Linien das Durchschnittsgewicht der Tochtersamen, die aus bestimmten Gewichtsklassen der Muttersamen hervorgingen

Reine Linie Nr.	Gewicht der Muttersamen in cg						Mittel
	20	30	40	50	60	70	
1	—	—	—	—	63,1	64,9	64,2
2	—	—	57,2	54,9	56,5	55,5	55,8
8	—	49,0	49,1	47,5	—	—	48,9
11	—	45,2	45,4	46,2	—	—	45,5
13	—	47,5	45,0	45,1	45,8	—	45,4
16	—	45,9	44,1	41,0	—	—	44,6
18	41,0	40,7	40,8	—	—	—	40,8
19	—	35,8	34,8	—	—	—	35,1
Mittel von 19 Linien	44,0	44,3	46,1	49,0	51,9	56,1	47,9

größten Samen hatte also fast doppelt so schwere Samen als die Linie mit den kleinsten Samen. Bei Aussaat dieser Linien in einer Reihe von Jahren zeigte es sich, daß das Mittel einer Linie von Jahr zu Jahr in Abhängigkeit von der Witterung und anderen Milieufaktoren oszilliert. Dennoch sind keine Anzeichen dafür vorhanden, daß diese Faktoren den Charakter der Linien verändern. Ebenso können die Unterschiede zwischen den Linien in einigen Jahren etwas verstärkt, in anderen Jahren etwas abgeschwächt erscheinen. Indessen deutet nichts darauf, daß solche Unterschiede im Laufe der Jahre die Tendenz haben, sich zu verstärken oder abzuschwächen. Im Durchschnitt von längeren Perioden sind sie also konstant. — Einige von den 19 Linien zeigen sehr ähnliche Durchschnittswerte, z. B. No. 11, 13 und 16 von Tabelle 4. Ohne Spezialuntersuchungen können wir aus den angegebenen Werten nicht entscheiden, ob diese Linien erblich verschieden sind oder nicht. Aber schon eine oberflächliche statistische Prüfung dieser Tabelle deutet darauf, daß unter den 19 Linien mindestens 5 verschiedene erbliche Typen vorkommen.

3. Divergente Selektionen

Die Konstanz der reinen Linien wurde besonders deutlich durch kontinuierliche Selektionen in entgegengesetzte Richtungen demonstriert. Aus den größten und kleinsten Samen der Linie 1 wurden z. B. im Jahre 1902 zwei Sublinien hergestellt, die in allen folgenden Generationen getrennt gehalten wurden. Die eine wurde während 6 Jahre durch die Aussaat der größten Samen vermehrt, die andere durch Aussaat der kleinsten. Die Ergebnisse dieses Versuches sind in Tabelle 5 wiedergegeben. Aus diesen Zahlen geht deutlich hervor, daß weder die kontinuierliche Selektion in Richtung auf große Samen, noch die auf kleine Samen einen nachweisbaren Effekt hatte, da nach 6 Generationen das Samengewicht der beiden Sublinien keinen signifikanten

Tabelle 5.
Effekt sechsjährig wiederholter Selektion in entgegengesetzten Richtungen innerhalb einer reinen Linie der Bohne

Erntejahr	Mittelgewicht der ausgelesenen Muttersamen in Sublinie		Differenz b − a cg	Mittelgewicht der Tochtersamen in Sublinie		Differenz b′ − a′ cg
	a = minus	b = plus		a′ = minus	b′ = plus	
1902	60	70	10	63,1	64,8	+1,7
1903	55	80	25	75,2	70,9	—4,3
1904	50	87	37	54,6	56,7	+2,1
1905	43	73	30	63,6	63,6	+0,09
1906	46	84	38	74,4	73,0	—1,4
1907	56	81	25	69,1	67,7	—1,4

Unterschied zeigte. Ein Versuch vom gleichen Typus in der reinen Linie mit den kleinsten Samen (Nr. 19, Tabelle 4) gab genau das gleiche Ergebnis. Auf Grund dieser Erfahrungen stellte JOHANNSEN das berühmte Gesetz auf, daß Selektion in reinen Linien wirkungslos ist.

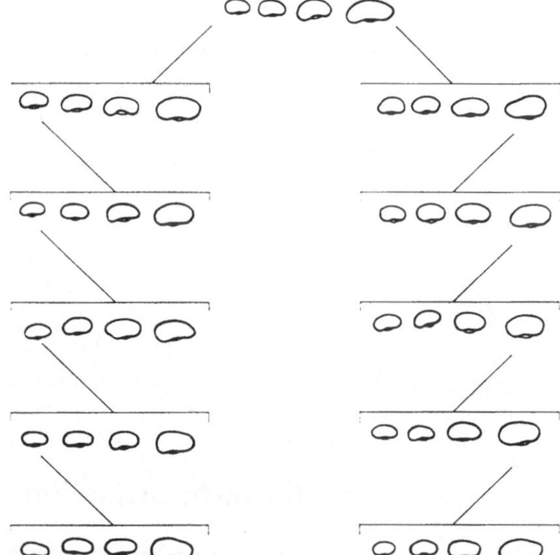

Fig. 1. Schema über divergente Selektionen auf Samengewicht innerhalb einer reinen Linie der Bohne

4. Variation und Selektion bei autogamen Arten

Im übrigen haben diese Untersuchungen fundamentale Beiträge zum Verständnis der Selektion gebracht. Es wurde hiermit klar, daß die Voraussetzung für den Erfolg der Selektion das Vorhandensein erblicher Differenzen im Ausgangsmaterial ist. Die Handelssorten von autogamen Gewächsen entsprechen gewöhnlich Mischungen von zahlreichen reinen Linien. Die erblichen Unterschiede zwischen diesen sind hochgradig konstant. Eine Massenauslese in einer Handelssorte, wie sie z. B. durch Auslese der größten Samen und gemischte Aussaat derselben erfolgt, bewirkt eine Verschiebung in der Zusammensetzung der Mischung, indem die großen Samen zu einem überdurchschnittlichen Prozentsatz aus Linien mit hohem Samengewicht stammen. Eine Wiederholung dieser Massenauslese würde zweifellos eine weitere Verschiebung bewirken, bis schließlich durch Eliminierung aller kleinsamigen Linien eine der Linien mit größerem Samengewicht isoliert werden könnte.

Eine solche wiederholte Massenauslese wäre aber eine unzweckmäßige Methode, indem es wesentlich einfacher und effektiver ist, eine Varietät durch eine einmalige Individualauslese in eine große Anzahl von reinen Linien zu zerlegen, die dann konstant verbleiben. Die Aufgabe reduziert sich damit auf einen genauen Vergleich von reinen Linien.

Weiter zeigen JOHANNSENs Untersuchungen, daß es zwei Komponenten der Variation gibt, eine durch die erbliche Konstitution und eine durch das Milieu bedingte. Innerhalb einer reinen Linie wird die Variation ausschließlich durch das Milieu bedingt, weshalb die Variationsbreite der reinen Linien relativ gering ist. In der aus einer Mischung von reinen Linien bestehenden Handelsvarietät dagegen addiert sich die genotypische Variationskomponente zur Milieukomponente, wodurch eine wesentlich größere Variationsbreite erzeugt wird, vgl. Fig. 2. Die genotypische Komponente kommt in diesem Beispiel relativ klar in den Mittelwerten der 19 reinen Linien zum Ausdruck, die von 35,1—64,2 variieren. Um jeden dieser Mittelwerte herum haben wir indessen eine ziemlich beträchtliche milieubedingte Variation, wie sie in den Kurven der einzelnen reinen Linien zum Ausdruck kommt.

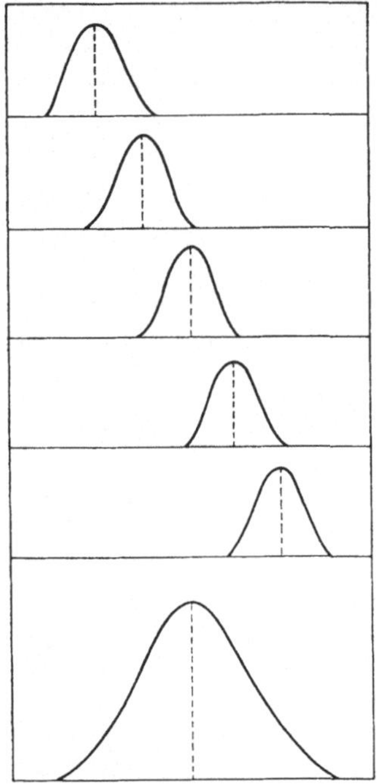

Fig. 2. Die Variationskurven von 5 reinen Linien und die Kurve einer Handelsvarietät, die aus zahlreichen Linien zusammengesetzt ist

Die sichtbaren Eigenschaften eines Individuums, der sogenannte *Phänotyp*, entstehen durch Reaktion der erblichen Gesamtkonstitution, des sogenannten *Genotyps*, mit den Faktoren des Milieus. (Beides sind von W. Johannsen eingeführte Termini.) Der Phänotyp ist also ein Produkt von Genotyp und Milieu. Die Bedeutung der beiden Komponenten kann man nicht am Aussehen des Individuums erkennen, sondern nur an seiner Nachkommenschaft. Ob im obigen Beispiel eine Bohne aus der Handelsvarietät von 45 cg einen durch ungünstige Umstände klein gebliebenen Samen einer Linie von hohem Bohnengewicht, oder einen begünstigten Samen aus einer Linie mit niedrigem Samengewicht darstellt, kann man nur durch Aussaat dieser Bohne erkennen.

Die sehr viel komplizierteren Effekte der Selektion bei fremdbefruchtenden *(allogamen)* Organismen werden an anderer Stelle diskutiert.

III. Künstliche Herstellung reiner Linien

1. Entstehung autogamer Kulturpflanzen

In der Natur gibt es sowohl streng kreuzbefruchtende als auch streng selbstbefruchtende Arten sowie alle möglichen Übergangsformen. Strenge Selbstbefruchter treffen wir vorzugsweise unter den einjährigen Arten an. Da man keine größeren systematischen Gruppen kennt, die sich ausschließlich durch Selbstbefruchtung vermehren, und da die Kombination der Gene durch Kreuzung als Sinn der Sexualität gilt, liegt es nahe anzunehmen, daß die natürlichen Selbstbefruchter vor kürzerer oder längerer Zeit aus Fremdbefruchtern entstanden sind. Lang oder kurz kann sich aber in dieser Verbindung als längere oder kürzere Teile einer geologischen Periode verstehen.

Die autogamen Kulturpflanzen mögen sich zum Teil von autogamen natürlichen Arten ableiten. Der sehr hohe Prozentsatz von autogamen Arten unter den Kulturpflanzen deutet indessen darauf, daß die Mehrzahl von ihnen erst während ihrer Kulturperiode in Selbstbefruchter verwandelt wurden. Dies ist besonders für Arten mit großen, auffälligen Blüten, z. B. Bohne und Erbse, anzunehmen, wie sie unter natürlichen Arten für Insektenbestäuber charakteristisch sind, und die z. T. in ihrer Blütenkonstruktion noch deutliche Anpassungen an Insektenbestäubung zeigen. Die Transformation kultivierter Fremdbefruchter in Selbstbefruchter kann z. B. darauf beruhen, daß die Mehrzahl dieser Objekte außerhalb ihres natürlichen Verbreitungsgebietes kultiviert wird, weshalb durch ungeeignete Witterung während der Blütezeit oder durch das Fehlen von geeigneten Insekten die Befruchtung unsicher wird. Unter diesen Umständen werden automatisch Gene ausgelesen, die die Häufigkeit der Selbstbestäubung erhöhen. Schließlich verwandeln solche Arten sich in bunte Gemische von reinen Linien. Gelegentliche zufällige Fremdbefruchtungen erzeugen ab und zu einige heterozygote Pflanzen, die als solche nur eine kurze Existenz haben, aber auf die Dauer die Anzahl und Verschiedenartigkeit der homozygoten Kombinationen beträchtlich erhöhen.

Bei ausgeprägt kreuzbefruchtenden (allogamen) Arten, zu denen ein Teil der Kulturpflanzen, die große Mehrzahl der wildwachsenden Arten und fast alle Tiere gehören, sind dagegen alle Individuen hochgradig heterozygot. Wollen wir bei allogamen Arten reine Linien herstellen, so müssen wir sie eine genügende Anzahl Generationen hindurch konsequent selbsten, falls dies möglich ist.

2. Theoretische Effekte der Selbstung

Die Wirkung der Selbstung ist durch nachstehendes Schema erklärt (Fig. 3). Zu diesem Zwecke nehmen wir an, daß wir von einer Population von Individuen aus-

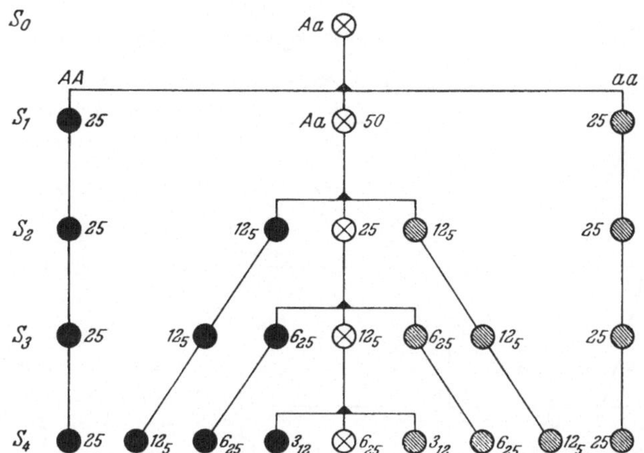

Fig. 3. Die abnehmende Häufigkeit der Heterozygoten bei kontinuierlicher Selbstung

gehen, die heterozygot in einem einzigen Genpaar Aa sind. Diese als S_0 bezeichnete Generation kann z. B. eine F_1-Generation einer Kreuzung darstellen. Die Häufigkeit der drei Genotypen in den durch kontinuierliche Selbstung erzeugten folgenden Generationen S_1, S_2, S_3, ... S_n ist in Prozenten angegeben. Da bei Selbstung Homozygoten nur Homozygoten ergeben, Heterozygoten dagegen 50% Homozygoten und 50% Heterozygoten, wird die relative Häufigkeit der Heterozygoten in jeder Generation auf die Hälfte reduziert. Während die Häufigkeit der Heterozygoten auf diese Weise im Laufe von n Generationen, S_0—S_n, von 1 auf $\frac{1}{2^n}$ herabsinkt, steigt die der Homozygoten gleichzeitig von 0 auf $1 - \frac{1}{2^n} = \frac{2^n - 1}{2^n}$. Für $n = 10$ erhalten wir $\frac{1}{2^{10}}$ = ca. 0,1% Aa und $\frac{2^{10} - 1}{2^{10}}$ = ca. 99,9% (AA + aa). Mit weiterer Zunahme von n nähern sich die Werte sehr rasch dem Grenzwert 50% AA : 0% Aa : 50% aa.

Wären wir von einem doppelt heterozygoten Individuum Aa Bb ausgegangen, so gilt das für das Genpaar Aa gesagte auch für das Genpaar Bb. In der n-ten Generation erhielten wir daher $\frac{2^n-1}{2^n}$ Homozygoten hinsichtlich des Genpaares Aa und ebensoviele Homozygoten hinsichtlich des Genpaares Bb. Wenn die Genpaare unabhängig voneinander spalten, so wäre die Wahrscheinlichkeit für gleichzeitige Homozygotie in AA oder aa und BB oder bb $= \frac{2^n-1}{2^n} \cdot \frac{2^n-1}{2^n} = \left(\frac{2^n-1}{2^n}\right)^2$, indem nach einem bekannten mathematischen Prinzip die Wahrscheinlichkeit des Eintreffens zweier unabhängiger Ereignisse gleich dem Produkt ihrer getrennten Wahrscheinlichkeiten ist. Wir erhielten daher für S_1, S_2, S_3, S_4 .... S_{10} die folgenden Häufigkeiten von doppelt homozygoten Individuen:

S_1	S_2	S_3	S_4	S_{10}
$\left(\frac{1}{2}\right)^2$	$\left(\frac{3}{4}\right)^2$	$\left(\frac{7}{8}\right)^2$	$\left(\frac{15}{16}\right)^2$	$\left(\frac{1023}{1024}\right)^2$
25%	56,2%	76,6%	87,9%	99,8%

Wir sehen aus diesen Werten, daß die Häufigkeiten der doppelten Homozygoten in den ersten Generationen bedeutend niedriger liegen als die der einfachen Homozygoten, daß sie aber doch in den späteren Generationen rasch gegen 100% ansteigen.

War nun die Ausgangspopulation S_0 heterozygot in m Genen, so wäre die Häufigkeit der in allen diesen m Genen homozygoten Individuen in $S_n = \left(\frac{2^n-1}{2^n}\right)^m$. Für S_0-Pflanzen, die heterozygot in $m = 50$ Genen sind, erhielten wir, wie sich leicht mit einer 7stelligen Logarithmentabelle berechnen läßt, in S_{10} $\left(\frac{2^{10}-1}{2^{10}}\right)^{50} = 95{,}23\%$ Individuen, die in allen 50 Genen homozygot sind. Die übrigen 4,77% wären fast alle nur in einem Genpaar heterozygot (vgl. unten).

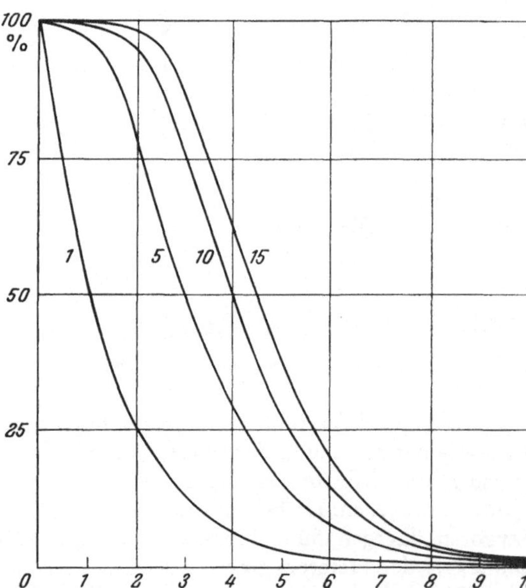

Fig. 4. Die Abnahme des Prozentes heterozygoter Individuen (Ordinate) von S_1—S_{10} (Abszisse). Die verschiedenen Kurven gelten für Ausgangspopulationen, die heterozygot in bzw. 1, 5, 10, 15 Genen sind. Als Homozygoten werden nur in allen Genen homozygote Individuen gerechnet. Für den relativen Grad der Hetereozygotie (bezogen auf S_0 = 100%) gilt indessen die Kurve für 1 Genpaar. (Nach JONES 1918)

Die Abnahme der Heterozygoten von $S_0 - S_{10}$ für eine verschiedene Anzahl heterozygoter Gene läßt sich durch Kurven (Fig. 4) wiedergeben. Man bemerke indessen, daß der auf S_0 bezogene „Grad von Heterozygotie“, der in der Regel am meisten Interesse hat, gleichgültig von der Anzahl der Genpaare in jeder Generation auf die Hälfte herabgesetzt wird und daher am besten durch die Kurve für ein Genpaar wiedergegeben wird. War die Ausgangspopulation heterozygot in 50 Genpaaren, so sind die S_1-Individuen durchschnittlich heterozygot in 25 Genen, S_2 in 12,5, S_{10} in $50/2^{10} = 0{,}0488$ Genen. Da aber die Häufigkeit der Heterozygoten für $m = 50$, $n = 10$

oben zu 0,0477 berechnet wurde, versteht man, daß von diesen Heterozygoten nur ein sehr geringer Bruchteil, nämlich höchstens 0,0488—0,0477 = 0,0011 heterozygot in mehr als einem Gen sein kann. Wir erwarten also rund 4,66% einfache und 0,11% mehrfache (fast alle doppelte) Heterozygoten.

Die absolut homozygote Population, die zum Schluß durch konsequente Selbstung entsteht und die wir in theoretischen Betrachtungen oft mit S_{ho} oder F_{ho} bezeichnen, ist heterogen. Bei einfacher Heterozygotie der Ausgangspflanze erhalten wir in S_{ho} theoretisch 50% AA + 50% aa. Bei m-facher Heterozygotie erhalten wir 2^m verschiedene homozygote Genotypen. Ist m = 20, so würden wir in einem genügend großen Material 2^{20} = etwa 1 000 000 verschiedene homozygote Genotypen antreffen. Da nun die Individuen in einer gewöhnlichen allogamen Population in weit mehr als 20 Genen heterozygot sein dürften, lassen sich theoretisch aus einem einzigen Individuum einer solchen Population eine unfaßbar große Anzahl verschiedener reiner Linien herstellen. Praktisch wird indessen diese Anzahl durch die Größe der Nachkommenschaften begrenzt.

3. Komplikationen

Bei obigen Berechnungen wurde vorausgesetzt, daß die Gene unabhängig spalten und daß keinerlei Selektion vorkommt, d. h. daß alle Genotypen die gleiche Fertilität und Vitalität besitzen. Diese Voraussetzungen sind in wirklichen Populationen nur mit einer gewissen Annäherung erfüllt. Unter 50 heterozygoten Genen werden z. B. in der Regel eine Anzahl Koppelungen vorkommen. Koppelung an sich hat, wie einfache Überlegungen zeigen, keinen Einfluß auf den Grad der Heterozygotie der Population, wohl aber auf die Verteilung der heterozygoten Gene auf die Individuen. Auch bei einer beliebigen Anzahl von Koppelungen wäre in S_{10} der Grad der Heterozygotie auf $1/2^{10} = 1/1024$ reduziert. Die Anzahl der Heterozygoten würde durch Koppelung stärker herabgesetzt als bei freier Spaltung der Gene; dies würde indessen dadurch kompensiert, daß ein höherer Teil der Heterozygoten mehrfach heterozygot wäre. Unterschiede in Fertilität und Vitalität beeinflussen dagegen auch die Geschwindigkeit, in der der Grad der Heterozygotie abnimmt. Da nun aus Gründen, die an anderer Stelle zu diskutieren sind, die Heterozygoten im Durchschnitt häufig ein wenig fertiler sind als die Homozygoten, geschieht die Abnahme im Grade der Heterozygotie meist etwas langsamer, als obige Formeln voraussetzen. In der Praxis rechnet man im allgemeinen, daß man durch 10 konsekutive Selbstungen zu absolut homozygoten Pflanzen gelangt, aus denen sich direkt reine Linien herstellen lassen. Für gewisse Zwecke sollte man indessen mit einer höheren Anzahl von Generationen rechnen. Die Verhältnisse variieren indessen bei verschiedenen Objekten. In einigen Fällen kann das Objekt einen gewissen Rest von Heterozygotie ziemlich zähe festhalten (vgl. unter „enforced heterozygosis").

Die Selbstungsmethode ist leider keine ideelle Methode, um bei allogamen Arten reine Linien herzustellen, da sie sehr viel Zeit beansprucht. Bei einer einjährigen Pflanze bedeuten 10 Generationen 10 Jahre, bei mehrjährigen Arten ein mehrfaches dieser Zeit, wenn nicht spezielle Methoden angewandt werden, um den Wuchs zu beschleunigen. Außerdem ist wegen der erwähnten Komplikationen der in 10 Generationen erreichte Grad von Homozygotie nicht immer für alle Zwecke ausreichend. Unter diesen Umständen hat man seit einigen Jahrzehnten nach Methoden gesucht, die mit einem Schlage zu absoluter Homozygotie führen. An anderer Stelle werden einige von solchen Methoden erwähnt, die vielleicht in Zukunft ein bedeutendes Interesse für theoretische und praktische Zwecke erhalten werden, nämlich Chromosomenverdoppelung bei Haploiden, und somatische (oder generative) Chromosomenreduktion mit folgender Chromosomenverdoppelung.

Bei Tieren ist es wesentlich schwerer, reine Linien herzustellen, da man Tiere nicht selbstbefruchten kann. Man muß sich daher mit verschiedenen anderen Typen von Inzucht begnügen. Der stärkste Grad von Inzucht, konsequente Geschwisterpaarung, ist eine bei weitem nicht so effektive Methode wie Selbstung. Sie führt dennoch nach einer genügenden Anzahl von Generationen zu hochgradig homozygoten Tieren.

IV. Asexuelle Linien

1. Parthenogenetische Linien

Zum theoretischen Studium des Effektes der Selektion bei Tieren eignen sich vorzüglich Objekte mit gewissen Typen von parthenogenetischer Fortpflanzung, z. B. bestimmte Blattlausarten. Solche Arten pflanzen sich im Sommer ausschließlich parthenogenetisch fort, indem eine größere Anzahl von Generationen aufeinanderfolgen, die nur aus Weibchen bestehen, deren Eier sich ohne Befruchtung weiter entwickeln. Erst bei Eintreten der kühleren Jahreszeit treten Männchen und sexuelle Weibchen auf. — Da bei der Bildung der parthenogenetischen Eier dieser Objekte der gewöhnliche Spaltungsmechanismus der Gene ausgeschaltet wird, sollte die gesamte parthenogenetische Deszendenz eines asexuellen Weibchens genotypisch identisch sein, falls die Erbanlagen konstant sind. Zur Prüfung dieses Problems unternahm Ewing divergente Selektionen bei der Blattlaus *Aphis avenae* (Morgan, 1919). In einem Experiment wurde eine parthenogenetische Linie in drei Sublinien aufgeteilt. In der einen wurden 44 Generationen hindurch nur die größten Individuen zur Fortpflanzung benutzt, in der zweiten nur die kleinsten, während die als Kontrolle dienende dritte Sublinie ohne Selektion vermehrt wurde. Nach 44 Generationen bestand kein Unterschied in der Größe der Individuen bei den drei Sublinien. Solche Beispiele zeigen, daß Selektion in parthenogenetischen Linien ebensowenig Wirkung hat wie Selektion in reinen Linien.

2. Klone

Dieselben Betrachtungen können auch für Klone gemacht werden. Hierunter versteht man die Summe aller Individuen, die durch vegetative Vermehrung aus ein und derselben Ausgangspflanze entstehen. Wenn wir z. B. von einer einzigen Kartoffelknolle ausgingen, so könnten wir sie unbegrenzt vegetativ vermehren und im Laufe der Zeit große Kartoffelareale in verschiedenen Ländern erhalten, die von der Ausgangsknolle abstammen. Alle diese Pflanzen würden einen Klon bilden. Sämtliche Individuen innerhalb des Klons haben dieselbe genetische Konstitution wie die Ausgangsknolle, da bei vegetativer Vermehrung keine Spaltung eintrifft. Im Gegensatz zum Begriff reine Linie enthält der Terminus Klon keine Vorstellung über Homozygotie. Gewöhnliche Kartoffelpflanzen sind hochgradig heterozygot. Wenn man sie aus Samen vermehrt, so findet dabei eine starke Aufspaltung statt.

Die Erfahrungen über Wirkungslosigkeit der Selektion in reinen Linien gilt auch für Klone. Dies zeigte sich besonders, als in der Periode 1910—1925 eine Reihe von europäischen Züchtern versuchte, die vorhandenen Kartoffelklone auf dem Wege der Auslese zu verbessern (Scheibe, 1951). Es erschienen zwar in dieser Zeit eine Reihe von verbesserten Varietäten auf dem Markt. Als diese aber gründlich analysiert wurden, erwiesen sie sich alle als identisch mit der respektiven Ausgangssorte. Die Auslese innerhalb von Klonen mußte daher als Züchtungsmethode aufgegeben werden. — Ein völlig anderes Problem ist, daß die meisten Kartoffelvarietäten von verschiedenen Virustypen befallen werden und daher eine scharfe Auslese auf Freiheit von Viru ;befall notwendig ist, um eine „Degeneration" der Varietäten zu verhindern. Eine solche Auslese beeinflußt zweifellos die Gesundheit der vegetativen Nachkommen. Sie verändert aber nicht erbliche Eigenschaften wie Empfindlichkeit gegenüber dem Virus. Sie beeinflußt die Knollengröße insofern, als erkrankte Knollen kleiner bleiben. Wenn indessen nur die gesunden Nachkommen berücksichtigt werden, so modifizieren divergente Selektionen auf Knollengröße nicht die Eigenschaften des Klons.

V. Moderne Betrachtungen

JOHANNSENs Prinzip der Wirkungslosigkeit der Selektion in reinen Linien wurde durch spätere Untersuchungen an anderen Objekten, z. B. Gerste und Weizen, im allgemeinen bestätigt, und es wird auch durch parallele Erfahrungen an Klonen und parthenogenetischen Linien gestützt. Dennoch sollte es nicht übertrieben werden. Denn durch das gelegentliche Auftreten von erblichen Änderungen (Mutationen) wird im Laufe der Zeit auch in reinen Linien eine gewisse erbliche Variation entstehen. JOHANNSEN selbst fand in reinen Linien von Bohnen Mutationen, die Form und Dimensionen der Samen beeinflussen, in reinen Linien von Gerste solche, die die Häufigkeit steriler Samenanlagen erhöhen. In Klonen von Kartoffeln und Obstbäumen, die Jahrzehnte hindurch auf großen Arealen angebaut wurden, sind z. T. schon relativ viele erbliche Änderungen beschrieben, die ein nicht unbeträchtliches Interesse für die Züchtung haben können (BERGANN, 1955; CRAMER, 1954; SHAMEL und POMEROY, 1936). Diese Neubildung erblicher Variation ist inzwischen nicht groß genug, um bei üblicher Methodik Selektion auf erhöhten Ertrag oder verbesserte Qualität innerhalb von Klonen als allgemeine Züchtungsmethode zu rechtfertigen.

Wenn wir uns im folgenden auf reine Linien beschränken, so ist der Betrag an erblicher Variation, der durch Mutation neugebildet wird, nicht befriedigend analysiert. Nicht einmal seine Größenordnung ist bekannt. Denn wenn man z. B. danach fragen würde, ob die Genauigkeit der in theoretischen Selektionsversuchen benutzten Methoden ausreichend ist, um eine erbliche Veränderung des Ertrages um 1—2% bei 2% der Nachkommen zu erfassen, so erscheint uns dies in den meisten Fällen als fraglich. Und selbst wenn wir mit solchen genauen Methoden feststellen würden, daß innerhalb einer älteren reinen Linie in bezug auf Ertrag keine erblich verschiedenen Typen vorkommen, so wäre die Frage damit noch keineswegs entschieden. Denn wir wissen, daß nachweisbare Differenzen oft erst durch Kombination von Genen entstehen, die einzeln keine oder nur unauffällige Effekte haben. Um die gesamte innerhalb einer reinen Linie vorkommende erbliche Variation festzustellen, müßte daher noch eine Periode von umfangreicher Fremdbefruchtung gefolgt von neuen Selbstungen eingeschaltet werden. Dies mag auf technische Schwierigkeiten stoßen, ist aber durchaus nicht ein unlösbares Problem. Bevor derartige Versuche in großem Umfang und mit effektiven Methoden ausgeführt sind, sind unsere Kenntnisse über die genetische Struktur der reinen Linien als unvollkommen zu betrachten, weshalb es noch nicht als endgültig bewiesen gelten darf, daß Selektion auf erhöhten Ertrag innerhalb von reinen Linien eine unbrauchbare Methode ist. In der Literatur trifft man wiederholt auf Angaben, die auf eine gewisse erbliche Variation innerhalb von reinen Linien deuten. Wir werden auf dieses Problem in Kapitel 5 zurückkommen. Vorläufig wollen wir betonen, daß moderne Untersuchungen auf diesem Gebiet erwünscht wären.

Andererseits dürfen wir nicht in den entgegengesetzten Fehler verfallen, die erbliche Stabilität der Mehrzahl der gewöhnlichen reinen Linien zu unterschätzen. Wenn auch die direkten Beweise in mancher Hinsicht unbefriedigend sind, so steht uns doch ein umfassendes Material von indirekten Beweisen zur Verfügung. Die ganze moderne

„qualitative Genetik“ läßt sich nur auf der Grundlage einer hochgradigen, wenn auch nicht absoluten Konstanz des Genotyps verstehen. Obgleich wir ohne spezielle Untersuchungen keineswegs voraussetzen dürfen, daß die genetischen Faktoren der quantitativen Vererbung den gleichen Grad von Konstanz besitzen und obgleich das gelegentliche Vorkommen von ziemlich instabilen Inzuchtlinien schon erwiesen ist, so zeigen doch umfangreiche praktische Erfahrungen, daß die große Mehrzahl der Inzuchtlinien zumindestens unter gewöhnlichen Milieuverhältnissen einen beträchtlichen Grad von erblicher Konstanz besitzt. Das Konzept von der Stabilität der reinen Linien bleibt somit noch immer einer der fundamentalen Begriffe der Genetik.

Viele unserer theoretischen Vorstellungen gelten nur mit einer gewissen Annäherung. Die Abnahme der Heterozygotie bei Selbstung ist z. B. vermutlich in der Regel etwas langsamer als in den Kurven von Fig. 4 vorausgesetzt wird. Dennoch bilden solche Vorstellungen noch die besten uns zur Verfügung stehenden „Vergleichsmodelle“, indem die wirklichen Verhältnisse in spezifischen Beispielen am klarsten durch Bestimmung von Grad und Typus der Abweichungen vom theoretischen Schema beschrieben werden.

Literatur

Bergann, F.: Einige Konsequenzen der Chimärenforschung für die Pflanzenzüchtung. Z. Pflanzenzüchtung **34**, 113—124 (1955).

Cramer, P. J. S.: Chimeras. Bibliographia Genetica **16**, 193—381 (1954).

Hayes, H. K., F. R. Immer, and D. C. Smith: Methods of plant breeding. 2nd ed. New York: McGraw-Hill 1955.

Johannsen, W.: Über Erblichkeit in Populationen und in reinen Linien. Jena 1903.
— Elemente der exakten Erblichkeitslehre. 3. Aufl. Jena: Gustav Fischer 1926.

Jones, D. F.: The effects of inbreeding and crossbreeding upon development. Conn. Agr. exp. Sta. Bull. 207, 1918.

Morgan, T. H.: The physical basis of heredity. Philadelphia: 1919.

Scheibe, A.: Einführung in die allgemeine Pflanzenzüchtung. Stuttgart: Eugen Ulmer 1951.

Shamel, A. D., and C. S. Pomeroy: Bud mutations in horticultural crops. J. Hered. **27**, 487—494 (1936).

Kapitel 2

Statistik und Versuchstechnik

I. Variationskurven

1. Einleitung

Als Beispiel für eine biologische Variationskurve geben wir in Fig. 5 das Ergebnis der Messung der Länge von 1000 Samen der Feuerbohne, *Phaeseolus multiflorus*. Es handelt sich um eine zufällige Probe aus einer Handelsvarietät. Die Samen wurden nach ihrer Länge in Klassen von 1 mm Spielraum (Breite) eingeteilt. Alle Samen von 18—19 mm wurden z. B. in die Klasse 18,5 gestellt. Auf der Abszissenachse sind die Grenzen und Mittelpunkte der Klassen markiert. In letzteren sind Ordinaten proportional mit der Anzahl der Individuen (Samen) errichtet. Wenn nun die Endpunkte der Ordinaten miteinander verbunden werden, so erhalten wir die Variationskurve für die Länge der Samen in dieser Probe. Das Intervall der Skala von der größten bis zur kleinsten Klassengrenze nennen wir die Variationsbreite oder den Variationsbereich, der in diesem Beispiel $26 - 12 = 14$ mm beträgt. Die Variationsbreite hängt übrigens in einem gewissen Grade von der Größe der Probe ab. In Proben zu 50 Samen wäre sie im Durchschnitt auf 10 mm reduziert, weil wir meist keine Repräsentanten der beiden größten und der beiden kleinsten Klassen antreffen würden. In Proben zu 50 000 Samen dagegen können wir vereinzelte Samen von über 26 und unter 12 mm erwarten.

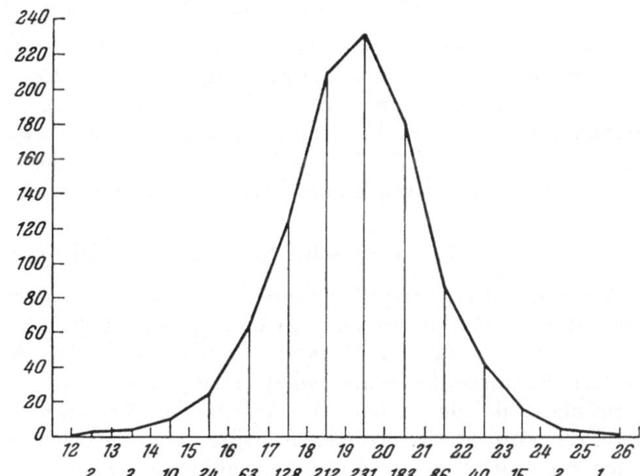

Fig. 5. Graphische Darstellung der Variation in Samenlänge in einer Probe von 1000 Samen der Feuerbohne. Die untere Zahlenreihe gibt die Anzahl Samen innerhalb der Klassen an

Die quantitativen Merkmale zeigen in den meisten Fällen Variationskurven, die eine ausgeprägte Ähnlichkeit mit einer bestimmten mathematischen Kurve haben, der sogenannten Binomialkurve, Fig. 6. Eine Serie von relativ ähnlichen Binomialkurven erhält man, wenn man die Koeffizienten des Binoms $(a+b)^n$ für höhere Werte von n wie 10, 11, 12... graphisch wiedergibt. Es ist zweckmäßig, diese Formel etwas näher zu studieren. Für die Exponenten 2—5 gelten folgende Gleichungen:

	Summe (N)
$(a+b)^2 = a^2 + 2ab + b^2$	$N = 2^2$
$(a+b)^3 = a^3 + 3a^2b + 3ab^2 + b^3$	$N = 2^3$
$(a+b)^4 = a^4 + 4a^3b + 6a^2b^2 + 4ab^3 + b^4$	$N = 2^4$
$(a+b)^5 = a^5 + 5a^4b + 10a^3b^2 + 10a^2b^3 + 5ab^4 + b^5$	$N = 2^5$

Nun interessieren in diesem Zusammenhang nicht die vollständigen Formeln, sondern nur die Serien der Koeffizienten für gegebene Werte von n. Diese Koeffizienten können wir ohne weiteres aus dem sogenannten Pascalschen Dreieck entnehmen, in welchem eine jede Zahl gleich der Summe der beiden darüberstehenden Zahlen ist.

1 1
1 2 1
1 3 3 1
1 4 6 4 1
1 5 10 10 5 1
1 6 15 20 15 6 1
1 7 21 35 35 21 7 1
1 8 28 56 70 56 28 8 1

Für $n=10$ und 12 würden wir z. B. folgende Serien von Koeffizienten erhalten:

1 : 10 : 45 : 120 : 210 : 252 : 210 : 120 : 45 : 10 : 1

1 : 12 : 66 : 220 : 495 : 792 : 924 : 792 : 495 : 220 : 66 : 12 : 1

Bei graphischer Darstellung dieser Zahlenserien sind zum besseren Vergleich die Koeffizienten als Dezimalbrüche ihrer Summe anzugeben, so daß die Kurven gleich große Areale umschließen. In Promille ihrer Summen ausgedrückt erhalten wir für diese Serien in abgerundeten Zahlen

1 : 10 : 44 : 117 : 205 : 246 : 205 : 117 : 44 : 10 : 1

0,2 : 3 : 16 : 54 : 121 : 193 : 226 : 193 : 121 : 54 : 16 : 3 : 0,2

Wenn wir außerdem den Kurven eine begrenzte Basis geben, so rücken mit weiterem Ansteigen des Exponenten n die Klassengrenzen auf der Abszissenachse immer näher zusammen und die Form der Kurve nähert sich dann immer stärker der ideellen Binomialkurve, die den Koeffizienten des Binoms $(a+b)^{\infty}$ entspricht. Diese ideelle Kurve ist identisch mit der Kurve der sogenannten normalen Distribution (Verteilung) oder *Normalkurve*, deren Eigenschaften wir im folgenden näher diskutieren.

2. Biologische Bedeutung der Binomialkurve

Wenn wir die Entwicklung eines variablen Charakters wie Höhe des Menschen oder Ertrag der Weizenpflanze in einer großen Population studieren, so finden wir daß die Ausprägung des Merkmals von einer großen Anzahl erblicher und nichterblicher Faktoren bestimmt wird. Hier können wir uns auf die Milieufaktoren beschränken, da der genetische Aspekt der Variation in einem anderen Kapitel analysiert wird. Die verschiedenen Milieufaktoren treten in sehr verschiedenen Intensitäten auf, günstigen und weniger günstigen oder direkt ungünstigen. In diesem Zusammenhang wollen wir schematisch die Intensitäten eines Faktors, die einem überdurchschnittlichen Wuchs entsprechen, als günstig bezeichnen, alle anderen Intensitäten als ungünstig. Günstige und ungünstige Intensitäten eines jeden Faktors werden nach dieser Definition gleich häufig. Wenn wir nun theoretisch den Einfluß von 10 Milieufaktoren auf die Variabilität eines Merkmals in einer Population betrachten, so würden die verschiedenen Individuen unter den verschiedensten Kombinationen von günstigen und ungünstigen Faktoren aufwachsen. Die relative Häufigkeit der Kombinationen mit 10, 9, 8 ... 2, 1, 0 günstigen Faktoren kann durch Expansion der Binomialformel $(a+b)^{10}$ veranschaulicht werden, indem man a für günstige, b für ungünstige Intensitäten der Milieufaktoren setzt. Wir erhalten

a^{10}	a^9b	a^8b^2	a^7b^3	a^6b^4	a^5b^5	a^4b^6	a^3b^7	a^2b^8	ab^9	b^{10}
1	10	45	120	210	252	210	120	45	10	1

Wir sehen, daß die meisten Kombinationen etwa gleich viele günstige wie ungünstige Faktoren enthalten. Kombinationen mit stärkerem Überschuß von günstigen oder ungünstigen Faktoren werden progressiv seltener. Wenn sich nun die Effekte der verschiedenen Faktoren addieren, so sollte das Merkmal eine der Binomialkurve entsprechende Variation zeigen. Mit steigender Anzahl der vorhandenen Milieufaktoren sollte die Übereinstimmung mit dieser Kurve immer besser werden.

Nun sind diese Betrachtungen abstrakt und ungenau. Die Effekte von günstigen Faktoren addieren sich nicht immer auf eine schematische Weise. In einigen Kombinationen erhalten günstige Faktoren eine verstärkte Wirkung, in anderen eine abgeschwächte. Dies hat aber weniger Bedeutung. Denn da während der Entwicklung gewöhnlich zahlreiche Interaktionen zwischen den verschiedensten Faktoren eintreffen, bald mit positiven, bald mit negativen Ausschlägen, kombinieren sich nicht nur die Effekte der einzelnen Faktoren, sondern auch die ihrer Interaktionen gewöhnlich mehr oder weniger nach dem Prinzip der Binomialkurve, solange die Anzahl der Faktoren genügend groß ist und die Effekte der einzelnen Faktoren oder ihrer Interaktionen relativ gering sind. Sollten aber ein oder wenige Faktoren durch besondere Umstände eine unverhältnismäßig starke Wirkung bekommen, so können sich verschiedene Typen von abweichenden Kurven ergeben, z. B. asymmetrische, die steil nach der einen Seite, flacher nach der anderen abfallen. Dasselbe ist auch der Fall, wenn der betreffende Charakter aus physiologischen Gründen schwer gewisse Grenzwerte überschreiten kann. Diese Vorstellungen werden in späteren Kapiteln näher diskutiert.

3. Mathematische Betrachtungen

Für den Exponenten ∞ fällt wie gesagt die Kurve der Koeffizienten des Binoms $(a+b)^n$ mit der mathematischen Kurve der normalen Distribution zusammen. Die Gleichung dieser Kurve wird in Lehrbüchern der Statistik meist durch eine komplizierte Formel wiedergegeben, die auf den Nichtmathematiker abschreckend wirkt. Für biologische Zwecke läßt sie sich indessen mit demselben Grad von Genauigkeit in einen wesentlich einfacheren Ausdruck umformen, nämlich

$$y \approx \frac{1}{2{,}5\; e^{0{,}5\,x^2}} \approx 0{,}4\; e^{-0{,}5\,x^2}$$

Die Koordinaten y und x dieser Funktion haben eine ähnliche Bedeutung wie in Fig. 5, die wir indessen unten näher diskutieren müssen; e ist die Basis des natürlichen Logarithmus, die abgerundete Zahl im Nenner $= \sqrt{2\,\pi} = 2{,}5066$. Dies ist eine relativ einfache Beziehung zwischen y und x, die in Fig. 6 graphisch dargestellt wird. y ist eine exponentiale Funktion von x. Für gleich große positive und negative Werte von x erhalten wir dieselben Werte für y, da das Vorzeichen von x bei der Quadrierung aufgehoben wird. Die Kurve ist daher symmetrisch. Für $x=0$ erhält die Potenz im Nenner der obigen Formel ihren minimalen Wert $e^0=1$ und damit y seinen maximalen Wert von 0,39895, also rund 0,4. Steigt x von 0 auf $+4$ oder sinkt es auf -4, so erhöht sich in beiden Fällen der Wert der Potenz von 1 auf $e^8=2981$, wodurch y von 0,4 .. auf 0,00013 reduziert wird. Theoretisch erreicht die Kurve nicht die Basis, sondern nähert sich derselben asymptotisch. Jenseits von $x=\pm 4$ sinken die Werte von y jedoch bald auf verschwindend kleine Größen herab. Die Ausrechnung der Werte von y ist relativ einfach, siehe Tab. 6. Im übrigen gibt jedes Lehrbuch der Statistik ausführliche Tabellen über die Ordinaten y.

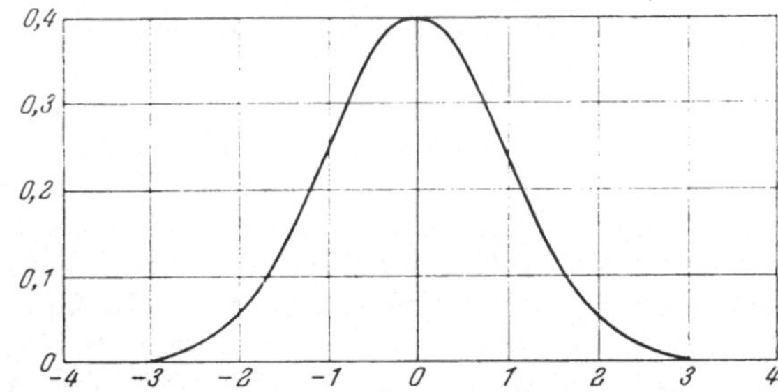

Fig. 6. Die Kurve der normalen Distribution, $y \approx 0{,}4\, e^{-0{,}5x^2}$ NB. Die Ordinatenachse ist in Zehnteln der betreffenden Einheit eingeteilt. Die Kurve umschließt ein Areal von der Größe 1, das 10 Quadranten von der Größe $0{,}1 \times 1{,}0$ entspricht

Tabelle 6. *Berechnung der Ordinaten der Normalkurve*

$x =$	0,0	0,5	1,0	1,5	2,0	2,5	3,0
$0{,}5\,x^2 =$	0	0,125	0,5	1,125	2	3,125	4,5
$e^{-0{,}5x^2} =$	1	0,8825	0,6065	0,3246	0,1353	0,0439	0,0111
$y =$	0,3989	0,3521	0,2420	0,1295	0,0540	0,0175	0,0044

Die Kurve, die wir jetzt diskutieren, schließt ein Areal von der Größe 1 ein. Mit ihrer Hilfe können wir die normale Distribution der Abweichungen vom Mittel einer Population wiedergeben, wenn diese Abweichungen in Einheiten der Standardabweichung (siehe unten) ausgedrückt werden. Häufigkeiten (Wahrscheinlichkeiten) werden hierbei als *Flächen*, d. h. als entsprechende Teile des Areals 1 wiedergegeben. Der Anteil der Varianten, die innerhalb bestimmter Intervalle fallen, z. B. $+1$ und -1 oder $+1{,}5$ und $+1{,}8$, wird durch die Fläche wiedergegeben, die durch die Ordinaten in den betreffenden Punkten sowie durch den zwischen den Ordinaten befindlichen Teil der Kurve und der Abszissenachse begrenzt wird. Die Berechnung der Größe solcher Flächen ist ein kompliziertes Problem der Integralrechnung. Wir finden indessen in jedem Lehrbuch der Statistik Tabellen mit deren Hilfe sich die Flächen zwischen zwei beliebigen Ordinaten bequem bestimmen lassen. Hier begnügen wir uns mit der Übersicht in Tabelle 7.

Tabelle 7.
Häufigkeit der Varianten innerhalb und außerhalb bestimmter Intervalle der Normalkurve

$x =$	± 0,5	± 1,0	± 1,5	± 2,0	± 2,5	± 3,0	± 3,5	± 4,0
Innerhalb	0,383	0,683	0,866	0,9544	0,9876	0,9973	0,99953	0,999937
Außerhalb	0,617	0,317	0,134	0,0456	0,0124	0,0027	0,00047	0,000063

4. Die Form der Normalkurve

Die Mathematiker pflegen die Normalkurve durch folgende Gleichung zu charakterisieren:

$$y = \frac{N}{\sigma \cdot 2{,}5066 \cdot e^{(x-\mu)^2/2\sigma^2}}$$

Diese Formel enthält drei Symbole, die innerhalb derselben Population konstant sind, in verschiedenen Populationen aber variieren. N ist das Symbol für die Anzahl Individuen in der Population, σ ist die Standardabweichung und μ der Mittelwert der Population in dem untersuchten Merkmal. N kann aus dieser Gleichung eliminiert werden, wenn die Häufigkeiten als Dezimalbrüche angegeben werden, wodurch N zu 1 wird. Dann bleiben noch zwei Parameter (Konstanten) der Population zurück, σ und μ, die den Verlauf der Kurve bestimmen. Für verschiedene Werte dieser Symbole erhalten wir ganz verschiedene Kurven. Die Größe μ können wir aber eliminieren, indem wir den Mittelwert der Population als Null bezeichnen, wodurch die Abweichung $x - \mu$ den Wert $x - 0 = x$ erhält. Schließlich läßt sich σ eliminieren, indem wir es als Einheit der Abszisse (Standardabweichung, siehe unten) benutzen. Hierdurch verwandelt sich obige Gleichung in die früher diskutierte, wesentlich einfachere:

$$y \approx \frac{1}{2{,}5\ e^{0{,}5\,x^2}} \approx 0{,}4\ e^{-0{,}5\,x^2}$$

Alle diese Vereinfachungen sind nun für statistische Analysen auf biologischem Gebiet durchaus zweckmäßig. Der Kurvenverlauf wird hierdurch eindeutig festgelegt. Bei graphischer Wiedergabe der Funktion entsteht nur noch das Problem der Einheit in der Ordinatenachse. In Fig. 6 wurden den *Dezimalen* dieser Einheit gleiche Abstände auf der Ordinatenachse gegeben wie vollen Standardabweichungen auf der Abszissenachse, da wir sonst eine extrem flache Kurve bekommen hätten. In anderen Beispielen mag es zweckmäßig sein, logarithmische Skalen zu verwenden. Dieses graphische Problem ändert jedoch nichts an der Zweckmäßigkeit der Vorstellung von der Eindeutigkeit der Beziehungen zwischen x und y in der theoretischen Normalkurve von der obigen Formulierung.

II. Die Standardabweichung

1. Allgemeines

Mathematisch ist die Standardabweichung σ die Einheit der Abszissenachse, die zusammen mit der Einheit der Ordinatenachse Form und Größe der theoretischen Variationskurve eindeutig festlegt. Die Mathematiker geben noch an, daß die Standardabweichung dem horizontalen Abstand zwischen Gipfel und Wendepunkten der Kurve entspricht.

Um biologische Variationskurven zu analysieren, ist es notwendig, ihre Mittelwerte und Standardabweichungen festzustellen. Für die Berechnung der Standardabweichung benutzt man die Formel $\sigma = \sqrt{\Sigma D^2/n-1}$, oft vereinfacht zu $\sigma = \sqrt{\Sigma D^2/n}$. Ersterer, genauerer Ausdruck ist bei niedrigen Werten von n (Anzahl der gemessenen Individuen) vorzuziehen. Hiernach ist die Standardabweichung gleich der Wurzel aus dem durchschnittlichen Quadrat der Abweichungen (D) der einzelnen Individuen (Varianten) vom Mittelwert der Probe. Die Bedeutung dieser Formel werden wir an Hand der Variationskurve für die Länge der Bohnensamen (Fig. 5) erklären. Die durchschnittliche Länge der 1000 gemessenen Bohnen beträgt $m = 19{,}22$ mm. Für eine Bohne von 14,4 mm beträgt die Abweichung D von diesem

Tabelle 8.

Berechnung des Mittels und der Standardabweichung für Samenlänge in einer Probe von 1000 Samen der Feuerbohne, siehe Fig. 5, S. 17

d = Abweichungen vom abgerundeten Mittel 19,5.
f = Frequenz, Anzahl Individuen in den betreffenden Klassen.

Mittelwerte der Klassen	d	f	fd	fd^2
12,5	−7	2	− 14	98
13,5	−6	3	− 18	108
14,5	−5	10	− 50	250
15,5	−4	24	− 96	384
16,5	−3	63	−189	567
17,5	−2	128	−256	512
18,5	−1	212	−212	212
19,5	0	231	0	0
20,5	+1	183	+183	183
21,5	+2	86	+172	344
22,5	+3	40	+120	360
23,5	+4	15	+ 60	240
24,5	+5	2	+ 10	50
25,5	+6	1	+ 6	36
Summe		1000	−284	3344

Korrektur für den Mittelwert $\frac{\Sigma f d}{n} = \frac{-284}{1000} = -0{,}28$

Mittelwert daher $m = 19{,}50 - 0{,}28 = 19{,}22$.

$$\sigma \text{ brutto} = \sqrt{\frac{\Sigma f d^2}{n}} = \sqrt{\frac{3344}{1000}} = \sqrt{3{,}344}$$

$$\sigma \text{ korrigiert} = \sqrt{\frac{\Sigma f d^2}{n} - \left(\frac{\Sigma f d}{n}\right)^2} = \sqrt{\frac{3344}{1000} - \left(\frac{-284}{1000}\right)^2}$$

$$= \sqrt{3{,}344 - 0{,}0807} = \sqrt{3{,}2633} = \pm 1{,}806$$

$v = 100\,\sigma : m = 180{,}6 : 19{,}22 = 9{,}4\%$

Standardfehler des Mittels $= \sigma/\sqrt{n} = 1{,}806/\sqrt{1000} = \pm 0{,}057$

Mittelwert 19,22—14,40 = 4,82 mm. $D^2 = 4{,}82^2 = 23{,}23$. Wenn wir auf diese Weise D^2 für alle einzelnen Samen berechnen, und diese Quadrate addieren, erhalten wir $\Sigma D^2 = 3263$. Dividieren wir diesen Wert durch n, hier 1000, so erhalten wir $\Sigma D^2/n$, das mittlere Quadrat der Abweichungen vom Durchschnitt (3,263). Die Wurzel hieraus entspricht der Standardabweichung $\sigma = \pm 1{,}81$ mm.

Zur praktischen Bestimmung der Standardabweichung bedarf man spezieller Methoden, die sehr verschieden sind, je nachdem ob man über eine Rechenmaschine verfügt (vgl. S. 32) oder nicht. Im letzteren Falle kann man vorgehen, wie in Tab. 8 gezeigt wird. Spalte 1 gibt die Mittelwerte der einzelnen Klassen an, indem z. B. für die Klasse 13—14 mm automatisch der Mittelwert 13,5 angenommen wird. Spalte 2 gibt die Abweichungen d der Klassenmittel von einem abgerundeten Durchschnitt für die Probe an. Als solches Mittel erscheint, nach kurzer Betrachtung der Zahlen, der Wert 19,5 am geeignetsten. f in Spalte 3 gibt die Häufigkeit (Frequenz) der Individuen in den verschiedenen Klassen. In Spalte 4 sind für jede Klasse die Werte von f und d multipliziert. Die Summe dieser Produkte, Σfd, würde bei Berücksichtigung der Vorzeichen den Wert Null haben, wenn wir die Abweichungen von dem absoluten Mittel berechnet hätten. Die Abweichungen von dem willkürlichen, abgerundeten Mittel ergeben dagegen eine Summe von -284. Um den genauen Mittelwert zu erhalten, berechnen wir nach den Prinzipien der Algebra die dazu notwendige Korrektur des willkürlichen Wertes mit Hilfe der Formel $\Sigma fd/n = -284/1000 = -0,284$. Wir erhalten daher $m = 19,50 - 0,28 = 19,22$. Spalte 5 gibt für die verschiedenen Klassen die Summe der Quadrate vom abgerundeten Mittel (fd^2). In Klasse 14,5 geben z. B. zehn Quadrate der Abweichung -5 den Wert 250. Die Zahlen dieser Spalte werden am einfachsten erhalten, wenn die Produkte in Spalte 4 mit dem zugehörigen Wert von d multipliziert werden. Die Summe der Produkte $f\,d^2$ beträgt 3344. Demnach wäre die angenäherte Standardabweichung $\sigma = \sqrt{\Sigma f\,d^2/n} = \sqrt{3344/1000}$. Indessen müssen wir eine Korrektur benutzen, um die durch Abrundung des Mittelwertes eingeführte Fehlerquelle zu beseitigen, die nach dem mathematischen Prinzip der „kleinsten Quadrate“ stets zu einer Vergrößerung von Σfd^2 führt. Die Korrektur geschieht durch Anwendung der Formel:

$$\sigma = \sqrt{\frac{\Sigma f\,d^2}{n} - \left(\frac{\Sigma f\,d}{n}\right)^2}$$

$$= \sqrt{\frac{3344}{1000} - \left(\frac{-284}{1000}\right)^2} = \sqrt{3,344 - 0,081} = \pm 1,806$$

Über eine weitere, nach SHEPPARD benannte Korrektur, die für gewisse Typen von statistischen Analysen empfohlen wird, sei auf die Lehrbücher der Statistik verwiesen.

2. Anwendungen der Standardabweichung

Die Standardabweichung wird im biologischen Material direkt oder indirekt für drei verschiedene Zwecke benutzt, die im folgenden diskutiert werden.

a) Messung der Variabilität

Wenn die Variabilität eines Merkmals, wie Samenlänge der Bohne oder Ertrag der Weizenpflanze, vollständig mit der normalen Variationskurve übereinstimmen würde, so brauchten wir nur zwei Parameter des Merkmals zu kennen, um seine Variabilität eindeutig zu charakterisieren, nämlich den Nullpunkt, d. h. die mittlere Samenlänge (bzw. Ertrag) und die Standardabweichung. Aber auch, wenn die Variabilität nicht vollständig, sondern nur mit einer gewissen Annäherung mit der Normalkurve übereinstimmt, so ist die Standardabweichung in Verbindung mit dem Mittel der beste statistische Ausdruck für die Variabilität. Ist die Standardabweichung bekannt, so können wir uns ein ziemlich vollständiges Bild über die prozentuale Verteilung der Individuen auf die verschiedenen Größenklassen machen. — Mit Hilfe der Standardabweichung können wir auch aus einer kleineren Probe, z. B. 50 Individuen, angenäherte Schlüsse über die Beschaffenheit der Population machen, aus der diese Probe stammt. Dies läßt sich nicht mit demselben Grad von Zuverlässigkeit durch

Bestimmung anderer Größen wie z. B. der Variationsbreite erreichen. Denn diese ist wesentlich stärkeren zufälligen Schwankungen unterworfen als die Standardabweichung.

Die Brauchbarkeit der Standardabweichung als Maß für die Variabilität wird durch Fig. 7 veranschaulicht, in der zwei Variationskurven von gleichem Mittelwert, aber verschiedenen Standardabweichungen verglichen werden. Die Kurve B hat eine doppelt so hohe Standardabweichung wie die Kurve A. Man bemerke, daß diese Kurven trotz des recht verschiedenen Aussehens identisch werden, wenn man die Abweichungen vom Mittel nicht in mm oder Gramm, sondern in Standardabweichungen wiedergibt.

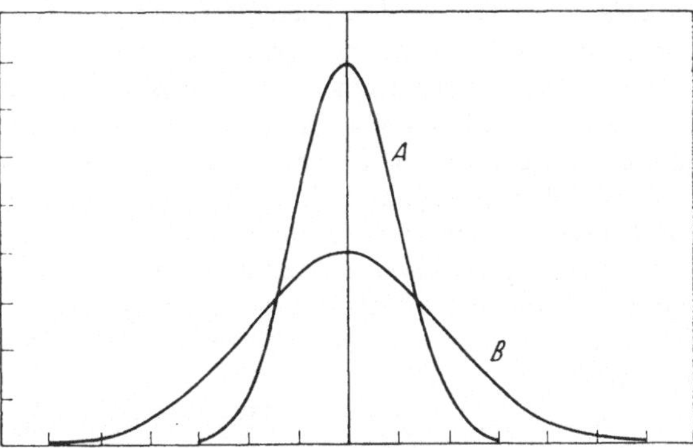

Fig. 7. Vergleich der Variationskurven zweier Populationen von gleichem Mittelwert, aber verschiedenen Standardabweichungen. Die Standardabweichung der Kurve B ist doppelt so groß wie die von A

Ein Fall, wie ihn Fig. 7 beschreibt, kann leicht bei Kreuzung zweier Varietäten vom gleichen Ertrag eintreffen, indem der mittlere Ertrag der F_2-Generation etwa der gleiche ist wie der der Elternvarietäten, die Variationsbreite aber viel größer. Ein solcher Befund wäre ein Beweis dafür, daß die gekreuzten Rassen trotz gleichen Ertrages verschiedene Konstitution besitzen, so daß die Spaltung in F_2 eine bedeutende Erhöhung der Variabilität zur Folge hat. — Wenn man dagegen in zwei konstanten Varietäten von gleichen Erträgen eine verschiedene Standardabweichung für den Ertrag der Einzelpflanzen findet, so deutet dies darauf hin, daß die Varietät mit größerer Standardabweichung empfindlicher auf gewisse günstige und ungünstige Milieufaktoren reagiert als die Varietät mit der kleineren Standardabweichung. Solche Verhältnisse könnten ein hohes Interesse für die Züchtung auf Ertrag haben.

Variationskoeffizient. Soll die Variabilität eines Merkmals in Populationen (Varietäten) verglichen werden, die stark verschiedene Mittel für dieses Merkmal haben, so ist es zweckmäßiger, statt der absoluten Variabilität die relative Variabilität zu bestimmen, d. h. die Variabilität bezogen auf den Mittelwert der Population. Hierzu wird der sogenannte Variationskoeffizient v oder C.V. berechnet nach der Formel $v = 100\,\sigma/m$. Im Bohnenbeispiel Tab. 8 erhalten wir $v = 100 \cdot 1{,}81/19{,}22 = 9{,}4\%$. Der Variationskoeffizient beträgt also 9,4% der Samenlänge. Unter der Voraussetzung, daß die absolute Größe der Variabilität eines Merkmals an und für sich proportional mit dem Mittelwert dieses Merkmals ist, wird der Variationskoeffizient unabhängig vom Mittelwert, so daß man mit seiner Hilfe die Variabilität von Populationen mit den verschiedensten Mittelwerten vergleichen kann. Die genannte Voraussetzung ist jedoch in jedem Material zu prüfen.

b) Zuverlässigkeit von Mittelwerten

Gewöhnlich wird der Mittelwert einer Population durch Messung einer begrenzten Probe festgestellt. Es entsteht nun die Frage, mit welcher Genauigkeit sich der Mittelwert mit Hilfe einer Probe von n Individuen bestimmen läßt. Diese Frage wird durch Berechnung des *Standardfehlers* (standard error) SE des Mittelwertes gelöst nach der Formel $SE = \sigma/\sqrt{n}$. Der Standardfehler sinkt also proportional mit der Quadratwurzel der Probengröße. Im Beispiel Tab. 8 ist $SE = 1{,}81/\sqrt{1000} = \pm 0{,}057$. Der

Mittelwert der Bohnenlänge wird daher am besten angegeben durch die Formel $19{,}22 \pm 0{,}057$ mm. Theoretisch zeigen die zufälligen Abweichungen der Stichprobenmittel vom Mittelwert ihrer Population eine normale Distribution, wenn sie in Einheiten des Standardfehlers gemessen werden. Im vorliegenden Beispiel können wir daher mit einer Wahrscheinlichkeit von 95,4% (Tab. 7) annehmen, daß der Mittelwert der Population sich innerhalb des Intervalles $19{,}22 \pm 2\,SE = 19{,}22 \pm 0{,}114 = 19{,}106 - 19{,}334$ befindet. Diese Methode gilt allerdings nur für relativ große Stichproben. Für kleinere Stichproben sind die Wahrscheinlichkeiten der Abweichungen mit Hilfe der *t*-Distribution zu berechnen (Lehrbücher der Statistik).

Wenn wir nun dasselbe Merkmal in verschiedenen Populationen untersuchen, so möchten wir oft wissen, ob eine gefundene Differenz Δ zwischen zwei Mittelwerten statistische Bedeutung hat oder nicht. Als Beispiel nehmen wir an, daß wir bei einem Studium der Samenerträge je Pflanze zweier Bohnensorten die Mittelwerte $25{,}2 \pm 0{,}8$ g und $22{,}1 \pm 1{,}2$ g erhielten, also eine Differenz von 25,2—22,1 = 3,1 g. Zur statistischen Beurteilung dieser Differenz auf Grundlage der Variabilität innerhalb der beiden Stichproben benutzen wir die Formel für den Standardfehler einer Differenz zweier Mittelwerte

$$SE\,\Delta = \sqrt{SE_1^2 + SE_2^2}\,,$$

in welcher SE_1 und SE_2 die Standardfehler der beiden Mittelwerte darstellen. Also $SE\,\Delta = \sqrt{0{,}8^2 + 1{,}2^2} = \pm 1{,}44$. Nun ist $\Delta / SE\,\Delta = 3{,}1/1{,}44 = 2{,}15$, d. h. die Differenz ist über zweimal so groß wie ihr Standardfehler. Da zufällige Unterschiede von der Größe 2,15 *SE* nur eine Wahrscheinlichkeit von 3,16% haben (vgl. Tab. 7), liegt es nahe anzunehmen, daß der gefundene Unterschied nicht zufällig war, sondern konkrete Ursachen hatte.

Ein Vergleich der Mittelwerte von Familien oder Parzellen spielt in der Pflanzenzüchtung eine bedeutende Rolle und wird mit speziellen Methoden in großem Umfang vorgenommen.

Grade der Signifikanz. Unterschiede zwischen Mittelwerten oder Abweichungen von theoretischen Erwartungen, die mit einer Wahrscheinlichkeit von über 5% durch den Zufall bedingt sein könnten, werden in der biologischen Statistik gewöhnlich als insignifikant bezeichnet, während solche mit Wahrscheinlichkeiten von 5%—1% und unter 1% als bzw. signifikant und hochgradig signifikant betrachtet werden. Für die beiden letzteren Intervalle benutzt man auch die Bezeichnungen Signifikanz auf dem Niveau 0,05 bzw. 0,01. Insignifikante Abweichungen haben wegen ihrer Unsicherheit relativ wenig Interesse; man hält es gewöhnlich für überflüssig zu diskutieren, ob sie zufällig sind oder bestimmte Ursachen haben. Für signifikante Abweichungen hält man konkrete Ursachen für wahrscheinlicher als den Zufall und für hochgradig signifikante hält man konkrete Ursachen für hochgradig wahrscheinlich. Eine völlige Sicherheit hat man indessen selten. Denn nachweislich werden die großen Lose in den Lotterien gewonnen, obwohl es sich im einzelnen Falle um äußerst signifikante Abweichungen von der Erwartung handelt. Man beachte auch, daß die obigen Maßstäbe nur für die Beurteilung von Einzelwerten gelten. Mit steigender Anzahl der untersuchten Proben steigt auch die Wahrscheinlichkeit für signifikante und hochgradig signifikante Abweichungen, die durch den Zufall bedingt sind, ebenso wie in einer Lotterie die Wahrscheinlichkeit für einen seltenen Gewinn mit der Anzahl der gekauften Lose zunimmt.

c) Analyse abweichender Typen von Kurven

Neben annähernd normalen Variationskurven gibt es auch eine Reihe von abweichenden Typen. Wenn wir von völlig anomalen Typen wie zwei- oder mehrgipflige Kurven absehen, so gehören die in Fig. 8 wiedergegebenen zu den wichtigeren.

Die schiefen (asymmetrischen) Kurven fallen auf der einen Seite steiler ab als auf der anderen. Je nachdem die Kurve nach der Plus- oder Minusseite ausgedehnt ist, spricht man von positiver oder negativer Schiefe. Im ersteren Fall befindet sich die *„Mode“* (Gipfel), d. h. die Klasse mit der höchsten Anzahl Individuen, links vom Mittelwert, im letzteren Falle rechts davon. Steilgipflige Kurven enthalten relativ viele Individuen nahe beim Mittel und in der Nähe beider Extreme, während die Flanken „ausgehöhlt“ sind. Bei den flachgipfligen Kurven sind dagegen die Flanken auf Kosten der Gipfel und Extreme angeschwollen. Es sind bestimmte Methoden ausgearbeitet worden, mit denen der Grad der Asymmetrie und der Steil- oder Flachgipfligkeit gemessen werden kann. In solchen Fällen wird eine normale Variationskurve von gleicher Standardabweichung als Vergleichsgrundlage benutzt. Die abweichenden Kurven werden also dadurch beschrieben, daß Typus und Grad der Abweichung von der normalen Kurve angegeben werden.

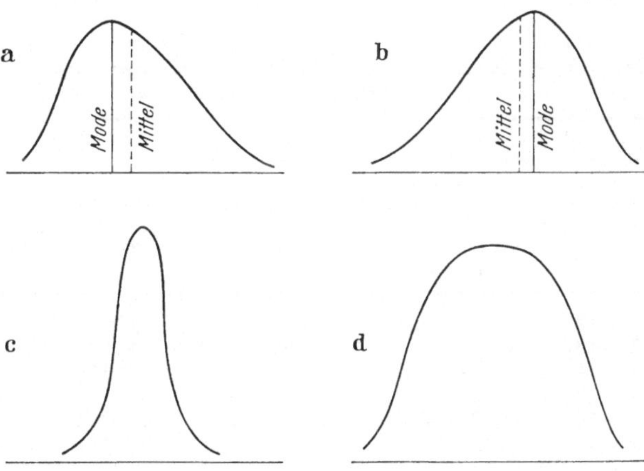

Fig. 8 a-d. Abweichende Typen von Variationskurven. a und b asymmetrische Kurven mit positiver bzw. negativer Schiefe; c steilgipflige, d flachgipflige Kurve

III. Prüfung einer Kurve auf Normalität

Wenn gewünscht wird, eine durch Messung gefundene Variationskurve mit der theoretischen Normalkurve zu vergleichen, so kann man die in Tab. 9 an Hand des Bohnenbeispiels von Tab. 8 erklärte Methode anwenden. Der erste Schritt besteht darin, die Klassengrenzen der Messung statt in Millimetern in Standardabweichungen auszudrücken. Bei dieser Berechnung müssen wir zunächst die Klassen durch ihre Abstände vom exakten Mittel 19,22 mm angeben. Die Klasse 20,5, d. h. 20—21 mm, entspricht dem Intervall 0,78—1,78 mm, die Klasse 21—22 mm dem Intervall 1,78 bis 2,78 mm, die Klasse 17—18 mm dem Intervall —1,22 bis —2,22 mm. Die den Mittelwert enthaltende Klasse 19—20 ist dabei in zwei Teile zu zerlegen, nämlich —0,22 bis 0,0 und 0,0 bis +0,78. Wenn wir nun die auf diese Weise bezeichneten Intervalle mit dem Wert der Standardabweichung 1,806 mm dividieren, so erhalten wir die Klassengrenzen in Einheiten der Standardabweichung (Spalte 3).

Die Häufigkeit der Varianten in den entsprechenden Intervallen der theoretischen normalen Distribution läßt sich bequem aus einer Tabelle bestimmen (z. B. Fisher und Yates, 1953). Auf diese Weise erhalten wir die Dezimalbrüche von Spalte 4. Um diese in die Zahlen der theoretischen Erwartung zu verwandeln, brauchen wir sie nur mit der Größe der Probe, in diesem Falle 1000 Individuen, zu multiplizieren, Spalte 5.

Wir sehen sofort, daß zwischen der theoretischen Zahlenreihe und der gefundenen eine gewisse Ähnlichkeit besteht. Die theoretischen Frequenzen von Spalte 4 gelten nun für unendlich große Populationen. Wollten wir nun untersuchen, ob die Differenzen zwischen der theoretischen und der gefundenen Serie als zufällige Abweichungen aufgefaßt werden können, so könnten wir dazu die Chi-Quadrat-Methode verwenden, die in jedem Lehrbuch der Statistik beschrieben ist. Wir erhalten dann, wie in der Tabelle näher erklärt, einen Wert für Chi-Quadrat von 12,67. Bei dieser Berechnung haben wir die drei kleinsten und die drei größten Klassen zu je einer zusammengefaßt,

Tabelle 9.

Vergleich der durch Fig. 5 und Tab. 8 beschriebenen Variation in Länge von Bohnensamen mit der Normalkurve. Größe der Probe n = 1000

1	2	3	4	5	6	7	8
Klassenintervalle			F	E	f	D	$\frac{D^2}{E}$
Länge	Abweichung vom Mittel		normale Frequenz	Erwartung	Gefunden	= f − E	
in mm	in mm	in σ		= n · F			
< 12	> 7,22	> 4,00	0,00003		0		
12 — 13	— 6,22 — 7,22	— 3,44 — 4,00	0,00026	1,93	2 } 5	+ 3,07	4,88
13 — 14	— 5,22 — 6,22	— 2,89 — 3,44	0,00163		3		
14 — 15	— 4,22 — 5,22	— 2,34 — 2,89	0,00772	7,72	10	+ 2,28	0,67
15 — 16	— 3,22 — 4,22	— 1,78 — 2,34	0,02790	27,90	24	— 3,90	0,55
16 — 17	— 2,22 — 3,22	— 1,23 — 1,78	0,07181	71,81	63	— 8,81	1,08
17 — 18	— 1,22 — 2,22	— 0,68 — 1,23	0,13890	138,90	128	— 10,90	0,86
18 — 19	— 0,22 — 1,22	— 0,12 — 0,68	0,20399	203,99	212	+ 8,01	0,31
19 — 20	— 0,00 — 0,22 + 0,00 — 0,78	— 0,00 — 0,12 + 0,00 — 0,43	0,04776 0,16640	214,16	231	+ 16,84	1,32
20 — 21	+ 0,78 — 1,78	+ 0,43 — 0,99	0,17251	172,51	183	+ 10,49	0,64
21 — 22	+ 1,78 — 2,78	+ 0,99 — 1,54	0,09931	99,31	86	— 13,31	1,78
22 — 23	+ 2,78 — 3,78	+ 1,54 — 2,09	0,04347	43,47	40	— 3,47	0,28
23 — 24	+ 3,78 — 4,78	+ 2,09 — 2,65	0,01428	14,28	15	+ 0,72	0,04
24 — 25	+ 4,78 — 5,78	+ 2,65 — 3,20	0,00334		2		
25 — 26	+ 5,78 — 6,78	+ 3,20 — 3,75	0,00060	4,02	1 } 3	— 1,02	0,26
> 26	> 6,78	> 3,75	0,00009		0		
Summe			1,00000	1000	1000	0,0	12,67 $= \chi^2$

9 Freiheitsgrade, $P = 0{,}25 - 0{,}10$

da Klassen mit weniger als 5 Individuen zu sehr großen Ungenauigkeiten in der Berechnung von Chi-Quadrat führen können. Nach dieser Operation enthalten die beiden Zahlenreihen je 12 Glieder. Die Anzahl der Freiheitsgrade (siehe unten) beträgt 9, da die beiden Serien die gleichen Summen, Mittel und Standardabweichungen haben und für jeden dieser gemeinsamen Werte ein Freiheitsgrad abgezogen werden muß. Für 9 Freiheitsgrade ist der genannte Wert von χ^2 insignifikant. Die gefundene Variationskurve zeigt demnach eine befriedigende Übereinstimmung mit der theoretischen Normalkurve.

Der Nachweis einer solchen Übereinstimmung hat große Bedeutung für die Frage nach der Zuverlässigkeit unserer statistischen Schlußfolgerungen. Für stärker abweichende Kurven haben die gewöhnlichen statistischen Methoden, die eine normale Distribution voraussetzen, einen entsprechend herabgesetzten Wert.

Freiheitsgrade. Der Begriff der Freiheitsgrade wird in der Statistik häufig bei Vergleich von gefundenen Zahlenreihen mit theoretisch erwarteten benutzt. Er bezeichnet formell die Anzahl der Glieder in der einen Reihe, die man mit beliebigen Werten ausfüllen könnte, ohne gegen bestimmte Bedingungen zu verstoßen. Beim Vergleich der folgenden Zahlenreihen

erwartet 90 : 30 : 30 : 10, $n = 160$
gefunden 102 : 25 : 25 : 8, $n = 160$

könnte man z. B. formell nur für drei Glieder der zweiten Reihe beliebige Werte einsetzen, das vierte Glied dagegen wäre damit automatisch als Differenz festgelegt, wenn die beiden Serien die gleichen Summen haben sollen.

Im allgemeinen bestehen für zwei Serien mit je n Gliedern $n-1$ Freiheitsgrade, wenn nur die Summen dieser Serien die gleichen sein sollen. Werden aber weitere Bedingungen gestellt, die von beiden Serien erfüllt werden sollen, so muß für jede Bedingung ein weiterer Freiheitsgrad abgezogen werden. Die Anzahl der Freiheitsgrade beeinflußt die Größe der theoretisch zu erwartenden zufälligen Abweichungen.

IV. Versuchstechnik

1. Vergleichende Ertragsprüfungen

Um den Ertrag einer Anzahl von Varietäten zu prüfen, werden sie auf gleich großen Parzellen angebaut und der Ertrag jeder Parzelle wird für sich festgestellt. Indessen ist auf eine Reihe von Faktoren zu achten, um möglichst zuverlässige Ergebnisse zu erhalten. Wenn man ein größeres Versuchsfeld in eine Anzahl Parzellen von gleicher Größe einteilt und auf allen Parzellen dieselbe Varietät aussäen würde, so würden diese Parzellen dennoch eine gewisse Variationsbreite im Ertrag zeigen, z. B. 80—120% vom mittleren Ertrag mit einer Standardabweichung von 8%. Die Variationsbreite hängt natürlich sehr von der Einförmigkeit des Bodens ab. Die Erfahrung zeigt indessen, daß es außerordentlich schwierig ist, einen hochgradig einförmigen Boden zu finden und eine hochgradig einförmige Kulturtechnik anzuwenden. Gewöhnlich sind gewisse Kleinigkeiten variabel. Z. B. ist ein Teil des Versuchsfeldes etwas trockener als der Rest und zeigt verzögerte Keimung oder einige Parzellen sind fruchtbarer oder sind unabsichtlich in irgendeiner Hinsicht ein wenig besser behandelt worden als andere. Bei Aussaaten, die sich über den ganzen Tag erstrecken, kann z. B. die Tageszeit der Aussaat indirekt die Keimung und damit den Ertrag beträchtlich beeinflussen.

Aus diesen Gründen müssen von jeder Varietät eine genügende Anzahl von Parzellen angebaut werden, z. B. 5—10, indem auf diese Weise die zufälligen Abweichungen von dem „typischen" Wert der Varietät herabgedrückt werden. Wenn einige Parzellen der Varietät auf einen besonders fertilen Teil des Versuchsfeldes fallen, so befinden sich die anderen meist auf minder fertilen Stellen und im Durchschnitt von allen Parzellen der Varietät pflegen sich diese Milieueffekte zum größten Teil auszugleichen. Mit zunehmender Anzahl von *Replikationen* (Versuchsparzellen, Wiederholungen) wird daher die Leistungsfähigkeit einer Varietät immer zuverlässiger beurteilt.

Im allgemeinen werden nun die Varietäten nicht einmal an einer Lokalität geprüft, sondern in einer Anzahl aufeinanderfolgender Jahre an mehreren Lokalitäten eines kleineren oder größeren Distriktes. Nehmen wir z. B. an, daß 10 Varietäten an 6 Lokalitäten in je 6 Replikationen in 6 aufeinanderfolgenden Jahren geprüft werden, so würde dies eine Summe von 2160 Parzellen ergeben, und für jede Varietät stände das Ergebnis von 216 Parzellen zur Verfügung. Auf Grund einer solchen Anzahl von Parzellen ließe sich schon ein ziemlich zuverlässiger Vergleich der Varietäten für den betreffenden Distrikt erhalten. Der relative wahrscheinliche Fehler nimmt nämlich theoretisch proportional mit der Quadratwurzel der Parzellenzahl ab. 216 Parzellen würden daher durchschnittlich eine 14,7mal so große Genauigkeit geben wie eine einzige, jedenfalls was „zufällige" Versuchsfehler betrifft. Denn an jeder der Lokalitäten und in jedem der Jahre würden sich zufällige Variationen ergeben, die sich in ihrer Summe nach dem genannten Prinzip ausgleichen. Darüber hinaus würde man die Leistungen einer Varietät für eine bestimmte Lokalität des Distriktes mit einem etwas geringeren Grad von Zuverlässigkeit erfassen. Wenn eine Varietät während 6 Jahre in 6 Replikationen geprüft wird, so gibt dies eine Gesamtzahl von 36 Parzellen, womit der Effekt des Zufalls auf $1/\sqrt{36} = 1/6$ reduziert würde. Praktisch mag allerdings die erreichte Genauigkeit durch besondere Umstände modifiziert werden.

Die Anordnung der Parzellen in einem Versuchsfeld zur möglichst genauen Bestimmung des Ertrages ist eine besondere Wissenschaft (Versuchstechnik). Einige Elemente dieser Technik sind aus Fig. 9 zu ersehen. In I sind 5 Varietäten in einer

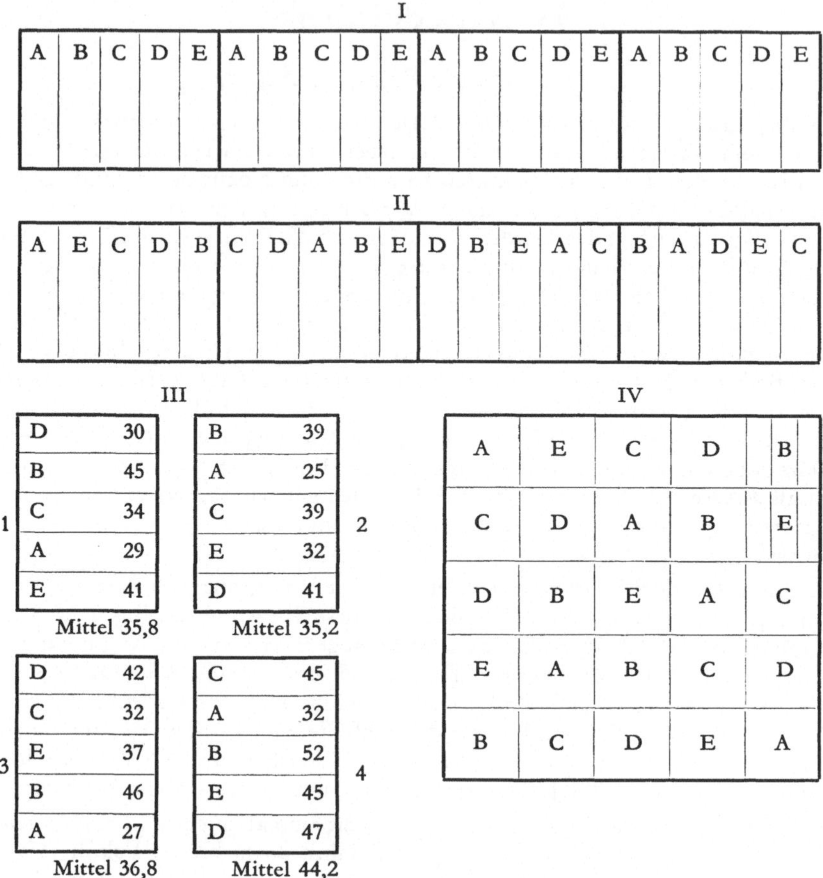

Fig. 9. Einige der elementären Anordnungen der Parzellen bei vergleichenden Ertragsprüfungen. I und II regelmäßige bzw. zufällige Anordnung der Parzellen innerhalb von Blöcken, die in der Längsrichtung eines Streifens aufeinanderfolgen. III Blöcke zu einem Rechteck angeordnet, vgl. sonst S. 30. IV Lateinisches Quadrat

Anzahl aufeinanderfolgender Blöcke stets in derselben Reihenfolge angepflanzt. In II ist die Reihenfolge innerhalb jedes Blockes zufällig, jeder Block enthält jedoch eine Parzelle jeder der 5 zu prüfenden Varietäten. Während in diesen beiden Anordnungen die Blöcke innerhalb eines Streifens aufeinanderfolgen, sind sie in III zu einem Rechteck angeordnet.

In IV haben wir das sogenannte lateinische Quadrat. Da die Parzellen eine quadratische Form haben und die Anzahl der Blöcke gleich der Anzahl der zu prüfenden Varietäten ist, läßt sich das ganze System zu einem schachbrettartigen Quadrat anordnen. Es wird dafür gesorgt, daß in jedem senkrechten und waagerechten Streifen des Schachbrettes eine Parzelle von jeder Varietät vorkommt. Abgesehen hiervon ist die Anordnung der Parzellen zufällig. Das lateinische Quadrat gilt als eine besonders genaue Versuchsanordnung. Die Bedingung, daß die Anzahl der Replikationen der Anzahl der Varietäten entspricht, begrenzt jedoch stark die Anwendbarkeit dieser Anordnung. — Das lateinische Rechteck hat dieselbe schachbrettartige Anordnung quadratischer Felder; jedes dieser Quadrate ist jedoch in 2, 3, 4... parallele Streifen eingeteilt, in denen verschiedene Varietäten geprüft werden können, wie in der rechten oberen Ecke von Fig. 9, IV angedeutet ist. Dieses System erlaubt bei 5 Replikationen die Prüfung von 10, 15, 20... Varietäten. Zum exakten Vergleich einer größeren Anzahl von Varietäten werden oft kompliziertere Anordnungen benutzt, wie sogenannte Gitteranlagen (lattices) und Spaltanlagen (split plots).

Die zufällige Anordnung der Parzellen innerhalb eines Blockes gilt als eine Voraussetzung für die mathematische Analyse der Versuchsergebnisse, da die statistischen Methoden auf der Annahme von zufälligen Variationen der Milieufaktoren wie Bodenunterschiede aufgebaut sind. Diese Voraussetzung wird häufig nicht bei regelmäßigen, sondern nur bei zufälligen Anordnungen der Parzellen erfüllt. Denn die Versuchstechniker haben gezeigt, daß die Bodenunterschiede eines Versuchsfeldes nicht zufällig von Punkt zu Punkt variieren, sondern mehr oder weniger regelmäßige Gradienten und bisweilen periodische Wiederholungen zeigen. Durch die Art der Bodenbearbeitung werden auch bisweilen periodisch sich in kurzen Abständen wiederholende begünstigte oder benachteiligte Streifen geschaffen. Unter solchen Umständen könnten bei regelmäßigen Anordnungen die Parzellen der Varietät X leicht auf durchschnittlich besser fertile Bodenstreifen fallen als die der Varietät Y. Bei zufälliger Anordnung der Parzellen wird die Wahrscheinlichkeit hierfür stark reduziert. — Obgleich die zufällige Anordnung der Parzellen eine Voraussetzung für die statistische Analyse der Ergebnisse ist, ist es noch eine umstrittene Frage, ob sie die Genauigkeit und Effektivität der Versuche an und für sich verbessert (SALMON, 1953, 1955; HOYLE und BAKER, 1961).

Vergleich mit Standardvarietäten. Für gewisse Fälle mag es zweckmäßig erscheinen, den Ertrag der Varietäten relativ zum Ertrag bestimmter Standardvarietäten zu beurteilen. Wenn man z. B. in einer Versuchsanlage wie Fig. 10 mit langen schmalen Parzellen jede zweite Parzelle mit einem Standard S bepflanzt, die übrigen Parzellen mit den Varietäten A, B, C, D..., so könnte der Ertrag einer jeden Varietät mit dem Mittel der beiden angrenzenden Parzellen des Standards verglichen werden und in Prozenten dieses Mittels angegeben werden. In der Figur haben z. B. die Varietäten A und D die gleichen absoluten Erträge 100, relativ zum Standard dagegen die Erträge 93% und 117,6%. In einem solchen Falle wäre eine Überlegenheit der Varietät D anzunehmen, was durch das Verhalten von Replikationen näher untersucht werden kann.

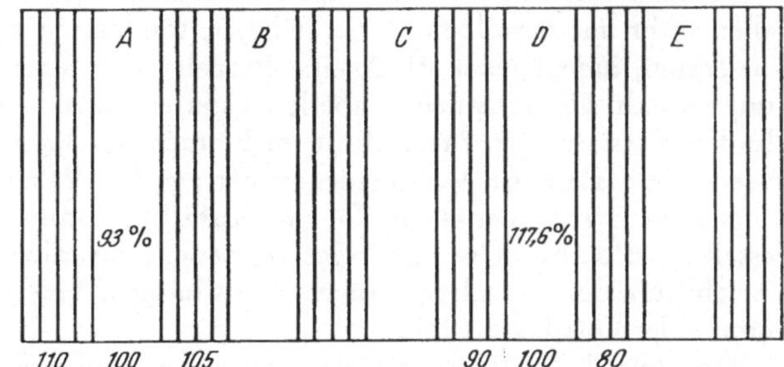

Fig. 10. Vergleich einer Anzahl Varietäten (A—E) mit einem Standard, dessen Parzellen durch Streifung hervorgehoben sind

Gegen die angedeutete Methode wird gewöhnlich eingewendet, daß die Standardvarietäten keine zuverlässigen Maßstäbe für den Ertrag darstellen, da sie ihre spezifischen Interaktionen mit den verschiedensten Milieufaktoren zeigen und ihre Parzellen daher bald zu hohe und bald zu niedrige Erträge geben. Indessen sollte es in vielen Fällen möglich sein, durch Mischung geeigneter Varietäten Standardsorten herzustellen, die nachweislich zuverlässige Wertmesser der Erträge darstellen. In geeigneter Ausformung könnte dieses Prinzip zumindestens für die Analyse wichtiger theoretischer Probleme wertvolle Dienste leisten.

2. Varianzanalyse

Die Auswertung der Versuchsergebnisse geschieht mit Hilfe besonderer statistischer Methoden, der sogenannten Varianzanalyse, deretwegen wir auf die Lehrbücher der Pflanzenzüchtung, Versuchstechnik und Statistik verweisen. In Tabelle 10 finden wir ein schematisches Beispiel mit abgerundeten Zahlen, um das Wesen dieser Methoden anzudeuten.

Wir wollen zunächst annehmen, daß 20 auf 4 Blöcke verteilte Parzellen (Fig. 9, III) mit ein und derselben Weizenvarietät besät worden sind und daß die Zahlen der Figur und Tabelle die Erträge dieser Parzellen in Kilo (oder anderen geeigneten Einheiten) darstellen. Die Unterschiede in den Erträgen wären dann ausschließlich durch das Milieu bedingt, in erster Linie durch die Variabilität in der Qualität des Bodens. Versuche von dieser Art, sogenannte blinde Versuche, werden oft ausgeführt, um die Variabilität des Bodens und seine Eignung für vergleichende Ertragsprüfungen oder als Versuchsgelände im allgemeinen zu bestimmen. Auf Grund der Erträge der Parzellen kann die Standardabweichung und der Variabilitätskoeffizient des Parzellenertrages für den betreffenden Versuch berechnet werden, wie dies in Tabelle 10 angedeutet ist. Zu diesem Zweck sind im mittleren Teile der Tabelle die Abweichungen der einzelnen Parzellen vom Mittelwert sämtlicher Parzellen ($760:20=38$ kg) angegeben. Wenn wir diese Abweichungen quadrieren und die 20 Quadrate summieren, so erhalten wir die Summe der Quadrate (SQ oder $\Sigma\, d^2)=1084$. Dividieren wir diese Summe durch die Anzahl der Freiheitsgrade (S. 26), 19, erhalten wir das mittlere Quadrat der Abweichungen $\Sigma d^2/n-1$, d. h. die *Varianz* $V=57{,}05$ und hieraus die Standardabweichung $\sqrt{\Sigma d^2/n-1}=\pm 7{,}6$ und den Variabilitätskoeffizienten $7{,}6\cdot 100/38 = 19{,}9$. Ein Variabilitätskoeffizient von dieser Größe würde natürlich zeigen, daß das benutzte Gelände schlecht als Versuchsfeld geeignet wäre.

In dem Versuch, den wir jetzt beschreiben wollen, haben wir jedoch die 20 Parzellen nicht mit derselben Varietät besät, sondern je 4 Parzellen mit 5 verschiedenen Varietäten, indem jeder Block eine Parzelle von jeder Varietät in zufälliger Anordnung enthält. Um eine neue Tabelle zu sparen, brauchen wir dieselben Erträge, wie im blinden Versuch. Die Variabilität im Ertrage der Parzellen beruht jetzt auf drei verschiedenen Ursachen: Verschiedener Ertrag der Varietäten, durchschnittliche Unterschiede im Ertrag der 4 Blöcke und zufällige Unterschiede zwischen den Parzellen desselben Blockes. Um die relative Bedeutung dieser drei Komponenten für die Variabilität des Parzellenertrages abzuschätzen, bestimmen wir ihren Anteil an der Summe der Quadrate 1084.

Den Anteil der Varietäten bestimmen wir dadurch, daß wir die durchschnittlichen Abweichungen der Parzellenerträge der Varietäten quadrieren und jedes Quadrat mit der Anzahl Parzellen pro Varietät multiplizieren. Wir erhalten dann $4\cdot(-9{,}75)^2 + 4\cdot(+7{,}5)^2 + 4\cdot(-0{,}50)^2 + 4\cdot(+2{,}0)^2 + 4\cdot(+0{,}75)^2 = 624{,}5$. Den Anteil der Blöcke an der Quadratsumme erhalten wir auf analoge Weise, indem wir die durchschnittlichen Abweichungen pro Parzelle der 4 Blöcke quadrieren und jedes Quadrat mit der Anzahl der Parzellen pro Block multiplizieren. Wir erhalten dann $5\cdot(-2{,}2)^2 + 5\cdot(-2{,}8)^2 + 5\cdot(-1{,}2)^2 + 5\cdot(6{,}2)^2 = 262{,}8$.

Statt der durchschnittlichen Abweichungen wie $-2{,}2$ und $-2{,}8$ können wir auch die entsprechenden Summen der Abweichungen, wie -11, -14 quadrieren. In diesem Fall ist jedoch das Quadrat mit der Anzahl der Parzellen pro Block zu dividieren, da z. B. $5\cdot(2{,}2)^2 = (5\cdot 2{,}2)^2/5$.

Den Anteil der *zufälligen* Unterschiede zwischen den Parzellen desselben Blockes erhalten wir schließlich, indem wir die Anteile der Varietäten und der Blöcke von der Gesamtsumme der Quadrate subtrahieren. Wir erhalten dann den Rest 196,7 (Tab. 10, unten). — 58% der Quadratsumme beruht demnach auf Unterschieden zwischen den Varietäten, 24% auf Unterschieden zwischen den Blöcken und 18% auf zufälligen Unterschieden der Parzellen („Versuchsfehler").

Tabelle 10.

Schematisches Beispiel zur Erklärung der Varianzanalyse. Erträge von 5 Weizenvarietäten A—E in 4 zu Blöcken vereinigten Replikationen

Der obere Teil der Tabelle gibt die Erträge der Parzellen in Kilo, der mittlere Teil die Abweichungen der Parzellen vom Gesamtdurchschnitt der Parzellen 38, der untere Teil die entsprechende Analyse der Varianz. FG = Freiheitsgrade

Varietät	Block				Summe	Mittel
	1	2	3	4		
A	29	25	27	32	113	28,25
B	45	39	46	52	182	45,50
C	34	39	32	45	150	37,50
D	30	41	42	47	160	40,00
E	41	32	37	45	155	38,75
Summe	179	176	184	221	760	190
Mittel	35,8	35,2	36,8	44,2	152	38
A	— 9	— 13	— 11	— 6	— 39	— 9,75
B	+ 7	+ 1	+ 8	+ 14	+ 30	+ 7,50
C	— 4	+ 1	— 6	+ 7	— 2	— 0,50
D	— 8	+ 3	+ 4	+ 9	+ 8	+ 2,00
E	+ 3	— 6	— 1	+ 7	+ 3	+ 0,75
Summe	— 11	— 14	— 6	+ 31	0	0
Mittel	— 2,2	— 2,8	— 1,2	+ 6,2	0	0

Komponenten der Variation	Summe der Quadrate		FG	Mittleres Quadrat	F	F für P =	
	%	absolut				0,05	0,01
Varietäten . .	57,6	624,5	4	156,12	9,53	3,26	5,41
Blöcke	24,2	262,8	3	87,60	5,34	3,49	5,95
Fehler	18,1	196,7	12	16,39			
Summe	100	1084	19	57,05			

Zur statistischen Beurteilung der Komponenten wird das mittlere Quadrat derselben (= Varianz) ausgerechnet, indem die Quadratsummen für Varietäten, Blöcke und Parzellen mit der zugehörigen Anzahl Freiheitsgrade dividiert werden. Von den 19 Freiheitsgraden des Gesamtmaterials fallen 4 auf Varietäten, 3 auf Blöcke und die Differenz, 12 auf zufällige Unterschiede zwischen Parzellen *(Versuchsfehler)*. Das mittlere Quadrat für den Versuchsfehler (Fehlervarianz) ist statistisch der *Maßstab* für die Varianzen der Varietäten und Blöcke. Der Quotient mittleres Quadrat Varietäten/mittleres Quadrat Fehler hat in diesem Beispiel einen Wert von $F = 156{,}12/16{,}39 = 9{,}53$. Aus den entsprechenden Tabellen für den Quotienten F (vgl. Lehrbücher der Statistik) entnehmen wir, daß F für 4 und 12 Freiheitsgrade von Dividend und Divisor für die Wahrscheinlichkeitsstufen von $P = 0{,}05$ und $P = 0{,}01$ den Wert 3,26 bzw. 5,41 hat. Da der genannte Quotient diese Werte überschreitet, ist die Varianz der Varietäten hochgradig signifikant. Die Varianz für Blöcke ist ebenfalls signifikant (allerdings nur auf dem Niveau $P = 0{,}05$), was offenbar auf der erhöhten

Fertilität von Block 4 beruht. — Andere Formeln gestatten es nachzuweisen, daß Unterschiede zwischen bestimmten Varietäten des Beispiels, z. B. A und B, hochgradig signifikant sind.

Die statistischen Prinzipien, die diesen Methoden zugrunde liegen, können hier nicht erörtert werden. Nur sei hier angedeutet, daß man die Abweichungen jeder Parzelle gewissermaßen in drei Komponenten zerlegt. Die Abweichung — 9 der A-Parzelle des Blockes 1 entsteht z. B. durch Addierung der Komponenten — 9,75; — 2,2; + 2,95 für bzw. Varietät, Block und Zufall. (Vergleiche hierzu den mittleren Teil von Tab. 10, rechte obere und linke untere Ecke. Die dritte Komponente wird als Differenz berechnet.) Die Summe der Quadrate der Komponenten ist für die einzelne Parzelle bald etwas größer, bald etwas kleiner als das Quadrat der totalen Abweichung. Im Durchschnitt aller Parzellen gleichen sich jedoch solche Unterschiede aus, so daß die Summe der Quadrate der Komponenten gleich der Summe der Quadrate der totalen Abweichungen wird.

Die praktischen Berechnungsmethoden sind verschieden von den hier dargestellten. Folgende Methoden haben sich als praktisch erwiesen:

$$\text{Quadratsumme, total,} \quad \Sigma(d^2) = \Sigma(X^2) - \bar{X}\,\Sigma X$$

$$\text{Quadratsumme, Varietäten,} \quad \Sigma(dv^2) = \frac{\Sigma(Tv^2)}{m} - \bar{X}\,\Sigma X$$

$$\text{Quadratsumme, Blöcke,} \quad \Sigma(db^2) = \frac{\Sigma(Tb^2)}{n} - \bar{X}\,\Sigma X$$

Hierbei sind dv und db die Abweichungen einer Varietät bzw. eines Blockes vom Gesamtmittel der Parzellen, $\bar{X}$ (hier $= 38$), X der Ertrag einer Parzelle, Tv und Tb Totalertrag einer Varietät bzw. eines Blockes, m und n Anzahl der Parzellen pro Varietät bzw. Block.

Die totale Quadratsumme wäre also $\Sigma(d)^2 =$

$$(29^2 + 25^2 + 27^2 \cdots\cdots + 45^2) - 38 \times 760 = 29\,964 - 28\,880 = 1084$$

$$\Sigma(d\,v^2) = \tfrac{1}{4}(113^2 + 182^2 + 150^2 + 160^2 + 155^2) - 28\,880 = 624{,}5$$

$$\Sigma(d\,b^2) = \tfrac{1}{5}(179^2 + 176^2 + 184^2 + 221^2) - 28\,880 = 262{,}8$$

3. Interaktionen

Eine Analyse der Varianz zeigt, daß dieselbe aus drei Komponenten zusammengesetzt ist, Milieufaktoren der verschiedensten Art, Effekte der Genotypen und Interaktionen zwischen Milieu und Genotypen. Der Begriff der Interaktion sei an folgendem Schema demonstriert (Tab. 11). Im oberen Teil der Tabelle betrachten wir die Erträge dreier Varietäten A, B, C mit den relativen Durchschnittswerten 90, 100 und 110 in vier aufeinanderfolgenden Jahren, die teils günstig, teils ungünstig sind, indem wir annehmen, daß sich die Effekte der Jahre einfach zu den Mittelwerten der Varietäten addieren oder subtrahieren. Die Varietäten reagieren also, mit anderen Worten, in ihren absoluten Erträgen ganz gleichartig auf die Jahre. In diesem Falle wäre die Interaktion von Jahr und Varietät gleich Null und wir könnten auf Grund der Ergebnisse eines einzigen Jahres die Rangordnung der Varietäten im Ertrage mit Sicherheit feststellen.

In Wirklichkeit verhalten sich die Varietäten leider nicht auf diese Weise, sondern eher wie im unteren Teile der Tabelle. Die Varietäten haben hier dieselben durchschnittlichen Erträge und die Jahre haben dieselben durchschnittlichen Effekte wie im vorherigen Modell. Aber in den einzelnen Jahren reagieren die Varietäten jetzt ganz verschieden. Im Jahre 1951 haben wir eine normale Reaktion, in den übrigen Jahren eine ziemlich unregelmäßige. Im Jahre 1954 behalten die Varietäten zwar die gleiche Rangordnung, ihre Unterschiede sind indessen verschärft. In den beiden übrigen Jahren liefert die beste Varietät die niedrigsten Erträge.

Ergebnisse von solcher Art können sehr verschiedene Ursachen haben. Die eine Varietät ist z. B. relativ resistent gegen Trockenheit, die andere gegen Feuchtigkeit. Die verschiedenen Varietäten haben verschiedene Entwicklungsgeschwindigkeit, weshalb kritische Entwicklungsstadien wie Blütenbildung oder Befruchtung bei der einen zufällig unter schlechtes, bei der anderen unter gutes Wetter fallen usw. Die ungleiche Reaktion der Varietäten auf die verschiedenen Jahre, die in den Abweichungen der Erträge von dem additiven Schema der Effekte zum Ausdruck kommt, wird in der Statistik als Interaktion zwischen Varietäten und Jahren oder Interaktionen *Varietät×Jahr* bezeichnet. Solche Interaktionen können mit Hilfe der Varianzanalyse studiert werden und haben Bedeutung für unser Verständnis der Probleme der quantitativen Vererbung.

Tabelle 11.

Schema zur Erklärung des Begriffes Interaktion. Im oberen Teile der Tabelle einfache Addition der Effekte des Jahres und der Varietät. Im unteren Teile starke Interaktionen zwischen Varietät und Jahr; der durchschnittliche Effekt dieser beiden Komponenten auf den Ertrag ist indessen in beiden Teilen der Tabelle der gleiche

Varietät		1951 −5	1952 +5	1953 +3	1954 −3	Mittel
A	−10	85	95	93	87	90
B	0	95	105	103	97	100
C	+10	105	115	113	107	110
Mittel		95	105	103	97	100
A	−10	85	107	100	68	90
B	0	95	106	115	84	100
C	+10	105	102	94	139	110
Mittel		95	105	103	97	100

Untersuchen wir eine Gruppe von Varietäten im gleichen Jahr an drei verschiedenen Lokalitäten X, Y und Z, so können z. B. die Mehrzahl von ihnen in X die niedrigsten, in Y intermediäre und in Z die höchsten Erträge geben. Einige Varietäten können sich indessen abweichend verhalten, indem sie unverhältnismäßig stark, schwach oder mit umgekehrten Vorzeichen auf die Lokalitäten reagieren. Abweichungen von dieser Art werden als Interaktionen *Varietät×Lokalität* bezeichnet.

Schließlich gibt es Interaktionen höherer Ordnung. Werden z. B. die Interaktionen Varietät×Lokalität in verschiedenen Jahren gemessen, so können sie zum Teil sehr verschiedene Größe haben. Wir würden somit Interaktionen Varietät×Lokalität×Jahr antreffen. Solche Interaktionen haben verschiedene Ursachen. An einer Lokalität ist der Boden z. B. fertiler und bewahrt seine Feuchtigkeit relativ gut und die klimatischen Verhältnisse können weniger extrem sein, so daß die Erträge der Varietäten in einer Serie von Jahren weit weniger schwanken als an anderen ungünstigeren Lokalitäten. Diese doppelte Interaktion wäre zum größeren Teil als eine verschiedenartige Modifizierung der Reaktion der Varietäten auf die Bodenverhältnisse der Lokalitäten durch die Witterungstypen der Jahre aufzufassen.

Literatur

Fischbeck, G.: Ein Beitrag zur Anlage und Auswertung von Feldversuchen. Z. Pflanzenzüchtung **34**, 197—208 (1955).

Fisher, R. A., and F. Yates: Statistical tables for biological, agricultural and medical research. 4th ed. Edinburgh and London: Oliver and Boyd 1953.

Hoyle, J., and G. A. Baker: Stability of variety response to extensive variations of environment and field plot design. Hilgardia **30**, 365—394 (1961).

SALMON, S. C.: Random versus systematic arrangements of field plots. Agronomy J. 43, 459—462 (1953).
— Random versus systematic arrangements in non-Latin square field experiments. Agronomy J. 47, 289—294 (1955).
WARWICK, B. L.: Probability tables for Mendelian ratios with small numbers. Texas Agr. exp. St. Bull. No. 463, 1932.

Kapitel 3

Elemente der quantitativen Genetik

I. Charakteristika quantitativer Vererbung

1. Variationskurven für ein Genpaar

Die quantitativen Charaktere der Genetik haben drei Kennzeichen: Sie können gemessen werden, sie zeigen innerhalb der beiden Elternpopulationen eine kontinuierliche Variation um die respektiven Mittelwerte, und sie geben bei Kreuzungen in F_2 eine kontinuierliche Variationskurve. Letzteres Kennzeichen ist für den Genetiker praktisch das wichtigste.

Zwischen qualitativen Charakteren und quantitativen Charakteren gibt es nun alle möglichen Übergänge, wie aus nachstehendem Schema für Eingenspaltungen zu verstehen ist. Bei allen Arten gibt es Zwergformen, die auf einzelnen rezessiven Genen beruhen. Messen wir die Höhen der Individuen in einer F_2-Familie, so können wir wie in Fig. 11, a zwei weit getrennte Variationskurven erhalten, von denen die eine die

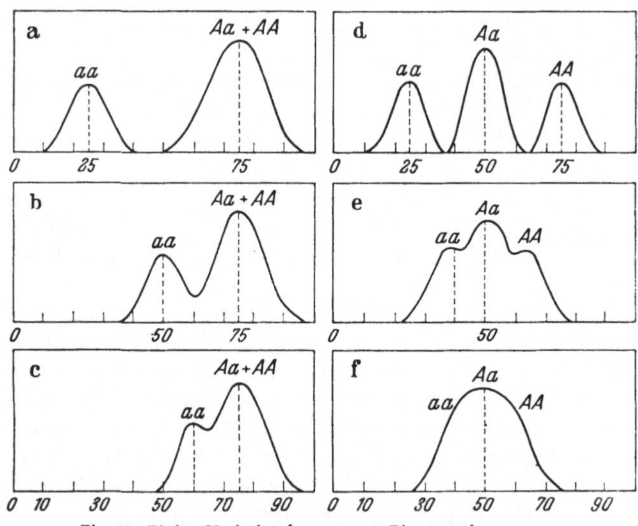

Fig. 11. Einige Variationskurven von Eingenspaltungen

Höhe der aa-Zwerge, die andere die der normalen Aa und AA Individuen wiedergibt. Die Durchschnitte der Höhen liegen in der Zeichnung bei 25 cm und 75 cm. Die Variation um diese Mittelwerte herum ist durch die Milieufaktoren bedingt. Wenn nun ein anderes rezessives Gen eine geringere durchschnittliche Reduktion der Größe bedingt, so fallen die beiden Variationskurven zum Teil zusammen, so daß eine zweigipflige Kurve entsteht (Fig. b). Bei noch geringerer Wirkung des rezessiven Gens im

Vergleich zu der durch das Milieu bedingten Variation kann der eine Gipfel nahezu verschwinden, so daß er nur durch die Schiefheit der Kurve angedeutet ist (c).

In Fällen, in denen das Gen A nicht dominant ist, sondern intermediär, entsprechen die Kurven d, e, f den Kurven a, b, c. Die Kurve f zeigt schon eine beträchtliche Ähnlichkeit mit einer gewöhnlichen Binomialkurve, indem die Effekte der Spaltung in hohem Grade durch die fluktuierende Variabilität der Milieufaktoren ausgeglättet sind. Daß dennoch in einem solchen Falle eine genotypische Spaltung vorliegt, läßt sich oft leicht durch Nachkommenschaftsprüfung nachweisen. Wenn man eine größere Anzahl von F_2-Individuen selbstet und die durchschnittlichen Dimensionen ihrer Nachkommenschaften bestimmt, so findet man, daß 25% der F_3-Familien einen niedrigen Mittelwert haben (in einem der Figur f entsprechenden Fall ca. 35 cm), 50% einen intermediären (50 cm) und 25% einen hohen (65 cm).

Nun werden quantitative Unterschiede gewöhnlich nicht durch ein einziges Genpaar bedingt, sondern durch mehrere. Wir werden im folgenden zeigen, daß dann ein sehr geringer Milieueffekt genügt, um in F_2 eine kontinuierliche Variation zu erzeugen.

2. Ein Beispiel polymerer Vererbung

Fast alle quantitativen Charaktere hängen teils vom Milieu, teils vom Genotyp ab. Um aber den Einfluß der Gene auf die quantitative Vererbung zu analysieren, ist es zweckmäßig, zunächst Charaktere auszusuchen, die relativ wenig vom Milieu (und von Inzuchtdepression) beeinflußt werden. Ein besonders günstiges Beispiel, das EAST (1916) bei *Nicotiana longiflora* analysierte, wird in Tab. 12 beschrieben. EAST kreuzte bei diesem Objekt eine Rasse mit 40 mm langen Blütenkronen mit einer Rasse mit 93 mm langen. Das studierte Merkmal zeigte in dreijährigen Untersuchungen bei beiden Elterntypen hochgradig konstante Mittelwerte und eine sehr geringe Variationsbreite (siehe Tabelle). In der Kreuzung haben F_1 und F_2 intermediäre Kronenlänge. Während aber F_1 den selben niedrigen Variabilitätskoeffizienten 4,6 zeigt wie der kleinblütige Elter, ist die Variabilität in den beiden untersuchten F_2-Familien etwa doppelt so groß wie in F_1. Eine solche erhöhte Variabilität in F_2 ist charakteristisch für quantitative Vererbung, indem hierin die genotypische Spaltung zum Ausdruck kommt.

Trotz der erhöhten Variabilität in F_2 treten indessen in diesem Beispiel keine F_2-Individuen auf, die so kurze Blüten haben wie P_1 oder so lange wie P_2. Die F_2 ist also in ihrer Gesamtheit intermediär zwischen den Variationskurven der Eltern, abgesehen davon, daß das Individuum mit den längsten Kronen gerade noch die unterste Grenze von P_2 (88 mm) erreicht.

Ergebnisse von diesem Typus werden ziemlich häufig bei Kreuzungen von Rassen mit quantitativen Unterschieden angetroffen. Bei oberflächlicher Betrachtung kann F_2 ein ähnliches Aussehen haben wie F_1, besonders wenn die Erhöhung der Variabilität weniger auffällig ist. Solche Befunde hat man früher oft falsch gedeutet, indem man annahm, daß bei Kreuzungen intermediäre Hybride entstehen könnten, die auch in den folgenden Generationen konstant wären. Daß dennoch eine genotypische Spaltung stattgefunden hat, ist leicht aus dem Verhalten der späteren Generationen zu erschließen. In diesem Beispiel wurden von 9 geselbsteten F_2-Pflanzen von verschiedener Blütenlänge F_3-Familien aufgezogen. Hierbei wurde eine ausgesprochene Korrelation zwischen den Werten der F_2-Eltern und dem Durchschnitt ihrer F_3-Nachkommen angetroffen. Weiter wurde gefunden, daß durch divergente Selektion in F_3 und F_4 Familien entstehen, die sich schon in höherem Grade den typischen Werten von P_1 und P_2 nähern. Zahlenmäßig ist dies in Tab. 13 wiedergegeben. Wir sehen, daß in F_3-F_5 eine progressive Annäherung des Mittels der extremen Nachkommenschaften an die

Tabelle 12.

Länge der Blütenkrone in einer Kreuzung zweier Varietäten von Nicotiana longiflora nach EAST *(1916). Bezeichnung der Familien in der ersten Spalte vereinfacht. Die F_4-Familie 2—1 stammt z. B. von der F_3-Familie 2 ab. EP = Blütenlänge der Elternpflanze der betreffenden Familie; M und CV Mittel und Variabilitätskoeffizient der Familie*

Generation Familie	EP	Klassenmittel in mm																						M	CV
		34	37	40	43	46	49	52	55	58	61	64	67	70	73	76	79	82	85	88	91	94	97	100		
P_1, 1911			13	80	32																				40,5	4,3
1912		1	4	28	16																				40,6	4,9
1913			4	32	1																				39,8	2,7
P_2, 1911																				6	22	49	11		93,2	2,5
1912																				2	16	32	6	1	93,4	2,4
1913																				5	7	10	2		92,1	2,9
F_1									4	10	41	75	40	3											63,5	4,6
F_2	61							1	5	16	23	18	62	37	25	16	4	2	2						67,5	8,8
	61							2	4	2	24	37	31	38	35	27	21	5	6	1					69,8	9,7
F_3, 1	46				1	4	26	44	38	22	7	1													53,5	7,0
2	50				6	20	53	49	15	4															50,2	6,3
3	50					7	25	55	55	18															53,0	5,7
4	60				2	3	9	25	37	70	19	10													56,3	7,2
5	72										4	20	25	59	41	19	2								73,1	5,2
6	77						1	0	1	1	1	2	16	33	43	34	20	6	1						73,0	6,8
7	80										2	8	14	21	39	39	32	10	1						74,0	6,6
8	81										1	1	8	16	20	32	41	17	3	3	1				76,3	6,6
9	82												3	5	12	20	40	41	30	9	2				80,2	5,9
F_4, 1—1	44			8	42	95	38	1																	45,7	5,2
2—1	43			2	23	122	41	1																	46,2	4,0
9—1	85														4	9	38	75	59	6	3	1			82,2	4,0
9—2	87												4	5	6	11	21	33	41	29	8	5	1		82,9	7,0
F_5, 2—1—1	41	3	6	48	90	14																			42,0	5,5
9—2—1	90														2	3	8	14	20	25	25	20	8		87,9	6,3

Werte der beiden Elterntypen stattfindet. In diesen drei Generationen wird nämlich bzw. 57%, 70% und 87% der elterlichen Differenz von 53 mm durch die Mittel von Familien überbrückt. (Daß ein Teil der Individuen diese Grenzen überschreitet, hat

Tabelle 13.
Übersicht über divergente Selektionen auf Länge der Blütenkrone in Rassenkreuzung von Nicotiana longiflora, cfr. Tab. 12

Generation der Elternindividuen	Anzahl ausgelesener Elternindividuen	Maximale Differenzen zwischen	
		ausgelesenen Eltern	Mittel der Nachkommenschaften
F_2	9	46 — 82 = 36 mm	50,2 — 80,2 = 30 mm
F_3	4	43 — 87 = 44 mm	45,7 — 82,9 = 37 mm
F_4	2	41 — 90 = 49 mm	42,0 — 87,9 = 46 mm
P_1 vs. P_2			40,5 — 93,3 = 53 mm

weniger Interesse als die Werte der Familienmittel.) Dieser auffällige Selektionserfolg wurde durch die Auswahl von zusammen nur 15 Elternpflanzen in $F_2 - F_4$ ermöglicht. Es liegt nahe anzunehmen, daß bei Aufzucht einer etwas größeren Anzahl von Nachkommenschaften die beiden Elternmittel erreicht und überschritten würden.

Tab. 14 gibt eine Übersicht über die Variabilitätskoeffizienten der Familien, angeordnet nach der Abstammung derselben aus zwei F_2-Familien. Da bei Selbstung der

Tabelle 14.
Abstammung und Variabilitätskoeffizienten der Familien. Material aus Tab. 12

F_2	F_3	F_4	F_5
8,75 ± 0,29	5,22 ± 0,19		
	6,99 ± 0,28 →	5,18 ± 0,18	
	6,31 ± 0,25 →	4,04 ± 0,14 →	5,49 ± 0,21
	7,22 ± 0,26		
9,73 ± 0,30	6,85 ± 0,26		
	6,63 ± 0,26		
	6,55 ± 0,24		
	5,74 ± 0,22	4,01 ± 0,14	
	5,93 ± 0,22 →	7,04 ± 0,26 →	6,28 ± 0,27

durchschnittliche Grad der Heterozygotie von F_2 ab in jeder Generation auf die Hälfte erniedrigt wird, sollte auch die genetische Variabilität innerhalb der Familien in jeder Generation halbiert werden, während die durch die Umwelt bedingte Variation gleich bleiben sollte. Die Variabilitätskoeffizienten sollten daher rasch von einem Maximum in F_2 auf die niedrigen Werte der Elterntypen abfallen. Wir sehen, daß 9 untersuchte F_3-Familien alle deutlich geringere Variabilität zeigten, als die beiden F_2-Familien, von denen sie abstammen. Von den 6 untersuchten Nachkommenschaften in F_4 und F_5 haben indessen zwei oder drei etwas zu hohe Koeffizienten relativ zu ihren Eltern. Ob solche kleineren (oder größeren) Unregelmäßigkeiten in den Befunden, wie wir sie in vielen Beispielen antreffen, irgend eine Bedeutung haben, ließe sich nur durch nähere Untersuchungen feststellen.

Theoretische Betrachtungen. Bei der Diskussion dieses Beispiels macht East darauf aufmerksam, daß sich aus der Theorie der Mendelschen Vererbung gewisse Voraussagen für die Vererbung von Größenunterschieden machen lassen. Wenn alle diese Voraussagen in einem Beispiel bestätigt werden, so kann dies als ein Beweis für die Mendelsche Natur des studierten Unterschiedes betrachtet werden. Wir wollen hier diese Bedingungen in vereinfachter Form wiedergeben.

a) Bei Kreuzung homozygoter Typen sollte die F_1 den gleichen Grad von Uniformität besitzen wie die Elterntypen.

b) Die extremen Varianten der F_1 sollten gleiche Nachkommenschaften ergeben, da die Variation innerhalb F_1 nur durch das Milieu verursacht ist.

c) Die Variabilität der F_2 sollte größer sein als die der F_1.

d) In einer genügend großen F_2-Generation sollten einzelne Individuen die Werte der elterlichen Typen erreichen.

e) In einem Teil der Beispiele sollten F_2-Individuen vorkommen, die die elterlichen Werte überschreiten *(Transgressionen)*.

f) Individuen aus verschiedenen Teilen der Variationskurve der F_2 sollten deutlich verschiedene Nachkommenschaften ergeben.

g) Individuen aus gleichen oder verschiedenen Punkten der Variationskurve der F_2 sollten je nach ihrem Grade von Heterozygotie Nachkommenschaften von verschiedener Variabilität ergeben.

h) In Generationen, die auf F_2 folgen, kann die Variabilität innerhalb der Familien zwar kleiner sein, nie aber größer als in den Familien, aus denen sie stammen.

Nicht alle diese acht Voraussagen wurden im vorliegenden Beispiel nachgeprüft; aber in anderen Beispielen gibt es nach EAST zahlreiche Belege dafür, daß sie alle richtig sind, und es wurde keine Tatsache gefunden, die direkt die Unrichtigkeit dieser Voraussagen erweist. — Unzweifelhaft bedeutet die weitgehende Übereinstimmung zwischen theoretischen Voraussagen und experimentellen Befunden, daß Mendelsche Gene eine große Bedeutung für die quantitative Vererbung haben. In Anbetracht der fragmentarischen Natur der meisten Experimente genügt dies indessen nicht, um die Beteiligung andersartiger Faktoren an der quantitativen Vererbung auszuschließen.

3. Theorie der polymeren Vererbung quantitativer Charaktere

Da die genaue Analyse der Vererbung typischer quantitativer Charaktere eine perfekte Versuchstechnik und umfangreiche, durch eine längere Reihe von Jahren fortgesetzte Messungen an einem sehr großem Material erfordert, und da sich schwer gewisse Komplikationen durch Altern der Samen, Inzuchteffekte, Plasmon und Nachwirkung von Genen vollständig vermeiden lassen, gibt es relativ wenige Fälle, in denen mehrere gleichzeitig spaltende Gene, die einen quantitativen Unterschied zwischen zwei Rassen bedingen, einwandfrei identifiziert und analysiert wären. Dazu kommt, daß man in einem großen Teil der analysierbaren Beispiele gewisse Zweifel hegen kann, daß es sich um typische quantitative Vererbung handelt (vgl. S. 63 u. 65). Indessen lassen sich die experimentellen Befunde in vielen Fällen zumindestens formell durch naheliegende Hypothesen erklären.

Von grundlegender Bedeutung für die Interpretation der Genetik quantitativer Charaktere waren NILSSON-EHLES (1911) Erfahrungen über gleichsinnige, additive Gene, wie sie z. B. den Unterschied rote—weiße Körnerfarbe beim Weizen erklären. Wie in jedem Lehrbuch der Genetik erklärt, fand NILSSON-EHLE beim Weizen drei verschiedene Gene R_1, R_2, R_3, die jedes für sich rote Körnerfarbe bedingen. Eine Kreuzung vom Typus $R_1R_1R_2R_2R_3R_3 \times r_1r_1r_2r_2r_3r_3$ gibt in F_2 eine Spaltung in 63 rot: 1 weiß. Diese Gene zeigen halbe Dominanz, indem Homozygoten dunklere Körner haben als Heterozygoten. Sind mehrere von diesen Genen vorhanden, so addieren sich ihre Wirkungen, d. h. die rote Farbe wird dunkler. In gleicher Weise wird angenommen, daß z. B. die Größe eines Organs durch eine Anzahl halbdominanter Gene mit additiver Wirkung bestimmt wird. Es ist zweckmäßig, diese Theorie an einem schematischen Modell zu erklären (Tab. 15).

Wir nehmen an, daß wir zwei homozygote Rassen von 70 und 130 cm Höhe kreuzen. Zunächst abstrahieren wir vom Milieu und interessieren uns nur für die Effekte der Gene. Wenn der genannte Unterschied durch ein einziges halbdominantes[1]

Tabelle 15.

Kreuzung zweier homozygoter Rassen von 70 und 130 cm Höhe. Theoretische Distribution der verschiedenen Typen in F_2 bei 1—6 additiven, halbdominanten Genen von gleicher Stärke

Anzahl Gene	Anzahl Individuen in den Höhenklassen der untersten Zeile (70 — 130 cm)
1	1 — 2 — 1
2	1 — 4 — 6 — 4 — 1
3	1 — 6 — 15 — 20 — 15 — 6 — 1
4	1 — 8 — 28 — 56 — 70 — 56 — 28 — 8 — 1
6	1 — 12 — 66 — 220 — 495 — 792 — 924 — 792 — 495 — 220 — 66 — 12 — 1
	70 — 80 — 90 — 100 — 110 — 120 — cm 130

Genpaar bedingt wäre, so würde F_1 eine Höhe von 100 cm haben und in F_2 eine Spaltung in 25% 70 cm : 50% 100 cm : 25% 130 cm erfolgen. Tab. 15 gibt uns die Spaltung an, die zu erwarten wäre, wenn derselbe Unterschied durch 2, 3, 4 und 6 additive, halbdominante Gene von genau derselben Stärke bedingt wäre.

Die Häufigkeit der verschiedenen Typen läßt sich auf folgende Weise berechnen. Bei Spaltung zweier Gene entspricht F_2 den Werten, die durch Ausrechnung des Produktes $(AA + 2\,Aa + aa)\cdot(BB + 2\,Bb + bb)$ erhalten werden. Dies ist das Prinzip der Progressionsmethode, wiedergegeben durch eine Formel. Unter Voraussetzung, daß A und B gleiche Effekte haben, läßt sich indessen diese Formel vereinfachen, indem wir $A = B$ setzen. Hierdurch erhalten wir $(AA + 2\,Aa + aa)^2 = AA\,AA + 4\,AA\,Aa + 6\,AA\,aa + 4\,Aa\,aa + aa\,aa$. Da nun AA AA 60 cm höher ist als aa aa, sollte unter den genannten Voraussetzungen jedes A die Höhe um 15 cm erhöhen. Je nachdem 0, 1, 2, 3 oder 4 A anwesend sind, sollte die Höhe der Individuen 70, 85, 100, 115 oder 130 cm betragen. Die Spaltungen für 3 und für n Genpaare sind in entsprechender Weise aus den Formeln $(AA + 2\,Aa + aa)^3$ und $(AA + 2\,Aa + aa)^n$ zu berechnen. Da letztere Formel identisch ist mit $(A + a)^{2n}$, können wir die Häufigkeit der verschiedenen Typen einfach einer Tabelle über die Koeffizienten der Binomialformel $(a + b)^n$ entnehmen. Für 6 Gene gelten z. B. die Koeffizienten für $(a + b)^{12}$.

Wenn nun das Milieu keine Wirkung hätte, so würden wir diskontinuierliche Spaltungen erhalten; bei 3 Genen z. B. 7 unterscheidbare Typen, bei 6 Genen 13 Typen. Das Milieu braucht indessen nur eine relativ schwache Wirkung zu haben, um solche diskontinuierlichen Distributionen in kontinuierliche zu verwandeln. Nehmen wir z. B. an, daß das Milieu einen Variabilitätskoeffizienten von nur 5% erzeugen würde, so würden in unserem Material schon bei einer 3-Genspaltung die Variationen benachbarter Klassen stark ineinander übergreifen. Je mehr Gene spalten, desto geringer braucht der Variabilitätskoeffizient für das Milieu zu sein, um kontinuierliche Kurven zu verursachen.

Es wird gewöhnlich in solchen Modellen angenommen, daß die spaltenden Gene 1. gleich große Effekte haben, 2. halb dominant sind, 3. additive Effekte haben. Es ist unwahrscheinlich, daß solche Voraussetzungen oft erfüllt sind. Denn die Effekte verschiedener Gene sind bekanntlich oft sehr verschieden groß; ihre Dominanzverhältnisse variieren. Es gibt z. B. rezessive, halbdominante, dominante und „superdominante" Gene für hohen Wuchs. Wenn zwei Gene denselben Charakter beeinflussen, so ist

[1] Wegen der hier benutzten Bezeichnung der Dominanzgrade vgl. S. 101.

ihre Wirkung durchaus nicht immer additiv, manchmal stören sich diese Gene oder nur eins von ihnen bekommt einen Effekt. In anderen Fällen ist die Interaktion nicht nur additiv, sondern „multiplikativ" (komplementär). Schließlich haben wir oft komplizierte Gen/Milieu-Interaktionen, indem verschiedene Genotypen oft ganz ungleich auf dieselben Konstellationen der Milieufaktoren reagieren.

Es zeigt sich nun, daß alle diese Abweichungen von unseren theoretischen Voraussetzungen gewöhnlich keinen wesentlichen Einfluß auf die Form der Variationskurven erhalten. Wenn Gene verschiedene Stärke besitzen und in verschiedenen Kombinationen ungleiche Interaktionen zeigen, so sollten in F_2 weit mehr unterscheidbare Typen vorkommen, die jedoch in den Variationskurven dichter zusammengedrängt wären. Dies wirkt praktisch meist in Richtung auf Kontinuität der Variationskurven. Die bald positiven, bald negativen Interaktionen zwischen den Genen oder zwischen Genotypen und Milieu haben ferner eine Tendenz, sich nach dem Prinzip der Binomialformel zu kombinieren, indem mittlere Kombinationen von günstigen und ungünstigen Effekten häufiger sind als extreme Kombinationen. Solange viele, kleine Abweichungen von den genannten Voraussetzungen vorliegen, braucht die Übereinstimmung mit der normalen Variationskurve daher nicht beeinträchtigt zu werden. Sollten indessen einige besonders große Abweichungen von den Voraussetzungen vorliegen oder viele kleinere, die einseitig in derselben Richtung wirken, so können wir andere Typen von Kurven erhalten. Dies ist z. B. der Fall, wenn ein Genpaar so viel stärker ist als die übrigen Gene, daß sein Effekt der Summe aller übrigen Geneffekte entspricht oder bei einseitiger vollständiger Dominanz der Gene für bestimmte Dimensionen.

4. Die Anzahl der spaltenden Gene

In EASTS Kreuzung einer kleinblütigen mit einer großblütigen Rasse von *Nicotiana longiflora* erreichte von 444 F_2-Individuen kein einziges die typischen Werte der Elternrassen, nämlich 40 und 93 mm. Um diesen Befund zu erklären, haben wir in Tab. 16 den Teil der F_2-Pflanzen berechnet, der bei Kreuzungen vom Typus

Tabelle 16.
Häufigkeit der elterlichen Homozygoten bei Spaltung von 1—6 halbdominanten Genen

Anzahl Genpaare	Anzahl Gene für große Blüten (hohen Wuchs)														Häufigkeit der elterlichen Typen, je
	0	1	2	3	4	5	6	7	8	9	10	11	12	Summe	
1	1	2	1											4	1 : 4
2	1	4	6	4	1									16	$1 : 4^2$
3	1	6	15	20	15	6	1							64	$1 : 4^3$
4	1	8	28	56	70	56	28	8	1					256	$1 : 4^4$
5	1	10	45	120	210	252	210	120	45	10	1			1024	$1 : 4^5$
6	1	12	66	220	495	792	924	792	495	220	66	12	1	4096	$1 : 4^6$
n	1													4^n	$1 : 4^n$

AA BB CC DD EE ... × aa bb cc dd ee ... bei halbdominanten Genen dieselben Dimensionen haben sollte wie die Eltern. Wir sehen, daß mit steigender Anzahl n der spaltenden Gene die Häufigkeit der Homozygoten von den beiden elterlichen Typen sehr rasch abnimmt, nämlich im Verhältnis $1 : 4^n$. Wenn also unter etwa 4000 F_2-Individuen je eins von beiden elterlichen Typen auftritt, so liegt es theoretisch nahe anzunehmen, daß der Unterschied zwischen den Elternrassen auf 6 Genpaaren beruht. In F_2-Generationen von einigen Hundert Individuen würden wir dann nur relativ selten die elterlichen Typen antreffen. Theoretisch lassen sich aus den Distributionen bei Eltern, F_1 und F_2 Aussagen über die Mindestzahl der spaltenden Gene machen. Praktisch sollte man keinen größeren Wert auf derartige Berechnungen legen. Denn die Häufigkeit der Individuen in den extremen Größenklassen kann sehr empfindlich auf Störungen verschiedener Art reagieren, mit denen der Schematiker gewöhnlich nicht rechnet. Wir können z. B. nicht davon ausgehen, daß aabbcc-Pflanzen, die bei Selbstung von Aa Bb Cc-Eltern abspalten, stets gleich groß sind wie solche, die durch Selbstung von aa bb cc-Pflanzen entstehen. Wahrscheinlich sind sie oft vorübergehend, d. h. in der ersten Generation, etwas größer. Obgleich wir gewöhnlich von derartigen Komplikationen abstrahieren, dürfen wir ihre Existenz nicht vergessen, wenn wir nicht die quantitative Genetik in eine Pseudowissenschaft verwandeln wollen.

5. Die Dominanzverhältnisse

Während wir bei halber Dominanz symmetrische Kurven erhalten, die bei steigender Anzahl der Gene theoretisch eine rasche Annäherung an die Normalkurve zeigen, ist die Verteilung bei einseitiger Dominanz der Gene für große Dimensionen äußerst schief mit einem hohen Überschuß an Individuen in der rechten Hälfte der Kurven, wie dies deutlich aus den Zahlenserien von Tab. 17 hervorgeht. Wenn in der Tabelle die Anzahl der spaltenden Gene auf über 5 ansteigt, wird ein zunehmender Teil der „niedrigeren Klassen“ leer, weil die Häufigkeit der Individuen auf unter 0,5 Promille abfällt. Andererseits sehen wir, daß mit steigender Anzahl der Gene die Schiefe der Kurve abgemildert wird. Bei 20—25 spaltenden Genen könnte die Kurve schon fast symmetrisch erscheinen, besonders wenn F_2 eine mäßige Größe hat, so daß auf der flachen Seite der Kurve nicht der ganze Schwanz (d. h. der ausgedehnte Abschnitt von geringster Häufigkeit) zum Vorschein kommt.

Tabelle 17.

Die Serien der F_2-Kombinationen mit steigender Anzahl dominanter Gene für n spaltende Gene. Die Häufigkeiten sind in abgerundeten Promille angegeben. Striche im linken Teil der Tabelle geben Häufigkeiten von unter 0,5 Promille an

n	Anzahl dominanter Gene																		
	0	1	2	3	4	5	6	7	8	9	10	11	12	13	14	15	16	17	18
1	250	750																	
2	62	375	562																
3	16	141	422	422															
4	4	47	211	422	316														
5	1	15	88	264	396	237													
6	—	4	33	132	297	356	178												
12	—	—	—	—	2	12	40	103	194	258	232	127	32						
18	—	—	—	—	—	—	—	1	4	14	38	82	144	199	213	170	96	34	6

Die Zahlen der Tab. 17 gelten für einseitige Dominanz der Gene für hohe Dimensionen. Ganz anders sind die Verhältnisse bei „oppositionaler Dominanz“, d. h. wenn die dominanten Gene teils in Richtung auf hohe, teils auf niedrige Dimensionen wirken. Zur Diskussion dieser Verhältnisse benutzen wir in Tab. 18 ein Modell mit 6 vollständig dominanten Genen. Wir nehmen an, daß die Gene A—F additive positive Effekte haben, indem ein jedes von ihnen die Länge der Pflanzen um 10 cm erhöht, während die Gene M—R entsprechende negative Effekte haben, also die Höhe um je 10 cm reduzieren. In jeder der Kreuzungen haben wir ferner angenommen, daß die beiden extremen Genkombinationen der F_2 Höhen von 70 und 130 cm haben. In den sieben Kreuzungen der Tabelle spalten 6—0 positive : 0—6 negative „Dominanten“.

Wir bemerken, daß Kreuzung IV, in der je drei positive und negative Dominanten spalten, eine völlig symmetrische Distribution ergibt. Bei steigendem Überschuß positiver oder negativer Dominanten erhalten wir eine zunehmende negative bzw.

positive Schiefe der Distributionen. In der Tabelle ist die Lage der elterlichen Typen in der Kurve durch Fettdruck der betreffenden Zahlen hervorgehoben, die der F_1 durch ein Sternchen. Wir haben in den Beispielen angenommen, daß der eine Elter sämtliche dominanten Gene besitzt, der andere sämtliche rezessiven. Nun könnten in einer Kreuzung genau die gleichen Gene spalten, aber anders auf die beiden Eltern

Tabelle 18.
Spaltungen von 6 dominanten Genen. Die Gene A—F erhöhen, die Gene M—R erniedrigen die Länge der Pflanzen um je 10 cm. Die Lage der beiden elterlichen Typen in den Kurven ist durch fettgedruckte Zahlen angedeutet, die der F_1 durch Sternchen. Sind die gleichen Gene auf andere Weise auf die Elterntypen einer Kreuzung verteilt, so modifiziert dies nur die Lage der Elterntypen, dagegen nicht die der F_1 noch die Distribution in F_2

Typus der Kreuzung	Höhe der Pflanzen						
	70	80	90	100	110	120	130
I. a b c d e f × A B C D E F	**1**	18	135	540	1215	1458	**729***
II. a b c d e m × A B C D E M	3	**46**	285	900	1485	**1134***	243
III. a b c d m n × A B C D M N	9	114	**559**	1308	**1431***	594	81
IV. a b c m n o × A B C M N O	27	270	981	**1540***	981	270	27
V. a b m n o p × A B M N O P	81	594	**1431***	1308	**559**	114	9
VI. a m n o p q × A M N O P Q	243	**1134***	1485	900	285	**46**	3
VII. m n o p q r × M N O P Q R	**729***	1458	1215	540	135	18	**1**

verteilt sein. Kreuzung IV könnte z. B. durch die Formel ABCmno × abcMNO ersetzt werden. Hierdurch würde zwar die Höhe der Eltern stark verändert, nämlich zu 130×70 cm statt 100×100 cm, die Höhe der F_1 und die Verteilung in F_2 bliebe aber unverändert.

Die Berechnung der Zahlenserien in Tab. 18 geschieht auf folgende Weise. In Kreuzung I genügt eine Expansion des Binoms $(1a+3A)^6$. Für die übrigen Kreuzungen ist zunächst die Spaltung der positiven und negativen Dominanten getrennt zu berechnen. In Kreuzung III haben wir z. B. für die vier positiven Dominanten A—D die Spaltung

$$(1a+3A)^4 = 1(0) : 12(1) : 54(2) : 108(3) : 81(4)$$

wenn wir in Klammern die Anzahl der „positiven" Gene angeben. Für die beiden negativen Dominanten M und N dagegen wäre die Spaltung in analoger Weise durch die Formel 9(0) : 6(1) : 1(2) wiederzugeben, indem in diesem Falle Homozygotie in rezessiven Genen als positiv zu bewerten ist. Die Gesamtspaltung erhalten wir daher durch Berechnung folgenden Ausdruckes:

$$[1(0) : 12(1) : 54(2) : 108(3) : 81(4)] \times [9(0) : 6(1) : 1(2)].$$

Indem wir hierbei Häufigkeiten multiplizieren, die Anzahl positiver Gene aber addieren, ergibt sich die Serie

$$9(0) : 114(1) : 559(2) : 1308(3) : 1431(4) : 594(5) : 81(6).$$

Die übrigen Serien der Tabelle werden auf analoge Weise berechnet.

Beispiele für oppositionale Dominanz. Ein charakteristisches Beispiel für oppositionale Dominanz wurde von NILSSON-EHLE (1911) analysiert. Beim Weizen kommen Typen mit kurzen, dichten Ähren (compactum), mitteldichten (squarehead), und langen, offenen Ähren (ältere „Landweizen") vor. NILSSON-EHLE fand, daß die dominanten Gene L_1 und L_2 die Ähren verlängern. Ein dominantes Gen C verkürzt dagegen die Ähren, und zwar hat es eine stärkere Wirkung als L_1 und L_2 zusammen. Die Gene c, L_1 und L_2 haben also eine additive Wirkung in Richtung auf lange Ähren, die Gene C, l_1 und l_2 eine solche in Richtung auf kurze Ähren. Kreuzen wir

$CL_1L_2 \times cl_1l_2$, compactum×squarehead, so erhalten wir eine transgressive Spaltung, in der unter anderem die folgenden Typen erscheinen:

Cl_1l_2 supercompactum, Ähren besonders kurz und dicht,
CL_1L_2 compactum, Ähren kurz und dicht,
cl_1l_2 squarehead, mittellang und offen,
cL_1L_2 Ähren lang und offen.

Dieses Beispiel zeigt also, daß dominante Gene in entgegengesetzte Richtungen wirken können und Effekte von verschiedener Größe haben können. Eine Anzahl weiterer Beispiele werden von CLAUSEN und HIESEY (1958) diskutiert. Aus der übersichtlichen Zusammenstellung dieser Autoren gewinnen wir den Eindruck, daß oppositionale Dominanz zu den allgemeineren Erscheinungen der Geninteraktion gehört.

6. Transgressionen

Verschiedene Kreuzungen geben verschiedene Resultate. In einem Teil der Beispiele erreichen die F_2-Individuen nicht nur die Dimensionen ihrer Eltern, sondern sie überschreiten dieselben nach beiden Richtungen hin in kleinerem oder größerem Ausmaße. Wir können dies mit dem Modell der 4-Genspaltungen von Tab. 19 erklären, wobei

Tabelle 19.
4-Genspaltungen mit und ohne Transgression bei additiven, halbdominanten Genen

Kreuzungstypus	Höhe der Eltern und von F_1, Distribution in F_2								
I. aa bb cc dd × AA BB CC DD	P_1								P_2
F_1					F_1				
F_2	1	8	28	56	70	56	28	8	1
II. AA bb cc dd × aa BB CC DD			P_1				P_2		
F_1					F_1				
F_2	1	8	28	56	70	56	28	8	1
III. AA BB cc dd × aa bb CC DD					$P_1 = P_2$				
F_1					F_1				
F_2	1	8	28	56	70	56	28	8	1
Höhe in cm	70		85		100		115		130

wir wiederum vom Milieu abstrahieren. Wir nehmen in I an, daß die eine Rasse sämtliche Gene für hohen Wuchs besitzt, während in II die höhere Rasse drei Paare von Wuchsgenen besitzt, die niedrigere ein Paar und in III beide Rassen zwei Paare von Wuchsgenen haben. In I geben extrem verschiedene Eltern eine F_2, die gerade an die Dimensionen der Eltern heranreicht, indem wir unter 256 Nachkommen je einen von beiden elterlichen Typen erwarten. In III dagegen geben genau gleich hohe Eltern eine kräftige Variation nach beiden Seiten hin. Die Mehrzahl der Nachkommen ist größer oder kleiner als die Eltern. In II gibt die Kreuzung zweier mäßig verschiedener Rassen eine F_2, in der die große Mehrzahl der Nachkommen, nämlich 238, gleich den Eltern oder intermediär zwischen ihnen ist, eine kleine Minderzahl, nämlich je 9, nach beiden Richtungen hin die Grenzen ihrer Eltern überschreitet, d. h. Transgression zeigt.

Fall I und III, in dem die eine Rasse sämtliche „positiven" Gene enthält oder beide Rassen genau gleich viele positive Gene besitzen, sind Spezialfälle. Gewöhnlicher ist Fall II, in dem eine kleinere Rasse einen Überschuß von „negativen" Genen hat, eine größere Rasse einen Überschuß an positiven. Eine transgressive Spaltung in F_2 ist in allen Fällen zu erwarten, in denen die positiven Gene auf beide Elterntypen verteilt sind und bei Kombinierung additive Wirkung zeigen. Der Grad der Transgression wird von dem Verhältnis der positiven und negativen Gene bei den Eltern abhängen.

Wenn die kleinere Rasse z. B. 1 positives und 9 negative Gene besitzt, so muß man ein sehr großes Material in F_2 heranziehen, um bloß die Dimensionen der Eltern zu erreichen und ein noch größeres, um dieselben zu überschreiten. Je gleichmäßiger positive und negative Gene auf beide Rassen verteilt sind, desto größer die Transgression in F_2. Wenn die Anzahl der spaltenden Gene gegeben ist, sollten also Kreuzungen gleich großer Rassen (III) maximale Transgression geben können.

Bei additiver Wirkung der Gene und halber Dominanz ist die F_1 intermediär zwischen den Eltern. Bei stärkeren Graden von Dominanz oder bei positiven Interaktionen zwischen den Wuchsgenen ist dagegen schon in F_1 eine Transgression möglich. Wären in Tab. 19 alle positiven Gene vollständig dominant, so wäre die F_1 in allen drei Kreuzungen 130 cm hoch und würde somit in II und III eine Transgression über die Dimensionen des höheren Elters zeigen, was faktisch nicht selten vorkommt. Auffällige Transgressionen in F_1 beruhen oft auch auf komplementären Genen. Ebenso wie die Kreuzung zweier weißblütiger Rassen nicht selten eine F_1 mit gefärbten Blüten ergibt, kann Kreuzung zweier gleich hoher Rassen eine besonders hohe F_1 geben, wobei die Größenzunahme nicht allein durch Addition der Wirkungen dominanter Gene zu erklären ist, sondern durch „multiplikative" Verstärkungen der Geneffekte.

Andererseits kann es indessen vorkommen, daß nicht die positiven Gene, sondern die negativen, d. h. Gene, die die betreffende Dimension reduzieren, dominieren oder daß sie eine negative Komplementärwirkung zeigen (eine gegenseitige Verstärkung ihrer Effekte) oder daß negative Interaktionen von positiven Genen vorliegen. Solche negativen Effekte können vermutlich in verschiedenen Beispielen jeden Grad von Hemmung zwischen kaum sichtbarer Reduktion der Größe und Tod auf dem Embryonalstadium auslösen.

7. Einige Erfahrungen über Selektion

a) Reihenzahl bei Mais

Zur Abrundung unserer vorläufigen Übersicht über die Erscheinungen der quantitativen Vererbung ist es zweckmäßig, einige Beispiele über Selektion zu geben, da planmäßige Selektionen eine der wichtigsten Analysemethoden dieser Wissenschaft darstellen. Eins der besten untersuchten Beispiele betrifft die Zahl der Körnerreihen des Maiskolbens. Die mittlere Zahl der Körnerreihen variiert bei verschiedenen Varietäten zwischen 8 und über 20. Im allgemeinen kommen nur paarige Zahlen vor. Kolben mit weniger als 8 Reihen können als defekt angesehen werden, solche mit wesentlich mehr als 20 Reihen werden von den Züchtern als unerwünscht betrachtet. Emerson und Smith (1950) studierten die Variation in der Reihenzahl bei einer Anzahl 8- und 12-reihiger Inzuchtlinien, siehe Tab. 20. Erstere haben ihr Maximum bei 8 Reihen und eine Variationsbreite von 4—10, letztere ihr Maximum bei 12 und eine Variation von 8—16. Diese Variation muß dem Milieu zugeschrieben werden, da Selektion auf hohe oder niedrige Reihenzahl innerhalb der Inzuchten keinen Effekt hatte.

Dreizehn 12-reihige und sechs 8-reihige Inzuchtlinien wurden in allen möglichen Kombinationen miteinander gekreuzt. Bei den 78 Kreuzungen 12-reihig×8-reihig zeigte F_1 in jeder Kreuzung eine intermediäre Reihenzahl. Der Durchschnitt war leicht in Minusrichtung verschoben, indem das Mittel der gekreuzten Elternlinien 9,97 betrug, das der F_1 9,82. Die verschiedenen 8-reihigen Linien gaben bei diesen Serien von Kreuzungen etwas verschiedene Durchschnittswerte ihrer F_1-Hybride (9,36 bis 10,41), sie zeigten also eine leicht verschiedene Dominanz. Eine hochgradige Dominanz kam indessen nicht vor.

Es sollte sodann geprüft werden, ob die 12-reihigen Linien verschiedene Konstitutionen in bezug auf Gene für Reihenzahl haben. Zu diesem Zwecke wurden zwölf

12-reihige Linien in allen 66 möglichen Kombinationen miteinander gekreuzt. Wenn nun in F_2 einer solchen Linienkreuzung eine genotypische Spaltung nachgewiesen wurde, so wurde daraus geschlossen, daß die betreffenden Elternlinien eine verschiedene Konstitution haben. Erfolgte keine Spaltung, so hatten sie die gleiche Konstitu-

Tabelle 20.
Distribution der Anzahl Körnerreihen bei 8- und 12-reihigen Maislinien

Bezeichnung der Linien	Anzahl Selbstungen	Zahl der Körnerreihen								
		4	6	8	10	12	14	16	Summe	Mittel
8 Reihen										
VIII	4	1	2	180					183	7,96
X	6	16	10	160					186	7,55
XII	3	3	1	123	2				129	7,92
XIII	4			124	12				136	8,18
1	5	9	25	372	2				408	7,80
51	8	2	11	413	13				439	7,99
		31	49	1372	29				1481	7,89
12 Reihen										
A	13			3	79	301	69		452	11,93
B	18			3	114	380	104		601	11,95
G	18			1	67	375	139	3	585	12,26
b	18			26	91	341	62		520	11,69
c	21			11	47	383	201	23	665	12,54
II	18			6	35	144	40	1	226	11,96
III	17			3	75	339	46	4	467	11,88
IV	15			15	86	352	42		495	11,70
VI	13			1	58	223	76	1	359	12,10
VII	19				147	622	132	4	905	11,98
2	8		2	13	37	183	43	8	286	11,93
4	10			6	19	194	97	9	325	12,52
39	11			1	33	282	64	2	382	12,17
			2	89	888	4119	1115	55	6268	12,05

tion. Wegen der Variationsbreite des Merkmals konnte eine solche Spaltung nicht direkt in F_2 festgestellt werden, sondern mußte durch Selektion nachgewiesen werden. In F_2 jeder Kreuzung wurden Individuen mit hoher und mit niedriger Reihenzahl ausgelesen und in der Nachkommenschaft die Selektion in gleicher Richtung mehrmals wiederholt. Wenn solche divergenten Selektionen statistisch gesicherte Unterschiede in der Reihenzahl zeigten, so war damit eine Spaltung in der betreffenden Kreuzung erwiesen, zumal da derartige Selektionen innerhalb der Inzuchtlinien selbst keinen Effekt hatten. Das Ergebnis umfangreicher Untersuchungen mit dieser Methode war, daß von den zwölf 12-reihigen Linien nur zwei möglicherweise dieselbe Konstitution in bezug auf Reihenzahl hatten, so daß zumindestens 11 deutlich verschiedene Genotypen vorlagen. Trotz des relativ bescheidenen Umfanges der einzelnen Selektionen hatten diese ziemlich kräftige Effekte, indem die Minusselektionen einen Durchschnitt von 10,47 Reihen ergaben, die Plusselektionen einen Durchschnitt von 13,81.

Da somit erwiesen ist, daß diese Linien verschiedene Konstitutionen besitzen, ist es von Interesse, das Zusammenwirken der Gene in F_1 zu betrachten. Während die 13 zwölfreihigen Elternlinien von Tab. 20 ein Gesamtmittel von 12,05 Reihen haben, beträgt das Mittel der F_1 ihrer 78 möglichen Kreuzungen 12,90 Reihen (was am besten als eine leichte Heterosis aufzufassen ist, Kap. 16). Die einzelnen Kreuzungen geben etwas verschiedene Werte. Stärkere Abweichungen, wie sie bei Kombination von dominanten oder komplementären Genen zu erwarten wären, wurden nicht beobachtet.

Das schließt nicht aus, daß derartige Geneffekte vorkommen; in solchem Falle müßten jedoch die betreffenden Gene relativ geringe Effekte haben oder ihre Effekte müßten zum Teil in entgegengesetzten Richtungen liegen.

Da die 12-reihigen Inzuchtlinien verschiedene Konstitutionen besitzen, sollte es möglich sein, durch Kreuzungen zwischen ihnen neue Linien mit höherer Reihenzahl herzustellen. EMERSON und SMITH zeigten nun, daß aus 7 Ausgangslinien (A, B, G, III, IV, VI, VII) mit 12 Reihen durch komplizierte Kreuzungen die Reihenzahl sich bis auf 22 erhöhen ließ. Tab. 21 gibt eine Übersicht über die einzelnen Schritte, durch

Tabelle 21.

Die Herstellung von Maislinien mit 22 Körnerreihen aus 7 Ausgangslinien mit 12 Körnerreihen

Linie	Untersuchte Generation	Anzahl Körnerreihen		
		Mittel	Mode	Maximum
A		11,93	12	14
B		11,95	12	14
G		12,26	12	16
III		11,88	12	16
IV		11,70	12	14
VI		12,10	12	16
VII		11,98	12	16
Mittel		11,97	12	15,14
A × B	$F_3 - F_5$[1]	12,90	14	16
A × G	$F_3 - F_5$	14,22	14	18
III × IV	$F_4 - F_6$	14,33	14	18
IV × VII	$F_3 - F_6$	14,56	14	18
VI × VII	$F_4 - F_6$	13,92	14	18
Mittel		13,99	14	17,60
4 L-1	F_5	15,44	16	20
4 L-2	F_5	15,78	16	20
4 L-3	F_5	18,11	18	22
4 L-4	F_5	16,56	16	20
4 L-5	F_5	17,85	18	20
4 L-6	F_5	18,53	20	22
Mittel		17,04	17,33	20,67
7 L-1	F_5	21,06	22	28
7 L-2	F_5	22,64	22	28
7 L-3	F_5	21,66	22	26
Mittel		21,79	22	27,33

die dieser Erfolg ermöglicht wurde. In F_2—F_6 einfacher Kreuzungen zwischen den 7 Ausgangslinien wurden progressiv Individuen mit hoher Reihenzahl ausgelesen. Auf diese Weise gelang es, die durchschnittliche Reihenzahl von 12 auf 14 zu erhöhen. Aus diesen Produkten einfacher Linienkreuzungen wurden dann sechs doppelte Linienkreuzungen hergestellt, 4 L-1—4 L-6. Zum Beispiel entspricht 4 L-1 der Kreuzung $(A \times B)F_5 \times (III \times IV)F_6$ und 4 L-2 der Kreuzung $(A \times B)F_5 \times (VI \times VII)F_6$. Diese sechs 4-Linienkreuzungen (4 L) wurden dann geselbstet und gleichzeitig mehrere Generationen hindurch auf erhöhte Reihenzahl ausgelesen. Auf diese Weise gelang es, den Durchschnitt der ausgelesenen Linien von 14 auf 17 zu erhöhen.

[1] Die Zahlen dieses Abschnittes gelten für die Mittel mehrerer Generationen.

Diese Produkte der 4-Linienkreuzungen wurden dann zu drei doppelten Kreuzungen nach dem Schema (4 L-1×4 L-2)×(4 L-3×4 L-4) verwendet. Diese Kreuzungen sind in der Tabelle mit 7 L-1—7 L-3 bezeichnet, da alle 7 Ausgangslinien am Aufbau derselben beteiligt sind, wenn auch in verschiedenen Kombinationen und in verschiedener Häufigkeit. In der Deszendenz dieser 7-Linienkreuzungen wurde die progressive Selektion auf hohe Reihenzahl fortgesetzt, bis in F_5 der Durchschnitt der Linien auf 21,79 erhöht war. Die häufigste Reihenzahl war jetzt 22, die maximale 28.

In wenigen Worten geschah folgendes: Innerhalb der homozygoten Ausgangslinien war die Selektion wirkungslos. In der Nachkommenschaft von 2-Linienkreuzungen steigerte sie die Reihenzahl von 12 auf 14, in der von 4-Linienkreuzungen von 14 auf 17, in der von 7-Linienkreuzungen von 17 auf 22. Man bemerke besonders, daß es sich hier um die kombinierte Wirkung von Selektion und Kreuzung handelt. Bevor die 2-Linienhybride zu neuen Kreuzungen benutzt wurden, wurden sie bis zu F_5 oder F_6 selektioniert. Dasselbe geschah mit den 4-Linienhybriden.

Diese Befunde bestätigen den Schluß, daß die Ausgangslinien mit 12 Reihen verschiedene Genotypen besaßen. Durch Kreuzung und Selektion lassen sich die Plusgene aus verschiedenen Linien kombinieren. Die Kombination der Plusgene aus zwei Linien erlaubt nur mäßige Fortschritte, die von 4 oder gar 7 Linien bedeutend größere. Die Effekte der Gene scheinen in diesem Falle etwas mehr als additiv zu sein.

b) Eiweiß- und Ölgehalt in Maiskörnern [1]

Da in obigem Beispiel Inzuchtlinien aus verschiedenen Handelsvarietäten benutzt wurden, ließen sich Gene aus verschiedenen Varietäten kombinieren. Aber auch innerhalb einer offen bestäubten Varietät gibt es zahlreiche Plus- und Minusgene für die meisten quantitativen Charaktere. Dies geht z. B. aus den 50 Generationen lang fortgesetzten Selektionen auf divergenten Öl- und Eiweißgehalt hervor, die 1896 auf der Versuchsstation des Staates *Illinois* mit der Maisvarietät Burr White eingeleitet wurden. Als Ausgangsmaterial dienten 163 Kolben aus der genannten Varietät, die chemisch auf Öl- und Eiweißgehalt analysiert wurden. Im Durchschnitt hatte dieses Material einen Ölgehalt von 4,70% und einen Eiweißgehalt von 10,92%. Aus diesem begrenzten Muster von Kolben wurden 4 verschiedene Gruppen von Kolben herausgelesen, nämlich solche, die den höchsten oder niedrigsten Eiweiß- oder Ölgehalt hatten. Aus diesen 4 Gruppen von Kolben wurden 4 Substämme (Selektionen) errichtet, die in den folgenden Generationen getrennt gehalten wurden, so daß nur Bestäubungen innerhalb derselben Selektion stattfinden konnten. In jeder dieser 4 Gruppen wurde die Selektion in jeder Generation konsequent in der ursprünglich begonnenen Richtung fortgesetzt mit folgendem Ergebnis:

Ausgangsmaterial	Nach 50 Generationen
Öl 4,70%	15,36% Hochselektion
	1,01% Niedrigselektion
Eiweiß 10,92%	19,45% Hochselektion
	4,91% Niedrigselektion.

Im einzelnen wurden dabei ganz primitive Selektionsmethoden angewandt, wie Massenselektion und ear-to-row (Kap. 14). Die Bestäubung innerhalb jeder Selektion wurde der Natur überlassen. Das Fortschreiten der Selektionen ist etwas näher in Tab. 22 beschrieben. Offenbar erfahren die Öl- und Eiweißprozente der Samen während der ersten Jahrzehnte des Experimentes langsame, aber stetige Fortschritte im Sinne der Selektion. Die Kurven der Eiweißprozente sind etwas schwierig zu beurteilen, da trockene Sommer sie erhöhen, feuchte sie erniedrigen. Es scheint indessen, daß der Proteingehalt der Minusselektion noch immer im Absinken begriffen ist. In

[1] Woodworth, Leng und Jugenheimer (1952).

den Ölselektionen steigt der Ölgehalt noch immer in der Plusselektion, während die Minusselektion zu einem Stillstand gekommen ist. Ein Stillstand der Selektion ist früher oder später zu erwarten, wenn sämtliche in der betreffenden Selektion vorhandenen Plusgene (bzw. Minusgene) für den betreffenden Charakter homozygot kombiniert worden sind, oder wenn man sich einer schwer zu überschreitenden physiologischen Grenze nähert.

Tabelle 22.
Ergebnisse der Selektion auf hohen und niedrigen Öl- und Eiweißgehalt in Samen von Mais
Nach WOODWORTH, LENG und JUGENHEIMER 1952

Jahr	Generation	Hoch-Öl	Niedrig-Öl	Hoch-Protein	Niedrig-Protein
1896	0	4,70		10,92	
1901	5	6,24	3,45	13,78	9,63
1906	10	7,38	2,67	14,26	8,65
1911	15	7,52	2,06	13,79	7,90
1916	20	8,51	2,07	15,66	8,68
1921	25	9,94	1,71	16,66	9,14
1926	30	10,21	1,44	18,16	6,50
1931	35	11,80	1,23	20,14	7,12
1936	40	10,16	1,24	22,92	7,99
1941	45	13,73	1,02	17,76	5,79
1949	50	15,36	1,01	19,45	4,91

Zwei Generationen von reverser Selektion (Selektion in umgekehrter Richtung), die in den Jahren 1948/49 an einem Teil des Materials vorgenommen wurden, hatten im Niedrigölstamm keinen Effekt, wohl aber in den drei übrigen Stämmen. Dies deutet darauf, daß in letzteren Selektionen noch eine gewisse genetische Variabilität vorhanden ist, während der Niedrigölstamm homozygot geworden sein kann.

Die allmähliche Veränderung des Ausgangsmaterials in divergenten Richtungen infolge der Selektion deutet auf die Anwesenheit von Plus- und Minusgenen für Eiweiß- und Ölgehalt. Die einzelnen Gene haben offenbar geringe Effekte, aber die Wirkung mehrerer Gene addiert sich zu größeren Effekten, ungefähr so wie es die Theorie der polymeren Gene voraussetzt.

Dennoch müssen wir ausdrücklich darauf aufmerksam machen, daß wir weder in diesem, noch in analogen Beispielen exakte Kenntnisse über die Anzahl der spaltenden Gene, ihre Dominanzverhältnisse und ihre Interaktionen haben. Indem ferner Dominanz und Interaktion nicht spezifische Eigenschaften der einzelnen Gene darstellen, sondern Gesamteffekte des Genotyps und des physiologischen Milieus, hat es übrigens auch nur einen relativ begrenzten Sinn, einen gefundenen genetischen Effekt mit Dominanz und Interaktion der Gene zu erklären. Bei quantitativer Vererbung ist es indessen eine alte Gewohnheit, ohne eindeutige Beweise eine größere Anzahl von Genen mit bestimmten durchschnittlichen Effekten anzunehmen.

8. Effekte der Inzucht

Da die Erscheinungen der quantitativen Vererbung untrennbar mit Effekten von Inzucht und Heterosis verbunden sind, wollen wir schließlich einen kurzen Blick auf diese Probleme werfen, bevor wir sie in späteren Kapiteln eingehend behandeln.

Wir haben in Kapitel 1 gezeigt, daß man aus heterozygoten Ausgangspflanzen (S_0) allogamer Arten durch konsequente Selbstung in etwa 10 Generationen zu praktisch homozygoten Individuen kommen kann. Parallel mit der Erniedrigung des Heterozygotiegrades findet nun ganz allgemein eine Erniedrigung der Vigor (Wuchsstärke, Fertilität, Vitalität) der Pflanzen statt, bis mit dem Zustande absoluter

Homozygotie das sogenannte *Inzuchtminimum* erreicht wird, worauf die Vigor konstant auf dem niedrigen Niveau verbleibt. Die Größe der Inzuchtdepression ist bei verschiedenen Organismen sehr verschieden. Bei Objekten mit ausschließlicher Fremdbefruchtung ist sie in der Regel besonders auffällig; bei Objekten mit gemischter Bestäubung ist sie meist wesentlich schwächer. Schon einige wenige Prozent spontaner Selbstungen in den Populationen der Art pflegen die Effekte der Inzucht merklich zu erniedrigen.

Die Geschwindigkeit, mit der die Vigor durch sukzessive Selbstungen reduziert wird, zeigt deutliche Beziehungen zur Reduktion des Heterozygotiegrades. Bezeichnet D die Differenz zwischen dem Ertrag der S_0-Pflanzen und dem der homozygoten Individuen im Inzuchtminimum, so gilt für die Reduktion des Ertrages durch n Selbstungen (R_n) angenähert die Gleichung $R_n = D(1 - \frac{1}{2^n})$. Beträgt D z. B. 80%, d. h. haben die Pflanzen im Inzuchtminimum nur 20% des ursprünglichen Ertrages, so erwarten wir nach 3 Selbstungen eine Reduktion des Ertrages um $0{,}8 \cdot (1 - \frac{1}{8}) = 0{,}7$ oder 70%, d. h. die S_3-Pflanzen hätten nur noch 30% des ursprünglichen Ertrages. Praktisch besteht zwar nicht immer diese strenge Proportionalität zwischen Heterozygotieverlust und Ertragserniedrigung. Aber mit wenigen Ausnahmen erfolgt bei Inzucht eine Reduktion der Vigor, und schon geringe Inzuchtgrade geben meist deutliche Ausschläge.

Bei Kreuzungen nicht verwandter Inzuchtlinien wird in F_1 regelmäßig die ganze Depression aufgehoben; in den folgenden durch Selbstung erzeugten Generationen kommt sie indessen wieder zum Vorschein. Die starke Erhöhung der Vigor, die wir in den F_1-Hybriden der Inzuchten antreffen, wird als Heterosis bezeichnet. Sie besteht im allgemeinen in einer „Umkehrung“ (Aufhebung) der Inzuchtdepression, kann aber durch zusätzliche Effekte noch darüber hinaus erhöht werden. — Eine Heterosis schwächeren Grades treffen wir oft auch in den Kreuzungen der reinen Linien autogamer Kulturpflanzen wie Bohne, Gerste und Weizen. Solche reinen Linien können nämlich in gewisser Hinsicht als Inzuchten mit sehr hohem Inzuchtminimum, wie 80—95%, aufgefaßt werden. Bei Kreuzung entsteht dann durch Aufhebung dieser schwachen Inzuchteffekte eine zusätzliche Vigor (Fertilität) von z. B. 5—25%.

Die Probleme der quantitativen Vererbung werden besonders bei allogamen Objekten in hohem Grade durch Effekte der Inzucht und Heterosis kompliziert. Es gibt kaum quantitative Charaktere, die völlig von solchen Effekten verschont bleiben. Indessen werden einige Charaktere viel stärker hiervon berührt als andere. Besonders empfindlich reagiert z. B. der Ertrag auf Inzucht. Zum Studium gewisser Prinzipien quantitativer Vererbung mag es von entscheidender Bedeutung sein, Charaktere auszuwählen, die so wenig wie möglich durch den Heterozygotiegrad beeinflußt werden. Im allgemeinen kann man sagen, daß Charaktere, die wenig durch das Milieu beeinflußt werden, auch wenig an Inzuchteffekten leiden, besonders wenn es sich um vorwiegend autogame Objekte handelt. Ein erstklassiges Merkmal in dieser Hinsicht war z. B. die Länge der Blütenkrone bei Rassen von *Nicotiana longiflora,* die East (1916) zu seinen grundlegenden Studien wählte.

In den folgenden Kapiteln müssen wir an einigen Stellen eine gewisse Bekanntschaft mit den elementären Erscheinungen der Inzucht voraussetzen. Für einige Leser mag es daher zweckmäßig sein, vor Übergang zu Kapitel 4 die Abschnitte I und II des Kapitels 12 (Inzucht) zu lesen.

II. Analyse der genetischen Effekte

1. Schiefe Kurven

Die ursprüngliche Theorie der polymeren Vererbung quantitativer Charaktere setzt voraus, daß eine größere Anzahl Gene von additiver Wirkung und halber Dominanz spalten. Sind solche Bedingungen nicht erfüllt, so erwarten wir in F_2 Variationskurven, die von der theoretischen Normalkurve auf mannigfaltige Weise abweichen. Häufig trifft man z. B. schiefe Kurven. In Fig. 12 haben wir drei

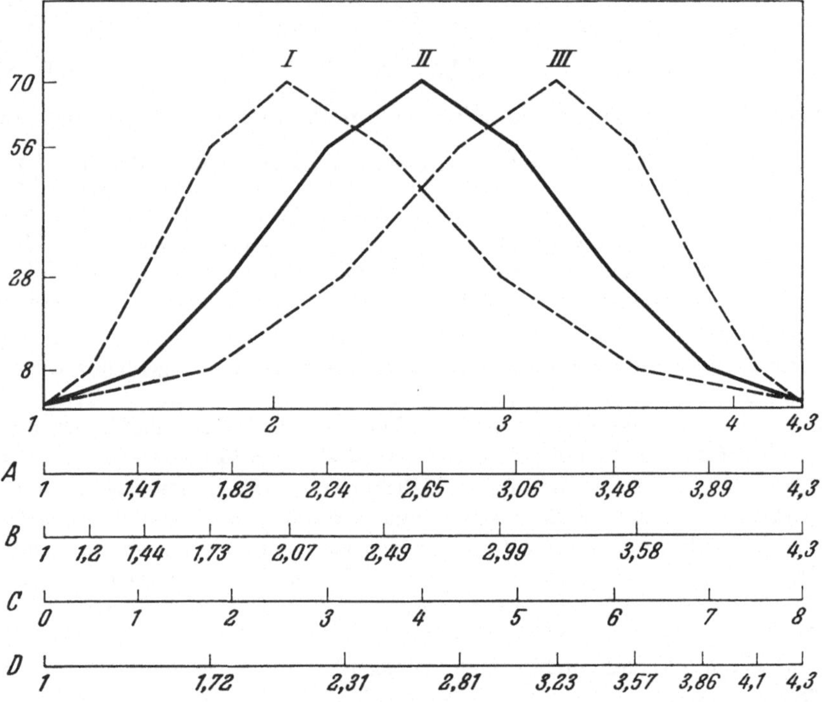

Fig. 12. Variationskurven für eine Spaltung von 4 halbdominanten Genen bei Benützung verschiedener Skalen. Skala A und B für arithmetisch bzw. geometrisch additive Geneffekte. Skala C, y = $\log^{1,2}$x. Skala D, Prinzip der abnehmenden Ausbeute

Variationskurven mit einem Bereich von 1,0—4,3 Einheiten (z. B. Fruchtgewicht der Tomate in Dekagramm) gezeichnet. Kurve II ist symmetrisch mit einem Gipfel bei 2,65; Kurve I zeigt eine positive Schiefe, d. h. sie fällt steil nach links und flach nach rechts, und der Gipfel (2,07) befindet sich links von der Mitte des Variationsbereiches. Kurve III zeigt eine gleich große negative Schiefe mit einem nach rechts verschobenen Gipfel (bei 3,23).

Nach H. H. Smith (1944) kann positive Schiefe formell durch folgende Faktoren erklärt werden, die zum Teil indessen nur verschiedene Aspekte derselben Phänomene darstellen: Vorwiegend dominante Gene für herabgesetzte Größe, geometrisch kumulative Geneffekte, Interaktionen von der Natur, daß die Wirkungen der reduzierenden Gene um so stärker abgeschwächt werden, je mehr von diesen Genen kombiniert werden, und schließlich Annäherung an eine untere physiologische Grenze für die Ausprägung des betreffenden Charakters. Negative Schiefe kann auf entgegengesetzten Ursachen beruhen, also Vorwiegen dominanter Gene für erhöhte Dimensionen, Abschwächung der Effekte der Plusgene bei steigender Anzahl derselben und Annäherung an eine obere physiologische Grenze. Diese Faktoren sollen im folgenden diskutiert werden.

2. Dominanzverhältnisse

Über dieses Problem können wir uns hier kurz fassen, da wir es schon im Anschluß an die Tab. 15—19 diskutiert haben. Bei einseitiger Dominanz der Gene für hohe (oder niedrige) Dimensionen erhalten wir theoretisch ausgeprägt schiefe Kurven, die erst bei einer sehr hohen Anzahl spaltender Gene sich der Normalkurve nähern (Tab. 17). In der Praxis dürfte es indessen nur selten vorkommen, daß alle Gene, die eine quantitative Differenz zwischen zwei natürlichen Rassen bedingen, eine vollständige Dominanz in derselben Richtung zeigen. Es genügt schon, daß ein Teil der Gene unvollständige Dominanz oder Dominanz in verschiedene Richtungen zeigt, um die Schiefe der Kurven wesentlich abzumildern (Tab. 18).

Zur Abrundung unserer Vorstellungen wollen wir noch die beiden Modelle in Tab. 23 vergleichen. In I wird der Unterschied zwischen einer 70 cm und einer 130 cm hohen Rasse auf übliche Weise durch 4 Paar gleichsinnige, halbdominante Gene erklärt. In II dagegen wird der gleiche Unterschied durch 8 vollständig dominante Gene bedingt, von denen je 4 die Größe erhöhen und erniedrigen. Betreffs Ausrechnung der Zahlenserien vgl. S. 42.

Tabelle 23.

Distribution der Typen in F_2 einer Kreuzung einer 70 cm hohen mit einer 130 cm hohen Rasse.
Annahme I: aa bb cc dd × AA BB CC DD, alle Gene halbdominant.
Annahme II: aa bb cc dd MM NN OO PP × AA BB CC DD mm nn oo pp, alle Gene vollständig dominant. A—D erhöhen die Größe. M—P reduzieren sie

Alternative	Anzahl positiver Gene	0	1	2	3	4	5	6	7	8
	Höhe	70	77,5	85	92,5	100	107,5	115	122,5	130
I.	Binomial-koeffizienten ...	1	8	28	56	70	56	28	8	1
	Prozentuell......	0,39	3,13	10,94	21,88	27,34	21,88	10,94	3,13	0,39
II.	Prozentuell......	0,12	1,65	8,73	23,25	32,48	23,25	8,73	1,65	0,12
	Binomial-koeffizienten ...	81	1080	5724	15240	21286	15240	5724	1080	81

Alternativen I und II führen zu denselben Werten für Eltern und F_1. In F_2 würden sie auch denselben Variationsbereich mit dem gleichen Mittel ergeben, aber leicht verschiedene Distributionen in den Höhenklassen. In der Praxis wäre es nicht möglich, aus der Form der Kurven allein zwischen beiden Hypothesen zu unterscheiden. Ohne besonders gründliche Untersuchungen würde man kaum die richtige Erklärung finden. Und doch ist es wahrscheinlich, daß Komplikationen von dieser Art in einem beträchtlichen Teil der Kreuzungen vorkommen.

Das Milieu, von dem wir bisher abstrahiert haben, kann ebenfalls viel dazu beitragen, um die Schiefe der Kurven zu vermindern und ihre Form an die der Normalkurve anzunähern. Über die Zusammenwirkung von Milieu und Genotypen bei quantitativen Charakteren weiß man leider wenig. Die Statistiker nehmen gewöhnlich an, daß die Wirkungen von Milieu und Genotypen sich im wesentlichen addieren, etwa in der Weise, daß ein günstiger Milieufaktor, der den Wuchs eines niedrigen Genotyps um 10 cm erhöht, das gleiche mit einem hohen Genotyp tut. Indessen ist es wenig fraglich, daß verschiedene Genotypen ungleich stark oder sogar in verschiedener Richtung auf die gleichen Milieufaktoren reagieren können. Welche Anteile diese und andere Komplikationen an Variationsbreite und Form der F_2-Kurven haben, ist meist völlig unbekannt, wenn wir berücksichtigen, daß weit verbreitete Auffassungen hierüber in der Regel nicht auf konkreten Beweisen fußen, und daß sehr verschiedene Möglichkeiten bestehen, die meist zum Teil übersehen werden.

3. Geometrisch kumulative Geneffekte[1]

Bei der Analyse quantitativer Charaktere findet man oft, daß F_1 nicht genau intermediär ist, sondern mehr oder weniger dem Werte des kleineren Elters angenähert ist, während F_2 eine positive Schiefe zeigt. Bei Kreuzung von *Nicotiana Langsdorfii* mit *N. alata* mit Kronenlängen von bzw. 21 und 81 mm war z. B. die F_1 nur 41 mm lang. Bei Kreuzungen von Tomatensorten fanden MacArthur und Butler (1938), daß das Fruchtgewicht der F_1 bedeutend unter dem arithmetischen Mittel der Eltern lag, aber nahe bei ihrem geometrischen Mittel, siehe Tab. 24. Dieses Faktum ist leicht zu übersehen, wenn der relative Größenunterschied der gekreuzten

Tabelle 24.
Kreuzungen von Tomatensorten mit verschiedenem Fruchtgewicht. Vergleich der F_1 und F_2 mit dem geometrischen und arithmetischen Mittel der Eltern

P_1	P_2	F_1	F_2	Mittel der Eltern	
				geometrisch	arithmetisch
12,4	1,1	4,2	4,2	3,7	6,7
54,1	1,1	7,4	6,4	7,4	27,6
55,8	1,1	7,9	8,0	7,6	28,5
56,2	1,1	7,2	7,3	7,6	28,6
57,0	1,1	7,1	7,5	7,7	29,0
57,5	1,1	7,4	7,8	7,7	29,3
150,0	1,1	9,4	6,9	12,3	75,5
152,4	1,1	10,1	10,2	12,3	76,7
173,6	1,1	8,3	9,5	13,2	87,3
312,0	1,1	12,6	12,3	17,5	156,5
173,6	5,0	38,1	50,0	29,4	89,3
36,0	5,1	14,0	15,8	13,5	20,6
55,0	5,1	21,0	22,3	16,8	30,0
58,0	5,1	23,0	22,9	17,2	32,5
112,6	12,4	35,5	41,9	37,4	62,5
148,8	12,4	44,0	45,2	43,0	80,6
150,0	12,4	47,5	46,1	43,3	81,2

Rassen nicht besonders groß ist, da dann geometrisches und arithmetisches Mittel nahe zusammenfallen. Für die Zahlen 100 und 150 betragen diese Mittel bzw. 122,5 und 125. Wenn dagegen so bedeutende Unterschiede bestehen wie in den Früchten der Tomate, wo die Fruchtgewichte verschiedener Rassen sich im Verhältnis 300 : 1 unterscheiden können, fallen beide Mittel weit auseinander.

Die Annäherung der F_1 an das geometrische Mittel deutet darauf, daß die Gene für Dimensionen in den betreffenden Beispielen nicht absolute Unterschiede bedingen, sondern relative (prozentuale). Dies kann an dem folgenden Beispiel der erwähnten Verfasser demonstriert werden. Bei der Tomate wurden in einer Reihe von Kreuzungen die Spaltung eines Genpaares X-x studiert, das einen Unterschied in der Fruchtgröße bedingt. Die Wirkung von X-x konnte nur indirekt erfaßt werden, nämlich dadurch, daß es mit einem den auffälligen Unterschied hohe — niedrige Pflanzen bedingenden Genpaar A-a gekoppelt war, und zwar in einigen Kreuzungen in der Koppelungsphase AX/ax (Tab. 25, Nr. 2—5), in anderen in der Repulsionsphase

[1] Charles und Smith (1939), Rick und Butler (1956), Smith (1944).

Ax/aX (Nr. 1 und 6). Dementsprechend hatten in ersterer Gruppe von Kreuzungen die A-Pflanzen im Durchschnitt das höhere Fruchtgewicht, in letzterer Gruppe die a-Pflanzen (vergleiche auch Kapitel 11). Die absolute Wirkung des Genpaares X-x ist nun in den verschiedenen Kreuzungen sehr verschieden. Während es bei groß-

Tabelle 25.

Unterschiede im Fruchtgewicht hoher und niedriger F_2-Pflanzen der Tomate durch ein mit dem Höhenunterschied gekoppeltes Gen X-x für Fruchtgewicht. Prozentueller Unterschied durch Division, absoluter Unterschied (A-a) durch mittleres Fruchtgewicht der F_2 errechnet

Kreuzung Nr.	Phase	Mittel der F_2-Fruchtgewichte bei Typus		Unterschiede	
		hoch (A)	niedrig (a)	absolut	prozentuell
1	Ax/aX	6,9 ± 0,1	8,4 ± 0,3	— 1,5 ± 0,31	20,5
2	AX/ax	24,0 ± 1,0	18,1 ± 2,5	+ 5,9 ± 2,7	26,2
3	AX/ax	24,8 ± 1,4	18,0 ± 1,3	+ 6,8 ± 1,9	30,0
4	AX/ax	54,0 ± 1,4	38,0 ± 2,3	+ 16,0 ± 2,7	32,0
5	AX/ax	76,8 ± 1,5	61,2 ± 1,9	+ 15,6 ± 2,4	21,1
6	Ax/aX	81,8 ± 1,4	101,6 ± 2,0	— 19,8 ± 2,5	23,0

früchtigen Sorten einen Unterschied von 19,8 Gramm bedingt, verursacht es bei kleinfrüchtigen nur eine Differenz von 1,5 Gramm. Die relative Differenz war indessen in allen Fällen etwa gleich groß, indem sie stets um 25,5% mit statistisch erlaubten Abweichungen schwankte.

Auf Grund solcher Erfahrungen unterscheidet man zwischen arithmetisch und geometrisch kumulativen (additiven) Geneffekten. Die Bedeutung dieser Termini sei an folgendem Modell erklärt (Fig. 12). Wir nehmen an, daß der Unterschied zweier Tomatensorten vom Fruchtgewicht 1,0 und 4,3 Dekagramm durch 4 additive, halbdominante Genpaare bedingt sei. Bei arithmetisch additiven Effekten würden wir annehmen, daß ein jedes Gen die Wirkung $(4{,}3-1{,}0):8=0{,}41$ hätte. Je nachdem 0, 1, 2, 3 .... 8 positive Gene anwesend wären, hätten wir die Gewichtsstufen 1—1,41—1,82—2,24 .... 4,3; siehe Fig. 12, Kurve II und Skala A. Bei geometrischer Genwirkung (Kurve I, Skala B) würden wir zunächst feststellen, daß der Quotient Q der Fruchtgewichte der beiden Elterntypen 4,3 beträgt. Wenn dieser Quotient durch 8 gleich starke Gene von multiplikativer Wirkung bedingt wäre, so entspräche der Effekt jedes einzelnen Gens dem Ausdruck $\sqrt[8]{Q}=\sqrt[8]{4{,}3}=1{,}20$. Jedes dieser Gene würde also heterozygot das Gewicht um 20% erhöhen, homozygot um 44%. Je nach der Anwesenheit von 0—8 Plusgenen erhielten wir demnach die Reihe:

$$1:1{,}2:1{,}2^2:1{,}2^3:1{,}2^4\ldots.1{,}2^8=1:1{,}2:1{,}44:1{,}73\ldots.4{,}3.$$

Bei einer 4-Genspaltung verhalten sich die Häufigkeiten der Typen mit 0—8 Plusgenen in Übereinstimmung mit der Serie 1 : 8 : 28 : 56 : 70 : 56 : 28 : 8 : 1. Bei arithmetischer Genwirkung erhalten wir die symmetrische Kurve II (Fig. 12). Bei geometrischer Genwirkung dagegen sind die Klassengrenzen im linken Teil der Kurve dichter als im rechten, was eine positive Schiefe ergeben muß (Kurve I). Diese asymmetrische Kurve kann indessen in eine symmetrische verwandelt werden, wenn wir die metrische Skala der Abszissenachse durch eine geeignete logarithmische ersetzen. In diesem Beispiel wären Logarithmen auf der Basis 1,2 zu benutzen. 4,3 ist z. B. $1{,}2^8$, weshalb $8=\log^{1,2} 4{,}3$. Auf dieser Skala erhalten die Gene wieder eine additive Wirkung (siehe Skala C und Kurve II).

In verschiedenen Beispielen wird eine verschiedene Basis der Logarithmen benötigt. Wenn *n* gleichsinnige, geometrisch kumulative, halbdominante Gene einen Quotienten Q bedingen, so kann man die Basis $\sqrt[2n]{Q}$ wählen. Indessen ist die Sache oft noch komplizierter. Die Variation eines Charakters wird nicht nur durch den Genotyp, sondern auch durch das Milieu bedingt. Die Biometriker suchen unter diesen Umständen nach einer Skala, in der Gen- und Milieueffekte sich auf geeignete Weise addieren. Eine in diesem Sinne perfekte Skala zu finden, ist meistens unmöglich. In manchen Fällen kann aber eine den genannten Forderungen angenäherte Skala eine gewisse Bedeutung haben. Dies sind indessen Probleme für Spezialisten auf diesem Gebiet (MATHER, 1949).

4. Das Prinzip der „Diminishing returns“ [1]

Kurve III in Fig. 12 ist symmetrisch zu Kurve I gezeichnet. Hier sind die Klassengrenzen durch die Formel $5{,}3 - 1{,}2^n$ bestimmt, wobei n von 0 bis 8 variiert. Eine solche Kurve würden wir formell erhalten, wenn n geometrisch kumulative Gene die Größe von 4,3 auf 1,0 reduzieren, so daß der Wert 4,3 null, der Wert 1,0 acht reduzierenden Genen entspricht. Eine solche Formulierung der Genaktionen wäre jedoch unnatürlich, indem ein neuntes Gen von gleicher Art die Größe auf einen negativen Wert reduzieren würde. Offenbar sollten solche Kurven in der Regel durch positive Gene mit abnehmenden Effekten erklärt werden. Mit steigender Anzahl der anwesenden positiven Gene verlangsamt sich also die Zunahme des betreffenden Charakters. In unserem Modell erhöhte das erste Gen das Gewicht von 1 auf 1,72, also um 72%, das achte dagegen nur von 4,10 auf 4,30, also 5%. Es handelt sich um das wohlbekannte Prinzip der abnehmenden Ausbeute (RASMUSSON, 1933).

Eine solche Art von Interaktion zwischen Genen, die einen Charakter begünstigen, ist durchaus zu erwarten, wenn man sich einer physiologischen Grenze für die Ausprägung des Charakters nähert. Wenn man bei einer Art z. B. Selektion auf frühe Blütezeit (bei etwa normaler Höhe der Individuen) treibt, so mag die Selektion im Anfang rasch fortschreiten, sie wird aber zweifellos bald stark verlangsamt, da es physiologisch unmöglich ist, eine Art in null Tagen zur Blüte zu bringen. Nähert man sich der Grenze des physiologisch Möglichen, so wird der Fortschritt immer langsamer und schließlich unmerklich.

Bei divergenten Selektionen auf Nicotingehalt bei *Nicotiana* wurde gefunden, daß in der Minusrichtung eine Grenze von 0,5% Alkaloiden in getrockneten Blättern und in der Plusrichtung eine solche von 5% sich schwer überschreiten ließen. In der Distribution des Nicotinprozentes zeigten die Minusselektionen eine positive Schiefe, die Plusselektionen dagegen eine negative. Diese Befunde deuten darauf, daß eine gewisse minimale Konzentration von Nicotin günstig oder notwendig für die Lebensfunktionen der Tabakpflanze ist, eine zu hohe Konzentration dagegen schädlich (SMITH, 1944).

Derartige physiologische Grenzen dürften indessen oft nur relativ sein. Wenn z. B. hohe Konzentrationen gewisser Substanzen schädliche Effekte haben, so dürfte es oft möglich sein, den Schaden durch gewisse Genkombinationen zu neutralisieren, so daß die physiologische Grenze etwas verschoben wird. Dieser Vorgang kann vielleicht einige Male wiederholt werden, jedesmal aber mit größeren Schwierigkeiten, bis man schließlich auf nahezu unüberschreitbare Grenzen stößt.

III. Der Ertrag

1. Tatsachen

Das wichtigste quantitative Merkmal ist der Ertrag der Kulturpflanzen an reifen Produkten, insbesondere der Getreide an Samen. Man hat früher die Vererbung des Ertrages nach der vereinfachten Theorie der polymeren Gene zu erklären versucht, hat

[1] RASMUSSON (1933).

aber damit wenig Erfolg gehabt. Die wichtigeren Tatsachen, die zu erklären sind, sind folgende: 1. Es ist relativ einfach, den Ertrag von wilden Pflanzenarten oder nicht systematisch veredelten Kulturformen durch Auslese und Kreuzung zu erhöhen. 2. Bei Kreuzung zweier hochgezüchteter Varietäten ist es leicht, in der Nachkommenschaft schlechtere Linien zu isolieren, dagegen sehr schwer, gleich gute oder bessere. 3. Bei Kreuzungen hochgezüchteter Varietäten erhält man in F_2 oft eine transgressive Spaltung, in der die Erträge der Elterntypen sowohl in der Plus- als in der Minusrichtung überschritten werden. Bei den darauf folgenden Selbstungen zum Zwecke, konstante Linien zu erzeugen, geht der Ertrag in der Regel so stark zurück, daß die große Mehrzahl der Linien minderwertig sind und nur wenige ihren Eltern gleichen. PALMER (1953) gibt z. B. an, daß von 300 in Neu-Seeland längere Zeit untersuchten Weizenkreuzungen nur drei neue Varietäten gegeben haben. — Da bei Kreuzbefruchtern die Vererbung des Ertrages in hohem Grade durch die Erscheinungen der Heterosis und der Inzuchtdepression kompliziert wird, halten wir uns hier an autogame Gewächse, bei denen die genannten Phänomene eine geringere Rolle spielen. Wir können an dieser Stelle keine allgemeine Theorie der Vererbung des Ertrages aufstellen, sondern müssen uns damit begnügen, auf einige Prinzipien hinzuweisen, mit denen man die oben genannten Tatsachen verständlich machen kann.

2. Das Prinzip der optimalen Reaktionsstärke

Der Ertrag ist eine äußerst komplizierte Eigenschaft, die von der Gesamtheit der Lebensfunktionen abhängig ist. Für einen hohen Ertrag ist es notwendig, daß Ablauf und Intensität zahlreicher Lebensfunktionen harmonisch aneinander angepaßt sind. Hierin unterscheidet sich der Ertrag prinzipiell von den einfacheren quantitativen Charakteren. Betrachten wir z. B. die Höhe der Pflanzen. Es gibt zahlreiche Gene, die die Höhe beeinflussen. Im allgemeinen läßt sich eindeutig sagen, daß bestimmte Gene wie A, B, C, D einen höheren Wuchs bedingen als ihre Allele a, b, c, d. Die Wirkungen der Plusgene addieren sich, die Kombination ABCD ist also höher als ABcd oder Abcd. Ob sich die Wirkungen der Gene arithmetisch oder geometrisch, mit sinkender oder mit steigender Ausbeute addieren, interessiert uns nicht in diesem Zusammenhang.

Dieselben Größengene werden oft auch den Ertrag beeinflussen, zum Teil aber auf eine ganz andere Weise. In diesem Falle liegt es nämlich nahe anzunehmen, daß mittlere Kombinationen im allgemeinen die größte Effektivität besitzen und daher größere Ernten ermöglichen als extremere Kombinationen in Plus- oder Minusrichtung. Wenn z. B. die Gene A, B, C, D, E die Höhe begünstigen, a, b, c, d, e sie herabsetzen, so könnten mittelhohe Kombinationen wie AA BB CC dd ee oder aa BB CC DD ee bessere Erträge geben als Kombinationen mit 0—1 oder 4—5 Paaren von Plusgenen. Hieraus folgt wiederum, daß solche Höhengene nicht an und für sich als günstig oder ungünstig für den Ertrag zu bezeichnen sind; ihre Wirkung auf den Ertrag hängt vielmehr von der Anzahl der Gene ab, die in gleicher Richtung wirken. Je nach dieser Anzahl haben diese Gene bald günstige, bald ungünstige Effekte.

Im einzelnen mögen Abweichungen von dieser Regel vorkommen und es ist fraglich, ob die Höhe der Pflanzen das beste Beispiel für Veranschaulichung dieses Prinzips ist. Aber es besteht theoretisch wenig Zweifel daran, daß das Prinzip der optimalen Reaktionsstärke von größter Bedeutung für die maximale Effektivität eines Organismus ist. Um maximale Ernten zu ermöglichen, darf eine Pflanze weder zu rasch noch zu langsam wachsen, weder zu früh noch zu spät blühen, weder zu große noch zu kleine Wurzelmasse, Verzweigung, Blatt- und Blütenzahl, zu hohes oder zu niedriges pH im Zellsaft haben usw. Nur wenn alle diese verschiedenartigen Entwicklungsreaktionen genau aufeinander abgestimmt sind und gleichzeitig eine genügende Elastizität besitzen, um sich gewöhnlicheren Umweltschwankungen vorteilhaft anzupassen, können die zur Verfügung stehenden Substanzen auf ökonomische Weise verwertet werden, so daß eine maximale Effektivität des ganzen Systems erreicht wird.

Die Konsequenzen dieses Prinzips für die Theorie der Genetik seien an Hand eines einfachen Modells erklärt. Die Kreuzung zweier hochgezüchteter Linien von Gersten oder Weizen könnte schematisch durch folgende Formel wiedergegeben werden:

$$(Ab)(Cd)(Ef)(Gh)(Ik)\ldots\ldots \times (aB)(cD)(eF)(gH)(iK)\ldots\ldots$$

Innerhalb jeder Klammer haben wir Gene, die denselben Prozeß beeinflussen. Wir nehmen dabei an, daß die Kombinationen AA bb und aa BB optimale Stärke des betreffenden Prozesses ergeben, AA BB und aa bb dagegen zu starke bzw. zu schwache Intensitäten, die beide für den Ertrag ungünstig wären. Wir könnten in einem solchen Schema ebensogut z. B. 6 Gene benutzen und behaupten 1—2 Gene seien zu schwach, 4—6 Gene zu stark. Im allgemeinen dürften jedoch nur wenige denselben physiologischen Prozeß beeinflussende Gene in einer bestimmten Kreuzung spalten. Wenn nun in F_{ho}, nach zehn oder mehr Generationen von Selbstungen, aus der heterozygoten F_1 eine große Anzahl homozygoter Linien entstanden ist, so werden aus jedem Paar von Klammern wie (Ab)(aB), d. h. Aa Bb, 50% Kombinationen gebildet sein, die den beiden Elterntypen gleichwertig in bezug auf den betreffenden Prozeß sind, und 50% minderwertige. Dies gilt nun für alle Klammern. Wenn z. B. die gekreuzten Varietäten verschiedene, aber optimale Kombinationen in 10 verschiedenen Klammern (Prozessen) hätten, so wären von 4^{10} homozygoten Linien nur 2^{10} den Elterntypen gleichwertig, also von 1024 Linien nur eine. Es hätte also keinen Zweck, diese Kreuzung auszuführen. Im günstigsten Falle würde man nur eine mit den Eltern gleichwertige Kombination erhalten, aber dazu gehört noch viel Glück. Denn in der Praxis ist man selten imstande, die einwandfrei beste Linie unter 1000 zu identifizieren. Das Endergebnis wäre daher aller Wahrscheinlichkeit nach den Eltern unterlegen.

Ganz anders wäre das Ergebnis einer Kreuzung zweier mittelmäßiger Rassen wie etwa:

$$(Ab)(Cd)(EF)(GH)\ldots \times (AB)(CD)(Ef)(Gh)\ldots$$

In diesem Schema hätten die beiden Elterntypen zwei positive und zwei negative Klammern. Aus jedem Klammerpaar würde in F_{ho} eine günstige und eine ungünstige Stärke der betreffenden Reaktion entstehen. Aus (Ab)(AB) zum Beispiel AA bb und AA BB. In F_{ho} erhielten wir daher eine symmetrische Distribution 1 : 4 : 6 : 4 : 1 von Linien mit 0—4 günstigen Klammern. Wir erhielten daher eine symmetrische Spaltung des Ertrages, d. h. die F_{ho}-Linien würden eine gleich große Transgression nach der Plusrichtung wie nach der Minusrichtung zeigen.

Dieses Modell zeigt ganz klar, daß es im Anfang einer Züchtungsarbeit sehr einfach ist, die unvollkommenen Linien zu verbessern. Je weiter die Züchtung indessen fortschreitet, desto schwieriger wird es, eine Verbesserung zu erzielen, bis dies mit den gewöhnlichen Methoden fast unmöglich wird.

Das erstere der obigen Modelle kann uns indessen etwas mehr zeigen, besonders wenn wir es in etwas veränderter Form schreiben, nämlich:

$$(Ab)(Cd)(Ef)(Gh)(Ik)\ldots\ldots \times (a'B')(c'D')(e'F')(g'H')(i'K')\ldots\ldots$$

In diesem Schema haben wir Gene, die aus der einen Rasse stammen, durch Markierung hervorgehoben. Wir setzen voraus, daß alle diese Klammern günstige Genkombinationen für die entsprechenden Prozesse darstellen. Aber in der Praxis dürften „homologe Klammern“ der beiden Eltern nicht völlig gleichwertige Intensitäten oder Qualitäten der betreffenden Prozesse bedingen. Damit ergibt sich folgendes Bild. Wenn die Eltern sich wie oben angenommen in 10 Klammern unterscheiden, so werden in F_{ho} unter den 4^{10} = ca. 1 000 000 verschiedenen homozygoten Linien 1024 nur positive Klammern enthalten, die jedoch alle verschiedene Kombinationen von markierten und nicht markierten Klammern darstellen. In der Praxis wäre es gar nicht zu bezweifeln, daß unter den 1024 „Elitelinien" noch eine recht beträchtliche Variation hinsichtlich des Ertrages vorkommen würde und die besten Elitelinien mögen den hochgezüchteten Elterntypen weit überlegen sein; ihre Identifizierung bietet jedoch wegen ihrer extremen Seltenheit ganz besondere Schwierigkeiten. Allerdings sind die Verhältnisse selten so ungünstig wie in diesem Schema.

Wenn oben betont wurde, daß mittlere Ausprägung der meisten Charaktere günstig für hohen Ertrag ist, so bedeutet dies nicht, daß stärkere Abweichungen vom normalen Mittel unbedingt höhere Erträge ausschließen, sondern nur, daß sie dieselben vorübergehend erschweren. Wenn bei bestimmten Objekten z. B. niedrigere Formen eindeutige Vorteile aufweisen, weil sie eine maschinelle Ernte erlauben, so kann man unbekümmert niedrige Formen züchten. Zunächst muß man zwar mit einer Herabsetzung des Ertrages rechnen. Dadurch aber, daß der Restgenotyp durch umfassende Selektionen an die veränderte Höhe angepaßt wird, wird der Verlust im Laufe der Zeit abgemildert oder aufgehoben. Hierzu mag es unter Umständen notwendig sein, daß eine größere Anzahl von Reaktionen eine veränderte Stärke bekommt.

3. Das Prinzip der begrenzenden Reaktionen

Eine weitere Erschwerung der Ertragssteigerung soll an folgendem Modell erklärt werden:

AA BB CC dd ee ff (OO PP qq rr) × aa bb cc DD EE FF (oo pp QQ RR).

A—F seien additive Gene, die den Ertrag erhöhen. Wenn in F_{ho} 0—3 von diesen Genen homozygot vorhanden sind, so addieren sich ihre Effekte einfach. Sind dagegen 4—6 vorhanden, so können sie nur eine weitere Erhöhung des Ertrages geben, wenn gleichzeitig die 4 dominanten (oder halbdominanten) Gene O—R vollständig vorhanden sind. Letztere Gene haben an und für sich vielleicht keine Wirkung auf den Ertrag. Sie verstärken aber gewisse Reaktionen, die eine Voraussetzung für eine Erhöhung des Ertragsniveaus sind. Ohne die begrenzende Wirkung der eingeklammerten Gene erhielten wir in F_{ho} eine Spaltung in:

Anzahl Plusgene	0—2	3	4—6
Ertrag	schlecht	mittel	gut
Anzahl Linien	22	20	22

Hierbei bedeutet schlecht und gut bzw. ein geringerer und höherer Ertrag der Linien als derjenige der Eltern. Die begrenzende Aktion der eingeklammerten Gene hätte jedoch zur Folge, daß nur $^1/_{16}$ der guten Linien die kritische Ertragsgröße überschreiten kann. Hierdurch verwandelt sich obige Spaltung schematisch in:

22 schlecht : 40,6 mittel : 1,4 gut.

Dies gilt bei unabhängiger Spaltung. Koppelungen, z. B. von P mit q, könnten die Häufigkeit der Linien mit überlegenem Ertrag beliebig reduzieren.

Das hier angedeutete Prinzip dürfte von allgemeiner Bedeutung sein. Die Stärke zahlreicher Reaktionen wird dadurch begrenzt, daß andere Reaktionen, von denen sie abhängig sind, keine genügende Stärke besitzen. Je höher man versucht, das Ertragsniveau zu steigern, desto mehr begrenzende Reaktionen wird man antreffen, die die Häufigkeiten der gesuchten überlegenen Kombinationen auf einen immer geringeren Bruchteil herabsetzen. — Gene, die eine bestimmte Reaktion begrenzen, gleichgültig wie günstig der Restgenotyp für die betreffende Reaktion ist, sind eine der bekanntesten Erscheinungen der genetischen Forschung.

Indessen dürfte die Wirkung der begrenzenden Reaktionen nicht immer so uneingeschränkt und unelastisch sein. In vielen Fällen wird eine Ertragserhöhung nicht völlig verhindert, sondern nur reduziert. Diese Überlegung zeigt uns, daß das Prinzip der begrenzenden Reaktionen nicht wesensverschieden von der Erscheinung der abnehmenden Ausbeute zu sein braucht. Vielmehr dürften begrenzende Reaktionen die gewöhnlichste Ursache für abnehmende Ausbeute darstellen.

4. Das Prinzip der Genharmonie

Wenn wir wie im Abschnitt 2 Genkomplexe, die denselben Prozeß regulieren, innerhalb von Klammern angeben, so könnten für ontogenetisch oder biochemisch koordinierte Reaktionsketten verschiedenartige Kombinationen wie (Ab)(Cd)(Ef) und (AB)(CD)(EF) etwa gleich vorteilhaft sein, Rekombinationen wie (AB)(Cd)(Ef) oder (Ab)(CD)(EF) aber nachteilig, da es weniger auf die absolute Intensität der einzelnen Prozesse ankommt als auf ein richtiges Verhältnis in der Stärke dieser Prozesse. In dem Maße wie Züchtung auf hohen Ertrag Selektion auf Harmonie zwischen Genkomplexen bedeutet, wäre bei Kreuzung gleichwertiger aber verschiedenartiger Gipfelvarietäten wie (Ab)(Cd)(Ef)×(AB)(CD)(EF) ein großer Überschuß an minderwertigen Nachkommen (F_{ho}) zu erwarten.

Bei Kreuzung entfernt verwandter Rassen sind Gene, die aus dem gleichen Elter stammen, harmonisch aneinander angepaßt, durch Rekombination entstehen jedoch disharmonische Kombinationen. Wenn in der Kreuzung AA BB CC DD EE × A'A' B'B' C'C' D'D' E'E' die genannten Gene schlecht mit denen des Kreuzungspartners zusammenarbeiten, so wären in F_{ho} neben 1/32 von beiden elterlichen Kombinationen 30/32 minderwertige Kombinationen zu erwarten.

5. Das Prinzip der komplementären Gene

Die komplementären Gene bilden das grundlegende Prinzip für die Interaktion von Genen, die auf spezifische Weise in die gleiche Reaktionskette eingreifen. Ob sie eine größere Rolle für die quantitative Genetik spielen, ist fraglich. Immerhin könnten sie bei Kreuzung hochgezüchteter Sorten zur Seltenheit überlegener Kombinationen einen gewissen Beitrag geben. Für die Diskussion dieses Problems betrachten wir folgende Kreuzung:

(AB)(CD)(EF)(Gh)(Ij)(kl)(mn)(op) × (ab)(cd)(ef)(gH)(iJ)(KL)(MN)(OP).

Wir nehmen an, daß die Klammern komplementäre Gene enthalten, und daß Klammern, die zwei große Buchstaben enthalten, den Ertrag um eine Einheit erhöhen, während die drei übrigen möglichen Kombinationen einer jeden Klammer (z. B. Ab, aB, ab) den Effekt Null haben. Unter diesen Umständen entsprechen die Eltern 3 Einheiten, F_1 8 Einheiten, während F_{ho} ein Mittel von 2 Einheiten, aber eine sehr große Variationsbreite hätte, wie folgendes Schema zeigt:

Anzahl der Einheiten	0	1	2	3	4	5	6	7	8
% F_{ho}-Linien	10,0	26,7	31,2	20,8	8,6	2,3	0,4	0,04	—
	67,9% schlechter als Eltern				11,4% besser als Eltern				

Auf eine kräftige Heterosis in F_1 würde eine noch stärkere Depression im Mittel der F_{ho} erfolgen. Die Verteilung wäre sehr asymmetrisch mit hoher positiver Schiefe.

6. Konklusion

In der Praxis dürften die genannten und andere Typen von Komplikationen nebeneinander in Kreuzungen von Kultursorten und natürlichen Rassen vorkommen. Im Grunde könnten alle diese formellen Schemata gewisse Eigentümlichkeiten in der Genetik des Ertrages erklären. Vorläufig liegt es indessen nahe, das Prinzip der begrenzenden Reaktionen in den Vordergrund zu stellen, da es an den zentralen

Erscheinungen der quantitativen Genetik beteiligt zu sein scheint. Wir werden dieses Prinzip in späteren Kapiteln nach verschiedenen Richtungen hin ausbauen. An zweiter Stelle wäre das Prinzip der optimalen Reaktionsstärke zu berücksichtigen. Es ist indessen fraglich, ob diese beiden Prinzipien sich scharf trennen lassen, indem begrenzende Reaktionen oft erst Voraussetzungen für optimale Reaktionsstärken schaffen.

In den letzten Jahrzehnten sind auch zahlreiche biometrische Methoden ausgearbeitet worden, um die in den spaltenden Generationen vorhandene Variation in ihre Komponenten zu zerlegen, wie Milieueffekte, additive und nicht additive Geneffekte, Interaktionen zwischen Genotypen und Milieu [*35—43*] [1]. Über die physiologischen Prämissen dieser Methoden sind getrennte Auffassungen zulässig und es bleibt noch abzuwarten, ob und unter welchen Umständen diese Methoden zu konkreten Fortschritten in unseren Kenntnissen führen. — In der Zwischenzeit wäre es besser, wenn zumindestens ein Teil der Genetiker versuchen würde, ihre eigenen Methoden auszubauen, um Versäumtes nachzuholen. Zu einer ähnlichen Auffassung sind offenbar CLAUSEN und HIESEY (1958, S. 159) gekommen, wenn sie auf Grundlage einer besonders allseitigen Analyse der Literatur über Geninteraktion und von umfangreichen eigenen Untersuchungen das folgende Urteil über übliche biometrische Modelle aussprechen:

.... It therefore seems premature to discuss the relative merits of formulas that are designed to by-pass a detailed genetic analysis, particularly since from available evidence the genetic systems these formulas assume are far too simple to represent correctly the operation of actually existing systems....

Literatur

CHARLES, D. R., and H. H. SMITH: Distinguishing between two types of gene action in quantitative inheritance. Genetics **24**, 34—48 (1939).

CLAUSEN, J., and W. M. HIESEY: Experimental studies on the nature of species. IV. Genetic structure of ecological races. Carnegie Inst. Wash. Publ. 615, 1958.

EAST, E. M.: Studies on size inheritance in Nicotiana. Genetics **1**, 164—176 (1916).

EMERSON, R. A., and H. H. SMITH: Inheritance of number of kernel rows in maize. Cornell Univ. Agric. exp. St. Memoir 296, 1950.

MACARTHUR, J. W., and L. BUTLER: Size inheritance and geometric growth processes in the tomato fruit. Genetics **23**, 253—268 (1938).

MATHER, K.: Biometrical Genetics. New York: Dover Publications 1949.

NILSSON-EHLE, H.: Kreuzungsuntersuchungen an Hafer und Weizen. Lunds Universitets Årsskrift N.F. Afd. 2, **7**, 1—84 (1911).

PALMER, T. P.: Progressive improvement in self-fertilized crops. Heredity **7**, 127—129 (1953).

RASMUSSON, J.: A contribution to the theory of quantitative character inheritance. Hereditas **18**, 245—261 (1933).

RICK, C. M., and M. BUTLER: Cytogenetics of the tomato. Advanc. Genet. **8**, 267—382 (1956).

SMITH, H. H.: Recent studies on inheritance of quantitative characters in plants. Bot. Review **10**, 349—382 (1944).

WOODWORTH, C. M., E. R. LENG, and R. W. JUGENHEIMER: Fifty generations of selection for protein and oil in corn. Agronomy J. **44**, 60—66 (1952).

Kapitel 4

Beispiele

Wegen des unbefriedigenden Zustandes der heutigen quantitativen Genetik fiel es schwer, die elementären Erkenntnisse und Probleme dieser Wissenschaft an Hand von adäquaten Beispielen zu diskutieren. Im vorigen Kapitel haben wir daher z. T. auf

[1] s. S. 443.

Beispiele verzichtet, um nicht die theoretischen Betrachtungen durch die Diskussion der Komplikationen unbequemer Beispiele zu unterbrechen. Um uns aber nicht zu weit von den experimentellen Grundlagen zu entfernen, werden wir jetzt versuchen, das Versäumte nachzuholen.

1. Spaltung relativer und absoluter Dimensionen

Um die Beziehungen zwischen Größe und Form in der Vererbung zu analysieren, kreuzte SINNOTT (1931) zwei reine Linien von Kürbis *(Cucurbita pepo)*, die sowohl in Fruchtgröße als Fruchtform auffällig verschieden waren. Der eine Elter hatte kleine (Mittel 702 g), birnenförmige Früchte, der andere große (Mittel 1305 g) „scheibenförmige", siehe Fig. 13. Der Formunterschied wird durch ein einziges Genpaar bedingt, indem in F_2 eine scharfe Spaltung in $^3/_4$ scheibenförmig : $^1/_4$ birnenförmig erfolgte. Die Spaltung im Fruchtgewicht ließ sich nicht näher analysieren (Tab. 26). Während das Mittel der F_1 über dem des größeren Elters lag, war das Mittel der F_2 ziemlich genau intermediär zwischen dem der Eltern. Dies kann als Heterosis in F_1 gefolgt von Inzuchtdepression in F_2 aufgefaßt werden. Eine Spaltung im Fruchtgewicht der F_2-Pflanzen kommt in der Erhöhung des Variabilitätskoeffizienten zum Ausdruck, die allerdings in Anbetracht des großen Unterschiedes im mittleren Fruchtgewicht der Eltern geringer ist als zu erwarten wäre. Wie wir aus der Tabelle sehen, haben F_2-Individuen mit birnenförmigen und mit scheibenförmigen Früchten genau das gleiche mittlere Fruchtgewicht. Aus diesem und ähnlichen Beispielen lernen wir, daß Gene, die das Verhältnis zweier Dimensionen kontrollieren (hier Achsenlänge : Diameter der Frucht), keinen Einfluß auf die absoluten Werte dieser Dimensionen zu haben brauchen, und daß ihre Effekte meist nur wenig durch die Faktoren des Milieus und Genotyps beeinflußt werden, die eine hohe Variationsbreite in den absoluten Werten der Dimensionen erzeugen. — Im vorliegenden Beispiel war das Formgen nicht mit Größengenen gekoppelt, was in anderen Kreuzungen nicht selten der Fall ist.

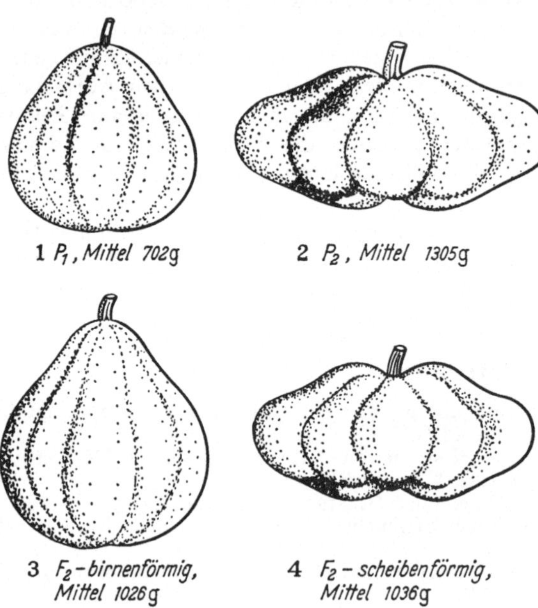

Fig. 13. Kreuzung bei Kürbis: Früchte klein, birnenförmig × groß, scheibenförmig. Früchte der Elterntypen und entsprechende Segregate in F_2. Nach SINNOTT, 1931

Tabelle 26.
Kreuzung bei Kürbis nach SINNOTT *(1931). Mittel und Variabilität des Fruchtgewichtes*

Generation	Variationsbereich	Mittel	C. V.
P_1 (birnenförmig)	350—1150	702 ± 10	23,9 ± 1,1
P_2 (scheibenförmig) . . .	450—2250	1305 ± 21	30,7 ± 1,2
F_1	650—1850	1335 ± 29	23,2 ± 1,6
F_2 (birnenförmig)	450—1850	1026 ± 31	33,7 ± 2,3
(scheibenförmig) . . .	350—2050	1036 ± 21	35,6 ± 1,6

2. Schotenlänge bei Stizolobium

Der bekannte Cytologe Belling, der in der Kreuzung zweier Bohnenarten *Stizolobium deeringianum*×*S. niveum* den ersten Fall von Semisterilität entdeckte (1914), untersuchte in der gleichen Kreuzung auch die Vererbung eines quantitativen Merkmals, nämlich der Schotenlänge. Erstere Art hat 33% kürzere Hülsen als letztere. In F_1 war lange Hülsen vollständig dominant und in F_2 wurde eine scharfe Spaltung in 515 langhülsige : 169 kurzhülsige erhalten. Das diesen Unterschied bedingende Genpaar wurde mit E—e bezeichnet. Bei Selbstung waren die kurzhülsigen F_2-Individuen (ee) konstant, während $^2/_3$ der langhülsigen (Ee) spaltende F_3-Familien ergaben, $^1/_3$ (EE) konstant langhülsige.

Diese mit dem bloßen Auge ermittelten Spaltungen wurden auch durch Messung der Hülsenlänge nachgeprüft (Tab. 27). Wir finden in den reziproken Kreuzungen eine bedeutende Variationsbreite in der Schotenlänge. Während in der einen Kreuzung die Kurven der ee- und E-Pflanzen durch eine schmale Lücke getrennt sind, grenzen

Tabelle 27.
Spaltung der Schotenlänge in reziproken Kreuzungen Stizolobium deeringianum × S. niveum. In A diente erstere Art als weiblicher Elter, in B letztere Art. Mittel der F_1 durch Kreuz (×) angedeutet[1]

Länge in mm	52	55	58	61	64	67	70	73	76	79	82	85	88	91	94	97	100	103	106	109	112	Mittel
A																						
S. deer. .				6	4	1																62,9
S. niv.. .													1	5	2	1						92,7
F_1 . . .																×						98
F_2 . . .	1	4	8	10	9	8	4	1	1		8	17	9	23	25	11	13	10	7	4	2	62,7[1]
																						94,2
B																						
S. niv.. .														1	22	16	5					95,6
S. deer. .				1	5																	63,2
F_1 . . .																×						98
F_2 . . .	1	12	16	20	24	12	9	5	1	2	11	21	38	49	60	51	24	33	13	10	3	62,7[1]
																						94,7

sie in der anderen unmittelbar aneinander. Aber auch die Individuen der Übergangszone lassen sich einwandfrei identifizieren, wenn man alle ihre Schoten mißt und auch auf gewisse andere Effekte des Gens E auf die Schotenform achtet.

Tabelle 28.
Verhältnis der mittleren Schotenlänge[2] *von lang- und kurzschotigen Individuen in 16 spaltenden F_3-Familien.* Nach Belling (1915)

Familie	1	2	3	4	5	6	7	8	9	10	11	12	13	14	15	16	Mittel
E	80	81	84	88	90	90	91	93	95	96	96	96	99	102	103	104	
ee	51	57	53	60	56	58	60	66	71	60	61	63	63	66	65	71	
Quotient	1,57	1,42	1,58	1,46	1,60	1,54	1,51	1,42	1,34	1,58	1,58	1,54	1,59	1,55	1,58	1,46	1,52

Innerhalb von 16 spaltenden F_3-Familien wurde die mittlere Länge der beiden Typen von Individuen verglichen (Tab. 28). Es wurde gefunden, daß der Quotient der Länge der beiden Typen im Durchschnitt 1,52 betrug und in den einzelnen

[1] Die beiden Mittelwerte in F_2 gelten für ee- bzw. E-Individuen.
[2] Hier auf ganze Millimeter abgerundet.

Familien wenig variierte, wenn die geringe Anzahl der gemessenen Individuen berücksichtigt wurde. Die Mittel der ee-Individuen variierten in den verschiedenen Familien von 51—71 mm, die der E-Individuen von 80—104. Alles spricht dafür, daß E einen multiplikativen (geometrischen) Effekt hat, indem es in jeder Familie die Schotenlänge um den gleichen Faktor erhöht.

Aber außer dem Genpaar E—e war offenbar noch andere erbliche Variation vorhanden. Denn zwischen der Länge der E-Individuen in F_2 und dem Mittel ihrer Nachkommenschaften bestand eine hohe Korrelation und durch Selektion einer langhülsigen F_3-Familie gelang es, das Mittel einer ganzen Gruppe von F_4-Familien auf 109 mm zu erhöhen, d. h. über den Wert der langhülsigen Elternart hinaus. Belling glaubt, daß außer dem dominanten Gen E noch drei halbdominante Gene von kleineren Effekten spalten. Hierüber lassen sich indessen ohne nähere Untersuchungen nur lose Vermutungen aufstellen. Bemerkenswert in diesem Beispiel ist, daß die mittlere Schotenlänge der Nachkommenschaften zum großen Teil die ihrer ausgelesenen Eltern übertrifft. Dies deutet auf eine interessante Komplikation.

3. Länge der Ähren und Grannen bei Gerste

Auf Grundlage zahlreicher Kreuzungen innerhalb eines Sortimentes japanischer Gerstentypen kam Takezaki (1927) zu dem Ergebnis, daß die Unterschiede in Länge der Ähren und Grannen hauptsächlich durch die Gene E, A und H bedingt sind. Die Wirkungen dieser Gene ließen sich durch folgendes Schema beschreiben (bu ist ein japanisches Längenmaß, das 3,03 mm entspricht).

	Länge der	
Typus	Ähren	Grannen
ee aa hh	17,500 ± 0,540 bu	14,400 ± 1,180 bu

	Multiplikative Effekte auf	
Gene	Ähren	Grannen
E	1,465 ± 0,060	1,087 ± 0,117
A	0,965 ± 0,022	1,687 ± 0,103
H	1,430 ± 0,059	1,909 ± 0,206

Die Effekte der dominanten Gene sind also multiplikativ. Um z. B. den Wert des Genotyps EE AA HH für Ährenlänge zu erhalten, ist der Grundwert des dreifach rezessiven Typus 17,5 mit den drei Faktoren des Schemas zu multiplizieren, also

Tabelle 29.
Vergleich der theoretischen (T) und gefundenen (F_3) Werte für Ähren- und Grannenlänge in F_3 von Kreuzungen japanischer Gerstensorten. Nach Takezaki (1927)

Genotyp	Ährenlänge		Grannenlänge	
	T	F_3	*T*	F_3
ee aa hh	17,5	16,7	14,4	14,9
ee AA hh	16,9	16,9	24,3	24,4
EE aa hh	25,7	26,7	15,7	16,7
EE AA hh	24,8	24,9	26,4	23,9
ee aa HH	25,0	25,2	27,5	25,3
ee AA HH	24,1	24,9	46,4	48,4
EE aa HH	36,8	36,6	29,9	29,4
EE AA HH	35,5	34,6	50,4	53,3

$17{,}5 \cdot 1{,}46 \cdot 0{,}96 \cdot 1{,}43 = 35{,}5$. Tab. 29 vergleicht die auf solche Weise errechneten theoretischen Werte der acht Kombinationen dieser drei Gene mit den aktuellen Werten, die in F_3 einer Serie von Kreuzungen erhalten wurden. Die Übereinstimmung zwischen

Befund und Erwartung ist offenbar sehr gut. Man bemerke, daß E hauptsächlich die Ährenlänge beeinflußt, A die Grannenlänge, während H stärkere Effekte auf beide Charaktere hat, also ausgeprägt pleiotrop ist.

Es kann nun gefragt werden, ob obige Verhältnisse mehr den Charakter einer quantitativen oder qualitativen Vererbung haben. Für typisch quantitative Vererbung sind geringere Effekte der Gene (multiplikative Faktoren von 1,1—1,2) und größere Effekte des Milieus charakteristisch. Aber hieraus allein ergeben sich noch keine prinzipiellen Gegensätze. Andererseits ist es möglich, daß bei quantitativer Vererbung oft verschiedenartige Komplikationen, zum Teil von unbekannter Natur hinzutreten, die die genetische Analyse erschweren und selten mit adäquaten Methoden untersucht werden. Unter diesen Umständen können wir zur Zeit die obige Frage noch nicht beantworten.

4. Geninteraktion bei Sorghum [1]

Die überwiegend autogame Art *Sorghum vulgare* ist ein interessantes Versuchsobjekt für eine Reihe genetischer Probleme. Die *Sorghum*-Varietäten sind in den meisten Teilen der Welt hoch, da der Futterertrag etwa proportional mit der Höhe der Pflanzen ist. Einige Mutationen zu reduzierter Größe haben jedoch eine weite Anwendung in den Vereinigten Staaten gefunden, da sie die maschinelle Ernte der für den Körnerertrag angebauten Varietäten erleichtern. Eine nähere Analyse der Höhenunterschiede der verschiedenen Typen zeigte, daß drei Gruppen von Genen zu unterscheiden sind: a) Die Serie $dw_1 - dw_4$ (abgeleitet von dwerg), die die Internodienlänge reduziert, aber keinen oder wenig Einfluß auf Internodienzahl, Blütezeit und Laubgröße hat; b) Gene, die stark lokalisierte Effekte haben, indem sie die Höhe des Stiels der Infloreszenz (peduncle) oder der Infloreszenz selbst kontrollieren und auf diesem Wege die Gesamthöhe der Pflanze beeinflussen; c) die Gene $ma_1 - ma_3$ (abgeleitet von maturity), die primär den Beginn der Blütezeit kontrollieren und auf diesem Wege auch die Anzahl der Internodien und in gewissem Grade auch das Muster der Internodienlänge, wie abnehmende oder zunehmende Länge sukzessiver Internodien oder erhöhte Länge der mittleren Internodien im Vergleich zu den basalen und apikalen, bestimmen. Schon diese kurze Beschreibung zeigt, daß die Effekte der Größengene sich meist nicht gleichmäßig auf alle Teile des Organismus erstrecken, sondern daß sie in höherem oder geringerem Grade an spezifische Entwicklungsstadien, Regionen oder Organe gebunden sind.

Tabelle 30. *Klassifizierung der Sorghumvarietäten.* Nach QUINBY and KARPER (1954)

Anzahl rezessiver Gene	Höhe in cm	Genotypen				Beispiele, Varietäten
		Dw_1	Dw_2	Dw_3	Dw_4	
0		+	+	+	+	Keine Varietäten
1	150—200	+	+	+	—	Hoher Milo, Spur Feterita, Shallu
		+	+	—	+	Broomcorn (Besenhirse)
2	100	+	+	—	—	Texas blackhull Kafir, Kalo
		+	—	+	—	Hegari
		—	+	+	—	Niedriger Milo
		—	+	—	+	Niedriges broomcorn
3	50	—	+	—	—	Combine Kafir-60, Plainsman
		—	—	+	—	Doppelt niedriger Milo
4	40	—	—	—	—	Keine Varietäten; Segregate

Zum Studium der ersten Serie von Genen ist die Höhe der Pflanzen bis zum Ansatz des obersten Blattes zu messen. Der Einfluß der Gene aus Gruppe c) ist

[1] KARPER und QUINBY (1946), QUINBY und KARPER (1945, 1946, 1954, 1961).

auszuschalten, am besten, indem man durch Benutzung des epistatischen Gens ma_1 die Blütezeit konstant hält (s. unten). Bei der Analyse einer größeren Anzahl Varietäten fanden QUINBY und KARPER (1954), daß die höchsten Typen nur drei dominante Gene besitzen, indem das für broomcorn (Besenhirse) charakteristische Gen Dw_4 den meisten anderen Typen fehlt. Die Genotypen mit drei dominanten Genen hatten unter den Bedingungen von Texas eine Höhe von 150—200 cm, solche mit zwei, einem und null dominanten Genen, Höhen von bzw. 100, 50 und 40 cm. Während das erste rezessive Gen (abgesehen von dw_4) die Höhe um bis 100 cm reduzieren kann, hat das dritte nur einen Effekt von 10 cm. Außer den genannten „größeren Genen" existiert nach den genannten Autoren ein Komplex von modifizierenden Genen, die in einigen Fällen zusammen etwa so viel Wirkung haben können, wie eins der größeren Gene. Hierüber werden indessen keine näheren Angaben gemacht.

In den meist nicht näher beschriebenen F_2-Generationen der Kreuzungen wurden vermutlich in der Regel mehr oder minder typische Binomialkurven erhalten, indem Effekte des Milieus, unvollständige Dominanz und modifizierende Faktoren eine kontinuierliche Variation erzeugen. Dennoch ließ sich der Genotyp einer größeren Anzahl von Varietäten einwandfrei bestimmen, indem die Konstitution der F_2-Pflanzen durch Aufzucht von F_3-Familien ermittelt wurde. Der Erfolg dieser Analyse wurde offenbar durch den Umstand begünstigt, daß bei *Sorghum* modifizierende Gene und andere Komplikationen eine untergeordnete Rolle spielen verglichen mit den Verhältnissen der meisten anderen Objekte.

Eine Eigentümlichkeit der dw-Gene ist, daß sie nicht selten zu ihren dominanten normalen Allelen rückmutieren. Da bei Selbstung der heterozygoten Mutanten nur ein einziges Gen spaltet, läßt sich mit Hilfe solcher Mutanten der Dominanzgrad relativ leicht ermitteln. Hierüber geben die Autoren folgende Beispiele (Tab. 31). Im Durchschnitt haben wir also eine Dominanz von rund 75%.

Tabelle 31. *Dominanz der Höhengene bei Sorghum.* Nach QUINBY and KARPER (1954)

Varietät	Gen	Höhe			Dominanzgrad
		aa	Aa	AA	
Plainsman	Dw_3	56	73	81	0,68
Martin	Dw_3	54	79	90	0,69
Texas Blackhull Kafir . . .	Dw_3	87	117	124	0,81
Sooner Milo	Dw_1	98	128	139	0,73
Sooner Milo	Dw_2	55	94	102	0,83

Die Gene für Blütezeit zeigen eine Reihe von Eigentümlichkeiten. Die dominanten Allele verzögern die Blütezeit und erhöhen daher die Anzahl der Internodien und die Höhe der Pflanzen, aber nur wenn die Tageslänge über 12 Stunden beträgt. Bei einer Tageslänge von 10 Stunden haben die Genotypen der Tab. 32 die gleiche kurze Entwicklungsdauer von etwas unter 50 Tagen. Bei einer Tageslänge von 14 Stunden ist das rezessive Allel ma_1 *epistatisch* über die dominanten Gene Ma_2 und Ma_3, weshalb vier Genotypen der Tabelle die gleiche Entwicklungsdauer von 50 Tagen haben. Ist dagegen Ma_1 vorhanden, so verlängern Ma_2 und Ma_3 die Entwicklungsdauer mit bzw. 30 und 20 Tagen. In der Kombination Ma_1 Ma_2 Ma_3 addieren sich die Effekte der drei dominanten Gene zum größeren Teil, so daß die Blütezeit um 50 Tage verspätet wird.

Im Lokus Ma_3 gibt es indessen außer ma_3 noch ein zweites rezessives Allel, das sogenannte Ryer-Allel ma_3^R, das ursprünglich nur in einer einzigen Varietät Ryer vorkam, aber später durch Kreuzung in andere Genotypen eingeführt wurde. Im Gegensatz zu ma_3 ist das Ryer-Allel epistatisch gegenüber Ma_1 und Ma_2 und bedingt eine extreme Verkürzung der Entwicklungsdauer. ma_1 und ma_3^R zeigen eine partielle Addition ihrer Effekte, indem Kombinationen mit beiden diesen Genen schon 38 Tage nach Aussaat blühen.

Tabelle 32.
Interaktion der Gene für Blütezeit bei Sorghum. Nach QUINBY and KARPER (1961)

Gewöhnliche Kombinationen	Tage bis Blüte	Kombinationen mit ma_3^R	Tage bis Blüte
$Ma_1\ Ma_2\ Ma_3$	100		
$Ma_1\ Ma_2\ ma_3$	90	$Ma_1Ma_2ma_3^R$	44
$Ma_1\ ma_2\ Ma_3$	80		
$Ma_1\ ma_2\ ma_3$	60	$Ma_1ma_2ma_3^R$	44
$ma_1\ Ma_2\ Ma_3$	50		
$ma_1\ Ma_2\ ma_3$	50	$ma_1Ma_2ma_3^R$	38
$ma_1\ ma_2\ Ma_3$	50		
$ma_1\ ma_2\ ma_3$	50	$ma_1ma_2ma_3^R$	38

Die eigentümlichen Dominanzverhältnisse des Gens Ma_1 werden uns an anderer Stelle beschäftigen. Hier sei indessen schon gesagt, daß dieses Gen in einigen Kombinationen mit anderen Wuchsgenen „Superdominanz" zeigt, d. h. die Heterozygoten $Ma_1\ ma_1$ haben noch späteren Blütebeginn als die Homozygoten $Ma_1\ Ma_1$.

Die Verlängerung der Entwicklungsdauer durch die genannten dominanten Gene ermöglicht die Ausbildung einer größeren Anzahl von Internodien und Blättern sowie eine größere Länge der Blätter. Für die beiden unten genannten Genotypen wurden z. B. in einem Versuch die folgenden Werte gefunden, die z. T. durch das spezifische Milieu beeinflußt sind.

Genotyp	Tage bis Blüte	Anzahl Blätter	Blattlänge	Pflanzenhöhe
$ma_1\ Ma_2\ ma_3$	48,6	16	55 cm	86 cm
$Ma_1\ Ma_2\ ma_3$	102,4	31,5	78 cm	152 cm

An den Effekten der Ma-Gene wurden somit viele Komplikationen gefunden. Wir haben z. B. drei verschiedene Typen von *Interaktionen* genannt: Interaktionen zwischen allelen Genen (Superdominanz), zwischen nicht-allelen Genen (Epistasis) und zwischen Milieu und Genen. Offenbar ist in diesem Beispiel die Zusammenwirkung der Gene ganz anders als die primitive Theorie der polymeren Gene es voraussetzt. Wenn außer den Ma-Genen noch die Dw-Gene und andere Gentypen spalten, kann das Ergebnis schon recht verwickelt sein. Dank der besonderen Vorteile des Objektes *Sorghum* ließen sich dennoch diese Verhältnisse mit befriedigender Genauigkeit analysieren. Gleichzeitig werden wir aber verstehen, welche Schwierigkeiten wir bei minder günstigen Objekten zu erwarten haben, bei denen Allogamie, ein Überfluß von modifizierenden Genen und andere Komplikationen hinzutreten.

Die bisher diskutierten Beispiele zeigen im allgemeinen Verhältnisse, wie wir sie auch bei typisch qualitativer Vererbung antreffen. Ein Punkt, der etwas abweichend erscheint, ist die relativ hohe Häufigkeit der Rückmutationen der dw-Gene bei Sorghum. Wenn wir im Anschluß an solche Befunde die Frage aufstellen, ob zwischen den Genen der qualitativen und quantitativen Vererbung Unterschiede in Mutabilität oder anderen Eigenschaften bestehen, so wüßten wir diese Frage nicht exakt zu beantworten. Die Existenz solcher Probleme ist indessen nicht zu vergessen.

5. Blattzahl bei Nicotiana

Während in Beispiel 1—4 Spaltungen betrachtet wurden, werden wir im folgenden Variationskurven sukzessiver Generationen vergleichen. Tab. 33 gibt ein einfaches Beispiel dieser Art, eine Kreuzung zweier Tabaksorten von fast identischer Blattzahl.

Auch in F_1 und F_2 ist die mittlere Blattzahl praktisch dieselbe; aber die Variationsbreite der F_2 ist bedeutend über die der übrigen Generationen erhöht, vergleiche auch die Variabilitätskoeffizienten C. V. Eine solche erhöhte Variabilität wird mit Recht

Tabelle 33.
Verteilung der Anzahl Blätter pro Pflanze in Kreuzung der Varietäten Cuba und Havana von Nicotiana tabacum. Nach EMERSON and EAST (1913)

Generation	Anzahl Blätter																				Mittel	C. V.
	14	15	16	17	18	19	20	21	22	23	24	25	26	27	28	29	30	31	32	33		
P_1					3	16	34	46	20	5											20,6	5,3
P_2			1	10	11	23	34	31	16	12	3	2									20,3	8,9
F_1		1	1	3	8	39	60	30	7			1									19,8	6,1
F_2	3	4	8	8	20	18	30	24	25	17	16	5	4	3	1	1	1	1	2	1	20,9	15,8

als Ausdruck einer genotypischen Spaltung angesehen. Dennoch ist die Zahl der eingehender analysierten Beispiele geringer als wünschenswert.

6. Reihenzahl bei Mais

Die Anzahl der Körnerreihen des Maiskolbens sollte ein ausgezeichnetes Material für genetische Untersuchungen darstellen, da sie leicht und genau an geernteten Pflanzen festzustellen ist und nicht übermäßig durch das Milieu beeinflußt wird. Indessen haben wir bisher noch keine konkrete Übersicht über die genetischen Grundlagen der Reihenzahl. Es scheint, daß die bisherigen Untersuchungen sich nur an der Oberfläche der Probleme bewegen. Es ist fraglich, ob die zahlreichen fragmentarischen Befunde sich zu soliden Kenntnissen kombinieren lassen, indem die einzelnen Beispiele ihre Besonderheiten zeigen. Hier begnügen wir uns mit einer Stichprobe.

Tabelle 34.
Verteilung der Reihenzahl in zwei Maiskreuzungen. In der ersten Spalte steht F 8 und D 16 für Flint- und Dentvarietäten mit modalen Reihenzahlen von 8 bzw. 16; RE = Reihenzahl der Elternpflanze der untersuchten Familie. Nach EMERSON and EAST (1913)

Kreuzung, Generation	RE	Reihenzahl								
		8	10	12	14	16	18	20	22	24
I. P_1 … F 8	8	289	2	2						
P_2 … D 16	18			6	31	51	18	4		
F_1		13	36	53	10					
F_2—1	12	12	48	35	9	1				
F_2—2	10	7	22	15	2					
F_2—3	10	8	45	31	1					
F_2—4	12	4	25	60	18	4	2	1		
II. P_1 … *F* 12	12	1	4	387	7	1				
P_2 … *F* 8	8	289	2	2						
F_1		2	11	26	2					
F_2—1	12	10	38	107	23	8				
F_2—2	10	19	33	100	5					

Tab. 34 beschreibt zwei Kreuzungen von EMERSON und EAST (1913). In I wird eine hochgradig stabile 8-reihige Flintrasse mit einer mehr variablen 16-reihigen Dentrasse gekreuzt. Die F_1 hat eine Mode bei 12 Reihen, die Mehrzahl der F_2-Familien bei 10 Reihen. Von den vier F_2-Familien ist nur eine stärker variabel als die F_1. Offenbar muß ein Faktor am Werk sein, der die Manifestation der Spaltung begrenzt.

In II wurde dieselbe stabile 8-reihige Flintrasse mit einer fast ebenso stabilen 12-reihigen gekreuzt. Im Gegensatz zur vorigen Kreuzung dominiert hier die höhere Reihenzahl und sie hält sich auch in F_2 auf demselben Niveau. In F_2 scheint die Variabilität ein wenig höher zu sein als in F_1.

7. Blütengröße bei Nicotiana Langsdorffii × N. alata

In Kapitel 3 diskutierten wir ausführlich die Vererbung der Blütenlänge in einer Rassenkreuzung von *Nicotiana longiflora*. East (1916) untersuchte das gleiche Merkmal in einer Artkreuzung der gleichen Gattung und kam dabei wieder zu dem Ergebnis, daß Mendelsche Vererbung die einzige logische Erklärung der Befunde wäre. Es ist von Interesse, diesen Schluß näher zu prüfen.

Obgleich die gekreuzten Arten auffällig verschieden sind, so daß sie von Systematikern in verschiedene Sektionen der Gattung gestellt wurden, geben sie gut fertile Hybride. In einer begrenzten F_2 wurden vereinzelte Pflanzen angetroffen, die von der kleinblütigen Art *N. Langsdorffii* nicht zu unterscheiden waren. Von zwei geselbsteten Individuen von diesem Typus gab das eine eine Nachkommenschaft, die auch bei genauester Untersuchung in keinem Merkmal von der genannten Art abwich. Es wurden auch einige F_2-Individuen angetroffen, die eine hochgradige, aber nicht vollständige Annäherung an die großblütige Art *N. alata* zeigten. Solche Befunde deuten darauf, daß die gekreuzten Arten sich nur in einer geringen Anzahl Gene unterscheiden.

Tabelle 35.
Mittel und Variabilitätskoeffizienten der Blütenlänge in reziproken Kreuzungen Nicotiana Langsdorffii × N. alata, (L × a). Nach East (1916) verkürzt. *Der in den beiden Kreuzungen benutzte Langsdorffii-Typus war nicht vollständig identisch*

Kreuzung, Generation Familie	Blüten des Elters mm	Anzahl Individuen	Mittel der Familie	C. V.
I. L × a ♂				
P_1		69	21,4	5,46
P_2		49	81,8	6,21
F_1		46	40,8	5,39
F_2		581	38,3	15,64
F_3—1	21	50	21,3	5,81
F_3—2	23	51	22,6	5,47
F_3—3	37	50	35,4	4,57
F_3—4	40	48	39,3	6,46
F_3—5	54	25	49,2	16,35
F_3—6	60	67	51 0	12,07
F_3—7	60	168	52,8	12,86
F_3—8	63	71	52,0	10,61
II. a × L ♂				
P_1		49	81,8	6,21
P_2		56	19,3	6,37
F_1		31	42,4	3,77
F_2		163	37,8	14,18
F_3—1	22	101	19,3	7,77
F_3—2	49	81	43,6	8,55
F_3—3	49	67	44,5	8,65
F_3—4	51	105	45,3	10,59

Die Variation der Kronenlänge in sukzessiven Generationen von reziproken Kreuzungen wird in Tab. 35 beschrieben. Die Mittelwerte der F_1 liegen mit 40,8 und 42,4 mm deutlich unter dem arithmetischen Mittel der Eltern von ca. 51 mm. In F_2 erfolgt ein weiteres Absinken der Mittel, besonders in *alata* ♀ × *Langsdorffii* ♂. Die F_3-Familien zeigen nach East Regressionen zum Populationsmittel. Es scheint uns aber eher ein Herabsinken der Mittelwerte vorzuliegen, das zwar für Eltern mit den Werten 21—40 mm kaum merklich ist, aber für solche mit 49—63 mm ziemlich deutlich. Anscheinend haben wir also eine progressive Erniedrigung der Mittel von F_1 über F_2 zu F_3. Man bemerke, daß von den vier Plusselektionen in *Langsdorffii* × *alata* nur zwei das arithmetische Elternmittel schwach überschreiten, während in *alata* × *Langsdorffii* alle F_3-Mittel deutlich unter diesem Werte liegen. Diese und andere Verhältnisse lassen sich bei näherer Betrachtung kaum mit polymeren Genen allein erklären. Logisch liegt es am nächsten anzunehmen, daß in diesem Beispiel Faktoren unbekannter Natur am Werk sind, die die Manifestation der Spaltung reduzieren (vgl. Tab. 36) und die Mittelwerte sukzessiver Generationen verschieben. Ein solches Beispiel verdiente eine nähere Untersuchung.

Tabelle 36.
Verteilung der Kronenlänge in der Kreuzung Nicotiana alata ♀×N. Langsdorffii ♂. Vgl. unterer Teil der Tab. 35. EP = Kronenlänge der Elternpflanze in F_2. Nach East (1916), verkürzt

Generation	EP	Klassenmittel in mm																										
		16	19	22	25	28	31	34	37	40	43	46	49	52	55	58	61	64	67	70	73	76	79	82	85	88	91	94
P_1																					3	8	10	11	8	5	3	1
P_2		2	46	8																								
F_1										8	21	2																
F_2				1	0	9	16	21	53	25	23	6	6	3														
F_3—1	22	8	75	18																								
F_3—2	49								7	17	25	18	12	2														
F_3—3	49								6	8	19	15	18	1														
F_3—4	51						1	2	4	8	30	31	19	6	1	2	0	1										

8. Blütezeit bei Mais

Wir wenden uns jetzt einem völlig modernen Typus einer genetischen Analyse zu. In Canada ist frühe Reifezeit bei Mais von entscheidender Bedeutung für die Produktion. Um die Vererbung der Blütezeit zu studieren, kreuzte Giesbrecht (1959 bis 1961) die frühe Inzucht Mt 42 aus Montana mit der späten WF 9 aus Indiana. Zur Bestimmung der Blütezeit wurden zwei Charaktere benutzt, Erscheinen der Narbenfäden (silking) und Ausschütten des Pollens (pollen shedding). Die beiden Elterntypen, F_1, F_2 sowie die Rückkreuzungen der F_1 zu beiden Eltern, B_1 und B_2, wurden

Tabelle 37.
Mittelwerte für Blütezeit in Kreuzung zweier Inzuchten von Mais, Mt 42 × Wf 9.
Nach Giesbrecht (1960)

Generation	Tage bis Narbenreife		Tage bis Pollenreife	
	1954	1955	1954	1955
P_1 (Mt 42)	79,0 ± 0,13	71,5 ± 0,16	75,9 ± 0,11	68,3 ± 0,16
B_1	81,7 ± 0,15	72,9 ± 0,13	80,6 ± 0,13	70,7 ± 0,10
F_1	88,6 ± 0,12	78,4 ± 0,16	86,5 ± 0,12	76,3 ± 0,15
F_2	84,2 ± 0,13	75,7 ± 0,15	81,0 ± 0,12	72,5 ± 0,13
B_2	90,8 ± 0,27	82,0 ± 0,26	86,6 ± 0,21	77,7 ± 0,21
P_2 (Wf 9)	101,6 ± 0,24	90,7 ± 0,18	98,7 ± 0,26	88,0 ± 0,20
Elternmittel	90,28	81,07	87,32	78,15

in zwei Jahren mit modernster Versuchstechnik untersucht. Tab. 37 gibt die Mittelwerte der beiden Charaktere in den sechs genannten Generationen und Tab. 38 die zugehörigen Varianzen.

Wenn man nun dieses Material mit der Theorie der polymeren Gene zu erklären versucht, wie dies der Autor unter Benutzung der von Powers (1955) ausgeformten

Genmodelle tut, stößt man auf einige Schwierigkeiten, indem das Material einige Besonderheiten zeigt. Wir sehen zunächst, daß von F_1 zu F_2 eine beachtliche Verkürzung der Entwicklungsdauer stattfindet. Vermutlich erfolgt eine Verschiebung in gleicher Richtung auch in beiden Rückkreuzungen. Hierdurch wird das Mittel der B_1 nahe an das der P_1 gerückt und das Mittel der B_2 an das arithmetische Elternmittel. Der Faktor, der den genannten Effekt hat, ist vermutlich auch Ursache einer weiteren auffälligen Erscheinung, der ungewöhnlich hohen Variabilität der B_2. Im Gegensatz zu den üblichen Vorstellungen sind nämlich hier die Varianzen der B_2 beträchtlich größer als die der F_2 (Tab. 38). Theoretisch sollte die Rückkreuzung einer F_1 zu einem homozygoten Elter eine geringere Variabilität ergeben als die Selbstung der F_1, bei der eine Spaltung in beiden Geschlechtern stattfindet.

Tabelle 38. *Varianzen für Blütezeit in Kreuzung zweier Inzuchten von Mais, Mt 42 × Wf 9* Nach GIESBRECHT (1960)

Generation	Totale Varianzen für			
	Tage bis Narbenreife		Tage bis Pollenreife	
	1954	1955	1954	1955
P_1 (Mt 42)	6,46	3,71	5,21	3,72
B_1	10,62	5,64	7,76	3,59
F_1	4,37	4,18	4,25	3,66
F_2	14,19	13,36	13,16	9,87
B_2	21,54	21,02	14,54	13,08
P_2 (Wf 9)	5,77	4,92	6,53	6,13

In seinem Versuch, diesen Komplex von Erscheinungen ausschließlich durch polymere Gene zu erklären, kommt der Autor zu einer Reihe von Konklusionen über die hierzu erforderliche Interaktion der Gene. Auf die etwas komplizierten Ableitungen können wir hier nicht eingehen. Um nicht zu viele Worte zu verlieren, haben wir versucht, die Konklusionen des Autors so genau wie möglich in Form eines Schemas auszudrücken (Tab. 39). Die einzige Willkürlichkeit, die wir uns hierbei erlaubt haben,

Tabelle 39.
Schema über Geninteraktion, Erklärung im Text. N_1, N_2, Anzahl Gene für frühe Blüte, wenn homozygote Gene bzw. einfach und doppelt gezählt werden

Gruppe von Genotypen	N_1	N_2	Beispiele	Effekt in Tagen	Blütezeit	Entspricht Generation
1.	0	0	aa bb cc dd	0	100	P_2
2.	1	1	Aa bb cc dd	6	94	
3.	1	2	AA bb cc dd	6	94	
4.	2	2	Aa Bb cc dd	12	88	
5.	2	4	AA BB cc dd	12	88	
6.	3	3	Aa Bb Cc dd	16	84	
7.	4	4	Aa Bb Cc Dd	12	88	F_1
8.	4	5	AA Bb Cc Dd	16	84	
9.	4	6	AA BB Cc Dd	16	84	
10.	4	7	AA BB CC Dd	16	84	
11.	4	8	AA BB CC DD	20	80	P_1

ist die Anwendung der abgerundeten relativen Werte 80, 88 und 100 für die Blütezeit von bzw. P_1, F_1 und P_2. Die Kreuzung spät×früh entspricht der Formel aa bb cc dd × AA BB CC DD. Die Formeln der F_2-Genotypen gelten für Gruppen von analogen Kombinationen. Gruppe 2 gilt z. B. für die vier Kombinationen mit Homozygotie in drei rezessiven Genen, Heterozygotie im vierten Genpaar.

Ein Blick auf die Tabelle zeigt, daß der Autor ziemlich sonderbare Behauptungen über die Effekte der Gene in homozygoten und heterozygoten Kombinationen macht. Vergleiche z. B. Gruppe 6 mit 7 und 10. Indessen ist es in diesem Zusammenhang weniger wichtig, ob die Konklusionen des Autors mehr oder weniger wahrscheinlich sind. Es genügt die Feststellung, daß keine der Konklusionen konkret bewiesen ist. Ein Studium einer Anzahl ähnlicher Untersuchungen zeigt, daß Konklusionen von diesem Typus sich schwer zu positiven Kenntnissen integrieren lassen.

In einer weiteren Untersuchung des gleichen Autors (1959, 1961) hat die F_1 in der Regel größere Variabilität als die $\overline{B}_1$, zum Teil auch als die B_2. Da nun in Rückkreuzungen im Gegensatz zur F_1 außer der Milieuvariation auch eine genetische Variabilität vorhanden ist, sind in diesem Falle die Effekte von Milieu und Spaltung offensichtlich nicht additiv. In der Literatur treffen wir übrigens auch einige Fälle, in denen die Variabilität der F_2 geringer ist als die der Eltern. — Aus allen solchen Befunden geht hervor, daß in der Deszendenz von Kreuzungen Varianz und Mittelwerte der Generationen durch unbekannte Faktoren modifiziert werden können.

9. Analyse einer multiplen Colchicin-Mutante bei Sorghum

a) Natur der Colchicin-Mutationen

Seit einigen Jahren weiß man, daß man durch Behandlung junger Sämlinge von *Sorghum* und einigen anderen Objekten unter gewissen Bedingungen, wie Bestrahlung mit infrarotem Licht, eine höchst merkwürdige Kategorie von Mutationen auslösen kann. Während gewöhnliche Mutationen nur Veränderung in einem einzigen Lokus zeigen und zunächst in heterozygoten Individuen auftreten, sind die *Sorghum*mutanten oft gleichzeitig in einer größeren Anzahl Loki verändert und noch dazu in vielen Fällen in homozygoter Form. Zur Erklärung dieser eigentümlichen Verhältnisse könnte man annehmen, daß Colchicin in den Zellen der Sämlinge gleichzeitig zwei Effekte auslösen kann, nämlich eine Anzahl von Mutationen und eine Chromosomenreduktion. Aus einer Zelle AA BB CC DD entsteht z. B. die mutierte Zelle Aa Bb Cc Dd und aus dieser durch Chromosomenreduktion unter anderem die Zelle a b c d. Aus einer solchen Zelle könnte durch darauf folgende Chromosomenverdoppelung die multiple Homozygote aa bb cc dd entstehen. Alternativ besteht noch die Möglichkeit, daß der Effekt von Colchicin außerordentlich spezifisch ist, so daß es imstande ist, die gleichen Mutationen an identischen Loki homologer Chromosomen auszulösen.

Auch in einer weiteren Hinsicht zeigen die Colchicin-Mutanten von *Sorghum* abweichende Verhältnisse. Gewöhnliche Mutationen reduzieren nämlich in der Regel Vitalität und Fertilität so stark, daß eine Kombination von 5—10 unausgelesenen Mutationen äußerst schwächliche, hochgradig sterile Individuen ergeben würde. Im Gegensatz zu dieser allgemeinen Erfahrung sind die multiplen Colchicin-Mutationen völlig normal. Dies deutet darauf, daß Colchicin eine ganz besondere Kategorie von Mutationen auslösen kann, die sehr wenig mit der Mehrzahl der gewöhnlichen Mutationen gemeinsam hat. Man könnte z. B. annehmen, daß bei der allotetraploiden Art *Sorghum vulgare* ein großer Teil der duplikaten Erbfaktoren reversibel inaktiviert ist, z. B. durch Änderungen im Spiralisationszyklus eines Teiles der Chromosomensegmente, und daß Colchicin einige dieser Inaktivierungen wieder aufhebt, mit der Folge, daß Serien von ursprünglichen Erbfaktoren wieder zum Vorschein kommen. Im folgenden lassen wir jedoch diese mystischen Probleme beiseite und beschäftigen uns mit einer bestimmten Colchicin-Mutante, die einen interessanten Beitrag für die Probleme der quantitativen Vererbung gibt (Foster et al., 1961 a,b).

b) Analyse der Mutante C 15

Tab. 40 vergleicht die Mittel mehrerer Charaktere in den Nachkommenschaften aus der multiplen Mutante C 15 und aus einer unbehandelten, normalen Geschwisterpflanze (Kontrolle). Die C 15-Familie zeigt gegenüber dem Ausgangstypus eine auffällige Erhöhung der Anzahl Nebenstengel pro Pflanze, sehr viel schmalere Blätter, eine größere Höhe, aber dünnere Stengel. Dazu existieren weitere Unterschiede, die

Tabelle 40.
Vergleich der Nachkommenschaft der multiplen Mutante C 15 mit dem Ausgangstypus (Kontrolle). Nach FOSTER et al. 1961 a, b

Charakter	Kontrolle	C 15
Tage bis Blüte (heading)	58	57,8
Anzahl Nebenstengel	0,7	5,4
Blattlänge (in.)	21,4	20,2
Blattbreite (in.)	2,3	0,9
Pflanzenhöhe (in.)	37,0	50,1
Stengeldiameter (mm)	10,7	6,7

die Tabelle nicht angibt. C 15 hat abweichende Samenform und Länge der Spelzen, einen sehr viel lockeren Blütenstand, grüne (statt rote) Koleoptilen und die Blüten haben Grannen, die der Kontrolle (Ausgangsform) fehlen. In allen diesen Unterschieden ist also C 15 völlig konstant. Wenn nicht ähnliche Befunde in einer Reihe von Mitteilungen beschrieben wären, wäre man geneigt, an die Beimischung eines Samens aus einer fremden Varietät zu glauben.

Bei Kreuzung von C 15 mit der Kontrolle zeigten zwei Merkmale, Anwesenheit von Grannen und rote Koleoptilen, einfache Spaltungen. Im Gegensatz hierzu zeigten vier quantitative Charaktere in F_2 kontinuierliche Variationskurven. Zur Analyse dieser Kurven wurden von 160 geselbsteten F_2-Pflanzen in zwei Replikationen je eine Reihe von ungefähr 46 F_3-Individuen aufgezogen. Dieses Material wird in den Kurven von Fig. 14 beschrieben. Da diese Kurven die Verteilung der Mittel ziemlich großer Familien wiedergeben (2×46 Individuen), haben sie ein beträchtliches Interesse.

Während C 15 und die Kontrolle eine identische Entwicklungsdauer bis zur Blüte haben (ca. 61 Tage), verteilen sich die Mittel der F_3-Familien auf das Intervall 53 bis 81 Tage. Die Mehrzahl der Familien hat größere Werte als die Eltern. Auch in der Kurve der Pflanzenhöhe werden die Dimensionen der Eltern besonders in der positiven Richtung stark überschritten. Im Gegensatz hierzu wird in Anzahl Nebenstengel je Pflanze nur der Wert der Kontrolle erreicht, zwischen dem Wert der extremen F_3-Familie und dem der Mutantfamilie bleibt dagegen die große Lücke von 2,8—5,35. In der Blattbreite werden die Werte der beiden Elterntypen nicht erreicht, sämtliche 160 F_3-Familien sind also intermediär.

Die Autoren versuchen diese Ergebnisse auf Grundlage der Varianz innerhalb der F_3-Familien zu erklären. In der Entwicklungsdauer Kurve A, Fig. 14, hatten nur 6 Familien eine so geringe Variabilität wie die Eltern; diese Familien werden als homozygot in diesem Merkmal gerechnet. Nun ist die Häufigkeit der Homozygoten $=(1/2)^n$, wenn n die Anzahl der spaltenden Gene angibt. Daher ist in diesem Falle $(1/2)^n = 6/160$, $n = 4{,}7$. So wird die Anzahl der Gene zu 5 angenommen. Nach der gleichen Formel erhält man für

Pflanzenhöhe,	$n = 3{,}3$,	rund 3,
Anzahl Stengel,	$n = 1{,}27$,	rund 2,
Blattbreite,	$n = 0{,}28$,	rund 1.

In der Pflanzenhöhe wird zwar keine F_3-Familie angetroffen, die eine so niedrige Varianz hat wie die Eltern. 16 Familien mit relativ niedriger Varianz werden indessen als homozygot angesehen, woraus sich ergibt $(1/2)^n = 16/160$, $n = 3{,}3$.

Wenn wir aber statt der Variabilität der Familien die Verteilung ihrer Mittelwerte betrachten, so verstehen wir, daß die Kurve C sich weder durch 1,27 Gene noch durch eine beliebige andere Anzahl erklären läßt, während die Kurve D statt 0,28 Gene nur durch eine sehr hohe Anzahl bedingt sein könnte. Unter diesen Umständen ist es für uns klar, daß außer Genen andersartige genetische Faktoren am Werk sind, die Variationsbreite und Mittel der F_3-Familien modifizieren.

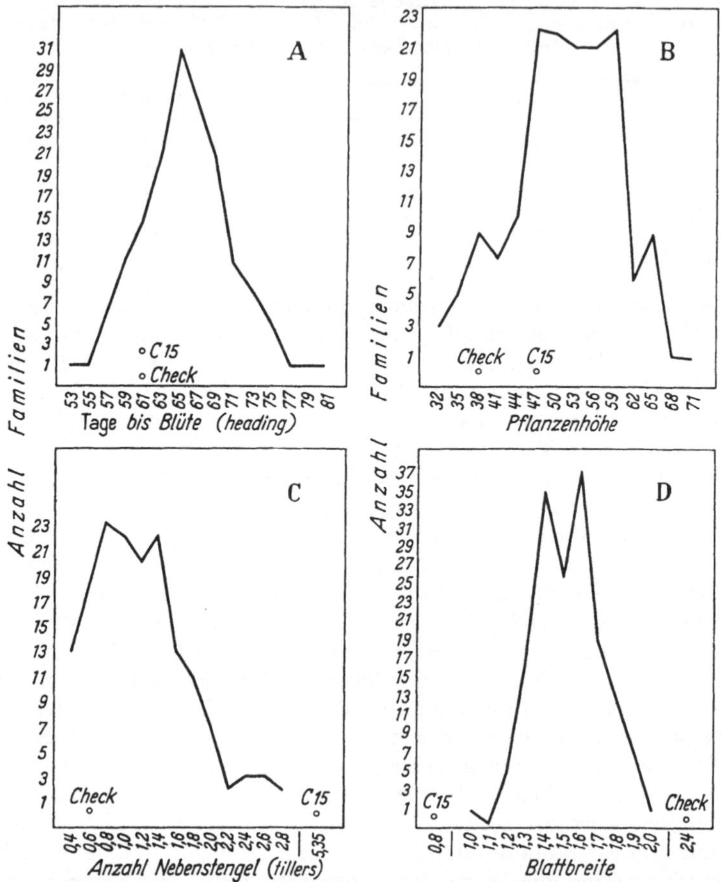

Fig. 14 a-d. Distribution der Mittelwerte von 160 F_3-Familien im Vergleich zu den Mittelwerten der Elterntypen bei Kreuzung der Colchicin-induzierten Mutation C15 von *Sorghum vulgare* als ♂ mit einer normalen Vollgeschwisterpflanze. Elterntypen in der Figur mit bzw. C15 und Check (Kontrolle) bezeichnet. A. Tage bis Blüte (heading); B. Pflanzenhöhe; C. Anzahl Nebenstengel; D. Blattbreite. Nach Foster et al. 1961 b

Es ist bemerkenswert, daß in Pflanzenhöhe unter 160 Familien keine gefunden wurde, die eine so niedrige Varianz hatte wie die der Eltern. Dies gilt vielleicht auch für einige der übrigen Charaktere. Denn wenn z. B. gesagt wird, daß fast die Hälfte der Familien für Anzahl Nebenstengel so niedrige Varianz besaßen wie C 15, so bedeutet dies in Anbetracht der wesentlich niedrigeren Mittel der F_3-Familien stark erhöhte Variabilitätskoeffizienten.

In allen diesen Befunden erkennt man deutlich den Effekt einer unbekannten Ursache, die Variabilität erzeugt. Wenn der Effekt vorzugsweise in eine bestimmte Richtung fällt, aber die Individuen der Population nicht gleich stark erfaßt, wäre sowohl Erhöhung der Variationsbreite als Verschiebung des Mittelwertes zu erwarten, was in einigen der Kurven zum Ausdruck zu kommen scheint.

Konklusion. Aus den obigen Diskussionen scheint hervorzugehen, daß es bei der genetischen Analyse quantitativer Charaktere oft zweckmäßig wäre, in Kreuzungsdeszendenzen Mittel und Variationsbreite einer genügenden Anzahl unselektionierter

Generationen genau zu ermitteln. Wie in späteren Kapiteln angedeutet wird, stehen einfache Methoden zur Verfügung, die die Beeinflussung von Mittelwerten und Variationsbereich durch unbekannte Faktoren ans Licht bringen sollten[1]. Im übrigen mag eine Weiterentwicklung der quantitativen Genetik davon abhängen, daß eine genügende Anzahl Beispiele vorurteilslos analysiert wird. Je weniger man hierbei als bewiesen voraussetzt, desto besser.

Literatur

BELLING, J.: Inheritance of length of pod in certain crosses. J. Agric. Res. **5**, 405—420 (1915).

EAST, E. M.: Inheritance in crosses between Nicotiana Langsdorffii and N. alata. Genetics **1**, 311—333 (1916).

EMERSON, R. A., and E. M. EAST: The inheritance of quantitative characters in maize. Nebraska Agr. exp. St. Res. Bull. no. **2**. (1913).

FOSTER, A. E., J. G. ROSS, and C. J. FRANZKE: Proximity of mutated genes in colchicine-induced mutants of Sorghum. Crop Sci. **1**, 72—75 (1961).

— — — Estimates of the number of mutated genes in a colchicine-induced mutant of Sorghum. Crop Sci. **1**, 272—276 (1961).

GIESBRECHT, J.: The inheritance of time of silking and pollen shedding in maize. Canad. J. Genet. Cytol. **1**, 329—338 (1959).

— The inheritance of maturity in maize. Canad. J. Plant Sci. **40**, 490—499 (1960).

— The inheritance of ear height in Zea mays. Canad. J. Genet. Cytol. **3**, 26—33 (1961).

KARPER, R. E., and J. R. QUINBY: The history and evolution of Milo in the United States. J. Amer. Soc. Agron. **38**, 441—453 (1946).

POWERS, L.: Components of variance method and partitioning method of genetic analysis applied to weight per fruit of tomato hybrid and parental populations. U. S. Dept. Agr. Tech. Bull. 1131 (1955).

QUINBY, J. R., and R. E. KARPER: The inheritance of three genes that influence the time of floral initiation and maturity date in milo. J. Amer. Soc. Agron. **37**, 916—936 (1945).

— — Heterosis in Sorghum resulting from the heterozygous condition of a single gene that affects duration of growth. Amer. J. Bot. **33**, 716—721 (1946).

— — Inheritance of height in Sorghum. Agronomy J. **46**, 211—216 (1954).

— — Inheritance of duration of growth in the Milo group of Sorghum. Crop Sci. **1**, 8—10 (1961).

SINNOTT, E. W.: The independence of genetic factors governing size and shape. J. Heredity **22**, 381—387 (1931).

TAKEZAKI, Y.: The inheritance of the ear-length and awn-length in barley, with special reference to their factor analysis and the determination of their qualifying value. Verh. V. internat. Kongr. Vererbungswiss., 1447—1454 (1927).

Kapitel 5

Genetische Komplikationen; Effekte der Umwelt

I. Genkonversion

Im Laufe der Jahre hat man eine Anzahl Beispiele gefunden, in denen in heterozygoten Individuen die beiden Glieder eines Genpaares nicht unabhängig voneinander existieren, sondern einander in erblicher Form beeinflussen. Das erste Beispiel von dieser Art wurde von RENNER (1959) bei *Oenothera* analysiert. Das rezessive Gen cr (cruciata) bedingt eine starke Verschmälerung der vier Kronblätter, so daß die Blüten die Form eines Kreuzes haben. Die homozygote Mutante cr cr ist ebenso wie die homozygote Normalform Cr Cr völlig konstant. In Heterozygoten Cr cr dagegen findet man neben normalen Blüten auch solche mit mehr oder minder ausgeprägter Kreuzform. RENNER erklärte diese Labilität der Blütenform mit der Annahme, daß

[1] Vgl. S. 241/242.

in den Heterozygoten das rezessive Allel häufig das dominante Allel zur Mutation Cr → cr induziert, so daß in den Vegetationspunkten cr cr-Zellen und aus solchen wieder homozygot rezessive Gewebekomplexe entstehen. Andererseits kann unter gewissen Umständen der umgekehrte Prozeß stattfinden, indem Cr das rezessive Allel zur Mutation cr → Cr veranlaßt. Eine solche genetische Beeinflussung zweier Allele, die meist einseitig in bestimmter Richtung erfolgt, seltener wie im obigen Beispiel in beiden Richtungen, hat man im Anschluß an eine bekannte Theorie von WINKLER (1930) als *Konversion* bezeichnet.

Ein besonders einfaches Beispiel für Konversion wurde bei der Tomate gefunden (HAGEMANN, 1958). Die rezessive Mutation sulf bedingt homozygot gelbe Kotyledonen und ein Absterben der Sämlinge innerhalb von zwei Wochen. Heterozygote $sulf^+$/sulf haben grüne Kotyledonen. Bei der Weiterentwicklung zeigt jedoch ein Teil der Pflanzen eine weiß-grüne Scheckung. Die weißen Areale haben genetisch die Konstitution sulf/sulf. In somatischen Zellen der Heterozygoten findet also häufig die Mutation $sulf^+$ → sulf statt, das normale Allel mutiert also zu einem rezessiven Letalfaktor. Wenn sulf/sulf-Gewebe an der Bildung der Gameten beteiligt ist, so führt dies zu Abweichungen von der normalen 3 : 1 Spaltung, indem die rezessiven gelben Sämlinge im Überschuß auftreten.

Das Gen B (Booster) bei Mais bedingt eine Intensivierung der Pflanzenfarbe. In gewöhnlichen Heterozygoten Bb spaltet es normal. Am B-Lokus gibt es indessen nach COE (1959) ein weiteres Allel B', das in Heterozygoten BB' eine hundertprozentige Konversion von B zu B' bedingt. In Selbstungen von BB'-Individuen oder in Rückkreuzungen derselben zu BB-Linien entstehen daher nur einförmige B'B'-Nachkommenschaften, die durch Abschwächung der Farbe gekennzeichnet sind. Im Gegensatz hierzu bleibt in B'b-Heterozygoten das b-Allel stets unverändert.

Sehr umfassende Untersuchungen wurden von BRINK (1958, 1960) mit dem stippled-Allel R^{st} des R^r-Lokus von Mais (rotes Aleuron der Samen, rote Farbe der Pflanzen) vorgenommen. In Heterozygoten $R^{st}R^r$ wird das normale Allel R^r stets zu einem schwächeren Allel R' reduziert, es erfolgt also die Konversion $R^{st}R^r \rightarrow R^{st}R'$. Werden letztere Pflanzen geselbstet, so findet in der folgenden Generation eine erneute Abschwächung von R' statt, so daß nur noch Spuren von roter Farbe vorhanden sind (MIKULA, 1961). Auch in einigen anderen Fällen wurde eine progressive Verstärkung einer Konversion in sukzessiven Generationen festgestellt.

Fälle, wie die obigen, in denen ein bestimmtes Allel in Heterozygoten in hoher Häufigkeit oder sogar regelmäßig in ein anderes Allel konvertiert wird, sind freilich in der qualitativen Genetik ziemlich selten. Offenbar müssen die wichtigeren Gene einen hohen Grad von genetischer Stabilität besitzen, da sonst das ganze genetisch-physiologische System des Organismus in Unordnung geraten würde. Gene, die aktiv oder passiv zu Konversionen geneigt sind, werden durch die natürliche Selektion rasch aus den Populationen entfernt. Dagegen kann für die Gene der quantitativen Genetik nicht der gleiche Grad von Stabilität vorausgesetzt werden, zumal für solche, die nur geringe Effekte haben. Auch für Gene aus geographisch entfernten Rassen, die noch nicht in Kontakt waren, kann eine Seltenheit von Konversionen nicht vorausgesetzt werden, indem die Selektion noch keine Gelegenheit hatte, konvertible Kombinationen zu eliminieren.

II. „Perigene" Vererbung

1. „Plasmatische" Vererbung

Ein einfaches Beispiel. Bei *Humulus japonicus*, einer Hopfenart, gibt es eine Form mit einem eigentümlichen weiß-grünen Scheckungsmuster. Die Sämlinge sind zunächst rein grün, die folgenden Blätter entwickeln zunehmend größere weiße Areale, bis ein für die betreffende Rasse charakteristischer Grad von Scheckung erreicht wird, der fast rein weiß sein kann. An den Seitenzweigen wiederholen sich die Phasen des Hauptsprosses. Samen aus stark grünen Teilen geben genau die gleiche Nachkommenschaft wie solche aus fast rein weißen Teilen derselben Pflanze. Die Sämlinge sind zunächst rein grün und entwickeln dann später in beiden Fällen den gleichen Scheckungsgrad. Reziproke Kreuzungen mit dem grünen Normaltyp geben ein völlig verschiedenes Resultat. Gescheckt ♀×grün ♂ gibt nur typische gescheckte Nachkommen, grün ♀× gescheckt ♂ nur rein grüne. Das Merkmal gescheckt wird also konstant und ausschließlich durch die Eizellen vererbt. Der Pollen hat keinerlei Einfluß auf die Ausprägung desselben.

Da bei Kreuzung keine Spaltung stattfindet, kann die Scheckung nicht durch gewöhnliche Gene bedingt sein. Da auch keine vegetative Spaltung in außernukleären Faktoren stattfindet, indem die phänotypisch verschiedenen Teile der Pflanze gleiche Nachkommenschaften geben, wird gewöhnlich angenommen, daß die Scheckung durch einen *(cyto)plasmatischen* Erbfaktor bedingt wird, der in den Mitosen gleichmäßig auf die Tochterzellen verteilt wird. Es könnte sich dabei um eine „Anlage“ handeln, die diffus auf das ganze Plasma verteilt ist, oder um Partikel, die wegen hoher Anzahl oder anderer Ursachen in alle Zellen der Pflanze gelangen. — Das abweichende „Plasma“ interferiert irgendwie mit der Chlorophyllbildung, und zwar in den späteren Blättern stärker als in den früheren, und erzeugt auf diese Weise das beschriebene Muster von Scheckung. Die Ausbildung dieses Musters fällt am ehesten unter die Probleme der zellulären Differenzierung, indem die grünen und die weißen Areale der Pflanze dieselbe genetische Konstitution haben, was in anderen Beispielen durchaus nicht immer der Fall ist.

Die Natur der plasmatischen Erbfaktoren. Wenn reziproke Kreuzungen völlig verschiedene Nachkommenschaften geben, so lag es nahe, an einen cytoplasmatischen Unterschied zu denken, da die Zygoten nach der herrschenden Auffassung von beiden Eltern einen gleichwertigen Kern erhalten, aber eine sehr verschiedene Quantität Cytoplasma, indem bei den meisten höheren Organismen fast alles Cytoplasma vom weiblichen Elter stammt. Eine solche Argumentation ist zwar einleuchtend, aber dennoch nicht unanfechtbar. Denn erstens könnte die geringere Menge der „männlichen“ Cytoplasmapartikel in den Zygoten in einigen Fällen durch erhöhte Teilungsgeschwindigkeit der Partikel leicht ausgeglichen werden und zweitens ist eine völlige Gleichwertigkeit der in den Zygoten verschmelzenden weiblichen und männlichen Kerne direkt unwahrscheinlich. Denn bei der Differenzierung der Gametenkerne finden in beiden Geschlechtern nicht identische Prozesse statt. Bei vielen Tieren wird z. B. während der Spermienreife die Histonkomponente der Nucleoproteine durch Protamine ersetzt, was nicht in den Oocyten geschieht. Eine Ungleichwertigkeit der beiden Gametentypen bei höheren Pflanzen (Angiospermen) geht vielleicht am besten daraus hervor, daß die normale Weiterentwicklung des Endosperms an das Verhältnis 2 : 1 zwischen weiblichen und männlichen Kernen gebunden ist, dagegen nicht an die Anzahl der verschmelzenden Kerne (vgl. S. 328).

Unter diesen Umständen lassen Unterschiede in reziproken Kreuzungen sich auf sehr verschiedene Weise erklären. Ein ausschließlich in mütterlicher Linie vererbbares Merkmal könnte z. B. auf einem Faktor beruhen, der in extragenen Teilen des Kernes liegt und durch 100% der weiblichen Gameten übertragen wird, in den männlichen aber *wegdifferenziert* wird (vergleiche den Fall bei *Chlamydomonas*, S. 77). Es wäre auch denkbar, daß das plasmatische Merkmal auf einem Gen beruht, das in den Zygoten eine vollständige Konversion in Richtung auf den mütterlichen Genotyp erleidet, (ein Prozeß, der durch die Differenzierung der männlichen Gameten erleichtert wird), wie im folgenden Schema angenommen wird, in dem die waagerechten Pfeile Konversionen darstellen.

Es scheint verfrüht, alle Einzelheiten zu diskutieren; aber in einem der folgenden Beispiele *(Aspergillus)* ist es faktisch erwiesen, daß ein „plasmatischer Faktor" untrennbar mit dem Kern assoziiert ist, und daß er in Zygoten eine hundertprozentige gerichtete Konversion erleidet.

P	aa♀ × AA♂	AA♀ × aa♂
F_1	aa ← Aa	AA ← Aa
F_2	aa	AA

In diesem Zusammenhang hat ein Problem ein ganz besonderes Interesse. Während mit einem Abnehmen der systematischen Verwandtschaft zweier Spezies die genotypische Differenz zwischen ihnen fast immer zunimmt, ist es nicht so mit der plasmatischen Differenz, vergleiche z. B. BAUER und BROSIG, 1959. Selbst Arten verschiedener Gattungen haben nicht selten das gleiche oder ein ähnliches Plasma. Dieses gegensätzliche Verhalten von Plasma und Genotyp ist leicht zu erklären, wenn man die plasmatischen Erbfaktoren auf den Kernen lokalisiert. Durch eine geringe Erhöhung der Resistenz gegen Wegdifferenzierung (Inaktivierung) oder Konversion würden sie dann nämlich automatisch in Gene oder mit solchen assoziierte Elemente verwandelt. Bei diesem Vorgang sollten Zwischenformen entstehen, Gene die in Heterozygoten ein mehr oder weniger hohes Prozent von Konversionen oder gerichteten Mutationen zeigen. Hierfür gibt es vermutlich in der modernen Genetik zahlreiche Beispiele, die allerdings noch nicht in dieser Richtung hin analysiert worden sind. Unter diesen Umständen liegt es nahe, den größeren Teil der „plasmatischen Faktoren" als vorübergehende Neuerwerbungen in der genetischen Konstitution der Art zu betrachten, die entweder eliminiert oder in stabilisierter Form fixiert werden.

Cytoplasmatische Pollensterilität. Dieses Merkmal, das bei den meisten besser untersuchten Objekten gelegentlich angetroffen wird, hat in der Heterosiszüchtung die größte Bedeutung bekommen, da es in Kreuzungen die Kastrierung der Mutterpflanzen erspart. Im Prinzip wird es gewöhnlich auf ähnliche Weise vererbt wie die weiß-grüne Scheckung bei *Humulus,* indem die Kreuzung pollensteril ♀ × normal ♂ 100% pollensterile Nachkommen gibt. In mütterlicher Linie wird das Merkmal stabil auf eine beliebige Anzahl Generationen übertragen. Häufig treffen wir indessen in Kreuzungen dieser Art eine Komplikation, indem der Normaltypus ein *„Restorer-Gen"* R besitzt, das imstande ist, die Pollenfertilität der hybriden Deszendenz trotz des abnormen „Cytoplasmas" wiederherzustellen. Dann liegt folgendes Schema vor:

P	cytoplasmatisch steril ♀ ×		normal mit Restorer Gen ♂		
	(S) rr				(N) RR
F_1			(S) Rr		
F_2	(S) RR	:	2 (S) Rr	:	(S) rr
	fertil		fertil		steril

In solchen Formeln wird die Konstitution des Plasmas gewöhnlich in Klammern angegeben, (S) = steril, (N) = normal. Das Restorer-Gen R bewirkt, daß alle F_1-Individuen und 75% der F_2-Individuen normale Pollenfertilität besitzen, während bei Abwesenheit von R 100% der Pflanzen in beiden Generationen pollensteril wären. Durch weitere Kreuzungen mit dem Typus (N) rr ♂ läßt sich bequem nachweisen, daß sämtliche F_2-Individuen des obigen Schemas in gleicher Weise das abnorme Plasma (S) besitzen. — Dagegen gibt die reziproke Kreuzung, normal ♀ × steril ♂, in allen folgenden Generationen nur fertile Nachkommen, indem das abweichende Plasma nur in mütterlicher Linie vererbt wird. Gene, die wie rr in Verbindung mit einem bestimmten Plasmatyp (S) einen Effekt bekommen, werden als *„plasmaempfindlich"* bezeichnet, während Gene, die wie R nicht auf den Plasmaunterschied reagieren, *„plasmaresistent"* sind.

Die beiden folgenden Beispiele geben wichtige Beiträge zum Verständnis der Natur stabiler „plasmatischer" Erbfaktoren.

Streptomycin-Resistenz bei Chlamydomonas. Bei dieser einzelligen Grünalge kreuzte SAGER (1954) eine hochgradig Streptomycin-resistente Form (Rs im Schema) mit einer sensiblen (Ss) (Fig. 15). Kreuzungen bei diesem Objekt sind nur zwischen

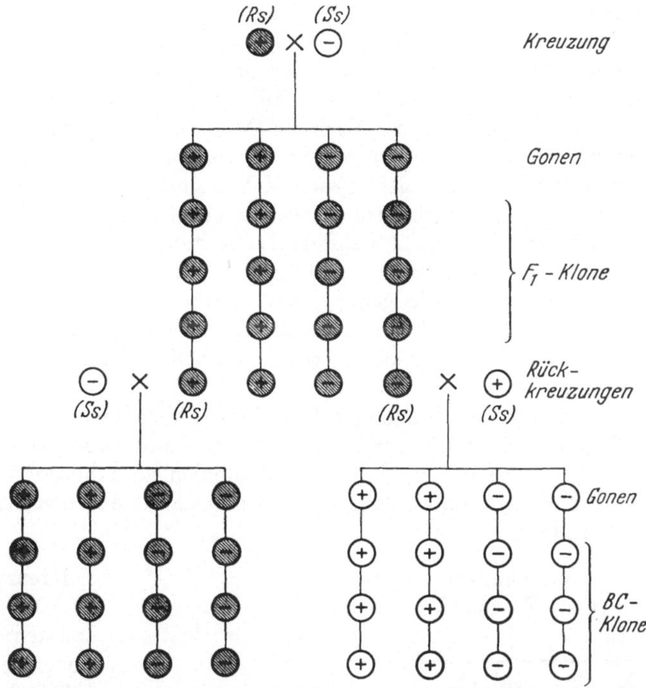

Fig. 15. Vererbung der Streptomycin-Resistenz bei der Grünalge *Chlamydomonas*. Nach SAGER (1954) vereinfacht. Plus- und Minuszeichen bezeichnen die Paarungstypen mt^+ und mt^-. Grau getönte und weiße Kreise geben resistente bzw. sensible Zellen wieder. In Kreuzungen findet keine Spaltung der Streptomycin-Resistenz statt. Je nachdem dieselbe durch mt^+ oder mt^- Gameten in die Zygoten eingeführt wird, bleibt sie in der gesamten Deszendenz erhalten bzw. geht sie bei allen Nachkommen verloren

Zellen von entgegengesetztem Paarungstyp möglich, $mt^+ \times mt^-$. Aus jeder Zygote entstehen durch die unmittelbar auf die Kernverschmelzung folgende Meiosis vier haploide Zellen (Gonen), je zwei mt^+ und mt^-. Bei der Kreuzung $(Rs)mt^+ \times (Ss)mt^-$ wurden stets nur resistente Nachkommen erhalten, wie dies die Figur andeutet. Bei vegetativer Vermehrung ergeben diese Zellen nur resistente Nachkommen. Wenn indessen die vier aus den Gonen der obigen Kreuzung hergestellten Linien von Zellen mit dem sensiblen Typus rückgekreuzt werden, so verhalten sie sich verschieden. Die zwei $(Rs)mt^+$ Linien geben dann nur resistente Nachkommen, die zwei $(Rs)mt^-$ Linien nur sensible. Daraus ergibt sich das sonderbare Verhältnis, daß die Resistenz in Kreuzungen nur vererbt wird, wenn sie durch mt^+ Gameten in die Zygoten eingeführt wird. Stammt sie indessen aus mt^- Gameten, so geht sie verloren, indem sie entweder in den mt^- Gameten selbst oder in den aus ihnen gebildeten Zygoten *wegdifferenziert* wird. Der Fall ist besonders deswegen interessant, weil in den in der ersten Kreuzung erhaltenen Linien aus $(Rs)mt^-$ Gonen die Resistenz bei vegetativer Vermehrung ungeschwächt und auf unbegrenzte Zeit weitervererbt wird, indem der

Verlust nur in Verbindung mit Gametenbildung erfolgt. Dieser Fall zeigt deutlich, daß bei der Gametenbildung der mt^+ und der mt^- Zellen eine verschiedenartige Differenzierung stattfindet, indem erstere die Resistenz vererben, letztere nicht.

Wenn wir nun die mt^+ und mt^- Gameten von *Chlamydomonas* mit den weiblichen und männlichen Gameten höherer Pflanzen vergleichen, so ergibt sich eine Parallele zu „cytoplasmatischer" Vererbung. Wenn wir berücksichtigen, daß bei der Alge Gameten konjugieren, die äußerlich nicht unterscheidbar sind und vermutlich gleiche Cytoplasmamengen enthalten, so versteht man, daß auch bei anderen Objekten Unterschiede in reziproken Kreuzungen nicht auf der ungleichen Cytoplasmamenge der Gametentypen zu beruhen brauchen.

Mycelialer Wuchs bei Aspergillus. Die Frage nach der Lokalisation der plasmatischen Erbfaktoren läßt sich am besten bei Mikroorganismen untersuchen, die spezielle Analysemethoden zulassen. Bei dem Schimmelpilz *Aspergillus nidulans* gibt es nach ROPER (1958) eine stabile plasmatische Variante (M_1), die im Gegensatz zum Normaltyp (+) ein reichliches Luftmycelium an Stelle von Konidienträgern bildet. Nun wurden in einem Experiment aus den Typen X(M_1) und Y(+) Heterokaryons hergestellt. X und Y sind hier abgekürzte Bezeichnungen für verschiedene Genotypen; unter Heterokaryon versteht man „Mischfäden", die durch vegetative Verschmelzung genotypisch verschiedener Pilzhyphen entstehen. In den vielkernigen Zellen eines solchen Heterokaryons sollten die genotypisch verschiedenen Kerne nebeneinander in einem gemeinsamen, durch Mischung entstandenen Cytoplasma liegen. Bei der Bildung der einkernigen Konidiensporen werden die Kerntypen X und Y wieder voneinander getrennt.

Nun wurden je 50 000 aus Einzelkonidien eines solchen Heterokaryons erzeugte Kolonien vom Genotyp X und Y auf ihren Wuchs hin untersucht. Wie das folgende Schema andeutet, wurde gefunden, daß die X-Kolonien ausnahmslos mycelial (M_1) waren, von den Y-Kolonien waren dagegen im Durchschnitt 8% mycelial, 92% normal (+). Es entstanden also

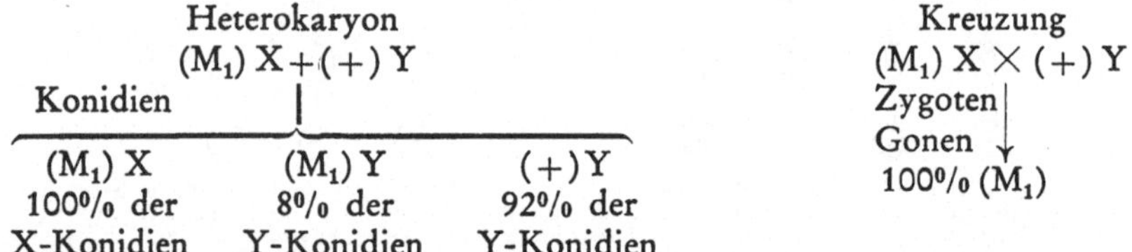

nur drei Kombinationen der beiden Kern- und Plasmatypen, die vierte Kombination (+) X fehlte. Die Spaltung der beiden Plasmatypen bei der Konidienbildung ist stets scharf, indem keine Zwischenformen von mycelialem und normalem Wuchs gefunden werden. Während der Kerntyp X nie vom Plasmatyp (M_1) getrennt wird, kann eine einseitige Übertragung von (M_1) auf Y-Kerne erfolgen, oder mit anderen Worten eine Konversion von der Art (+) → (M_1).

Bei Kreuzungen vom Typus (M_1) X × (+) Y haben, soweit sich aus den bisherigen Befunden schließen läßt, 100% der Nachkommen (M_1) Plasma. Es findet also in den Zygoten oder ihren Produkten eine hundertprozentige Konversion des normalen Plasmas in das myceliale statt.

Das Heterokaryon selbst zeigt bei vegetativem Wuchs einen konstanten, normalen Habitus (+). Die Konstanz des Heterokaryons und das niedrige Prozent der Konversionen bei der Konidienbildung mögen auf ungenügendem Kontakt zwischen den beiden Kern- und Plasmatypen in den vegetativen Zellen beruhen. Eine direkte Kernverschmelzung, wie sie bei Kreuzung erfolgt, ist mit hundertprozentiger Konversion verbunden. — Es scheint nun, daß alle diese Erscheinungen sich viel leichter erklären lassen, wenn man die Plasmafaktoren nicht außerhalb der Kernmembran sucht, sondern innerhalb derselben, wenn man sie also als erbliche Faktoren des Kerns betrachtet, die sich auf Chromosomen, Nukleolus oder anderen Teilen des Kernes befinden.

Die sogenannte plasmatische Vererbung mag in verschiedenen Beispielen höchst verschiedene Phänomene darstellen. Es ist aber durchaus möglich, daß die stabileren Typen dieser Vererbung meistens auf Kernfaktoren beruhen, die in Kreuzungen gerichtete Differenzierung oder Konversion erleiden. Eine typische plasmatische Vererbung dieser Art mag ein relativ seltenes Extrem darstellen, das indessen durch Zwischenformen mit gewöhnlicheren genetischen Effekten verbunden ist. Solche Andeutungen von plasmatischer Vererbung mögen wegen ihrer größeren Häufigkeit beträchtliches Interesse für die Erscheinungen der quantitativen Vererbung haben.

Termini. In den ersten Jahrzehnten dieses Jahrhunderts wurde der Phänotyp, die Erscheinungsform der Individuen, als Produkt von Genotyp und Milieu betrachtet. Unter der Bezeichnung Genotyp verstehen die meisten Genetiker die Summe der Mendelschen Gene in Zygoten und somatischen Zellkernen, d. h. die erbliche Konstitution, soweit sie auf typischen Genen beruht. Als man später die Summe der plasmatischen Erbfaktoren zu einem Plasmon oder *Plasmotyp* zusammenfaßte, benötigte man einen Terminus, der Genotyp und Plasmotyp einschloß. Hierzu wird häufig der Terminus *Idiotyp* benutzt. Also Phänotyp = Milieu × Idiotyp = Milieu × (Plasmotyp + Genotyp). Nun verbindet man mit dem Begriff plasmatische Vererbung die Vorstellung einer stabilen, nicht parasitären, mütterlichen Vererbung. Dies ist jedoch vermutlich nur ein Grenzfall allgemeinerer genetischer Phänomene, die beliebige Grade von Stabilität zeigen können und sich auch nicht scharf gegen viroide Übertragung abgrenzen lassen. Schließlich gibt es noch andere Formen von Übertragung auf die Nachkommen wie Nachwirkungen von Genen und Milieueffekten. Ein Milieueffekt, der sich in den Enkeln oder Großenkeln auswirkt, hat nämlich auch genetische Aspekte. Theoretisch kann man alle diese Erscheinungen vielleicht säuberlich klassifizieren, praktisch aber lassen sie sich in den meisten Fällen nicht einwandfrei identifizieren. So benötigen wir statt Plasmotyp einen weiteren, elastischeren Begriff, der alle nicht zum Genotyp gehörigen mehr oder minder übertragbaren Effekte umfaßt. Die vielfach verwendeten Bezeichnungen extranukleäre oder extragene Vererbung sind nicht zu empfehlen, da ein Teil der Fälle auf abweichendem Verhalten von Genen beruhen kann. Dagegen scheinen Termini wie *Perityp* und perigene Vererbung brauchbar, indem sie etwas andeuten, das sich um die Gene herum befindet, also zwischen Genotyp und Umwelt steht.

Da Milieueffekte, die sich auf die folgenden Generationen erstrecken, einen Aspekt von Übertragung haben, entsteht die Frage, wie wir praktisch Milieu und Übertragung abgrenzen sollten. Es liegt am nächsten, als echte Milieueffekte nur solche zu bezeichnen, die auf das Individuum selbst vom Stadium der Zygote ab einwirken.

So möchten wir die ältere Vorstellung Phänotyp = Milieu × Genotyp ersetzen durch die neuere Phänotyp = Milieu × Idiotyp = Milieu × (Genotyp + Perityp). Wenn wir aber im folgenden vielfach von „Plasma" sprechen, so leiten wir diesen Begriff nicht mehr von Cytoplasma ab, sondern von *Protoplasma*, da dieser Terminus Cytoplasma und Nukleus umfaßt.

2. Viroide Charaktere

Allgemeines. Eine weiß-grün gescheckte Form von *Capsicum annuum* liefert bei Selbstung und in reziproken Kreuzungen mit dem Normaltyp nur gescheckte Nachkommen vom gleichen Typus. Man nahm früher an, daß diese Form durch einen plasmatischen Erbfaktor bedingt wäre, der sowohl durch Eizellen als Pollen vererbt würde. Als man indessen entdeckte, daß bei Pfropfung eines gescheckten Reises auf eine normale Unterlage die Scheckung die Unterlage infizierte, stellte man sie unter die Viruskrankheiten.

Nun gibt es bekanntlich zahlreiche Typen von pflanzlichen Viren, die verschiedene Muster der Scheckung des Laubes bewirken. Meistens wird der Parasit nicht durch die Samen übertragen, da die Mehrzahl der Virustypen nicht imstande ist, in Mikro- oder Makrosporen und Embryosäcken zu überleben, und wegen des Fehlens von Plasmodesmenverbindung zwischen Embryo und Umgebung alle Viren unfähig sind, die wachsenden Embryonen zu infizieren (CROWLY, 1957). Die Verbreitung der Viren geschieht somit gewöhnlich durch Infektion somatischer Zellen, indem Insekten den Krankheitserreger von einer Pflanze zur anderen befördern. Eine Übertragbarkeit einer Eigenschaft vom Reis auf die Unterlage oder in umgekehrter Richtung deutet zwar auf eine parasitäre Krankheit, ist aber keineswegs ein Beweis hierfür. Denn nach BONNER und LIVERMAN (1953) läßt bei *Xanthium* die Bereitschaft zur Blütenbildung sich durch Serien von sukzessiven Pfropfungen ungeschwächt vom Reis auf nicht blühbereite Unterlagen übertragen, ohne daß ein Parasit hierbei im Spiele ist.

Pollensterilität bei Petunia. Im übrigen haben Pfropfungen zwischen plasmatisch pollensterilen Formen und dem Normaltyp überraschende Ergebnisse gezeitigt. Bei Pfropfung eines fertilen Reises von *Petunia* (F) auf eine sterile Unterlage (ms) oder umgekehrt behält der normale Partner eine unveränderte Pollenfertilität (FRANKEL, 1956). Als aber die Blüten des normalen Reises geselbstet wurden, traten in der Nachkommenschaft außer normalen, fertilen Individuen (F) auch solche mit einem wechselnden Prozent steriler Blüten und auch gänzlich pollensterile Individuen (ms) auf, wie nachstehendes Schema andeutet. Wurden nun diese S_1-Pflanzen mit dem Pollen normaler Individuen bestäubt, so gaben fertile S_1-Pflanzen nur fertile Nachkommen (F), sterile dagegen nur sterile Nachkommen (ms). Unzweifelhaft infiziert der Faktor für männliche Sterilität (ms) das normale Reis und einen Teil seiner Samenanlagen.

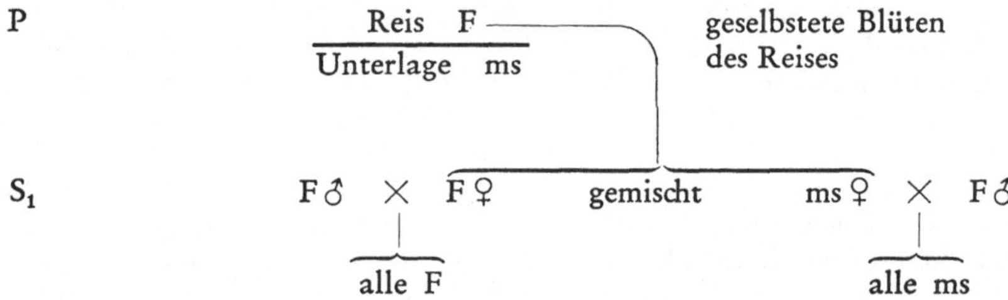

Die Infektion bleibt aber in dieser Generation völlig verborgen und manifestiert sich erst in der nächsten Generation, indem die infizierten Samenanlagen gemischte Pflanzen (fertile und sterile Blüten) oder rein sterile ergeben. Letztere zeigen bei Kreuzung mit dem Normaltyp eine rein mütterliche, hundertprozentige Vererbung der Sterilität.

In einem analogen Versuch, den EDWARDSON und CORBETT (1961) mit einem anderen Typus von männlich-sterilen *Petunia*pflanzen ausführten, waren im Prinzip die Verhältnisse ähnlich, aber der Grad des übertragbaren Effektes abgeschwächt. In der Nachkommenschaft des fertilen Reises wurden 68 voll fertile und 14 gemischte Pflanzen erhalten. In der dritten Generation traten zwar ziemlich viele gemischte Individuen auf, aber unter 1192 Individuen nur zwei völlig pollensterile.

Diese Beispiele zeigen uns, daß es außerordentlich schwer sein mag, zwischen infektiven und nicht infektiven Charakteren zu unterscheiden, indem die Infektion vielleicht erst nach mehreren Generationen und in abgeschwächter Form zum Ausdruck kommt. Es ist im übrigen fraglich, ob es eine scharfe Grenze zwischen plasmatischer

Vererbung und Viruskrankheiten gibt. Denn die plasmatischen Charaktere mögen zum Teil auf Partikeln beruhen, die eine gewisse Ähnlichkeit mit den Partikeln gewisser Virentypen haben; und in bezug auf Infektivität bei Pfropfungen und Übertragbarkeit durch Samen und Pollen mögen alle möglichen Zwischenformen vorkommen. Wenn hinzukommt, daß die Vermehrung der Partikel häufig durch Gene beeinflußt wird und in einigen Fällen ein verlorener Plasmapartikel durch ein Gen neugebildet wird, ergibt sich schon ein recht kompliziertes Bild, das leicht falsch interpretiert wird.

„June Yellows“ bei Fragaria. Diese durch gelbe Scheckung der Blätter gekennzeichnete Krankheit der Erdbeere wird von DARLINGTON und MATHER (1949) als Plasmamutation angesehen. Im Gegensatz zu typischen Viren läßt sie sich nicht durch Pfropfungen übertragen und wird durch Samen vererbt. In Kreuzungen wird sie durch den Pollen mindestens ebensogut wie durch die Eizellen vererbt. Bei Einfuhr nordamerikanischer Erdbeerklone nach England konnte die Krankheit z. B. nach 10 bis 20 Jahren auftreten und befiel dann oft alle Individuen des Klons zu gleicher Zeit. Wenn wirklich keine Übertragungen zwischen den Pflanzen vorkommen, benötigt diese „Plasmamutation“ einen sehr langen Zeitraum (Jahrzehnte), um zur vollen Manifestation zu gelangen. Dabei durchlaufen die Pflanzen halbstabile Zwischenstadien, die sich progressiv verschlechtern. Bei Kreuzungen zwischen „June Yellows“ und normalen Pflanzen kommt die Krankheit indessen bei einem großen Teil der F_1-Individuen schon im zweiten Jahr zum Vorschein (MCWHIRTER, 1955; WILLIAMS, 1955).

Rogues bei Erbsen. (PELLEW, 1928; DARLINGTON, 1949). In gewissen Erbsenvarietäten entsteht mehr oder weniger häufig ein abnormer Typus, die sogenannten Rogues. Er ist durch schmalere, zugespitzte Blättchen und kleinere, gebogene statt gerade Schoten charakterisiert. Reziproke Kreuzungen rogues × normal geben im allgemeinen 100% rogues in den folgenden Generationen. In einigen intra- und intervarietalen Kreuzungen von diesem Typus kann ein Teil der F_1-Pflanzen intermediär sein, oder das rogue-Merkmal entwickelt sich erst in späteren Stadien, während es in Nachkommen aus Selbstung typischer rogue-Pflanzen vom ersten Blattpaar an zu erkennen ist. Rückkreuzungen (rogues × normal) F_1 × normal geben nur rogues, wenn die F_1 der männliche Elter ist, dagegen neben rogues auch einige wenige intermediäre und normale Nachkommen, wenn sie der weibliche Elter ist. Daraus geht die merkwürdige Tatsache hervor, daß das rogue-Merkmal noch besser durch den Pollen als durch die Eizellen vererbt wird.

DARLINGTON erklärt die Entstehung der rogues aus normalen Eltern mit Mutation in einem Plasma-Partikel zu Beginn der Entwicklung der Pflanze. Der Partikel vermehrt sich rascher als die Zelle, wenn auch in den ersten Entwicklungsstadien noch nicht so rasch wie in den späteren. Das Merkmal manifestiert sich daher, wenn es durch Mutation neu entsteht, erst graduell und erreicht seine maximale Expression in den höheren Teilen der Pflanze. Der mutierte Partikel konzentriert sich besonders im Pollenkorn. Bei Selbstung der mutierten Pflanze entsteht daher sofort eine konstante Linie von rogue-Individuen mit vollständiger Expression der rogue-Charakteristika.

Bei der Tomate wird in bestimmten englischen Varietäten häufig ein Typus von „Rogues“ angetroffen, dagegen nicht in amerikanischen Varietäten. Bei der Kartoffel tritt in 80% der frühen englischen Sorten aber in keiner der späten ein höchst abnormer Typus auf, die „bolters“, die sich in einem großen Komplex von Eigenschaften vom Normaltyp unterscheiden. Vegetativ kann dieses Merkmal jahrelang erhalten bleiben. Bei Kreuzungen innerhalb der Varietät hat der Charakter der Elternpflanzen, ob normal oder bolter, wenig Einfluß auf die Nachkommenschaft. Die Häufigkeit der bolters ist am meisten von der Varietät abhängig. Kreuzungen bestimmter Varietäten geben bis über 30% bolters. Die Natur und genetische Grundlage der genannten sonderbaren Charaktere ist noch recht unverständlich. Obwohl es sich in diesen

Beispielen um grobe Anomalien handelt, dürfen wir dieselben nicht völlig übersehen. Denn die unbekannten Prinzipien, die in einigen wenigen Fällen grobe Defekte erzeugen, mögen weit häufiger an der Manifestation leichterer Defekte oder normaler Eigenschaften beteiligt sein.

3. Modifikationen und Plasmaänderungen

Termini. Die sogenannten Modifikationen der generellen Genetik haben sehr verschiedene Grade von Konstanz, wonach man zwischen vier durch Übergänge verbundenen Typen unterscheiden kann. Die gewöhnlichen Modifikationen mögen zwar auffällige phänotypische Abweichungen darstellen, sind aber nicht einmal bei vegetativer Vermehrung durch Stecklinge und dergleichen konstant. *Fest induzierte* Modifikationen zeigen bei vegetativer Vermehrung einen hohen Grad von Konstanz, lassen sich aber nicht durch Samen übertragen. *Dauermodifikationen* sind vegetativ konstant und lassen sich mehrere Generationen, meist in abnehmender Stärke durch Samen vermehren. Erbliche *Plasmaänderungen* (Plasmamutationen, Alterationen) sind auch sexuell hochgradig konstant, zeigen aber meist mütterliche Vererbung.

Indessen ist es fraglich, ob zwischen diesen Kategorien in anderer Hinsicht stets wesentliche Unterschiede bestehen. Ob ein Merkmal vegetativ konstant ist oder nicht, mag auf geringen Unterschieden in der Teilungsgeschwindigkeit eines Plasma-Partikels beruhen. Ob er sexuell vererbt wird oder nicht, mag auf Unterschieden in der Dedifferenzierung des Plasmas bei Bildung der Eizellen beruhen, Prozessen die z. T. stark durch Milieuverhältnisse beeinflußt werden. In dieser Hinsicht haben wir ähnliche Verhältnisse wie bei Virusinfektionen, indem einige Virentypen durch alle Eizellen des Wirtes übertragen werden, andere durch einen Teil der Eizellen und die Mehrzahl überhaupt nicht.

Ein Beispiel. Wegen Beispiele für die drei erstgenannten Kategorien von Modifikationen verweisen wir auf die Lehrbücher der Genetik, indem wir hier nur ein Beispiel für eine echte Plasmaänderung geben. SPENCER (1952) behandelte eingeweichte Erbsensamen mit ultrasonischer Vibration, 500 000 Schwingungen pro Sekunde. Eine Behandlung von 20 Sekunden, die die Keimfähigkeit auf ein Drittel herabsetzte, hatte zur Folge, daß ein Teil der aufwachsenden Pflanzen gegenüber der unbehandelten Kontrolle auf das doppelte verlängert war (77 statt 34 cm). Bei Selbstung der verlängerten Pflanzen wurde das Merkmal konstant auf S_1 und S_2 übertragen. Alle Pflanzen waren ausnahmslos verlängert. In reziproken Kreuzungen wurde weder in F_2 noch in F_3 eine Spaltung angetroffen, indem das Merkmal streng mütterlich vererbt wurde. Die einzige auffällige morphologische Veränderung der verlängerten Pflanzen bestand in ihrer doppelten Länge, die auf eine entsprechende Verlängerung der Internodienzellen zurückgeführt werden konnte. Blütezeit und Samenertrag waren z. B. nicht verändert.

Plasmatische Adaptation. In vielen Fällen sind erbliche Defekte, wenn sie als Mutationen auftreten, sehr auffällig. In folgenden Generationen wird ihre Manifestation jedoch abgeschwächt und schließlich mag es mit Schwierigkeiten verbunden sein, den Defekt zu identifizieren. In der Literatur liegen leider nur wenig exakte Beschreibungen und Analysen solcher Fälle vor. Es ist indessen möglich, daß in einem Teil der Beispiele eine Abschwächung des Mutantcharakters durch allmähliche Adaptation des Plasmas an den Mutantgenotyp erfolgt. Der rezessive Faktor ogr (old gold stripe) bei Mais verursacht z. B. nach SUTO (1961) eine auffällige gelbe Streifung der Blätter in F_2 von Kreuzungen. In den folgenden Generationen wird die Streifung immer schwächer, bis sie in F_7 oder F_8 meist völlig verschwindet. Werden solche phänotypisch normalen ogr ogr Pflanzen mit dem Normaltyp gekreuzt, so spaltet die Streifung in F_2 wieder in ursprünglicher Deutlichkeit. Es liegt in einem solchen Beispiel nahe anzunehmen, daß die Abschwächung des Defektes durch eine kompensatorische Modifikation des Plasmas ermöglicht wurde, die indessen durch Kreuzung sofort aufgehoben wurde. In dieser Hinsicht können sich analoge Beispiele verschieden verhalten.

Nach RASMUSSON (1953) haben tetraploide Zuckerrüben, die mit Hilfe der Colchicin-Methode aus diploiden Stämmen erzeugt wurden, in der ersten bis dritten Generation nach Chromosomenverdoppelung eine auffällig reduzierte Vitalität und Fertilität. Zwischen der dritten und fünften Generation tritt indessen eine so rasche Verbesserung ein, daß der Ertrag der tetraploiden Sorte mindestens das Niveau vergleichbarer diploider Stämme erreicht. Diese Verbesserung erfolgt automatisch, ohne wesentliche Mitwirkung artifizieller Selektion. In diesem Beispiel wurde der tetraploide Stamm zwecks Vermeidung von Inzuchtdepression durch Bestäubungen zwischen einer genügend großen Anzahl tetraploider Pflanzen vermehrt. Die auffällige Verbesserung des Ertrages in einer so kurzen Zeitspanne läßt sich kaum mit Selektion von Genen erklären.

4. Nachwirkungen von Genen

Beispiel 1. Die Gene H_2 und I_2 bei *Godetia,* im folgenden verkürzt zu H und I, sind komplementäre Letalfaktoren (HIORTH 1946, 1948). Wenn durch die Kreuzung hh II × HH ii die Kombination HI gebildet wird, so bedingt sie den Tod der jungen Sämlinge. Schon kurz nach dem Keimen fallen die Kotyledonen durch geringe Größe und dunkelgrüne, glänzende Oberfläche auf. Sie verdicken sich bald sehr stark, wachsen aber nicht weiter. Laubblätter werden nicht gebildet. Bei Kreuzung heterozygoter I-Pflanzen ist folgende Spaltung zu erwarten: hh Ii × HH ii ♂ = 50% Hh Ii + 50% Hh ii. Von den Nachkommen sollte ersterer Typus letal sein, letzterer vital. Es zeigt sich aber, daß in Kreuzungen von diesem Typus regelmäßig 100% der Sämlinge absterben. Es muß in diesem Beispiel angenommen werden, daß gewisse Produkte des heterozygoten Gens I auf alle Eizellen (I und i) übertragen werden. Wenn nun die Zygoten vom Vater her das Gen H erhalten, so kann eine Interaktion zwischen den Genprodukten von I mit denen von H stattfinden, die regelmäßig zu einer hochgradigen Hemmung führt. Eine solche Wirkung eines mütterlichen Gens in Zygoten, die dasselbe nicht enthalten, wird als Nachwirkung oder mütterlicher Effekt eines Gens bezeichnet.

Es kann in diesem Falle nachgewiesen werden, daß wirklich die beiden erwarteten Typen von Nachkommen gebildet werden, und daß beide normalerweise absterben. Wenn man nämlich die Saatschalen aus diesen Kreuzungen sehr vorsichtig behandelt, so kommt es gelegentlich vor, daß vereinzelte Sämlinge stark verspätet die Hemmung überwinden und sich dann in normaler Richtung hin entwickeln. Eine Analyse dieser Pflanzen zeigt, daß ein Teil von ihnen die Konstitution Hh Ii hat, ein Teil Hh ii. Bei Kreuzungen mit hh ii spaltet ersterer Genotyp letale Sämlinge ab, letzterer dagegen nicht. — Die mütterliche Nachwirkung des Gens I erstreckt sich somit nur auf die Jugendstadien der ersten Generation. Wird die daraus resultierende Hemmung überwunden, was aber nur sehr selten geschieht, so verschwindet damit die Nachwirkung restlos.

Eine besondere Eigentümlichkeit des vorliegenden Beispieles besteht darin, daß auch eine väterliche Nachwirkung, wenn auch schwächeren Grades, des Genes I stattfindet. In der Kreuzung HH ii ♀ × hh Ii ♂ sterben nämlich nicht nur die HI-Nachkommen, sondern zumindestens auch ein Teil der Hi. Hier muß in analoger Weise angenommen werden, daß die i-Pollenschläuche Produkte des väterlichen Gens I enthalten und dieselben auf die Eizellen übertragen können. Beispiele mit väterlicher Nachwirkung eines Gens sind seltener als solche mit mütterlicher Nachwirkung.

Beispiel 2. Bei *Datura*, dem Stechapfel, gibt es nach SIRKS (1941) zwei charakteristische Verzweigungstypen: Bei den dichasial verzweigten Pflanzen ist der Stengel von der Basis an gabelförmig verzweigt, indem an jedem Verzweigungspunkt zwei gleich große Zweige gleicher Ordnung gebildet werden. Bei den sympodialen Pflanzen ist ein längeres basales Stengelstück gerade und scheinbar unverzweigt, erst in den oberen Teilen der Pflanze fängt die Verzweigung an. Der Unterschied sympodial—dichasial wird durch ein Genpaar S—s und eine Plasmadifferenz (sy)—(di) bedingt. Reziproke Kreuzungen geben verschiedene Resultate, indem die Eigenschaft der Mutter dominiert. Das Plasma der F_1 entscheidet also über die Dominanz, siehe nachstehendes Schema.

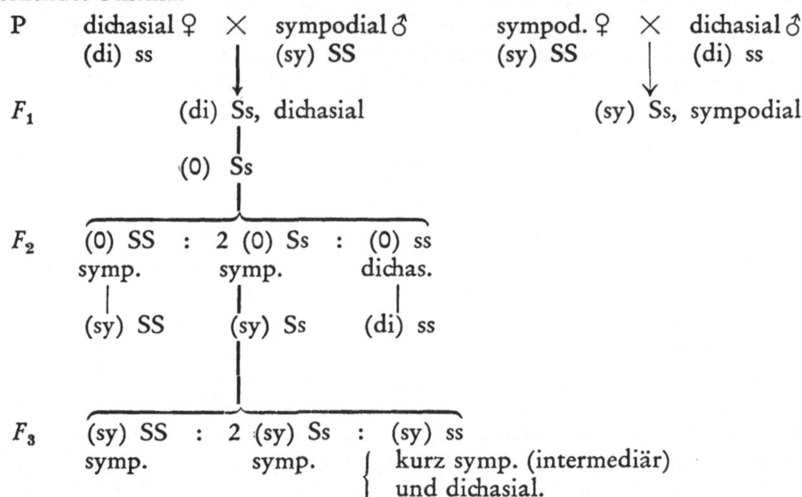

Obgleich in F_1 von dichasial ♀×sympodial ♂ dichasial dominiert, erhalten wir in F_2 eine Spaltung in 1 dichasial : 3 sympodial, also eine Dominanz von sympodial. Dieser Dominanzwechsel beruht nach SIRKS darauf, daß während der Entwicklung der F_1-Pflanzen das an und für sich dominante Gen S auf das (di)-Plasma einwirkt und dasselbe modifiziert. Diese Veränderung geschieht in zwei Stufen: In den Eizellen der F_1-Pflanzen ist ein neutrales (0)-Plasma vorhanden, das nicht mit der Verzweigung interferiert, in dem sich also beide Typen gleich gut ausbilden können. Das Ergebnis ist, daß unter den jungen F_2-Pflanzen eine klare Spaltung in 3 sympodial : 1 dichasial stattfindet. Wenn nun das (0)-Plasma eine weitere Generation unter dem Einfluß des S-Genes steht, wird es in spezifisches sympodial-Plasma verwandelt. Die Eizellen der F_2-Pflanzen mit dem Gen S haben daher alle (sy)-Plasma. Dieses Plasma ist ungünstig für die Entwicklung der dichasialen Verzweigung. Die große Mehrzahl der abspaltenden ss-Sämlinge der F_3-Generation ist daher nicht typisch dichasial, sondern kurz sympodial, d. h. intermediär zwischen den beiden Typen. Nur die Minderzahl ist dichasial. Heterozygote F_2-Pflanzen geben daher keine scharfe Spaltung in 3 sympodial : 1 dichasial, sondern eine gestörte Spaltung.

Andererseits wird das neutrale (0)-Plasma der ss-Pflanzen in F_2 unter dem Einfluß des s-Genes in einer weiteren Generation in typisches (di)-Plasma verwandelt, was sich durch weitere Kreuzungen zeigen läßt.

Das *Datura*-Beispiel zeigt uns, daß die Wirkung des Genpaares S—s einschließlich seiner Dominanz deutlich vom Plasma beeinflußt wird, daß das Plasma die Auszählung einer Spaltung stören kann, und daß das Gen S zwei Generationen braucht, um dichasial-Plasma in sympodial-Plasma umzuwandeln. Es ist durchaus möglich, daß ähnliche Beziehungen zwischen Plasma und Genen, wenn auch in wechselnden

Intensitäten und auf mannigfach modifizierte Weise bei einem beträchtlichen Teil der erblichen Charaktere vorkommen. In vielen Fällen, wo man Störung einer Spaltung durch modifizierende Gene annimmt, mag es sich z. T. um plasmatische Modifizierung der Spaltung handeln. Wir haben indessen noch wenig Übersicht über solche Verhältnisse, da es mit großen Schwierigkeiten verbunden ist, Beispiele dieser Art einwandfrei zu analysieren.

5. Unterschiede in reziproken Kreuzungen

Bei einer flüchtigen Durchsicht der Literatur könnten wir leicht zu der Auffassung kommen, daß Unterschiede in reziproken Kreuzungen nur relativ selten auftreten, und daß daher Komplikationen durch das Plasma gewöhnlich vernachlässigt werden können. Bei genauerer Prüfung werden wir indessen erkennen, daß Kreuzungen nur relativ selten reziprok ausgeführt werden, und daß zu sogenannten reziproken Kreuzungen oft nicht genau die gleichen Elterntypen benutzt wurden, so daß sich nichts aus dem Ausfall der Kreuzungen schließen läßt. Ferner begnügt man sich oft mit Aufzucht der F_1 während größere Unterschiede in der Mehrzahl der Fälle vermutlich erst in F_2 oder F_3 zu erwarten sind, indem nur ein Teil der Kombinationen plasmaempfindlich ist. Schließlich ist die Versuchstechnik meistens unzulänglich.

Aus Beispielen, in denen versucht wurde, Unterschiede in reziproken Kreuzungen genauer zu erfassen, erhält man den Eindruck, daß solche Unterschiede bei *Drosophila* und Mais ziemlich allgemein vorkommen (LINTS, 1960; FLEMING et al., 1960). Es kann sich dabei um plasmatische Unterschiede von noch unbekannter Stabilität, Nachwirkungen von Genen oder andere Effekte handeln. Die Analyse wird dadurch erschwert, daß solche Unterschiede empfindliche Interaktionen mit dem Milieu zeigen, so daß sie oft nur unter besonderen Bedingungen deutlich hervortreten.

6. Übertragung durch den Pollen

Bei plasmatischer Vererbung kann ein Merkmal wie weiß-grüne Scheckung bei *Humulus japonicus,* Pollensterilität bei Mais und zahlreichen anderen Objekten, ausschließlich durch die Eizellen vererbt werden. In einem Teil der Fälle kann jedoch ein gelegentlicher Einfluß des Pollens auf das Merkmal nachgewiesen werden. Plasmatische Änderungen bei *Linum,* die das Gewicht der Pflanzen stark erhöhten, zeigten z. B. in Kreuzungen einige Übertragung durch den Pollen (DURRANT, 1958). Bei einigen Typen weiß-grüner Scheckung des Laubes ist eine Beeinflussung der Nachkommen durch den Pollen nicht selten. Im Falle von *Capsicum annuum* wurde die Scheckung ungeschwächt durch den Pollen vererbt, aber hier mag es sich um einen Virus handeln. Bei den „June Yellows“ der Erdbeere und den Rogues der Erbse wurde das Merkmal mindestens so gut durch den Pollen vererbt wie durch die Eizellen; aber auch hier mögen spezielle Fälle vorliegen.

Es ist schwer, die Bedeutung dieser Verhältnisse für Genetik und Züchtung abzuschätzen. Vorläufig liegt es nahe anzunehmen, daß bei Kreuzungen oft etwas väterliches „Plasma“ in die Eizellen gelangt. Wenn die Umstände günstig sind, so kann dieses Plasma sich langsam durchsetzen, wozu allerdings mehrere Generationen erforderlich sein mögen, ähnlich wie bei Pfropfungen normaler *Petunia*-Reiser auf pollensterile Unterlagen die Manifestation der Sterilität erst in der nächsten oder übernächsten Generation erfolgte. Bei Kreuzung etwas stärker verschiedener Rassen könnte durch die Plasmamischung eine allgemeine Instabilität des Plasmas erzeugt werden, die erst in einigen Generationen durch Annäherung an neue Gleichgewichtszustände überwunden wird. In verschiedenen Teilen eines Stammbaumes mögen verschiedene Gleichgewichte hergestellt werden, wobei eine partielle Anpassung des Plasmas an die Genotypen stattfinden sollte. — Es wäre zu erwarten, daß die genannten Prozesse die Ausnützung der Kreuzungen für züchterische Zwecke oft erschweren. Denn erstens lassen sich in der Deszendenz keine zuverlässigen Selektionen vornehmen, bevor Gleichgewichtszustände erreicht sind. Zweitens bleibt auch nach Erreichung der Gleichgewichte die Beurteilung der Selektionen durch Nachkommenschaftsprüfung unsicher, da man günstige Genotypen und günstige „plasmatische Adaptationen" verwechseln kann. Dies mag weniger Bedeutung haben, wenn die Inzuchten als solche verwertet werden. Denkt man jedoch an eine Weiterzucht durch Kreuzung der besten Inzuchten, so mögen die plasmatischen Adaptationen völlig versagen. Auf diesen Punkt wird besonders hingewiesen, da einige zoologische Befunde sich leichter in diesem Sinne interpretieren lassen als mit den Standard-Hypothesen.

III. Effekte der Umwelt

1. Vernalisation und verwandte Erscheinungen

Spezifische Faktoren der Umwelt, die auf bestimmte kritische Stadien wie Keimung oder Bildung der Blütenprimordien einwirken, können bedeutende Effekte auf die Entwicklung der Pflanze haben. Bei Hafer, Roggen und Weizen gibt es Wintersorten, die normalerweise im Herbst ausgesät werden und im kommenden Sommer blühen und fruchten. Wird solches Wintergetreide im Frühjahr ausgesät, so kommt es nicht oder erst spät zur Blüte und gibt höchstens einen geringen Samenertrag. Werden indessen Samen der Wintersorten kurz nach Beginn der Keimung einige Wochen lang bei niedriger Temperatur gehalten, z. B. 1—3° C, und dann im Frühjahr ausgesät, so können sie ähnlich wie Sommergetreide schon im Herbst desselben Jahres eine befriedigende Ernte geben. Die Methoden, die darauf hinzielen, durch Behandlung gequollener Samen, junger Embryonen oder anderer vegetativer Stadien die Entwicklungsdauer eines Gewächses zu verkürzen, werden als Vernalisation (Jarovisation) bezeichnet. Wegen der großen praktischen Anwendungsmöglichkeiten liegen umfangreiche Untersuchungen über die Probleme der Vernalisation vor. Die Methoden sind bei den verschiedenen Objekten verschieden und auch bei demselben Objekt lassen sich verschiedene Methoden anwenden. Eine Einwirkung von niedriger Temperatur auf die Embryonen der reifenden Ähren kann z. B. ähnliche Effekte haben wie eine Behandlung keimender Samen. Unter diesen Umständen kann auch die geographische Herkunft der Samen großen Einfluß auf das Gedeihen der Pflanzen haben. Mit Hilfe der genannten Methoden läßt auch die Züchtung einiger Kulturarten sich beschleunigen, indem z. B. die Aufzucht von 2—3 Generationen von Winterweizen pro Jahr ermöglicht wird.

Bei der Kartoffel hat eine niedrige Temperatur während des Wachsens der Knollen einen bedeutenden Einfluß auf den Ertrag der folgenden vegetativen Generation. Wärmere Länder pflegen daher ihre Saatkartoffeln aus kühleren Regionen zu beziehen, da der Ertrag sonst sehr unsicher wird. Nach WENT (1959) gaben Saatkartoffeln, die in niedrigen Temperaturen aufwuchsen auch in der zweiten in höheren Temperaturen aufgewachsenen Generation einen deutlichen Mehrertrag. — HIGHKIN (1958) fand bei der Erbse, daß das Milieu des Pollenelters von Kreuzungen beträchtlichen Einfluß auf die Variabilität der F_1-Pflanzen hatte.

2. Verlängerte Einwirkung von Milieufaktoren

Düngungsunterschied bei Weizen. Im allgemeinen läßt sich sagen, daß nur wenige kritische Studien über die Effekte langjähriger Unterschiede in Klima oder Anbaumethoden auf die Eigenschaften der Kulturpflanzen vorliegen. Aus einer Untersuchung von FRUWIRTH (1925) greifen wir ein charakteristisches Beispiel heraus. Aus einer Ähre des Wetterauer Fuchsweizens wurde eine reine Linie hergestellt, die in zwei Sublinien geteilt wurde. Die eine wurde 14 Jahre hindurch auf ungedüngtem, die andere auf stark gedüngtem Boden aufgezogen. Nach 4, 8 und 14 Versuchsjahren wurden Proben der beiden Sublinien unter den gleichen Verhältnissen (normale Düngung) einer vergleichenden Prüfung unterworfen. Tab. 41 gibt eine Übersicht

Tabelle 41.
Vergleich zweier Sublinien, die in 14jährigen Versuchen verschieden angebaut wurden, Sublinie — ungedüngt, Sublinie + gedüngt. Die Prüfung erfolgte auf normal gedüngtem Land. Zur 2. Prüfung wurden Nachkommen aus der 1. Prüfung benutzt. D und m_D = Differenz zwischen den Sublinien und mittlerer Fehler dieser Differenz

Charakter	Halmzahl		Pflanzengewicht		Korngesamtgewicht		Einzelkorngewicht	
Sublinie	−	+	−	+	−	+	−	+
1. Prüfung	2,72	2,01	10,32	7,80	3,42	2,88	44,00	40,36
$D \pm m_D$	0,70 ± 0,10		2,52 ± 0,62		0,54 ± 0,30		3,64 ± 2,57	
2. Prüfung	2,33	2,13	9,88	8,26	3,01	2,49	38,09	37,56
$D + m_D$	0,20 ± 0,08		1,63 ± 0,75		0,52 ± 0,21		0,53 ± 2,08	

über die letzte dieser Prüfungen. Im ersten Jahr dieser Prüfung bestanden zwischen den beiden Sublinien bedeutende Unterschiede, indem die ungedüngte kräftigere Pflanzen ergab als die gedüngte. Da diese Unterschiede im zweiten Jahr reduziert erschienen, schloß FRUWIRTH, daß der Unterschied in der Düngung keine erblichen Effekte hatte. Ein solcher Schluß ist indessen voreilig. Zunächst ist zu bemerken, daß die Prüfung des zweiten Jahres, wie das erniedrigte Einzelkorngewicht zeigt, unter ungünstigeren Verhältnissen stattfand. Hierdurch könnte die Differenz zwischen den Sublinien verringert sein. Zweitens hat es keine Bedeutung, daß die Differenzen reduziert sind; die entscheidende Frage ist nämlich, ob ein Teil der Differenz erbliche Grundlage hat. Zur Beantwortung dieser Frage genügt offenbar eine zweijährige Prüfung nicht. Drittens ist die Berechnung der Mittelwerte problematisch, da sie nur auf je 5 Einzelpflanzennachkommenschaften von stark variierenden Werten basieren. Wenn die immerhin ziemlich großen Unterschiede zwischen den Sublinien im zweiten Prüfungsjahr insignifikant sind, läßt sich überhaupt sehr wenig aus dem ganzen Versuch schließen. Dennoch ist es das wahrscheinlichste, daß der Effekt des 14jährigen Düngungsunterschiedes sich bis auf die zweite Generation der Prüfung erstreckte, was schon ein bemerkenswertes Ergebnis wäre. Aus den meisten übrigen Versuchen von dieser Art ist noch viel weniger zu schließen.

Phosphormangel bei Reis. Defizienz in Phosphorsäure hemmt nach MATSUO (1959) den Wuchs der Pflanze und dieser Effekt verstärkt sich in den folgenden Generationen, die unter den gleichen Bedingungen aufgezogen wurden (Tab. 42).

Tabelle 42.
Effekte des Phosphorsäuremangels auf die Pflanzen sukzessiver Generationen. (Nach MATSUO et al., 1959).
C = vollständig gedüngte Kontrolle; P_1, P_2, P_3, erste zweite und dritte bei Phosphormangel aufgezogene Generation

	C	P_1	P_2	P_3
Stengellänge, cm	63,8 ± 2,4	37,2 ± 9,7	32,0 ± 2,6	25,1 ± 1,8
Ährenlänge, cm	15,0 ± 0,9	10,8 ± 2,6	8,0 ± 1,7	7,3 ± 2,4
Samengewicht, mg	27,8 ± 2,8	26,9 ± 3,7	25,6 ± 3,3	18,3 ± 2,2

Wenn nach drei Generationen von Phosphorsäure-Knappheit die Nachkommen dieser Pflanzen wieder unter normalen Bedingungen aufgezogen wurden, so ließ sich nur in der ersten Generation eine Nachwirkung des Phosphormangels konstatieren, nicht aber in der zweiten. (Vielleicht ist die Versuchsdauer zu kurz, um erbliche Änderungen zu induzieren.)

Im Anschluß an die obigen Befunde kann die Frage aufgeworfen werden, ob die Effekte eines gröberen erblichen Defektes sich im Laufe der Generationen in ähnlicher Weise verstärken können wie die des Phosphormangels. Diese für die Probleme der Inzucht wichtige Frage ist nicht systematisch untersucht worden. Vermutlich werden sich die Defekte zum Teil in entgegengesetzte Richtungen ändern, indem einige sich verstärken, andere sich abschwächen, andere wiederum konstant bleiben. Dies würde nicht hindern, daß sich oft die Summe aller Effekte negativ auswirkt.

Konstante Temperaturen bei Erbse. Highkin (1958 b) zeigte, daß konstante Temperaturen auf die Dauer den Wuchs der Erbse hemmen, auch wenn die Temperatur an und für sich optimal für den Wuchs dieser Art ist. Bis zur 6. oder 7. Generation kann sich der Effekt in dem Grade verstärken, daß die Linien einfach aussterben. Wenn nun die Pflanzen nach 5 Generationen von konstanter Temperatur wieder in fluktuierende Temperaturen gestellt werden, so erreicht die erste Generation nur 55% von der Höhe der dauernd bei fluktuierender Temperatur gehaltenen Kontrolle, und selbst die dritte Generation ist nicht völlig normal.

Plasmaänderungen bei Linum. Durrant (1958) gibt in einer kurzen Mitteilung an, daß er durch verschiedene Kombinationen von „nutritional and seasonal factors" mehrere Typen von Lein erhielt, die mindestens vier Generationen hindurch hochgradig uniform waren. Zwischen den Typen bestanden bedeutende Unterschiede, z. B. wurden im Gewicht der Pflanzen Differenzen bis zu 250% gefunden. Alles deutet darauf, daß es sich um stabile Änderungen des Plasmas handelt.

Effekte niedriger Temperatur auf Mäuse. Barnett (1961) teilte langjährige Inzuchten von Mäusen in je zwei Sublinien, von denen die eine bei einer konstanten Temperatur von —3° aufgezogen wurde, die andere, die als Kontrolle galt, bei +21°. Tab. 43 gibt eine Übersicht über den Effekt des Temperaturunterschiedes auf eine dieser Inzuchten, A2G. Bei der niedrigeren Temperatur hatte diese Inzucht zunächst eine auffällig hohe Sterblichkeit in den frühen Lebensstadien. Es folgte dann

Tabelle 43.
Reproduktion von Mäusen der Inzucht A 2 G bei den Temperaturen —3° und +21°.
(Nach Barnett 1961)
y/p (young/pair) = Anzahl Junge/Elternpaar, yw/p (young weaned/pair) = entwöhnte Jungen/Elternpaar, % lost = nestling mortality

Konstante Temperatur von – 3°											
Generation	1	2	3	4	5	6	7	8	9	10	11
y/p	11,5	12,0	11,9	11,6	14,5	12,0	10,7	13,5	15,0	16,2	13,6
yw/p	5,8	3,1	6,4	6,9	10,5	6,8	9,0	12,0	15,0	15,0	12,7
% lost	50	74	46	41	28	43	16	11	0	7	7
Konstante Temperatur von + 21°											
Generation	1	2		7	8	9	10	11	12	13	14–16
y/p	29,7	31,8		29,8	22,5	18,6	20,4	23,2	18,5	19,6	28,7
yw/p	22,9	24,5		24,5	17,3	13,4	13,6	17,4	10,5	12,5	22,5
% lost	23	23		18	23	28	33	25	43	36	22

indessen eine Periode mit steilem Abfall der Sterblichkeit, so daß das Prozent verlorener Jungen in den späteren Generationen nur einen Bruchteil desjenigen in der Kontrolle betrug. Wegen der hochgradigen Inzucht der Linie A2G, 30 Generationen Bruder-Schwesterpaarungen schon vor Beginn des Versuches, sollte die Linie so homogen sein, daß Selektion von Genen kaum noch in Frage kommt. Unter diesen Umständen wird angenommen, daß die Abnahme der Mortalität bei –3° zwei

Ursachen haben könnte: 1. Ein kumulativer mütterlicher Effekt in einem bisher ungeahnten Ausmaße; 2. eine progressive Abnahme in der Wirkung eines pathogenen Organismus.

In diesem Abschnitt haben wir die Effekte von Milieufaktoren besprochen, die nicht als mutagen gelten. Die allgemein verbreitete Auffassung, daß solche Faktoren keine erblichen Effekte auslösen, kann nicht als bewiesen gelten. Man weiß nichts darüber, was geschehen würde, wenn man einige dieser Faktoren in etwas höherer Intensität, eine etwas längere Zeitdauer oder in anderen Kombinationen anwendet und außerdem die Ergebnisse solcher Experimente mit besserer Technik analysiert.

IV. Erfahrungen an Inzuchten

1. Die Stabilität der reinen Linien bei Mais

Wenn man bedenkt, daß bei Mais Zehntausende von Inzuchten eine wechselnde Anzahl von Generationen durch Selbstung vermehrt wurden, sollte man glauben, daß sehr viel über den Grad ihrer Stabilität bekannt ist. In Wirklichkeit haben wir wegen des Fehlens von systematischen Untersuchungen noch wenig Übersicht über diese Frage. Nach JONES und EVERETT (1949) sind viele Inzuchtlinien hochgradig variabel und es existieren von derselben Inzucht viele verschiedene Sublinien. Diese Variation wird auf drei Ursachen zurückgeführt: a) verspätete Spaltung durch „enforced heterozygosity" (erzwungene Heterozygotie, d. h. eine genetische Komplikation verhinderte oder verspätete die Annäherung an die absolute Homozygotie); b) Verunreinigung des Materials durch zufällige Kreuzung mit anderen Linien, gefolgt von Rückkreuzungen; c) Mutationen.

Nach den genannten Autoren sind einige Inzuchten weit mehr stabil als andere. Bei einem vorläufigen Vergleich einer Anzahl Sublinien der bekannten Inzucht Indiana Wf9, die mindestens 10 Jahre hindurch an getrennten Stellen aufgezogen wurden, nachdem sie von der gemeinsamen Ausgangslinie abgezweigt wurden, fand man keine nennenswerten Differenzen zwischen ihnen. Eine Kollektion von Sublinien der Inzucht Hy aus Illinois zeigte dagegen Unterschiede in jeder einzigen Sublinie, in Charakteren wie Pflanzenhöhe, Blütezeit, Farbe von Antheren, Narben, Blütenspelzen, im Typus der männlichen Infloreszenz und in Krankheitsresistenz. Die höchst verschiedene Variabilität der beiden Gruppen von Sublinien mag durch Unterschiede in ihrer Mutationshäufigkeit oder durch andere Ursachen bedingt sein.

Das Vorkommen von besonders mutablen Inzuchten ist bei mehreren Objekten beschrieben worden. Bei Mais z. B. von MAZOTI et al. (1954). Es kann auf der Anwesenheit bestimmter Mutatorgene beruhen, die entweder die allgemeine Mutationshäufigkeit stark erhöhen, oder vorzugsweise spezifische Typen von Mutationen auslösen, wie die Minutes von *Drosophila*. Die Häufigkeit der Mutationen kann so hoch sein, daß wie IVES (1950) für *Drosophila* berichtet, ein Teil der Inzuchtstämme eine progressive Degeneration zeigt.

Eine erhöhte Mutationshäufigkeit bei Mais kann auch durch Transposition von *Kontrollelementen* (MCCLINTOCK 1951) erzeugt werden. Diese Elemente gehören zu einer speziellen Kategorie von erblichen Faktoren, die die Fähigkeit haben, ab und zu ihre Lage auf den Chromosomen zu wechseln, ein Vorgang, der als *Transposition* bezeichnet wird. Die Gene, in deren Nachbarschaft das Kontrollelement gelangt, zeigen mutationsähnliche Änderungen in ihren Effekten. Schließlich können nach MANGELSDORF (1958, 1961) Chromosomensegmente der Art *Euchlena mexicana,* die durch spontane oder künstliche Kreuzungen in Maispopulationen gelangen, die Mutabilität erhöhen. Es wird vielfach angenommen, daß *Euchlena*segmente eine weite

Verbreitung innerhalb der nordamerikanischen Maispopulationen haben. Unter diesen Umständen könnten Unterschiede in der Mutationshäufigkeit der Maisinzuchten auf Anwesenheit oder Abwesenheit spezifischer *Euchlena*segmente beruhen. Fälle, in denen langjährige Inzuchten von Mais eine Periode von stark erhöhter Mutabilität durchmachen, könnten nach MANGELSDORF (1958) die Folge von Transposition von *Euchlena*segmenten sein.

2. Analyse von Monoploidlinien

Für den einzigen modernen Versuch über die Stabilität reiner Linien wurden Monoploidlinien benutzt, d. h. Linien, die durch somatische Chromosomenverdoppelung aus haploiden Ausgangspflanzen entstanden. In den Vegetationspunkten haploider Pflanzen entstehen gelegentlich einzelne diploide, absolut homozygote Zellen und aus diesen größere oder kleinere diploide Sektoren. Wenn diese Sektoren Teile der weiblichen und männlichen Infloreszenz umfassen, kann man die haploide Pflanze erfolgreich selbsten und erhält dann sofort eine absolut homozygote Nachkommenschaft, d. h. eine reine Linie. (Voraussetzung ist hierbei, daß die Chromosomenverdoppelung in somatischen Zellen stattfand, da eine meiotische Chromosomenverdoppelung zu cytologischen Komplikationen führen kann.) Eine Reihe von Erfahrungen zeigen nun, daß die Nachkommenschaften von haploiden Maispflanzen sich in jeder Hinsicht wie typische reine Linien verhalten (vgl. THOMPSON, 1954). Eine von EAST aufgestellte und später von mehreren Forschern ohne strikte Beweise wiederholte Behauptung besagt indessen, daß die Monoploidlinien in der ersten diploiden Generation einen noch weit höheren Grad von Uniformität zeigen wie gewöhnliche reine Linien, daß sie aber in einigen wenigen Generationen mehr variabel werden, so daß sie erst dann die gleiche Variabilität zeigen wie reine Linien (vgl. SCHULER und SPRAGUE, 1956).

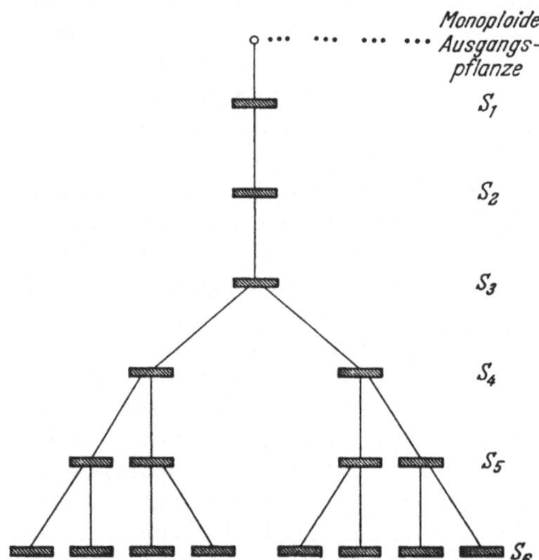

Fig. 16. Stammbaum einer Monoploidlinie in Versuchen von SPRAGUE et al. (1960). Die S_1 entstand durch Selbstung einer monoploiden Pflanze

Für genauere Untersuchungen über die Variabilität in sukzessiven Generationen von 11 genotypisch verschiedenen Monoploidlinien benutzten SPRAGUE et al. (1960) für eine jede Linie getrennt den Versuchsplan der Fig. 16. Von jeder der monoploiden Ausgangspflanzen wurden in S_3 zwei geselbstete Kolben geerntet und als S_4-Familien aufgezogen. Auch in den beiden folgenden Generationen wurden in jeder Familie zwei Kolben geerntet, so daß die Anzahl der Familien in jeder Generation verdoppelt wurde. Jedes der 11 Experimente umfaßte somit

1 S_2-Kolben, ausgesät als S_3
2 S_3-Kolben, ausgesät als S_4
4 S_4-Kolben, ausgesät als S_5
8 S_5-Kolben, ausgesät als S_6

15 Familien

Das Samenmaterial wurde zunächst im Kühlschrank aufbewahrt, bis alle Generationen im gleichen Jahre ausgesät werden konnten. Für jede Familie wurden 10 Replikationen zu je 10 Pflanzen, also zusammen 100 Pflanzen untersucht. Das Material wurde mit den üblichen statistischen Methoden auf Signifikanz der gefundenen Unterschiede geprüft.

Der Zweck der Untersuchungen war nun in erster Linie, die Häufigkeit quantitativer Mutationen festzustellen. Es wurde dabei angenommen, daß eine quantitative Mutation A → a erst als solche identifiziert werden kann, wenn sie zur Entstehung einer homozygoten aa-Familie geführt hat, d. h. erst in der dritten Generation. Dies geht aus folgendem Schema hervor, in welchem wir annehmen, daß die S_2-Pflanze einen mutierten a-Gameten bildete.

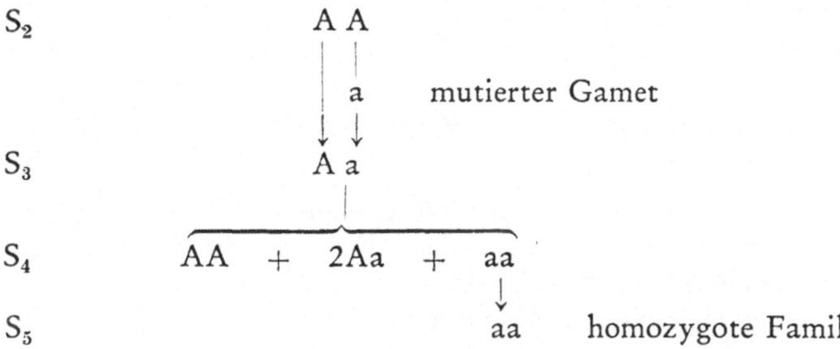

Unter dieser Voraussetzung ließen sich bei dem benutzten Schema nur mutierte Gameten entdecken, die an der Entstehung je einer S_1- und S_2-Pflanze, zwei S_3- und vier S_4-Pflanzen beteiligt waren. Das heißt pro Monoploidlinie würden 16 Gameten

Tabelle 44.

Beispiele für die Variation der Mittelwerte von drei Charakteren in 15 Familien der Generationen S_3—S_6 von Monoploidlinien. Nach SPRAGUE et al. 1960, verkürzt. Vergleiche den Stammbaum in Fig. 16

Pedigree (Familie)	Generation	Kolbenlänge mm	Samenertrag pro Pflanze gm	Pflanzenhöhe cm
00	S_3	122,8	53,2	123,2
1	S_4	127,2	41,8	122,8*
2	S_4	124,5	43,7	121,2+
11	S_5	122,6	43,3*	96,2*
12	S_5	114,5	44,8	120,7
21	S_5	125,8	57,4+	123,3
22	S_5	122,9*	47,2	115,0+
111	S_6	120,1	30,6*	102,3
112	S_6	129,3	40,9	102,8
121	S_6	124,8	29,3	119,6
122	S_6	119,4	34,8	122,2
211	S_6	125,1	70,3+	118,4
212	S_6	124,8	57,9	122,2
221	S_6	127,0	35,4	115,0
222	S_6	130,9*	36,8	117,2
CV		6,03	29,71	6,44
L. S. D. (0,05)		7,10	11,70	6,70
Anzahl Mutationen		1	2	2

*, +, Werte der gleichen Spalte, die dasselbe Zeichen haben, repräsentieren signifikante Unterschiede zwischen Eltern und Nachkommenschaft und werden als einfache Mutationen bewertet. CV Variabilitätskoeffizient; L.S.D. geringste signifikante Differenz auf dem Niveau 0,05.

auf quantitative Mutationen geprüft und im Gesamtexperiment $11 \cdot 16 = 176$ Gameten. Tab. 44 gibt uns einen Eindruck darüber, wie mit Hilfe dieses Prinzips die Mutationshäufigkeit abgeschätzt wird. In den Zahlen der linken Spalte wird die Abstammung der Familien zum Ausdruck gebracht. Die S_5-Familie 11 hatte z. B. ein weit niedrigeres Mittel für Pflanzenhöhe als ihre Elternfamilie 1, nämlich 96,2 vs. 122,8 cm. Sie gibt auch zwei S_6-Familien (111 und 112) mit besonders niedrigen Mitteln, nämlich ca. 103 cm. Außer einem signifikanten Unterschied zwischen S_4 und S_5 wird in diesem Fall auch eine Übertragung der Abweichung auf S_6 gefunden. Dieser Fall wird als Mutation gerechnet. Die Mehrzahl der signifikanten Unterschiede wird allerdings erst in S_6 entdeckt und wurde noch nicht in S_7 geprüft. Auch letztere Fälle werden als Mutationen gezählt.

Im ganzen wurden für 8 untersuchte Charaktere in 11 Monoploidlinien folgende Anzahl Mutationen gefunden:

Pflanzenhöhe	Blattbreite	Anzahl Rispenzweige	Anzahl Körnerreihen
14	13	13	8
Kolbenlänge	Kolbendiameter	Korngewicht	Kornertrag/Pflanze
14	6	8	9

Dies gibt zusammen 85 Mutationen pro 176 Gameten. Für die einzelnen untersuchten Charaktere wird nach Anwendung einiger Korrekturen eine mittlere Mutationshäufigkeit von mindestens 4,5% erhalten.

Während nun in den obigen Ableitungen Eltern und direkte Nachkommen verglichen werden, wird eine Anzahl weiterer Unterschiede entdeckt, wenn entferntere Generationen wie S_6-Familien und ihre S_3-Eltern verglichen werden. Diese Befunde deuten darauf, daß auch zahlreiche kleinere Änderungen stattfinden, die sich in mehreren Generationen zu hochgradig signifikanten Effekten addieren. Daß eine Art von erblicher Übertragung hierbei im Spiele ist, geht in überzeugender Weise aus dem Befund hervor, daß einige Differenzen zwischen S_5-Linien und S_3-Eltern bei Kreuzung dieser Familien mit der gleichen unverwandten Inzucht vergrößert wurden.

Schließlich wird darauf aufmerksam gemacht, daß die Variabilität im Laufe der Generationen bedeutend zunimmt, und zwar auch innerhalb der Zweige des Stammbaumes. Die Variation im Ertrage der S_6-Familien von Tab. 44 ist z. B. phantastisch, wenn man bedenkt, daß alle Zahlen Mittelwerte von 10 Replikationen darstellen.

Diskussion. Im Gegensatz zu den Autoren nehmen wir an, daß im vorliegenden Experiment kein Beweis für das Stattfinden quantitativer Mutationen erbracht wurde. Bevor nähere Analysen vorliegen, sind die hochinteressanten Befunde am besten als „perigene" (plasmatische) Effekte zu interpretieren. Da die obigen Versuche mit 11 genotypisch verschiedenen Linien ausgeführt wurden, können die Ergebnisse nicht auf dem Zufall beruhen. Die entscheidende Frage ist nun, ob die gefundene Variabilität in erster Linie durch die Abstammung der benutzten Linien von haploiden Individuen bedingt ist, oder ob sie für homozygote Inzuchten im allgemeinen charakteristisch ist. Wäre ersteres der Fall, so wären wir auf die Effekte eines unbekannten Prinzips gestoßen. Es ist indessen wahrscheinlicher, daß es sich um allgemeinere Inzuchteffekte handelt.

Bei einem Vergleich sukzessiver Generationen homozygoter Inzuchten werden bekanntlich oft die auffälligsten Oscillationen in quantitativen Charakteren, besonders im Ertrag, gefunden. Diese Erscheinung hat man mit einer besonderen Empfindlichkeit der Inzuchten gegenüber dem Milieu erklärt, da man eine erbliche Variation innerhalb von reinen Linien definitionsgemäß für ausgeschlossen hielt (abgesehen von seltenen Mutationen). Aber hierin kann man sich geirrt haben. Inzucht könnte z. B. nicht selten zu plasmatischer Instabilität führen, indem die *Dedifferenzierung* der Eizellen imperfekt wird. Dies könnte leicht dazu führen, daß sonst nichterbliche Modifikationen auf die Nachkommenschaft übertragen werden, wodurch die Variabilität erhöht wird. Unter solchen Umständen werden die Unterschiede zwischen erblicher und nichterblicher Variation unscharf. Genotypische Effekte, Plasmaänderungen, Dauermodifikationen und andere Typen von Modifikationen lassen sich dann nicht mehr sicher unterscheiden.

Wenn dieses Bild stark von den üblichen Vorstellungen abweicht, so ist zu bemerken, daß Inzuchten mit degenerativen Erscheinungen gewöhnlich weggeworfen werden. Zu genetischen Analysen benutzt man in der Regel eine strenge Auslese von Inzuchten, in denen Komplikationen von der genannten Natur selten sind. Spontane Selbstungen eliminieren die meisten genetischen Störungen. Unter den reinen Linien der autogamen Kulturpflanzen erwarten wir daher nicht die gleichen Verhältnisse wie in Inzuchten von Mais. Allerdings mögen bei autogamen Objekten Linien hybriden Ursprungs eine gewisse Instabilität zeigen, auch nachdem sie durch Selbstungen zur Homozygotie reduziert sind. — Die oben (S. 90) erwähnte Behauptung über die ungewöhnliche Uniformität der ersten Generation von Monoploidlinien wäre noch näher nachzuprüfen. Sie paßt indessen nicht schlecht zu den hier gegebenen allgemeinen Vorstellungen.

Literatur

Barnett, S. A.: Some effects of breeding mice for many generations in a cold environment. Proc. Roy. Soc. London B **155**, 115—135 (1961).

Bauer, L., und M. Brosig: Zur Kenntnis reziproker Kreuzungen von Funariaceen. I. Z. Vererbungsl. 90, 400—408 (1959).

Bonner, J., and J. Liverman: Hormonal control of flower initiation. In: Loomis (ed.) 1953: Growth and Differentiation in Plants. Chapter 14. Ames, Iowa: Iowa State College Press 1953.

Brink, R. A.: Paramutation at the R locus in maize. Cold Spr. Harb. Symp. quant. Biol. **23**, 379—391 (1958).

— Paramutation and chromosome organization. Quart. Rev. Biol. **35**, 120—137 (1960).

Coe, E. H.: A regular and continuing conversion-type phenomenon at the B-locus in maize. Proc. nat. Acad. Sci. (Wash.) **45**, 828—832 (1959).

Crowly, N. C.: Studies on the seed transmission of plant viruses. Aust. J. biol. Sci. **10**, 449—464 (1957).

Darlington, C. D.: Partículas genéticas. Endeavour 1949: 51—61.

—, and K. Mather: The Elements of Genetics. London: Allen and Unwin 1949.

Durrant, A.: Environmentally induced inherited changes in flax. Proc. X. intern. Congr. Genetics **2**, 71—72 (1958).

Edwardson, J. R., and M. K. Corbett: Asexual transmission of cytoplasmic male sterility. Proc. nat. Acad. Sci. (Wash.) **47**, 390—396 (1961).

Fleming, A. A., G. M. Kozelnicky, and E. B. Brown: Cytoplasmic effects on agronomic characters in a double cross maize hybrid. Agronomy J. **52**, 112—115 (1960).

Frankel, R.: Graft induced transmission to progeny of cytoplasmatic male sterility in Petunia. Science **124**, 684—685 (1956).

Fruwirth, C.: Zur Frage erblicher Beeinflussung durch äußere Verhältnisse im Zuchtbetrieb. Landwirtsch. Forschungen 2. Reihe, Acker- u. Pflanzenbau **4**, 97—118 (1925).

Hagemann, R.: Somatic gene conversion in the tomato. Proc. X. intern. Congr. Genetics **2**, 109—110 (1958).

Highkin, H. R.: Transmission of phenotypic variability in a pure line. Proc. X. intern. Congr. Genetics **2**, 120 (1958 a).

— Temperature-induced variability in peas. Amer. J. Bot. **45**, 626—631 (1958 b).

— Effect of vernalization on heat resistance in two varieties of peas. Plant Physiol. **34**, 643—644 (1959).

Hiorth, G.: Über das Vorkommen von Hemmungsgenen in Inzuchtlinien von Godetia Whitneyi. Züchter **17**, 69—78 (1946).

— Über Hemmungssysteme bei Godetia Whitneyi. I—II. Z. Vererbungsl. **82**, 12—63; 276 bis 330 (1948).

Ives, P. T.: The importance of mutation rate genes in evolution. Evolution **4**, 236—252 (1950).

Jones, D. F., and H. L. Everett: Hybrid field corn. Conn. Agr. exp. St. Bull. 532 (1949).

Lints, F. A.: Nucleo-cytoplasmic interactions in Drosophila. Genetica **31**, 188—239 (1960).

Mangelsdorf, P. C.: The mutagenic effect of hybridizing maize and teosinte. Cold Spr. Harb. Symp. quant. Biol. **23**, 409—421 (1958).

MANGELSDORF, P. C.: Introgression in maize. Euphytica 10, 157—168 (1961).
MATSUO, T., T. NAKAJIMA, and Y. FUTSUHARA: A report on the after effects of growth on the next generation in rice plants (Oryza sativa) cultivated under the continuous low nutritional condition. Jap. J. Breed. 9, 113—117 (1959).
MAZOTI, L. B., J. C. ROSSI y H. A. SOSA: Estudios sobre el origen natural de variaciones heredables en maíz. Rev. Invest. agr. 8, 161—174 (1954).
MCCLINTOCK, B.: Chromosome organization and genic expression. Cold Spr. Harb. Symp. quant. Biol. 16, 13—47 (1951).
MCWHIRTER, K. G.: "June Yellows": A cytoplasmic mutation in the cultivated strawberry. Heredity 9, 151—152 (1955).
MICHAJLIKOV, V., G. A. JUAREZ y L. A. A. HERLEIN: El temple de trigo contra la sequía aplicado al gran cultivo. Meteoros 4, 215—229 (1954).
MIKULA, B. C.: Progressive conversion of R-locus expression in maize. Proc. nat. Acad. Sci. (Wash.) 47, 566—575 (1961).
PELLEW, C.: Further data on the genetics of "rogues" among culinary peas. Verh. 5. intern. Kongr. Vererbungswiss. (Berlin) 2, 1157—1181 (1928).
RASMUSSON, J.: Autotetraploid sugarbeets. Vitality changes in subsequent generations. Hereditas 39, 257—269 (1953).
RENNER, O.: Somatic conversion in the heredity of the cruciata character in Oenothera. Heredity 13, 283—288 (1959).
ROPER, J. A.: Nucleo-cytoplasmic interactions in Aspergillus nidulans. Cold Spr. Harb. Symp. quant. Biol. 23, 141—154 (1958).
SAGER, R.: Mendelian and non-Mendelian inheritance of streptomycin resistance in Chlamydomonas Reinhardi. Proc nat. Acad. Sci. (Wash.) 40, 356—363 (1954).
SCHULER, J. F., and G. F. SPRAGUE: Natural mutations in inbred lines of maize and their heterotic effect. II. Genetics 41, 281—291 (1956).
SIRKS, M. J.: Genotypical predetermination in Datura. Genetica 22, 197—214 (1941).
SPENCER, J. L.: Effects of intense ultrasonic vibration on Pisum. I—II. Growth 16, 243—278 (1952).
SPRAGUE, G. F., W. A. RUSSEL, and L. H. PENNY: Mutations affecting quantitative traits in the selfed progeny of doubled monoploid maize stocks. Genetics 45, 855—866 (1960).
SUTO, T.: Genetic investigations with maize. Jap. J. Genetics 36, 37—54 (1961).
THOMPSON, D. L.: Combining ability of homozygous diploids of corn, relative to lines derived by inbreeding. Agronomy J. 46, 133—136 (1954).
WENT, F. W.: Effects of environment of parent and grandparent generations on tuber production by potatoes. Amer. J. Bot. 46, 277—282 (1959).
WILLIAMS, H.: June Yellows: a genetic disease of the strawberry. J. Genet. 53, 232—243 (1955).
WINKLER, H.: Die Konversion der Gene (1930).

Kapitel 6

Genaktion und Geninteraktion

I. Analyse des Gens

1. Biochemische Aspekte

Das Gen wird auf recht verschiedene Weise definiert. Hier folgen wir der Auffassung von FINCHAM (1960): Among *Neurospora* workers "locus" is used to mean a short segment of genetic material with a specific function, not subdivided by the interpolation of material of unrelated function ... The term "gene" is used sometimes to refer to a locus and sometimes to mean a specific allele, the meaning being generally clear from the context.

Über die Funktion der Gene ist unendlich viel geschrieben worden. Aber da es noch nicht gelungen ist, die modernen Erkenntnisse zu einem einheitlichen System zu integrieren, benutzt der Genetiker heute entweder veraltete Systeme oder einseitige, die gewisse Aspekte auf Kosten anderer hervorheben. Diese komplizierten Verhältnisse können wir nur oberflächlich berühren, indem wir einiges unterstreichen, was wir für spätere Diskussionen benötigen. Dabei können wir nicht immer den vorherrschenden Auffassungen Folge leisten.

Die biochemische Richtung der Genetik, die gegen 1940 besonders durch Untersuchungen von BEADLE und TATUM am Brotpilz *Neurospora* zum Durchbruch kam, führte zur Vorstellung, daß die eigentliche Funktion des Gens in der Erzeugung von Enzymen besteht. Mit Hilfe von Enzymen können die Gene die verschiedensten Typen von organischen Substanzen aufbauen. Jedes Gen erzeugt ein spezifisches Enzym, durch das es in einen bestimmten Schritt eines Pfadweges biochemischer Reaktionen eingreift. Geringere Abweichungen von diesem allgemeinen Schema interessieren uns nicht an dieser Stelle. Dagegen müssen wir darauf aufmerksam sein, daß diese Theorie die primäre Funktion der Gene vermutlich zu eng faßt. Enzyme sind spezifische Proteine von katalytischen Funktionen. Es liegt nahe anzunehmen, daß die Gene nicht nur enzymatisch aktive Proteine produzieren, sondern Proteine im allgemeinen. Im folgenden werden wir auch auf die wichtige Frage stoßen, ob nicht das gewöhnliche Gen mehrere Proteintypen erzeugt, nämlich außer einem spezifischen Enzym noch generelle semi- oder aspezifische Proteine.

Bevor wir dieses Problem ernsthaft diskutieren, möchten wir erwähnen, daß man im Anschluß an eine Hypothese von JONES (1952) die Entstehung der Chromosomen durch Assoziation primitiver Organismen von ähnlicher Funktion, den Vorfahren der Gene, erklären könnte. Eine solche Assoziation würde sich in dem Maße als vorteilhaft erweisen, wie die einzelnen Gene sich für verschiedene Funktionen spezialisierten und dadurch das Prinzip der Arbeitsteilung zur Anwendung brachten. Nun hatten die ursprünglichen Gene eine Anzahl identischer oder ähnlicher Funktionen und die Arbeitsteilung braucht nicht immer mit einem Verlust der ursprünglichen Funktionen verbunden zu sein, sondern mag durch divergente Ausbildung neuer Funktionen zustande kommen. Nach JONES könnten viele Gene noch so viel Unabhängigkeit bewahrt haben, daß sie, aus ihrer normalen Lage auf den Chromosomen entfernt, als Plasmagene oder viroide Körper funktionieren (vgl. hierüber auch DARLINGTON und MATHER, 1949). Obgleich solche Vorstellungen als lose Spekulationen erscheinen, könnten sie uns helfen, den richtigen Weg zu finden.

In ihren speziellen Funktionen zeigen die Gene eine hochgradige Spezifität. Normalerweise erzeugt das Gen ein einziges Enzym und die ganze *Spezifität* dieses Enzyms wird durch ein und dasselbe Gen bedingt. Dies bedeutet vielleicht, daß der Aufbau des ganzen Enzymmoleküls aus einzelnen Aminosäureresiduen das Werk eines einzigen Gens ist. Indessen kann die Aktivität des Enzyms durch zahlreiche Faktoren des intrazellulären Milieus hochgradig beeinflußt werden. In dem Maße wie solche Faktoren durch Gene reguliert werden, kann auch die Aktivität bestimmter Enzyme von mehreren Genen abhängig werden, von denen aber nur eins die Spezifität des Enzyms bestimmt. Die übrigen Gene können zwar die Funktion des Enzyms verhindern oder verbessern, nicht aber seine Aminosäurensequenz oder andere fundamentale Strukturen verändern.

2. Phänotypische Aspekte

Pleiotropie. (CASPARY, 1952) In den meisten Fällen sind uns die primären Funktionen der Gene, die stets auf biochemischem Gebiet liegen, unbekannt und wir bemerken nur höchst indirekte Auswirkungen derselben auf die sichtbaren Eigenschaften des Organismus. Bei oberflächlicher Betrachtung könnte man den Eindruck bekommen, daß die Mehrzahl der Gene nur einen Charakter beeinflussen. Genauere Untersuchungen zeigen indessen, daß sie fast stets noch eine Reihe von weiteren Wirkungen haben, die vielleicht für das menschliche Auge weniger auffällig sind, die aber dennoch eine nicht zu vernachlässigende biologische Bedeutung haben mögen. Bei der Erbse fand schon MENDEL, daß das Gen A nicht nur gefärbte Blüten bedingt, sondern gleichzeitig auch graubraune, statt durchsichtige Samenschalen. Bei vielen Arten von Blütenpflanzen kommen Gene vor, die die Ausbildung von Anthozyan in den meisten Teilen der Pflanze bedingen, wie Kotyledonen, Laubblätter, Stengel, Blüten und Früchte. Das Gen w bei Drosophila bedingt nicht nur weiße Augen, sondern gleichzeitig einen Komplex von anderen Eigenschaften wie erniedrigte Vitalität bei gewöhnlicher Temperatur, erhöhte Widerstandskraft gegen abnorm hohe Temperaturen, herabgesetzte Fertilität, transparente statt gelbe Testikel, abweichende Form der Spermatheken usw.

In allen Fällen wird der ganze Komplex von Eigenschaften als eine untrennbare Einheit vererbt. Gene, die eine auffälligere Wirkung auf mehrere verschiedene Charaktere haben, werden als pleiotrope Gene bezeichnet. Wenn man genauere Untersuchungen ausführt, findet man, daß die große Mehrzahl der Gene in diesem Sinne mehr oder weniger pleiotrop ist. Unter diesen Umständen ist der Terminus pleiotrop ein relativer Begriff. Man benutzt ihn, wenn man in gewissem Zusammenhang die Vielseitigkeit der Effekte bestimmter Typen von Genen unterstreichen will oder, wenn man zum Ausdruck bringen will, daß mehrere Eigenschaften auf demselben und nicht auf verschiedenen Genen beruhen.

Allgemeine versus begrenzte Geneffekte. Es gibt alle Übergänge zwischen allgemeinen Geneffekten, die sich auf alle Organe, Zellschichten und Zellen eines Organismus erstrecken und solchen, die zeitlich und örtlich die strengsten Begrenzungen erfahren. Allgemeine Effekte haben z. B. zahlreiche Chlorophyllmutationen, die vollständigen Ausfall des Chlorophylls (weiße Sämlinge) oder bestimmter Chlorophyllkomponenten bedingen. Ein vorübergehender Chlorophyllmangel wird dagegen bei einem Teil der virescent-Mutationen gefunden, deren Sämlinge gelblich oder fast weiß sind, die aber später wechselnde Mengen von Chlorophyll entwickeln. Die Ergrünung kann so rasch stattfinden, daß die Mutation sich nur auf frühesten Stadien auszählen läßt. Bei der Bohne bedingt das Gen y Ausfall des Chlorophylls in den Schoten, das Gen arg Ausfall des Xanthophylls. Nach LAMPRECHT (1945) müssen wir daher zwischen den folgenden 4 Genotypen hinsichtlich der Schotenfarbe unterscheiden:

Genotyp	Chlorophyll	Xanthophyll	Schotenfarbe
YY Arg Arg	+	+	grün
YY arg arg	+	—	grünlichgrau
yy Arg Arg	—	+	gelb
yy arg arg	—	—	weiß

Im Laub der Bohne bedingen diese Gene keine entsprechenden Unterschiede. Bei der Erbse hat der Wildtypus Anthozyan in Blüten, Blattachseln, Schoten und Samenschalen. Weißblütige Typen haben ein Gen, das die Bildung des Anthozyans in allen Teilen der Pflanze verhindert. Verschiedene andere Gene verhindern dagegen die Anthozyanbildung nur lokal, entweder in den Blattachseln, Schoten oder Samen. Fälle von extrem lokaler Genwirkung, z. B. Gene die nur die Färbung der Antherenfilamente beeinflussen, oder über die Anwesenheit eines kleinen gefärbten Punktes auf einem Blütenteil entscheiden, sind auch bekannt.

Die gewöhnlichen biochemischen Mutationen haben meist eine allgemeine Wirkung, indem sie spezifische biochemische Reaktionsstufen, wie etwa die Umwandlung von Citrullin in Arginin, in allen Teilen des Organismus verhindern. Es gibt indessen nach LANGRIDGE (1958) auch zahlreiche streng lokalisierte biochemische Effekte. Die Mutation wx bei Mais verhindert z. B. die Bildung von Amylosestärke im Pollen und Endosperm, der Sporophyt bildet dagegen Amylose nach der Keimung. Die yy-Pflanzen von Mais haben weiße Kolben, da ihnen die gelben Carothenoide im Endosperm fehlen, in grünen Pflanzenteilen müssen dieselben aber in großen Mengen in Assoziation mit dem Chlorophyll vorkommen. Eine Anzahl biochemischer Gene sind im Embryo inaktiv. Denn zahlreiche Synthesen finden noch nicht im Embryo statt, sondern erst auf späteren Stadien. Im Erbsensamen findet z. B. keine Synthese des Vitamins Nicotinsäure statt. Die Embryonen von *Arabidopsis* können noch keine Nitrate ausnützen, vermutlich weil die Nitratreductase erst nach der Keimung gebildet wird.

Ein anderer Typus von Begrenzungen wird durch das Milieu auferlegt. Während ein großer Teil der Gene etwa gleich gut in allen Milieutypen funktioniert, die überhaupt mit dem Leben vereinbar sind, gibt es andere Gene, die nur unter speziellen Bedingungen aktiv sind. Eine Kategorie von Genen ist z. B. temperaturempfindlich. Beim Himalaya-Kaninchen (c^hc^h) produziert das Gen c^h nur unter einer bestimmten Temperatur dunkles Pigment. Dies hat zur Folge, daß Tiere, die bei niedrigen Temperaturen gehalten werden, ein dunkles Fell bekommen, solche die bei hohen Temperaturen aufwachsen ein völlig weißes Fell. Bei mittleren Temperaturen sind die Haare der kühleren Körperteile wie Nasenspitze, Ohren, Gliedmaßen und Schwanz schwarz, die des übrigen Körpers weiß. Der Normaltypus des Kaninchens hingegen produziert in weiten Temperaturintervallen nur dunkle Haare. — Am Adenin-Lokus von *Neurospora* gibt es außer Mutationen, die überhaupt nicht imstande sind, Adenin zu erzeugen, ein bestimmtes Allel, das im Temperaturintervall 10—26° eine ausreichende Adenin-Menge produziert, zwischen 26 und 33° dagegen zu wenig, so daß der Wuchs aus diesem Grund begrenzt wird, und über 33° überhaupt kein Adenin, so daß die Individuen ohne künstliche Zugabe dieser Substanz absterben. An diesem Lokus gibt es somit drei Typen von Allelen, das normale Allel, das stets eine genügende Adeninmenge produziert, das temperaturempfindliche Allel und das typische adeninless-Allel, das die genannte Synthese stets blockiert. In anderen Beispielen kann die Manifestation der Gene von den verschiedensten Typen von Milieufaktoren oder Kombinationen derselben beeinflußt werden. Viele Gene bleiben gewöhnlich unbemerkt, weil sie nur unter besonderen Umständen deutliche Ausschläge geben.

Nach WADDINGTON (1953) ist es üblich anzunehmen, daß bei der Differenzierung der Gewebe gewisse Konstellationen von Genen (Genkomplexe) in Aktivität gerufen werden, und zwar verschiedene Konstellationen in verschiedenen Gewebetypen. — Wenn wir alle Erscheinungen der Ontogenie überblicken, so erhalten wir den Eindruck, daß viele Gene ein reichhaltiges, aber streng geregeltes Muster von Reaktionen auf Gewebetypen und Umweltverhältnisse zeigen, eine Art Reaktionsnorm. Wenn wir nach der Grundlage einer solchen Reaktionsnorm fragen, so liegt die Vorstellung am nächsten, daß diese Gene eine komplexe Struktur haben, indem sie einen *funktionellen Teil* enthalten, der z. B. für die Produktion eines spezifischen Enzyms verantwortlich ist, und *koordinierende Elemente*, die diese Enzymproduktion in Übereinstimmung mit den jeweilig vorherrschenden Bedingungen des intra- und extrazellulären Milieus regulieren. Vorstellungen dieser Art finden wir z. B. in MCCLINTOCKS Theorie der Kontrollelemente (1951) und in BRINKS Theorie des Parachromatins (1960). Nun ist es klar, daß Mutationen in funktionellen und koordinierenden Genteilen sehr verschiedene Effekte haben sollten. In dem einen Fall sind defekte Enzyme zu erwarten, in dem anderen normale Enzyme, aber in ungenügenden Quantitäten, zu unrichtiger Zeit oder am falschen Ort. Falls der funktionelle Teil des Gens aus mehreren identischen Teilen besteht, so sollten Mutationen in einzelnen dieser Elemente unter gewöhnlichen Verhältnissen unbemerkt verbleiben. Wenn aber unter exceptionellen Umständen die Enzymmenge nicht ausreichend wäre, so würde dies als eine Genotyp/Milieu-Interaktion in Erscheinung treten.

3. Allelie

Gene desselben Lokus, die gewöhnlich ähnliche Funktionen haben, werden als Allele bezeichnet, Gene verschiedener Loki als nicht-allele Gene. Wenn allele Gene so geringe Effekte haben, daß man sie nur mit Hilfe von Spezialmethoden identifizieren kann, so werden sie nach einem Vorschlag von STERN und SCHAEFFER (1943) als *Isoallele* bezeichnet. Ihre Abgrenzung gegenüber anderen Typen von Allelen mit stärkeren Effekten ist freilich willkürlich. Zu den Isoallelen werden z. B. normale Allele gerechnet, die leicht verschiedene Grade von Dominanz gegenüber bestimmten Mutantallelen zeigen, geringfügige Unterschiede in ihren Interaktionen mit extremen Milieufaktoren bedingen, nicht genau die gleichen Mengen desselben Enzyms produzieren oder sich nur in ihrer Mutationshäufigkeit unterscheiden. Ferner spezifische Modifikatoren, die in normalen Genotypen unbemerkt verbleiben, in Verbindung mit bestimmten Mutantgenen aber mehr oder minder auffällige Effekte bekommen, indem sie die Expression der Mutation verstärken, abschwächen oder unterdrücken (Suppressoren). Hierbei mögen sie eine erstaunliche Spezifität zeigen, indem von zahlreichen Mutantallelen eines Lokus vielleicht nur eins oder einige wenige von einem Modifikator beeinflußt werden. Auch andere Typen von Genen wie komplementäre Letalfaktoren haben den Charakter von Isoallelen, wenn sie in den meisten Rassen unbemerkt verbleiben, bei einem Zusammentreffen aber fatale Effekte erzeugen. Im übrigen ist es nicht unwahrscheinlich, daß in einem großen Teil der Loki die sogenannten normalen Allele innerhalb derselben oder benachbarter Populationen in Form von fast ununterscheidbaren Isoallelen vorkommen, so daß gewöhnliche Individuen heterozygot in zahlreichen Isoallelen sind. Vergleichen wir dagegen die homologen Gene verschiedener Arten, so sind ihre Unterschiede schon meist etwas größer, so daß sie nur noch zum Teil als Isoallele betrachtet werden können.

Wenn eine größere Anzahl Mutationen desselben Lokus miteinander gekreuzt werden, so findet man oft, daß sie nicht alle im selben Punkt liegen, sondern auf einige sehr nahe benachbarte Punkte der Chromosomenkarte verteilt sind. Man hat z. B. festgestellt, daß die zahlreichen Mutationen des white-Lokus von *Drosophila*, die alle verschiedene Stufen der roten oder braunen Augenfarbe bedingen, sich auf vier unmittelbar benachbarte Punkte in der Gegend 1,5 des X-Chromosoms verteilen (GREEN 1959). Auf Grund solcher Befunde teilen einige Forscher den white-Lokus in vier selbständige Loki auf und bezeichnen die Mutationen, die sich auf benachbarten Elementen befinden als *pseudoallel*. Hierdurch schafft man sich indessen unnötige Komplikationen, indem es natürlicher ist, von einem einzigen white-Lokus zu sprechen, der aus vier Subloki besteht.

Besondere Komplikationen entstehen indessen dadurch, daß benachbarte Loki häufig ähnliche Funktionen haben. Vermutlich beruht dies darauf, daß ein Gen sich zunächst verdoppelt und diese beiden Einheiten sich später in getrennter Richtung entwickelten (vgl. STEPHENS, 1951). Während die Gene solcher Loki sich ursprünglich wie Allele verhielten, würden sie im Laufe der Zeiten steigende Differenzen zeigen, so daß auf diesem Wege jede Zwischenform zwischen Allelie und Nichtallelie möglich ist. KOMAI (1950) schlägt vor, das Verhältnis solcher Gene als *Semiallelie* zu bezeichnen.

4. Polymorphe Loki

In natürlichen Populationen erscheint die Mehrzahl der Loki uniform, indem ein bestimmtes normales Allel eine Häufigkeit von fast 100% besitzt. Nähere Untersuchungen würden vielleicht zeigen, daß statt eines einzigen normalen Allels oft eine Serie von fast ununterscheidbaren Isoallelen vorliegt; für gewöhnliche Zwecke können wir indessen diese Isoallele als identisch betrachten. In scharfem Gegensatz hierzu sind die sogenannten polymorphen Loki dadurch charakterisiert, daß sie Serien von mehr oder minder auffällig verschiedenen Allelen beherbergen, von denen keines als das normale Allel zu betrachten ist. Während in gewöhnlichen Loki das normale Allel über eventuelle Mutantallele meist vollständige Dominanz zeigt, zeigen die natürlichen Allele der polymorphen Loki *Mosaikdominanz*, d. h. in Heterozygoten kommen die Eigenschaften beider Allele deutlich nebeneinander zum Ausdruck, soweit dies ontogenetisch möglich ist (vgl. S. 102).

Polymorphe Loki von komplexer Struktur können sehr auffällige Typen von diskontinuierlicher Variation erzeugen. Innerhalb mehrerer Arten von Heuschrecken, Schmetterlingen, Fischen, Angiospermen gibt es z. B. eine begrenzte Anzahl (2—30) von sehr charakteristischen Farbmustern, die sich z. T. leicht einwandfrei identifizieren lassen. An einigen dieser Muster sind drei oder vier auffällige Farben kombiniert und doch vererben sich die Muster als Einheiten. Offenbar ist eine Reihe von biochemischen Reaktionen notwendig, um einzelne Muster dieser Art hervorzubringen. Außer in Farbmustern können die verschiedenen Typen sich in zahlreichen anderen Charakteren unterscheiden. Bei Schmetterlingen kann eine Art 2—4 Typen enthalten, die sich stärker unterscheiden als gewöhnliche Arten derselben Gattung und zwischen denen keine Übergangsformen vorkommen.

Die eigentümliche Verknüpfung von Polymorphie mit stärkeren Dominanzgraden und hochgradiger Komplexität der alternativen Charaktere, die wir so häufig in der Natur antreffen, hat vermutlich einfache Erklärungen. Was die Dominanz betrifft, ist zu bemerken, daß positive Funktionen fast immer dominant über Abschwächung oder Abwesenheit von Funktionen sind. Für weit verbreitete natürliche Charaktere wäre daher eine Rezessivität, wie sie für gewöhnliche Mutationen charakteristisch ist, direkt unwahrscheinlich. Die Komplexität der Charaktere ist eine Folge des großen Alters der polymorphen Gene, das an geologische Perioden heranreichen kann. In solchen Zeiträumen können die einzelnen Gene eines polymorphen Lokus sich durch zahlreiche sukzessive Mutationen in ganz verschiedene Richtungen hin entwickeln.

Man hat vielfach die Frage diskutiert, ob ein hochgradig komplexer Charakter durch Mutationen in mehreren getrennten, aber stark gekoppelten Genen oder durch Weiterentwicklung eines einzigen Gens zu erklären ist. Trotz weit verbreiteter gegenteiliger Auffassungen ist letztere Annahme im Prinzip die wahrscheinlichste. Denn ein einzelnes Gen sollte imstande sein, durch wiederholte Duplikationen einen Komplex von Genen zu erzeugen, die sich zu verwandten Funktionen differenzieren. STEPHENS (1948) und LEWIS (1951) betrachten Duplikation von Genen als eine der Voraussetzungen für die *Verlängerung* eines biochemischen Pfadweges, indem das duplizierte Gen, im Gegensatz zu allen übrigen Genen des Kernes, intime strukturelle Beziehungen zu dem Endprodukt der Reaktionskette haben muß. Veränderungen in einem duplizierten Gen sollten daher leichter zu einer Weiterverarbeitung dieses Endproduktes führen als Mutationen in anderen Genen. Eine solche Verlängerung oder Verzweigung der Reaktionskette könnte sich im Laufe einer geologischen Periode beliebig oft wiederholen. Gelegentlich mag es dabei vorkommen, daß ein besonders wertvolles Produkt entsteht. Dann besteht die Aussicht, daß endlich einmal ein bestimmtes Glied in einer Serie von „alternativen Genkomplexen" die Vorherrschaft gewinnt, indem es endgültig innerhalb größerer Populationen alle anderen Komplexe verdrängt. Erst nach einer solchen Fixierung besteht die Möglichkeit der Weiterentwicklung der am Komplex beteiligten Elemente in Richtung auf gewöhnliche Gene, da eine absolute Koppelung zwischen ihnen nicht mehr nötig ist.

Nach obigen Ableitungen wäre zu erwarten, daß in natürlichen Populationen Gene von sehr verschiedener Komplexität vorkommen. Die genetische Variabilität dürfte teils durch Isoallele von Standardloki, teils durch polymorphe Loki bedingt sein. Letztere mögen in *physiologischen* Charakteren eine ähnliche oder noch größere, aber schwerer zu entdeckende Polymorphie erzeugen wie in morphologischen. Auf diesem

Wege könnten sie auch einen nicht unbeträchtlichen Einfluß auf das Gesamtbild der quantitativen Vererbung bekommen. Da die polymorphen Loki noch nicht in den Genotyp der Art eingegliedert sind und da sie gewöhnlich heterozygot gehalten werden, sollten sie zum Teil andere Eigenschaften haben als die Standardloki. Dies darf bei der Interpretation vieler genetischer Probleme nicht vergessen werden. Z.B. könnten Kombinationen von komplexen Genen öfter negative Interaktionen auslösen, was z.B. für die Farbmuster der Heuschrecken gefunden wurde (Fisher 1939, Ford 1953).

5. Supergene

Chromosomensegmente, die sehr wenig crossing-over zeigen, und daher in Kreuzungen als Einheiten spalten, werden von Darlington und Mather (1949) als Supergene bezeichnet. Beispiele hierfür sind das linke Ende des X-Chromosoms von *Drosophila*, das eine Anzahl von Genen enthält, die sich nicht durch crossing-over rekombinieren lassen, das Chromosom IV von *Drosophila*, in dem kaum crossing-over vorkommt und das R-Segment der Schlupfwespe *Mormoniella*, das 5 total gekoppelte Loki enthält, nämlich zwei für Augenfarbe, je einen für männliche Fertilität, weibliche Fertilität und Vitalität (Whiting und Caspary, 1957). Charakteristisch für Supergene ist, daß Loki von ganz verschiedener Natur eine totale oder hochgradige Koppelung zeigen. In dieser Hinsicht ist das Y-Chromosom von *Drosophila* ein atypisches Supergen, indem es mindestens 7 total gekoppelte Loki enthält, die alle den gleichen Charakter beeinflussen, nämlich Funktion der Spermien (Brosseau, 1960).

6. „Switchgene“

Unter Switchgenen versteht man Gene, die in kritischen ontogenetischen Stadien über alternative Entwicklungsmöglichkeiten entscheiden. Besonders klare Beispiele hierfür kennt man bei der Geschlechtsbestimmung. Bei der Mücke *Culex molestus*, einem cytologisch besonders günstigem Objekt, dessen Speicheldrüsenchromosomen sich sehr genau analysieren lassen, wurde nicht der geringste Unterschied zwischen X- und Y-Chromosom gefunden. Aus den kombinierten cytologischen und genetischen Untersuchungen läßt sich schließen, daß die Geschlechtsbestimmung nach dem Schema mm ♀ × Mm ♂ → mm ♀ + Mm ♂ verläuft, wobei der Geschlechtsfaktor M anscheinend ein einziges Gen darstellt (Gilchrist und Haldane, 1947). Nun beruht die Ausbildung der männlichen und weiblichen primären und sekundären Geschlechtscharaktere bei Mücken wie bei anderen Tieren offenbar auf hunderten von Genen. Wir können die Summe aller Gene, die an der Entwicklung der männlichen und weiblichen Charaktere mitwirken, als den männlichen bzw. weiblichen Genkomplex bezeichnen. Ein Teil dieser Gene funktioniert nur im männlichen Geschlecht, ein anderer Teil nur im weiblichen, während der Rest in beiden Geschlechtern funktioniert, aber je nach dem Geschlecht verschiedene Effekte auf die Entwicklung bekommt. Normalerweise entscheidet bei *Culex molestus* ausschließlich das Genpaar M-m darüber, welcher von beiden Komplexen eingeschaltet wird.

Obgleich bei den meisten anderen Organismen die Geschlechtsbestimmung etwas komplizierter ist, indem nicht ein einziges Genpaar, sondern ein Chromosomenpaar X-Y über das Geschlecht entscheidet, scheint doch die Geschlechtsbestimmung im Prinzip von einer sehr einfachen entwicklungsphysiologischen Reaktion abzuhängen. Bei *Drosophila* gibt es z.B. eine rezessive autosomale Mutation tra tra, die Zygoten mit zwei X-Chromosomen in sterile, aber doch typische Männchen umwandelt, die sich normal mit Weibchen paaren (Fung und Gowen, 1956). Da nun ein Gen gewöhnlich in eine einfache biochemische Reaktionsstufe eingreift, zeigen diese Erfahrungen, daß es bei *Drosophila* eine einfache entwicklungsphysiologische Reaktionskette gibt, die über das Geschlecht entscheidet.

Während typische Switchgene über die Einschaltung alternativer, an und für sich gleich normaler Genkomplexe entscheiden, gibt es andere Gentypen, die die einfache Ausschaltung größerer Genkomplexe bewirken. Bei der rezessiven Mutation os os von *Godetia*, in deren Fruchtknoten nie eine Samenanlage gefunden wurde, wird offenbar durch ein einfaches rezessives Gen ein großer Komplex von Genen ausgeschaltet, der normalerweise an Aufbau und Funktion der Samenanlagen beteiligt ist. Erfahrungen solcher Art deuten darauf hin, daß bei der normalen Entwicklung einzelne Gene über die Einschaltung größerer Komplexe von Genen bestimmen können.

II. Heterozygotieeffekte

1. Allgemeines

Dominanz der Mutationen. Von den Effekten der Heterozygotie ist die Dominanz die bekannteste. Daneben gibt es eine Reihe von anderen Effekten, die an verschiedenen Stellen besprochen werden. Dominanz wird bekanntlich sehr verschieden definiert. In Verbindung mit Mutationen ist es üblich, alle Typen, die sich heterozygot vom Normaltypus abheben, als dominant zu bezeichnen. Der Dominanzgrad kann dabei jeden Wert zwischen null und hundert Prozent haben. Sind die Heterozygoten genau intermediär zwischen Normaltypus und homozygoten Mutanten, so beträgt die Dominanz 50% oder als Dezimalbruch 0,5. Gelegentlich treffen wir auf die Erscheinung, daß die Heterozygoten sich außerhalb des Intervalls der Eltern befinden. Ein Hybrid zwischen einer 50 und 100 cm hohen Rasse könnte z. B. eine Höhe von 40 oder 120 cm haben. Im ersteren Falle wäre hoher Wuchs superrezessiv, im letzteren superdominant. Wird die Differenz zwischen den Eltern als Einheit benutzt, so kann man in diesem Beispiel die Dominanz mit den Werten $-0{,}2$ bzw. $+1{,}4$ angeben, wie dies aus dem folgenden Schema hervorgeht.

			rezessiv			halbdominant		vollständig dominant		
	super-rezessiv			schwach dominant			stark dominant		super-dominant	
Dominanzgrad	—0,4	—0,2	0,0	0,2	0,4	0,6	0,8	1,0	1,2	1,4
			P_1					P_2		
Höhe des Hybrides	30	40	50	60	70	80	90	100	110	120

Bei gewöhnlicher Betrachtung umfangreicher Kollektionen von Mutationen von *Drosophila* und verschiedenen pflanzlichen Objekten wie Mais und *Antirrhinum* erhält man ungefähr folgende Grobeinteilung hinsichtlich der Dominanz:

90% vollständig rezessiv;
9% partiell dominant; die Mehrzahl von ihnen schwach dominant, von den stärker dominanten die Mehrzahl homozygot letal;
0,0—1,0% vollständig dominant.

Werden indessen die „vollständig rezessiven" Mutationen mit speziellen Methoden analysiert, wie vergleichende Ertragsprüfungen, mikroskopische Anatomie, chemische und serologische Untersuchungen, Papier-Partition-Chromatographie, so lassen sie sich oft sehr deutlich vom Normaltypus abgrenzen. Buzzati-Traverso (1953) hat z. B. gefunden, daß bei *Drosophila* die Heterozygoten für bent, eyeless, short-vein, spinelessaristapedia und vestigial sich leicht von den normalen Homozygoten mit Hilfe der letztgenannten Methode unterscheiden ließen. Das biochemische Muster wird genotypisch kontrolliert und zeigt einen hohen Grad von Unabhängigkeit von Futter und anderen Milieubedingungen. Trotz vollständiger Rezessivität in ihren spezifischen morphologischen Effekten können heterozygote Mutationen also beachtliche physiologische Wirkungen haben. Obwohl man solche Heterozygotieeffekte nicht vernachlässigen darf, sind sie immerhin meistens gering, verglichen mit den drastischen Folgen der homozygoten Mutationen. In diesem Sinne dürfen wir daher sagen, daß die große Mehrzahl der Mutationen eine sehr schwache Dominanz besitzt.

Dominanz natürlicher Charaktere. Im Gegensatz zu der stark vorherrschenden Rezessivität der Mutationen zeigen natürliche Charaktere mehr variable Dominanz mit höherer Häufigkeit von mittleren Dominanzgraden. Wenn quantitative Unterschiede untersucht werden, so sind die Hybride in der Mehrzahl der Fälle intermediär, wie bei Kreuzung von Tomatensorten verschiedenen Fruchtgewichtes oder von *Nicotiana*-Formen verschiedener Blütengröße (Kap. 3—4). Obgleich aus der intermediären Lage der F_1 sich nichts Sicheres über das Verhalten der einzelnen Gene schließen läßt, sind mittlere Dominanzgrade eines Teiles der spaltenden Gene immerhin wahrscheinlich. Beeinflussen zwei natürliche Allele einen qualitativen Charakter, so pflegt ein jedes Gen unabhängig von seinem Partner zu arbeiten, wodurch Mosaikdominanz entstehen kann. Beim Mais gibt z. B. die Kreuzung $R^gR^g \times r^rr^r$, d. h. Samen rot gefärbt-vegetative Gewebe grün × Samen ungefärbt-vegetative Gewebe rot gefärbt, eine F_1 in der sowohl Samen als Pflanze rot gefärbt sind, indem das eine Allel die Samen färbt, das andere die Pflanzen. In ausgeprägter Form gilt dieses Prinzip für Heterozygotie in Blutgruppen, Hämoglobintypen und Enzymen, indem in der Regel ein jedes Allel unabhängig von seinem Partnerallel sein spezifisches chemisches Produkt erzeugt. In einigen Fällen werden jedoch unter Mitwirkung beider Allele hybride Makromoleküle gebildet.

Potenz der normalen Allele. Aus der Tatsache, daß die normalen Allele in der Regel fast vollständig dominant über ihre Mutantallele erscheinen, schloß man früher, daß die normalen Allele etwa doppelt so stark sind wie erforderlich. Indem auf diese Weise für jeden Lokus ein Reserveallel vorhanden ist, wird ein normaler Ablauf sämtlicher Lebensprozesse trotz Heterozygotie in einigen Mutantgenen ermöglicht. Untersuchungen an Heterokaryons von *Neurospora* zeigen indessen, daß *biochemische Standardloki* in der Regel eine vielfach höhere Potenz haben als unter normalen Verhältnissen notwendig. Aus der Tatsache, daß ein Heterokaryon mit 5% pan^+ und 95% pan^- Kernen bei Fehlen von Panthothenat normalen Wuchs zeigt, schließen PITTENGER und ATWOOD (1956), daß das normale Allel pan^+ mindestens 20mal mehr leisten kann, als es normalerweise tut. Vorläufige Befunde deuten darauf, daß andere normale Allele eine ähnliche Potenz besitzen. Auch von anderen Forschern wird der hohe Überschuß betont, in dem viele Enzyme gebildet werden (RACKER, 1959). Die meisten normalen Allele können offenbar jeden erforderlichen Grad von Dominanz entfalten, wenn ihnen genügend Substrat zur Verfügung steht. Der große Überschuß an Enzymen kann eine bedeutende Rolle spielen, wenn spezielle Inhibitoren oder andere ungünstige Faktoren den größten Teil der Moleküle des betreffenden Enzyms zerstören. Unter solchen Umständen mag alles Enzym, was von beiden normalen Allelen produziert werden kann, für die normale Funktion der Zelle oder des Organismus Bedeutung haben.

Wenn gewöhnlich zwei normale Allele nicht mehr leisten als eins, so liegt die Ursache meist darin, daß ein Allel schon genügend Enzym produziert, um alles zur Verfügung stehende Substrat zu verarbeiten. Dies geht deutlich daraus hervor, daß von den zahlreichen Zwischenprodukten, die in den verschiedenen Schritten der biochemischen Pfadwege entstehen, gewöhnlich sich nur Spuren in den Zellen nachweisen lassen. Eine zweite Ursache dürfte darin liegen, daß in den meisten Reaktionsketten kontrollierende Glieder eingeschaltet sind, die nur eine bestimmte maximale Intensität der Reaktion zulassen.

Wenn keine derartigen Einschränkungen vorliegen oder wenn das Gen eine schwache Potenz hat, so daß es nur einen Teil seines Substrates ausnützt, kann die Quantität eines Genproduktes oder Stärke eines Geneffektes von der Anzahl abhängen, in der das betreffende Gen vorhanden ist. Dies gilt offenbar für das Gen Y von Mais, das die Produktion von Vitamin A im Endosperm regelt. MANGELSDORF und FRAPS (1931) fanden eine ausgesprochene Proportionalität zwischen Anzahl der Y-Gene im Endosperm und Konzentration A-Vitamin, wie aus folgender Übersicht hervorgeht:

Anzahl Y-Gene	Konstitution des Endosperms	Einheiten Vitamin A per g
0	yyy	0,05
1	Yyy	2,25
2	YYy	5,00
3	YYY	7,50

Eine nur partielle Dominanz positiver Charaktere, wie sie im letzten Beispiel gefunden wurde, ist bei einigen Objekten häufiger als bei anderen. Bei *Ricinus communis* z. B. wurde sie nach CREECH und CRAMER (1959) angetroffen für die folgenden Genpaare: R-r, das den Unterschied rote Kapseln-braune Stengel versus rein grün bedingt; S-s für Anwesenheit vs. Abwesenheit von Stacheln auf den Kapseln; die komplementären Gene A und B, die eine Wachsschicht auf den vegetativen Teilen der Pflanze erzeugen; das Gen C, das die Wirkung von (A+B) intensiviert. Es handelt sich in solchen Fällen in der Regel um *periphere Charaktere*, die für das Funktionieren des genetisch-physiologischen Gesamtsystems und die Existenz der Art von untergeordneter Bedeutung sind und daher bei der betreffenden Art noch nicht endgültig fixiert worden sind. Für die lebensnotwendigen biochemischen Standardgene ist dagegen ein hoher Überschuß an Potenz zu erwarten, mit der möglichen Ausnahme von Loki, die gerade dazu bestimmt sind, eine zu hohe Intensität gewisser Reaktionen zu verhindern.

Typen dominanter Mutationen. Bei der hohen Potenz der normalen Allele wäre eine vollständige Rezessivität der meisten Mutationen zu erwarten, die in Ausfall oder Abschwächung einer Genfunktion bestehen. Eine partielle oder totale Dominanz könnte recht verschiedene Ursachen haben. In einer Anzahl von Fällen sind z. B. die extremen rezessiven Allele in einem Lokus instabil, indem sie zum dominanten normalen Allel rückmutieren. Da solche Reversionen indessen nicht dominant im Verhältnis zum Normaltypus sind, haben sie nicht den Charakter von dominanten Mutationen. Eine partielle Dominanz dürften oft Mutationen haben, die die Funktion ihres Partnerallels oder anderer Gene aktiv stören. Es sollte hierbei jeder Grad von Störungen vorkommen, von leichteren Anomalien bis zu dominanten Letalfaktoren. Wenn die Mehrzahl der sogenannten rezessiven Mutationen schwächere biochemische oder morphologische Heterozygotieeffekte zeigt, so ist es übrigens eine offene Frage, ob solche Effekte in erster Linie durch Abschwächung oder durch Störung normaler Funktionen bedingt ist.

Wenn Mutationen die Potenz eines Genes verstärken, so sind sichtbare dominante Effekte nur zu erwarten, wenn Bedingungen für die Manifestation des Überschusses an Potenz gegeben sind, wie genügend Gensubstrat und Abwesenheit von zu engen Kontrollen. Obgleich solche Voraussetzungen für einen Teil der peripheren Loki erfüllt sind, haben wir wenig Erfahrung über Mutationen dieser Art. Dies ist wenig überraschend, da mit den Voraussetzungen für Manifestation der Mutation auch solche für Effekte der Milieufaktoren gegeben sind und niemand die Erblichkeit von Variationen untersucht, die unendlich viel öfter durch Milieu als durch Mutationen bedingt werden. Über die Natur der positiven Mutationen, die an Entstehung und Weiterentwicklung der Gene beteiligt sind, und die besonders deutlich in der Variabilität polymorpher Loki zum Ausdruck kommen, wissen wir wenig Positives. Immerhin ist es nicht unwahrscheinlich, daß Kontrollelemente im Sinne von McClintock hierbei eine entscheidende Rolle spielen.

2. Monofaktorielle Heterosis

a) Beispiele

In den letzten Jahrzehnten wurde eine große Reihe von Fällen gefunden, in denen Heterozygoten in bestimmten rezessiven Defekten, darunter auch Letalfaktoren, dem homozygoten Normaltypus an Vitalität, Produktivität, Effektivität oder Adaptation überlegen waren. Wenn in solchen Beispielen außer dem Defekt noch andere Gene spalten, so ist es schwer exakt nachzuweisen, daß die Überlegenheit gerade auf Heterozygotie im Defekt beruht. Bei einer Heuschreckenart spaltet z. B. nach Nabours und Stebbins (1950) ein Letalfaktor stets im Überschuß. Rückkreuzungen gaben die Spaltung $\frac{le}{+} \times \frac{+}{+} = 8744\ \frac{+}{+} : 9288\ \frac{le}{+}$. Da das le-Chromosom aus einer natürlichen Population stammt, besteht die Möglichkeit, daß der Überschuß an Heterozygoten nicht durch den Letalfaktor le selbst, sondern durch ein nahe mit ihm gekoppeltes Gen bedingt ist. Zu Untersuchungen dieser Art sollte man daher nach Gustafsson (1946) reine Linien benutzen. In Familien, die rezessive Mutationen (aa) abspalten, sollte man heterozygote Individuen (Aa) mit ihren homozygot normalen Geschwistern (AA) vergleichen. (Hierbei wird allerdings noch übersehen, daß letztere Individuen nicht selten Nachwirkungen der mütterlichen Heterozygotie zeigen.) In solchen Experimenten mit Gerste fanden Gustafsson et al. (1950), daß die Heterozygoten in den letalen Chlorophylldefekten albina-7 und xantha-3 dem Normaltypus deutlich in Ährchenzahl, Körnerzahl und Korngewicht pro Pflanze überlegen waren. Holm (1954) zeigte, daß die genannten Heterozygoten auch einen höheren Chlorophyllgehalt besaßen als der Normaltypus. Die durch Heterozygotie in einem einzigen Faktor bedingte allgemeine Überlegenheit wird als monogene oder monofaktorielle Heterosis bezeichnet. Im Gegensatz hierzu könnte man die Überlegenheit der Heterozygoten in dem spezifischen Unterschied, der durch das betreffende Genpaar bedingt wird, in diesem Fall Chlorophyllgehalt, als *Superdominanz* bezeichnen (Nybom, 1950). Da indessen eine sichere Unterscheidung zwischen allgemeiner und spezifischer Überlegenheit auf Schwierigkeiten stößt, bezeichnen die beiden Termini oft nur verschiedene Aspekte desselben Phänomens. In den genannten Beispielen wissen wir z. B. nicht, ob in den Heterozygoten ein überlegener Chlorophyllgehalt zu Erhöhung der Lebenskraft führt (?) oder umgekehrt eine Erhöhung der Lebenskraft zu höherem Chlorophyllgehalt oder ob eine gemeinsame Ursache sowohl Lebenskraft als Chlorophyllgehalt erhöht.

Stubbe (1940, 1953) analysierte eine Anzahl Mutationen in der reinen Linie 50 von *Antirrhinum majus* durch Kreuzung mit dem Normaltypus dieser Linie. Die Mutation spec (spectabilis) bedingt homozygot eine leichte Aufhellung der Blattfarbe, verspätete Blütezeit und geringere Größe, heterozygot dagegen eine frühere und reichlichere Blüte als beim Normaltypus, kräftigere Stengel, größere Blätter und stärkere Verzweigung. Eine Analyse des Chlorophyllgehaltes zeigte, daß jüngere spec/spec-Individuen etwa 70—80% des normalen Chlorophyllgehaltes besitzen, $spec^{+}$/spec dagegen 105—115%. In älteren Pflanzen dagegen gleichen sich die Unterschiede im Chlorophyllgehalt wieder aus. Indem die spec-Heterozygoten eine höhere Leistungsfähigkeit zeigen als beide Typen von Homozygoten, liegt eine deutliche monofaktorielle Heterosis vor; daneben findet man Anzeichen von Superdominanz im Chlorophyllgehalt. — Wenn homozygote Mutationen in mehreren Charakteren vom Normaltypus abwichen, so verhielten sich ihre Heterozygoten verschieden, indem einige in allen Charakteren Heterosis zeigten, andere nur in einem Teil der Charaktere oder in keinem Charakter. Die Mutationen lu lu mit gelbgrünen Kotyledonen, vires vires mit hellgrünem Laub zeigten z. B. außer dem Chlorophylldefekt höheren Wuchs und längere, reichlicher beblütete Seitentriebe als der Normaltypus. Die Heterozygoten waren indessen in diesen Charakteren noch kräftiger als die homozygoten Mutanten.

Bei der Analyse einer Anzahl Mutationen vom erectoides (ert) Typus der Gerste, die eine Verkürzung der Ähreninternodien bewirken, fand HAGBERG (1953), daß der Normaltypus eine starke oder vollständige Dominanz in diesem Merkmal zeigte, aber nie Superdominanz; d. h. die Heterozygoten hatten nie größere Internodienlänge als die normalen Homozygoten. Dagegen konnten die gleichen Heterozygoten Heterosis in Charakteren wie Pflanzengewicht und Samenertrag zeigen.

Ein besonders auffälliger Fall von monofaktorieller Heterosis wurde von QUINBY und KARPER (1946) bei *Sorghum vulgare* beschrieben. Das Gen ma, das homozygot die Entwicklung der Pflanzen stark beschleunigt (S. 64), ist heterozygot fast völlig rezessiv in bezug auf Blütezeit, kann aber bei geeignetem Restgenotyp den Samenertrag der Pflanzen bis zu 61% über den Ertrag der Ma Ma-Individuen erhöhen. Bei einem Vergleich von Genotypen, die sich nur in diesem Gen unterschieden, wurde folgendes Ergebnis erhalten:

Genotyp	Entwicklungsdauer bis Blüte Tage	Anzahl Stengel pro Pflanze	Samenertrag pro Pflanze g
ma ma ($Ma_2Ma_2ma_3ma_3$)	49,8	1,20	90,7
Ma Ma ($Ma_2Ma_2ma_3ma_3$)	95,5	1,73	149,7
Ma ma ($Ma_2Ma_2ma_3ma_3$)	93,3	2,70	240,4

Wenn wie in diesem Fall der Mehrertrag der Heterozygoten bei gleicher oder sogar etwas kürzerer Entwicklungsdauer erhalten wird, handelt es sich um echte Heterosis. Dieser Begriff schließt nämlich die Vorstellung einer erhöhten Wuchsgeschwindigkeit oder Effektivität ein. In anderen Beispielen dagegen, in denen ein ähnlicher Mehrertrag vollständig durch eine entsprechend verlängerte Entwicklungsdauer erklärt werden kann, liegt keine typische Heterosis vor. — Wenn wir von *Sorghum* sprechen, möchten wir erwähnen, daß CHEN et al. (1961) mit Colchicin einen Typus von Mutationen induziert haben, der sich von der Ausgangsform durch mindestens vier Gene unterschied, nämlich je ein Gen für Farbe der Sämlinge und purpurne Fleckung des Laubes, und zwei Gene für trockene vs. saftige Blattrippen. Bei Kreuzung mit der Ausgangsform zeigten diese Mutanten Heterosis.

b) Theoretische Betrachtungen

Das Theorem von EAST. EAST (1936) hat eine besondere Heterosistheorie aufgestellt, in der die in zahlreichen Loki vorkommenden Serien multipler Allele (polymorphe Loki) besonders berücksichtigt werden. Während defekte Allele gewöhnlich keine Wirkungen haben und die beiden identischen normalen Allele AA der Homozygoten kaum größere Wirkung haben als ein einziges Allel in Heterozygoten (Aa) oder in Hemizygoten (A-), verhalten natürliche Allele sich anders. Je stärker solche sich in ihren Funktionen unterscheiden, desto unabhängiger voneinander werden ihre Effekte und desto mehr nähert sich der Gesamteffekt des Genpaares der Summe der vollen Einzeleffekte, nicht der Summe der halben Einzeleffekte. Wenn A_1, A_2, A_3,

$A_4 \ldots A_n$ eine Serie natürlicher Allele darstellen, in der die aufeinanderfolgenden Glieder sich in immer stärkerem Grade von A_1 unterscheiden, so würde nach obigem Theorem für die Heterozygoten folgende Gleichung gelten: $A_1A_1 < A_1A_2 < A_1A_3 < A_1A_4 \ldots . < A_1A_n$. Während normalerweise im Effekt $A_1A_1 = A_1$, wäre $A_1A_n = A_1 + A_n$.

Als Beispiel für das Theorem von EAST betrachtet HENDERSON (1949) den folgenden Fall. Bei Lein gewähren die Allele L_7 und L_{22} Immunität gegen die Rassen 7 und 22 des Leinrostes. Bei einer Kreuzung erhalten wir folgendes Schema:

P	L_7L_7		×		$L_{22}L_{22}$
	immun 7, susceptibel 22				immun 22, susceptibel 7
F_1			L_7L_{22}		
			immun (7 + 22)		
F_2	1 L_7L_7	:	2 L_7L_{22}	:	1 $L_{22}L_{22}$
	immun 7		immun (7 + 22)		immun 22

Indem F_1 gegen beide Rassen des Leinrostes immun ist, zeigt das Genpaar offenbar eine physiologische Mosaikdominanz. In diesem Beispiel ist $L_7L_{22} = L_7 + L_{22}$. Aber ebensogut kann hier $L_7L_7 = L_7 + L_7$. Obwohl ein Allel für Immunität gegen eine bestimmte Rostrasse genügt, könnten zwei eine doppelt so hohe Menge Immunitätsstoffe produzieren.

Eine Mosaikdominanz ist am ehesten für periphere Gene der biochemischen Pfadwege zu erwarten, aber nicht für intermediäre. Denn wenn in Heterozygoten A_1A_n das Allel A_n ein abweichendes Produkt erzeugt, so würde dies vermutlich nicht auf normale Weise weiterverarbeitet oder Störungen der verschiedensten Art auslösen. Sollten aber A_1 und A_n dasselbe Produkt geben, so ist zu bedenken, daß auch zwei identische A_1-Allele stets additiv wirken, wenn gewisse Voraussetzungen hinsichtlich Menge des Substrates und Lage der Kontrollen erfüllt sind. So würde es erscheinen, daß Heterosis nichts mit einer additiven Verstärkung der Geneffekte zu tun haben kann, sondern nur mit gewissen Voraussetzungen für stärkere Geneffekte, die an anderer Stelle diskutiert werden. Hier konstatieren wir nur, daß es fraglich ist, ob das Eastsche Theorem im Prinzip richtig ist, und daß es ohne weitere Annahmen wenig erklärt. Eine Reihe von anderen Hypothesen, die einzelne Aspekte der monogenen Heterosis berühren, werden im folgenden diskutiert. Auf die zentralen Probleme können wir erst in späteren Abschnitten eingehen.

Die Hypothese der optimalen Intensität. Für die auffällige Erscheinung, daß eine nachteilige Mutation heterozygot vorteilhafte Wirkungen haben kann, hat man verschiedene Erklärungen gegeben, die sich in der Regel nicht nachprüfen lassen. Eine naheliegende Annahme ist, daß eine durch ein Gen A gesteuerte Reaktion in Heterozygoten Aa eine näher am Optimum befindliche Intensität hat als in beiden Typen von Homozygoten. Wäre 1,0 die optimale Intensität, so hätten wir z. B. aa = 0,20, Aa = 1,05, AA = 1,20. Mit einem solchen Schema wäre es nicht schwer zu erklären, warum sogar Letalfaktoren heterozygot eine günstige Wirkung haben können. Umgekehrt ließe sich annehmen, daß das normale Allel ein Hemmungsgen ist, das homozygot eine Reaktion auf eine etwas zu niedrige Intensität herabdrückt. Wir hätten z. B. aa = 5,0, Aa = 1,05, AA = 0,80. In den homozygoten Mutanten hätte die Reaktion eine übertriebene Intensität mit schädlichen Effekten, in den Heterozygoten wäre sie näher beim Optimum als im Normaltypus. Nach einem dritten Modell hätten wir aa = 0,20, Aa = 1,05, AA = 2,0. Im Genotyp AA wird jedoch eine Kontrollreaktion ausgelöst, die die Intensität auf den etwas zu niedrigen Wert 0,80 herabdrückt, während die Intensität der Heterozygoten unverändert verbleibt, da sie nicht genügt, um die Kontrolle frühzeitig genug in Gang zu setzen.

Komplementäre Effekte. Während die obigen Schemata mit additiver Wirkung der beiden Allele rechnen, werden in anderen Modellen komplementäre Effekte angenommen. Bei Kreuzung zweier alleler, rezessiver Mutationen gilt zwar als allgemeine Regel, daß die „compounds" (Heterozygoten) den Mutantcharakter zeigen, was durch die Gleichung $aa' = aa - a'a'$ wiedergegeben werden kann, d. h. die Heterozygoten fallen in das durch die beiden Homozygoten umgrenzte Intervall. In der letzten Zeit hat man indessen bei Drosophila und Mikroorganismen Beispiele gefunden, in denen die compounds dieses Intervall in Richtung auf den Normaltypus überschreiten und denselben zum Teil erreichen ($aa' = A$). Wenn nun zwei ausgeprägt defekte Allele zusammen den Normaltypus ergeben können, entsteht die Frage, ob nicht zwei verschiedene normale Allele (Isoallele) in einigen Fällen eine komplementäre Verbesserung des Normaltypus ermöglichen.

Komplementäre Effekte alleler Gene sind in der Natur besonders bei Bienen und Wespen bekannt. Bei diesen Tieren entwickeln unbefruchtete Eier sich normalerweise zu haploiden Männchen, befruchtete zu diploiden Weibchen. Daneben haben wir indessen eine Serie von multiplen Allelen, die auf eigentümliche Weise in die Geschlechtsbestimmung eingreifen. Bei der Schlupfwespe *Habrobracon* gibt es z. B. nach WHITING (1943) eine Serie von mindestens 9 Allelen, $x^a - x^i$, die homozygot oder azygot Männchen ergeben, heterozygot Weibchen. Homozygote Männchen sind indessen schwächlich oder subletal und bei der Honigbiene sterben sie stets auf dem Embryonalstadium ab. Da zur Entwicklung eines Weibchens in beiden Gattungen die Anwesenheit zweier verschiedener Allele notwendig ist, kann man von komplementärer Wirkung dieser Allele sprechen. — In der Bienengattung *Melipona* ist Heterozygotie in drei Genen Aa Bb Cc zur Entstehung fertiler Königinnen nötig. Homozygotie in einem oder mehreren dieser Gene ergibt sterile Arbeiterinnen (KERR, 1950). Aus Beispielen solcher Art verstehen wir, daß Heterozygotie bestimmter Loki manchmal unerwartete Effekte hat.

Die Elastizität der Heterozygoten. HALDANE (1955) und LEWIS (1955) heben die größere Elastizität und Vielseitigkeit der Heterozygoten hervor. Zwei Allele könnten z. B. leicht verschiedene Formen desselben Enzyms produzieren. Die eine Form zeigt vielleicht eine höhere Aktivität bei niederen Temperaturen oder hat spezifische Vorzüge in gewissen Gewebetypen oder Genotypen. Solche Paare von verwandten Enzymtypen geben den Hybriden die Fähigkeit sich in einem größeren Bereich von Umweltbedingungen befriedigend zu entwickeln als es für Homozygoten möglich ist. In diesem Zusammenhang haben Untersuchungen von SCHWARTZ (1960) über Enzyme des Maisendosperms großes Interesse. Er fand, daß die Heterozygoten E^N/E^F außer den elterlichen Enzymtypen E^N und E^F einen hybriden Enzymtypus produzieren, der bei Stärkegel-Elektrophorese sich mit einer zwischen den Elterntypen intermediären Geschwindigkeit bewegt. Statt eines einzigen Enzymtypus bilden die Hybride also drei verwandte Enzymtypen. Auch in einigen anderen Fällen wurde nachgewiesen, daß Heterozygoten bestimmte Typen von Molekülen erzeugen, die nicht von den Homozygoten gebildet werden. Als Beispiel hierfür dienen die anti-B-Agglutinine bestimmter Blutgruppen des Menschen (HALDANE, 1955).

Blutgruppe	A_1A_1	A_10	00
Molekulargewicht	300 000	500 000	170 000

Wenn hybride Moleküle in einem Teil der Fälle vorteilhafte Eigenschaften haben, mögen sie zur Entstehung heterotischer Loki beitragen.

Probleme der Evolution. Gene, die bei einer Art fixiert worden sind, indem sie auf eine harmonische Weise in den Standardgenotyp der Art eingegliedert wurden, haben in der Regel unersetzliche Funktionen. Man kann sich zwar leicht vorstellen, daß ein solches Gen A relativ leicht zu einem Allel A′ mutiert, das irgendeinen

Lebensprozeß günstig beeinflußt. Hierdurch würde aber in der Regel die ursprüngliche Funktion des Gens beeinträchtigt. Da nun an den meisten Loki die Anwesenheit eines normalen Allels genügt, würde in den Heterozygoten AA′ meistens nur die günstige Seite der Mutation sich geltend machen, während in den Homozygoten A′A′ durch Ausfall oder Verschlechterung der ursprünglichen Genfunktion ernste Defekte zu erwarten wären. Vorstellungen dieser Art haben beträchtliches Interesse für die Evolutionstheorie. Vielleicht entstehen nämlich die meisten vorteilhaften Genänderungen zunächst als heterotische, homozygot schädliche Mutationen. Die selektiven Vorteile der Heterozygoten AA′ erlauben eine weite Verbreitung des Allels A′ innerhalb der Populationen und schaffen dadurch die wichtigste Voraussetzung für die endgültige Eingliederung dieses Allels in den Genotyp der Art. Dies könnte z. B. durch unequal crossing-over geschehen, indem hierbei aus A/A′ der Typus AA′/AA′ entsteht. Nach HALDANE (1954) könnte die Existenz eines heterotischen Genpaares eine Übergangsperiode darstellen, in der die Art auf eine Gelegenheit wartet, beide Allele in seine Chromosomen einzugliedern.

Die Häufigkeit heterotischer Mutationen. Von den spontanen oder induzierten Mutationen muß offenbar ein beträchtlicher Teil heterotisch sein, indem ohne systematische Untersuchungen eine ziemlich große Anzahl von Beispielen hierfür gefunden wurden. JONES (1945) fand in stark durch Inzucht deprimierten Linien von Mais 6 rezessive Mutationen, die homozygot Wuchs und Körnerertrag herabsetzten. Bei Kreuzung dieser Mutationen mit den Ausgangslinien gaben alle einen Mehrertrag über den Wert der Inzuchtlinien, der für die verschiedenen Typen zwischen 3% und 104% variierte, wobei indessen nicht das Niveau der allogamen Varietät erreicht wurde. Die 6 untersuchten Mutationen zeigten also alle heterozygot eine Abschwächung der Inzuchtdepression.

WALLACE (1957, 1958), der ziemlich umfassende Untersuchungen mit Inzuchten von *Drosophila* vornahm, kam zu dem Schluß, daß neuinduzierte Mutationen, die in heterozygotem Zustand geprüft werden, die durchschnittliche Vitalität von sonst homozygoten Genotypen erhöhen, obwohl die gleichen Mutationen homozygot fast ausnahmslos die Vitalität verschlechtern. Aus diesen und ähnlichen Untersuchungen geht deutlich hervor, daß der Anteil der Mutationen, der in einem homozygoten Hintergrund heterotische Effekte auslöst, sehr hoch ist; es mag sich um die Mehrzahl der Mutationen handeln. In einem heterozygoten Hintergrund dürften viele Mutationen ähnliche, aber zum Teil schwächere heterotische Effekte haben, die sich indessen viel schwerer studieren lassen. Die Häufigkeit heterotischer Loki in natürlichen Populationen mag ebenfalls ziemlich hoch sein.

c) Nachwirkungen von Heterozygotieeffekten

Versuche von JONES (1957) sowie von SCHULER und SPRAGUE (1956) deuten darauf, daß in vielen Fällen bei Kreuzung einer neuentstandenen Mutation aa mit ihrer homozygoten Ausgangslinie AA nicht nur die F_1-Hybride, sondern auch die in F_2 abspaltenden Genotypen AA, Aa, aa einen kräftigeren Wuchs zeigen als kontinuierlich geselbstete Genotypen der gleichen Inzuchtlinie. Ein Versuch mit der Mutation pale crooked (bleiche Blätter-gekrümmte Internodien), im folgenden mit p bezeichnet, wird dies näher illustrieren (JONES, 1957). Diese Mutation trat in einer langjährigen, vermutlich homozygoten Inzucht von Mais auf. Nach einigen Generationen von Selbstung wurde die Mutation mit dem im Restgenotyp präsumtiv identischen Normaltypus dieser Inzucht N gekreuzt. Im folgenden Schema werden nun die ursprünglichen (ungekreuzten) Mutanten und Inzuchtlinie durch den Zusatz o (original) gekennzeichnet, die aus den Kreuzungen wiedergewonnenen homozygoten Mutanten und normalen Individuen mit dem Zusatz r (recovered). Bei Untersuchungen über

Höhe der Pflanzen wurden folgende Durchschnittswerte in Zoll erhalten:

1. po. s[1] = 53,8	4. No. s = 73,4; 72,7
2. pr. s = 57,0	5. Nr. s = 77,1
3. po × pr = 57,4	6. No × po = 78,1
	7. Nr × pr = 78,4
	8. No × Nr = 77,7

[1] s = geselbstet.

Die Kreuzung von pale crooked mit der Ausgangslinie führte also dazu, daß die F_1, die Nachkommen aus Selbstung der in F_2 ausgespaltenen normalen (Nr) und pale crooked (pr) Individuen und schließlich die F_1 aus verschiedenen Kreuzungen mit Nr und pr eine größere Höhe erhielten. Wenn die Produkte der Kreuzungen als Gruppe den Produkten ununterbrochener Selbstungen gegenübergestellt werden, also (2—3) vs. 1, und (5—8) vs. 4, so sind die Unterschiede in beiden Fällen statistisch signifikant auf dem Niveau 0,001. Der Ertrag wurde ebenfalls studiert, war aber so variabel, daß sich schwer gesicherte Unterschiede feststellen ließen.

In einem anderen Experimente wurden 13mal wiederholte Rückkreuzungen vom Typus (Aa×aa)×aa ausgeführt. Die Versuchsergebnisse deuten darauf, daß sowohl die Aa- als die aa-Nachkommen aus der 13. Rückkreuzung noch eine etwas größere Höhe zeigten, wie der rekurrente kontinuierlich geselbstete aa-Elter der Rückkreuzungen.

Effekte dieser Art treffen wir in einer Anzahl von Versuchen, die der Erforschung der monogenen Heterosis und anderer Probleme dienen. Obwohl sie gewöhnlich durch komplizierte Hypothesen erklärt werden, lassen sie sich auf einfachste Weise mit Nachwirkungen von Heterozygotieeffekten deuten. Bei der obigen Kreuzung po×No entsteht z. B. eine F_1 mit monofaktorieller Heterosis. In F_2 wirkt diese Heterosis in allen Typen nach und auch in F_3 ist sie noch nicht verschwunden. Leider hat man die Möglichkeiten von solchen Nachwirkungen selten berücksichtigt, so daß bisher noch keine systematischen Untersuchungen mit zweckmäßiger Technik vorliegen. Auf diesem Gebiet besteht daher eine Lücke in unseren Kenntnissen.

III. Geninteraktion

1. Die Struktur des normalen Genotyps

Die Anzahl der notwendigen Gene. Um die genetische Grundlage der normalen Charaktere kennen zu lernen, ist es nötig bei einem besseren Versuchsobjekt sämtliche Mutationen zu analysieren, die den betreffenden Charakter beeinflussen. Als Beispiel nehmen wir die genetische Grundlage der Chlorophyllbildung beim Mais. Eine moderne, gründlichere Bearbeitung dieses Gegenstandes fehlt leider. Für die vorliegenden Zwecke genügt indessen die folgende, stark abgerundete Übersicht.

	Typus des Defektes	Anzahl Gene
I.	Weiße Sämlinge	12
II.	Gelbe Sämlinge	8
III.	Gelbgrüne Sämlinge	10
IV.	Bleichgrüne Sämlinge	10
V.	Virescent-Typen	20
VI.	Verschiedene gestreifte Muster	15
VII.	Andere Muster der wachsenden Pflanze	15
VIII.	Muster der erwachsenen Pflanze	15
	Summe	105

Es gibt demnach mindestens 12 komplementäre Gene für Chlorophyllbildung, die lückenlos vorhanden sein müssen, wenn überhaupt Chlorophyll gebildet werden soll.

Die Formel einer normalen Pflanze und eines weißen Sämlings wäre z. B.

Normaltypus	AA BB CC DD EE FF GG HH II JJ KK LL
weißer Sämling	AA BB cc DD EE FF GG HH II JJ KK LL

Außer diesen Genen müssen indessen zahlreiche andere vorhanden sein, damit die normale Menge normalen Chlorophylls gebildet wird. Fehlt irgendeins von den 8 Genen aus Gruppe II, so entstehen statt grüner Pflanzen gelbe, letale Sämlinge. Fehlt ein einziges von den 20 Genen aus Gruppe V, so entsteht der virescent-Typus, bei denen die jungen Sämlinge zunächst weiß oder gelblich sind, aber im Laufe der Entwicklung partiell oder total ergrünen. Fehlt eins von den Genen aus den übrigen Gruppen, so erhalten wir den entsprechenden Defekt. Für die normale Chlorophyllbildung ist somit die lückenlose Anwesenheit von über 100 Genen notwendig.

Bei dieser Betrachtung sind wir von der Vorstellung ausgegangen, daß ein rezessives Allel a, das einen Defekt bedingt, anzeigt daß ein normales Allel A für die Entwicklung des betreffenden Charakters unersetzlich ist. Ausnahmen von dieser Regel haben in diesem Zusammenhang kein Interesse. Was hier für Chlorophyllbildung gesagt wurde, gilt im Prinzip für die meisten Charaktere. Beim Mais wurden z. B. bisher über 30 Gene nachgewiesen, die für die normale Ausbildung des Endosperms notwendig sind, 15 Gene, die ein vorzeitiges Auskeimen der Samen auf den Kolben verhindern, 20 Gene, die für die Pollenbildung notwendig sind usw. Wenn nun bei einem Objekt 30 Gene für Endospermbildung nachgewiesen sind, so sind die übrigen Gene nicht für diesen Charakter gleichgültig. Denn Hunderte oder Tausende von Genen sind notwendig, damit die Entwicklung so weit fortschreitet, daß Endosperm gebildet wird. Von diesem Gesichtspunkt aus betrachtet mag die Mehrzahl der Gene eines Individuums notwendig sein, damit ein bestimmter Charakter sich normal entwickelt.

Das Minimumsgesetz. Obgleich Hunderte oder Tausende von Genen direkt oder indirekt für einen Charakter von Bedeutung sind, kann ein einziges Gen einen gewaltigen Einfluß auf den Charakter haben. Ein einziges Gen kann z. B. darüber entscheiden, ob der Embryo nach wenigen Zellteilungen abstirbt, oder zu einem kräftigen Baum auswächst, ob der Sämling sich zu einer grünen vitalen Pflanze entwickelt oder bald nach der Keimung an Chlorophyllmangel zugrunde geht. Diese Verhältnisse erinnern an LIEBIGS Minimumsgesetz. Wenn ein einziger der notwendigen Nährstoffe fehlt, so wird dieser Mangel über das Schicksal des Individuums entscheiden, gleichgültig wie reichlich die anderen Nährstoffe vorhanden sind. Dieses Prinzip gilt in der Genetik noch in weit höherem Grade als in der Pflanzenphysiologie. Das Fehlen eines einzigen unersetzlichen Chlorophyllgenes kann bewirken, daß hundert andere Gene, die an der normalen Chlorophyllproduktion beteiligt sind und Tausende von weiteren Genen außer Funktion gesetzt werden.

Obgleich das Minimumsgesetz auf diese Weise das eigentliche Fundament der Geninteraktion darstellt, ist dieses Fundament von *anderen Prinzipien* überlagert. Denn wenn durch Fehlen von gröberen Defekten und Disharmonien Voraussetzungen für ein störungsfreies Zusammenarbeiten der Gene gegeben sind, so treten andere, weit mehr elastische Formen der Geninteraktion in Erscheinung, die auch die Grundlage der quantitativen Vererbung bilden. Diese ist charakterisiert durch Gene von relativ geringen Effekten, die keine starren Minimumsfaktoren darstellen, sondern größere Nachgiebigkeit gegenüber anderen Genen und Faktoren des Milieus zeigen. Diese Gene sind nicht unersetzlich, sondern zahlreiche andere Gene können die Funktion eines bestimmten Gens übernehmen. Mehrere Gene von ähnlichen Effekten addieren sich im Resultat. In physiologischer Hinsicht sind die normaleren Genotypen gut balanziert mit effektiv regulierten und koordinierten Funktionen. Diese gute Regulierung verhindert wahrscheinlich die Manifestation der meisten leichteren genetischen Defekte, so daß sie nur unter ungünstigen Umständen zum Vorschein kommen. Auf diese Weise werden Reste des Minimumsprinzipes, die kaum mit der komplizierten Struktur höherer Organismen vereinbar wären, in hohem Grade abgemildert. Eine völlige Unterdrückung dieses Prinzips ist indessen kaum möglich und gewisse Andeutungen davon, z. B. in Form von „relativen Minimumsfaktoren", die auch als *bottlenecks* bezeichnet werden, dürften ziemlich allgemein in Erscheinung treten und unter gewissen Bedingungen verstärkte Ausschläge geben.

Bridges' Balancetheorie. Bridges (1922) führte in die Genetik die Theorie des Gleichgewichtes der Gene (genic balance) ein. Diese besagt, daß die zahlreichen Gene, die denselben Charakter beeinflussen, zum Teil in entgegengesetzten Richtungen arbeiten. Die sogenannten Plusgene versuchen den Charakter zu verstärken, die Minusgene ihn abzuschwächen. Beim Normaltypus ist die Summe der Plusgene derartig mit der Summe der Minusgene balanciert, daß genau die normale Intensität des Charakters garantiert wird. Bridges dachte in diesem Zusammenhang an die normalen Allele, wie sie bei typischen Individuen der Wildart vorhanden sind und er versuchte, die Zusammenwirkung dieser Gene bei der Ausformung der normalen Charaktere zu erklären. Einige Gene versuchen z. B. die Blütenfarbe zu verdunkeln, andere sie heller zu machen; einige Gene beschleunigen den Wuchs, andere verhindern einen zu raschen Wuchs. Einige Gene vergrößern bestimmte Organe, wie Blatt, Blüte oder Samen, andere verhindern übertriebene Dimensionen. Bei verschiedenen natürlichen Rassen und Arten können die Verhältnisse zwischen Plus- und Minusgenen für die einzelnen Charaktere etwas verschieden sein.

Wegen der Kompliziertheit der Geninteraktionen fällt es schwer, das Prinzip der Genbalance durch ein einfaches Schema wiederzugeben. Wir könnten vielleicht für die normale Ausprägung eines Charakters Formeln wie AA BB CC DD .... MM NN OO PP gebrauchen, wobei A, B, C, D Gene sind, die den Charakter verstärken, M, N, O, P solche die ihn abschwächen oder begrenzen. Die schwächste Ausprägung hätte demnach ein Typus wie aa bb cc dd .... MM NN OO PP, die stärkste der Typus AA BB CC DD .... mm nn oo pp. Die Wirkung eines Gens wird hierbei aus seinen Dominanzverhältnissen erschlossen, indem gewöhnlich das aktivere Allel über das minder aktive dominiert.

In diesem Zusammenhang interessiert besonders der Schluß, daß auch im Normaltypus Hemmungs- oder Kontrollgene vorhanden sein dürften, die eine übertriebene Ausprägung der verschiedensten Charaktere hindern. Verschiedene natürliche Rassen haben ähnliche Kontrollgene und nur leicht verschiedene Lage ihrer genischen Balance. Durch Mutation können jedoch einzelne Kontrollgene ganz außer Funktion gesetzt werden, was unter Umständen zu schweren Störungen des Gleichgewichtes führt. Wir haben Grund anzunehmen, daß Mutationen in solchen Kontrollgenen eine hervorragende Rolle bei der Entwicklung der *Kulturpflanzen* aus ihren wilden Ausgangsarten gespielt haben. In diesem Sinne spricht z. B. die Erfahrung, daß die Kulturpflanzen, deren Organe verglichen mit denen ihrer wilden Verwandten oft übertriebene Dimensionen haben, bei Kreuzungen mit diesen Wildformen gewöhnlich in den meisten Charakteren rezessiv sind.

Bei Kreuzungen verschiedener Wildformen werden häufig oppositionale Gensysteme gefunden; d. h. ein Teil der dominanten Charaktere verstärkt einen bestimmten Charakter, ein Teil schwächt ihn ab. Eine ausführliche, moderne Übersicht über diese Verhältnisse findet man bei Clausen und Hiesey (1958). Die Minusgene zeigen ebenso wie die Plusgene teils additive, teils komplementäre Interaktionen. Es gibt starke Minusgene, die bestimmte Charaktere vollständig unterdrücken, und wesentlich schwächere Minusgene. Diese Erfahrungen vertragen sich gut mit der Balancetheorie.

Nun hängt der Typus der Geninteraktion in hohem Grade von dem Material ab, das wir studieren, ob es sich z. B. um Mutantallele oder natürliche Allele handelt, um Kreuzungen kultivierter Varietäten oder von Wildrassen, um morphologische Charaktere oder physiologische. Für die allgemeine Interpretation komplexer quantitativer

Charaktere erscheint es uns zweckmäßig, den Nachdruck auf gewisse Aspekte der Geninteraktion zu legen, die in dem Modell von Fig. 17 und der anschließenden Diskussion zusammengefaßt sind.

2. Geninteraktion

Wegen der gewöhnlicheren Typen von Geninteraktion müssen wir auf die Lehrbücher der Genetik verweisen. Schematisch können wir zwischen drei Haupttypen von Genen unterscheiden:

Komplementäre Gene
Multiple Gene
- additive
- nicht additive
- interaktive

Modifikatoren.

Die typischen komplementären Gene sind Gene von stärkeren Effekten, die nach dem Gesetz des Minimums zusammenarbeiten und daher gewöhnlich in qualitativen Unterschieden zum Ausdruck kommen. Dies hindert indessen nicht, daß Andeutungen von komplementären Effekten in der quantitativen Genetik von Bedeutung sind. Unter multiplen Genen verstehen wir solche, die den selben Charakter auf ähnliche Weise beeinflussen. Hierzu gehören die echten polymeren Gene, d. h. semidominante Gene von ähnlicher Stärke mit additiven Effekten, die gewöhnlich nur einen Idealbegriff der Genetik darstellen, in einigen Fällen aber verwirklicht sind. In typischer Form sind sie besonders bei polyploiden Arten zu erwarten, fehlen indessen nicht vollständig bei diploiden Arten. In der Regel zeigen indessen multiple Gene nur eine gewisse Annäherung an den Begriff der echten Polymerie. Sie haben in der Regel ungleiche Stärke, ihre Dominanz variiert und fällt z. T. in verschiedene Richtungen (oppositionale Dominanz) und ihre Additivität ist nicht perfekt, weder arithmetisch noch geometrisch. In vielen Fällen sind multiple Gene nicht additiv. Bei der Hefe gibt es z. B. drei dominante Gene M_1, M_2, M_3 für Fermentation von Maltose (Winge und Roberts, 1953). Wenn mehr als eines dieser Gene vorhanden ist, wird keine Verstärkung der Maltose-Fermentation bemerkt. Oft können mehrere Gene in gleicher Weise die Manifestation eines Defektes verhindern. Ein bekanntes Beispiel hierfür ist eine Variante von *Lamium maculatum,* der Taubnessel, deren Blütenstand eine radiäre statt lippenförmige Endblüte trägt (Sirks, 1925). Da ein jedes von vier dominanten Genen den Defekt verhindert, wird bei Selbstung des Genotyps Aa Bb Cc Dd eine Spaltung in 255 normal : 1 defekt erhalten. Anomalien dieser Art können als *polygene Devianten* bezeichnet werden. Schließlich werden in anderen Fällen zwischen den Gliedern einer Serie von multiplen Genen die verschiedensten Typen von Interaktionen gefunden. Die typischen Modifikatoren haben allein geringe oder keine Effekte. Sie verstärken, verringern oder modifizieren die Wirkungen anderer Gene. — Nach der Stärke ihrer Effekte können die Gene in Haupt- und Nebengene (Groß- und Kleingene, major and minor genes) eingeteilt werden. Es wird meist vorausgesetzt, daß die Kleingene selbständige Effekte haben und nicht nur die Wirkung anderer Gene modifizieren. Solche Unterscheidungen haben aber nur relative Bedeutung.

3. „Polymere“ Gene bei Drosophila

Bei *Drosophila* gibt es zahlreiche Angaben über polymere Gene, die aber z. T. mit Vorsicht zu betrachten sind. Lehrreich in dieser Hinsicht sind die folgenden beiden Beispiele. Dobzhansky und Schultz (1934) versuchten die Verteilung der Geschlechtsfaktoren auf dem X-Chromosom von *Drosophila melanogaster* zu ermitteln. Bei dieser Art sind Individuen mit drei Sätzen von Autosomen und zwei X-Chromosomen Intersexe, da die weibliche Tendenz der zwei X-Chromosomen nicht genügt, über die männliche Tendenz von drei Autosomensätzen zu dominieren. Solche triploiden Intersexe reagieren nun empfindlich auf Zufügung von Segmenten des X-Chromosoms in Form von Duplikationen, indem hierbei die geschlechtliche Differenzierung in weiblicher Richtung verschoben wird. Indem auf diese Weise der Effekt der verschiedensten Teile des X-Chromosoms analysiert wurde, kamen die Autoren zu dem Schluß, daß das X-Chromosom keinen eigentlichen Geschlechtsdifferentiator enthält, sondern eine Reihe von äquivalenten Genen, die sich in allen Teilen des X-Chromosoms befinden. Es werden mit anderen Worten multiple, additive weibliche Faktoren auf dem X-Chromosom angenommen.

Indessen ist zu bedenken, daß Gene sich nicht durch die Effekte von größeren Chromosomensegmenten identifizieren lassen, sondern nur durch ihr Verhalten zu allelen Genen. Bis jetzt ist auf dem X-Chromosom noch kein weiblicher Faktor identifiziert worden, indem der einzige bekannte Geschlechtslokus (tra) auf Chromosom III liegt. Die obigen Befunde lassen sich ebensogut durch diffuse Erbfaktoren erklären, die eine geschlechtsdeterminierende Substanz in allen Teilen des X-Chromosoms produzieren (cfr. Erfahrungen über diffuse Centromeren). Es scheint nicht glaublich, daß echte Geschlechtsfaktoren auf dem X-Chromosom bis jetzt noch nicht identifiziert wären.

Sehr viele Untersuchungen sind bei *Drosophila* über die Vererbung der Borstenzahl auf den verschiedenen Körpersegmenten ausgeführt worden. Breese und Mather (1957) kreuzten zwei auf hohe bzw. niedrige Anzahl abdominaler Borsten ausgelesene Linien H und L mit den Borstenzahlen $H = 61{,}46 \pm 0{,}45$; $L = 36{,}19 \pm 0{,}14$. Durch einen Vorversuch ließ sich zeigen, daß ein großer Teil dieser Differenz auf folgende Weise auf die Chromosomen verteilt war:

X-Chromosom	4,80 Borsten
II-Chromosom	3,35 Borsten
III-Chromosom	8,20 Borsten
	16,35 Borsten

Der Rest der obigen Differenz in der Borstenzahl mag auf Interaktion zwischen den Chromosomen oder auf anderen Faktoren beruhen. Durch weitere sehr genaue Untersuchungen wurde dann gezeigt, daß ein jeder von 6 untersuchten Abschnitten, die zusammen das ganze Chromosom III umfassen, Einfluß auf die Borstenzahl hatte. Jede dieser Regionen enthielt somit mindestens einen Faktor, der an dem Unterschied zwischen den Linien H und L beteiligt war. Auf Grundlage von solchen Befunden wird gewöhnlich eine größere Anzahl polymerer Gene für die Produktion von Borsten angenommen. — Hiergegen läßt sich wieder einwenden, daß keiner von den postulierten Faktoren einwandfrei identifiziert ist, weshalb es unbekannt ist, ob es sich um typische Gene handelt. Bei extremen Selektionen, um die es sich bei den obigen Drosophila-Linien handelt, ist nämlich auch mit der Entstehung „perigener" Differenzen auf den Chromosomen zu rechnen. Sollte es sich indessen um Gene handeln, so ist nichts über ihre primäre Funktion sowie über ihre Stabilität bekannt, obgleich von einigen Autoren angenommen wird, daß es sich um Loki handelt mit der spezifischen Funktion der Borstenproduktion und ohne pleiotrope Effekte (vgl. auch S. 116).

IV. Die Theorie der pseudopolymeren Gene

1. Ersetzbarkeit und Additivität

Die Mehrzahl der Forscher nimmt an, daß die genetische Variabilität der quantitativen Charaktere durch Serien von polymeren Genen bedingt wird. Diese Vorstellung ist besonders von Mather (1943—1956) ausgearbeitet worden. Nach

Mather bestehen für jeden quantitativen Charakter Systeme von *Polygenen*, worunter er polymere Gene versteht, die individuell nur geringe Effekte haben, durch große Anzahl aber bedeutende Gesamteffekte bekommen können. Damit ein Gen zu einem System von Polygenen gerechnet werden kann, sollte es in seinen Effekten ersetzbar sein, d. h. wenn eins von diesen Polygenen fehlt, so kann seine Funktion durch irgend ein anderes Glied der betreffenden Serie von Polygenen erfüllt werden. Obgleich die einzelnen Polygene, die zur selben Serie von Polygenen gehören, recht verschiedene primäre Funktionen haben mögen, müssen doch diese Gene in der Gesamtheit ihrer Endeffekte auf den Phänotyp gleichwertig sein. Denn Gene, die nur in ihren Nebeneffekten gleichwertig sind, in den Haupteffekten aber deutliche Unterschiede zeigen, können einander nicht vertreten und daher nicht eine Serie von Polygenen bilden. Unter diesen Umständen rechnet Mather (1954) damit, daß entweder Isoallele verschiedener Loki gleichwertige Endeffekte haben oder daß es besondere Typen von Loki gibt, deren Gene nur geringe Effekte haben und daß Gruppen solcher Gene mit gleichwertigen Effekten die Serien von Polygenen bilden.

Der größte Gegensatz, den wir auf dem Gebiet der Geninteraktion finden, besteht zwischen typisch komplementären und typisch polymeren Effekten. In einer Serie von komplementären Genen, wie z. B. die zahlreichen Gene bei Mais, die für Chlorophyllbildung notwendig sind, ist kein Lokus durch irgend einen anderen ersetzbar. Im Gegensatz hierzu kann das ideelle Polygen durch zahlreiche andere Gene ersetzt werden. Der Begriff der Additivität der polymeren Gene ist zwar nicht identisch mit Ersetzbarkeit, aber ohne Ersetzbarkeit wäre keine typische Additivität vorhanden.

2. Typen von Loki und Allelen

a) Spezifische Effekte

Die folgenden Probleme werden wir an Hand des nachstehenden Schemas (Tabelle 45) besprechen. Wir rechnen mit drei Typen von Loki, nämlich spezifische Loki, die nur einmal (I) oder mehr- bis vielmal in identischer Form (II) vorhanden sind, sowie semi- oder aspezifische Loki, die in Gruppen vorkommen, deren Glieder zwar nicht identisch sind, aber mehr oder weniger ähnliche Funktionen haben (III). Nun nehmen wir weiter an, daß in jedem Lokus verschiedene Typen von Mutationen stattfinden können, nämlich solche, die die spezifische Funktion des Lokus beeinflussen (A, B), und solche, die semi- oder aspezifische Effekte der Loki betreffen (C). Unter ersteren unterscheiden wir kleinere Mutationen, die Isoallele ergeben (A) und größere, die leicht erkenntliche normale oder abnorme Effekte haben und somit „Anisoallele“ (B) geben. Wir erhalten also 9 Kombinationen vom Typus des Lokus und der Mutation. Wir wollen nun fragen, welche Vererbungstypen zu erwarten wären, wenn eine genügend große Anzahl Gene von jeder Kombination spalten.

Wenn in einer Reaktionskette wie I (Tabelle 45, untere Hälfte) einige Isoallele von leicht subnormaler Stärke vorkommen, z. B. B′, D′, F′, so kann die Reaktion unter ungünstigen Umständen zu schwach werden, was z. B. in einer Milieuinteraktion zum Ausdruck kommen könnte. Gewöhnlich wird hierbei der Endeffekt nur von dem schwächsten Isoallel als Minimumsfaktor abhängen. Sollten aber die Effekte verschiedener Mutationen sich addieren, was durchaus möglich ist, so könnten wir z. B. einen polygenen Devianten erhalten, wie den Typus mit radiärer Endblüte bei *Lamium* (S. 112), aber auch eine semiquantitative Vererbung. Spalten in der gleichen Reaktionskette dagegen Aniso-Allele, so wäre phänotypisch eine scharfe Spaltung zu erwarten.

In Schema II wird angenommen, daß ein Lokus B der Reaktionskette in identischer Form an verschiedenen Stellen des Genoms vorkommt (B_1, B_2, B_3). Dies könnte z. B. darauf beruhen, daß das Gen B nicht stark genug ist, so daß drei identische Gene erforderlich sind, um ein Substrat vollständig weiter zu verarbeiten.

In diesem Fall wäre additive Wirkung der Gene verbunden mit Semidominanz zu erwarten. Es können sich dabei ganz verschiedene Vererbungstypen ergeben, wie in der Tabelle angegeben ist, darunter auch typische quantitative Vererbung. Wenn in

Tabelle 45. *Zur Theorie der pseudopolymeren Effekte* (Erklärung im Text)

Typus der Allele (Effekte)	Typus der Loki (Schema)		
	Einmalig spezifisch I	Mehrmalig spezifisch II	Mehrmalig semi- oder aspezifisch III
Spezifisch			
Isoallele[1] . . . . A	*1a* Pd, (Qs) ...	*2a* Q	*3a* Q
Anisoallele . . . B	*1b* Ss	*2b* Po, Pd, Qs, Q	*3b* Qs, Q
Aspezifisch C	*1c* Q	*2c* Q	*3c* Q

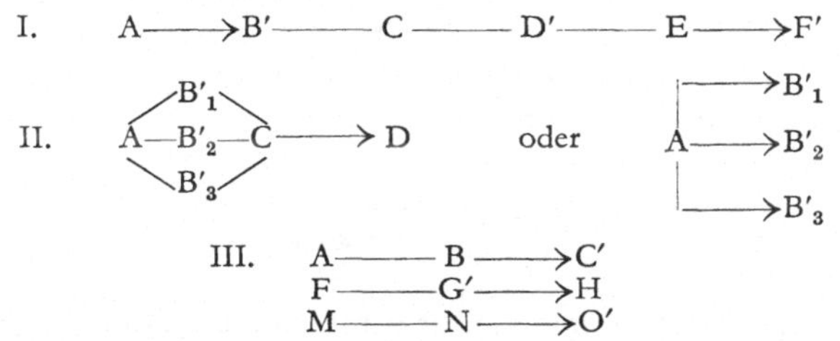

I. A——>B'——C——D'——E——>F'

II. A—B'_1—C, A—B'_2—C, A—B'_3—C; C——> D oder A——>B'_1, A——>B'_2, A——>B'_3

III. A——B——>C'
F——G'——>H
M——N——>O'

Q, Qs, quantitative bzw. semiquantitative Vererbung; Po echte Polymerie; Pd polygene Devianten; Ss scharfe Spaltungen. In den Schemata I—III wird angenommen, daß die markierten Gene spalten.

[1] Man bemerke, daß vermutlich ein großer Teil der Isoallele auf aspezifischen Geneffekten beruht.

Schema III die Gene C, G, O ähnliche Effekte hätten, so könnte sich hieraus vielleicht keine ideelle Serie von polymeren Genen ergeben, aber ungefähr solche Verhältnisse, wie wir sie bei quantitativer Vererbung gewöhnlich antreffen. In der Praxis würde es indessen schwerfallen, die Kombinationen 3 a—3 c von den Kombinationen 1 c—3 c abzugrenzen, denen wir uns jetzt zuwenden.

b) Aspezifische Effekte

Houlahan und Mitchell (1949) fanden, daß 5 verschiedene Mutationen von Neurospora, nämlich pyrimidinless 37301, lysineless 4545, nicotineless 39401, 65001 sowie eine noch nicht identifizierte Mutation, eine spezifische, komplexe anorganische Phosphatverbindung in 5—15fach höherer Konzentration ansammeln als beim Normaltypus. Hier handelt es sich um ähnliche Nebeneffekte von Genen, die in ihren Haupteffekten recht verschieden sind. Wenn wir nun annehmen würden, daß in diesen Loki andere Mutationen stattgefunden hätten, die den Haupteffekt der Loki nicht verändern, aber den gleichen Nebeneffekt auslösen, so hätten wir 5 polymere Gene für Produktion eines komplexen Phosphates. In diesem speziellen Beispiel mögen solche Annahmen gesucht erscheinen; in anderen Fällen mögen sie jedoch natürlicher sein.

Wir wissen z. B., daß Gene von äußerst verschiedenen Funktionen *temperaturempfindlich* sind. Nehmen wir z. B. an, es spalten eine Anzahl Gene, die erst bei etwas höherer Temperatur in voller Intensität arbeiten. Diese Gene können auf die verschiedensten Reaktionsketten verteilt sein. Obgleich die Prinzipien der Interaktion solcher Gene komplex sein mögen, steht nichts der Annahme im Wege, daß mit steigender Anzahl Gene, die durch höhere Temperatur begünstigt werden, in kühlen Sommern die Blütezeit progressiv verspätet wird. Wir könnten unter solchen Umständen eine typisch quantitative Vererbung für Blütezeit bekommen. Gewisse zu erwartende Interaktionen werden ja auch meist in der Praxis gefunden.

Kontrollelemente. In diesem Zusammenhang hat es Bedeutung darauf hinzuweisen, daß ein Teil der Gene vermutlich koordinierende (kontrollierende) Elemente besitzen, die die spezifische Funktion des Gens regulieren. Größere Gruppen von Genen könnten ähnliche Kontrollelemente besitzen, die auf dieselben oder ähnliche Stimuli reagieren. Wenn diese Kontrollelemente in Serien von allelen Formen vorkommen, so könnte sich auf diesem Wege eine quantitative Vererbung für die verschiedensten Eigenschaften ergeben.

In den kontrollierenden Funktionen ist eine Ersetzbarkeit der Gene leichter zu verstehen als in den spezifischen Funktionen. Betrachten wir z. B. eine verzweigte Reaktionskette:

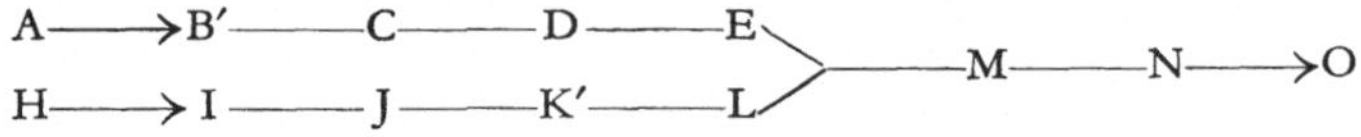

```
A——>B′——C——D——E╲
                 >——M——N——>O
H——>I——J——K′——L╱
```

Wenn die Gene B′ und K′ besonders intensive Aktivität zeigen, so mag dies die ganze Kette durch Zug oder Schub in frühzeitige Bewegung setzen und auch gewissen Einfluß auf andere Ketten haben. Da die Lage des aktivierenden Gens innerhalb der Reaktionskette von untergeordneter Bedeutung ist, wären die Gene B′ und K′ in dieser Hinsicht gleichwertig. Bei gleichzeitiger Anwesenheit könnten ihre Effekte sich addieren.

Auch wenn starke Kontrollmechanismen nur eine bestimmte maximale Intensität einer Reaktion zulassen, verbleiben die aktivierenden Gene nicht ohne Effekt. Sie ermöglichen nämlich, daß die maximale Intensität der Reaktion zu einem früheren Zeitpunkt erreicht wird, so daß der Organismus eine längere Zeitperiode hindurch mit maximaler Intensität arbeiten kann. Auf diesem Wege können trotz starker Kontrollen eine erhöhte Produktivität oder ein verstärkter Wuchs zustandekommen, wie in Verbindung mit den Problemen der Heterosis gezeigt wird.

Andere Möglichkeiten. Es gibt indessen noch weit mehr Möglichkeiten für aspezifische Geneffekte. Nach üblicher Vorstellung werden die Genkomplexe erst zu bestimmten Zeiten in bestimmten Geweben in Aktivität gerufen. Dies braucht aber nur die spezifischen Genfunktionen (Enzyme und dergleichen) zu betreffen. Es ist nicht sicher, daß die Gene vorher völlig inaktiv sind; sie könnten z. B. generelle Funktionen haben wie Produktion verschiedener Proteintypen, die beim Aufbau des Organismus Anwendung finden oder als Reservestoffe dienen. Es liegt nahe anzunehmen, daß in solchen *allgemeinen Funktionen* das Prinzip der additiven Polymerie gelten kann. Indem ein Überschuß gewisser Proteintypen bei Drosophila z. B. relativ günstig für Bildung bestimmter Borstentypen sein könnte, wird eine große Anzahl von Loki für Borstenbildung vorgetäuscht. Weiter könnten auf diesem Gebiet zahlreiche sekundäre Effekte eintreffen. Vergleichen wir z. B. die Homozygoten KA/KA mit den Heterozygoten K′A/KA, von denen die letzteren ein besonders aktives Kontrollelement K′ besitzen. Bei solchen Heterozygoten tritt das Allel K′A relativ früh in Funktion und erzeugt das ganze notwendige Enzym, während das Partnerallel KA vielleicht nicht zur spezifischen Aktivität übergeht, sondern in intensivierter Form mit seiner Proteinproduktion fortsetzt. Bei den Homozygoten würden vielleicht beide Allele gleichzeitig zur Enzymproduktion gerufen und schließen dann mit der Proteinproduktion.

Konklusion. Was die spezifische Funktion der Gene betrifft, so ist echte Polymerie bei jüngeren polyploiden Arten eine bekannte Erscheinung. Bei diploiden Arten und älteren Polyploiden spielt sie indessen anscheinend eine untergeordnete Rolle. Über Loki mit semi- oder aspezifischer Hauptfunktion (Typus III von Tab. 45) wissen wir relativ wenig. Wenn wir die vielseitigen Möglichkeiten betrachten, die sich ergeben, wenn wir versuchen, die Erscheinungen der quantitativen Vererbung mit allen ihren Komplikationen mit Hilfe von *aspezifischen* Allelen von *spezifischen* Loki zu erklären, so haben wir zur Zeit keinen Grund, nach weiteren Erklärungen zu suchen. Im Gegensatz zu der echten Polymerie, die auf funktionell ähnlichen oder identischen Genen beruht, möchten wir eine mehr oder minder additive Zusammenwirkung zwischen aspezifischen Allelen ungleichartiger Loki als *Pseudopolymerie* bezeichnen.

Literatur

Breese, E. L., and K. Mather: The organization of polygenic activity within a chromosome in Drosophila. I. Hair characters. Heredity **11**, 373—395 (1957).

Bridges, C. B.: The origin of variations in sexual and sexlimited characters. Amer. Natur. **56**, 51—63 (1922).

Brink, R. A.: Paramutation and chromosome organization. Quart. Rev. Biol. **35**, 120—137 (1960).

Brosseau, G. E.: Genetic analysis of the male fertility factors on the Y-Chromosome of Drosophila melanogaster. Genetics **45**, 257—274 (1960).

Buzzati-Traverso, A.: Identification of recessive gene heterozygotes by means of paper partition chromatography. Nature **171**, 575—576 (1953).

Caspary, E.: Pleiotropic gene action. Evolution **6**, 1—18 (1952).

Chen, J. R., M. E. Sanders, C. J. Franzke, and J. G. Ross: Genetic similarity of colchicine-induced grass-type mutants. Genetics **46**, 858 (1961).

Clausen, J., and W. M. Hiesey: Experimental studies on the nature of species. IV. Genetic structure of ecological races. Carnegie Inst. Wash. Publication 615 (1958).

Creech, R. G., and H. H. Cramer: Gene interaction in Ricinus communis. Agronomy J. **51**, 642—644 (1959).

Darlington, C. D., and K. Mather: The elements of genetics. London: Allen and Unwin 1949.

Dobzhansky, Th., and J. Schultz: The distribution of sex factors in the X-chromosome of Drosophila melanogaster. J. Genet. **28**, 349—386 (1934).

East, E. M.: Heterosis. Genetics **21**, 375—397 (1936).

Fincham, J. R. S.: Genetically controlled differences in enzyme activity. Adv. Enzymol. **22**, 1—43 (1960).

Fisher, R. A.: Selective forces in wild populations of Paratettix texanus. Ann. Eugen. (Lond.) **9**, 109—122 (1939).

Ford, E. B.: The genetics of polymorphism in the Lepidoptera. Adv. Genetics **5**, 43—87 (1953).

Fung, Sui-Tong Chan, and J. W. Gowen: A mayor sex locus in Drosophila melanogaster. Genetics **41**, 644 (1956).

Gilchrist, B. M., and J. B. S. Haldane: Sex linkage and sex determination in a mosquito, Culex molestus. Hereditas **33**, 175—190 (1947).

Green, M. M.: Spatial and functional properties at the white locus in Drosophila. Heredity **13**, 303—315 (1959).

Gustafsson, Å.: The effect of heterozygosity on variability and vigour. Hereditas **32**, 263—293 (1946).

—, N. Nybom, and U. von Wettstein: Chlorophyll factors and heterosis in barley. Hereditas **36**, 383—392 (1950).

Hagberg, A.: Heterozygosity in erectoides mutations in barley. Hereditas **39**, 161—178 (1953).

Haldane, J. B. S.: The statics of evolution. In: Huxley, Hardy, and Ford (eds.): Evolution as a process, 109—121. London: Allen and Unwin 1954.

— On the biochemistry of heterosis and the stabilization of polymorphism. Proc. Roy. Soc. London B **144**, 217—220 (1955).

Henderson, M. T.: A consideration of the genetic explanation of heterosis. Agronomy J. **49**, 123—126 (1949).

Holm, G.: Chlorophyll mutations in barley. Acta agr. scand. **4**, 457—471 (1954).

Houlahan, M. B., and H. K. Mitchell: The accumulation of acid-labile, inorganic phosphate by mutants of Neurospora. Arch. Biochem. **19**, 257—264 (1948).

JONES, D. F.: Heterosis resulting from degenerative changes. Genetics **30**, 527—542 (1945).
— Plasmagenes and chromogenes in heterosis. In: GOWEN (ed.): Heterosis, Chapter 14. Ames, Iowa: Iowa State College Press 1952.
— Gene action in heterosis. Genetics **42**, 93—103 (1957).
KERR, W. E.: Genetic determination of castes in the genus Melipona. Genetics **35**, 143—152 (1950).
KOMAI, T.: Semi allelic genes. Amer. Natur. **84**, 381—392 (1950).
LAMPRECHT, H.: Die Bedeutung des Xanthophylls für die photische Assimilation der Pflanze. Botaniska notiser, 1945.
LANGRIDGE, J.: A hypothesis of developmental selection exemplified by lethal and semi-lethal mutants of Arabidopsis. Aust. J. biol. Sci. **2**, 58—68 (1958).
LEWIS, E. B.: Pseudoallelism and gene evolution. Cold Spr. Harb. Symp. quant. Biol. **16**, 159—174 (1951).
LEWIS, D.: Gene interaction, environment and hybrid vigor. Proc. roy. Soc. B **144**, 178—185 (1955).
MANGELSDORF, P. C., and G. S. FRAPS: A direct quantitative relationship between vitamin A in corn and the number of genes for yellow pigmentation. Science **73**, 241—242 (1931).
MATHER, K.: Polygenic inheritance and natural selection. Biol. Rev. **18**, 32—64 (1943).
— The genetical units of continuous variation. Proc. 9th int. Congr. Genet. **1**, 106—123 (1954).
McCLINTOCK, B.: Chromosome organization and genic expression. Cold Spr. Harb. Symp. quant. Biol. **16**, 13—47 (1951).
NABOURS, R. K., and F. M. STEBBINS: Cytogenetics of the grouse locust Apotettix eurycephalus Hancock. Kans. Agr. exp. St. Tech. Bull. **67**, 1—116 (1950).
NYBOM, N.: Studies on mutation in barley. I. Superdominant factors for internode length. Hereditas **36**, 321—328 (1950).
PITTENGER, T. H., and K. C. ATWOOD: Stability of nuclear proportions during growth of Neurospora heterokaryons. Genetics **41**, 227—241 (1956).
QUINBY, J. R., and R. E. KARPER: Heterosis in Sorghum resulting from the heterozygous condition of a single gene that affects duration of growth. Amer. J. Bot. **33**, 716—721 (1946).
RACKER, E., 1959: Multienzyme systems. Amer. Natur. **93**, 237—244 (1959).
SCHULER, J. F., and G. F. SPRAGUE: Natural mutations in inbred lines of maize and their heterotic effect. II. Genetics **41**, 281—291 (1956).
SCHWARTZ, D.: Genetic studies on mutant enzymes in maize: Synthesis of hybrid enzymes by heterozygotes. Proc. nat. Acad. Sci. (Wash.) **46**, 1210—1215 (1960).
SIRKS, M. J.: The genotypic character of some aberrant forms of Lamium. Genetica **7**, 253—272 (1925).
STEPHENS, S. G.: A biochemical basis of the pseudo-allelic Anthocyanin series in Gossypium. Genetics **33**, 191—214 (1948).
— Possible significance of duplication in evolution. Adv. Genetics **4**, 247—265 (1951).
STERN, C., and E. W. SCHAEFFER: On wild-type iso-alleles in Drosophila melanogaster. Proc. nat. Acad. Sci. (Wash.) **29**, 361—367 (1943).
STUBBE, H., und K. PIRSCHLE: Über einen monogen bedingten Fall von Heterosis bei Antirrhinum majus. Ber. dtsch. Bot. Ges. **58**, 546—558 (1940).
— Über mono- und digen bedingte Heterosis bei Antirrhinum majus L. Z. Vererbungsl. **85**, 450—478 (1953).
WADDINGTON, C. H.: The interactions of some morphogenetic genes in Drosophila melanogaster. J. Genet. **51**, 243—258 (1953).
WALLACE, B.: The effect of heterozygosity for new mutations on viability in Drosophila: A preliminary report. Proc. nat. Acad. Sci. (Wash.) **43**, 404—407 (1957).
— The average effect of radiation induced mutations on viability in Drosophila melanogaster. Evolution **12**, 532—556 (1958).
— The role of heterozygosity in Drosophila populations. Proc. 10th int. Congr. Genetics **1**, 408—419 (1958).
WHITING, P. W.: Multiple alleles in complementary sex determination of Habrobracon. Genetics **28**, 365—382 (1943).
—, and S. B. CASPARY: Mormoniella Merry-Go-Rounds. J. Hered. **48**, 31—35 (1957).
WINGE, Ø., and C. ROBERTS: The genes for maltose and raffinose fermentation in Saccharomyces cerevisiae, strain Yeast Foam. Compt. R. trav. lab. Carlsberg, sér. physiol. **25**, 241—251 (1953).

Kapitel 7

Genetisch-physiologische Kontrollen

I. Theorie der residuellen Effektivität

1. Die Begrenzung der Stoffproduktion

Im großen und ganzen liegt es nahe anzunehmen, daß die lebenden Wesen in ihrer Gesamtheit die ihnen zur Verfügung stehenden Mittel auf eine relativ effektive Weise ausnützen. Indessen ist es möglich, daß einer oder mehrere der maßgeblichen Faktoren sich im absoluten oder relativen Minimum befinden und dadurch die Ausnützung anderer Faktoren erschweren. Hier sind drei Gruppen von Faktoren zu unterscheiden, nämlich Lichtenergie, Nährstoffe aller Art und Milieufaktoren wie Temperatur, die die Intensität der Lebensprozesse beeinflussen.

Es ist möglich, daß die Stoffproduktion der lebenden Organismen in erster Linie dadurch begrenzt wurde, daß es den grünen Pflanzen nicht gelungen ist, die Effektivität der Photosynthese über ein gewisses Prozent zu steigern. Ebenso gut ist es indessen möglich, daß kein Bedürfnis für höhere Effektivität vorlag, indem andere Faktoren wie Mangel an Kohlensäure oder irgend einem anderen Nährstoff doch keinen stärkeren Wuchs zulassen würden. Fragen von dieser Natur haben bisher noch kein großes praktisches Interesse für die Landwirtschaft gehabt. Wenn man aber versucht, die Erträge bis wesentlich über die heutigen Grenzen hinaus zu steigern, mögen sie von entscheidender Bedeutung werden. Nach älteren Berechnungen (cfr. KIESSELBACH, 1950) werden von der totalen Lichtenergie, die auf Maispflanzen von gutem Ertrag (100 bushels/acre = 6700 kg/Hektar) einstrahlt, nur 1,6% durch die Photosynthese in die chemische Energie der Assimilate umgewandelt. Da indessen nur etwa 20% dieser Strahlenenergie in den Teil des Spektrums fällt, der vom Chlorophyll absorbiert wird, kann die Effektivität der Maispflanze bei der Umsetzung letzterer Strahlentypen zu 8% angenommen werden.

Nach neueren Berechnungen (GREGORY, 1950) hat die photosynthetische Effektivität einen Grenzwert von ca. 1,5%, der jedoch nur von den besten Objekten unter den günstigsten Umständen erreicht wird. Unterschiede in der Ausnützung der photosynthetischen Effektivität, die durch Milieu und Objekt bedingt werden, haben zwar einen deutlichen Einfluß auf den Ertrag der Kulturpflanzen, sind aber gewöhnlich von geringerer Bedeutung als zwei andere Faktoren, nämlich Größe des für die Photosynthese verfügbaren Blattareals und Zeitdauer der Assimilation. Eine Steigerung des Ertrages durch letztere Faktoren mag indessen auf Schwierigkeiten stoßen, indem eine Erhöhung der Blattzahl zu einer zu starken gegenseitigen Beschattung der Blätter führen kann und die Vegetationsdauer durch klimatische Faktoren begrenzt wird. Bei einigen Objekten wie Mais kann man allerdings durch eine dichtere Aussaat schon zu einem früheren Zeitpunkt das optimale Blattareal erreichen und dadurch die Lichtenergie etwas besser ausnützen.

Ein anderer Faktor, der eine Ertragssteigerung erschweren könnte, ist der CO_2-Gehalt der Luft. Nach KIESSELBACH müssen fast unglaubliche Mengen Luft durch die Spaltöffnungen der Maispflanze strömen, um eine Ernte von 100 bushels/acre zu ermöglichen. Eine solche Ernte erfordert nämlich die Assimilation von 2,3 Tonnen Kohlenstoff, während der ganze Luftraum, der über einem Acre steht, zu einem gegebenen Augenblick nur 3,17 Tonnen Karbon enthält. Bei einer Steigerung des Ertrages über das heutige Niveau könnten die Menge der disponiblen Kohlensäure sowie ihre Diffusions- und Absorptionsgeschwindigkeit begrenzende Effekte bekommen.

Obwohl auch die verschiedensten anderen Faktoren der Ernährung und des Milieus die Erträge herabdrücken können, schaffen sie keine so großen prinzipiellen Schwierigkeiten wie das Problem der photosynthetischen Effektivität. Denn da die Photosynthese der grünen Pflanzen abgesehen von geringfügigen Modifikationen überall nach demselben Prinzip arbeiten dürfte, sollte sie auch stets eine ähnliche Effektivität haben, die sich nur schwer erhöhen ließe. Solche naheliegenden Annahmen erweisen sich jedoch nicht immer als richtig. Zum Beispiel könnte die Begrenzung der Effektivität nicht auf dem Mechanismus der Photosynthese beruhen, sondern auf Nebenprozessen, die mit der Photosynthese verbunden sind und die oft eine gewisse Verbesserung zulassen.

Auch wenn die photosynthetische Effektivität gewisse Grenzen setzt, mag es für die Mehrzahl der grünen Pflanzen zweckmäßig sein, sich ein gutes Stück von diesen Grenzen entfernt zu halten. Offenbar benötigen die Pflanzen für kritische Situationen große Reserven an Effektivität, die unter gewöhnlichen Verhältnissen unbenutzt verbleiben. SCHWANITZ (1960) gibt eine Anzahl Beweise dafür, daß die heutigen Kulturpflanzen noch keineswegs die ganze photosynthetische Effektivität ihrer Blätter ausnützen. Bei der Analyse dieses Problems gelangt er zu der Ansicht, daß in vielen Fällen die Produktion von Wuchsstoffen, ein genotypisch bedingtes Merkmal, den begrenzenden Faktor darstellt. Um die Stoffproduktion zu steigern, müßte entweder die Produktion von Wuchsstoffen erhöht werden, oder die Reaktion der Gewebe auf die Wuchsstoffe intensiviert werden. Es liegt indessen nahe anzunehmen, daß eine Reihe von weiteren genetisch-physiologischen Faktoren auf einem ähnlichen Niveau von genereller Effektivität Schwierigkeiten zu machen beginnen. Im übrigen verweisen wir auf die ausführlichen Diskussionen von SCHWARZE (1958), WATSON (1952, 1958) und WHYTE (1960).

2. Die Populationsdichte

Eine zu große Dichte der Populationen hat oft katastrophale Folgen für die aufwachsende Generation. NICHOLSON (1955) hat hierüber interessante Experimente mit einer australischen Fliegenart, *Lucilia cuprina*, angestellt. In vier parallelen Versuchsreihen wurden Fliegenpopulationen unter identischen Bedingungen zahlreiche Generationen hindurch in Populationskäfigen aufgezogen, indem täglich die gleiche Futtermenge für die Larven in jeden Käfig gegeben wurde. Der einzige Unterschied zwischen den Versuchsreihen bestand darin, daß in A alle erwachsenen Fliegen am Leben gelassen wurden, in B, C, D steigende Prozente der täglich aus den Puppen ausschlüpfenden erwachsenen Fliegen getötet wurden. Im übrigen wurden die Fliegen sich selbst überlassen. Wie Tab. 46 zeigt, bleiben in der übervölkerten Population A nur

Tabelle 46.
Die Effekte der Übervölkerung auf Larvensterblichkeit von Fliegen nach NICHOLSON *1955*

Versuch	Prozent ausschlüpfender Fliegen entfernt	Larven aus Eiern geschlüpft pro Tag	Erwachsene aus Puppen geschlüpft pro Tag	Prozent Larven zu Erwachsenen entwickelt	Mittlere Größe der erwachsenen Population
A	0	8794	157	1,8	1252
B	75	4121	192	4	464
C	95	1921	437	23	249
D	99	1330	909	68	128

1,8% der Larven am Leben. Durch Entfernung von 99% der ausschlüpfenden Fliegen wird zwar in Population D die Anzahl der Larven auf 15% herabgesetzt; da aber die Larven jetzt eine Vitalität von 68% haben, werden pro Tag 6mal so viel erwachsene Fliegen erhalten (909 statt 157) wie in Population A.

Eine ähnliche Erfahrung macht jeder Gärtner, wenn er seine Samen in Saatschalen aussät. Eine gewisse mittlere Saatdichte gibt im Durchschnitt am meisten gesunde Sämlinge pro Schale; bei zu hoher Dichte werden oft alle Sämlinge durch Pilze getötet. In Versuchen mit *Papaver* wurden gleich dicht gesäte Mischungen zweier Arten mit ungemischten Aussaaten derselben Arten verglichen. In 19 von 20 untersuchten Kombinationen zeigten die Mischungen geringere Sterblichkeit als die reinen Arten (Harper, 1961). Eine jede Art reagiert also empfindlicher auf ihre eigene zunehmende Dichte als auf Anwesenheit von Individuen aus einer nahe verwandten Art.

Nicholson glaubt, daß die Selektion in natürlichen Populationen stets in Richtung auf erhöhte Fertilität geht, trotz der fatalen Folgen, die eine zu große Dichte auf das Überleben der Individuen hat. Wenn z. B. in den Fliegenpopulationen des Versuches durch Mutation eine noch besser fertile Form entstehen würde, so würde also diese durch ihre größere Fertilität die Ausgangsform verdrängen und unter den gegebenen Bedingungen zu noch höherer Larvensterblichkeit führen. Hier müssen wir einen entgegengesetzten Standpunkt einnehmen. Obgleich zweifellos eine scharfe Selektion gegen zu niedrige Fertilität stattfindet, müssen doch andere Komponenten der Selektion irgendwie eine zu hohe Fertilität verhindern, genau so wie trotz der scharfen natürlichen Selektion auf hochgradig effektive Organismen eine zu starke Annäherung an die maximale photosynthetische Effektivität verhindert wird. Dieses Problem wird an anderer Stelle diskutiert.

3. Das Problem der monogenen Heterosis

Wir haben im vorigen Kapitel eine ganze Reihe von möglichen Erklärungen für monogene Heterosis diskutiert. Sie mögen alle in speziellen Fällen eine gewisse Rolle spielen; aber auch zusammen genügen sie nicht, um Natur und Häufigkeit dieses Phänomens zu erklären. Betrachten wir z. B. letale Chlorophylldefekte bei der Gerste, die heterozygot eine leichte Erhöhung des Chlorophyllgehaltes und Samenertrages bedingen. Könnte dieser Fall durch Superdominanz des Genes A in Heterozygoten Aa erklärt werden? Dies erscheint bei näherer Überlegung höchst zweifelhaft. Denn wenn wirklich das Genpaar Aa eine größere Menge eines spezifischen Enzyms produzieren würde als das Genpaar AA, was wäre dann der wahrscheinliche Effekt auf den Phänotyp? Bei höheren Pflanzen ist dies kaum untersucht. Aber Untersuchungen bei *Neurospora* deuten darauf, daß eine Reduktion eines Enzyms auf 3% seiner ursprünglichen Aktivität noch 80—90% der normalen Wuchsgeschwindigkeit gestattet (Woodward et al., 1960) und daß in Heterokaryons ein normaler Kern für 20 defekte kompensieren kann (S. 102). Eine Verstärkung der Enzymbildung über die normale Quantität hinaus würde wahrscheinlich keinen Effekt haben, da einerseits gewöhnlich kein überschüssiges Substrat vorhanden ist, auf das das Enzym einwirken könnte, und da andererseits die Kontrollmechanismen dazu bestimmt sind, selbst die Effekte eines gewaltigen Überschusses an Enzymen abzuregulieren. Sollten aber die Kontrollen eines bestimmten Pfadweges nachgeben, so stehen noch die Kontrollen anderer Pfadwege im Wege. Bei Berücksichtigung aller dieser Umstände ist es also höchst unwahrscheinlich, daß Aa durch erhöhte Quantität eines spezifischen Enzyms mehr Chlorophyll produziert als AA. Sollte dies aber trotz aller Hindernisse dennoch geschehen, so könnte diese Superdominanz nicht die Heterosis erklären, da normalerweise das Chlorophyll in großem Überschuß vorhanden ist und nicht vollständig ausgenützt werden kann.

Es bleibt somit kaum ein anderer Ausweg übrig, als die Annahme, daß ein heterozygoter Chlorophylldefekt auf eine aspezifische Weise erhöhten Chlorophyllgehalt und Samenertrag stimuliert, ähnlich wie niedrige Konzentrationen von letalen Giften den Wuchs fördern können. Im Anschluß an unsere allgemeinen Vorstellungen möchten wir eine solche Stimulation als *Auslösung residueller Effektivität* bezeichnen.

In einigen Fällen kann man eine formelle Erklärung für monogene Heterosis finden. Betrachten wir z. B. den Fall der Ma ma Heterozygoten bei *Sorghum*, die in geeignetem genetischen Hintergrund verglichen mit Ma Ma einen Mehrertrag von 61% ergeben können. Hier ließe sich annehmen, daß das Gen ma zwei Funktionen hat, nämlich a) die frühe Induktion der physiologischen Blühreife, b) die frühe Bildung der Blütenprimordien, während Ma beide Prozesse verspätet. In den Heterozygoten Ma ma dominiert ma in der ersteren Funktion, aber nicht in der zweiten. Die Folge davon ist, daß die Pflanze schon 6 Wochen vor Ausbildung der Blütenprimordien blühreif ist. In dieser Zeit werden vielleicht eine ungewöhnliche Menge von Substanzen gebildet, die für Wuchs und Ausbildung der Infloreszenzen von großer Bedeutung sind. Auf diese Weise mag in der langwierigen Periode, in der ma in morphologischer Hinsicht inaktiv ist, durch die physiologische Aktivität dieses Gens die Voraussetzung für eine ungewöhnliche Erhöhung der Fertilität geschaffen werden, indem eine große Anzahl Gene hierdurch Gelegenheit bekommen, frühzeitig in Aktion zu treten.

In diesem Falle könnte die Heterosis etwas mit der spezifischen Funktion des Genpaares Ma ma zu tun haben. Dieses Beispiel kann indessen auch mit aspezifischer Auslösung von residueller Effektivität erklärt werden, oder es mag eine semispezifische Heterosis vorliegen, d. h. die erhöhte Effektivität könnte etwas in Richtung auf den typischen Effekt des betreffenden Genpaares verschoben sein. Wenn wir die große Häufigkeit heterotischer Mutationen berücksichtigen, und wenn die Auffassung von Wallace (1958) richtig ist, wonach neuinduzierte Mutationen in heterozygotem Zustande die durchschnittliche Lebensfähigkeit von sonst homozygoten Organismen verbessern, so können wir kaum die Konklusion vermeiden, daß im Prinzip die meisten Gene imstande sind, residuelle Effektivität auszulösen.

Es mag überraschend vorkommen, daß heterozygote Mutationen, die gewöhnlich als streng rezessiv gelten, gemäß dieser Auffassung aspezifische Stimulationen auslösen sollen. Aber wie an anderer Stelle diskutiert, sind die sogenannten rezessiven Mutationen zum großen Teil in ihren aspezifischen Effekten durchaus nicht rezessiv. Sie haben charakteristische Effekte auf die biochemische Konstitution des Organismus. Es ist hierbei möglich, daß die primären Effekte nachteilig sind, daß aber eine *stimulatorische Kompensation* oft nicht nur die Störungen abmildert oder beseitigt, sondern auch als *„Hyperkompensation“* zu heterotischen Effekten führt. Ob die Auslösung solcher Stimulation in höherem Grade an Heterozygotie gebunden ist, oder ob sie im Prinzip gleich gut oder besser durch homozygote Defekte geschieht, wissen wir nicht. Denn es wäre möglich, daß der homozygote Defekt zwar noch stärkere Stimulation auslöst, daß dies aber nur für eine leichte Abmilderung des groben Defektes genügen würde. Aus diesem Grunde mögen wir kompensatorische Stimulationen am leichtesten an Heterozygoten konstatieren.

Die nachteiligen Effekte homozygoter Mutationen sind im großen und ganzen trotz unberechenbarer Interaktionen additiv oder multiplikativ. In Koppelungsuntersuchungen hat es sich z. B. als zweckmäßig erwiesen, für die Kombination aa bb eine Vitalität von $(1-s)(1-t)$ anzunehmen, wenn aa und bb einzeln die Vitalität um den Faktor $(1-s)$ bzw. $(1-t)$ herabsetzen (Parsons, 1959). Eine solche Addition der Nachteile muß auf aspezifischen Effekten der Gene beruhen. In ähnlicher Weise darf angenommen werden, daß Stimulationen eine aspezifische Kompensation oder Hyperkompensation eines Defektes erzeugen können. Wie dies im einzelnen geschieht, ist unbekannt. Daß es indessen für viele Defekte eine aspezifische Kompensation gibt, ist an und für sich eine naheliegende Annahme. Denn wenn jeder leichtere Defekt als Minimumsfaktor wirken würde, würden die extrem komplizierten genetisch-physiologischen Systeme höherer Organismen kaum je auf normale Weise funktionieren. Die folgenden Abschnitte werden eine Reihe von Beispielen geben, die auf die Existenz aspezifischer Kompensationsmechanismen deuten.

Um die Art der vorliegenden Probleme anzudeuten, möge folgendes hypothetische Modell dienen. Wenn ein Lokus A ein lebenswichtiges Enzym produziert, so bedeutet die Mutation aa, die kein brauchbares Enzym liefert, den Tod der Homozygoten. Eine andere Mutation a'a', die ein sehr geringwertiges Enzym produziert, könnte normalen Wuchs erlauben, wenn durch den Bedarf die 50fache Menge des defekten Enzyms induziert wird. (Über starke Erhöhung der Mengen normaler oder defekter Enzyme bei Mutationen von *Escherichia coli* vgl. YANOFSKY und CRAWFORD, 1959; YANOFSKY, 1960.) Dies würde durch Verbrauch von Aminosäurereserven die Neubildung von Aminosäuren stimulieren, was die Tätigkeit zahlreicher Gene beeinflussen müßte. Es sollte unter diesen Umständen nicht unmöglich sein, daß im Gesamteffekt außer einer Beseitigung eines spezifischen Defektes eine *aspezifische Stimulierung* der metabolischen Aktivität in Erscheinung tritt.

4. Allgemeine Vorstellungen

a) Notwendigkeit des Kontrollsystems

Wenn bedacht wird, daß der Genotyp eines höheren Organismus vermutlich über 1000 unersetzliche und vielleicht eine mehrfache Anzahl schwer ersetzliche Loki enthält, ist es klar, daß die Standardgene einen hohen Überschuß an potentieller Effektivität haben müssen. Denn sollten die Gene nur die Effektivität besitzen, die normalerweise von ihnen verlangt wird, so braucht nur irgendein Gen durch ungünstige Umstände schlecht zu funktionieren, um den Zusammenbruch des ganzen Systems zu verursachen. Das normale Funktionieren eines Organismus läßt sich also nicht durch Gene von genau abgepaßter Stärke erzielen. Stattdessen ist anzunehmen, daß die überwiegende Mehrzahl der Gene einen hohen Überschuß an potentieller Effektivität besitzen, daß aber die normale Stärke der Genfunktion teils durch Mangel an Substrat zustandekommt, teils durch ein System von kontrollierenden Genen, das die Stärke der einzelnen Reaktionsketten begrenzt und die Arbeit verschiedener Reaktionsketten koordiniert.

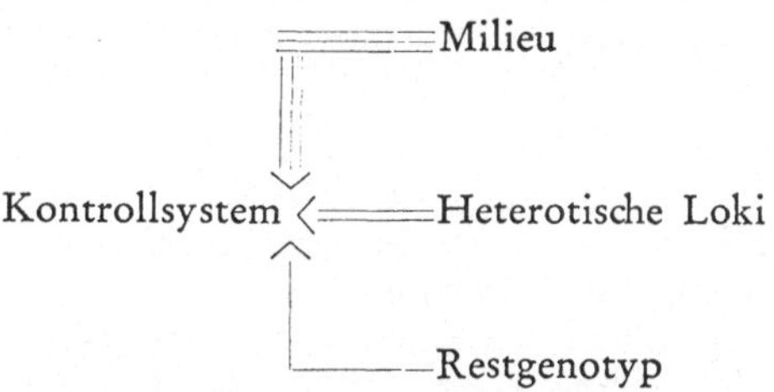

Wie vorstehendes Schema zum Ausdruck bringen soll, zeigt das Kontrollsystem eine hohe Nachgiebigkeit gegenüber den Milieufaktoren, so daß es eine elastische Anpassung des Wuchses an die Existenzmittel erlaubt. Eine Pflanze kann normalerweise bis zu bestimmten Grenzen allen ihr zur Verfügung stehenden Raum effektiv ausnützen. Unterschiede im Raum können darüber entscheiden, ob winzige Zwergpflanzen oder im Gewicht viele tausendmal größere Riesenpflanzen entstehen, ohne daß hierbei der normale Abschluß der Entwicklung gefährdet zu sein braucht. Denn auch die Zwergpflanzen können eine ihren Dimensionen entsprechende Anzahl gesunder Samen ausbilden. Eine wesentlich geringere, aber dennoch nicht zu vernachlässigende Elastizität zeigt das Kontrollsystem gegenüber den heterotischen Loki, während es gegenüber dem Restgenotyp in der Regel sehr unnachgiebig ist. Denn der Restgenotyp ist im allgemeinen auf höchste Effektivität ausgelesen, und die eigentliche

Aufgabe des Kontrollsystems besteht darin, diese Effektivität auf ein zweckmäßiges Maß zu reduzieren. Wir sehen hier von Komplikationen ab, die durch Defekte im Restgenotyp bedingt werden können. Vgl. sonst Kapitel 21.

b) Die Zonen der Effektivität

Die weiteren Vorstellungen werden wir an Hand von Fig. 17 diskutieren. In diesem Schema setzen wir voraus, daß den Pflanzen genügend Existenzmittel zur Verfügung stehen, so daß wir von den Problemen der plastischen Anpassung an das Milieu abstrahieren können. Dagegen berücksichtigen wir sämtliche übrigen gene-

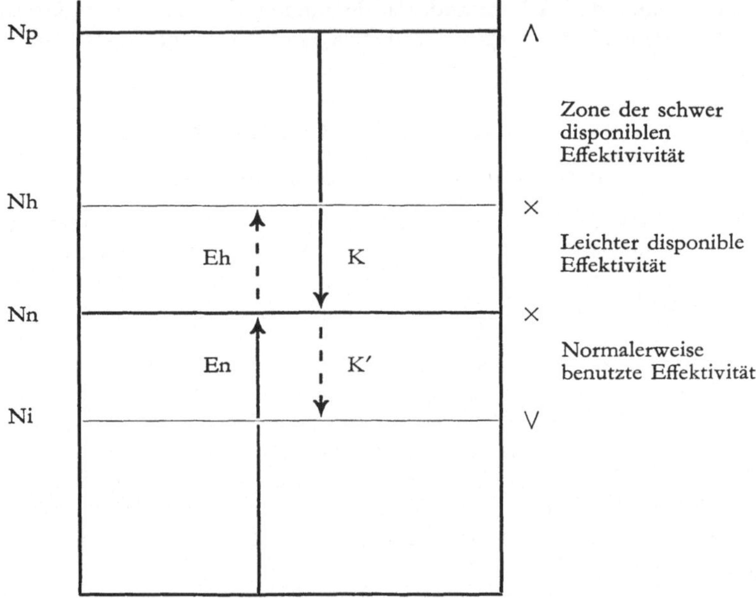

Fig. 17. Zur Theorie der residuellen Effektivität. Np, Grenze der potentiellen Effektivität. Nh, Nn, Ni, bzw. Niveau der besten Hybride, Normalniveau, Inzuchtniveau

tischen und nicht genetischen Faktoren, die die Effektivität des Organismus beeinflussen. Wir gehen davon aus, daß die potentielle Effektivität der meisten Reaktionen (Np) hoch über dem Niveau der normalerweise realisierten Effektivität (Nn) liegt. Das potentielle Niveau mag für die verschiedenen Reaktionen recht verschieden hoch liegen und könnte bei verschiedenen Individuen stark variieren. In einem Schema genügt indessen die Vorstellung einer sehr hohen Lage. Indem die Effektivität normaler, durchschnittlicher Individuen (En) durch die Kontrolle K reguliert wird, kommt es zu einem Gleichgewicht auf dem Normalniveau Nn. Durch Steigerung des Heterozygotiegrades und Ausnützung anderer genetischer Effekte können gewisse Genotypen den Kontrollen etwas ausweichen und im Grenzfall das Niveau der besten Hybride (Nh) erreichen. Wenn dagegen durch Inzucht die Effektivität der Genotypen geschwächt wird, werden die Kontrollen zu stark, indem sie die Effektivität auf das Niveau Ni oder noch tiefer herabdrücken, was durch die Verlängerung K′ des Pfeiles der Kontrolle angedeutet wird. Durch ein besonders günstiges Milieu kann die Effektivität der Genotypen in ähnlicher Weise wie durch Heterosis verbessert werden, so daß auch durchschnittliche Genotypen nahezu das Niveau Nh erreichen können.

Die Zone Nn – Np des Schemas stellt das Gebiet der residuellen Effektivität dar. Sie zerfällt in die Zone Nn – Nh, die relativ leicht durch Heterosis und günstige

Milieufaktoren ausgenützt wird, und die Zone Nh—Np, die sehr schwer disponibel ist, indem sie Reserven darstellt, die vielleicht nur durch besondere kritische Situationen zum Vorschein gebracht werden. Da solche Reserven seltener gebraucht werden, mögen sie auch oft nicht zuverlässig arbeiten, indem sie durch zufällige Defekte ausgeschaltet werden. Dennoch ist im Prinzip eine sehr weite Zone schwer disponibler Effektivität anzunehmen.

Wie oben betont, kann das genetische System nur befriedigend funktionieren, wenn die einzelnen Loki einen hohen Überschuß an potentieller Effektivität besitzen. Darüber hinaus muß das System als Ganzes über gewisse Reserven an Effektivität verfügen, die aber nicht von der Größenordnung der Reserven für die einzelnen Gene zu sein brauchen. Wenn im Laufe der Entwicklung eine Verschlechterung der Außenbedingungen eintritt, z. B. kurz nach der Blüte die Hälfte der Blätter von Parasiten abgefressen werden, so muß die Pflanze dennoch imstande sein, ihre Samen annähernd normal auszubilden. Zur Kompensation von genetischen Defekten mag auch sehr viel residuelle Effektivität benötigt werden. Reserven, die nicht benutzt werden, mögen oft in Qualität umgewandelt werden. Statt einer sehr großen Quantität von Samen, die an und für sich möglich wäre, wird eine begrenzte Menge von hoher Qualität (reich an Proteinen, Vitaminen, Auxinen . . .) ausgebildet.

c) Konkurrenz um residuelle Effektivität

Bei Betrachtung aller Verhältnisse liegt es am nächsten anzunehmen, daß die Standardloki stets auf höchste Effektivität ausgelesen werden, daß aber durch intensive Selektion auf richtige Lage der Kontrollen im Durchschnitt langer Zeiten innerhalb der Populationen ein fast unveränderliches mittleres Niveau von allgemeiner Effektivität aufrechterhalten wird. Es scheint, daß bei der Lage der Kontrollen berücksichtigt ist, daß normalerweise ein gewisser Betrag von residueller Effektivität durch die Systeme heterotischer Loki ausgelöst wird. Nun gibt es viele Typen von heterotischen Genen, Letalfaktoren, leichtere Defekte oder normal erscheinende Charaktere. Obgleich alle diese Typen zur Auslösung residueller Effektivität taugen, würde es nun scheinen, daß in der Natur eine scharfe Konkurrenz stattfindet und daß auf die Dauer nur Gene sich durchsetzen, die auf eine sinnvolle Weise Effektivität auslösen.

Die eigentlichen Fortschritte der Evolution, die Ausbildung völlig neuer Charaktere, geschehen vermutlich durch periphere Loki, von so komplexer Natur, daß sie zum Teil ganzen biochemischen Pfadwegen entsprechen, und die nur in geringerem Grade unter die Herrschaft der kontrollierenden Systeme fallen und daher in bezug auf Manifestation und Mutation weit plastischer sind als die fixierten Standardgene. Solche neuen Charaktere mögen an und für sich eine Belastung für die genetische Konstitution der Populationen darstellen, da sie noch nicht durch Selektion abgeschliffen sind und daher zahlreiche kleinere Störungen verursachen. Wenn aber gerade diese Störungen residuelle Effektivität auslösen, stellt die Sache sich günstiger. Wenn der neue Charakter unter gewissen Umständen konkrete Vorteile mit sich bringt, so wäre seine Zukunft gesichert. Er könnte auf diese Weise andere heterotische Gene, die auf weniger sinnvolle Weise Effektivität auslösen, aus der Population verdrängen. Auf diese Weise könnte in der Population ein reichhaltiges Muster von morphologischer und physiologischer Polymorphie entstehen. Z. B. könnten Typen, die eine extreme Resistenz gegen Trockenheit, Feuchtigkeit und bestimmte chemische Substanzen des Bodens besitzen, eine weite Verbreitung gewinnen. Wenn einige solche Typen schließlich fixiert werden, könnte die Art plastischer geworden sein, indem sie sich einem größeren Bereich von Umweltbedingungen anpassen kann. Wir sehen somit, daß auf solchem Wege ein Überschuß an Effektivität in Variabilität und

Plastizität umgewandelt werden kann. Das evolutionäre Potential einer Art hängt daher vermutlich in erster Linie von der Größe der disponiblen residuellen Effektivität ab.

d) Die Kontrolle der Fertilität

In besonders hohem Maße ist die Fertilität der meisten Organismen an Heterozygotie geknüpft. Da vermutlich dauernd neue heterotische Gene in der Natur entstehen, und ihre Wirkungen sich addieren, sollte die Fertilität der Populationen dauernd verbessert werden, wenn nicht entgegengesetzte Regulationen der Fertilitätskontrolle eine kompensatorische Erniedrigung bewirken. Die Pfeile Eh und K′ von Fig. 17, die diese entgegengesetzten Tendenzen symbolisieren, heben sich offenbar im Mittelwert der Populationen und im Durchschnitt großer Zeiten auf, weshalb es auf dem Normalniveau zu einem dynamischen Gleichgewicht für die Fertilität kommt. Der Umstand, daß die Fertilitätskontrolle normalerweise einem sehr hohen Druck seitens der heterotischen Loki angepaßt ist, hat indessen zur Folge, daß bei Inzucht die Kontrollen viel zu stark werden. Die allgemeine Effektivität des Organismus kann dadurch so abgeschwächt werden, daß ein Zusammenbruch des ganzen Systems erfolgt. Homozygotie kann in solchen Fällen zu völliger Sterilität, extremer Schwäche oder sogar zum Absterben auf frühen Stadien führen.

Konklusion. In diesem Zusammenhang können wir zwischen vier Systemen von Genen unterscheiden, Standardgene, die stets einen Überschuß an Effektivität haben, Kontrollgene, die diese Effektivität auf ein normales Niveau begrenzen, heterotische Loki, die sich den Kontrollen elastisch anpassen und periphere Gene, die eine größere Unabhängigkeit zeigen und zum Teil nicht fixiert sind (vgl. sonst S. 429). Die Auslösung residueller Effektivität muß in Mechanismen bestehen, die ein koordiniertes Nachgeben des Kontrollsystems bewirken und auf solche Weise relativ gleichförmig das ganze Gensystem stimulieren, wenn auch der Effekt in einigen Richtungen etwas stärker sein könnte als in anderen.

II. Nachweis residueller Effektivität

1. Genetische Effekte

Auf ganz verschiedenen Gebieten lassen sich Anhaltspunkte für die Existenz von residueller Effektivität gewinnen, obgleich exakte Beweise auf Schwierigkeiten stoßen. Durch die Züchtung auf Ertrag ist z. B. die Effektivität der meisten Kulturpflanzen beträchtlich erhöht worden. Theoretisch könnten solche Ergebnisse durch eine Verbesserung des ganzen genetischen Systems erzielt werden oder durch Veränderungen im System der Kontrollgene, die einen größeren Anteil der residuellen Effektivität freigeben, deren Ausnützung meist noch eine Verbesserung des Milieus voraussetzt. Es ist offenbar am wahrscheinlichsten, daß in kurzfristigen Züchtungsprogrammen in erster Linie die residuelle Effektivität Anwendung findet. Die Erscheinungen der Heterosis, die hauptsächlich auf Auslösung residueller Effektivität beruhen, werden ausführlich an anderen Stellen diskutiert, so daß wir uns hier mit einigen Hinweisen begnügen. Das häufig angetroffene Luxurieren der Arthybride, das in einem übertriebenen Wuchs besteht, zeigt, daß Kontrollen für die Wuchsprozesse durch die Kreuzungen abgeschwächt wurden. Wir haben schon im Abschnitt I dieses Kapitels angedeutet, daß zur Aufrechterhaltung der genetischen Variabilität in den Populationen, besonders in der Form von auffälliger Polymorphie, vermutlich residuelle Effektivität ausgenützt wird. Dasselbe gilt für das Phänomen der Introgression, das Eindringen von kürzeren Chromosomensegmenten aus fremden Arten in die Populationen einer Art. ANDERSON (1953) hält Introgression für den bei weitem wichtigsten

Faktor, der das Rohmaterial liefert, auf das die natürliche Selektion einwirkt. Nun ist es an und für sich unwahrscheinlich, daß Chromosomensegmente fremder Arten nicht gewisse Störungen in Genotypen hervorrufen, an die sie nicht durch die Selektion angepaßt sind. Wenn aber gerade solche Störungen sich in positive Stimulationen übersetzen, ist die Introgression leicht zu verstehen.

Von Interesse in diesem Zusammenhang sind auch die bei vielen Arten angetroffenen akzessorischen Chromosomen, überzählige oder überflüssige Chromosomen, die keine spezifischen Loki enthalten und die sich nur durch besondere Mechanismen, die ihre Häufigkeit unter den Gameten erhöhen, in den Populationen behaupten können. ØSTERGREN (1945) betrachtet die akzessorischen Chromosomen als *parasitische* Chromosomen. Obwohl es sich nicht um typische Parasiten handelt, hat diese Erscheinung offenbar einen gewissen Aspekt von Parasitismus. Daß akzessorische Chromosomen ihren Wirten Vorteile gewähren, die nicht durch gewöhnliche Loki erzeugt werden könnten, ist unwahrscheinlich. Die akzessorischen Chromosomen mögen indessen durch ihre kompliziertere Struktur imstande sein, mehr residuelle Effektivität auszulösen als gewöhnliche Gene und sich auf diese Weise unter gewissen Umständen in der Konkurrenz um die residuelle Effektivität zu behaupten.

Im übrigen haben auch größere Gruppen von Genen Aspekte von Parasitismus. Letalfaktoren, Defekte und Gene mit kaum erkenntlichen Effekten, die heterozygot keine anderen konkreten Vorteile gewähren, als daß sie Effektivität auslösen, sind mehr oder weniger Parasiten. Noch deutlicher wird der parasitäre Aspekt für Plasmagene und viroide Charaktere, die vielleicht durch kontinuierliche Zwischenformen mit echten Viren verbunden sind. Im Leben der Arten entstehen durch verschiedenartige Umstände, wie Aussterben von Parasiten und Einwanderung in neue Gebiete, kürzere Perioden, in denen ein gefährlicher Überschuß an Effektivität eintritt. In solchen Perioden wird zunächst die überschüssige Effektivität durch grobe Mittel wie plasmatische Defekte reduziert, bis durch Konkurrenz um residuelle Effektivität und Anpassung der Kontrollen allmählich sich sinnvollere Zustände ergeben.

Die sogenannten kosmopolitischen Arten, die große Teile der Welt mit sehr verschiedenartigem Milieu bewohnen, können kaum in einem speziellen Gebiet den gleichen Grad von Anpassung zeigen, wie die besten lokalen Arten. Wenn sie sich aber dennoch behaupten, so liegt es nahe anzunehmen, daß sie dies durch zweckmäßigen Einsatz ihrer residuellen Effektivität tun, indem diese nicht in Variabilität sondern in Plastizität transformiert wurde.

Während nun die meisten der obengenannten Erscheinungen von komplexer Natur sind und verschieden interpretiert werden können, gibt es andere, die sich vorzüglich für nähere Untersuchungen eignen würden. SCHWANITZ (1960) erwähnt z. B., daß Pflanzen mit groben Chlorophylldefekten, z. B. hellgrünen oder weißgrün-gescheckten Blättern, die nur geringe Teile (wie 10%) des normalen Chlorophyllgehaltes haben, dennoch in vielen Fällen einen normalen oder fast normalen Größenzuwachs zeigen. Solche Befunde könnten darauf deuten, daß die photosynthetische Effektivität weit höher ist, als man gewöhnlich annimmt, so daß ein entsprechend höherer Anteil der Effektivität normalerweise residuell verbleibt. — Durch dichtes Bepflanzen sowie durch Konkurrenz und Kooperation zwischen verschiedenen Genotypen lassen sich oft bedeutende Beträge an residueller Effektivität nachweisen, wie in Kapitel 10 näher diskutiert wird.

2. Umwelteffekte

Wenn nach VON SENGBUSCH (1956) bei der Kartoffelpflanze bis zur Hälfte der Blattfläche entfernt werden kann, ohne daß dies den Knollenertrag wesentlich herabsetzt, so zeigt dies deutlich die Anwesenheit von Reserven an photosynthetischer Effektivität. Nach SCHWANITZ (1960) gaben Pflanzen des Ölrettichs, die auf frühem

Stadium der Entwicklung etwa die Hälfte der Blattfläche durch Angriff von Erdflöhen verloren hatten, nur wenig reduzierten Grünertrag und ebenso hohen Samenertrag wie die kaum geschädigte Kontrolle.

Während eine zu hohe Samenproduktion unter natürlichen Verhältnissen direkt schädlich für die Art sein würde, ist gleiches nicht für zu hohe Pollenproduktion zu erwarten. Es liegt daher nahe anzunehmen, daß ein Teil der überschießenden Effektivität leicht in erhöhte Pollenquantität umgewandelt werden kann. Unter diesen Umständen hat es großes Interesse, den Effekt der frühzeitigen Entfernung der männlichen Blütenrispen beim Mais zu studieren. Eine solche Maßnahme hat unter günstigen Wuchsbedingungen in der Regel keinen Einfluß auf den Ertrag. Unter ungünstigen Bedingungen, wie Trockenheit, niedrige Bodenfertilität und dichte Pflanzung, wird aber regelmäßig der Ertrag erhöht, wie dies aus Tab. 47 u. 48 hervorgeht.

Tabelle 47.
Die prozentuale Erhöhung von Ertrag und Anzahl Kolben zweier Maishybride durch Entfernung der männlichen Blütenrispen. Nach GROGAN, 1956

Hybrid	1947; fertiler Boden, trockenes Jahr % Erhöhung		1948; schlechter Boden, reichlich Feuchtigkeit % Erhöhung	
	Ertrag	Anzahl Kolben	Ertrag	Anzahl Kolben
Wf9 × 38—11	12,9	5,3	26,7**	24,5**
K4 × B2	56,6**	41,4**	95,7**	86,2**

Tabelle 48.
Erhöhung des Ertrages dreier Maissorten durch Entfernung der männlichen Infloreszenzen bei verschiedener Pflanzenweite; Versuche in Südafrika. Nach GROGAN, 1956

Varietät	% Erhöhung des Ertrages in Sommer und bei Pflanzweite					
	1951/1952			1952/1953		
	12 in.	18 in.	36 in.	9 in.	18 in.	36 in.
Jackson White Dent . . .	49,6**	12,6*	25,4**	51,3**	8,0*	0,7
Americ. White Flint . . .	28,5**	11,2*	11,1	42,2**	4,7	13,3*
Yellow Bushman.	18,1**	4,0	8,5	23,5**	—4,2	—2,0

*, ** Signifikanz auf Niveau 0,05 bzw. 0,01.

vorgeht. Dies geschieht zum größeren Teil durch die Ausbildung einer größeren Anzahl von Kolben, d. h. weniger Pflanzen ohne Kolben, zum Rest durch besseren Wuchs der Kolben. Verschiedene Varietäten reagieren in der gleichen Richtung, aber in sehr verschiedener Intensität. Im Extrem wurde verglichen mit der unbehandelten Kontrolle eine Erhöhung des Samenertrages um 96% erhalten. Diese und ähnliche Versuche zeigen deutlich, daß die Assimilate, die normalerweise zum Aufbau der männlichen Infloreszenzen benutzt werden, auch für die Samenproduktion verwendbar sind. Wenn aber unter normalen Verhältnissen die Entfernung der Rispen wenig Wirkung hat, so zeigt dies die Anwesenheit von Kontrollen, die die Ausnützung solcher Reserven verhindern. Dagegen ist die unter ungünstigen Bedingungen erhaltene Ertragserhöhung zum Teil so groß, daß sie den Charakter einer Hyperkompensation hat.

KIESSELBACH (1922) zeigte, daß völlig unreife Maissamen, die schon 25 Tage nach der Befruchtung geerntet wurden, denselben Ertrag gaben, wie normale Maissamen, die erst 60 Tage nach Befruchtung reifen. Die reifen Maissamen haben demnach zweifellos einen Überschuß an Assimilaten, die für normale Verhältnisse überflüssig sind, indem sie nicht zu einem verbesserten Wuchs der Pflanzen beitragen. Aber sollte man den Versuch unter besonders ungünstigen Bedingungen wiederholen, so wäre das Ergebnis sicher sehr verschieden.

KAUFMANN und MCFADDEN (1960) untersuchten die Erträge von Pflanzen aus großen und kleinen Samen einer homogenen Gerstensorte. Zu diesem Zweck wurden die Samen mit Hilfe zweier Siebe in Fraktionen eingeteilt, eine durchgehende mit einem mittleren Gewicht von 24 mg und eine zurückbleibende mit einem solchen von 50 mg. Wenn große und kleine Samen in getrennten Parzellen ausgesät wurden, so entwickelten letztere sich etwas später und gaben einen um 17% niedrigeren Ertrag als erstere. Dieser Unterschied konnte indessen durch alternierende Aussaat von großen und kleinen Samen innerhalb derselben Reihe auf 43% verschärft werden. Offenbar ist die Effektivität der kleinen Samen nicht völlig normal, und zwar versagen sie besonders in der Konkurrenz mit normalen Nachbarn. Wenn alternierende Reihen aus großen und kleinen Samen gepflanzt wurden, so hatten die Reihen aus kleinen Samen nur 54% des Ertrages der Reihen aus großen Samen. Eine solche nichtgenetische Variation, um die es sich hier handelt, kann natürlich auch in F_2 von Kreuzungen vorkommen und das Erkennen der genetischen Variation erschweren. Die Verfasser empfehlen aus diesem Grunde, die F_2-Samen vor ihrer Aussaat in verschiedene Größenklassen zu trennen und dieselben getrennt auszusäen.

Aus Versuchen dieser und ähnlicher Art erhält man den Eindruck, daß normalerweise die Pflanzen beträchtliche Reserven an Effektivität besitzen. Durch ungünstige Umweltfaktoren können diese Reserven reduziert werden; aber oft reichen sie dennoch aus, um normale Erträge zu ermöglichen. Um eine Reduktion der Reserven nachzuweisen, ist es oft nötig, die behandelten Pflanzen und ihre Kontrollen in einem weniger günstigen Milieu aufzuziehen. In den meisten Fällen ist dichtes Auspflanzen eine der effektiven Methoden. Die Beispiele, die wir diskutiert haben, sind kaum scharf analysiert worden. Gewöhnlich handelt es sich darum nachzuweisen, daß der Normaltypus unausgenützte Reserven besitzt, die in kritischen Situationen eine Erniedrigung des Ertrages abschwächen. Daneben dürfte es indessen Milieufaktoren geben, die eine partielle Ausnützung der Reserven für eine Erhöhung des Ertrages über das normale Niveau hinaus gestatten.

3. Kombination verschiedenartiger Effekte

Im allgemeinen ist wenig darüber bekannt, wie die Effekte verschiedenartiger Faktoren sich gegenseitig beeinflussen. Die Effekte von Inzucht werden im allgemeinen durch schlechtes Milieu verstärkt. Es ist bekannt, daß Inzuchtlinien außerordentlich empfindlich auf das Milieu reagieren können. In ungünstigem Milieu ist in vielen Maisinzuchten der Ertrag wenig über Null. Inzucht und Chromosomenverdoppelung können eine ähnliche Verstärkung ihrer Effekte ergeben. Bei Mais und *Antirrhinum* haben tetraploide Linien, die aus homozygoten Inzuchten hergestellt wurden, eine minimale Fertilität, während solche, die aus Heterozygoten stammen, wesentlich besser fertil sind (RANDOLPH, 1942; SPARROW et al., 1942). Diese Ergebnisse sind durchaus verständlich, da Inzuchtlinien schon unter normalen Verhältnissen eine stark herabgesetzte Effektivität haben und weitere Störungen, wie schlechtes Milieu oder Chromosomenverdoppelung, die Effektivität leicht unter das Minimum herabsenken, das zur normalen Samenproduktion notwendig ist.

Während bei verschiedenen autogamen Kulturpflanzen durch Mischung homozygoter Linien oder verschiedener Arten oft bedeutende Mehrerträge erzielt werden, wurden in Mischungen von Maishybriden in keinem Fall eine Erhöhung des Ertrages gefunden (STRINGFIELD, 1959). Mischung verschiedener Genotypen kann anscheinend als milde Stimulation wirken, die bei homozygoten Formen Effektivität auslösen kann. Bei hochgradig heterozygoten Maishybriden ist dagegen alle leicht disponible Effektivität schon ausgenützt.

III. Analyse der Kontrollen

1. Allgemeines

Über die Natur der Kontrollen, die die ontogenetischen und metabolischen Prozesse regulieren und koordinieren, sind zwar eine Reihe von Einzelheiten bekannt, aber von einem Verständnis dieser Probleme sind wir noch weit entfernt. Hier können wir nur einige wenige Punkte berühren. RACKER (1959) gibt eine Übersicht über die Eigenschaften von Multienzymsystemen und diskutiert dabei die Kontrollen, die in die biochemischen Pfadwege eingreifen. Bei Bakterien beginnt man die Probleme der Enzymkontrolle näher zu studieren. Bei *Escherichia* wurde besonders der Pfadweg Anthranilsäure → Indolylglycerinphosphat → Tryptophan studiert. Die Quantität einer Reihe an diesem Pfadweg beteiligter Enzyme wird nach YANOFSKY (1960) durch das Endprodukt Tryptophan geregelt. Je nachdem diese Substanz im Unterschuß oder Überschuß vorhanden ist, werden stark erhöhte bzw. erniedrigte Mengen dieser Enzyme gebildet.

Bei den meisten anderen Objekten läßt sich zwar die Gegenwart bestimmter kontrollierender Mechanismen einwandfrei feststellen; über ihre Natur ist indessen wenig bekannt. Bei der Bildung von *Neurospora*-Heterokaryons z. B. können nach PITTENGER und ATWOOD (1956, vgl. S. 102) ganz verschiedene Verhältnisse zweier Kerntypen wie 1 A : 1 a und 1 A : 50 a fixiert werden (A z. B. = pan^+, a = pan^-). Während einer kurzen Übergangsperiode kann dieses Verhältnis durch äußere Faktoren beeinflußt werden. Dann aber wird es mit erstaunlicher Zähigkeit im weiteren Wuchs des Heterokaryons festgehalten. Es muß also einen Mechanismus geben, der das Verhältnis der beiden Kerntypen auf effektive Weise reguliert. Dieser Mechanismus kann bei der Bildung des Heterokaryons auf ganz verschiedene Kernverhältnisse *eingestellt* werden. Ist er aber erst eingestellt, so wird er nicht mehr verändert. Eigentümlich ist hierbei, daß selbst ungünstige Verhältnisse zweier Kerntypen wie 1 A : 50 a fixiert bleiben, auch wenn schon eine leichte Verschiebung des Verhältnisses zugunsten der A-Kerne wie 2 A : 50 a einen verbesserten Wuchs des Heterokaryons gestatten würde. Die Vorstellung von der Einstellung von Kontrollmechanismen in kritischen Stadien der Entwicklung hat auch ein beträchtliches Interesse für die Verhältnisse von höheren Pflanzen.

Nach ERICKSON (1959) existieren bei den höheren Pflanzen hoch entwickelte Mechanismen für Koordination und Integration der Wuchsprozesse, über die wir indessen sehr wenig wissen. In der Maiswurzel ist z. B. im Temperaturintervall 15—35° C Zellverlängerung und Zellteilung genau koordiniert, so daß Zellen von gleicher Größe entstehen, obgleich eine Zelle bei z. B. 25° dreimal so rasch wächst, wie bei 15°. Außerhalb dieses Intervalls, z. B. bei 10° und 40°, bricht diese Korrelation zusammen, indem bei beiden genannten extremen Temperaturen kürzere Zellen entstehen als normal. — In ähnlicher Weise variiert die Wuchsgeschwindigkeit einer Blütenknospe ziemlich stark mit der Temperatur. In einem weitem Temperaturintervall ist indessen der Wuchs der Organe innerhalb der Knospe genau mit der Knospengröße korreliert.

Die Mechanismen der Zelldifferenzierung sind charakterisiert durch alternative Möglichkeiten, über die nach einem streng geordneten Muster entschieden wird. Diese Verhältnisse lassen sich am besten bei höheren Tieren studieren. Die Zellen haben zunächst die Möglichkeit, sich zu außerordentlich verschiedenen Typen zu entwickeln wie Nerven-, Knochen-, Epidermis-, Leberzellen. Wenn aber erst einmal die Entscheidung gefallen ist, so pflegen die Zellen eine der vorhandenen Alternativen voll und ganz zu realisieren. Es entstehen z. B. typische Nervenzellen, nicht Übergangsformen zwischen Nerven- und Epidermiszellen.

In einigen Fällen bestehen alternative Entwicklungsmöglichkeiten für den ganzen Organismus. Sehr lehrreich ist das Beispiel der Rosenblattlaus (Shinji, 1918). Bei diesem Objekt können innerhalb desselben parthenogenetischen Klons zwei Typen von Individuen gebildet werden, geflügelte und ungeflügelte, die sich indessen nicht nur durch Anwesenheit oder Abwesenheit der Flügel unterscheiden, sondern zahlreiche andere strukturelle Differenzen in praktisch allen Körperteilen zeigen. Die Entscheidung darüber, ob junge Blattläuse sich in den einen oder anderen Typus entwickeln, hängt von geringfügigen Unterschieden in ihrer Ernährung ab. Dabei fällt stets eine reinliche Entscheidung: entweder entsteht der geflügelte oder der ungeflügelte Typus, dagegen keine Übergangsformen. Die Möglichkeit einer solchen alternativen Reaktion auf Milieufaktoren beruht auf der genetischen Konstitution der Art. Zweifellos besitzt ein jedes Individuum der Rosenblattlaus zwei umfangreiche Genkomplexe, die beide Hunderte von Genen umfassen, einen für die geflügelte und einen für die ungeflügelte Form; aber nur einer von diesen Komplexen tritt in Aktivität. Der Mechanismus, der über solche Alternativen entscheidet, kann als „Switchmechanismus" bezeichnet werden. In diesem Beispiel wird er durch unbedeutende Milieufaktoren kontrolliert, in anderen Fällen von ähnlicher Natur durch „Switchgene" (S. 100).

Das Beispiel der Rosenblattlaus zeigt uns aufs deutlichste die außerordentlich strenge Koordination in der Manifestation umfangreicher Genkomplexe. Die Geschlechtsbestimmung der Tiere lehrt uns trotz einiger Komplikationen im Prinzip genau dasselbe. Ein einziges Genpaar kann in vielen Fällen die Entscheidung über die größten alternativen Genkomplexe bekommen. Was für die alternativen Genkomplexe gesagt wurde gilt in analoger Form für die Genkomplexe der normalen Entwicklung, die innerhalb der Individuen die alternativen Richtungen in Differenzierung der Zellen, Gewebe und Organe ermöglichen. Sie werden durch einfache Faktoren des Milieus oder Genotyps zu bestimmten Stadien der Entwicklung und in bestimmten Regionen des Körpers in Tätigkeit gerufen, wonach alle Gene des Komplexes auf eine streng koordinierte Weise bis zum Abschluß der Entwicklung weiterarbeiten. Um die strenge Gesetzmäßigkeit der normalen Entwicklung zu verstehen, ist es zweckmäßig einige Fälle zu betrachten, in denen die Kontrollen gestört sind, so daß sie nicht mehr eindeutig arbeiten.

2. Versagen der Kontrollen

a) Ausschaltung einer genotypischen Kontrolle (Hoffmann, 1956)

Bei der Moosart *Bryum capillare* besteht eine genotypische Geschlechtsbestimmung. Die diploide Sporenkapsel kann durch die Formel MF wiedergegeben werden. Sie bildet durch Meiosis die haploiden Sporen, unter denen eine Spaltung in 50% M : 50% F gefunden wird. Eine jede Spore bildet zunächst ein Protonema, das eine große Anzahl von Stämmchen erzeugt, die zusammen einen „Rasen" bilden. Die M- und F-Sporen bilden männliche bzw. weibliche Rasen. Hierbei besteht ein ausgeprägter sexueller Dimorphismus, indem die Stämmchen der beiden Rasentypen sich nicht nur in der Natur der Geschlechtsorgane (Antheridien oder Archegonien), sondern auch in Blattstellung, Blattdichte, Stengellänge und Struktur des Blütenstandes unterscheiden.

Nun lassen sich durch Zerschneiden der jungen Sporenkapseln diploide Protonemen MF herstellen, die diploide Rasen von Stämmchen erzeugen. In diesen ist die normale genotypische Geschlechtsbestimmung ausgeschaltet, da diese auf einer Trennung der Geschlechtsfaktoren M und F beruht. Unter diesen Umständen establezieren sich ganz verschiedene Typen von phänotypischer Geschlechtsbestimmung. In einigen Rasen entstehen Gruppen von männlichen und weiblichen Stämmchen, aber nie zwittrige Stämmchen. In anderen findet man außer männlichen und weiblichen Stämmchen auch normale zwittrige, die sowohl Antheridien als Archegonien tragen. Schließlich findet man Rasentypen, die außer den drei genannten Typen von Stämmchen auch abnorme zwittrige ausbilden. In diesen findet man neben einer Mehrzahl von Archegonien die verschiedensten Übergangsformen zwischen Archegonien und Antheridien. Meist haben dieselben auch monströse Blätter, die Übergangsformen zwischen Blättern und Sexualorganen darstellen. Die verschiedenen Typen der phänotypischen Geschlechtsbestimmung unterscheiden sich also sowohl durch Zeitpunkt als auch Eindeutigkeit der Determination. In einigen Rasen ist mit der Anlage eines Stämmchens stets sein Geschlecht eindeutig determiniert. In anderen Rasen findet eine eindeutige Determinierung erst bei der Anlage der Äste oder der Sexualorgane statt. Es entstehen dann zwittrige Stämmchen mit typischen Antheridien und Archegonien. Schließlich ist in einem Teil der Rasen in den zwittrigen Stämmchen die geschlechtliche Determinierung nicht eindeutig; es entstehen dann verschiedenartige Übergangsformen und monströse Organe.

Dieses Beispiel zeigt, daß bei Störung einer genotypischen Determinierung ein phänotypischer Mechanismus sich ausbilden kann. Da letzterer indessen nicht so stabil ist wie ersterer, erhalten wir eine beträchtliche Variation zwischen verschiedenen Individuen (Rasen) und innerhalb der Individuen (Stämmchen desselben Rasens). Ob die Unterschiede zwischen den verschiedenen Rasen durch modifizierende Gene oder durch Milieu bedingt sind, ist unbekannt.

b) Eingreifen falscher Genkomplexe

Wenn durch Störung der Kontrollen Genkomplexe zu falscher Zeit oder am falschen Ort in Aktivität gerufen werden, kann dies oft die sonderbarsten Effekte auslösen. Ein typisches Beispiel bei Pflanzen sind die embryosack-ähnlichen Pollenkörner bei *Hyacinthus orientalis* (Stow, 1930). Bei diesem Objekt treten bei Einwirkung hoher Temperaturen auf ein bestimmtes Entwicklungsstadium der Antheren und Erfüllung gewisser anderer Bedingungen große 8kernige Pollenkörner auf, die eine hohe Ähnlichkeit mit normalen Embryosäcken haben. Hier muß angenommen werden, daß ein spezifisches Milieu einen Komplex von Genen, der normalerweise in den Fruchtknoten funktioniert, in den Antheren in Wirksamkeit treten läßt. Bei Tieren gibt es noch auffälligere Beispiele. Beim Menschen können embryo-ähnliche Strukturen an den verschiedensten Körperstellen entstehen. Nach Kimmel et al. (1950) wurde z. B. im Kopfe eines 19tägigen Kindes ein Tumor gefunden, der 5 Embryonen enthielt. In einem dieser Embryonen war der Körper mit Ausnahme des Kopfes relativ normal entwickelt; Wirbelsäule und Gliedmaßen waren vorhanden. Während in obigen Beispielen das Milieu ein abnormes Eingreifen von Genkomplexen bedingt, erfolgt dies in anderen Fällen durch Gene. Bekannt ist das rezessive Gen tra bei *Drosophila*, das Weibchen in Männchen verwandelt (S. 100). Bei Farnen ist eine Mutation bekannt, die Sporen in Spermatozoide verwandelt.

In Beispielen dieser Art können die Faktoren des Milieus oder Genotyps die hochgradig komplexen Effekte nicht direkt erzeugen, sondern indirekt, indem sie die entsprechenden Komplexe von Genen am falschen Ort, zur falschen Zeit oder im falschen Geschlecht in Aktivität rufen. Aus der Gesamtheit solcher Befunde erkennen wir zwei wichtige Prinzipien, nämlich 1. daß die Entscheidungen über alternative Entwicklungsmöglichkeiten oft sehr einfache Grundlagen haben; denn sonst könnten sie nicht durch einzelne Gene oder unspezifische Milieufaktoren in richtiger oder falscher Weise ausgelöst werden; 2. daß solche einfachen Entscheidungen, gleichgültig ob richtig oder falsch, zu einer hochgradig koordinierten Aktivität großer Komplexe von Genen führen können.

c) Phänotypische Instabilität

Normalerweise können die Individuen einer Art sich einem großem Bereich von Außenbedingungen harmonisch anpassen. Wenn aber gewisse Grenzen überschritten werden, so kann dies zu disharmonischer Entwicklung führen. Widdowson und McCance (1960) fanden z. B., daß Ratten, die vom ersten Tage ihres Lebens ab in künstlich verkleinerten Würfen aufgezogen wurden, durch die reichlichere Ernährung im Alter von 21 Tagen ein zwei- bis viermal so großes Gewicht besaßen als Ratten aus großen Würfen. Obwohl nach der Entwöhnung sowohl den Tieren aus großen als auch aus kleinen Würfen unbegrenzte Nahrung geboten wurde, vergrößerte die Gewichtsdifferenz sich in den folgenden Stadien, und die Tiere aus den kleinen Würfen verblieben auch als Erwachsene viel größer. Es zeigte sich nun, daß die extreme Beschleunigung des Wuchses zu einer starken Modifikation der Zeiten führte, zu denen die anatomische, physiologische und chemische Reife der Organe erreicht wurde, indem einige Funktionen, wie Sehvermögen und Hervorbrechen der Zähne, in der Hauptsache durch das chronologische Alter bestimmt wurden, während andere, wie sexuelle Reife, mehr an die Größe gebunden waren. Die Muskeln zeigten trotz ihrer Größe einige der Symptome von physiologischer Unreife, die ihrem chronologischen Alter entsprachen.

In anderen Fällen kann ein disharmonischer Wuchs durch die genotypische Konstitution bedingt sein. Die Kreuzung *Phaseolus vulgaris* × *Ph. multiflorus* (gewöhnliche Bohne × Feuerbohne) gibt z. B. in der Regel eine stark polymorphe F_1, in der oft eine Reihe von extrem verschiedenen Typen unterschieden werden können, wie Giganten, die bis doppelt so hoch werden wie *Ph. multiflorus*, annähernd normale *multiflorus*ähnliche Pflanzen, Halbzwerge, Zwerge und schließlich früh absterbende 12—20 cm hohe Individuen. Die gleiche Kreuzung kann in verschiedenen Jahren recht verschiedene Ergebnisse geben. Eine befriedigende Erklärung der Polymorphie durch spaltende Gene ist nach Martin (1957) nicht möglich. Eine Analyse der Samenentwicklung deutet auf eine krankhafte Beschleunigung des Wuchses der hybriden Embryonen, die zu einer äußersten Instabilität der ontogenetischen Prozesse führt. In einem Teil der Individuen können die Kontrollsysteme die Tendenz zu einem ungezügelten Wuchs oder zu metabolischen Störungen gerade noch im Zaume halten und die verschiedenen Prozesse ausreichend koordinieren, so daß noch ein normaler Wuchs erfolgt. In anderen Individuen werden dagegen Kontrolle und Koordination durchbrochen, so daß in schwereren Fällen ein Zusammenbruch des ganzen Systems erfolgt. Indem solche labile Systeme sehr empfindlich auf das Milieu reagieren, ist es leicht zu erklären, daß dieselbe Kreuzung in verschiedenen Jahren ganz verschiedene Ergebnisse gibt.

Chromosomenverdoppelung kann auch bei einigen Objekten zu einer großen Labilität in den reproduktiven Funktionen führen. Bei *Linum usitatissimum* haben nach Pandey (1956) in tetraploiden Individuen aus der zweiten Generation nach Chromosomenverdoppelung zur Zeit der Befruchtung 70% der Embryosäcke noch nicht das normale 8kernige Stadium erreicht. Nur 8—9% der Pollenkörner auf der Narbe sind fähig, die Befruchtung auszuführen. Die Fertilität der Pflanzen variiert indessen außerordentlich stark. Während diploide Pflanzen 8—10 Samen je Kapsel haben, haben einige tetraploide im Durchschnitt ihrer Kapseln weniger als 1 Samen, andere dagegen 5—6.

3. Plastizität

Die Variabilität in Größe der Pflanzen kann bei einigen Arten erstaunlich hoch sein. Nach HARPER (1961) kann man z. B. Populationen von *Papaver rhoeas* finden, die aus winzigen Individuen mit durchschnittlich 4 Samen bestehen, und andere Populationen, die Pflanzen mit 400 Blüten enthalten, die aus jeder Kapsel 2000 Samen produzieren. Eine solche effektive Anpassung an die Existenzmittel (Raum, Feuchtigkeit, Bodenfertilität), die eine Vollendung der vegetativen und reproduktiven Entwicklungsprozesse unter den verschiedensten Bedingungen erlaubt, kann als Plastizität bezeichnet werden. Verschiedene Objekte haben indessen recht verschiedene Grade von Plastizität, und auch innerhalb der Arten werden beträchtliche Unterschiede gefunden. Viele moderne Maissorten haben z. B. eine so geringe Plastizität, daß sie auf dichte Pflanzung mit erniedrigter Fertilität oder einem erhöhten Prozent steriler Individuen reagieren, während andere Sorten im Gegenteil einen vermehrten Ertrag zeigen.

Der Ertrag einer Kulturpflanze hängt von mehreren Komponenten ab, beim Getreide z. B. Anzahl Pflanzen pro m^2, Anzahl fertiler Halme je Pflanze, Anzahl Körner je Ähre und mittleres Gewicht der Körner. Wenn diese vier Komponenten mit a, b, c, d bezeichnet werden, so ist der Ertrag pro $m^2 = a \cdot b \cdot c \cdot d$. Die drei Komponenten, die von der Pflanze abhängen, haben in der Regel einen sehr ungleichen Grad von Plastizität. Beim Getreide hängt die Ausnützung des Raumes in erster Linie von der Anzahl fertiler Halme je Pflanze ab. Für den Ertrag mag es daher von entscheidender Bedeutung sein, daß die Pflanze imstande ist, ihre Ährenzahl elastisch dem vorhandenen Raum anzupassen. Die Anzahl Körner/Ähre und das mittlere Korngewicht werden meist in viel höherem Grade durch erbliche Faktoren kontrolliert. Sie können daher nur in viel geringerem Maße zur Ausnützung eines Überschusses an Raum und Bodenfruchtbarkeit beitragen. Um einen gewissen Eindruck von diesen Verhältnissen zu geben, zitieren wir einige Variabilitätskoeffizienten des Winterweizens nach ROEMER-WIENHUES (1958).

Halmlänge	6,0	Gesamtpflanzengewicht	43,1
Tausendkorngewicht	5,1	Gesamtkornzahl	43,6
Halmzahl	40,0	Gesamtkorngewicht	41,0

Wir sehen, daß die Halmzahl und die mit ihr korrelierten Eigenschaften, die für die plastische Ausnützung des Raumes maßgeblich sind, achtmal so hohe Variabilitätskoeffizienten haben, wie das erblich stärker fixierte Tausendkorngewicht. — Bei Leguminosen wie der Sojabohne hängt die Ausnützung der Existenzmittel in erster Linie von der Anzahl Schoten je Pflanze ab, die ihrerseits durch Größe und Verzweigung der Individuen bedingt wird, da Samengewicht und Anzahl Samen je Schote im wesentlichen erblich fixiert sind.

Bei einkolbigen Maisvarietäten hängt die Ausnutzung des Raumes im wesentlichen von der Größe des Kolbens ab, die ihrerseits weit mehr durch Anzahl der Samen als durch Samengewicht bestimmt wird. Man ist darauf aufmerksam, daß einkolbige Maissorten nicht genügend plastisch für maximale Erträge sind, indem sie bei dichterem Pflanzen leicht sterile oder mißbildete Kolben geben und da die Regulierung der Kornzahl oft nicht ausreicht, um einen Überschuß an Existenzmitteln zu absorbieren. Einige Forscher glauben aus diesem Grunde, daß man in Zukunft zu einem vielstengligen und vielkolbigen Maistypus übergehen wird, der sich viel dichter pflanzen läßt und daher auch viel rascher zu einer befriedigen Absorption der einfallenden Lichtmenge gelangt (WELLHAUSEN, 1956).

Die diskutierten Verhältnisse variieren von Objekt zu Objekt. Im großen und ganzen ist anzunehmen, daß die am meisten plastische Komponente den größten Teil eines eventuellen Überschusses an Existenzmitteln aufsaugt und daß, wenn dies nicht genügt, andere Komponenten plastisch werden. Einige Komponenten wie Korngröße erscheinen indessen bei den heutigen Varietäten ungeeignet, um größere Anteile eines Überschusses zu absorbieren. Andererseits muß man darauf aufmerksam sein, daß Genotypen mit einer mehr plastischen Körnergröße höhere Erträge geben würden, indem sie imstande wären, stets die letzten Reserven auszunützen. Züchtung auf höhere Plastizität in Körnergröße mag daher in Zukunft eine nicht zu unterschätzende Bedeutung haben.

4. Die Stabilität des Phänotyps (Homeostasis)

a) Die Pufferung der Entwicklungsprozesse

Trotz der hohen Plastizität, die die meisten Organismen in einigen Richtungen zeigen und die besonders in der Anpassung der Pflanzen an ihre Existenzmittel zutage tritt, finden wir gleichzeitig in allen wichtigeren Charakteren eine starke Sicherung gegen Entgleisungen aller Art (developmental accidents). Die sehr verschiedenen Milieuverhältnisse, unter denen die Individuen einer Art aufwachsen, erzeugen zwar mannigfaltige Unterschiede in jüngeren Stadien. Soweit solche nicht in sinnvoller plastischer Adaptation bestehen, werden sie indessen in der weiteren Entwicklung nicht proportional vergrößert, sondern gleichen sich später zum großen Teil wieder aus. Das Endergebnis ist in der überwiegenden Mehrzahl der Fälle eine Annäherung an den Normaltypus der Art. Kürzere Zeit nach der Aussaat können die Pflanzen eines Weizenackers wegen ungleicher Keimung und anderer Faktoren eine sehr verschiedene Größe zeigen. Dennoch bilden sie Halme von fast derselben Höhe, die sehr ähnliche, fast gleichzeitig reifende Ähren tragen, obgleich die Anzahl der Halme je Pflanze stark variiert.

Die Differenzierung der tierischen Gewebe und Organe ist besonders stark gesichert. Die fertigen Gewebetypen und Organe haben eine sehr verschiedene Struktur. In der großen Mehrzahl der Individuen werden alle Gewebetypen und Organe auf normale Weise differenziert, man findet keine Zwischenformen zwischen den verschiedenen Typen von Zellen, Geweben und Organen. WADDINGTON (1952) spricht in diesem Zusammenhang von der Kanalisierung der Entwicklungsprozesse, womit er zum Ausdruck bringen will, daß die Entwicklungsreaktionen trotz gewisser Variationen in den äußeren Bedingungen zu einem bestimmten Endergebnis führen. Sie zeigen mit anderen Worten eine Pufferung gegen die verschiedensten Einflüsse des äußeren und inneren Milieus. Andere Forscher wie LERNER (1954) gebrauchen in diesem Zusammenhang die Bezeichnung „developmental homeostasis".

Der aus der menschlichen Physiologie entliehene Terminus Homeostasis (EMERSON, 1954) kennzeichnet die Fähigkeit des Organismus unter den verschiedensten äußeren und inneren Bedingungen das komplexe Gleichgewicht der physiologischen Prozesse durch zweckmäßige Regulationen in der Nähe des optimalen Niveaus aufrechtzuhalten, also die Fähigkeit der Selbstkontrolle. Hierunter gehören z. B. die automatische Regulation des Sauerstoff-, Zucker- und Salzgehaltes sowie der Temperatur des Blutes bei der verschiedensten Sauerstoffspannung oder Temperatur der Umgebung und bei der verschiedensten Ernährung. Fähigkeiten von analoger Art besitzt der Organismus offenbar in bezug auf die Stabilität im Ablauf der Entwicklungsreaktionen.

Die Pufferung der Entwicklungsprozesse richtet sich nicht nur gegen Schwankungen im äußeren und inneren Milieu der Organismen, sondern auch in ähnlicher Weise gegen die Wirkungen der innerhalb der Populationen vorkommenden normalen genetischen Variation. Die üblichen Kombinationen von modifizierenden Genen mögen zwar in einigen quantitativen Charakteren eine gewisse Variationsbreite verursachen. Die Pufferung widersetzt sich aber in progressiv stärkerem Grade einer Überschreitung der normalen Variationsbreite, indem sie z. B. jenseits gewisser Grenzen die Wirkung der Gene und des Milieus reduziert. Sie widersetzt sich meist noch viel entschiedener größeren Abweichungen vom Typus der Korrelationen, die normalerweise zwischen den verschiedenen quantitativen Charakteren eines Organismus bestehen.

b) Genetische Voraussetzungen der Pufferung

Die starke Pufferung des Normaltypus gegen Entgleisungen aller Art setzt voraus, daß alle wichtigeren normalen Allele zumindestens heterozygot zugegen sind. Wenn Fehlen eines dieser Loki überhaupt mit dem Leben vereinbar ist, so kann es außer den spezifischen Defekten eine vielseitige Empfindlichkeit gegenüber verschiedenartigen Milieufaktoren hervorbringen. Bei *Neurospora* ist z. B. bekannt, daß eine Reihe biochemischer Mutationen sehr empfindlich gegen bestimmte Aminosäuren im Medium sind, die den Normaltypus nicht belästigen. Außer einer lückenlosen Anwesenheit wichtigerer normaler Allele ist bei allogamen Organismen ein gewisser Heterozygotiegrad notwendig, um die Pufferung effektiv zu machen, wie an anderer Stelle diskutiert wird. Schließlich erfolgt in allogamen Populationen vermutlich eine gewisse Stabilisierung des Phänotyps und Dämpfung der Variabilität durch Nachwirkungen und plasmatische Effekte. Die abspaltenden homozygoten Defekte sind häufig in der ersten Generation durch Nachwirkungen etwas gemildert, und in der nächsten Generation sind sie schon wieder durch Kreuzung mit dem Normaltypus unsichtbar geworden. Ähnliches gilt für Gene, die ein oder mehrere Generationen auf das Plasma einwirken müssen, um zur vollen Manifestation zu gelangen, wie es im *Datura*-Beispiel der Fall war (S. 84).

Wenn bei allogamen Organismen der Genotyp intakt ist und der Heterozygotiegrad ausreicht, so wird die normale Entwicklung dadurch garantiert, daß in allen biochemischen Pfadwegen die hocheffektiven normalen Allele bestrebt sind, die Aktivität bis hart an das Niveau zu heben, das durch das System der Kontrollgene bei dem gegebenen Milieu erlaubt ist. Bei einer solchen Sachlage scheint es unwahrscheinlich, daß es durch Verstärkung irgend eines spezifischen Geneffektes möglich wäre, die Effektivität des gesamten Systems zu verbessern. Sind in den Reaktionsketten defekte Loki vorhanden, so mag es durch Elimination dieser Loki gelingen, das normale Niveau der Aktivität zu erreichen, aber nicht dasselbe zu überschreiten. Im übrigen sind rezessive Defekte, die die Effektivität des Systems herabsetzen, wahrscheinlich in den Populationen weit seltener, als dies allgemein angenommen wird, da die Heterozygotieeffekte der Mutationen von früheren Vorstellungen abweichen. Größere positive Änderungen in den Effekten des Kontrollsystems erfolgen vermutlich am ehesten, wenn durch Kreuzungen stärker verschiedener Rassen an vielen Loki neue Allele eingeführt werden[1].

5. Kontrolle der Variabilität

a) Ontogenetische Regulationen

Mechanismen, die durch Stabilisierung der Entwicklungsprozesse eine Annäherung an den normalen Phänotyp erstreben, reduzieren damit notwendigerweise die Variabilität der Individuen und die Variationsbreite der Populationen. Besonders lehrreich in dieser Hinsicht sind Untersuchungen von Chai (1957) über die Variabilität des Körpergewichtes von Mäusen im Alter von 0, 28 und 60 Tagen. Als Material dienten zwei Inzuchtstämme, PL und PS, die auf hohes bzw. auf niedriges Körpergewicht ausgelesen waren sowie F_1, F_2 und B_1, die aus reziproken Rückkreuzungen der F_1-Mäuse zu beiden elterlichen Typen bestand. Die Variabilität des Körpergewichtes der

[1] In vielen unseren Betrachtungen sind aspezifische Geneffekte (S. 115) noch nicht genügend berücksichtigt.

genannten Generationen wird in Fig. 18 beschrieben. Wir sehen aus der Figur, daß die Tiere der relativ homogenen Inzuchtlinien bei der Geburt eine hohe Variabilität im Körpergewicht zeigen, die bis zur Entwöhnung schwach abfällt, dann aber sehr steil. Hierin zeigt sich deutlich das Eingreifen von regulierenden Mechanismen, die die ursprünglich vorhandenen Unterschiede progressiv reduzieren. Die F_1-Tiere aus Kreuzung dieser Inzuchten haben zur Geburt eine wesentlich geringere Variabilität, was auf dem bekannten Prinzip beruht, daß Heterozygotie die Stabilität der Entwicklung erhöht (LERNER, 1954). Da die Variabilität der F_1 in den folgenden beiden Phasen des Lebens nicht so stark reduziert wird wie die der Inzuchten, wird die Differenz zwischen F_1 und Inzuchten stark verringert. Immerhin verbleibt die F_1 noch im Alter von 60 Tagen weniger variabel als die Inzuchten. Die F_2 und B_1 haben dagegen ganz andere Typen von „Variabilitätskurven“. Sie beginnen mit einer überraschend geringen Variabilität, die nur relativ wenig über derjenigen der F_1 liegt, erreichen aber im Alter von 28 Tagen die Werte der Inzuchten und überschreiten dieselben in hohem Grade im Alter von 60 Tagen.

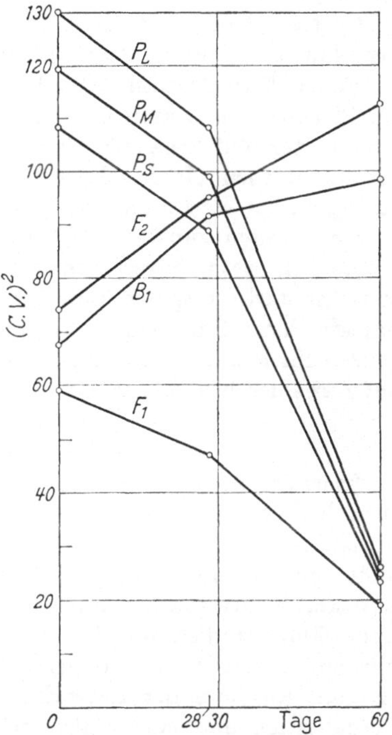

Fig. 18. Unterschiede in Variabilität des Körpergewichtes bei Geburt, Entwöhnung (28 Tage) und im Alter von 60 Tagen bei verschiedenen Genotypen von Mäusen. Die Ordinatenachse gibt die Werte von $(C.V.)^2$, Quadrat des Variabilitätskoeffizienten. P_M = Mittel der Inzuchtlinien. Nach CHAI, 1957

An der Kurve der F_2 sind drei Faktoren beteiligt. Die günstige Umgebung der Embryonen, wie sie durch die heterotischen F_1-Mütter garantiert wird, reduziert die Variabilität. Einen ähnlichen Effekt hat die Heterozygotie der F_2-Individuen, die zwar nicht so groß ist wie die der F_1, aber wesentlich größer als die der Inzuchten. Ein dritter Faktor besteht offenbar darin, daß die spaltenden Gene für Körpergröße zunächst nur eine geringe Wirkung haben, sich aber ganz allmählich im Laufe der Entwicklung durchsetzen. Dieser Befund ist besonders interessant deswegen, weil in diesem Beispiel Mäuselinien von sehr verschiedener Größe (37,4 und 13,6 g) gekreuzt wurden, weshalb in F_2 eine bedeutende genetische Variabilität zu erwarten ist. Im Gegensatz zu den langsamen Effekten der Größengene, zeigen die Effekte der Heterosis sich schon in den frühesten Entwicklungsstadien, wie später ausführlicher zu diskutieren ist. In diesem Zusammenhang interessiert uns besonders, daß die Variabilität der Körpergröße in genetisch homogenem Material wie Inzuchtlinien und F_1 durch zwei Faktoren kontrolliert werden kann, nämlich die langsam im Laufe der Entwicklung eingreifenden nichtgenetischen Regulationen und die von Beginn an effektive Heterosis.

b) Variabilität in konstantem Milieu

Wenn homogene Inzuchten in einem konstanten Milieu aufgezogen werden, so bleibt dennoch in der Regel eine beträchtliche Variabilität bestehen. Zum Teil mag dies daran liegen, daß gewisse kleinere Fluktuationen in den Entwicklungsprozessen unvermeidlich sind und daß sie häufig sekundäre Störungen auslösen, z. T. mag dies auf geringeren Schwankungen des Milieus beruhen, die wir mit den heutigen Methoden nicht eliminieren können. Indessen haben die Untersuchungen gezeigt, daß die

Variabilität nicht nur vom Grade der Konstanz des Milieus, sondern auch von der Lage der konstanten Milieufaktoren abhängt. Je weiter das Milieu sich von der optimalen Lage entfernt, desto stärker wird die Variabilität. ASHOUB et al. (1958) fanden z. B., daß Mäuse, die bei konstanten Temperaturen von 5, 21 und 28° aufgezogen wurden, eine verschiedene Variabilität zeigten. Am geringsten war die Variabilität bei der in der Nähe des Optimums gelegenen Temperatur 21°.

Eine außerordentlich starke Reduktion der Variabilität läßt sich nach WENT (1953) bei Pflanzen durch künstliche Regulierung sämtlicher Lebensbedingungen, wie Licht, Temperatur und Ernährung, erzielen, wenn für alle Faktoren optimale Bedingungen gewählt werden. Unter solchen Umständen gleichen die unvermeidlichen Unterschiede zu Beginn des Wachstums sich später wieder in hohem Maße aus. Pflanzen aus kleinen Samen wachsen zunächst rascher als solche aus größeren, später verhalten sie sich umgekehrt, weshalb fast genau die gleiche Endgröße erreicht wird. Pflanzen, die zunächst stark verspätet sind, haben später den gleichen Zuwachs wie die ursprünglich schnellsten Pflanzen. Da auf diese Weise der Variabilitätskoeffizient während der ganzen Entwicklungszeit absinkt, kann er für einige Merkmale der Erbse und Bohne unter 2% herabsinken, Werte die sonst nie angetroffen werden.

c) Die Variabilität der reinen Linien

Es ist üblich, die oft sehr bedeutende Variabilität genetisch homogener Inzuchtlinien ausschließlich auf Milieueffekte zurückzuführen (?). Zum größeren Teil sollte diese Variabilität durch plastische Adaptation an Raum und Substrat ausgelöst sein. Ein nicht unbeträchtlicher Teil der Variabilität mag indessen durch Effekte auf weniger elastische Kontrollmechanismen entstehen. Solche Mechanismen werden in kritischen Entwicklungsstadien auf Grund des äußeren und inneren Milieus auf ein bestimmtes Niveau eingestellt, und können sich dann relativ konstant auf dem gleichen Niveau bis zum Abschluß der Entwicklung halten. Hierzu gehören die Erscheinungen der Vernalisation und eine Reihe mehr oder minder verwandter Effekte, die in Embryonen, keimenden Samen oder Sämlingen induziert werden. Aber es gibt noch die verschiedensten anderen Ursachen für Variabilität. Wir haben schon den Effekt der Samengröße bei der Gerste und das Milieu des Pollenelters bei der Erbse (S. 86) genannt.

Unter diesen Umständen entsteht die für die Züchtung höchst bedeutende Frage, ob mütterliche Regulationen vorkommen, die den Mittelwert der Nachkommenschaft verschieben. Wir könnten z. B. die willkürliche Annahme machen, daß bei Bildung des Kolbens der Maispflanze ein Kontrollmechanismus in Funktion tritt, der den Durchschnitt des Ertrages der Deszendenz beeinflußt. Wenn zu viel Nahrung für den einen Kolben vorhanden ist, so könnte dieser Überschuß in gute Qualität der Samen umgesetzt werden, was in der Nachkommenschaft eine Ertragserhöhung bedingen könnte, die sich besonders bei ungünstigen Milieuverhältnissen manifestieren würde. Da nun die Nachkommen unter solchen Bedingungen zu hohe Erträge im Verhältnis zu ihren Existenzbedingungen hätten, könnte dies eine entgegengesetzte Regulation für die nächste Generation zur Folge haben.

Daß elterliche „Regulationen“ mit Effekt auf die ganze Nachkommenschaft in Monoploidlinien von Mais vorkommen, ist von mehreren Forschern deutlich gezeigt worden (Kap. 5, IV), obgleich wir über die Natur dieser Regulationen nicht viel wissen. Im übrigen finden wir kaum exakte Untersuchungen über dieses Problem. Kritische Prüfungen der Nachkommenschaft des ersten und zweiten Kolbens einer Maispflanze scheinen z. B. bisher zu fehlen. Indessen mag es in diesem Zusammenhang Interesse haben, daß bei standardisierten Kältekeimungsprüfungen (cold test germinations) gefunden wurde, daß unbekannte Umweltfaktoren einen enormen Einfluß auf die Ergebnisse individueller geselbsteter Kolben hatten (PINNELL, 1949; RINKE, 1954). Verschiedene Kolben derselben Inzucht gaben ganz verschiedene Ergebnisse und ein jeder Kolben verhielt sich wie eine Einheit. Andere Forscher fanden bei Infektion von Maislinien mit Pilzen, daß replikate Versuche mit Samen aus demselben Kolben ausgezeichnete Übereinstimmung gaben, und sie schlossen hieraus, daß die Bedingungen, unter denen der elterliche Kolben aufwuchs, verantwortlich für große Unterschiede in den Reaktionen der Nachkommenschaften waren (cfr. PINNELL, l. c.). — In der Literatur gibt es zahlreiche weitere Befunde, die sich am leichtesten mit der Annahme mütterlicher Regulationen erklären lassen, aber keine direkten Beweise darstellen. Um etwas Positives über diese Verhältnisse zu wissen, wäre es zu empfehlen, innerhalb von reinen Linien mit besonders empfindlicher Technik die Variabilität von Einzelpflanzennachkommenschaften mit der Variabilität einer Mischung dieser Nachkommenschaften zu vergleichen.

6. Konklusion: Die Skala der koordinierten Effektivität

a) Während in ihren spezifischen Effekten die einzelnen Loki gewöhnlich nur als Minimumsfaktoren, aber nicht in positiver Richtung wahrnehmbare Ausschläge geben können, hat im Prinzip fast jeder Lokus die Fähigkeit, auf aspezifische Weise Effektivität auszulösen und damit die Leistungen des ganzen Systems zu erhöhen. In einem Organismus, in dem Defekte in jedem von mehreren Tausend Loki zum Versagen des ganzen Systems führen können, ist es nötig, daß die meisten Defekte durch kompensatorische Prozesse abgemildert werden. Wenn dies nicht durch direkte Verbesserung des defekten Prozesses geschehen kann, so steigen bei verstärkter Effektivität des gesamten Systems die Möglichkeiten für indirekte Kompensationen.

b) Wenn bei der Auslösung von residueller Effektivität nicht eine koordinierte Verstärkung sämtlicher Prozesse erfolgen würde, so wären die Effekte disharmonisch und daher nachteilig für den Organismus. Solche disharmonischen Effekte mögen zwar vorkommen. Dennoch erkennen wir aus der Summe der genetischen Erfahrungen, daß eine harmonische Auslösung von residueller Effektivität existiert und eine wesentliche Bedeutung für das Funktionieren der Organismen hat.

c) Ein Teil der normalen Effektivität bei allogamen Organismen wird durch Heterozygotie aufrecht gehalten. Nach WALLACE (1958) ist bei steigender Heterozygotie ein verlangsamtes Ansteigen der Vitalität (Effektivität) zu erwarten. Es sind indessen keine Anzeichen dafür vorhanden, daß ein optimaler Grad von Heterozygotie besteht, dessen Überschreiten eine Reduktion der Vitalität zur Folge hat.

d) Erfahrungen solcher Art wären unverständlich, wenn die einzelnen Loki die Effektivität nach tausend verschiedenen Richtungen hin auslösen. Es ist vielmehr anzunehmen, daß es eine gradierte Skala für die Aktivität des Systems gibt, die wie ein Thermometer steigen und fallen kann, und innerhalb welcher zahlreiche Einzeleffekte als Additionen, Subtraktionen oder mehr oder minder gerichtete Interaktionen zum Ausdruck kommen können, obgleich dies auf eine höchst indirekte Weise zustandekommt.

e) Eine jede Population hat einen durchschnittlichen Heterozygotiegrad. Innerhalb der Population finden wir jedoch eine gewisse Variation im Heterozygotiegrad der Individuen. Die zu erwartende parallele Variation in der Aktivität der Individuen sollte eine große Bedeutung für die Existenz der Art haben, da sie das Vorkommen von Individuen sichert, die an verschiedene Milieubedingungen angepaßt sind. In einem Jahr überleben vielleicht nur die am frühesten gekeimten Sämlinge, in einem anderen die später gekeimten. Eine solche durch Heterozygotie bedingte Variabilität sollte sich stabil in den Populationen erhalten, wie später zu diskutieren ist. Im übrigen erleichtert die Variation im Heterozygotiegrad die Wirkung der natürlichen Selektion. Indem viele leichte Defekte bei erniedrigter Effektivität des Gesamtsystems hochgradig intensiviert werden, wird auf diese Weise das genetische System einer dauernden Prüfung ausgesetzt und eine zu starke Ansammlung von Defekten verhindert. Es können somit nur Gene erhalten bleiben, die in einem weiten Intervall von genereller Effektivität befriedigend funktionieren.

Einige der obigen Konklusionen, die in zu schematischer Form aufgestellt sind, werden in den folgenden Kapiteln näher diskutiert.

Literatur

ANDERSON, E. G.: Introgressive hybridization. Biol. Rev. **28**, 280—307 (1953).

ASHOUB, M. R., J. D. BRIGGERS, A. MCLAREN, and D. MICHIE: The effect of the environment on phenotypic variability. Proc. roy. Soc. B **149**, 192—203 (1958).

CHAI, C. K.: Developmental homeostasis of body growth in mice. Amer. Natur. **91**, 49—55 (1957).

EMERSON, A. E.: Dynamic homeostasis: A unifying principle in organic, social and ethical evolution. Scient. Mth. **78**, 68—85 (1954).

ERICKSON, R. O.: Integration of plant growth processes. Americ. Natur. **93**, 225—235 (1959).

GREGORY, F. G.: In: R. LONG: Production and utilization of chemical energy. Nature **166**, 669—672 (1950).

GROGAN, C. O.: Detasseling responses in corn. Agronomy J. **48**, 247—249 (1956).

HARPER, J. L.: The evolution and ecology of closely related species living in the same area. Evolution **15**, 209—227 (1961).

HOFFMANN, A.: Untersuchungen über die Geschlechtsdifferenzierung bei haploiden und diploiden Gametophyten von Bryum capillare L. Z. Vererbungsl. **87**, 753—768 (1956).

KAUFMANN, M. L., and A. D. MCFADDEN: The competitive interaction between barley plants grown from large and small seeds. Canad. J. Plant Sci. **40**, 623—629 (1960).

KIESSELBACH, T. A.: Corn investigations. Neb. Agr. exp. St. Res. Bull. **20**, 1—151 (1922).

— A half-century of corn research. Amer. Scient. **39**, 629—655 (1950).

KIMMEL, D. L., E. K. MOYER, A. R. PEALE, L. W. WINBORNE, and J. E. GOTWALS: A cerebral tumor containing five human fetuses. A case of fetus in fetu. Anat. Rec. **106**, 141—166 (1950).

LERNER, I. M.: Genetic homeostasis. Edinburgh: Oliver and Boyd 1954.

MARTIN, G. G.: Hacia el esclarecimiento del por qué de una polimorfa generación F_1. Genét. Ibér. **9**, 225—285 (1957).

NICHOLSON, A. J.: Density governed reaction, the counterpart of selection in evolution. Cold Spr. Harb. quant. Biol. **20**, 288—293 (1955).

ØSTERGREN, G.: Parasitic nature of extra fragment chromosomes. Botaniska Notiser **1945**, 157—163.

PANDEY, K. K.: Studies in autotetraploids of linseed (Linum usitatissimum L.). II. Morphology and cytogenetics. Lloydia **19**, 245—268 (1956).

PARSONS, P. A.: Multiplicative gene action in Drosophila linkage data. Genetica **30**, 190 bis 200 (1959).

PINNELL, E. L.: Genetic and environmental factors affecting corn seed germination at low temperatures. Agronomy J. **41**, 562—568 (1949).

RACKER, E.: Multienzyme systems. Amer. Natur. **93**, 237—244 (1959).

RANDOLPH, L. F.: The influence of heterozygosis on fertility and vigor in autotetraploid maize. Genetics **27**, 163 (1942).

RINKE, E. H.: Cold test germinations. Proc. 8th hybrid corn industry-research conference, 54—58 (1954).

ROEMER, TH., und F. WIENHUES: Getreide-Züchtung, allgemeine Grundlagen. In: TH. ROEMER und W. RUDORF: Handbuch der Pflanzenzüchtung. **2**, 1—34 (1958).

SCHWANITZ, F.: Das Ertragsproblem in entwicklungsphysiologischer Sicht. Züchter **30**, 45—56 (1960).

SCHWARZE, P.: Stoffproduktion und Pflanzenzüchtung. In: TH. ROEMER und W. RUDORF: Handbuch der Pflanzenzüchtung **1**, 307—365 (1958).

VON SENGBUSCH, R.: Untersuchungen über die Ursachen der Leistungen unserer Nahrungskulturpflanzen. Jahrbuch 1956 Max-Planck-Ges. z. Förderung d. Wiss. (1956).

SHINJI, G. O.: A contribution to the physiology of wing development in aphids. Biol. Bull. **35**, 95—116 (1918).

SPARROW, A. H., M. L. RUTTLE, and B. R. NEBEL: Sterility differences between auto- and allotetraploid Antirrhinum. Abstr. Genetics **27**, 170 (1942).

STOW, I.: Experimental studies on the formation of the embryosac-like giant pollen grain in the anther of Hyacinthus orientalis. Cytologia **1**, 417—439 (1930).

STRINGFIELD, G. H.: Performance of corn hybrids in mixtures. Agronomy J. **51**, 472—473 (1959).

WADDINGTON, C. H., 1952: Canalization of the development of quantitative characters. In: E. C. R. REEVE, and C. H. WADDINGTON (ed.): Quantitative Inheritance. London: H. M. Stationary Office, 1952.
WALLACE, B.: The average effect of radiation-induced mutations on viability in Drosophila melanogaster. Evolution **12**, 532—556 (1958).
— The role of heterozygosity in Drosophila populations. Proc. 10th int. Congr. Genetics **1**, 408—419 (1958).
WATSON, D. J.: The physical basis of variation in yield. Adv. Agr. **4**, 101—145 (1952).
— The dependence of net assimilation rate on leaf-area index. Ann. Bot. N. S. **22**, 37—54 (1958).
WELLHAUSEN, E. J.: Improving American corn with exotic germ plasm. Proc. 11th hybrid corn industry-research conference, 85—96 (1956).
WENT, F. W.: Gene action in relation to growth and development. I. Phenotypic variability. Proc. nat. Acad. Sci. (Wash.) **39**, 839—848 (1953).
WIDDOWSON, E. M., and R. A. MCCANCE: Some effects of accelerating growth. I. General somatic effects. Proc. roy. Soc. B **152**, 188—206 (1960).
WHYTE, R. O.: Crop Production and Environment. London: Faber and Faber 1960.
WOODWARD, D. O., C. W. H. PARTRIDGE, and N. H. GILES: Studies of adenylosuccinase in mutants and revertants of Neurospora crassa. Genetics **45**, 535—554 (1960).
YANOFSKY, C.: The tryptophan synthetase system. Bact. Rev. **24**, 221—245 (1960).
—, and I. P. CRAWFORD: The effects of deletions, point mutations, reversions and suppressor mutations on the two components of the tryptophan synthetase of Escherichia coli. Proc. nat. Acad. Sci. (Wash.) **45**, 1016—1026 (1959).

Kapitel 8

Theoretische Populationsgenetik

I. Genhäufigkeit in panmiktischen Populationen

1. Deszendenz von Kreuzungen

Die Populationen haben eine sehr verschiedene Struktur bei autogamen und allogamen Organismen. Dies läßt sich am besten an dem Ergebnis von Kreuzungen demonstrieren. Nehmen wir an, daß wir bei einer streng autogamen Art zwei Rassen kreuzen, die sich in *n* Genen unterscheiden. Wie früher erklärt (S. 11) wird in der Deszendenz in jeder Generation für jedes Genpaar die Häufigkeit der Heterozygoten auf die Hälfte reduziert. Das Endresultat wird eine Population, die aus 2^n verschiedenen homozygoten Genotypen besteht. Bei autogamen Gewächsen bestehen daher die Populationen aus Mischungen von zahlreichen reinen Linien.

Würden wir entsprechende Kreuzungen bei allogamen Organismen vornehmen, so würden wir ein ganz verschiedenes Ergebnis erhalten. Wir wollen das zunächst an einem einfachen Versuch zeigen. Wir nehmen an, daß wir zwei Kaninchenrassen, die

♀♀ \ ♂♂	AA	2Aa	aa
AA	AA	AA + Aa	Aa
2Aa	AA + Aa	AA + 2Aa + aa	Aa + aa
aa	Aa	Aa + aa	aa

4 AA : 8 Aa : 4 aa = AA : 2 Aa : aa

sich durch ein einziges Genpaar, z. B. A – a = schwarze – weiße Körperfarbe, unterscheiden, kreuzen und die F_2, die aus 25% AA : 50% Aa : 25% aa besteht, auf einer Insel isolieren, auf der die Kaninchen sich ungestört vermehren können. Wir nehmen an, daß die drei Genotypen gleiche Vitalität und Fertilität besitzen und daß die Paarungen zwischen ihnen zufällig sind, indem hierbei keine Kombination bevorzugt wird. Um die Zusammensetzung der F_3 zu berechnen, benutzen wir eine Modifikation der Schachbrettmethode. Zwischen den drei Typen von Männchen und Weibchen sind neun Typen von Paarungen möglich, deren Nachkommenschaften unter Berücksichtigung ihrer Häufigkeit in den Rubriken des Schachbrettes angeführt sind. Als Gesamtergebnis aller Paarungen erhalten wir eine Spaltung in 1 AA : 2 Aa : 1 aa. Wir sehen also, daß F_3 genau dieselbe Zusammensetzung hat wie F_2, und dies gilt offenbar auch für alle folgenden Generationen, wenn keine störenden Faktoren eingreifen. Was für das Genpaar A – a gezeigt wurde, gilt offenbar auch für weitere Genpaare B – b, C – c usw. Wenn die gekreuzten Rassen sich in n Genpaaren unterscheiden, so erhalten wir in F_2 3^n verschiedene Genotypen, deren relative Häufigkeit in allen weiteren Generationen die gleiche bleibt wie in F_2. Für jedes Genpaar erhalten wir stets 50% Heterozygoten und je 25% der beiden Homozygoten.

Die obige Ableitung gilt indessen nur für unabhängig spaltende Gene. Betrachten wir die Kreuzung zweier gekoppelter Gene $\frac{AB}{AB} \times \frac{ab}{ab}$, so werden in F_2 mehr Chromosomen von den elterlichen Typen AB und ab vorkommen als von den Rekombinationen Ab und aB. In jeder der folgenden Generationen wird durch erneutes crossing-over die Häufigkeit der Rekombinationen erhöht, bis schließlich Rekombinationen und elterliche Kombinationen die gleiche Häufigkeit haben. Dann besteht ein Gleichgewicht, indem die relative Häufigkeit der vier Kombinationen nicht mehr verändert wird. Je stärker die Koppelung, desto längere Zeit wird zur Einstellung des Gleichgewichtes benötigt. Wenn z. B. zwischen A und B nur 0,1% crossing-over vorkommt, so würde es Hunderte von Generationen dauern, bis die Kombinationen AB, Ab, aB und ab in der Population annähernd die gleiche Häufigkeit gewonnen haben. Das Endergebnis ist indessen dasselbe wie bei unabhängig spaltenden Genen.

2. Deszendenz von Mischungen

In den obigen Beispielen hatten wir die Populationen aus F_2-Generationen von Kreuzungen homozygoter Genotypen hergestellt. Wir werden jetzt ein Beispiel betrachten, in dem eine Population aus einer beliebigen Mischung der Genotypen AA, Aa und aa hergestellt wird. Wir setzten z. B. je 10 männliche und weibliche Kaninchen auf einer Insel aus. Dieses Ausgangsmaterial habe die unten für die Generation P angegebene Zusammensetzung. Die Beschaffenheit der F_1 könnten wir berechnen, indem wir wie oben mit Hilfe der Schachbrettmethode die Häufigkeit der neun Typen von Kreuzungen ermitteln. Indessen kommen wir auf eine viel einfachere Weise zu genau demselben Resultat. Wir stellen zunächst die Häufigkeit der Gene A und a

P

Individuen	(5 AA + 3 Aa + 2 aa) ♀♀ × (4 AA + 4 Aa + 2 aa) ♂♂
Gameten	(13 A + 7 a) Eizellen (12 A + 8 a) Spermien

F_1

Individuen	156 AA : 188 Aa : 56 aa = 39 AA : 47 Aa : 14 aa
Gameten	125 A : 75 a
	= (5 A + 3 a) Eizellen, (5 A + 3 a) Spermien

F_2

Individuen	25 AA : 30 Aa : 9 aa
Gameten	(5 A + 3 a) Eizellen, (5 A + 3 a) Spermien

F_3

Gameten	25 AA : 30 Aa : 9 aa
Individuen	(5 A + 3 a) Eizellen, (5 A + 3 a) Spermien

unter Eizellen und Spermien fest. Dabei wird angenommen, daß jedes Individuum im Durchschnitt zwei funktionierende Gameten erzeugt. Ein AA-Weibchen gibt also 2 A-Eizellen, ein Aa gibt 1 A + 1 a. Summieren wir die Gameten der Weibchen und

Männchen, so erhalten wir die in den Klammern angegebenen Werte. Multiplikation der Klammern gibt die relative Häufigkeit der drei Genotypen in F_1. Diese Häufigkeit wird nun in beiden Geschlechtern dieselbe sein, falls das Merkmal nicht geschlechtsgebunden ist. Auf analoge Weise läßt sich die Beschaffenheit von F_2 und F_3 berechnen. Wir sehen, daß in F_2 ein Gleichgewicht zwischen den drei Genotypen erreicht wird, das von jetzt ab unverändert in allen folgenden Generationen besteht. Wenn keine anderen Faktoren auf die Population einwirken, hängt die Lage des Gleichgewichtes ausschließlich von der Zusammensetzung des Ausgangsmaterials ab. Im vorliegenden Beispiel hatten wir in P eine „Gametenpopulation" von 13 A + 7 a unter den Eizellen, 12 A + 8 a unter den Spermien. Summieren wir diese Werte, erhalten wir 25 A : 15 a = 5 A : 3 a. Dieses Gametenverhältnis wird in allen folgenden Generationen aufrecht erhalten.

3. Das Gesetz von Hardy-Weinberg

In ungestörten Populationen, die sich im Gleichgewicht befinden, bestehen bestimmte Beziehungen zwischen den relativen Häufigkeiten der Homozygoten und Heterozygoten. Wenn die gametische Häufigkeit des Genes A als Dezimalbruch mit p bezeichnet wird, die von a mit q, so ergibt sich die Häufigkeit der Genotypen aus der Formel

$$(p+q)^2 = p^2 + 2\,pq + q^2 \,.$$

Man erhält also p^2 AA : $2\,pq$ Aa : q^2 aa. Man bemerke, daß $p+q=1$, weshalb $p=1-q$. Die genannte Formel wird nach ihren beiden Erfindern als das Gesetz von Hardy und Weinberg genannt. Die Bedeutung dieser Formel sei an Hand von Tab. 49 erklärt. Sie wird besonders dazu benutzt, um aus der bekannten Häufigkeit

Tabelle 49.
Beispiele für die Häufigkeit der Homozygoten und Heterozygoten nach der Formel von Hardy-Weinberg

A p	AA p^2	Aa $2pq$	aa q^2	a q	Aa:aa
0,5	0,25	0,50	0,25	0,5	2
0,6	0,36	0,48	0,16	0,4	3
0,7	0,49	0,42	0,09	0,3	4,7
0,8	0,64	0,32	0,04	0,2	8
0,9	0,81	0,18	0,01	0,1	18
0,95	0,9025	0,0950	0,0025	0,05	38
0,97	0,9409	0,0582	0,0009	0,03	65
0,99	0,9801	0,0198	0,0001	0,01	198
0,997	0,9940	0,00598	0,000009	0,003	665
0,999	0,9980	0,001998	0,000001	0,001	1998

einer rezessiven Homozygote die Häufigkeit der Heterozygoten in der Population zu berechnen. Als Beispiel können wir die blaue Augenfarbe beim Menschen nehmen, wobei wir schematisch annehmen, daß dieses Merkmal stets durch dasselbe rezessive Gen bedingt wird. Falls in einer Population 9% blauäugige Individuen gefunden werden, d. h. $q^2 = 0{,}09$, so sollten nach der Tabelle 42% der Individuen heterozygot für blauäugig sein. Die Häufigkeit der Albinos in England beträgt etwa $q^2 = 0{,}000\,05$. Die Häufigkeit des albino-Gens ist demnach $q = \sqrt{0{,}000\,05} = 0{,}0071$ und die der Heterozygoten $2\,pq = 2\,q(1-q) = 2 \cdot 0{,}0071 \cdot 0{,}9929 = 0{,}0141$, also 1,4%. Es gibt daher 282mal so viele Engländer, die heterozygot im albino-Gen sind, als Homozygoten.

In der letzten Spalte der Tabelle ist das Verhältnis der Häufigkeit von Aa und aa berechnet. Wir sehen, daß dieses Verhältnis um so größer wird, je seltener die rezessiven Homozygoten werden. Wenn aa eine Häufigkeit von 0,000 001 hat, gibt es etwa 2000mal so viele Heterozygoten als Homozygoten.

Wenn ein Gen in einer Population in mehreren Allelen vorkommt, z. B. A, A', a ..., deren Häufigkeit p, q, r ... sind, so sollte eine solche Population im Gleichgewicht folgende Zusammensetzung haben:

$$(p+q+r\cdots)^2 = p^2\,\mathrm{AA} + q^2\,\mathrm{A'A'} + r^2\,\mathrm{aa}\cdots + 2\,pq\,\mathrm{AA'} + 2\,pr\,\mathrm{Aa} + 2\,qr\,\mathrm{A'a}\cdots = 1.$$

4. Theoretische und natürliche Populationen

Die obigen Formeln gelten für *panmiktische* Populationen, d. h. theoretische Populationen von unbegrenzter Größe, in denen streng zufällige Kreuzungen zwischen den Genotypen und die Abwesenheit von Selektion und anderen störenden Faktoren vorausgesetzt werden. In Wirklichkeit werden diese Bedingungen nur in mehr oder weniger angenäherter Form erfüllt, da es zahlreiche Faktoren gibt, die die Häufigkeit der Genotypen in leichterem oder stärkerem Grade verschieben können. Die Populationen haben z. B. nicht die unendliche Größe, wie sie die Theorie voraussetzt, sondern begrenzte, aber sehr verschiedene Größen. Je kleiner die Populationen sind, desto stärkere zufällige Schwankungen in der Genhäufigkeit müssen wir erwarten, wie in Abschnitt IV näher diskutiert wird. Die zahlreichen Populationen, die zusammen eine Art bilden, sind gewöhnlich nur unvollkommen gegeneinander abgegrenzt. Häufig bestehen ganz allmähliche Übergänge zwischen ihnen. Zwischen verschiedenen Populationen findet ein gewisser Genaustausch statt, indem bei Tieren einzelne Individuen von einer Population zur anderen wandern *(Migration)* und bei Pflanzen Samen oder Pollen auf verschiedene Weise gelegentlich weit vom Ursprungsort entfernt gelangen.

Innerhalb der Populationen sind die Paarungen nicht stets streng zufällig. Nicht selten haben wir bevorzugte Paarung *(assortative mating)*, indem gewisse Kombinationen von Genotypen sich mit erhöhter Wahrscheinlichkeit kreuzen. Beim Menschen haben wir z. B. eine relativ hohe Häufigkeit von Ehen zwischen Vetter und Kusine. Wenn zwei verwandte Individuen heiraten, so besteht eine erhöhte Wahrscheinlichkeit dafür, daß sie heterozygot in denselben rezessiven Defekten sind, so daß diese häufiger homozygot ausspalten als in Ehen zwischen unverwandten Individuen. Ehen zwischen Vetter und Kusine geben z. B. eine deutlich erhöhte Häufigkeit von Albinos.

Ferner ist zu beachten, daß sich bei fast allen Arten räumlich benachbarte Individuen weit häufiger kreuzen als entfernt voneinander lebende. Dies hat ähnliche Konsequenzen wie schwächere Grade von Inzucht. Innerhalb größerer Populationen trifft man nicht selten Gruppen, deren Individuen sich nicht nur vorzugsweise innerhalb ihrer Gruppe paaren, sondern die sich auch durch überdurchschnittliche Fertilität in einer größeren Anzahl von Generationen auszeichnen. Gene, die sich zufällig in den wenigen Ausgangsindividuen der Gruppe befinden, können auf diese Weise eine unverhältnismäßig hohe Häufigkeit bekommen. Wenn solche Gruppen später wieder mit dem Rest der Population verschmelzen, mag hierdurch die genetische Beschaffenheit der Gesamtheit stark verändert werden.

Die Beeinflussung der Häufigkeit der Gene durch Mutation und Selektion wird in folgenden Abschnitten diskutiert. Hier genügt es zu sagen, daß bei den meisten Objekten in jeder Generation einige Prozent der Individuen neuentstandene Mutationen besitzen und daß höchstens ein geringer Teil dieser Mutationen selektiv neutral ist.

Ein umfangreiches Muster von sehr verschiedenartigen Erscheinungen hat selektive Effekte auf die *Gametenpopulation*, indem sie teils die Funktion der Gameten beeinflussen, teils eine assortative Kombination der Gameten herbeiführen. Hierzu gehört die Pollenschlauchkonkurrenz, die dazu führt, daß der rascher wachsende Typus von Pollenschläuchen die größere Anzahl von Nachkommen erzeugt (Correns, 1921), die selektive Befruchtung, die bestimmte Kombinationen von Eizellen und Pollenkörnern begünstigt (SCHWEMMLE, 1952; ARNOLD, 1958), die Affinität (SCHWEMMLE und KOEPCHEN, 1953), die unter Umständen eine erhöhte Variabilität in der Nachkommenschaft ermöglicht und viele andere Phänomene. Die Tendenz der Populationsgenetiker, Komplikationen von dieser Art zu übersehen, ist ungerechtfertigt, da diese in ihrer Gesamtheit einen beträchtlichen Einfluß auf die Struktur der Populationen haben mögen. Nach EDWARDS (1959) ließe sich z. B. die Polymorphie der Blutgruppen und anderer Charaktere, die gewöhnlich auf Heterosis zurückgeführt wird, auch mit bevorzugter Kombination von Gameten mit verschiedenen Eigenschaften der Oberfläche erklären.

Aus obigem wird man verstehen, daß ideelle panmiktische Populationen nur in der Theorie vorkommen. In der Wirklichkeit haben wir mehr oder minder angenähert panmiktische Populationen, die häufig auch als Mendelsche Populationen bezeichnet werden. Wegen der unvollkommenen und variablen Abgrenzung der Populationen wird der Terminus Population zu einem relativen Begriff, der sich nicht genau definieren läßt. Bei allogamen Organismen versteht man unter Population gewöhnlich einen Bestand von kreuzbefruchtenden Individuen, der im wesentlichen eine gemeinsame Abstammung hat. BUZZATI-TRAVERSO (1952) gibt z. B. die Definition „a population is an array of interbreeding individuals, continuous along the time coordinate". Obgleich ideelle panmiktische Populationen nicht vorkommen, gelten die für diese aufgestellten Formeln oft in brauchbarer Annäherung für wirkliche Populationen.

II. Selektion

1. Totale Selektion gegen rezessive und dominante Defekte

Die große Mehrzahl der Gene ist nicht absolut neutral, sondern wird von der natürlichen Selektion begünstigt oder benachteiligt; sie haben also positive oder negative selektive Werte. Die Zusammenhänge zwischen Intensität der Selektion und Änderungen der Genhäufigkeit werden in zahlreichen mathematischen Abhandlungen diskutiert. Da diese für Nichtmathematiker wenig verständlich sind, gehen wir hier nur auf einige allgemeine Probleme ein.

Wenn in F_2 und den folgenden Generationen der Kreuzung AA×aa sämtliche aa-Individuen eliminiert würden, so würde deren Häufigkeit in den ersten Generationen ziemlich rasch abnehmen. Der Effekt der Selektion würde indessen mit jeder Generation geringer, so daß schließlich nur noch unmerkliche Fortschritte gemacht würden (Tab. 50 und Fig. 19). Diese Verlangsamung des Selektionseffektes ist eine

Tabelle 50.
Abnahme der Häufigkeit des a-Gens und der aa-Individuen bei totaler Elimination letzterer in jeder Generation

Generation	Häufigkeit a	Häufigkeit aa	Generation	Häufigkeit a	Häufigkeit aa
F_2	0,500	0,250	F_{20}	0,0500	0,0025
F_3	0,333	0,111	F_{30}	0,0333	0,0011
F_4	0,250	0,0625	F_{40}	0,0250	0,000625
F_5	0,200	0,0400	F_{50}	0,0200	0,000400
F_6	0,167	0,0278	F_{100}	0,0100	0,000100
F_8	0,125	0,0156	F_{300}	0,0033	0,000011
F_{10}	0,100	0,0100	F_{1000}	0,0010	0,000001

Folge davon, daß bei zunehmender Seltenheit des a-Gens in der Population ein immer größerer Prozentsatz dieses Gens in Heterozygoten vorkommt (Tab. 49), in denen es gegen die Wirkung der Selektion geschützt ist.

Tabellen von diesem Typus hatten ein gewisses Interesse zur Beurteilung der Frage, ob es beim Menschen möglich ist, rezessive erbliche Leiden durch Sterilisierung der Homozygoten auszurotten. Falls es sich um streng rezessive Charaktere handelt, wäre dies ein außerordentlich langwieriger Prozeß. Wenn ein rezessiver Defekt heute bei 0,01% der Menschen homozygot vorkommt, würde man 216 Generationen, also rund 6000 Jahre benötigen, um die Häufigkeit auf 0,001% herabzudrücken und weitere 684 Generationen, um die von 0,0001% zu erreichen. Da es scheint, daß eine solche Methode unpraktisch ist, sollte man, wenn man die Elimination von erblichen Defekten als notwendig ansieht, das Hauptgewicht auf Identifizierung der Heterozygoten legen, was vermutlich früher oder später in den meisten Fällen durch spezielle Untersuchungsmethoden möglich sein wird (S. 101 und Cook, 1955).

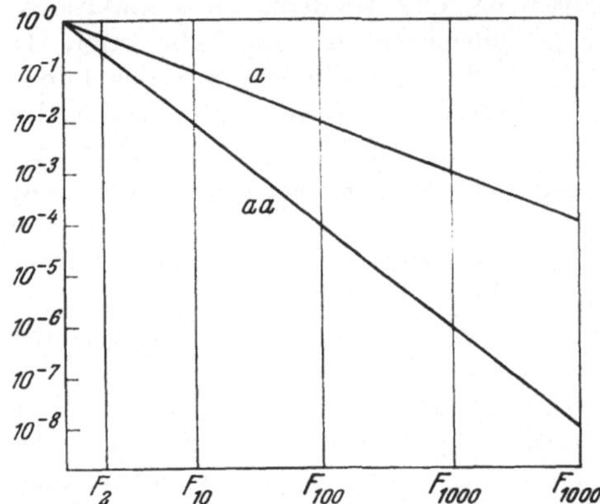

Fig. 19. Abnahme der Häufigkeit des a-Gens und der aa-Individuen bei totaler Elimination letzterer in jeder Generation. Graphische Darstellung von Tab. 50

Eine totale Selektion gegen einen dominanten Defekt würde denselben im Prinzip in einer einzigen Generation vollständig aus einer Population entfernen. Dabei ist es nicht nötig, daß das Gen einen hohen Grad von Dominanz besitzt. Es genügt, daß die Penetranz 100% ist, was ja selbst mit schwacher Dominanz vereinbar ist. Selbst rezessive Gene ließen sich in einer einzigen Generation vollständig aus einer Population entfernen, falls man sämtliche Heterozygoten mit Spezialmethoden identifizieren könnte.

2. Partielle Selektion

In der Natur haben wir eine totale Selektion gegen rezessive und dominante Letalfaktoren sowie gegen Sterilitätsgene. Die Selektion gegen andere Gene ist partiell, indem nur ein Teil der rezessiven Homozygoten oder der dominanten Heterozygoten in jeder Generation eliminiert wird. Die Intensität der Selektion wird durch den *Selektionskoeffizienten* gemessen, der die relativen Unterschiede in der Nachkommenzahl verschiedener Genotypen angibt. Wenn für 100 Nachkommen, die eine Gruppe dominanter Individuen (AA + Aa) erzeugt, eine gleich große Gruppe von rezessiven Individuen 100 $(1-s)$ Nachkommen erzeugt, z. B. 100 (1—0,05) = 95, so ist s (in diesem Falle also 0,05) der Selektionskoeffizient für den Genotyp aa.

Wenn eine Gruppe von 980 dominanten Individuen 1000 Nachkommen gibt, während 980 rezessive Individuen 997 Nachkommen geben, so wäre der Selektionskoeffizient (1000—997) : 1000 = 0,003. Bei totaler Selektion gegen a wäre $s=1$. Es hat in diesem Zusammenhang kein Interesse, ob die Unterschiede in der Nachkommenzahl durch ungleiche Vitalität oder Fertilität der Individuen bedingt werden. — Der Ausdruck $(1-s)$ im oben erklärten Sinne wird mit Termini wie „fitness", relative Eignung, adaptiver oder *selektiver Wert* (W) usw. bezeichnet. Bei $s=0{,}003$ ist also der selektive Wert $W=0{,}997$.

Die Geschwindigkeit der Selektion hängt in hohem Grade vom Selektionskoeffizienten ab. Je niedriger derselbe, desto langsamer verändert sich die Beschaffenheit der Population. Tab. 51 gibt einige Beispiele für die Effekte partieller Selektion, wobei angenommen wird, daß die Ausgangspopulation 1% aa-Homozygoten enthielt. Wir sehen, daß totale Selektion gegen aa die Häufigkeit der aa im Laufe von 20 Generationen von 1% auf 0,11% herabsetzt, während bei sinkendem Koeffizienten die

Effekte entsprechend geringer werden. Partielle Selektion gegen dominante Defekte hat eine viel raschere Wirkung. Bei einem Selektionskoeffizienten von $s = 0{,}5$ würden z. B. in jeder Generation die Anzahl dominanter Individuen auf die Hälfte reduziert,

Tabelle 51.
Effekte partieller und totaler Selektion gegen ein rezessives Merkmal auf die Häufigkeit desselben. Nach SINNOTT, DUNN und DOBZHANSKY, 1958

Generation	$s = 1$	$s = 0{,}5$	$s = 0{,}1$	$s = 0{,}01$
0	1,00%	1,00%	1,00%	1,00%
10	0,25%	0,46%	0,84%	0,98%
20	0,11%	0,26%	0,71%	0,97%

so daß einige wenige Generationen genügen würden, um auffällige Effekte hervorzubringen. Wird ein dominantes Gen von der Selektion begünstigt, so kann es sich sehr rasch in der Population durchsetzen. Ein bekanntes Beispiel hierfür sind die melanistischen Mutationen bei Schmetterlingen, die im vergangenen Jahrhundert in gewissen Distrikten Englands im Laufe von 20—30 Jahren von sehr niedrigen Ausgangshäufigkeiten bis zu Häufigkeiten von über 90% ansteigen (vgl. S. 164).

3. Schwache Selektion

HALDANE (1932) analysierte das Problem, mit welcher Geschwindigkeit Mutationen, die geringe selektive Vorteile aufweisen, sich in den Populationen verbreiten. In Tab. 52 wird die Anzahl der Generationen angegeben, die nötig ist, um einen vollständig dominanten Phänotyp (AA + Aa), der ursprünglich eine Häufigkeit von $p^2 + 2\,pq = 0{,}00001$ hat, auf die Häufigkeiten 0,01, 0,50, 0,99 und 0,99999 zu bringen, wenn der selektive Vorteil dieses Phänotyps $s = 0{,}001$ beträgt. Die Tabelle gibt auch die entsprechenden Werte von p und q.

Tabelle 52.
Anzahl Generationen erforderlich für gegebene Änderungen in der Häufigkeit von Phänotypen und Genen bei einem selektiven Vorteil oder Nachteil von s = 0,001. Man bemerke, daß in bestimmten Intervallen bei gleichgroßen Vorteilen und Nachteilen Zunahme bzw. Abnahme der Häufigkeit in derselben Geschwindigkeit erfolgt. Nach HALDANE (1932)

	Häufigkeitsintervalle für Phänotypen und Gene			
Phänotypen				
AA + Aa	0,00001 —0,01	0,01 —0,50	0,50—0,99	0,99—0,99999
aa	0,99999 —0,99	0,99 —0,50	0,50—0,01	0,01—0,00001
Genhäufigkeit				
p	0,000005—0,005	0,005—0,29	0,29—0,90	0,90—0,9968
q	0,999995—0,995	0,995—0,71	0,71—0,10	0,10—0,0032
Anzahl Generationen	6920	4819	11664	309780

Wir sehen, daß die Passage des Häufigkeitsintervalles 0,00001—0,01, d. h. 0,001%—1%, mehr Generationen erfordert, als die des 50mal so großen folgenden Intervalles. Die anfängliche Zunahme eines seltenen dominanten Phänotyps mit sehr kleinem selektivem Vorteil ist also sehr langsam; die mittleren Intervalle werden wesentlich rascher durchlaufen. Wenn das Schlußstadium wieder besonders viel Zeit nimmt, so beruht dies darauf, daß die Selektion fast ineffektiv wird, da fast alle Exemplare des Gens a sich in Heterozygoten befinden. — Die selektive Begünstigung eines dominanten Phänotyps A ist gleichzeitig eine Selektion gegen den rezessiven Phänotyp aa. Die Häufigkeit des letzteren würde zunächst sehr langsam von 0,99999 auf 0,99 reduziert, dann aber relativ rasch von 0,99 auf 0,50. Das Intervall 0,01—0,00001 würde wieder eine unverhältnismäßig hohe Anzahl von Generationen erfordern, da nur wenige aa-Homozygoten vorhanden sind, auf die die Selektion einwirken kann.

Man sieht, daß sowohl für dominante als auch für rezessive Phänotypen die mittleren Häufigkeitsintervalle am raschesten durchlaufen werden. Bei großer Häufigkeit oder Seltenheit eines Phänotyps sind die Veränderungen sehr langsam. Andererseits sehen wir aber, daß ein seltener dominanter Phänotyp viel rascher in einer Population verbreitet wird als ein seltener rezessiver Phänotyp, der den gleichen selektiven Vorteil besitzt. Bei $s = 0{,}001$ würde der dominante Phänotyp etwa 45mal rascher von 0,00001 auf 0,01 zunehmen als der rezessive Phänotyp. Für das Intervall 10^{-6}—10^{-5} wäre der Unterschied noch wesentlich größer. Wenn wir nun statt gleicher Intervalle phänotypischer Häufigkeiten gleiche Intervalle von Genhäufigkeiten betrachten, wie 0,000005—0,005 für sowohl p als auch q, so würde der Unterschied in der erforderlichen Anzahl von Generationen ebenfalls stark erhöht.

Diese Verhältnisse mögen eine mitwirkende Ursache dafür sein, daß der Normaltypus im allgemeinen dominant über Mutationen ist, indem die natürliche Selektion sehr viel leichter dominante Mutationen über die ersten kritischen Stadien der Häufigkeitszunahme bringt als ebenso vorteilhafte rezessive. Bei selektiven Vorteilen von 0,001 muß man auch für dominante Gene mit Tausenden von Generationen rechnen, bis ein neuentstandenes Gen sich in der Population durchsetzt. Bei der Evolution von Arten, Gattungen und Familien, die geologische Perioden in Anspruch nimmt, könnten vielleicht auch wesentlich geringere selektive Vorteile (von der Größenordnung 10^{-5}) eine gewisse Rolle spielen. Andererseits ist nicht zu vergessen, daß bei höheren Selektionskoeffizienten die Veränderungen in der Häufigkeit dominanter Gene sehr rasch sind.

4. Selektion von Heterozygoten

In den obigen Ableitungen wurde schematisch von dominanten und rezessiven Genen gesprochen. Absolut dominante oder rezessive Gene sind indessen sehr selten. Gewöhnlich haben „rezessive Gene" wahrnehmbare Effekte in heterozygotem Zustande. Mutationen, die homozygot die Vitalität stark erniedrigen, werden heterozygot oft eine, wenn auch meist viel schwächere, Herabsetzung der Vitalität bedingen. In solchen Fällen richtet sich die Selektion in erster Linie gegen die Heterozygoten, die in wesentlich größerer Häufigkeit vorhanden sind als die Homozygoten. Für die Selektion verhalten daher solche Mutationen sich wie dominante Gene, die trotz relativ niedriger selektiver Nachteile einigermaßen effektiv eliminiert werden.

Andererseits gibt es Gene, die heterozygot nicht nur normale Vitalität bedingen, sondern sogar erhöhte. Diese Fälle, in denen die Heterozygoten beiden Typen von Homozygoten überlegen sind, also AA $\langle$ Aa $\rangle$ aa, haben in der letzten Zeit ein besonderes Interesse für die Interpretation des Heterosisproblems bekommen. Einfache Berechnungen zeigen nämlich, daß in solchen Fällen in den Populationen ein stabiles Gleichgewicht zwischen den Heterozygoten und den beiden zugehörigen Homozygoten errichtet wird, in dem diese drei Typen in bestimmten Zahlenverhältnissen vorkommen.

Die mathematische Bedingung für ein solches Gleichgewicht ist, daß die Genhäufigkeit für a in zwei aufeinander folgenden Generationen, q und q_1, gleich ist. Dann ist offenbar auch der Quotient von p und q in diesen beiden Generationen identisch, also $\frac{p}{q} = \frac{p_1}{q_1}$. Dieser Quotient läßt sich leicht mit Hilfe der folgenden Tabelle berechnen.

In jeder Generation findet eine Selektion statt, die das Ausgangsverhältnis der Genotypen zu den in der unteren Linie der Tabelle angegebenen Werten verändert.

	AA	Aa	aa	Größe der Population
Häufigkeit vor Selektion	p^2	$2pq$	q^2	1
Selektiver Wert[1]	$1-s$	1	$1-t$	
Häufigkeit nach Selektion	$p^2(1-s)$	$2pq$	$q^2(1-t)$	$1-sp^2-tq^2$

Wenn berücksichtigt wird, daß die Genhäufigkeit gleich der Summe aus der halben Häufigkeit der Heterozygoten und der ganzen Häufigkeit des betreffenden homozygoten Typus ist, so erhält man für das Gleichgewicht die Bedingung

$$\frac{p}{q} = \frac{p_1}{q_1} = \frac{p^2(1-s) + p\,q}{q^2(1-t) + p\,q}$$

$$1 = \frac{p(1-s) + q}{q(1-t) + p}; \quad ps = qt; \quad ps = (1-p)\,t; \quad qt = (1-q)\,s$$

Diese Gleichungen haben die Lösung $p = \frac{t}{s+t}$, $q = \frac{s}{s+t}$.

Mit Hilfe dieser Formeln lassen sich die Genhäufigkeiten von A und a berechnen, wenn die Selektionskoeffizienten s und t (oft auch mit s_1 und s_2 bezeichnet) bekannt sind[1]. Wir können in diesem Falle den Einfluß der Mutationshäufigkeiten auf die Zusammensetzung der Population (siehe die folgenden Abschnitte) vernachlässigen, da die Selektionskoeffizienten meist von wesentlich höherer Größenordnung sind als die Mutationshäufigkeiten der Gene.

In Tab. 53 ist für verschiedene Kombinationen der Selektionskoeffizienten s und t die Gleichgewichtshäufigkeit der Genotypen AA, Aa und aa berechnet. Wir sehen, daß bei Begünstigung der Heterozygoten auch Gene, die homozygot niedrige selektive Werte haben, eine hohe Häufigkeit in der Population haben können. Dies gilt sogar für Letalfaktoren ($t = 1$). Wenn beide Homozygoten letal sind ($s = t = 1$), so erhalten wir im Gleichgewicht 50% vitale Heterozygoten und 50% letale Homozygoten. Wenn beide letale Kombinationen früh absterben, wie dies meist der Fall ist, so bestehen die Populationen auf dem erwachsenen Stadium nur aus Heterozygoten.

Tabelle 53.

Gleichgewichtshäufigkeit der Genotypen AA, Aa und aa bei Begünstigung der Heterozygoten, berechnet für verschiedene Kombinationen der Selektionskoeffizienten s und t

s	0,1	0,3	0,5	1,0
t	AA Aa aa	AA Aa aa	AA Aa aa	AA Aa aa
0,1	250:500:250	62:375:562	28:278:694	8:165:826
0,3	562:375: 62	250:500:250	141:469:391	53:355:592
0,5	694:278: 28	391:469:141	250:500:250	111:444:444
0,7	766:219: 16	490:420: 90	340:486:174	170:484:346
0,9	810:180: 10	562:375: 62	413:459:128	224:499:277
1,0	826:165: 8	592:355: 53	444:444:111	250:500:250

Ein bekanntes Beispiel für Begünstigung der Heterozygoten ist bei *Drosophila polymorpha* von DA CUNHA (1949) analysiert worden. In Populationen, die aus den verschiedensten Teilen Brasiliens stammen, wurden stets drei Typen von schwarzen Zeichnungen auf dem Abdomen angetroffen, die durch ein einziges Genpaar E – e bedingt werden. Die EE haben sehr breite, die ee viel schmalere schwarze Bänder, während die Heterozygoten ein distinktes intermediäres Muster zeigen. Die

[1] Bei Begünstigung der Heterozygoten ist es praktisch, ihren selektiven Wert als Einheit zu benutzen.

Genhäufigkeit von E variiert in den verschiedenen Populationen zwischen 0,67 und 0,82. In Laboratoriumsversuchen wurden zwei künstliche Mischungen von EE- und ee-Fliegen hergestellt, die mit den Genhäufigkeiten für E von 0,2 und 0,5 begannen. In beiden Mischungen wurde nach etwa 6 Generationen ein Äquilibrium erreicht, bei einer Genhäufigkeit von etwa 0,64. Eine Analyse des Versuchsmaterials zeigt, daß die Befunde sich am besten mit den Selektionskoeffizienten s (für EE) = 0,44 und t (für ee) = 0,77 erklären lassen. Trotz der bedeutenden Überlegenheit der Heterozygoten in der Natur und im Laboratorium ist es indessen nicht gelungen exakt nachzuweisen, worin die Überlegenheit der Heterozygoten besteht. Man könnte z. B. daran denken, daß die Ee länger leben, besser fertil sind oder eine erhöhte sexuelle Aktivität zeigen.

Eine in bestimmter Richtung wirkende Selektion allein kann nur ein Gleichgewicht zwischen den Allelen eines Genpaares schaffen, wenn die Heterozygoten begünstigt werden. Wenn dies nicht der Fall ist, wird das Allel mit dem besten selektiven Wert sich auf Kosten des anderen Allels ausbreiten und dasselbe vollständig verdrängen. Selektion in Verbindung mit anderen Faktoren kann indessen andere Typen von Gleichgewicht bedingen, wie wir im Folgenden sehen werden.

5. Wechselnde Selektion

Bestimmte Gene sind unter allen Umständen nachteilig für das Individuum. Andere Gene sind in verschiedenem Milieu oder genetischem Hintergrund bald vorteilhaft, bald nachteilig. Der selektive Wert eines Gens kann daher räumlich und zeitlich wechseln. Ein interessantes Beispiel eines räumlichen Selektionswechsels analysierte Harland (1947) bei *Ricinus communis.* Das Genpaar B — b bedingt Vorhandensein — Fehlen der Wachsschicht am Stengel. In verwilderten *Ricinus*-Populationen in Lima (Perú) stellen in der kühlen Jahreszeit (Juni—September), in der viel Nebel oder Bewölkung vorkommt, die BB-Individuen den Fruchtansatz ein, während die bb weiter fruchten und die Bb sich intermediär verhalten. Unter diesen Umständen bestehen die Populationen in Lima aus 99,9% bb. Mit zunehmender Höhe über dem Meeresspiegel nimmt die Sonnenstrahlung stark zu, weshalb auch die B im Winter besser fruchten. Die Anzahl der B-Pflanzen nimmt daher zu, bis sie in einer Höhe von 2400 Metern eine Häufigkeit von 100% erreicht. In Nähe des Meeresspiegels hat also das Gen B einen eindeutig negativen Selektionswert, im Hochgebirge einen eindeutig positiven, in der dazwischenliegenden Zone geht der Selektionswert vermutlich mit steigender Höhe kontinuierlich von einem stark negativen Wert zu einem stark positiven über. In den Lokalitäten dieser Zwischenzone wird die Häufigkeit des Gens nicht nur durch den lokalen selektiven Wert, sondern auch durch Genaustausch zwischen benachbarten Populationen bestimmt. Jede solche Population erhält durch „zugewanderten" Pollen oder Samen eine Anzahl B-Gene aus höher liegenden Populationen mit höherer Genhäufigkeit für B und gibt andererseits eine Anzahl B-Gene an tieferliegende Populationen mit geringerer Genhäufigkeit ab. Umgekehrt empfängt die Population b-Gene aus „niedrigeren" Populationen und gibt sie zum Teil an „höhere" Populationen ab. An jedem Ort der Übergangszone sollte sich daher ein mehr oder minder stabiles Gleichgewicht in der Häufigkeit der Genotypen einstellen.

Ein weiteres interessantes Beispiel wurde von Daday (1954) bei *Trifolium repens* analysiert. Das Gen Ac bedingt die Anwesenheit eines cyanogenetischen Glykosides, während das Gen Li ein Enzym erzeugt, das das Glykosid unter Abspaltung von HCN hydrolysiert. Die Verbreitung dieser Gene in den Populationen von *T. repens* ist in hohem Grade von der Wintertemperatur abhängig, indem sie in Gegenden mit milden Wintern wie in den milderen Teilen des Mittelmeergebietes eine Häufigkeit von praktisch 100% erreichen, während sie in großen Teilen des östlichen und nördlichen Europas völlig fehlen oder sehr selten sind. Die Häufigkeit dieser Gene zeigt dabei eine ausgesprochene Korrelation mit den Isothermen für den Monat Januar. Eine Abnahme der Januar-Temperatur um ein Grad F entspricht einer Abnahme der Häufigkeit von Ac um 4,2% und von Li um 3,2%. In den Alpen wurde mit zunehmender Höhe über dem Meeresspiegel eine ähnliche Abnahme in der Häufigkeit beider Gene konstatiert, wie aus Tab. 54 hervorgeht.

Tabelle 54.
Beeinflussung der Genhäufigkeit von Ac und Li bei Trifolium repens durch die Höhe über dem Meeresspiegel in den Alpen (Schweiz und Österreich) nach DADAY *1954*

Lokalität	Höhe in Fuß	% Ac Li	% Ac li	% ac Li	% ac li	Anzahl Pflanzen
Lausanne	1903	70,6	15,2	10,9	3,3	184
Naters	2296	28,0	53,0	2,0	17,0	100
Fiesch	3510	10,9	40,0	6,4	42,7	110
Alpage de Crausey .	4593	1,1	12,2	4,4	82,2	90
Kreuz	5577	0,0	8,5	7,4	84,0	94
Großglockner . . .	6398	0,0	0,0	4,0	96,0	99

Die Breite der Übergangszone hängt in Beispielen von dieser Art von dem Grade des Abfallens der Selektionskoeffizienten und der Intensität des Genaustausches zwischen den Populationen ab. Sie kann sich in einigen Beispielen auf Tausende von Kilometern erstrecken, in anderen auf Hunderte von Metern begrenzt sein. Bei aktiv beweglichen Tieren ist der Genaustausch zwischen benachbarten oder entfernteren Populationen in der Regel weit größer als bei Pflanzen. Die Übergangszonen zwischen AA- und aa-Populationen werden daher wesentlich breiter und oft gibt es keine reinen Populationen sondern nur gemischte, die sich in der Genhäufigkeit unterscheiden. Im Norden eines Kontinentes können wir z. B. 95% A-Individuen haben, im Süden 5% A. Die geographischen Gradienten der Genhäufigkeit werden in der genetischen Literatur als *Cline* bezeichnet.

Selbst nahe benachbarte Populationen können in verschiedenen Milieubedingungen leben. Bodenfeuchtigkeit, Beschattung und andere Faktoren können innerhalb weniger Meter stark wechseln. In einem Gebiet, das von derselben Population bewohnt wird, können daher verschiedene Milieubedingungen existieren, selbst wenn wir den Begriff der Population in seinem engsten Sinne benutzen, nämlich eine Gruppe von frei kreuzenden Individuen. Ein bestimmter Genotyp kann in einigen *ökologischen „Nischen“* der Lokalität begünstigt, in anderen benachteiligt werden. Es entsteht somit die Frage, ob die natürliche Selektion innerhalb solcher Populationen eine Anzahl verschiedener Genotypen im Gleichgewicht halten kann. Nach LEVENE (1953) scheint dies unter gewissen Bedingungen der Fall zu sein.

Neben räumlichen Variationen des Milieus haben wir zeitliche. Bestimmte Genotypen, die im Sommer begünstigt werden, haben im Winter eine erhöhte Sterblichkeit. Ein besonders trockener Sommer wird andere Genotypen begünstigen als ein feuchter. Diese zeitlichen Schwankungen des Milieus haben offenbar einen großen Einfluß auf die genotypische Beschaffenheit der Populationen. Die natürliche Selektion wird im allgemeinen Genotypen auslesen, die gegen den Bereich der gewöhnlicheren Milieuschwankungen resistent sind. Daneben wird sie vermutlich bewirken, daß Genotypen mit Resistenz gegen extremere Schwankungen in verschiedene Richtungen in genügender Häufigkeit vorkommen. Hierdurch wird eine gewisse erbliche Variation aufrechterhalten.

Polymere und modifizierende Gene haben zum Teil vielleicht bald positiven, bald negativen Selektionswert, je nach der Genkombination, in der sie vorkommen. Ein gewisser mittlerer Bereich der Intensität oder Dimension eines Merkmals ist im allgemeinen am vorteilhaftesten für die Art. Dasselbe Gen mag günstig wirken, wenn es in einem unterdurchschnittlichen Genotyp die Ausbildung eines Merkmals verstärkt, ungünstig dagegen, wenn es den gleichen Effekt in einem überdurchschnittlichen Genotyp hat. Die Selektion wird auf diese Weise bewirken, daß jedes Merkmal im Durchschnitt in einer passenden Intensität ausgebildet wird.

III. Mutationen

1. Gleichgewicht zwischen Hin- und Rückmutationen

Wenn in einem sehr langen Zeitraum ein Gen A regelmäßig ein geringes Prozent Mutationen zu einem Allel a liefert, so sollte die Häufigkeit des Allels a in der Population zunehmen. Wenn kein anderer Faktor in entgegengesetzter Richtung wirkt, so müßte die Population schließlich homozygot in a werden. Wenn dagegen gleichzeitig ein gewisses Prozent Rückmutationen a → A stattfindet, so würde dies der Ausbreitung der Rezessiven entgegenwirken. Denn mit steigender Häufigkeit der Rezessiven steigt auch die Häufigkeit der Rückmutationen, so daß diese früher oder später ebenso groß wird wie die der „Hinmutation", womit ein Gleichgewicht in der Häufigkeit der Allele A und a eintritt. Die Lage dieses Gleichgewichtes läßt sich auf folgende Weise berechnen. Wenn in einer bestimmten Generation die Häufigkeit von A $= p$, die von a $= q$, die Mutationshäufigkeit in Richtung A → a $= u$, die in umgekehrter Richtung $= v$, so werden die p A-Allele in einer Generation $p \cdot u$ a-Mutationen erzeugen, die q a-Allele dagegen $q \cdot v$ A-Mutationen. Die Häufigkeitsveränderung des a-Allels in dieser Generation entspricht daher der Gleichung $\Delta q = p \cdot u - q \cdot v$. Für die Erreichung des Gleichgewichtes besteht die Bedingung $\Delta q = 0$. Hieraus ergibt sich für das Gleichgewicht $p \cdot u = q \cdot v$. Da $p = 1 - q$ erhalten wir $q = \frac{u}{u+v}$ und $p = \frac{v}{u+v}$. Wenn z. B. $u = 10^{-6}$, d. h. eine Million A-Allele geben eine Mutation zu a pro Generation, und $v = 0{,}5 \cdot 10^{-6}$, so würde die Population im Gleichgewicht aus 33,3% A-Genen und 66,7% a-Genen bestehen. Da Rückmutationen im allgemeinen seltener sind als Hinmutationen, wollen wir in einem zweiten Beispiel $u = 10^{-5}$ und $v = 10^{-7}$ setzen. Dann erhielten wir im Gleichgewicht die Genhäufigkeiten 0,01 für A und 0,99 für a.

Neutrale Mutationen. Die obige Ableitung gilt für streng neutrale Mutationen, d. h. solche deren Selektionskoeffizienten $s = 0$, wie sie vielleicht nur in der Theorie existieren. Praktisch könnten wir als neutrale Mutationen solche bezeichnen, deren Selektionskoeffizienten niedriger sind als ihre Mutationshäufigkeiten, so daß die Genhäufigkeit in höherem Maße durch Mutation als durch Selektion bestimmt wird. Über die Bedeutung der neutralen Mutationen bestehen getrennte Ansichten. Einige Forscher haben angenommen, daß schwer zu erklärende Variabilität in gewissen Charakteren, z. B. das Vorkommen von zahlreichen Systemen von Blutgruppen beim Menschen und anderen Objekten, auf neutralen Mutationen beruhen könnte. Die heutige Verteilung der Blutgruppengene entspräche den Gleichgewichtshäufigkeiten von Hin- und Rückmutationen der betreffenden Loki. In der letzten Zeit mehren sich indessen die Anzeichen dafür, daß die Polymorphie der Blutgruppen durch starke selektive Kräfte aufrechterhalten wird und ähnliches mag in mehr oder minder ausgeprägtem Grad für die meisten anderen Charaktere gelten, die als Belege für neutrale Mutationen betrachtet wurden.

Dagegen wäre es möglich, daß es zahlreiche erbliche Änderungen im Atomverband der Genmoleküle gibt, die für gewöhnlich keinen Effekt auf die Funktion der Gene haben, so daß in der „Genpopulation", d. h. die Summe der Exemplare des gleichen

Lokus innerhalb der Population, eine nicht unbeträchtliche Variabilität von diesem Typus vorkommt. Sollten solche „echten Isoallele“ aber wirklich neutral sein, so könnten sie kaum wahrnehmbare Effekte auf den Phänotyp haben und daher keine nennenswerte Polymorphie erzeugen. Eher wäre zu erwarten, daß sie ähnlich wie die komplementären Letalfaktoren oder gewisse Typen von spezifischen Modifikatoren in seltenen Kombinationen unerwartete Effekte auslösen.

Im übrigen ist das Schema A $\rightleftarrows$ a von Hin- und Rückmutationen, die in bestimmter Häufigkeit zwischen zwei Allelen erfolgen, auf älteren Vorstellungen über Natur des Mutationsprozesses aufgebaut, die nur einen begrenzten Ausschnitt aus den Gesamterscheinungen der Mutation berücksichtigen. In der Mehrzahl der Fälle wäre eher ein Schema wie $A \rightarrow a \rightarrow A' \rightarrow A'' \rightarrow a''$ ... zu erwarten, d. h. das Allel der Rückmutation A′ ist nicht identisch mit dem Ausgangsallel. Da nun in den meisten solchen Serien die rezessiven Allele mehr oder minder nachteilig wären, würden wir für neutrale Mutationen Schemata wie $A \rightarrow A^1 \rightarrow A^2 \rightarrow A^3$ .... vorziehen, d. h. sukzessive leichte Veränderungen in einem Gen, die im Laufe langer Zeiten zu einer steigenden Differenzierung der Allele des gleichen Lokus führen. In diesem Sinne können neutrale Mutationen an der Ausbildung einer Polymorphie beteiligt sein. Für solche Prozesse taugt indessen nicht die obige Formel.

2. Gleichgewicht zwischen Mutation und Selektion

Allgemeines. Da bei den meisten Objekten in Millionen von Jahren in jeder Generation einige Prozent oder zumindestens einige Promille der Individuen neue Mutationen enthalten, ist es begreiflich, daß die Mutationen einen beträchtlichen Einfluß auf die genetische Struktur der Populationen bekommen. Betrachten wir nun Loki, die wesentlich häufiger in der Richtung $A \rightarrow a$ mutieren als in der umgekehrten Richtung, so würden die rezessiven Mutantallele in den Populationen eine große Verbreitung gewinnen und die normalen Allele fast verdrängen, wenn nicht die natürliche Selektion in entgegengesetzter Richtung wirken würde, indem sie in jeder Generation einen größeren oder kleineren Teil der Mutantallele ausschaltet. Unter diesen Umständen breiten sich nachteilige Mutationen in den Populationen nur bis zu gewissen niedrigen Gleichgewichtshäufigkeiten aus, deren Lage in jedem Falle durch das Verhältnis zwischen Mutationshäufigkeit des betreffenden Gens und Intensität der Selektion bestimmt wird. Die Rückmutationen $a \rightarrow A$ können wir in diesem Zusammenhang im Vergleich zu den sehr viel stärkeren Effekten der Selektion vernachlässigen.

Nehmen wir an, daß eine nachteilige, absolut rezessive Mutation von einem gewissem Zeitpunkt ab in einer Population auftritt, die vorher nur AA-Individuen enthielt. Eine solche Mutation könnte sich zunächst fast ungestört in der Population ausbreiten, da nur sehr wenige Homozygoten vorkommen, die von der Selektion partiell eliminiert werden. Je mehr aber das Allel a sich in der Population ausbreitet, desto häufiger werden die Homozygoten und desto stärker wird die Selektion gegen a. Schließlich kommt ein Augenblick, in dem gleich viele a-Allele eliminiert werden, wie sie durch Mutation neu entstehen. Dann ist die Gleichgewichtshäufigkeit erreicht, die das Gen von nun an über unbegrenzte Zeiträume haben kann, falls nicht Mutationshäufigkeit oder Intensität der Selektion sich ändern.

Rezessive Mutationen. Die Gleichgewichtshäufigkeiten der Gene lassen sich auf einfache Weise berechnen, wie in verkürzter Weise gezeigt werden soll. Wir bezeichnen wie früher die Genhäufigkeit von A und a mit p und q, und setzen den selektiven Wert der Genotypen AA und Aa $= 1$, den von aa $= 1 - s$, die Mutationshäufigkeit $A \rightarrow a$ pro Generation $= u$. Im Laufe einer Generation entstehen nun einerseits aus p A-Allelen durch Mutation $p \cdot u$ a-Allele, während andererseits durch Selektion gegen die aa-Homozygoten $q^2 \cdot s$ a-Allele eliminiert werden. Aus einem Ausgangsverhältnis $p : q = (p^2 + pq) : (pq + q^2)$ erhalten wir daher in der nächsten Generation das Verhältnis $p_1 : q_1 = (p^2 + pq - p \cdot u) : [pq + q^2(1 - s) + p \cdot u]$. Nun ist, wie früher (S. 148) diskutiert, die Bedingung für das Gleichgewicht, daß $p/q = p_1/q_1$. Also

$$\frac{p}{q} = \frac{p^2 + pq - pu}{pq + q^2(1-s) + pu}.$$ Diese Gleichung hat die Lösung $q = \sqrt{\frac{u}{s}}$.

Wenn z. B. $u = 10^{-5}$, d. h. eine Mutation A → a je 100 000 A-Gameten, und $s = 10^{-2}$, so erhalten wir $q = \sqrt{\frac{10^{-5}}{10^{-2}}} = 0{,}032$. Die Population hätte dann im Gleichgewicht die Zusammensetzung 0,938 AA : 0,061 Aa : 0,001 aa, also 6,1% Heterozygoten und 0,1% Homozygoten in a. Eine Reihe von weiteren Beispielen sind aus Tab. 55, oberer Teil, zu ersehen.

Dominante Mutationen. Wenn die normalen Allele A in einer Häufigkeit von u zu einem nachteiligen dominanten Allel A′ mutieren, dessen Häufigkeit wir mit q' bezeichnen, und das heterozygot einen selektiven Nachteil von s hat, so ist die Bedingung für das Gleichgewicht $q' = \frac{u}{s}$. Diese Formel gilt indessen nur für relativ niedrige Werte von q', wenn die Heterozygoten sehr viel häufiger sind als die Homozygoten. In diesem Fall gilt sie aber auch angenähert für schwächer dominante Mutationen, solange ihre Verbreitung in erster Linie durch die selektiven Nachteile der Heterozygoten bestimmt wird. Im unteren Teil von Tab. 55 haben wir für die gleichen

Tabelle 55.
Abhängigkeit der Gleichgewichtshäufigkeit von Selektionskoeffizient s und Mutationshäufigkeit u. Die obere und untere Hälfte der Tabelle geben die Gleichgewichte q für rezessive bzw. q′ für dominante Mutationen

u \ s	10^{-4}	10^{-3}	10^{-2}	10^{-1}	1
10^{-4}	(1,0)	0,32	0,10	0,032	0,010
10^{-5}	0,32	0,10	0,032	0,010	0,0032
10^{-6}	0,10	0,032	0,010	0,0032	0,0010
10^{-4}	(1,0)	0,10	0,01	0,001	0,0001
10^{-5}	0,10	0,01	0,001	0,0001	0,00001
10^{-6}	0,01	0,001	0,0001	0,00001	0,000001

Kombinationen von u und s wie im oberen Teil die Gleichgewichtshäufigkeiten von dominanten nachteiligen Mutationen berechnet. Ein Vergleich der beiden Teile der Tabelle zeigt ohne weiteres, daß streng rezessive Mutationen eine viel größere Gleichgewichtshäufigkeit erreichen als dominante oder partiell dominante.

Durchschnittliche erbliche Belastung. Es ist nützlich, an Hand der obigen Tabelle ein Gedankenexperiment vorzunehmen. Stellen wir uns vor, daß ein Organismus 5000 Gene besitzt, die eine mittlere Mutationshäufigkeit von 10^{-5} haben. Wenn je

s	10^{-4}	10^{-3}	10^{-2}	10^{-1}	1	Summe
$1000\,q$	320	100	32	10	3	465
$1000\,q'$	100	10	1	0,1	0,01	111

1000 Loki Mutationen mit den Selektionskoeffizienten 10^{-4}, 10^{-3}, 10^{-2}, 10^{-1} und 1 geben, so würden die Individuen im Gleichgewicht durchschnittlich $2 \cdot 465 = 930$ Mutationen enthalten, wenn heterozygote Mutationen einfach, homozygote doppelt gezählt werden, wie sich aus vorstehendem Schema ersehen läßt. — Haben nun solche

Berechnungen irgend etwas mit der Wirklichkeit zu tun? Diese wichtige Frage läßt sich leider schlecht untersuchen. Denn es ist schon recht schwer selektive Nachteile von 3% nachzuweisen. Die Frage, ob Mutationen mit selektiven Nachteilen von 10^{-2} bis 10^{-5} vorkommen, müssen wir daher unbeantwortet lassen. Die Behauptung, daß kleinere Mutationen sehr viel häufiger sind als größere, ist zwar oft aufgestellt worden, aber wenn man die Mutationen bestimmter Loki analysierte, fand man in der Regel, daß größere Mutationen weit häufiger waren als kleinere. In Übereinstimmung mit dieser Erfahrung haben umfangreiche Inzuchtversuche wenig Anhaltspunkte für die Annahme gegeben, daß Individuen aus allogamen Populationen heterozygot in einer großen Anzahl kleiner und kleinster Defekte wären. Im übrigen ist zu bemerken, daß die Mehrzahl der Mutationen nicht streng rezessiv ist, so daß ihre Gleichgewichtshäufigkeit zum Teil besser mit der Formel für dominante Mutationen zu berechnen wäre. Schließlich mag die Häufigkeit der meisten Mutationen weit unter dem Gleichgewicht liegen, indem verschiedene Ursachen die Annäherung an das Gleichgewicht stark erschweren. Obgleich die Ergebnisse des obigen Gedankenexperimentes als möglich erscheinen, halten wir sie für unwahrscheinlich (vgl. S. 425).

Letalfaktoren. Für streng rezessive Letalfaktoren oder Sterilitätsgene wäre $s=1$ und $q=\sqrt{u}$. Bei einer Mutationshäufigkeit von 10^{-5} sollten daher die Letalfaktoren eine Häufigkeit von $q=0{,}0032$ erreichen, d. h. 0,63% der Individuen wären heterozygot in solchen Letalfaktoren. Hätte das Individuum 1000 Loki, die in einer Häufigkeit von 10^{-5} zu Letalfaktoren mutieren könnten, so wäre das durchschnittliche Individuum im Gleichgewicht heterozygot in 6,3 Letalfaktoren. Solche Gleichgewichtshäufigkeiten gelten indessen für unendlich große Populationen. Für Populationen von einer effektiven Größe (S. 156) von 1000 Individuen wäre q nach WRIGHT (1937) $=0{,}0008$, so daß das durchschnittliche Individuum unter den obigen Voraussetzungen heterozygot in 1,6 Letalfaktoren sein würde. Solche und auch größere Werte werden faktisch bei einigen *Drosophila*-Arten gefunden. — Erniedrigt ein Letalfaktor die Vitalität der Heterozygoten mit z. B. 4%, so wäre die Formel für dominante Gene vorzuziehen und wir erhielten im Gleichgewicht $q'=u/s=10^{-5}/0{,}04=0{,}00025$. Die Häufigkeit dominanter Letalfaktoren ist identisch mit ihrer Mutationshäufigkeit, wenn jedes betroffene Individuum in der gleichen Generation eliminiert wird.

3. Das individuelle Schicksal der Mutationen

Nehmen wir an, wir haben eine Population, die in den aufeinanderfolgenden Generationen numerisch konstant verbleibt. Wenn in einer solchen Population ein Gen A mit einer Häufigkeit u zu einem völlig neutralen Allel a mutiert und kein anderer Faktor in entgegengesetzter Richtung wirkt, so sollte wie früher erwähnt, die ganze Population schließlich homozygot in a werden. An dieser Stelle interessiert uns indessen das Schicksal der individuellen Mutationen A → a. Wenn durch eine solche Mutation eine Heterozygote Aa entsteht, so wird diese sich gewöhnlich mit einem AA-Individuum kreuzen. Wenn jede solche Kreuzung theoretisch 2 Nachkommen hinterläßt, so bestände die Wahrscheinlichkeit 25%, daß kein Nachkomme Aa ist, 50% daß einer und 25% daß beide Aa sind. Hieraus folgt, daß 25% der Mutationen schon in der ersten Generation verloren gehen würden, während 25% ihre Häufigkeit verdoppeln. Dieser Vorgang würde sich in jeder Generation wiederholen. Nach 10 Generationen sollten $1-0{,}75^{10}=94{,}4\%$ der ursprünglichen Fälle von Mutationen ausgetilgt worden sein, während die restierenden 5,6% eine wechselnde Nachkommenzahl, zwischen 1 und 1024, hinterlassen hätten. Indem die zufällige Austilgung eines Teiles der ursprünglichen Mutationen in jeder Generation durch die zufällige Häufigkeitszunahme anderer Mutationen kompensiert wird, handelt es sich hier nicht um einen Prozeß, der die a-Mutationen aus der Population eliminiert.

FISHER (1930) berechnet das Schicksal der individuellen Mutationen für numerisch konstante, unendlich große Populationen nach einem genaueren Modell, indem er berücksichtigt, daß die verschiedenen Individuen eine verschiedene Nachkommenzahl hinterlassen. Bei einer durchschnittlichen Nachkommenzahl von 2 liegt es nahe anzunehmen, daß die individuelle Nachkommenzahl in Übereinstimmung mit einer POISSON-Serie mit einem Mittelwert von 2 verteilt ist. Auf Grund dieser Hypothese berechnet FISHER, daß 36, 8% der ursprünglichen Mutationen in der ersten Generation ausgetilgt werden, 53,2% in den beiden ersten Generationen zusammen. Das weitere kumulative Ansteigen des Prozentes ausgetilgter Mutationen in den folgenden Generationen ist Tab. 56 wiedergegeben.

Tabelle 56.
Wahrscheinlichkeit des Austilgens und Überlebens einer Mutation, die in einem einzelnen Individuum auftritt, nach einer gegebenen Anzahl Generationen. Linker Teil der Tabelle für neutrale Mutationen, rechter Teil für eine Mutation mit 1% selektivem Vorteil. Nach FISHER, 1930

Generation	Neutrale Mutationen ausgetilgt	Neutrale Mutationen überlebend	1% selektiver Vorteil ausgetilgt	1% selektiver Vorteil überlebend
1	0,368	0,632	0,364	0,636
2	0,532	0,468	0,526	0,474
3	0,626	0,374	0,620	0,380
5	0,732	0,268	0,725	0,275
7	0,791	0,209	0,782	0,218
15	0,887	0,113	0,878	0,122
31	0,941	0,059	0,931	0,069
63	0,970	0,030	0,959	0,041
127	0,985	0,015	0,973	0,027
∞	1,000	0,000	0,980	0,020

Nach 127 Generationen bestände die Wahrscheinlichkeit 0,985 für Austilgung, d. h. von 1000 Mutationen A → a wären im Durchschnitt 985 ausgetilgt worden, und nur noch 15 würden existieren. Schließlich für unendlich viele Generationen sinkt die Wahrscheinlichkeit für Überleben auf Null herab. Daß aber dennoch eine neutrale Mutation A → a theoretisch zur Vorherrschaft gelangen kann, beruht darauf, daß ein unendlich kleiner Bruchteil der Mutationen eine unendlich große Anzahl mutierter Nachkommen hinterlassen würde. Der rechte Teil der Tabelle zeigt, daß eine Mutation mit einem geringen selektiven Vorteil sich ziemlich ähnlich verhält. Bei $s = +0{,}01$ würde nach 127 Generationen die Wahrscheinlichkeit des Überlebens nur 0,027 betragen. Eine vorteilhafte Mutation, die solange überlebt, hat dann aber eine beträchtliche Wahrscheinlichkeit, sich dauernd in der Population zu behaupten, indem von 27 bis zu diesem Zeitpunkt überlebenden Mutationen in aller Zukunft nur noch 7 ausgetilgt würden.

IV. Die Größe der Populationen

1. Genfixierung in kleinen Populationen

Die bisherigen Konklusionen wurden für unendlich große Populationen abgeleitet. Sinkt die Populationsgröße unter gewisse Grenzen herab, so machen sich in steigendem Grade Komplikationen geltend, die im folgenden zu besprechen sind. Bei der mathematischen Behandlung dieses Problems hat der Begriff der *„effektiven Populationsgröße"*, N oder N_e, sich als zweckmäßig erwiesen. N_e ist nicht gleich der Anzahl der Individuen, sondern wesentlich kleiner, indem sie z. B. nur die erwachsenen, Nachkommen hinterlassenden Individuen umschließt. Wenn die Populationsgröße starken Schwankungen ausgesetzt ist, so wird N_e hauptsächlich durch die minimale Größe bestimmt. Auf eine Reihe von weiteren Faktoren, die den mathematischen Wert von N beeinflussen, können wir hier nicht eingehen.

Wir wollen annehmen, daß eine Population eine sehr große Anzahl von Generationen hindurch eine effektive Größe von 50 Individuen besitzt. Weiter nehmen wir an, daß das Ausgangsmaterial für diese Population eine F_2-Generation war, in der zahlreiche Gene mit einer normalen Häufigkeit von 0,5 vertreten sind, daß diese Population von anderen Populationen der gleichen Art effektiv isoliert ist und daß weder Mutation noch Selektion stattfinden. Unter diesen Bedingungen wäre in großen Populationen ein vollständiges Gleichgewicht für alle Gene zu erwarten. In einer so kleinen Population wie $N_e = 50$ finden dagegen im Laufe der Zeit kräftige Veränderungen statt. Wir haben für alle Genpaare ziemlich große zufällige Schwankungen in der Genhäufigkeit, die als *Drift* bezeichnet werden. Aus einem Ausgangsverhältnis 50 A : 50 a kann in einer einzigen Generation das Verhältnis 45 A : 55 a oder bisweilen sogar 42 A : 58 a entstehen. Diese Schwankungen sind in aufeinanderfolgenden Generationen richtungslos. Durch den Zufall können indessen mehrere Generationen hindurch Schwankungen in derselben Richtung stattfinden. Nach einer genügend großen Anzahl Generationen nähert sich die Häufigkeit einzelner Gene dem Werte 0,0 und die ihrer Allele dem Werte 1,0. Von diesem Zeitpunkt an werden mit gewissen Zwischenräumen einzelne Gene vollständig aus der Population verschwinden, während ihre Allele *„fixiert“* werden. Zum Beispiel können nach einer gewissen Zeit die Gene A, b, C, d, e ausgetilgt worden sein, a, B, c, D, E dagegen fixiert, so daß die ganze Population die Konstitution aa BB cc DD EE bekommen hat, während andere Gene noch immer spalten. Das theoretische Endresultat wäre schließlich, daß nur ein einziger homozygoter Genotyp in der Population zurückbleibt.

Sinkt die effektive Populationsgröße von 100 auf 50, 25 oder 10 herab, so würde dieser Prozeß immer rascher fortschreiten. Populationsgrößen von 10—2 entsprechen stärkeren Graden von Inzucht in der Tierzüchtung, eine Populationsgröße von 1 haben wir bei Selbstung von Pflanzen.

In der Natur kommen Populationen von allen Größen vor und die kleineren Populationen können in gewisser Hinsicht größere oder geringere Ähnlichkeit mit dem obigen theoretischen Beispiel zeigen. In kleinen Populationen sind die zufälligen Schwankungen der Genhäufigkeit oft sehr viel größer als die Wirkungen von Selektion oder Mutation, was gleichbedeutend damit ist, daß die Effektivität der Selektion auf einen entsprechenden Bruchteil reduziert wird. Über diese Probleme bestehen eingehende mathematische Untersuchungen von WRIGHT, FISHER und anderen, die leider für den Nichtmathematiker wenig zugänglich sind. Nach diesen Forschern besteht für die Selektion ein kritischer Wert bei $N = \frac{1}{4s}$. Ist die effektive Population größer als dieser Wert, so überwiegen die Effekte der Selektion, ist sie kleiner als dieser Wert, so überwiegen die Effekte der Drift. Wenn z. B. ein Gen einen selektiven Vorteil von $s = 0{,}01$ hätte, so wäre in einer Population von über $1/4 \cdot 0{,}01 = 25$ Individuen die Selektion effektiv, für ein anderes Gen mit $s = 0{,}0001$ dagegen müßte $N = 2500$ sein. Diese Betrachtung zeigt gleichzeitig, daß in Populationen von Millionen selbst selektive Vorteile von 10^{-6} von Bedeutung sein könnten.

2. Inzuchtdepression

Bei sehr niedriger Populationsgröße, also wenn $N < 1/4\,s$, werden die Gene zufällig, ohne Rücksicht auf ihren positiven oder negativen Selektionswert, in der Population fixiert. Wenn die Individuen der Ausgangspopulation in zahlreichen Genen heterozygot waren, so werden fast ebensoviele nachteilige wie vorteilhafte Gene fixiert. Da ein vorteilhaftes Gen gewöhnlich nicht den Effekt eines nachteiligen aufhebt, so kann durch Fixierung zahlreicher nachteiliger Gene eine ziemlich bedeutende Schwächung der Individuen (Inzuchtdepression) erfolgen. Es ist möglich, daß kleinere Populationen, die vollständig isoliert leben, in der Regel aus diesem Grunde früher oder später zum Aussterben verurteilt sind. — Während schwach nachteilige Gene in kleinen Populationen relativ leicht fixiert werden, werden stärkere Defekte noch ziemlich effektiv eliminiert. Wegen des stärkeren Grades von Inzucht werden dieselben nämlich häufiger homozygot als in größeren Populationen und dann eliminiert, vorausgesetzt daß für dieselben $s > 1/4N$. Letalfaktoren haben daher eine wesentlich geringere Äquilibriumshäufigkeit, wenn eine Art in zahlreiche kleine Kolonien aufgeteilt ist, als wenn sie eine einzige große Population darstellt. Für eine Mutationshäufigkeit von 10^{-5} berechnet WRIGHT (1937) die folgenden Beziehungen zwischen Populationsgröße und Gleichgewichtshäufigkeit q rezessiver Letalfaktoren.

N_e	1	10	10^2	10^3	10^4	10^5	10^6
$q \times 10^5$	2	8	26	80	200	300	320

3. Oszillationen in der Populationsgröße

Die natürlichen Populationen haben keine konstante Größe, sondern sind kleineren oder größeren periodischen oder nicht-periodischen Schwankungen unterworfen. Die größten Schwankungen zeigen meist Tiere mit mehreren Generationen im Jahr, die ihre Individuenzahl während der günstigen Jahreszeit auf das Hundertfache, bei Insekten sogar auf das Millionenfache vermehren können. Solche Schwankungen haben einen großen Einfluß auf die Konstitution der Populationen. Nehmen wir an, daß an einer Lokalität mit sehr hartem Klima nur eine Gruppe von 10 *Drosophila*-Individuen überwintert. Im Laufe eines sehr günstigen Sommers mit Überfluß an Nahrung vermehrt diese Gruppe sich vielleicht zu 10 Millionen Fliegen. Die 10 Ausgangsindividuen sind vermutlich alle heterozygot in einigen mehr oder weniger nachteiligen Genen. Ein Defekt, der nur bei einem Individuum vorkommt, hat indessen innerhalb dieser kleinen Population eine Genhäufigkeit von 1 : 20 = 0,05. Wenn nun unter den günstigen Bedingungen des Sommers keine wesentliche Selektion gegen diese Defekte erfolgt, werden dieselben bei maximaler Expansion der Population fast die gleiche Genhäufigkeit haben wie im Frühjahr. Ein Defekt der ursprünglich bei einem Individuum vorhanden war, wird also nun bei etwa 500 000 vorkommen. Während der Expansionsphase entstehen in jeder Generation eine Anzahl neuer Mutationen, die ebenfalls stark vermehrt werden, aber in jeder aufeinanderfolgenden Generation mit einem stark sinkenden Faktor. Das Endergebnis ist, daß die maximale Population nur relativ wenig Typen von Mutationen enthält, von denen aber alle, die aus dem Ausgangsmaterial oder den ersten Generationen stammen, eine Genhäufigkeit haben, die weit über dem Gleichgewicht liegt. Bei der darauffolgenden unvermeidlichen Reduktion der Populationsgröße zu Beginn des Winters erfolgt nun durch die harten Lebensbedingungen eine sehr scharfe Selektion, die sich in erster Linie gegen Defekte von hoher Genhäufigkeit richtet, die besonders häufig homozygot vorkommen. Erreicht nun die Population von neuem ihre minimale Größe, so würde sie nur relativ wenig Typen von erblichen Defekten enthalten. — Man bemerke, daß in verschiedenen Lokalitäten die wenigen überwinternden Individuen ganz verschiedene Defekte enthalten. Verschiedene Populationen werden daher während der Expansion verschiedene Zusammensetzung haben.

Das Endergebnis dieser Prozesse ist, daß Arten, die aus isolierten Populationen von stark oszillierender Größe bestehen, eine wesentlich geringere Häufigkeit von erblichen Defekten zeigen als Arten mit kontinuierlichen Populationen von relativ konstanter Anzahl, indem bei ersteren die Häufigkeit der meisten Defekte weit unter dem Gleichgewicht liegt.

4. Rang der Populationen

Begrifflich ist zwischen Populationen von verschiedener Rangordnung zu unterscheiden. Eine untergeordnete Einheit ist die lokale Population, eine übergeordnete die Art. Dazwischen mag es intermediäre Einheiten geben, die Gruppen von lokalen Populationen umfassen. Alle diese Begriffe sind in stärkerem oder geringerem Grade relativ. Eine Art kann aus zahlreichen, stark voneinander isolierten lokalen Populationen bestehen (z. B. in Gebirgen oder Inselgruppen) oder größere Gebiete fast kontinuierlich bewohnen. Bei partieller Isolation kann jeder Grad von Genaustausch zwischen benachbarten Populationen vorkommen, von 0,0 bis zu hohen Werten. Bei kontinuierlich verbreiteten Arten bestehen praktisch keine lokalen Populationen, da benachbarte Populationen ohne Grenzen ineinander übergehen. Die eigentliche Population kann dann die ganze Art sein. Von einem anderen Gesichtspunkt aus betrachtet kann man indessen noch immer von lokalen Populationen sprechen. Denn die überwiegende Mehrzahl der Individuen paart sich mit Individuen, die in unmittelbarer Nähe leben. Kreuzungen zwischen Individuen aus stärker entfernten Lokalitäten sind bei fast allen Objekten eine Ausnahme. Unter diesen Umständen kann der durchschnittliche Radius des Kreises, innerhalb dessen das Individuum seinen Partner findet, als Maßstab für die Größe der lokalen Population betrachtet werden.

Literatur siehe Kapitel 9.

Kapitel 9

Mutationen

I. Allgemeines

1. Typen von Mutationen

Es ist sehr einfach in den Formeln der Populationsgenetik für die einzelnen Loki eine mittlere Mutationshäufigkeit von z. B. 10^{-5} anzunehmen. Wir dürfen aber nicht vergessen, daß solche Annahmen willkürlich sind, da die wirklichen Verhältnisse uns ungenügend bekannt sind. Bei *Drosophila* ist es üblich, die Mutationen in mehrere grobe Kategorien einzuteilen, etwa nach folgendem Schema. Verschiedene Autoren

Art der Mutation	Letal und subletal	Schädlich (detrimentals)	„Sichtbar" (visibles)	Unsichtbar, subnormal
Vitalität	0—10%	10—85%	10—100%	> 85%
Relative Häufigkeit	8	5—30	1	X

benutzen indessen recht verschiedene Klassifikation. Nur ein geringes Prozent der Mutationen ist „sichtbar", d. h. bei Lupenbetrachtung werden charakteristische Abweichungen von der Norm gefunden. Der Rest der Mutationen ist unsichtbar, d. h. ohne Spezialuntersuchungen erkennen wir nichts anderes als eine erhöhte Sterblichkeit auf jüngeren Stadien. Die typischen Letalfaktoren haben eine Vitalität von 0%, subletale und detrimentale Mutationen fallen in die Intervalle 0—10% und 10 bis 85% der normalen Vitalität. Die Häufigkeit der Letalfaktoren läßt sich mit relativ hoher Genauigkeit messen. Detrimentale Mutationen sind nach MULLER (1954) drei- bis fünfmal so häufig wie die Summe der letalen und subletalen, während andere

Autoren weit niedrigere Werte fanden. Da indessen diese Kategorie von Mutationen nicht exakt analysiert worden ist, kann man diese Angaben nicht als bewiesen betrachten. Die Häufigkeit der „sichtbaren" Mutationen hängt von der Beobachtungsgabe des Forschers sowie von den benutzten Kriterien für Mutationen ab. Über die relative Häufigkeit der unsichtbaren, subnormalen Mutationen sind nur Spekulationen möglich. Da nicht einmal die Größenordnung solcher Mutationen bekannt ist, haben wir sie im obigen Schema mit X bezeichnet.

Wenn wir die Mutationen bestimmter Loki genau analysieren, so finden wir in der Regel, daß große Mutationen weit häufiger sind als kleine. Im w-Lokus von *Drosophila* sind z. B. Mutationen von satt roter Augenfarbe zu weißer häufiger als die Summe der Mutationen zu intermediären Stufen. Der komplexe Lokus R^r bei Mais, den wir S. 162 näher diskutieren, gibt normalerweise fast nur die Mutationen R^g und r^r, in denen ein vollständiger Verlust der roten Farbe der Pflanze bzw. der Samen erfolgt ist, dagegen keine Mutation zu intermediären Allelen mit abgeschwächter Färbung. Mutable Gene lehren uns ähnliches, indem die Mehrzahl von ihnen in einem Schritt von der rezessiven Form zum vollen dominanten Normaltypus mutiert.

Wenn wir nicht die Mutationen eines einzelnen Lokus wie w betrachten, sondern die eines bestimmten Merkmals wie Augenfarbe bei Drosophila, so finden wir dagegen, daß die kleineren Mutationen wesentlich häufiger sind als die größeren (MULLER, 1954). Dies wird darauf zurückgeführt, daß die Augenfarbe, wie ein jeder normaler Charakter, von einer großen Zahl von Genen abhängt. Nur einige wenige von diesen Genen haben größeren Einfluß auf die Augenfarbe, die Mehrzahl kann nur leichtere Änderungen derselben hervorbringen. Wenn nun die verschiedenen Typen von Genen im Durchschnitt etwa dieselbe Mutationshäufigkeit haben, so sind aus dem genannten Grunde kleinere Mutationen in einem gegebenen Merkmal häufiger zu erwarten als größere. Man bedenke indessen, daß die kleineren Mutationen für Augenfarbe oft größere Mutationen für physiologische Charaktere darstellen, die nicht so leicht zu untersuchen sind.

2. Mutationshäufigkeit der Loki

STADLER (1942) untersuchte die Mutationshäufigkeit von 7 Maisgenen im weiblichen Geschlecht (Tab. 57). Zu diesem Zwecke wurden Kreuzungen vom Typus AA ♀×aa ♂ ausgeführt, wobei Gene ausgewählt wurden, die sich im Endosperm der

Tabelle 57.

Mutationshäufigkeit in 7 Maisgenen in weiblichen Gameten (genauer in Megasporen) nach STADLER *1942. Die letzte Spalte gibt Befunde von* SINGLETON *(1954) über Mutationshäufigkeit der gleichen Gene in männlichen Gameten*

Gen	Gameten geprüft	Anzahl Mutationen	Anzahl Mutationen pro 1 Million Gameten	
			weibliche	männliche
R	555000	273	492	1960
I	265000	28	106	
Pr	647000	7	11	380
Su	1679000	4	2,4	140
Y	1745000	4	2,3	
Sh	2469000	3	1,2	120
Wx	1504000	0	0	

Samen erkennen lassen, z. B. durch rotes Pigment in der Aleuronschicht. Wenn auf den bestäubten Kolben ein einzelnes ungefärbtes Korn entsteht, so zeigt dies an, daß in der betreffenden Samenanlage eine Mutation von A zu a stattgefunden hat. Da jeder Kolben mehrere hundert Körner enthält, die je eine Samenanlage prüfen, läßt sich auf diese Weise leicht eine große Anzahl von Gameten auf Mutationen in den betreffenden Genen untersuchen.

Eine genauere Überlegung zeigt indessen, daß STADLERs Versuchstechnik nicht die Zahlen der mutierten Eizellen, sondern die der mutierten Megasporen ergibt. Wenn nämlich eine Megaspore A zu a mutiert, so sind sämtliche Kerne des Embryosackes a, und bei der Kreuzung AA×aa♂ entsteht dann ein a a a-Endosperm, an dem die Mutation sich manifestiert. Findet dagegen die Mutation in der ersten Mitosis des Megasporenkernes statt, so entsteht ein A- und ein a-Kern. Der Embryosack wird daher 4 A- und 4 a-Kerne enthalten und das aus zwei Polkernen und einem Spermakern entstehende Endosperm erhält die Konstitution A a a. Eine solche Mutation ist wegen der Dominanz von A schwer im Endosperm zu entdecken. SINGLETON (1954), der die Mutationshäufigkeit eines Teiles dieser Gene im Pollen in Kreuzungen vom Typus aa♀×AA♂ untersuchte, fand eine auffällig größere Anzahl Mutationen, siehe Tab. 57, rechte Spalte. Diese bedeutenden Unterschiede mögen zum größten Teil dadurch bedingt sein, daß die meisten Mutationen auf den späteren Stadien der Gametenbildung stattfinden und daß selbst die spätesten Mutationen im männlichen Geschlecht an der Erzeugung von a a a-Endospermen erkannt werden können.

Wegen der großen Variabilität in der Mutationshäufigkeit verschiedener Gene ist es sehr schwer, die durchschnittliche Mutationshäufigkeit zu bestimmen. Hierzu wäre es nämlich notwendig, die Mutabilität einer unausgelesenen Gruppe von Genen zu analysieren. Man hat bei derartigen Untersuchungen leicht die Tendenz, Gene zu wählen, die periphere Charaktere beeinflussen. Diese könnten eine wesentlich höhere Mutationshäufigkeit besitzen, als Gene, die unentbehrliche physiologische Funktionen ausüben und daher mit großer Genauigkeit arbeiten müssen. Wenn wir mutable Gene ausschließen, mag die durchschnittliche Mutationshäufigkeit der Gene von der Größenordnung 10^{-5} sein. Bei einem Organismus mit 5000 Genen würden etwa 5% der Gameten und 10% der Zygoten eine neue Mutation in irgend einem Gen enthalten.

Das Mutationspotential der Loki. Wenn sämtliche Mutationen, die in einem Lokus auftreten, eingehend studiert werden, so kann das Muster der gefundenen Mutationen als Ausdruck für das Mutationspotential dieses Lokus betrachtet werden. Die verschiedenen Loki verhalten sich in dieser Hinsicht sehr verschieden. Einige scheinen stets oder fast stets zum selben Allel zu mutieren, andere geben außer dem vollen rezessiven Allel gelegentlich intermediäre Allele, andere mutieren wiederum ziemlich regelmäßig zu einer begrenzten Anzahl von Stufen zwischen Normaltypus und der extremen rezessiven Form. Im großen und ganzen ist jedoch unter normalen Verhältnissen das Mutationspotential der meisten Loki sehr beschränkt.

3. Besondere Typen von Mutabilität

Die Untersuchungen von MCCLINTOCK (1951) und STADLER (1951) haben uns gezeigt, daß viele Gene unter gewissen Umständen ein außerordentlich reichhaltiges Muster von Mutationen liefern können. Ein sehr interessantes Beispiel hierfür liefert uns der waxy-Lokus (wx) bei Mais. Dieser Lokus ist im allgemeinen außerordentlich stabil. STADLER fand z. B. unter 1 500 000 untersuchten weiblichen Gameten keine Mutation von Wx (Tab. 57). Bis vor kurzem waren nach SAGER (1951) nur drei stabile Allele in diesem Lokus bekannt, die alle das Verhältnis von Amylose zu Amylosepektin beeinflussen:

	% Amylose :	% Amylosepektin
Wx	28,5	71,5
wx^a	2,4	97,6
wx	0,0	100,0

Wx-Pollen wird bekanntlich durch Jodjodkalium tiefblau gefärbt, wx-Pollen rot. Wx wx-Pflanzen geben 50% „blaue“ und 50% „rote“ Pollenkörner. In Maisstämmen von verschiedener Herkunft hat die Stärke fast stets denselben Amylosegehalt (etwa 28,5%), obgleich einige abweichende Typen bekannt sind. Nach SAGER wurde auch ein mutables „waxy-mosaic"-Allel wx^m gefunden, das in $wx^m wx^m$-Pflanzen zahlreiche Reversionen zum normalen Allel Wx zeigt, so daß solche Pflanzen ein beträchtliches Prozent Wx-Gameten geben. 40 unabhängig voneinander entstandene Reversionen von wx^m zu Wx hatten alle nahezu denselben Amylosegehalt, was darauf deutet, daß wx^m stets zum selben Allel mutiert. Das Fehlen intermediärer Allele unter den spontanen Mutationen und ihre außerordentliche Seltenheit unter natürlichen Maisstämmen (nur ein intermediäres Allel wx^a ist bekannt!) deutet darauf, daß die Mutabilität des Lokus Wx außerordentlich beschränkt ist.

Und dennoch konnte McCLINTOCK (1951) mit Spezialmethoden ganz andere Typen von Mutabilität in diesem Lokus erzeugen. Das instabile Allel wx^{m-1} gibt z. B. bei Anwesenheit des *Aktivators* Ac eine Serie von quantitativen Allelen, die auf Grund ihres Amylosegehaltes in eine nahezu kontinuierliche Serie zwischen dem Normaltypus Wx und dem rezessiven Allel wx angebracht werden können. Diese Allele können labil sein, wenn Ac zugegen ist, sind aber stabil in Abwesenheit von Ac. In ein und demselben Lokus Wx konnten durch die Methoden von McCLINTOCK sechs verschiedene Muster von Mutabilität induziert werden.

Das Gen A_1, das überall in nordamerikanischen Maistypen vorkommt, vermutlich meist in identischer Form, zeigt eine sehr begrenzte Mutabilität. Der gewöhnliche Mutanttypus ist das rezessive Allel a_1, das Fehlen von Anthozyan in allen Teilen der Pflanze bedingt. Im schärfsten Gegensatz zum Standardallel A_1 zeigt das aus demselben hergestellte mutable Allel $a_1{}^{m-1}$ nach McCLINTOCK (1951, 1956, 1958) bei Anwesenheit des Activators Spm ein besonders reichhaltiges Muster von Mutationen, die nicht nur in das phänotypische Intervall $A_1 - a_1$ fallen, sondern zum Teil weit außerhalb desselben. Es werden nicht nur quantitative, sondern auch qualitative Unterschiede in den Anthozyanpigmenten erzeugt. Es entstehen z. B. außer Typen ohne Färbung solche mit bleicher Färbung, die ihr ganzes Leben lang bleich bleiben, und andere, die nach Abschluß der Anthesis intensiv gefärbt werden oder die von Anfang an intensiv gefärbt sind.

Von besonderem Interesse ist, daß eine Mutabilität nicht nur in normalen Allelen induziert werden kann, sondern auch in rezessiven Allelen, die früher als irreversible Verlustmutationen betrachtet wurden (McCLINTOCK, 1951). Dies gilt z. B. für die sonst hochgradig stabilen Gene a_1, wx, und yg bei Mais. Bei Anwesenheit eines geeigneten Systems von *Kontrollelementen* kann man aus diesen Genen die normalen Allele A_1, Wx und Yg zurückgewinnen. Solche Befunde legen wiederum die Annahme nahe, daß ein großer Teil der sogenannten Verlustmutationen nicht auf Verlust eines Lokus, sondern nur auf Inaktivierung desselben beruht. Ein anderer interessanter Befund ist, daß das Kontrollelement Spm auch eine Art von modifizierenden Genen für den Lokus A_1 erzeugen kann (McCLINTOCK, 1956).

4. Untersuchungen über den R^r-Lokus bei Mais

Für diesen Lokus werden nach STADLER (1951) 4 Haupttypen von Allelen unterschieden:

R^r = (S) (P) Samen gefärbt, Pflanzen gefärbt
R^g = (S) (p) Samen gefärbt, Pflanzen ungefärbt
r^r = (s) (P) Samen ungefärbt, Pflanzen gefärbt
r^g = (s) (p) Samen ungefärbt, Pflanzen ungefärbt.

Dieser Lokus besteht nämlich aus zwei Subloki (S) und (P) für bzw. Samen- und Pflanzenfarbe, die unabhängig voneinander funktionieren und mutieren. In gewöhnlichem Material werden nur zwei Typen von Mutationen gefunden, die durch das folgende Schema wiedergegeben werden können.

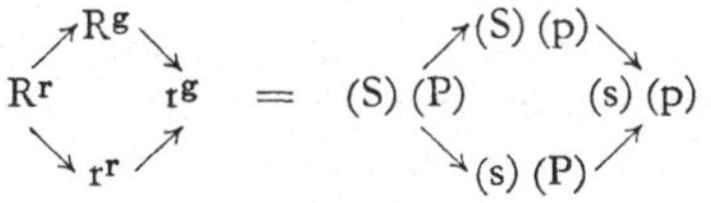

$$\begin{array}{ccc} & R^g & \\ \nearrow & & \searrow \\ R^r & & r^g \\ \searrow & & \nearrow \\ & r^r & \end{array} \quad = \quad \begin{array}{ccc} & (S)\,(p) & \\ \nearrow & & \searrow \\ (S)\,(P) & & (s)\,(p) \\ \searrow & & \nearrow \\ & (s)\,(P) & \end{array}$$

Eine direkte Mutation von R^r zu r^g wird nicht oder nur sehr selten gefunden. Diese doppelt ungefärbte Form kann indessen durch zwei sukzessive Mutationen entstehen, die unabhängig voneinander einen Verlust von bzw. Pflanzen- und Samenfärbung bedingen. In jedem Falle ist hierbei der Verlust einer Funktion vollständig. Es entstehen also keine Pflanzen (Samen) mit intermediärer Färbung, sondern nur ungefärbte. Unter kultivierten Maisrassen gibt es dagegen nach STADLER zahlreiche Allele, die sich sowohl im Farbton der Samen (S) als auch besonders in Intensität und Muster der Pflanzenfarbe (P) unterscheiden. Bei Untersuchung einer Kollektion von 22 unausgelesenen Maisstämmen, hauptsächlich aus Indianerreservaten in den südwestlichen Vereinigten Staaten, wurde gefunden, daß alle voneinander im R^r-Lokus verschieden waren. Es scheint, daß R^r-Allele drei Gruppen von Geweben unabhängig voneinander färben, nämlich 1. Samen, 2. Blattscheide, Stengel, Narben, Perikarp, 3. übrige Teile der Pflanze. Intensive Färbung der einen Gruppe von Geweben kann mit schwacher Färbung der beiden anderen Gruppen kombiniert sein oder umgekehrt. Demnach können die R^r-Allele drei verschiedene Prozesse unabhängig voneinander beeinflussen.

Ein instabiles, mit r^r : Belt bezeichnetes Allel aus der Lokalität Belt wurde eingehend analysiert. Es lieferte eine Anzahl stabiler Allele, die in einen weiten Bereich von Farbintensitäten fallen, von sehr schwacher Pigmentierung bis zu einem spezifischen extremen Muster, in dem einige Gewebe intensiv gefärbt sind, andere dagegen schwächer. Es zeigt sich, daß dieses spezifische Muster bei den Mutationen des analysierten Allels in proportionaler Weise abgeschwächt ist. In bezug auf ihre Färbungsmuster lassen also diese Mutationen sich einwandfrei in eine lineare Serie anordnen. Gleichgültig welchen Gewebetypus man untersucht, so bekommen die Farballele die gleiche Rangordnung innerhalb dieser Serie. Wollte man indessen versuchen andere R-Allele, z. B. die aus den 22 untersuchten Stämmen der Indianerreservate, in diese Serie einzuordnen, so würde man auf Schwierigkeiten stoßen. Dann würde man z. B. finden, daß ein R-Allel in der Farbe des Sämlings stärker ist als ein bestimmtes r^r : Belt-Allel, in der Farbe der Blattscheide dagegen schwächer.

5. Biologische Bedeutung der induzierten Mutabilität

Wenn man die in der Natur vorkommenden Serien von multiplen Allelen systematisch untersucht, so findet man häufig, daß größere Serien vorkommen, deren Glieder durch fast unmerklich geringe Unterschiede getrennt werden. Solche Serien können keineswegs durch die gewöhnlichen spontanen Mutationen erklärt werden, die in den meisten Loki nur begrenzte Muster von groben Veränderungen erzeugen. Es ist fraglich, ob solche groben Mutationen eine größere Bedeutung für die Evolution haben. Es wäre nun möglich, daß außer den gewöhnlichen Mutationen zahlreiche subliminale Mutationen stattfinden, die sich nur äußerst schwer exakt feststellen lassen. Nach einer eingehenden Diskussion von MULLER (1956) gibt es indessen keine Indizien dafür, daß in den untersuchten Loki zahlreiche subliminale Mutationen stattfinden. Wenn wir die Variabilität natürlicher und kultivierter Arten studieren, so finden wir auch, daß die meisten Gene im ganzen oder im größten Teil des Verbreitungsgebietes einer Art hochgradig stabil sind, und daß oft in weiten Gebieten eine extreme „Genarmut“ besteht. Daneben kann es indessen Areale geben, wo einzelne oder zahlreiche Gene eine sehr hohe Variabilität zeigen.

Wenn wir alle diese Verhältnisse überblicken, so scheint es, daß die gewöhnlichen Mutationen wenig evolutionäre Bedeutung haben. Daneben gibt es indessen spezielle Typen von Mutatibilität, die durch Systeme von Activatoren und anderen Arten von „kontrollierenden Elementen" induziert werden können und die sehr feine Muster von Änderungen in den Geneffekten ermöglichen, wie sie für die Evolution benötigt werden. Eine solche Mutabilität wird gewöhnlich nur in den peripheren Genen der Reaktionsketten ausgelöst (da sie in anderen Genen nur Schaden machen würde), und zwar nur unter speziellen, besonders günstigen Bedingungen. Primär entstehen durch diese Mutabilität Serien von quantitativen Unterschieden in den Mustern der Geneffekte, wie sie für das r^r : Belt-Allel von Mais gefunden wurden. Größere quantitative oder qualitative Unterschiede, wie sie häufig zwischen natürlichen Allelen von verschiedener Herkunft gefunden werden, lassen sich am besten durch Serien von sukzessiven Mutationen erklären, die im Laufe größerer Zeitperioden im selben Allel stattgefunden haben, indem verschiedene Allele durch verschiedene Serien von Mutationen eine divergente Entwicklung bekommen. Im übrigen zeigen die Erfahrungen, daß die Kontrollelemente zum Teil auch qualitative Änderungen der Geneffekte induzieren. Im Gegensatz zu den gewöhnlichen Mutationen erklären uns die genannten Erfahrungen in jeder Hinsicht gerade den Typus von Variabilität, wie wir ihn bei natürlichen Arten antreffen.

II. Die selektiven Werte der Mutationen

1. Das Problem der positiven Mutationen

Allgemeines. Es besteht kein Zweifel daran, daß die überwiegende Mehrzahl der gewöhnlichen Mutationen nachteilig ist. In diesem Abschnitt wollen wir uns indessen in erster Linie mit dem Problem der vorteilhaften Mutationen beschäftigen. Der selektive Wert einer Mutation hängt von vier Faktoren ab, der Vitalität im engeren Sinne (Wuchsgeschwindigkeit, Lebensdauer, Resistenz gegen Faktoren des nichtlebenden Milieus...), der Fertilität, der Konkurrenzfähigkeit gegen andere Genotypen oder andere Arten und der Resistenz gegen Parasiten. Eine Mutation kann veränderte Werte in allen diesen vier Faktoren haben, und zwar brauchen diese Werte nicht in der gleichen Richtung verändert zu werden. Die Vitalität kann z. B. erhöht sein, die Fertilität verringert, usw. Wenn eine Mutation in der Resultante der vier Faktoren dem Ausgangstypus überlegen ist, so wäre sie als positiv anzusehen, sonst ist sie negativ.

Dabei müssen die Werte der Mutanten mit denen der übrigen Individuen derselben Population und in dem für diese Population typischen Bereich von Milieuvariation verglichen werden. In verschiedenen Genkombinationen und Milieubedingungen kann eine Mutation verschiedene selektive Werte zeigen. Maßgeblich ist indessen der Durchschnittswert für die Mutation innerhalb der Population. Das einzige allgemeingültige Kennzeichen von positiven Mutationen in diesem Sinne ist, daß sie innerhalb ihrer Population eine kontinuierliche Zunahme an Häufigkeit zeigen. In vollkommen an ihr Milieu angepaßten Populationen sollte es nach der Ansicht vieler Forscher fast unmöglich sein, positive Mutationen nachzuweisen. Denn alle möglichen Mutationen sollten im Laufe von unendlichen Zeiträumen zahlreiche Male vorgekommen sein und daher Gelegenheit gehabt haben, sich in der Population durchzusetzen, falls sie positiv waren. Der Nachweis von positiven Mutationen gelingt daher im allgemeinen nur in Populationen, die infolge von besonderen Umständen eine unvollkommene Anpassung zeigen.

Wir haben oben (S. 147) den Fall der melanistischen Mutationen bei Schmetterlingen erwähnt, die in gewissen Arealen in wenigen Jahrzehnten den Normaltypus fast verdrängten. Nach FORD (1953) ist dieser Fall auf folgende Weise zu erklären. Die melanistischen Formen der Schmetterlinge haben an und für sich infolge erhöhter Widerstandskraft gegen ungünstige Umweltfaktoren wie niedrige Temperaturen oder unzureichende Nahrung eine bessere Vitalität. Andererseits werden sie durch ihre auffällige Flügelzeichnung viel leichter von Vögeln entdeckt und daher stärker eliminiert als der Normaltypus, der eine „kryptische" Zeichnung besitzt. In sehr stark durch Industrie verrußten Gebieten ist indessen die melanistische Form weniger auffällig und wahrscheinlich ist auch die Anzahl der Vögel verringert. Unter diesen Umständen wird der selektive Nachteil der melanistischen Formen in einen Vorteil umgewandelt, was zu rascher Verbreitung derselben führt.

Normalisierung von Defekten. Wenn man einen *Drosophila*-Stamm, der homozygot in einer auffälligen Mutation ist, zahlreiche Generationen hindurch in größeren Kulturen vermehrt, ohne während dieser Zeit auf das Mutantmerkmal zu achten, so wird man am Schluß des Experimentes häufig beobachten, daß die Manifestation der Mutanten sehr viel schwächer geworden ist. Zum Beispiel hielt DOBZHANSKY (1947) einen stubbloid-Stamm homozygot während etwa 20 Generationen. Das rezessive Gen stubbloid, Sb^r, bedingt: verkürzte Borsten, verkürzte und mißbildete Flügel, deformierte Beine, erniedrigte Vitalität. Nach 20 Generationen hatten die Fliegen normale oder fast normale Flügel und Beine und nur noch die Borsten zeigten typischen Mutantcharakter. Wenn nun solche äußerlich nahezu normalisierten Fliegen mit einem unverwandten Wildstamm gekreuzt wurden, so war die Manifestation der Mutation in F_2 variabel, ein Teil der Individuen zeigte jedoch den Merkmalskomplex der Mutation in der ursprünglichen Auffälligkeit.

In diesem und in zahlreichen anderen Beispielen ist das mutierte Gen selbst nicht im Laufe der Generationen verändert worden, sondern die Abschwächung seiner Manifestierung ist durch modifizierende Gene zu erklären. Solche mögen teils von Anfang an in dem betreffenden Stamm vorhanden sein, teils mögen sie während des Experimentes durch Mutation entstanden sein. Nun werden Modifikatoren, die einen schweren Defekt abmildern, die Vitalität oder Fertilität der Mutanten beträchtlich verbessern, und werden daher automatisch von der natürlichen Selektion begünstigt. Solche Gene können sich unter Umständen ziemlich rasch in einer Population verbreiten und bald zur Vorherrschaft gelangen. Es ist daher durchaus verständlich, daß im stubbloid-Stamm die schweren Defekte der Flügel und Beine relativ rasch unterdrückt wurden, während der Borstendefekt, der keine nennenswerte Rolle für die Vitalität der Fliegen spielt, zurückblieb. Die Auskreuzungen der normalisierten Mutanten mit den Wildstämmen zeigen, daß die Modifikatoren in F_2 neben der Mutation spalten und eine große Variabilität in ihrer Manifestierung verursachen. Das Vorkommen von dem extremen, ursprünglichen Typus der Mutation beweist indessen, daß das Mutantgen selbst nicht verändert worden ist.

In einigen Versuchen dieser Art ließen sich die vorhandenen modifizierenden Gene analysieren und auf den Chromosomen lokalisieren. Oft haben die einzelnen Modifikatoren eine sehr geringe Wirkung; bei gleichzeitiger Anwesenheit von mehreren Modifikatoren können indessen ihre Effekte sich additiv oder multiplikativ verstärken. Durch langsame Ansammlung von schwächeren Modifikatoren kann der Phänotyp einer auffälligen Mutation ganz allmählich normalisiert werden. In einigen Fällen wird indessen eine ziemlich plötzliche Unterdrückung eines Mutantphänotyps gefunden, nämlich wenn in dem Stamm ein typischer *Suppressor* für die betreffende Mutation entstanden ist.

Eine automatische Normalisierung rezessiver Mutationen ist jedoch nur in homozygoten Stämmen der Mutante zu erwarten. Wird eine streng rezessive Mutation dauernd heterozygot gehalten, indem systematisch nur heterozygote Eltern zur Vermehrung des Stammes benutzt werden, so besteht kein Grund für die selektive

Begünstigung von Modifikatoren, da die Heterozygoten eine normale Vitalität besitzen. Nach MULLER (1951) wurden z. B. vier rezessive Mutationen (scute, vermillion, tan, small wing) seit 1919 während etwa 800 Generationen in dem sogenannten ClB-Stamm von *Drosophila* dauernd heterozygot gehalten. In den Homozygoten, die sich aus diesem Stamm herstellen ließen, traten die genannten Mutationen wieder in typischer Ausprägung auf. Während 800 Generationen fand also in diesem Stamm weder Ansammlung von abschwächenden Modifikatoren statt, noch wurden die Gene selbst durch fortgesetzte Heterozygotie verändert.

Alles in allem erhält man den Eindruck, daß Mutationen, die die Vitalität gehemmter Genotypen verbessern und daher in bezug auf diese Genotypen als positiv angesehen werden können, nicht selten auftreten. Genau dieselben Mutationen sollten auch nach üblicher Auffassung in Populationen vom Normaltypus auftreten, daselbst aber keine mit gewöhnlichen Methoden wahrnehmbaren Effekte haben. Dies ist leicht zu verstehen. Ein spezifischer Modifikator für das Mutantgen w^e (eosin) bei *Drosophila* kann z. B. leicht die Augenfarbe verdunkeln, da alle anderen Gene für sattrote Augen vorhanden sind. Dagegen kann ein Modifikator, der potentiell die Wirkung des normalen Allels W verstärkt, schwer eine sichtbare Wirkung bekommen, da dazu die Effekte eines ganzen Gensystems neu reguliert werden müßten.

Spezielle Milieubedingungen. Daß nachteilige Mutationen unter speziellen Umständen dem Normaltypus überlegen sein können, ist eine bekannte Erscheinung. Die weißäugige Mutante ww bei *Drosophila* ist unter gewöhnlichen Bedingungen deutlich unterlegen. Ihre Larven widerstehen indessen längere Zeit einer Temperatur von 37°, bei der der Normaltypus restlos getötet wird (HERIBERT-NILSSON, 1931). Der Umstand, daß es für viele Defekte möglich ist, Milieutypen zu finden, in denen sie dem Normaltypus überlegen sind, hat eine Anzahl Forscher dazu verleitet, die verborgene (concealed) genetische Variabilität (d. h. rezessive Defekte) als das Magazin des genetischen Rohmaterials zu betrachten, aus dem die natürliche Selektion das passende auswählt (DOBZHANSKY et al., 1955).

Einwände. Es hat ein gewisses Interesse, in diesem Zusammenhang eine Reihe von Einwänden zu diskutieren, die ein Nichtgenetiker C. P. MARTIN (1953) gegen herrschende Auffassungen der Populationsgenetik vorgebracht hat. Er betont, daß alle Mutationen pathologischer Art sind. Es wird bezweifelt, daß unter den vielen Tausend bekannten Mutationen eine einzige in ihrer normalen Umgebung dem Ausgangstypus überlegen ist. Daß einige Mutationen in ungewöhnlicher Umgebung Vorteile haben, beweist nicht, daß sie nicht pathologisch sind, ebensowenig wie „Thyroidectomie“ normal ist, obgleich sie bei herabgesetzter Sauerstoffspannung die Vitalität der Ratten im Vergleich zum Normaltypus erhöht. Die Verbesserung der Vitalität von Mutationen in Massenkulturen wird nicht als Beweis für positive Mutationen angesehen. Denn erstens ist es zweifelhaft, ob die modifizierenden Faktoren durch Mutation entstehen. Zweitens brauchen solche Mutationen nicht normalen Charakter zu haben, da es bekannt ist, daß zwei subletale Faktoren, die gleichzeitig im selben Individuum vorhanden sind, zusammen einen geringeren Schaden verursachen können, als wenn sie einzeln vorkommen. Reversionen werden nicht als positiv anerkannt, da sie nur einen früheren Schaden wieder ausgleichen, etwa wie ein Schlag eine Schulter verrenken kann, eine Serie von neuen Schlägen unter Umständen die Schulter wieder in Ordnung bringen kann.

Das vielbenutzte Argument, daß fast alle vorteilhaften Mutationen in der Vergangenheit in den Genotyp der Art inkorporiert worden sind, so daß es aus diesem Grunde in der Gegenwart schwierig sein sollte, vorteilhafte Mutationen aufzufinden, wird abgelehnt. Denn die Evolution ist im allgemeinen ein fortschreitender Prozeß. Das Erreichen einer Stufe bringt Serien von neuen Stufen zum Vorschein. Beim Fortschreiten der Entwicklung sollten mit steigender Kompliziertheit der Organismen die

Möglichkeiten für weitere Variation zunehmen, weshalb nicht eine erniedrigte, sondern eine erhöhte Anzahl von günstigen oder neutralen Mutationen zu erwarten wären. Die Mutations-Selektions-Theorie steht ferner im Konflikt mit dem Gesetz der parallelen embryologischen Entwicklung. Junge Embryonen verschiedener Subphyla der Vertebraten sind fast ununterscheidbar. Erst auf sukzessiv späteren Stadien treten die Charakteristika auf, die Ordnungen, Gattungen und Arten unterscheiden. Evolutionäre Änderungen können daher erst gegen Ende der Embryonalentwicklung oder noch später in Erscheinung treten. Sie brechen nie in eine schon establezierte embryonale Entwicklung ein. Das pathologische der Mutationen zeigt sich besonders daran, daß sie fast immer in den Verlauf der embryonalen Entwicklung eingreifen und gewöhnlich auf einem frühen Stadium.

In der Natur existieren zahllose große und kleine erbliche Differenzen, die perfekt lebensfähig sind. Aber es besteht keine Evidenz, daß dieselben durch Mutation erzeugt wurden. Sie entstanden vermutlich durch einen noch unbekannten, sehr subtilen Prozeß. Dagegen mögen die Mutationen die größte Bedeutung für Züchtung von Haustieren und Kulturpflanzen durch den Menschen haben.

Wenn wir die zitierten Argumente näher nachprüfen, so müssen wir einräumen, daß sie im Gegensatz zu einigen anderen Gesichtspunkten des genannten Autors zum großen Teil mehr oder weniger richtig sind. Ein Suppressor, der die Lebensfähigkeit einer Mutation verbessert, kann z. B. nicht als positive Änderung bewertet werden, da die Kombination von Suppressor und Mutation in der Regel nicht völlig normal ist und da der Suppressor an und für sich meist eindeutig nachteilig ist. Nach YANOFSKY (1960) wurde bei der Einführung der Suppressoren von td in den Normaltypus von *Neurospora* ausnahmslos eine Hemmung des Wuchses gefunden. Rezessive Mutationen mögen in der Natur eine gewisse Rolle in der Reduktion von überflüssigen Charakteren spielen, aber kaum für die Entstehung positiver Merkmale. In der Ablehnung der Auffassung, daß alle vorteilhaften Mutationen schon in den Genotyp der Art inkorporiert worden sind, dürfte MARTIN recht haben, da durch Änderungen des Milieus, des Genotyps und durch Weiterentwicklung der einzelnen Gene stets Voraussetzungen für neue neutrale oder vorteilhafte Mutationen gegeben sein sollten. Wenn dennoch wenig Anzeichen von positiven Mutationen gefunden werden, so beruht dies darauf, daß die Weiterentwicklung der Gene auf Prozessen beruht, die nur in einem Teil der Gene und nur unter besonderen Umständen stattfinden (S. 161). Die meisten Gene arbeiten vermutlich auf eine so vollkommene Weise und zeigen in ihren Funktionen eine so starke gegenseitige Abhängigkeit, daß sie nicht mehr ohne Nachteil verändert werden können.

2. Heterozygotieeffekte

Letalfaktoren. Systematische Untersuchungen über die selektiven Werte der Heterozygoten an Hand eines großen Materials von unausgelesenen Mutationen liegen noch nicht vor, da solche Analysen auf große Schwierigkeiten stoßen. Einige Anfänge sind indessen gemacht. STERN et al. (1952) untersuchten z. B. bei *Drosophila* die Vitalität der Heterozygoten für ein Muster von 75 geschlechtsgebundenen Letalfaktoren, von denen die Hälfte spontaner Herkunft waren, die Hälfte durch Behandlung der Spermien mit gamma-Strahlen induziert war. Dieses Material war unausgelesen, abgesehen davon daß es nur solche Letalfaktoren umfaßte, die heterozygot keine sichtbaren Anomalien bedingten. Die Vitalität der Heterozygoten wurde festgestellt, indem in Kreuzungen vom Typus $\frac{l}{+} \times \frac{+}{\rightharpoondown} = \frac{l}{+} + \frac{+}{+} + \frac{l}{\rightharpoondown} + \frac{+}{\rightharpoondown}$ die Anzahl der heterozygoten Töchter durch die ihrer homozygoten Schwestern dividiert wurde. Diese Methodik ist überaus mühsam, da die beiden weiblichen Genotypen individuell durch Nachkommenschaftsprüfung identifiziert werden müssen. Im Durchschnitt zeigten die 75 Typen von Heterozygoten eine Vitalität von 0,961, d. h. die Letalfaktoren erniedrigten die Vitalität der Heterozygoten mit 3,9%. Im einzelnen variierten die Vitalitätsindexe indessen zwischen 0,6 und 1,3, wobei aber jeder Einzelwert einen beträchtlichen Mittelfehler hatte. Eine Analyse dieses Materials zeigte, daß einige Letalfaktoren heterozygot die Vitalität klar erniedrigten, vereinzelte sie erhöhten. Ob die Mehrzahl der Letalfaktoren heterozygot neutral war oder die Vitalität schwach erniedrigte, läßt sich kaum mit Sicherheit angeben. Die durchschnittliche Erniedrigung der Vitalität um 4% hat weniger Interesse, wenn sie zum großen Teil durch das Verhalten einiger weniger Letalfaktoren mit kräftigen Heterozygotieeffekten bedingt ist. Aus einer Reihe von anderen Untersuchungen läßt sich ebenfalls nur schließen, daß eine Minderzahl von Letalfaktoren heterozygot die Vitalität deutlich erniedrigt.

Im übrigen ist zu bemerken, daß die Vitalität der Heterozygoten keinen sicheren Maßstab für ihre selektiven Werte gibt. Zum Studium letzterer ist es bei *Drosophila* am besten, die Heterozygoten eine größere Anzahl von Generationen hindurch in Massenkulturen zu vermehren und von Zeit zu Zeit ihre Häufigkeit in diesen Kulturen zu ermitteln. Sinkt diese Häufigkeit gleichmäßig gegen null herab, so ist der selektive Wert offenbar negativ. Vereinzelte Beispiele sind indessen bekannt, in denen Letalfaktoren in Massenkulturen sich lange Zeit hindurch auf einem so hohem Häufigkeitsniveau erhielten, daß selektive Vorteile der Heterozygoten anzunehmen sind.

Lewis (1954) fand, daß ein geschlechtsgebundener rezessiver Letalfaktor in 4 Generationen in folgender Genhäufigkeit auftrat:

Generation	1	2	3	4
Genhäufigkeit				
gefunden . . .	0,59	0,42	0,33	0,30
erwartet	0,56	0,32	0,18	0,09

Während dieser Letalfaktor die hemizygoten Männchen unter Tumorenbildung abtötet, beschleunigt er heterozygot die Entwicklung der weiblichen Larven und bedingt hierdurch eine ziemlich große heterotische Überlegenheit.

Besonders gründliche Untersuchungen führten Mukai und Burdick (1959, 1960) mit einem Letalfaktor im Punkte II 55 von *Drosophila* aus. In je zwei künstlichen Populationen hatten die Heterozygoten eine Ausgangshäufigkeit von 100% und 5%. Nach 16 Generationen hatten diese vier Populationen etwa die gleiche Häufigkeit der Heterozygoten, nämlich 42%. Genauere Untersuchungen zeigten, daß diese ungewöhnlich hohe Äquilibriumshäufigkeit des Letalfaktors fast ausschließlich auf der erhöhten Fruchtbarkeit der heterozygoten Weibchen beruht. — Bei der Fortsetzung der Versuche von Mukai und Burdick wurde indessen der überraschende Befund gemacht, daß die Häufigkeit des Letalfaktors in mehreren der Populationen in weiteren 30 Generationen auf die Hälfte herabfiel. Bei der Interpretation dieser Verhältnisse nehmen die Autoren an, daß in den Populationen Mutationen vorkommen, die die Vitalität der Heterozygoten beeinflussen. Mathematische Ableitungen zeigen nun, daß wenn gleich viele von diesen Mutationen die Vitalität günstig und ungünstig beeinflussen, als Endeffekt eine Elimination des Letalfaktors aus der Population erhalten würde. Auf Grundlage solcher Betrachtungen wird angenommen, daß Äquilibrien, die sich in den Populationen für heterotische Letalfaktoren errichten, nur von kurzer Dauer sind, indem die Letalfaktoren schließlich aus den Populationen eliminiert werden. Man bemerke, daß hier ein Effekt vorliegen mag, der in die gleiche Richtung fällt wie die oben (S. 125) postulierte Konkurrenz um residuelle Effektivität.

Sichtbare Mutationen. Die Genhäufigkeit sichtbarer Mutationen läßt sich viel bequemer als die der Letalfaktoren durch Auszählung der Homozygoten feststellen.

Wenn gewöhnliche Mutationen von *Drosophila* mit neutralen oder schwach negativen selektiven Werten für die Heterozygoten in Massenkulturen vermehrt werden, so werden sie langsam aber sicher durch Elimination der Homozygoten aus den Populationen entfernt. Für bestimmte Mutationen ist es indessen charakteristisch, daß sie in Massenkulturen eine Äquilibriumshäufigkeit einnehmen. BUZZATI-TRAVERSO (1952) untersuchte eine rezessive Mutation light (Augenfarbe) bei *Drosophila* in 6 Massenkulturen, deren ursprüngliche Genhäufigkeit für light zwischen 0,125 und 0,875 variierte. Nach etwa 15 Generationen wurde in allen Kulturen etwa dasselbe Gleichgewicht mit $q = 0{,}58$ für light erreicht. Offenbar sind die Heterozygoten beiden Homozygoten überlegen, während andererseits die homozygoten light eine leichte Überlegenheit über den Normaltypus zeigen. KALMUS (1945) untersuchte die heterotische Mutation e (ebony, schwärzliche Körperfarbe) bei *Drosophila*. Er hielt 8 Populationen, die ursprünglich eine gleiche Anzahl e^+- und e-Gene enthielten, 14 Monate hindurch unter verschiedenen Temperaturen und Luftfeuchtigkeiten. In allen Kulturen behaupteten sich beide Allele und es stellte sich nach wechselnder Zeit ein Gleichgewicht ein. Während bei höherer Temperatur die Häufigkeit der ee-Fliegen auf einen niedrigen Wert herabsank, verblieb sie bei niedriger Temperatur unverändert oder nahm sogar leicht zu. Aus solchen Befunden läßt sich schließen, daß die e^+e^+-Homozygoten bei höherer Temperatur den ee-Homozygoten überlegen sind, bei niedriger Temperatur ist es eher umgekehrt. Bei allen geprüften Bedingungen waren indessen die e^+/e beiden Typen von Homozygoten deutlich überlegen. Weitere Fälle von heterotischen Mutationen bei *Drosophila* findet man bei CARSON (1959).

Wenn wir die vorliegende Literatur überblicken, so scheint es, daß die Mehrzahl der rezessiven sichtbaren und letalen Mutationen heterozygot etwa neutrale selektive Werte besitzen, eine Minderzahl deutlich erniedrigte und eine andere kleine Gruppe schwach erhöhte. Diese Konklusion gilt für einen normalen, heterozygoten Hintergrund. In einem homozygoten Hintergrund dürfte ein erhöhter Teil der Mutationen heterotisch sein. Im übrigen sind solche auf Laboratoriumsversuchen aufgebauten Erfahrungen nur mit Vorsicht auf natürliche Populationen zu übertragen.

III. Analyse von Populationen

1. Inzuchtversuche

Allgemeines. Wenn man große Populationen von natürlichen oder kultivierten Arten betrachtet, so wird man gelegentlich Varianten antreffen, die vor längerer oder kürzerer Zeit durch Mutation entstanden sind. Zur exakten Analyse der Häufigkeit und Verbreitung von Mutantgenen in den Populationen sind indessen Inzuchtversuche nötig, da viele Mutationen sich viel leichter in den relativ homogenen Inzuchtlinien erkennen lassen als in den variablen Populationen, und da die große Mehrzahl der Mutationen rezessiv ist und daher in den Populationen nur selten zutage tritt. Bei Pflanzen wird man, wenn immer möglich, Selbstung anwenden.

Der höchste Grad von Heterozygotie in rezessiven Defekten ist bei Arten zu erwarten, bei denen spontane Selbstungen ausgeschlossen sind und die Populationen so groß sind, daß praktisch keine Inzucht vorkommt. Unter solchen Umständen sollten wir am ehesten Gleichgewichtshäufigkeiten für recurrente Mutationen erwarten, wie sie durch die Formel $q = \sqrt{\frac{u}{s}}$ gegeben werden [1]. Schon ein geringes Prozent von spontanen Selbstungen führt zu einer stark erhöhten Häufigkeit der Homozygoten

[1] Vgl. S. 154.

und dadurch zu einer verstärkten Elimination rezessiver Defekte. Bei überwiegend selbstbestäubenden Arten werden alle Defekte so rasch eliminiert, daß Heterozygotie in Defekten selten wird.

Bei Selbstung von typisch allogamen Arten findet man in Übereinstimmung mit der Erwartung, daß ein beträchtlicher Teil der Individuen mehr oder minder auffällige Defekte abspaltet. Besonders häufig sind Chlorophylldefekte, wie weiße, gelbe, gelbgrüne, hellgrüne, gestreifte oder gescheckte Blätter. Aber auch Zwergtypen, Blütendefekte, Pollensterilität, embryonale Letalfaktoren, Endospermdefekte sind nicht selten, und eine große Anzahl von weiteren Typen werden mehr oder minder häufig gefunden. In einem genügend großen Material werden die meisten überhaupt möglichen Typen von erblichen Defekten angetroffen.

Erfahrungen bei Mais. Bei Mais haben SCHULER und SPRAGUE (1952) 801 zufällig ausgelesene Kolben der freibestäubten Varietät Reid Yellow Dent geselbstet. Pro Kolben wurden 50 Samen auf rezessive Sämlingsmutationen und 70 Samen auf Embryodefekte (germless) untersucht. Es zeigte sich, daß von diesen 801 Kolben 238 (29,7%) in Defekten spalteten, davon 87 in „germless“ und 151 in Sämlingscharakteren (28 weiße, 15 gelbe, 44 gelbgrün-letale, 10 gelbgrüne, 25 virescent Sämlinge usw.). Es wurde zum Teil versucht, die Allelieverhältnisse der spaltenden Gene zu untersuchen. Von 22 geprüften Kolben, die weiße Sämlinge abspalteten, enthielten z. B. 21 dasselbe Gen. Von 41 gelbgrün-letale abspaltenden Kolben gehörten 20 zu einem Typus, 10 zu einem zweiten, während die übrigen 11 Kolben sich auf 7 verschiedene Typen verteilten. Die meisten rezessiven Gene wurden indessen nur in einem Kolben angetroffen. Die verschiedene Häufigkeit der Mutantgene in der Maispopulation, die aus obigen Befunden hervorgeht, mag zum Teil auf Unterschieden in der Mutationshäufigkeit beruhen.

In Versuchen dieser Art treten indessen nicht wenige unerwartete und schwer verständliche Befunde auf. WOODWORTH (1930) verglich z. B. die Häufigkeit von Samen und Sämlingsmutationen in der freibestäubten Varietät Reid und einer „gereinigten Varietät“, die dadurch hergestellt wurde, daß S_1-Kolben aus der Ausgangspopulation, die keine Defekte abspalteten, gemischt wurden und diese Mischung vier Jahre hindurch bei freier Bestäubung vermehrt wurde. Danach wurde sie in gleicher Weise wie die Ausgangspopulation durch Selbstung individueller Pflanzen auf Häufigkeit von Defekten analysiert. Der Vergleich ergab folgendes:

	% spaltender Kolben	
	Samencharaktere	Sämlingscharaktere
Ausgangspopulation	3,9	12,2
Gereinigte Population	17,7	28,6

In der gereinigten Population wäre eine starke Erniedrigung der Häufigkeit von Defekten zu erwarten, da man nur die Mutationen der letzten vier Jahre finden sollte. Stattdessen wird eine starke Erhöhung konstatiert. Solche unerwarteten Befunde können verschiedenartige Ursachen haben, die nicht unbedingt in Konflikt mit den Theorien der Populationsgenetik zu stehen brauchen.

Bei Herstellung von 86 Inzuchtlinien aus zwei Maisvarietäten fanden JONES und MANGELSDORF (1925), daß nur 32 von diesen Linien nicht in distinkten (clear cut) rezessiven Anomalien spalteten. Bemerkenswert ist, daß ein beträchtlicher Teil der Anomalien noch nicht in S_1, sondern erst in $S_2 - S_4$ zum Vorschein kam. Das Material enthält auch eine Anzahl von anderen interessanten, ungelösten Problemen.

Tiere. Die genetische Analyse tierischer Populationen stößt auf gewisse Schwierigkeiten, da man Tiere nicht selbsten kann. Stattdessen läßt sich folgende Methode anwenden:

P	Aa × AA	
F_1	AA + Aa	
Kreuzungen	AA × AA	75%
	Aa × AA	
	AA × Aa	
	Aa × Aa	25%

Man kreuzt zunächst zwei beliebige Tiere der Population. Wenn eins derselben heterozygot in einem Defekt a ist, so erhalten wir in F_1 50% AA + 50% Aa. Wenn zwei Geschwistertiere in F_1 gekreuzt werden, so ist die Wahrscheinlichkeit 25%, daß beide Aa sind und daher in F_2 den sichtbaren Defekt abspalten. Werden in F_1 mehrere Geschwisterpaarungen vorgenommen, so steigt die Wahrscheinlichkeit für Abspaltung von aa nach folgendem Schema:

Anzahl Paarungen	1	2	3	4	6	8	10
Wahrscheinlichkeit in Prozent . .	25	44	58	68	82	90	94

Der russische Forscher CHETVERIKOV (1927) war der erste, der mit solchen Methoden eine natürliche *Drosophila*-Population analysierte. Er fand, daß 239 wilde Individuen zusammen 32 verschiedene sichtbare Mutationen abspalteten. Diese starke Verbreitung von Mutantgenen war für die damalige Zeit überraschend. Spätere Untersuchungen haben indessen zum Teil noch höhere Werte ergeben. Bei einigen *Drosophila*-Arten sind mehr als 25% der Individuen heterozygot in einer sichtbaren Mutation.

2. Chromosomale Untersuchungen

Methodik. Moderne Untersuchungen benutzen in der Regel eine spezielle Technik, die es erlaubt, einzelne Chromosomen aus den Gameten der Individuen einer wilden Population homozygot herzustellen und die Effekte dieser homozygoten Chromosomen zu studieren. Das Prinzip einer solchen Technik ist in Fig. 20 wiedergegeben.

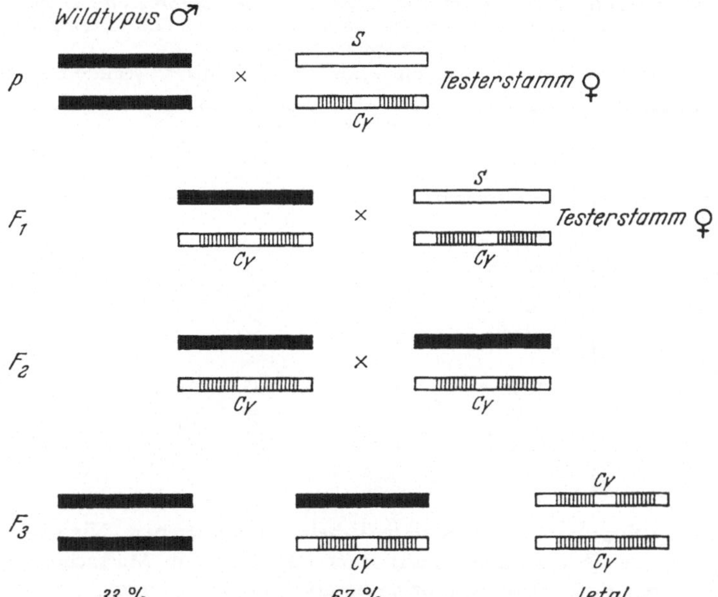

Fig. 20. Kreuzungsmethodik um ein Chromosom II eines wilden Individuums homozygot herzustellen. Schwarz Chromosomen des wilden Stammes, weiß Chromosomen des Testerstammes. S und Cy dominante, homozygot letale Markierergene des Testerstammes. Inversionen des Cy-Chromosoms durch Schraffierung angedeutet

Eine wilde Fliege wird mit einem Testerstamm, für Chromosom II z. B. S/Cy, gekreuzt. S und Cy sind dominante, homozygot letale Gene, die ein leichtes Identifizieren der betreffenden Chromosomen gestatten. Das Cy-Chromosom enthält außerdem umfangreiche Inversionen, die praktisch alles crossing-over im Chromosomenpaar II verhindern. In F_1 wird ein Cy-♂ mit dem gleichen Testerstamm rückgekreuzt. Wenn nun in F_2 zwei Cy-Individuen gepaart werden, so ist in F_3 wegen Letalität von Cy/Cy eine Spaltung in $^2/_3$ Cy : $^1/_3$ nicht-Cy zu erwarten. Erstere sind heterozygot, letztere homozygot in einem bestimmten Chromosom II aus dem Wildstamm. Da nämlich die Inversionen des Cy-Chromosoms das crossing-over im Chromosomenpaar II verhindern, wird ein bestimmtes Chromosom Nr. II aus einem P-Spermium in unveränderter Weise über F_1 und F_2 auf F_3 übertragen. Das Zahlenverhältnis 2 Cy : 1 nicht-Cy in F_3 gilt indessen nur bei gleicher Vitalität der beiden Typen, was nur selten der Fall ist. Aus den faktischen Zahlenverhältnissen können wir leicht die relative Vitalität der Homozygoten berechnen. Wäre diese z. B. 0,5, so würde das Verhältnis 2 : 1 in 2 : 0,5, d. h. 80% Cy : 20% nicht-Cy umgewandelt. Wenn das Wildchromosom einen rezessiven Letalfaktor enthält, so würden wir in F_3 100% Cy : 0% nicht-Cy erhalten. — Man bemerke, daß es zur Prüfung eines einzigen Chromosoms aus dem Wildtypus nötig ist, ein P-Individuum zu kreuzen und diese Kreuzung nach dem angegebenen Schema bis F_3 fortzusetzen. Der Restgenotyp, d. h. die übrigen Chromosomen der F_3-Individuen, stammen je nach den Einzelheiten der benutzten Technik hauptsächlich oder vollständig aus dem Testerstamm.

Analyse von Drosophila-Populationen. Eine ausführliche Übersicht über Untersuchungen bis zum Jahre 1945 über das Vorkommen von Mutationen in wilden Populationen einer Reihe von *Drosophila*-Arten findet man bei SPENCER (1947). IVES (1945) analysierte in großem Umfang die Beschaffenheit des Chromosoms II in Populationen von *D. melanogaster* aus verschiedenen Teilen der Vereinigten Staaten.

Tabelle 58.
Analyse des homozygoten Effektes von 151 Exemplaren des Chromosoms II aus einer Population von Drosophila melanogaster in Massachusetts und von 227 Exemplaren aus einer Population in Florida
+ vis, — vis = Homozygoten mit bzw. ohne sichtbaren Effekten; * semidominante Faktoren.

Population	Intervalle der Vitalität				Summe geprüfter Chromosomen
	letal 0%	semiletal 0–41%	nachteilig 41–86%	normal 86–108%	
Massachusetts 38					
— vis	46	3	53	16	118
+ vis	(2)*	17	12	2	33
Summe	48	20	65	18	151
%	31,8	13,3	43,0	11,9	
Florida 40					
— vis	100	19	65	4	188
+ vis	0	33	6	0	39
Summe	100	52	71	4	227
%	44,1	22,9	31,2	1,8	

Zwei von diesen Populationen werden in Tabelle 58 beschrieben. Wir sehen, daß 32% der Exemplare des Chromosoms II aus einer Population in Massachusetts und 44% derselben aus einer Population in Florida homozygot vollständige Letalität bedingten. Die Mehrzahl der übrigen Chromosomen waren semiletal oder „nachteilig". Nur 12% der Exemplare aus Massachusetts und 2% derjenigen aus Florida hatten homozygot annähernd normale Vitalität (über 86%). In 7 Populationen wurden zusammen 1202 Chromosomen II geprüft. Von diesen waren 663 (55,2%) homozygot letal oder semiletal. Wenn man bedenkt, daß jedes Individuum zwei Chromosomen II und zwei Chromosomen III besitzt, so sieht man, daß im Durchschnitt jedes Individuum zwei letale oder semiletale Chromosomen hat. Aus der Tab. 58 sehen wir ferner, daß die semiletalen Chromosomen gewöhnlich in den Homozygoten sichtbare Veränderungen bewirken, die „nachteiligen" Chromosomen viel seltener.

Untersuchungen von diesem Typus zeigen uns strenggenommen nicht die Häufigkeit von letalen und semiletalen Faktoren, sondern die Effekte ganzer Chromosomen. Ein letales Chromosom wird gewöhnlich einen oder mehrere letale Faktoren enthalten. Bisweilen haben solche Chromosomen keine eigentlichen Letalfaktoren, sondern nur mehrere semiletale oder nachteilige Faktoren, die zusammen einen letalen Effekt erzeugen. Dennoch geben diese Untersuchungen uns einen guten Einblick in die Häufigkeit von gröberen rezessiven Defekten in den Populationen.

Bei *Drosophila willistoni* wurden Chromosomen, die homozygot weder letale noch subletale Effekte hatten, auf Sterilität geprüft. Es zeigte sich, daß 31% der Chromosomen II und 28% der Chromosomen III homozygot Sterilität bedingten. Von 74 untersuchten Chromosomen II von diesem Typus bedingten 26 weibliche, 44 männliche Sterilität und 4 Sterilität in beiden Geschlechtern (PAVAN et al., 1951). Auch bei anderen Objekten zeigen Sterilitätsgene eine hohe Häufigkeit. Wie zu erwarten, sind dagegen dominante Defekte sehr selten in natürlichen Populationen. Dasselbe gilt für geschlechtsgebundene rezessive Defekte, die im männlichen Geschlecht „pseudodominant" sind und daher effektiv von der Selektion erfaßt werden. Annähernd neutrale Variationen von beiden Typen werden indessen minder selten angetroffen.

Untersuchungen an einer Reihe von nord- und südamerikanischen *Drosophila*-Arten haben im allgemeinen ähnliche Ergebnisse gebracht, obwohl einige Arten eine höhere Belastung von erblichen Defekten zeigten als andere. Umfangreiche Untersuchungen an russischen Populationen von *Drosophila melanogaster* fanden dagegen eine weit geringere Häufigkeit von Letalfaktoren und anderen Defekten. Dies mag auf den sehr viel stärkeren Oszillationen der Populationsgröße beruhen, indem nur ein äußerst geringer Teil der Fliegen den harten russischen Winter überlebt. Die Konsequenzen solcher Oszillationen auf die Häufigkeit erblicher Defekte sind S. 158 diskutiert.

3. Verbreitung einzelner Letalfaktoren

Es ist von großem Interesse zu wissen, wieviele Typen von Letalfaktoren in den verschiedenen Populationen vorkommen und wie große Häufigkeit einzelne Letalfaktoren in ihren Populationen erreichen können. Solche Untersuchungen sind außerordentlich mühsam, weshalb nur ein begrenztes Material analysiert werden kann. Um zu wissen, ob zwei in verschiedenen Individuen angetroffene Letalfaktoren identisch (allel) sind oder nicht, führt man Kreuzungen vom Typus $I/l \times I/l$ aus. I ist hierbei ein invertiertes, homozygot letales Chromosom. Je nachdem die zwei Individuen allele oder nichtallele Letalfaktoren besitzen, entspricht diese Kreuzung den Formeln

$$\frac{I}{l_1} \times \frac{I}{l_1} \text{ oder } \frac{I}{l_1 +} \times \frac{I}{+ l_2} .$$

Im ersteren Falle sind die nicht-I Nachkommen letal, im zweiten vital. Um zu prüfen, wieviele verschiedene Letalfaktoren in n heterozygot letalen Individuen aus natürlichen Populationen vorhanden sind, müssen dieselben in allen möglichen Kombinationen miteinander gekreuzt werden, wozu $n(n-1)/2$ Kreuzungen erforderlich sind. Für $n = 100$ ergibt dies 4950 Kombinationen. In einem Versuch dieser Art enthielten z. B. 48 letale Chromosomen aus einer Population in Ohio 44 verschiedene

Letalfaktoren, indem 42 Letalfaktoren nur in einem der geprüften Chromosomen vorkamen, je einer in zwei bzw. vier Chromosomen (IVES, 1945).

DOBZHANSKY (1951) analysierte bei *Drosophila pseudoobscura* zahlreiche Chromosomen III aus natürlichen Populationen verschiedener Lokalitäten. Er fand bei Kreuzung von Letalfaktoren aus derselben Lokalität eine Wahrscheinlichkeit von 2,07% für Allelie, bei Kreuzung von Letalfaktoren aus weit entfernten Lokalitäten eine Wahrscheinlichkeit von 0,41%. Nun dürften allele Letalfaktoren, die in derselben Lokalität gefunden werden, relativ häufig gemeinsamen Ursprung haben, indem sie von ein und derselben Mutation abstammen. Allele Mutationen aus entfernten Lokalitäten dürften fast immer auf unabhängig voneinander entstandenen Mutationen desselben Lokus beruhen. In Übereinstimmung mit dieser Schlußfolgerung deuten die gefundenen Zahlen darauf, daß einige Letalfaktoren innerhalb bestimmter Populationen eine etwas größere Häufigkeit haben als außerhalb derselben. Außerdem zeigen diese Befunde, daß in verschiedenen natürlichen Populationen dieser Art eine sehr große Anzahl von verschiedenen Letalfaktoren des Chromosoms III, zumindestens mehrere Hundert, vorkommen müssen.

Berechnungen von DOBZHANSKY und WRIGHT (1943) zeigen, daß die Letalfaktoren des genannten Chromosoms im Durchschnitt nicht die Genhäufigkeit erreichen, die für streng rezessive Letalfaktoren in unendlich großen Populationen bei der für diese Art ermittelten Mutationshäufigkeit zu erwarten sind. Dies dürfte auf drei verschiedenen Ursachen beruhen, nämlich, daß die Letalfaktoren nicht streng rezessiv sind, daß ein gewisser Grad von lokaler Inzucht vorkommt und daß die effektive Größe der Populationen begrenzt ist (S. 158).

4. Heterozygotieeffekte

In den obigen Untersuchungen wurden relativ wenig Anzeichen dafür gefunden, daß heterotische Letalfaktoren vorkommen, die wegen Überlegenheit der Heterozygoten in weiten Arealen eine hohe Genhäufigkeit gewonnen haben. Wenn letale Chromosomen in bezug auf die Vitalität ihrer Heterozygoten untersucht wurden, so wurde im allgemeinen eine leichte durchschnittliche Herabsetzung derselben gefunden. PROUT (1952) gibt z. B. an, daß letale Chromosomen aus 9 Populationen von *Drosophila willistoni* aus verschiedenen Teilen Brasiliens heterozygot im Durchschnitt einen Selektionskoeffizienten von $s = 0{,}02$ hatten. Dies hindert indessen nicht, daß einzelne der letalen Chromosomen heterotisch sind (CORDEIRO und DOBZHANSKY, 1954). HIRAIZUMI und CROW (1960) fanden, daß homozygot letale oder semiletale Chromosomen aus Populationen von *Drosophila melanogaster* heterozygot die Vitalität der Fliegen vor dem erwachsenen Stadium um 2,6% reduzierten. Die „letalen" Heterozygoten zeigten auch eine etwas langsamere Entwicklung und eine etwas verkürzte Lebensdauer im männlichen Geschlecht. Die Eiproduktion war in den früheren Stadien etwas reduziert, aber nicht in der Gesamtproduktion der Weibchen.

In einigen wenigen Fällen haben Letalfaktoren eine weite Verbreitung gewonnen. Eine Population von *Drosophila tropicalis* besteht z. B. nach DOBZHANSKY und PAVLOVSKY (1955) hauptsächlich aus Heterozygoten in einer bestimmten Inversion, da beide Typen von Homozygoten frühzeitig absterben. Einen heterotischen Letalfaktor bei einer Heuschreckenart sowie die homozygot letalen Geschlechtsfaktoren in einigen Gattungen der Hymenopteren haben wir früher genannt (S. 104 und S. 107). Besonders gründlich untersucht ist ein Letalfaktor t bei der Maus (DUNN, 1960), der fast alle nordamerikanischen Populationen der Hausmaus infiziert hat. Die weite Verbreitung dieses Letalfaktors beruht offenbar darauf, daß er in Kreuzungen vom Typus +/+ ♀×t/+ ♂ stets in hohem Überschuß (95% statt 50%) abspaltet, was anscheinend durch eine erhöhte Fähigkeit der *t*-Spermien in die Eier einzudringen, ermöglicht wird. Eine leichte Heterosis ist in diesem Beispiel höchstens von untergeordneter Bedeutung für die Verbreitung dieses Gens.

Im Gesamtbild ergibt sich, daß ein Teil der letalen Chromosomen heterozygot deutlich die Vitalität reduziert, ein Teil von unbekannter Größe nahezu neutral ist, während eine ausgeprägte Minderzahl heterotisch ist. Da die heterotischen Letalfaktoren indessen nur ausnahmsweise eine weite Verbreitung in den Populationen der Art gewinnen, ist anzunehmen, daß die Überlegenheit der Heterozygoten teils nur vorgetäuscht ist, indem die Vitalität nicht unter natürlichen Verhältnissen sondern im Laboratorium bestimmt wurde, teils nur von vorübergehender Natur ist, indem die meisten Letalfaktoren früher oder später durch andere heterotische Gene auskonkurriert werden (vgl. auch S. 168).

Dobzhansky et al. (1960) stellen die Frage, ob die erbliche Belastung der Populationen mit Defekten in erster Linie auf dem Mutationsdruck oder auf Heterosis beruht. — Man könnte annehmen, daß die Heterosis einen vielfach größeren Effekt auf die Verbreitung von Defekten hat wie der Mutationsdruck. In Wirklichkeit ist es wohl nicht ganz so. Wenn die in Kapitel 6—7 vertretenen Auffassungen richtig sind, so beruht die Heterosis von Defekten auf Auslösung von residueller Effektivität. Wenn ein heterotischer Defekt sich ausbreitet, wird er andere Defekte zurückdrängen, indem weniger leichtdisponible residuelle Effektivität für dieselben übrig bleibt, so daß die nachteiligen Heterozygotieeffekte sich stärker geltend machen. Schließlich würde ersterer Defekt selber auf ähnliche Weise von anderen heterotischen Genen zurückgedrängt (S. 125).

Im allgemeinen haben uns die Populationsanalysen bei zahlreichen Arten der Gattung *Drosophila* ein Bild über die Verbreitung von Letalfaktoren, gröberen Defekten und auffälligeren sichtbaren Mutationen in den Populationen gegeben. Über die viel wichtigere Frage, ob das durchschnittliche Individuum in einer weit größeren Anzahl von kleinen und kleinsten Defekten heterozygot ist, haben sie wenig konkrete Auskünfte gegeben. Einige Beiträge zur Beantwortung dieser Frage liefern die zahlreichen und vielseitigen Selektionsexperimente mit dieser Gattung, die indessen meist recht verschiedene Deutungen zulassen und deren Ergebnisse sich nicht ohne weiteres für andere Objekte verallgemeinern lassen.

Literatur

Allgemeine Literatur

Brieger, F. G.: Populationsgenetik. In: Roemer-Rudorf, Handbuch der Pflanzenzüchtung 1, 176—224. Berlin: Parey 1958.

Cold Spring Harbor Symposia on Quantitative Biology. Vol. 20: Population Genetics. 350 pgs., 1955.

Dobzhansky, Th.: Genetics and the Origin of Species. 3rd ed. New York: Columbia Univ. Press 1951.

— A review of some fundamental concepts and problems of population genetics. Cold Spr. Harb. Symp. quant. Biol. 20, 1—15 (1955).

Falconer, D. S.: Introduction to Quantitative Genetics. Edinburgh: Oliver and Boyd 1960.

Fisher, R. A.: The genetical theory of natural selection. Oxford: Clarendon Press 1930.

Haldane, J. B. S.: The causes of evolution. New York and London: Harper 1932.

Lerner, I. M.: Population genetics and animal improvement. Cambridge Univ. Press 1950.

— The Genetic Basis of Selection. New York: John Wiley; London: Chapman and Hall 1958.

Li, C. C.: Population genetics. Univ. Chicago Press 1955.

Sinnott, E. W., L. C. Dunn, and Th. Dobzhansky: Principles of Genetics. 5th ed. New York, Toronto, London: McGraw-Hill 1958.

Wright, S.: Evolution in Mendelian populations. Genetics 16, 97—159 (1931).

— The roles of mutation, inbreeding, cross-breeding and selection in evolution. Proc. 6th int. Congr. Genet. 1, 356—366 (1932).

— Classification of the factors of evolution. Cold Spr. Harb. Symp. quant. Biol. 20, 16—24 D (1955).

Weitere Literatur

ARNOLD, C. G.: Selektive Befruchtung. Ergebn. Biol. **20**, 67—96 (1958).

BUZZATI-TRAVERSO, A.: Heterosis in population genetics. In: GOWEN (ed.): Heterosis, Chapter 9. Ames, Iowa: Iowa State College Press 1952.

CARSON, H. L.: Genetic conditions which promote or retard the formation of species. Cold Spr. Harb. Symp. quant. Biol. **24**, 87—105 (1959).

CHETVERIKOV, S. S.: Verh. V. int. Kongr. Vererbg. **2**, 1449 (1927).

COOK, R. R.: Detection of carriers of recessive genes. J. Hered. **46**, 161—166 (1955).

CORDEIRO, A. R., and TH. DOBZHANSKY: Combining ability of certain chromosomes in Drosophila willistoni and invalidation of the wild-type concept. Amer. Natur. **88**, 75—87 (1954).

CORRENS, C.: Versuche bei Pflanzen das Geschlechtsverhältnis zu verschieben. Hereditas **2**, 1—24 (1921).

DA CUNHA, A. B.: Genetic analysis of the polymorphism of color pattern in Drosophila polymorpha. Evolution **3**, 239—251 (1949).

DADAY, H.: Gene frequencies in wild populations of Trifolium repens. Heredity **8**, 61—78 (1954).

— Gene frequencies in wild populations of Trifolium repens. II. Distribution by altitud. Heredity **8**, 377—384 (1954).

DOBZHANSKY, TH., and S. WRIGHT: Genetics of natural populations. X. Dispersion rates in Drosophila pseudoobscura. Genetics **28**, 304—340 (1943).

—, and B. SPASSKY: Evolutionary changes in laboratory cultures of Drosophila pseudoobscura. Evolution **1**, 191—216 (1947).

—, O. PAVLOVSKY, B. SPASSKY, and N. SPASSKY: Genetics of natural populations XXIII. Biological roll of deleterious recessives in populations of Drosophila pseudoobscura. Genetics **40**, 781—796 (1955).

— — An extreme case of heterosis in a Central American population of Drosophila tropicalis. Proc. nat. Acad. Sci. (Wash.) **41**, 289—295 (1955).

—, C. KRIMBAS, and M. G. KRIMBAS: Genetics of natural populations XXIX. Is the genetic load in Drosophila pseudoobscura a mutational or a balanced load? Genetics **45**, 741—753 (1960).

DUNN, L. C.: Variations in the transmission ratios of alleles through egg and sperm in Mus musculus. Amer. Natur. **94**, 365—393 (1960).

EDWARDS, J. H.: Alternatives to heterosis. Heredity **13**, 415 (1959).

FORD, E. B.: The genetics of polymorphism in the Lepidoptera. Adv. Genet. **5**, 43—87 (1953).

HARLAND, S. C.: An alternation in gene frequency in Ricinus communis due to climatic conditions. Heredity **1**, 121—125 (1947).

—, and A. R. H. JACKSON: Advantage of the white eye mutant of Drosophila melanogaster over the wild type in an artificial environment. Heredity **12**, 27—36 (1958).

HERIBERT-NILSSON, N.: Sind die induzierten Mutanten nur selektive Erscheinungen? Hereditas **15**, 320—328 (1931).

HIRAIZUMI, Y., and J. F. CROW: Heterozygous effects on viability, fertility, rate of development and longevity of Drosophila chromosomes that are lethal when homozygous. Genetics **45**, 1071—1083 (1960).

IVES, P. T.: The genetic structure of American populations of Drosophila melanogaster. Genetics **30**, 167—205 (1945).

JONES, D. F., and P. C. MANGELSDORF: The improvement of naturally cross-pollinated plants by selection in self-fertilized lines. I. The production of inbred strains of corn. Conn. Agr. exp. St. Bull. **266**, 347—418 (1925).

KALMUS, H.: Adaptive and selective responses of a population of Drosophila melanogaster containing e and e^+ to differences in temperature, humidity and to selection for developmental speed. J. Genet. **47**, 58—63 (1945).

LEVENE, H.: Genetic equilibrium, when more than one ecological niche is available. Amer. Natur. **87**, 331—333 (1953).

LEWIS, H. W.: Studies on a melanoma-producing lethal in Drosophila. J. exp. Zool. **126**, 235—276 (1954).

MARTIN, C. P.: A non-geneticist looks at evolution. Amer. Scient. **41**, 100—106 (1953).

MCCLINTOCK, B.: Chromosome organization and genic expression. Cold. Spr. Harb. Symp. quant. Biol. **16**, 13—47 (1951).

— Induction of instability at selected loci in maize. Genetics **38**, 579—600 (1953).

— Controlling elements and the gene. Cold Spr. Harb. Symp. quant. Biol. **21**, 197—216 (1956).

— The suppressor-mutator system of control of gene action. Carnegie Inst. Wash. Yearbook **57**, 415—429 (1958).

MUKAI, T., and A. B. BURDICK: Single gene heterosis associated with a second chromosome recessive lethal in Drosophila melanogaster. Genetics **44**, 211—232 (1959).
— — Concerning equilibria of heterotic lethals in random mating populations with particular reference to l(2)55 i in Drosophila melanogaster. Genetics **45**, 1581—1593 (1960).
MULLER, H. J.: The development of the gene theory. In: L. C. DUNN (ed.): Genetics in the 20th century. Chapter 5. New York: Macmillan 1951.
— The nature of genetic effects produced by radiation. In: A. HOLLAENDER (ed.): Radiation Biology **1**, 351—473 (1954).
— On the relation between chromosome changes and gene mutations. Brookhaven Symp. Biol. **8**, 126—147 (1956).
PAVAN, C., A. R. CORDEIRO, N. DOBZHANSKY, TH. DOBZHANSKY, C. MALOGOLOWKIN, B. SPASSKY, and M. WEDEL: Concealed genic variability in Brazilian populations of Drosophila willistoni. Genetics **36**, 13—30 (1951).
PROUT, T.: Selection against heterozygotes for autosomal lethals in natural populations of Drosophila willistoni. Proc. nat. Acad. Sci. (Wash.) **38**, 478—481 (1952).
SAGER, R.: On the mutability of the waxy locus in maize. Genetics **36**, 510—540 (1951).
SCHULER, J. F., and G. F. SPRAGUE: Gene frequencies in a strain of red yellow dent. Maize Genetics Cooperation News Letter **27**, 38—39 (1952).
SCHWEMMLE, J.: Gibt es eine selektive Befruchtung? III. Biol. Zbl. **71**, 152—183 (1952).
—, und W. KOEPCHEN: Weitere Untersuchungen zur selektiven Befruchtung. Z. Vererbungsl. **85**, 307—346 (1953).
SINGLETON, W. R.: The effect of chronic gamma radiation on endosperm mutations in maize. Genetics **39**, 587—603 (1954).
SPENCER, W. P.: Mutations in wild populations in Drosophila. Adv. Genet. **1**, 359—402 (1947).
STADLER, L. J.: Some observations on gene variability and spontaneous mutation. The Spragg Memorial Lectures (Third Series) Michigan State College, 1942.
— Spontaneous mutation in maize. Cold Spr. Harb. Symp. quant. Biol. **16**, 49—63 (1951).
STERN, C., G. CARSON, M. KINST, E. NOVITSKI, and D. UPHOFF: The viability of heterozygotes for lethals. Genetics **37**, 413—449 (1952).
WALLACE, B.: The role of heterozygosity in Drosophila populations. Proc. 10th int. Congr. Genet. **1**, 408—419 (1958).
WOODWORTH, C. M.: Illinois Corn Breeding Report. Cornell Corn Imp. Report (1930). Cfr. Cold Spr. Harb. Symp. quant. Biol. **20**, 88.
WRIGHT, S.: The distribution of gene frequencies in populations. Proc. nat. Acad. Sci. (Wash.) **23**, 307—320 (1937).
YANOFSKY, C.: The tryptophan synthetase system. Bact. Rev. **24**, 221—245 (1960).

Kapitel 10

Konkurrenz und Kooperation

I. Populationsdichte

Allgemeines. Die natürlichen Arten sind nicht daran angepaßt, in reinen Beständen zu leben. Wenn man sie künstlich in reinen Beständen aussät, so kann dies nachteilige Folgen haben, besonders wenn die Standweite zu gering ist. Bei den meisten Kulturpflanzen sind noch Reste dieser ursprünglichen Empfindlichkeit gegen unmittelbare Nachbarschaft von Individuen der gleichen Art vorhanden. Unter diesen Umständen gibt es oft eine optimale Dichte, die die größten Erträge ermöglicht. Bei zu geringer Dichte wird der Raum nicht effektiv ausgenützt, bei zu hoher Dichte machen die nachteiligen Effekte sich geltend.

Die optimale Pflanzweite hängt indessen stark von der Witterung des Jahres, von der Bodenqualität und vom Genotyp ab. Aus Tab. 59 sehen wir, daß für die Maisvarietät Hogue Yellow Dent in Nebraska im Jahre 1914 eine Pflanzdichte von

1,76 Individuen je Quadratmeter am günstigsten war, 1916 eine solche von 2,64 und 1915 und 1917 eine von 4,39. Aus Tab. 60 sehen wir, daß für das Mittel von 9 einfachen Maishybriden bei niedrigem, mittlerem und hohem Stickstoffgehalt des Bodens Pflanzdichten von bzw. 3, 4 und 5 Individuen je Quadratmeter sich vorteilhaft erwiesen. Die verschiedenen Maishybride verhalten sich indessen verschieden. Der Hybrid Hy 2×Oh 7 gibt z. B. für 4—6 Individuen je Quadratmeter Erträge, die weit über dem Mittel der 9 geprüften Hybride liegen, während Wf 9×C 103 im gleichen Intervall unterdurchschnittliche Erträge hat.

Tabelle 59.
Populationsdichte und Ertrag der Maisvarietät Hogue Yellow Dent nach Kiesselbach *1922.* Abstand der Pflanzstellen innerhalb und zwischen den Reihen ca. 106 cm

Anzahl Pflanzen je			Erträge in bu/acre				
Pflanzstelle	m²	Acre	1914	1915	1916	1917	Mittel
1	0,88	3556	42,9	57,6	33,7	28,6	40,7
2	1,76	7112	*48,2*	69,7	35,2	44,5	49,4
3	2,64	10668	44,8	79,8	*37,1*	50,0	52,9
4	3 52	14224	36,1	80,3	33,1	53,4	50,7
5	4,39	17780	32,0	*80,6*	28,3	*56,3*	49,3

Tabelle 60.
Beziehungen zwischen Populationsdichte und Ertrag bei drei Stufen von Nitrogengehalt des Bodens. Nach Lang, Pendleton and Dungan, 1956. Abstand der Pflanzstellen 100,6 cm

Material	Nitrogen Niveau	Anzahl Pflanzen je Acre und Quadratmeter (abgerundet), darunter Ertrag in bushels/acre					
		4000 1	8000 2	12000 3	16000 4	20000 5	24000 6
Mittel von 9 Hybriden	Niedrig	45,7	70,2	*74,5*	63,1	58,0	47,8
	mittel	47,6	78,9	89,9	*92,5*	89,5	75,3
	hoch	54,5	89,7	107,1	116,4	*117,7*	104,3
Hy 2×Oh 7	niedrig	45,4	75,1	*83,8*	79,8	77,5	76,1
	mittel	45,0	82,0	97,3	108,8	*114,6*	97,4
	hoch	58,5	87,5	113,9	131,3	*143,2*	128,1
Wf 9× C 103	niedrig	51,2	*71,0*	70,1	58,0	43,9	32,4
	mittel	52,6	*86,8*	84,2	85,4	76,1	57,1
	hoch	55,1	95,0	112,3	*113,6*	112,4	91,7

Mit steigender Populationsdichte sinkt bei Mais der mittlere Ertrag der Einzelpflanzen, teils durch Abnahme des Kolbengewichtes, teils durch zunehmende Häufigkeit von Pflanzen ohne Kolben oder mit mißbildeten Kolben. Für Kolbengewicht und Pflanzdichte fanden Lang et al. (1956) für die 9 untersuchten Maishybride folgende Beziehungen:

Pflanzen/Acre	4000	12 000	24 000
Kolbengewicht in lbs.	0,71	0,54	0,29

Sterile Pflanzen wurden erst in Beständen von über 8000 Individuen je Acre angetroffen. Die verschiedenen Hybride verhielten sich hierbei sehr verschieden. Hybride, die bei niedriger Populationsdichte die geringste Tendenz für Bildung eines zweiten Kolbens hatten, zeigten bei höheren Dichten das größte Prozent steriler Pflanzen. Je stärker die Tendenz für multiple Kolben war, desto geringer das Prozent kolbenloser Pflanzen bei hoher Dichte.

Optimale Dichte. DUNCAN (1958) findet, daß für gewöhnliche Maispopulationen in einem Intervall von etwa 5000—25 000 Individuen je Acre eine lineare Relation zwischen dem Logarithmus des mittleren Ertrages je Pflanze und der Populationsdichte besteht. Wenn y den mittleren Ertrag der Einzelpflanzen bezeichnet, P die Populationsdichte in Tausenden je Acre, so gilt $\log y = a - bP$, wobei a und b Konstanten für eine gegebene Population in gegebenem Milieu darstellen. Wenn y_1 und y_2 die mittleren Erträge je Pflanze bei den Populationsdichten P_1 und P_2 angeben, so läßt sich aus diesen zwei Paaren von Werten die ganze Kurve der Beziehungen von Pflanzdichte und Ertrag ableiten. Für P_{max}, die Populationsdichte, die maximale Erträge gibt, gilt die Gleichung:

$$P_{max} = -\frac{P_1 - P_2}{2{,}303 \log y_1/y_2}$$

In Tab. 60 haben wir z. B. für die hohe Nitrogenstufe bei den Populationsdichten 12 000 und 4000 die mittleren Erträge je Pflanze $\frac{107{,}1 \times 60\,^*}{12\,000}$ und $\frac{54{,}5 \times 60}{4000}$, also $y_1 = 0{,}536$ und $y_2 = 0{,}818$. Hieraus ergibt sich $P_{max} = 18\,900$ Individuen je Acre. Da indessen die Konstanten der genannten Gleichung von Jahr zu Jahr wechseln, haben die obigen Ableitungen nur für spezielle Probleme Bedeutung.

Resistenz gegen Populationsdichte. Von besonderem Interesse in diesem Zusammenhang ist eine halbniedrige Maismutation *compact* (ct), die eine ungewöhnliche Resistenz gegen hohe Populationsdichte zeigt (NELSON and OHLROGGE, 1961). Während die elterliche Inzucht einen maximalen Ertrag bei einer Dichte von 13 000 Individuen je Acre gibt, hat die ct ct-Linie ein Maximum bei 26 000—52 000 und noch bei 78 000 ist der Ertrag nicht signifikant herabgesetzt, obgleich gewöhnliche Maislinien bei letzterer Dichte nur 10—20% der normalen Erträge geben. Wegen ihrer Resistenz gegen Pflanzdichte gibt die Mutation höhere maximale Erträge als die Ausgangslinie. Bei Prüfung verschiedener Pflanzweisen erwies sich die äquidistante Pflanzung 28×28 cm als besonders vorteilhaft.

Von größter Bedeutung war nun die Frage, ob die erhöhte Resistenz gegen Pflanzdichte bei Einlagerung von ct in andere Inzuchtlinien und in den Hybriden solcher ct-Linien unbeeinträchtigt zum Ausdruck kommt. Bei einer vorläufigen Prüfung von ca. 200 Hybriden wurde eine hohe Variationsbreite gefunden. Aber offenbar besitzen viele der ct ct×ct ct Hybride ähnliche hohe Resistenz gegen Populationsdichte wie die ursprüngliche Inzucht. Soweit sich aus den mit großen Mittelfehlern behafteten Ergebnissen schließen läßt, dürfte ein Teil dieser Hybride bei hoher Pflanzdichte Erträge haben, die weit über denen der üblichen kommerziellen Hybride liegen. Um diese erhöhten Erträge zu ermöglichen, sind indessen hohe Bodenfertilität und genügende Feuchtigkeit erforderlich. Nach solchen Befunden besteht also Aussicht dafür, daß die Ausnützung dieser Mutation zu einer Erhöhung der Maisproduktion führen wird.

Theoretisch hat dieses Beispiel beträchtliches Interesse. Es hat den Anschein, daß eine hohe Populationsdichte komplexe Effekte hat, indem sie einerseits als Stimulation wirkt, die ziemlich viele residuelle Effektivität auslösen kann, andererseits aber gewöhnlich noch stärkere Nachteile verursacht, die eine Folge davon sind, daß unter natürlichen Verhältnissen eine zu hohe Dichte von Individuen der gleichen Art gefährlich für die Existenz der Art ist. Anscheinend ist bei der ct-Mutation eine der Kontrollen gegen zu hohe Dichte irgendwie ausgeschaltet, so daß die stimulierenden Effekte der Konkurrenz um die Existenzmittel in den Vordergrund treten.

---

* 1 bu = 60 lbs.

Bei einigen Kulturpflanzen läßt sich der Ertrag stark durch ungewöhnlich dichtes Auspflanzen steigern. Für eine Varietät der Erdnuß wurden z. B. nach SHEAR and MILLER (1960) folgende Erfahrungen gemacht:

Abstand in Zoll	Ertrag in pounds/acre
6× 6	5969
9× 9	4835
12×12	4082

Die engste Pflanzweite 6×6 wurde erst nach Auffinden eines geeigneten Herbicids möglich. Sie gab einen doppelt so hohen Ertrag wie normale Kulturen, bei denen ein Reihenabstand von 36 Zoll benutzt wird. Früher wurde angenommen, daß enge Aussaat die Reife beschleunigt. Die Versuche zeigen indessen, daß bei den kleinsten Abständen zwar eine frühe Blüte eintritt; das Auswachsen der Früchte wird indessen stark verspätet und verteilt sich auf einen größeren Zeitraum.

Unvollständige Pflanzstellen. Bei Bestimmung der Erträge der Maissorten wird häufig ein Abstand von 90—100 cm innerhalb und zwischen den Reihen benutzt. An jeder Pflanzstelle werden z. B. drei Sämlinge gelassen. Beträchtliche Komplikationen entstehen dadurch, daß ein Teil der Pflanzstellen durch Absterben von Sämlingen unvollständig wird mit 0—2 Pflanzen. Die Erträge unvollständiger Stellen sind deutlich subnormal. In speziellen Versuchen über dieses Problem fand GIESBRECHT (1961) folgende Werte:

	Relative Erträge im Jahre	
Anzahl Pflanzen je Stelle	1958	1959
3 (Kontrolle)	100	100
2	83	88
1	59	58

Hieraus geht deutlich hervor, daß die Pflanzen der unvollständigen Stellen nur einen Teil des überschüssigen Raumes auszunützen vermögen. In den genannten Versuchen waren die Pflanzstellen in jeder Reihe auf der gleichen Höhe angebracht, so daß eine jede Stelle direkt von vier anderen Stellen im Abstand von 91 cm umgeben war und diagonal von vier weiteren im Abstand von $91 \cdot \sqrt{2}$. Pflanzstellen, die direkt an eine bis zwei vollständige Lücken angrenzten, hatten einen um 7,5% bzw. 12,5% erhöhten Ertrag. Partielle Lücken mit 1—2 Pflanzen gaben für ihre Nachbarn wesentlich geringere Vorteile. Auch Lücken in diagonaler Stellung hatten relativ wenig Effekt, selbst wenn sie vollständig waren. Bei der Bestimmung des Ertrages sind nach solchen und ähnlichen Erfahrungen Pflanzstellen, die selbst lückenhaft sind oder direkt an vollständige Lücken angrenzen, nicht zu benutzen. Ob Stellen, die an partielle Lücken angrenzen, brauchbar sind, hängt von Varietät und Milieu ab. Auf Grund solcher Störungen ist es üblich, bei Berechnung der Erträge in bushels/acre Korrekturen zu benutzen, die indessen z. T. nicht ganz zuverlässig sind.

II. Interaktion zwischen Genotypen

1. Mutationen

In dichteren Beständen braucht eine schwächliche Pflanze keinen Verlust für die Produktion zu bedeuten, wenn ihre Nachbarpflanzen einen kompensatorischen Mehrertrag geben. CORRENS (1929) zeigte dies für die hier mit L/+ bezeichnete Mutation peraurea bei der Brennessel *(Urtica urens)*, die heterozygot gelbgrüne Blätter bedingt.

In einer Versuchsserie wurden stets zwei Pflanzen je Topf aufgezogen. Wenn zwei gelbgrüne Heterozygoten sich im gleichen Topf befanden, so erreichten sie 80% des Gewichtes ihrer normalen Geschwister, die in einem anderen Topf aufgezogen waren. Wurden jedoch je eine +/+ und L/+ im gleichen Topf aufgezogen, so erreichte erstere 154% des Gewichtes der Normalpflanzen aus „Reinkulturen" und letztere nur 30% des Gewichtes ihres Partners und 55% des Gewichtes von Heterozygoten aus Reinkulturen. Zusammen hatten solche Paare etwa das Gewicht zweier +/+-Pflanzen, die im gleichen Topf aufgezogen waren.

GUSTAFSSON (1953, 1954) untersuchte bei Gerste in spaltenden Familien der erectoides-Mutation ert-29, hier a genannt, die aus 25% AA + 50% Aa + 25% aa bestanden, den relativen Kornertrag der drei Genotypen. Er verhielt sich wie 100 : 97 : 86. Dennoch gaben Parzellen von spaltenden Nachkommenschaften einen etwa 4% höheren Ertrag als gleich große Parzellen von AA-Pflanzen, während sie wegen der reduzierten Erträge der Aa und aa einen 5% geringeren Ertrag zeigen sollten. In diesem Beispiel verbessert offenbar die Anwesenheit eines ausgeprägt nachteiligen Genotyps in einer Population die Produktivität derselben. Dieser Fall wird gewöhnlich mit positiven Interaktionen zwischen den drei Genotypen erklärt. Wahrscheinlicher ist indessen, daß es sich um Nachwirkungen eines stimulativen Effektes der heterozygoten Mutation handelt. In den Heterozygoten selbst wird diese Stimulation durch nachteilige Effekte der Mutation verborgen; in den abspaltenden AA-Individuen kann sich indessen ihre Nachwirkung geltend machen.

2. Mischung von Varietäten oder Arten

Während in einem Teil der Beispiele eine Konkurrenz zwischen verschiedenen Genotypen vorliegt, in dem Sinne, daß erhöhter Wuchs und Samenertrag der begünstigten Typen auf Kosten der benachteiligten erfolgt, finden wir in anderen Fällen eine Kooperation, indem eine Mischung einen höheren Ertrag gibt als das Mittel der ungemischten Komponenten oder sogar als die beste Komponente. GUSTAFSSON verglich z. B. in Schweden die drei Gerstenvarietäten Golden, Maja und Bonus, deren Erträge sich wie 100 : 115 : 125 verhalten, in Reinkulturen und in drei Mischungen zweier Varietäten. Der Mehrertrag gegenüber dem Mittel der beiden Varietäten betrug für Golden + Maja 6,4%, Golden + Bonus 0,1%, Maja + Bonus 5,5%. Indessen kann der Überschuß der Mischungen je nach Saatdichte und Düngung verstärkt, abgeschwächt oder sogar in Unterschuß umgewandelt werden.

BORLAUG (1959) stellte in Mexiko durch Mischung von je 8—16 Linien eine große Anzahl von multilinearen Weizensorten her. Es zeigte sich, daß der Ertrag dieser Mischungen oft bedeutend über dem arithmetischen Mittel der Erträge der Komponenten in Reinkultur lag. ROY (1960) pflanzte eine größere Anzahl Paare von Reisvarietäten in reinen und gemischten Parzellen. Eine solche Mischung hatte für einen großen Teil der Paare einen deutlichen Effekt, teils in positiver, teils in negativer Richtung. Eine besonders günstige Kombination bildeten die Varietäten BK und 2 A, die bei Auspflanzen in alternierenden Reihen einen Mehrertrag von 25,9% über dem Mittel der beiden Varietäten und von 19,7% über der besseren von ihnen ergaben. Eine solche Erhöhung des Ertrages nähert sich schon den Vorteilen der Maishybride über die freibestäubten Varietäten. Da man bei systematischer Prüfung weiterer Paare von Varietäten auf noch günstigere Kombinationen stoßen sollte, scheint es nach ROY möglich zu sein, beim Reis durch gemischte Pflanzung Resultate zu erzielen, die denen der Heterosiszüchtung beim Mais gleichwertig sind.

ZAVITZ (1922) verglich in Ontario (Kanada) in einer 6jährigen Prüfung die Erträge von 11 Mischungen von Getreidetypen und Erbsen mit dem Mittel ihrer Komponenten bei getrenntem Anbau (Tab. 61). Der Strohertrag war in allen

11 Mischungen, der Kornertrag in 10 von ihnen höher als bei getrenntem Anbau. Das beste Ergebnis wurde bei Mischung einer ertragreichen 6reihigen Gerste mit einer ertragreichen frühen Hafersorte erzielt, wenn 48 lbs Gerste + 34 lbs Hafer je Acre ausgesät wurden. Von Mischungen verschiedener Sorten desselben Getreidetypus, z. B. Gerste, wurden in diesen kanadischen Versuchen keine nennenswerten Vorteile erzielt.

Tabelle 61.
Erträge je Acre von Getreidetypen und Erbsen bei getrenntem Anbau (Sep) und in Mischung (Mix) im Mittel von 6 Jahren. Nach ZAVITZ 1922

	Stroh in Tonnen		Körner in lbs.	
	Sep.	Mix.	Sep.	Mix.
1. Gerste und Hafer	1,56	1,74	1935	2261
2. Gerste, Erbsen, Hafer	1,47	1,67	1489	2101
3. Gerste, Weizen, Hafer	1,47	1,72	1683	2067
4. Erbsen, Hafer	1,52	1,77	1873	1988
5. Gerste, Erbsen, Weizen, Hafer	1,43	1,71	1682	1955
6. Weizen und Hafer	1,52	1,68	1624	1921
7. Erbsen, Weizen, Hafer	1,44	1,73	1642	1860
8. Gerste, Erbsen	1,33	1,56	1740	1760
9. Gerste, Erbsen, Weizen	1,32	1,57	1553	1665
10. Weizen, Gerste	1,33	1,41	1491	1558
11. Erbsen und Weizen	1,29	1,37	1429	1322

3. Analyse der Konkurrenzfähigkeit

Die Konkurrenzfähigkeit verschiedener Varietäten von Reis und Gerste wurde von SAKAI (1955—1957) mit Spezialmethoden untersucht. In Japan werden die Kulturen des Upland-Reises oft von dem minderwertigen, zu einer anderen Unterart gehörigen *„roten Reis"* infiziert. Trotz seiner geringeren Erträge hat letzterer eine so hohe Konkurrenzfähigkeit, daß er sich rasch in gewöhnlichen Reiskulturen ausbreiten kann und den Wert der Ernte stark reduziert. Zum Studium der Konkurrenzfähigkeit wurden hexagonale Pflanzstellen benutzt, in deren Zentrum ein Exemplar der zu prüfenden Varietät angebracht wurde und an den Ecken des Hexagons 0—6 Exemplare der konkurrierenden und 6—0 Pflanzen der gleichen Varietät, wie in Fig. 21 angedeutet ist.

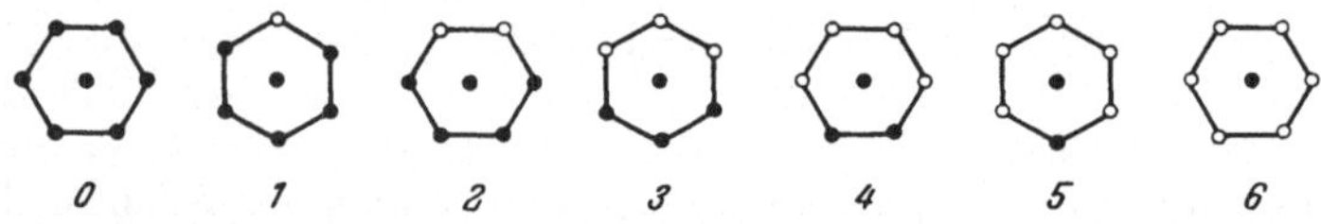

Fig. 21. Versuchsanordnung zur Messung des Einflusses der umgebenden Pflanzen auf die im Zentrum befindliche Pflanze. Schwarze und weiße Kreise repräsentieren Pflanzen aus zwei verschiedenen Varietäten. Nach SAKAI 1955

Wenn roter Reis sich im Zentrum befand, so stieg die Begünstigung der zentralen Pflanze proportional mit der Anzahl der sie umgebenden Pflanzen des gewöhnlichen Reises; Anordnung 6 der Figur gab also den höchsten Ertrag. Bei der umgekehrten Anordnung (schwarze Kreise = Upland, weiße = roter Reis) sank der Ertrag der zentralen Pflanze kontinuierlich von der Anordnung 0 bis zu einem Minimum bei 6. Hieraus geht klar hervor, daß roter Reis eine überlegene Konkurrenzfähigkeit hat; sein Ertrag wird auf Kosten der umgebenden Upland-Pflanzen erhöht, während Upland-Reis sich umgekehrt verhält. In allen Versuchen dieser Art wurde gefunden, daß der Effekt der Konkurrenz auf das zentrale Individuum der hexagonalen Pflanzstellen proportional mit der Anzahl der sie umgebenden kompetitiven Pflanzen war (SAKAI, 1957).

Die rasche Infizierung eines Reisfeldes durch Individuen von rotem Reis läßt sich nach Schema 6 erklären. In den Anfangsstadien sind einzelne Pflanzen des eindringenden roten Reises auf allen Seiten von gewöhnlichen Reispflanzen umgeben und werden daher besonders stark begünstigt. — In einem weiteren Experiment wurden 30 Varietäten von Uplandreis auf ihre Konkurrenzfähigkeit gegenüber rotem Reis geprüft. Obgleich die Mehrzahl der Sorten eine schlechte Konkurrenzfähigkeit zeigte, wurden doch einige wenige Sorten gefunden, die zumindestens eine gleichwertige, vielleicht sogar eine überlegene Konkurrenzfähigkeit hatten.

In einem Sortiment von 12 Gerstenvarietäten, die in allen 66 möglichen Mischungen von je zwei Varietäten verglichen wurden, wurden ausgeprägte Unterschiede in der Konkurrenzfähigkeit angetroffen. Diese Unterschiede zeigten keinerlei Assoziation mit botanischen Charakteren wie nacktes vs. bedecktes Korn, aufrechter vs. niederliegender Habitus, 6reihige vs. 2reihige Ähren usw.

Hybride und Polyploide. F_1-Hybride von Reisvarietäten hatten im allgemeinen bessere Konkurrenzfähigkeit als beide Elterntypen. In einigen Fällen war die Überlegenheit der Hybride sehr hoch. Chromosomenverdoppelung bei Reis führte dagegen stets zu einer Herabsetzung der Konkurrenzfähigkeit. Dies gilt nicht nur für Chromosomenverdoppelung innerhalb der homozygoten Reissorten, sondern auch in Hybriden innerhalb und zwischen der *japonica*- und *indica*-Gruppen von Varietäten. Autotetraploide Formen von *Hordeum sativum* und *Nicotiana tabacum* hatten ebenfalls ihren diploiden Eltern gegenüber erniedrigte Konkurrenzfähigkeit (Sakai und Utiyamada, 1957). Dagegen wurden in den Gattungen *Abelmoschus* und *Nicotiana*, sowie in *Triticum* × *Secale* Beispiele dafür gefunden, daß Alloploide einem oder beiden Elterntypen gegenüber überlegene Konkurrenzfähigkeit besitzen können.

Von besonderem Interesse ist noch ein Versuch, in dem die Konkurrenzfähigkeit von 5 Gerstenvarietäten und ihren 10 möglichen Hybriden analysiert wurde (Sakai und Gotoh, 1955). In reinen Kulturen zeigten die Hybride einen stärkeren Wuchs und höheren Ertrag, also eine ausgeprägte Heterosis. Die Prüfung geschah auf die Weise, daß die Varietäten und ihre Hybride in reinen Kulturen und in Mischungen mit zwei Testvarietäten von niedriger Konkurrenzfähigkeit angebaut wurden. Alle 5 Varietäten zeigten in gemischten Kulturen erhöhtes Trockengewicht der Pflanze, Gewicht der Ähren und Anzahl der Stengel. Die Zunahme in diesen drei Charakteren wird als höhere Konkurrenzfähigkeit gegenüber den Testern aufgefaßt. Die 10 F_1-Hybride zeigten dagegen in gemischten Kulturen nur 25% von der Zunahme des Trockengewichtes und 14% von der Zunahme des Ährengewichtes, die ihre Eltern in Mischungen mit den gleichen Testern aufwiesen. Die beiden F_1-Hybride, die in reinen Kulturen die stärkste Heterosis zeigten, ergaben in Mischungen sogar eine beträchtliche Gewichtsabnahme. Falls die F_1-Hybride die gleiche Konkurrenzfähigkeit hätten wie ihre Eltern, so wäre in den Mischungen die gleiche relative Gewichtszunahme zu erwarten. Sie haben indessen nach Interpretation der Autoren eine geschwächte Konkurrenzfähigkeit, und zwar die Hybride mit der stärksten Heterosis eine besonders deutlich geschwächte.

Nun lassen sich wegen der Begrenzungen des Materials und der indirekten, fraglichen Weise in der die Konkurrenzfähigkeit bestimmt wurde, keine allgemeingültigen Schlüsse aus diesen Versuchen ziehen. Da es ferner theoretisch zu erwarten ist, daß die Effekte von Heterosis und Konkurrenzfähigkeit sich höchstens partiell addieren, ist ein Zurückbleiben gegenüber den vollen additiven Werten keineswegs als eine geschwächte Konkurrenzfähigkeit zu interpretieren. Sollten aber dennoch zukünftige Untersuchungen in einem Teil der Beispiele oder in bestimmten Intervallen eines Beispieles negative Korrelationen zwischen Heterosis und Konkurrenzfähigkeit ermitteln, so hätte dies ein großes Interesse für die Populationsgenetik.

4. Physiologie der Interaktionen

Konkurrenz um den Raum. Über die physiologischen Grundlagen der Interaktionen zwischen verschiedenen Genotypen wissen wir verhältnismäßig wenig. Es liegt nahe anzunehmen, daß zwischen benachbarten Pflanzen eine Konkurrenz um Licht und Raum stattfindet. Eine Pflanze kann z. B. durch frühzeitige Entwicklung einer größeren Blattmasse seine Nachbarn beschatten, oder durch Bildung einer größeren Wurzelmasse ihren Lebensraum reduzieren. Solche Interaktionen brauchen indessen nicht immer nachteilig zu sein. Wenn ein Genotyp eine besonders hohe Dichte der Wurzeln in den oberen Schichten des Bodens hat, ein anderer dagegen in tieferliegenden Schichten, so wird bei Mischung dieser beiden Genotypen eine größere Schicht des Bodens perfekt ausgenützt als bei getrennter Aussaat. Dieses Prinzip gilt z. B. für Mischungen zwischen Gräsern und Leguminosen, indem die Wurzeln von ersteren die oberen Schichten besonders gut ausnützen, die von letzteren dagegen weit tiefer in den Boden hineindringen.

Lee (1960) studierte die Gerstenvarietäten Atlas 46 und Vaughn, die als gute bzw. schlechte Kompetitoren gelten, in reinen Beständen und in Mischungen. In Winter- aber nicht in Sommerpflanzungen gab Vaughn weit bessere Erträge als Atlas. Unter beiden Bedingungen zeigte indessen Vaughn in Mischungen eine schlechte Konkurrenzfähigkeit gegenüber Atlas, wie aus folgender Übersicht über die Erträge (in Gramm/Parzelle) hervorgeht.

	Atlas in Reinkultur	Atlas in Mischung	Vaughn in Mischung	Vaughn in Reinkultur
Winter	44,2	68,4	42,3	64,6
Sommer	66,2	93,0	17,4	31,9

Ein Studium der Wurzelentwicklung zeigte, daß Atlas zur Zeit des Beginns der Internodienverlängerung ein weit dichteres System von Wurzeln ausbildet. Dies führt dazu, daß Vaughn in Mischung mit Atlas in dieser Entwicklungsperiode in einen Zustand von Spannung (stress) gerät, die sich in einem stärkeren Verlust von Halmen äußert als in Reinkulturen. In Sommerkulturen ist diese Spannung derartig verstärkt, daß 35—40% der Vaughn-Pflanzen in den Mischungen keine fertilen Ähren besitzen.

Ausscheidung chemischer Substanzen. Eine Interaktion der Genotypen geschieht auch durch chemische Produkte der Pflanzen (Bonner, 1950; Grümmer, 1955; Woods, 1960). *Artemisia absinthium* schädigt z. B. zahlreiche Pflanzenarten, die in ihrer Nachbarschaft aufwachsen, was vermutlich auf der Produktion von Absinthin in den Drüsenhaaren beruht. Ein antagonistischer Effekt, den *Camelina alyssum* und einige andere Arten dieser Gattung auf die Entwicklung der Leinpflanze haben, erfolgt nach Grümmer (1958) durch Ausscheidung von Substanzen aus den Blättern, die dann durch Regen in die Nachbarschaft gelangen. Gewöhnlich werden indessen die antagonistischen Substanzen aus den Wurzeln ausgeschieden. Nach Bonner (1945/46) übt Guayule *(Parthenium argentatum)* einen nachteiligen Einfluß aus auf Nachbarpflanzen der gleichen Art. Aus diesem Grunde durchdringen die Wurzelsysteme benachbarter Pflanzen sich nicht, sondern halten sich deutlich getrennt. Unter älteren Sträuchern werden keine Sämlinge der gleichen Art gefunden. Die genannten Effekte beruhen darauf, daß die älteren Guayule-Pflanzen aus ihren Wurzeln Transzimtsäure ausscheiden, die auf Sämlinge der gleichen Art giftig wirkt. Die Empfindlichkeit der Guayule-Sämlinge gegenüber dieser Substanz war ungefähr 100mal so hoch wie die von jungen Tomatenpflanzen. Wir haben hier ein besonders deutliches Beispiel dafür, daß eine Art ihre Populationsdichte durch spezielle Maßnahmen niedrig halten kann. — Experimentell ließ sich ferner zeigen, daß Wasser in welchem Samen von Gerste, Luzerne und einigen anderen Arten gekeimt hatten, die Keimprozente von *Sinapis arvensis* auf einen Bruchteil herabsetzten.

Die früher vorherrschende Annahme, daß größere Moleküle nicht durch unverletzte Wurzelhaare austreten können, hat sich als falsch erwiesen. Das Austreten von verschiedenartigen fluoreszierenden Substanzen aus den Wurzelhaaren läßt sich direkt nachweisen. Neuerdings wurde sogar die Ausscheidung von 10 Enzymen durch die Wurzelhaare höherer Pflanzen erwiesen, z. B. Katalase, Tyrosinase und Phenolase. Es ist auch bekannt, daß relativ große Moleküle aus dem Substrat in die Wurzelhaare der Pflanzen eintreten können, z. B. Penicillin, Streptomycin und der Wuchsstoff Methoxyphenylessigsäure.

Aus den obigen Angaben ergibt sich also, daß die Pflanzen ein reichliches Muster von chemischen Substanzen in den Boden ausscheiden. Im einzelnen wissen wir nur wenig über die Effekte solcher Sekretionen auf die Zusammensetzung der Populationen einer Pflanzenart. Aber es liegt nahe anzunehmen, daß auf diesem Wege zahlreiche teils günstige, teils ungünstige Interaktionen zwischen den Genotypen einer Art ausgelöst werden können. Indem die natürliche Selektion Genotypen bevorzugt, die günstige Interaktionen zeigen, mag auf diesem Wege in den meisten Populationen eine beträchtliche *physiologische Polymorphie* aufrechterhalten werden, von der wir noch wenig wissen, da sie nur mit Spezialmethoden entdeckt werden kann. — Die Zusammenhänge mögen in einigen Fällen von recht komplexer Natur sein. Bei der Analyse der auffälligen Kooperation, die gewisse Paare von Reisvarietäten zeigen (S. 181), kam Roy zum Ergebnis, daß es sich um Stoffe handeln muß, die durch das Wasser diffundieren, in dem der Reis kultiviert wird. Hierbei könnte z. B. eine Beeinflussung der Mikroflora des Wassers (Nitrogen-fixierende Cyanophyceen) eine Rolle spielen.

III. Selektive Effekte bei Autogamen

1. Künstliche Mischungen

Die Wirkung der natürlichen Selektion läßt sich leicht an Mischungen gut identifizierbarer Varietäten studieren, die eine längere Reihe von Jahren am gleichen Ort angebaut werden. Harlan und Martini (1938) stellten z. B. eine Mischung aus

Tabelle 62.

Effekt der natürlichen Selektion auf die Zusammensetzung einer Mischung aus gleichen Teilen von 11 Gerstenvarietäten, die 4—12 Jahre hindurch an 10 Versuchsstationen im Norden und Westen der Vereinigten Staaten angebaut wurde. Die Spalten geben die Anzahl Pflanzen von jeder Varietät in Proben zu je 500 Individuen bei Abschluß des Experimentes. (Die Varietäten Coast und Trebi ließen sich nicht stets sicher voneinander unterscheiden.)

Nach H. V. Harlan and M. L. Martini (1938)

Varietät	Lage der Versuchsstation (Staat), darunter Dauer der Selektion, in Jahren									
	Va. 4	N. Y. 12	Minn. 10	N. Dak. 6	Nebr. 8	Mont. 12	Idah. 12	Wash. 6	Ore. 10	Calif. 4
Coast and Trebi	446	57	83	156	224	87	210	150	6	362
Gatami	13	9	15	20	7	58	10	1	0	1
Smooth Awn .	6	52	14	23	12	25	0	5	1	0
Lion	11	3	27	14	13	37	2	3	0	8
Meloy.	4	0	0	0	7	4	8	6	0	27
Wh. Smyrna . .	4	0	4	17	194	241	157	276	489	65
Hannchen . . .	4	34	305	152	13	19	90	30	4	34
Svanhals. . . .	11	2	50	80	26	8	18	23	0	2
Deficiens . . .	0	0	0	1	3	0	2	5	0	1
Manchuria . . .	1	343	2	37	1	21	3	1	0	0

gleichen Teilen von Samen von 11 Gerstenvarietäten her und bauten dieselbe 4 bis 12 Jahre hindurch an 10 Versuchsstationen des nördlichen und westlichen Teiles der Vereinigten Staaten an, indem jedes Jahr eine unausgelesene Probe aus der vorjährigen Ernte an der betreffenden Lokalität ausgesät wurde. Die Veränderungen in der Zusammensetzung der Mischung in den aufeinanderfolgenden Jahren wurden alljährlich an Hand einer Probe von 500 Samen analysiert (Tab. 62). An den meisten Lokalitäten wurden die weniger adaptierten Varietäten relativ rasch eliminiert, während eine dominierende Varietät sich auf Kosten der übrigen vermehrte und schließlich die Hauptmasse der Mischung ausmachte. Wie zu erwarten war, kamen an verschiedenen Lokalitäten verschiedene Varietäten zur Vorherrschaft. Die unterlegenen Varietäten verhielten sich recht verschieden. Einige wurden an den meisten Versuchsstationen ziemlich rasch vollständig oder fast vollständig eliminiert, andere existierten noch nach 10—12 Jahren in wechselnder Häufigkeit an mehreren Lokalitäten. Die verschiedenen Versuchsstationen verhielten sich in dieser Hinsicht verschieden. An einer Station erreichte die dominierende Varietät ein so hohes Übergewicht, daß nach 10 Jahren daneben nur noch vereinzelte Repräsentanten von einigen wenigen anderen Varietäten übrig blieben. Im anderen Extrem haben wir eine Lokalität, an der die dominierende Varietät weniger als die Hälfte der Mischung ausmachte und 9 andere Varietäten noch in größerer oder geringerer Häufigkeit vorkamen.

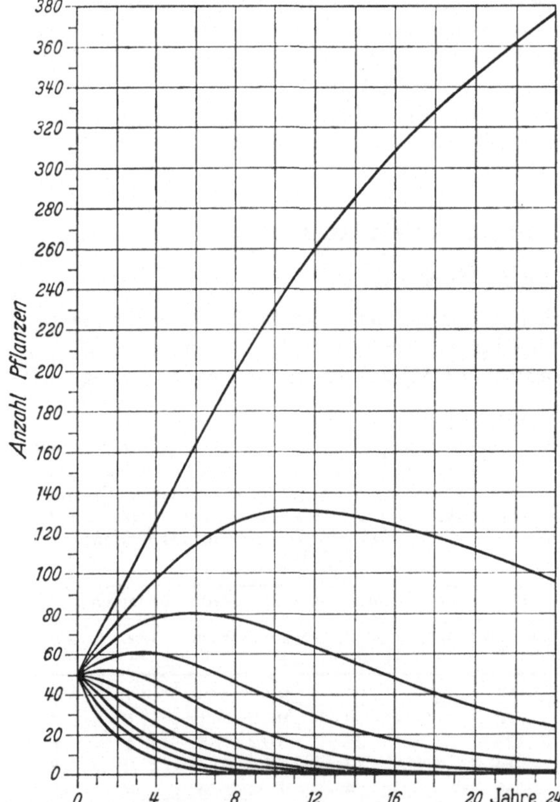

Fig. 22. Theoretischer Effekt natürlicher Selektion in einer Mischung von 10 Varietäten, deren Erträge sich um je 5 Samen/Pflanze unterscheiden. Die schlechteste Varietät gibt 45 Samen je Pflanze, die beste 90 Samen. Ausgangshäufigkeit 50 Pflanzen je Varietät, Populationsgröße konstant zu 500 Individuen. Nach HARLAN und MARTINI 1938

Diese Befunde stimmen relativ gut mit den Häufigkeitskurven überein, die man theoretisch bei Mischung von in ihrer Produktivität unterschiedenen Varietäten erwarten sollte. Man sollte drei Typen von Kurven erhalten. Die am besten fertile Varietät sollte von Anfang an rasch zunehmen und schließlich die Häufigkeit 100% erreichen. Die überdurchschnittlichen Linien sollten anfangs, so lange noch unterdurchschnittliche Linien vorkommen, auf Kosten letzterer an Häufigkeit zunehmen. Nach Elimination der minder fertilen Varietäten sollten sie dagegen wieder abnehmen, indem sie durch die beste Varietät verdrängt werden. Die unterdurchschnittlichen Linien sollten von Anfang an mehr oder weniger rasch eliminiert werden (Fig. 22). Theoretisch sollten bei zunehmender Seltenheit der unterlegenen Varietäten die Effekte der Selektion sich verlangsamen, indem der Wert Null, d. h. die endgültige Elimination, auf einem asymptotischen Kurvenabschnitt liegt. Die unterlegenen Varietäten sollten also noch zahlreiche Generationen hindurch in großer Seltenheit in der Mischung vorkommen. Eine Varietät mit der relativen Fertilität 0,95 würde z. B. in 10 Jahren von der Häufigkeit 0,01 auf $0{,}95^{10} \times 0{,}01 = 0{,}006$ herabsinken. Solche Erwartungen gelten indessen nur streng für Populationen von unendlicher Größe. In den begrenzten

Parzellen der Versuche werden die asymptotischen Abschnitte der Kurve früher oder später durch den Zufall abgeschnitten, wenn auch eine stark verlängerte Existenz von Typen mit geringer Unterlegenheit deutlich bemerkbar ist.

Über ein anderes interessantes Experiment berichtet SUNESON (1949). Eine Mischung aus gleichen Teilen der vier Gerstenvarietäten Atlas, Club Mariout, Hero und Vaughn wurde 1933—1948, d. h. 16 Jahre hindurch, in Davis, California, kultiviert. Tab. 63 gibt eine Übersicht über die Änderungen in der Zusammensetzung

Tabelle 63.
Änderungen in der prozentualen Zusammensetzung einer Mischung von vier Gerstenvarietäten, die 16 Jahre hintereinander in Davis (Calif.) ohne künstliche Selektion angebaut wurde. Nach SUNESON, 1949

Varietät	1933	1934	1935	1936	1937	1938	1939	1940	1941	1948
Atlas	25,4	38,1	47,4	42,8	49,2	54,4	47,6	63,1	65,5	88,0
Club Mariout	24,7	23,4	18,6	22,7	24,3	20,1	27,6	17,3	18,8	10,5
Hero	24,7	20,5	15,9	12,5	12,2	9,2	13,7	8,3	7,7	0,7
Vaughn . . .	25,2	18,0	18,1	19,9	14,3	16,2	11,1	11,3	7,5	0,4

dieser Mischung durch die Wirkung der natürlichen Selektion. Trotz einiger leichterer Oscillationen hatten die Häufigkeitskurven der einzelnen Varietäten während dieser Periode charakteristische Tendenzen. Die am Schluß dominierende Varietät Atlas zeigte im Durchschnitt den höchsten Befall an den drei wichtigsten Blattkrankheiten (scald, net blotch, mildew) und ihr Ertrag entsprach dem Mittel der vier geprüften Varietäten. Die seltenste Varietät Vaughn zeigte in reinen Beständen den höchsten Ertrag und den geringsten Befall an Blattkrankheiten. Offenbar hat Vaughn trotz dieser speziellen Vorteile in Reinkulturen die schlechteste Konkurrenzfähigkeit in der Mischung (vgl. S. 184). In diesem Zusammenhang hat es Interesse, daß die kalifornischen Farmer trotz der Reklame, die für die höheren Erträge von Vaughn gemacht wurde, fortgesetzt die Varietät Atlas vorziehen. Es kann daher nach SUNESON und STEVENS (1953) die Frage aufgestellt werden, ob Fähigkeit des Überlebens oder vergleichende Ertragsprüfungen einen besseren Maßstab für die Überlegenheit einer Varietät geben. Im übrigen deuten diese Ergebnisse nicht darauf, daß die genannten Pilzinfektionen die Konkurrenzfähigkeit der Varietät Atlas verschlechtern. Es kommt nämlich in Betracht, daß Parasitismus manchmal gewisse Aspekte von Symbiose hat.

Genotypen von hoher Konkurrenzfähigkeit können in den Populationen, in die sie gelangen, sich rasch verbreiten. Nach v. SENGBUSCH (1953) kann eine einzige bitterstoffhaltige Pflanze, die in eine Population von süßen Lupinen gelangt, zu einer rasch ansteigenden Häufigkeit von bitteren Pflanzen führen. Der Anstieg ist besonders steil, so lange die bitteren Pflanzen noch selten sind. Auf diese Weise wird die Samenernte bald unbrauchbar als Menschennahrung oder Viehfutter.

Wegen einer mathematischen Analyse der Probleme der Konkurrenz und verwandter Erscheinungen sei auf DE WIT (1960) hingewiesen.

2. Selektion in Ramschen (bulks)

a) Einfache Ramsche

Unter Ramschmethode versteht man den Anbau der sukzessiven Generationen einer Kreuzung als Mischung. Alle zu einer Generation gehörigen Pflanzen werden auf der selben Parzelle angebaut und ihre Samen gemischt. In einer der späteren Generationen, z. B. in $F_6 - F_{10}$, wenn die große Mehrzahl der Individuen hochgradig oder absolut homozygot geworden ist, kann man aus einem solchen Ramsch eine große Anzahl Einzelpflanzen herausgreifen („extrahieren, isolieren“) und ihre genotypischen Werte durch Nachkommenschaftsprüfung ermitteln. Man kann also aus den späteren Generationen eines Ramsches eine beliebige Anzahl reiner Linien direkt isolieren. Dies hat für die Züchtung ein hohes Interesse, da es viel leichter ist, den Wert von konstanten Linien zu beurteilen als den von spaltenden.

Nun ist es klar, daß die Zusammensetzung eines Ramsches in hohem Grade durch selektive Vorgänge beeinflußt wird, die während der spaltenden Generationen und später stattfinden. Hierüber bestehen sehr verschiedene Auffassungen und Erfahrungen. Wenn die natürliche Selektion die Zusammensetzung eines Ramsches ebenso rasch verändert wie die Zusammensetzung von Mischungen homozygoter Varietäten in den oben besprochenen Beispielen, und wenn hierbei minderwertige, aber konkurrenztüchtige Typen begünstigt werden, so sollte die Qualität des Ramsches sich von Generation zu Generation verschlechtern. Andererseits wurde auch die Auffassung geäußert, daß die natürliche Selektion automatisch die Qualität der Ramsche verbessert, indem sie Genkombinationen begünstigt, die am besten an Klima und Bodenbeschaffenheit angepaßt sind und die den reproduktiven Wert der Individuen verbessern, was mit erhöhten Erträgen zusammenfallen kann. Die bisherigen Erfahrungen deuten darauf, daß die selektiven Vorgänge in einem Ramsch je nach Objekt, Aufgabe und Umständen die Züchtungsarbeit erleichtern oder erschweren können und daß man durch geeignete Methoden die Richtung der natürlichen Selektion vorteilhaft beeinflussen kann.

Die wichtigsten Untersuchungen über Ramsche *(bulks)* sind die Gerstenkreuzungen von H. V. Harlan und seinen Mitarbeitern und Nachfolgern. In einem grundlegenden Versuch wurden 28 Gerstenvarietäten aus allen Teilen der Welt in allen möglichen Kombinationen miteinander gekreuzt. Aus jeder dieser 378 Kreuzungen wurde ein einfacher Ramsch hergestellt und außerdem wurde aus gleichen Anteilen F_2-Samen der 378 Kreuzungen ein gemischter Ramsch CCII (= composite cross II) hergestellt, der seit über 30 Jahren kontinuierlich in California kultiviert wird (Harlan et al., 1940; Suneson und Stevens, 1953; Suneson, 1956; Harlan, 1956).

In F_8 wurde aus jedem der 378 einfachen bulks eine Anzahl der besten Einzelpflanzen isoliert zu dem Zweck, die Beziehungen zwischen den durchschnittlichen Erträgen der Ramsche in einer mehrjährigen Periode und den Erträgen der reinen Linien, die sich aus ihnen extrahieren lassen, zu studieren. Es wurde gefunden, daß zwischen den Erträgen der Ramsche und der aus ihnen isolierten Linien deutliche positive Korrelationen bestehen. Die Selektionen aus den besseren bulks gaben nicht nur höhere Erträge, sondern auch das höchste Prozent von besonders ertragreichen Linien. Es war in diesem Material evident, daß die weniger ertragreichen Ramsche nur wenig Hoffnung für die Selektion von hervorragenden Linien geben.

Da jede der 28 Elternvarietäten mit 27 anderen Varietäten gekreuzt worden war, bestand gute Gelegenheit, den Wert der Varietäten als Kreuzungseltern zu beurteilen. Es zeigte sich, daß Varietäten, die an und für sich wertlos erscheinen, vorzügliche Kreuzungseltern sein können. Von besonderer Bedeutung für die Gerstenzüchtung in den westlichen Teilen der USA. gelten Varietäten von nordafrikanischer Herkunft. Dies bestätigte sich auch in diesem Experiment, indem von den 11 besten Kreuzungseltern 10 aus Nordafrika stammten oder partiell nordafrikanischer Herkunft waren. Der beste von diesen Kreuzungseltern war die schon mehrfach erwähnte Varietät Atlas (vgl. Tab. 64).

Termini. Der Terminus Ramsch ist besser nur für autogame Gewächse zu benutzen. Im Gegensatz zu mechanischen Mischungen handelt es sich um Deszendenzen von Kreuzungen. Je nachdem, ob es sich um einfache oder multiple (S. 261) Kreuzungen handelt, kann man von *einfachen* oder *multiplen* Ramschen sprechen. In letzteren werden die Gene zahlreicher Eltern kombiniert, so daß die einzelnen Individuen Gene von vielen Elterntypen enthalten können. *Gemischte* Ramsche wie CCII entstehen durch Mischung einfacher Ramsche, so daß abgesehen von spontanen Kreuzungen innerhalb der Mischung jedes Individuum nur Gene von zwei Elterntypen kombiniert. Deszendenzen von F_2- oder F_3-Individuen, die als Mischungen fortgesetzt werden, wären als *partielle* Ramsche zu bezeichnen, da sie nur einen Teil der Gene der gekreuzten Eltern enthalten.

b) Gemischte Ramsche (composite bulks)

Verbesserung des Ertragspotentials. Der Ertrag des aus einem ungewöhnlich bunten Ausgangsmaterial, sämtlichen 378 Kreuzungen zwischen 28 sehr verschiedenen Gerstentypen, hergestellten gemischten Ramsches CC II wurde durch Vergleich, in gepaarten Parzellen, mit der verbesserten Standardvarietät Atlas 46 gemessen. Die absoluten Werte haben weniger Interesse, nicht nur wegen der unvermeidlichen jährlichen Schwankungen, sondern auch da in den ersten Jahren Versuchsfelder von besserer, in den späteren Jahren solche von mittlerer Fertilität benutzt wurden. Ungleiche Reaktionen des Ramsches und der Kontrolle auf die Jahre sowie geringere Genauigkeit der Prüfungen machen die Ertragskurve der ersten Jahre etwas unsicher; mit Annäherung kann sie indessen durch Fig. 23 wiedergegeben werden. Der vielfache Ramsch war zuerst sehr minderwertig im Ertrag, begann aber sich langsam und stetig zu verbessern. In F_8 wurden je 2921 Selektionen von Einzelpflanzen aus der Gruppe der 378 einfachen Ramsche (siehe oben) und aus dem gemischten Ramsch CC II extrahiert. Obgleich die Mehrzahl ersterer Selektionen aus den besser fertilen Ramschen stammen, gaben die Selektionen aus dem gemischten Ramsch im Durchschnitt einen etwas höheren Ertrag.

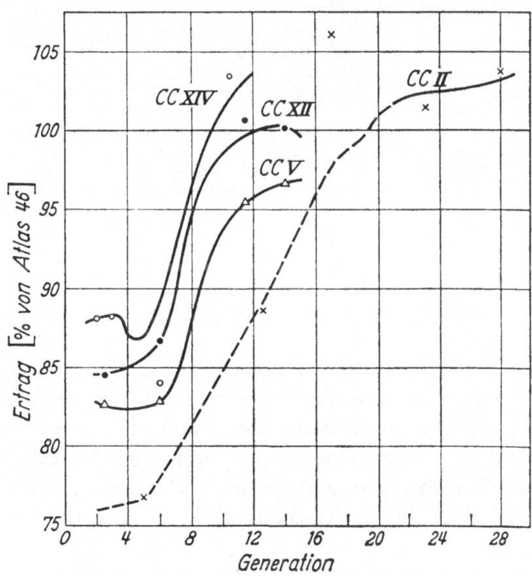

Fig. 23. Zunahme des Ertrages (Ordinate) von 4 Mischramschen (composite crosses) von Gerste (darunter CC II) im Laufe der Generationen (Abszisse) bei Vergleich mit der verbesserten Varietät Atlas 46. Nach SUNESON 1956

Tabelle 64.

Ursprung der in CCII (composite cross II) benutzten Varietäten, Anzahl Selektionen in F_8 ihrer Kreuzungen, und durchschnittliche Erträge dieser Selektionen (per rod row). Für jede Varietät wurden Selektionen in 27 ihrer Kreuzungen vorgenommen. Nach HARLAN (1956)

Herkunft	Anzahl Varietäten	Anzahl Selektionen	Mittlerer Ertrag, Gramm
Nordwestafrika	5	1194	489,8
Armenien	1	264	488,2
Ägypten	4	939	487,3
China	1	214	459,0
India	2	378	458,4
Sowjetunion	2	392	457,9
Balkan	1	180	454,8
Östl. Mittelmeer	2	347	445,9
Mount Everest	1	173	444,7
Hybride	5	994	439,0
„North Eurasia"	4	767	437,7

Während in F_{12} unter 356 Selektionen aus dem gemischten Ramsch keine einen gleich hohen Ertrag hatten wie Atlas 46, befand sich unter 50 Selektionen in F_{20} eine, die Atlas im Durchschnitt 7jähriger Versuche um 37% übertraf und in F_{24} waren von 66 Selektionen mindestens 9 besser als diese Kontrollvarietät (Tab. 65). Der Durchschnitt der drei besten Selektionen lag im Mittel von vier Jahren 56% höher als für Atlas 46.

Tabelle 65.
Vergleich des gemischten Ramsches CCII mit der verbesserten Varietät Atlas 46. Oberer Teil: durchschnittlicher Ertrag des unausgelesenen Ramsches. Unterer Teil: Angaben über Selektionen aus dem Ramsch. Nach SUNESON, 1956 und HARLAN, 1956

Jahre der Prüfung	Generation	Anzahl gepaarter Parzellen	Ertrag in Prozenten von Atlas 46
1937—38	F_3 —F_4	8	68
1933—34	F_7 —F_8	10	85
1937—40	F_{11}—F_{14}	16	89
1941—46	F_{15}—F_{20}	23	106
1947—50	F_{21}—F_{25}	35	101
1951—55	F_{26}—F_{29}	94	103,5

Generation	Anzahl Selektionen	Besser als Atlas 46	Größe des Mehrertrages und Dauer der Prüfung
F_{12}	356	0	
F_{20}	50	1	37%, 7 Jahre
F_{24}	66	9	56%, (3 Selektionen, 4 Jahre *)

* Gilt für das Mittel der drei besten Selektionen.

Variabilität und Heterozygotie. Gleichzeitig mit der Verbesserung des Ertrages geschahen andere Veränderungen in der Zusammensetzung des gemischten Ramsches CC II. Vier dominante Merkmale, die in einer Anzahl der Ausgangsvarietäten vorhanden waren, wurden in ungleicher Geschwindigkeit eliminiert, schwarze Samen und Kapuzengerste sehr rasch, Zweizeiligkeit und rauhe Grannen langsamer, siehe Tab. 66. Trotz der vollständigen Elimination einer Reihe von Charakteren des

Tabelle 66.
Abnahme der Häufigkeit von vier dominanten Genen im gemischten Ramsch CCII. Aus SUNESON and STEVENS, 1953

Gen Charakter	V Ähren zweizeilig	R Rauhe Grannen	B Schwarze Samen	K Kapuzengerste
F_4	22 %	13 %	3,4%	2,6%
F_{12}	15 %	9,6%	0 % *	0,4%
F_{15}	8 %	4,9%	0,1%	0,1%
F_{23}	0,5%	2,4%	0,0%	0,02%

* Nur eine kleine Probe untersucht.

Ausgangsmaterials war der gemischte Ramsch CC II nach BAL et al. (1959) noch in Generation F_{30} extrem variabel. Als Beispiele werden folgende Variationsbereiche angegeben: Ährenschieben 29 Tage, 10 Ähreninternodien 17—44 mm, Höhe 35 bis 52 Zoll, Körner je Ähre 20—90, 100-Korn-Gewicht 3,07—8,28. Da indessen keine näheren Angaben über die Art der Bestimmung dieser Variationsbereiche gemacht werden, läßt sich nicht viel mit diesen Zahlen anfangen.

Heterozygoten wurden offenbar in beträchtlichem Grade durch die natürliche Selektion begünstigt. Denn noch in F_{12} waren 6% der Pflanzen in einem der untersuchten Gene heterozygot [1]. Bei einer künstlichen Selektion auf große Samen, die in

[1] Angaben im Original nicht mit wünschenswerter Klarheit.

F_{10} von dem unausgelesenen Ramsch abgezweigt wurde, stieg die Häufigkeit der Heterozygoten zunächst auf 32% an und sank erst in F_{23} auf 10% herab. Heterozygotie begünstigt demnach offenbar die Samengröße.

JAIN und ALLARD (1960), die einen anderen von HARLAN aus Kreuzungen zwischen 31 Gerstenvarietäten hergestellten Ramsch CCV untersuchten, fanden für die Mehrzahl der 8 studierten Loki noch in F_{18} eine weit höhere Heterozygotie als sie durch die gelegentlichen spontanen Kreuzungen innerhalb des Ramsches zu erklären wäre. Für drei von diesen Loki betrug die Heterozygotie in F_{18} z. B. 6%, 10% und 13%. Für einige Loki ist anzunehmen, daß die Heterozygoten fast doppelt so viele Nachkommen hinterlassen wie die Homozygoten. Allerdings handelt es sich hierbei nicht um Heterozygotie bestimmter Punkte, sondern von Chromosomensegmenten von vielleicht 20—30 crossover-Einheiten, die durch die studierten Gene markiert sind. — Auch im Ramsch CCV ist noch in F_{18} eine sehr große Variabilität vorhanden. Dies zeigt sich z. B. daran, daß von 8 untersuchten Genen nur eins bis F_{18} eliminiert worden ist und daß von den ursprünglich vorhandenen 2^8 phänotypischen Kombinationen der Markierergene noch ein großer Teil bis zu dieser Generation vorhanden ist.

Mutationshäufigkeit. Als der gemischte Ramsch CC II in F_8 näher untersucht wurde, wurde eine große Anzahl von auffälligen Mutationen gefunden (HARLAN und MARTINI, 1942). Ein Typus hatte z. B. rein weiße Ähren, was darauf beruht, daß in den glumae und Grannen kein Chlorophyll gebildet wird. Wegen seiner „Weißhaarigkeit" wurde dieser Typus als „grandpa" bezeichnet. Andere Typen hatten z. B. 3 Grannen auf der Lemma, eine zickzackförmige Rachis, eine fast sphärische Ährenform, hervorstehende Narben, so daß häufig Fremdbefruchtung erfolgte usw. Einen gewissen Eindruck von der bunten Mannigfaltigkeit dieser Mutationen erhält man aus den Abbildungen von HARLAN (1956). Einige dieser Varianten hatten agronomisch wertvolle Eigenschaften, wie hoher Ertrag, steife Halme und aufrechter Wuchs. Eine Analyse des Parallelversuches mit getrennten Ramschen zeigte, daß die 27 Kreuzungen der indischen Varietät Lyallpur eine außergewöhnlich hohe Anzahl von auffälligen Mutanten lieferte. Auch zwei weitere indische Varietäten, die an CC II beteiligt waren, gaben relativ viele Mutanten (HARLAN, 1956).

c) Theoretische Betrachtungen

Die obigen Erfahrungen erweisen klar, daß ein gemischter Ramsch unter geeigneten Umständen im Laufe längerer Zeit automatisch sowohl seinen Ertrag verbessern kann als auch seinen Gehalt an besonders leistungsfähigen Typen erhöhen kann. Die Annahme, daß minderwertige Typen mit niedrigen Erträgen, sogenannte *Unkrautgenotypen,* ganz allgemein durch überlegene Konkurrenzfähigkeit die besseren Ertragsgenotypen verdrängen, trifft offenbar nicht zu. Unter den Ausgangsvarietäten der Ramsche mögen sich zwar Unkrautgenotypen befinden. Da die überlegene Konkurrenzfähigkeit indessen vermutlich auf einem integrierten System zahlreicher Gene beruht, wird sie in F_2 durch Rekombination niedergebrochen und wird dann nur langsam rückgebildet. Vergleiche sonst Punkt 6 unten. Um die allgemeinen Befunde zu erklären, könnte man annehmen, daß in dem gemischten Ramsch teils gleichzeitig, teils nacheinander, etwa in der angegebenen Reihenfolge die folgenden Prozesse sich abspielen:

1. Bei Kreuzungen entfernt verwandter Varietäten spalten in F_2 über 99% Individuen ab, die einen schwächeren oder stärkeren Grad von Disharmonie zeigen und im Durchschnitt eine niedrigere Konkurrenzfähigkeit besitzen.

2. Es erfolgt von F_2 ab eine Selektion auf Segregate mit einem Überschuß von Chromosomensegmenten aus den besser adaptierten Kreuzungseltern. In der Nachkommenschaft solcher Segregate kann diese Tendenz intensiviert werden, indem Segmente, die aus derselben Varietät stammen, harmonisch zueinander passen.

3. Unter diesen Umständen werden bald innerhalb der meisten Kreuzungsdeszendenzen zahlreiche Chromosomensegmente aus dem besser adaptierten Kreuzungselter homozygot fixiert. Dasselbe geschieht auch aus verschiedenen Ursachen mit einigen Segmenten aus dem weniger adaptierten Elter: teils durch den Zufall, teils weil die betreffenden Genotypen an und für sich günstige Rekombinationen der Gene beider Eltern darstellen oder homozygote Stimulation zeigen (Begünstigung der Vitalität durch homozygote Anwesenheit gewisser Segmente aus einer stark verschiedenen Rasse). Andere Chromosomensegmente erhalten sich dagegen längere Zeit heterozygot, indem entweder die Heterozygotie spezifischer Segmente oder ein gewisser Grad von Heterozygotie durch die Selektion begünstigt wird (vergleiche spätere Kapitel).

4. Die verlängerte Periode der partiellen Heterozygotie gibt Gelegenheit für die Entstehung einiger günstiger Rekombinationen und Balanzierung der Genotypen durch Selektion von modifizierenden Genen. In dieser Hinsicht unterscheiden sich Kreuzungsramsche von Mischungen von reinen Linien.

5. Mit abnehmender Häufigkeit der Heterozygoten stabilisiert sich die Richtung der Selektion und intensiviert sich ihr Effekt. In dieser Periode verschwindet die Mehrzahl der Kreuzungsdeszendenzen vollständig oder fast vollständig aus dem Ramsch. Die große Mehrzahl der überlebenden Individuen stammen daher aus einigen wenigen besonders günstigen Kreuzungen oder aus exceptionellen Segregaten minder günstiger Kreuzungen.

6. Die Selektion begünstigt sowohl vegetative Konkurrenzfähigkeit als hohen Ertrag. Falls negative Korrelationen zwischen diesen Eigenschaften bestehen, kann eine herabgesetzte Konkurrenzfähigkeit durch einen hohen Ertrag *kompensiert* werden (Sakai, 1955). Isolierung eines solchen Genotyps könnte zu einem besonders hohen Mehrertrag führen. Es ist unter diesen Umständen noch ein offenes Problem, ob die Anwesenheit von Unkrautgenotypen in der Population einen günstigen oder ungünstigen Effekt auf die späteren Möglichkeiten der Selektion hat.

7. Die Selektion begünstigt anscheinend einen gewissen Grad von Heterogenie, sie führt also schließlich zu einer Population von *kooperierenden* Genotypen.

8. Eine Reihe von anderen Prozessen können an der Weiterentwicklung der Ramsche beteiligt sein. Durch gelegentliche spontane Kreuzungen, deren Häufigkeit bei Gerste eine Ordnung von 1% hat, werden z. B. die Eigenschaften der besten überlebenden Typen kombiniert. Ein Teil der Kreuzungen sollte zwischen besonders ertragreichen und besonders konkurrenzfähigen Typen erfolgen.

Die obigen Erklärungen genügen indessen kaum, um die kontinuierliche automatische Verbesserung in der genotypischen Zusammensetzung des Ramsches CC II auf eine überzeugende Weise zu erklären. Unter diesen Umständen hat es Interesse, daß Harlan (1956) die Erhöhung des Ertragspotentials dieses Ramsches auf die oben erwähnte stark erhöhte Mutationshäufigkeit im Gefolge der Kreuzung entfernt verwandter Rassen zurückführt. Freilich wenn wir an gewöhnliche Muster von Mutationen denken, die vielleicht 99,9% nachteilige Mutationen enthalten, so wäre eher eine Verschlechterung des Ertrages zu erwarten. Indessen mag in einem Teil der Kreuzungen das Muster der induzierten Mutationen ein erhöhtes Prozent vorteilhafter Mutationen enthalten, die vielleicht zum Teil die Gene des Kontrollsystems betreffen. Andererseits wäre es auch möglich, daß schon in den ersten Generationen des Ramsches einige ausgezeichnete Ertragsgenotypen vorhanden sind, daß aber erst durch allmähliche *plasmatische Adaptation* das volle Potential dieser Typen erreicht werden kann. Schließlich sei noch auf die entfernte Möglichkeit hingewiesen, daß in einem Ramsch von dieser Struktur ein Austausch von viroiden „Plasmagenen" durch Parasiten die Adaptabilität des „Plasmas" erhöht.

d) Mischungen vs. Ramsche

Aus den diskutierten Beispielen erhält man leicht den Eindruck, daß bei autogamen Gewächsen ein prinzipieller Unterschied zwischen Mischungen und Ramschen besteht, indem bei Mischungen die überlegenen Typen rasch die schlechteren verdrängen und das Endergebnis das Überleben des besten Typus, also genetische Uniformität ist, während Ramsche zu stark heterogenen Populationen führen. Obgleich dieser Eindruck eine gewisse Wahrscheinlichkeit hat, können wir nicht sicher sein, daß er richtig ist. Denn es liegen nur wenige Experimente mit Mischungen vor, und diese wurden viel zu früh abgebrochen, so daß man nicht weiß, ob das erwartete Ergebnis mit Sicherheit eintrifft.

Aber sollte diese Auffassung richtig sein, so ließe sie sich damit erklären, daß bei der Mischung einer begrenzten Anzahl wie 11 reiner Linien eine von denselben in der Regel eindeutig überlegen ist und daher alle anderen verdrängt. In einem Ramsch gibt es dagegen durch Spaltung und Kombination der Gene eine fast unendliche Anzahl von Genotypen, unter denen neben einer überwiegenden Mehrzahl von minderwertigen Typen auch eine Anzahl fast gleichwertiger, erstklassiger Kombinationen vorkommen, *adaptive Gipfel* im Sinne von WRIGHT (1932). Da diese sehr verschiedene Konstitutionen haben, zeigen sie auch ganz verschiedene Muster von Interaktionen mit dem Milieu, obgleich sie im Durchschnitt aller Situationen keine eindeutigen Vorteile oder Nachteile zeigen. Dazu kommt, daß zwischen so verschiedenen Typen am ehesten Möglichkeiten für effektive *Kooperation* bestehen. Unter diesen Umständen wird also die natürliche Selektion die Koexistenz einer größeren Anzahl stark verschiedener Typen im Ramsch begünstigen. Ein eigentliches Gleichgewicht zwischen den Komponenten des Ramsches würde sich erst nach einer größeren Anzahl von Generationen errichten. Die Verhältnisse mögen noch dadurch kompliziert werden, daß die Eigenschaften der einzelnen den Ramsch zusammensetzenden Deszendenzlinien erst sehr spät fixiert werden. Noch lange nach Erreichung der Homozygotie in F_{10} mögen durch Mutation und plasmatische Adaptation die Eigenschaften einzelner Linien stark modifiziert werden. Das Ertragspotential einer Linie aus Kreuzung distanter Varietäten ist vielleicht noch nicht in F_{10}, sondern erst in $F_{20} - F_{50}$ endgültig festgelegt. Wenn etwa 1% spontane Kreuzungen in einem Ramsch stattfinden, so würde dies bedeuten, daß eine völlige Stabilität der Linien überhaupt nicht erreicht wird.

In diesem Zusammenhang hat ein Experiment von HAGBERG (1954) Interesse. Dieser Autor verglich das Schicksal der Mutation ert-7 bei der Gerste in der Deszendenz einer Kreuzung, die von $F_2 - F_6$ ohne künstliche Selektion aufgezogen wurde, mit ihrem Verhalten in einer künstlichen Mischung, die aus einer gleichen Anzahl ert-7/ert-7 und +/+ Homozygoten hergestellt wurde und auf die gleiche Weise dieselbe Anzahl von Generationen kultiviert wurde. Dabei zeigte es sich, daß die Mutation in den sukzessiven Generationen der Mischung an Häufigkeit abnahm, so daß sie vermutlich bald vollständig eliminiert sein würde, während sie in denen der Kreuzungsdeszendenz an Häufigkeit zunahm. Wie diese sonderbaren Erfahrungen zu erklären sind, sei dahingestellt. Sie deuten indessen darauf, daß in einem Ramsch eine Heterogenität leichter aufrechterhalten werden kann als in einer Mischung.

3. Autogame und apomiktische Arten

In der Natur führt die Selektion bei autogamen Arten in der Regel nicht zu völliger Uniformität, sondern häufig zu einem Muster von Variabilität, das von STEBBINS (1957) näher beschrieben wird. Die lokalen Populationen bestehen aus einer Anzahl distinkter morphologischer Typen, zwischen denen keine Übergangsformen bestehen. Solche Schwärme von charakteristischen „*Mikrospezies*" können in den

Populationen weiter Areale vorkommen und wegen der Seltenheit von Kreuzungen mehr oder weniger distinkt verbleiben. Obgleich ihre Hybride fertil sind, haben sie durch die Diskontinuität ihrer morphologischen Kennzeichen die Charakteristika verschiedener Subspezies.

Bei apogamen Arten, in denen noch weniger Kreuzungen stattfinden, ist die Variabilität der lokalen Populationen oft noch viel auffälliger. Nach HERIBERT-NILSSON (1947) wurden für den Löwenzahn *(Taraxacum officinale)* in Skandinavien 450 Mikrospezies beschrieben. Es entstand nun die Frage, ob damit die ganze Variabilität erfaßt ist, oder ob noch unbeschriebene Mikrospezies oder Übergangsformen zwischen solchen vorkommen. Zu diesem Zwecke wurden alle auf einem Areal von 50 Quadratmetern lebenden 177 Exemplare dieser Art in 5jährigen Kulturen analysiert. Es zeigte sich, daß sie zu 20 distinkten Typen gehörten, von denen 19 schon früher beschrieben waren, während einer neu war. Innerhalb der Mikrotypen wurde keinerlei Variation angetroffen, dagegen markierte Unterschiede zwischen den Mikrotypen.

Auf Grund solcher Erfahrungen schließt HERIBERT-NILSSON, daß in Skandinavien nicht mehr als ca. 500 Mikrotypen von dieser weitverbreiteten und häufigen Art vorkommen. Bei apomiktischen Arten werden alle Typen, die nicht voll vital sind, durch die natürliche Selektion ausgerottet, während ihre Gene bei allogamen Objekten in anderen Kombinationen fortbestehen würden. Verglichen mit der unendlichen Anzahl von Biotypen bei allogamen Arten repräsentieren die 500 skandinavischen Biotypen von *Taraxacum officinale* eine sehr geringe Anzahl. Die auffällige Polymorphie entsteht nach HERIBERT-NILSSON durch ein massenweises Aussterben von Biotypen, wodurch die relativ wenigen überlebenden Formen als distinkte Mikrotypen in Erscheinung treten. Der Zustand einer polymorph erscheinenden Art kann dann wegen Mangel an Biotypen sehr kritisch werden.

Es scheint uns, daß diese Argumentation noch nicht den Kern der Probleme trifft. Es liegt nahe anzunehmen, daß auf den untersuchten 50 Quadratmetern einer von den 20 gefundenen Mikrotypen an und für sich allen übrigen überlegen ist. Wenn dennoch die Selektion nicht zur Uniformität führt, muß das daran liegen, daß gewisse Komponenten der Selektion positiv die *Heterogenität* begünstigen. Offenbar werden die nachteiligen Effekte einer zu hohen Bestandsdichte stark durch geeignete Formen von Heterogenität abgemildert, was zur Folge hat, daß seltene Mikrotypen begünstigt werden, häufigere dagegen benachteiligt. In gleicher Richtung wirkt der Umstand, daß in heterogenen Populationen am ehesten positive Interaktionen zwischen verschiedenartigen Genotypen zu erwarten sind. Indem diese Faktoren bei autogamen und apomiktischen Objekten ungestörter arbeiten können, erzeugen sie bisweilen eine extreme Polymorphie. Es handelt sich hierbei um relativ stabile Gleichgewichte, nicht um vorübergehende Zwischenstadien beim Aussterben einer Art.

IV. Allogame Organismen

Typen von Polymorphie. Bei allogamen Objekten kann eine Polymorphie nicht auf so einfache Weise entstehen wie bei Autogamen und Apomikten, da bei ersteren die Kombinationen freier Gene sofort durch Spaltung und crossing-over niedergebrochen werden. Wir werden daher eine Polymorphie am ehesten in *komplexen Loki* und *Supergenen* erwarten, d. h. in Chromosomensegmenten mit minimaler Häufigkeit von crossing-over. Daß eine solche Polymorphie bei zahlreichen Arten vorkommt, zeigt die umfangreiche Literatur über genetische Polymorphie (vgl. Kapitel 6 I).

Sehr bekannt ist die chromosomale Polymorphie der meisten *Drosophila*-Arten. Bei der weit verbreiteten brasilianischen Art *D. willistoni* sind z. B. 42 Inversionen gefunden, eine Zahl, die in Zukunft vermutlich nicht mehr wesentlich erhöht wird

(DA CUNHA und DOBZHANSKY, 1954). Die durchschnittliche Anzahl heterozygoter Inversionen pro Individuum variiert in den verschiedenen Regionen Brasiliens zwischen 1 und 9. Die sehr weite geographische Verbreitung der meisten dieser Inversionen wäre kaum denkbar, wenn dieselben nicht integrierte Genkomplexe enthielten, die den Individuen Vorteile im Kampf um das Dasein gewähren, wie verbesserte Anpassung an spezielle Milieutypen oder Resistenz gegen Krankheiten. Andererseits dürften aber die Vorteile der individuellen Inversionen bei erhöhter Häufigkeit derselben abnehmen; denn sonst würden sie sich schon bis zur Fixierung ausgebreitet haben.

Eine Inversion bei *Drosophila* ist eine Art Supergen, da zwischen dem invertierten Segment und dem homologen Segment von normaler Anordnung kein crossing-over stattfindet. Andere, noch effektivere Supergene sollten indessen aus beliebigen anderen Chromosomensegmenten mit sehr wenig crossing-over entstehen können. Im Laufe der Zeiten sollten sie sich durch Ansammlung von geeigneten Mutationen weiterentwickeln. Sie mögen auch bis zu einem gewissen Grad den Charakter von Switchgenen bekommen, indem sie die Aktivität anderer Gene für die Verbesserung ihrer eigenen Funktionen steuern. Auf diese Weise mag der Komplex von Effekten eines Supergens immer vielseitiger und besser koordiniert werden. Hierdurch dürfte bei allogamen Objekten eine ebenso komplexe Polymorphie ermöglicht werden, wie sie bei Autogamen und Apomikten viel rascher, aber vielleicht auf unvollkommenere Weise in Erscheinung treten kann. Die Erfahrungen über Introgression deuten darauf, daß solche Supergene nach Hybridisierung leicht in die Populationen verwandter Arten eindringen. Da es bei vielen Objekten Übergangsformen zwischen Segmenten ohne crossing-over und solchen mit normaler oder erhöhter crossover-Häufigkeit gibt, sollte auch Gelegenheit für Entstehung von Genen von ungleicher Komplexität sein, von Supergenen bis zu Standardgenen mit nur einer spezifischen Funktion.

DOBZHANSKY (1959) betrachtet die verschiedenen Exemplare von Chromosomen oder Chromosomensegmenten in einer genetisch variablen Population als Allele von Supergenen, jedenfalls hinsichtlich ihrer Effekte auf die „Fitness" der Individuen. Indessen scheint es nützlich, diese Betrachtungen auf die typischen Supergene zu beschränken, d. h. Segmente, die nur ausnahmsweise crossing-over zeigen. Es scheint auch zweckmäßig zu sein, parallel mit den Termini Lokus, Allel und Gen die Termini *Superlokus, Superallel* und Supergen für die entsprechenden Ausgaben von Segmenten ohne crossing-over zu benutzen. Eine gewöhnliche Art mag ein Dutzend Superloki besitzen, eine etwas größere Anzahl von Zwischenformen und Tausende von gewöhnlichen Loki. Nach DOBZHANSKY hat eine variable Population eine sehr große Anzahl alleler Varianten einer relativ geringen Anzahl von Supergenen. Wir ziehen die Vorstellung vor, daß neben einer relativ geringen Anzahl von Superallelen und einer begrenzten Anzahl Kombinationen derselben eine astronomische Anzahl von Kombinationen der freieren Gene vorliegt.

Konkurrenz der Supergene. Aus obigen Betrachtungen folgt, daß wir bei allogamen Arten neben einer Selektion von einzelnen Genen eine Konkurrenz zwischen Supergenen haben. Im einzelnen sind diese Probleme schwer zu studieren, da nur ein geringer Teil der Supergene eine sichtbare Polymorphie auslöst. Dennoch müssen wir annehmen, daß cytologisch ununterscheidbare Chromosomensegmente ebenso oft oder öfter als die leicht zu identifizierenden Inversionen die Funktion von integrierten Gensystemen haben, die in mehreren Typen (Superallelen) in den Populationen vorkommen und um ihre Existenz kämpfen. Trotz komplexer Funktionen brauchen indessen die Supergene nicht besonders lange Chromosomensegmente darzustellen.

In diesem Zusammenhang hat das folgende Beispiel Interesse. Am Locus ci des Chromosoms IV von *Drosophila melanogaster* lassen sich nach HOCHMAN (1958) die normalen Allele ci^{+3}, ci^{+4} und ci^{+5}, im folgenden zu $+^3$, $+^4$ und $+^5$ verkürzt, unterscheiden, dadurch daß in Heterozygoten mit dem Mutantallel ci (cubitus interruptus, eine Lücke in einer Flügelader) $+^4$ vollständig dominant ist, während die beiden übrigen Allele eine leichte Expression der Mutation gestatten. Homozygot sind dagegen $+^3$, $+^4$ und $+^5$ normal und nicht sichtbar verschieden. Wenn man nun $+^3/+^3$ und $+^4/+^4$ Individuen mischt und in einen Populationskäfig anbringt, wo sie sich zahlreiche Generationen unter konstanten Bedingungen vermehren können, so wird $+^3$ langsam aber stetig durch $+^4$ verdrängt. Eine statistische Analyse der Genhäufigkeit in sukzessiven Generationen deutet auf die folgenden selektiven Werte (W):

Genotyp	$+^3/+^3$	$+^4/+^3$	$+^4/+^4$
W	0,95	1,00	1,10

Zwischen den durch $+^3$ und $+^4$ markierten Typen des Chromosoms IV bestehen also deutliche Unterschiede in „Fitness". Es wäre zwar möglich, daß diese Unterschiede durch die Isoallele $+^3$ und $+^4$ bedingt sind. Wahrscheinlicher ist indessen, daß diese Chromosomen IV, die aus verschiedenen Drosophila-Populationen stammen, sich auch in einer Reihe von anderen Loki unterscheiden. Diese Verhältnisse sind indessen schwer zu analysieren, da im Superlokus Chromosom IV normalerweise kein crossing-over stattfindet. Es liegt aber nahe anzunehmen, daß in der Natur eine Anzahl Superallele des Chromosoms IV vorkommen, die den Charakter von integrierten Gensystemen haben. — In den obigen Versuchen wurde das Chromosom IV in einem homogenen genetischen Hintergrund studiert, indem die großen Chromosomen I—III aus einem stark ingezüchteten Stamm kamen. Bei Wiederholung der Versuche in einem heterogenen Hintergrund (Hochman, 1961) wurde nicht die stetige Abnahme der Häufigkeit des $+^3$-Chromosoms gefunden, sondern mehr unregelmäßige Kurven, die auf einen mehrmaligen Wechsel der selektiven Werte deuten. Anscheinend kamen hierbei Perioden vor, in denen die Heterozygoten $+^3/+^4$ überlegen waren. Solche Erfahrungen deuten darauf, daß der heterogene Hintergrund komplexe Interaktionen mit den beiden Typen des Chromosoms IV zeigte.

Kooperation und Heterosis. Beardmore et al. (1960) verglichen bei *Drosophila pseudoobscura* dimorphe und monomorphe Populationen, die in Populationskäfigen unter gleichen Bedingungen aufwuchsen. In ersteren Populationen waren Individuen mit zwei durch Inversionen unterschiedenen Anordnungen des Chromosoms III gemischt, während in letzteren Populationen beide Anordnungen getrennt gehalten wurden. Es zeigte sich hierbei, daß die dimorphen Populationen bei gleicher Nahrungsmenge eine höhere Fliegenmasse produzierten. Eine solche Überlegenheit dimorpher Populationen wird gewöhnlich als Heterosis interpretiert. Die Autoren machen indessen darauf aufmerksam, daß die erhöhte Produktion nicht nur durch Heterosis bedingt zu sein braucht, sondern daß sie auch auf einer günstigen Interaktion zwischen den beiden Genanordnungen beruhen könnte. — Praktisch ist es indessen sehr schwer, eine Heterosis von einer günstigen Interaktion (Kooperation) der Genotypen zu unterscheiden. Die Selektion begünstigt anscheinend eine koadaptierte Variabilität, d. h. die Koexistenz von Genotypen, die günstige Interaktionen zeigen. Während über die Koadaptation der Inversionen bei *Drosophila* eine umfangreiche Literatur vorliegt (z. B. Wallace, 1953; Lewine, 1956; Haldane, 1957), ist wenig über die Koadaptation der Supergene bekannt. Und doch dürfte letztere von vielfach größerer Bedeutung sein, da sie bei jedem allogamen Objekt mit Supergenen in Erscheinung treten muß. Sie bildet vielleicht die wichtigste Grundlage für die sogenannten heterotischen Loki natürlicher Populationen.

Prinzipien der Evolution. Nach der Ansicht vieler Autoren besteht die Evolution hauptsächlich in einer Veränderung der Genhäufigkeit „zwischen Populationen in Raum und Zeit" (Stebbins, 1950). Im Anschluß an die Diskussionen in Kapitel 6 möchten wir indessen annehmen, daß das wichtigste Prinzip der Evolution in einer

Weiterentwicklung polymorpher Loki und Superloki besteht. Auf diese Weise geschehen nämlich dauernd Vorbereitungen zu einer Evolution nicht nur in verschiedene Richtungen, sondern auch zu fernerliegenden Stufen. Wenn schließlich ein Superallel so große Vorteile gewinnt, daß es auch bei höherer Genhäufigkeit den übrigen Allelen eindeutig überlegen ist und daher endgültig fixiert werden kann, so bekommt dies einen entscheidenden Einfluß auf die weitere Evolution der Population oder Art. Im Gegensatz zu den äußerst vielseitigen Möglichkeiten, die auf diesem Wege vorliegen, könnte eine bloße Verschiebung der Genhäufigkeit nur einseitige und begrenzte Effekte haben. Sie würde selten mehr als quantitative Änderungen der Charaktere und eine unmittelbare Feinanpassung an das jeweilige Milieu bewirken und gäbe daher wenig Möglichkeiten für Neuerwerbung von komplexen Charakteren, deren Komponenten einzeln nachteilig wirken.

Auf dem Hintergrund dieser Vorstellungen ergibt sich ein anderes Modell über die Struktur der Populationen, als es in den modernen mathematischen Theorien der Genhäufigkeit benutzt wird. In den meisten Superloki haben wir vermutlich stark vorherrschende Standardallele oder *normale Superallele.* Dies gilt z. B. für den „rezessiven" Normaltypus gewisser polymorpher Heuschreckenarten, der in der Natur in einer Häufigkeit von etwa 75% vorkommt, während die komplexen dominanten Farbmuster mittlere Häufigkeiten von der Ordnung 1% haben. Die normalen Superallele werden auf ihre eigenen Effekte und das Funktionieren des ganzen Genoms ausgelesen. Im Gegensatz hierzu werden die übrigen Superallele primär auf heterotische Interaktionen mit dem normalen Superallel ausgelesen. Ein Aspekt von Parasitismus kann indessen leicht hinzukommen, wenn Superallele sich nicht nur durch Vorteile der Heterozygoten, sondern durch selektive Befruchtung oder durch Ausnützung der Funktion anderer Gene in den Populationen behaupten. Es lohnt sich meistens nicht, viel darüber zu spekulieren, welcher der Faktoren in einer Population die Heterogenie aufrechterhält. Denn verschiedene Faktoren, wie divergente Selektion, Heterosis, Kooperation von Genotypen, selektive Befruchtung, genetischer Parasitismus, sind z. T. durch Übergangsformen verbunden. Wenn in der Natur mehrere solcher Faktoren in gleicher Richtung wirken, so ergibt dies komplexe Prozesse und komplexe Effekte, an denen wir schwer das Werk der einzelnen Komponenten unterscheiden können. Die Hauptsache ist, daß in normalen Populationen beträchtliche, aber verschiedene Grade von Heterogenie aufrechterhalten werden, indem mit steigender *Häufigkeit* irgendwie eine Abnahme der selektiven Werte von Allelen und Superallelen erfolgt.

Kombinationen verschiedener „nicht-Standard-Supergene" sind oft nachteilig (Fisher, 1939), was die Häufigkeit der einzelnen Supergene reduziert und zum Vorherrschen der normalen Superallele führt. Dies dürfte indessen nicht hindern, daß gelegentlich vorteilhafte Kombinationen von zwei oder drei Supergenen entstehen, wodurch sich bisweilen potenzierte evolutionäre Möglichkeiten ergeben. Vorstellungen dieser Art zeigen auch, daß die wesentlichen Vorbereitungen für die Geburt neuer Arten innerhalb der Populationen stattfinden können, obgleich die Schlußstadien der Artspaltung durch geographische Isolierung begünstigt werden dürften.

Neben diesen höchst komplexen selektiven und evolutionären Prozessen haben wir die Selektion der einfachen, leicht austauschbaren Standardgene, die zu jeder Zeit eine Feinanpassung der Populationen an ihr Milieu begünstigt. Dieser Sektor der Selektion mag eine größere Ähnlichkeit mit den üblichen mathematischen Modellen der Populationsgenetik zeigen. — Massenselektion dürfte nach obigen Vorstellungen in vielen Fällen zunächst physiologische Supergene mit größeren Effekten erfassen, dann aber durch *negative Interaktionen* zwischen den ausgelesenen Supergenen bald auf erheblichen Widerstand stoßen.

Literatur

BAL, B. S., C. A. SUNESON, and R. T. RAMAGE: Genetic shift during 30 generations of natural selection in barley. Agronomy J. 51, 555—557 (1959).

BEARDMORE, J. A., TH. DOBZHANSKY, and O. PAVLOVSKY: An attempt to compare the fitness of polymorphic and monomorphic experimental populations of Drosophila pseudoobscura. Heredity 14, 19—33 (1960).

BONNER, J.: The role of toxic substances in the interactions of higher plants. Bot. Rev. 16, 51—65 (1950).

BORLAUG, N. E.: The use of multilineal or composite varieties to control airborne epidemic diseases of self-pollinated crop plants. Proc. First International Wheat Genetics Symp. (compiled by B. C. Jenkins), p. 12—27; University of Manitoba, Winnipeg, Canada, 1959.

CORRENS, C.: Ein Beispiel für die Konkurrenz unter nächstverwandten Pflanzensippen. Wilhelm Roux' Arch. Entwickl.-Mech. Org. 116, 253 (1929).

CUNHA, A. B. DA, and TH. DOBZHANSKY: A further study of chromosomal polymorphism in Drosophila willistoni in its relation to environment. Evolution 8, 119—134 (1954).

DOBZHANSKY, TH.: Evolution of genes and genes in evolution. Cold Spr. Harb. Symp. quant. Biol. 24, 15—30 (1959).

DUNCAN, W. G.: The relation between corn population and yield. Agronomy J. 50, 82 bis 84 (1958).

FISHER, R. A.: Selective forces in wild populations of Paratettix texanus. Ann. Eugenics 9, 109—122 (1939).

GIESBRECHT, J.: Effect of incomplete hills and compensation treatments in comparative corn yield trials. Canad. J. Plant. Sci. 41, 91—96 (1961).

GRÜMMER, G.: Die gegenseitige Beeinflussung höherer Pflanzen-Allelopathie. 162 S. Jena: Gustav Fischer, 1955.

— Die Beeinflussung des Leinertrages durch Camelina-Arten. Flora 146, 158—177 (1958).

GUSTAFSSON, Å.: The cooperation of genotypes in barley. Hereditas 39, 1—18 (1953).

— Mutations, viability, and population structure. Acta agr. scand. Stockholm 4, 601—632 (1954).

HAGBERG, A.: Cytogenetic analysis of erectoides mutations in barley. Acta. agr. scand. 4, 472—490 (1954).

HALDANE, J. B. S.: The conditions for coadaptation in polymorphism for inversions. J. Genet. 55, 218—225 (1957).

HARLAN, H. V., and M. L. MARTINI: The effect of natural selection in a mixture of barley varieties. J. Agric. Res. 57, 189—199 (1938).

— —, and H. STEVENS: A study of methods in barley breeding. U.S. Dep. Agr. Tech. Bull. 720 (1940).

HARLAN, J. R.: Distribution and utilization of natural variability in cultivated plants. Brookhaven Symp. Biol. 9, 191—208 (1956).

HERIBERT-Nilsson, N.: Totale Inventierung der Mikrotypen eines Minimiareals von Taraxacum officinale. Hereditas 33, 119—142 (1947).

HOCHMAN, B.: Competition between wild type isoalleles in experimental populations of Drosophila melanogaster. Genetics 43, 101—121 (1958).

— Isoallelic competition in populations of Drosophila melanogaster containing a genetically heterogeneous background. Evolution 15, 139—146 (1961).

JAIN, S. K., and R. W. ALLARD: Population studies in predominantly self-pollinated species. I. Evidence for heterozygote advantage in a closed population of barley. Proc. nat. Acad. Sci. (Wash.) 46, 1371—1377 (1960).

KIESSELBACH, T. A.: Corn investigations. Nebr. Agr. exp. St. Res. Bull. 20, 1—151 (1922).

LANG, A. L., J. W. PENDLETON, and G. H. DUNGAN: Influence of population and nitrogen levels on yield and protein and oil contents of nine corn hybrids. Agronomy J. 48, 284 bis 289 (1956).

LEE, J. A.: A study of plant competition in relation to development. Evolution 14, 18 bis 28 (1960).

LEWINE, R. P.: Crossing over and inversions in coadapted systems. Amer. Natur. 90, 41 bis 45 (1956).

MARTINI, M. L., and H. V. HARLAN: Barley freaks. J. Hered. 33, 339—343 (1942).

NELSON, O. E., and A. J. OHLROGGE: Effect of heterosis on the response of compact strains of maize to population pressures. Agronomy J. 53, 208—209 (1961).

ROY, S. K.: Interaction between rice varieties. J. Genet. 57, 137—152 (1960).

SAKAI, KAN-ICHI: Competition in plants and its relation to selection. Cold Spr. Harb. Symp. quant. Biol. 20, 137—157 (1955).

—, and KANJI GOTOH: Studies on competition in plants. IV. Competitive ability of F_1 hybrids in barley. J. Hered. 46, 139—143 (1955).

SAKAI, KAN-ICHI: Studies on competition in plants. VII. Effect on competition of a various number of competing and non-competing individuals. J. Genet. **55**, 227—234 (1957).
—, and H. UTIYAMADA: Studies on competition in plants. VIII. Chromosome number, hybridity and competitive ability in Oryza sativa L. J. Genet. **55**, 235—240 (1957).
SENGBUSCH, R. v.: Ein Beitrag zur Entstehungsgeschichte unserer Nahrungs-Kulturpflanzen unter besonderer Berücksichtigung der Individualauslese. Züchter **23**, 353—364 (1953).
SHEAR, G. M., and L. I. MILLER: Influence of plant spacing of the Jumbo Runner Peanut on fruit development, yield and border effect. Agronomy J. **52**, 125—127 (1960).
STEBBINS, G. L.: Variation and evolution in plants. New York: Columbia Univ. Press 1950.
— Self-fertilization and population variability in higher plants. Amer. Natur. **91**, 337 bis 354 (1957).
SUNESON, C. A.: Survival of four barley varieties in a mixture. Agronomy J. **41**, 459 bis 461 (1949).
—, and H. STEVENS: Studies with bulked hybrid populations of barley. U.S. Dep. Agr. Tech. Bull. 1067 (1953).
— An evolutionary plant breeding method. Agronomy J. **48**, 188—191 (1956).
WALLACE, B.: On coadaptation in Drosophila. Amer. Natur. **87**, 343—358 (1953).
WIT, C. T. DE: On competition. Versl. Landbouwk. Onderzoek. No. 66.8 — Wageningen, Nederland (1960).
WOODS, F. W.: Biological antagonisms due to phytotoxic root exudates. Bot. Rev. **26**, 546 bis 569 (1960).
WRIGHT, S.: The roles of mutation, inbreeding, crossbreeding, and selection in evolution. Proc. 6th intern. Congr. Genet. **1**, 356—366 (1932).
ZAVITZ, C. A.: Grains grown in combination for grain production. J. Amer. Soc. Agron. **14**, 225—228 (1922).

Kapitel 11

Assoziation

I. Probleme der Korrelation

Die Dimensionen der verschiedenen Organe eines Individuums variieren im allgemeinen nicht unabhängig voneinander, sondern zeigen mehr oder minder deutliche Korrelationen. Besonders einfach ist dies in Populationen von Tieren oder Menschen zu erkennen. Zwischen der Größe des Kopfes, der Gliedmaßen und des Rumpfes bestehen in der Regel deutliche Beziehungen. Dasselbe gilt zwischen der Größe des Kopfes und seiner Teile wie Gehirn, Augen und Zähne. Solche Korrelationen sind zwar nicht absolut; wir treffen z. B. Individuen, die im Verhältnis zu ihrer Größe besonders kleine oder große Köpfe, Augen, Finger haben. Dennoch bestehen im Durchschnitt eines größeren Materials durchaus klare Beziehungen, die sich durch den unten (S. 202) diskutierten Korrelationskoeffizienten messen lassen. Die Ursache solcher Korrelationen besteht in erster Linie in physiologischen Mechanismen, die ein Gleichgewicht in der Entwicklung der verschiedensten Teile eines Organismus zu errichten versuchen. Da diese Mechanismen unter verschiedenen Milieuverhältnissen verschieden funktionieren und durch genetische Variation modifiziert werden, finden wir eine entsprechende Variation in der Intensität der Korrelationen.

Bei Pflanzen sind die Verhältnisse komplizierter, indem einige Eigenschaften plastisch sind, um die Größe der Individuen an die vorhandenen Existenzmittel anzupassen, während andere Eigenschaften relativ konstant gehalten werden. Gewöhnlich ist z. B. Anzahl der Blätter, Blüten oder Samen je Pflanze weit stärker variabel als die Größe dieser Organe. Von besonderem Interesse sind die Beziehungen zwischen den Komponenten des Ertrages. Beim Hafer läßt sich z. B. der Ertrag (W) als das Produkt von drei Komponenten betrachten, Anzahl Blütenstände je Pflanze (X), Anzahl Samen je Blütenstand (Y) und mittleres Gewicht der Körner (Z). Also

W = X · Y · Z, vorausgesetzt, daß die Anzahl der Pflanzen je Quadratmeter konstant gehalten wird. GRAFIUS (1959) berechnet für F_2 von vier Haferkreuzungen die Korrelationen zwischen diesen drei Komponenten (Tab. 67). In zwei von den Kreuzungen

Tabelle 67.
Korrelationskoeffizienten für Komponenten des Ertrages innerhalb der F_2 von vier Haferkreuzungen nach GRAFIUS *1959. X = Anzahl Blütenstände/Pflanze, Y = Samen/Blütenstand, Z = mittleres Gewicht der Samen. d. f. = Freiheitsgrade; * und ** signifikant auf Niveau 0,05 bzw. 0,01*

Kreuzung	d. f.	Korrelationskoeffizient r für		
		X vs. Y	X vs. Z	Y vs. Z
Plains × Mars	195	0,04	0,10	0,11
Mars × Moore	325	—0,05	—0,09	0,02
Montcalm × Chevron	230	0,16*	0,00	0,17*
Kindred × Chevron	196	0,02	0,01	0,25**

sind die Korrelationen völlig insignifikant, in den zwei übrigen kommen einige signifikante, aber sehr geringe Korrelationen vor. Beim Mais läßt sich der Ertrag in vier Komponenten zerlegen, nämlich Kolbenzahl/Pflanze, Reihenzahl/Kolben, Kornzahl/Reihe und Korngewicht. Nach GRAFIUS (1960) war von den 6 möglichen Korrelationen zwischen je zwei von diesen Komponenten in einem zweijährigen Versuch nur eine Korrelation signifikant (negativ), und zwar in jedem Jahre eine verschiedene.

Auf Grund von Erfahrungen solcher Art kommt GRAFIUS zum Schluß, daß meist keine Korrelationen zwischen den Komponenten des Ertrages bestehen. Wenn dieser Schluß richtig wäre, so sollte z. B. in der obigen Gleichung W = X · Y · Z für die verschiedenen Werte von X das Produkt Y · Z im Mittel das gleiche sein. D. h. der Ertrag sollte proportional mit der Anzahl Blütenstände je Pflanze ansteigen. (Eine Konklusion dieser Art ist allerdings ungenau, wenn die Korrelationen der Komponenten unabhängig voneinander berechnet sind. Korrekter wäre es die Korrelationen zwischen der einen Komponente (X) und dem Produkt der beiden anderen (Y · Z) zu ermitteln.)

Wenn wir nun versuchen, die Daten der Tab. 67 zu interpretieren, so liegt es am nächsten anzunehmen, daß die Größe der Komponenten hauptsächlich durch das Milieu bestimmt wird. Eine Pflanze, die besonders gute Bedingungen findet, wird in erster Linie eine große Anzahl Halme ausbilden, wodurch die Komponente X vergrößert wird. Daneben ist eine leichte Erhöhung der Samenzahl je Blütenstand und des mittleren Korngewichtes zu erwarten. Im großen und ganzen wären daher positive Korrelationen zwischen den Werten der Komponenten zu erwarten. Diese Korrelationen sollten indessen launenhaft sein und in einigen Jahren in das Gegenteil umschlagen. Wenn z. B. die Umwelt zu Beginn der Entwicklung günstig ist, später aber ungünstig, so könnte es leicht vorkommen, daß Pflanzen mit besonders vielen Halmen reduzierte Werte für Samen/Blütenstand und Korngewicht bekommen, so daß die Korrelationen X vs. Y und X vs. Z negativ werden.

Außer den Effekten des Milieus sind indessen in F_2-Generationen noch genetische Effekte zu berücksichtigen. Wenn ein Gen die Werte einer Komponente erhöht, die der anderen Komponenten aber nicht beeinflußt, so würde dieses Gen den Ertrag erhöhen. Solche Fälle kommen zwar vor, sind aber relativ selten, da das betreffende Gen nicht nur den Wert der Komponente, sondern auch die physiologische Effektivität der Individuen um ein gleiches Prozent erhöhen müßte. Die allgemeine Erfahrung ist jedenfalls, daß eine genetische Verstärkung einer Komponente des Ertrages meist mit einer kompensatorischen Erniedrigung des Produktes der übrigen Komponenten verbunden ist. Dies gilt besonders für ertragreiche Sorten. Schematisch könnten wir

z. B. annehmen, daß es in gewissen wenig ertragreichen Getreidesorten möglich wäre, durch genetische Verdoppelung der Halmzahl je Pflanze den Ertrag um 40% zu erhöhen, während wir in einer ertragreichen Sorte auf diese Weise höchstens eine schwache Erhöhung, gewöhnlich aber eine Erniedrigung erhalten würden. Die Werte der übrigen Komponenten würden auf jeden Fall reduziert.

Wenn wir auf Grund dieser Betrachtungen versuchen, die phänotypischen Korrelationen der Tab. 67 zu interpretieren, so erscheint es wahrscheinlich, daß schwache — mittelstarke positive Korrelationen zwischen den Komponenten des Ertrages, die durch das Milieu bedingt werden, durch ausgesprochen negative genetische Korrelationen reduziert worden sind, so daß die meisten Werte insignifikant erscheinen.

Der Einfluß genetischer Faktoren auf die Korrelationen kann auf sehr verschiedene Weise ermittelt werden. Man kann z. B. die Korrelationen verschiedener Charaktere in einem großen Sortiment von Inzuchtlinien, die im gleichen Milieu aufgezogen werden, studieren. Am besten ist es solche Untersuchungen an mehreren Lokalitäten vorzunehmen und eine Reihe von Jahren fortzusetzen, um zuverlässigere Mittelwerte zu erhalten und den Einfluß der Milieu/Genotyp-Interaktionen auf die Korrelationen festzustellen. JUGENHEIMER (1958) untersuchte z. B. die Korrelationen zwischen 28 Charakteren in einem Sortiment von 145 bekannten Inzuchten von Mais, das 1948 an vielen Stellen der Vereinigten Staaten ausgesät wurde. Zwischen Ertrag und Resistenz gegen eine Reihe von parasitären Krankheiten wurden signifikante positive Korrelationen gefunden. Dagegen war die Korrelation zwischen Ertrag und Resistenz gegen *Helmintosporium turcicum* und gegen Körnerfäule negativ. Die stärkste Korrelation wurde indessen zwischen Ertrag und niedrigem Proteingehalt der Samen gefunden, $r = -0{,}522$. Dies deutet darauf, daß die Proteinmenge einen begrenzenden Faktor für den Ertrag darstellt, indem nur Sorten, die mit einem besonders niedrigen Proteingehalt auskommen können, maximale Erträge geben.

Eine andere Methode besteht darin, daß Korrelationen innerhalb homogener Elterngenerationen und der F_1 ihrer Kreuzungen mit denen in F_2 verglichen werden. Indem erstere Korrelationen durch das Milieu bedingt sind, letztere durch Milieu + genetische Faktoren, erlaubt dieser Vergleich eine Abschätzung der relativen Bedeutung beider Typen von Ursachen. Ferner kann man innerhalb einer Population Selektion auf bestimmte Charaktere vornehmen und in der Nachkommenschaft untersuchen, welchen Einfluß diese Selektion auf andere nicht selektierte Charaktere hat, oder man kann die Stärke der Korrelationen in den Selektionen mit denen in der elterlichen Generation vergleichen. Von einem genetischen Gesichtspunkt ist letztere Methode den anderen überlegen, da sie vorhandene Beziehungen auf die direkteste Weise ermittelt und zu Kenntnissen führt, die sich am leichtesten praktisch verwerten lassen.

Die Statistiker haben mehrere Methoden ausgearbeitet, um die gefundenen phänotypischen Korrelationen in Komponenten zu zerlegen, die durch Milieu und genetische Faktoren bedingt sind. Indessen sind die statistischen Werte für die genetische Korrelation meist mit so hohen mittleren Fehlern behaftet, daß bis jetzt noch keine wesentlichen Fortschritte auf diesem Gebiet erzielt sind. Im übrigen ist zu bedenken, daß die Werte der genetischen Korrelation stark auf selektive Veränderungen in der Konstitution der Population reagieren. Wir dürfen somit keineswegs voraussetzen, daß die in der Ausgangspopulation ermittelten Korrelationen auch für die Selektionen gültig sind.

Es ist üblich, die genetischen Korrelationen auf zwei Ursachen zurückzuführen, Koppelung und Pleiotropie. Praktisch wird alles, was nicht auf Koppelung beruht, mit Pleiotropie erklärt. Meist handelt es sich indessen um eine höchst indirekte Pleiotropie. JUGENHEIMER (1961) zeigte z. B., daß in Maispopulationen eine Selektion auf große Embryonen zur Erhöhung des Ölgehaltes der Samen führt, indem der Embryo ein weit höheres Ölprozent hat als der Rest des Samens. Da Gene, die die Embryonen vergrößern, nicht den Ölgehalt der Embryonen selbst erhöhen, sondern nur auf die erklärte indirekte Weise den der Samen, ist es etwas gesucht, von einem pleiotropen Effekt der genannten Gene auf den Ölgehalt zu sprechen. Im allgemeinen liegt eher eine Interaktion der selektierten Gene mit den zentralen Kontrollsystemen vor, die die verschiedenen Funktionen koordinieren und dadurch die eigentlichen Grundlagen der Korrelationen bilden.

Korrelationskoeffizient. Wegen der Formel, nach denen der Korrelationskoeffizient *r* berechnet wird, verweisen wir auf Lehrbücher der Statistik. Hier sei nur auf einige Eigenschaften dieses Koeffizienten hingewiesen. *r* kann alle Werte zwischen +1 und −1 annehmen. Bei absoluter Proportionalität der Variationen zweier Eigenschaften würde *r* den Grenzwert +1 erreichen, bei absolut umgekehrter Proportionalität den Grenzwert −1. Bei einer niedrigen Anzahl von Individuen, die hinsichtlich der Korrelation zweier Eigenschaften untersucht werden, zeigt *r* ziemlich große zufällige Schwankungen. Für eine Signifikanz des Korrelationskoeffizienten auf dem Niveau 0,05 und 0,01 sind bei verschiedener Anzahl von Freiheitsgraden folgende Werte von *r* in Promille erforderlich:

Anzahl Freiheitsgrade	10	15	20	30	40	50	70	100	200	400	1000
Niveau 0,05	576	482	423	349	304	273	232	195	138	098	062
Niveau 0,01	708	606	537	449	393	354	302	254	181	128	081

Die Anzahl der Freiheitsgrade beträgt $n-2$, wenn n die Anzahl der *gepaarten Werte*, d. h. die Anzahl der hinsichtlich zweier Charaktere gemessenen Individuen angibt.

Man bemerke, daß die eigentliche Beziehung zweier Eigenschaften, d. h. der Teil der Variation, der durch *gemeinsame Ursachen* bedingt ist, durch das *Quadrat* des Korrelationskoeffizienten ausgedrückt wird. Wenn z. B. Ertrag und Kolbenlänge innerhalb einer Maispopulation eine Korrelation von $r=0{,}50$ zeigen, so wäre $0{,}50^2 = 0{,}25$, also ein Viertel, der Varianz des Ertrages und der Kolbenlänge durch denselben Komplex von Ursachen bedingt. Hieraus folgt wiederum, daß mit Zunahme von *r* der kausale Zusammenhang zweier Eigenschaften unverhältnismäßig stark ansteigt, oder daß niedrige Korrelationskoeffizienten geringe Bedeutung haben.

II. Beispiele für Assoziation von Charakteren

1. Pleiotropie

In Kapitel 4, S. 62, haben wir die Gene E, A und H bei der Gerste erwähnt, von denen das erste die Ähre verlängert, das zweite die Grannen und das dritte sowohl Ähren als auch Grannen. In allen Kreuzungen, in denen H spaltet, wird man daher eine ausgeprägte Korrelation zwischen Länge der Ähren und Grannen finden. In Kreuzungen vom Typus ee aa × EE AA wäre dagegen keine Assoziation von Ähren- und Grannenlänge zu erwarten, wenn nicht zufällig e und a Koppelung zeigten. Wegen eines Austauschprozentes von 25 ist indessen die durch diese Koppelung bedingte Assoziation sehr lose, während die durch Pleiotropie verursachte absolut fest ist.

Ein großer Teil der qualitativen Gene, die die charakteristischen Unterschiede der Sorten von Kulturpflanzen bedingen, verursachen gleichzeitig quantitative Unterschiede in Entwicklungsdauer, Höhe, Samen- und Fruchtgröße, Ertrag usw. Pleiotrope Gene bieten in der Züchtung oft große Probleme, da einige ihrer Effekte vorteilhaft sind, andere nachteilig. Nun werden oft die verschiedenen Einzeleffekte eines größeren pleiotropen Gens durch verschiedene Gruppen von modifizierenden Genen beeinflußt.

Solche Modifizierer sind am leichtesten in Kreuzungen mit stärker verschiedenen Rassen zu finden. Auf diesem Wege ist es im Prinzip oft möglich, die nachteiligen Effekte eines pleiotropen Gens abzumildern oder zu beseitigen, so daß nur die vorteilhaften Eigenschaften zurückbleiben. Eine solche Methode wäre indessen nur zu empfehlen, wenn es sich um ein sehr wichtiges Gen handelt. Denn der Satz von Modifizierern, den das pleiotrope Gen erfordert, mag die Lösung anderer züchterischer Aufgaben bei demselben Objekt erschweren. — Einen einfachen Fall von Unterdrückung einer Teileigenschaft eines pleiotropen Gens durch ein zweites Gen analysierte BALASUBRAHMANYAN (1950) bei *Cicer arietinum.* Das Gen B bedingt einerseits Blüten- und Testafärbung, andererseits eine bedeutende Reduktion der Samengröße. Ein zweites Gen P hebt indessen den Effekt von B auf die Samengröße auf, so daß die Kombination BP normale Samengröße zeigt ebenso wie bp und bP. Gewöhnlicher ist indessen, daß die Modifizierung eines Teileffektes eines pleiotropen Gens mehrere Faktoren erfordert.

2. Koppelung

a) Allgemeines

Koppelungen zwischen quantitativen und qualitativen Charakteren können unsere Kenntnisse über quantitative Vererbung wesentlich erweitern, wie wir an folgenden Modellen zeigen werden. Wir nehmen an, daß wir eine rotfrüchtige Tomatensorte mit einem mittleren Fruchtgewicht von 120 g mit einer gelbfrüchtigen mit 100 g schweren Früchten kreuzen. Der Unterschied rote-gelbe Fruchtfarbe sei durch ein Genpaar A – a, der Unterschied im Fruchtgewicht durch ein halbdominantes Genpaar B – b bedingt. Die F_1-Pflanzen mit einem Fruchtgewicht von 110 g werden mit dem gelbfrüchtigen Elterntypus rückgekreuzt, indem wir bei (I) freie Spaltung der Gene, bei (II) Koppelung mit 10% crossing-over annehmen:

P	rot, 120 g AA BB	×	gelb, 100 g aa bb			
F_1		rot, 110 g Aa Bb	×	gelb, 100 g aa bb		
BC	rote		gelbe		Mittel	
	AB 110 g	Ab 100 g	aB 110 g	ab 100 g	rote	gelbe
(I)	25%	25%	25%	25%	105 g	105 g
(II)	45%	5%	5%	45%	109 g	101 g

Bei unabhängiger Spaltung haben sowohl unter den roten als den gelben Nachkommen je 50% der Individuen Fruchtgewichte von 110 und 100. Da indessen das Fruchtgewicht gewöhnlich so stark vom Milieu beeinflußt wird, daß wir die Spaltung in B-b nicht einwandfrei auszählen können, finden wir nur, daß rote und gelbe Nachkommen im Mittel dasselbe Fruchtgewicht haben, nämlich 105 g. Bei Koppelung mit 10% crossing-over zwischen A und B würde zwischen den Fruchtgewichten der roten und gelben Pflanzen ein durchschnittlicher Unterschied von 8 g bestehen. Ein solcher Unterschied kann mit großer Genauigkeit festgestellt werden, wenn man das Fruchtgewicht einer genügenden Anzahl Pflanzen untersucht, z. B. je 200 rote und gelbe.

Nehmen wir nun an, daß wir eine rote Rasse mit 300 g schweren Früchten mit einer gelben mit 100 g Früchten kreuzen, und daß dieser Unterschied durch 10 gleichsinnige, halbdominante Gene B-K bedingt sei. Der Einfachheit halber nehmen wir arithmetisch kumulative Geneffekte von gleicher Größe an. Dann hätte F_1 ein Fruchtgewicht von 200 und in der Rückkreuzung $F_1 \times$gelb – 100 g würden die 10 Größengene spalten, jedes mit einem Effekt von 10 g. Falls das Farbgen A-a unabhängig von allen Genen für Fruchtgewicht spaltet, so sollten wir in dieser Rückkreuzung bei roten und gelben Nachkommen genau die gleiche Spaltung in Fruchtgröße vorfinden, mit einem Variationsbereich von 100—200 g und einem Mittel von 150 g. Nehmen wir dagegen an, daß A mit einem der Gene für Fruchtgröße mit 10% crossing-over gekoppelt wäre, z. B. mit C, so wären 90% der roten Nachkommen C, dagegen nur 10% der gelben Nachkommen. Dies würde nun wiederum zur Folge haben, daß die rotfrüchtigen Individuen im Durchschnitt 8 g schwerere Früchte hätten als die gelbfrüchtigen, nämlich 154 g statt 146 g. Bei der großen Variationsbreite der Rückkreuzungen wäre es zwar schwerer, aber durchaus nicht unmöglich, einen solchen Unterschied exakt zu erfassen. — Ein charakteristisches Beispiel für Koppelung eines Genes für Fruchtgewicht mit einem qualitativen Gen (Wuchstypus) bei Tomate ist schon in Kapitel 3, S. 52, diskutiert.

Durch Koppelung mit geeigneten qualitativen Genen kann man also die Effekte der einzelnen Größengene getrennt erfassen, obgleich eine Anzahl ähnlicher Gene gleichzeitig spaltet. Kennt man viele qualitative Gene, die sich etwa gleichmäßig auf die verschiedenen Teile aller Chromosomen verteilen, so kann man eine ziemlich vollständige Analyse quantitativer Unterschiede vornehmen.

Diese Methode hat zwei Begrenzungen. Erstens erlaubt sie es nur, die Einzeleffekte der Gene zu studieren, dagegen nicht ohne weiteres ihre Interaktionen. Komplementäre Gene für Größenunterschiede wären oft schwer auf diese Weise zu identifizieren. Zweitens bedingen die qualitativen Gene, mit denen wir die Chromosomen markieren, oft Störungen, indem sie selbst die Größenunterschiede modifizieren. Es ist z. B. anzunehmen, daß ein großer Teil der Gene für Blüten- und Fruchtfarbe direkten Einfluß auf die Fruchtgröße hat. Um Störungen dieser Art zu vermeiden, müßte man sorgfältig nach Genen suchen, die keine Effekte auf den zu studierenden Größenunterschied haben.

Dieses Problem ist nicht einfach. Denn qualitative Gene, die für gewöhnlich keinen Einfluß auf Ertrag und andere komplexe quantitative Charaktere haben, können besonders bei ungünstigem Milieu unerwartete Interaktionen zeigen. Es bleiben ziemlich wenig Typen von Genen übrig, die in einem großen Bereich von Milieuverhältnissen zuverlässig neutral in bezug auf quantitative Charaktere sind. Vermutlich könnte man pollenletale Gene, die in Heterozygoten 50% der Pollenkörner abtöten, mit großem Vorteil verwenden. Rezessive Gene für Pollensterilität sind wahrscheinlich auch wertvoll, falls sie nicht kompensatorische Erhöhungen des Ertrages auslösen. Translokationen und Inversionen haben zweifellos hohes Interesse für die Lokalisation von quantitativen Genen, bedingen aber nicht nur eine partielle Pollensterilität, sondern auch eine Samensterilität und modifizieren daher den Ertrag schon in etwas stärkerem Grade. Trotz vieler Schwierigkeiten besteht kein Zweifel daran, daß man durch systematische Ausnützung von Koppelungen und Chromosomenaberrationen wesentlich tiefer in die Geheimnisse der quantitativen Vererbung eindringen könnte als mit rein statistischen Methoden. Systematische Anstrengungen auf diesem Gebiet liegen indessen noch nicht vor.

b) Ein Beispiel bei Gerste

Ein charakteristisches Beispiel für Koppelung eines quantitativen mit einem qualitativen Gen wurden von SUNESON et al. (1952) und EVERSON und SCHALLER (1955) bei Gerste analysiert. Es wurde versucht, das Gen S für lange Rachilla-Haare aus der Varietät Lion in Atlas einzulagern, indem der Hybrid (Lion×Atlas) 10 Generationen hindurch zu Atlas rückgekreuzt wurde, was durch die Formel (Lion× Atlas^{10})×Atlas wiedergegeben werden kann. Die Rückkreuzungen wurden in einer Anzahl getrennter Linien vorgenommen, indem jedesmal Ss-Pflanzen für die Kreuzung ausgelesen wurden. Als nach Abschluß der Rückkreuzungen zwei Selbstungen erfolgten, wurde gefunden, daß ein Teil der Linien das mit S gekoppelte rezessive Gen r für glatte (statt rauhe) Grannen abpaltete. Die Rückkreuzungen entsprachen offenbar dem Schema $\frac{r\,S}{R\,s} \times RR\,ss$ (Atlas). Obgleich diese Koppelung ziemlich lose ist (30% crossing-over), war noch in der letzten Rückkreuzung ein Teil der Elternpflanzen von der Konstitution rS/Rs. Durch die darauf folgenden Selbstungen wurden homozygote Linien von allen vier Kombinationen der Gene R und S hergestellt. Als die vier Typen von Linien auf ihren Ertrag geprüft wurden, wurde folgendes Ergebnis erhalten:

Genotyp	RR SS	RR ss	rr SS	rr ss	Mittel RR	Mittel rr
Ertrag	71,4	71,6	87,4	90,2	71,5	88,8

Während das Gen S keinen signifikanten Einfluß auf den Ertrag hat, haben die rr-Linien im Mittel einen 24% höheren Ertrag als die RR-Linien.

Zur näheren Analyse dieses Falles wurden rr SS-Linien aus den obigen Rückkreuzungen von neuem mit Atlas (RR ss) gekreuzt. In solchen Kreuzungen entstehen unter anderem eine Anzahl F_2-Pflanzen vom Typus $\frac{R\,S}{r\,s}$, die aus zwei crossover-Gameten hervorgehen, siehe umstehendes Schema. Wenn aus verschiedenen F_2-Pflanzen von dieser Konstitution F_3-Pflanzen vom Typus RS/RS oder rs/rs ausgesucht werden,

F_1 $\frac{R\,s}{r\,S}$

F_2 Ausgelesene crossovers $\frac{R\,S}{r\,s}$ $\frac{R\,S}{r\,s}$

F_3 $\frac{R\,S}{R\,S}$ $\frac{r\,s}{r\,s}$ $\frac{R\,S}{R\,S}$ $\frac{r\,s}{r\,s}$

so sollte eine jede Pflanze aus zwei Gameten mit dem gleichen crossover-Punkt entstehen, aber für Pflanzen von verschiedener Herkunft sollte dieser crossover-Punkt variieren, da er auf verschiedenen Fällen von crossing-over beruht. Bei der Analyse einer Anzahl Linien von beiden Typen wurde gefunden:

Linien vom Typus	Anzahl Linien mit Ertrag	
	höher als Atlas	gleich Atlas
rr ss	20	5
RR SS	2	17

Diese Ergebnisse zeigen, daß ein hier mit X bezeichneter Faktor für höheren Ertrag relativ stark mit r gekoppelt ist. Die Lage von X ergibt sich aus Diskussion der folgenden Schemata:

$\frac{x \mid R \quad s}{X \mid r \quad S}$ (a) $\frac{R \quad x \mid s}{r \quad X \mid S}$ (b) $\frac{R \mid x \quad s}{r \mid X \quad S}$ (c)

Der Umstand, daß alle Linien, die das intakte r-S Segment aus dem *Donor*-Elter Lion bewahrt haben, höheren Ertrag geben, deutet darauf, daß X auf der Strecke r-S liegt. Sollte nämlich der Faktor X außerhalb dieser Strecke liegen wie im Schema (a), so könnte er durch crossing-over von einem *intakten* Segment r-S abgetrennt werden, was nicht beobachtet wurde. Wenn X auf der Strecke r-S relativ nahe bei r liegt wie im Schema (b), so sollten, da die meisten Austauschpunkte zwischen X und S liegen würden, die Mehrzahl der Rekombinationen RS normalen Ertrag haben, die Mehrzahl der rs erhöhten, wie es faktisch gefunden wurde. Bei Schema (c) sollte sich die Mehrzahl der Rekombinationen umgekehrt verhalten. — Ob X einen einzigen Lokus darstellt oder mehrere benachbarte, läßt sich indessen nicht aus diesen Befunden ermitteln.

Weitere Befunde zeigen, daß X starke Milieu-Interaktionen verursacht (Tab. 68). Während in einigen Versuchen die beiden Typen von Linien etwa gleiche Erträge geben, zeigen die XX-Linien in anderen Versuchen eine bedeutende Überlegenheit.

Tabelle 68.
Vergleich der Erträge in bu/acre von XX- und xx-Linien in verschiedenen Jahren.
Nach SUNESON et al., 1952

Jahr	No. p. p.*)	rr ss (XX)	RR ss (xx) Atlas	Differenz	Differenz in % von Atlas
1948	9	45,2	44,6	0,6	1,3
1949	5	106,3	73,8	32,5**	44,0
1950	5	57,9	44,6	13,3*	29,8
Mittel		69,8	54,3	15,5**	28,5

* No. p. p. = Anzahl gepaarter Parzellen.

Es scheint, daß diese Überlegenheit besonders bei früher Aussaat (Dezember statt Februar) zum Ausdruck kommt. Es ist möglich, daß X eine erhöhte Widerstandskraft gegen niedrige Temperatur gewährt, oder daß dieser Faktor eine genügend lange Wuchsperiode benötigt, um seine günstigen Effekte zu manifestieren.

In diesem Beispiel handelt es sich um einen Faktor von ungewöhnlich starken positiven Wirkungen auf den Ertrag. Im einzelnen zeigen die untersuchten Linien der Genotypen XX und xx trotz zahlreicher Replikationen eine auffällige Varationsbreite. Wir sehen deutlich, wie schwierig es ist, ein größeres Ertragsgen einwandfrei nachzuweisen und seine Effekte aufzuklären, obgleich die vorliegende Analyse in hohem Maße durch die relativ enge Koppelung von X mit einem qualitativen Gen (r) erleichtert wurde. In der quantitativen Genetik besteht ein Mangel an gründlicher analysierten Beispielen von diesem Typus.

3. Assoziationen unbekannter Natur

Phaseolus vulgaris. SAX (1923) fand, daß in Kreuzungen zwischen Bohnentypen mit gefärbten und mit weißen Samen, von denen erstere mindestens doppelt so große Samen hatten wie letztere, die weißsamigen Segregate in F_2 ein geringeres Samengewicht zeigten. Weiße Samenfarbe beruht auf einem einfachen rezessiven Gen (w). In einer der Kreuzungen wurden in F_2 die drei Genotypen in bezug auf dieses Genpaar durch Nachkommenschaftsprüfung identifiziert. Es wurde gefunden:

	Eltern		F_2		
Genotypen	WW	ww	WW	Ww	ww
Samengewicht	48	21	30,7	28,3	26,4
Differenz	27 cg			1,9 cg (Ww–ww)	
			4,3 cg (WW–ww)		

Das durchschnittliche Samengewicht der F_2 lag deutlich unter dem Elternmittel 34,5 cg. Dies mag auf Dominanz der Gene für geringes Samengewicht beruhen. Andererseits ist es auch möglich, wie SAX mit Recht erwähnt, daß die Heterosis die Samenzahl der Pflanzen auf Kosten des Samengewichtes erhöht hat. Verglichen mit ww ist mit WW eine Differenz von 4,3 cg assoziiert, mit Ww knapp die Hälfte hiervon (1,9 cg). Von der elterlichen Differenz von 27 cg ist nur 4,3/27 = 16% mit diesem Genpaar verknüpft. Offenbar spaltet noch eine Anzahl anderer Gene mit zusammen wesentlich größeren Effekten. Ob im vorliegenden Beispiel die Differenz im Gewicht der WW- und ww-Pflanzen auf dem Gen W selbst oder auf gekoppelten Genen beruht, ist unbekannt.

Triticum. Der Unterschied Anwesenheit – Abwesenheit von Grannen wird in der Kreuzung der Weizenvarietäten Kanred×Clarkan durch ein einziges Genpaar bedingt (ATKINS und NORRIS, 1955). Heterozygoten lassen sich leicht durch Kürze der Grannen identifizieren. Um trotz der Spaltung von zahlreichen anderen Genen zu untersuchen, ob mit den Grannen eine Erhöhung des Ertrages assoziiert ist, wurde folgende Methode angewandt. 10 Generationen hindurch, also von $F_1 - F_{11}$, wurde das Gen durch Auslese einer größeren Anzahl von Heterozygoten in jeder Generation dauernd heterozygot gehalten. Danach wurden 10 heterozygote Individuen ausgewählt und von jedem derselben durch Selbstung ein Paar von Linien errichtet, von denen die eine Grannen hatte, die andere nicht. Die Linien desselben Paares werden als isogenisch bezeichnet, da die F_{11}-Pflanzen, von denen sie sich ableiten, theoretisch nur noch $^1/_{2^{10}} = {}^1/_{1024}$ von der ursprünglichen Heterozygotie bewahrt haben, und daher, abgesehen von dem künstlich heterozygot gehaltenen Lokus kaum noch Spaltung zeigen sollten. Die 10 isogenen Paare von Linien wurden dann in vierjährigen Versuchen mit zahlreichen Replikationen auf Ertrag geprüft, wobei jedesmal die begrannte und grannenlose Linie desselben Paares in gepaarten Parzellen verglichen wurden. Tabelle 69 gibt eine Übersicht über die durchschnittlichen Differenzen der

Tabelle 69.

Einfluß der Grannen auf Ertrag und Tausendkorngewicht des Weizens. Nach ATKINS und NORRIS, 1955

Gr = Durchschnitt der 10 begrannten Linien; D = Differenz der Mittel für begrannte und unbegrannte Linien; L. S. D. 0,05, geringste signifikante Differenz auf Niveau 0,05

	1947		1948		1950		1952		Mittel	
	Gr	D	Gr	D	Gr	D	Gr	D	Gr	D
Ertrag	27,0	+2,2	32,8	+1,0	17,7	+2,1	26,9	—0,5	26,0	+1,1
L. S. D. 0,05		0,62		1,14		0,66		0,78		0,41
0,01		0,82		1,52		0,87		1,03		0,54
Tausendkorngewicht	29,6	+1,6	33,7	+2,6	30,0	+3,1	29,9	+1,2	30,8	+2,1
L. S. D. 0,01		0,7		0,35		0,37		0,37		0,05

beiden Typen von Linien. In zwei Jahren, 1947 und 1950, zeigten die begrannten Linien in jedem der 10 untersuchten Paare einen deutlich höheren Ertrag als ihre unbegrannten Schwesterlinien. Dagegen waren die Differenzen in 1948 und 1952 (letztere zugunsten der grannenlosen) nicht signifikant. Im Tausendkorngewicht waren dagegen die begrannten Linien ihren Schwesterlinien in allen vier Jahren deutlich überlegen. — Die Vorteile der begrannten Linien kommen in trockenen Jahren, wenn die Kultur unter „stress" steht, stärker zum Ausdruck. Signifikante Interaktionen des Ertrages mit dem Jahr wurden sowohl zwischen den Linienpaaren als zwischen begrannten und unbegrannten Linien gefunden.

Die 10 Linienpaare dieses Experimentes waren vermutlich relativ wenig verwandt, da sie sich deutlich in Höhe, Blattbreite, Laubfarbe, Korngröße und -Form unterschieden. Die beiden zum selben Paar gehörigen Linien waren indessen abgesehen vom Unterschied in Grannen phänotypisch identisch. Auf diese Weise wurde dieser Unterschied in ganz verschiedenen genetischen Hintergründen verglichen. — Ob die zwischen begrannten und unbegrannten Linien gefundenen Unterschiede auf Pleiotropie des Gens für Grannen oder auf anderen nahe gekoppelten Genen beruhen, läßt sich aus solchen Versuchen nicht einwandfrei erkennen. Denn nach 10 Selbstungen sollte im Durchschnitt die Länge des künstlich heterozygot gehaltenen Segmentes 10 crossover-Einheiten betragen (S. 214) und auf einem solchen Segment können sich natürlich noch andere Gene befinden, die Ertrag und Körnergewicht beeinflussen.

Während im obigen Beispiel die isogenen Linien durch einfache Kreuzung erhalten wurden, werden sie gewöhnlich durch Rückkreuzungen hergestellt. ATKINS und FINNEY (1957) stellten z. B. ein Paar von isogenen Weizenlinien her, indem sie die Heterozygoten aus der Kreuzung begrannt×grannenlos 9 Generationen hindurch mit dem grannenlosen Elter rückkreuzten. Aus den Heterozygoten der letzten Rückkreuzung wurde durch Selbstung eine begrannte und grannenlose Linie hergestellt. Auf analoge Weise wurde ein isogenes Linienpaar mit roter und weißer Körnerfarbe erhalten. Diese beiden isogenen Linienpaare wurden in dreijährigen Prüfungen an mehreren Lokalitäten auf chemische Zusammensetzung sowie andere für Mahlen und Backen maßgebliche Eigenschaften des Mehls geprüft. In allen Prüfungen erwiesen sich die beiden Glieder eines Paares als ununterscheidbar mit den heute verfügbaren Meßmethoden mit zwei Ausnahmen. Das Körnergewicht der begrannten Linie war etwas höher (58,9 vs. 58,3) und das Brotvolumen gewöhnlich etwas kleiner. Nach 9 Rückkreuzungen sollte theoretisch mit dem ausgelesenen Gen noch eine intakte Chromosomenstrecke von 2/9 = 22 crossover-Einheiten aus dem Donor assoziiert sein, vgl. S. 214. Die Rückkreuzungsmethode der Herstellung von isogenen Linien unterscheidet sich in zweierlei Hinsicht von der Selbstungsmethode. Bei Rückkreuzungen wird das ausgelesene Gen in ein und denselben genetischen Hintergrund eingelagert, während man es bei Selbstung von Kreuzungen in beliebigen Genkombinationen erhalten kann, die bei der betreffenden Kreuzung herausspalten. Zweitens wird bei Selbstungen das mit dem ausgelesenen Gen assoziierte heterozygote Chromosomensegment doppelt so rasch reduziert, da eine Reduktion in beiden Geschlechtern erfolgt.

Lycopersicon. CURRENCE (1938) kreuzte zwei Tomatensorten, von der Konstitution DD PP OO SS und dd pp oo ss. Die vier rezessiven Gene bedingen bzw. niedrigen Wuchs (dwarf), erhöhte Behaarung der Frucht (peach), eiförmige Frucht (ovate) und stark verzweigte Infloreszenz. Die vierfach dominante Form blüht etwa 19 Tage früher als der rezessive Elter. Die vier Gene gehören zur Koppelungsgruppe I und zeigen etwa die folgenden Abstände in crossover-Einheiten:

d	p	o	s
3,8	9,3	20	

Bei einer Analyse der Rückkreuzung $\frac{D\,P\,O\,S}{d\,p\,o\,s} \times$ dd pp oo ss wurde gefunden, daß mit den Genen D, P und S eine frühere Blütezeit assoziiert war, und zwar bzw. 8, 5 und 6 Tage, während das Gen O keinen Einfluß auf die Blütezeit hatte. Die Effekte der Gene D, P und S auf Beschleunigung der Blüte waren im allgemeinen additiv. Es entstand nun die Frage, ob diese Effekte auf Pleiotropie der genannten Gene oder auf gekoppelten Genen beruhen. Da in der genannten Rückkreuzung auch einige früher blühende Individuen vom Typus d p o s gefunden wurden, hält CURRENCE die Anwesenheit von selbständigen Genen für frühe Blüte, die von den Markierergenen durch crossing-over abgetrennt werden können, für wahrscheinlich. Ein solcher Schluß ist indessen nicht zwingend, da auch auf anderen Chromosomen Gene vorkommen sollten, die die Blütezeit beeinflussen. Bei einer Analyse der Literatur über Assoziation früher Blüte mit anderen Charakteren bei der Tomate kommt WILLIAMS (1960) zum Schluß, daß solche Assoziationen meist auf Pleiotropie beruhen.

Zea und Nicotiana. LINDSTROM (1931) untersuchte in einer größeren Anzahl Maiskreuzungen die Beziehungen zwischen der Reihenzahl des Kolbens und vier qualitativen Genen, nämlich P (Perikarpfarbe), R (Aleuronfarbe), su (zuckriges Endosperm) und Y (gelbes Endosperm). Eine Anzahl nicht völlig eindeutiger Assoziationen wurden gefunden, die der Autor auf Koppelung zurückführt. EMERSON und SMITH (1950) erklären dagegen ähnliche Befunde mit pleiotropen Effekten der analysierten Gene auf die Reihenzahl. — Wenn man bedenkt, wie wenig Positives über die genetische Grundlage der Reihenzahl des Maiskolbens bekannt ist, kann man leichte Zweifel an einer Mendelistischen Grundlage dieses Merkmals bekommen.

In der Kreuzung der kleinblütigen *Nicotiana langsdorffi* mit der großblütigen *N. alata* spalten eine Anzahl Gene für Blütenfarbe. SMITH (1937) zeigte, daß die Allele der großblütigen Art in F_2 stets mit größeren Blüten assoziiert waren als die der kleinblütigen Art. Da die einzelnen Genpaare nur mit einer relativ geringen Differenz an Blütengröße assoziiert waren, ist anzunehmen, daß eine relativ große Anzahl von Genen für dieses Merkmal spaltet. Wenn mehrere Farbgene der größerblütigen Art vorhanden waren, so waren ihre Effekte im allgemeinen geometrisch additiv. Die Ergebnisse sprechen dafür, daß die großblütige Art nur Gene für große Blüten hat, die kleinblütige nur solche für kleine Blüten.

III. Chromosomale Methoden

Bei den besseren Versuchsobjekten wie Mais und Gerste werden in immer steigendem Maße Chromosomenaberrationen für die Lokalisierung der Gene benutzt. DOBZHANSKY und RHOADES (1938) schlugen vor, zu diesem Zwecke Inversionen zu benutzen und SPRAGUE (1941) gelang es mit Hilfe einer Inversion ein günstiges Gen nachzuweisen. Das Prinzip dieser Methode wird durch Fig. 24 illustriert. Wir

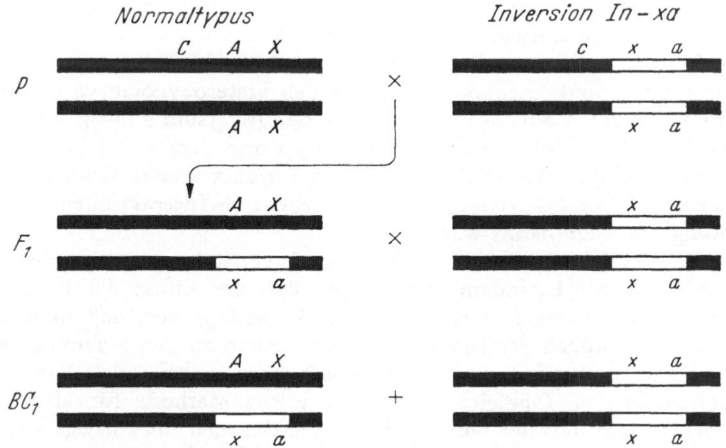

Fig. 24. Lokalisation eines Ertragsgens X mit Hilfe einer Inversion. Invertiertes Segment weiß gezeichnet

nehmen an, daß eine in der Figur weiß gezeichnete Inversion ein rezessives Markierergen a und ein Gen x enthält, das den Ertrag erniedrigt. Wenn die Inversion mit In-xa bezeichnet wird, so entspricht eine Kreuzung der Inversion mit dem Normaltypus und eine Rückkreuzung der F_1 zur Inversion den Formeln

$$\text{Kreuzung} \qquad \frac{\text{A X}}{\text{A X}} \times \frac{\text{In-x a}}{\text{In-x a}} = \frac{\text{A X}}{\text{In-x a}}$$

$$\text{Rückkreuzung} \qquad \frac{\text{A X}}{\text{In-x a}} \times \frac{\text{In-x a}}{\text{In-x a}} = \frac{\text{A X}}{\text{In-x a}} + \frac{\text{In-x a}}{\text{In-x a}}$$

In der Rückkreuzung werden nur zwei Typen von Nachkommen erhalten, indem crossing-over zwischen dem normalen und invertierten Chromosomensegment erschwert ist und zu sterilen Gameten führt. Wenn nun in BC_1 die beiden Typen von Nachkommen, die durch das Markierergen A — a identifiziert werden, genau verglichen werden, so werden die gefundenen Unterschiede durch Anwesenheit des normalen oder invertierten Segmentes bedingt. Wenn z. B. in einer Kreuzung, wie sie durch

Fig. 24 wiedergegeben ist, die A-Pflanzen einen höheren Ertrag geben als die a-Pflanzen, so zeigt dies, daß der Normaltypus auf dem der Inversion entsprechenden Segment oder in seiner Nachbarschaft einen oder mehrere Faktoren enthält (im Schema durch X bzw. C angedeutet), die den Ertrag erhöhen.

Zu einem Versuch dieser Art benutzte CHAO (1959) bei Mais die Inversion In-3a, bei der etwa die Hälfte des langen Armes von Chromosom 3, d. h. eine Strecke von etwa 50 crossover-Einheiten, invertiert war. Diese Inversion ist durch a_1 = farbloses Aleuron markiert. In Heterozygoten bedingt sie eine Sterilität der Samenanlagen von 15% statt 3% beim Normaltypus. Diese partielle Sterilität beeinflußt indessen den Ertrag relativ wenig, da sie im wesentlichen durch ein höheres Korngewicht ausgeglichen wird (solche Kompensationen sind indessen in einigen anderen Beispielen launenhaft!). Die Inversion wurde mit 15 verschiedenen Inzuchtlinien vom Typus AA gekreuzt und die Hybride mit der homozygoten Inversion rückgekreuzt, genau so wie in Fig. 24.

In allen Rückkreuzungen von diesem Typus hatten die Aa höher gelegene Kolben als die aa, was anzeigt, daß die Inversion Faktoren enthält, die die Höhe der Kolben verglichen mit den benutzten Inzuchten erniedrigen. Weiter wurde gefunden, daß die Inversion Faktoren für eine hohe Anzahl Kornreihen besitzt, während ein großer Teil der benutzten Inzuchten im langen Arm von Chromosom 3 Gene für eine hohe Anzahl Kolben je Pflanze haben. Zwischen Kolbenzahl und Ertrag bestand eine ausgeprägte Korrelation. Im Verhalten einzelner Inzuchten wurde eine Reihe von Besonderheiten gefunden. Die Inzucht Wf 9 hatte z. B. im langen Arm von Chromosom 3 Faktoren, die die Entwicklung beschleunigen.

Die F_1-Hybride wurden auch geselbstet, so daß die Homozygoten der normalen und invertierten Chromosomenanordnung mit den Heterozygoten verglichen werden konnten. Im allgemeinen wirkte Heterozygotie der Inversion günstig für den Ertrag. Interaktionen der Inversion mit dem Restgenotyp und dem Jahre hatte indessen so kräftige Effekte auf das Muster der Erträge, daß wenig andere konkrete Ergebnisse erhalten wurden als die Feststellung dieser launenhaften Interaktionen, die statistisch zum Teil hochgradig signifikant waren.

SINGLETON (1941) bezweifelte den Wert der Inversionsmethode in der Form, wie sie hier angewandt wurde, indem er annimmt, daß der Effekt der Inversion durch die Spaltung im Restgenotyp verdeckt würde. Er schlägt vor, daß man durch eine Serie von Rückkreuzungen der Inversionsheterozygoten zu den homozygoten Elterntypen isogene Linien erzeugt, die sich nur durch Anwesenheit oder Abwesenheit der Inversion unterscheiden. Obgleich CHAO eine solche Methode für überflüssig hält, scheint sie bei Betrachtung der launenhaften Interaktionen im vorliegenden Material als zweckmäßig. Im übrigen ist wenig zu bezweifeln, daß die Inversionsmethode große Vorteile für die Analyse quantitativer Charaktere besitzt; diese Vorteile werden sich indessen erst mit steigender Erfahrung besser ausnützen lassen. — Wegen der Anwendung von Translokationen für Entdeckung und Lokalisation agronomisch wichtiger Gene sei auf ANDERSON (1956) und RHOADES (1955) verwiesen.

IV. Theorie der Segmentgröße

1. Allgemeines

Um die Bedeutung der Probleme der Rekombination für Populationsgenetik und Züchtung zu verstehen, mag es zweckmäßig sein, das folgende Modell zu betrachten. Wir nehmen an, daß wir zwei etwa gleichwertige homozygote Maislinien kreuzen, die verschiedene Ertragsgene enthalten. Längs der einzelnen Chromosomen folgen normalerweise günstige und ungünstige Gene in zufälliger Anordnung. Im Schema wollen wir indessen annehmen, daß günstige und ungünstige Gene in einem Abstande von 10 cM (Centi-Morgan = crossover-Einheiten) alternieren. Ein Chromosomenpaar eines F_1-Hybrides hätte demnach folgende Konstitution:

$$\frac{+ \quad b \quad + \quad d \quad + \quad f \quad + \quad h \quad + \quad k}{a \quad + \quad c \quad + \quad e \quad + \quad g \quad + \quad i \quad +}$$

Wenn wir nun fragen, mit welcher Häufigkeit unter den Gameten der F_1-Individuen ein Chromosom vorkommt, das alle Plusgene für den Ertrag kombiniert, so ist die Antwort, daß solche Chromosomen überhaupt nicht vorkommen, da hierzu nicht genügend Austauschpunkte zwischen den Gliedern des Chromosomenpaares gebildet werden und da der Abstand zwischen sukzessiven Austauschpunkten gewöhnlich über 20 cM beträgt. Die besseren Kombinationen hätten vermutlich 7 statt 5 Plusgene. Eine Möglichkeit, diese besseren Chromosomen zu identifizieren, besteht nur selten. Wenn wir von 1000 F_2-Pflanzen durch konsequente Selbstung 1000 verschiedene homozygote Inzuchtlinien herstellen, so hätten diese Linien fast alle eine sehr ähnliche Anzahl positiver und negativer Gene. Es ist fraglich, ob man in F_{ho}, d. h. in einer Generation wie $F_{10} - F_{12}$, in der man absolute Homozygotie anzunehmen pflegt, Linien mit einer besonders hohen Anzahl Plusgene identifizieren könnte.

Würde man dagegen die Kreuzung ohne Selektion 20—30 Generationen in einer panmiktischen Population aufziehen, bevor man mit der Periode der systematischen Selbstung anfängt, so wäre die Sachlage verändert. Wenn wir dann viele Exemplare des Chromosoms vom obigen Modell betrachten, so würden alle möglichen Kombinationen von Plus und Minusgenen vorkommen, und zwar in Häufigkeiten die gegen die Binomialverteilung $(0{,}5 + 0{,}5)^{10}$ konvergieren. Im Grenzfall, d. h. bei einer genügend hohen Anzahl Generationen von panmiktischer Vermehrung, würden wir folgende Verteilung erwarten:

Anzahl Plusgene	0—5	6	7	8	9	10
Häufigkeit in Promille	623	205	117	44	9,8	1,0

Praktisch hätten die späteren panmiktischen Generationen eine ähnliche Zusammensetzung wie eine F_2-Generation, in der alle Gene auf allen Chromosomen *unabhängig* voneinander spalten würden. Zweifellos würde auf diesem Wege bei Kreuzung von gleichwertigen Elterntypen die Häufigkeit der F_{ho}-Linien mit besonders vielen Plusgenen beträchtlich erhöht. Bei einer so großen Anzahl von spaltenden Genen, wie sie im obigen Modell angenommen wird, wäre es freilich theoretisch dennoch ziemlich schwer, bei einem Objekt mit 10 Chromosomenpaaren in F_{ho} eine Linie mit wesentlich verbesserter Konstitution herauszugreifen. In Praxis liegen indessen einige Möglichkeiten vor. Denn die Plus- und Minusgene sind nicht gleich stark, sondern haben sehr verschiedene Stärke. Einige Segmente bekommen durch besonders starke Plus- oder Minusgene einen relativ hohen Einfluß auf den Ertrag. Wenn wir ein solches Segment mit dem Modell $\frac{+ \; d \; + \; f \; +}{c \; + \; e \; + \; g}$ wiedergeben, so mag unter den F_1-Gameten die gewünschte Kombination $+ + + + +$ eine Häufigkeit von Null haben, in F_{30} von panmiktisch aufgezogenen Kreuzungen dagegen eine Häufigkeit von fast 1 : 32.

Wenn in einer Kreuzung eine größere Anzahl von Genen für den Ertrag spalten, ist es meist mit großen Schwierigkeiten verbunden, verbesserte Kombinationen zu identifizieren. Auf jeden Fall erhöht indessen eine passende Anzahl von Interkreuzungen vor Beginn der Selbstungen die Aussicht für Durchbrechung unbequemer Koppelungen zwischen Plus- und Minusgenen und damit für einen Erfolg der Selektion. Je mehr Interkreuzungen wir vornehmen, desto stärkere Koppelungen können wir brechen. Es liegt nahe anzunehmen, daß diese Verhältnisse im Prinzip eine hohe Bedeutung für die Züchtung haben. Eine experimentelle Erforschung der Möglichkeiten liegt indessen noch nicht vor, da man erst in den letzten Jahren ein gewisses Verständnis für die Reichweite dieser Probleme gewonnen hat. In diesem Zusammenhang haben auch verschiedene Erfahrungen an synthetischen Varietäten (S. 217) Interesse.

2. Abnahme der Heterozygotie bei Selbstung (HALDANE 1936)

Wenn wir ein einzelnes heterozygotes Genpaar betrachten, so sinkt die Häufigkeit der Heterozygoten in unendlich großen Deszendenzen, die ohne Selektion durch konsequente Selbstung aufgezogen werden, theoretisch nach der Reihe $1, \frac{1}{2}, \frac{1}{4}, \frac{1}{8}, \frac{1}{16}, \frac{1}{2^n}$ (vgl. S. 11). Wenn x_n die Häufigkeit der Heterozygoten in Generation n bezeichnet, so wird ein Organismus, der in F_1 oder S_0 heterozygot in m Genen war, nach n Selbstungen, also in F_{n+1} oder S_n, durchschnittlich heterozygot in $m \cdot x_n$ Genen sein. War die S_0 z. B. heterozygot in 20 Genen, so beträgt die durchschnittliche Heterozygotie der S_8 $20 \cdot \frac{1}{2^8} = 0{,}078$ Gene. Diese Formel gilt sowohl für unabhängige als auch für gekoppelte Gene, indem Koppelung zwar die Häufigkeit der mehrfachen Homozygoten erhöht, aber auch die der mehrfachen Heterozygoten.

Wenn in F_1 eine Chromosomenlänge von l heterozygot war, so wird in F_{n+1} die heterozygote Länge $l \cdot x_n$ betragen. Wenn wir z. B. die Chromosomen der F_1 einer Maiskreuzung in ihrer Gesamtheit als heterozygot betrachten, und ihre Länge zu 1000 cM annehmen, so wäre nach 10 Generationen von Selbstung die heterozygote Länge zu $l \cdot x_n = \frac{1000 \text{ cM}}{1024} =$ rund 1 cM reduziert, nach 20 Generationen zu 0,001 cM. Nun wird die mittlere Länge der heterozygoten Chromosomensegmente bei Selbstung etwa nach der Formel 1/2n verkürzt (vgl. Tab. 70)[1]. Nach 20 Generationen von Selbstung beträgt sie also 1/40 = 0,025 oder 2,5 cM, wenn überhaupt ein heterozygotes Segment anwesend ist. Denn da nach 20 Generationen von einer ursprünglichen Gesamtlänge heterozygoter Chromosomen von 1000 cM im Durchschnitt der Population nur noch 0,001 cM heterozygot wäre, kann nur noch ein sehr geringer Bruchteil der Individuen, in diesem Beispiel 0,001/2,5 = 1/2500, ein heterozygotes Segment enthalten. Bei einem Objekt mit 10 Chromosomen würde also nur ein Chromosom unter 25 000 ein heterozygotes Segment haben. — Unter Heterozygotie verstehen wir in diesem Zusammenhang allerdings nur die Abstammung homologer Segmente von verschiedenen, nicht verwandten Kreuzungseltern, was nicht die Heterozygotie der Gene in allen solchen Segmenten voraussetzt.

3. Größe heterozygoter Segmente bei progressiver Rückkreuzung und Selbstung

Intakte Segmente. Während die somatischen Zellen der F_1 ganze Chromosomen der Eltern enthalten, sind in den Gameten der F_1 und späterer Generationen elterliche Chromosomensegmente durch crossing-over rekombiniert. Als intakte Segmente wollen wir nur Segmente zwischen zwei Austauschpunkten (oder einem Austauschpunkt und dem Chromosomenende) bezeichnen, innerhalb welcher noch kein weiterer effektiver Austausch erfolgt ist. Solche intakten Segmente besitzen daher Gene des einen Kreuzungselters ohne Interkalation von Genen des anderen Elters. Über die Art, in der die intakten Segmente im Laufe der Generationen durch crossing-over verkürzt werden, hat FISHER (1949) eingehende mathematische Analysen gemacht. Hier interessieren in erster Linie allgemeine Konklusionen, die sich durch angenäherte Formeln wiedergeben lassen.

[1] 1/2n = 100 cM/2n.

Rückkreuzungen. Nun ist in diesem Zusammenhang zwischen mehreren Fällen zu unterscheiden, die schematisch in Tab. 70 zusammengefaßt sind. Im einfachsten Fall

Tabelle 70.
Mittlere Länge heterozygoter Segmente bei Selbstungen und „intakter Donorsegmente" bei Rückkreuzungen in unselektionierten Deszendenzen (Fall 1—2) und bei Selektion eines heterozygoten Lokus (3—4). Für 1—2 ist auch für ein Objekt mit einer Gesamtlänge des Chromatins von 1000 cM die Gesamtlänge des heterozygoten Chromatins sowie die mittlere Anzahl heterozygoter Segmente je Individuum angegeben. n = Anzahl der Generationen

	Formel	Generation *					
		4	5	8	10	12	20
Keine Selektion							
Gesamtlänge der heterozygoten Segmente bzw. des Donorchromatins in cM	$\frac{1}{2^n}$	62,5	31,2	3,9	0,98	0,24	0,00095
1. Selbstungen							
Mittlere Länge heterozygoter Segmente	$\frac{1}{2n}$	12,5	10	6,25	5	4,2	2,5
Mittlere Anzahl heterozygoter Segmente**		5	3,1	0,62	0,195	0,058	0,00038
2. Rückkreuzungen							
Mittlere Länge intakter Donor-Segmente	$\frac{1}{n}$	25	20	12,5	10	8,3	5
Mittlere Anzahl intakter Donor-Segmente		2,5	1,56	0,31	0,098	0,029	0,00019
Selektion von Heteterozygoten							
3. Selbstungen							
Mittlere Länge heterozygoter Segmente	$\frac{1}{n}$	25	20	12,5	10	8,3	5
4. Rückkreuzungen							
Mittlere Länge intakter Segmente	$\frac{2}{n}$	50	40	25	20	16,7	10

* Bemerke, daß $F_n = S_{n-1}$.
** Berechnet durch Division Gesamtlänge des heterozygoten Chromatins : mittlere Länge heterozygoter Segmente.

(Nr. 2 der Tabelle) betrachten wir eine Serie von konsekutiven Rückkreuzungen vom Typus $(D \times R) \times R^n$, d. h. der Hybrid der Typen D und R wird n-mal zu ein und demselben Elter R rückgekreuzt. D ist dann der *„Donor"* (der Spender von einzelnen Segmenten oder Genen) und R der *recurrente Elter.* Bei Rückkreuzungen dieser Art wird die mittlere Menge des anwesenden Donorchromatins in jeder Generation auf die Hälfte reduziert, so daß sie nach der Formel $1/2^n$ abnimmt, wenn n die Anzahl der Generationen bezeichnet. Für ein Objekt mit einer gesamten Chromatinlänge von 1000 cM wäre im Durchschnitt der vierten Rückkreuzung (BC_4) noch $1/2^4 \cdot 1000 = 62{,}5$ cM Donor-Chromatin vorhanden, in BC_{10} nur rund 1 cM. In jeder Rückkreuzung erleidet ein Teil der vorhandenen Donor-Segmente crossing-over, wobei aus jedem solchen Segment zwei kürzere Donor-Segmente entstehen. Hierdurch wird die mittlere Länge der Donor-Segmente in sukzessiven Generationen immer geringer. Nach mathematischen Berechnungen kann diese Verkürzung durch die Formel 1/n wiedergegeben werden. Diese Formel ist zwar ungenau für die ersten Generationen, gilt aber schon in brauchbarer Annäherung von BC_4 ab, wenn nicht das Chromosom besonders kurz ist. Genauere Werte findet man bei HANSON (1959a—d). In BC_4 hätten wir daher Donor-Segmente von einer mittleren Länge von $1/4 = 25$ cM, in BC_{12} solche von 8,3 cM.

Da nun die mittlere Länge der Donor-Segmente in sukzessiven Generationen wegen der zunehmenden Seltenheit von crossovers in kürzeren Segmenten immer langsamer abnimmt, die Gesamtlänge des anwesenden Donor-Chromatins dagegen in jeder Rückkreuzung halbiert wird, so muß die Anzahl der Donor-Segmente je Individuum stark abfallen, wie dies in Tab. 70 unter Nr. 2 gezeigt wird. Während die BC_4-Individuen im Mittel noch 2,5 Donor-Segmente zu 25 cM besitzen, haben nur knapp 10% der BC_{10}-Individuen ein Donorsegment zu 10 cM.

Wenn wir in einer ähnlichen Serie von Rückkreuzungen stets die Heterozygoten eines bestimmten Lokus, z. B. Aa, auslesen, so verbleibt zu beiden Seiten des ausgelesenen Lokus A nach mathematischen Berechnungen ein intaktes Donor-Segment von der mittleren Länge 1/n, so daß die Gesamtlänge des mit A assoziierten Donor-Segmentes nach der Formel 2/n reduziert wird (Tab. 70, Nr. 4). Außer dem ausgelesenen A-Segment folgen indessen in solchen Rückkreuzungen unausgelesene Donor-Segmente, für deren Größe und Häufigkeit die Angaben unter Fall 2 gelten. Wenn wir z. B. in 10 Rückkreuzungen immer Aa-Pflanzen auslesen, so wäre mit dem Lokus A im Mittel noch ein intaktes Donorsegment von 20 cM assoziiert, wozu im Mittel noch rund 1 cM unausgelesenes Donor-Chromatin käme, indem rund jedes zehnte Individuum ein zufälliges Donor-Segment von der Länge 10 cM besitzen würde.

Selbstungen. Fall 1 der Tabelle beschreibt die durchschnittliche Abnahme von Länge und Häufigkeit der heterozygoten Segmente bei progressiven Selbstungen. Die zur Ableitung der Formel benutzten Modelle sind ziemlich kompliziert. Schematisch könnten wir indessen sagen, daß eine Selbstung einen doppelt so großen Effekt auf die Verkürzung heterozygoter Segmente hat wie eine Rückkreuzung, da sie mit einem Austausch in beiden Geschlechtern verbunden ist. Unter diesen Umständen werden die heterozygoten Segmente nach der Formel 1/2 n verkürzt. In S_5 (oder F_6) hätten z. B. die heterozygoten Segmente eine Länge von 10 cM, in S_{10} eine solche von 5 cM. Gleichzeitig mit der relativ langsamen Verkürzung der heterozygoten Segmente hätten wir eine rasche Erniedrigung ihrer Häufigkeit. In S_{10} hätten z. B. nur noch knapp 20% der Individuen ein heterozygotes Segment, der Rest wäre völlig homozygot.

Wenn wir indessen bei solchen Selbstungen stets Heterozygoten eines bestimmten Lokus A auslesen, so wird das mit demselben verknüpfte heterozygote Segment nach der Formel 1/n reduziert (Fall 3). In S_{10} wäre somit mit dem ausgelesenen Gen A im Mittel noch ein heterozygotes Segment von 10 cM assoziiert. Dazu kämen nicht-ausgelesene heterozygote Segmente, wie unter Fall 1 diskutiert. Für das benutzte Beispiel hätten knapp 20% der Individuen ein zufälliges heterozygotes Segment von 5 cM Länge.

4. Mittlere Länge intakter Segmente bei Selbstung bis zur Homozygotie (F_{ho})

Bei Betrachtung von Tab. 70 ist nicht zu vergessen, daß in Fall 1 nicht die mittlere Länge der intakten Segmente angegeben wird, sondern die der progressiv seltener werdenden intakten Segmente, die sich bis zu einer bestimmten Generation noch heterozygot gehalten haben, und daß es sich im Fall 3 um künstlich ausgelesene heterozygote Segmente handelt. Hier soll nun im Anschluß an Berechnungen von Hanson (1959a—d) die *mittlere* Länge intakter Segmente bei unausgelesenen Selbstungen diskutiert werden.

Hanson (1959a) berechnet zunächst die Wirkung einer einzigen Meiosis auf die mittlere Länge in cM der intakten Segmente. Es ist klar, daß diese Länge durch die Gesamtlänge der Chromosomen beeinflußt wird. Wäre das Chromosom unendlich groß, so würden die durchschnittlichen Abstände sukzessiver Austauschpunkte

1 (= 100 cM) betragen. In einem Chromosom von 50 cM dagegen ist dies nicht möglich. Wenn nicht mehr als ein Austauschpunkt je Chromosom gebildet werden kann, so würden 50% der Gameten kein crossing-over auf diesem Chromosom haben und daher intakte Segmente von 50 cM geben, während die übrigen 50% der Gameten einen Austauschpunkt hätten und daher zwei intakte Segmente von zusammen 50 cM besitzen würden, was eine mittlere Segmentlänge von 37,5 cM ergibt. Wenn mehrere Austauschpunkte je Chromosom möglich sind, die nach dem POISSON-Prinzip verteilt sind, so läßt sich die erwartete Länge intakter Segmente nach einer Meiosis (s) in brauchbarer Annäherung mit der Formel $s = 1 - e^{-c}$ berechnen, in der e die Basis des natürlichen Logarithmen darstellt, c die Chromosomenlänge (Tab. 71). Wenn dieses Prinzip auf die Probleme der Tab. 70 angewandt wird, so erhält man in den ersten Generationen etwas genauere Werte, besonders wenn es sich um kürzere Chromosomen handelt. In den späteren Generationen konvergieren beide Berechnungsarten gegen dieselben Werte (HANSON, 1959).

Wenn bis zur Homozygotie geselbstet wird, so erfolgt nach der ersten Meiosis nur noch eine relativ geringe Reduktion der intakten Segmente. Die Länge der intakten Segmente in F_{ho} (s') läßt sich mit der Formel $s' = 0{,}5\,(1 - e^{-2c})$ berechnen (Tab. 71).

Tabelle 71.
Beziehungen zwischen Chromosomenlänge (c) und mittlerer Länge der intakten Segmente nach einer Meiosis (s) und nach Selbstung bis zur Homozygotie (s'). Im unteren Teil der Tabelle sind die relativen Längen der intakten Segmente, d. h. Segmentlänge/Chromosomenlänge angegeben. Nach HANSON (1959), vereinfacht

c	0,3	0,5	0,7	1,0	2,0	3,0
s		0,393	0,503	0,632	0,865	0,950
s'	0,226	0,316		0,432	0,491	
s'/s		0,804		0,684	0,568	
s/c		0,786	0,719	0,632	0,432	0,317
s'/c	0,752	0,632		0,432	0,245	

Wir sehen daß die Verkürzung der Segmente von den F_1-Gameten bis zu F_{ho} besonders gering für kurze Chromosomen ist, nämlich 19,6% für Chromosomen von 50 cM, etwas größer für längere Chromosomen. Der auffällig geringe Effekt progressiver Selbstungen auf die Segmentgröße beruht darauf, daß in jeder Generation die Länge des heterozygoten Chromatins auf die Hälfte verkürzt wird und daß crossing-over in homozygoten Segmenten keine durchschnittliche Verkürzung der intakten Segmente bewirkt, da in den Austauschpunkten nicht Gene aus verschiedenen Eltern rekombiniert werden. Das crossing-over innerhalb der homozygoten Segmente kann daher als ineffektives crossing-over bezeichnet werden.

Im übrigen wird der effektive Austausch in den auf F_1 folgenden Generationen innerhalb der einzelnen Inzuchtlinien progressiv stärker lokalisiert, da er auf die sich verkürzenden heterozygoten Segmente beschränkt ist.

Die Längen der 10 Maischromosomen variieren auf den heutigen Chromosomenkarten zwischen 28 und 161 cM (RHOADES, 1955) mit einem Mittel von 91 cM. Die wirklichen Längen der genhaltigen Chromosomenteile mögen vielleicht 50—200 cM betragen mit einem Mittel von 120 cM. Hieraus ließe sich schließen, daß die homozygoten Linien, die aus F_{ho} einer Kreuzung hergestellt werden, intakte Segmente von 32—49 cM haben (Tab. 71) mit einem Mittel von etwa 45 cM. Für die kürzeren Chromosomen umfassen die intakten Segmente etwa ²/₃ der Chromosomenlänge, für die längeren ¹/₄ derselben. Kürzere Chromosomen werden mit anderen Worten als 1—2 Einheiten auf die homozygoten Nachkommen übertragen, längere dagegen als ungefähr 4 Einheiten.

5. Interkreuzung und Selbstung (HANSON 1959 d)

Wegen des unbefriedigenden Austausches, der in der geselbsteten Deszendenz einer Kreuzung stattfindet, entsteht das Problem, ob es zweckmäßig wäre, vor den Selbstungen einige Generationen von panmiktischer Vermehrung *(Interkreuzungen)* einzuschieben. Dieses Problem behandeln wir in Anschluß an Tab. 72.

Tabelle 72.
(A) Verkürzung der intakten Segmente bei Kreuzung von p (2, 4, 10 und ∞) homozygoten Linien. Die F_1 ist durch Kreuzung der Linien in allen möglichen Kombinationen hergestellt, worauf panmiktische Vermehrung erfolgt. Eine Chromosomenlänge von c = 1 wird angenommen. (B) Im unteren Teil der Tabelle wird angenommen, daß nach der in der Überschrift angegebenen Generation von Interkreuzung Selbstung bis zur Homozygotie erfolgt. Nach HANSON (1959), vereinfacht

Anzahl gekreuzter Linien (p)	Generationen von Interkreuzung						
	F_1	2	3	4	5	10	30
A 2	0,632	0,518	0,432	0,367	0,317	0,181	0,064
4	0,632	0,472	0,367	0,296	0,245	0,129	0,044
10	0,632	0,448	0,335	0,264	0,215	0,110	0,037
∞	0,632	0,432	0,317	0,245	0,199	0,100	0,033
B 2	0,432	0,367	0,317	0,277	0,245	0,154	
4	0,432	0,296	0,245	0,209	0,181	0,108	
10	0,432	0,264	0,215	0,181	0,156	0,092	

Es wird angenommen, daß zunächst durch Kreuzung von p homozygoten Linien in allen möglichen Kombinationen eine F_1-Population hergestellt wird. Da alle Individuen dieser ersten Generation aus Kreuzung zweier homozygoter Eltern entstanden, wird in ihren Gameten die Länge der intakten Segmente (Tab. 72 *A*, Spalte F_1) noch nicht durch die Anzahl der gekreuzten Linien beeinflußt. Wenn nun diese Ausgangspopulation in den folgenden Generationen panmiktisch vermehrt wird, so nähert sich die Segmentlänge mit steigender Anzahl der Generationen (n) dem Werte $\frac{p}{n(p-1)+1}$. Für $p=2$ nähert sich diese Formel dem Werte $2/n$, für $p=\infty$ dem Werte $1/n$. Wenn $n=30$, erhalten wir z. B. für Kreuzung zweier homozygoter Linien die Segmentlänge $\frac{2}{30+1}=0{,}064$, für Kreuzung von 100 homozygoten Linien die Segmentlänge $\frac{100}{30\cdot 99+1}=0{,}034$. Die Interkreuzung von unendlich vielen Linien entspricht in ihren Effekten auf die Segmentgröße Fall 2 von Tab. 70. — Wenn 10 homozygote Linien in allen möglichen Kombinationen gekreuzt werden, was praktisch leichter durchzuführen ist, so haben wir nach 30 Generationen nach obiger Formel eine Segmentlänge von 0,037, die bedeutend kürzer ist als die Segmentlänge von 0,064 bei Kreuzung zweier homozygoter Linien. Der herabgesetzte Effekt der Kreuzung einer niedrigen Anzahl von Linien auf die Segmentgröße beruht darauf, daß ein großer Teil des crossing-overs zwischen Segmenten stattfindet, die aus dem gleichen Elter stammen. Zu den Unterschieden in der Segmentgröße kommt indessen noch der Unterschied, daß bei Kreuzung von zwei Eltern auf den Chromosomen der Nachkommen nur Segmente von zwei Eltern alternieren, bei Kreuzung von n-Linien dagegen Segmente aus n-Linien.

Wenn auf eine gegebene Anzahl von Interkreuzungen eine progressive Selbstung bis zur Homozygotie erfolgt, so findet dabei eine weitere, relativ bescheidene Reduktion der Segmentgröße statt, wie aus dem unteren Teil der Tab. 72 zu ersehen ist.

Probleme der Züchtung. Wenn man die obigen Diskussionen überblickt, so versteht man, daß künstliche Selektion in Kreuzungsdeszendenzen mit den üblichen

Methoden sich nicht auf einzelne Gene erstreckt, sondern auf große Blöcke von Genen. Wenn man auf komplexe Charaktere wie Ertrag selektioniert, so kann man, wenn man Glück hat, einige Genblöcke mit positiven Effekten erfassen. Die meisten Blöcke haben indessen wegen Koppelung von vorteilhaften mit nachteiligen Genen etwa gleich viele positive wie negative Effekte, so daß sie in der Form, in der sie in F_2 oder F_{ho} vorliegen, wenig Bedeutung für die Selektion haben. Die ausgelesenen Genotypen repräsentieren oft nicht einmal günstige Genblöcke, sondern relativ günstige Interaktionen von wertlosen Genblöcken, womit eine weitere Verbesserung des Ertrages in Frage gestellt wird. In einer Diskussion über die beste Ausnützung der in exotischen Maisrassen vorhandenen umfangreichen genetischen Variabilität empfiehlt daher WELLHAUSEN (1960), die Kreuzungen in großen sich interkreuzenden Populationen zu vermehren und die Selektion auf ein Minimum einzuschränken, bis Gelegenheit für Rekombination gewesen ist.

Es ist möglich, daß man, wie HANSON empfiehlt, in den meisten Fällen durch Interkreuzung von vier guten homozygoten Inzuchten während vier auf die F_1 folgenden Generationen schon so viele nachteilige Koppelungen abmildert, indem die mittlere Länge der intakten Segmente auf etwa 40% ihrer sonstigen Werte reduziert würde, daß man ein erheblich besseres Ausgangsmaterial für Selektionen bekommt. Möglich wäre es aber auch, daß es oft besser wäre, Interkreuzungen von vier oder mehr Linien eine weit größere Anzahl von Generationen fortzusetzen, ehe man mit den Selbstungen beginnt. Im übrigen sei auf die Erfahrungen mit synthetischen Varietäten hingewiesen, die durch Interkreuzung einer größeren Anzahl von Linien entstehen und zahlreiche Generationen panmiktisch vermehrt werden. Solche Varietäten gelten bei Mais als besonders wertvolle *Genreservoire,* aus denen man gute Inzuchten herstellen kann. Dies mag auf der weit besseren Rekombination der Gene in synthetischen Varietäten als in gewöhnlichen Kreuzungen beruhen.

HANSON befürchtet, daß in den üblichen Züchtungsprogrammen, die auf wenigen Gruppen von mehr oder minder verwandten Elitelinien beruhen, zwischen denen sukzessive Zyklen von Kreuzungen, Inzucht und Auslese stattfinden, die genetische Variabilität verlorengeht, bevor man die wertvollen Gene erfaßt hat. Unter diesen Umständen wäre es besser, in einem Züchtungsprogramm von Anfang an darauf zu achten, eine genügende Anzahl von Linien eine genügende Anzahl von Generationen zu interkreuzen, bevor mit der Inzucht begonnen wird. Diese Auffassung dürfte zu Recht bestehen. Da die meisten vorteilhaften Gene in Genblöcken vorliegen, die einige homozygot nachteilige Faktoren enthalten, sind sie schwer zu erkennen und zu isolieren. Wenn bei progressiver Auslese in sukzessiven Zyklen der Züchtung ein immer größerer Anteil der ursprünglich vorhandenen Genblöcke aus den Sortimenten der Inzuchtlinien verschwinden, so geht damit auch die überwiegende Mehrzahl der im Ausgangsmaterial vorhandenen wertvollen Gene verloren und läßt sich dann nicht wiederbeschaffen. Denn die natürlichen wertvollen Gene entstehen in der Regel nicht durch einzelne Mutationen, sondern durch komplexe evolutionäre Prozesse.

6. Rückkreuzungsmethode

Bei der in steigendem Umfang angewandten Rückkreuzungsmethode versucht man, einzelne vorteilhafte Gene aus dem Donor durch Serien von sukzessiven Rückkreuzungen in den recurrenten Elter einzulagern. Wenn Rückkreuzungen vom Typus Ab/aB $\times$aa BB^n vorliegen und stets A-Pflanzen ausgelesen werden, so entsteht die Frage, mit welcher Häufigkeit ein ungünstiges Gen b, das wegen Rezessivität schwer zu erkennen ist, in den folgenden Generationen mit A assoziiert ist. Wenn p das Prozent crossing-over zwischen A und b bezeichnet, so beträgt die Häufigkeit von b unter den ausgelesenen A-Individuen der ersten Rückkreuzung $(1-p)$, und der n-ten

Rückkreuzung $(1-p)^n$. In letzterer Generation haben wir somit unter den A-Individuen das folgende Verhältnis.

$$\frac{Ab}{aB} : \frac{AB}{aB}$$

$$(1-p)^n : 1-(1-p)^n$$

Beispiele:

n = 5, p = 0,2	0,328 : 0,672
p = 0,5	0,031 : 0,969

Für p = 0,5 gilt die Formel auch für ungekoppelte Gene. Eine Reihe von weiteren Beispielen sind in Tab. 73 zusammengestellt.

Tabelle 73.

Häufigkeiten der Genotypen Ab/aB (obere Hälfte der Tabelle) und AB/aB (untere Hälfte) in Rückkreuzungen vom Typus Ab/aB×aa BBⁿ. — Die Berechnungen gelten streng für Auslese einer unendlich großen Anzahl von A-Eltern in jeder Generation oder für Fortsetzung einer unendlich großen Anzahl getrennter Rückkreuzungslinien

p	BC_1	BC_3	BC_5	BC_8	BC_{10}	BC_{15}	BC_{20}
Ab							
0,001	0,999	0,997	0,995	0,992	0,990	0,985	0,980
0,01	0,99	0,970	0,951	0,923	0,904	0,860	0,818
0,1	0,9	0,729	0,590	0,430	0,349	0,206	0,122
0,2	0,8	0,512	0,328	0,168	0,107	0,035	0,0115
0,3	0,7	0,343	0,168	0,058	0,028	0,0047	0,0008
0,5	0,5	0,125	0,031	0,0039	0,00098	0,00003	0,000001
AB							
0,001	0,001	0,003	0,005	0,008	0,010	0,015	0,020
0,01	0,010	0,030	0,049	0,077	0,096	0,140	0,182
0,1	0,100	0,271	0,410	0,570	0,651	0,794	0,878
0,2	0,200	0,488	0,672	0,832	0,893	0,965	0,9885
0,3	0,300	0,657	0,832	0,942	0,972	0,9953	0,9992
0,5	0,500	0,875	0,969	0,9961	0,99902	0,99997	0,999999

Hier wollen wir den Fall einer besonders starken Koppelung betrachten. Bei p = 0,001 (= 0,1%) beträgt die Häufigkeit der AB/aB in BC_1 0,001, in BC_{20} dagegen 0,020. Die Wahrscheinlichkeit der gewünschten Kombination AB steigt also bei so engen Koppelungen proportional mit der Anzahl der Rückkreuzungen. Wenn man 1000 getrennte Rückkreuzungslinien vom Typus $\frac{Ab}{aB} \times aa\,BB^n$ zwanzig Generationen fortsetzt, so wären in BC_{20} im Durchschnitt 20 der Linien von der gewünschten Konstitution. Man bemerke indessen, daß es sich nicht lohnen würde, eine einzige Linie bis BC_{20} fortzusetzen und dann 1000 Rückkreuzungsfamilien herzustellen. In 98% der Fälle wäre nämlich der BC_{20}-Elter von der Konstitution Ab/aB und würde nur 0,1% Nachkommen vom gewünschten Typus geben. Die Rückkreuzungen hätten seine Häufigkeit nicht erhöht.

In einigen Fällen kann mit dem ausgelesenen Gen A ein günstiges Gen b gekoppelt sein. Bei 30% crossing-over würden in BC_{10} noch 2,8% der Rückkreuzungslinien das günstige Gen enthalten, bei 20% crossing-over 10,7%. Erfahrungen solcher Art zeigen, daß es zweckmäßig sein kann, bei der Rückkreuzungsmethode eine größere Anzahl getrennter Rückkreuzungslinien aufzuziehen. Ein Beispiel hierfür bei der Gerste wurde S. 205 eingehend diskutiert.

Betrachtungen dieser Art haben ein beträchtliches Interesse für die häufig vorkommende Frage, ob ein Komplex von assoziierten Eigenschaften auf Pleiotropie oder enger Koppelung beruht. Freilich wäre die für die Analyse dieses Problems erforderliche Kreuzungsarbeit oft zu groß. Indessen kann man in vielen Fällen auch spontane Kreuzungen zu diesem Zweck ausnutzen. Wenn man z. B. ein gewisses Prozent Ab/aB-Pflanzen in einer aa BB-Population anbringt und nach 20 Generationen von freier Bestäubung eine genügende Anzahl A-Pflanzen herausgreift, so sollte ein 20fach erhöhter Anteil von ihnen von der Konstitution AB/aB sein, falls es sich um enge Koppelungen handelt.

7. Beeinflussung der crossover-Werte

Da Koppelungen die meisten Züchtungsprobleme komplizieren, entsteht die Frage, ob es möglich ist, die Koppelungen durch eine künstliche Erhöhung der Austauschprozente abzuschwächen. Nun gibt es zwar mehrere Methoden, mit denen man den Austausch herabsetzen kann. Eine generelle Erhöhung der Austauschprozente stößt indessen auf Schwierigkeiten (vgl. WITTINGHILL, 1955). Mit verschiedenen physikalischen oder chemischen Agentien gelingt es z. B. die crossover-Prozente in den proximalen (den Centromeren benachbarten) Chromosomenstrecken zu erhöhen. Die gleichen Mittel pflegen indessen eine kompensatorische Erniedrigung in distalen Regionen zu bewirken (YOST and BENNEYAN, 1957). Die generelle Lösung dieses Problems müssen wir der Zukunft überlassen.

Wenn es dagegen gilt in bestimmten Chromosomenregionen eine lokale Erhöhung des Austausches zu erzielen, so können eine Reihe von Methoden versucht werden. Eine solche lokale Erhöhung ist in vielen Fällen wichtig, da in genreichen Chromosomensegmenten oft wenig crossing-over vorkommt. Dies gilt z. B. für das äußerste linke Ende des X-Chromosoms von *Drosophila melanogaster*, das die bekannten Gene w (white) und y (yellow) enthält. Nach REDFIELD (1953, 1955) zeigen die benachbarten Strecken y – w und w – spl den gleichen Betrag an crossing-over, obwohl y – w in Speicheldrüsen 98 Bänder enthält, w – spl nur 5 Bänder. Praktisch heißt dies, daß in

crossover-Werte	y	1,5	w	1,5	spl
Anzahl Bänder		98		5	

letzterer Region die crossover-Häufigkeit 20mal höher ist als in ersterer. Heterozygotie in der Curly-Inversion des Chromosoms II oder der PAYNE-Inversion (III) erhöhte die crossover-Werte auf der Strecke y – w – spl auf den 2—3fachen Betrag. Waren beide genannten Inversionen heterozygot vorhanden, so wurden die crossover-Werte auf den 3,5—6fachen Betrag erhöht, und zwar in gleicher Weise auf den Teilstrecken y – w und w – spl. — Im Chromosom IV von *Drosophila melanogaster* kommt normalerweise überhaupt kein crossing-over vor. Es zeigte sich indessen, daß Weibchen, die diploid in IV sind, triploid in den übrigen Chromosomen, einen gewissen Betrag von crossing-over auf Chromosom IV haben. — Für Probleme dieser Art ist eine genaue Kenntnis der Chromosomenkarten des betreffenden Objektes von großer Bedeutung.

Literatur

ANDERSON, E. G.: The application of chromosomal techniques to maize improvement. Brookhaven Symp. Biol. **9**, 23—36 (1956).

ATKINS, I. M., and M. J. NORRIS: The influence of awns on yield and certain morphological characters of wheat. Agronomy J. **47**, 218—220 (1955).

—, and K. F. FINNEY: Quality characteristics of two pairs of isogenic lines of wheat. Agronomy J. **49**, 351—354 (1957).

BALASUBRAHMANYAN, R.: The association of size and color in gram (Cicer arietinum L.). Curr. Sci. **19**, 246—247 (1950).

CHAO, CHUAN YING: Heterotic effects of a chromosomal segment in maize. Genetics **44**, 657—677 (1959).

CURRENCE, T. M.: The relation of the first chromosome pair to date of fruit ripening in the tomato (Lycopersicum esculentum). Genetics **23**, 1—11 (1938).

DOBZHANSKY, TH., and M. M. RHOADES: A possible method for locating favorable genes in maize. J. Amer. Soc. Agron. **30**, 668—675 (1938).

EMERSON, R. A., and H. H. SMITH: Inheritance of number of kernel rows in maize. Cornell Univ. Agr. exp. St. Mem. 296 (1950).
EVERSON, E. H., and C. W. SCHALLER: The genetics of yield differences associated with awn barbing in the barley hybrid (Lion × Atlas[10]) × Atlas. Agronomy J. 47, 276—280 (1955).
FISHER, R. A.: The theory of inbreeding. New York: Hafner Publishing Co. 1949.
GRAFIUS, J. E.: Heterosis in barley. Agronomy J. 51, 551—554 (1959).
— Does overdominance exist for yield in corn? Agronomy J. 52, 361 (1960).
HALDANE, J. B. S.: The amount of heterozygosis to be expected in an approximately pure line. J. Genetics 32, 375—391 (1936).
HANSON, W. D.: The theoretical distribution of length of parental gene blocks in the gametes of an F_1 individual. Genetics 44, 197—209 (1959).
— Early generation analysis of heterozygous chromosome segments around a locus held heterozygous with backcrossing or selfing. Genetics 44, 833—837 (1959).
— Theoretical distribution of the initial block lengths intact in the gametes of a population intermated for n generations. Genetics 44, 839—846 (1959).
— The breakup of initial linkage blocks under selected mating systems. Genetics 44, 857 to 868 (1959).
JUGENHEIMER, R. W.: Hybrid maize breeding and seed production. FAO Agricultural development paper No. 62, Rome 1958.
— Breeding for oil and protein content in maize. Euphytica 10, 152—156 (1961).
LINDSTROM, E. W.: Genetic tests for linkage between row number genes and certain qualitative genes in maize. Iowa St. Coll. Agr. exp. Sta. Res. Bull. 142 (1931).
REDFIELD, H.: Crossing-over in the left end of the X-chromosome of Drosophila melanogaster and its relation to cytological length. Genetics 38, 684 (1953).
— Recombination increase due to heterologous inversions and the relation to cytological length. Proc. nat. Acad. Sci. (Wash.) 41, 1084—1091 (1955).
RHOADES, M. M.: The cytogenetics of maize. In: G. F. SPRAGUE (ed.): Corn and Corn Improvement. Chapter 4. New York: Academic Press 1955.
SAX, K.: The association of size differences with seed coat pattern and pigmentation in Phaseolus vulgaris. Genetics 8, 552—560 (1923).
SINGLETON, W. R.: Hybrid vigor and its utilization in sweet corn breeding. Amer. Nat. 75, 48—60 (1941).
SMITH, H. H.: The relation between genes affecting size and color in certain species of Nicotiana. Genetics 22, 361—375 (1937).
SPRAGUE, G. F.: The location of dominant favorable genes in maize by means of an inversion. Genetics 26, 170 (1941).
SUNESON, C. A., C. W. SCHALLER, and E. H. EVERSON: An association affecting yield in barley. Agronomy J. 44, 584—586 (1952).
WELLHAUSEN, E. J.: Variation of maize in Mexico and Central America, its present and future utilization. Eucarpia (Rome) 3, 38—45 (1960).
WILLIAMS, W.: The effect of selection on the manifold expression of the „suppressed lateral" gene in the tomato. Heredity 14, 285—296 (1960).
WITTINGHILL, M.: Crossover variability and induced crossing-over. J. cell. comp. Physiol. 45, Suppl. 2, 189—220 (1955).
YOST, H. T., and R. N. BENNEYAN: The effect of combined radiations on crossing-over in Drosophila melanogaster. Genetics 42, 147—160 (1957).

Kapitel 12

Inzucht

I. Manifestation der Inzucht

1. Allgemeines

Schon DARWIN (1877) führte umfangreiche Untersuchungen über die Wirkung der Inzucht bei zahlreichen Pflanzenarten aus. Seit Beginn dieses Jahrhunderts ist das Problem der Inzucht in erster Linie von amerikanischen Maisforschern wie SHULL, EAST und JONES analysiert worden. Man unterscheidet zwischen zwei Typen von Inzuchteffekten, die schon früher (Kap. 9, III) besprochene Abspaltung von rezessiven

Defekten, die in der ersten Generation der Selbstung ihren größten Umfang hat, und eine allgemeine Inzuchtdepression, die kontinuierlich von Generation zu Generation fortschreitet, bis bei Annäherung an den Zustand der absoluten Homozygotie (S_{ho}) ein sogenanntes *Inzuchtminimum* erreicht wird, wonach anscheinend keine weiteren Änderungen stattfinden.

Die allgemeine Inzuchtdepression äußert sich gewöhnlich in fast allen Charakteren der Pflanze, wie eine langsamere Keimung, verspäteter Wuchs, Blüte und Samenreife, geringere Dimensionen aller Organe, wie Höhe und Diameter des Stengels, Größe und Anzahl der Blätter, erniedrigter Samenertrag, erhöhte Anfälligkeit gegen Krankheiten usw. Wenn von verschiedenen Pflanzen derselben Population getrennte Inzuchtlinien hergestellt werden, so können diese sich etwas verschieden verhalten, sowohl im Grade der allgemeinen Depression als auch in ihrer Spezifität. In der einen Linie finden wir z. B. eine relativ starke Reduktion des vegetativen Wuchses oder bestimmter Komponenten desselben, in anderen Linien fällt mehr Anfälligkeit gegen Krankheiten oder Erniedrigung des Ertrages auf.

Bei verschiedenen Objekten ist der Grad der allgemeinen Inzuchtdepression sehr verschieden. Bei vielen Arten liegt das Inzuchtminimum aller Individuen weit unter dem Existenzminimum. Schon nach 2—3 Generationen von erzwungener Selbstung ist die Vitalität und Fertilität der Pflanzen so stark reduziert, daß es schwierig oder unmöglich ist, eine weitere Generation aus Selbstung zu erhalten. Bei anderen Arten reicht das Inzuchtminimum einzelner Genotypen über das Existenzminimum hinaus. Von 1000 geselbsteten Individuen lassen sich vielleicht 10—20 im Inzuchtminimum lebensfähige Linien errichten. Kreuzung solcher Linien pflegt zu einem etwas höheren sekundären Inzuchtminimum zu führen. Bei anderen Arten dagegen liegt das Inzuchtminimum bei 70—90% der normalen Vitalität. Dazwischen gibt es alle möglichen Übergänge. Bei einigen Objekten können verschiedene Rassen derselben Art ein sehr verschiedenes Inzuchtminimum haben, wie besonders Baurs (1930) Untersuchungen an Wildformen der bekannten Zierpflanze *Antirrhinum majus* gezeigt haben. Einige Rassen sind nahezu „inzuchtimmun", indem sie nach zahlreichen Generationen von Selbstung fast die volle Vitalität gewöhnlicher kreuzbefruchteter Individuen besitzen, während andere Rassen nach wenigen Selbstungen zugrunde gehen.

Plastische Charaktere. Die verschiedenen Charaktere einer Pflanzenart werden im Durchschnitt in sehr verschiedenem Grade durch die Inzuchtdepression berührt. Im allgemeinen können wir sagen, daß die plastischen Charaktere (S. 134) besonders stark auf Inzucht reagieren. Bei der Mehrzahl der Arten gehören hierzu Höhe der Pflanze, Anzahl der Zweige und Stengel, Anzahl der Blütenstände, Blüten, Samen sowie Zellen. Charaktere, die weniger durch Umweltverhältnisse beeinflußt werden, wie Dimensionen der Blüten und ihrer Organe, Gewicht der Samen und Größe der Zellen, leiden auch weniger an Inzucht. Bei Mais wurde z. B. in einem Experiment das Volumen der Stengel durch Inzucht auf 30% des ursprünglichen Wertes reduziert. Hiervon wurden nur $^1/_9$ durch Verringerung des Zellvolumens erklärt, $^8/_9$ dagegen durch geringere Anzahl der Zellen (Kiesselbach, 1922). Der Samenertrag reagiert oft noch empfindlicher auf Inzucht als die vegetativen Teile der Pflanze. Von den Komponenten des Ertrages bei Mais wird z. B. die Anzahl Körner je Reihe viel stärker reduziert als die Größe der Körner und die Anzahl der Reihen im Kolben, Merkmale, die auch der Umwelt gegenüber eine größere Stabilität zeigen.

Die Pollenmenge wird bei Mais im Durchschnitt besonders auffällig reduziert (Jones, 1918). Dies äußert sich oft in einer geringeren Größe der männlichen Infloreszenzen und aller ihrer Teile, in geschrumpften oder abortierten Antheren, die oft nicht von den Glumae befreit werden, so daß der Pollen nicht für die Befruchtung disponibel ist. Während eine normale Maispflanze bis weit über 10 cm^3 Pollen entläßt, geben viele Inzuchtlinien nur einen kleinen Bruchteil eines cm^3 Pollen. Andererseits ist die Reduktion der Pollenmenge sehr variabel und nicht wenige Inzuchten haben vollständig normale männliche Blütenstände, indem ihre Pollenmenge proportional mit der Größe der Pflanze reduziert ist oder noch weniger. JONES berichtet über eine Inzuchtlinie, die sogar mehr Pollen lieferte als viele nicht ingezüchtete Varietäten. In der Samenproduktion ist eine entsprechend hohe Fertilität einer Inzucht noch nicht gefunden worden, indem alle Inzuchten ausnahmslos einen reduzierten Ertrag geben. Indessen besteht nach JONES bei Inzucht ein ausgesprochener *Antagonismus* in der Entwicklung der männlichen und weiblichen Infloreszenzen. In jedem Fall waren die Inzuchtlinien, die die besten Kolben trugen, die schlechtesten Pollenproduzenten und die Linien, die reichlich Pollen gaben, hatten relativ schlechte Kolben. Inzucht hat somit eine gewisse Tendenz, die monözische Maispflanze in eine diözische Art zu verwandeln. Diese Verhältnisse haben für die Maiszüchtung ein großes praktisches Interesse, indem ein Teil der Inzuchten bei der Herstellung von Hybriden nur als Sameneltern taugen, ein Teil nur als Polleneltern. Die berühmte Inzucht Wf 9, die an einem großen Teil der heutigen Maishybride beteiligt ist, ist z. B. ein schlechter Pollenproduzent (JONES und EVERETT, 1949).

Natur der generellen Depression. Es wurde früher und z. T. noch heute angenommen, daß die beiden Typen von Inzuchteffekten, die Abspaltung von rezessiven Defekten und die allgemeine Depression, trotz ihrer verschiedenartigen Erscheinung im Prinzip die gleiche Ursache hätten, nämlich rezessive Defekte, die durch den Mutationsdruck in den Populationen verbreitet werden. Die Anhänger dieser Richtung nehmen an, daß es außer den auffälligen Defekten, deren Spaltung wir leicht erkennen, weit zahlreichere Defekte von kleinerer Wirkung gibt, die nur schwer zu studieren sind. Sehr viele von ihnen äußern sich vielleicht nur in geringer Schwächung der verschiedensten physiologischen Funktionen, die sich nur durch exakte Messungen feststellen lassen. Unter diesen Umständen könnte die allgemeine Depression zum größten Teil auf der kombinierten Wirkung der Homozygotie in zahlreichen kleineren und kleinsten Defekten beruhen.

Wir haben dieses Problem schon in Verbindung mit der Frage nach der durchschnittlichen erblichen Belastung der Individuen mit rezessiven Defekten verschiedener Größe berührt (S. 154). Wir können heute nicht mehr sicher sein, daß die genannte Theorie richtig ist. Die Inzuchtuntersuchungen haben bisher keine positiven Anhaltspunkte dafür gegeben, daß gewöhnliche Individuen heterozygot in einer größeren Anzahl kleinerer und kleinster Defekte sind. Ferner besteht ein gewisser Zweifel daran, daß kleinere Mutationen so häufig sind wie größere. Es ist auch möglich, daß kleinere Mutationen wegen einer relativ hohen Dominanz in direkten oder pseudopolymeren Effekten, durch Unterlegenheit in der Konkurrenz um residuelle Effektivität, durch spontane Inzucht oder auf irgendeine andere Weise leichter aus den Populationen eliminiert werden, als man das bisher annimmt (vgl. S. 425). Bei den meisten allogamen Organismen genügt die Häufigkeit spontaner Inzucht an und für sich, um die Genhäufigkeit nichtheterotischer Mutationen zu dezimieren, obgleich man in der Regel nicht hierauf aufmerksam ist. An der allgemeinen Inzuchtdepression können recht verschiedenartige Ursachen beteiligt sein, und wir wissen auch heute nicht sicher, welche Ursache die größte Bedeutung hat. Dagegen können wir leicht feststellen, daß die Depression fast stets mit *Heterozygotieverlust* zunimmt, manchmal auf nahezu proportionale Weise.

2. Beispiele bei Mais

Tabelle 74 gibt ein Beispiel für die Wirkungen der Inzucht auf den Ertrag nach Untersuchungen von JONES und MANGELSDORF (1925). Zwei Linien von Mais, P_a und P_b, die sich anscheinend im Inzuchtminimum befanden, wurden gekreuzt. Die F_1 hatte, wie dies bei Kreuzungen unverwandter Inzuchtlinien üblich ist, einen stark erhöhten Ertrag. Von $F_2 - F_5$ sank der Ertrag rasch auf ein Minimum, das scheinbar in den folgenden Generationen bewahrt wird. Dieselben Generationen wurden soweit möglich eine Reihe von Jahren hindurch angebaut, um in den Durchschnittswerten die sehr beträchtlichen durch Witterung und Bodenfruchtbarkeit bedingten Schwankungen auszugleichen, und um die verschiedenen Generationen mehrmals in den gleichen Jahren zu vergleichen. Die gröberen Effekte der Inzucht treten zwar in diesem Bei-

Tabelle 74.
Erträge (bushels/acre) zweier Inzuchtlinien von Mais, P_a und P_b, und ihres Hybrides in F_1—F_8. Nach JONES und MANGELSDORF, 1925

Jahr	P_a	P_b	F_1 S_0	F_2 S_1	F_3 S_2	F_4 S_3	F_5 S_4	F_6 S_5	F_7 S_6	F_8 S_7
1917	6	22	65	56	—	—	—	—	—	—
1918	24	27	121	128	15	—	—	—	—	—
1920	28	16	128	48	35	29	10	—	—	—
1921	13	20	73	55	49	33	15	23	—	—
1922	26	20	160	83	74	68	49	36	23	—
1923	21	13	61	45	41	47	16	23	26	27
Mittel	20	20	101	69	43	44	23	27	25	27

spiel deutlich hervor. Gleichzeitig verstehen wir aber, daß die klimatischen Bedingungen der Versuchsstation oder andere Verhältnisse nicht besonders günstig für eine allgemeine theoretische Erforschung des vorliegenden Problems waren. Leider gilt Entsprechendes für einen nicht unbedeutenden Teil der grundlegenden Arbeiten auf dem Gebiete der Vererbung des Ertrages. Nach JONES (1939) ist ein längeres Inzuchtexperiment in gleichem Maße ein Bericht über die Wetterbedingungen in den aufeinanderfolgenden Jahren, wie über die Folgen der Inzucht. Dazu kommt indessen, daß jene Untersuchungen aus einer Zeit stammen, in der die modernen Prinzipien der vergleichenden Ertragsprüfung noch nicht angewandt wurden und daß man es im allgemeinen nicht für nötig befunden hat, solche Untersuchungen mit modernster Technik zu wiederholen.

Tabelle 75 faßt die Ergebnisse eines von EAST 1905 eingeleiteten und später von JONES (1939) fortgesetzten Experimentes zusammen, in dem Höhe und Ertrag von drei Maislinien studiert wurden, die durch Selbstung von Einzelpflanzen aus derselben

Tabelle 75.
Die Wirkung von 30 Generationen von Selbstung auf drei aus derselben Ausgangspopulation stammende Inzuchtlinien L 1—6, L 1—7 und L 1—8. Höhe in Zoll, Ertrag in bushels/acre. Nach JONES, 1939

Generation	Höhe				Ertrag			
	L 1—6	L 1—7	L 1—8	Mittel	L 1—6	L 1—7	L 1—8	Mittel
0	117	117	117	117	81 ± 7	81 ± 7	81 ± 7	81
1—5	87	81	77	82	64 ± 11	51 ± 7	41 ± 5	52
6—10	97 ± 1	84 ± 1	82 ± 2	88	45 ± 12	36 ± 5	34 ± 4	38
11—15	97 ± 3	84 ± 2	83 ± 2	88	38 ± 4	34 ± 3	26 ± 2	33
16—20	88 ± 4	85 ± 3	75 ± 4	83	22 ± 4	24 ± 3	14 ± 3	20
21—25	81 ± 2	75 ± 3	71 ± 3	76	20 ± 6	21 ± 3	13 ± 2	18
26—30	92 ± 3	80 ± 2	77 ± 3	83	24 ± 9	18 ± 4	9 ± 4	17

Population begonnen wurden. Stärkere Schwankungen in den aufeinanderfolgenden Jahren wurden durch Zusammenfassung der Ergebnisse in 5jährige Perioden ausgeglichen. Man bemerke indessen, daß auch sukzessive 5-Jahresperioden durchschnittliche Unterschiede in ihrem Klima haben können. JONES schließt aus diesen Befunden, daß die Reduktion der Höhe etwa in der 5. Generation zum Stillstand kam, während der Ertrag etwa bis zur 20. Generation sank, wonach er konstant zu sein schien.

Mit einer Verallgemeinerung solcher Schlüsse muß man vorsichtig sein. Die obigen Befunde deuten jedenfalls darauf, daß der Ertrag noch nach F_{10} beträchtlich abnahm, was nur bei Bevorzugung der Heterozygoten zu erwarten ist. Theoretisch wäre es zweifellos von großem Interesse, das genaue Verhalten des Ertrages in einer genügend großen Anzahl unausgelesener Inzuchten von $F_1 - F_{40}$ zu kennen. Auf diesem Gebiete besteht eine Lücke in unseren Kenntnissen.

3. Prüfung auf Homozygotie

Wenn man aus einer Reihe Ausgangspflanzen einer freibestäubten Maisvarietät getrennte Inzuchtlinien errichtet, so spalten diese in den ersten Generationen in zahlreichen Merkmalen, werden aber rasch immer einförmiger und zwischen F_3 und F_6 nimmt die große Mehrzahl dieser Linien in bezug auf erbliche Charaktere für das menschliche Auge ein völlig einförmiges Aussehen an. Eventuelle erbliche Variabilität innerhalb solcher Linien läßt sich dann nur noch mit Spezialmethoden nachweisen.

Die durch Konstanz in erblichen Charakteren erschlossene Homozygotie einer Inzuchtlinie kann durch besondere Methoden nachgeprüft werden, wie dies Jones (1924) zeigte, Fig. 25. In S_8 von vier verschiedenen Maislinien (A, B, C, D) wurden aus Geschwisterpflanzen je zwei getrennte Sublinien (A_1 und $A_2 \ldots D_1$ und D_2) errichtet, die 8 weitere Generationen durch Selbstung fortgesetzt wurden. Als dann die beiden Sublinien gemeinsamen Ursprunges verglichen wurden, wurde gefunden, daß diejenigen von A und B bei visueller Betrachtung gleich erschienen, während die Sublinien von C einen leichteren Unterschied in der Samenfarbe zeigten und die von D deutlichere Unterschiede in einer Reihe von Charakteren. Bei Messung von Pflanzenhöhe, Knotenzahl und Kolbenlänge gaben indessen auch die Sublinien von A – C in dem einen oder anderen dieser Charaktere verschiedene Mittelwerte.

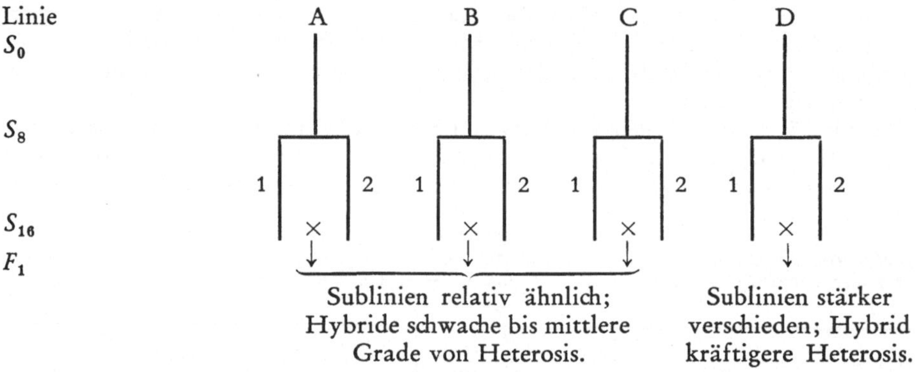

Fig. 25. Prüfung von Inzuchten auf Homozygotie durch Vergleich und Kreuzung von Sublinien. Schematische Darstellung eines Experimentes von Jones (1924)

Als nach 8 Generationen langer Trennung die Sublinien jedes Paares gekreuzt wurden, ergab sich, daß die Hybride $A_1 \times A_2$, $B_1 \times B_2$, $C_1 \times C_2$ im Ertrag und/oder anderen Charakteren schwache bis mittlere Grade von Heterosis zeigten, während $D_1 \times D_2$ in allen untersuchten Charakteren deutlich heterotisch war. Im Ertrag übertraf z. B. letzterer Hybrid das Elternmittel um 75%. Diese Untersuchungen deuten darauf hin, daß die S_7-Pflanzen der Linien A – C, von denen sich die entsprechenden Sublinien ableiten, schwächere Grade von Heterozygotie besaßen, die von Linie D dagegen einen stärkeren Grad. Nach Jones ist es indessen fraglich, ob alle Unterschiede innerhalb der Paare von Sublinien auf verspäteter Spaltung beruhen, da sie z. T. auch durch Mutationen bedingt sein könnten. Im übrigen mögen an der Differenzierung der Sublinien auch plasmatische Effekte beteiligt sein, vgl. S. 235.

In geeigneter Ausführung ist Kreuzung von Sublinien eine empfindliche Methode, um den Grad der Homozygotie zum Zeitpunkt der Abzweigung der Sublinien oder den Grad der genetischen Differenz zwischen den Sublinien zu beurteilen. Darüber hinaus bietet sie effektive Möglichkeiten für die Analyse der Inzuchteffekte und wichtiger anderer Probleme, die bisher noch wenig ausgenützt worden sind. Kreuzung von Sublinien aus einer nachweislich homozygoten Ausgangspflanze wäre z. B. ein gutes Mittel, um das Postulat von der Konstanz der reinen Linien nachzuprüfen.

4. Variabilität zwischen und innerhalb der Inzuchtlinien; Homeostasis

Wenn wir innerhalb einer relativ homogen erscheinenden freibestäubten Maisvarietät eine große Anzahl von S_0-Pflanzen herausgreifen und sie durch Inzucht in getrennten Deszendenzen bis S_{ho} fortsetzen, so machen wir die Erfahrung, daß in dem Maße, wie die Einförmigkeit innerhalb der Linien zunimmt, die Divergenz zwischen ihnen erhöht wird, weil in verschiedenen Linien ganz verschiedene Genotypen fixiert werden. Die resultierenden homozygoten Linien unterscheiden sich in geringerem oder höherem Grade in einer großen Anzahl von Charakteren. Die Divergenz der Linien ist oft überraschend groß. In charakteristischer Weise sagen East und Hayes (1912): "There is often regression away from instead of toward the mean of the general population". Die Inzuchtlinien der Varietät Yellow Dent Leaming unterschieden sich z. B. in folgenden Charakteren: Farbe des Perikarps, des Kolbens, der Glumae und Narben, Verzweigung der männlichen Infloreszenz, Kolbenlänge, Anzahl Körnerreihen, gerade vs. krumme Körnerreihen, niedrige oder hohe Lage des Kolbens, Samengröße, Anzahl der Stengel, Blattfarbe usw. Vier Inzuchten aus der genannten Varietät hatten mittlere Samengewichte von 17, 20, 28 und 34 cg. Sie unterschieden sich so deutlich in zahlreichen anderen Charakteren, daß man sie an einzelnen Organen wie Stengel, Kolben oder Blütenstände, ohne Schwierigkeiten identifizieren könnte (Jones, 1918). Nach Jugenheimer (1958) sind die Unterschiede verschiedener Inzuchten oft extrem. Praktisch alle Pflanzen einer Linie können kräftig, aufrecht und krankheits- oder trockenheitsresistent sein, während eine benachbarte Linie schwächliche, schlecht bewurzelte Pflanzen hat, die stark mit Brandpilz oder Kolbenfäule infiziert sind oder gegen Hitze und Trockenheit empfindlich sind.

Während Pflanzen, die zur selben Inzuchtlinie gehören, meist eine erstaunliche Ähnlichkeit in zahlreichen vorwiegend erblichen Charakteren zeigen, sind sie andererseits oft stark variabel in Charakteren, die in höherem Grade durch das Milieu beeinflußt werden. Mit zunehmender Inzucht reagiert ein großer Teil der Linien sehr empfindlich auf verschiedene Milieufaktoren, weshalb die Milieuvarianz entsprechend vergrößert wird. Dies läßt sich leicht zeigen, wenn man für eine Reihe von Charakteren die Variabilitätskoeffizienten der Inzuchten mit denen ihrer F_1-Hybride vergleicht. Es zeigt sich hierbei, daß Kreuzung der Inzuchten in vielen Fällen zu einer auffälligen Reduktion der Koeffizienten führt. Die erhöhte Variabilität der Inzuchten kann man mit einer allgemeinen oder partiellen Schwächung ihres *Pufferungssystems* erklären, die einen breiteren Spielraum für Modifizierung des Phänotyps durch Milieufaktoren zur Folge hat. Bei stärkerer Ungunst des Milieus können Inzuchtlinien sich oft überhaupt nicht mehr normal entwickeln, während ihre Hybride noch einen normalen Wuchs zeigen. Jones (1918) berichtet über einen Versuch, in dem Inzuchten auf einem niedrigen, wassergesättigten Landstück bei ungünstigem Wetter ausgesät wurden. Die Keimung war extrem schlecht, und viele der aufwachsenden Pflanzen waren gestaucht und verblieben so die ganze Wuchsperiode. Sie erreichten nicht die normale Größe und produzierten weder männliche Blütenstände noch Kolben. Bei Eintritt des ersten Frostes waren viele Pflanzen nicht über 30 Zoll hoch, während die normale Höhe dieser Linie 80—85 Zoll beträgt. Im Gegensatz hierzu entwickelten sich die Hybride dieser Linien nach anfänglicher Hemmung völlig normal und zeigten dann einen einförmigen Wuchs, so daß gegen Ende der Vegetationsperiode ein extremer Unterschied in der Variabilität der Inzuchten und ihrer Hybride bestand.

Wenn man dagegen Inzuchten unter besonders günstigem Milieu aufzieht, so wird einerseits die Depression beträchtlich abgemildert, andererseits die Variabilität in hohem Grade reduziert. In beiden Hinsichten wird also der Unterschied zwischen Inzuchten und ihren Hybriden verringert. Schlechtes Milieu verstärkt dagegen die Inzuchtdepression, was vor allem in drastischen Effekten auf die plastischen Charaktere der Pflanzen zum Ausdruck kommt. Nach JONES und EVERETT (1949) sind die meisten Inzuchten extrem sensibel gegen niedrige Bodenfertilität und schlechte Witterung. Es ist daher notwendig, sie unter den günstigsten Bedingungen aufzuziehen und die für Mais übliche Düngermenge um 50—100% zu erhöhen. Eine besonders hohe Labilität zeigt gewöhnlich der Ertrag der Inzuchtlinien, indem die Durchschnittswerte der Linien starke jährliche Oszillationen zeigen und auch innerhalb der Parzellen eine starke Variabilität gefunden wird. In manchen Jahren gibt ein größerer Teil der Pflanzen in vielen Maisinzuchten überhaupt keine Samen oder nur mißbildete Kolben. Geringfügige Milieueinflüsse auf kritischen Entwicklungsstadien können offenbar leicht zu völliger Samensterilität des Individuums führen (vgl. S. 331). Inzuchten mit schlechter Pollenproduktion werden in ähnlicher Weise leicht völlig pollensteril.

5. Inzuchteffekte und Zuchtsystem

In der Natur kann Inzucht auf ganz verschiedenen Wegen erfolgen. Der stärkste Grad und die gewöhnlichste Form von Inzucht ist Selbstbestäubung. Ein gewisser Teil der natürlichen Arten vermehrt sich ausschließlich oder vorwiegend durch Selbstbestäubung. Bei anderen Arten kommen alle möglichen Häufigkeiten von Selbstbestäubung vor zwischen 100% und 0%. Bei einem beträchtlichen Teil der Arten ist indessen Selbstbestäubung absolut oder nahezu verhindert durch Selbststerilität oder andere Eigentümlichkeiten der Blütenbiologie. Ein ungleichzeitiges Reifen der Geschlechtsorgane wie *Protandrie* und *Protogynie*, vorzeitiges Reifen der männlichen bzw. weiblichen Organe, kann z. B. eine natürliche Selbstung erschweren oder verhindern. Der Bau der Blüten kann auf eine effektive Weise verhindern, daß Pollen einer Blüte auf die eigene Narbe fällt.

Eine zweite Form von Inzucht ist Pollinierung zwischen *Geschwisterpflanzen*. Eine solche wird am häufigsten vorkommen, wenn eine relativ isoliert wachsende Pflanze zufällig auf begrenztem Areal zahlreiche Nachkommen hinterläßt, die sich vorzugsweise untereinander bestäuben. Die Wahrscheinlichkeit für Geschwisterpaarung wird daher unter anderem durch Oszillationen in der Nachkommenzahl, Dichte der Populationen und Art der Verbreitung der Samen beeinflußt. Zerstreuung geflügelter Samen durch den Wind auf ein großes Areal sollte sie z. B. stark herabsetzen. Schließlich haben wir die schwächeren Grade von Inzucht, wie sie durch Kreuzung entfernterer Verwandten oder durch die geringe Größe der Populationen bedingt werden. Dieser Typus von Inzucht ist besonders bei Arten zu erwarten, die in zahlreichen partiell oder total isolierten Populationen verbreitet sind. Die Schwäche der Inzuchtgrade verhindert nicht ihre Effektivität, wenn die Effekte zahlreicher Generationen sich addieren.

Der Grad der Inzuchtdepression, den wir bei erzwungener Selbstung antreffen, hängt offenbar von dem natürlichen Zuchtsystem der Art ab. Je weniger Inzucht vorkommt, desto stärkere Depression ist zu erwarten. Bei vorwiegender oder häufiger natürlicher Selbstung bestehen dagegen keine Voraussetzungen für das Vorkommen von nennenswerter Inzuchtdepression, indem die durch Mutation entstandenen rezessiven Defekte in einer der ersten Generationen homozygot abspalten und dann rasch eliminiert werden. Selbst bei Arten mit nur einigen wenigen Prozent von Selbstbestäubung wäre an und für sich nur eine schwache Inzuchtdepression zu erwarten.

Andererseits mag indessen der Effekt von niedrigen natürlichen Selbstungsprozenten durch die Inzuchtdepression selbst reduziert werden, indem die aus Selbstung stammenden Nachkommen so geschwächt sind, daß sie sich normalerweise nicht in der Population behaupten. Die Inzuchtdepression gehört somit zu den Mechanismen, die eine effektive Kreuzbefruchtung begünstigen.

Selbststerilität ist oft ein praktisch absolutes Hindernis für Autogamie, reduziert jedoch die Aussichten für Geschwisterpaarung nur in geringerem Grade. Bei dem vorherrschenden System von gametophytisch bedingter Selbststerilität des Pollens erhalten wir in der Deszendenz der Kreuzung $S_1S_2 \times S_3S_4$ vier verschiedene Gruppen von Individuen, S_1S_3, S_1S_4, S_2S_3, S_2S_4. Da nur Kreuzungen zwischen zur gleichen Gruppe gehörigen Individuen steril sind, wird die Wahrscheinlichkeit für Geschwisterkreuzung nur um 25% herabgesetzt. Die genetische Grundlage der Inzuchtdepression sollte daher auch von den Faktoren abhängen, die in der Natur die Häufigkeit von Kreuzungen zwischen Geschwistern und entfernteren Verwandten beeinflussen (Fisher, 1949). Sie beruht aber auch zum Teil auf der Häufigkeit und dem Muster der Mutationen, die bei den verschiedenen Objekten sehr verschieden sind.

Bei der Züchtung von Kulturpflanzen wird das ursprüngliche Verhalten der Art gegenüber Inzucht auf mannigfache Weise modifiziert. Bei allogamen Arten, die wegen ihrer Samen angebaut werden, erfolgte offenbar eine Selektion in Richtung auf Autogamie und Abschaffung der Inzuchtdepression, indem hierdurch die Ertragssicherheit erhöht wurde. Diese Selektion dürfte wesentlich verstärkt werden, wenn die Art weit außerhalb ihrer Heimat angebaut wird, in Gebieten, wo Fehlen von geeigneten Insekten oder ungeeignete Witterungsverhältnisse die Fremdbefruchtung erschweren.

Nach Brieger (1950) bestehen bedeutende Unterschiede zwischen den nord- und südamerikanischen Maistypen, indem letztere so kräftig auf Inzucht reagieren, daß sie häufig nicht länger als 2—3 Generationen von Selbstung hindurch aufrechterhalten werden können. Offenbar geschieht bei der Züchtung der nordamerikanischen Maisvarietäten eine starke Selektion auf Abschwächung der Inzuchtdepression. Durch Kreuzung zwischen den besten Inzuchtlinien wird das Inzuchtminimum dauernd etwas erhöht. Man bemerke, daß auch in kreuzbefruchteten Maisfeldern durch die Zusammensetzung des Saatgutes die genetische Struktur der Population und damit die Grundlage der Inzuchtdepression modifiziert werden kann.

Bei vegetativ vermehrten Pflanzen ist bei Kreuzung innerhalb eines Klones der gleiche Effekt zu erwarten wie bei Selbstung. Nach Hagberg und Tedin (1951) geben intraklonale Kartoffelkreuzungen den gleichen Grad von Depression wie Selbstungen.

Besonderes Interesse für das Inzuchtproblem haben *haploide* Pflanzen sowie die aus ihnen durch Selbstung hervorgehenden „homozygoten Diploide" auch *Autodiploide* genannt. Da alle erblichen Defekte, die solche Genotypen enthalten, in voller Stärke zur Erscheinung kommen müssen, sollten Autodiploide die maximale Inzuchtdepression zeigen. Vermutlich ist aus diesem Grunde die Mehrzahl der haploiden Embryonen bei allogamen Wildarten nicht lebensfähig und der Rest entwickelt sich zu Zwergpflanzen. Haploide Pflanzen aus verbesserten Maisvarietäten zeigen dagegen kaum stärkere Depression als entsprechende Inzuchten (Chase, 1952).

6. Fortpflanzungssystem von Vicia faba

Die Pferdebohne bietet einige Besonderheiten, die von großer Bedeutung für die Analyse der Inzuchtprobleme sind. Diese Art war im vorigen Jahrhundert eine wichtige Proteinquelle für das Vieh. In den letzten hundert Jahren ist jedoch ihr Anbau wegen niedriger und unsicherer Erträge in mehreren Ländern, z. B. Großbritannien, auf einen Bruchteil zurückgegangen. Die Ursache der unsicheren Erträge liegt vermutlich daran, daß diese ursprünglich an Kreuzbefruchtung angepaßte Art auf dem Wege ist, sich in einen Selbstbestäuber zu verwandeln. Etwa 60—70% der Samen gehen aus Selbstung hervor, und nur 30—40% aus Kreuzbefruchtung (ROWLANDS, 1958). Ein so hohes Selbstungsprozent sollte an und für sich vollkommen ausreichen, um jegliche Grundlage für eine Inzuchtdepression rasch zu eliminieren. Wenn wir dennoch bei diesem Objekt ziemlich ausgeprägte Inzuchteffekte vorfinden, so bedeutet dies offenbar, daß ihre Elimination mit Schwierigkeiten verbunden ist, die sich vielleicht erst im Laufe einer längeren Zeitperiode, vielleicht einige Jahrhunderte, völlig überwinden lassen.

Normalerweise erfordert die Befruchtung der Blüten bei *Vicia faba* einen Insektenbesuch, wobei ein Mechanismus in Gang gesetzt wird, der den Pollen unter Druck auf die Narbe befördert. Wenn die Pflanzen im Treibhaus bei Abschluß von Insekten blühen, so können die Blüten nach DRAYNER (1959) eine gewisse *„Autofertilität"* zeigen, indem sie etwa 20—40% des normalen Samenansatzes geben. Dies ist dadurch ermöglicht, daß der Pollen vor Öffnung der Blüten auf die Narbe fällt. Bei Inzucht sinkt indessen die Autofertilität schon in wenigen Generationen auf minimale Werte herab, in S_4 auf etwa 2% des normalen Samenansatzes. Worauf dieser Typus von Selbststerilität beruht, ließ sich bisher noch nicht aufklären. Bei künstlicher Selbstbestäubung sind nämlich die Pflanzen gut selbstfertil. Es ist möglich, daß bei Inzucht eine geringere Pollenmenge produziert wird, so daß kein genügend enger Kontakt zwischen Narbe und Pollen entsteht.

Insektenbesuch führt zu einer gemischten Bestäubung, indem außer dem Pollen der gleichen Blüte oder Pflanze auch Pollen von fremden Pflanzen auf die Narbe gebracht wird. Bei S_0-Pflanzen führt Insektenbesuch vorzugsweise zu Selbstung, während mit zunehmender Inzucht ein steigendes Prozent der Samen aus Kreuzbefruchtung hervorgeht. DRAYNER untersuchte dies dadurch, indem er S_1-S_5-Pflanzen sowie Hybride zwischen solchen Inzuchten ($F_1=S_0$) mit weißem Hilum der Samen in alternierenden Reihen zwischen Pflanzen anbrachte, die homozygot im dominanten Merkmal schwarzes Hilum waren. In der Nachkommenschaft der Pflanzen mit weißem Hilum wurden folgende Prozente von Individuen mit schwarzem Hilum angetroffen:

S_1	S_2	S_3	S_4	S_5	F_1	F_2
20,3	20,4	17,9	25,1	34,4	10,7	29,1

Nun entstehen bei der benutzten Anordnung der Pflanzen Nachkommen mit schwarzem Hilum nur durch Kreuzung zwischen Individuen aus verschiedenen Reihen, während Nachkommen mit weißem Hilum teils durch Selbstung, teils durch Kreuzung innerhalb der Reihen erzeugt werden. Wenn bei Insektenbesuch eine leichte Bevorzugung einer Bestäubung innerhalb der Reihen stattfindet, so deuten die obigen Zahlen darauf, daß bei steigender Inzucht die große Mehrzahl der Nachkommen aus Kreuzbefruchtung hervorgeht.

Aus diesen und anderen Befunden wird geschlossen, daß eine natürliche Population von *Vicia faba* aus einer Mischung von etwa ein Drittel Hybriden und zwei Drittel Inzuchtpflanzen (S_1 oder S_2) besteht. Die Hybride werden hauptsächlich selbstbestäubt, während ihre S_1- oder S_2-Nachkommen hauptsächlich kreuzbestäubt werden. Praktisch erfolgt also ein *Alternieren* zwischen Selbstung und Kreuzbestäubung. Die Selbstung der S_0-Pflanzen erfolgt gewöhnlich durch Insekten. Wenn der Insektenbesuch schlecht ist, kann ein reduzierter Samenansatz durch spontane Selbstung erfolgen. Höhere Grade von Inzucht können auf diese Weise nicht erzeugt werden, da die „Autofertilität" mit steigender Inzucht gegen Null herabsinkt.

Aus mehreren Gründen hätte eine genaue Kenntnis des Fortpflanzungssystems und der Inzuchteffekte von *Vicia faba* das größte Interesse für die Genetik. Erstens sind vermutlich die Mehrzahl der heutigen autogamen Kulturpflanzen durch ähnliche

Zwischenstadien gegangen, als sie sich von allogamen zu autogamen Objekten entwickelten. Zweitens zeigen uns die Verhältnisse bei *Vicia faba*, wie schwer die ursprüngliche Heterozygotie in Homozygotie umgeformt wird. Es entsteht damit die Frage, von welcher Natur die Faktoren sind, die die Heterozygotie so hartnäckig aufrecht erhalten. Vor allem müssen wir aber die Frage stellen, in welchem Umfang die gleichen Faktoren bei typisch allogamen Objekten am Werk sind.

Der Mais wird gewöhnlich als eine typisch allogame Art angesehen. Wenn einzelne weißkörnige Pflanzen in einen größeren Acker von gelbkörnigen Pflanzen angebracht werden, so geben sie nach KIESSELBACH (1922) etwa 0,7% weiße Samen, die durch Selbstung entstanden sind. Nach SPRAGUE (1959) beträgt das typische Prozent von Selbstung bei Mais 1—5%. In kleineren Populationen findet man indessen Werte bis zu 15%. Außer Selbstung haben wir in kleinen Populationen, wie sie z. B. in den Gebirgen Südamerikas üblich sind, einen beträchtlichen Betrag von schwächeren Typen von Inzucht, wie sie durch Kreuzung zwischen verwandten Individuen sowie durch Selektion bedingt wird. Solche Beträge von Inzucht würden an und für sich offenbar genügen, um die Häufigkeit von rezessiven Defekten aller Art zu dezimieren. Dennoch zeigen gerade die südamerikanischen Maistypen bei Selbstung eine besonders starke Depression. Betrachtungen dieser Art zeigen, daß die übliche Vorstellung, wonach Inzuchtdepression primär auf Homozygotie in rezessiven Defekten beruht, zweifelhaft ist. Es liegt näher anzunehmen, daß andere Faktoren am Werk sind, die auf eine sehr effektive Weise einen genügenden Grad von Heterozygotie in den Populationen aufrechterhalten. Die Mutationen, die bei künstlicher Inzucht abspalten, repräsentieren vermutlich nicht die nach der Formel $q = \sqrt{\frac{u}{s}}$ zu berechnenden Gleichgewichtshäufigkeiten von Mutation und Selektion, die sich im Laufe von Jahrhunderten oder Jahrtausenden einstellen, sondern vorzugsweise die Mutationen der letzten Generationen, die noch nicht eliminiert worden sind.

7. Inzuchteffekte bei Tieren

Bei Tieren ist normalerweise kontinuierliche Geschwisterpaarung der stärkste Grad von Inzucht. Umfangreiche Untersuchungen über Inzucht sind besonders bei Drosophila, verschiedenen Gattungen von Nagetieren, wie Mäuse, Ratten, Meerschweinchen, Kaninchen, bei Hühnern und größeren Haustieren ausgeführt worden. Eine Übersicht über die grundlegenden Arbeiten findet man bei FEDERLEY, 1928. Abspaltung rezessiver Defekte ist bei allen Arten sehr auffällig. Die allgemeine Inzuchtdepression ist zwar ebenfalls durchaus deutlich, hat jedoch im Durchschnitt einen schwächeren Grad als bei allogamen Pflanzen.

WRIGHT (1922, a, b) errichtete aus 35 Paaren von Meerschweinchen getrennte Linien, die durch konsequente Geschwisterpaarung vermehrt wurden. Nach 20 Generationen waren nur 18 von diesen Linien am Leben. Im Durchschnitt dieses Materials wurde eine deutliche Depression gefunden. Die Fertilität war herabgesetzt, Frühgeburten kamen häufiger vor und die Sterblichkeit der Embryonen und jungen Tiere war erhöht. Das Gewicht der Neugeborenen war niedriger, die Entwicklung verlangsamt und die Empfänglichkeit für Tuberkulose erhöht. Da indessen die verschiedenen Linien sehr verschiedene Grade und Typen von Degenerationserscheinungen zeigten, schloß WRIGHT, daß die Ausgangsindividuen dieser Linien sehr verschiedene Genotypen besaßen. Aus einigen dieser Genotypen entstehen leicht homozygote Kombinationen, die zum Aussterben der Linien führen. Aus anderen lassen sich Linien selektionieren, die relativ wenig Depression zeigen oder im Gegenteil sogar ihre Stammeltern an Vitalität übertreffen. Auch bei Ratten lassen sich bei geeigneter Form von Selektion Inzuchtlinien von normaler Vitalität und Fertilität erhalten. Die Verhältnisse sind also ganz anders als bei Mais, bei dem es nicht gelingt unter Hunderttausenden von Inzuchtlinien eine einzige anzutreffen, die sich im Ertrag den freibestäubten Varietäten nähert (vgl. aber S. 409). Bei Hühnern werden variable Grade von Inzuchtdepression in den verschiedenen Charakteren gefunden. Sehr ausgeprägt ist indessen in der Regel eine Reduktion in der Brutfähigkeit der Eier. Es scheint, daß hierbei eine selektive Elimination erfolgt, die sich gegen die mehr homozygoten Genotypen richtet (LERNER, 1954).

8. Spezifische Effekte der Inzucht

Eine auffällige Begleiterscheinung der Inzucht ist die erhöhte Häufigkeit von *Phänodevianten* (LERNER, 1954), d. h. mehr oder minder auffälligen Defekten, die eine schwache oder unübersichtliche Vererbung zeigen. Zum Teil mag diese Erscheinung durch Schwächung der allgemeinen Pufferung infolge Homozygotie in sichtbaren oder unsichtbaren erblichen Defekten oder durch abnehmende Heterosis erklärt werden. Auf diese Weise entstehen in den verschiedenen Stämmen die verschiedensten Muster von Phänodevianten. Daneben gibt es indessen bei bestimmten Objekten mehr oder weniger spezifische Effekte der Inzucht. Ein solcher Effekt ist z. B. bei *Drosophila* das Auftreten von überzähligen Adern auf den Flügeln. Im Durchschnitt zahlreicher wilder Populationen fand DUBININ (cfr. LERNER, 1954) 0,29% Individuen mit überzähligen Adern. In einem Material von 240 Inzuchtlinien, die durch Geschwisterpaarung in der Deszendenz von eingefangenen, befruchteten wilden Weibchen errichtet wurden, trat dieser Charakter bei 68% der Linien innerhalb von 30 Generationen auf. Vorläufige Untersuchungen deuten darauf, daß andere *Drosophila*-Arten sich in diesem Merkmal ähnlich verhalten. Ein zweiter Charakter, der in diesem Zusammenhang Interesse hat, ist podoptera, eine von GOLDSCHMIDT et al. (1951) analysierte Phänodeviante, bei der die Flügel in beinähnliche Strukturen verwandelt sind. Dieser Typus kommt in großer Seltenheit in fast allen Stämmen von *Drosophila melanogaster* vor. Nach LERNER kann diese Phänodeviante als Indikator für das Niveau der Homozygotie angesehen werden, obgleich dieser Effekt durch andere Faktoren modifiziert werden kann. Beim Huhn tritt in ähnlicher Weise die Phänodeviante gekrümmte Zehen in großer Seltenheit in den meisten Stämmen auf. Durch Inzucht wird ihre Häufigkeit erhöht, und durch Inzucht kombiniert mit Selektion kann man konstante Linien mit gekrümmten Zehen erhalten. — Theoretisch können solche Erscheinungen auf verschiedene Weise interpretiert werden. Indessen deutet die Existenz von spezifischen Inzuchteffekten auf die Existenz einer spezifischen Komponente der Heterosis, deren nähere Erforschung für das Verständnis der Heterosisprobleme von großer Bedeutung sein mag.

II. Theorien der Inzuchtdepression

1. Dominanztheorie

Da die meisten Probleme der Inzucht in folgenden Kapiteln eingehend analysiert werden, begnügen wir uns hier mit schematischen Erklärungen unter Berücksichtigung historischer Aspekte. Es gibt zwei Haupttheorien, die sowohl zur Erklärung der Inzuchteffekte als auch der Heterosis benutzt werden, die von BRUCE (1910) und von KEEBLE und PELLEW (1910) angedeutete Dominanztheorie, die später durch JONES' Koppelungstheorie ausgebaut wurde, und die von SHULL (1911), EAST und HAYES (1912) formulierte und später auf verschiedene Weise modernisierte Stimulationstheorie.

Nach der Dominanztheorie sind die Individuen in allogamen Populationen heterozygot in zahlreichen Genpaaren, von denen im allgemeinen das dominante Allel günstig für die Vitalität des Individuums ist, das rezessive Allel ungünstig. Die einzelnen rezessiven Gene haben zwar in den Populationen nur eine sehr geringe Häufigkeit, da aber in Tausenden von Loki rezessive Allele vorkommen, wird ihre Gesamthäufigkeit so hoch, daß ein jedes Individuum heterozygot in einer größeren Anzahl ist. Verschiedene Individuen sind heterozygot in verschiedenen Genen. Bei erzwungener Selbstung von Individuen aus allogamen Populationen werden die Nachkommen homozygot in einem Teil der in den Ausgangspflanzen heterozygot vorhandenen ungünstigen Allele. In den folgenden Generationen nimmt die Depression zu in dem gleichen Maße, wie weitere ungünstige Gene homozygot werden, wie dies in Tab. 76 in schematischer Form erklärt ist.

Tabelle 76.

Die theoretische Wirkung der Inzucht auf die Beschaffenheit der Nachkommenschaft. Der Grad der Heterozygotie H_r ist bezogen auf die Heterozygotie der Ausgangsflanzen, S_0. — Spalte 2 gibt gleichzeitig den Grad der Heterozygotie in der betreffenden Generation und die Abnahme der Heterozygotie durch die letzte Selbstung

1	2		3	4	5	6	7	
Generation	Relative Heterozygotie H_r		Grad der Homozygotie, %	Homozygotie in ungünstigen Genen, %	Beispiel: Anzahl ungünstiger Gene = 32	Beispiel: Ertrag	Zunahme der Depression	
	Bruch $= \frac{1}{2^n}$	%	$= 1 - \frac{1}{2^n}$					
S_0	1	100	0	0	0	100	50% (S_0–S_1)	96,9% (S_0–S_3)
S_1	$\frac{1}{2}$	50	50	25	8	60		
S_2	$\frac{1}{4}$	25	75	37,5	12	40		
S_3	$\frac{1}{8}$	12,5	87,5	43,7	14	30	46,9 (S_1–S_5)	
S_4	$\frac{1}{16}$	6,25	93,7	46,9	15	25		
S_5	$\frac{1}{32}$	3,12	96,9	48,4	15,5	22,5		
S_6	$\frac{1}{64}$	1,56	98,4	49,2	15,75	21,25		
S_7	$\frac{1}{128}$	0,78	99,2	49,6	15,88	20,62		
S_8	$\frac{1}{256}$	0,39	99,6	49,8	15,94	20,31	3% (S_5–S_{10})	
S_9	$\frac{1}{512}$	0,195	99,8	49,9	15,97	20,16		
S_{10}	$\frac{1}{1024}$	0,098	99,9	49,95	15,98	20,08		
S_{ho}	0,0	0,0	100,0	50,0	16,0	20,0	0,1% (S_{10}–S_{ho})	

Wenn wir den relativen Heterozygotiegrad H_r der S_0-Pflanzen mit 100 (Prozent) bezeichnen, so sinkt derselbe in Übereinstimmung mit den Werten in Spalte 2, indem jede Selbstung, wie früher erklärt, die Häufigkeit heterozygoter Gene auf die Hälfte herabsetzt. In entsprechendem Maße steigt der Homozygotiegrad in bezug auf die in S_0 heterozygoten Gene, der auch als *Inzuchtkoeffizient F* bezeichnet wird (S. 236), wie in Spalte 3 angegeben. Wenn wir berücksichtigen, daß im Durchschnitt 50% günstige und 50% ungünstige Gene durch Inzucht fixiert werden, so erhalten wir Spalte 4.

Wenn z. B. die S_0-Pflanzen heterozygot in 32 Genen wären, so würde die durchschnittliche Anzahl der fixierten ungünstigen Gene auf die in Spalte 5 angegebene Weise von 8 in S_1 auf 16 in S_{ho} ansteigen.

Nach der Dominanztheorie sollte die Reduktion des Ertrages proportional mit der Anzahl der fixierten ungünstigen Gene sein. Fixierung von 50% der ungünstigen Gene gibt hierbei das durchschnittliche Inzuchtminimum. Die Fixierung der ungünstigen Gene sollte parallel mit der Zunahme des „Homozygotiegrades" (Spalte 3) verlaufen. Unter diesen Umständen läßt sich die theoretische Erwartung für die Reduktion des Ertrages durch die Gleichung

$$R_n = (E_0 - E_{ho}) \cdot (1 - \frac{1}{2^n})$$

wiedergeben, in der R_n die Reduktion des Ertrages bis S_n, E_0 und E_{ho} die Erträge in S_0 bzw. im Inzuchtminimum, n die Anzahl der Selbstungen bezeichnet und der Ausdruck $(1 - \frac{1}{2^n})$ den Anteil fixierter Gene (Homozygotiegrad). Für eine Maisvarietät mit dem Ertrag 100 in S_0 und 20 in S_{ho} wäre in S_5 eine Reduktion des Ertrages von $R_5 = (100 - 20) \cdot (1 - \frac{1}{2^5}) = 80 \times 0{,}969 = 77{,}5$ zu erwarten und somit ein Ertrag von 22,5 (Spalte 6). Theoretisch sollten 96,9% der Reduktion des Ertrages in den ersten 5 Generationen der Inzucht stattfinden, 3% in den nächsten 5 Generationen und nur 0,1% nach S_{10}, siehe Spalte 7. Trotz des extremen Schematismus aller Annahmen bietet diese Formel eine wichtige, allgemeine Vergleichsgrundlage.

Nach der Dominanztheorie wäre es theoretisch zwar durchaus möglich, praktisch aber schwierig, alle günstigen Gene der S_0-Pflanzen homozygot zu kombinieren und somit Inzuchtlinien mit demselben Ertrag wie bei freibestäubten Varietäten herzustellen. Es bestehen nämlich zwei große Hindernisse, die große Zahl der Gene, in denen S_0-Pflanzen gewöhnlich heterozygot sind, und die Koppelung von günstigen und ungünstigen Genen. Wenn eine S_0-Pflanze wie im obigen Beispiel heterozygot in 32 unabhängig spaltenden Genen wäre, so wäre die Wahrscheinlichkeit, daß eine S_1-Pflanze alle günstigen Gene besitzt $0{,}75^{32} = 0{,}0001$. Alle übrigen S_1-Pflanzen wären homozygot in mindestens einem, im Durchschnitt 8, rezessiven ungünstigen Allelen. Die Wahrscheinlichkeit, die eine vollkommene Pflanze aufzufinden, ist minimal, zumal da sie in den meisten günstigen Genen heterozygot ist und daher stark spaltet. Immerhin würde man durch systematische Auslese der kräftigsten Pflanzen relativ viele günstige Gene fixieren können und durch erneute Selektion in Kreuzungen der besten Inzuchten mindestens 90% des maximalen Ertrages erreichen.

Indessen ist vermutlich die durchschnittliche Anzahl der Gene, in denen S_0-Pflanzen heterozygot sind, noch höher. Unter diesen Umständen ist es unvermeidlich, daß eine große Anzahl von Koppelungen zwischen günstigen und ungünstigen Genen vorkommen. Koppelungen von dieser Art erniedrigen in sehr hohem Grade die Häufigkeit der besten Kombination und die Effektivität der Selektion in den spaltenden Generationen. Auf diese Verhältnisse hat JONES (1917) nachdrücklich hingewiesen. (Vergleiche auch S. 211).

2. Die Koppelungstheorie

Den Einfluß von Koppelungen auf die Inzuchteffekte veranschaulichte JONES durch folgendes Schema (Fig. 26). Die beiden Inzuchtlinien X und Y haben auf 3 Chromosomenpaaren je 3 günstige vollkommen dominante Gene. Diese Gene sind in den beiden Linien verschieden und werden im Schema durch Zahlen wiedergegeben. Die entsprechenden ungünstigen rezessiven Allele sind durch einen Strich angedeutet.

Wenn wir stattdessen die üblichen Buchstabensymbole benutzen würden, so hätte Chromosomenpaar I in Linie X und Y die folgende Konstitution:

Linie X	Linie Y
A b C d E f	a B c D e F
A b C d E f	a B c D e F

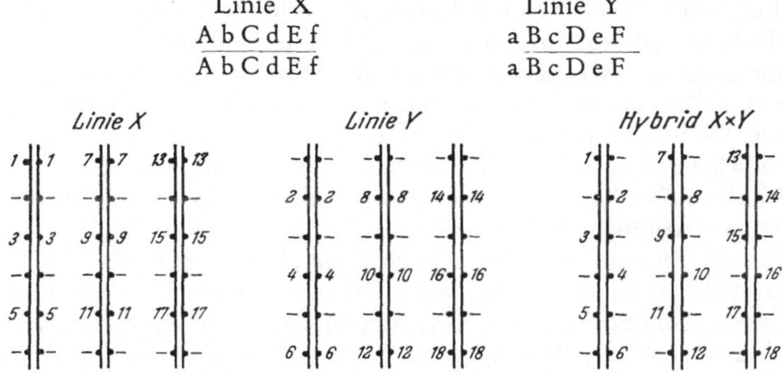

Fig. 26. Das Prinzip der Koppelungstheorie. Vgl. Text

Bei Kreuzung dieser Linien erhalten wir einen Hybrid, der alle 18 günstigen Gene besitzt, aber in allen heterozygot ist. Wenn kein crossing-over stattfinden würde, so erhielten wir in F_2 die im folgenden Schema angegebene Spaltung.

Anzahl heterozygoter					Mittel
Chromosomenpaare	0	1	2	3	1,5
Gene	0	6	12	18	9
Anzahl günstiger Gene	9	12	15	18	13,5
Anzahl Individuen	1 :	3 :	3 :	1	

Wir sehen, daß diese Verteilung symmetrisch ist. Die durchschnittliche Anzahl günstiger Gene ist von 18 in F_1 auf 13,5 in F_2 reduziert, die durchschnittliche Anzahl heterozygoter Gene von 18 auf 9, also auf die Hälfte. Bei weiteren Selbstungen würde der Grad der Heterozygotie in jeder Generation auf die Hälfte reduziert, bis schließlich alle Individuen homozygot in 9 günstigen Genen wären, wie die ursprünglichen Inzuchtlinien. — Wenn wir annehmen, daß die gekreuzten Maislinien in allen 10 Chromosomenpaaren entsprechende Unterschiede in der Lage günstiger und ungünstiger Gene zeigen, so kommen wir im Prinzip zu den gleichen Ergebnissen.

Bei strenger Gültigkeit des benutzten Schemas wäre bei Abwesenheit von crossing-over eine jede Selektion von überdurchschnittlichen Individuen in den spaltenden Generationen zwecklos, da diese Überlegenheit sich nicht homozygot fixieren ließe. Eine Selektion in F_{ho} hätte ebensowenig Zweck, da alle S_{ho}-Individuen die gleiche Anzahl günstiger und ungünstiger Gene hätten. In Praxis sind die Koppelungen jedoch nicht absolut, sondern haben alle möglichen Werte. Die Variationsbreite in F_{ho} wird zwar stark reduziert und auch die besten Kombinationen sind weit von den Werten der F_1 entfernt. Dennoch enthält die F_{ho} noch recht ungleichwertige Typen, und gewisse, obgleich begrenzte Möglichkeiten für Selektion sind zweifellos vorhanden.

Die Koppelungstheorie ist eine Ergänzung zur Dominanztheorie. Sie beeinflußt nicht unsere allgemeinen Vorstellungen über die Kurve der Inzuchteffekte, wie z. B. die Abnahme der mittleren Erträge der Generationen von F_1 bis F_{ho}. Indem sie eine starke Einschränkung der Variationsbreite in den sukzessiven Generationen voraussetzt, erklärt sie besser die Schwierigkeiten der Selektion von verbesserten Inzuchtlinien. Der Effekt der Koppelung dürfte von Objekt zu Objekt verschieden sein, indem er von der Anzahl der spaltenden Gene, der Anzahl der Chromosomen und der Verteilung des crossing-overs auf den Chromosomen abhängt. Vergleiche im übrigen Kapitel 11 IV.

3. Die Stimulationstheorie

In ihrer ursprünglichen Form nahm diese Theorie an, daß die Heterozygotie als solche Vitalität und Fertilität der Individuen erhöht. In dem Maße wie durch Inzucht die Heterozygotie reduziert wird, sinkt daher die Lebenskraft der Individuen. Wenn Proportionalität zwischen Zunahme der Homozygotie und Depression angenommen wird, sollte die Inzuchtkurve nach dieser Theorie denselben Verlauf haben wie nach der Dominanztheorie. Die Perspektiven für die Züchtung ertragreicher Inzuchtlinien wären aber noch schlechter als nach der Koppelungstheorie. Da hohe Erträge auf hohem Grad von Heterozygotie beruhen, sollte es im Prinzip unmöglich sein, ertragreiche Inzuchtlinien herzustellen.

In der letzten Zeit ist es indessen nicht mehr allgemein üblich, die Theorien der Dominanz und Stimulation als alternative Erklärungen der Inzucht- und Heterosiseffekte anzusehen, sondern eine steigende Anzahl von Forschern fassen sie als komplementäre Erklärungen auf. Hiernach dürfte ein Teil der normalen Vitalität auf Stimulation beruhen. Es besteht neuerdings auch eine gewisse Tendenz, diese Stimulation nicht durch die Heterozygotie als solche, sondern durch die Heterozygotie einer begrenzten Anzahl spezifischer *heterotischer Loki* zu erklären (vgl. auch Kapitel 6 und 7). Im übrigen ist nicht zu vergessen, daß es sich an dieser Stelle um primitiv formulierte Prinzipien handelt, die nur lose Beziehungen zur komplexen Wirklichkeit haben können.

Andererseits zeigt die praktische Erfahrung, daß mit wenigen Ausnahmen ein Heterozygotieverlust eine Zunahme der Inzuchtdepression bedeutet. Es besteht eine gewisse Tendenz, eine strenge Proportionalität zwischen Heterozygotieverlust und Depression einfach vorauszusetzen und die experimentellen Befunde in diesem Sinne zu interpretieren. Dies mag zwar im Durchschnitt verschiedener Versuche einigermaßen zutreffen. Im Einzelfalle liegt indessen meist nicht eine strenge Proportionalität vor, sondern abweichende Kurven verschiedener Art. Wir können diese Verhältnisse mit den Fahrplänen der Eisenbahn vergleichen. Je weiter ein Zug auf einer bestimmten Strecke fährt, desto mehr Zeit braucht er. Hierfür gibt es für keinen Zug eine Ausnahme. Verschiedene Teilstrecken können indessen mit recht verschiedenen Geschwindigkeiten durchlaufen werden und verschiedene Züge können die gleichen Abstände in verschiedenen Zeiten erreichen. In analoger Weise steigt innerhalb derselben Population die Depression stets mit zunehmendem Heterozygotieverlust, aber oft in gekrümmten Kurven und in verschiedenen Populationen erhalten wir verschiedene Depressionskurven. Aus diesen allgemeinen Erfahrungen heraus hat Heterozygotieverlust stets eine konkrete Bedeutung, obwohl in verschiedenem Material nicht die gleiche. Man darf unter diesen Umständen auch unbedenklich über Heterozygotieverlust sprechen, ohne damit zu den verschiedenen Auffassungen über die Natur der Inzuchtdepression Stellung zu nehmen.

4. Inzucht und Selektion

Das Inzuchtschema von Tab. 76, das für alle die genannten Theorien von Inzucht gilt, setzt voraus, daß während der Inzucht keinerlei Selektion erfolgt. Nun findet indessen fast immer eine gewisse natürliche Selektion statt und sehr leicht auch eine bewußte oder unbewußte künstliche. Schwächere Typen haben eine höhere Sterblichkeit und bei der Ernte werden automatisch stärkere Pflanzen bevorzugt, die außerdem eine größere Anzahl von Samen geben. Da nun die Vigor der Pflanze mit dem Grade ihrer Heterozygotie korreliert ist, gleichgültig welche Inzuchttheorie wir benutzen, so besteht stets die Gefahr der Auslese von überdurchschnittlich heterozygoten Pflanzen. Dies kann die Zunahme der Homozygotie wesentlich verlangsamen. Koppelung günstiger und ungünstiger Gene kann auch zu einer „*Balanzierung*“ kürzerer oder längerer Chromosomenstrecken führen, indem beide Typen von Homozygoten wesentlich geschwächt sind, so daß gewöhnlich nur Heterozygoten zur Fortpflanzung gelangen. Im Falle von balanzierten Letalfaktoren, der nicht ganz selten ist, sind überhaupt nur die Heterozygoten in dem betreffenden Chromosomensegment lebensfähig. Gene in der Nachbarschaft solcher Letalfaktoren können eine Reihe von Generationen heterozygot verbleiben, bis der Letalfaktor durch gelegentliches crossing-over aus dem Chromosom entfernt wird.

Bewußte Selektion auf Vigor innerhalb von spaltenden Inzuchtlinien mag zwar in einigen Fällen eine gewisse Erhöhung des Inzuchtminimums ermöglichen, wird aber mit einer Verlängerung der Inzuchtperiode erkauft. Bewußte Selektion auf leicht unterdurchschnittliche Vigor mag die Erreichung der Homozygotie beschleunigen, aber gleichzeitig als Nebeneffekt eine Senkung des Inzuchtminimums begünstigen. Unter diesen Umständen mag es für die rasche Erzeugung guter Inzuchtlinien das beste sein, während der spaltenden Generationen schärfere Selektion auf Vigor und Ertrag zu vermeiden und eher das Hauptgewicht auf Isolierung einer großen Anzahl von S_0-Pflanzen und Herstellung zahlreicher unverwandter S_{ho}-Linien zu legen.

5. Andere Ursachen der Inzuchtdepression

Müntzing (1945) hat darauf hingewiesen, daß bei manchen Objekten kleinere strukturelle Änderungen der Chromosomen, z. B. Duplikationen, so häufig sind, daß sie an der Inzuchtdepression beteiligt sein müssen. Im übrigen mögen Defekte verschiedener Art lokale oder generelle Störungen der Meiosis verursachen und dadurch Serien von sekundären Defekten erzeugen (Mather, 1955; Rees, 1955). Mutatorgene können Inzuchtstämme von *Drosophila* zum Aussterben bringen (Ives, 1955). Daß Inzucht unter Umständen zu genetischer Instabilität führt, ist nicht unwahrscheinlich. Ob dies bei einigen Objekten in wesentlichem Umfang geschieht, ist eine andere Frage. — Inzuchtlinien können herabgesetzte Resistenz gegen zahlreiche Krankheitserreger zeigen, darunter auch Virus und viroide Partikel. Manche Inzuchtlinien sterben an zunehmenden Erkrankungen unbekannter Natur (progressiver Degeneration) aus. Solche Schwächungen lassen sich nicht immer durch Kreuzung aufheben.

Plasmatische Effekte. Eine Beteiligung des Plasmons an den Erscheinungen der Inzucht und Heterosis ist schon von verschiedenen Forschern angenommen worden, vgl. S. 341. Einen interessanten Beitrag zu diesem Problem gibt Hirobe (1957) beim Seidenwurm. Ein Stamm dieser Art gab in zahlreichen Generationen etwa 30% sich nicht entwickelnde Eier. Aus diesem Stamm wurden zwei Substämme X und Y isoliert, die im Durchschnitt 28 bzw. 38% sterile Eier gaben. Als nach 6 Generationen von Inzucht diese Substämme wieder gekreuzt wurden, gaben die Hybride nur 16,7% sterile Eier (Fig. 27). Ein solches Ergebnis kann auf verschiedene Weise interpretiert werden. Der Autor zieht es indessen vor anzunehmen, daß die Trennung der beiden Substämme zu einer verschiedenartigen Differenzierung des „Cytoplasmas" innerhalb derselben führte, und die Kombination dieser beiden Plasmatypen eine Heterosis in F_1 verursachte. Dieses Problem wird von Hirobe an einem anderen, komplizierteren Beispiel gründlicher untersucht. Auf Grund seiner Befunde kommt der

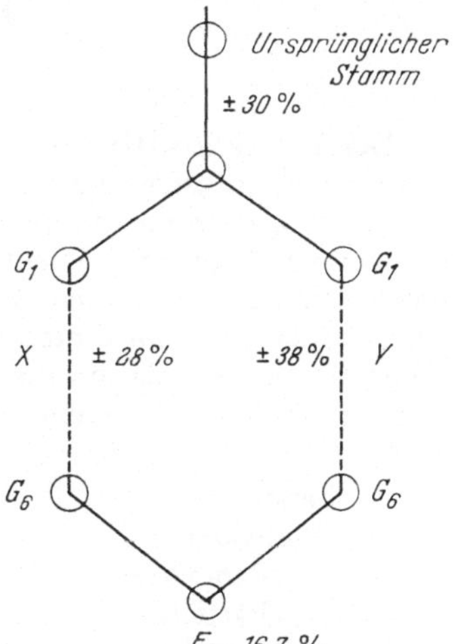

Fig. 27. Schematische Darstellung des Versuches von Hirobe (1957). G_1, G_6, bzw. erste und sechste Generation der Inzucht

Autor zum Schluß, daß eine cytoplasmatische Heterosis stets zu erwarten ist, wenn zwei Stämme gekreuzt werden, die vor mehreren Generationen isoliert wurden, selbst wenn diese Stämme von derselben Ausgangspopulation hervorgingen. Dieser Effekt stellt sich erst mindestens 3—4 Generationen nach Isolierung der Stämme ein und wird allmählich verstärkt. Im Vergleich zu der von Genen ausgelösten Heterosis ist der plasmatische Effekt meist relativ gering. Im übrigen tritt er nur in Kreuzungen auf, in denen der väterliche Stamm der bessere ist.

Die Auffassung von Hirobe hat besonderes Interesse in Verbindung mit dem Prinzip der Prüfung auf Homozygotie durch Kreuzung von Sublinien (Fig. 25). Nach seiner Auffassung ist in solchen Fällen beobachtete Heterosis meist das Ergebnis einer plasmatischen Differenzierung der Sublinien. Eine solche Möglichkeit sollte stets ernsthaft in Betracht gezogen werden. Allerdings liegt es nahe anzunehmen, daß eine divergente plasmatische Differenzierung von Sublinien durch genetische Unterschiede zwischen ihnen erleichtert wird, so daß oft die gekreuzten Sublinien sich sowohl durch Gene als auch durch Plasma unterscheiden.

Im großen und ganzen ist es nicht unwahrscheinlich, daß eine jede geschlossene Population ein *durchschnittliches „Plasma“* entwickelt, indem stets geringe väterliche Plasmamengen sich mit dem mütterlichen Plasma kombinieren. Wenn die Population in Selektionen oder Inzuchten zerlegt wird, so paßt das Plasma in einem großen Teil der Linien nicht mehr zum Genotyp derselben. Eine solche Gleichgewichtsstörung dürfte den Versuch einer *plasmatischen Adaptation* auslösen, ein Prozeß, der indessen nicht in allen Fällen zu einem brauchbaren Ergebnis führt. Die unverständlichen Erscheinungen, die Inzucht nicht selten in einem Teil der Linien hervorbringt, mögen in diesem Sinne interpretiert werden. Die exakte Erforschung dieser Probleme wurde vielleicht verzögert durch die Unlust der Forscher, sich mit Phänomenen zu befassen, die als *Lamarckismus* interpretiert werden könnten, da oft vorausgesetzt wird, daß jede Form von Lamarckismus im Prinzip unmöglich ist.

III. Inzucht in Populationen

1. Makropopulationen

Der Inzuchtkoeffizient F. In den großen Populationen natürlicher Arten haben wir sehr verschiedene Beträge von Inzucht. Es gibt z. B. alle Übergänge zwischen typisch allogamen und autogamen Arten, indem die mittlere Häufigkeit von Selbstungen bei verschiedenen Objekten zwischen 0,0 und 100% variiert. Außer Selbstung haben wir bei den meisten Arten andere Formen von Inzucht wie Kreuzungen zwischen näher oder entfernter verwandten Individuen. Eine jede Form von Inzucht erhöht in der Population die Häufigkeit der Homozygoten auf Kosten der Heterozygoten in Übereinstimmung mit folgendem Schema von Wright (1921, 1922 c, 1958).

Genotypen	AA		Aa		aa
Häufigkeit					
Panmixie	p^2		$2pq$		q^2
Partielle Inzucht	p^2+Fpq	:	$2pq(1-F)$	:	q^2+Fpq

Die Inzucht verschiebt nicht die Genhäufigkeit in der Population, sondern nur das Verhältnis der Genotypen. Wenn $2pq$ die Häufigkeit der Heterozygoten in einer panmiktischen Population von gleicher Genhäufigkeit bezeichnet, so ist durch die partielle Inzucht der Anteil F der Heterozygoten durch Homozygoten ersetzt worden. Beide Klassen von Homozygoten sind um den gleichen Betrag Fpq erhöht worden.

Für $p = 0{,}9$ und $F = 0{,}4$ wäre z. B. $F\,pq = 0{,}4 \cdot 0{,}9 \cdot 0{,}1 = 0{,}036$. Wir erhielten daher folgende Häufigkeit der Genotypen:

	AA		Aa		aa
Panmixie	0,810	:	0,180	:	0,010
$F = 0{,}4$	0,846	:	0,108	:	0,046

F wird als Inzuchtkoeffizient bezeichnet. Wenn wir in einer Population ein konstantes Prozent (S) von Selbstung annehmen, so würde sich hieraus ein Inzuchtkoeffizient ergeben, der sich nach folgender Formel berechnen läßt:

$$F = \frac{S}{2\text{-}S}$$

Für 10% Selbstung und 90% Fremdbefruchtung wäre $F = 0{,}1/1{,}9 = 0{,}053$. Aus Inzuchtkoeffizient und Genhäufigkeit läßt sich wiederum die relative Häufigkeit der Heterozygoten und Homozygoten berechnen. Hätten wir in einer Population neben zufälligen Paarungen ein bestimmtes Prozent (G) von Geschwisterpaarung, eine Methode, die in der Tierzüchtung in Betracht kommt, so gilt:

$$F = \frac{G}{4 - 3\,G}$$

Für 10% Geschwisterpaarung wäre $F = 0{,}027$.

Homozygotie in seltenen Genen. Ein charakteristischer Effekt der Inzucht in den Populationen ist eine starke Erhöhung der Häufigkeit von Homozygoten in seltenen rezessiven Genen, indem in der obigen Gleichung von WRIGHT im Ausdruck $q^2 + F\,pq$ mit steigender Seltenheit von q das Verhältnis $F\,pq : q^2 = F(1-q)q : q^2$ einen immer größeren Wert annimmt. Eine Reihe von Beispielen hierfür sind aus Tab. 77

Tabelle 77.

Häufigkeiten der rezessiven Homozygoten bei verschiedenen Werten von q und F. Unter den Werten von F sind die entsprechenden Häufigkeiten von Selbstungen (S) oder Geschwisterpaarungen (G) in den Populationen angegeben, die sich aus den folgenden Gleichungen berechnen lassen: $S = \frac{2F}{1+F}$ und $G = \frac{4F}{1+3F}$

q	$F = 0$	$F = 0{,}01$	$F = 0{,}1$	$F = 1$	Rel. Häufigkeit der Homozygoten $(q^2 + Fpq) : q^2$ bei $F =$			
	S = 0 G = 0	S = 0,0198 G = 0,0388	S = 0,182 G = 0,308	S = 1 G = 1	0	0,01	0,1	1
0,001	0,000001	0,000011	0,000101	0,001	1	: 11	: 101	: 1000
0,01	0,0001	0,0002	0,00109	0,010	1	: 2	: 10,9	: 100
0,1	0,01	0,0109	0,019	0,10	1	: 1,09	: 1,9	: 10
0,5	0,25	0,2525	0,275	0,50	1	: 1,01	: 1,1	: 2

zu ersehen. Während in einer panmiktischen Population für $q = 0{,}001$ die Häufigkeit der aa-Individuen 0,000 001 beträgt, würde dieselbe bei $F = 0{,}1$ auf 0,0001 ansteigen und bei $F = 1$, d. h. bei Inzucht bis zur vollständigen Homozygotie, auf 0,001. Der stärkste Grad von Inzucht hätte also in diesem Fall die Häufigkeit der Homozygoten auf das Tausendfache erhöht.

Genfixierung bei künstlicher Inzucht. Bei künstlicher Inzucht bezeichnet *F* den Anteil der ursprünglichen Heterozygoten, der bis zu einer gegebenen Generation „fixiert" worden ist. Da dieser Anteil unabhängig von der Genhäufigkeit ist und nur durch den Grad der Inzucht bestimmt wird, ist *F* ein besonders guter Maßstab für die Inzucht. In zwei Ausgangspopulationen mit $p = 0{,}9$ und $p = 0{,}5$ würden wir z. B.

durch zwei Generationen von Selbstung die folgende Verschiebung in der relativen Häufigkeit der Genotypen erhalten:

S_0	81 AA	: 18 Aa	: 1 aa	und	25 AA	: 50 Aa	: 25 aa
S_2	87,75 AA	: 4,5 Aa	: 7,75 aa	und	43,75 AA	: 12,5 Aa	: 43,75 aa

In beiden Fällen ist $F = 0{,}75$, indem 75% der ursprünglichen Heterozygoten fixiert wurden.

Während F die Fixierung der Heterozygoten mißt, bezeichnet $1 - F$ den Anteil der noch nicht fixierten Heterozygoten. Wenn die Proportion der Heterozygoten mit und ohne Inzucht mit bzw. H_F und H_0 wiedergegeben wird, so folgt direkt aus dem obigen Schema von WRIGHT (S. 236), daß

$$H_F/H_0 = 1 - F$$
$$F = 1 - H_F/H_0 \quad \text{und} \quad H_F = (1 - F)H_0$$

Obgleich diese Formeln für einfache Genpaare abgeleitet sind, gelten sie auch für die durchschnittliche Heterozygotie, den Heterozygotiegrad. Wenn $F = 0{,}75$, so ist die Häufigkeit der Heterozygoten im Gen A auf ein Viertel herabgesetzt. Gleichzeitig wäre indessen auch die durchschnittliche Heterozygotie einer Population auf ein Viertel reduziert. Wenn bei $F = 0$ die Individuen im Mittel heterozygot in 50 Genen wären, so wären sie bei $F = 0{,}75$ nur noch heterozygot in 12,5 Genen. In diesen Beziehungen zum mittleren Heterozygotiegrad besteht die eigentliche Bedeutung des Inzuchtkoeffizienten.

In der Deszendenz von Kreuzungen haben wir für jedes spaltende Gen $p = q = 0{,}5$. Für 90% spontaner Selbstung, wie sie bei einigen Kulturpflanzen vorkommt, wäre nach einer der oben genannten Formeln F gleich rund 0,82, weshalb die Häufigkeit der Heterozygoten im Gleichgewicht für jedes Gen $2 \cdot 0{,}5 \cdot 0{,}5 \times 0{,}18 = 0{,}09$ beträgt. In entsprechender Weise läßt sich für 99% Selbstung die Gleichgewichtshäufigkeit der Heterozygoten zu 0,01 berechnen. In Kreuzungsdeszendenzen entspricht also die Häufigkeit der Heterozygoten angenähert dem Prozent der Kreuzbefruchtung.

2. Mikropopulationen

a) Allgemeines

Bei Populationen von begrenzter Größe müssen wir für viele Probleme den Umstand berücksichtigen, daß niedrige Populationsgröße eine gewisse Verwandtschaft der sich kreuzenden Individuen zur Folge hat und dadurch eine schwache Rate von Inzucht verursacht. Handelt es sich um *geschlossene* Populationen, d. h. solche, deren Individuen sich nur innerhalb der Population kreuzen, so addiert sich der Inzuchteffekt von Generation zu Generation und muß daher im Laufe der Zeit zu vollständiger Homozygotie in allen Genen führen, wenn keine Faktoren in entgegengesetzter Richtung wirken.

Wenn wir den mittleren Heterozygotiegrad zweier sukzessiver Generationen einer allogamen Population mit H_{n-1} und H_n oder H′ und H bezeichnen, so entspricht der mit lambda (λ) bezeichnete Quotient H/H′ dem Anteil des Heterozygotiegrades der Generation $n - 1$, der in der Generation n noch erhalten ist, während $1 - \lambda = 1 - H/H'$ den Heterozygotieverlust im Verlaufe dieser Generation angibt. Wenn z. B. die Heterozygotie von 0,85 auf 0,80 herabsank, so ist $\lambda = 0{,}80/0{,}85 = 0{,}94$ und $1 - \lambda = 0{,}06$. 6% der Heterozygotie ging also verloren.

Um den Effekt der Populationsgröße auf die Inzucht mathematisch abzuleiten, hat sich das folgende Modell als zweckmäßig erwiesen. Man nimmt an, daß in der Population einer monözischen Art wie z. B. Mais eine streng zufällige Vereinigung der Gameten erfolgt, wobei auch ein zufallsgemäßer Betrag an Selbstung vorausgesetzt wird. In diesem Falle berechnet sich der Heterozygotieverlust je Generation nach der Formel $1-\lambda=1/2N$, in der N die Anzahl fertiler Individuen in der Population angibt. Hätten wir z. B. 60 Maispflanzen und wäre die Häufigkeit der Samen aus Selbstung 1/60, so beträgt der Heterozygotieverlust 1/120. Wäre in der gleichen Population Selbstung verhindert, so würde die Heterozygotie etwas langsamer abnehmen, nämlich nach der Formel

$$1-\lambda=\frac{1}{2N}-\frac{1}{4N^2}\text{; für obiges Beispiel }\frac{1}{120}-\frac{1}{120^2}=\frac{1}{121}.$$

Diese Formel gilt auch für zufällige Paarung diözischer Organismen. Abgesehen von den kleinsten Werten von N gibt jedoch die Formel $1-\lambda=1/2N$ für praktische Zwecke in den meisten Fällen genügend angenäherte Werte. Wenn innerhalb einer Population durch ein streng kontrolliertes System von Kreuzungen für maximale Vermeidung von Inzucht gesorgt wird, so kann der Heterozygotieverlust theoretisch bis auf 1/4N je Generation reduziert werden, was in bestimmten Systemen der Tierzucht ausgenutzt wird.

Wenn bei diözischen Organismen die Populationen eine ungleiche Anzahl Individuen beider Geschlechter enthalten, N_f ♀♀ und N_m ♂♂, so beträgt der Heterozygotieverlust je Generation nach einer angenäherten Formel $\frac{1}{8N_f}+\frac{1}{8N_m}$. Diese Formel geht in $\frac{1}{2N}$ über, wenn $N_f=N_m=0{,}5\,N$. Wenn sehr viel mehr Individuen von dem einen Geschlecht vorhanden sind als vom anderen, z. B. 240 ♀♀ : 8 ♂♂, so wird der Effekt in erster Linie durch das seltenere Geschlecht bestimmt, indem wir in diesem Beispiel den Wert $\frac{1}{8\times240}+\frac{1}{8\times8}$ erhalten.

Effekt mehrerer Generationen. Für monözische Populationen vom Standardmodell hatten wir nach obigen Angaben $H/H'=\lambda=1-\frac{1}{2N}$. Wenn wir eine solche Population n Generationen auf konstanter Größe halten und den Heterozygotiegrad der Generation 0 und n mit bzw. H_0 und H_n bezeichnen, so läßt sich die relative Heterozygotie $H_r=(1-F)$ der Generation n nach der Formel berechnen:

$$H_r=\frac{H_n}{H_0}=\lambda^n.$$

Die Annäherung ist um so besser, je größer n. Für eine Population von 10 Individuen, die 13 Generationen hindurch auf der gleichen Größe gehalten wird, wäre

$$H_r=\left(1-\frac{1}{20}\right)^{13}=\left(\frac{19}{20}\right)^{13}=0{,}51.$$

Eine Populationsgröße von 10 Individuen würde also in 13 Generationen fast denselben Heterozygotieverlust verursachen wie eine Selbstung.

Ist jedoch die Größe der Population stark wechselnd, so muß der Effekt jeder Generation besonders berücksichtigt werden. Wäre z. B. die Anzahl der sich untereinander befruchtenden Individuen in 5 sukzessiven Generationen 10, 50, 8, 60, 12, so berechnen wir für jede Generation den Faktor $(1-\frac{1}{2N})$ und erhalten für H_r in Generation 5 den Wert $\frac{19}{20}\cdot\frac{99}{100}\cdot\frac{15}{16}\cdot\frac{119}{120}\cdot\frac{23}{24}=0{,}950\cdot0{,}990\cdot0{,}937\cdot0{,}992\cdot0{,}958=0{,}838.$

Wir sehen, daß die verschiedenen Generationen in ungleichem Grade zum Gesamteffekt beitragen, indem die zwei größeren Generationen sehr geringe Wirkung haben.

Komplikationen. Man sollte beachten, daß die theoretischen Inzuchteffekte in der Regel Minimumswerte darstellen, die in Praxis leicht auf verschiedene Weise überschritten werden. Sie gelten nur unter der Voraussetzung, daß in den Populationen keinerlei selektive Vorgänge stattfinden. McGILL und LONNQUIST (1955) setzten z. B. eine synthetische Population durch Mischung gleicher Teile Samen von 7 S_1-Linien zusammen. In einem gleichzeitigen Versuch, in dem diese 7 Linien getrennt ausgesät wurden, keimten drei von ihnen nicht. Da die Population somit vermutlich nur aus 4 S_1-Linien entstand, ist ein viel stärkerer Inzuchteffekt zu erwarten. Mit beträchtlichen Unterschieden in der Keimfähigkeit der Inzuchtlinien ist immer zu rechnen, wenn auch selten in dem Maße wie in diesem Versuch. Sodann ist die Befruchtung innerhalb einer Maispopulation keineswegs zufällig (LONNQUIST und JUGENHEIMER, 1943, GUTIERREZ und SPRAGUE, 1959). Besonders groß werden indessen die Unterschiede, wenn wir eine Mischung homozygoter Linien aussäen. Einige Linien produzieren zwanzigmal so viel Pollen wie andere. Auch wenn die Pollenquantität die gleiche ist, mag der Pollen von einigen Linien eine vielfach höhere Befruchtungsfähigkeit haben als der von anderen. Unterschiede in der Blütezeit der weiblichen und männlichen Infloreszenzen begünstigen einige Kombinationen und benachteiligen andere. Unterschiede in Vitalität und Ertrag haben ebenfalls selektive Effekte. Indem durch die Summe solcher Faktoren oft einige Linien besonders viele Nachkommen hinterlassen, steigt der durchschnittliche Grad von Verwandtschaft in der Nachkommenschaft, was eine entsprechende Erhöhung der Inzucht zur Folge hat.

Wenn man aus *n* Inzuchtlinien eine synthetische Population herstellen will, ist es am besten, diese Linien in allen $n(n\text{-}1)/2$ möglichen Kombinationen zu kreuzen und gleiche Mengen Samen aus jeder Kreuzung zu mischen. Auf diese Weise reduziert man die genannten Störungen auf einen geringen Bruchteil. Wenn erst auf diese Weise eine gründliche Interkreuzung der *n* Inzuchtlinien erfolgt ist, können die folgenden Generationen ohne größere Gefahr an einem isolierten Ort durch spontane Bestäubungen vermehrt werden, indem die Intensität der selektiven Prozesse von nun an stark abgemildert ist und ihre Richtung zum großen Teil auf Aufrechterhaltung der genetischen Variabilität geht.

b) Typen von Mikropopulationen

Bei allogamen Objekten ist es mit einigen Schwierigkeiten verbunden, zahlreiche Mikropopulationen *(Stämme)* zu vermehren, da dazu eine effektive Isolierung des einzelnen Stammes gegen den Pollen von allen anderen notwendig ist. Nicht immer besteht die Gelegenheit, die einzelnen Mikropopulationen an räumlich weit voneinander getrennten Stellen auszupflanzen. Wenn bei Mais jede Mikropopulation von einem relativ breiten Gürtel von massiven anderen Pflanzen, z. B. sehr spät blühende und hochwachsende Maisvarietäten, die fremden Pollen abfiltrieren, umgeben wird, so kann auf diese Weise oft eine hinreichend effektive Isolation erzielt werden (S. 245).

Gewöhnlich werden indessen die Stämme durch einen als „composite sibbing" bezeichneten Typus von *„kontrollierter Mischbestäubung"* vermehrt. Bei dieser Methode kann man z. B. von jeder Mikropopulation zwei Reihen zu je 30 Pflanzen aussäen. In der einen Reihe werden 10—15 Pflanzen zur Pollengewinnung isoliert. Mit einer Mischung dieses Pollens wird eine gleiche Anzahl zuvor kastrierter Pflanzen aus der benachbarten Reihe bestäubt. Die aus diesen 10—15 Pflanzen erhaltenen Samen werden gemischt. Wenn je 10 Pflanzen beider Geschlechter benutzt wurden, so sollte durch eine solche Mischbestäubung ein Inzuchteffekt von $1/2 \times 20 = 0{,}025$ erzeugt werden. Wenn man einen solchen Stamm dreimal auf die gleiche Weise vermehrt, so würde die relative Heterozygotie auf $0{,}975^3 = 0{,}927$ reduziert. Ein derartiger Heterozygotieverlust von 0,073 könnte bei einer Maissorte, deren Inzuchtminimum bei 30% des normalen Ertrages liegt, eine Ertragserniedrigung von etwa $0{,}073 \cdot 0{,}7 = 5{,}1\%$ erzeugen. Wird indessen nach der ersten Generation von kontrollierter Mischbestäubung die Deszendenz an einem isolierten Ort panmiktisch in großen Populationen vermehrt, so erfolgt keine weitere Erhöhung der Inzucht. H_r verbleibt also in den folgenden Generationen beim Werte 0,975.

Wenn gleiche Anteile von 10 S_1-Linien gemischt werden, so ist bei zufälliger Kreuzung innerhalb der Mischung mit demselben Heterozygotieverlust zu rechnen, wie bei einem Ausgangsmaterial von 10 S_0-Individuen, also $1-\lambda=1/2N=0{,}05$. Wird die Deszendenz dann panmiktisch in großen Populationen vermehrt, so verbleibt die Inzucht auf diesem Niveau. Eine S_1-Linie ist in diesem Falle gleichwertig mit der S_0-Pflanze, von der sie abstammt, da sie alle Gene dieser Pflanze enthält. — Wird dagegen durch Interkreuzung von 10 unverwandten homozygoten Inzuchtlinien eine panmiktische Population hergestellt, so erzeugt dies einen einmaligen Inzuchteffekt von doppelter Größe, also $1-\lambda=1/N=0{,}10$. Dieses Verhältnis wird an anderer Stelle eingehend diskutiert (S. 407). Hier sei nur gesagt, daß eine S_0-Pflanze aus zwei zufälligen Gameten ihrer Population entstanden ist, während eine S_{ho}-Linie mit einem einzigen zufälligen Gameten aus ihrer Population verglichen werden kann. Der Inzuchteffekt wäre also der gleiche, als ob eine halb so große Anzahl S_0-Pflanzen interkreuzt würde. Sehr deutlich geht dieses Prinzip auch aus der Tatsache hervor, daß unausgelesene Hybride zweier homozygoter Inzuchten im Mittel etwa denselben Ertrag haben wie S_0-Pflanzen aus der gleichen Varietät und daher offenbar einen ähnlichen Heterozygotiegrad besitzen wie S_0-Pflanzen.

S_1-Linien. Von besonderer Bedeutung ist kontrollierte Mischbestäubung für die Vermehrung von S_1-Linien, die z. B. in Mexico in großem Umfang für die Herstellung von Maishybriden benutzt werden (WELLHAUSEN, 1960). Die ursprüngliche S_1-Linie hat einen Inzuchtkoeffizienten von $F=0{,}5$. Wenn wir innerhalb einer solchen Linie 15 Pflanzen kastrieren und mit der Pollenmischung aus 15 anderen Geschwisterpflanzen bestäuben, so sollte dadurch ein Inzuchteffekt von $1/2N=1/60$ entstehen. Hierdurch wird der Inzuchtkoeffizient von 0,50 auf $1-\frac{59}{60}\cdot 0{,}5=0{,}5083$ erhöht, eine ganz unbedeutende Zunahme. Man kann unbedenklich die Linie einige Generationen durch kontrollierte Mischbestäubung vermehren, ohne den Charakter derselben als S_1-Linie wesentlich zu verändern. Die Folgegenerationen der S_1-Linie bilden in genetischer Hinsicht vollständige Deszendenzen, da alle Gene ihrer S_0-Pflanze in ihnen vorhanden sind, wenn auch nicht in jedem Individuum.

Familien, die durch die gleiche Form von kontrollierter Mischbestäubung zwischen den Geschwistern von S_2- oder S_3-Familien hergestellt werden, werden bisweilen als bzw. (S_1)- und (S_2)-Familien bezeichnet, oder als (F_2)- und (F_3)-Familien, wenn es sich um Kreuzungen handelt, da sie aus einzelnen geselbsteten Individuen aus der innerhalb der Klammer angegebenen Generation abgeleitet werden. Eine (S_1)- oder (F_2)-Familie hätte einen basalen Inzuchtkoeffizient von 0,75, wozu Inzuchteffekte aus der Mischbestäubung hinzukommen. Im Gegensatz zu S_1-Linien, die nach dieser Terminologie als (S_0)-Familien zu bezeichnen wären, sind (S_1)-Familien *partielle Deszendenzen*, in denen ein Teil der Gene des S_0-Elters in jedem Individuum fehlt.

c) Rückkreuzungen zur F_1

Wenn man die F_1 einer Kreuzung eine Anzahl von Generationen durch kontrollierte Mischbestäubung im obigen Sinne aufzieht, so sollten die sukzessiven Generationen theoretisch stets den Charakter einer F_2-Generation haben, vorausgesetzt, daß man zu jeder Mischbestäubung eine genügende Anzahl Pflanzen beider Geschlechter benutzt, so daß die Zunahme der Inzucht vernachlässigt werden kann. Praktisch ist indessen zu berücksichtigen, daß in solchen F_2-Deszendenzen zwei Komplikationen vorkommen können, nämlich (a) eine selektive Begünstigung gewisser Genotypen und damit eine progressive Verschiebung der Genhäufigkeit; (b) eine progressive Adaptation des „Plasmas“ der mütterlichen Inzucht (P_1) an die genetische Heterogenität der

F_2. — Um den letztgenannten Prozeß näher zu studieren, ist es notwendig, den erstgenannten auszuschalten. Dies ließe sich auf bequeme Weise durch das System der Rückkreuzungen zur F_1 bewirken, wie es in Fig. 28, links erklärt ist.

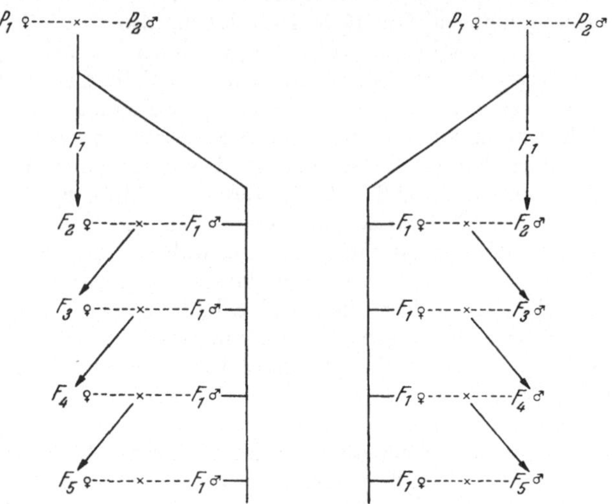

Fig. 28. Schema der reziproken Rückkreuzungen zur F_1. In jeder Generation wird eine genügende Anzahl Individuen mit der F_1 der ursprünglichen Kreuzung rückgekreuzt

Wenn ein größeres Muster von F_2-Pflanzen mit Pollen der F_1 bestäubt wird und die Nachkommenschaft als Mischung ausgesät wird, so sollte die „F_3" fast genau dieselbe genetische Struktur haben wie die F_2. Eventuelle geringfügige Unterschiede, die sich aus verschiedenen Ursachen ergeben könnten, sollten nicht progressiv in den nächsten Generationen zunehmen, da die Gameten der F_1 eine Konstanz der Genhäufigkeit bewirken würden. Das aus dem P_1-Elter stammende „Plasma" könnte sich ungestört an die Heterogenität der F_2 anpassen, abgesehen davon, daß es in gewissem Grade durch F_1-Plasma aus dem Pollen verdünnt wird. Wenn in solchen F_2-Deszendenzen im Laufe der Generationen signifikante Änderungen in irgendeinem Charakter auftreten, so liegt es nahe, sie auf plasmatische Effekte zurückzuführen. — Wird dagegen in einer gleichen Rückkreuzungsserie die F_1 stets als weiblicher Elter benutzt, wie im rechten Teil von Fig. 28, so wäre keine Veränderung des Plasmas zu erwarten. Indessen wäre auch ein schwächerer oder andersartiger Effekt nicht ausgeschlossen. Ein Vergleich der reziproken Rückkreuzungen zur F_1 hätte Interesse für die Aufklärung dieser wichtigen Probleme. Schließlich hätte ein Vergleich der reziproken Rückkreuzungen zur F_1 mit parallelen Experimenten über kontrollierte Mischbestäubung in der Deszendenz der gleichen Kreuzung Bedeutung, um bei letzteren Effekte anderer Art schärfer zu erfassen.

IV. Systeme und Methoden der Inzucht

1. Geschwisterpaarung

In der Tierzüchtung werden sehr verschiedene Paarungssysteme benutzt, die alle gewisse Grade von Inzucht bedingen. Bei einigen dieser Systeme werden ausschließlich oder vorzugsweise Individuen von bestimmten Verwandtschaftsgraden miteinander gepaart, wie „single first cousins, double first cousins, single second cousins, quadruple second cousins", Vater-Tochter-Paarungen usw. Einige von solchen Systemen führen theoretisch in einer genügenden Anzahl von Generationen zu einer völligen Fixierung der im Ausgangsmaterial spaltenden Gene. Andere führen dagegen zu einem Aequilibrium, in welchem ein konstantes Verhältnis zwischen Homozygoten und Heterozygoten eines Genpaares besteht. Wegen solcher Paarungssysteme muß auf die Lehrbücher der Tierzüchtung verwiesen werden. In der Pflanzenzüchtung wird im allgemeinen Selbstung vorgezogen. Wenn Selbstung indessen wegen Selbststerilität oder zu starker Inzuchtdepression erschwert ist, benutzt man andere Inzuchtmethoden, darunter auch Paarung von Geschwistern oder Halbgeschwistern. Es ist nicht unwahrscheinlich, daß die Möglichkeiten dieser Methoden im Vergleich zur Selbstung gewöhnlich unterschätzt werden.

Bei Geschwisterpaarung wird jede Nachkommenschaft durch Paarung von zwei Vollgeschwistern erzeugt. — Wenn innerhalb derselben Familie mehrere Bruder-Schwesterpaarungen vorgenommen werden, so werden ihre Deszendenzen in allen folgenden Generationen getrennt gehalten. Auf diese Weise läßt sich eine Inzuchtlinie zu jeder Zeit in eine Gruppe von verwandten, aber getrennten Sublinien aufspalten. Kontinuierliche Geschwisterpaarung führt theoretisch auf ähnliche Weise wie Selbstung, aber wesentlich langsamer, zu absolut homozygoten Deszendenzen. Um die Effektivität von Geschwisterpaarung mit der von Selbstung zu vergleichen sind in Tab. 78 Perioden beider Inzuchtarten zusammengestellt, die die Homozygotie in

Tabelle 78. *Vergleich der Effekte von Selbstung und Geschwisterpaarung*

Anzahl Generationen						
Selbstung	1	2	3	6	10	20
Geschwisterpaarung	3	6	10	20	33	65
Reduktion der Heterozygotie						
Selbstung	1 : 2	1 : 4	1 : 8	1 : 64	1 : 1024	1 : 1049000
Geschwisterpaarung	1 : 2	1 : 3,8	1 : 8,8	1 : 73	1 : 1150	1 : 1014000

ähnlichem Grade reduzieren. Theoretisch haben $3{,}27 \cdot n$ Generationen von Geschwisterpaarung denselben Effekt wie n Generationen von Selbstung. 32,7 Generationen von Geschwisterpaarung wären also äquivalent 10 Generationen von Selbstung. Experimentelle Nachprüfungen dieser Konklusion liegen indessen kaum vor.

Tabelle 79.
Abnahme der relativen Heterozygotie H_r bei Geschwisterpaarung. Das obere Modell geht von einer panmiktischen Population P aus. G = Generation, F = Anteil fixierter Gene; H/H′ oder H_n/H_{n-1} = Häufigkeit der Heterozygoten in einer gegebenen Generation dividiert durch den Wert der vorhergehenden. — Im unteren Modell werden die obigen Ableitungen an die Verhältnisse bei Kreuzung homozygoter Linien angepaßt

G		*P*	*O*	1	2	3	4	9	10	19	20
H_r		1	1	$\frac{3}{4}$	$\frac{5}{8}$	$\frac{8}{16}$	$\frac{13}{32}$	$\frac{144}{1024}$	$\frac{233}{2048}$	$\frac{17711}{1048576}$	$\frac{28657}{2097152}$
H_r		1	1	0,750	0,625	0,500	0,406	0,141	0,114	$0{,}016_{890}$	$0{,}013_{664}$
F		0	0	0,250	0,375	0,500	0,594	0,859	0,886	$0{,}983_{110}$	$0{,}986_{336}$
H/H′				0,750	0,833	0,800	0,812	0,8090	0,8090	0,8090	0,8090
G′	F_1	F_2	F_3	1	2	3	4	9	10	19	20
H_r	2	1	1	$\frac{3}{4}$	$\frac{5}{8}$	$\frac{8}{16}$	$\frac{13}{32}$	$\frac{144}{1024}$	$\frac{233}{2048}$	$\frac{17711}{1048576}$	$\frac{28657}{2097152}$

Wegen der komplizierten mathematischen Ableitung der Effekte von Geschwisterpaarung verweisen wir auf das Buch von Li (1955). Hier werden wir die wichtigsten theoretischen Ergebnisse in Anschluß an Tab. 79 beschreiben. Wir nehmen dabei an, daß wir von einer panmiktischen Population P ausgehen, die sich im Aequilibrium befindet, so daß der Inzuchtkoeffizient $F=0$ und der relative Heterozygotiegrad $H_r=1-F=1$. In Generation 0 wird eine große Anzahl Geschwisterpaare aus einer gleichen Anzahl Familien isoliert und von jetzt an als eine Population von dauernd getrennten Geschwisterlinien vermehrt. Die Geschwisterpaare der Generation 0 haben im Durchschnitt denselben Heterozygotiegrad wie die panmiktische Population, aus der sie stammen. In ihrer Deszendenz, der Generation Si_1 (erste Generation aus „sibbing"), wird die Heterozygotie auf $^3/_4$ des Ausgangswertes reduziert und sinkt dann in Übereinstimmung mit den Brüchen in der oberen Zeile für H_r. Man bemerke, daß die Nenner die Potenz 2^{n+1} darstellen, wobei n die Nummer der Inzuchtgeneration bezeichnet. Jeder Zähler ist dagegen gleich der Summe der beiden vorhergehenden Zähler, wenn wir die Zahl 1 für die Generation P und 0 formell mit 1/1 bzw. 2/2 wiedergeben. In der zweiten Zeile für H_r sind dieselben Werte als Dezimalbrüche angegeben. Der Inzuchtkoeffizient F gibt den Anteil der ursprünglichen Heterozygotie an, der in einer gegebenen Generation fixiert ist. Gleichzeitig wie H_r von 1 auf 0 herabsinkt, steigt F von 0 auf 1 in Übereinstimmung mit der Gleichung $H_r+F=1$.

Der Ausdruck $H/H'=H_n/H_{n-1}$ gibt wie früher (S. 238) den Quotienten aus Heterozygotiegrad einer gegebenen Generation und Heterozygotiegrad der vorhergehenden Generation, also den Faktor, durch den zwei benachbarte Glieder der Serie für H_r sich unterscheiden. Dieser Faktor nähert sich nach leichteren Oszillationen in den ersten 4—5 Generationen sehr rasch dem Grenzwert lambda $(\lambda)=0{,}80902$. Lambda ist ein Maßstab für die Effektivität der Geschwisterpaarung. Die Werte für H_r lassen sich etwa von Si_5 ab mit großer Genauigkeit durch folgende Formel berechnen: $H_r=0{,}9472\cdot\lambda^n$.[1] Praktisch ist also der Heterozygotiegrad der n-ten Generation annähernd gleich der n-ten Potenz von λ, indem der Faktor 0,9472 die Effekte der Oszillationen der Quotienten der ersten Generationen um den Wert von λ zusammenfaßt. Da $\lambda^{3,27}=0{,}5$, sind reichlich drei Inzuchtgenerationen nötig, um die Heterozygotie auf die Hälfte herabzusetzen.

Geschwisterpaarung in der Deszendenz von Kreuzungen. Wenn das Ausgangsmaterial für die systematische Geschwisterpaarung nicht in einer panmiktischen Population, sondern in einer Kreuzung zweier homozygoter Linien besteht, so gelten die obigen Berechnungen nur unter der Voraussetzung, daß wir die Generation F_3 als Generation 0 mit dem Heterozygotiegrad 1 betrachten, wie dies im unteren Teil von Tab. 79 angedeutet ist. Dies beruht auf der Struktur der ersten Generationen. Die Herabsetzung der Heterozygotie in F_2 auf die Hälfte wird nicht durch Geschwisterpaarung, sondern durch Spaltung bedingt. Die Geschwisterpaarung in F_2 ist ineffektiv, insofern F_2 und F_3 den gleichen Heterozygotiegrad besitzen. Dies beruht darauf, daß alle F_2-Familien aus F_1-Paarungen vom Schema Aa×Aa hervorgehen und daher die Zusammensetzung AA + 2 Aa + aa haben. Geschwisterpaarungen in solchen Familien verändern nicht den durchschnittlichen Heterozygotiegrad der Deszendenz. Erst F_3 hat die Charakteristika einer panmiktischen Population, in der die Familien aus allen möglichen Paarungstypen abstammen, wie AA×AA, AA×Aa, Aa×aa usw. In F_4 und folgenden Generationen wird daher die Heterozygotie in ähnlicher Weise reduziert wie in den Linien aus der panmiktischen Population. — Von anderen Gesichtspunkten aus betrachtet wäre es besser, alle Werte für H_r im unteren Modell der Tab. 79 durch 2 zu dividieren.

---

[1] Diese Formel entspricht einer von Li (1955, S. 121) angegebenen, wenn der Ausdruck $(5+3\sqrt{5})/10$ durch seinen numerischen Wert 1,1708 ersetzt wird und außerdem mit λ multipliziert wird, da die n-te Generation des hier benutzten Schemas der $(n+1)$-ten von Li entspricht.

Systematische Untersuchungen über die Effekte von Geschwisterinzucht bei Pflanzen sind kaum veröffentlicht worden. Die fragmentarischen Angaben in der Literatur passen im allgemeinen zu den theoretischen Erwartungen auf Grundlage des Heterozygotieverlustes. In diesem Zusammensang hat nur Material Interesse, in dem keine Komplikationen infolge von Selbststerilität vorkommen.

2. Halbgeschwisterpaarung

Wenn ein freibestäubter Kolben einer Maisvarietät auf einem isolierten Platz ausgesät wird, so sind alle Nachkommen Halbgeschwister, indem sie von derselben Mutterpflanze abstammen, aber von verschiedenen Vätern (Generation G_0 in Fig. 29). Wird nun ein Kolben aus dieser Nachkommenschaft herausgegriffen und ebenfalls auf einem isolierten Platz ausgesät, so haben wir die erste Generation (G_1) der Halbgeschwisterinzucht. Nach demselben Schema läßt sich eine beliebige Anzahl von weiteren Generationen aufziehen, die stets von einer Mutterpflanze abstammen, aber von verschiedenen Vätern, die alle Halbgeschwister untereinander und im Verhältnis zur ausgelesenen weiblichen Pflanze sind. Das eben beschriebene Inzuchtsystem, das in der Tierzucht gewöhnlich auf umgekehrte Weise (1 ♂ : zahlreiche ♀♀) benutzt wird, erzeugt nach WRIGHT (1921) einen Inzuchteffekt von $1-\lambda=0{,}11$. Dies bedeutet, daß rund 6 Generationen von Halbgeschwisterinzucht vom obigen Modell notwendig sind, um den Inzuchteffekt einer Selbstung hervorzubringen, indem $0{,}89^{5,95}=0{,}5$. Der Inzuchteffekt läßt sich verschärfen, wenn man die Anzahl der Pollenpflanzen reduziert, abmildern, wenn man in einer Generation zwei oder drei Kolben ausliest statt einen.

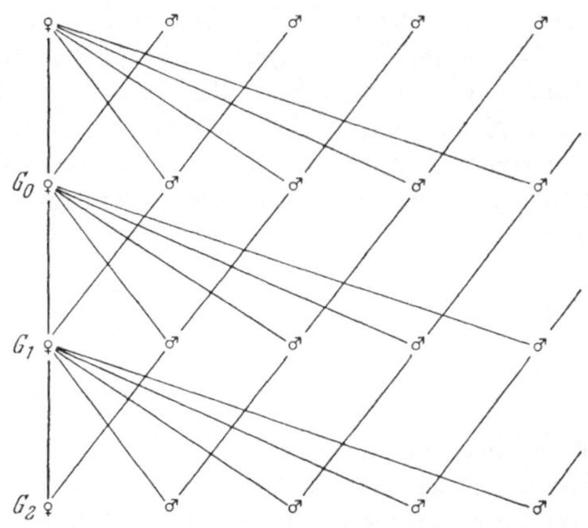

Fig. 29. Schema der Halbgeschwisterinzucht bei Mais. In jeder Generation wird eine weibliche Pflanze (♀) ausgelesen, die von einer großen Anzahl ihrer Halbbrüder (♂) bestäubt worden ist

Das System der Halbgeschwisterinzucht wurde von MACAULAY (1928) mit folgender Technik angewandt. Von einzelnen Kolben abstammende Nachkommenschaften zu je 200—250 Individuen wurden auf isolierten Parzellen ausgesät. Als Isolierungsmaterial diente ein 10—12 Meter breiter Gürtel von einer späten, hohen Maisvarietät. Die spontane Kreuzung zwischen solchen Parzellen war sehr gering, was z. B. daraus hervorging, daß in Parzellen von weißem Mais (yy) die von gelben Mais (YY) umgeben waren, die große Mehrzahl der Kolben nur weiße Körner (yyy) enthielt, der Rest nur vereinzelte gelbe (Yyy). Die interessanten Ergebnisse mit dieser Methodik werden an anderer Stelle (S. 409) diskutiert.

Theoretisch hätte es großes Interesse, die beiden Typen von Halbgeschwisterinzucht, 1 ♀ : ∞ ♂♂ und ∞ ♀♀ : 1 ♂, bei Mais exakt zu vergleichen. Obwohl letzterer Typus auf technische Schwierigkeiten stößt, indem es unbequem ist, mit dem Pollen einer einzigen Pflanze zahlreiche Bestäubungen auszuführen, bietet er vielleicht bessere Möglichkeiten für künstliche Selektion. Über einen Versuch dieser Art vgl. KIESSELBACH, 1922.

3. Rückkreuzungen und Mischungen

Die Populationsgenetik ist übersättigt von Hypothesen über Genhäufigkeit und doch wissen wir sehr wenig Exaktes über die Genhäufigkeit. Wir wissen, daß in Kreuzungen homozygoter Linien die spaltenden Gene in F_2 im allgemeinen eine

Genhäufigkeit von 0,5 besitzen; aber über die Genhäufigkeit in gewöhnlichen Populationen ist sehr wenig bekannt. Und doch lassen sich experimentell verschiedene Genhäufigkeiten leicht herstellen. Wenn wir z. B. den Hybrid zweier homozygoter Linien X und Y mit Linie Y rückkreuzen und aus dieser Rückkreuzung eine panmiktische Population herstellen, so wissen wir, daß in dieser Population die Gene von X eine Häufigkeit von 0,25 haben, die von Y eine solche von 0,75. Führen wir eine weitere Rückkreuzung aus, so verändert sich das Verhältnis der Genhäufigkeiten zu 0,125 : 0,875. Wenn wir die Rückkreuzungen ohne Auslese und mit einer genügenden Anzahl Individuen ausführen, so gilt dies für alle Gene aus beiden Linien. — Theoretisch hat jede Rückkreuzung denselben Inzuchteffekt wie eine Selbstung. Wird die Population aus BC_2 errichtet, so ist also $F = 0{,}75$, ebenso wie in S_2 oder F_3. Im übrigen haben BC_2 und F_3-Populationen eine verschiedene Struktur.

Bestimmte Genhäufigkeiten lassen sich auch durch kontrollierte Mischungen zweier homozygoter Linien herstellen. Wenn wir z. B. 9 Teile der Linie Y mit 1 Teil der Linie X mischen und dafür sorgen, daß bei der Interkreuzung dieses Materials selektive Vorgänge soweit möglich vermieden werden, so hätten in der resultierenden Population die Gene aus Y eine Häufigkeit von 0,9, die aus X eine solche von 0,1. Stammt A und b aus Y, a und B aus X, so hätten wir die folgenden Verhältnisse:

	p^2	$2pq$	q^2
	81 AA :	18 Aa :	1 aa
	1 BB :	18 Bb :	81 bb
Mittel	41 :	18 :	41

Verglichen mit einer F_2 ist die Häufigkeit der Heterozygoten erniedrigt, die der Homozygoten erhöht. In diesem Sinne können wir von einem Inzuchtkoeffizienten von 0,82 sprechen, der etwa 2,5 Selbstungen entsprechen würde. Im übrigen ist wiederum die genetische Struktur der Population sehr verschieden von derjenigen in F_3 oder F_4 einer Kreuzung.

4. Herstellung bestimmter Heterozygotiegrade

Mit Hilfe der verschiedenen Inzuchtsysteme kann man praktisch jeden beliebigen Grad von Inzucht herstellen. Eine Übersicht über die in der Pflanzenzüchtung am meisten interessierenden Systeme gibt Tab 80. Über die Herstellung verschiedener Heterozygotiestufen mit Hilfe von Rückkreuzungen vgl. Tab. 114. Beim Vergleich von Inzuchtgraden, die mit verschiedenen Systemen der Inzucht erzeugt sind, mögen

Tabelle 80.
Vergleich verschiedener Inzuchtsysteme (Inzuchtkoeffizient F). Als Generation 1 ist die Generation bezeichnet, in der der erste Inzuchteffekt auftritt. Nach WRIGHT, 1921

Generation	Selbstung	Geschwister-Paarung	Halbgeschwister-Paarung	3 zyklische Paare[1]
0	0	0	0	0
1	0,500	0,250	0,124	0,062
2	0,750	0,375	0,218	0,109
3	0,875	0,500	0,304	0,152
4	0,938	0,594	0,380	0,194
5	0,969	0,672	0,448	0,244
10	0,999	0,886	0,692	0,406
15	1,000	0,961	0,830	0,538
20	1,000	0,986	0,905	0,623
λ	0,500	0,809	0,890	0,951

[1] Nach TANTAWY and REEVE (1956).

bisweilen sekundäre Komplikationen vorliegen, so daß es am sichersten ist, Inzuchtgrade zu vergleichen, die aus demselben System stammen.

Reduktion der Heterogenität. Beim Studium der Inzuchteffekte stört oft der Umstand, daß die verschiedenen Generationen ganz verschiedene Grade von Heterogenität besitzen. In einer F_1 haben z. B. alle Individuen denselben Genotyp, während in F_2 eine maximale Heterogenität vorliegt. Um die Effekte des Heterozygotiegrades von denen der Heterogenität zu trennen, kann z. B. das in Fig. 30 beschriebene Verfahren angewandt werden. In einem Stammbaum, der bis S_6 geselbstet wird, werden von Anfang an in jeder Generation Sublinien abgetrennt, die bis Ende des Versuches fortgesetzt werden. Wenn diese Sublinien in S_6 gekreuzt werden, so zeigen ihre Hybride mittlere Heterozygotiegrade von 1,56% bis 50%, je nachdem in welcher Generation die Sublinien von ihrer gemeinsamen Mutterpflanze abgezweigt wurden. Betrachten wir z. B. die Sublinien A und C des Schemas. Da sie von einer gemeinsamen S_4-Pflanze abstammen, die nur noch heterozygot in 6,25% ihrer Gene war, und da in verschiedenen Sublinien im Mittel 50% gleiche und 50% verschiedene Gene fixiert werden, ist zu erwarten, daß ihre Hybride eine Heterozygotie von 3,12% zeigen.

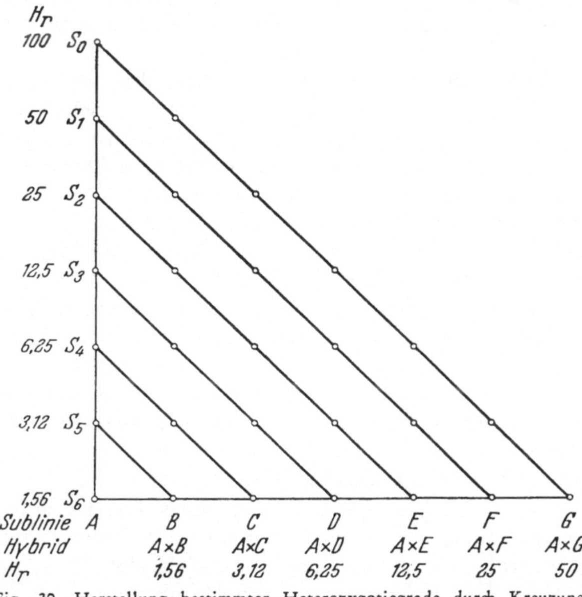

Fig. 30. Herstellung bestimmter Heterozygotiegrade durch Kreuzung von Sublinien desselben Stammbaumes

S_6-Pflanzen haben theoretisch noch 1/64 der Heterozygotie der S_0. Diese Heterozygotie sollte in allen S_6-Hybriden des obigen Schemas als Heterogenität zum Ausdruck kommen, gleichgültig welchen Heterozygotiegrad sie zeigen. Die hierdurch bedingte Spaltung ist jedoch von so geringer Größe verglichen mit der Spaltung in S_1, daß die Kreuzungen der S_6-Linien als homogene Generationen betrachtet werden dürfen. Mit Hilfe eines Kreuzungsschemas von ähnlicher Art konnten Adams und Shank (1959) nachweisen, daß ein niedriger Heterozygotiegrad die Variabilität der Maispflanzen beträchtlich vergrößert, indem offenbar die Empfindlichkeit gegenüber den verschiedensten Milieufaktoren erhöht wird.

5. Inzucht und Genverlust

Bei den gewöhnlichen Inzuchtsystemen, wie Selbstung und Geschwisterpaarung, wird die Ausgangspopulation in eine große Anzahl von Inzuchtlinien zerlegt, die in Zukunft getrennt gehalten werden. Innerhalb einer jeden Linie geht ein großer Teil der Gene des Ausgangsindividuums verloren. Wenn die Anzahl der Linien sehr groß ist, mögen sie zwar in ihrer Gesamtheit die meisten Gene der Population enthalten und bei späterer Kreuzung der Linien könnte man theoretisch die besten Gene der Population auf zweckmäßige Weise kombinieren. In Praxis sind indessen die Aussichten hierfür in der Regel sehr gering. Denn von den Inzuchtlinien werden über 99%

früher oder später geworfen. Die wenigen Linien, die man aufbewahrt und zu Kreuzungen benutzt, enthalten zusammen nur einen sehr kleinen Teil der ursprünglichen genetischen Variation in der Population. Es ist kaum daran zu denken, daß man auf diese Weise einen nennenswerten Anteil der selteneren vorteilhaften Gene, z. B. solcher mit Häufigkeiten von 0,01—0,0001, aus der Population herauslesen kann, zumal da Koppelungen mit ungünstigen Genen die Selektion stark erschweren. Obgleich es heute noch nicht einmal gelingt, die vorteilhaften Gene von 10 Individuen auf eine befriedigende Weise zu kombinieren, mag es dennoch bei Anwendung anderer Methoden zweckmäßig sein, Populationen von Zehntausenden von Individuen auf günstige Gene hin zu durchsieben.

Es ist z. B. nicht unwahrscheinlich, daß schwächere Grade von Inzucht ($F = 0{,}10 - 0{,}25$) an und für sich die Effektivität der Selektion bei vielen Objekten, z. B. Mais, beträchtlich erhöhen würde. Andererseits ist es schwer, solche Grade von Inzucht anzuwenden, ohne die Population in eine Unmenge von Inzuchtlinien zu zerlegen, was wiederum die effektive Selektion und Kombination der genetischen Variabilität erschwert. Vermutlich gibt es brauchbare Lösungen für dieses allgemeine Problem, die indessen noch nicht ausprobiert wurden, da sie heute zeitraubend und unbequem erscheinen (vgl. S. 289 und S. 407 f.).

Gewisse spezielle Typen von Inzucht lassen sich indessen mit Konservation der genetischen Variabilität kombinieren. Man kann z. B. Samenmaterial aus einer guten homozygoten Inzuchtlinie mit Samen aus einer guten freibestäubten Varietät mischen und diese Mischung in großen Populationen vermehren. Je nach dem Mischungsverhältnis können verschiedene Grade von Inzucht realisiert werden. Erfahrungen über selektive Prozesse in Populationen solcher Art hätten zweifellos theoretisches Interesse, vielleicht auch eine direkte praktische Bedeutung.

Wenn bei *Drosophila* ein einzelnes Tier unter hundert Individuen einer anderen Inzucht gerät, so erzeugt dies in wenigen Generationen eine vollständige Veränderung der Struktur letzterer Population (CARSON, 1958, vgl. S. 362). Obgleich bei diesem Objekt der Effekt einer solchen Beimischung eines fremden Genotyps von ähnlicher Größe sein kann wie der Effekt der Mischung gleich vieler Individuen aus beiden Inzuchten, mögen doch in einigen Beziehungen bedeutende Unterschiede bestehen.

6. Chromosomale Methoden

Obgleich bei vielen Kulturpflanzen für die Herstellung von Inzuchtlinien fast ausschließlich Selbstung benutzt wird, handelt es sich um eine problematische Inzuchtmethode. Denn wenn es bei allogamen Pflanzen sehr viel schwieriger ist als bei Tieren, Inzuchten von guter Fertilität aufzufinden, mag eine der Ursachen dafür sein, daß in dem einen Falle Selbstung angewandt wird, in dem anderen Geschwisterpaarung. Bei Selbstung ist die Zunahme der Homozygotie so rasch, daß in S_1 schon 50% der Gene fixiert sind. Eine Auslese hat relativ wenig Effekt, da man keine Pflanzen findet, in denen nicht schon mehrere ungünstige Gene fixiert sind. Praktisch ist es oft fraglich, ob Auslese innerhalb geselbsteter Inzuchtlinien mehr Nutzen macht als Schaden. Bei Geschwisterpaarung mögen die Verhältnisse wesentlich günstiger für Auslese auf Fertilität liegen.

Da bei Mais eine Auslese in den 5—10 Jahren, die zwischen S_0 und S_{ho} verstreichen, doch keinen wesentlichen Nutzen bringt, entsteht die Frage, ob es nicht zweckmäßiger wäre, Methoden anzuwenden, die in einer Generation zur vollständigen Homozygotie führen. Das, was wir nötig hätten, wäre eine effektive Methode, um aus *reduzierten* unbefruchteten Gameten durch Chromosomenverdoppelung direkt große Muster von verschiedenartigen homozygoten Genotypen zu erzeugen. Wenn eine solche Methode gefunden wäre, würde wohl niemand im Ernst mehr daran denken, für die Herstellung von Inzuchten eine Maispflanze zu selbsten. Obwohl eine solche Methode kaum auf irgendwelche prinzipiellen Hindernisse stoßen dürfte, mag es noch weitere 50—100 Jahre dauern, bis wir sie finden. In der Zwischenzeit werden einige unbequeme, aber immerhin noch brauchbare Methoden versucht, um solche „homozygoten Diploide" herzustellen. Man hat bei Mais und anderen Pflanzen schon eine gewisse Übung bekommen, haploide Pflanzen aufzufinden und aus diploiden Sektoren derselben homozygote Nachkommen zu erzeugen (Chase, 1952; Smith, 1946; Coe, 1959; Hougas et al., 1958). Mit Hilfe von Colchicin hat man besonders bei *Sorghum,* aber auch in anderen Gattungen wie *Linum* (Dirks et al., 1956) schon eine Reihe von reinen Linien hergestellt, vermutlich indem dieses Agens in einem Teil der somatischen Zellen Chromosomenreduktion hervorruft, worauf eine Verdoppelung der haploiden Chromosomengruppe erfolgt (Kapitel 4, 9). Wahrscheinlich wird man in Zukunft weit effektivere Methoden finden, die auf diesem Prinzip beruhen.

Bei *Drosophila* kann man mit Hilfe einer besonderen Technik, die das Fehlen des crossing-overs im männlichen Geschlecht bei diesem Objekt ausnützt und die im weiblichen Geschlecht das crossing-over durch geeignete Inversionen unterdrückt, ohne Schwierigkeiten vollständig homozygote Genotypen herstellen. Ein Vorschlag von Burnham (1946) durch Ausnützung von multiplen Translokationen eine Maisform herzustellen, die bei Kreuzungen mit beliebigen anderen Genotypen in F_2 direkt vollständig homozygote Genotypen abspaltet, wird bisweilen als die „*Oenothera*-Methode" der Herstellung reiner Linien bezeichnet. Die Realisation dieses Projektes wird auf extreme genetische Schwierigkeiten stoßen, die aber keineswegs unüberwindbar erscheinen (vgl. Anderson, 1956). Sollte ein brauchbarer Typus dieser Art gefunden werden, so würde er bei Mais auf bequemste Weise die Herstellung einer unbegrenzten Anzahl reiner Linien erlauben. Bei Kulturpflanzen mit niedrigerer Chromosomenzahl als Mais, sollte diese Aufgabe etwas leichter zu lösen sein. Die Auffindung effektiver Schnellmethoden zur Herstellung reiner Linien gehört jedenfalls zu den wichtigsten Aufgaben der Genetik und Züchtung.

Literatur

Adams, M. W., and D. B. Shank: The relationship of heterozygosity to homeostasis in maize hybrids. Genetics **44**, 777—786 (1959).

Anderson, E. G.: The application of chromosomal techniques to maize improvement. Brookhaven Symp. Biol. **9**, 23—36 (1956).

Baur, E.: Einführung in die Vererbungslehre. 7. Aufl. Berlin: Borntraeger 1930.

Brieger, F. G.: The genetic basis of heterosis in maize. Genetics **35**, 420—445 (1950).

Bruce, A. B.: The Mendelian theory of heredity and the augmentation of vigor. Science **32**, 627—628 (1910).

Burnham, C. R.: An „Oenothera" or multiple translocation method of establishing homozygous lines. J. Amer. Soc. Agron. **38**, 702—707 (1946).

Carson, H. L.: Increase in fitness in experimental populations resulting from heterosis. Proc. nat. Acad. Sci. (Wash.) **44**, 1136—1141 (1958).

Chase, S. S.: Production of homozygous diploids of maize from monoploids. Agronomy J. **44**, 263—267 (1952).

— Monoploids in maize. In: Gowen (ed.): Heterosis, Ch. 25, 389—399. Ames, Iowa: Iowa State College Press 1952.

Coe, E. H.: A line of maize with high haploid frequency. Amer. Natur. **93**, 381—382 (1959).

Darwin, C.: The Effects of Cross and Self Fertilization in the Vegetable Kingdom. New York: D. Appleton and Co. 1877.

Dirks, V. A., J. G. Ross, and D. D. Harpstead: Colchicine-induced true-breeding chimeral sectors in flax. J. Hered. **47**, 229—233 (1956).

Drayner, J. M.: Self- and cross-fertility in fieldbeans (Vicia faba Linn.). J. agric. Sci. **53**, 387—403 (1959).

East, E. M., and H. K. Hayes: Heterozygosis in evolution and in plant breeding. U.S. Dep. Agric. Bur. Plant. Ind. Bull. **243**, 1—58 (1912).

EAST, E. M., and D. F. JONES: Inbreeding and Outbreeding. Philadelphia: J. B. Lippincott 1919.
FEDERLEY, H.: Das Inzuchtproblem. Handbuch Vererbungswiss. **2**, 1—42 (1928).
FISHER, R. A.: The Theory of Inbreeding. Edinburgh and London: Oliver and Boyd 1949.
GOLDSCHMIDT, R. B., A. HANNAH, and L. K. PITERNICK: The podoptera effect in Drosophila melanogaster. Univ. Calif. Publ. Zool. **55**, 67—292 (1951).
GUTIERREZ, M. G., and G. F. SPRAGUE: Randomness of mating in isolated polycross plantings of maize. Genetics **44**, 1075—1082 (1959).
HAGBERG, A., and O. TEDIN: Inter- and intraclonal crosses and inbreeding in potatoes. Hereditas **37**, 280—287 (1951).
HIROBE, T.: An analysis of heterosis, made with the silk worm. Proc. intern. Genetics Symp. 1956, Tokyo and Kyoto, Cytologia, Suppl. Vol. 357—361 (1957).
HOUGAS, R. W., S. J. PELOQUIN, and R. W. ROSS: Haploids of the common potato. J. Hered. **49**, 103—106 (1958).
IVES, P. T.: The importance of mutation rate genes in evolution. Evolution **4**, 236—252 (1950).
JONES, D. F.: Dominance of linked factors as a means of accounting for heterosis. Genetics **2**, 466—479 (1917).
— The effects of inbreeding and crossbreeding upon development. Conn. Agr. exp. St. Bull. **207**, 1—100 (1918).
— The attainment of homozygosity in inbred strains of maize. Genetics **9**, 405—418 (1924).
— Continued inbreeding in maize. Genetics **24**, 462—473 (1939).
—, and P. C. MANGELSDORF: The improvement of naturally cross-pollinated plants by selecting in self-fertilized lines. I. The production of inbred strains of corn. Conn. Agr. exp. St. Bull. **266**, 347—418 (1925).
— — Crossed corn. Conn. Agr. exp. St. J. Bull. **273**, 153—187 (1926).
—, and H. L. EVERETT: Hybrid field corn. Conn. Agr. exp. St. Bull. 532 (1949).
JUGENHEIMER, R. W.: Hybrid maize breeding and seed production. FAO Agricultural Development paper No. 62, Rome (1958).
KEEBLE, F., and C. PELLEW: The mode of inheritance of stature and of time of flowering in peas (Pisum sativum). J. Genet. **1**, 47—56 (1910).
KIESSELBACH, T. A.: Corn investigations. Nebr. Agr. exp. St. Res. Bull. **20**, 1—151 (1922).
LERNER, I. M.: Genetic Homeostasis. Edinburgh and London: Oliver and Boyd 1954. 134 pp.
LI, C. C.: Population genetics. University Chicago Press 1955. 366 pp.
LONNQUIST, J. H., and R. W. JUGENHEIMER: Factors affecting the success of pollination in corn. Agronomy J. **35**, 923—932 (1943).
MACAULAY, T. B.: The improvement of corn by selection and plot-inbreeding. J. Hered. **19**, 57—72 (1928).
MATHER, K.: The genetical basis of heterosis. Proc. roy. Soc. B **144**, 143—150 (1955).
MCGILL, D. P., and J. H. LONNQUIST: Effects of two cycles of recurrent selection for combining ability in an open-pollinated variety of corn. Agronomy J. **47**, 319—322 (1955).
MÜNTZING, A.: On the causes of inbreeding degeneration. Arch. Julius Klaus-Stiftung Vererbungsf. Ergänzungsbd. zu Bd. 20 (1945).
REES, H.: Heterosis in chromosome behaviour. Proc. roy. Soc. B **144**, 150—159 (1955).
ROWLANDS, D. G.: The nature of the breeding system in the field bean (Vicia faba L.) and its relationship to breeding for yield. Heredity **12**, 113—126 (1958).
SHULL, G. H.: The genotypes of maize. Amer. Natur. **45**, 234—252 (1911).
— Beginnings of the heterosis concept. In: Gowen (ed.): Heterosis. Ch. **2**, 14—48. Ames, Iowa: Iowa State Coll. Press 1952.
SMITH, L.: Haploidy in Einkorn. J. Agric. Res. **73**, 291—301 (1946).
SPRAGUE, G. F.: Mais (Zea mays). In: Handb. Pflanzenzüchtung **2**, 103—143 (1959).
TANTAWY, A. O., and E. C. R. REEVE: Studies in quantitative inheritance IX. The effects of inbreeding at different rates in Drosophila melanogaster. Z. Vererbungsl. **87**, 648—667 (1956).
WELLHAUSEN, E. J.: Variation of maize in Mexico and Central America, its present and future utilization. Eucarpia (Rome) **1960**, 38—45.
WRIGHT, S.: Systems of mating. I—V. Genetics **6**, 111—178 (1921).
— The effects of inbreeding and crossbreeding on guinea pigs. I. Decline in vigor. II. Differentiation among inbred families. U.S. Dep. Agr. Bull. **1090**, 65 pp. (1922).
— The effects of inbreeding and crossbreeding on guinea pigs. III. Crosses beween highly inbred lines. U.S. Dep. Agr. Bull. 1121 (1922).
— Coefficients of inbreeding and relationship. Amer. Natur. **56**, 330—338 (1922).
— Systems of mating and other papers. Ames, Iowa: Iowa State College Press 1958.

Kapitel 13

Selektion bei Autogamen

I. Methoden und Prinzipien [1]

1. Einleitung [2]

Bei der Entwicklung der Kulturpflanzen hat offenbar *Massenselektion* eine bedeutende Rolle gespielt. Hierunter versteht man Formen von Selektion, bei der die Samen der nach gewissen Gesichtspunkten ausgelesenen Pflanzen als Mischung ausgesät werden. Für autogame Gewächse spielt diese Methode heutzutage höchstens eine untergeordnete Rolle.

Gegen Mitte des 19. Jahrhunderts entwickelte VILMORIN und andere die Methode der Individualauslese mit *Nachkommenschaftsbeurteilung*, die darin besteht, daß in einer heterogenen Ausgangssorte eine große Anzahl von Einzelindividuen isoliert werden und ihre Nachkommenschaften auf getrennten Parzellen ausgesät werden und auch in allen folgenden Generationen getrennt gehalten werden. Die Effektivität dieser Methode in der Isolierung konstanter Typen wurde von einigen Forschern bald erkannt. Aber erst zu Beginn des 20. Jahrhunderts gelang es JOHANNSEN durch einen Vergleich der Effekte der Selektion innerhalb einer Handelssorte und innerhalb von reinen Linien von Bohnen, völlige Klarheit zu schaffen. Seit JOHANNSENS Versuchen war es allgemein anerkannt, daß eine einmalige Isolation von Einzelpflanzen die heterogenen Varietäten von autogamen Arten in zahlreiche reine Linien zerlegt, innerhalb welcher weitere Selektion wirkungslos verbleibt. Die Züchtungsaufgabe beschränkte sich daher darauf, aus jeder Landsorte eine genügende Anzahl von reinen Linien zu isolieren und dieselben miteinander zu vergleichen, um die beste reine Linie aufzufinden. Diese Aufgabe wurde an den meisten Stellen in relativ kurzer Zeit durchgeführt, mit dem Ergebnis, daß die ausgelesenen Linien an Stelle der alten Landsorten angebaut wurden.

Zu Beginn des 20. Jahrhunderts kam eine dritte Methode zum Durchbruch, die auf Kreuzungen beruhende *Kombinationszüchtung*. Das klassische Beispiel hierfür ist NILSSON-EHLES Kombinierung der Winterfestigkeit des schwedischen Herbstweizens mit der Ertragsfähigkeit einer englischen Weizensorte. Durch Lösung dieser Aufgabe gelang es für Südschweden winterfeste Weizensorten mit 30% höherem Ertrag herzustellen [*1*]. In dem Maße, wie die Erträge der modernen Kulturgewächse durch Kreuzung der fertilsten Varietäten verbessert werden, steigt indessen der Widerstand gegen weitere Fortschritte. Man nähert sich offenbar einer Grenze, die mit den bisherigen Methoden schwer zu überschreiten ist, obwohl die genaue Lage dieser Grenze nicht bekannt ist. Nicht nur wird es immer schwieriger aus einer Kreuzung eine Linie zu isolieren, die den Ertrag des besseren Kreuzungselters übertrifft, sondern auch ein immer geringerer Teil der Kreuzungen geben solche Linien. — In der Bearbeitung der Kreuzungen werden verschiedene Methoden angewandt, die hier nur in schematischer Form beschrieben werden können.

2. Die Pedigree-Methode

Von einer aussichtsreich erscheinenden Kreuzung wird eine F_2-Generation von z. B. 10 000 Individuen hergestellt. Etwa 1000 der phänotypisch besten Pflanzen werden geerntet und eine Reihe von F_3-Nachkommen werden von jeder von ihnen ausgesät. In F_3 sucht man die besten Reihen auf und isoliert innerhalb derselben die besten Pflanzen. In erster Linie selektioniert man „zwischen den Reihen“ (Nachkommen-

[1] Allgemeine Literatur [*1—17*]. [2] Allgemeine Literatur [*15*].

schaften), in zweiter Linie „innerhalb der Reihen". In F_4 bis F_6 sät man ebenfalls etwa 1000 Nachkommenschaften aus und selektioniert auf ähnliche Weise. Inzwischen werden die Reihen immer einförmiger wegen zunehmender Homozygotie. Falls in F_7 die große Mehrzahl der Reihen völlig einförmig erscheinen, was gewöhnlich der Fall ist, sucht man die besten dieser einförmigen Reihen auf und erntet sie als Ganzes. In F_8 und den folgenden Generationen vermehrt man dieses Material weiter, wobei die Deszendenzen verschiedener F_6-Pflanzen getrennt gehalten werden. Gleichzeitig fängt man mit den ersten vergleichenden Ertragsprüfungen an. Die Mehrzahl der Linien wird in jeder Generation wegen zu niedrigen Ertrages oder anderer Fehler eliminiert; nur ein gewisser Bruchteil der besser fertilen wird ausgelesen und beim Fortschreiten der Selektion auf immer größeren Parzellen mit einer ausreichenden Anzahl von Replikationen geprüft, um den Ertrag auf immer zuverlässigere Weise zu bestimmen.

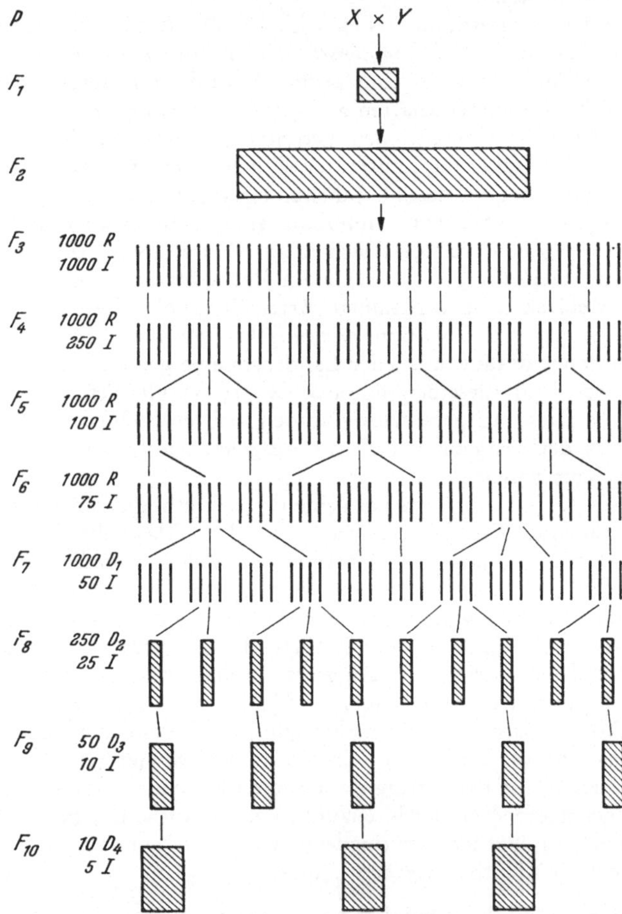

Fig. 31. Das Prinzip der Pedigree-Methode. $R = D_1$ = Reihen, die von einzelnen Individuen abstammen. D_2 = Parzellen aus D_1-Reihen, die als ganzes geerntet wurden. D_3 = Parzellen aus der Ernte ganzer D_2-Parzellen. I = Anzahl der F_2-Individuen, von denen eine Generation abstammt

Die besten Selektionen werden dann auch an einer Anzahl anderer Lokalitäten geprüft, bis schließlich die beste Selektion als neue Varietät herausgegeben werden kann, falls sie in Ertrag und/oder anderen Eigenschaften die früher herausgegebenen Varietäten übertrifft, was nur in einem Teil der Kreuzungen der Fall ist. Das Prinzip der Pedigree-Methode ist in Fig. 31 wiedergegeben. Hierzu ist indessen zu bemerken, daß alle Angaben des Schemas willkürlich sind, indem in einer gegebenen Kreuzung die Natur der Züchtungsaufgabe, die Eigentümlichkeiten des Objektes, frühere Erfahrungen in analogen Kreuzungen und zahlreiche andere Faktoren eine beträchtliche Modifikation der Methodik ratsam machen können.

Es wurde in der Figur angenommen, daß von F_3 bis F_7 in jeder Generation 1000 Nachkommenschaften aufgezogen werden. Die Konzentration der Selektion um die besseren Stammbäume bewirkt indessen, daß diese Nachkommenschaften in jeder Generation von einer geringeren Anzahl F_2-Pflanzen abstammen. Im Schema stammen z. B. die 1000 F_7-Reihen von 50 F_2-Individuen. Dies heißt, daß diese Generation aus 50 Gruppen zu durchschnittlich 20 mehr oder minder verwandter Familien besteht. — Historisch hat die Pedigree-Methode eine große Bedeutung gehabt. Mit Hilfe derselben sind zahlreiche wesentlich verbesserte Sorten der Kulturpflanzen hergestellt worden. Sie hat zwar den Nachteil, daß sie äußerst umständlich ist. Sehr viel Zeit geht nämlich in jedem Jahr verloren zu getrennter Aussaat und Ernte von Familien und Pflanzen sowie zur gründlichen Beobachtung derselben während der ganzen Entwicklungszeit und zur Notierung zahlloser Beobachtungen. Solange ein großer Teil der Kreuzungen die gewünschten positiven Ergebnisse gab, bestanden wenig Bedenken wegen der Mühsamkeit dieser Methode. Als jedoch die Züchtung der verbesserten Sorten immer langsamere Fortschritte machte, entstand die Frage, ob es nicht einfachere oder effektivere Methoden der Ausnützung einer Kreuzung gibt.

3. „F_{ho}-Selektion"

a) Typen von F_{ho}-Selektion

Es ist nicht die Aufgabe, hier die variierten Methoden der züchterischen Selektion im einzelnen zu beschreiben. Dagegen müssen wir gewisse Prinzipien diskutieren, die für Genetik und Theorie der Züchtung von Bedeutung sind. In welcher Form diese Prinzipien an die Praxis angepaßt werden können, muß dagegen den Züchtern überlassen werden. In Fig. 32 nehmen wir an, daß aus Kreuzung der Varietäten X und Y besonders ertragreiche Formen ausgelesen werden sollen. Die gleichzeitige Spaltung von qualitativen Charakteren von agronomischem Interesse berücksichtigen wir nicht in diesem Zusammenhang. Da das Ertragspotential einer Inzuchtlinie im allgemeinen erst mit Sicherheit erkannt werden kann, wenn die Pflanzen annähernd homozygot geworden sind, haben wir angenommen, daß die erste Selektion in F_7 erfolgt. Vorher werden höchstens grob minderwertige Pflanzen und unzweifelhafte Defekte eliminiert. Dagegen wird vorausgesetzt, daß in F_7 und folgenden Generationen eine sehr genaue Prüfung von Einzelpflanzen-Deszendenzen (oder Teilramschen) erfolgt.

Im linken Teil der Figur wird die Ramschmethode (R) beschrieben. Es wird eine möglichst große F_2-Generation, z. B. 20 000 Individuen, aufgezogen und als Mischung geerntet. Die folgenden Generationen werden in ähnlicher Weise bis F_6 fortgesetzt. In F_6 werden dann 1000 zufällige Pflanzen herausgegriffen und in F_7 von jeder Pflanze eine Reihe (Parzelle) ausgesät. Wenn die Generationen genügend groß waren, dürfte mindestens die Hälfte der extrahierten F_6-Pflanzen von verschiedenen F_2-Individuen abstammen.

Bei der Methode der getrennten Inzuchtlinien (Fig. 32, L), werden von einer passenden Anzahl F_2-Pflanzen getrennte Inzuchtlinien hergestellt, die ohne Selektion bis F_7 fortgesetzt werden. In jeder Linie wird in jeder Generation nur Samen einer Pflanze ausgesät und geerntet. Es ist bei dieser Methode nicht nötig, Notizen über die Abstammung der Pflanzen zu machen, da jede F_7-Linie von einer verschiedenen F_2-Pflanze abstammt. Um 1000 F_7-Linien zu erhalten, muß man allerdings mit einer etwas größeren Anzahl F_3-Linien (z. B. 1500) anfangen, da in jeder Generation einige Linien durch Unglücksfälle oder Schwäche aussterben.

Bei der Methode der Teilramsche (Fig. 32, T) werden 1000 F_2-Pflanzen getrennt geerntet und ihre Deszendenzen getrennt gehalten. Aber jede F_3-Familie wird als Ganzes geerntet und das gleiche geschieht in F_4-F_6. In F_7 haben wir 1000 Teil-

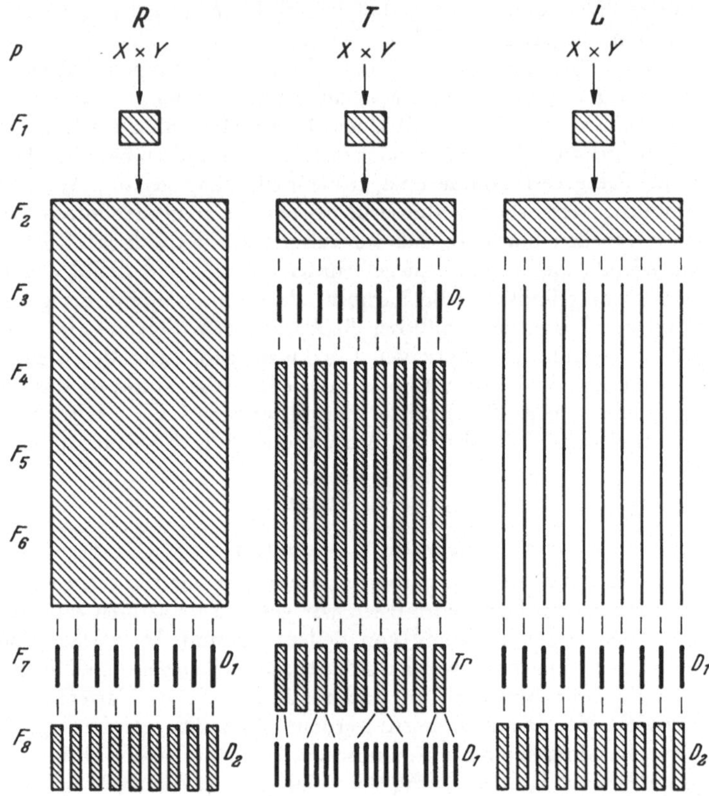

Fig. 32. Schematische Darstellung dreier Typen von F_{ho}-Selektion. *R, T, L,* bzw. Methode des Ramsches, der Teilramsche und der getrennten Inzuchtlinien. D_1, D_2, s. Fig. 31. *Tr*, Teilramsch

ramsche, die aufs genaueste überprüft werden. Zur Aufzucht der Teilramsche von F_3-F_6 sind etwas größere Reihen oder Parzellen zweckmäßig, z. B. 300 Individuen je Ramsch, und die Samen dieser Individuen sind nach der Ernte gut zu mischen.

Wenn wir nun den Abschnitt F_2-F_7 der Methoden R, T, L von Fig. 32 mit der Pedigree-Methode (P) von Fig. 31 vergleichen, so müssen wir feststellen, daß erstere drei Methoden sehr viel einfacher sind als die letztere, indem bei ihnen in diesem Zeitraum alle Maßnahmen automatisch, ohne Beobachtungen und Notizen, nach einem festen Schema erfolgen. Das zweite Problem ist der relative Wert der 1000 F_7-Familien, die durch die vier verschiedenen Methoden hergestellt sind. Falls keinerlei selektive Vorgänge stattgefunden hätten, würde der Wert der F_7-Generation von der Anzahl der F_2-Pflanzen abhängen, von der sie abstammt. Denn mit steigender Anzahl F_2-Pflanzen erhöht sich die Wahrscheinlichkeit für eine besonders günstige Kombination. In diesem Falle wäre die Methode P die schlechteste, die Methoden R und L wesentlich besser, während die Methode T bei weitem überlegen wäre. Diese Sonderstellung der Methode T besteht darin, daß man nach Identifizierung der besten Teilramsche noch die Gelegenheit hat, innerhalb derselben eine Selektion vorzunehmen, wodurch offenbar eine weitere Verbesserung des Ertrages möglich ist.

b) Probleme der Selektion

Nun fragt es sich, in welcher Weise solche Erwartungen durch selektive Prozesse beeinflußt werden. Im Vollramsch R kann eine ziemlich unberechenbare Selektion stattfinden. In einer so kurzen Periode wie F_2-F_6 dürften jedoch die Effekte nicht besonders groß sein. Im übrigen kann man durch technische Maßnahmen verschiedener Art die Selektion entweder in eine gewünschte Richtung lenken oder auf einen Bruchteil abschwächen. Bei Methode T könnte die Selektion entgegen üblichen Auffassungen unter Umständen verschärft sein, indem wegen größerer Ähnlichkeit der Individuen innerhalb jedes Teilramsches die Möglichkeiten für Kooperation zwischen den Genotypen herabgesetzt sind. Indem die selektiven Prozesse in einigen Teilramschen einen günstigen Verlauf nehmen dürften, in anderen einen ungünstigen, sollten sich die Teilramsche mit der Zeit etwas stärker differenzieren. Dies dürfte ein Vorteil sein, vorausgesetzt, daß man eine genügende Anzahl Teilramsche aufzieht. Was Schema L betrifft, sind die selektiven Prozesse innerhalb geselbsteter Inzuchten unbekannt. Im großen und ganzen dürfte bei keiner der Methoden von Fig. 32 die natürliche Selektion einen entscheidenden Einfluß auf die Zusammensetzung der F_7 haben.

Bei der Pedigree-Methode erfolgt von F_2 ab eine scharfe visuelle Selektion auf Vigor, Ertrag und zahlreiche agronomische Charaktere. Der Ertrag wird nicht gewogen, sondern auf irgendeine indirekte Weise abgeschätzt. In einigen Beispielen besteht keine Korrelation zwischen visueller Beurteilung und wirklichen Erträgen. In den ersten Generationen bedeutet die Auslese von kräftigen Pflanzen nicht selten die Auslese von überdurchschnittlich heterozygoten Individuen, was ungünstige Effekte hat (S. 433). Unter diesen Umständen dürften die Wirkungen einer scharfen Selektion in den ersten und mittleren Generationen von Fall zu Fall verschieden sein. Manchmal verbessert man hierdurch Vigor und Fertilität, manchmal werden sie verschlechtert. In allen Fällen, in denen durch solche Selektion keine wirkliche Verbesserung des Ertragspotentials stattfindet, ist der Gesamteffekt der Pedigree-Auslese in erster Linie eine Erniedrigung der Anzahl F_2-Pflanzen, von denen die F_7 abstammt, und daher eine starke Einschränkung der Selektionsmöglichkeiten bei Prüfung der F_7-Familien. Bei allogamen Organismen bedeutet Inzucht eine starke Belastung für die Inzuchtlinien. Durch Selektion kann diese Belastung oft verschärft werden, manchmal mit katastrophalen Folgen. In einem Experiment von BOWMAN und FALCONER (1960) mit Mäusen starben z. B. sämtliche Linien bald aus, wenn bei progressiver Geschwisterpaarung auf große Würfe ausgelesen wurde. Wurde eine solche Selektion unterlassen, so starben zwar die meisten Linien aus, einige Linien von guter Fertilität blieben indessen zurück. Es ist von Interesse, daß die überlebenden Linien in den ersten Generationen eine submediane Wurfgröße zeigten. Mit Erscheinungen ähnlicher Art muß man bis zu einem gewissen Grade auch in Kreuzungsdeszendenzen von Pflanzen rechnen. Auf Grund sämtlicher obiger und späterer Betrachtungen bleibt kaum eine andere Konklusion möglich, als daß die Pedigree-Methode eine relativ geringe Effektivität hat, was die Erfassung und Fixierung des Ertragspotentials einer Kreuzung betrifft. Wenn dennoch diese Methode vor einigen Jahrzehnten viele Varietäten mit verbessertem Ertrag gab, so wurde dies dadurch ermöglicht, daß bei Kreuzungen zwischen weniger ertragreichen Formen ein großer Teil der Nachkommen ein erhöhtes Ertragspotential hat.

c) Prüfung der Selektionen

Fig. 33 zeigt, wie die Hafersorte Flämingsgold aus F_6 eines Kreuzungsramsches ausgelesen wurde (LAUBE, 1936). In F_7 wurden 10 505 Einzelpflanzennachkommenschaften aufgezogen, von denen nur 687 bis F_8 fortgesetzt wurden. Diese Zahl wurde in jedem Jahr reduziert, bis schließlich nur noch 3 Nachkommenschaften übrigblieben, von denen eine sich im Mittel von besonders vielen Prüfungen als die beste erwies.

Diese neue, als Flämingsgold bezeichnete Sorte gab einen 7% höheren Ertrag als der bessere Kreuzungselter, der Petkuser Gelbhafer. Aus Fig. 33 darf man indessen nicht schließen, daß die zum Schluß ausgelesene Linie die beste von den 10 505 Deszendenzen darstellt. Auf die zwei ersten Selektionen, die ohne Replikation

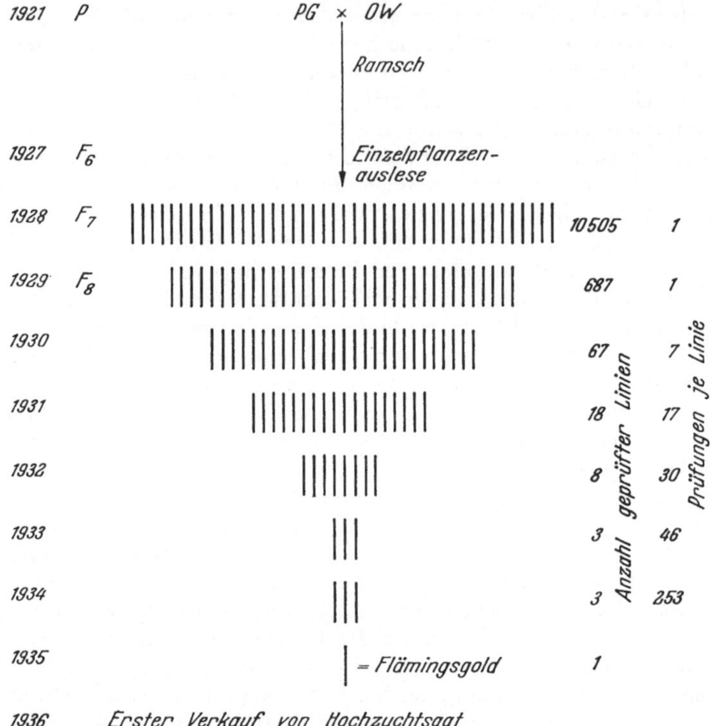

Fig. 33. Schema der Auslese einer ertragreichen Hafersorte (Flämingsgold) aus F_6 eines Ramsches. Nach LAUBE 1936. PG × OW, Petkuser Gelbhafer × Oberschlesischer Weißhafer

geschahen, kann man nämlich kein großes Gewicht legen. Es kann daher nicht als sicher betrachtet werden, daß die Mehrzahl der 67 F_9-Familien ein überdurchschnittliches Ertragspotential hatten. Dagegen liegt es nahe anzunehmen, daß in den folgenden Generationen bei steigender Anzahl von Replikationen eine der drei bis fünf besten von diesen 67 F_9-Familien erfaßt wurde. Unter diesen Umständen wäre es durchaus möglich, daß unter den 10 505 F_7-Linien einige Hundert gleichgut oder besser waren als die ausgelesene Flämingsgold. Dies hängt indessen in erster Linie von der Frage ab, ob die beiden ersten Jahre der Selektion günstig oder ungünstig für die Beurteilung des Ertrages waren.

Die Methode, jedes Jahr nur die phänotypisch besten Linien auszulesen und den Rest wegzuwerfen, scheint theoretisch bedenklich. Denn obwohl die genotypisch besten Linien in der Mehrzahl der Jahre überdurchschnittliche Erträge haben, kommen doch nicht wenige Jahre vor, in denen sie knapp das Mittel überschreiten. Mit der genannten Methode riskiert man daher, daß man früher oder später die Mehrzahl

1000 Linien	5 Jahre
200 Linien	3 Jahre
40 Linien	3 Jahre
8 Linien	3 Jahre

der besseren Linien eliminiert. Wenn es sich im obigen Haferbeispiel nur um Erfassung des besten Ertragsgenotyps handelte, könnte man z. B. an vorstehende Methode denken.

Die erste *systematische* Einschränkung der Linienzahl würde nach 5jähriger Prüfung vorgenommen, weitere Einschränkungen in Abständen von je drei Jahren. Die Verlängerung der Selektionsdauer könnte durch ein besseres Ergebnis gerechtfertigt werden. — Eine weitere Frage ist, ob die Beurteilung der Selektionen durch Vergleich mit einer geeigneten Standardmischung verbessert werden kann, wie in Kapitel 2, S. 29, angedeutet wurde. Vergleiche auch HOYLE und BAKER (1961).

Was die Replikationen der gewöhnlichen Versuchstechnik betrifft, so prüfen sie die Reaktion der Genotypen meist unter sehr ähnlichen Verhältnissen. Es wäre im Prinzip besser, jede Linie mit einem charakteristischen kontrollierten Muster von Bedingungen zu prüfen (cfr. DORST, 1958; GILMORE und ROGERS, 1959). Hierzu gehören verschiedene Aussaatdaten, Typen von Boden, Düngung und Klima. Theoretisch spricht manches dafür, daß man in langsichtigen Programmen das Hauptgewicht auf die Züchtung von „kosmopolitischen" Sorten legen sollte, d. h. von Sorten, die in einem weiten Bereich von Bedingungen befriedigende Erträge geben. Denn erstens sollte eine allseitige Resistenz gegen die gewöhnlicheren klimatologischen und edaphologischen Faktoren verbesserte Voraussetzungen für Züchtung auf eine höhere Stufe von genereller Effektivität gewähren. Zweitens sollte es relativ leicht sein, aus den generellen Typen Spezialtypen zu züchten, die ersteren in bestimmten Gebieten überlegen sind. Zum Beispiel dürfte es nicht besonders schwierig sein, aus einer Varietät, die für ein weites Intervall von Bodenfeuchtigkeit und Klima paßt, Spezialtypen mit erhöhter Resistenz in einer der Richtungen dieser Faktoren zu züchten, wenn Resistenz in den anderen Richtungen geringere Bedeutung hätte.

In der Jugendzeit der Pflanzenzüchtung waren die meisten Züchter überzeugt davon, daß die erfolgreiche Auslese den Charakter einer Kunst hätte, bei der die Intuition eine große Rolle spielt. Dies ist heute nur richtig, wenn sich die *Intuition* auf einer Grundlage von rationellen Methoden auswirkt.

d) Fixierung des Ertragspotentials

Eine wichtige Frage ist, von welcher Generation ab sich das Ertragspotential einer Linie mit genügender Sicherheit bestimmen läßt. Eingehende Untersuchungen hierüber liegen nicht vor. Gewöhnlich nimmt man an, daß das Ertragspotential proportional mit der zunehmenden Homozygotie fixiert wird. Wenn in F_7 die Heterozygotie auf $1/2^6 = 1{,}56\%$ reduziert ist, sollten nur noch unbedeutende Änderungen im Ertragspotential stattfinden. Bei allogamen Objekten wie Mais hat der Ertrag der früheren Generationen — manchmal mit Ausnahme der S_1 — im allgemeinen wenig Interesse. Nach JONES und MANGELSDORF (1925) gingen mehrere Inzuchten, die in S_3 viel versprachen, in S_4 und S_5 so stark an Vigor und Produktivität zurück, daß sie anderen, früher viel weniger versprechenden Linien bei weitem unterlegen waren. Ertragreiche Inzuchten können von relativ schlechten Ausgangspflanzen kommen. Weiter ist zu berücksichtigen, daß ein Teil der Inzuchten einen Rest von Heterozygotie ziemlich zähe festhält und daher noch lange nach S_6 zu hohe Erträge vortäuschen kann. Schließlich ist anzunehmen, daß bei Kreuzungen von stärker verschiedenen Rassen eine genetische *Instabilität* eintreten kann, die viele Jahre nach Erreichung der Homozygotie fortsetzt und vielleicht zu starken Änderungen im Ertragspotential führt, ein Problem, das schon in Verbindung mit HARLANS Mischramschen bei Gerste diskutiert wurde.

Wenn es sich um autogame Gewächse handelt, bei denen die Inzuchtdepression im Gefolge von Kreuzungen relativ gering ist, zeigen die Erträge der F_3-Familien vermutlich in vielen Fällen schon beachtliche Korrelation mit denen ihrer F_{ho}-Deszendenzen. Bei einigen Objekten könnte es sich lohnen, alle schlechter fertilen F_3-Familien wegzuwerfen. Allerdings müßten dann die Erträge der F_3-Familien in einem Jahr mit normalen Witterungsverhältnissen in replikaten Versuchen geprüft werden. Die

Erträge individueller Pflanzen der F_2 und späterer Generationen haben selten Interesse für die Selektion, vergleiche S. 270.

4. Die Ramschmethode

a) Erfahrungen an Mischramschen

Technisch ist die Methode des Mischramsches die einfachste und billigste, die sich denken läßt, indem die Mischung der spaltenden Kreuzungsdeszendenzen Jahr für Jahr auf einer kleinen Parzelle angebaut und geerntet wird. Für den Mischramsch CC II (S. 188) wird angegeben, daß die Größe dieser Parzelle im Laufe der Jahre zwischen 80 und 400 m^2 variierte (SUNESON und STEVENS, 1953). „The plants were harvested with a binder ... and the seeds were given a minimum of screening before replanting." SUNESON (1956) empfiehlt es, einen Mischramsch zunächst 15 Jahre der natürlichen Selektion zu unterwerfen. Danach kommen drei Methoden in Betracht. 1. Der Ramsch kann noch viele Jahre hindurch ohne künstliche Selektion angebaut werden, um sich fortschreitend zu verbessern; 2. die besten Selektionen aus verschiedenen Mischramschen werden gekreuzt und zu einem neuen Ramsch vereinigt; 3. Selektionen aus dem Ramsch können auf übliche Weise geprüft werden, wobei zu berücksichtigen ist, daß das Prozent der gut adaptierten und ertragreichen Linien eine partielle Funktion der Generation ist.

Die Bedeutung der Methode des gemischten Ramsches geht daraus hervor, daß eine Anzahl kommerzieller Gerstenvarietäten mit dieser Methode hergestellt worden ist. HARLAN (1956) gibt eine Liste von 18 solchen Varietäten, indem er betont, daß diese Methode schon sehr bedeutende Beiträge zur Gerstenkultur in den Vereinigten Staaten und einigen anderen Ländern gebracht hat. Wenn neben dem Mischramsch die einfachen Ramsche, aus denen er zusammengesetzt ist, getrennt kultiviert werden, ergibt sich die Gelegenheit, einzelne besonders günstige Ramsche zu entdecken. Aus einem einfachen Ramsch aus der Kreuzung der S. 187 erwähnten Gerstenvarietäten Atlas und Vaughn wurden z. B. vier kommerzielle Varietäten hergestellt. Wenn der Mischramsch CC II erst nach 30 Jahren seine besten Produkte erzeugte, so ist dies zwar eine lange Zeit. Wenn aber diese Produkte den besten Sorten überlegen sind, die konventionelle Methoden in der gleichen Zeit produzieren konnten, so spricht dies nach HARLAN stark zugunsten dieser Methode.

b) Diskussion

Die Erfahrungen an Mischramschen zeigen, daß die Ramschmethode unter geeigneten Umständen einen hohen Grad von Effektivität besitzt. Da indessen in vielen anderen Beispielen keine befriedigenden Ergebnisse erhalten wurden, ist es zweckmäßig Faktoren zu nennen, die hierfür verantwortlich sein könnten. Zunächst müssen wir beachten, daß es sehr viele Typen von Ramschmethoden gibt. Man kann z. B. die Ramsche aus ausgelesenen oder unausgelesenen F_2-Pflanzen herstellen. Die Extraktion der zu prüfenden Einzelpflanzen kann man in frühen, mittleren oder späten Generationen von einfachen, gemischten oder multiplen (S. 261) Ramschen vornehmen. An dieser Stelle denken wir zunächst an unausgelesene, vieljährige Ramsche.

Die wichtigsten Charakteristika einer solchen Ramschmethode sind folgende: 1. Sie führt zu homozygoten Genotypen und erlaubt daher die direkte Extraktion von reinen Linien, was stets als ein wesentlicher Vorteil aufzufassen ist. 2. Sie vermeidet eventuelle nachteilige Nebeneffekte künstlicher Selektion in spaltenden Inzuchten. 3. Sie bewirkt eine verbesserte Anpassung an die klimatischen und edaphologischen Bedingungen der Versuchsstation und an die benutzte Anbautechnik. 4. Eine Komponente der natürlichen/mechanischen Selektion ist zweifellos auf Erhöhung der Fertilität gerichtet, indem besser fertile Pflanzen einen höheren Beitrag zur Ernte geben. Andere Komponenten können indessen in entgegengesetzter Richtung wirken. 5. Die vorteilhafte Komponente der natürlichen Selektion überwindet vielleicht erst nach 15—20 Jahren gewisse negative Effekte der Kreuzungen. Sie kann durch Instabilität der Milieuverhältnisse, die Oszillationen in der Selektionsrichtung hervorrufen, reduziert oder ausgeschaltet werden. 6. Die Selektion ist indifferent oder nachteilig für einen großen Teil der anderen züchterisch wertvollen Qualitäten des Objektes.

In Fällen, in denen die existierenden Varietäten nur unvollkommen an eine Region angepaßt sind und große Verbesserungen im Grade der Adaptation noch möglich sind, ist die Methode des Mischramsches wegen der extremen Reichhaltigkeit des Ausgangsmaterials zu empfehlen. Ob dabei automatische Fortschritte in Richtung auf höheren Ertrag stattfinden, hängt von der Konstellation der die Selektion beeinflussenden Faktoren und von der Konstitution des Ramsches ab. Negative Korrelationen zwischen Ertrag und Konkurrenzfähigkeit der Genotypen brauchen nicht nachteilig zu sein. Wenn in den späteren Generationen des Ramsches herabgesetzte Konkurrenzfähigkeit durch höheren Ertrag kompensiert werden kann, mag dieser Umstand die Isolierung besserer Ertragsgenotypen sogar wesentlich erleichtern. Es handelt sich hierbei um ein wichtiges Problem, das einer experimentellen Nachprüfung zugänglich ist. Man könnte z. B. in frühen oder mittleren Generationen eines Ramsches leicht identifizierbare Sorten der gleichen oder verwandter Arten von bekannter Konkurrenzfähigkeit zusetzen. Vielleicht kann ein geeigneter Konkurrent, ein *„Selektor“*, eine besonders effektive Selektion auf Ertragspotential des Ramsches ausführen. Die Konzentration der Selektorvarietät innerhalb der Population ließe sich leicht auf einem geeigneten Niveau halten.

Im übrigen mögen zahlreiche Faktoren der Versuchstechnik und des Milieus Richtung und Grad der automatischen Selektion auf Samenertrag beeinflussen. Zu nennen wären Aussaatdichte, Aussaattiefe, Bodenfeuchtigkeit und -struktur bei Keimung etc. Gewisse Konstellationen dieser Faktoren könnten eine Selektion auf hohe Anzahl der Samen auf Kosten der Samengröße zur Folge haben. Eine passende Veränderung eines Faktors wie z. B. Aussaattiefe könnte ein geeignetes Gleichgewicht zwischen Selektion auf Samenzahl und Samengröße wieder herstellen. Bei bestimmten Konstellationen mag die Selektion auf das Produkt von Zahl und Größe der Samen (= Ertrag) einen optimalen Wert erreichen. Eine relative Stabilität solcher Konstellationen während einer größeren Reihe von Jahren dürfte die Effektivität der Selektion begünstigen, weshalb bestimmte Regionen besser für die Ramschmethode passen als andere. Über den theoretischen Einfluß des Milieus vergleiche auch Kapitel 21.

In bezug auf den Grad der genetischen Heterogenität läßt sich in zunehmender Richtung folgende Serie aufstellen: partielle Ramsche, Vollramsche, gemischte Ramsche und multiple Ramsche (S. 261). Alle diese Typen mögen ihre spezielle Anwendung finden. Die gründlichsten Untersuchungen wurden indessen bisher mit dem ungewöhnlich heterogenen Mischramsch CC II ausgeführt, der aus 378 Kreuzungen hergestellt wurde. Es fragt sich nun, ob dieser Grad von Heterogenität von entscheidender Bedeutung für die auffällige Erhöhung des Ertragspotentials in den späteren Generationen des Mischramsches war. Falls diese Erhöhung zum großen Teil auf Kampf zwischen Genotypen von hoher Konkurrenzfähigkeit und solchen von hoher Fertilität beruht (SAKAI, 1955), ist es möglich, daß die hierzu am besten geeigneten Typen beider Kategorien so selten sind, daß sie in einem minder heterogenen Material nicht zu erwarten wären. Wäre ein ähnlicher Ramsch nicht durch Mischung einfacher Kreuzungen, sondern aus multiplen Kreuzungen der gleichen Ausgangsformen hergestellt, so würde sich ein ganz anderer Typus von Heterogenität ergeben. Dies würde zweifellos die selektiven Prozesse innerhalb des Ramsches beeinflussen, aber in unbekannter Richtung. Mit einfachen Ramschen sind in einer Anzahl von Beispielen beachtliche Erfolge erzielt worden (HARLAN, 1956; DROS, 1957), aber bisher noch nicht von der gleichen Größenordnung wie beim Mischramsch CC II.

Besonders wichtig für die rasche Verbesserung des Ertragspotentials eines Mischramsches ist nach HARLAN (1956) die Auswahl gut adaptierter Varietäten. Die 28 Eltern von CC II enthielten 15 Handelsvarietäten verschiedener Herkunft, die sich in Amerika bewährt hatten; bei der Auswahl des Restes wurde versucht, die geographische Repräsentation der Varietäten so gut wie möglich abzurunden. Eine Reihe von späteren Mischramschen, in denen die Adaptation des Ausgangsmaterials für kalifornische Verhältnisse stärker berücksichtigt wurde, machten raschere Fortschritte.

Nach FRANKEL (1955) haben neuseeländische Züchter während einer langen Zeitperiode an den gleichen Weizenkreuzungen in großem Umfang die Effektivität der Ramschmethode mit der gewöhnlichen Pedigree-Methode der Selektion verglichen. Mit letzterer Methode wurden viele voraussichtlich wertvolle und einige hochgradig erfolgreiche Varietäten geschaffen, mit ersterer dagegen nur wenige voraussichtlich wertvolle und noch keine, die fertig zur Distribution ist. Den Mißerfolg der Ramschmethode führt FRANKEL darauf zurück, daß die minderwertigen Genotypen die wertvolleren auskonkurrieren. Der wesentliche Vorteil der Pedigree-Methode besteht in der räumlichen Isolierung der Familien, die sie gegen die Konkurrenz anderer Typen schützt. Es ist indessen fraglich, ob die Konkurrenz im Prinzip bei Weizen andere Effekte hat als bei Gerste; der Effekt wird jedoch in hohem Maße durch eine Reihe von Faktoren modifiziert, die in beiden Versuchsserien sehr verschieden sein könnten. Sollte aber dennoch bei einem Objekt die Konkurrenz zwischen räumlich benachbarten Genotypen einen nachteiligen Effekt auf die Qualität des Ramsches haben, so ließe sich diese Komponente der natürlichen Selektion auf verschiedene Weise aufheben, z. B. durch Verdünnung des Samenmaterials des Ramsches mittels Beimischung von Samen aus einer leicht erkenntlichen Varietät von schwacher Konkurrenzkraft.

c) Qualitative Merkmale

Die Kreuzungen 6reihige × 2reihige Gerstenvarietäten geben inferiore Nachkommenschaften verglichen mit den Kreuzungen innerhalb dieser beiden Gruppen von Varietäten. Bei einem Vergleich der durchschnittlichen Erträge der Selektionen aus F_8 der einfachen Ramsche verschiedener Kreuzungen erhielten HARLAN et al. (1940) folgende Werte:

Gruppe der Kreuzung	Ertrag der Selektionen
6×6	482,0
6×2, sechsreihige Segregate	459,9
zweireihige Segregate	397,4
2×2	463,0

Bei den 6reihigen Segregaten aus 6×2 hatten die lateralen Körner selten volle Größe, was eine schlechte Qualität der Ernte bedingt. Bei 2reihigen Segregaten war der Ertrag besonders stark herabgedrückt. Solche Ergebnisse könnten darauf deuten, daß 6reihige und 2reihige Varietäten verschiedene Sätze von modifizierenden Genen besitzen, und daß die meisten Rekombinationen dieser Modifizierer unbefriedigende Effekte auf die Fertilität haben, und zwar ganz besonders auf die der 2reihigen Segregate [1]. In dem Mischramsch CC II hatten diese Verhältnisse weniger Bedeutung für den Ertrag späterer Generationen, indem das Merkmal Zweireihigkeit praktisch vollständig aus dem Ramsch eliminiert wurde, vermutlich auch ein großer Teil der 6reihigen Segregate aus der Kreuzung 6×2.

Das Merkmal Zweireihigkeit läßt sich in einem solchen Ramsch nur durch künstliche Selektion aufrechterhalten. Wenn eine Gruppe adaptierter 6reihiger Varietäten

[1] Andere Erklärungen kommen indessen auch in Betracht.

und eine Gruppe nicht adaptierter 2reihiger Varietäten zur Verfügung stünde, so wäre es durchaus möglich die Adaptierung letzterer Varietäten durch Kreuzung beider Gruppen und Herstellung eines Mischramsches zu verbessern. Neben der natürlichen Selektion wäre jetzt indessen auch eine künstliche Selektion von passender Intensität und Art auf Anwesenheit und Fertilität 2reihiger Nachkommen erforderlich.

Ebenso wie im Beispiel der Zweireihigkeit der Gerste lassen sich viele züchterisch wertvolle Charaktere nur durch künstliche Selektion in einem Ramsche aufrechterhalten. Falls es sich um polymer bedingte Qualitätsmerkmale handelt, mag dies auf gewisse Schwierigkeiten stoßen, die sich aber durch sorgfältige Auswahl der Elterntypen verringern lassen. Es ist streng darauf zu achten, daß die Mehrzahl der Eltern das polymere Qualitätsmerkmal in gewünschter Intensität besitzt. Die Begrenzungen der Ramschmethode in dieser Hinsicht sind indessen noch nicht systematisch untersucht. In vielen Fällen ist von einer indirekten Beherrschung der natürlichen Selektion mehr zu erwarten als von einer verbesserten künstlichen Selektion.

d) Multiple Kreuzungen

In einem Mischramsch vom Typus CC II sind in jedem Individuum zunächst nur die Anlagen zweier Kreuzungseltern kombiniert. Ein sehr geringes Prozent spontaner Kreuzungen mag Jahr für Jahr einige neue Kombinationen zwischen den verschiedenen Deszendenzlinien erzeugen. Aber erst im Laufe von vielen Jahren dürften diese Kombinationen einen merkbaren Einfluß auf die Beschaffenheit der Populationen erhalten. Will man diesen Vorgang etwas beschleunigen, kann dem Ausgangsmaterial ein niedriges Prozent eines männlich-sterilen Typus beigemischt werden. Wenn es gilt, noch rascher die Gene zahlreicher Rassen zu kombinieren, können multiple Kreuzungen angewandt werden. Man stellt zunächst eine Gruppe von einfachen Hybriden her und kreuzt sie nach folgendem Schema:

```
(1 × 2)     (3 × 4)          (5 × 6)     (7 × 8)
   ↓           ↓                ↓           ↓
  (II a   ×   II b)            (II c   ×   II d)
         ↓                             ↓
       (IV a . . .        ×        . . . IV b)
                          ↓
                        VIII
```

Aus einfachen Hybriden werden doppelte hergestellt, aus solchen vierfache usw. Die lateinischen Ziffern geben die Anzahl der an den verschiedenen Typen von Hybriden beteiligten Linien an. Um indessen einen nennenswerten Teil der zwischen den Ausgangslinien möglichen Genkombinationen zu realisieren, ist jeder der sukzessiven Kreuzungsschritte mit einer stark steigenden Anzahl von Individuen vorzunehmen. Solche multiplen Kreuzungen könnten als Ausgangsmaterial für multiple Ramsche benutzt werden, die ein hohes Potential für Selektion in die verschiedensten Richtungen besitzen sollten. Ob sie gewisse Vorteile gegenüber Mischramschen haben, ist schwer zu beurteilen.

e) Bewertung der Kreuzungen

Im allgemeinen geben Kreuzungen ertragreicher Eltern die besten Nachkommenschaften. Diese Regel hat indessen viele Ausnahmen. Harlan (1956) betont z. B., daß importierte Gerstenvarietäten von relativ geringer Produktivität hervorragende Kreuzungseltern sein können. Man kann unter diesen Umständen die Kreuzungen nicht auf die ertragreichsten Varietäten beschränken. Als bei zunehmender Erhöhung des Ertrages der wichtigeren Kulturpflanzen ein immer geringerer Teil der Kreuzungen Linien mit verbessertem Ertrag gaben, wurde es notwendig, eine immer größere Anzahl von Kreuzungen herzustellen. Zu diesem Zwecke werden oft *diallele* Kreuzungen zwischen den in Betracht kommenden Elternsorten empfohlen, d. h. diese Sorten werden in allen $n \cdot (n-1)/2$ möglichen Kombinationen gekreuzt. Auf diese Weise kann man sowohl die mittlere Eignung einer Linie als Kreuzungselter bestimmen, als auch einige besonders gute Kombinationen auffinden.

Mit der steigenden Anzahl der zu untersuchenden Kreuzungen entstand die Frage nach den *Kriterien*, die es gestatten, den Wert einer Kreuzung so früh wie möglich zu erkennen, damit die weitere Arbeit sich um die aussichtsreicheren Kreuzungen konzentrieren kann. Dieses Problem hat ähnliche Bedeutung für die meisten Methoden, die auf Kreuzungen basieren. Man untersuchte besonders die Frage, ob der mittlere Ertrag der als Ramsch aufgezogenen früheren Generationen einer Kreuzung oder die Variationsbreite der F_2 Anhaltspunkte für die Wahrscheinlichkeit der Isolierung hervorragender Inzuchten in späteren Generationen geben. HARRINGTON (1940) verglich z. B. F_2- und F_3-Ramsche von 6 Weizenkreuzungen mit F_6-F_8-Linien, die aus den gleichen Ramschen ausgelesen wurden. Er fand, daß replikate F_2-Ramsche, supplementiert durch Ergebnisse der F_3-Ramsche, mit Vorteil benutzt werden können, um den Wert von Weizenkreuzungen zu beurteilen. SIKKA et al. (1959) fanden zwischen F_2- und F_3-Ramschen indischer Weizenkreuzungen so hohe Korrelationen, daß sie auf dieser Grundlage zum gleichen Schluß kommen. KHANNA (1959) schließt auf Grundlage umfangreicher Untersuchungen über die Faserlänge der Baumwolle, daß bei der Auswahl der Kreuzungen das Hauptgewicht auf die Mittelwerte der F_1 und F_2 gelegt werden sollte und nicht auf die Variationsbreite der F_2. Er fand in seinem Material kein Beispiel dafür, daß man aus einer Kreuzung mit niedrigem Mittel, aber hoher Variationsbreite der F_2 etwas Gleichwertiges herauslesen könnte, wie aus einer Kreuzung mit höherem Mittel, aber geringerer Variationsbreite. Bei verschiedenem Material werden etwas verschiedene Erfahrungen gemacht; aber im großen und ganzen ist ein hoher Ertrag der früheren Ramschgenerationen ein gutes Anzeichen für den Wert einer Kreuzung (cfr. z. B. ATKINS und MURPHY, 1949; TORRIE, 1958; VOIGT und WEBER, 1960). Für diesen Zweck sollten indessen die Erträge der Ramsche in replikaten Versuchen bestimmt werden und diese Prüfungen mehrere Generationen hindurch in Jahren mit relativ typischen Witterungsverhältnissen fortgesetzt werden. Weite Schwankungen in gesundheitlichen oder klimatischen Bedingungen während der spaltenden Generationen machen solche Prüfungen unzuverlässig als Grundlage für die Auswahl von Kreuzungen (TAYLOR und ATKINS, 1954). Im übrigen wäre es in bestimmten Fällen zu empfehlen, die Ramsche mit speziellen Umweltbedingungen zu prüfen, da sie wertvolle Komponenten enthalten können, die nur auf solche Weise zum Vorschein kommen.

f) Teilramsche; Bedeutung der F_2-Genotypen

Theoretisch liegt das Hauptgewicht der Selektion bei den meisten Methoden auf der Erfassung von günstigen F_2-Genotypen. Denn von unbefriedigenden F_2-Individuen lassen sich trotz aller Selektion in den folgenden Generationen keine guten Linien herstellen. Leider hat nun der Phänotyp einer F_2-Pflanze keinen Wert für die Abschätzung ihres Ertragspotentials, indem er in hohem Grade durch Milieu, Heterosis und andere Faktoren beeinflußt wird. Dagegen sollte der mittlere Ertrag einer F_3-Linie, die mehrere Jahre in replikaten Versuchen geprüft wird, schon ein ziemlich gutes Urteil darüber erlauben, ob sich aus einer solchen Linie gute homozygote Nachkommen isolieren lassen. Statt F_3-Linien wäre es indessen zweckmäßiger, (F_2)-Ramsche zu benutzen, worunter man die als Ramsch aufgezogene Deszendenz von einzelnen F_2-Pflanzen versteht, gleichgültig um welche Generation es sich handelt. Ein (F_3)-Ramsch oder eine (F_3)-Linie wäre entsprechenderweise von einer einzelnen F_3-Pflanze abgeleitet.

Daß zwischen den Ertragspotentialen der F_2-Genotypen beträchtliche Unterschiede bestehen können, die am Ertrag der F_2-Pflanzen selbst nicht zum Ausdruck kommen, ist in mehreren Fällen klar erwiesen. Solche Untersuchungen zeigen auch, daß unerwartet hohe Unterschiede im Ertragspotential in einem relativ geringen Material angetroffen werden können. BJAANES (1951) fand z. B. unter 28 (F_2)-Ramschen einer Weizenkreuzung einen, der einen 12% höheren Ertrag gab als der bessere Kreuzungselter. Eine Analyse dieses Teilramsches in F_6 und späteren Generationen zeigte, daß er Linien von verschiedenem Ertrag enthielt. Auffällige Unterschiede im Ertragspotential von (F_2)-Ramschen von Weizen wurden auch von WIENHUES (1959) beschrieben. FREY (1954 b) und MCKENZIE und LAMBERT (1961) analysieren die Unterschiede im Ertragspotential der F_2-Genotypen von Gerste. Letztere Autoren zeigen, daß die besten F_3-Familien die besten F_6-Parzellen ergeben. Sie betonen, daß der Ertrag durch wirkliches Abwiegen bestimmt werden muß, da eine visuelle Abschätzung sich als völlig unbrauchbar erwies.

Um die großen Unterschiede im Ertragspotential der F_2-Pflanzen auf beste Weise für die Züchtung auszunützen, schlägt FREY (1954 b) eine spezielle Methode vor. Eine interessante Diskussion der vorliegenden technischen Probleme findet man bei LUPTON und WHITEHOUSE (1957). Nach diesen Autoren bilden die Pedigree- und Ramschmethode entgegengesetzte Extreme einer Reihe von Systemen, die Selektion in verschiedenen Stadien der spaltenden Generationen benutzen. Besonders wird die „Pedigree-trial-method“ empfohlen, wegen der auf die genannten Autoren verwiesen wird. — Nach allem, was wir wissen, ist die Erfassung des Ertragspotentials der F_2-Individuen von größter Bedeutung für die Selektion. Dies kann indessen technisch auf sehr verschiedene Weise geschehen.

5. Selektion auf mehrere Charaktere

In der Züchtung wird gewöhnlich nicht nur auf den Ertrag, sondern auch auf eine Reihe von anderen Charakteren ausgelesen. Theoretisch sind in solchen Fällen eine Reihe von verschiedenen Methoden möglich. Man könnte z. B. die Selektion auf die verschiedenen Charaktere nacheinander vornehmen. Zunächst selektioniert man also auf ein Merkmal, dann auf ein zweites (tandem-Selektion). Oder man gibt jedem Merkmal eine gewisse Anzahl Punkte proportional mit seiner praktischen Bedeutung und selektioniert dann Individuen mit der größten Anzahl Punkte, gleichgültig wie diese sich auf die verschiedenen Charaktere verteilen (Index-Methode). Oder man kann für jedes Merkmal ein gewisses Mindestmaß von Punkten fordern und Individuen, die in einem Merkmal versagen, eliminieren, gleichgültig ob sie in der Summe der anderen Charaktere überlegen sind. Nach HAZEL und LUSH (1942) ist in der Tierzüchtung die Index-Methode die beste, die tandem-Methode die schlechteste. In der Pflanzenzüchtung wird eine bewußte oder unbewußte Form von Index-Selektion ganz allgemein angewandt. MANNING (1955) benutzt sie z. B. bei der Baumwolle, BRIM et al. (1959) bei der Sojabohne.

Keine der Methoden sollte ganz schematisch angewandt werden. Wenn Linien in der Mehrzahl der Charaktere vorteilhaft sind oder sich in einzelnen Charakteren besonders auszeichnen, wegen einzelner Defekte aber keine praktische Anwendung finden können, sollte man versuchen, ihre Defekte durch neue Kreuzungen zu eliminieren. Dieses Prinzip hat RICHEY (1945) als *kumulative Selektion* bezeichnet. Oft mag es auch zweckmäßig sein, neben einem allgemeinen Selektionsprogramm im Sinne der Index-Methode spezielle Selektionen anzulegen, in denen intensiv auf einzelne Merkmale ausgelesen wird, zwecks späterer Verwendung der Selektionen zu Kreuzungen.

Falls man in einer Population einen Anteil (Dezimalbruch) x der Pflanzen ausliest und die Selektion gleich stark auf n Charaktere verteilt, so fällt auf den einzelnen Charakter eine Selektionsintensität von $\sqrt[n]{x}$. Wenn man z. B. gleichstark auf 6 Charaktere ausliest, und im ganzen 5% der Individuen selektioniert, so wäre die Intensität mit der auf jeden dieser Charaktere ausgelesen wird $= \sqrt[6]{0{,}05} = 0{,}607$. D. h. man dürfte für jedes Merkmal nur 39,3% der schlechtesten Individuen eliminieren, um genug Individuen zur Fortsetzung der Population zu behalten. Wenn auf viele Charaktere gleichzeitig ausgelesen wird, kann die Selektionsintensität für den einzelnen Charakter überraschend gering sein.

Bei der Selektion ist besonders gut auf negative Korrelationen zu achten. Wenn man bei Mais auf hohen Ertrag ausliest, so führt dies automatisch zu einer Verspätung der Reife. Um Typen von höherer Effektivität zu erhalten, sollte man gleichzeitig beide diese Charaktere berücksichtigen. GORSLINE (1960) schlägt vor, in solchen Fällen im Verhältnis zur Regressionslinie für Ertrag und Reife auszulesen, wie dies schematisch in Fig. 34 angedeutet ist. Die grade Linie in der Figur gibt die durchschnittlichen Beziehungen zwischen Reifezeit und Ertrag innerhalb der Population wieder. Die Punkte geben Reifezeit und Ertrag von Einzelpflanzen. Es ist daher leicht zu verstehen, daß Individuen, deren Punkte über und unter der Linie liegen, überdurchschnittliche bzw. unterdurchschnittliche Effektivität besitzen. Auf dieses Prinzip sollte ganz allgemein geachtet werden. Selektion auf hohen Proteingehalt der Samen erniedrigt z. B. automatisch den Ertrag der Maispflanze, womit wenig gedient ist. Wenn man indessen systematisch auf Pflanzen ausliest, deren Kombination von Werten über der Regressionslinie für Proteingehalt und Ertrag liegt, so erhöht man auf diese Weise effektiv den Proteinertrag pro Hektar. Wenn nach der Index-Methode selektioniert wird, sind solche Korrelationen bei der Bewertung der Charaktere gebührend zu berücksichtigen.

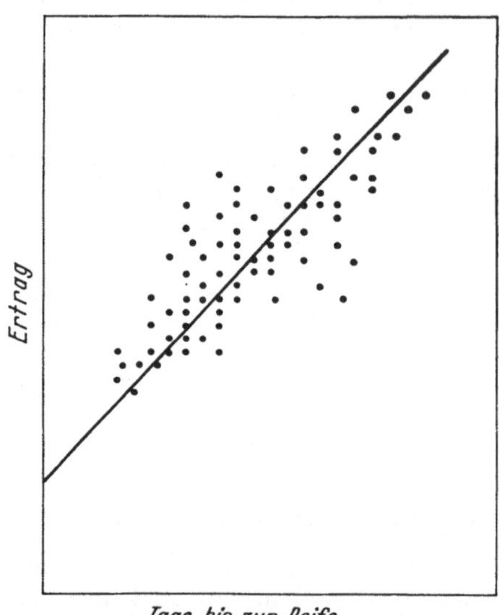

Fig. 34. Zum Prinzip der Regressions-Selektion

6. Die Rückkreuzungsmethode

Wenn bei einer Kulturpflanze verbesserte Varietäten zur Verfügung stehen, in die man einzelne Charaktere aus fremden Sorten einführen möchte, so wird man im allgemeinen die Rückkreuzungsmethode benutzen. Handelt es sich um dominante Merkmale, so ist die Aufgabe besonders einfach. Man benutzt eine verbesserte Varietät als recurrenten Elter einer passenden Serie von Rückkreuzungen, z. B. 8—10, und selbstet dann die Rückkreuzungsprodukte mit dem dominanten Merkmal. In der Regel ist die Aufgabe dann schon erledigt. Im allgemeinen ist es nach BRIGGS und ALLARD (1953) nicht nötig, die mit Hilfe der Rückkreuzungsmethode modifizierten Varietäten vergleichend auf Ertrag und andere Merkmale zu prüfen, da sie sich abgesehen von dem dominanten Merkmal aus der Donor-Varietät gewöhnlich nicht vom recurrenten Elter unterscheiden. Sie können daher direkt als neue Sorten ausgegeben werden, wodurch man eine Anzahl Jahre spart. Die Rückkreuzungsmethode wird jetzt besonders für die Einlagerung von Resistenz gegen parasitäre Krankheiten in die Handelsvarietäten benutzt, kann aber für die Einlagerung beliebiger anderer Charaktere verwendet werden.

Wie in Kapitel 11 näher diskutiert, folgt mit einem importierten Gen aus der Donorsorte im Durchschnitt ein fremdes Chromosomensegment von der Größe $2/n$, wobei n die Anzahl der Rückkreuzungen ist. Sollte ein solches Segment besonders reich an Genen sein, so kann dies in einigen Fällen unerwünschte Folgen haben. Wenn dies zu befürchten ist, sollte man die Rückkreuzungen in mehreren getrennten Linien vornehmen, da der Wert $2/n$ den Mittelwert für eine Segmentlänge bezeichnet, die in verschiedenen Linien sehr variabel ist. Es sollte daher relativ leicht sein, eine Linie mit besonders kurzem fremdem Segment aufzufinden. Auch sollte man, wenn möglich, das gewünschte Gen aus verschiedenen Donor-Varietäten importieren, da es in denselben mit verschiedenen Genen gekoppelt ist. Ein streng rezessives Gen läßt sich durch alternierende Rückkreuzungen und Selbstungen in den recurrenten Elter einführen. Um Zeit zu sparen, kann man nach drei oder vier Rückkreuzungen eine Selbstung einschieben, vorausgesetzt, daß die Rückkreuzungen in so großem Umfang ausgeführt werden, daß mindestens eine der geselbsteten Pflanzen mit Sicherheit das gewünschte Gen abspaltet.

Sollen komplexe quantitative Charaktere, wie z. B. Proteingehalt, in eine verbesserte Sorte eingeführt werden, so wird man mit mehreren proteinreichen Donor-Varietäten Rückkreuzungsserien beginnen. Nach der ersten Rückkreuzung erfolgen einige Selbstungen, bis man proteinreiche, subhomozygote Linien erhält. Dann kreuzt man dieses Produkt von neuem zweimal mit dem recurrenten Elter zurück und selbstet, wie nach der ersten Rückkreuzung. Vielleicht ist damit das Problem schon gelöst. Zeigen die Produkte indessen noch nicht genügend Ähnlichkeit mit dem recurrenten Elter, kann man diesen Vorgang noch ein- oder zweimal wiederholen. Wenn bei diesem Verfahren der Proteingehalt zu stark absinkt, können die Rückkreuzungsprodukte aus verschiedenen Donor-Varietäten (oder getrennte Rückkreuzungslinien aus derselben Donor-Varietät) miteinander gekreuzt werden, um in der Nachkommenschaft nach Typen mit erhöhtem Proteingehalt zu suchen.

Wünscht man z. B. vier verschiedene Charaktere aus den Donor-Varietäten B, C, D, E in einen recurrenten Elter A einzulagern, so kann man folgendes Schema anwenden (cfr. MAC KEY, 1959):

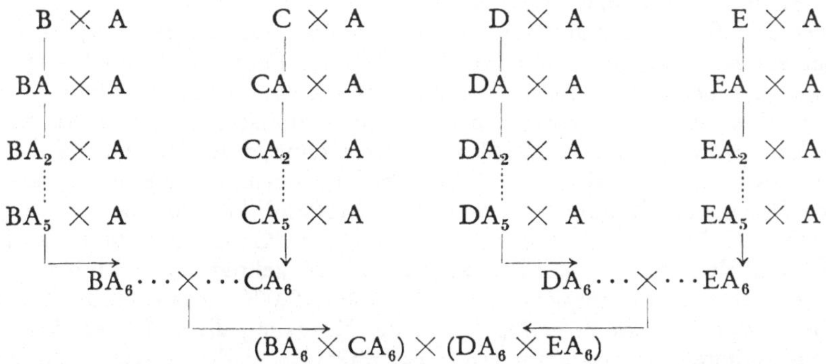

Hierbei bedeutet BA_6 einen Hybrid B×A, der fünfmal zu A als recurrentem Elter rückgekreuzt wurde. Die vier erwünschten Charaktere werden also gleichzeitig in getrennten Rückkreuzungsserien in den recurrenten Elter eingeführt. Von den vier Produkten der Rückkreuzungen werden zunächst je zwei zu einem einfachen Hybrid kombiniert und dann die beiden einfachen Hybride zu einem doppelten, worauf die entsprechenden Selektionen und Selbstungen erfolgen. RINKE (1960) empfiehlt ein wesentlich komplizierteres Schema, das für gewisse Aufgaben effektiver sein mag. Im Prinzip kann man jedenfalls gleichzeitig mit der getrennten Einlagerung der verschiedensten Merkmale in eine Standardsorte beginnen und dann dieselben auf eine zweckmäßige Weise kombinieren. In geeigneter Ausführung kann man mit dieser Methode die meisten Aufgaben lösen, die zur Zeit mit anderen, weniger effektiven Methoden bearbeitet werden. — Über die Rückkreuzungsmethode vergleiche sonst Knight (1945), Thomas (1952), Jugenheimer (1958), Borlaug (1959).

7. Genetische Probleme

Palmer (1953) hebt hervor, daß bei längere Zeit selektionierten Gewächsen nur wenige Kreuzungen Produkte geben, die im Ertrag die Werte ihres besten Elters überschreiten. Von 300 im neuseeländischen Weizenforschungsinstitut längere Zeit untersuchten Kreuzungen gaben nur 3 neue Varietäten, eine von diesen 3 Kreuzungen gab indessen zwei Varietäten. Hieraus schließt der Autor, daß gute Kreuzungen so selten sind, daß sie so vollständig wie möglich ausgenützt werden sollten. In dieser Verbindung diskutiert Palmer das folgende Modell. Nehmen wir an, daß in einer solchen guten Kreuzung beide Eltern je 10 verschiedene Plusgene für Ertrag haben. Unter den homozygoten Nachkommen sollte die Hälfte mehr Plusgene enthalten wie die Eltern. Theoretisch sollte nach Abschluß der Spaltung unter 2^{20} = ca. 10^6 Nachkommen die Klassen mit 16—20 Plusgenen folgende Häufigkeit haben:

Anzahl Plusgene	16	17	18	19	20
Häufigkeit je 2^{20}	4845	1140	190	20	1

Wenn wir nun zwei verschiedene Linien mit 16 Plusgenen herausgreifen könnten, so würden sie in einem beträchtlichen Teil der Fälle 12 gleiche und 4 verschiedene Plusgene besitzen. Ihre Hybride hätten dann sämtliche 20 Plusgene, wären aber heterozygot in 8 von ihnen. Solche Hybride würden in F_{ho} die Genotypen mit 16—20 Plusgenen in wesentlich erhöhter Häufigkeit geben, nämlich:

Anzahl Plusgene	16	17	18	19	20
Häufigkeit je 2^8	70	56	28	8	1

Der gewünschte Genotyp mit 20 Plusgenen hätte also eine 2^{12} = 4096mal höhere Häufigkeit als in der ursprünglichen Kreuzung.

Palmers Schluß, die besten Kreuzungen besonders gut auszunützen, ist richtig, seine Argumentation dagegen problematisch. Die erste Frage ist die nach der *„Auflösungskraft"* der benutzten Selektionstechnik. Wenn eine Technik imstande ist, im Durchschnitt eine der 10% ertragsreichsten Linien zu isolieren, so hätte sie eine Auflösungskraft von 0,10 oder 1/10. Wir möchten annehmen, daß die übliche Auflösungskraft sich im Intervall 0,02—0,05 befindet, indem die meisten Linien vor gründlichen Prüfungen eliminiert werden, und oberflächliche Prüfungen etwa gleich viel Schaden wie Nutzen machen, falls es sich um Kreuzungen hochgezüchteter Varietäten handelt. Die Wahrscheinlichkeit, daß es gelingt zwei Linien herauszugreifen, die eine Auflösungskraft von $6196/2^{20}$ = 0,006 voraussetzen, ist schon gering. Ebenso dürfte es kaum gelingen, aus der Kreuzung dieser Linien den besten Genotyp zu isolieren. — Indessen wäre es praktisch vielleicht schon ein großer Fortschritt, wenn wir aus einer Kreuzung zweier Linien mit je 14 Plusgenen einen Genotyp mit 17 Plusgenen isolieren, was eher unseren Fähigkeiten entspricht. Hierzu müssen wir jedoch sagen, daß das obige Modell nichts mit der Wirklichkeit zu tun hat. Wenn zwei Elternformen 10 verschiedene Plusgene hätten, so sollte 50% der F_{ho}-Nachkommen über 10 Plusgene besitzen und daher besser sein als die Eltern. Wenn nur in einem Prozent der Kreuzungen sich mit großer Mühe Linien isolieren lassen, die ihre Eltern übertreffen, so zeigt dies, daß die verbesserten Varietäten im allgemeinen keinen Mangel an Plusgenen haben. Wenn mehr Plusgene angesammelt werden, so verbessert das nicht den Ertrag. Um bei dem obigen Modell zu verbleiben, könnte der Ertrag im Intervall 0—8 Plusgene von einem niedrigen Niveau zu einem höheren ansteigen; ob er im Intervall 9—20 Plusgene konstant verbleibt oder leicht abfällt, ist unbekannt.

Wenn es in primitiven Populationen von Kulturpflanzen relativ leicht gelang, den Ertrag durch Selektion zu erhöhen, so liegt das daran, daß es bei einem niedrigen Niveau noch relativ viele Gene gibt, die den Ertrag an und für sich erhöhen, wenn den Pflanzen ein genügend günstiges Milieu geboten wird. Solche Gene werden rasch von der künstlichen Selektion erfaßt. Durch Kreuzungen der besseren Selektionen des gleichen oder verschiedener Länder werden die Plusgene aus verschiedenem Ausgangsmaterial kombiniert. Die besten Kreuzungsprodukte werden von neuem gekreuzt. Dieser Zyklus von Kreuzungen und Selektion wird eine Anzahl Male fortgesetzt, bis wir zu den hochgezüchteten Sorten der heutigen Kulturpflanzen erster Ordnung kommen. Da in jedem Stadium dieses Prozesses die besten Sorten am meisten zu Kreuzungen benutzt werden, ist es unvermeidlich, daß im Laufe dieser Entwicklung die Gipfelvarietäten einen immer größeren Grad von Verwandtschaft bekommen.

Unter diesen Umständen ist anzunehmen, daß die ertragreichen Sorten zum großen Teil identische Plusgene besitzen. Unterschiede in ihrem Ertragspotential beruhen vermutlich in erster Linie auf ihren Mustern von Interaktionen mit Umweltfaktoren. Ein erstklassiger Genotyp muß auf alle gewöhnlicheren Kombinationen von Umweltfaktoren auf balanzierte Weise reagieren. Empfindlichkeit gegen hohe oder niedrige Temperatur, Bodenfeuchtigkeit, Konzentrationen von Eisen, Kalk, Magnesium oder zahlreichen anderen Substanzen im Boden löst ungünstige Interaktionen aus in bestimmten Jahren, Lokalitäten, Parzellen oder Pflanzstellen und beeinträchtigt auf diese Weise das Ertragspotential.

In der Züchtung wird die Beurteilung der Summe von Milieuinteraktionen, also der *Reaktionsnorm* eines Genotyps, gewöhnlich dem Zufall überlassen. Wenn eine Linie in mehreren Replikationen, an mehreren Lokalitäten, in mehreren Jahren geprüft wurde, so hat sie damit ihre Interaktionen gegenüber einem ziemlich großen Muster von Umweltverhältnissen erwiesen. Obwohl eine solche Methode brauchbar ist, ist anzunehmen, daß sie in Zukunft durch rationellere Methoden ersetzt wird. Im übrigen wird die große Mehrzahl der Selektionen nach vorläufigen Kriterien ausgelesen, die vielleicht keine Effektivität besitzen, und nur eine relativ geringe Anzahl von Selektionen kommt zu gründlicheren Prüfungen.

Wenn man diese Verhältnisse von einem theoretischen Standpunkt aus betrachtet, würde es erscheinen, daß man in einer Kreuzungsdeszendenz schwer eine genügende Anzahl von Selektionen einer allseitigen Prüfung auf ein geeignetes Muster von Milieu-Interaktionen unterwerfen kann. Indessen kann man sich mit vereinfachten Methoden begnügen. Die Eltern einer Kreuzung könnten nämlich einer verschärften Prüfung unterworfen werden, um exakt zu wissen, in welchen Konstellationen von Milieufaktoren sie unbefriedigende Leistungen zeigen. Wenn solche Prüfungen konkrete Schwächen in der Reaktionsnorm aufdecken, so dürfte es relativ einfach sein, dieselben mit Hilfe der Rückkreuzungsmethode zu beseitigen, indem während der Rückkreuzungen mit dem betreffenden Milieufaktor getestet wird. Sollte eine gewöhnliche Kreuzung notwendig sein, so ist außer den Eltern der Kreuzungsramsch zu analysieren, um auf Grundlage der Variationsbreite der Reaktionsnorm in der Population ein geeignetes Muster von Prüfungen aufzufinden, dem die Selektionen unterworfen werden sollten. Auf diese Weise ließe sich vielleicht die heute übliche hohe Anzahl von Prüfungen mit dem *Zufall* durch eine niedrigere Anzahl *methodischer* Prüfungen ersetzen. Dies wird indessen erst möglich sein, wenn die Pflanzenphysiologen die Grundlagen des Ertragspotentials individueller Linien ebenso sicher analysieren können wie medizinische Spezialisten die Konstitution des Menschen.

In gewöhnlichen Kreuzungen haben wir also nicht einen Typus, der am meisten Plusgene besitzt, sondern die Vorteile und Nachteile der Genotypen beruhen auf ihrer Reaktionsnorm. Unter 10^6 Genotypen haben wir vielleicht 10^3 besonders gute, die in gewissem Sinne den Charakter von *adaptiven Gipfeln* haben. Da diese Typen besser balanziert sind als die große Mehrzahl der Kombinationen, versagen sie in weniger Situationen und geben daher im Mittel bessere Erträge, obwohl sie unter normalen Milieuverhältnissen keine Vorteile zu besitzen brauchen. Sie geben selten extrem gute Erträge; denn dies ist das Vorrecht unbalanzierter Typen, die bei leichter Veränderung der Milieukonstellation versagen könnten. Je größer die Auflösungskraft der angewandten Selektionsmethode, desto bessere Gipfel erfassen wir. Verschiedene Gipfel mögen indessen eine ganz verschiedene Konstitution haben, so daß bei Kreuzung derselben die Wahrscheinlichkeit für Abspaltung verbesserter Gipfel kaum erhöht ist. Die Frage nach Erhöhung des Ertragsniveaus durch Durchbrechung der Kontrollen, die sich einer solchen Erhöhung widersetzen, wird uns in späteren Kapiteln beschäftigen.

II. Erblichkeitsanteil (heritability)

1. Allgemeines

Der Erfolg der Selektion auf Ertrag oder auf quantitative Charaktere im allgemeinen in Populationen oder Kreuzungsdeszendenzen hängt von der relativen oder absoluten Größe einer Reihe von Faktoren ab, wie Quantität der erblichen Variation, Art der Geneffekte, Variabilität des Milieus, Interaktionen zwischen Genotypen und Milieu, Nachwirkungen genetischer Faktoren oder des Milieus, plasmatische Effekte etc. Ohne erbliche Variation ist jede Selektion erfolglos. Theoretisch sollte die Selektion am leichtesten sein, wenn alle Gene eine Dominanz von 50% zeigten, und Gene, die dasselbe Merkmal beeinflussen, eine additive Wirkung hätten, da unter solchen Umständen die Korrelationen zwischen Eltern und Nachkommen am größten wären. Dies ist relativ leicht an einem schematischen Beispiel zu erklären.

Nehmen wir an, daß in zwei Kreuzungen der gleiche Unterschied, 60 cm bis 140 cm Höhe, in der einen durch vier vollständig dominante Gene, in der anderen durch vier halbdominante Gene bedingt wäre. Wenn wir vom Milieu abstrahieren, so würden die 256 möglichen Kombinationen der Gameten sich gemäß den Angaben der Tab. 81 auf die Höhenklassen verteilen. Bei intermediärer Vererbung wäre die

Tabelle 81.

Modell einer 4-Genspaltung mit gleichen Effekten der Gene auf die Höhe der Pflanzen bei vollständiger und halber Dominanz. Trotz der großen Unterschiede in F_2 ist die F_{ho} für beide Fälle identisch

Höhe, cm	60	70	80	90	100	110	120	130	140	Varianz[1]
F_2										
Dominanz 100%	1		12		54		108		81	300
Dominanz 50%	1	8	28	56	70	56	28	8	1	200
F_{ho}	16		64		96		64		16	400

[1] Berechnet für große Populationen, so daß n/n-1 = 1, cfr. S. 271.

Klasse 140 cm homozygot in vier Genen für Höhe, die Klasse 130 cm homozygot in drei Genen. Dagegen wäre bei dominanter Vererbung nur eine von den 81 Kombinationen in Klasse 140 cm homozygot, die übrigen heterozygot in 1—4 Genen.

Unter diesen Umständen wäre es bei intermediärer Vererbung sehr viel leichter, Homozygoten in hohem Wuchs auszulesen als bei dominanter Vererbung. Bei intermediärer Vererbung wäre ferner der Durchschnitt der Deszendenz einer jeden F_2-Klasse in F_3 und in allen folgenden Generationen unverändert. Bei Abstraktion der Milieueffekte und anderer Komplikationen erhalten wir somit eine Erblichkeit von 100%. Bei vollständiger Dominanz dagegen würde der Durchschnitt der Deszendenzen jeder F_2-Klasse in den folgenden Generationen sinken, bis völlige Homozygotie erreicht wird. Der Durchschnitt der F_2-Klasse 140 würde z. B. in F_{ho} auf 113 cm herabsinken, d. h. unter den Gesamtdurchschnitt der F_2 (120 cm) und angenähert dem Gesamtdurchschnitt der F_{ho} (100 cm). Der Grad der Erblichkeit wäre also beträchtlich reduziert.

Es kann auch leicht gezeigt werden, daß Interaktionen jeglicher Art die Korrelation zwischen Eltern und Nachkommen verringern. Um ein drastisches Beispiel zu betrachten, nehmen wir an, daß der Unterschied 60 cm—140 cm des obigen Schemas durch vier komplementäre dominante Gene bedingt wäre. Wir würden dann in F_2 eine Spaltung in 81 hohe : 175 niedrige erhalten. In F_3 würde die Häufigkeit der hohen auf 39 : 217 herabsinken und in F_{ho} auf 16 : 240. Bei Auslese von hohen F_2-Pflanzen würde also knapp die Hälfte ihrer F_3-Nachkommen hoch sein und dieses Verhältnis würde bei Abwesenheit von Selektion automatisch auf ein Fünftel in F_{ho} herabsinken. Die durchschnittliche Erblichkeit eines Merkmals wird somit durch komplementäre Gene stark erniedrigt.

Interaktionen von ganz anderer Art können ebenfalls die Varianz erhöhen. Die Eigenschaften verschiedener Genotypen können in beträchtlichem Grade durch Konkurrenz und Kooperation modifiziert werden. Derartige Modifikationen werden nicht als solche auf die Nachkommen übertragen. In jeder Population haben wir ferner eine beträchtliche Variation, die durch Interaktionen zwischen Genotypen und Milieu bedingt ist. Viele Genotypen reagieren empfindlich auf spezielle Konstellationen der Milieufaktoren, während sie unter anderen Bedingungen sich nicht vom Rest der Individuen abheben. Schließlich wird ein großer Teil der phänotypischen Variation, meist der Hauptteil, durch das Milieu als solches bedingt. — Trotz aller genannter Komplikationen zeigen viele Charaktere in Kreuzungen typische Grade von Erblichkeit, vorausgesetzt, daß zwischen den Eltern genügende erbliche Unterschiede bestehen. Eine hohe Erblichkeit zeigen z. B. gewöhnlich Blüten- und Samengröße, Pflanzenhöhe, Reifezeit, Gehalt der Samen an Protein, Öl und zahlreichen anderen Substanzen. Eine niedrige Erblichkeit zeigt dagegen meist der Ertrag.

2. Messung der Erblichkeit

Der Grad der Erblichkeit wird am direktesten bestimmt, wenn man die Abweichungen der Eltern und der Nachkommen vom Mittel der respektiven Generationen vergleicht, etwa wie dies bei Besprechung von GALTONs Regressionsgesetz geschehen ist (S. 5). Bei Kreuzungen bestimmt man gewöhnlich die sogenannte Regression der F_3-Familien auf ihre F_2-Eltern. Wenn z. B. F_2-Pflanzen, die 20% höher sind als das Mittel der F_2, Nachkommen geben, die 8% höher sind als das Mittel der F_3, so wäre die Regression der F_3 auf die F_2 für diese Größenklasse 8 : 20 = 0,4. Zur Bestimmung der allgemeinen Regression wird das Variationsbereich der F_2-Generation in Klassen eingeteilt und für jede Klasse das Mittel ihrer Nachkommen bestimmt (Tab. 82). Wenn die Regression gradlinig ist, sollte der Quotient Abweichung in F_3 : Abweichung in F_2 für jede Klasse einen ähnlichen Wert haben.

Da hierbei einzelne F_2-Pflanzen mit dem Mittel ihrer F_3-Nachkommen verglichen werden, und da die Werte einzelner Pflanzen wesentlich stärker durch den Zufall modifiziert werden als die Mittel von Familien, ist diese Methode ziemlich ungenau.

Dennoch erlaubt sie es, höhere Grade von Erblichkeit auf einfache Weise zu konstatieren. Für Charaktere von geringer Erblichkeit wie der Ertrag ist es dagegen zweckmäßig, Mittelwerte von Elternfamilien mit Mittelwerten ihrer Deszendenzen zu

Tabelle 82.
Schema zur Erläuterung des Regressionsbegriffes. Es wird eine gradlinige Regression der Mittel von F_3-Familien auf ihre F_2-Eltern angenommen

F_2	—40	—30	—20	—10	0	+10	+20	+30	+40
F_3	—16	—12	— 8	— 4	0	+ 4	+ 8	+12	+16

vergleichen. Man stellt z. B. aus einer größeren Anzahl F_3-Familien durch Extraktion von je 20 unausgelesenen Individuen und Mischung ihrer Samen F_4-Ramsche her und untersucht dann die Regression der F_4-Ramsche auf ihre Elternfamilien in F_3. Wenn man außerdem F_3 und F_4 im gleichen Jahre und in replikaten Prüfungen untersucht, was beides von großer Bedeutung ist, kann man in günstigem Material hohe und relativ exakte Werte für die Erblichkeit des Ertrages von F_3-Familien erhalten. Die Signifikanz der Prüfung kann noch gesteigert werden, wenn diese mehrere Jahre wiederholt wird. Beim Vergleich verschiedener Generationen ist auf Lagerung der Samen unter optimalen Bedingungen zu achten, damit das Alter der Samen nicht Keimfähigkeit oder Ertrag beeinflußt.

3. Das Ertragspotential der F_2-Pflanzen

Wenn die Effekte eines günstigen Milieus sich ohne Interaktionen zu den Effekten günstiger Genotypen addieren würden, so müßten die besten Phänotypen einer Population oder F_2 durch Kombination besonders günstiger Milieufaktoren mit besonders günstigen Genotypen entstehen. Unter solchen Voraussetzungen würde gegen das rechte Ende der Distributionskurve des Ertrages (d. h. in Plusrichtung) sowohl die Wahrscheinlichkeit für das Vorliegen guter Genotypen als auch guter Milieukonstellationen ansteigen. Man sollte in diesem Falle bei den Selektionen besonderes Gewicht darauf legen, in einer großen F_2 nur die allerbesten Phänotypen auszulesen.

Praktisch sind die genannten Voraussetzungen höchstens in geringem Grade erfüllt. Die Variabilität der F_2-Generation im Ertrag wird in der Regel zum größeren Teil durch das Milieu bedingt. Die besten Sorten zeichnen sich durch hohe Plastizität und einen entsprechenden Typus von Variabilität aus. Der zweitwichtigste Faktor in einer F_2 sind Heterozygotieeffekte. Zwar besteht für die Population als solche ein mittlerer Heterozygotiegrad von 50% verglichen mit F_1, aber bei den einzelnen Pflanzen könnte der Grad z. B. im Intervall 42—58% variieren. Noch stärkere Wirkung hat die Verteilung der heterozygoten Loki auf die wichtigeren Punkte der biochemischen Pfadwege. Im Durchschnitt bedingen positive Heterozygotieeffekte in F_2 Nachteile für F_{ho} (S. 433). Ein dritter Faktor besteht in Unterschieden im Balanzierungsgrad der Genotypen. Die höchsten und die schlechtesten Erträge können von unbalanzierten Genotypen erzeugt werden, je nachdem ihnen das Milieu zusagt oder nicht. Selektion auf extreme Erträge erhöht somit die Wahrscheinlichkeit für minderwertige, unbalanzierte Typen.

Im allgemeinen dürfte die genetische Variation die stärksten Ausschläge im linken Teil der Variationskurve geben, in dem man gewöhnlich nicht selektioniert. Dies kommt daher, daß Minusgene oft stark auf schlechtes Milieu oder herabgesetzte Heterozygotie reagieren, während sie bei günstigerem Milieu oder höherer Heterozygotie reduzierte Ausschläge geben. Wenn wir alle Verhältnisse überblicken, so scheint es bei der Ertragszüchtung am besten, unausgelesene F_2-Pflanzen als Ausgangspunkt der Selektion zu benutzen. Unter Umständen mag es nachteilig sein, im Ausgangsmaterial leicht submediane Pflanzen (90—100% des mittleren Ertrages) zu eliminieren.

Es liegen indessen wenig exakte Versuche für die Beurteilung des vorliegenden Problems vor. Ein gewisses Interesse in diesem Zusammenhang hat ein Versuch von JONES und MANGELSDORF (1925), in dem 62 S_1-Linien von Mais in eine bessere und eine schlechtere Hälfte eingeteilt wurden. Die 31 ersteren Linien hatten einen mittleren Ertrag von 81 bushels/acre, die 31 letzteren einen solchen von 52 bushels. Eine größere Gruppe von S_4-Linien, die von jeder Hälfte hergestellt wurde, gaben 44 bzw. 41 bushels/acre. Es wäre somit nicht unwahrscheinlich, daß der ziemlich bedeutende Unterschied der beiden Gruppen von Linien in S_1 bei weiterer Inzucht zum Verschwinden gebracht oder sogar in sein Gegenteil umgekehrt würde (Fig. 35).

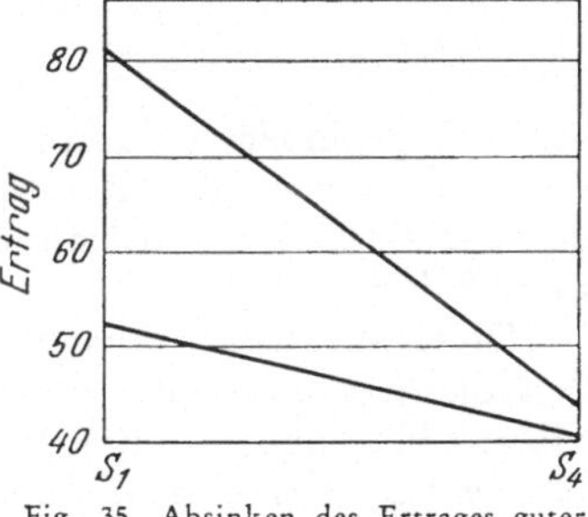

Fig. 35. Absinken des Ertrages guter und schlechter Inzuchtlinien von Mais bei weiterer Inzucht

4. Varianzanalyse

Statistische Genetiker haben seit Jahrzehnten versucht, die Komponenten der Variabilität in F_2-Generationen und Populationen zahlenmäßig zu erfassen. Sie unterschieden frühzeitig zwischen den drei großen Komponenten der Varianz, die auf Milieu, genetischen Faktoren sowie auf Milieu/Genotyp-Interaktionen beruhen. Die totale genetische Varianz wurde dann eingeteilt in additive genetische Varianz und Varianz, die auf Abweichungen vom additiven Schema durch Dominanz und Interaktionen zwischen nicht allelen Genen (Epistasis) beruht. Neuerdings wurden noch weitere Subkomponenten unterschieden, z. B. eine, die auf Konkurrenz zwischen Genotypen beruht.

Um den Einfluß der Dominanz auf die Variabilität der F_2 zu zeigen, betrachten wir die Spaltung eines dominanten und eines intermediären Genes, die beide den gleichen Höhenunterschied bedingen, Tab. 83. Die Variabilität der F_2 gemessen durch

Tabelle 83.
Einfluß der Dominanz auf die statistische Varianz für Gene von sonst gleichen Effekten. d = Abweichung vom Mittel der F_2

P	AA × aa 100 | 60 cm				BB × bb 100 | 60 cm			
F_1	Aa 100 cm				Bb 80 cm			
F_2	AA :	2 Aa :	aa	Mittel	BB :	2 Bb :	bb	Mittel
	100	100	60	90	100	80	60	80
d	+ 10	+ 10	— 30	Summe	+ 20	0	— 20	Summe
d^2	100	200	900	1200	400	0	400	800
$\sum d^2/n - 1$*				300				200

* Berechnet für große Populationen, so daß $n/n-1 = 1$.

die Varianz beträgt bei vollständiger Dominanz 300, bei halber Dominanz 200. Die vollständige Dominanz eines Gens erhöht also bei gleichen Werten der hohen und niedrigen Homozygoten die Varianz um 50%. Die Standardabweichungen wären demnach bzw. $\sqrt{300}$ und $\sqrt{200}, = 17{,}3$ und $14{,}1$.

Wenn statt eines einzigen dominanten Gens n dominante Gene spalten, ist die Varianz in F_2 ebenfalls 50% höher als bei Spaltung von n halbdominanten Genen, was der Leser an Tab. 81 nachprüfen kann. Auf Grund solcher Betrachtungen wird die genetische Varianz in einem solchen Beispiel in zwei Portionen geteilt:

genetische Varianz	300
additive genetische Varianz	200
Dominanzvarianz	100

Von der gefundenen Varianz wird die Varianz eines gleich effektiven intermediären Gens abgezogen; der Rest wird als Dominanz-Varianz bezeichnet. Die additive genetische Varianz wird als erblich fixierbar angesehen, die Dominanz-Varianz als nicht fixierbar.

Diese statistische Vorstellung wird besser verständlich, wenn wir berücksichtigen, daß die Spaltungen der obigen Gene A und B schließlich zu derselben F_{ho} führen, die aus 50% hohen und 50% niedrigen Pflanzen besteht. In bezug auf die Variabilität der F_{ho} ist also das dominante Gen A dem halbdominanten B gleichwertig. Genau dasselbe gilt für das Modell S. 268, in welchem der Unterschied 60—140 cm bei der einen Alternative durch 4 dominante und bei der anderen durch 4 halbdominante Gene bedingt wurde. Die dominanten Gene erzeugen in F_2 eine ganz verschiedene Verteilung der Phänotypen mit 50% höherer Varianz; die F_{ho}-Generation ist jedoch für beide Alternativen identisch. In bezug auf die Variabilität der F_{ho} sind die 4 dominanten Gene also gleichwertig den 4 halbdominanten. Man beachte auch die obige Angabe, daß bei diesem Modell bei halber Dominanz die ganze genetische Abweichung der F_2-Klassen vererbt wird, bei voller Dominanz dagegen nur ein Teil.

In analoger Weise könnte man bei Spaltung von Genen mit komplementärer Wirkung oder anderen Typen von Interaktionen die gefundene Varianz in eine additive genetische Komponente und eine auf Interaktion (Epistasis) beruhende Komponente einteilen. Erstere entspricht wiederum dem fixierbaren Anteil der genetischen Variabilität, der auf F_{ho} überführt wird, als ob er durch äquivalente additive Gene bedingt wäre und letztere dem nicht fixierbaren Anteil, der verloren geht. — Obwohl die Portionen der Dominanz- und Epistasis-Varianz in diesem Sinne nicht auf die homozygote Nachkommenschaft übertragen werden, werden sie genotypisch bedingt und sind daher Bestandteile der totalen genetischen Varianz der spaltenden Generationen.

Für den Statistiker entspricht die Erblichkeit eines Merkmals dem Quotienten $\frac{\text{additive genetische Varianz}}{\text{totale Varianz}}$. Die totale Varianz umfaßt alle Komponenten der Varianz, genetische und nicht-genetische. Aus dieser Betrachtung geht hervor, daß die Erblichkeit eines Merkmals erhöht werden kann, wenn die Milieu-Varianz erniedrigt wird, was gewöhnlich auch die Milieu/Genotyp-Interaktionen reduziert. Eine Erhöhung der Erblichkeit findet übrigens auch in späteren Generationen der Kreuzungen autogamer Gewächse statt, indem die Dominanz- und Epistasis-Varianz verschwindet, was unzweifelhaft die Selektion erleichtert.

Die Bestimmung der Komponenten der Varianz geschieht gewöhnlich mit indirekten Methoden, wegen welcher wir auf die Fachliteratur verweisen, siehe S. 443. Trotz der intensiven Forschungsarbeit, die auf diesem Gebiet geleistet wird, sind wir noch weit von einem wirklichen Verständnis der Probleme entfernt, und es bestehen große Meinungsverschiedenheiten über den Wert der gebräuchlichen Methoden; cfr. Khanna (1959), Seyffert (1960), Gilbert (1961). Die statistischen Methoden können nämlich nicht Dominanz und Interaktion der Gene als solche erfassen, sondern sie messen Varianzkomponenten, die in sehr indirekter Weise durch solche Geneffekte beeinflußt werden. Die praktische Bedeutung indirekter Methoden für die

Bestimmung der Erblichkeit ist begrenzt, da der Züchter sich meist nicht für die allgemeine Erblichkeit eines Merkmals interessiert, sondern für die der ausgelesenen Klassen. Dies läßt sich am sichersten durch direkte Prüfung ermitteln.

Literatur

ATKINS, R. E., and H. C. MURPHY: Evaluation of yield potentialities of oat crosses from bulk hybrid tests. Agronomy J. **41**, 41—45 (1949).

BARTLEY, B. G., and C. R. WEBER: Heritable and nonheritable relationships and variability of agronomic characters in successive generations of soybean crosses. Agronomy J. **44**, 487—493 (1952).

BJAANES, M.: Undersökelser i vårkveiteforedling. Forskning og Forsök i Landbruket: 84—139 (1951).

BORLAUG, N. E.: The use of multilineal or composite varieties to control airborne epidemic diseases of self-pollinated crop plants. Proc. 1st int. Wheat Genet. Symp. p. 12—27 (1959).

BOWMAN, J. C., and D. S. FALCONER: Inbreeding depression and heterosis of litter size in mice. Genet. Res. **1**, 262—274 (1960).

BRIGGS, F. N., and R. W. ALLARD: The current status of the backcross method of plant-breeding. Agronomy J. **45**, 131—138 (1953).

BRIM, C. A., H. W. JOHNSON, and C. C. COCKERHAM: Multiple selection criteria in soybeans. Agronomy J. **51**, 42—46 (1960).

DORST, J. C.: Use of variation or replications in breeding work. Euphytica **7**, 111—118 (1958).

DROS, J.: The creation and maintenance of two spring barley varieties. Euphytica **6**, 45—48 (1957).

FRANKEL, O. H.: Cold Spr. Harb. Symp. quant. Biol. **20**, 157 (1955). Discussion.

FREY, K. J.: Inheritance and heritability of heading date in barley. Agronomy J. **46**, 226—228 (1954 a).

— The use of F_2-lines in predicting the performance of F_3-selections in two barley crosses. Agronomy J. **46**, 541—544 (1954 b).

—, and T. HORNER: Comparison of actual and predicted gains in barley selection experiments. Agronomy J. **47**, 186—189 (1955).

— — Heritability in standard units. Agronomy J. **49**, 59—62 (1957).

GILBERT, N.: Polygene analysis. Genet. Res. **2**, 96—105 (1961).

GILMORE, E. C., and J. S. ROGERS: Evaluating corn inbreds and hybrids by means of planting dates. Agronomy J. **51**, 139—143 (1959).

GORSLINE, G. W.: A graphical „regression selection" technique for maturity-related characters in field corn. Agronomy J. **52**, 581—584 (1960).

HARLAN, H. V., M. L. MARTINI, and H. STEVENS: A study of methods in barley breeding. U.S. Dept. Agr. Tech. Bull. 720 (1940).

HARLAN, J. R.: Distribution and utilization of natural variability in cultivated plants. Brookhaven Symp. Biol. **9**, 191—208 (1956).

HARRINGTON, J. B.: Canad. J. Res., C **18**, 578—584 (1940).

HAZEL, L. N., and J. L. LUSH: The efficiency of three methods of selection. J. Hered. **33**, 393—399 (1942).

HOYLE, J., and G. A. BAKER: Stability of variety response to extensive variations of environment and field plot design. Hilgardia **30**, 365—394 (1961).

JONES, D. F., and P. C. MANGELSDORF: The improvement of naturally cross-pollinated plants by selection in self-fertilized lines. I. The production of inbred strains of corn. Conn. Agr. exp. St. Bull. **266**, 347—418 (1925).

JONES, K. R., and K. J. FREY: Heritability percentages and degrees of dominance for quantitative characters in oats. Iowa St. J. Sci. **35**, 49—58 (1960).

JUGENHEIMER, R. W.: Hybrid maize breeding and seed production. FAO Agricultural development paper No. 62, p. 94 (1958).

KHANNA, R. C.: An experimental study of quantitative inheritance in cotton. Indian. J. Genet. Plant Breed. **19**, 134—149 (1959).

KNIGHT, R. L.: The theory and application of the backcross technique in cotton breeding. J. Genet. **47**, 76—86 (1945).

LAUBE, W.: Petkus. Mitt. Landwirtsch. **51**, 934—936 (1936).

LUPTON, F. G. H., and R. N. H. WHITEHOUSE: Studies on the breeding of self-pollinated cereals. Euphytica **6**, 169—184 (1957).

LUSH, J. L.: Heritability of quantitative characters in farm animals. Proc. 8th int. Congr. Genet. 356—375 (1948).

MAC KEY, J.: The breeding of oats. In: ROEMER und RUDORF: Handb. Pflanzenz. 2, 512 bis 517 (1959).
MAHMUD, I., and H. H. CRAMER: Segregation for yield, hight and maturity following a soybean cross. Agronomy J. **43**, 605—609 (1951).
MANNING, H. L.: Response to selection for yield in cotton. Cold Spr. Harb. Symp. quant. Biol. **20**, 103—110 (1955).
MCKENZIE, R. I. H., and J. W. LAMBERT: A comparison of F_3-lines and their related F_6-lines in two barley crosses. Crop Sci. **1**, 246—249 (1961).
PALMER, T. P.: Progressive improvement in self-fertilized crops. Heredity **7**, 127—129 (1953).
RICHEY, F. D.: Isolating better foundation inbreds for use in corn hybrids. Genetics. **30**, 455—471 (1945).
RINKE, E. H.: Breeding for yield components in maize. Eucarpia, 1st Meeting of Maize section, FAO, Rome, p. 13—14 (1960).
ROBINSON, H. F., R. E. COMSTOCK, and P. H. HARVEY: Estimates of heritability and the degree of dominance in corn. Agronomy J. **41**, 353—359 (1949).
SAKAI, KAN-ICHI: Competition in plants and its relation to selection. Cold Spr. Harb. Symp. quant. Biol. **20**, 137—157 (1955).
SEYFFERT, W.: Untersuchungen über die Vererbung quantitativer Charaktere an Arabidopsis thaliana (L) Heynh. Z. Pflanzenz. **42**, 356—401 (1960).
SIKKA, S. M., K. B. L. JAIN, and K. S. PARMAR: Evaluation of the potentialities of wheat crosses based on mean parental and early generation values. Indian J. Genet. Plant. Breed. **19**, 150—170 (1959).
SUNESON, C. A., and H. STEVENS: Studies with bulked hybrid populations of barley. U.S. Dept. Agr. Techn. Bull. No. 1067 (1953).
— An evolutionary plant breeding method. Agronomy J. **48**, 188—191 (1956).
TAYLOR, L. H., and R. E. ATKINS: Effect of natural selection in segregating generations upon bulk populations in barley. Iowa St. Coll. J. Sci. **29**, 147—162 (1954).
THOMAS, M.: Back crossing. The theory and practice of the backcross method in the breeding of some non-cereal crops. Commonwealth Agricultural Bureaux, Farnham Royal, England (1952).
TORRIE, J. H.: A comparison of the pedigree and bulk methods of breeding soybeans. Agronomy J. **50**, 198—200 (1958 a).
— Comparison of different generations of soybean crosses grown in bulk. Agronomy J. **50**, 265—267 (1958 b).
VOIGT, R. L., and C. R. WEBER: Effectiveness of selection method for yield in soybean crosses. Agronomy J. **52**, 527—530 (1960).
WARNER, J. N.: A method of estimating heritability. Agronomy Journ. **44**, 427—430 (1952).
WEBER, C. R., and B. R. MOORTHY: Heritable and non heritable relationships and variability of oil content and agronomic characters in the F_2 generation of soybean crosses. Agronomy J. **44**, 202—209 (1952).
WIENHUES, F.: Weizenzüchtung in Europa. In: ROEMER und RUDORF: Handb. Pflanzenz. 2, 216—275 (1959).

Kapitel 14

Selektion bei Allogamen

I. Methoden der Züchtung

1. Einleitung

Ein Teil der allogamen Pflanzenarten kann künstlich geselbstet werden und bei Arten, die nicht zu viel Inzuchtdepression zeigen, kann Individualauslese mit Nachkommenschaftsbeurteilung und Kombinationsveredlung mit Vorteil angewandt werden. Die nächstliegende Züchtungsmethode für ausgeprägt allogame Pflanzen ist jedoch Massenauslese. Bewußte oder unbewußte Massenauslese hat offenbar bei vielen Kulturpflanzen im Laufe der Jahrhunderte oder Jahrtausende bedeutende Fortschritte erlaubt. Es besteht wenig Zweifel daran, daß man eine wilde Pflanze, die zum ersten Male in Kultur genommen wird, durch Massenauslese in fast jeder Richtung hin zu einem mehr oder minder beträchtlichen Grade modifizieren kann.

Die Effektivität der Selektion wird zunächst relativ groß sein und sich später allmählich verringern. Schließlich kommt eine Zeit, in der die Fortschritte unmerklich werden, obwohl sie sich vielleicht im Laufe eines Jahrhunderts zu einem feststellbaren Betrag addieren. Zum Beginn dieses Jahrhunderts ließen sich z. B. kaum noch Fortschritte im Ertrag des Mais durch die damaligen Typen von Massenselektion erzielen. Auch wenn die Selektion anscheinend zu einem Stillstand kommt, bleibt noch ziemlich viel erbliche Variation im Ertrag zurück. Dies zeigt sich z. B. daran, daß es durch Selektion in negativer Richtung meist ziemlich leicht ist, den Ertrag zu senken. Auch bei Aufhören einer künstlichen Selektion in positiver Richtung dürfte der Ertrag meist automatisch ein wenig herabgehen, bis ein relativ stabiles Gleichgewicht erreicht wird. In dieser Hinsicht verhalten sich indessen die verschiedenen Objekte ziemlich verschieden. Es ist z. B. eine schärfere künstliche Selektion notwendig, um die Qualitätsmerkmale einer Zuckerrübe aufrechtzuhalten als die der Maispflanze. Dies beruht darauf, daß die Zuckerrübe eine sehr junge Kulturpflanze ist, die noch relativ unstabil in ihren Eigenschaften ist, und daß die natürliche Selektion in Richtung auf geringere Größe der Wurzeln und niedrigeren Zuckergehalt geht, während beim Mais zumindestens eine starke Komponente der natürlichen Selektion in Richtung auf hohen Samenertrag geht.

Die Art der Massenselektion ist von großer Bedeutung. Zu intensive Selektion in einem geringen Ausgangsmaterial hat oft nachteilige Konsequenzen. Auf Grund solcher Erfahrungen gilt Massenauslese vielfach als eine wenig effektive Methode. Aber die Massenauslese vergangener Jahrhunderte hatte eine sehr breite Grundlage und konnte die Gene von großen Populationen ausnützen, ohne die genetische Variabilität zu erschöpfen. Im Laufe langer Perioden kann sie Fortschritte erlauben, die nicht leicht mit anderen Methoden zu übertreffen sind.

2. Typen von Selektion

Phänotypische Selektion. Bei der Maispflanze bestand die Massenselektion ursprünglich in der Auslese einer passenden Anzahl guter Kolben, entweder bei der Ernte oder nachher, wenn die Kolben in einem Haufen aufbewahrt wurden. Bei dieser Art von Selektion wird ausschließlich auf bestimmte phänotypische Eigenschaften der Mutterpflanze Rücksicht genommen, indem die Charaktere des Kolbens fast nur von der Mutterpflanze abhängen und bei freier Bestäubung die Samen von zahlreichen unbekannten Vaterpflanzen abstammen. Wenn sich indessen die züchterisch wichtigen Eigenschaften einer Pflanze schon vor der Blütezeit bestimmen lassen, so erleichtert dies in hohem Maße den Effekt der Selektion. Ein interessantes, obwohl nicht in wissenschaftlicher Form beschriebenes Beispiel, wurde nach SPRAGUE [*17*] schon 1868 veröffentlicht. Ein Züchter versuchte während längerer Zeit einen Maistypus mit zwei Kolben je Stengel zu erhalten. Trotz vieljähriger Selektion von zweikolbigen Stengeln verblieb die große Mehrzahl der Pflanzen einkolbig. Als der Züchter jedoch darauf aufmerksam wurde, daß das ausgelesene Material zur Hauptsache von den umgebenden einkolbigen Pflanzen befruchtet worden war, entfernte er rechtzeitig die männlichen Infloreszenzen der einkolbigen Pflanzen. Diese Methode führte nach dem Berichterstatter zu ganzen Feldern, die fast einförmig zwei Kolben je Stengel trugen.

Die wichtigsten Eigenschaften der Zuckerrübe, wie Zuckergehalt, Rübengröße und -form, Resistenz gegen Krankheiten, lassen sich schon an einjährigen Rüben bestimmen. Die besseren Rüben können im nächsten Jahr auf isolierten Parzellen angebaut werden, so daß die Pollinierung ausschließlich innerhalb der Selektion erfolgt. Mit solchen Methoden ließen sich im vorigen Jahrhundert beachtliche Effekte erzielen, die die Verwandlung einer relativ unbedeutenden Futterpflanze in eine der wichtigsten Kulturpflanzen einleiteten. Die Fortschritte wurden allerdings beschleunigt, als im letzten Drittel des 19. Jahrhunderts die Auslesemethode durch Einführung einer partiellen Nachkommenschaftsbeurteilung verbessert wurde.

Die großen Unterschiede zwischen Selektion von einjährigen Rüben und reifen Maiskolben gehen aus folgender Betrachtung hervor. Wenn wir 10 Zuckerrüben auf Grund ihres Phänotyps auswählen, so stammen sie aus 20 Gameten der vorherigen Generation und repräsentieren 10 Zygoten. Wenn wir dagegen 10 freibestäubte Maiskolben auslesen, so entspricht nur die Qualität ihrer Eizellen den 20 Gameten und 10 Zygoten, die Qualität des befruchtenden Pollens wird durch die Population bestimmt. In diesem Sinne entsprechen die 10 Maiskolben zur Hälfte 10 ausgelesenen Zygoten der vorherigen Generation, und zur Hälfte zahlreichen nicht ausgelesenen Gameten der gleichen Generation. Die Einheiten der Selektion, die Rübe und der Kolben, sind also von sehr verschiedener Art. Wir können diese Einheiten durch Formeln wie bzw. $(F+M)$ und $(F+\infty m)$ charakterisieren, wenn große Buchstaben Qualitäten der weiblichen und männlichen Gameten bezeichnen, die vom Genotyp der ausgelesenen Individuen abhängen, das Symbol ∞m die zahlreichen Gamettypen aus der unkontrollierten Pollenmischung der Population. Auf Grundlage dieser Betrachtung ist es zweckmäßig, die beiden Formen von Auslese als Selektion von bzw. *Zygoten* und *Halbzygoten* zu bezeichnen.

Nachkommenschaftsbeurteilung. Falls es sich um Merkmale von hoher Erblichkeit handelt, ist eine Auslese der Individuen auf Grund ihrer phänotypischen Eigenschaften durchaus effektiv. In diesem Fall kann Massenselektion unter Umständen eine besonders gute Auslesemethode sein, indem sie es erlaubt, sehr große Populationen auf gute Gene zu durchsieben und dabei auch seltene Gene zu erfassen. Ist die Erblichkeit indessen geringer, wird man versuchen, die Zuverlässigkeit der Auslese durch Nachkommenschaftsprüfung zu erhöhen. Es kommen je nach dem Objekt verschiedene Arten von Prüfung in Betracht. Bei Arten mit vegetativer Vermehrung, wie Kartoffel, Luzerne und Zuckerrohr, kann man von einer großen Anzahl Individuen aus dem Ausgangsmaterial (z. B. S_0-Populationen oder F_2-Generationen) Klone herstellen, mit deren Hilfe die Eigenschaften der Individuen sich mit jeder gewünschten Genauigkeit feststellen lassen. Wegen der immer verbesserten Methoden der künstlichen Auslösung von vegetativer Vermehrung kommt dieses Verfahren bei der Mehrzahl der Kulturpflanzen in Betracht. Seine Anwendbarkeit bei Roggen wird z. B. von WELLENSIEK (1940) und JUNGFER (1955) diskutiert.

Die Beurteilung der Genotypen durch Selbstung stößt bei allogamen Objekten auf die Schwierigkeit der *Inzuchtdepression*. Wenn man aus einer freibestäubten Maispopulation eine große Anzahl S_1-Familien herstellt, so zeigen dieselben ausnahmslos eine Erniedrigung des Ertrages, die aber bei den verschiedenen Familien ungleich stark ist. Es sollte möglich sein, mit Hilfe einer Methode, die in Alternieren von Selbstungen und freier Bestäubung zwischen den ausgelesenen S_1-Familien besteht, eine effektive Verbesserung der Population zu erzielen. Es scheint indessen, daß diese naheliegende Methode weder in genügendem Umfang noch in einwandfreier Ausführung untersucht worden ist. Dagegen wird in beträchtlichem Ausmaße die Methode der partiellen Nachkommenschaftsbeurteilung angewandt. Bei Mais wird z. B. eine Anzahl freibestäubter Kolben ausgelesen und von jedem derselben eine Reihe von Nachkommen ausgesät. Da nun nach üblicher Auffassung alle Kolben durch eine ähnliche Pollenmischung befruchtet werden (?), lag es nahe anzunehmen, daß eventuelle genetische Unterschiede zwischen den Reihen der Nachkommenschaften in erster Linie durch den Genotyp der Mutterpflanze verursacht werden. Eine Auslese auf Grund der mittleren Eigenschaften ganzer Nachkommenschaften kann somit als „Auslese auf Grund der Mutterpflanze“ oder kürzer als *mütterliche Auslese* bezeichnet werden. Im Prinzip ist eine solche Auslese „viertelzygotisch“, wie wir unten erklären werden.

Eine wesentliche Verbesserung dieser Ausleseform können wir indessen erzielen, wenn wir z. B. bei zweikolbigen Maispflanzen den einen Kolben selbsten, den anderen freibestäubt ernten. Wenn wir nun durch Aussaat der freibestäubten Kolben die besten Mutterpflanzen ermitteln und im folgenden Jahre die geselbsteten Kolben der besten Mutterpflanzen als Mischung aussäen, so hätten wir eine Zygotenauslese auf Grund von partieller Nachkommenschaftsprüfung. Verschiedene andere Typen von partieller Nachkommenschaftsprüfung, sogenannte Testkreuzungen, werden im folgenden eingehend diskutiert.

Bei gewöhnlicher Zygotenauslese wird das ausgelesene Material gemischt und die Kreuzungen zwischen den ausgelesenen Genotypen dem Zufall überlassen. Wenn man indessen n ausgelesene Genotypen in allen $n \cdot (n-1)/2$ möglichen Kombinationen mit einander kreuzt und gleiche Teile F_1-Samen aus jeder Kreuzung zu einer Mischung vereinigt, so hat man eine verbesserte Form der Zygotenselektion, die man als *recurrente Selektion* bezeichnet. Dieser Terminus ist nicht ganz charakteristisch. Er will indessen andeuten, daß man durch Interkreuzung der Selektionen eine neue Population schafft, bevor man die Selektion fortsetzt. Die Selektion wird mit anderen Worten mit gewissen Abständen wiederholt. Wenn freie Kreuzung zwischen den Selektionen streng panmiktisch wäre, so wäre Zygotenselektion identisch mit recurrenter Selektion.

3. Massenselektion

Eine große Anzahl guter lokaler und regionaler Maisvarietäten der Vereinigten Staaten wurden durch Massenselektion, zum Teil aus hybridem Ausgangsmaterial, hergestellt. Gegen 1920—1925 verbreitete sich bei den Züchtern die Auffassung, daß die Züchtung auf Ertrag eine Grenze erreicht hätte, die kaum noch mit der Methode der Massenselektion zu überschreiten wäre. Diese allgemeine Auffassung führte dazu, daß nach 1925 nur noch wenig Untersuchungen über die Effektivität dieser Methode ausgeführt wurden. Indessen wurde man im Laufe der Zeit darauf aufmerksam, daß diese Auffassung auf den Ergebnissen von höchst unvollkommenen Untersuchungen basiert war. SPRAGUE sagt noch 1955 [*17*], daß kritische Information über die Effektivität der Massenselektion auf Ertragsfähigkeit fast vollständig fehlte.

Unter diesen Umständen ist es von großem Interesse, daß GARDNER (1961) einen neuen Versuch zur Aufklärung dieses Problems vornahm. Als Ausgangsmaterial diente die Varietät Hays Golden. Durch viermalige Massenselektion gelang es, den Ertrag des ausgelesenen Materials um 22,8% über das Niveau der genannten Varietät zu steigern (Tab. 84). In einem parallelen Versuch, in dem das Ausgangsmaterial und die Samen aus der zweiten Selektion mit thermalen Neutronen bestrahlt worden waren, wurde eine ähnliche Erhöhung des Ertrages erzielt. Der Ertrag der verschiedenen Generationen der Selektion wurde mehrere Jahre hindurch geprüft, der der vierten Selektion allerdings bisher erst ein Jahr. Er basiert indessen auf 20 Replikationen. Alle Werte der Tabelle sind relativ zur unausgelesenen Varietät Hays Golden angegeben, die das Ausgangsmaterial lieferte und als Kontrolle dient.

An den beachtlichen Erfolgen der vorliegenden Experimente kann eine Reihe von Faktoren beteiligt sein, die in früheren Massenselektionen meist vernachlässigt wurden. Vor allem wurde der größte Wert darauf gelegt, die nachteiligen Effekte der Umweltvariation auf Effektivität der Selektion und Stabilität der Selektionsrichtung zu vermindern. Es wurde z. B. Bewässerung angewandt, wenn es zweckmäßig war, was in zwei Jahren der Fall war. Sodann wurde das ganze Feld in Blöcke zu 40 Pflanzen eingeteilt und innerhalb jedes Blockes stets die 10% besten Pflanzen ausgelesen. Solche kleineren Blöcke haben sehr viel gleichmäßigere Bedingungen als die früher üblichen vielfach größeren Parzellen. Indem jeder Block berücksichtigt wurde, gleichgültig ob er ein gutes oder schlechtes Mittel zeigte, wurde es vermieden, einseitig auf

Genotypen auszulesen, die nur unter speziellen Verhältnissen überlegen sind. Der Ertrag der individuellen Pflanzen wurde besonders genau bestimmt, indem darauf geachtet wurde, die Kolben erst nach Trocknung auf einen einheitlichen Feuchtigkeitsgrad von 10% zu wiegen. Schließlich geschah die Aufzucht der sukzessiven Generationen, in denen die Selektion vorgenommen wurde, und die Ertragsprüfung dieser Generationen unter sehr ähnlichen Bedingungen. Zu letzterer wurden 20 Replikationen benutzt. Die relative Einförmigkeit der Umweltbedingungen geht deutlich aus den sehr ähnlichen Erträgen der Varietät Hays Golden in den Jahren 1956—1959 hervor und aus den niedrigen Standardfehlern der Erträge. Ein weiterer wichtiger Faktor ist die hohe Anzahl der ausgelesenen Individuen, wodurch Inzuchteffekten vorgebeugt und eine moderate Sexualproportion der Selektion (1 ♀ : 10 ♂♂) ermöglicht wurde.

Tabelle 84.

Erträge der Varietät Hays Golden und vier sukzessiver Generationen von Massenselektion aus dieser Varietät in zwei parallelen Experimenten, von denen (I) unbestrahlt war, (II) mit thermalen Neutronen bestrahltes Samenmaterial benutzte. Nach GARDNER, 1961

Die Erträge der Varietät Hays Golden sind in absoluten Werten angegeben, ebenso die Standardfehler der Erträge. Alle übrigen Erträge sind relativ zu Hays Golden berechnet Die Kolben wurden bei einem Feuchtigkeitsgehalt von 10% gewogen

Jahr	1956	1957	1958	1959	Mittel	% Feuchtigkeit bei Ernte
Standardfehler	1,47	1,61	1,52	1,67		
Erträge						
Hays Golden						
bu/acre	80,1	85,0	88,0	79,3		
relativ	100,0	100,0	100,0	100,0	100,0	100,0
I. Massenselektion						
Generation 1	105,0	104,9	103,9	103,3	104,3	99,7
2		107,4	98,9	106,4	104,2	104,0
3			107,8	113,2	110,5	108,0
4				122,8	122,8	107,9
II. Bestrahlte Massenselektion						
Generation 1	98,3	99,3	95,9	92,2	96,4	98,5
2		106,0	99,0	106,8	103,9	98,0
3			98,4	107,7	103,1	100,2
4				120,2	120,2	101,1

Bei der Beurteilung der Ergebnisse ist indessen vielleicht zu berücksichtigen, daß die Ausgangsvarietät Hays Golden ursprünglich für die Lokalität Hays im Staate Kansas selektioniert war und später eine Reihe von Jahren im nördlicher gelegenen Ort Lincoln (Nebraska) angebaut wurde, wo die beschriebenen Massenselektionen stattfanden. Die Zunahme des Feuchtigkeitsprozentes der geernteten Kolben während der Selektion (Tab. 84) deutet darauf hin, daß die Selektion zu einem etwas später reifenden Typus führte. (In dem Parallelversuch mit Bestrahlung der Samen ist dies allerdings nicht der Fall.) Es entstehen unter diesen Umständen die Fragen, ob die Erhöhung des Ertrages zum Teil auf einer Verbesserung der Adaptation der Sorte an die neue Region beruht, und ob sie auf Kosten der Resistenz gegen Trockenheit und andere ungünstige Milieufaktoren erfolgte, indem die Selektion unter günstigeren Milieubedingungen vorgenommen wurde.

4. Partielle Nachkommenschaftsbeurteilung

Der Nachteil der Massenauslese ist, daß die Auswahl der Pflanzen ausschließlich auf Grund des Phänotyps geschieht, indem die Samen der ausgelesenen Pflanzen sofort als Mischung ausgesät werden. Dieser Nachteil kann zum großen Teil durch

„mütterliche Auslese" beseitigt werden. Bei Mais sucht man z. B. in einer freibestäubten Varietät eine Anzahl der besten Kolben aus und sät von jedem Kolben eine Reihe von Nachkommen. Durch gründliche Besichtigung der Reihen sucht man z. B. die 10 besten Reihen auf und wählt innerhalb jeder derselben die 4 besten Kolben aus. Im nächsten Jahr sät man von diesen 40 Kolben je eine Reihe aus und wählt wiederum innerhalb der 10 besten Reihen die 4 besten Kolben aus. Eine solche Selektion kann in dieser oder ähnlicher Form viele Jahre hindurch fortgesetzt werden.

Diese als *ear-to-row-Selektion* bezeichnete Methode wurde zuerst im Jahre 1896 an der Versuchsstation des Staates Illinois für die S. 47 besprochenen divergenten Selektionen auf Protein- und Ölgehalt der Maissamen angewandt. Für den genannten Zweck erwies sich diese Methode als durchaus effektiv. Bei divergenter Selektion auf Höhe des Kolbens am Stengel war sie ebenfalls sehr wirkungsvoll. Als aber versucht wurde, die ear-to-row-Selektion für die Verbesserung der Erträge zu benutzen, waren die Ergebnisse weniger befriedigend und zum Teil widersprechend. In vielen Versuchen gab sie in der ersten Generation eine gewisse Erhöhung des Ertrages, z. B. 5 bushels/acre. Eine weitere Verbesserung ließ sich indessen nicht erzielen und der Selektionsgewinn konnte nach einigen Jahren wieder verloren gehen. Richey (1922) kam bei einer allgemeinen Übersicht über die damaligen Erfahrungen zum Schluß, daß diese Methode bei der Verbesserung von völlig unadaptierten Sorten vorteilhaft sein dürfte, im übrigen aber wenig zu empfehlen wäre.

Eines der umfangreichsten Experimente wurde von Smith und Brunson (1925) ausgeführt. Aus einer unbenannten Maissorte, die von einem Farmer beschafft war, wurden 990 Kolben genommen. Von jedem Kolben wurde eine Reihe zu 66 Pflanzen ausgesät. Als Kontrolle wurde jede zehnte Reihe mit einer Standardmischung von Samen besät. Die starke Variabilität in den Erträgen der Kontrolle (6,5—29,2 Pfund/Reihe) zeigte, daß das Feld eine ziemlich uneinheitliche Fertilität besaß. Indessen wurden je 40 Reihen mit dem besten und schlechtesten Ertrag im Verhältnis zum Mittel der beiden nächsten Kontrollreihen ausgewählt. (Bei dem großen Abstand der Kontrollreihen dürfte indessen eine solche Beurteilung problematisch sein.) Aus den Restsamen der 40 Kolben, die die besten Reihen gegeben hatten, wurden im nächsten Jahr je eine Reihe ausgesät und innerhalb der 10 besten Reihen die 4 besten Kolben

Tabelle 85. *Vergleich von ear-to-row und Massenselektion.* Nach Smith und Brunson (1925)

	Typus der Selektion			Reid yellow dent
	Massen-Selektion	Ear-to-row		
		Hoch-S.	Niedrig-S.	
bushels/acre				
1913—1917	50,6	51,9	46,1	47,0
1918—1922	71,2	72,7	57,5	67,1
% von Reid yellow dent				
1913—1917	107,7	110,4	98,1	100,0
1918—1922	106,1	108,3	85,7	100,0

ausgewählt. Diese Auswahl von je 4 Kolben in 10 Reihen wurde über eine Periode von 10 Jahren fortgesetzt. Aus den 40 schlechtesten Kolben der ersten Selektion wurde nach einem entsprechenden Schema eine Selektion auf niedrige Fertilität begonnen. Das Ergebnis der Selektion ist in Tab. 85 zusammengefaßt.

In diesen Versuchen wurde der Effekt der ear-to-row-Selektion einerseits mit dem einer gleichzeitig eingeleiteten Massenselektion aus demselben Ausgangsmaterial (Mischung von 990 Kolben) verglichen, andererseits wurden die Erträge bei diesen Formen von Selektion mit denen der unausgelesenen Varietät Reid yellow dent verglichen. Zur Beurteilung des Selektionserfolges fehlt indessen ein Vergleich mit dem unausgelesenen Ausgangsmaterial. Wenn die Hochselektion die ganze Zeit höhere Erträge hatte als Reid yellow dent, so mag das entweder daran liegen, daß die erste Selektion einen kräftigen Effekt hatte, oder daß es sich um verschiedene Varietäten handelt. Im übrigen erhöhten sich die Erträge bei beiden Typen von Selektion im gleichen Schritt wie der Ertrag von Reid yellow dent. Ob die Zunahme des Ertrages letzterer Varietät auf Veränderung der Kulturmethoden, natürlicher Selektion oder einer günstigen klimatischen Periode beruht, sei dahingestellt. Unter diesen Umständen läßt sich überhaupt sehr wenig aus den Befunden schließen.

Am meisten Interesse hat noch der Vergleich von ear-to-row und Massenselektion. Wenn aus der geringen Differenz zwischen beiden Methoden geschlossen wird, daß erstere Methode keine nennenswerten Vorteile gegenüber letzterer hat, so ist dies ein fraglicher Schluß. Denn bei der benutzten Form von ear-to-row mag im Laufe von 10 Jahren ein beachtlicher Inzuchteffekt entstehen, z. B. $F=0{,}20$. Wenn dennoch der Ertrag nicht erniedrigt wurde, so deutet dies auf eine Erhöhung des Ertragspotentials, z. B. in Form einer Verschiebung des Inzuchtminimums. Es ist durchaus möglich, daß eine 20jährige Fortsetzung dieser Versuche höchst interessante Ergebnisse von großer praktischer Bedeutung gezeigt hätte. Dieses Problem wartet auf neue Untersuchungen.

Theoretische Aspekte. Bei geringer Erblichkeit eines Charakters ist ear-to-row-Selektion eine problematische Verbesserung der Massenselektion. Denn wenn wir Pflanzen nicht auf Grund ihrer individuellen Eigenschaften auswählen, sondern auf Grund der mittleren Beschaffenheit ihrer Nachkommen, so selektionieren wir genotypisch überlegene Mutterpflanzen von Reihen. Der genotypische Vorteil der Mutterpflanzen wird indessen *zweimal verdünnt*, einmal bei der Befruchtung der Mutterpflanzen und einmal bei der der Tochterpflanzen. Wenn wir die auf S. 276 erklärten Formeln benutzen, so selektionieren wir nicht mehr nach der F-Komponente der Formel $(F+\infty m)$, sondern der Formel $(F+\infty m)\times\infty m$. Wir haben mit anderen Worten nicht mehr Selektion von Halbzygoten, sondern von *Viertelzygoten*. Diese Formulierung ist allerdings etwas ungenau, indem wir hierbei nicht berücksichtigen, daß wir auch eine gewisse Selektion von Individuen innerhalb der besten Reihen ausführen, die den Charakter von Halbzygotenselektion hat. Letztere mag indessen in diesem Fall wenig effektiv sein, da meist relativ einförmige Reihen ausgelesen werden und leicht gewisse andere Komplikationen auftreten. Dies ändert auch nichts an der Tatsache, daß die mütterliche Komponente der Selektion, auf die bei der ear-to-row-Methode besonderes Gewicht gelegt wird, eine Selektion von Viertelzygoten darstellt.

Bei fortgesetzter ear-to-row-Selektion bekommt die genotypische Beschaffenheit der ausgelesenen Kolben Einfluß auf die resultierende Pollenmischung. Theoretisch könnten wir hierüber die folgenden Gleichungen aufstellen:

$$\text{Se-1} = \frac{1}{2}(K_0+P_0)$$

$$\text{Se-2} = \frac{1}{2}(K_1+P_1);\quad P_1=\text{Se-1}$$

$$= \frac{1}{2}K_1 + \frac{1}{4}(K_0+P_0)$$

$$\text{Se-3} = \frac{1}{2}K_2 + \frac{1}{4}K_1 + \frac{1}{8}K_0 + \frac{1}{8}P_0$$

$$\text{Se-}n = \frac{1}{2}K_{n-1} + \underbrace{\frac{1}{4}K_{n-2} + \frac{1}{8}K_{n-3} \ldots \frac{1}{2^n}K_0 + \frac{1}{2^n}P_0}_{\text{Se-}n-1=P_{n-1}}$$

In diesen Formeln bedeuten Se-1, Se-2, Se-n die mittlere genotypische Qualität der sukzessiven Populationen aus den selektionierten Kolben der vorhergehenden Generation. Die Qualität der ersten Generation Se-1 wird zur Hälfte durch den

Genotyp der ausgelesenen Kolben K_0 und den mittleren Genotyp der Ausgangspopulation P_0 bestimmt, indem diese die generelle Pollenmischung liefert. In gleicher Weise wird die Qualität der zweiten Selektion Se-2 durch den Genotyp der ausgelesenen Se-1 Kolben (K_1) und die generelle Pollenqualität der Se-1 Population (P_1) bestimmt. Die übrigen Gleichungen ergeben sich aus dem Verhältnis, daß die Pollenqualität einer Selektion mit dem Genotyp dieser Selektion zusammenfällt, also $P_1 = \text{Se-1}$, $P_2 = \text{Se-2}$. Aus der letzten der obigen Gleichungen verstehen wir, daß der Einfluß der unausgelesenen Polleneltern aus der Ausgangspopulation P_0 nach der Formel $1/2^n$ abnehmen würde. Offenbar sollte die generelle Pollenqualität sehr rasch gegen das Niveau der selektionierten Kolben ansteigen. Dieses Prinzip gilt indessen nur unter der Voraussetzung einer zufälligen Bestäubung und Befruchtung. In Wirklichkeit mögen im Pollen so starke selektive Prozesse verschiedener Art stattfinden, daß die Wirkungen der künstlichen Selektion aufgehoben werden (vgl. Kapitel 21).

Wenn wir berücksichtigen, daß die Nachkommenschaftsprüfung nur eine Selektion von Viertelzygoten erlaubt, handelt es sich im Prinzip nicht um eine besonders effektive Selektion. Im übrigen sollte man darauf aufmerksam sein, daß bei dieser Methode leicht Komplikationen der verschiedensten Art auftreten können. Wenn man z. B. in jeder Generation eine Anzahl von Kolben aus einer geringen Anzahl von Reihen ausliest, so führt dies leicht kumulative Inzuchteffekte mit sich. Weiter wäre bei Mais damit zu rechnen, daß die Bedingungen, unter denen der mütterliche Kolben auswächst, manchmal einen gewissen Einfluß auf den Phänotyp der Nachkommen bekommt. Wenn man bei Mäusen besonders große Würfe ausliest, so werden die jungen Weibchen in diesen Würfen schlecht ernährt und können daher eine geringe Größe und herabgesetzte Fertilität bekommen. Auf diese Weise kann der Erfolg der Selektion aufgehoben oder in sein Gegenteil umgewandelt werden (ROBERTS, 1960). Es wäre nicht überraschend, wenn dieses Prinzip sich in entsprechend modifizierter Form gelegentlich auch bei der Maispflanze geltend macht. — Die größten Schwierigkeiten würden sich indessen ergeben, wenn Mutterpflanzen, die den größten genotypischen Unterschied im Verhältnis zur generellen Pollenmischung zeigen, die ertragreichsten Nachkommenschaften geben (vgl. Divergenzeffekt S. 356, spezifische Kombinationseignung S. 369). Wenn man indessen die Möglichkeit solcher Komplikationen berücksichtigt, lassen sie sich zum größeren Teil durch geeignete Maßnahmen vermeiden.

Methode der Restsamen. Theoretisch läßt sich eine Verbesserung der Pollenqualität mit Hilfe der Methode der Restsamen erzielen. Wenn durch Anbau einer

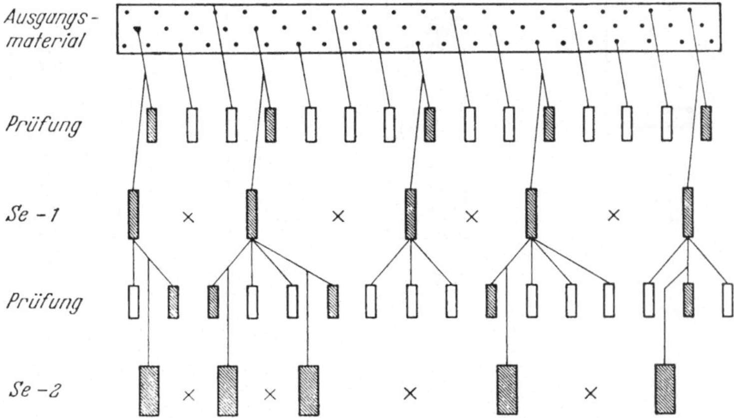

Fig. 36. Methode der Restsamen. Se-1, Se-2, bzw. erste und zweite Selektion. Parzellen, die sich in den Prüfungen auszeichnen sowie ihre erneuten Aussaaten schwarz. Im Ausgangsmaterial findet freie Bestäubung zwischen allen Pflanzen statt, in den folgenden Generationen nur zwischen den ausgelesenen Nachkommenschaften

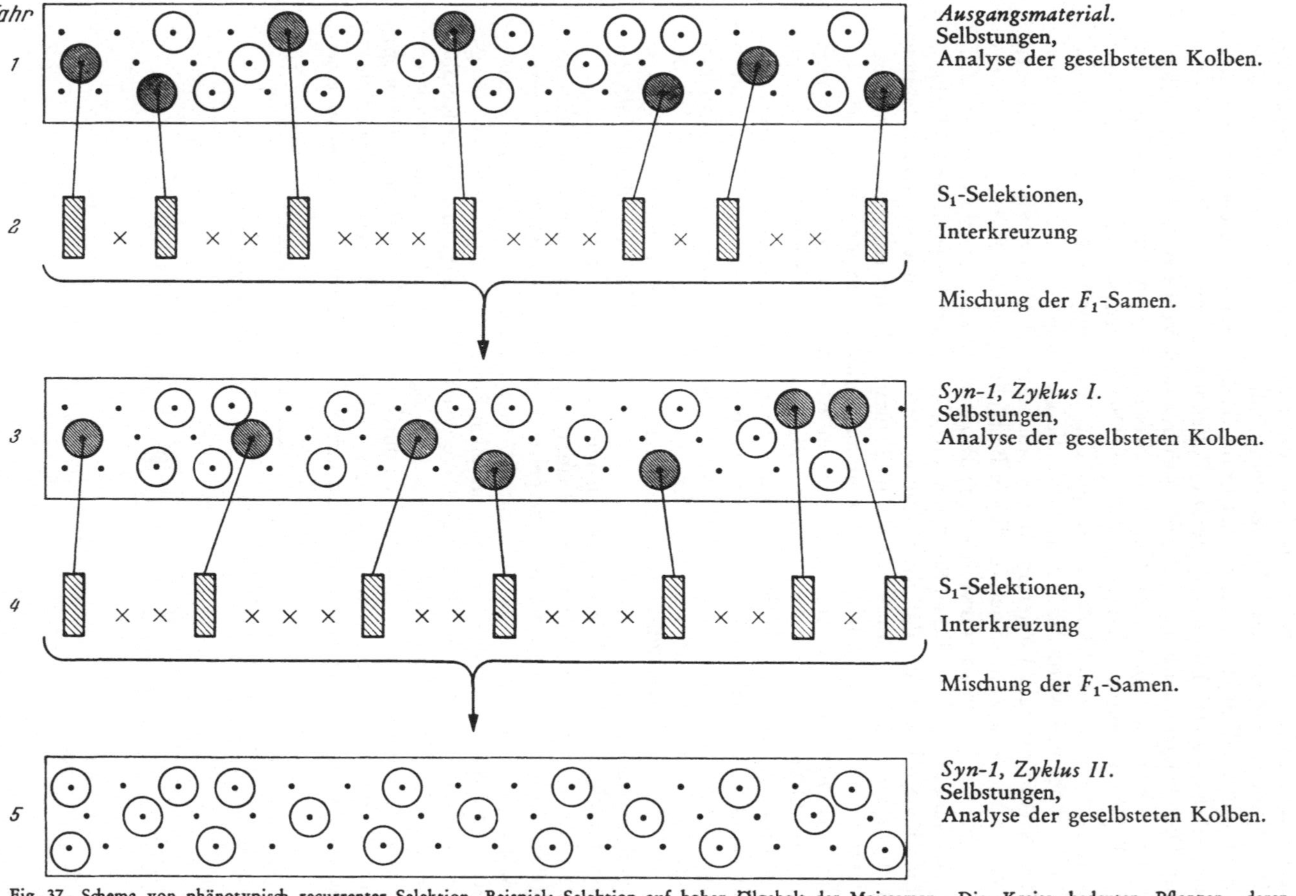

Fig. 37. Schema von phänotypisch recurrenter Selektion. Beispiel: Selektion auf hohen Ölgehalt der Maissamen. Die Kreise bedeuten Pflanzen, deren Kolben geselbstet und bei Reife auf Ölgehalt analysiert wurden. Hoher Ölgehalt wird durch schwarze Kreise hervorgehoben. — Die S_1-Linien wurden somit vor ihrer Aussaat auf Grund des Phänotyps ihrer Mutterpflanze (chemische Analyse des Kolbens) ausgelesen. Die Kreuze deuten die diallelen Kreuzungen zwischen den ausgelesenen S_1-Linien an. Aus gleichen Teilen Samen aus jeder Kreuzung wird die Syn-1 des folgenden Zyklus hergestellt.

Reihe von Nachkommen die präsumptiv besseren Mutterpflanzen identifiziert worden sind, so werden aus Reservesamen ihre Nachkommenschaften nochmals ausgesät, so daß diesmal nur Pollinierung zwischen ausgelesenem Material stattfinden kann. (Fig. 36). Dieser Vorgang kann mehrmals auf ähnliche Weise wiederholt werden. Je nach den Umständen wird diese Methode auf mannigfaltige Weise modifiziert. Die Restsamenmethode erlaubt indessen keine vollständige Kontrolle der Pollenqualität, da bei der ersten Selektion in der Regel Pflanzen benutzt werden, die von der generellen Pollenmischung des Versuchsfeldes bestäubt waren.

Beim Mais hat die Restsamenmethode keine besondere Überlegenheit über die ear-to-row-Selektion gezeigt, was allerdings darauf beruhen mag, daß beide Methoden bisher kaum in einer einwandfreien Form zur Anwendung gekommen sind. In der Roggenzüchtung dagegen hat die Restsamenmethode eine hervorragende Bedeutung bekommen. Besonders wird der Erfolg des Petkuser Roggen auf die Überlegenheit dieser Methode zurückgeführt (Laube und Quadt, 1959). — Im übrigen sei hervorgehoben, daß die hier beschriebenen Eigentümlichkeiten der Methoden z. T. nicht als allgemeingültige Bewertungen aufzufassen sind. Die Effektivität einer Methode hängt von zahlreichen Umständen ab, wie Objekt, Umfang und Beschaffenheit des Ausgangsmaterials, Kriterien, Intensität, Stabilität und Dauer der Selektion. Durch Modifizierung solcher Faktoren kann nicht selten eine zuvor unbrauchbar erscheinende Methode vorteilhaft werden.

5. Recurrente Selektion

a) Beispiel

Das Prinzip der phänotypisch-recurrenten Selektion sei an Hand eines Versuches von Sprague und Brimhall (1950, 1952) in vereinfachter Weise erklärt. Die Ausgangspopulation wurde aus den Rückkreuzungen der F_1 von (Illinois High Oil×wx Os 420) zu beiden Elterntypen hergestellt, die sich beträchtlich im Ölgehalt der Samen unterschieden. In diesem Ausgangsmaterial, in dem also eine starke Spaltung im Ölgehalt stattfand, wurden eine größere Anzahl Individuen geselbstet und die geselbsteten Kolben nach der Reife auf Ölgehalt analysiert. Von den 10 Kolben mit höchstem Ölgehalt wurde je eine Reihe von S_1-Nachkommen ausgepflanzt. Zwischen diesen 10 S_1-Familien wurden alle 45 möglichen Kreuzungen ausgeführt. Gleiche Quantitäten Samen aus jeder Kreuzung wurden gemischt und diese Mischung als Ausgangsmaterial für einen neuen Zyklus von Selbstungen, chemischen Analysen und Kreuzungen benutzt (Fig. 37 und 38).

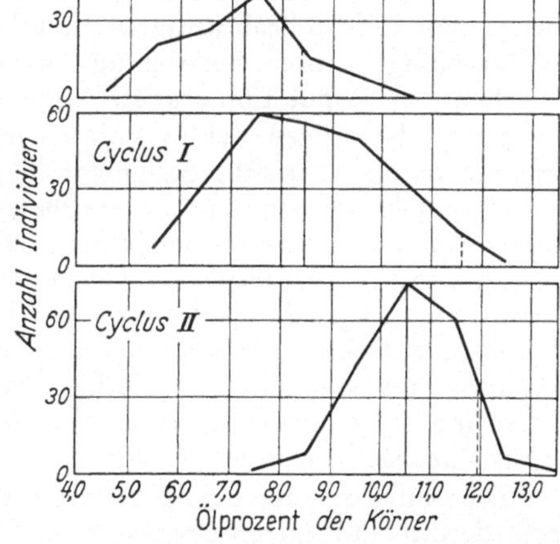

Fig. 38. Distribution der Ölprozente in Kolben der Ausgangspopulation und nach einem und zwei Zyklen recurrenter Selektion. Die ausgezogene und die gestrichelte Senkrechte geben Mittelwert der Population bzw. Mittelwert der ausgelesenen Fraktion wieder. Nach Sprague and Brimhall 1950

Die aus diesem ersten Zyklus recurrenter Selektion hervorgehende Mischpopulation, bezeichnet als Syn-1 Zyklus I, d. h. erste synthetische Generation des Zyklus I, übertraf im mittleren Ölgehalt das Mittel ihrer aus dem Ausgangsmaterial ausgelesenen Eltern. Die Erblichkeit des Selektionsdifferentials (d. h. mittlere phänotypische Abweichung der ausgelesenen Individuen vom Durchschnitt der Population) betrug also über 100%. Ein zweiter Zyklus von recurrenter Selektion brachte in Syn-1,

Zyklus II eine neue kräftige Erhöhung des Ölgehaltes, indem indessen nur 65% des Selektionsdifferentials vererbt wurde. — Die hohe Erblichkeit des Ölgehaltes im ersten Zyklus ist nicht zufällig, da drei unabhängige Versuche mit nicht verwandtem Material eine Erblichkeit von reichlich 100% gaben.

Sprague und Brimhall vergleichen die Effektivität der recurrenten Selektion mit der der Pedigree-Methode, indem sie aus einer parallelen Aussaat der obigen 10 S_1-Familien Inzuchtlinien errichteten, innerhalb welcher sie von $S_1 - S_5$ einen vergleichbaren Betrag von Selektionsarbeit ausführten. Die Ergebnisse sprachen stark zum Vorteil der Methode der recurrenten Selektion. In der Pedigree-Auslese erreichten zwar einige wenige Linien das Ölprozent des zweiten Zyklus recurrenter Selektion; damit kommt aber die Zunahme des Ölprozentes zu einem Stillstand, während von weiteren Zyklen recurrenter Selektion neue Fortschritte zu erwarten wären. Während die Pedigree-Methode sich auf Auslese von Segregaten innerhalb von Inzuchtlinien beschränkt, lassen sich bei recurrenter Selektion die Gene vieler Linien kombinieren, wodurch die vorhandene erbliche Variation auf eine viel bessere Weise ausgenützt wird.

b) Prinzip und Typen recurrenter Selektion

Im Prinzip ist recurrente Selektion wie erwähnt (S. 277) eine verbesserte Ausgabe von Zygotenselektion, bei der die Selektionen in allen möglichen Kombinationen gekreuzt werden und die F_1-Samen aller Kreuzungen gemischt werden. Die aus dieser Mischung entstehende synthetische Population dient als Ausgangsmaterial für neue Selektion. Dieser Prozeß kann in ähnlicher Form wiederholt werden, bis die Selektion zum Stillstand kommt. — Ob die Interkreuzung zwischen den ausgelesenen S_0-Pflanzen selbst oder ihren S_1-Nachkommen erfolgt, ist eine technische Frage von sekundärer Bedeutung. Die systematische Interkreuzung der ausgelesenen Pflanzen oder Linien dient dem Zweck, alle möglichen Hybride in gleicher Häufigkeit herzustellen, damit sie bei der nächsten Selektion die gleiche Chance erhalten. Hierdurch beugt man auch unbeabsichtigten Inzuchteffekten vor, die sich sonst leicht aus unverhältnismäßig starker Beteiligung einiger weniger Linien an der Erzeugung der synthetischen Population ergeben könnten (S. 240).

Ein vollständiger Zyklus von recurrenter Selektion besteht in Anbau des Ausgangsmaterials, Auswahl geeigneter Typen, Interkreuzung derselben und Mischung der F_1-Samen zu einer neuen synthetischen Population. Mit erneuter Selektion in dieser Population beginnt der folgende Zyklus. Je nach Objekt und Charakter werden jedoch ziemlich verschiedene Formen von recurrenter Selektion angewandt. Wenn es sich wie im obigen Beispiel um ein Merkmal von hoher Erblichkeit handelt, kann die Selektion auf Grund des Phänotyps erfolgen. Ist die Erblichkeit gering, so werden die Pflanzen auf Grund einer Nachkommenschaftsprüfung geeigneter Art ausgelesen, wozu man vegetative Deszendenzen, Selbstungen, freie Bestäubungen oder spezielle Testkreuzungen benutzen kann.

Die zahlreichen Kreuzungen, die für die Herstellung der synthetischen Populationen erforderlich sind, bieten gewisse technische Schwierigkeiten, die sich aber überwinden lassen. Sollten z. B. 50 ausgelesene S_1-Linien in allen möglichen Kombinationen gekreuzt werden, so kann man in 10 Parzellen je eine Reihe von jeder Familie auspflanzen. Wenn die Familien in allen Parzellen verschiedene Anordnung haben, und später die Ernte aus allen Parzellen gemischt wird, so besitzt dieses Material vermutlich eine genügende Anzahl von Kombinationen für praktisch vorkommende Zwecke. In vielen Fällen kann man sich mit sehr einfachen Methoden begnügen. Um 10 auf Grund ihres Phänotyps ausgelesene S_0-Pflanzen von *Melilotus officinalis* in allen Kombinationen zu kreuzen, wurde von jeder dieser Pflanzen im Herbst ein Steckling entnommen, der im Treibhaus innerhalb von drei Monaten blühte (Johnson und El Banna, 1957). Die 10 blühenden Stecklinge wurden dann in einen Käfig gestellt, in welchem die Interkreuzung durch Bienen besorgt wurde. Das auf diese Weise erzeugte Samenmaterial gab die Syn-1 des folgenden Zyklus recurrenter Selektion.

Wenn wie im Falle von *Melilotus* zur Interkreuzung S_0-Pflanzen benutzt werden, so braucht ein vollständiger Zyklus von phänotypisch-recurrenter Selektion nicht mehr als ein Jahr zu dauern. Werden dagegen die S_1-Linien der ausgelesenen S_0-Pflanzen interkreuzt wie bei den Selektionen auf Ölgehalt in Maiskolben, so dauert der Zyklus zwei Jahre. Muß eine partielle oder totale Nachkommenschaftsprüfung der S_0-Pflanzen vorgenommen werden, so erfordert der Zyklus drei Jahre, indem die auf Grund dieser Prüfung ausgelesenen S_1-Linien im nächsten Jahre ausgesät werden müssen, um die Interkreuzungen vorzunehmen (Fig. 49, S. 389).

Manchmal wird die Syn-1 des ersten Zyklus noch nicht zur Extraktion von Pflanzen benutzt, sondern zunächst an isolierter Stelle ein oder mehrere Generationen durch freie Bestäubung vermehrt. In diesem Falle bezeichnet man die folgenden Generationen mit Syn-2, Syn-3 ... (Fig. 39). Mit der Isolierung von Einzelpflanzen zwecks Prüfung und Interkreuzung beginnt der folgende Zyklus. — Um die praktische Bedeutung dieser Methoden zu charakterisieren, begnügen wir uns hier mit der Angabe, daß es Johnson und El Banna (1957) gelang, in einer Periode von 5 Jahren aus einem wenig umfangreichen Ausgangsmaterial von *Melilotus officinalis* durch 4 Zyklen von phänotypisch-recurrenter Selektion den Ertrag an Grünmasse um 88% zu erhöhen.

6. Recurrente Selektion auf Kombinationseignung

Bei Mais geschieht die Selektion auf erhöhten Ertrag hauptsächlich auf Grund einer sogenannten Prüfung auf Kombinationseignung *(combining ability)*. Das Wesen und die Technik dieser Prüfungen werden in einem späteren Abschnitt ausführlicher diskutiert. An dieser Stelle ist es indessen zweckmäßig, ein besonders einfaches Beispiel einer solchen Prüfung zu beschreiben (Fig. 39). In einem Versuch von Lonnquist

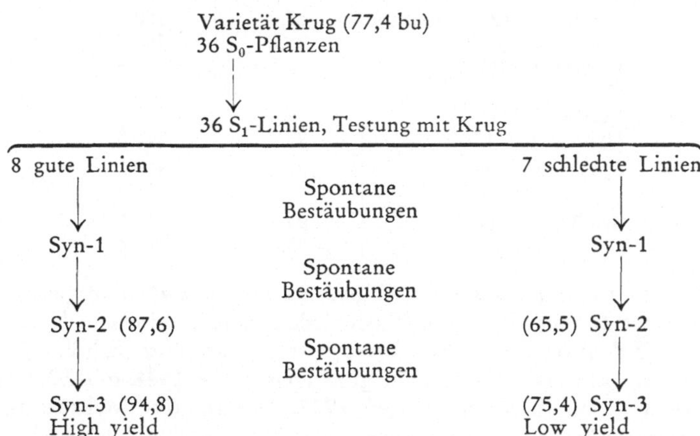

Fig. 39. Übersicht über den ersten Zyklus recurrenter Selektion auf divergente Kombinationseignung in Lonnquists (1949) Versuchen mit der Maisvarietät Krug. Die Erträge gelten für das Jahr 1948

(1949) wurden 36 S_1-Linien aus der freibestäubten Varietät Krug yellow dent mit einer typischen Pollenmischung aus der Varietät selbst bestäubt. Praktisch erfolgte der Versuch auf die Weise, daß auf einer isolierten Parzelle je eine Reihe von 30 S_1-Nachkommen von den 36 Ausgangspflanzen angebaut wurden. Alternierend mit den

Reihen der S_1-Linien wurden Reihen aus einer üblichen Samenprobe der Varietät Krug ausgesät, d. h. unausgelesene S_0-Pflanzen. Durch Entfernung der männlichen Blütenstände in den S_1-Reihen wurde erreicht, daß die S_1-Linien mit der Pollenmischung aus einer größeren Anzahl von zufälligen S_0-Pflanzen bestäubt wurden. Die S_1-Reihen wurden als getrennte Einheiten geerntet, indem die Samen aller Pflanzen aus der gleichen Familie gemischt wurden. Die Erträge der aus diesen spontanen *„Inzucht-Varietätskreuzungen"* erzeugten Nachkommenschaften wurden in vergleichenden Versuchen mit 6 Replikationen mit relativ großer Genauigkeit bestimmt.

Es zeigte sich, daß die verschiedenen S_1-Linien in den Inzucht/Varietätskreuzungen, die gewöhnlich als *„topcrosses"* bezeichnet werden und eine spezielle Form von *Testkreuzungen* darstellen, ziemlich verschiedene Erträge gaben. Aus den 8 S_1-Linien, die in diesen Prüfungen die höchsten *„Testerträge"* gaben, wurde nun durch Mischung von je 50 S_1-Samen pro Linie eine ertragreiche synthetische Population (high yield synthetic) hergestellt. Auf analoge Weise wurden S_1-Samen der 7 schlechtesten Linien zu einer low yield synthetic vereinigt. Diese beiden synthetischen Populationen wurden drei Generationen hindurch auf isolierten Parzellen durch freie Bestäubung vermehrt, indem in jeder Population je Generation 150—200 Kolben geerntet wurden. In der ersten Generation, in der durch Interkreuzung der S_1-Linien das Saatgut für die Syn-1 entstand, wurden unausgelesene Kolben benutzt. In den beiden folgenden Generationen, die das Saatgut für Syn-2 und Syn-3 erzeugten, wurde eine milde Form von Massenselektion angewandt, indem die phänotypisch besten Kolben ausgelesen wurden. In den Jahren 1947 und 1948 wurden in besonderen Experimenten die Erträge der beiden synthetischen Populationen mit dem der Ausgangsvarietät Krug yellow dent verglichen.

Tabelle 86.
Effekt eines Zyklus von recurrenter Selektion auf divergente Kombinationseignung auf den Ertrag synthetischer Populationen nach Versuchen von LONNQUIST *(1949).* Vgl. Text

Jahr, Population	Erträge bu/acre	% von Krug
1947		
Varietät Krug, freibestäubt	17,8	100
High yield syn-2	25,2	141,6
Low yield syn-2	15,2	85,4
1948		
Varietät Krug	77,4	100
Hybrid U. S. 13	99,7	128,8
Syn-2 high yield	87,6	113,2
low yield	65,5	84,6
Syn-3 high yield	94,8	122,5
low yield	75,4	97,4

Die in Tab. 86 zusammengestellten Ergebnisse zeigen, daß divergente Selektionen auf Grundlage der Erträge in Linien/Varietätskreuzungen einen bedeutenden Effekt hatten. Bei der Selektion auf hohen Ertrag ist die absolute Erhöhung von Syn-2 gegenüber der Ausgangsvarietät in dem günstigen Jahre 1948 mit 10,2 bushels/acre gegen 7,4 größer als in dem ungünstigen 1947. Der relative Mehrertrag ist jedoch mit 41,6% gegen 13,2% in dem ungünstigen Jahre unvergleichlich viel größer. Von Syn-2 zu Syn-3 findet ein beachtliches Ansteigen des Ertrages statt. Die high yield Syn-3 übertrifft die Varietät Krug mit 22,5% und nähert sich damit schon den Werten eines Standard-Hybriden U. S. 13.

Diese Ergebnisse waren in zweifacher Hinsicht bemerkenswert. Nachdem man Jahrzehnte hindurch die verschiedenen Formen von Massenselektion einschließlich ear-to-row als ineffektiv für die Erhöhung des Ertrages hielt, wurde durch die vorliegenden Versuche zum ersten Male gezeigt, daß man bei Anwendung effektiver Prüfungen für die Erfassung des Ertragsgenotyps selbst in einem sehr begrenzten Ausgangsmaterial bedeutende Fortschritte erzielen kann. Man bemerke, daß in den obigen Linien/Varietätskreuzungen die Erträge jeder S_1-Linie die Qualität des Ertragsgenotyps (für Fremdbefruchtungen mit einer spezifischen Pollenmischung), die sogenannte Kombinationseignung, ihrer Mutterpflanze prüfen. Durch die Testerträge von 36 S_1-Linien wird in diesem Beispiel also die Kombinationseignung von 36 S_0-Pflanzen bestimmt. Durch Auswahl der 8 besten und der 7 schlechtesten S_0-Pflanzen ließ sich ein Ausgangsmaterial von 36 S_0-Pflanzen in zwei ganz verschiedene synthetische Populationen zerlegen.

Ein zweiter bemerkenswerter Punkt ist die Zunahme der Erträge von Syn-2 zu Syn-3, die auch in analogen Experimenten mit anderem Maismaterial gefunden wurde. Man hat sie damit erklärt, daß nach Trennung der guten und schlechten Ertragsgenotypen gewöhnliche Massenselektion wieder einen gewissen Effekt erhielt. Es wäre indessen möglich, daß der Ertrag auch ohne die angewandte primitive Form von Massenselektion gestiegen wäre, indem z. B. die „plasmatische Adaptation" der guten Ertragsgenotypen einige Generationen erfordert.

II. Prinzipien der Selektion

1. Genhäufigkeit

Bei allogamen Organismen wünscht man mit Hilfe der Selektion die Häufigkeit günstiger Gene in einer Population zu erhöhen. Wenn wir zunächst die Anwesenheit einer größeren Anzahl günstiger Gene schematisch voraussetzen, so wären die Verhältnisse am einfachsten in F_2-Generationen von Kreuzungen. Die Häufigkeit der günstigen und ungünstigen Glieder spaltender Genpaare ist hier stets $p = q = 0{,}5$. Die Wahrscheinlichkeit für Homozygotie in 20 günstigen Genen wäre $0{,}25^{20} = 10^{-12}$. Eine solche Kombination kann daher nicht in F_2 aufgesucht werden. Wenn es indessen möglich wäre, die Häufigkeit günstiger Gene in den folgenden Generationen zu erhöhen, so würde damit die Wahrscheinlichkeit von Individuen mit zahlreichen günstigen Genen mit extremer Beschleunigung zunehmen. Diese Verhältnisse sind in Tab. 87 veranschaulicht (LONNQUIST, 1951). Es wird hierbei angenommen, daß die

Tabelle 87.
Anzahl der Individuen pro Tausend, die homozygot in n gewünschten Genen sind, in einer panmiktischen Population. q = Häufigkeit der günstigen Gene. Nach LONNQUIST, 1951

q	n			
	5	10	15	20
0,50	1	—	—	—
0,70	28	—	—	—
0,90	349	122	42	15
0,95	599	358	215	129

Häufigkeit aller günstigen Gene gleichmäßig zunimmt. Wir sehen, daß die homozygote Kombination von 20 günstigen Genen, die bei $q = 0{,}5$ eine Wahrscheinlichkeit von $1 : 10^{12}$ hatte, bei $q = 0{,}9$ schon eine Wahrscheinlichkeit von $15 : 10^3$ hat. Was hier für Kreuzungsdeszendenzen gefunden wurde, würde im Prinzip für beliebige allogame Populationen gelten. In solchen könnte zwar q für verschiedene Gene äußerst verschiedene Werte haben. Anreicherung der günstigen Gene würde indessen auf ähnliche Weise die Häufigkeit besonders günstiger Kombinationen erhöhen.

Die wirklichen Verhältnisse sind leider viel komplizierter. Es ist fraglich, ob eine so große Anzahl von eindeutig günstigen Genen in Kreuzungen oder Populationen spaltet, wie man gewöhnlich annimmt. Und wenn man ihre Häufigkeit so stark erhöhen würde wie in diesen Modellen vorausgesetzt, so könnten sie im Durchschnitt eine schwächere Wirkung bekommen oder durch Nebeneffekte Störungen auslösen, die den Selektionsgewinn illusorisch machen. Trotz allem dürfte das obige Prinzip der Genhäufigkeit günstiger Gene in geeignetem Material bis zu einem gewissen Grade gültig sein. In anderen Fällen mag es indessen zweckmäßiger sein, in den theoretischen Modellen nicht die Vorstellung von günstigen Genen zu benutzen, sondern die von speziellen günstigen Genkombinationen, adaptiven Gipfeln und dergleichen.

2. Effektivität der Selektion

Die Effektivität der Selektion hängt von einer Reihe von Faktoren ab. In einem unausgelesenen Material dürfen wir z. B. den größten Effekt erwarten. In einem solchen Material variiert die Häufigkeit der günstigen Gene vermutlich zwischen 0 und 1. Die Selektion verändert ziemlich rasch die Häufigkeit der Gene, die sich in mittleren Häufigkeitsintervallen wie 0,2—0,8 befinden (vgl. S. 147). Die weitere Zunahme auf 0,9 oder 0,99 nimmt dann progressiv längere Zeit. Ebenso nimmt es theoretisch sehr viel Zeit, bis Gene von den niedrigsten Intervallen wie 0,001—0,01 in mittlere Intervalle gelangen. Aus diesem Grunde sollte der Effekt der Selektion im Laufe der Generationen dauernd abnehmen. Im übrigen hängt er von der Beschaffenheit der erblichen Variation des Merkmals ab. Gene mit großen, eindeutigen Effekten werden z. B. rascher erfaßt als Gene mit kleineren und variablen Effekten. Unter diesen Umständen kommt die Selektion früher oder später zu einem Stadium da sämtliche bequemen Gene erfaßt sind, so daß sie nur noch unbequeme Gene ausnützen kann. Schließlich kann bei Fortsetzung der Selektion ein zunehmender Konflikt zwischen künstlicher und natürlicher Selektion entstehen, der in vielen Fällen erstere Selektion wirkungslos macht.

Es ist eine allgemeine Erfahrung, daß bei verlängerter Selektion die Erblichkeit der Merkmale im Sinne der Selektionsrichtung abzunehmen pflegt. Weitere Fortschritte können dann nur noch durch Verbesserung der Selektionsmethoden erzielt werden. Massenselektion muß durch recurrente Selektion ersetzt werden, phänotypische Beurteilung durch Nachkommenschaftsprüfung, einfache Prüfungen durch replikate, einjährige durch mehrjährige.

Indessen gibt es Beispiele, in denen die Selektion lange Perioden hindurch einen gleichmäßigen Fortschritt machte. Bemerkenswert sind in dieser Hinsicht die schon mehrmals erwähnten Illinois-Selektionen auf hohen und niedrigen Öl- und Proteingehalt der Samen in der Burr White Varietät von Mais. Die Veränderungen im Ölgehalt der Körner von Generation 0—50 gehen aus folgenden Zahlen hervor:

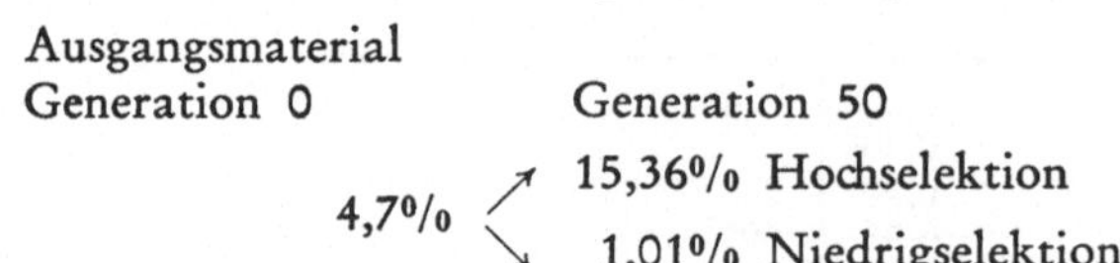

Das Ausgangsmaterial war wenig umfangreich. Zur Errichtung der Hochselektion wurden nämlich aus einem Muster von 163 untersuchten Kolben die 40 Kolben mit dem höchsten Ölgehalt benutzt. In den folgenden Jahren wurden jährlich 40 Reihen ausgesät, die aus je 4 Kolben der 10 Reihen mit dem höchsten Ölgehalt des vorangehenden Jahres stammten. Nach 28 Jahren von ear-to-row-Selektion folgten 22 Generationen von Massenselektion innerhalb desselben Materials. Die Zunahme des Ölgehaltes in der Hochselektion setzte die 50 Jahre in ziemlich gleichförmiger Weise fort, die formell durch die Gleichung $y = 5{,}06 + 0{,}184\,x$ beschrieben werden kann, wobei y das Ölprozent und x die Anzahl der Generationen von Selektion bedeutet. Auch die parallelen Selektionen auf divergenten Proteingehalt kamen in 50 Jahren noch nicht zum Stillstand.

3. Erweiterung der Basis

Kreuzung von Selektionen. In den häufigen Fällen, in denen die Selektion trotz adäquater Methoden ineffektiv wird, lassen sich in der Regel durch Kreuzung nichtverwandter Selektionen neue Fortschritte ermöglichen. Ein interessantes Beispiel hierfür studierten FALCONER und KING (1953) bei Mäusen. In zwei verschiedenen, auf hohes Körpergewicht selektionierten Stämmen von Mäusen kam die Selektion schließlich zum Stillstand. Kreuzung dieser Stämme ermöglichte eine weitere Erhöhung des Körpergewichtes, indem offenbar neue erbliche Variation geschaffen wurde. Besonders lehrreich ist das in Kapitel 3 ausführlich beschriebene Beispiel von Selektion auf hohe Anzahl von Kornreihen bei Mais (EMERSON und SMITH, 1950). Als Ausgangsmaterial dienten 7 homozygote Maislinien mit 12reihigen Kolben. Durch Kreuzung dieser Linien wurde eine begrenzte erbliche Variation erzeugt, so daß es durch Pedigree-Selektion von $F_3 - F_6$ in 5 Kreuzungen dieser Linien gelang, das Mittel der Reihenzahl auf 14 zu heben. Durch erneute Kreuzung dieser Selektionen wurden 6 Vierlinienkreuzungen vom Typus $(A \times B)\,F_6 \times (C \times D)\,F_6$ hergestellt, in denen erneute Selektion bis F_5 das Mittel auf 17 Reihen erhöhte. Durch weitere Kreuzung zwischen diesen Linien wurden schließlich 3 Hybride hergestellt, die von allen 7 Ausgangslinien abstammten. In F_5 dieser Siebenlinienhybride war das Mittel auf 22 Kornreihen erhöht. Bemerkenswert ist, daß die drei aufeinanderfolgenden Zyklen von Kreuzung und Selektion eine progressiv stärkere Wirkung bekamen. Die benutzte Methodik hat ziemlich viel Ähnlichkeit mit dem Prinzip der recurrenten Selektion.

Wenn auch in der Kombinationsveredlung autogamer Pflanzen in kürzeren Perioden wie 5—20 Jahre das Hauptgewicht auf Selektion nach dem Pedigree-Schema zu liegen scheint, so erkennt man in der Züchtungsarbeit längerer Perioden wie 50 bis 100 Jahre ein System von mehrfach wiederholten Kreuzungen, das die wichtigeren Varietäten einer Kulturart netzartig miteinander verbindet. Aber auch bei allogamen Arten und bei Haustieren entsteht früher oder später die Notwendigkeit der Kreuzung verschiedener Selektionen (ZIRKLE, 1952).

Erfassung der genetischen Variabilität. In der Deszendenz von Kreuzungen, in denen jedes spaltende Gen eine Häufigkeit von 0,5 hat, sollte es relativ einfach sein, die Häufigkeit eventueller günstiger Gene wesentlich zu erhöhen. Hierzu genügen vielleicht schon die üblichen Modelle recurrenter Selektion mit Interkreuzung von 10—15 Individuen oder S_1-Linien je Zyklus. Wenn man indessen mit Hilfe von geeigneten Testungen ähnliche Gruppen von 10—15 hervorragenden Genotypen aus einer größeren Population extrahiert, so ist es fraglich, ob man damit einen wesentlichen Anteil der günstigen Gene der Population erfaßt. Wenn es gilt, die genetische Variabilität der Population so vollständig wie möglich auszunützen, stehen wir vor einem schwierigen Problem.

Man kann sich zu diesem Zweck eine Reihe von Methoden ausdenken, die theoretisch gewisse Kombinationen von Vorteilen und Nachteilen besitzen, deren wirkliche Effekte indessen unbekannt sind. Falls eine geeignete Form von Massenselektion nicht ausreicht, könnte man an langjähriges Alternieren von Selbstungen und freier Bestäubung denken. Wenn man so starke Inzucht wie Selbstung vermeiden will, kann man die Population durch Kreuzung von je zwei Individuen in eine große Anzahl von Familien zerlegen, um die besten Familien zu einer neuen Population zu kombinieren. Oder aber man setzt diese Familien durch Geschwisterkreuzung ein bis zwei

Generationen fort, wodurch Inzuchtkoeffizienten von bzw. 0,25 und 0,375 entstehen und kombiniert dann die besten Si_1- oder Si_2-Familien. Es ist unbekannt, in welcher der drei genannten Generationen der genotypische Wert der Familien am besten zum Ausdruck kommt. Weiter entsteht in diesem Zusammenhang die Frage, ob es in Versuchen längerer Dauer am besten wäre, die Selektion mit einem sehr breiten Ausgangsmaterial zu beginnen, oder viele getrennte Selektionen von bescheidenerem Umfang einzuleiten, um dieselben später durch Kreuzung zu vereinigen. — Den Problemen der Erfassung seltener günstiger Gene ist man bisher ausgewichen, vielleicht in der Auffassung, daß Gene, die in einer Population selten sind, in anderen Populationen häufiger vorkommen, so daß Kreuzungen von Selektionen verschiedener Herkunft eine rationellere Methode wäre. Auf lange Sicht mag es dennoch vernünftiger sein, die in den Populationen vorhandene Variabilität besser zu erfassen (vgl. S. 217).

III. Nebeneffekte der Selektion

1. Verschiedene Beispiele

Mais. Intensive, verlängerte Selektion in bestimmter Richtung hat außer den erwarteten Veränderungen in der Regel einige unerwartete Effekte. Sehr häufig wird z. B. der Ertrag reduziert. GARRISON und RICHEY (1925) selektionierten z. B. in einer Maisvarietät in Richtung auf 6 verschiedene Kolbentypen, die sich in Reihenzahl (8, 12, 14, 16, 20) und in Kombinationen anderer Charaktere unterschieden (rauhe-glatte Kolben, lange-kurze Kolben, tief-flach gezähnte Körner). Jeder Typus von Selektion wurde auf einer isolierten Parzelle angebaut, wobei gemischte Samen aus mindestens 50 Kolben der vorjährigen Selektion benutzt wurden. Die Selektion in Richtung auf diese Typen war durchaus effektiv. Als aber nach 8jähriger Auslese die Erträge der 6 Selektionen mit dem der Ausgangsvarietät verglichen wurden, zeigten alle eine Reduktion, die bei den einzelnen Typen zwischen 8,4 und 14,3% variierte. Nun besteht bei Mais im allgemeinen keine Korrelation zwischen Kolbencharakteren und Ertrag. Die Reduktion des Ertrages muß daher auf Einseitigkeit oder Intensität der Selektion beruhen, nicht auf der Auslese von minder fertilen Typen.

Die oben besprochenen Illinois-Selektionen in der Burr White-Varietät von Mais führten ebenfalls zu einer beträchtlichen Erniedrigung des Ertrages, der jetzt nur 50% des Ertrages der besseren Maishybride beträgt. Außerdem zeigten die vier Selektionen ganz verschiedene Phänotypen, indem sie sich in zahlreichen Charakteren in verschiedene Richtungen differenziert hatten. Ein Teil der bedeutenden Unterschiede zwischen zwei von diesen Selektionen gehen aus folgender Zusammenstellung hervor (WOODWORTH et al., 1952).

Selektion	Kolben	Körner	Keim	Pflanzen
Hochöl	klein	klein	groß	früh, niedrig
Niedrigöl	groß, wenige Reihen	sehr groß, tiefgezähnt	klein	spät, hoch

Ebenso, wie eine einseitige Selektion auf hohen Proteingehalt den Ertrag herabsetzt, erniedrigt eine einseitige Auslese auf Ertrag den Proteingehalt. Den besten Beweis hierfür hat man in der Tatsache, daß der Proteingehalt der europäischen Roggen- und Weizenvarietäten vor 100 Jahren um 60% höher war als heute. Solche beklagenswerte Nebeneffekte sind zwar automatische Folgen einer einseitigen Selektion; mit allseitiger Selektion ließen sie sich indessen vermeiden. Wenn man bei der Selektion den Proteingehalt des Kornes in ähnlicher Weise berücksichtigt hätte, wie die Tierzüchter den Fettgehalt der Milch, so wären sowohl Proteingehalt als auch Ertrag der Getreide erhöht worden, obwohl man sich mit einer geringeren Erhöhung des Ertrages hätte begnügen müssen. VON SENGBUSCH (1936) hält sogar eine Erhöhung des Proteingehaltes bei Roggen, Hafer und Gerste auf 200% des heutigen Wertes für möglich, bei Weizen und Kartoffel auf 250% bzw. 300%.

Maus. MACARTHUR (1949) errichtete aus einer variablen Ausgangspopulation von Mäusen divergente Selektionen auf Körpergewicht. Die benutzte Methode ist als Massenselektion mit einem gewissem Grad von Nachkommenschaftsbeurteilung zu bezeichnen. Nach 21 Generationen waren die Individuen der Hochselektion mehr als dreimal so schwer als die der Niedrigselektion. Gleichzeitig bestanden aber eine Reihe von anderen Unterschieden, auf die nicht selektioniert worden war. Die kleinen Mäuse waren z. B. nervös, excitabel und mehr aktiv, die großen phlegmatisch. Erstere hatten relativ große „appendages" wie Ohren, Füße, Schwanz, letztere relativ kleine. Die großen Mäuse wuchsen schneller und waren besser fertil. Außerdem wurden deutliche Farbenunterschiede zwischen den beiden Linien konstatiert. Die Farbgene B und D, die den Wuchs verzögern, kamen z. B. bei den kleinen Mäusen zur Vorherrschaft, ihre Allele b und d dagegen bei den großen. Die Unterschiede zwischen den beiden Selektionen können durch eine Reihe von Mechanismen bedingt sein, wie Drift, Pleiotropie der Wuchsgene, physiologische Korrelationen, Koppelungen. Die Assoziationen der Charaktere sind daher teils zufällig, wie bei Drift, teils real wie bei physiologischen Korrelationen, teils vorübergehend wie bei Koppelungen, teils dauernd wie bei Pleiotropie. Nur eine Wiederholung solcher Versuche mit verschiedenen Ausgangspopulationen könnte die Effekte der verschiedenen Mechanismen erfassen.

Huhn. In einer Population der Varietät White Leghorn wurde von LERNER (1951—1955) in der Periode 1938—1952 Selektion auf erhöhte Schenkellänge getrieben. Während in den ersten 5—6 Jahren die Schenkellänge signifikant vergrößert wurde, verblieb die Selektion in den folgenden Jahren erfolglos. Eine Analyse der Daten zeigte, daß in dem zweiten Abschnitt der Selektionsperiode eine ausgeprägt negative Korrelation zwischen Schenkellänge der Hennen und Anzahl ihrer Nachkommen bestand. Die Reduktion der reproduktiven Werte langschenkliger Hennen beruhte in erster Linie auf erniedrigter Entwicklungsfähigkeit der Eier (hatchability), daneben vielleicht auch auf erniedrigter Vitalität späterer Stadien. Wir haben hier ein typisches Beispiel dafür, daß eine einseitige Selektion nicht durch Erschöpfung der genetischen Variabilität zum Stillstand kam, sondern wegen eines Widerstandes, den die Population gegen einseitige Selektionen bietet, indem Typen, die zu weit von der Norm der ursprünglichen Population abweichen, reduzierte Vitalität oder Fertilität zeigen.

2. Borstenzahl bei Drosophila

a) Versuche von CLAYTON, MORRIS und ROBERTSON (1957 a, b)

Zwei umfangreiche Versuchsreihen, die sich mit demselben Merkmal befassen, der Anzahl der Chaetae (Borsten) auf dem vierten und fünften abdominalen Segment von *Drosophila melanogaster*, haben wichtige Beiträge zur Kenntnis der Selektionseffekte gebracht. In beiden Experimenten wurde Massenselektion in Richtung auf hohe und niedrige Borstenzahl angewandt. Die Ausgangspopulation der Untersuchungen von CLAYTON et al. hatte folgende Beschaffenheit:

	♀♀	♂♂	
Mittel	31,4	39,2	Borsten
Standardabweichung	± 3,03	± 3,54	

In je 5 getrennten Linien wurde etwa 30 Generationen Selektion auf hohe und auf niedrige Borstenzahl getrieben, indem in jeder Generation innerhalb jeder Linie die

Borstenzahl von je 100 ♀♀ und ♂♂ bestimmt wurde und die je 20 Individuen beider Geschlechter mit der größten (bzw. kleinsten) Borstenzahl zur Fortsetzung der Linien benutzt wurden. In den ersten 5 Generationen der Selektion wurde in allen Linien eine relativ regelmäßig im Sinne der Selektion fortschreitende Veränderung der Borstenzahl gefunden. Im Laufe von 20—30 Generationen kam jedoch der Selektionseffekt langsam und allmählich oder plötzlich zum Stillstand, nachdem eine bedeutende Veränderung der Borstenzahl erreicht war. Die Mittelwerte der Weibchen der verschiedenen selektionierten Linien variierten innerhalb folgender Intervalle:

Hochlinien	Niedriglinien
70—89	7—21

Die extreme Hochlinie hatte also über 12mal so viele Borsten wie die extreme Niedriglinie.

Die Selektion endete in der Regel in einem instabilen Äquilibrium, in welchem trotz einer stark erhöhten Variabilität keine Fortschritte gemacht wurden. Die Ineffektivität der Selektion wurde teils durch zunehmende Sterilität der ausgelesenen Extreme, teils durch Ansammlung von Letalfaktoren bedingt. In einigen Fällen traten vermutlich auch Gene auf, die heterozygot die Borstenzahl stärker erhöhen als homozygot. In einigen Niedriglinien wurde schließlich Heterozygotie für Inversionen bemerkt. — Die Letalfaktoren, die sich in den Hochlinien ansammelten, waren z. T. schon in der Ausgangspopulation vorhanden. In den Selektionen erhielten sie indessen einen stark erhöhten Einfluß auf die Borstenzahl. Einer dieser Letalfaktoren erhöhte die Borstenzahl heterozygot um 22, mehr als das 6fache der ursprünglichen Standardabweichung! Die 5 Niedriglinien zeigten einige Besonderheiten. In allen diesen Linien trat früher oder später, in Generation 7—19, eine plötzliche Erhöhung der Variabilität auf, worauf die Selektion rasche Fortschritte machte, bis ein instabiles Äquilibrium erreicht wurde. Dieser Prozeß wird als eine Durchbrechung ontogenetischer *Pufferungen* gegen eine zu niedrige Borstenzahl aufgefaßt.

b) Versuche von Mather und Harrison (1949)

Diese Versuche zeigen uns die Effekte einer noch schärferen Selektion in wesentlich kleineren Populationen. Aus dem Ausgangsmaterial (Generation 0 der Fig. 40), der F_2 aus der Kreuzung der Inzuchtlinien Oregon mit 36 Borsten und Samarkand mit 32 Borsten, wurden divergente Selektionen auf Borstenzahl errichtet. Innerhalb jeder Linie wurden je 40 ♀♀ und ♂♂ auf Borstenzahl untersucht und nur je 4 Individuen beider Geschlechter mit der höchsten bzw. niedrigsten Borstenzahl zur Fortsetzung der Linie benutzt. Durch ein besonderes System von Kreuzungen wurden die Inzuchteffekte soweit möglich reduziert.

Die wichtigsten Ergebnisse dieser Versuche sind in schematischer Form in Fig. 40 zusammengefaßt. Die Niedriglinie L (low) starb in G-35, der Generation 35 der Selektion, wegen Sterilität aus. Eine aus G-20 abgezweigte Massenkultur, Linie 1 wurde jedoch 95 Generationen ohne Selektion vermehrt, indem in jeder Generation 10 Elternpaare zur Fortsetzung der Kultur benutzt wurden. Die Selektion auf hohe Borstenzahl H führte in 20 Generationen zu einer Erhöhung der Borstenzahl von 36 auf 56, mußte aber dann wegen fast völliger Sterilität abgebrochen werden. Diese Linie wurde dann als Massenkultur ohne Selektion fortgesetzt unter der Bezeichnung Linie 3. Das Aufhören der Selektion führte von G-20 bis G-25 zu einem steilen Abfall der Borstenzahl auf 39, wonach diese Linie sich später zahlreiche Generationen etwa auf demselben Niveau hielt.

In G-24, also eine Generation vor Erreichung dieses Niveaus, wurde von Linie 3 eine neue Hochselektion, eine sogenannte *Reselektion,* Linie 8, abgezweigt. Diese stieg in 4 Generationen rasch auf das Niveau 55, wo sie trotz fortgesetzter Selektion etwa 50 Generationen verblieb, wonach sie einen leichten neuen Anstieg zeigte. Eine in G-34 abgezweigte Massenkultur, Linie 7, bewahrte 50 Generationen hindurch etwa

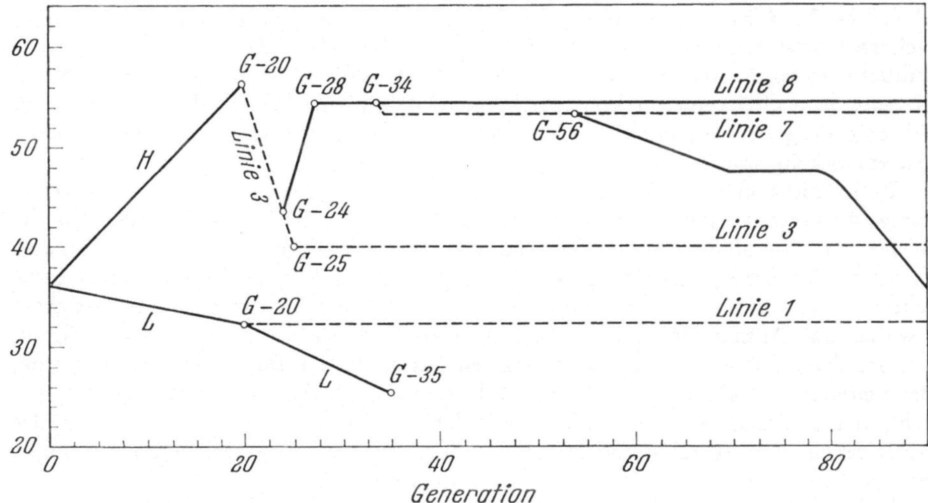

Fig. 40 Schematische Übersicht über Selektionsversuche von MATHER und HARRISON (1949) mit Anzahl abdominaler Chaetae bei *Drosophila melanogaster*. Ordinatenachse, Anzahl Chaetae; G-20 = Generation 20; ——— Selektionen, — — — — Massenkultur ohne künstliche Selektion; erstere durch 4 ausgelesene Elternpaare je Generation fortgesetzt, letztere durch 10 unausgelesene Paare. *H* Hochselektion, *L* Niedrigselektion

dieselbe Borstenzahl wie Linie 8, obgleich sie ohne Selektion vermehrt wurde. Aus anderen Reselektionen errichtete Massenkulturen hielten ein Niveau etwa halbwegs zwischen Linie 3 und Linie 7. Wir sehen aus diesen Befunden, daß die Borstenzahl von Massenkulturen, die aus ein und derselben Selektionslinie H errichtet wurden, auf einem ganz verschiedenen Niveau zum Gleichgewicht kommen können.

Trotz der phänotypischen Konstanz dieser Massenkulturen können aber im Laufe der Generationen sehr große Veränderungen in ihrem Verhalten gegenüber Selektion stattfinden [1]. In Linie 3 wurden 8 Reselektionen auf hohe Borstenzahl begonnen. Die beiden ersten Reselektionen, darunter Linie 8 der Figur, hatten bedeutenden Erfolg. 5 weitere Reselektionen in progressiv späteren Generationen bewirkten nur noch eine halb so große Erhöhung der Borstenzahl. Die achte und späteste Reselektion war schließlich wirkungslos. In allen diesen Reselektionen sank in den ersten Generationen die Fertilität. — Die Massenkultur Linie 1 war von Anfang an sehr empfindlich gegen Selektion in beide Richtungen. 6 Niedrig- und 2 Hochselektionen, die sukzessiv von dieser Massenkultur abgetrennt wurden, starben alle innerhalb weniger Generationen an zunehmender Sterilität aus; und zwar starben die späteren Reselektionen noch rascher aus als die früheren. Diese Kultur wurde also im Laufe der Zeit noch immer empfindlicher gegen Selektion auf abweichende Borstenzahl. Innerhalb der Massenkultur selbst waren Fliegen mit mittlerer Borstenzahl besser fertil als solche mit etwas höherer oder niedrigerer Zahl. In scharfen Gegensatz hierzu sank eine Minusselektion, die in G-56 von Linie 7 abgezweigt wurde, im Laufe der Zeit bis auf das Niveau von Linie 1 ab (siehe Figur). Das Gleichgewicht, in dem diese Linie sich bei Massenkultur befand, war offenbar wenig stabil nach der Minusrichtung hin.

[1] Wir könnten in diesem Zusammenhang von einer Änderung der „*Selektionsnorm*“ der Stämme sprechen.

c) Allgemeine Diskussion

In ihrer Gesamtheit lehren uns diese Untersuchungen vier wichtigere Punkte: a) daß intensive Selektionen zur Durchbrechung der normalen Pufferung der Charaktere führen können, wonach die Gene verstärkte Effekte bekommen können; b) daß ein Nachlassen (relaxation) der Selektion eine Voraussetzung für das Erzielen weiterer Fortschritte sein kann; c) daß aus intensiven Selektionen abgeleitete Massenkulturen je nach Art und Generation ihrer Entstehung auf sehr verschiedenen Niveaus zum Gleichgewicht kommen können; d) daß in Massenkulturen dieser Art sich eine progressiv zunehmende Empfindlichkeit gegen Selektion in beide Richtungen entwickeln kann.

Es ist nicht möglich, Prozesse von derartiger Komplexität restlos zu erklären, zumal die Organisation der genetischen Variabilität und die Natur der Gene, die die Borstenzahl beeinflussen, noch unbekannt sind. Ein Teil dieser Gene mag relativ direkt an der Erzeugung der Borsten beteiligt sein, der Rest nur auf eine sehr indirekte Weise. Innerhalb unausgelesener Kulturen sind die „Borstengene" selektiv etwa neutral. Auch bei mäßiger Veränderung der Borstenzahl durch 5malige Selektion von mittlerer Intensität sind die selektiven Nachteile der Borstengene noch gering. Bei weiterem Fortschreiten der Selektion, besonders in Richtung auf niedrige Borstenzahl, tritt indessen eine auffällige Veränderung der Lage ein. Mit zunehmender Abweichung vom Mittel treten offenbar große, allgemeine physiologische Störungen ein; in diesem anomalen Hintergrund können die Borstengene nicht nur verstärkten Einfluß auf die Borstenzahl bekommen, sondern auch auf Vitalität und Fertilität.

Wenn man versucht, für das Gesamtbild der Befunde eine vorläufige Erklärung zu geben, so könnte man annehmen, daß das Ausgangsmaterial der Selektionen, je 8 Individuen für den H- und L-Stammbaum, stark heterozygot war, und daß man aus einem solchen Material durch kombinierte Wirkung von Inzucht und Selektion sehr verschiedene sterile oder subletale Typen herauslesen kann. Bei intensiver Selektion auf hohe Borstenzahl wie in Linie H (Fig. 40) versucht der Restgenotyp anscheinend die physiologischen Störungen, die in zunehmender Sterilität zum Ausdruck kommen, durch eine Art „Gegenreaktion" abzuschwächen. Es könnte sich z. B. um eine selektive Begünstigung von Genen handeln, die die Störungen verringern. Diese Gegenreaktion ist indessen während der Periode intensiver Selektion wenig effektiv. In dem Augenblick, in dem die Selektion abgebrochen wird und durch Massenkultur ersetzt wird, kann sie sich dagegen in voller Stärke geltend machen, und — wenn der Restgenotyp der Mikropopulation eine genügende genetische Variabilität enthält — in kurzer Zeit zu einer Kompensation, oder sogar zu einer Hyperkompensation führen. Wenn nach partieller *Kompensation der Störungen* eine Reselektion auf hohe Borstenzahl begonnen wird (Linie 8), so kann dieselbe zu einer verbesserten Form mit hoher Borstenzahl führen.

Die zunehmende Stabilisierung der Massenkultur Linie 3, die in progressiv stärkerer Resistenz gegen Selektion auf hohe Borstenzahl zum Ausdruck kommt, könnte *formell* durch die Art der natürlichen Selektion in dieser Massenkultur erklärt werden. Das zunächst sehr grobe Gleichgewicht zwischen Borstengenen und kompensierenden Genen wurde durch ein immer feineres Gleichgewicht ersetzt. Die Population enthielt z. B. einige Borstengene, die heterozygot das physiologische Gleichgewicht verbessern, homozygot es verschlechtern. Die übrigen Gene wurden mit Hinblick auf ihre Interaktionen mit diesen vorherrschenden Heterozygoten selektioniert. Gene, die die Fertilität derselben verbesserten, wurden fixiert, solche die sie verschlechterten eliminiert. Schließlich blieben nur eine begrenzte Anzahl von dauernd heterozygoten Loki in der Population zurück. Solche Loki könnten die Empfindlichkeit der Massenkultur gegen Abweichungen vom Mittel erklären. Andere, weniger konventionelle Hypothesen werden im folgenden Kapitel diskutiert.

Die Selektion auf niedrige Borstenzahl löst stärkere Störungen aus als die auf hohe. Es scheint ein generelles Prinzip zu sein, daß Minusselektionen relativ leicht *Inzuchteffekte* (Homozygotie von Chromosomensegmenten) ausnützen oder auf andere Weise die metabolische Aktivität herabsetzen. Die Selektion erreicht unter solchen Umständen bald ein so niedriges Niveau von metabolischer Aktivität, daß die wenigen restierenden heterozygoten Loki für Fortexistenz der Linie notwendig werden. Die ungewöhnliche Empfindlichkeit der Linie 1 gegen Selektion nach beiden Richtungen beruht vielleicht auf diesem Prinzip.

IV. Formen und Aspekte der Selektion

1. Allgemeines

Unter Selektion verstehen wir eine ungleiche Reproduktion verschiedener Genotypen, die eine Veränderung in der genetischen Zusammensetzung der Population zur Folge hat. Von den vielen Formen und Aspekten der Selektion und den Faktoren, die ihre Effekte beeinflussen, können wir in diesem Zusammenhang nur einige wenige diskutieren. Wenn wir eine typische Variationskurve eines Charakters betrachten, können wir in verschiedenen *Sektoren* derselben auslesen und danach die in Fig. 41

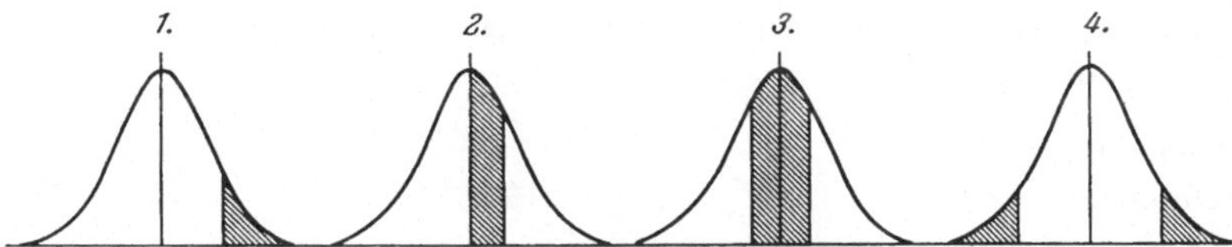

Fig. 41. Übersicht über Typen von Selektion. Schraffiertes Areal ausgelesen. 1. Lineare (directionale) S. 2. Semilineare S. 3. Modale (centripetale) S. 4. Centrifugale (disruptive) S

beschriebenen vier Grundtypen von Selektion unterscheiden. Weiter ist die *Intensität* der Selektion zu berücksichtigen, die die Größe des ausgelesenen Sektors als Dezimalbruch der ganzen Population angibt. Bei Auslese der 10% Individuen mit stärkster Ausprägung eines Merkmals ist die Selektionsintensität für dieses Merkmal also 0,1. Wir haben ferner die *Kriterien* der Selektion, d. h. die Gesichtspunkte, nach denen man die auszulesenden Individuen beurteilt; es gibt z. B. direkte und indirekte Kriterien. Hierunter gehören auch alle Prüfungen, denen man die Individuen unterwirft. Schließlich haben wir die *Umstände,* unter denen die Selektion ausgeführt wird; es gibt Bedingungen für den Aufwuchs der Pflanzen, die die Effektivität der Selektion verbessern oder verschlechtern.

2. Sektor der Selektion

In der Züchtung wird fast ausschließlich *lineare* Selektion angewandt (Fig. 41, 1), meist in ziemlich scharfer Intensität. Es ist möglich, daß in vielen Fällen eine verlängerte Selektion bei geringerer Intensität rationeller wäre. Theoretisch hätte es ferner das größte Interesse, die Effekte semilinearer und modaler Selektion genau zu kennen. Für *modale* Selektion wird angenommen, daß sie durch Elimination extremer Genotypen die Variationsbreite der Population einschränkt. Diese Tendenz könnte jedoch durch den Umstand reduziert werden, daß die Individuen des mittleren Bereiches bei halber Dominanz eine überdurchschnittliche Heterozygotie hätten und daher eine stärkere Spaltung gäben. Die bisher vorliegenden experimentellen Befunde haben keine eindeutige Antwort auf diese Frage gegeben (Falconer, 1957). Semilineare Selektion kommt unter Umständen für die Ertragszüchtung in Betracht.

Wenn *centrifugale* (disruptive) Selektion mit assortativer Paarung verbunden wird, d. h. wenn nur Paarungen innerhalb der beiden ausgelesenen Gruppen erfolgen, so wird die Population in zwei Teile gespalten. Findet keine solche Trennung der Gruppen statt, so hat disruptive Selektion nach THODAY (1959, 1960) die Tendenz, die genetische Variabilität der Population aufrechtzuhalten oder zu vergrößern. Sie verbessert anscheinend auch die Voraussetzungen für die Effektivität späterer divergenter Selektionen und erleichtert vermutlich die Überwindung von Pufferungen. Es wäre unter diesen Umständen denkbar, daß disruptive Selektion auf geeignete Charaktere (z. B. hohen und niedrigen Proteingehalt) eine gewisse Anwendung in der Pflanzenzüchtung finden könnte.

3. Selektion auf Stabilität

Von hoher prinzipieller Bedeutung ist ein Experiment von WADDINGTON (1960), in welchem versucht wurde, die Sensibilität einer *Drosophila*-Mutation gegen Milieufaktoren zu reduzieren. Hierzu benutzte er die bekannte Augenmutation Bar (B), die eine Verschmälerung der Augen bedingt, die bei höherer Temperatur intensiviert wird. Während der Normaltyp unabhängig von der Temperatur etwa 750 Augenfazetten besitzt, fällt die Fazettenzahl der B-Fliegen von 156 bei 18° auf 55 bei 25°, also eine Differenz von 101. Eine Selektion auf verringerte Temperaturempfindlichkeit hatte einen überraschend großen Erfolg, wie folgende Übersicht über die Differenz der bei 18° und 25° aufgezogenen Fliegen in den ersten sechs Generationen der Selektion anzeigt:

Generation	0	1	2	3	4	5	6
Differenz	101	50	46	55	33	19	11

Nach 6 Generationen von Selektion war also die ursprüngliche Reaktion auf die Temperaturdifferenz auf den neunten Teil reduziert. In einer Gruppe von Familien war die Differenz noch geringer, indem die Fliegen bei 18° 100,8 Fazetten hatten, bei 25° 95,3.

Für diese Selektion benutzte WADDINGTON folgende Methodik. Im Ausgangsmaterial (Generation 0) wurde eine Anzahl Paarungen von je zwei Individuen vorgenommen. In der Nachkommenschaft eines jeden Paares wurden durch mehrere Paarungen von Vollgeschwistern Gruppen von verwandten Familien hergestellt. In jeder Familie wurde ein Teil der Individuen bei 18° aufgezogen, ein Teil bei 25°. Auf diese Weise wurde für jede Familie die Differenz der Fazettenzahlen bei den genannten Temperaturen ermittelt. Auf Grundlage solcher Befunde wurde aus jeder Gruppe von verwandten Familien diejenige ausgelesen, die die geringste Differenz zeigte, die also am wenigsten temperaturempfindlich war. Die ausgelesenen Familien wurden nach dem gleichen Prinzip fortgesetzt, indem aus jeder eine Gruppe von Nachkommenschaften aufgezogen und innerhalb jeder Gruppe von neuem die am wenigsten temperaturempfindliche Familie ausgewählt wurde. — Außer der beschriebenen Selektion zwischen den Familien erfolgte auch eine gewisse Selektion innerhalb der Familien, indem Individuen bevorzugt wurden, die eine geringe Reaktion auf die Temperatur zeigten.

Der klare Erfolg der Selektion beruht offenbar darauf, daß die Temperatursensibilität der Familien direkt bestimmt wurde. Eine zweite Methode, alternierende Selektion, gab weniger befriedigende Ergebnisse. Bei dieser Selektion wurden die sukzessiven Generationen alternierend bei 18° und 25° gehalten. Bei 18° wurde auf niedrige Anzahl Fazetten ausgelesen, bei 25° auf hohe Anzahl. Die Richtung der Selektion war also stets entgegengesetzt der des zu erwartenden Temperatureffektes, um Genotypen zu erfassen, die wenig auf den Temperaturunterschied reagieren. Mit

Hilfe dieser Methode wurde die Temperaturempfindlichkeit zwar deutlich reduziert, aber weit weniger als mit Hilfe erstgenannter Methode (Familienselektion).

Wenn die obigen Ergebnisse ein allgemeines Prinzip zum Ausdruck bringen, was nicht unwahrscheinlich ist, so hätten sie eine fundamentale Bedeutung für die Theorie der Züchtung. In sukzessiven Generationen einer Kreuzung selektioniert der Mensch oder die Natur verschiedene Typen, je nach der Konstellation der Milieufaktoren. Diese Selektion bekommt daher zum Teil den Charakter einer wenig effektiven alternierenden Selektion. Es wäre möglich, daß eine Stabilisierung der Selektionsrichtung durch Testung von Familien mit einem kontrollierten Muster von Milieutypen die Effektivität der Selektion in hohem Grade verbessern würde.

4. Umweltbedingungen der Selektion

Die Umweltbedingungen haben oft einen entscheidenden Einfluß auf den Ausfall einer Selektion. Es ist z. B. einleuchtend, daß Züchtung auf Dürre- und Frostresistenz nicht in einer Region mit feuchtem Klima oder milden Wintern vorgenommen werden kann. Im allgemeinen liegt es am nächsten, die Züchtung in der Region vorzunehmen, wo die Selektionen später angebaut werden sollen, da die praktisch bedeutungsvollen Charaktere am leichtesten unter natürlichen Anbauverhältnissen beurteilt werden können. Wenn wir indessen an langsichtige Ziele der Züchtung denken, die z. T. erst in Zukunft eine größere Bedeutung haben werden, so dürfte vermutlich ein anderes Prinzip rationeller sein, nämlich das Hauptgewicht auf die Züchtung von Sorten von genereller Anpassungsfähigkeit zu legen, die in einem weiten Bereich von klimatischen und edaphologischen Faktoren befriedigende Leistungen zeigen (S. 257).

In einigen Fällen sind an bestimmten Zuchtstationen die Bedingungen für Züchtung von Sorten von allgemeiner Überlegenheit gegeben. Ein besonders charakteristisches Beispiel ist die Züchtung des Petkuser Roggen (LAUBE und QUADT, 1959). Für den Roggenanbau benutzt man im allgemeinen basenarme, trockene Sandböden. Wenn eine Station die erforderlichen Bodentypen besitzt und dazu ein kontinentales Klima mit geringen Niederschlägen, stärkeren Temperaturextremen, und relativ spätem und kurzem Frühjahr, so läßt sich schon eine Sorte für sehr weite geographische Areale züchten. Hierüber sagt LAUBE: „Wenn heute in Europa zu 90% Petkuser Roggen angebaut wird, so ist das nicht zuletzt darauf zurückzuführen, daß die Zuchtstätte Petkus allen genannten Bedingungen in hervorragender Weise entspricht.“

Bei anderen Objekten sind die Verhältnisse komplizierter. Beim Maisanbau in den Vereinigten Staaten findet man, daß die Erträge der verschiedenen Regionen große Unterschiede zeigen. Im allgemeinen steigen die Erträge je weiter man sich der Nordgrenze der Maiskultur nähert. Die höchsten Erträge hat man in einer Zone, die sich von Iowa bis zu den nordöstlichen Küstenstaaten erstreckt. Innerhalb dieser Zone hat wiederum Connecticut, nordöstlich der Stadt New York, die höchsten Erträge (JONES und HUNTINGTON, 1935). Wenn man Maissorten, die für eine bestimmte Gegend gezüchtet sind, in einer anderen Gegend anbaut, so kann dies die Erträge beträchtlich beeinflussen. Die allgemeine Erfahrung ist, daß Sorten, die nordwärts gebracht werden, d. h. in eine Region mit günstigerem Klima und Bodenbeschaffenheit für den Maisanbau, erhöhte Erträge geben. Ein Transport einer Sorte in eine ungünstigere Gegend erniedrigt dagegen den Ertrag. Die Erfahrungen der genannten Autoren zeigen, daß Maissorten, die aus ziemlich weit entfernten Gegenden in die besonders günstige Region Connecticut gebracht werden, im Ertrag dem Mittel der für diese Region gezüchteten Sorten überlegen sind und z. T. an die besten Sorten dieses Staates heranreichen, vorausgesetzt daß sie keine zu lange Entwicklungsdauer haben. Werden dagegen die Sorten von Connecticut in andere Regionen befördert, so sind die Ergebnisse weniger befriedigend, z. B. wegen ungenügender Widerstandskraft gegen Trockenheit und Hitze. — Andererseits sind ziemlich viele Beispiele dafür bekannt, daß Sorten, die an besonders ungünstige Umweltbedingungen angepaßt sind, zum großen Teil nicht imstande sind, günstige Umweltbedingungen voll auszunützen, so daß sie in dieser Hinsicht den Sorten aus günstigeren Gebieten vollständig unterlegen sind.

Aus der Existenz von kosmopolitischen Pflanzenarten wissen wir, daß im Prinzip eine vollkommene Anpassung an sehr weite Bereiche von Milieuverhältnissen möglich ist. CLAUSEN und HIESEY (1958) zeigten, daß man durch Kreuzung zweier Unterarten von *Potentilla glandulosa* leicht Individuen gewinnen kann, die einem erweiterten Bereich von Milieuverhältnissen angepaßt sind. Diese Verhältnisse sind im folgenden Schema zusammengefaßt. Die beiden Unterarten *reflexa* und *nevadensis* aus Lokali-

Prüfung in Höhenlage	Unterart *reflexa* aus Höhe 760 m	Unterart *nevadensis* aus Höhe 3050 m	F_1	F_2 15/540 Klone
30 m	+	schwächlich	+	++
1400 m	+	+	+	++
3050 m	bald absterbend	+	+	++

täten von sehr verschiedener Höhe über dem Meer wurden gekreuzt und Eltern, F_1 und F_2 an drei Versuchsstationen mit extrem verschiedener Höhenlage und entsprechenden klimatischen Unterschieden auf Vigor geprüft. Diese Untersuchung geschah mit den gleichen Individuen, indem von jeder Pflanze ein Klon hergestellt wurde und ein Glied jedes Klons an drei Lokalitäten ausgepflanzt wurde. Wie das Schema durch +-Zeichen andeutet, zeigten die F_1-Pflanzen eine größere Widerstandskraft gegen die klimatischen Faktoren, indem sie an allen drei Stationen gut gediehen, während ihre Eltern nur an je zwei Stationen kräftige Pflanzen gaben. Die F_2-Klone wurden nach ihrer Vigor in langjähriger Untersuchung so genau wie möglich in drei Klassen eingeteilt, kräftig (+ +), mittel und schwächlich. Wenn nun ein Klon an drei verschiedenen Lokalitäten unabhängig voneinander in drei Vigorklassen klassifiziert wird, so sind 27 Kombinationen der Bewertungen möglich, von 3-3-3 zu 1-1-1. Von diesen erwarteten Kombinationen wurden 24 gefunden. Interesse hat hier besonders, daß von 540 Klonen 15 an allen drei Lokalitäten die Bewertung kräftig (+ +) erhielten. In diesem Beispiel war es offenbar nicht schwierig, F_2-Pflanzen zu finden, die unter extrem verschiedenen klimatischen Bedingungen einen überlegenen Wuchs zeigten.

Konklusion. Wenn wir versuchten, alle Verhältnisse zu berücksichtigen, so würde es scheinen, daß es im Prinzip in den meisten Fällen möglich ist, Sorten zu züchten, die eine hohe Resistenz gegen die verschiedensten Faktoren des Milieus besitzen. Rassen, die an extrem ungünstige klimatische und edaphologische Bedingungen angepaßt sind, sollten zum Teil hochgradig effektive physiologische Systeme besitzen. Durch Kreuzung verschiedener Typen ließe sich die Effektivität darüber hinaus steigern. Trotz der hohen physiologischen Effektivität werden solche Rassen indessen oft nicht imstande sein, günstige Bedingungen befriedigend auszunützen, da sie nie unter günstigen Bedingungen lebten. So mag es manchmal nötig sein, solche Typen mit ertragreichen Sorten zu kreuzen. Manches spricht dafür, daß es zweckmäßig wäre, eine jede Selektion sowohl mit ungünstigen als auch mit günstigen Mileuverhältnissen zu prüfen und nur solche Familien, die unter beiden Bedingungen befriedigend funktionieren, auszulesen. Verzichtet man auf die Prüfung mit ungünstigem Milieu, so beschleunigt man die Lösung naheliegender Aufgaben, erschwert indessen vielleicht die rationelle Lösung fernerliegender genereller Aufgaben.

5. Fixierung von Phänodevianten

Um die Macht der Selektion kennenzulernen, ist es nützlich darauf hinzuweisen, daß man mit ihrer Hilfe oft die sonderbarsten nichterblichen Anomalien fixieren kann. Bei *Drosophila* wurden z. B. Stämme erhalten, die 100% oder fast 100%

Individuen mit folgenden Anomalien hatten: Flügel in beinähnliche Strukturen verwandelt, Flügel Halteren-ähnlich (GOLDSCHMIDT, 1951, 1953), Thorax unregelmäßig verdoppelt, Flügel schief abgeschnitten, eine Reihe spezifischer Defekte bestimmter Flügeladern (WADDINGTON, 1953, 1957; BATEMAN, 1959). Für die genetische Fixierung solcher Defekte hat sich folgende Methode als zweckmäßig erwiesen. Man benutzt irgend eine Methode, die die betreffende Anomalie in genügender Häufigkeit auslöst, z. B. Behandlung 3 Stunden alter Eier mit Ätherdampf, Zusatz der verschiedensten Chemikalien zum Futter der Larven, zweistündige Behandlung 22 Stunden alter Puppen mit einer Temperatur von 40° usw. Hierzu benutzt man Massenkulturen, die z. B. durch je 20 ♀♀ und ♂♂ fortgesetzt werden. Diese Behandlung wird eine größere Anzahl von Generationen fortgesetzt und in jeder Generation werden die Individuen ausgelesen, die die betreffende Anomalie am deutlichsten zeigen. Nach einer genügenden Anzahl von Generationen pflegen auch einzelne anomale Individuen ohne die benutzte Spezialbehandlung aufzutreten, was man aus abgezweigten Stichproben aus unbehandelten Eltern feststellen kann. Wenn solche „spontanen Phänodevianten“ [1] in genügender Häufigkeit auftreten, unterläßt man die Behandlung und selektioniert in Zukunft nur noch nach spontanen Phänodevianten, bis sie Häufigkeiten von 90—100% erreichen. Die genetische Analyse solcher Anomalien deutet darauf, daß sie meist auf einzelnen (oder multiplen) Mutantgenen von geringer Penetranz beruhen, sowie auf einer Anzahl von modifizierenden Genen, die die Penetranz oder Expressivität des Merkmals erhöhen. — Für die Züchtung haben Erfahrungen dieser Art ein nicht unbeträchtliches Interesse. Sie deuten darauf, daß viele Charaktere, die in den Populationen nur äußerst selten oder in schwächster Ausprägung gefunden werden, durch systematische Selektion dennoch in guter Ausprägung fixiert werden könnten. Wenn ein bestimmtes Merkmal überhaupt nicht bei einer Art gefunden wird, so könnte man daran denken, es durch irgendwelche chemische oder physikalische Behandlung auszulösen, und nach dem angegebenen Rezept auf stärkere Penetranz zu selektionieren.

Literatur

BATEMAN, K. G.: The genetic assimilation of the dumpy phenocopy. J. Genet. **56**, 341—349 (1959).

— The genetic assimilation of four venation phenocopies. J. Genet. **56**, 443—474 (1959).

CLAUSEN, J., and W. M. HIESEY: Experimental studies on the nature of species. IV. Genetic structure of ecological races. Carnegie Inst. Wash. Publ. 615 (1958).

CLAYTON, G. A., J. A. MORRIS, and A. ROBERTSON: An experimental check on quantitative genetical theory. I. Short-term responses to selection. J. Genet. **55**, 131—151 (1957).

—, and A. ROBERTSON: An experimental check on quantitative genetical theory. II. The long-term effects of selection. J. Genet. **55**, 152—170 (1957).

EMERSON, R. A., and H. H. SMITH: Inheritance of number of kernel rows in maize. Cornell Univ. Agr. exp. St. Mem. 296 (1950).

FALCONER, D. S.: Selection for phenotypic intermediates in Drosophila. J. Genet. **55**, 551—561 (1957).

—, and J. W. B. KING: A study of selection limits in the mouse. J. Genet. **51**, 561—580 (1953).

GARDNER, C. O.: An evaluation of effects of mass selection and seed irradiation with thermal neutrons on yield of corn. Crop Sci. **1**, 241—245 (1961).

GARRISON, H. S., and F. D. RICHEY: Effects of continuous selection for ear type in corn. U. S. Dept. Agr. Bull. 1341 (1925).

GOLDSCHMIDT, R. B., A. HANNAH, and L. K. PITERNICK: The podoptera-effect in Drosophila melanogaster. Univ. Calif. Publ. Zool. **55**, 67—292 (1951).

— Experiments with a homoeotic mutant, bearing on evolution. J. exp. Zool. **123**, 79—114 (1953).

JOHNSON, I. J., and A. S. EL BANNA: Effectiveness of successive cycles of phenotypic recurrent selection in sweetclover. Agronomy J. **49**, 120—125 (1957).

[1] Phänodevianten, die eine hohe Ähnlichkeit mit bekannten Mutationen zeigen, werden als Phänokopien bezeichnet (GOLDSCHMIDT, 1935).

JONES, D. F., and E. HUNTINGTON: The adaptation of corn to climate. J. Amer. Soc. Agron. 27, 261—270 (1935).
JUNGFER, E: Kurztagbehandelte Klone in der Roggenzüchtung. Züchter 25, 255—262 (1955).
LAUBE, W., und F. QUADT: Roggen. In: ROEMER und RUDORF, Handb. Pflanzenzüchtung 2, 35—102 (1959).
LERNER, I. M.: Attenuation of genetic progress under continued selection in poultry. Heredity 5, 75—94 (1951).
— Genetic homeostasis. 134 S. Edinburgh: Oliver and Boyd 1954.
— Buffered genotypes and improvement in egg production. Amer. Natur. 89, 29—34 (1955).
LONNQUIST, J. H.: The development and performance of synthetic varieties of corn. Agronomy J. 41, 153—156 (1949).
— Recurrent selection as a means of modifying combining ability in corn. Agronomy J. 43, 311—315 (1951).
MACARTHUR, J. W.: Selection for small and large body size in the house mouse. Genetics 34, 194—209 (1949).
MATHER, K., and B. J. HARRISON: The manifold effects of selection. Heredity 3, 1—52; 131—162 (1949).
RICHEY, F. D.: The experimental basis for the present state of corn breeding. J. Amer. Soc. Agron. 14, 1—17 (1922).
ROBERTS, R. C.: The effects on litter size of crossing mice inbred without selection. Genet. Res. 1, 239—252 (1960).
SENGBUSCH, R. v.: Wege, auf denen die Pflanzenzüchtung zur Lösung des Eiweißproblems beitragen kann. Forschungsdienst 1 (4), 1—8 (1936).
SMITH, L. H., and A. M. BRUNSON: An experiment in selecting corn for yield by the method of the ear-row breeding plot. Univ. Ill. Agr. exp. St. Bull. 271 (1925).
SPRAGUE, G. F., and B. BRIMHALL: Relative effectiveness of two systems of selection for oil content of the corn kernel. Agronomy J. 42, 83—88 (1950).
— P. A. MILLER, and B. BRIMHALL: Additional studies of the relative effectiveness of two systems of selection for oil content of the corn kernel. Agronomy J. 44, 329—332 (1952).
THODAY, J. M.: Effects of disruptive selection. I. Genetic flexibility. Heredity 13, 187—203 (1959).
—, and T. B. BOAM: Effects of disruptive selection II. Polymorphism and divergence without isolation. Heredity 13, 205—218 (1959).
— Effects of disruptive selection. III. Coupling and repulsion. Heredity 14, 35—49 (1960).
WADDINGTON, C. H.: Genetic assimilation of an aquired character. Evolution 7, 118—126 (1953).
— The genetic basis of the "assimilated bithorax" stock. J. Genet. 55, 241—245 (1957).
— Experiments on canalizing selection. Genet. Res. 1, 140—150 (1960).
WELLENSIEK, S. J.: Neue Methoden der Roggenzüchtung. Die Auslese unter Einschaltung der vegetativen Vermehrung. Zaaizaad en Pootgoed 2 (1940).
WOODWORTH, C. M., E. R. LENG, and R. W. JUGENHEIMER: Fifty generations of selection for protein and oil in corn. Agronomy J. 44, 60—65 (1952).
ZIRKLE, C.: Early Ideas on Inbreeding and Crossbreeding. In: GOWEN (ed.): Heterosis. Chapter 1. Ames Iowa: Iowa State Coll. Press 1952.

Kapitel 15

Selektionsresistenz

I. Die Struktur der Populationen

1. Allgemeines

Wenn wir bedenken, daß die Welt der lebenden Wesen Produkte von Mutation (im weitesten Sinne dieses Wortes) und Selektion sind, so erkennen wir, daß die Macht der Selektion fast unbegrenzt ist. Auch in kürzeren Zeiträumen, wie einige tausend Jahre, kann sie eine große Mannigfaltigkeit von extrem verschiedenen Rassen hervorbringen, wie wir es besonders an der Variabilität bestimmter Haustiere und

Kulturpflanzen erkennen können. Die Variabilität des Hundes oder der Kohlpflanze ist phantastisch groß, wenn wir alle in der Welt existierenden Formen zusammenstellen. Dagegen macht man recht verschiedene Erfahrungen mit Selektionen von kürzester Dauer wie 10—30 Generationen. Manchmal hat solche Selektion auffällige Effekte, andere Male ist sie fast wirkungslos. Im letzteren Falle können die Mißerfolge sehr verschiedene Ursachen haben. Zum Beispiel kann das Ausgangsmaterial nicht genügend erbliche Variation enthalten, unsere Methoden der Selektion sind ineffektiv, die Wirkung der künstlichen Selektion wird durch entgegengesetzte Effekte der natürlichen Selektion aufgehoben oder das Fortschreiten der Selektion wird durch starke Pufferungen gehindert. Solche Pufferungen sind indessen oft nicht absolut. Wir haben zahlreiche Beispiele dafür, daß Selektionen nach langwierigem Stillstand plötzlich deutliche Fortschritte machten. Die verschiedenen Charaktere verhalten sich in dieser Hinsicht verschieden. Während es im allgemeinen leicht gelingt, eine ontogenetische Pufferung gegen Entgleisung irgend eines morphologischen Merkmals zu durchbrechen, ist es oft mit größten Schwierigkeiten verbunden, die Grenzen für den Ertrag oder andere Exponenten metabolischer Leistungsfähigkeit ein wenig zu erhöhen.

2. Die genetische Basis der quantitativen Variabilität

Ein besonders wichtiges Problem wollen wir im Anschluß an Untersuchungen von WADDINGTON (1953) und MILKMAN (1960) über die genetische Fixierung der Phänokopie *crossveinless* (cv) bei *Drosophila* diskutieren. Dem letztgenannten Autor gelang es nach dem S. 299 besprochenen Prinzip der Penetranzselektion unter Anwendung von Temperaturschocks einen Stamm herzustellen, in welchem in jedem Individuum der größere Teil der hinteren Kreuzader des Flügels fehlte. Eine genetische Analyse dieses konstanten Stammes ergab, daß er mindestens 5 additive Gene besaß, die zusammen die Penetranz des Defektes auf 100% erhöhten. Der Autor fand ferner, daß diese als cve-Gene bezeichneten Faktoren mit vielen anderen Mutantgenen zusammenarbeiten können, um Defekte der Kreuzader zu ergeben. Die Anzahl der Gene, die die Kreuzader beeinflussen, ist somit hoch.

Aus der Tatsache, daß man aus kleinen Proben wie 20 Individuen leicht Stämme züchten kann, bei denen die Mehrzahl der Individuen den Kreuzaderdefekt zeigen, schließt MILKMAN, daß die cve-Gene eine *hohe Genhäufigkeit* in den Populationen haben. Die Aufrechthaltung der starken Heterozygotie in diesen Genen dürfte auf heterotischen Effekten in den einzelnen cve-Loki beruhen. Stärkere Selektion in Richtung auf crossveinless hat sehr nachteilige Folgen. Der konstante cve-Stamm hatte niedrige Fertilität, das Überleben der Eier war stets unter 50%. Die Vitalität war auch sonst stark erniedrigt und morphologische Defekte waren häufig. In Verallgemeinerung dieser Befunde ist der Autor geneigt anzunehmen, daß die phänotypische Variation in natürlichen Populationen durch viele Gene bedingt ist, die in großer Genhäufigkeit vorkommen. Wenn dem so ist, so sollte eine Gruppe von wenigen Individuen fast dasselbe Potential für genetische Variabilität besitzen wie die ganze Population. Wir erinnern daran, daß 15—20 F_2-Individuen gewöhnlich alle Gene enthalten, die in einer Kreuzung spalten. Im übrigen stimmen die obigen Vorstellungen gut zu den Konklusionen von WALLACE (1958), wonach das Prozent der Loki mit heterotischen Effekten nicht weit von 100 ist.

Falls die genetische Variabilität, die zur Fixierung von crossveinless benutzt wurde, schon im Ausgangsmaterial vorhanden war und nicht durch Hitzeschocks und Selektion ausgelöst wurde, so eignen die Befunde sich gut zur Diskussion genereller Probleme. Zunächst betrachten wir die Angabe, daß im Ausgangsmaterial für die Phänokopie-Selektion, einer wilden englischen Population von *Drosophila melanogaster*, 99,9% der Individuen perfekte Kreuzadern hatten und die restierenden 0,1% den

Defekt nur andeutungsweise zeigten. Die Häufigkeit einer 5fachen Homozygote in einer panmiktischen Population (F_0) und in einer daraus durch Inzucht abgeleiteten F_{ho} beträgt schematisch q^{10} bzw. q^5. Hieraus ergibt sich z. B.

	F_0	F_{ho}
$q=0{,}5$	0,001	0,032
$q=0{,}3$	0,000 006	0,002 430

Ein solches Schema, das sich leicht in bezug auf Anzahl Gene, Genhäufigkeit, Dominanz, Penetranz und Geninteraktion modifizieren läßt, zeigt, daß es nicht die geringste Schwierigkeit macht, die Normalität der Ausgangspopulation bei relativ hoher Häufigkeit der cve-Faktoren zu erklären. Wenn durch ein geeignetes Milieu die Penetranz dieser Faktoren erhöht wird, ist die Erfassung von Individuen mit einer überdurchschnittlichen Anzahl solcher Faktoren ebenfalls leicht zu verstehen. Ein anderer Aspekt dieses Problems verdient indessen nähere Untersuchung. Es gibt drei spezifische crossveinless-Loki, nämlich cv (I-13,7), cv-b (III-65) und cv-c (III-57,9). Fehlt eines dieser Gene, so fehlt die Kreuzader bei 100% der Individuen. Diese Gene spalten aber offenbar nicht im Versuchsmaterial von MILKMAN oder WADDINGTON. Es liegt unter diesen Umständen nahe anzunehmen, daß die sogenannten cve-Gene von MILKMAN sehr lose Beziehungen zum Merkmal crossveinless haben, und daß ihre eigentliche Funktion auf anderem Gebiet zu suchen ist.

3. Theorie des heterotischen Systems

Ohne konkrete Beweise, aber in Weiterentwicklung der Vorstellungen von Kapitel 6—7, wollen wir annehmen, daß es ein System von heterotischen Loki gibt. Es gehört zu den positiven Komponenten des Kontrollsystems (S. 429), das das richtige Funktionieren der Gesamtheit der biochemischen Prozesse garantiert. Eine negative Komponente sorgt dafür, daß keine Reaktion in übertriebener Stärke abläuft. Mit zunehmendem Heterozygotiegrad im System der heterotischen Loki steigt die metabolische Aktivität. Dennoch ist es nicht die eigentliche Funktion des heterotischen Systems Aktivität zu erhöhen, sondern die Variationsbreite in der Aktivität aufrechtzuhalten. Denn die mittlere metabolische Aktivität einer Population wird durch die negative Kontrolle weit unter dem maximalen Niveau gehalten.

Schematisch bezeichnen wir heterotische Genpaare mit dem Symbol H'/H oder wir sprechen von den *Plus-* und *Minusallelen* heterotischer Loki. Das Plusallel H ist das normale, ursprüngliche Allel, das homozygot an alle anderen normalen Loki angepaßt ist; es ist ein allseitig bewährtes Standardallel. Es ist nicht unersetzbar, indem die H-Allele oft in Gruppen von *pseudopolymeren* Genen vorkommen, H, I, K..., die ähnliche Effekte haben. Die Minusallele H', I', K'..., erhöhen in Heterozygoten die Aktivität des Systems; sie sind indessen keine Standardallele, sondern imperfekte Allele, die homozygot nicht zuverlässig funktionieren. In Kombinationen wie H'H' I'I KK (= aa Bb CC) hat dies weniger Bedeutung, da in Situationen, da H'H' versagt, I oder K eingreifen können. In den sehr seltenen pseudopolymeren Kombinationen wie H'H' I'I' K'K' (= aa bb cc) dagegen können gewisse Nachteile entstehen.

Bei selektiver Begünstigung der Heterozygoten ist eine relativ hohe Genhäufigkeit der H'-Allele zu erwarten (z. B. $q=0{,}2$) und eine entsprechende Variationsbreite im Heterozygotiegrad der Individuen einer Population. Bei hoher Anzahl heterotischer Loki, wie z. B. 200, wäre zwar diese Variationsbreite gering, indessen kommt es auch auf die Verteilung der homozygoten Loki auf die verschiedenen ontogenetischen oder metabolischen Pfadwege an. Wenn in einem bestimmten Pfadwege zu viele homozygote Loki, besonders solche mit Minusallelen, vorkommen, so kann die dadurch resultierende Hemmung dieses Pfadweges Rückwirkungen auf die Effektivität des gesamten Systems bekommen, wie in Zusammenhang mit den Problemen der „Skala der koordinierten Effektivität" (S. 139) besprochen ist. Wenn die Koordination der einzelnen Pfadwege mit der Effektivität des Gesamtsystems nicht absolut ist, sondern einen gewissen Spielraum zuläßt, so wird dadurch zweierlei erreicht. Das Gesamtsystem wird durch einzelne unbefriedigende Pfadwege nicht zu stark gehemmt, und die einzelnen Funktionen haben in ihrer Variation eine gewisse Freiheit in Relation zu anderen Funktionen und zum Gesamtsystem. Auf diese Weise kann gerade die *zweckmäßige Variationsbreite* der Individuen einer Population aufrechterhalten werden.

In einem genetischen System von der genannten Art ist die überdurchschnittliche Homozygotie in Standardallelen (HH) nicht besonders nachteilig. Erhöhte Homozygotie in Minusallelen (H'H') setzt jedoch die Anpassungsfähigkeit des Organismus leicht herab. Konzentration von minus-homozygoten Loki in bestimmten Reaktionsketten kann die Nachteile verstärken. In allogamen Populationen spielen diese Verhältnisse nur eine untergeordnete Rolle, indem pseudopolymere Minushomozygoten bei Genhäufigkeiten wie $q = 0{,}2$ selten sind, wie aus obigem Beispiel S. 302 ohne weiteres zu verstehen ist. Bei Inzucht steigt jedoch die Häufigkeit aller homozygoter Kombinationen in extremen Grade.

Wenn nun die Gene H', I', K'... bei einem Spezialmilieu versagen, und eine *Phänokopie* erzeugen, kann man solche Gene auf dieser Grundlage erkennen, selektionieren und kombinieren. Hat man eine Anzahl solcher Gene kombiniert, wird der resultierende Genotyp vermutlich schon bei gewöhnlichem Milieu versagen. Auf diese Weise läßt sich die Phänokopie genetisch fixieren. Es wäre zu erwarten, daß man auf diese Weise den Phänotyp in die verschiedensten Richtungen verschieben kann und dadurch einen außerordentlich weiten Bereich von auffällig verschiedenen Phänotypen erzeugen kann, falls man genügend effektive Selektionsmethoden benutzt. Es braucht im obigen *Drosophila*-Beispiel keineswegs angenommen zu werden, daß die Population voll von spaltenden crossveinless-Genen und zahlreichen Gruppen von Genen für andere Defekte ist. Die gefundene Variabilität mag zum größeren Teil auf den relativ unspezifischen Genen des heterotischen Systems beruhen.

Andererseits können Isoallele spezifischer Loki an der Entstehung einer Phänokopie beteiligt sein. Behandlung von *Drosophila*-Stämmen mit Natriumborat gibt z. B. besonders häufig die Phänokopie eyeless (SANG und MCDONALD, 1954). GOLDSCHMIDT und PITERNICK (1956, 1957) fanden indessen, daß verschiedene *Drosophila*-Stämme sich in dieser Hinsicht sehr verschieden verhalten. Einige geben überhaupt nicht den eyeless-Effekt (obgleich andere Phänokopien auftreten), während andere bis zu 100% von diesem Typus geben. Die Untersuchungen von GOLDSCHMIDT deuten darauf, daß am ey^{+}-Lokus von Chromosom IV Isoallele von sehr verschiedener Stärke vorkommen. Je schwächer das Isoallel ist, desto empfindlicher reagiert es auf Boratbehandlung mit Bildung der Phänokopie eyeless. In einem Teil der Fälle mag ein spezifisches Isoallel notwendig sein, um die betreffende Phänokopie zu erhalten. Kann man indessen mit Hilfe dieses Isoallels und einer geeigneten Behandlung die Phänokopie auslösen, so ist eine Penetranzselektion möglich, indem man meist relativ leicht Gene findet, die die Häufigkeit der Phänokopie erhöhen. Im Prinzip ist anzunehmen, daß Phänotypen, die auf spezifischen Genen beruhen, in der Regel durch Kombinationen der Gene des heterotischen Systems weitgehend modifiziert werden können und daß solche Effekte zum größten Teil als *quantitative* Variationen in Erscheinung treten.

4. Effekte der natürlichen Selektion

Fitness. Die natürliche Selektion geht immer darauf aus, die Anpassung der Individuen und Populationen an ihr Milieu zu verbessern. Als Symbol für die Anpassung benutzt man den Terminus „Fitness", d. h. Eignung. Die relative Eignung zweier Genotypen oder eines Genotyps im Verhältnis zum Rest der Population kommt in Abnahme oder Zunahme der Genotypen im Laufe der Generationen zum Ausdruck und entspricht daher den selektiven Werten der Genotypen $W = 1 - s$ (S. 146). Obgleich sich die relative Eignung schwer einwandfrei bestimmen läßt und die Probleme der Eignung kompliziert sind, so daß die Diskussionen hierüber auf unsicheren Fundamenten fußen, darf man diesen Problemen nicht aus dem Wege gehen.

Die verschiedenen erblichen Charaktere haben einen sehr verschiedenen Einfluß auf die Fitness. Im einen Extrem stehen Charaktere, die in selektiver Hinsicht völlig neutral erscheinen, obgleich sie geringere unbekannte Effekte haben mögen. Im anderen Extrem haben wir Eigenschaften wie Vitalität und Fertilität, die geradezu proportional mit der Fitness erscheinen. Dazwischen gibt es alle möglichen Grade und Typen von direkten und indirekten Beziehungen. Für die meisten Charaktere haben Individuen, die sich dem Mittelwert der Population nähern, die beste Eignung. Bei Tieren ist es z. B. offensichtlich, daß zu große und zu kleine Individuen, zu dicke und zu dünne, zu langbeinige und zu kurzbeinige usw. selektive Nachteile gegenüber den entsprechenden mittleren Typen haben. Für alle solche Charaktere erfolgt eine zweiseitige Selektion, die sich sowohl gegen zu starke als zu schwache Ausprägung des Merkmals richtet. Für Charaktere, die die Fitness direkt beeinflussen, wie Vitalität, Fertilität und Effektivität des metabolischen Systems, scheint die Selektion einseitig zu sein, indem die höchsten Grade wie die beste Vitalität und Fertilität auf Kosten der mittleren Grade bevorzugt werden. Im Sinne einer solchen Betrachtung liegt es nahe anzunehmen, daß die indirekten Komponenten der Fitness ein „intermediäres Optimum“ haben, die direkten dagegen ein „extremes Optimum“, d. h. Optimum und Maximum fallen zusammen (FALCONER, 1955). Mit der Nachprüfung dieser Vorstellung warten wir bis S. 305.

Lage des Optimums und Art der Variabilität. Wenn wir die obigen Auffassungen vorläufig akzeptieren, so sollte die Lage des Optimums von fundamentaler Bedeutung für die Art der genetischen Variabilität in dem betreffenden Charakter sein. FALCONER nimmt z. B. an, daß intermediäre Lage des Optimums günstig für das Vorhandensein zahlreicher Genpaare mit additiven Effekten ist. Ein Gen, das einen bestimmten Charakter verstärkt, sollte ebenso häufig in unterdurchschnittlichen Genotypen vorkommen, in denen es günstige Effekte hat, wie in überdurchschnittlichen, in denen es nachteilig ist. In der Gesamtpopulation wäre daher sein selektiver Wert etwa neutral, weshalb ein solches Gen sich lange Zeit in mittlerer Häufigkeit erhalten könnte. Im Gegensatz hierzu sollte bei extremer Lage des Optimums ein Gen entweder fixiert oder eliminiert werden. Zum Beispiel sollte ein Gen, das die Fertilität verbessert, wegen der einseitigen Auslese auf hohe Fertilität rasch fixiert werden, so daß es nicht zur additiven Varianz beitragen kann. Die einzige genetische Variabilität, die sich unter solchen Bedingungen aufrechterhalten ließe, sollte auf überdominanten Genen beruhen, die sich schwer fixieren lassen.

Es fehlt nicht an Argumenten, die anscheinend die obige Auffassung stützen. Sie erklärt z. B. auf einfache Weise die besonderen Beziehungen, die zwischen Heterozygotiegrad und Fertilität bestehen (cfr. LERNER, 1954; DONALD, 1955). Sie paßt auch gut zu gewissen Vorstellungen über die Bedeutung der Heterosis für die Ausbreitung neuer Allele von Standardgenen. In der Regel dürfte ein neues Allel A′ sich nur nennenswert in der Population ausbreiten, wenn es zusammen mit dem normalen Allel A den selektiven Wert erhöht, obgleich die A′A′-Homozygoten meistens nachteilig sein dürften. Die Verbreitung von A′ bis zur Gleichgewichtshäufigkeit erhöht die durchschnittliche Fitness der Population. Die Fertilität und Effektivität einer Population sollte auf diese Weise mit der Zeit nicht unbedeutend erhöht werden, indem die günstigen Effekte einer Anzahl heterotischer Loki sich zumindestens partiell addieren. Je extremer die Lage des Optimums, desto größer sollte die Bedeutung der „Superdominanz“ sein. Für Charaktere mit streng medianer Lage des Optimums würde dagegen Superdominanz nicht zur Verbreitung des neuen Allels beitragen. Wenn z. B. BB′-Individuen höher sind als die BB und B′B′, so ergibt sich hieraus kein Vorteil, da eine überdurchschnittliche Höhe nachteilig ist.

Wenn relativ neutrale Charaktere wie Körpergröße der Maus oder Höhe der Maispflanze einer divergenten Selektion unterworfen werden, so geben sie in der Regel eine annähernd symmetrische „Antwort“ (response) auf die Selektion, d. h. in Plus- und Minusrichtung erhalten wir Ausschläge von ähnlicher Größe. Ein viele Generationen hindurch fortschreitender Selektionserfolg deutet auf zahlreiche additive Gene. Wird jedoch die Selektion bis zum Stillstand fortgesetzt, so kann die resultierende Linie asymmetrisch antworten, indem z. B. Plusselektion erfolglos ist, Minusselektion dagegen kräftige Ausschläge gibt. Die direkten Komponenten der Fitness wie Fertilität werden bisweilen mit gewöhnlichen Charakteren verglichen, die bis zur Erfolglosigkeit ausgelesen sind: Sie können von Anfang an eine ausgeprägt asymmetrische Antwort auf die Selektion geben (Robertson, 1955). Auch in einer frei bestäubten Maispopulation könnte eine intensive natürliche Selektion auf hohe Fertilität stattfinden, und wenn eine solche Selektion während langer Perioden ungestört fortsetzt, wäre es fraglich, ob der Mensch auf wesentliche Fortschritte hoffen darf, wenn er mit ähnlichen Methoden diese Selektion einige Generationen fortsetzt.

Diskussion. Trotz der offensichtlichen Bedeutung der beschriebenen Vorstellungen, sollte man nicht ihre Begrenzungen übersehen. Wir können nur für einen einzigen Charakter ein extremes Optimum annehmen, nämlich für die Fitness selbst. Definitionsgemäß kann die Natur nur auf Verbesserung der Fitness auslesen. Irgendwelche Komponenten der Fitness wie Vitalität und Fertilität können nicht im Gesamtdurchschnitt einer Population in Raum und Zeit proportional mit der Fitness sein. Im Gesamteffekt wird nicht auf erhöhte Fertilität ausgelesen, sondern auf *mittlere* Fertilität. Auf lange Sicht ist also die Selektion für die direkten Komponenten der Fitness *zweiseitig* und nicht einseitig.

Wir haben diese Probleme schon im Abschnitt „Kontrolle der Fertilität“ des Kapitels 7 diskutiert. Wir kamen zu der Konklusion, daß in einer Population in Raum und Zeit ein dynamisches Gleichgewicht zwischen zwei entgegengesetzten Komponenten der Selektion bestehen muß, einer positiven Komponente, die eine kontinuierliche Erhöhung der Fertilität bestrebt, und einer negativen Komponente, die früher oder später durch entgegengesetzte Regulation der „Fertilitätskontrolle“ eine kompensatorische Erniedrigung bewirkt. Die Fertilitätskontrolle besteht vermutlich aus einer begrenzten Anzahl von hochpotenten Genen (und „perigenen“ Elementen), die in erster Linie das mittlere Niveau der Fertilität einer Population bestimmen. In welcher Weise die Selektion die Regulierung der Fertilitätskontrolle bewirkt, sei dahingestellt. Nur sollte man beachten, daß eine regulatorische Erniedrigung der Fertilität keineswegs zu verhindern braucht, daß innerhalb der Population die schärfste Auslese auf hohe Fertilität erfolgt. Wenn z. B. durch die Kontrollen die Effektivität aller Typen um ein gleiches Prozent erniedrigt wäre, so braucht dies nicht die Intensität der Selektion zu beeinträchtigen.

5. Effekte der Inzucht

In den Populationen natürlicher Arten ist die Lage des Inzuchtminimums sehr verschieden. Bei einigen Arten liegt es weit unter Null, d. h. die gesamte Deszendenz stirbt nach einigen Generationen aus. Bei anderen ist die Mehrzahl der homozygoten Genotypen letal, der Rest subletal, bei anderen wiederum ist die Mehrzahl vital aber schwächlich. Schließlich haben einige Arten ein wesentlich höheres Inzuchtminimum.

Wenn wir bei Objekten, die starke Inzuchtdepression zeigen, versuchen, eine große Anzahl homozygoter Inzuchten herzustellen, so wird während der spaltenden Generation eine scharfe Selektion innerhalb und zwischen den Linien stattfinden; die schlechteren Typen gehen automatisch verloren. Das was schließlich übrigbleibt, ist eine Auslese auf verbesserte Inzuchtresistenz. Kombinieren wir diese Linien zu einer neuen Population, so dürfte dieselbe bei erneuter Inzucht in der Regel ein etwas verbessertes Inzuchtminimum zeigen.

Eine starke Inzuchtdepression deutet darauf, daß bei dem Objekt ein großer Teil der Vigor oder Fertilität durch Heterozygotie ausgelöst wird. Wird die Heterozygotie durch Inzucht reduziert, so sinkt das Niveau der metabolischen Aktivität so stark herab, daß es in einem Teil der Genotypen nicht mehr ausreicht, um den normalen Ablauf der Lebensprozesse zu sichern. Die Folge ist eine hochgradige Reduktion der Fertilität und Vitalität. Wenn verschiedene Inzuchten verschieden starke Depression zeigen, so beruht dies darauf, daß die Plus- und Minusallele der heterotischen Loki zufallsgemäß fixiert werden, wobei in wichtigeren Pfadwegen pseudopolymere Minuskombinationen entstehen könnten. In einigen Fällen könnte z. B. die Kombination H'H' I'I' K'K (= aa bb Cc) noch einigermaßen vital sein, die Kombination H'H' I'I' K'K' (= aa bb cc) dagegen schwächlich oder letal. Ohne daß eigentliche Letalfaktoren spalten, können doch leicht letale Effekte entstehen (cfr. ROBERTSON, 1955).

Wenn bei Herstellung von Inzuchtlinien aus einer relativ einförmig erscheinenden Maispopulation eine progressive *Divergenz* der Linien in zahlreichen morphologischen Charakteren beobachtet wird (S. 225), so erklärt man dies gewöhnlich mit Abspaltung von rezessiven Genen. Diese Divergenz könnte indessen zum größeren Teil auf der zufälligen Fixierung *pseudopolymerer* Kombinationen der Gene des heterotischen Systems beruhen, indem in jeder Linie einige ontogenetische Prozesse disproportional verstärkt oder abgeschwächt sind. Die Manifestation solcher Genkombinationen dürfte indessen durch ihre Interaktionen mit peripheren Genen für morphologische Charaktere weitgehend modifiziert werden. Schwache Punkte könnten hierbei in übertriebener Form zum Ausdruck kommen.

II. Theorie der Selektionsresistenz

1. Allgemeines

Bei Analyse normaler Populationen wird in der Regel gefunden, daß für viele (aber nicht alle) Charaktere eine beträchtliche additive genetische Variabilität besteht, so daß man durch Selektion die Mittelwerte dieser Charaktere, z. B. Dimensionen von Organen, Konzentrationen von Substanzen, eine Anzahl von Generationen progressiv erhöhen oder verkleinern kann, bevor man auf ernsthaften Widerstand stößt. In verschiedenen Experimenten sind indessen die Erfahrungen sehr verschieden. Je nach Beschaffenheit und Umfang des Ausgangsmaterials sowie Richtung und Art der Selektion, kann diese nach kurzem Fortschreiten auf fast unüberwindliche Widerstände stoßen oder sie kann fast ungehindert zu verschiedenartigen extremen Effekten führen. Selektion in negativer Richtung, d. h. auf herabgesetzte Effektivität, kann übliche Inzuchteffekte nachahmen und ebenso drastische Folgen bekommen. Oft handelt es sich nicht nur um eine Nachahmung von Inzuchteffekten, sondern um eine Ausnützung und Verstärkung derselben, indem homozygote Chromosomensegmente erfaßt und angesammelt werden. Aus gewöhnlichen S_0-Pflanzen oder Paaren von S_0-Tieren, die keine Letalfaktoren besitzen, ließen sich vermutlich durch intensive Selektion oft sehr verschiedene letale Typen hervorbringen.

Selektion in beliebiger Richtung erzeugt bei Auslese einer zu geringen Anzahl Eltern echte Inzuchteffekte. Hierdurch werden leicht negative Nebeneffekte der Selektion verstärkt und die positiven Effekte reduziert. Aber auch wenn in jeder Generation eine genügende Anzahl Eltern ausgelesen wird, kann bei besonders intensiver Selektion oder bei gleichzeitiger Selektion auf viele, genau definierte Eigenschaften durch Auslese *homozygoter* Segmente ein Inzuchteffekt entstehen, und zwar besonders leicht, wenn eine oder mehrere der ausgelesenen Eigenschaften mit herabgesetzter Effektivität korreliert ist (cfr. ROBERTSON, 1955). Wenn indessen bei Abwesenheit von Inzuchteffekten Selektion in positiver oder neutraler Richtung zum Stillstand kommt, so können daran verschiedenartige Ursachen beteiligt sein, die im folgenden diskutiert werden.

2. Prinzip der abnehmenden Ausbeute

Man hat vielfach das Prinzip der abnehmenden Ausbeute diskutiert, nach dem mit der Erhöhung der Anzahl Gene, die in bestimmter Richtung wirken, der Effekt der einzelnen Gene reduziert wird (RASMUSSON, 1933). Einige Forscher stellen sich skeptisch, da sie im Gegenteil Anzeichen von zunehmender Ausbeute gefunden haben. Daß das Prinzip der abnehmenden Ausbeute an den Erscheinungen der quantitativen Genetik beteiligt ist, ist eine Selbstverständlichkeit. Man sollte sich indessen darüber klar sein, in welcher Richtung und unter welchen Voraussetzungen ein abnehmender Effekt zu erwarten ist. Das genannte Prinzip wird uns in erster Linie bei der Selektion gegen mehrfach gesicherte Kontrollsysteme, z. B. bei der Erhöhung der metabolischen Effektivität des genetischen Systems (Ertrag) über die normalen Grenzen hinaus stören. Je nachdem ob das Kontrollsystem elastisch ein Stück nachgibt, oder unelastisch die Überschreitung einer bestimmten Grenze verhindert, wird der Effekt der Selektion langsamer oder rascher zum Stillstand gebracht. In manchen Fällen besteht die Möglichkeit, eine Kontrolle durch Mutation, Selektion, Kreuzung oder spezielle Faktoren des Milieus zu durchbrechen und dann weitere Fortschritte zu erzielen, bis man auf neue Kontrollen stößt, die schwerer zu überwinden sind. In anderen Fällen führt Durchbrechung der Kontrollen durch grobe Störungen des physiologischen Gleichgewichtes zu ausgeprägt negativen Ergebnissen. Weitere Fortschritte wären dann nur nach Kompensation der Störungen möglich.

Wenn Selektion in einigen Inzuchtlinien oder Mikropopulationen auf einem niedrigen Niveau zu einem Stillstand kommt, so kann das auch daran liegen, daß zufällig ein *bottleneck*-Gen fixiert worden ist, d. h. ein rezessives Gen, das als Minimumsfaktor jeden weiteren Fortschritt verhindert oder maskiert. In anderen Beispielen mögen Kombinationen von einigen wenigen Genen eine ähnliche Grenze errichten. Die bottleneck-Gene verursachen vermutlich besondere Komplikationen für die Züchtung (MANGELSDORF, 1952). Ein äußerst wertvoller Genotyp könnte z. B. durch ein bottleneck-Gen einen stark erniedrigten Ertrag bekommen, so daß er einen ganz minderwertigen Eindruck macht. Würde er indessen zu Kreuzungen benutzt, was wegen seines schlechten Phänotyps nur selten in Betracht kommt, so könnte er hervorragende Hybride geben. Offenbar beruht die Nützlichkeit der Testkreuzungen zum Teil auf diesem Prinzip.

3. Selektion von heterotischen Genen

Modell 1. Heterotische Gene können unter Umständen die Selektion stark erschweren. Die natürliche Selektion sucht für solche Loki ein Gleichgewicht zu errichten, in welchem die Häufigkeit der Allele A und a (oder H und H′) durch ihre respektiven homozygoten Nachteile s und t bestimmt wird nach der Formel $p = \frac{t}{s + t}$

und $q = \frac{s}{s+t}$ (S. 149). Beruhen nun die selektiven Vorteile der Heterozygoten ausschließlich auf einer höheren Fertilität im Sinne des Ertrages, so würde die Population bei der Gleichgewichtshäufigkeit den höchsten Ertrag geben. Durch künstliche Auslese der ertragreichen Heterozygoten würden wir die Genhäufigkeit für a über die normale Gleichgewichtslage hinaus erhöhen und damit durch vermehrte Abspaltung von aa den Ertrag erniedrigen. Für selektive Nachteile der AA und aa von 0,1 bzw. 0,5 würde eine extreme Selektion von Heterozygoten, die im Grenzfall die Genhäufigkeit von a auf 0,5 erhöht, folgenden Effekt haben:

$$\text{Ursprüngliche Genhäufigkeit (Gleichgewicht)} \frac{5}{6}\ \text{A} : \frac{1}{6}\ \text{a}$$

$$\text{Selektiver Wert der ursprünglichen Population } \frac{25}{36} \cdot 0{,}9 + \frac{10}{36} \cdot 1 + \frac{1}{36} \cdot 0{,}5 = 0{,}917$$

$$\text{Selektiver Wert der ausgelesenen Population } \frac{1}{4} \cdot 0{,}9 + \frac{2}{4} \cdot 1 + \frac{1}{4} \cdot 0{,}5 = 0{,}850$$

Für Auslese mehrfacher Heterozygoten von diesem Typus gilt im Prinzip das Gleiche, indem die Erniedrigung des selektiven Wertes entsprechend größer wäre. Letzterer würde bei zunehmender Anzahl heterotischer Loki mit Beschleunigung absinken. Auf jeden Fall erkennen wir, daß bei Erfüllung der obigen Voraussetzungen eine künstliche Selektion nur nachteilige Effekte hätte.

Modell 2. Nun wollen wir ein anderes Modell benutzen, das in nachstehender Tabelle beschrieben ist. Wir nehmen an, daß A′ die Fertilität auf Kosten der Vitalität erhöht, und zwar wird die Vitalität in Homozygoten auf die Hälfte herabgesetzt (von einem relativen Wert 0,8 auf 0,4), die Fertilität um 56% erhöht (von 0,8 auf 1,25). In den Formeln der Tabelle gilt die erste Ziffer für die Vitalität, die zweite

Tabelle 88.
Einfluß eines heterotischen Lokus auf Beschaffenheit einer Population im Gleichgewichtszustand. Erklärung im Text

Genotyp	AA	AA′	A′A′
Formel	$\frac{0{,}8—0{,}8}{0{,}8—0{,}8}$	$\frac{0{,}4—1{,}25}{0{,}8—0{,}8}$	$\frac{0{,}4—1{,}25}{0{,}4—1{,}25}$
Relative Vitalität	0,8	0,8	0,4
Relative Fertilität	0,8	1,25	1,25
Selektiver Wert	0,64	1,00	0,50
Selektionskoeffizient	0,36		0,50
Gleichgewichtshäufigkeit	0,338	0,487	0,175
Beitrag zum Ertrag der Population	0,270	0,608	0,219
Gesamtertrag der Population			1,098

für die Fertilität. In den Heterozygoten dominieren, wie dies nicht selten der Fall ist, die positiven Effekte, so daß A′A die gute Vitalität des einen Elters mit der guten Fertilität des anderen kombiniert. Die selektiven Werte der drei Genotypen berechnen wir schematisch durch das Produkt der beiden Komponenten Vitalität und Fertilität, wie aus der Tabelle zu ersehen ist. Aus den selektiven Werten werden die Gleichgewichtshäufigkeiten der drei Genotypen berechnet. Multiplizieren wir diese Häufigkeiten mit dem entsprechenden Faktor für Fertilität, so erhalten wir die Beiträge der drei Genotypen zum Ertrag der Population und daraus den Gesamtertrag.

Aus obigem Modell können wir einiges lernen. Wenn in einer Ausgangspopulation AA eine heterotische Mutation A′ vom obigen Typus auftritt, so würde sie in relativ kurzer Zeit automatisch den Gesamtertrag der Population von 0,8 auf 1,098, d. h.

um 37% erhöhen. Durch Selektion in dieser Population könnten wir auf Kosten der Vitalität den Ertrag bis zum Grenzwert 1,25 bei Fixierung von A'A' steigern. Ob dies ein Vorteil wäre, beruht auf der Art wie die Vitalität reduziert wird. Beruht die niedrige Vitalität z. B. auf schlechter Keimfähigkeit der Samen und Empfindlichkeit der Sämlinge, so hat dies vielleicht nichts zu sagen, wenn wir ein günstiges Milieu für Keimung und Aufwuchs der Sämlinge schaffen. Ebenso gut wäre es indessen möglich, daß die schlechte Vitalität die A'A'-Population unbrauchbar macht. Gelangt in eine A'A'-Selektion ein A'A oder AA-Same hinein, so würde sich bei Standardmilieu das Gen A bis zum Gleichgewicht ausbreiten, wodurch der Ertrag von dem Grenzwerte 1,25 auf 1,098 reduziert würde. Bei verbessertem Milieu könnte sich dagegen die A'A'-Selektion vielleicht durch die erhöhte Fertilität gegen den Eindringling verteidigen.

Das obige Beispiel ist übertrieben, indem wir eine vollständige Dominanz der positiven Komponenten des selektiven Wertes angenommen haben. Eine weniger vollständige Dominanz, die wahrscheinlicher ist, würde den Grad der Heterosis reduzieren. Indessen können die beiden Komponenten verschiedene Grade von Dominanz zeigen und die Dominanzverhältnisse mögen durch das Milieu modifiziert werden. Auf diese und andere Möglichkeiten können wir hier nicht eingehen. Was hier in erster Linie interessiert ist, daß bei Modell 2 eine intensive Selektion den Ertrag verbessern kann, daß aber der Gewinn unter Umständen automatisch verlorengeht. Die obigen Betrachtungen an einem extrem schematischen Modell genügen, um zu zeigen, daß sich die Effekte heterotischer Gene auf den Erfolg der Selektion nicht mit einfachen Formeln berechnen lassen, da sie praktisch nicht nur von der Größe, sondern auch von der Natur der selektiven Nachteile der Homozygoten abhängen sowie von der Manifestation solcher Nachteile bei der gegebenen Anbaumethode und sonstigen Faktoren des Milieus.

4. Veränderungen der Geninteraktion

In jeder wilden Population sucht die natürliche Selektion harmonische Beziehungen zwischen den verschiedensten Funktionen des Organismus herzustellen, wobei zahlreiche biochemische Mechanismen genau auf einander abgestimmt werden müssen. Wenn aber der Mensch einseitig in bestimmte Richtungen hin selektioniert, so kann leicht eine zunehmende Disharmonie zwischen den ausgelesenen Genkomplexen und dem genetischen Hintergrund entstehen. Zu Beginn werden vielleicht vorzugsweise Gene ausgelesen, die additiv in der gewünschten Richtung wirken. Wenn indessen eine genügende Anzahl solcher Gene kombiniert ist, so verschieben sie die physiologischen Gleichgewichte in irgend einer Richtung und bekommen dadurch pleiotrope Effekte auf Fertilität und Vitalität. Auf einem solchen Stadium der Selektion erfaßt man vielleicht vorzugsweise pleiotrope Heterozygoten, die wir mit Formeln wie $\frac{A'}{A} = \frac{1{,}2 - 0{,}5}{1{,}0 - 1{,}0}$ wiedergeben könnten, d. h. das Gen A' würde homozygot das gewünschte Merkmal um 20% verstärken, aber gleichzeitig die Fertilität oder Vigor auf die Hälfte herabsetzen. In Heterozygoten mögen, ähnlich wie in Tab. 88 angenommen wurde, die günstigen Teileffekte dominieren. Bei Fortsetzung der Selektion treten vielleicht auch extremere Heterozygoten auf, wie $\frac{A'}{A} = \frac{1{,}2 - 0{,}2}{1{,}0 - 1{,}0}$, die subletale oder letale Homozygoten abspalten.

Bei intensiver Selektion von diesem Typus werden automatisch auch selektive Veränderungen im genetischen Hintergrund ausgelöst, wodurch versucht wird, das gestörte Gleichgewicht wieder in Ordnung zu bringen. Wenn günstige Bedingungen für derartige *Regulationen* vorliegen, können sie große Bedeutung für das

Fortschreiten der Selektion haben, indem sie die Effektivität des ausgelesenen Genkomplexes verbessern und ungünstige Nebeneffekte desselben abmildern. Hierzu ist nach üblicher Auffassung notwendig, daß der genetische Hintergrund eine geeignete Variabilität enthält und daß diese nicht bei der Selektion verlorengeht. Die Erfahrung zeigt ferner, daß während der Periode intensiver Selektion zweckmäßige Regulationen erschwert oder verhindert werden können, so daß eine Unterbrechung der Selektion während einiger weniger Generationen eine Voraussetzung für neue Selektionserfolge sein kann. — Die Effekte intensiver Selektionen auf Aktion und Interaktion der Gene werden eingehend von ROBERTSON (1955) diskutiert. In diesem Zusammenhang interessiert besonders, daß bei stärkerer Verschiebung des genetischen Gleichgewichtes ein Teil der Gene hochgradig verstärkte Effekte bekommen und daß dabei unberechenbare Interaktionen auftreten können. Werden indessen zwei unverwandte Linien gekreuzt, die bis zur Wirkungslosigkeit ausgelesen sind (z. B. Flügellänge bei Drosophila, Körpergewicht bei der Maus), so ermöglicht erneute Selektion in der Deszendenz oft beträchtliche Fortschritte.

Wenn eine Selektion in positiver Richtung zum Stillstand kommt, obwohl eine darauf folgende Selektion in negativer Richtung erfolgreich ist, so erklärt man dies häufig mit einer Erschöpfung der additiven genetischen Variabilität. Genau genommen erklärt man damit nicht die Situation, sondern man beschreibt sie.

5. „Idiotypische Gegenreaktionen". I

Wenn wir die Erfahrungen an intensiven Selektionen überblicken, so finden wir ziemlich viele Befunde, die sich nur schwer mit den Hypothesen der klassischen Genetik erklären lassen. Unter diesen Umständen sollte man vorurteilsfrei untersuchen, ob in gewissen Situationen erbliche oder halberbliche Regulationen des physiologischen Gleichgewichtes vorkommen. Wir können uns leicht vorstellen, daß bei Verschiebung eines physiologischen Gleichgewichtes Reaktionen ausgelöst werden, die versuchen, das Gleichgewicht wieder herzustellen. Je nachdem eine solche Reaktion sich in erster Linie gegen die Manifestation des ausgelesenen Merkmals selbst richtet oder gegen nachteilige Nebeneffekte des ausgelesenen Genkomplexes, könnte sie den Fortschritt der Selektion hemmen oder fördern. Die Schwierigkeiten bestehen in den genetischen Problemen. Indessen gibt es verschiedene Möglichkeiten. Zunächst ist zu beachten, daß wenn nach langwieriger Selektion das Niveau überschritten ist, auf welchem eine in der Reaktionsnorm der Art begründete, aber selten realisierte Gegenreaktion ausgelöst wird, so wird diese Gegenreaktion vermutlich auch bei der Mehrzahl der Nachkommen ausgelöst und die weitere Selektion kann diesen Prozeß begünstigen. An einer erblichen Stabilisierung des neuen physiologischen Gleichgewichtes könnten sehr verschiedene Faktoren beteiligt sein wie Nachwirkung von Genen, plasmatische Effekte, extragenische Kernelemente, Zustandsänderungen von Genen oder gerichtete Mutationen. Effekte, die in normalen Populationen als seltene Ausnahmen gelten, könnten unter den extremen Bedingungen einer intensiven Selektion wesentlich häufiger auftreten. Gewisse Gene können nach Untersuchungen an Speicheldrüsenchromosomen ihre Masse in Zusammenhang mit ihrer Funktion vergrößern; sie mögen z. T. auch andere adaptive Fähigkeiten besitzen.

Bei Pflanzen liegt es nahe anzunehmen, daß das „Plasma" sich in vielen Fällen in einigen Generationen einem abweichendem Genotyp anpassen kann und daß solche Veränderungen vererbt werden. Bei Tieren macht dieses Problem mehr Schwierigkeiten. Indessen mögen in der Keimbahn selbst plasmatische Adaptationen stattfinden. Im übrigen besteht die Möglichkeit beschränkter Effekte des somatischen Plasmas auf das germinale im Laufe längerer Zeiten in dem Sinne, daß gewisse Regulationen des ersteren sich relativ leicht auf letzteres fortpflanzen, indem sie zumeistens halberbliche Variabilität auslösen. Hierbei ist zu berücksichtigen, daß das genetische

Plasma vermutlich zum Teil im Nucleus lokalisiert ist. In diesem Zusammenhang haben schließlich auch die Probleme der Konversion Interesse. — Es besteht nicht die Absicht, diese komplexen Probleme eingehend zu diskutieren. Mit obigen Andeutungen bezwecken wir indessen darauf hinzuweisen, daß der Bereich der Möglichkeiten auf diesem Gebiet weit größer ist, als man sich dies gewöhnlich vorstellt. Im übrigen werden diese Probleme an mehreren anderen Stellen dieses Buches berührt, besonders S. 315.

ROBINSON et al. (1955), die die Ursachen für die Erfolglosigkeit der Selektion auf hohen Ertrag bei Mais diskutieren, untersuchen auch die Möglichkeit, ob ein Aequilibrium zwischen Mutation und Selektion besteht, von der Art, daß die künstliche Selektion nur dazu dient, um den Ertrag auf einem gewissen Niveau aufrechtzuhalten. Sie kommen dabei zu dem Ergebnis, daß sie zu diesem Zweck bei einer Mutationshäufigkeit von 10^{-5} etwa 15 000 mutationsfähige Loki annehmen müßten. Im Prinzip ist hierzu zu bemerken, daß die Mutationen unter gewissen Bedingungen sehr wohl imstande wären, das Fortschreiten jeder Selektion zu hindern, da für einzelne Loki die Mutationshäufigkeit unter gewissen Umständen den Wert 10^0, d. h. 1, erreicht. Es ist mit der Möglichkeit zu rechnen, daß eine scharfe Selektion die Mutationshäufigkeit gewisser Loki stark erhöht (Prinzip der Gegenmutationen). Mit reversiblen Mutationen eines einzigen Gens könnte die Natur ausgezeichnete Kontrollmechanismen herstellen. Wenn man den Widerstand der Maispflanze gegen Verbesserung des Ertrages überwinden will, muß man mit allen solchen Möglichkeiten rechnen. In dieser Hinsicht haben die Erfahrungen von ANDERSON (1956) Interesse, wonach „Corn is full of all kinds of checks and balances".

III. Erfahrungen an selektionierten Stämmen

1. Typen von Gleichgewichten

Wenn Populationen bis zur Erfolglosigkeit ausgelesen werden, und dann die Selektion eingestellt wird, so verhalten diese Populationen sich sehr verschieden. Die wichtigsten Typen sind in Fig. 42 zusammengestellt. Wir unterscheiden schematisch

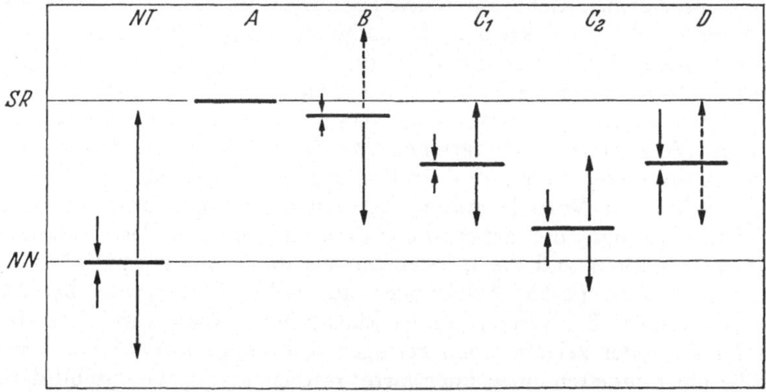

Fig. 42. Typen von selektionierten Stämmen. Die waagerechten Striche repräsentieren Gleichgewichtslagen. Das linke, kleinere Pfeilpaar deutet selektive Kräfte an, die das Gleichgewicht erhalten; das rechte, größere Pfeilpaar bezeichnet das Selektionspotential des Stammes, indem gestrichelte Pfeile starken Widerstand gegen Selektion in der betreffenden Richtung anzeigen. NN und SR, bzw. Niveau des Normaltypus NT und der Selektionsresistenz. A und B, bzw. „stabile" und metastabile Selektion. Die Stämme C_1 und C_2 sanken nach Aufhören der Selektion auf ein wesentlich tieferes Gleichgewicht zurück. In D hat sich ein zweiseitig empfindliches (oder resistentes) Gleichgewicht ausgebildet

zwischen stabilen, metastabilen, instabilen und zweiseitig empfindlichen Selektionen. In der Figur wird angenommen, daß alle Populationen vom Normalniveau NN bis zum Niveau der Selektionsresistenz SR ausgelesen sind. Die stabilen Selektionen (A) bleiben nach Aufhören der künstlichen Selektion einfach auf dem Niveau SR stehen und reagieren weder auf natürliche noch auf künstliche Selektion. Dieser relativ seltene Fall wäre bei Erschöpfung der genetischen Variabilität in bezug auf den selektionierten Charakter zu erwarten. Er kommt am ehesten vor bei Selektion auf erniedrigte metabolische Aktivität, z. B. geringe Körpergröße bei *Drosophila* (ROBERTSON, 1955), indem die Homozygoten sich relativ leicht durch Inzuchtdepression identifizieren und auslesen lassen.

Bei den übrigen Typen kommt die Selektion trotz des Vorhandenseins von genetischer Variabilität zum Stillstand. Bei Aufhören der künstlichen Selektion kann die Population auf dem erreichten Niveau stehen bleiben oder nur einen geringen Rückgang zeigen (Typus B). Gewöhnlicher ist jedoch, daß eine Population auf ein beträchtlich niedrigeres, intermediäres Gleichgewicht herabsinkt (C_1) oder fast auf die Ausgangslage (C_2) zurückkehrt. Solche Gleichgewichte kommen dadurch zustande, daß in jeder Population ein bestimmter mittlerer Typus den höchsten selektiven Wert bekommen hat. Abweichungen von diesem Mittelwert sind unter den gegebenen Verhältnissen nachteilig. Die Komponenten der natürlichen Selektion, die das Gleichgewicht aufrecht erhalten, haben wir in den Figuren durch das linke Paar von kleinen Pfeilen wiedergegeben. Das rechte große Pfeilpaar deutet das Selektionspotential der Populationen an. Mit punktierten Pfeilen sind hierbei Selektionsrichtungen bezeichnet, die auf starken Widerstand stoßen. Ein Spezialfall ist Typus D, bei dem trotz Anwesenheit von genetischer Variabilität eine Selektion nach beiden Richtungen hin sofort auf Widerstand stößt. Beispiele dieser Art sind S. 293 und S. 314 beschrieben.

Metastabile Gleichgewichte. Wenn durch die Selektion metastabile Gleichgewichte in hoher Lage erzeugt werden (Typus B, Fig. 42), so kann nach den genetischen Faktoren gefragt werden, die die Behauptung dieser hohen Lage bei Abwesenheit von künstlicher Selektion erlauben. Im allgemeinen ist anzunehmen, daß es in solchen Fällen gelang, einen genetischen Hintergrund auszulesen, der so gut zu dem spezifisch ausgelesenen Genkomplex paßt, daß Abweichungen vom Mittelwert der Population nachteilig sind, daß ferner das Plasma sich gut dem ausgelesenen Typus adaptierte und ein Teil der ausgelesenen Gene unter den gegebenen Verhältnissen Heterosis zeigen. Durch die Summe solcher Effekte mag der ausgelesene Typus einen gewissen Grad von Stabilität gewinnen. Betrachten wir z. B. die Linie 7 in MATHERs und HARRISONs Selektionen auf hohe Borstenzahl bei *Drosophila* (Fig. 40, S. 293). In dieser Linie wurde eine besonders hohe mittlere Borstenzahl, nämlich 55, bei Fehlen von Selektion eine große Anzahl von Generationen unverändert aufrechterhalten. Dies ist nur möglich, wenn in dieser Population Individuen mit ungefähr 55 Borsten selektiv begünstigt werden. Die Vorteile müssen indessen gering sein, da es durch künstliche Selektion leicht gelingt, die genetische Voraussetzung für das Aequilibrium bei 55 Borsten zu zerstören und die Borstenzahl bis unter das normale Niveau herabzusenken. ROBERTSONs (1955) Selektionen auf hohe Körpergröße bei *Drosophila* verhielten sich ähnlich. Bei Suspension der künstlichen Auslese verblieben sie auf dem erreichten Niveau oder zeigten einen geringen Rückgang; Rückselektion auf geringe Körpergröße hatte indessen einen unerwartet raschen Erfolg. Die Stabilisierung einer stärker vom Normaltypus abweichenden Gleichgewichtslage ist offenbar ein Prozeß, der in der Regel eine längere Zeitperiode beansprucht.

2. Ursachen der Selektionsresistenz

Wenn eine Selektion in einer bestimmten Richtung zum Stillstand kommt, obgleich der Erfolg einer Selektion in entgegengesetzter Richtung die Anwesenheit von genetischer Variabilität beweist, so ist die konkrete Ursache die, daß es nicht gelang, Genkombinationen auszulesen, die die begrenzenden Effekte der Kontrollsysteme überwinden. Im einzelnen mögen bei Annäherung an das Niveau der Resistenz sehr verschiedene genetische Effekte in Erscheinung treten.

In den oben diskutierten Experimenten von CLAYTON et al. (1957) wurde z. B. gefunden, daß verlängerte Selektion auf hohe oder niedrige Borstenzahl bei *Drosophila* zu einer Anhäufung von Sterilitäts- oder Letalfaktoren in den Linien führt, indem z. B. in 7 von 10 analysierten Linien ein beträchtlicher Teil der Individuen einen Letalfaktor auf dem zweiten und/oder dritten Chromosom hatte. Die Letalfaktoren der Hochselektion waren z. T. schon im Ausgangsmaterial vorhanden, hatten aber in demselben keinen nennenswerten Effekt auf die Borstenzahl. Während die Ausgangspopulation eine mittlere Borstenzahl von 31,4 hatte mit einer Standardabweichung von 3,03, erhöhten in den Plusselektionen drei untersuchte Letalfaktoren heterozygot die Borstenzahl um bzw. 2,5, 8 und 22. Unter diesen Umständen ist es nicht überraschend, daß bei Selektion auf hohe Borstenzahl vorzugsweise Heterozygoten in Letalfaktoren ausgelesen werden. Vielleicht sind diese Letalfaktoren selbst keine Borstengene, sondern sie verstärken nur in hohem Grade den Effekt der eigentlichen Borstengene.

Daß intensive Selektionen oft zu einer Verstärkung der Aktion und Interaktion gewisser Gene führt, geht deutlich daraus hervor, daß während der Selektion die Variabilität des betreffenden Merkmals zunehmen kann, obgleich die Anzahl der spaltenden Gene im Laufe der Generationen abnehmen muß, falls die Selektion keine Mutationen auslöst. Soweit die Zunahme der Variation genisch bedingt ist, muß sie auf verstärkten Effekten der spaltenden Gene beruhen. Die Persistenz der Spaltung deutet gleichzeitig auf eine kontinuierliche Auslese von Heterozygoten.

Noch auffälliger als eine Reduktion der Vitalität durch die ausgelesenen Gene oder ihre homozygoten Segregate ist gewöhnlich eine Reduktion der Fertilität. Einseitige Selektionen auf Kolbentypen bei Mais reduzieren die Fertilität (S. 290). LERNERS Selektion auf erhöhte Schenkellänge beim Huhn kam nach 5—6 Jahren wegen erniedrigter Brutfähigkeit der Eier zum Stillstand. MATHERS und HARRISONS Selektionen auf divergente Borstenzahl bei Drosophila führten zum großen Teil zu hochgradig sterilen Linien. Die gleichen Erfahrungen machten DINSLEY und THODAY (1961). In ihren Experimenten gibt es deutliche Hinweise dafür, daß die herabgesetzte Fertilität als solche die Selektion zum Stillstand bringt.

Nachteilige Effekte der ausgelesenen Gene verraten sich oft sehr deutlich dadurch, daß bei Suspension der Selektion der Selektionseffekt rasch verloren gehen kann. Nach LERNER (1954) ist beim Huhn ein Selektionsdifferential von ungefähr 80 Eiern je Jahr notwendig, um den Eiertrag einer hochgezüchteten Hühnerpopulation aufrechtzuerhalten. Um eine jährliche Produktion von 230 Eiern zu sichern, müßte man also Hennen auslesen, die 310 Eier je Jahr legen. Bei geringerem Selektionsdifferential geht die Produktion der Population zurück. In MATHER und HARRISONS Selektionen auf hohe Borstenzahl bei Drosophila (S. 292) führte Suspension der Selektion in Generation 20 (G-20) im Laufe von 5 Generationen zu einem fast vollständigen Verlust des Selektionseffektes. Aus zahlreichen anderen Beispielen lernen wir, daß die Mehrzahl der selektionierten Stämme sich ungefähr wie Typus C_1 oder Typus C_2 in Fig. 42 verhalten.

In einer anderen Gruppe von Beispielen fällt es indessen schwer, irgend welche nachteiligen Effekte der ausgelesenen Genkomplexe nachzuweisen. Als FALCONERS (1955) Selektion auf hohes Körpergewicht bei der Maus etwa in Generation 20 zum Stillstand kam, war dies nicht durch herabgesetzte Fertilität bedingt. Bei Suspension der Selektion verblieb das Körpergewicht auf seinem hohen Niveau. Als ROBERTSONS (1955) Selektion auf hohe Körpergröße bei *Drosophila* keine Fortschritte machte, beruhte dies nicht auf Erniedrigung ihrer Fitness. Einer der selektionierten Stämme zeigte nämlich bei Suspension der Selektion unter Kulturbedingungen, die die Konkurrenz verstärken, keinen Rückgang in der Größe. Künstliche Selektion in diesem Stamme führte indessen zu einem raschen Herabsinken auf die ursprüngliche Größe. Diese Selektion entspricht also Schema B von Fig. 42.

Brown und Bell (1961) analysierten eine *Drosophila*-Population, die 47 Generationen auf hohe Fertilität ausgelesen war. Die Fertilität wurde in den ersten Generationen rasch verbessert; in Generation 7 trat indessen ein Stillstand ein und in den folgenden 40 Generationen wurden keine Fortschritte erzielt. Die Autoren fanden, daß der Stillstand der Selektion weder auf Letalfaktoren noch Sterilitätsgenen beruhen konnte. Nach Berücksichtigung aller denkbaren Faktoren kommen sie zum Schluß, daß die Hauptursache des Stillstandes in einer Erschöpfung der additiven genetischen Variation durch die Selektion bestand. Sie lehnen besonders die Möglichkeit ab, daß die Population eine physiologische oder durch das Milieu bedingte Begrenzung (ceiling) erreicht hätte, da andere aus demselben Ausgangsmaterial durch andere Selektionsmethoden hergestellte Populationen eine bessere Fertilität zeigten. — Solche Schlüsse erscheinen unsicher. Es mag an und für sich genug additive genetische Variabilität vorhanden sein, die aber an ihrer Manifestation verhindert wird, z. B. wegen Fixierung eines „bottleneck-Gens. — Wenn in den letzten drei Beispielen wenig Anzeichen dafür vorhanden sind, daß die ausgelesenen Gene negative Nebeneffekte hatten, so mag dies daran liegen, daß es sich um Selektionen in Richtung auf erhöhte Effektivität handelt, in denen auch auf günstige Nebeneffekte der Gene selektioniert wird.

Konklusion. Der Stillstand einer Selektion kann sehr verschiedene Ursachen haben. Wenn man aus einer gegebenen Population die besten Genotypen herausgelesen hätte und der genetische Hintergrund an und für sich ein höheres Niveau erlauben würde, so könnte man vielleicht von einer Erschöpfung der additiven genetischen Variabilität sprechen. Gewöhnlich weiß man aber nicht, ob das Niveau der Resistenz zum großen Teil durch zufällige bottlenecks oder durch den „negativen Druck" des Kontrollsystems bestimmt wird. Eine einseitige Selektion, die selbst auf Kosten der Vitalität und Fertilität einen Charakter verstärken will, kann durch negative Nebeneffekte der ausgelesenen Gene zum Stillstand gebracht werden, wobei die auffälligsten Veränderungen der Genaktion und -Interaktion ausgelöst werden. Eine Selektion auf erhöhte Effektivität (Körpergröße, Fertilität) kann indessen auch ohne derartige Erscheinungen auf Widerstand stoßen, indem die Kontrollsysteme (inklusive bottlenecks) die Überschreitung gewisser Grenzen verhindern.

3. Ein Fall mit engen Grenzen

Falconer (1955) verglich die Effekte divergenter Selektionen auf zwei verschiedene Charaktere der Maus, nämlich Körpergröße im Alter von 6 Wochen und Gewicht eines ganzen Wurfes im Alter von 12 Tagen. Diese beiden Merkmale verhielten sich völlig verschieden. Bei divergenten Selektionen auf Körpergröße wurde im Laufe von 20 Generationen ein sehr bedeutender Fortschritt erzielt, indem Plusselektion das Gewicht von 22 g auf 28 g erhöhte, Minusselektion es auf 13 g erniedrigte. Die Differenz beider Selektionen, 15 g, ist etwa 8mal so groß wie die Standardabweichung in der Ausgangspopulation.

Divergente Selektion auf Wurfgewicht erzeugte dagegen im Laufe von 11 Generationen nur eine Differenz, die 1,5mal so groß war wie die ursprüngliche Standardabweichung im Wurfgewicht (Fig. 43). Sowohl in der Plus- als auch in der Minuslinie wurde in jeder Generation auch eine Selektion in entgegengesetzter Richtung vorgenommen, die jedoch stets nur eine Generation fortgesetzt wurde. In der Pluslinie wurde also in jeder Generation außer Müttern mit hohem Wurfgewicht auch eine Gruppe von Müttern mit niedrigem Wurfgewicht ausgelesen. Wenn das Wurfgewicht ihrer Töchter bestimmt war, wurde letztere Gruppe kassiert. Es zeigte sich, daß diese entgegengesetzten Selektionen jedesmal einen bedeutend kräftigeren Effekt hatten, als die kontinuierlichen Selektionen. Wegen stärkerer Komplikationen, wie Einfluß der Jahreszeit auf die Wurfgröße und die ungleiche Dauer der Generationen in beiden Selektionen, ist es schwer, dieses Material einwandfrei zu interpretieren. Die kontinuierliche Selektion in Plusrichtung bewirkt eine schwache Erhöhung des Wurfgewichtes. Die Erblichkeit im Sinne der Selektion (Fortschritt : Selektionsdifferential) beträgt 14% ± 5%. Die einmaligen entgegengesetzten Selektionen haben dagegen einen unvergleichlich stärkeren Effekt, indem ihre durchschnittliche Erblichkeit 84% beträgt. Die kontinuierliche Minusselektion gibt, abgesehen von den ersten Generationen, keine signifikante Erniedrigung des Wurfgewichtes. Die abgezweigten einmaligen umgekehrten Selektionen haben dagegen eine Erblichkeit, die sich dem Werte 100% nähert. So ergibt sich sowohl für die Plus- als auch die Minuslinie, daß es sehr schwer ist, den Effekt der Selektion zu vergrößern, aber leicht ihn aufzuheben. Daß der normale mittlere Wert des Wurfgewichtes stark durch die natürliche Selektion oder durch eine andere Ursache begünstigt wird, zeigt sich auch bei Aufhebung der künstlichen Selektion, indem dann eine rasche Annäherung an den normalen Wert erfolgt.

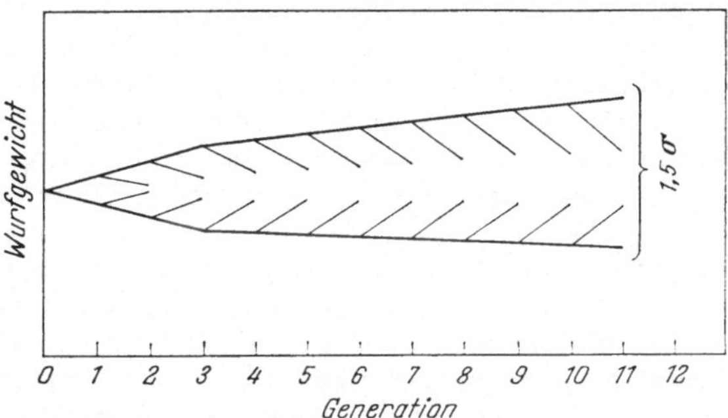

Fig. 43. Schematische Interpretation von divergenten Selektionen auf Wurfgewicht bei der Maus nach FALCONER 1955. Von den kontinuierlichen Plus- und Minusselektionen wurden in jeder Generation einmalige Selektionen in entgegengesetzter Richtung abgezweigt

4. Idiotypische Gegenreaktionen. II

Ein Versuch, die obigen Befunde mit Genformeln zu erklären, stößt auf Schwierigkeiten. Wir konstatieren zunächst, daß das Wurfgewicht der Maus ein hochgradig erbliches (oder übertragbares) Merkmal ist. Wir sehen ebenfalls, daß in jeder Generation eine bedeutende erbliche Variation vorhanden ist. Die Natur dieser Vererbung, genisch oder extragenisch, ist völlig unbekannt. Sowohl in der Hoch- als auch der Niedriglinie ist die Antwort auf die Selektion asymmetrisch. Wir können hier nicht alle möglichen Ursachen einer Asymmetrie diskutieren, sondern beschäftigen uns nur mit zwei naheliegenden Möglichkeiten. Die erste ist, daß die Genmanifestation „nach außen", d. h. im Sinne der kontinuierlichen Selektion, stark abgeschwächt ist, „nach innen", d. h. in entgegengesetzter, zentripetaler Richtung, ungehindert zutage tritt. Diese Annahme ist indessen unwahrscheinlich, da sie in zentripetaler Richtung eine Erblichkeit des Selektionsdifferentials von 80—100% voraussetzen würde, was für ein Merkmal, das auch vom Milieu beeinflußt wird, zu viel ist. Die zweite, wahrscheinlichere Annahme ist, daß an und für sich nach beiden Richtungen hin eine Erblichkeit von fast 50% vorliegt, daß aber ein zweiter Mechanismus eine zentripetale Verschiebung des Mittelwertes der Nachkommenschaften bewirkt. Aus diesem Grunde werden in jeder Generation der beiden kontinuierlichen Linien die Ausschläge im Sinne der Selektion abgeschwächt, in entgegengesetztem Sinne verstärkt.

Eine zentripetale Verschiebung der Mittelwerte könnte auf natürlicher Selektion beruhen, die versucht, das normale Niveau des Wurfgewichtes wiederherzustellen. Indessen scheint es bei Betrachtung aller analoger Situationen bei Tieren und Pflanzen ebenso wahrscheinlich, daß diese Verschiebung auf idiotypischen „Gegenreaktionen" von unbekannter Natur beruht. Das eigentümliche des vorliegenden Beispiels besteht in den engen Grenzen in Plus- und Minusrichtung, die frei von solchen Gegenreaktionen sind. Das Prinzip der idiotypischen Regulationen mag indessen von allgemeiner Bedeutung sein.

Wenn wir MATHERs und HARRISONs Selektionen auf Borstenzahl bei *Drosophila* betrachten (S. 293), so gibt es einige Befunde, die eine ähnliche Interpretation nahelegen. Wenn Linie 1 (Fig. 40) immer empfindlicher gegen Selektion nach beiden Richtungen wird, so mag dies darauf beruhen, daß durch Folgen von Selektion, Inzucht und Genverlust ein sehr geringes Intervall übriggeblieben ist, das frei von „Gegenreaktionen" ist. Die dauernde Zunahme der Empfindlichkeit könnte darauf beruhen, daß Plus- und Minusreaktion unter Umständen sich gegenseitig auslösen und intensivieren. — Betrachten wir die Hochselektion, so mag sie in G-20 durch eine Gegenreaktion aufgehalten sein. Diese Minusreaktion bedingt in G-20 bis G-25 einen Steilabfall, der seinerseits eine Plusreaktion auslöst. Plus- und Minusreaktion erzeugen das Gleichgewicht der Linie 3 von Generation 25 ab. Durch gegenseitige Intensivierung dieser Reaktionen steigt der Widerstand gegen Reselektion, bis schließlich Reselektion wirkungslos wird. In G-24 war die Plusregulation schon stark genug, daß sie bei einer Reselektion den Rückgewinn der verlorenen Borsten erlaubte und außerdem Grundlagen für ein metastabiles Gleichgewicht bei sehr hoher Borstenzahl gab (Linie 7). Wenn Hochselektion zu einem metastabilen Gleichgewicht in hoher Lage führt, so mag hierbei eine Verschiebung des Niveaus der „Plusreaktion" beteiligt sein.

Falls obige Vorstellungen nicht völlig in den Bereich der Phantasie zu verweisen sind, so ergeben sich neue Perspektiven, die hier nur kurz angedeutet werden können. Intensive Selektionen könnten in vielen Fällen durch automatischen Abfall der Mittelwerte zum Stillstand gebracht werden. Bei fortgesetzter Selektion mag ein großer Überschuß an Plusgenen ausgelesen werden, um das hohe Niveau zu behaupten. Hierdurch würde eine progressive Veränderung des Genotyps maskiert. Eine fortgesetzte Behauptung eines zu hohen Niveaus kann unter solchen Umständen durch die zunehmende Konzentration gewisser Typen von Genen Nebeneffekte auslösen, die den Wert der Linie herabsetzen. In Deszendenzen von Kreuzungen finden wir oft unerklärliche Verschiebungen oder Oszillationen der Mittelwerte sukzessiver Generationen. Dieselben könnten in einigen Fällen auf Auslösung idiotypischer Regulationen beruhen. In den nicht seltenen Beispielen für reichlich hundertprozentige Vererbung eines Selektionsdifferentials (S. 62, 283, 392) entsteht die Frage, ob die Vererbung durch eine gleichsinnige Verschiebung des Mittelwertes unterstützt wurde. Bei distanten Kreuzungen könnten verschiedene Regulationen gleichzeitig stattfinden. Ein besseres Verständnis für die Natur solcher Prozesse mag es erlauben, dieselben planmäßig für die Züchtung auszunützen.

5. Überwindung der Pufferungen

Produktivität der Seidenraupe. In einigen Fällen kann eine Selektion nach einem langwierigen Stillstand unerwartet wieder Fortschritte machen. TANAKA et al. (1958) führten z. B. eine europäische Rasse der Seidenraupe 1926 nach Japan ein und unterwarfen sie einer Selektion auf hohes Gewicht der Kokonschale. Der Mittelwert für dieses Merkmal in cg verschob sich auf folgende Weise:

1927	1936	1953	1955	1956
38	88	89	90	97

Nach raschen anfänglichen Fortschritten trat ein etwa 17jähriger Stillstand ein, worauf ein neuer Aufstieg begann. Diese Befunde sind besonders interessant, da die Kokongewichte der letzten Jahre die höchsten jemals erreichten darstellen und noch keine Anzeichen dafür vorliegen, daß die Zunahme beendet ist. Während dieser relativ kurzen Periode wurde die Population derartig nach verschiedenen Richtungen hin verändert, daß niemand in ihr die Ausgangsform wiedererkennen würde. Mit einer im gleichen Jahr importierten chinesischen Rasse wurden ähnliche Erfahrungen gemacht. Ergebnisse solcher Art sind schwer zu erklären; hier interessiert besonders, daß bisweilen unerwartete Fortschritte auch in genereller Effektivität vorkommen.

Borstenzahl bei Drosophila. Bei verlängerter Selektion auf nebensächliche Charaktere wird häufig eine Durchbrechung der Pufferung konstatiert. Besonders viele Beispiele hierfür haben wir in Selektionen auf veränderte Anzahl verschiedener Borstentypen bei *Drosophila.* Wir erwähnten, daß CLAYTON et al. (1957) bei Selektion auf niedrige Anzahl Borsten in jeder von 5 selektionierten Linien früher oder später eine plötzliche Erhöhung der Variabilität in diesem Merkmal fanden, wonach die Selektion eine erhöhte Effektivität hatte. Besonders eingehend wurde dieses Problem von THODAY und BOAM (1961) analysiert. Sie errichteten eine Anzahl Stämme, die in jeder Generation durch vier Paare von Fliegen mit der höchsten Borstenzahl fortgesetzt wurden. Das Ausgangsmaterial hatte etwa 20 Borsten. Sie fanden, daß die Selektion die Borstenzahl relativ langsam von 20 auf etwa 24 erhöhte. In einigen Stämmen verblieb die Borstenzahl praktisch unverändert während zahlreicher Generationen. Früher oder später wurde jedoch ein plötzlicher Anstieg der Borstenzahl auf ein wesentlich höheres Niveau festgestellt. Solche plötzlichen Effekte der Selektion werden nach einem Prinzip von MATHER (1943) gewöhnlich mit crossing-over zwischen eng gekoppelten Plus- und Minusgenen erklärt. In der Ausgangspopulation kommt ein heterozygotes Chromosomensegment $\frac{\mathrm{A\,b}}{\mathrm{a\,B}} = \frac{+\,-}{-\,+}$ vor, in welchem die dominanten Gene vorteilhaft sind, die rezessiven nachteilig. A und B erhöhen z. B. beide die Borstenzahl, oder A erhöht die Borstenzahl, während b Fertilität oder Vitalität reduziert. In einer solchen Situation werden fast nur Repulsionsheterozygoten $\frac{\mathrm{A\,b}}{\mathrm{a\,B}}$ ausgelesen. Wenn indessen schließlich einmal durch einen seltenen Fall von crossing-over die Genotypen $\frac{\mathrm{A\,B}}{\mathrm{a\,B}}$ und $\frac{\mathrm{A\,B}}{\mathrm{A\,B}}$ entstehen, so ermöglicht dies plötzliche Fortschritte der Selektion, besonders wenn das Merkmal nur partiell dominant ist, so daß die Plushomozygoten mehr Borsten haben als die Heterozygoten. Zumindestens wird durch Fixierung der Form AB/AB die Abspaltung von Minushomozygoten vermieden.

Bei einer Analyse der Selektionseffekte kommen die Autoren zu dem Schluß, daß der beschleunigte Anstieg der Borstenzahl auf einem Prozeß beruht, der in der Region se – cp des Chromosoms III (III_{26-45}) stattfindet. Der Prozeß könnte in einer gerichteten Mutation bestehen, die jedesmal auftritt, wenn die Borstenzahl gegen 24 ansteigt. Die Autoren halten es indessen für wahrscheinlicher, daß der Prozeß in einem Fall von crossing-over nach dem Matherschen Prinzip besteht. Ein solches crossing-over sollte indessen in unausgelesenem Material sehr selten oder überhaupt nicht stattfinden und erst bei Erhöhung der Borstenzahl auf 24 eine nennenswerte Häufigkeit bekommen. Obwohl eine solche Hypothese nicht unmöglich ist, ist sie hochgradig unwahrscheinlich, während gegen eine gerichtete Mutation weniger einzuwenden wäre.

Fixierung von Phänokopien. In der Penetranz- und Phänokopie-Selektion handelt es sich um Durchbrechung von Pufferungen für spezielle ontogenetische Prozesse. Wenn bei *Drosophila* eine Phänokopie fixiert worden ist, so lassen sich relativ leicht ihre genetischen Grundlagen analysieren. Betrachten wir die Fixierung der Phänokopie dumpy-wing (Flügel schief abgeschnitten und verkürzt, BATEMAN, 1959). Diese

Phänokopie läßt sich durch vierstündige Behandlung 16—18 Stunden alter Puppen mit einer Temperatur von 40° herstellen. Bei der Selektion auf erhöhte Häufigkeit der Phänokopie wurde das Auftreten des Merkmals ohne die Behandlung erst durch Stattfinden einer Mutation dp^{TP2}, dumpy-Truncate, ermöglicht. Es liegt nahe anzunehmen, daß diese Mutation durch den Hitzeschock ausgelöst wurde, da PLOUGH eine sehr ähnliche Mutation dp^{TP} nach Anwendung von Hitzeschock erhalten hatte. In einem solchen Beispiel kann man sich die Frage vorlegen, ob die betreffenden Mutationen streng zufällig sind oder in etwas erhöhter Häufigkeit in Richtung der Phänokopie stattfinden, die durch die gleiche Behandlung ausgelöst wird. In anderen Beispielen kann man sich fragen, ob Mutationen in Richtung oder gegen die Richtung intensiver Selektion erhöhte Häufigkeit haben.

Bei *Drosophila* gibt es einige Charaktere, die in der Natur fast invariabel sind. Die Anzahl der Makrochaetae auf dem Scutellum beträgt z. B. vier. Nur in einigen wenigen Stämmen kommen Individuen mit fünf Chaetae vor, meist weniger als 1%. Aus der Nachkommenschaft eines Weibchens mit 5 Borsten und eines Männchens mit 4 Borsten gelang es jedoch durch 30 Generationen von Selektion einen Stamm mit einem Mittel von 9,1 Makrochaetae herzustellen (PAYNE, 1920). Es ist wahrscheinlich, daß Mutationen an diesem Erfolg beteiligt waren. Eine der Mutationen erfolgte jedoch gegen die Richtung der Selektion.

Bedeutung des Milieus. Eine allgemeine Erfahrung ist, daß die Pufferungen am besten im normalen Milieu der Art funktionieren. Wenn man eine stabile Pflanzenpopulation in ein Milieu bringt, das völlig außerhalb des normalen Bereiches liegt, kann durch Versagen der Pufferungen eine unerwartete Variabilität zu Tage treten (CLAUSEN und HIESEY, 1958; WHYTE, 1960). Wenn man Samen der nicht viviparen skandinavischen Grasart *Deschampsia caespitosa* in Californien aussät, so ist ein Teil der Pflanzen vivipar wie bei der verwandten Art *D. alpina.* Jede Kultur besteht dann aus einer Mischung von viviparen, nicht-viviparen und nicht-blühenden Pflanzen von sehr verschiedener Höhe. Unter den viviparen Pflanzen findet man solche mit schwacher und starker Ausprägung des Merkmals. Wenn eine bestimmte Rasse von *Lolium rigidum* in England im Frühjahr ins Freiland ausgesät wird, so entwickeln sich die Infloreszenzen am 6.—7. Knoten, von der Basis aus gezählt. Im Treibhaus bei Dauerbeleuchtung variiert der Ansatz der Infloreszenzen vom 5.—21. Internodium. Wenn *Sorghum vulgare* in den Tropen bei einer Tageslänge von 10 Stunden kultiviert wird, so verbleiben die an anderer Stelle diskutierten Ma-Gene inaktiv. Bei einer Tageslänge von 14 Stunden bedingen sie dagegen eine starke Variation in der Blütezeit mit entsprechenden Folgen für Anzahl Blätter, Höhe des Stengels und Samenertrag. Die auffälligen Effekte, die *Vernalisation* der Samen bei vielen Arten von Kulturpflanzen erzeugt, sind an anderer Stelle diskutiert. Hier interessiert besonders die Erfahrung, daß verschiedene Rassen derselben Art sehr verschieden auf die gleiche Behandlung reagieren und daß dabei außer den gewöhnlichen Effekten der Vernalisation noch auffällige andersartige Modifikationen zu Tage treten, die noch nicht systematisch untersucht sind. Phänodevianten lassen sich also nicht nur bei *Drosophila* auslösen, sondern auch bei Pflanzen.

Aktivierung latenter Charaktere. Von den genannten Autoren wird mit Recht betont, daß in den Populationen der Pflanzen sehr viele latente Gene vorkommen. Die Inaktivierung dieser Gene mag verschiedene Ursachen haben wie Inhibitoren, Abwesenheit von komplementären Genen, Kontrollelemente im Sinne von MCCLINTOCK, ungeeignetes Milieu (cfr. temperaturabhängige Gene). Je nach der Ursache können solche Gene durch ganz verschiedene Faktoren aktiviert werden. Durch Kreuzungen kann man Inhibitoren eliminieren und notwendige komplementäre Gene zufügen. MCCLINTOCK zeigte, daß man mit Hilfe von genetischen Aktivatoren aus stabilen rezessiven Mutationen die normalen Allele zurückgewinnen konnte (vgl.

S. 162). Durch stark verändertes Milieu kann man andere Typen von Genen zur Manifestation bringen.

Es besteht die Möglichkeit, daß bei vielen Arten, besonders bei Alloploiden, große Teile der Chromosomensegmente in ihren spezifischen Funktionen inaktiviert sind und daß man sie in einigen Fällen durch geeignete Mittel (z. B. Colchicin, vgl. S. 70) wieder dauernd aktivieren kann. Bei distanten Kreuzungen könnte ähnliches erfolgen. In einzelnen Fällen können bestimmte Mutationen große Teile der ontogenetischen Pufferungen abschwächen in einer Weise, daß zahlreiche latente Charaktere zum Vorschein kommen. Solche Mutationen könnten mit Vorteil für das Aufsuchen bestimmter Erbanlagen benutzt werden. Bei Mais können wir in diesem Zusammenhang die dominante Mutation Corn grass (Galinat, 1954) nennen. Gene, die die Pufferung abschwächen, könnten bei intensiver Selektion einen ähnlichen Nutzen machen wie Temperaturschocks bei der Fixierung von Phänokopien, indem sie die Manifestation latenter genetischer Variation erlauben.

Wir haben gesehen, daß die genetischen Pufferungen auf sehr verschiedene Weise geschwächt oder durchbrochen werden können. Es handelt sich um Probleme erster Ordnung für die Züchtung. Denn die Züchtung der Kulturpflanzen aus ihren wilden Vorfahren konnte vermutlich in den meisten Fällen erst nach Durchbrechung eines Teiles der natürlichen Pufferungen wesentliche Fortschritte machen. Wie dies im einzelnen geschah, wissen wir nicht. Für die Zukunft darf man indessen hoffen, daß es gelingen wird, solche Probleme mit rationellen Methoden zu lösen.

Literatur

Publikationen, die in der Liste des vorigen Kapitels angeführt wurden, sind hier nicht wiederholt.

Anderson, E.: Character association analysis as a tool for the plant breeder. Brookhaven Symp. Biol. **9**, 123—140 (1956).

Brown, W. P., and A. E. Bell: Genetic analysis of a „plateaued" population of Drosophila melanogaster. Genetics **46**, 407—425 (1961).

Dinsley, M., and J. M. Thoday: Fitness and artificial selection. Heredity **16**, 113—121 (1961).

Donald, H. P.: Controlled heterozygosity in livestock. Proc. roy. Soc. B **144**, 192—203 (1955).

Falconer, D. S.: Patterns of response in selection experiments with mice. Cold Spr. Harb. Symp. quant. Biol. **20**, 178—196 (1955).

Galinat, W. C.: Corn grass. I. Corn grass as a prototype or a false progenitor of maize. Amer. Natur. **88**, 101—104 (1954).

Goldschmidt, R. B., and L. K. Piternick: New experiments on chemical phenocopies. Proc. nat. Acad. Sci. (Wash.) **42**, 299—303 (1956).

— — The genetic background of chemically induced phenocopies in Drosophila. J. exp. Zool. **135**, 127—202 (1957).

Mangelsdorf, A. J.: Gene interaction in heterosis. In: Gowen (ed.): Heterosis, Chapter 20. Ames, Iowa: Iowa State Coll. Press 1952.

Mather, K.: Polygenic inheritance and natural selection. Biol. Rev. **18**, 32—64 (1943).

Milkman, R. D.: The genetic basis of natural variation. I. Crossveins in Drosophila melanogaster. II. Analysis of a polygenic system in Drosophila melanogaster. Genetics **45**, 35—48; 377—391 (1960).

Payne, F.: Selection for high and low bristle number in the mutant strain „reduced". Genetics **5**, 501—542 (1920).

Rasmusson, J.: A contribution to the theory of quantitative character inheritance. Hereditas **18**, 245—261 (1933).

Robertson, F. W.: Selection response and the properties of genetic variation. Cold Spr. Harb. Symp. quant. Biol. **20**, 166—176 (1955).

Robinson, H. F., R. E. Comstock, and P. H. Harvey: Genetic variances in open pollinated varieties of corn. Genetics **40**, 45—60 (1955).

Sang, J. H., and J. M. McDonald: Production of phenocopies in Drosophila using salts, particularly sodium metaborate. J. Genet. **52**, 392—412 (1954).

Tanaka, Y.: Proc. 10th int. Congr. Genet. **2**, 288 (1958).

Thoday, J. M., and T. B. Boam: Regular responses to selection. I. Description of responses. Genet. Res. **2**, 161—176 (1961).

WALLACE, B.: The role of heterozygosity in Drosophila populations. Proc. 10th intern. Congr. Genet. 1, 408—419 (1958).

WHYTE, R. O.: Crop production and environment. Chapter 10. London: Faber and Faber 1960.

Kapitel 16

Heterosis I: Manifestation und biologische Bedeutung

I. Geschichte und Wesen der Heterosiszüchtung

1. Geschichte des Hybridmaises

In umfangreichen Versuchen zeigte SHULL (1909, 1952), daß F_1-Hybride von Inzuchtlinien von Mais, die sich in der Nähe ihres Inzuchtminimums befinden, im Durchschnitt Erträge geben, die denen der freibestäubten Varietäten entsprechen. Die Hybride verschiedener Inzuchtlinien verhalten sich indessen verschieden, indem ihre Erträge von etwas unter bis weit über denen der Elternvarietäten variieren. Aus solchen Erfahrungen schloß SHULL, daß es möglich sein sollte, die hohen Erträge der besten Kreuzungen für die praktische Maisproduktion auszunützen. Die Methodik ist relativ einfach. Man sät auf einem isolierten Feld alternierend je zwei Reihen der Maislinie, die als Mutterpflanze der Kreuzung dienen soll, und eine Reihe des männlichen Elters. Bei den Mutterpflanzen entfernt man sorgfältig sämtliche männlichen Infloreszenzen, so daß alle ihre Samen aus der geplanten Kreuzung entstehen müssen. Das Samenmaterial dieser Pflanzen könnte als Saatgut verkauft werden.

SHULLs Vorschlag hatte jedoch den Nachteil, daß die Arbeit mit Inzuchtlinien — insbesondere mit den damaligen Inzuchtlinien, die eine größere Depression zeigten als die heutigen — ziemlich unbequem war. Die Erzeugung der F_1-Samen der einfachen Kreuzungen war daher kostspielig. Dieser Nachteil wurde durch JONES' Plan der doppelten Kreuzung überwunden (JONES, 1918). Aus vier Linien A, B, C, D werden zunächst auf die oben beschriebene Weise zwei einfache Hybride (A×B) und (C×D) hergestellt. Dann werden diese einfachen Hybride zu der doppelten Kreuzung (A×B) ♀×(C×D) ♂ kombiniert. Praktisch geschieht diese Kreuzung gewöhnlich, indem man alternierend je 6 Reihen des mütterlichen Hybrides und 2 des väterlichen auspflanzt, und erstere Reihen auf die angegebene Weise kastriert. Wegen der reichlichen Pollenproduktion der F_1-Pflanzen genügen 2 Reihen des Pollenelters *(Pollinators)*, um 6 Reihen des mütterlichen Hybrides zu befruchten (AIRY, 1955). Diese Methode der doppelten Kreuzungen hat den Vorteil, daß nur eine relativ geringe Quantität Samen aus den kostspieligeren einfachen Kreuzungen benötigt wird, um ein großes Material aus der doppelten Kreuzung zu produzieren. Doppelte Kreuzungen geben etwa dieselben Mehrerträge wie einfache Kreuzungen.

JONES' Methode wurde zunächst in sehr bescheidenem Umfang geprüft. Von 1933 ab erfolgte indessen ein plötzlicher Umschlag, wie aus folgenden Zahlen hervorgeht (JUGENHEIMER, 1958):

Jahr	1933	1935	1937	1940	1945	1950	1956
% des Maisareals bepflanzt mit Hybriden	0,1	1,1	8	30	65	78	91

Diese Zahlen gelten für das gesamte Maisareal der Vereinigten Staaten. In den Staaten des Maisgürtels *(Corn Belt)* wird im Durchschnitt etwa 96% hybrider Mais angebaut, in einzelnen dieser Staaten sogar 99%. Diese überraschend schnelle Durchsetzung des hybriden Mais zeigt, daß dieser gegenüber den freibestäubten Maisvarietäten bedeutende Vorteile besitzen muß. Diese Vorteile bestehen teils in einer besseren Qualität der Ernte, teils in höheren Erträgen. Nach MANGELSDORF (1951) stieg der durchschnittliche Maisertrag je acre im Gebiet der Vereinigten Staaten von 22 bushels zu Beginn der dreißiger Jahre auf 33 bushels gegen Ende der vierziger Jahre dieses Jahrhunderts. Wenn berücksichtigt wird, daß damals einerseits nur etwa 75% des Maisareals mit hybridem Mais bepflanzt war, daß aber andererseits die Witterungsverhältnisse die Differenz vergrößert haben mögen, ist anzunehmen, daß der hybride Mais direkt oder indirekt zu einem Mehrertrag von etwa 50% führte. Die direkten Mehrerträge des hybriden Maises über die besseren regionalen Varietäten sind zwar nur von der Größenordnung 25—30%. Dieser Mehrertrag stimulierte indessen die Farmer zu verbesserten Anbaumethoden wie stärkere Düngung, Rotation, Anbau von bodenverbessernden Gewächsen, bessere Behandlung des geernteten Saatgutes, wodurch neue, wesentliche Fortschritte erzielt wurden, die zum Teil noch durch Ausnutzung von Interaktionen zwischen hybridem Mais und Anbaumethoden erhöht werden konnten.

Wenn die Methode des hybriden Maises in Regionen eingeführt wird, in denen wenig ertragreiche Maisvarietäten angebaut werden, lassen sich noch auffälligere Fortschritte erzielen, wie dies WELLHAUSEN (1954) und Mitarbeitern im Laufe von 6 Jahren in Mexico möglich war. Ein extremer Fall, der gleichzeitig die überlegene Fähigkeit der verbesserten Maisvarietäten, Düngergaben auszunützen, hervorhebt, wird in Tab. 89 beschrieben.

Tabelle 89.
Vergleich der Erträge einheimischer und verbesserter Maisvarietäten mit und ohne Düngung „on depleted soils“. WELLHAUSEN, 1954

Ertrag	Ohne Dünger		Mit Dünger	
	Einheimische Varietät	Verbesserte Varietät	Einheimische Varietät	Verbesserte Varietät
kg/ha	1000	1250	3500	7000
bu/acre	16	20	55	112

Die günstigen Erfahrungen bei Mais ermutigten die praktischen Pflanzen- und Tierzüchter, die Möglichkeiten der Heterosiszüchtung bei zahlreichen anderen Objekten zu untersuchen. In vielen Fällen wurden günstige Erfahrungen gemacht, z. B. bei Zuckerrüben, Sorghum, Gräsern und anderen Futtergewächsen, Tomaten, Zwiebeln, vegetativ vermehrten Gewächsen wie Stauden und Bäumen, bei Seidenwürmern, Hühnern, Schwein und Rind. Die Mehrerträge waren in vielen Fällen bedeutend, besonders wenn es sich um relativ wenig selektionierte Objekte handelte (HAYES, 1952).

Während dieser Zeit erschienen auch zahlreiche theoretische Untersuchungen über die Heterosis. Ihrem Wesen nach gehören die Probleme der Heterosis in erster Linie zu den Problemen der quantitativen Vererbung. Besonders intim ist die Verknüpfung beider Gruppen von Problemen bei allogamen Organismen. Hier sind die Erscheinungen der quantitativen Vererbung gewöhnlich untrennbar mit einer gewissen Manifestation der Heterosis verbunden. Darüber hinaus hat die Heterosis indessen auch Beziehungen zu anderen Aspekten der Biologie, wie Ontogenie, Physiologie und Evolution. Es ist wahrscheinlich, daß die Heterosis mit ursprünglichen und zentralen Problemen des Lebens verknüpft ist und daß sie eine gleich hohe Bedeutung für die Entwicklung der Arten hat wie die Selektion. Die biologischen und agronomischen Aspekte der Heterosis sind jedoch verschieden, indem in der Praxis nicht nur biologisch sinnvolle Effekte ausgenützt werden, sondern auch beliebige andere.

2. Definition

Der Terminus Heterosis wurde 1914 von SHULL vorgeschlagen und später (1952) auf folgende Weise definiert: "I suggest that it (the heterosis concept) is the interpretation of increased vigor, size, fruitfulness, speed of development, resistance to disease and to insect pests, or to climatic rigors of any kind, manifested by cross bred organisms as compared with corresponding inbreds, as the specific results of unlikeness in the constitutions of the uniting parental gametes." Nach SHULL (1948) sollte das Wort Heterosis für die Erscheinung der Heterosis als solche, d. h. die Überlegenheit der kreuzbefruchteten Organismen über die entsprechenden Inzuchten, frei von jeder Hypothese über die Ursache dieser Erscheinung benutzt werden.

Nach einigen früheren Definitionen besteht Heterosis in einer Überlegenheit der F_1-Generation über ihre Eltern. Eine solche Überlegenheit wird stets angetroffen, wenn Inzuchtlinien allogamer Organismen gekreuzt werden. Kreuzt man dagegen Individuen aus nicht ingezüchteten Populationen oder Rassen, so erhält man nur in einem Teil der Fälle eine Überlegenheit der Hybride, die gewöhnlich auch geringere Grade hat. Aus diesem Grunde zieht BRIEGER (1950) eine Definition vor, nach welcher Heterosis vorliegt, wenn Hybride ihren durch Selbstung oder andere Formen von Inzucht erzeugten Nachkommen überlegen sind. Da indessen in den meisten Fällen keine vergleichbare F_2-Generation hergestellt wird, ist es offenbar praktisch, beide Typen von Definitionen zu kombinieren: Heterosis besteht also in Überlegenheit der F_1 über ihre Eltern oder über ihre durch Inzucht erzeugte Deszendenz.

Während bei allogamen Organismen die Kreuzung von Inzuchtlinien fast immer zu deutlicher Heterosis führt, geben Kreuzungen zwischen den homozygoten Linien autogamer Gewächse meist nur schwächere Grade von Heterosis und bisweilen keine Heterosis. Heterotische Hybride werden sowohl bei wilden autogamen Arten (*Galeopsis*, MÜNTZING, 1945; HAGBERG, 1952) als auch bei kultivierten (Tomate und Gerste) angetroffen.

Bei Kreuzung von Inzuchtlinien besteht die Heterosis zum größten Teil in einer Umkehrung der Inzuchtdepression. Für den Züchter interessiert jedoch in erster Linie der Umstand, daß in einem Teil der Kreuzungen die Erträge das Niveau der freibestäubten Elternvarietäten überschreiten. Diesen Überschuß über die Elternvarietäten wollen wir vorläufig mit *Transheterosis* bezeichnen, im Gegensatz zu der *Cisheterosis*, die in einer bloßen Aufhebung der Inzuchtdepression besteht. Dies sind deskriptive Termini, die sich in der Praxis nicht scharf unterscheiden lassen. Denn wenn z. B. zwei S_{10}-Linien gekreuzt werden, stehen nicht immer vergleichbare Proben der Elternvarietäten (S_0) zur Verfügung.

3. Kennzeichen und Vorteile der F_1-Hybride

F_1-Hybride von Inzuchtlinien zeichnen sich schon auf frühesten Entwicklungsstadien durch größere Embryonen und Endosperme aus. Wenn eine Inzuchtpflanze mit einer Mischung von ihrem eigenen Pollen und dem Pollen einer unverwandten Linie bestäubt wird, so sind die Samen aus Kreuzung gewöhnlich größer als die aus Selbstung. Im übrigen wird durch die Kreuzung die ganze Inzuchtdepression aufgehoben. Die Samen keimen rascher und erreichen früher die normale maximale Wuchsgeschwindigkeit. Die Pflanzen blühen etwas früher, sind in allen Teilen kräftiger und geben höhere Samenerträge. Bei Transheterosis übertreffen die Hybride in zahlreichen Eigenschaften die Mittelwerte der freibestäubten Elternvarietäten. Hieraus ergeben sich für den Züchter besonders folgende Möglichkeiten:

1. Erhöhte Erträge.
2. Erhöhte Einförmigkeit und Qualität der Ernte, besonders bei einfachen Kreuzungen. Zum Beispiel zeigen die Hybride eine größere Einförmigkeit in ihrer Höhe,

Blüte und Reifezeit, in Kolbentypus und Kolbengröße als die elterlichen Inzuchten. Diese Einförmigkeit beruht auf einer größeren Stabilität (Homeostasis) gegenüber den verschiedensten Milieufaktoren, aus der sich wiederum die Mehrzahl der folgenden Punkte ergibt.

3. Erhöhte Resistenz gegen Entgleisungen der Entwicklung (vgl. Phänokopien, Phänodevianten, Modifikationen etc.).

4. Erhöhte Resistenz gegen ungünstige Milieufaktoren wie Lichtmangel, hohe oder niedrige Temperatur, ungeeignete Bodentypen, Nahrungsmangel, Trockenheit. Hybride haben z. B. oft noch frisch grünes Laub, wenn Inzuchtlinien deutliche Zeichen von Feuchtigkeitsmangel zeigen wie gelbliche schlaffe Blätter.

5. Anbau der Hybride in weiteren Arealen und Vordringen des Anbaus in völlig neue Gebiete, in denen keine der Elternvarietäten kultiviert werden kann.

6. Erhöhte Resistenz gegenüber parasitären Krankheiten der verschiedensten Typen.

7. Kombination der Eigenschaften verschiedener Elternlinien. Eine besonders ertragreiche Linie kann z. B. mit einer Linie mit hoher Standfestigkeit gekreuzt werden. Eine Kreuzung zwischen einer trockenheits- und einer feuchtigkeitsresistenten Linie würde vermutlich einen Hybrid geben, der gegen beide Extreme relativ resistent ist und sich daher für variable Klimatypen eignet.

Kreuzungen entfernt verwandter Rassen erzeugen häufig erhöhte Grade von Heterosis. Dies gilt im besonderen für Arthybride, falls nicht Disharmonie einzelner oder zahlreicher Gene oder plasmatische Unterschiede in entgegengesetzter Richtung wirken. Ein starkes *„Luxurieren“* der F_1 findet man z. B. bei der Kreuzung Rettich ×Kohl *(Raphanus sativus×Brassica oleracea)*, bei einigen Weizenkreuzungen *(Triticum dicoccum×T. aestivum)* sowie bei zahlreichen Arthybriden von Bäumen (BAUR, 1930). Bei vegetativer Vermehrung kann die Heterosis unter optimalen Bedingungen (Schutz gegen Viruskrankheiten!) über sehr große Zeiträume erhalten bleiben.

4. Das Wesen der Heterosiszüchtung

Das Wesen der Heterosiszüchtung besteht darin, die besten Genotypen, die innerhalb einer Population (Rasse, Varietät) vorkommen oder durch Kombination verschiedener Varietäten ermöglicht werden, durch Kreuzung geeigneter Inzuchtlinien aufzufinden und zu reproduzieren. Da Inzuchtlinien bei Mais praktisch unbegrenzte Zeit vermehrt werden können, läßt sich eine gefundene günstige Kombination durch Wiederholung der spezifischen Kreuzung stets in beliebiger Quantität reproduzieren. Indessen ist nur F_1 verwendbar, da F_2 schon eine beträchtliche Inzuchtdepression zeigt.

In jeder Maispopulation kommen zweifellos Individuen von sehr verschiedenem Ertragspotential vor. Falls wir Mais vegetativ vermehren könnten und aus jeder Pflanze einen Klon herstellen würden — was bei zahlreichen anderen Gewächsen möglich ist und bei Mais versucht werden sollte — ließen sich die Unterschiede im Ertragspotential der verschiedenen Individuen leicht mit großer Genauigkeit durch replikate Prüfungen bestimmen. Durch Selbstungen läßt sich das Ertragspotential dagegen nur sehr unvollkommen bestimmen, da seine Manifestation zum größeren Teil durch die Inzuchtdepression unterdrückt wird. Es kann unter diesen Umständen nur andeutungsweise durch relativ komplizierte Testkreuzungen ermittelt werden. Aber durch Kreuzung von Inzuchtlinien können wir eine fast unbegrenzte Anzahl von Ertragsgenotypen herstellen, prüfen und reproduzieren. Aus n verschiedenen homozygoten Linien lassen sich $n \cdot (n-1)/2$ F_1-Genotypen herstellen; für $n=200$ ergibt dies z. B. 19 900 Genotypen.

In den ersten Jahren der Heterosiszüchtung war es eine einfache Sache, Hybride aufzufinden, die gegenüber den besseren Varietäten beträchtliche Mehrerträge zeigten. Man näherte sich indessen bald einer Grenze, die schwer zu überschreiten war. Man mußte dann eine immer größere Anzahl Inzuchtlinien prüfen, um den Ertrag der Hybride noch ein wenig zu erhöhen. Da die Prüfung von zahlreichen hybriden Kombinationen eine äußerst umständliche Aufgabe ist und zufällige Inzuchtlinien nur selten Hybride von dem erforderten hohen Ertragsniveau geben, entstand das Problem der Identifizierung der Inzuchtlinien von hoher Kombinationseignung (combining ability), d. h. Linien, die sich durch hohe Erträge in hybriden Kombinationen auszeichnen. Als einigermaßen brauchbare Kriterien für die Abschätzung der Kombinationseignung gefunden waren, entstand das weitere Problem der Identifizierung von S_0-Pflanzen von hoher Kombinationseignung und der Verbesserung der Kombinationseignung während der spaltenden Inzuchtgenerationen durch geeignete Methoden der Selektion. Diese Probleme werden in den folgenden Kapiteln eingehend diskutiert.

Die leichte Reproduzierbarkeit hybrider Genotypen erlaubt es, ihre Interaktionen mit dem Milieu genau zu studieren. Obwohl ein großer Teil der Hybride in einem weiten Bereich von Milieuverhältnissen und daher in weiten geographischen Arealen ungefähr einen gleichen Grad von Überlegenheit zeigt, gibt es andere Hybride, die nur in einem engeren Bereich des Milieus oder nur unter speziellen Verhältnissen (z. B. gute Düngung) wesentliche Vorzüge zeigen. Nicht selten wird gefunden, daß Hybride, die für ihren Herstellungsort kein Interesse haben, für andere Distrikte sehr wertvoll sind. Die praktische Ausnützung der Milieu/Genotyp-Interaktionen ist ein wichtiger Bestandteil der Heterosiszüchtung.

II. Manifestation der Heterosis

1. Typen von Heterosis

Die Heterosis manifestiert sich auf eine außerordentlich vielseitige Weise, indem in den verschiedensten ontogenetischen und metabolischen Prozessen, in den verschiedensten strukturellen und funktionellen Charakteren oder Komponenten der Reaktionsnorm eine Überlegenheit der Hybride über entsprechende Inzuchten zu Tage treten kann. Es ist jedoch nicht immer einfach zu entscheiden, was als Überlegenheit aufgefaßt werden soll. Für natürliche Arten liegt es an und für sich nahe, Überlegenheit mit selektiven Vorteilen in ihrer natürlichen Umgebung zu identifizieren. Für Kulturpflanzen wären die Verhältnisse komplizierter, indem wir sowohl die Vorteile bei natürlicher als bei künstlicher Selektion zu berücksichtigen hätten. Hierzu kommt, daß uns die selektiven Werte meist nur unvollständig bekannt sind und daß es in gewissen Zusammenhängen natürlicher fällt, andere Kriterien in den Vordergrund der Diskussion zu stellen, wie z. B. metabolische Effektivität. Unter diesen Umständen lassen sich die Manifestationen der Heterosis auf recht verschiedene Weise klassifizieren.

Für eine phänotypische Betrachtung eignet sich das System von GUSTAFSSON (1951), das zwischen somatischer, reproduktiver und adaptiver Heterosis unterscheidet. Eine *somatische* Heterosis äußert sich in einer kräftigeren Ausbildung der vegetativen Teile der Pflanzen, eine *reproduktive* Heterosis in einer starken Entfaltung der reproduktiven Organe und hohen Erträgen an Samen und Früchten, eine *adaptive* Heterosis besteht dagegen in selektiven Vorteilen, die auf Konkurrenzfähigkeit, Vitalität, Anpassungsfähigkeit und ähnlichen Faktoren beruhen und welche einwandfrei nur durch Zunahme oder Abnahme der betreffenden Gene oder Genotypen innerhalb ihrer Populationen während einer Reihe von Generationen bestimmt werden können.

Das primäre Einteilungsprinzip von DOBZHANSKY (1952) besteht in der Frage, ob die Heterosis durch natürliche Selektion ausgebildet worden ist, oder ob sie nur eine zufällige Erscheinung darstellt. DOBZHANSKY betrachtet die Heterosis im weiteren Sinne (cis und trans). Er bezeichnet den normalen Zustand der Individuen allogamer Populationen als heterotisch. Bei Inzucht entsteht durch Homozygotie ungünstiger Gene eine Depression, die durch Kreuzung nicht verwandter Inzuchtlinien wieder aufgehoben wird. Diese Form von Heterosis beruht nach DOBZHANSKY auf natürlicher Selektion, insofern als in jedem Lokus ein günstiges dominantes Allel hochgradig bevorzugt und nahezu fixiert worden ist. Ein solcher Typus von Heterosis wird als *Euheterosis* bezeichnet. Ein Spezialfall derselben ist die Heterosis der Inversionen und gewisser anderer Typen von strukturellen Änderungen der Chromosomen. Sie ist ebenfalls eine echte Heterosis, da die Überlegenheit der Heterozygoten über beide Typen von Homozygoten durch die natürliche Selektion herangezüchtet worden ist. Dieser Typus wird daher als balanzierte Euheterosis bezeichnet. Die zahlreichen Fälle, in denen Hybride von Rassen und Arten kräftiger wachsen als ihre Eltern, werden dagegen als *„luxuriance"* klassifiziert. Vom Standpunkt der Evolution handelt es sich hier um eine zufällige Erscheinung, da die in den Kreuzungen kombinierten Genome unter normalen Verhältnissen nicht miteinander in Kontakt kommen und daher auch nicht aneinander angepaßt *(koadaptiert)* sein können.

Man kann schließlich die Erscheinungen der Heterosis auf Grund ihrer ontogenetischen, physiologischen, biologischen, genetischen und züchterischen Aspekte klassifizieren, wie dies bis zu einem gewissen Grade im folgenden getan wird.

2. Physiologische Effekte

Obgleich noch keine allgemeine Übersicht über die physiologischen Grundlagen der Heterosis möglich ist, liegen eine Reihe von interessanten Beobachtungen vor. ROBBINS (1952) studierte z. B. die Wirkung von Extrakten aus Maiskörnern auf den Wuchs des Myceliums des Pilzes *Phycomyces* und fand, daß Extrakte aus hybriden Körnern den Wuchs des Pilzes wesentlich stärker förderten als Extrakte aus den Körnern ihrer Inzuchteltern. Einer der wirksamen Faktoren der Extrakte wurde als Hypoxanthin identifiziert, eine bekannte Purin-Base.

Man kann auch die Heterosis an Kulturen von abgeschnittenen Wurzelspitzen studieren. Verschiedene Linien von Tomaten haben in solchen Kulturen etwas verschiedene Bedürfnisse in bezug auf die chemische Zusammensetzung des Substrates. Eine Wurzelkultur wurde z. B. durch Zufügung des Vitamins Pyridoxin gefördert, eine zweite durch Nicotinamid. Dieses Ergebnis zeigt, daß erstere Tomatenlinie relativ defizient in der Produktion von Pyridoxin in den Wurzeln ist, aber besser in der von Nicotinamid, während letztere Linie sich umgekehrt verhält. Der Hybrid beider Linien wuchs besser als die Linien selbst auf einem Substrat ohne Pyridoxin und Nicotinamid, was anzeigt, daß seine Heterosis zum Teil auf einer besseren Fähigkeit der Synthese dieser beiden Substanzen beruht. Er zeigt somit eine Kombination zweier positiver Eigenschaften der Eltern oder, von einem anderen Gesichtspunkt aus, die Aufhebung zweier Defekte.

Nach WHALEY (1952) bestehen bedeutende Unterschiede in der Reaktion der Wurzelkulturen verschiedener Tomatenlinien auf Gegenwart oder Fehlen der Vitamine Thiamin, Pyridoxin, Niacin sowie gewisser anderer Substanzen. Da Verbindungen dieser Substanzen als Co-Enzyme oder auf andere Weise eine bedeutende Rolle für den Aufbau wichtiger Enzyme spielen, liegt es nahe anzunehmen, daß Heterosis Beziehungen zu einer raschen Entfaltung des *basalen Enzymsystems* des jungen Embryos oder Sämlings hat.

Über die Absorption von Wasser, Phosphor, Kalium und Stickstoff bei Hybriden im Vergleich zu Inzuchten liegen eine Reihe von Untersuchungen vor. Allem Anschein nach beruht die größere Absorption von Mineralien bei Hybriden auf einem besser entwickelten Wurzelsystem und vielleicht auf einem höheren Niveau von allgemeiner metabolischer Wirksamkeit. Die auf solchen späteren Stadien feststellbaren Kennzeichen der Heterosis dürften indessen fast stets Folgen von intensivierten Reaktionen auf früheren Stadien sein (WHALEY, 1952). SANG (1954), der *Drosophila* auf synthetischen Nährmitteln kultivierte, fand, daß die minimalen Bedürfnisse von Inzuchtlinien variieren und daß die Hybride aus Linienkreuzungen geringere Bedürfnisse haben können als die Elternlinien, indem sie wiederum die positiven Fähigkeiten ihrer Eltern kombinieren.

Aus Untersuchungen dieser Art lernen wir, daß Inzucht nicht nur morphologische Defekte zum Vorschein bringt, sondern auch physiologische. In den verschiedenen Inzuchtlinien finden wir eine unzulängliche Synthesis der verschiedensten Substanzen. Die Defekte sind anscheinend rezessiv, da sie bei Kreuzung unverwandter Inzuchtlinien aufgehoben werden. Man könnte daher den besseren Wuchs der Hybride im Sinne der Dominanztheorie erklären. Aber so einfach scheint die Lage nicht zu sein. Denn in der Mehrzahl der analysierten Fälle handelt es sich nicht um den Ausfall bestimmter biochemischer Synthesen, sondern um eine relative Unzulänglichkeit bestimmter Synthesen in gewissen Geweben. Bei einer Tomatenlinie mit unzulänglicher Produktion gewisser Vitamine in abgeschnittenen Wurzeln würden intakte Wurzeln das betreffende Vitamin aus dem Sprosse erhalten (WHALEY, 1952).

So sehen wir, daß die Inzucht nicht zu einer völlig gleichmäßigen Depression aller synthetischen Aktivitäten führt, sondern daß einige Aktivitäten stärker gehemmt werden als andere. In verschiedenen Inzuchtlinien finden wir verschiedene Muster von derartigen Verschiebungen des physiologischen Gleichgewichtes, ohne daß dabei scharf ausgeprägte Defekte, wie sie für rezessive Mutationen typisch wären, aufzutreten brauchen. Inzucht führt somit parallel mit der morphologischen Differenzierung der Linien zu einer physiologisch/biochemischen Divergenz derselben. Indem die Gene hierbei nicht direkt auf bestimmte Charaktere einwirken, sondern auf dem Umwege einer Verschiebung des physiologischen Gleichgewichtes, handelt es sich um ein typisches Problem der quantitativen Genetik. — Schließlich sei erwähnt, daß YAMASAKI et al. (1957) behaupten, daß man mit *serologischen* Methoden den Grad der Heterosis bei Maishybriden voraussagen kann. Es wäre zu hoffen, daß diese Methode weiter ausgebaut wird.

3. Ontogenetische Effekte

a) Allgemeines

ASHBY (1930, 1949), der vergleichende Untersuchungen über den Wuchs zweier Maislinien und ihrer Hybride ausführte, kam zu dem Schluß, daß Kreuzung von Inzuchtlinien größere Embryonen gibt als Selbstung. Die Heterosis besteht in „maintenance of an initial advantage in embryo size“. Später wurde diese Hypothese lebhaft diskutiert und kritisiert, weil es sich zeigte, daß die Verhältnisse komplizierter sind. Wenn wir die bisher vorliegenden, etwas widerspruchsvollen Befunde zusammenfassen wollen, so können wir sagen, daß sich die Heterosis in der Regel kurz nach der Befruchtung und in den frühen Stadien der Samenentwicklung durch eine Förderung des Wuchses von Endosperm und Embryo äußert. Während der späteren Stadien der Samenentwicklung kann der anfängliche Vorteil beibehalten werden oder durch begrenzende Faktoren und andere Komplikationen reduziert werden. Sehr bald nach der Keimung zeigen die Hybride indessen eine neue Beschleunigung ihres Wuchses, die es ihnen erlaubt, in wesentlich kürzerer Zeit die normale maximale Wuchsgeschwindigkeit zu erreichen. Diese beschleunigte Einleitung der Wuchsprozesse ist von entscheidender Bedeutung für die Entfaltung der Heterosis. Während der Hauptphase des Wachstums dagegen überschreitet der Hybrid selten die Wuchsgeschwindigkeit seines rascher wachsenden Elters (WHALEY, 1952). Die Heterosis besteht somit zum größten Teil in *verkürzten „Anlaufsperioden"* bei der Einleitung sukzessiver Phasen des Wachstums. — Die Geschwindigkeit, mit der Heterosiseffekte sich manifestieren können, ist oft überraschend. Bei einem Vergleich von Eiern des Seidenwurms, die von Spermien der gleichen und verschiedener Varietäten befruchtet waren, zeigten letztere Eier schon kurz nach der Befruchtung eine größere Resistenz gegen Kälte (Yokoyama, 1957).

b) Embryonale Phase

Nach Brink (1952) wird die Entwicklung der Angiospermensamen in erster Linie von der Vigor des Endosperms im Verhältnis zu den mütterlichen Geweben der Samenanlage bestimmt. Ein zu schwacher Wuchs des jungen Endosperms kann den Zusammenfall des Embryosackes verursachen, was das Absterben der Samenanlage zur Folge hat. Unter diesen Umständen bekommt die doppelte Befruchtung der Angiospermen eine hohe Bedeutung, indem sie triploide, heterotische Endosperme ermöglicht, die sich in der Konkurrenz mit den mütterlichen Geweben der Samenanlage gut behaupten. Ein Vergleich der Endosperme aus geselbsteten und gekreuzten Blüten von Alfalfa zeigt z. B., daß letztere praktisch von der ersten Kernteilung ab eine erhöhte Teilungsgeschwindigkeit haben und nach 6 Tagen ungefähr doppelt so viele Kerne enthalten wie erstere.

Wang (1947), der die Entwicklung von hybriden und geselbsteten Embryosäcken auf den gleichen Maiskolben in kurzen Intervallen während der Periode 8—60 Tage nach Bestäubung verglich, fand schon in der ersten Beobachtung, 8 Tage nach Bestäubung, eine deutliche Heterosis des Endosperms und Embryos. Für den Embryo konnte die maximale Heterosis, mit einer Erhöhung des Trockengewichtes um 86 bis 127%, schon 12—16 Tage nach Bestäubung erreicht werden, während dieser Überschuß in späteren Stadien auf 0—40% herabsank. — Stein (1956), der die Verlängerung des Scutellums der Maisembryonen in zwei Inzuchtlinien A und B und ihren reziproken Hybriden untersuchte, fand bei seiner ersten Messung, 13 Tage nach Bestäubung, folgende Werte:

A	A×B	B×A	B	
1240	1920	2110	1720	Mikra

Diese Daten zeigen, daß die hybriden Embryonen auf einem frühen Stadium, da das Scutellum noch nicht genau zu messen war, rascher wuchsen als die Embryonen ihrer ingezüchteten Mutterlinien.

Xenieneffekte. Der Einfluß des Pollens auf das Gewicht reifer Samen von Mais ist besonders von Kiesselbach (1922, 1960) studiert worden. In der Regel hat Pollen aus unverwandten Linien oder Varietäten nur wenig Effekt auf die Samengröße einer Inzucht, was offenbar darauf beruht, daß der fremde Pollen nicht imstande ist, die Effektivität der durch Inzucht geschwächten Mutterpflanze zu erhöhen. Indessen gibt es viele Ausnahmen. Wenn Zuckermais durch Pollen von Zahnmais bestäubt wird, so wird hierdurch das Gewicht der resultierenden Samen um 26% erhöht. Dies beruht darauf, daß der Zuckermais biologisch minderwertige Endosperme besitzt, die nicht imstande sind, die synthetische Effektivität ihrer Mutterpflanzen voll auszunützen, während die aus Bestäubung mit Zahnmaispollen entstehenden hybriden Endosperme eine wesentlich bessere „Saugkraft" haben.

Wenn in der Mehrzahl der Kreuzungen der fremde Pollen das Samengewicht der Inzuchtlinien nicht erhöht, so läßt sich dennoch leicht nachweisen, daß hybride Endosperme eine verbesserte „Saugkraft" besitzen. Hierzu wird eine reine Linie mit einem Gemisch von ihrem eigenen Pollen und dem Pollen einer unverwandten Linie bestäubt. Wenn der fremde Pollen Markierergene besitzt, die keinen Einfluß auf das Samengewicht haben, aber eine leichte Identifizierung der aus Selbstung und Kreuzung stammenden Samen gestatten, so lassen sich S_{ho} und F_1-Samen, die auf dem gleichen Kolben ausgewachsen sind, bequem vergleichen. In einigen Versuchen solcher Art wurde gefunden, daß die hybriden Körner etwa 30% höheres Gewicht hatten als ihre homozygoten Halbgeschwister. Diese Gewichtszunahme erfolgte ausschließlich auf Kosten der Größe der geselbsteten Samen, da das Gesamtgewicht der Samen des Kolbens unverändert war. In der Konkurrenz um die disponiblen Assimilate zeigen also die hybriden Samen eine deutliche Überlegenheit.

c) Phaseneffekte

Zwischen den drei Komponenten der jungen Samenanlage, dem mütterlichen Gewebe, Endosperm und Embryo, besteht ein sehr empfindliches Gleichgewicht. Schon leichtere Störungen dieses Gleichgewichtes, wie sie häufig durch erzwungene Selbstung, Kreuzung zwischen diploiden und tetraploiden Linien derselben Art, durch Artkreuzungen oder durch ungünstiges Milieu (Williams, 1955) bedingt werden, führen oft zu einem vollständigen Zusammenbruch der Embryosäcke. In den genannten Fällen erfolgt dieser Prozeß meist auf sehr ähnliche Weise. Wenn in der jungen Samenanlage das Endosperm nicht eine dominierende Rolle einnimmt und den verfügbaren Nahrungsstrom ausnützt, so treten gewöhnlich Wucherungen in der den Embryosack umgebenden endothelialen Schicht des Nuzellus auf, die zunächst zum Zusammenbrechen des Endosperms und damit auch zum Absterben des Embryos führen. Geringe Unterschiede in der Entwicklungsgeschwindigkeit des Endosperms entscheiden offenbar häufig über das Schicksal der Samenanlage (Brink und Cooper, 1940, 1947; Brink, 1952).

Bei vielen allogamen Pflanzen abortiert normalerweise ein gewisses Prozent der befruchteten Samenanlagen. Erzwungene Selbstung kann eine starke Erhöhung dieses Prozentes bedingen. Zum Beispiel fanden Cooper und Brink (1940) bei freier Bestäubung von Alfalfa 7% Samenanlagen, die innerhalb der ersten 6 Tage abortierten, bei Selbstung dagegen 34%. Es ist anzunehmen, daß das höhere Prozent von überlebenden Samenanlagen bei Kreuzbefruchtung zum großen Teil auf heterotischem Wuchs des Endosperms beruht. Da der Wuchs des Endosperms bei beiden Bestäubungsarten von seiner genetischen Konstitution beeinflußt wird, sollte das Abortieren eines Teiles der Samenanlagen gewisse selektive Effekte haben.

Reziproke Kreuzungen zwischen Linien von verschiedener Ploidiestufe stoßen gewöhnlich auf Schwierigkeiten (cfr. Håkansson und Ellerström, 1950). Wenn überhaupt eine Befruchtung erfolgt, ist gewöhnlich die Entwicklung des Endosperms in der Kreuzung 2n♀×4n♂ noch schlechter als in der reziproken Kombination. Merkwürdigerweise haben jedoch in ersterer Kreuzung unreduzierte Samenanlagen eine beträchtlich bessere Entwicklung als reduzierte. Da Erklärungsversuche früherer Autoren auf Grundlage der relativen Ploidiestufen von mütterlichem Gewebe, Endosperm und Embryo, die sich normalerweise wie 2 : 3 : 2 verhalten, sich nicht als befriedigend erwiesen, nimmt von Wangenheim (1954) an, daß das Schicksal der Samenanlage von einem adäquaten Verhältnis von Plasmamenge und Ploidiestufe abhängt. Eine unreduzierte Samenanlage hätte z. B. eine doppelt so hohe Plasmamenge wie eine reduzierte. Es scheint uns jedoch auf Grund genereller genetischer Perspektiven wahrscheinlicher, daß die Weiterentwicklung des Endosperms von dem Verhältnis der weiblichen und männlichen Genome abhängt, die in den Endospermkernen vereinigt sind. Das normale Verhältnis ist 2 F : 1 M und stärkere Abweichungen von diesem Verhältnis sind ungünstig (siehe Tab. 90). Wir nehmen hierbei an, daß Spermakerne und Kerne des Megagametophyten wegen verschiedener Differenzierungsprozesse in bestimmten Beziehungen nicht gleichwertig sind. Weitere deutliche Belege für die Richtigkeit dieser Auffassung findet der Leser ohne Schwierigkeit in den Angaben von von Wangenheim et al., 1960 und von Wangenheim, 1961. —

Der triploide Zustand des normalen Endosperms mag die Manifestation seiner Heterosis begünstigen, ebenso wie dies bei triploiden Sporophyten ziemlich allgemein anzunehmen ist.

Bei Artkreuzungen werden die verschiedensten Grade und Typen von Störungen in der Entwicklung des Endosperms angetroffen. Bei leichteren Störungen können

Tabelle 90.
Übersicht über Endospermtypen bei Kreuzungen zwischen Diploiden und Tetraploiden. Vgl. Text

Kreuzung Samenanlagen	4 n × 2 n♂	2 n × 2 n♂	2 n × 4 n♂	
			unreduziert	reduziert
Endosperm				
Ploidiestufe . . .	5n	3n	6n	4n
Typus	FFFFM	FFM	FFFFMM	FFMM
Verhältnis F:M .	4:1	2:1	2:1	1:1
Entwicklungs-bedingungen. . .	schlecht	normal	normal	sehr schlecht

geschrumpfte, aber noch keimfähige Samen entstehen. Bei schwereren Störungen dagegen führt der Zerfall des Endosperms auch zu einem Absterben der Embryonen. Wenn in solchen Kreuzungen die Embryonen frühzeitig genug aus den Samenanlagen herauspräpariert werden, und auf geeignete Nährsubstrate übertragen werden, können sie sich in vielen Fällen zu normalen, heterotischen Hybriden entwickeln. Der Umstand, daß bei Angiospermen die Mehrzahl der realisierbaren Arthybride ohne solche künstlichen Maßnahmen auf dem Embryonalstadium zu Grunde gehen, zeigt auf eine eindrucksvolle Weise, daß unter normalen Verhältnissen nicht die Konstitution des Embryos, sondern Relationen zwischen den Genomen des Endosperms oder zwischen den drei Komponenten der Samenanlage über das Schicksal der Samenanlage entscheiden. Unter diesen Umständen liegt es nahe anzunehmen, daß die genannten Relationen auch bei normaler Fortpflanzung innerhalb der Arten gewisse selektive Effekte haben. (Laibach, 1925; Rappaport, 1954; Satina et al., 1950.)

d) Pseudogame Heterosis

Bei den pseudogamen *Rubus*arten wird der das Endosperm erzeugende Zentralkern befruchtet, die Eizelle dagegen nicht. Bei Artkreuzungen ist daher das Endosperm hybrid, der Embryo rein mütterlich. (Daneben kommen sexuelle Nachkommen vor, die in diesem Zusammenhang kein Interesse haben.) Als Haskell (1960) den Wuchs von pseudogamen Nachkommen aus Bestäubungen mit artfremdem und artgleichem Pollen verglich, fand er, daß erstere z. T. eine beträchtliche Heterosis zeigen. Diese äußert sich darin, daß die Samen beträchtlich früher keimen, die Pflanzen rascher wachsen, größere Dimensionen erreichen und früher blühen. Solche günstigen Effekte zeigen sich nicht nur im ersten Lebensjahr der Individuen, sondern auch im zweiten und dritten. Der Pollen verschiedener Arten verhielt sich indessen verschieden, indem einige Polleneltern besonders kräftige Grade von pseudogamer Heterosis auslösen.

Theoretisch sind solche Befunde hochinteressant. Sie zeigen, daß hybride Endosperme eine starke, langdauernde Stimulation auf die apogamen Embryonen ausüben können. Offenbar müssen die jungen Embryonen Mechanismen haben, die imstande sind, solche Stimulationen aufzunehmen und aufzubewahren. Diese Befunde legen die Frage nahe, ob Mechanismen solcher Art an der gewöhnlichen Heterosis sexueller Hybride beteiligt sind. Bei Mais ließe sich dieses Problem bequem durch Ausnützung von „Heterofertilization“ (Sprague, 1932) studieren.

Im Anschluß an diese Probleme sei eine Angabe von TURBIN (1952) erwähnt, deren Nachprüfung erwünscht wäre. Bei Kreuzung einer rezessiven Buschtomate mit gewöhnlicher Tomate ohne vorherige Kastrierung entstehen sowohl geselbstete als auch hybride Nachkommen. Merkwürdigerweise zeigten beide Typen von Nachkommen einen Heterosiseffekt mit 40% bzw. 71% Mehrertrag gegenüber der Muttersorte.

e) Postembryonale Entwicklung

Da Hybride gewöhnlich die normale maximale Wuchsgeschwindigkeit mit Beschleunigung erreichen, was oft schon in einer früheren Keimung und im Wuchs der ersten Stunden nach Keimung zutage tritt, und da Hybride gewöhnlich nur wenig früher blühen als entsprechende Inzuchten, so haben sie eine verlängerte Hauptwuchsperiode, die zu größeren Dimensionen führt. Während dieser Hauptphase ist die Wuchsgeschwindigkeit (z. B. gemessen an der täglichen Verlängerung des Stengels) intermediär zwischen derjenigen ihrer Eltern oder nähert sich der Wuchsgeschwindigkeit des rascher wachsenden Elters. Im Durchschnitt der Hauptwuchsphase zeigen die Hybride eine relativ hohe *Stabilität* gegenüber Milieufaktoren verschiedener Art. Diese Stabilität kann auf dem Wege erreicht werden, daß relativ rascher Wuchs auf früheren Stadien durch langsamen Wuchs auf späteren Stadien ausgeglichen wird. Interessant sind in diesem Zusammenhang Fälle, in denen reziproke Hybride trotz anfänglicher Unterschiede in der Wuchsgeschwindigkeit die gleiche Höhe erreichten, indem der zunächst schneller wachsende Hybrid seinen Wuchs später reduzierte, der langsamer wachsende ihn beschleunigte. Solche Erfahrungen deuten auf das Vorkommen elastischer Kontrollmechanismen, die bei den Hybriden effektiver sind als bei den Inzuchten (SPRAGUE, 1936, 1953).

Ein Beispiel bei der Tomate. LEWIS (1955) verglich die Reaktionen einer Inzuchtlinie der Tomate (*Lycopersicon esculentum* = E) und einer Linie von *L. pimpinellifolium* (= P) sowie ihrer reziproken Hybride gegenüber Kombinationen von Licht- und Temperaturunterschieden (Tab. 91). In diesem Beispiel zeigen die reziproken

Tabelle 91.
Verhalten der Arten Lycopersicon esculentum (E) und L. pimpinellifolium (P) sowie ihrer reziproken Hybride gegenüber Unterschieden in Temperatur und Lichtintensität (ft c h = foot candle hours). Zuwachs während der Hauptwuchsperiode (die ersten 5 Wochen) in logarithmischen Einheiten. Nach LEWIS, 1955

Temperatur	14–15°		18–19°	
Beleuchtung ft c h	1000	6000	1000	6000
P	0,60	0,96	1,00	1,22
P × E	0,97	1,00	1,01	1,01
E × P	0,81	0,82	0,81	0,79
E	0,75	0,68	1,15	0,69

Hybride deutliche Unterschiede in ihrer Wuchsgeschwindigkeit, die auf plasmatischen Differenzen beruhen dürften. Bei Winterkultur im Treibhaus setzten die Hybride auf allen Infloreszenzen Früchte, während die Eltern ohne künstliche Beleuchtung überhaupt keine Früchte ansetzten und mit künstlicher Beleuchtung wesentlich weniger Früchte als die Hybride.

Aus den Angaben von Tab. 91 ist zu sehen, daß die Wuchsrate der beiden Hybride durch die benutzten Temperatur- und Beleuchtungsunterschiede erstaunlich wenig modifiziert wird, die der Eltern dagegen in hohem Grade. Gleichzeitig sehen wir, daß die beiden Eltern im umgekehrten Sinne auf die Beleuchtungsintensität reagieren. Die Kombination 18,5° + 6000 ft c h reduziert den Wuchs der Tomate sehr stark, erhöht den von *L. pimpinellifolium*, hat aber keinen Einfluß auf den Wuchs der Hybride. Nur in einer der geprüften Bedingungen (14,5° + 1000 ft c h), ein Milieu, das ganz ungeeignet für die reinen Arten ist, wachsen die Hybride nennenswert rascher als der schneller wachsende Elter, in zwei anderen Bedingungen wachsen sie dagegen langsamer. Während die Hybride unter allen geprüften Bedingungen gesunde und *balanzierte* Pflanzen gaben, waren ihre Eltern unter einigen dieser Bedingungen so unbalanziert, daß sie kaum wiederzuerkennen waren. — Bei Tomaten lassen sich nach anderen Untersuchungen Hybride auffinden, die bei nur wenig erhöhter Totalernte eine doppelt so hohe Proportion Früchte haben, die innerhalb der ersten vier Wochen ausreifen; gleichzeitig ist das Prozent erstklassiger Früchte über doppelt so hoch wie bei nicht hybriden Varietäten. Die relativ frühe und gleichzeitige Reife von erstklassigen Früchten kann als Ausdruck einer erhöhten Stabilität der Entwicklungsprozesse angesehen werden (ANDEWEG und RUYTEN, 1957; DODDS, 1955).

Erfahrungen bei Mais. Die Maishybride, die sich aus Kreuzungen von Inzuchtlinien ergeben, zeigen eine Vergrößerung aller ihrer Dimensionen, Stengelhöhe, Stengeldicke, Ausbildung des Wurzelsystems, Länge der Kolben usw. Die Bodenfeuchtigkeit wird auf eine effektivere Weise ausgenützt; das größere Wurzelsystem, vermutlich in Verbindung mit einem besseren Transportsystem, erlaubt eine größere Absorption von Mineralien (WHALEY, 1952). Nach KIESSELBACH (1922) beruht 10,6% der totalen Erhöhung der Größe der Hybride über ihre Eltern auf erhöhter Zellgröße und 89,4% auf vermehrter Anzahl Zellen.

Hinsichtlich ihres Ertrages reagiert ein großer Teil der Inzuchtlinien äußerst empfindlich auf relativ geringfügige Milieuschwankungen. Unter etwas ungünstigen Bedingungen setzt ein großer Teil der Pflanzen überhaupt keine Samen. Aus Tab. 92

Tabelle 92.
Häufigkeit in Prozent von Maispflanzen mit fertilen Kolben in Abhängigkeit von Inzuchtgrad und Lokalität. Nach SENTZ et al., 1954

Material (Paare von Inzuchtlinien)	Lokalität	Prozent Heterozygotie	
		0	25
CI 21 und NC 7 . .	I	49	83,8
	II	91,5	96,6
NC 16 und NC 18 .	I	61,0	88,7
	II	91,7	99,2

sehen wir, daß Inzuchtlinien, die an einer Lokalität 91,5% Pflanzen mit fertilen Kolben gaben, an einer zweiten Lokalität nur 49% fertile Individuen hatten. Verschiedene Inzuchtlinien reagierten ähnlich auf diese Lokalitäten. Ein Heterozygotiegrad von 25%, der durch zweifache Rückkreuzungen innerhalb von Linienpaaren erzeugt wurde, verbesserte in allen Fällen das Prozent fertiler Kolben. Eine Maispflanze ohne fertilen Kolben ist ein typisches Beispiel für ein „developmental accident", der durch geschwächte Stabilität begünstigt wird.

Komponenten des Ertrages. Der Samenertrag von Mais setzt sich nach LENG (1954) aus den vier unten angegebenen Komponenten zusammen. Sehr wenig ist bisher über den Effekt der Heterosis auf diese Komponenten veröffentlicht. Ein Versuch von LENG, in welchem die mittleren Werte von 48 Hybriden mit denen der „top parents", d. h. dem besseren Elter von jeder Kreuzung, verglichen wurde, ist in Tab. 93 beschrieben. Die Heterosis reduzierte hiernach die Anzahl zweikolbiger Pflanzen, erhöhte das Samengewicht um 8% über den Mittelwert der besseren Eltern; sie hatte keinen Einfluß auf die Anzahl der Körnerreihen in den Kolben, bewirkte aber eine auffällige Verlängerung der Kolben durch eine höhere Körnerzahl je Reihe. Die Angaben von Tab. 93 erklären indessen nicht genau wie der Mehrertrag der

Hybride zustande kommt. Multiplizieren wir die Heterosiseffekte für die vier primären Komponenten des Ertrages (rechte Spalte der Tabelle) so erhalten wir den Wert 139%. An der Differenz 211%—139% können sehr verschiedene Faktoren

Tabelle 93.
Vergleich der mittleren Werte von vier Komponenten des Ertrages bei 48 Maishybriden und ihren „top parents" (besseren Eltern einer jeden Kreuzung). Nach LENG, 1954

	F_1	T. P. top parents	F_1 : T. P.
Kolben pro 100 fertile Pflanzen .	106,2	116,5	91%
Gewicht von 100 Körnern Gramm	31,6	29,3	108%
Anzahl Kornreihen	17,4	17,4	100%
Körner pro Reihe .	45,8	32,2	142%
Ertrag bu/acre . .	96,0	45,5	211%

beteiligt sein (z. B. der Vergleich mit dem besseren Elter statt mit dem Eltermittel), die indessen nicht näher diskutiert werden. Von besonderem Interesse ist der Befund des Autors, daß in jeder der 48 Kreuzungen die Anzahl Körner je Reihe einen höheren Wert hatte als beim besseren Elter.

Ontogenetische Fixierung der Komponenten des Ertrages. Die beiden Komponenten des Ertrages, die für die Heterosis die geringste Rolle spielen, werden bei den nordamerikanischen Maistypen am frühesten fixiert, wie aus nachstehendem Schema

Fixierung	Anzahl Körnerreihen	Kolben/Pflanze	Körner/Reihe	Körnergewicht
Tage nach Aussaat . . .	35—40		75	105—115
Stadium	Bei Beginn der Differenzierung des Kolbensprosses	Kurz nach Beginn der Differenzierung des Kolbensprosses	Bei Abschluß der Befruchtung	Bei der physiologischen Reife
„% Heterosis" siehe Tab. 93	0	—9	+42	+8

hervorgeht. Die wichtigste Komponente, die Anzahl Körner je Reihe, ist erst nach Abschluß der Befruchtung endgültig festgelegt. Das Körnergewicht ist schon früh partiell fixiert, indem nach LENG eine negative Korrelation zwischen Körnergewicht und Anzahl Körnerreihen besteht. Eine gewisse Beeinflussung des Körnergewichtes ist indessen bis zu Beginn der physiologischen Reife des Kolbens möglich. Obgleich somit die entscheidenden Komponenten des Ertrages erst auf einem späten Stadium fixiert werden, so ist nicht zu vergessen, daß bei den heterotischen Hybriden ein Überschuß von synthetischer Aktivität schon auf den frühesten Entwicklungsstadien in Erscheinung tritt und erst während längerer Perioden die Voraussetzungen für die Ausbildung gut fertiler Kolben schafft. Eine ungenügende Plastizität der zuletzt fixierten Komponente, Körnergewicht, mag unter Umständen den Ertrag begrenzen. Das Muster der Plastizität der Komponenten des Ertrages ist bei verschiedenen Objekten recht verschieden. Obwohl die Verhältnisse bei Mais kaum typisch sind, lassen sie gewisse Prinzipien besonders klar zum Ausdruck kommen.

Heterosis und Umwelt. Eine Reihe von Autoren, z. B. EAST (1916) und JONES (1918), heben hervor, daß Heterosis einen ähnlichen Effekt auf die Pflanzen hat, wie eine günstige Umgebung. Sie kommt besonders zum Ausdruck in quantitativen

Charakteren, die gegenüber der Umwelt die größte Plastizität zeigen. Sowohl günstige Umwelt als auch Heterosis erzeugen bei Mais größere Pflanzen mit längeren Stengeln und längeren Kolben mit schwereren Samen. Bei Zusammenwirkung von Heterosis und Milieu bemerken wir in der Regel abnehmende Effekte in positiver Richtung, zunehmende in negativer. Das heißt in gutem Milieu sind die Unterschiede zwischen Hybriden und Inzuchten relativ klein, in schlechtem Milieu sind sie vergrößert, oft übrigens auch zahlreiche andere Faktoren wie pseudogame Effekte und verdünnte bis zu extremen Werten. Offenbar wirken sowohl Heterosis als auch gutes Milieu (und Gifte) als Stimulationen auf die gleichen basalen Systeme, die die synthetische Aktivität des Organismus regulieren. Bei Kombination mehrerer Stimuli können sich ihre Effekte nur partiell addieren, indem nach Erschöpfung der leicht disponiblen Effektivität schwerer disponible Effektivität ausgelöst werden muß.

Ein Beispiel bei der Maus. Barnett und Coleman (1960) zogen von zwei langjährigen Inzuchtstämmen der Maus, A2G und C57BL, je zwei Substämme auf, die eine Reihe von Generationen bei verschiedenen, konstanten Temperaturen gehalten wurden, nämlich +21° und −3°. Bei jeder der beiden Temperaturen wurden die Stämme gekreuzt und die F_1 bei der gleichen Temperatur aufgezogen wie ihre Eltern. Tab. 94 beschreibt die Auswirkung der Heterosis auf die Reproduktion bei beiden

Tabelle 94.
Modifizierung reproduktiver Charaktere zweier Inzuchtlinien der Maus (A2G und C57BL) und ihrer Hybride durch die Temperatur. Nach Barnett und Coleman, 1960, vereinfacht

	+21°			−3°		
	A2G	C57BL	F_1	A2G	C57BL	F_1
Anzahl Paare	15	15	11	19	10	12
Anzahl Würfe						
1. geboren je Paar	5,1	5,1	4,6	2,8	2,4	3,1
2. entwöhnt je Paar . . .	4,5	3,7	4,5	1,3	1,1	3,0
Anzahl Jungen						
3. geboren je Wurf. . . .	5,3	6,5	9,5	4,1	5,1	9,0
4. entwöhnt je Wurf . . .	4,7	5,6	8,8	3,2	4,8	7,6
Anzahl Jungen						
5. geboren je Paar	27,1	33,5	43,8	10,9	12,3	27,7
6. entwöhnt je Paar . . .	20,7	20,4	39,1	4,3	5,3	22,7

Temperaturen. Die Daten der Tabelle über F_1 sind auf Anzahl und Vitalität von F_2-Individuen von Geburt bis zum Zeitpunkt der Entwöhnung aufgebaut. Es handelt sich hierbei indessen um Charaktere, die in erster Linie durch die Konstitution der F_1-Mütter bestimmt werden.

Bei der günstigen Temperatur 21° äußert die Heterosis sich primär in der größeren Anzahl der je Wurf geborenen und entwöhnten Jungen. Bei der ungünstigen Temperatur −3° ist bei den Inzuchten die Anzahl der Würfe stark erniedrigt und über die Hälfte der Würfe geht verloren. Bei den F_1-Hybriden sind Vitalität und Größe der Würfe so stark verbessert, daß je Paar 22,7 Jungen entwöhnt werden, gegenüber einem Mittel von 4,8 bei den elterlichen Inzuchten. Bei dieser extrem ungünstigen Temperatur erzeugen die Hybride somit eine höhere Anzahl lebensfähiger Nachkommen als die Inzuchten bei der optimalen Temperatur 21° (22,7 versus 20,6). — Im übrigen gibt diese Tabelle, besonders bei Betrachtung des Charakters 6, ein neues Beispiel dafür, daß Heterosis ähnliche Effekte haben kann wie günstiges Milieu und daß die Effekte dieser beiden Faktoren sich nur partiell addieren, indem bei günstigem Milieu der relative Grad der Heterosis geringer ist als bei ungünstigem.

III. Biologische Betrachtungen

1. Allgemeines, Ursprung der Heterosis

Über die biologische Bedeutung der Heterosis gibt es sehr verschiedene Auffassungen. Im einen Extrem stehen Forscher, die die Heterosis als ein passives Nebenprodukt einer ausschließlich auf Mutation und Selektion basierten Evolution betrachten, während die Repräsentanten des anderen Extrems die Heterosis als einen wichtigen Faktor der Evolution ansehen, der auch von fundamentaler Bedeutung für das Verständnis genereller biologischer Probleme ist. Wegen der Kompliziertheit der Verhältnisse und der Unsicherheit unseres Wissens sind die folgenden Betrachtungen z. T. mehr als Bilder und Gleichnisse zu verstehen als als konkrete Modelle.

Das allgemeine Vorkommen und die gleichartige Erscheinung der Heterosis bei Tieren und Pflanzen spricht für generelle Bedeutung. Es liegt nahe anzunehmen, daß die primäre Wurzel der Heterosis auf der generellen Fähigkeit der Organismen beruht, auf Stimuli zu reagieren. In diesem Zusammenhang ist es nützlich zu betrachten wie der Terminus *Stimulus* in einem Standardwerk der Pflanzenphysiologie definiert wird (THOMAS, 1956): "A stimulus may be defined as an external or internal agent that evokes in an organism a response in which the amount of energy liberated greatly exceeds that brought into the reacting system by the inducing agent." Wir bemerken sofort, daß eine solche Definition vorzüglich für die vorliegenden Probleme paßt, indem energieauslösende Stimuli von verschiedenartigen Faktoren der Umwelt und des Genotyps ausgehen können. In erster Linie interessieren uns indessen die Stimuli, die von heterozygoten Genen ausgehen, die heterotischen Effekte.

Die erste Frage, die in dieser Verbindung entsteht, ist, ob die Heterosis sich aus der fundamentalen Reaktionsfähigkeit der Organismen in bezug auf Stimuli direkt ableitet, oder indirekt, über die Prinzipien der Befruchtung. Offenbar wird die Befruchtung schon bei den primitivsten Organismen durch Stimuli ausgelöst, die die Partner aufeinander ausüben. Da es nicht der Sinn der Befruchtung ist, genotypisch identische Gameten zu einer Zygote zu vereinigen, wurden verschiedene Mechanismen erfunden, die die Verschmelzung ungleicher Gameten begünstigen oder erzwingen, nämlich Incompatibilitätssysteme, geschlechtliche Differenzierung von Gameten und Individuen, Heterosis. Alle solche Mechanismen beruhen auf komplementären Stimulationen zwischen ungleichartigen Partnern.

Obwohl heutzutage diese Mechanismen als inkommensurable Phänomene erscheinen, greifen doch ihre Effekte ineinander über und lassen sich zum Teil nicht sicher trennen. In der Evolution der Organismen leiten diese Mechanismen sich vermutlich von einer gemeinsamen Basis ab. Die primitive Heterosisfunktion ist jedoch im Laufe der Zeiten zu einem komplizierten System differenziert worden, das an wichtigen Funktionen beteiligt ist, wie Regulierung der Effektivität und Stabilität ontogenetischer und metabolischer Systeme, Regulierung reproduktiver Prozesse, speziell der Fertilität. Dieses System stimuliert besonders eine Reihe von einleitenden Lebensprozessen, indem es sich schon in den ersten Stunden des befruchteten Eies, der befruchteten Samenanlage oder des keimenden Samen geltend macht, in Zellen, die sonst noch keine wesentliche synthetische Aktivität entfaltet haben. Die eigentliche und spezifische Funktion der Heterosis besteht indessen in Erhaltung der *genetischen Variabilität* und der *Kohärenz* der Arten (vgl. Kap. 20). Während die Heterosis in dieser Funktion unersetzlich für die Evolution ist, sind ihre übrigen Funktionen vielleicht nur unvermeidliche Nebeneffekte, die so gut wie möglich an die bestehenden genetisch/physiologischen Systeme angepaßt sind.

2. Beziehungen zu Befruchtung und Incompatibilität

Es besteht eine gewisse Tendenz, eine große Gruppe von fundamentalen Lebensprozessen durch Reaktion zwischen Makromolekülen mit komplementären Oberflächenstrukturen zu erklären, von ähnlicher Art wie sie bei Ausfällung eines Antigens durch einen Antikörper angenommen wird. Weiss (1960) hat diese Vorstellung in allgemeiner Form ausgebaut. Ein Viruspartikel kann sich z. B. an ein Bakterium von geeignetem Typus anheften dadurch, daß eine spezifische Stelle seiner Oberfläche sich mit einer komplementären Struktur auf der Oberfläche des Bakteriums kombiniert. Ein Hormon findet ebenfalls in Zellen von geeignetem Typus eine komplementäre Struktur, mit der es reagiert. Solche Verhältnisse spielen vermutlich auch bei der Befruchtung eine große Rolle. Bei vielen primitiven Organismen paaren sich nur Zellen von entgegengesetzem Paarungstyp, mt^+ und mt^-. Nach Brock (1959) besitzt der eine Paarungstyp der Hefe *Hansenula wingei* ein spezifisches Protein auf seiner Oberfläche, das zu einem Polysaccharid auf der Oberfläche des entgegengesetzten Typus komplementär ist. Die Kombinierung der Zellen vom entgegengesetzten Paarungstyp ist analog einer Reaktion zwischen Antikörper und Antigen.

Bei höheren Organismen, sowohl bei Pflanzen als auch bei Tieren, führt verschärfte Inzucht oft zu einer „erzwungenen Heterozygotie" *(enforced heterozygosity)*, d. h. man trifft einige wenige Loki, die ihre Heterozygotie auf besonders hartnäckige Weise aufrechterhalten. Da in einem großen Teil solcher Beispiele nicht genügend Letalität oder Sterilität gefunden wird, um eine selektive Begünstigung der Heterozygoten als Erklärung wahrscheinlich zu machen, muß man sich nach anderen Ursachen umsehen (Lerner, 1958; S. 72). Besonders auffällige Beispiele für erzwungene Heterozygotie wurden bei Untersuchungen über Blutgruppen beim Huhn angetroffen. Gilmour (1959) nimmt an, daß ein jedes der 6 Chromosomenpaare des Huhns ein kurzes Segment besitzt, das die Tendenz hat, auch bei starker Inzucht heterozygot zu verbleiben. Er nimmt selektive Vorteile der Heterozygoten an. Edwards (1959) macht dagegen darauf aufmerksam, daß eine andere Möglichkeit besteht. Wenn Gameten mit ungleichen Oberflächeneigenschaften die Tendenz hätten, vorzugsweise zu konjugieren, so könnte dies zu einer extrem stabilen Variabilität führen, wenn die Paarungseigenschaften der Gameten durch ihre eigenen Gene bestimmt werden. — Zusammenfassend möchten wir sagen, daß eine *selektive Befruchtung*, die vorzugsweise zwischen Gameten mit komplementären Oberflächenstrukturen stattfindet, bei weitem die wahrscheinlichste Erklärung für erzwungene Heterozygotie ist.

Wenn bei Kreuzung A'A×A'A vorzugsweise A'- mit A-Gameten konjugieren, so würden fast nur Heterozygoten in diesem Genpaar entstehen. So einfach sind die Verhältnisse wohl nicht bei höheren Organismen. Wenn indessen Individuen heterozygot in vielen Genen von solchem Typus wären, z. B. A'A B'B C'C D'D E'E, und jedes Genpaar komplementäre Unterschiede in der Oberfläche der Gameten erzeugen würde, so würde eine Eizelle A' B' C' D' E' am leichtesten durch ein Spermium A B C D E befruchtet. Wenn kein solches Spermium vorhanden wäre, so würden auch Typen wie A B C D' E' genügen. Wenn aber in einer Inzuchtlinie bei progressivem Verlust der Heterozygotie die Kombination der Gameten wegen einer zu geringen Anzahl von komplementären Oberflächenstrukturen erschwert wäre, so würde die Heterozygotie in den letzten dieser Loki sehr hartnäckig aufrechterhalten. Wenn in nicht ingezüchteten Populationen eine größere Anzahl Loki von diesem Typus vorkommt, so wäre der genetische Nachweis einer selektiven Befruchtung mit großen Schwierigkeiten verbunden, da im allgemeinen nur kleinere Abweichungen in den Zahlenverhältnissen der spaltenden Markierergene zu erwarten wären. Stärkere Abweichungen, die man in subhomozygoten Inzuchten voraussetzen sollte und auch häufig antrifft, hat man nicht systematisch von diesem Gesichtspunkt aus analysiert. Wenn obige Hypothese nicht ausreicht, kann man eine Anzahl ähnlicher Hypothesen aufstellen. Ein Punkt von besonderem Interesse ist, daß die erzwungene Heterozygotie nach obiger Auffassung bis zu einem gewissen Grade auch eine erzwungene Incompatibilität ist.

Die Literatur über Blutgruppen beim Huhn enthält eine Anzahl Belege für selektive Vorteile der Heterozygoten in Blutgruppenloki (cfr. LERNER, 1958). Eine solche Heterozygotie scheint vorteilhaft für Brutfähigkeit der Eier, Wuchs, Vitalität und Fertilität der Individuen zu sein (SHULTZ und BRILES, 1953; BRILES et al., 1957). Solche Vorteile wären besonders leicht verständlich, wenn heterozygote Loki, die eine selektive Befruchtung begünstigen, außerdem auch Stimulationen in Zygoten und Embryonen auslösen. Indem Allele von diesem Typus durch die natürliche Selektion begünstigt würden, könnten Incompatibilitätsloki leicht *heterotische Nebenfunktionen* erwerben oder ein System von heterotischen Loki abzweigen. Jedenfalls dürfte eine reinliche Unterscheidung der Gensysteme für Incompatibilität, selektive Befruchtung und Heterosis Schwierigkeiten bereiten.

Bei Selbstung von Alfalfa oder Roggen beruht die Sterilität teils darauf, daß der größere Teil der Samenanlagen nicht befruchtet wird, teils auf frühzeitigem Absterben vieler befruchteter Samenanlagen (BRINK und COOPER, 1947). Es kann darüber diskutiert werden, ob in solchen Fällen das Absterben der jungen Zygoten als Incompatibilität (Selbststerilität) oder Inzuchteffekt betrachtet werden sollte. Es scheint indessen, daß hier die Effekte der Incompatibilität und der Inzucht ineinander übergreifen.

3. Beziehungen der Heterosis zu Stabilität und Fertilität

Die Stabilität der ontogenetischen Prozesse und der physiologischen Gleichgewichte beruht in erster Linie darauf, daß die biochemischen Standardloki einen so hohen Überschuß an Effektivität besitzen, daß sie imstande sind, alle wichtigeren Funktionen trotz zahlreicher Störungen bis hart an das Niveau heranzupressen, das durch das Kontrollsystem bei dem gegebenen Milieu erlaubt wird. Indem bei einem hohen Niveau von Aktivität zahlreiche geringere Geneffekte wie modifizierende Gene oder leichtere genetische Defekte an der Manifestation verhindert werden, wird eine gleichmäßige, stabile Entwicklung gesichert. Zu diesem Zwecke wäre an und für sich nur ein perfektes Kontrollsystem nötig. Da aber das Kontrollsystem verstärkt werden mußte, um sich einem starken Druck seitens des Systems heterotischer Loki zu widersetzen (S. 432), wird normalerweise ein beträchtlicher Teil der Aktivität durch letzteres System ausgelöst. In allogamen Populationen entstehen hierdurch keine wesentlichen Nachteile. Aus pseudopolymeren Kombinationen der Minusallele von heterotischen Loki entsteht zwar ein Muster von Phänodevianten, was jedoch wegen der geringen Häufigkeit solcher Anomalien keine Bedeutung hat. Wenn indessen durch Inzucht der Heterozygotiegrad herabgesetzt wird, wird der Druck des Kontrollsystems zu stark und verteilt sich zu ungleichmäßig auf die verschiedenen Prozesse. Indem außerdem bei niedrigem Niveau der Aktivität die Manifestation subliminaler genetischer Variabilität verstärkt werden kann, ist eine herabgesetzte Stabilität der Entwicklung leicht zu verstehen.

Die Fertilität scheint bei Pflanzen und Tieren besonders enge Beziehungen zum Heterozygotiegrad zu haben. Eine hohe Fertilität ist zunächst abhängig von kräftiger und gut balanzierter Entwicklung der Pflanze, die einen genügenden Überschuß von synthetischer Aktivität erlaubt, sowie von einer Koordination der vegetativen und reproduktiven Prozesse. Der vegetative Wuchs einer Maispflanze muß z. B. auf einem richtigen Stadium reduziert werden, damit ein möglichst großer Teil der synthetischen

Produkte zum Aufbau des Kolbens verwendet werden kann. Weiter müssen die fein aufeinander eingestellten reproduktiven Prozesse störungsfrei ablaufen. Besondere Kontrollen sind noch dazu nötig, daß die Pflanze keine größere Anzahl von Samen entstehen läßt, als sie zu normaler Größe ausbilden kann, wobei auch das eventuelle Eintreffen von widrigen Milieuverhältnissen während des Auswachsens der Samen zu berücksichtigen ist. Wird eine Maispflanze durch Inzucht geschwächt, so wird die Samengröße nur unbedeutend reduziert, z. B. um 8%, was etwa der allgemeinen Reduktion der Zellgröße bei Inzucht entspricht, während die Anzahl der Samen um 80—90% reduziert werden kann.

Die Kontrollen für Fertilität sind offenbar *plastisch*. Bei Zwergpflanzen, die in einem kümmerlichen Milieu aufwachsen, suchen sie einen Überschuß an synthetischer Aktivität relativ zur Größe der Individuen zu sichern, der eine Voraussetzung für die Einleitung reproduktiver Prozesse ist. Sie sorgen dafür, daß eine den Umständen angemessene Anzahl Samen von normaler Qualität entsteht. Aber auch bei einem normalen Milieu ist die Reproduktion an einen Überschuß synthetischer Aktivität gebunden. Bei gewissen Milieuverhältnissen oder bei herabgesetzter Heterozygotie kann das Niveau der Aktivität noch genügen, um einen fast normalen Wuchs zu gestatten, erlaubt aber keine Reproduktion. Wenn dagegen bei überdurchschnittlicher Heterozygotie der vegetative Wuchs durch geeignete Kontrollen begrenzt wird, kann der Überschuß an Aktivität in Fertilität umgewandelt werden, so daß wir überdurchschnittliche Samenerträge erhalten. — Die Beziehungen zwischen Fertilität und Heterozygotie sind in einigen Beispielen besonders klar. In der Bienengattung *Melipona* entwickeln sich z. B. Weibchen, die heterozygot in drei spezifischen Loki sind, zu fertilen Königinnen, während Individuen, die homozygot in einem oder mehreren dieser Loki sind, sterile Arbeiterinnen ergeben (KERR et al., 1956). Es handelt sich hier anscheinend um eine spezifische Umformung eines generellen Prinzips.

4. Heterosis und Autogamie

Die Beziehungen zwischen Heterosis und Fertilität sind indirekt. Sie beruhen darauf, daß bei den meisten Organismen ein großer Teil der energetischen Reserven durch Stimuli ausgelöst wird, darunter auch genetische Stimuli wie heterotische Loki. Dies führte bei vielen Objekten dazu, daß eine normale Reproduktion an ein gewisses Minimum von Heterozygotie gebunden und die Fertilität mit dem Heterozygotiegrad korreliert wurde. — Der Umstand daß bei autogamen Arten die Heterosis schwächere und unregelmäßigere Manifestation zeigt, hat einige Forscher dazu geführt, die generelle Bedeutung der Heterosis als gering zu beurteilen. Hierin können wir nicht einig sein. Es wird allgemein anerkannt, daß Autogamie die evolutionären Perspektiven einer Art auf ein Minimum reduziert, und dies deutet eher auf eine wesentliche Bedeutung der Heterosis für die Evolution hin. Außerdem sind bei autogamen Arten vermutlich verschiedene *Substitute* für Heterosis ausgebildet worden. Zum Beispiel könnte die für die Vigor der jungen Zygoten notwendige genotypische Ungleichheit der Gameten durch chemische Differenzierung derselben ersetzt sein. Eine chemische Differenzierung der Gametenkerne ist im Tierreich wohlbekannt, indem bei vielen Gruppen von Tieren während der Spermienreife die Histonkomponente der Nucleoproteine des Spermatidenkernes durch Protamine ersetzt werden. Die biologische Bedeutung der divergenten Differenzierung der Gameten wurde schon von CASTLE (1916) in klarer Weise vorausgesehen: "Crossbreeding has, then, the same advantage over close breeding that fertilization has over parthenogenesis. It brings together differentiated gametes, which, reacting on each other, produce greater metabolic activity. Whether or not the uniting gametes differ by Mendelian unit-characters is probably of no consequence. That they *differ chemically* is doubtless the essential thing in producing added vigor. Heterozygosis is mentioned merely as an evidence of such chemical difference."

Der Übergang eines allogamen Objektes zur Autogamie ist mit großen Schwierigkeiten verbunden, was z. B. aus den S. 227 diskutierten Verhältnissen bei *Vicia faba* hervorgeht. Ein solcher Übergang hat indessen bei zahlreichen natürlichen Arten stattgefunden und führt offenbar zu einer ausreichenden Fertilität. Hierzu dürfte eine partielle Rückbildung des heterotischen Systems und eine Modifizierung anderer Komponenten des Kontrollsystems erforderlich sein, vielleicht auch noch die Ausbildung von verschiedenen Substituten für die heterotische Stimulation. Die ontogenetische Stabilität autogamer Arten wird durch Kreuzungen innerhalb der Rasse oder Art gewöhnlich nicht erhöht. Dies zeigt, daß auch ohne Heterozygotie eine gute Stabilität erreicht werden kann. Wenn in solchen Kreuzungen in der Mehrzahl der Fälle eine gewisse Erhöhung des Ertrages gefunden wird, so könnte dies auf Resten des heterotischen Systems, aber auch auf verschiedenen anderen Effekten beruhen.

Literatur

AIRY, J. M.: Production of hybrid corn seed. In: SPRAGUE: Corn and Corn Improvement, Chapter 9. New York: Acad. Press Inc. 1955.

ANDEWEG, J. M., and J. H. RUYTEN: Seven years of experience with hybrid tomatoes. Euphytica 6, 26—37 (1957).

ASHBY, E.: Studies in the inheritance of physiological characters. I. A physiological investigation of the nature of hybrid vigour in maize. Ann. Bot. 44, 457—467 (1930).

— Hybrid vigour in plants. Mem. Manch. Lit. Phil. Soc. 91, 1—18 (1949/1950).

BARNETT, S. A., and E. M. COLEMAN: "Heterosis" in F_1 mice in a cold environment. Genet. Res. 1, 25—38 (1960).

BAUR, E.: Einführung in die Vererbungslehre. 7—11. Aufl. Berlin: Bornträger 1930.

BRIEGER, F. G.: The genetic basis of heterosis in maize. Genetics 35, 420—445 (1950).

BRILES, W. E., C. P. ALLEN, and T. W. MILLEN: The B blood group system of chickens. I. Heterozygosity in closed populations. Genetics 42, 631—648 (1957).

BRINK, R. A., and D. C. COOPER: Double fertilization and development of the seed in Angiosperms. Bot. Gaz. 102, 1—25 (1940).

— — The endosperm in seed development. Bot. Rev. 13, 423—541 (1947).

— Inbreeding and crossbreeding in seed development. In: GOWEN: Heterosis, Chapter 5. Ames, Iowa: Iowa State College Press 1952.

BROCK, T. D.: Biochemical basis of mating in yeast. Science 129, 960—961 (1959).

CASTLE, W. E.: Genetics and Eugenics. Cambridge: Harvard Univ. Press 1916.

COOPER, D. C., and R. A. BRINK: Partial self-incompatibility and the collaps of fertile ovules as factors affecting seed formation in alfalfa. J. Agr. Res. 60, 453—472 (1940).

DOBZHANSKY, TH.: Nature and origin of heterosis. In: GOWEN: Heterosis, Chapter 13. Ames, Iowa: Iowa State College Press 1952.

DODDS, K. S.: Hybrid vigour in plant breeding. Proc. roy. Soc. B 144, 185—192 (1955).

EAST, E. M.: Studies on size inheritance in Nicotiana. Genetics 1, 164—176 (1916).

EDWARDS, J. H.: Alternatives to heterosis. Heredity 13, 415 (1959).

GILMOUR, D. G.: Segregation of genes determining red cell antigens at high levels of inbreeding in chickens. Genetics 44, 14—33 (1959).

GUSTAFSSON, Å.: Mutations, environment and evolution. Cold Spr. Harb. Symp. quant. Biol. 16, 263—281 (1951).

HAGBERG, A.: Heterosis in F_1 combinations in Galeopsis. II. Hereditas 38, 221—246 (1952).

HÅKANSSON, A., and S. ELLERSTRÖM: Seed development after reciprocal crosses between diploid and tetraploid rye. Hereditas 36, 256—296 (1950).

HASKELL, G.: Role of the male parent in crosses involving apomictic Rubus species. Heredity 14, 101—113 (1960).

HAYES, H. K.: Development of the heterosis concept. In: GOWEN: Heterosis, Chapter 3. Ames, Iowa: Iowa State College Press 1952.

JONES, D. F.: The effects of inbreeding and crossbreeding upon development. Conn. Agr. exp. St. Bull. 207, 1—100 (1918).

— Plasmagenes and chromogenes in heterosis. In: GOWEN: Heterosis, Chapter 14. Ames, Iowa: Iowa State College Press 1952.

JUGENHEIMER, R. W.: Hybrid maize breeding and seed production. FAO agricultural development paper, No. 62. Rome 1958.

KERR, W. E., E. S. P. BRAZIL, and H. H. LAIDLAW: General genetics of bees. Adv. Genet. **8**, 109—153 (1956).
KIESSELBACH, T. A.: Corn investigations. Nebr. Agr. exp. St. Res. Bull. **20**, 5—151 (1922).
— The significance of Xenia effects on the kernel weight of corn. Nebr. Agr. exp. St. Res. Bull. **191**, 1—30 (1960).
LAIBACH, F.: Das Taubwerden von Bastardsamen und die künstliche Aufzucht früh absterbender Bastardembryonen. Z. Bot. **17**, 417—459 (1925).
LENG, E. R.: Effects of heterosis on the mayor components of grain yield in corn. Agronomy J. **46**, 502—506 (1954).
LERNER, I. M.: The Genetic Basis of Selection. New York: John Wiley 1958.
LEWIS, D.: Comparative incompatibility in Angiosperms and Fungi. Adv. Genet. **6**, 235 bis 285 (1954).
— Gene interaction, environment, and hybrid vigour. Proc. roy. Soc. B **144**, 178—185 (1955).
MANGELSDORF, P. C.: Hybrid corn: its genetic basis and its significance in human affairs. In: DUNN: Genetics in the 20th century, Chapter 24. New York: MacMillan 1951.
MATHER, K.: A discussion on hybrid vigour. Proc. roy. Soc. B **144**, 143—221 (1955).
MÜNTZING, A.: Hybrid vigour in crosses between pure lines of Galeopsis tetrahit. Hereditas **31**, 391—398 (1945).
RAPPAPORT, J.: In vitro culture of plant embryos and factors controlling their growth. Bot. Rev. **20**, 201—225 (1954).
RICHEY, D. F.: Hybrid vigour and corn breeding. Agronomy J. **38**, 833—841 (1946).
ROBBINS, W. J.: Hybrid nutritional requirements. In: GOWEN: Heterosis, Chapter 7. Ames, Iowa: Iowa State College Press 1952.
SANG, J. H.: Nutritional requirements and hybrid vigour in Drosophila. Heredity **8**, 435 (1954). (Abstr.)
SATINA, S., J. RAPPAPORT, and A. F. BLAKESLEE: Ovular tumors connected with incompatible crosses in Datura. Amer. J. Bot. **37**, 576—586 (1950).
SENTZ, J. C., H. F. ROBINSON, and R. E. COMSTOCK: Relation between heterozygosis and performance in maize. Agronomy J. **46**, 514—520 (1954).
SHULL, G. H.: A pure line method of corn breeding. Rep. Amer. Breeders' Ass. **5**, 51—59 (1909).
— What is "heterosis"? Genetics **33**, 439—446 (1948).
— Beginnings of the heterosis concept. In: GOWEN: Heterosis, Chapter 2. Ames, Iowa: Iowa State College Press 1952.
SHULTZ, F. T., and W. E. BRILES: The adaptive value of blood group genes in chickens. Genetics **38**, 34—50 (1953).
SPRAGUE, G. F.: The nature and extent of heterofertilization in maize. Genetics **17**, 358—378 (1932).
— Hybrid vigor and growth rates in a maize cross and its reciprocal. J. Agr. Res. **53**, 819—830 (1936).
— The experimental base for hybrid maize. Biol. Rev. **21**, 101—120 (1946).
— Heterosis. In: LOOMIS: Growth and differentiation in plants, Chapter 7. Ames, Iowa: Iowa State College Press 1953.
STEIN, O. L.: A comparison of embryonic growth rates in two inbreds of Zea mays L. and their reciprocal hybrids. Growth **20**, 37—50 (1956).
STERN, K.: Über die Erblichkeit des Wachstums. Züchter **26**, 121—127 (1956).
THOMAS, M.: Plant physiology. 4th ed. London: J. and A. Churchill 1956.
TURBIN, N. V.: Der Einfluß von eigenem Pollen auf die Vitalität der Kreuzungsnachkommenschaft. Russisch; Ref. Züchter **24**, 279 (1952).
WANG, F. H.: Embryological development of inbred and hybrid Zea mays L. Amer. J. Bot. **34**, 113—125 (1947).
WANGENHEIM, K. v.: Zur Ursache der Kreuzungsschwierigkeiten zwischen Solanum tuberosum L. und S. acaule Bitt. bzw. S. stoloniferum Schlechtd. et Bouché. Z. Pflanzenz. **34**, 7—48 (1954).
—, S. J. PELOQUIN, and R. W. HOUGAS: Embryological investigations on the formation of haploids in the potato (Solanum tuberosum). Z. Vererbungsl. **91**, 391—399 (1960).
— Zur Ursache der Abortion von Samenanlagen in Diploid-Polyploid-Kreuzungen. I. Die Chromosomenzahlen von mütterlichem Gewebe, Endosperm und Embryo. Z. Pflanzenz. **46**, 13—19 (1961).
WEISS, P.: Molecular reorientation as a unifying principle underlying cellular selectivity. Proc. nat. Acad. Sci. (Wash.) **46**, 993—1000 (1960).
WELLHAUSEN, E. J.: Modern corn breeding and production in Mexico. Phytopath. **44**, 391—395 (1954).
WHALEY, W. G.: Physiology of gene action in hybrids. In: GOWEN: Heterosis, Chapter **6**. Ames, Iowa: Iowa State College Press 1952.

WILLIAMS, E. J.: Seed failure in the Chippewa variety of Solanum tuberosum. Bot. Gaz. **117**, 10—15 (1955).

YAMASAKI, Y., T. SUTO, and K. URANO: Cytological and serological aspects of heterosis in maize. Proc. int. Genet. Symp. 1956, Tokyo and Kyoto, Japan. Cytologia Suppl. 396—400 (1957).

YOKOYAMA, T.: On the application of heterosis in Japanese sericulture. Proc. int. Genet. Symp. Tokyo and Kyoto. Cytologia Suppl. 527—531 (1957).

Kapitel 17

Heterosis II: Genetische Aspekte

Einleitung

In der Ausdehnung, in der die Probleme der Heterosis als ein Ausschnitt aus dem Gebiet der quantitativen Vererbung zu betrachten sind, ist ihre genetische Basis schon in früheren Kapiteln diskutiert. Daneben hat die Heterosis indessen eine Reihe von speziellen genetischen Aspekten, deren Analyse wir in diesem Kapitel beginnen und in den folgenden abschließen. Bei der Analyse der Heterosis scheint es zweckmäßig, eine Reihe von genetischen Effekten zu unterscheiden, die jedoch zum Teil nur unter günstigen Umständen auf markierte Weise hervortreten. Unter gewöhnlichen Bedingungen greifen mehrere dieser Effekte derartig ineinander über und modifizieren einander in so hohem Grade, daß sie z. T. nicht als selbständige Effekte, sondern als verschiedene Aspekte desselben Phänomens erscheinen.

Da eine eingehende Betrachtung der vorliegenden Literatur den Eindruck macht, daß die Einseitigkeit gewisser Jahrzehnte hindurch vorherrschender Vorstellungen über Heterosis und quantitative Vererbung zum Nachteil von Theorie und Praxis die Forschung längs einiger weniger Linien konzentriert hat unter Vernachlässigung anderer, ebenso wichtiger Richtungen, schien es angebracht zu sein, die Unsicherheit und Unvollständigkeit unserer Kenntnisse zu unterstreichen und auf abweichende Typen von Erklärungen hinzuweisen, selbst wenn diese zur Zeit als problematisch erscheinen.

Übersicht über Effekte, die an Heterosis beteiligt sind:

I. Komplikationen

Mütterliche Effekte. Nach der vorherrschenden Auffassung geben reziproke Kreuzungen dieselben Erträge. Bei Kreuzungen stark verschiedener Maisvarietäten können sich nach SPRAGUE (1953) anfängliche Unterschiede in der Wuchsgeschwindigkeit durch Umkehrung derselben auf späteren Stadien wieder ausgleichen. In einzelnen Fällen werden jedoch beträchtliche Unterschiede in den Erträgen gefunden (RICHEY, 1920). Aus den relativ spärlichen modernen Untersuchungen können wir schließen, daß eine hohe Ähnlichkeit der Erträge in reziproken Kreuzungen die Regel ist. Kleinere, signifikante Unterschiede sind indessen nicht selten, vgl. S. 85. HOEN und ANDREW (1959) geben z. B. an, daß Kreuzungen Hartmais ♀ × Zahnmais ♂ eine Tendenz für höhere Erträge haben, als die umgekehrten Kreuzungen. Aus den Untersuchungen von FLEMING et al. (1960) geht hervor, daß in zahlreichen Charakteren von Maishybriden plasmatische oder mütterliche Effekte in Erscheinung treten, deren Größe jedoch vom Milieu abhängt. In reziproken Testkreuzungen (topcrosses) zwischen Inzuchtlinien und der freibestäubten Varietät Krug fand ST. JOHN (1934), daß der Ertrag niedriger war, wenn die Inzucht als Samenelter benutzt wurde. Im Mittel von 51 Kreuzungen wurden folgende Erträge erhalten:

Varietät × Inzucht ♂		Inzucht × Varietät ♂	
76,13		72,20	bu/acre
Differenz	3,93 ± 0,46		

Für eine Gruppe von späten Inzuchten war die Differenz etwa doppelt so groß.

Nach JONES (1918) wachsen die F_1-Pflanzen bei Kreuzungen von Inzuchtlinien von Mais aus etwas größeren Samen als Selbstungsnachkommen. Die auf diesen F_1-Pflanzen ausgebildeten F_2-Samen sind indessen noch größer als die auf den Inzuchteltern ausgebildeten F_1-Samen. Die F_2-Sämlinge wachsen zunächst rascher als die F_1-Sämlinge bis zu einem Zeitpunkt etwa 70 Tage nach Aussaat. Danach wachsen sie langsamer und erreichen nicht die Höhe der vorangehenden Generation (Fig. 44). Befunde solcher Art haben Bedeutung für die Interpretation der Inzuchtkurve. Sie deuten nämlich auf die Möglichkeit, daß die Inzuchtdepression der Eltern die potentielle Heterosis der F_1 reduziert, während umgekehrt die Heterosis der F_1 die Depression der F_2 verringert. Die relative Häufigkeit von S_1-Linien, die nur 50—70% der erwarteten Inzuchtdepression zeigen, sowie gewisse Erfahrungen bei der Einlagerung dominanter Markierergene in Inzuchtlinien mittels der Rückkreuzungsmethode deuten ebenfalls auf die Möglichkeit mütterlicher (und z. T. auch väterlicher) Nachwirkungen, vgl. S. 83, S. 108. Wegen dieser allgemein bestehenden Möglichkeit von vergänglichen Nachwirkungen sollten sich in theoretischen Untersuchungen Nachkommenschaftsprüfungen heterozygoter Genotypen, wenn möglich, auf zwei Generationen statt auf eine erstrecken.

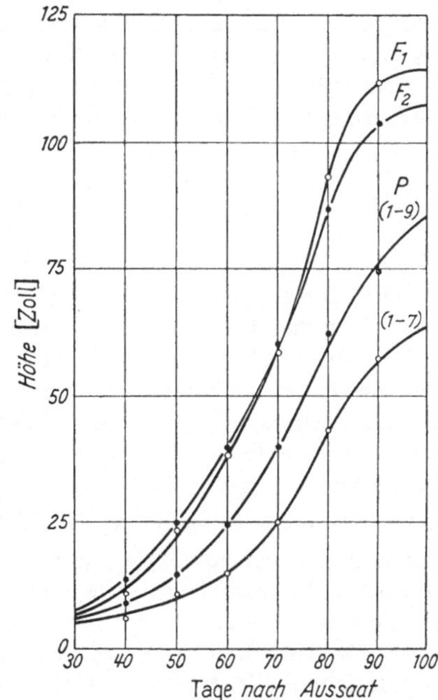

Fig. 44. Wuchskurven zweier Inzuchtlinien (1—7 und 1—9) von Mais und ihrer F_1- und F_2-Hybride. Nach JONES 1918

Plasmatische Effekte. Nach MICHAELIS' Untersuchungen über reziproke Hybride bei *Epilobium* (1951, 1954) führt Disharmonie zwischen Plasma und Genotyp nicht immer zu einer Schwächung der Hybride, sondern bisweilen im Gegenteil zu einem verstärkten Wuchs. Auch bei Mais sind sowohl günstige als auch ungünstige Effekte des Plasmas bekannt. MAZOTI (1954) gibt z. B. an, daß *Euchlena*-Plasma den Grad der Heterosis im Ertrag von Maishybriden erniedrigt. STRINGFIELD

(1958) findet dagegen, daß ein bestimmter, männliche Sterilität bedingender Plasmatypus aus Texas neutral oder günstig für die Fertilität der Maishybride ist. Die Interaktion des Texas-Plasmas mit einem Restorergen Rf (S. 76) erzeugt eine deutliche Verbesserung des Ertrages, die für eine Gruppe von 30 Hybriden einen Mittelwert von 11% hatte. Es handelt sich somit um ein Problem von hoher praktischer Bedeutung.

Plasmatische Effekte werden angenommen, wenn Unterschiede zwischen reziproken Hybriden in ähnlicher Form mehrere Generationen hindurch aufrechterhalten bleiben. Wenn man aber mit der Möglichkeit rechnet, daß das „Plasma" der Genetik mindestens zum Teil in außergenischen Elementen des *Zellkernes* lokalisiert ist und daß reziproke Unterschiede auf ungleicher Differenzierung dieser Elemente bei der Gametenbildung in den beiden Geschlechtern beruhen (Kap. 5, II), so kann eine plasmatische Vererbung auch bei reziprok ähnlichen Hybriden vorliegen. Dies würde die Perspektiven der quantitativen Vererbung sowie der praktischen Züchtung in hohem Grade beeinflussen.

Phaseneffekte. Über diese Probleme verweisen wir auf die Diskussion S. 328. Daß Gene, die die physiologischen Relationen zwischen den drei Komponenten der jungen Samenanlage modifizieren, einen hohen und unberechenbaren Einfluß auf die Fertilität bekommen, kann man sich hiernach leicht vorstellen.

Isolierungseffekt. In den Parzellen freibestäubter Varietäten wachsen eine große Anzahl von Genotypen nebeneinander. Der Ertrag eines Genotyps wird hierbei durch seine relative Konkurrenzfähigkeit gegenüber anderen Genotypen beeinflußt. Wenn man dagegen F_1-Hybride auf getrennten Parzellen aussät, so schützt man sie vor der Konkurrenz mit anderen Genotypen. Für Genotypen von hohem Ertragspotential aber schwacher Konkurrenzfähigkeit sollte durch diese Isolation eine Erhöhung des Ertrages möglich sein. Die früher beschriebenen Untersuchungen über Konkurrenz bei Gerste und Reis haben in diesem Zusammenhang Interesse (S. 182), obwohl die Beziehungen zwischen Konkurrenz und Heterosis bei autogamen und allogamen Gewächsen ziemlich verschieden sein könnten.

II. Effekte der Dominanz

1. Reversionseffekt

Die Homozygotie ungünstiger rezessiver Gene wurde früher allgemein als wichtigste Ursache der Inzuchtdepression angesehen. In gleicher Weise wäre die Aufhebung dieser Homozygotie bei Kreuzung unverwandter Inzuchtlinien die Ursache der Reversion zu normaler Vigor, d. h. zur Wiederherstellung der *Cisheterosis* (S. 322). Unverwandte Inzuchtlinien würden nämlich in der Regel verschiedene rezessive Defekte besitzen. Ihre Kreuzung ließe sich schematisch wiedergeben durch die Formel:

$$\text{aa bb cc DD EE FF } \Sigma \text{ RR} \times \text{AA BB CC dd ee ff } \Sigma \text{ RR} \rightarrow \text{Aa Bb Cc Dd Ee Ff } \Sigma \text{ RR}$$

wobei Σ RR den homozygot normalen Restgenotyp andeutet. Sie gibt Hybride, die sämtliche günstigen Gene enthalten, was zu einer vollständigen Reversion der Depression führen muß.

Als wesentliche Ursache für das Vorkommen ungünstiger rezessiver Gene in den Populationen gilt für viele Genetiker der „Mutationsdruck", der theoretisch die Tendenz hat, in zahlreichen Loki nachteilige Allele bis zu einer niedrigen Äquilibriumshäufigkeit auszubreiten, die für jedes Allel durch das relative Verhältnis von Mutationshäufigkeit und selektiven Nachteilen bestimmt wird (S. 153). Wegen der hohen Seltenheit ungünstiger Allele in individuellen Loki sollten unverwandte S_0-Pflanzen und damit auch unverwandte Inzuchten gewöhnlich verschiedene Sätze von ungünstigen Genen enthalten, Inzuchten, die gemeinsame Vorfahren besitzen, dagegen einen mit dem Verwandtschaftsgrad proportionalen Anteil gemeinsamer ungünstiger Gene. Unter diesen Umständen ist bei Kreuzung verwandter Inzuchten, die wir durch das Schema:

$$\text{aa bb cc dd EE FF } \Sigma \text{ RR} \times \text{aa BB CC dd ee ff } \Sigma \text{ RR} \rightarrow \text{aa Bb Cc dd Ee Ff } \Sigma \text{ RR}$$

wiedergeben könnten, nur eine partielle Reversion der Depression zu erwarten.

Man hat in der letzten Zeit mehrfach die Frage erörtert, ob gewöhnliche freibestäubte Maisvarietäten an einem gewissen Grad von Inzucht leiden könnten. Bei der Züchtung vieler Maisvarietäten in vergangenen Zeiten geschah es vermutlich nicht selten, daß ein neuer Maisstamm aus einer sehr geringen Anzahl (10 oder weniger) phänotypisch hervorragender Maiskolben aufgezogen wurde. Dieser Prozeß konnte bei der sukzessiven Selektion von neuen Substämmen mehrmals wiederholt werden, wobei jedesmal eine partielle Inzucht stattfand. In ähnlicher Weise konnte durch Anwendung von ear-to-row-Selektion, besonders bei Auslese mehrerer Kolben aus einer geringen Anzahl von Reihen, Inzuchteffekte stattfinden. Das Ergebnis einer solchen Selektion wäre, daß viele der Maisvarietäten homozygot in einigen ungünstigen Genen wären. Da unverwandte Maisstämme verschiedene ungünstige Gene enthalten sollten, würde Kreuzung derselben zu heterotischen Hybriden führen. Die bei Kreuzung freibestäubter Maisvarietäten (: Kreuzung von Mustern von S_0-Pflanzen aus beiden Varietäten) oft festgestellte Heterosis könnte in einigen Fällen ganz oder teilweise auf der genannten Ursache beruhen und hätte somit den Charakter einer Reversion partieller Inzuchteffekte (ROBINSON und COMSTOCK, 1955; ROBINSON et al., 1956). In der Regel sind jedoch andere Ursachen wahrscheinlicher.

2. Patenzeffekte in allogamen Populationen

In allogamen Populationen sind nicht alle Defekte latent, sondern ein jeder Typus von Defekten wird gelegentlich *patent*. Da Defekte in Tausenden von Loki vorkommen können, ist es kaum vermeidlich, daß ein großer Teil der Individuen in einem oder mehreren kleineren, seltener größeren Defekten homozygot wird. Es entsteht nun die Frage, ob die Gesamtheit dieser patenten Defekte den Ertrag der allogamen Varietäten nennenswert herabsetzt und ob es möglich ist, durch Elimination solcher Defekte oder durch Verhinderung ihrer Homozygotie die Erträge zu erhöhen.

Man hat zunächst versucht, diese Probleme durch mathematische Berechnungen zu lösen. Wie früher erklärt tritt in panmiktischen Populationen für das Genpaar A-a ein Gleichgewicht zwischen Mutation und Selektion ein, wenn $q^2 = u/s$, wobei $q =$ Häufigkeit des Mutantalles a, $q^2 =$ Häufigkeit der homozygoten Mutanten aa, $u =$ Mutationshäufigkeit A $\rightarrow$ a und $s =$ selektiver Nachteil der homozygoten Mutanten. Im Gleichgewichtszustand wäre die durchschnittliche Reduktion des selektiven Wertes der Population wegen Anwesenheit der aa-Homozygoten gleich dem Produkt aus Häufigkeit und selektivem Nachteil der aa-Individuen, also gleich $q^2 s = s \cdot u/s = u$. So kommt man zu dem überraschenden Schluß, daß die Gesamtwirkung der rezessiven Mutationen im Lokus A auf eine im Gleichgewicht befindliche Population nicht von dem selektiven Nachteil der Homozygoten abhängt, sondern ausschließlich von der Mutationshäufigkeit. Eine Mutationshäufigkeit im Lokus A von 10^{-5} sollte also den selektiven Wert W der Population um 10^{-5} erniedrigen (HALDANE, 1937; CROW, 1948, 1952). Die Reduktion des selektiven Wertes der Population auf Grund der Mutationen in allen Loki wäre gleich dem Produkte aus Anzahl Loki (n), die rezessive Mutationen geben, und der durchschnittlichen Mutationshäufigkeit dieser Loki $\bar{u}$, also $= n \cdot \bar{u}$. Wenn z. B. die Anzahl der Gene im haploiden Chromosomensatz 5000 beträgt, die mittlere Mutationshäufigkeit 10^{-5}, so wäre $n \cdot \bar{u} = 0{,}05$. Da in Diskussionen dieser Art die Tendenz besteht, bei Kulturpflanzen den selektiven Wert schematisch mit Samenertrag gleichzusetzen, so sollte dies eine Erniedrigung des Ertrages um 5% bedeuten. Nach CROW (1952) ist dieser Wert jedoch eher als ein theoretischer Grenzwert zu betrachten, da die wirkliche Reduktion des Ertrages wesentlich geringer wäre. Letalfaktoren haben z. B. gewöhnlich keine Wirkung auf den Parzellenertrag, da meist mehr als genug Samen ausgesät werden. Der nachteilige Effekt einzelner schwächlicher Pflanzen wird zum größeren Teil durch stärkeren Wuchs ihrer Nachbarn ausgeglichen. Schließlich erreicht ein großer Teil der Mutationen bei weitem nicht die stipulierte Häufigkeit in der Population, da sie nicht streng rezessiv sind und eine gewisse Elimination im heterozygoten Zustand sowie in der haploiden Phase stattfindet. In Anbetracht solcher Umstände sind einige Autoren geneigt, für die Reduktion des Ertrages allogamer Varietäten wegen Homozygotie in rezessiven Defekten eine Größenordnung von 1% zu berechnen.

Indessen ist die durchschnittliche Mutationshäufigkeit der Loki bei verschiedenen Objekten sehr verschieden und ihre Größenordnung keineswegs bekannt. Sie dürfte oft nicht unbedeutend über 10^{-5} liegen. Andererseits mögen in der Regel Mechanismen bestehen, die die nachteiligen Mutationen aus den Populationen eliminieren, so daß sie nur einen Bruchteil der theoretischen Gleichgewichtshäufigkeit erreichen (S. 222). Positive Anhaltspunkte dafür, daß eine gewöhnliche Pflanze heterozygot in einer größeren Anzahl von kleineren erblichen Defekten ist, hat man jedenfalls nicht.

Elimination von Defekten. Die Frage, ob wir durch künstliche Elimination von Defekten den Ertrag einer freibestäubten Varietät verbessern könnten, läßt sich leichter beantworten. Benutzen wir das obige Modell mit $n = 5000$ und $\bar{u} = 10^{-5}$, so könnten wir theoretisch durch einmalige Selbstung alle gröberen Defekte eliminieren (vgl. aber S. 170) und aus Pflanzen ohne Defekte eine neue Population herstellen. Aber die markierten Defekte, die wir leicht erkennen, haben vermutlich für alle Loki zusammen keine größere Mutationshäufigkeit als 1% je Generation und sollten daher nach dem Prinzip von HALDANE-CROW den Ertrag nur um höchstens 1% herabsetzen, wahrscheinlich bedeutend weniger. Das genannte Verfahren würde sich offenbar nicht lohnen. In der Tierzüchtung dagegen, in der jedes Individuum einen ökonomischen Wert hat, und rezessive Defekte wegen der geringen Größe der Populationen und der üblichen partiellen Inzucht relativ häufig homozygot werden, hat es große Bedeutung, die Stämme frei von erkenntlichen Defekten zu halten. Ähnliches gilt mit gewissen Modifikationen für die Herstellung synthetischer Pflanzenvarietäten aus einer begrenzten Anzahl Ausgangsindividuen. Hierbei hätte Heterozygotie in Chlorophylldefekten vielleicht keine größere Bedeutung, Abspaltung schlecht fertiler Individuen wäre dagegen bedenklich.

3. Kombinationseffekt

a) Allgemeines

Da günstige Gene meist dominant sind, und verschiedene Rassen selten denselben Satz günstiger Gene enthalten, besteht bei Rassenkreuzungen die Aussicht, eine F_1 zu erhalten, die die Vorteile beider Eltern kombiniert (cfr. RENDEL, 1953). Bei der Kreuzung AA BB cc dd × aa bb CC DD haben die Eltern je zwei günstige Gene, ihre Nachkommen dagegen vier. Wenn z. B. friesische Kühe mit großem Milchvolumen mit der Jersey-Rasse mit hohem Fettprozent gekreuzt werden, so hat die F_1 ein großes Milchvolumen mit relativ hohem Fettprozent, so daß ihr Fettertrag größer wird als der der Eltern. Oder wenn eine Sorghumrasse mit vielen kurzen Internodien mit einer anderen Rasse mit wenigen langen Internodien gekreuzt wird, so kann die F_1 viele lange Internodien haben und dadurch die Höhe der Eltern bei weitem überschreiten. Im Gegensatz zum Reversionseffekt, der nur in einer Wiederherstellung des Normalniveaus der elterlichen Varietät besteht, handelt es sich beim Kombinationseffekt um eine Überschreitung dieses Niveaus, also eine *Transheterosis*.

In den genannten Beispielen hatten die gekreuzten Rassen verschiedene Phänotypen. Aber auch bei der Kreuzung ähnlicher Phänotypen ist ein Kombinationseffekt häufig. Zwei Maisrassen von gleichem Ertrag können mehr oder weniger verschiedene Komplexe von Plus- und Minusgenen für den Ertrag besitzen. Wenn bei Kreuzungen die Plusgene dominieren, sollten die Hybride einen erhöhten Ertrag zeigen. Falls für einen Charakter keine Dominanz vorliegt, so lassen sich Transgressionen erst durch Selektion homozygoter Kombinationen von Plusgenen in F_2 oder späteren Generationen erzielen. Eins der besten Beispiele hierfür, die Herstellung von Maisrassen mit 22 Kornreihen aus Kreuzungen zwischen 7 Rassen mit 12 Reihen, ist in anderem Zusammenhang ausführlich diskutiert. Eine homozygote Verbesserung des Samenertrages auf diesem Wege wäre jedoch erschwert, indem die Inzuchtdepression die Erkennung der besseren Ertragsgenotypen problematisch macht.

b) Kombinationseffekt in späteren Generationen

Für die folgende Betrachtung benutzen wir das Modell zweier dominanter additiver Gene, die den Ertrag um je 20 Einheiten erhöhen. Die vier Kombinationen dieser Gene hätten die folgenden Erträge: AB = 120; Ab = 100; aB = 100; ab = 80. Kreuzungen zwischen diesen Typen geben folgendes Resultat:

P	AA BB	×	aa bb	AA bb	×	aa BB
	120		80	100		100
F_1		Aa Bb			Aa Bb	
		120			120	
F_2	9 AB :	6 (Ab + aB) :	1 ab	9 AB :	6 (Ab + aB) :	1 ab
	120	100	80	120	100	80
Mittel F_2		110			110	

Die F_1 und F_2 beider Kreuzungstypen geben gleiche Werte. Die Heterosis ist die gleiche, wenn man sie am Mehrertrag der F_1 über dem Mittel der Eltern mißt. Sind beide Plusgene im selben Elter vorhanden, so erreichen die Hybride den Wert des besseren Elters. Sind sie auf zwei Eltern verteilt, so erhalten wir eine Transheterosis von 20%. Die 50% Homozygotie der F_2 bedingt eine 50% Reduktion der Heterosis. Die restierende Hälfte der Heterosis bleibt jedoch bei panmiktischer Vermehrung der Deszendenz in allen folgenden Generationen erhalten.

Umfangreiche Untersuchungen zeigen, daß das obige Modell bei Abwesenheit von Störungen eine weite Anwendbarkeit hat. Es paßt z. B. für die Kreuzung freibestäubter Varietäten. Um Inzuchteffekte zu vermeiden, muß man dabei allerdings ein Muster von unausgelesenen, unverwandten Individuen der einen Varietät mit einem entsprechenden Muster aus der anderen Varietät kreuzen. Unter diesen Umständen läßt sich tatsächlich in F_2 und späteren Generationen ungefähr die Hälfte des Mehrertrages der F_1 über das Mittel der Eltern aufrechterhalten (S. 360 sowie S. 400). Im Prinzip würde das obige Modell auch für einen großen Teil der Kreuzungen zwischen Inzuchtlinien aus verschiedenen Varietäten gelten. In solchen Fällen kann es jedoch wegen Inzuchtdepression bei Eltern und in F_2 nicht auf klare Weise zum Ausdruck kommen.

4. Dominanzeffekte und Genhäufigkeit

a) Kombinationseffekt

Im obigen Modell wurde angenommen, daß die Ertragsgene innerhalb der Varietäten fixiert waren, d. h. daß alle Individuen innerhalb der Varietät homozygot in den gleichen Genen waren. Bei einem Vergleich der Varietäten AA bb und aa BB hätte A eine Häufigkeit von 100% in ersterer Varietät, von 0% in letzterer, während B sich umgekehrt verhielte. Eine einfache Überlegung zeigt uns, daß der Effekt eines Genpaares auf die Heterosis der Hybride bei einem solchen 100prozentigen Unterschied in der Genhäufigkeit am größten ist, und daß er mit abnehmendem Unterschied rasch reduziert wird. In Tab. 95 finden wir einige zahlenmäßige Beispiele

Tabelle 95.
Einfluß der Genhäufigkeit (in Prozent) auf die Erträge zweier Populationen und ihres Hybrides bei additiver, dominanter Wirkung der Gene A und B. Vgl. Text

Genhäufigkeit in Population				Erträge			Differenz Hybrid-Eltern
I		II		Population		Hybrid	
A	B	A	B	I	II	I × II	
100	0	0	100	100	100	120	20
90	10	10	90	103,6	103,6	116,4	12,8
60	40	40	60	109,6	109,6	110,4	0,8
50	50	50	50	110	110	110	0,0

hierfür, die sich an das obige Modell anknüpfen. Die erste Zeile gibt uns die eben besprochene Kreuzung AA bb×aa BB mit Fixierung der Ertragsgene. In der zweiten Zeile ist angenommen, daß A in Varietät I eine Häufigkeit von 90% hat, in Varietät II eine von 10%, während B sich umgekehrt verhält. Wir sehen, daß unter der Voraussetzung von dominanten, additiven Effekten der Gene A und B der Ertrag der Hybride um 3,6 Einheiten reduziert wird, der der Varietäten um den gleichen Betrag erhöht wird. Die Differenz zwischen Hybriden und Eltern wird hierdurch von 20 auf 12,8 Einheiten reduziert, also auf 64%. Bei 20% Unterschied in der Genhäufigkeit ist die ursprüngliche Differenz im Ertrag auf 4% reduziert und bei gleicher Genhäufigkeit sind Eltern und Hybride gleich.

Das Prinzip, daß bei Kreuzungen von Populationen mit ungleicher Genhäufigkeit Heterosiseffekte zu erwarten sind, wurde schon 1910 von Bruce in mathematischer Form aufgestellt. Wenn die Häufigkeit eines rezessiven Gens a in Population I mit q bezeichnet wird, in Population II mit Q, so sind folgende Relationen zwischen den Häufigkeiten der aa-Homozygoten bei Eltern und Hybriden zu erwarten:

$$\begin{array}{lll} \text{Mittel der Eltern} & (q^2+Q^2)/2 = & qQ+(q-Q)^2/2 \\ F_1 & & qQ \\ F_2 & & qQ+(q-Q)^2/4 \end{array}$$

Die Formeln zeigen, daß die Häufigkeiten der eine Depression bedingenden Homozygoten in F_1 um eine gegebene Proportion abnimmt und daß die Hälfte dieser Abnahme in späteren Generationen erhalten bleibt (Crow, 1952).

Man bemerke, daß innerhalb einer panmiktischen Population eine Kreuzung zwischen unausgelesenen Mustern von Genotypen (S_0-Pflanzen oder Inzuchten) keinen Kombinationseffekt im Durchschnitt der Hybride zeigen sollte. Ein solcher Effekt ließe sich nur durch Selektion unter den Genotypen erzielen. Bei Kreuzung verschiedener Rassen und Varietäten können dagegen unausgelesene Muster von Elternpflanzen einen beträchtlichen Kombinationseffekt zeigen, der teils auf Genen beruhen kann, die bei den Eltern eine verschiedene Häufigkeit haben, teils auf nahezu oder vollständig fixierten Genen. Letztere haben vermutlich die größere Bedeutung, da nach obigen Formeln der Effekt mit dem Quadrat des Unterschiedes in der Genhäufigkeit zunimmt.

b) Patenzeffekt

Falls der Ertrag von freibestäubten Varietäten wirklich nennenswert durch Patenzeffekte im oben definierten Sinne erniedrigt wird, so entsteht die Frage, ob diese Effekte sich durch Kreuzung aufheben lassen. Zum Studium dieser Frage wollen wir zunächst annehmen, daß ein Defekt aa in zwei Populationen eine Genhäufigkeit von $q = 0{,}01$ und $Q = 0{,}001$ hat. Mit Hilfe der Formeln von BRUCE berechnen wir folgende Häufigkeiten der aa-Homozygoten:

Mittel der beiden Elternpopulationen	0,000 05
F_1	0,000 01
F_2	0,000 03

Aus dieser Betrachtung verstehen wir, daß für Defekte mit stark verschiedenen Genhäufigkeiten in den beiden Populationen die Patenzeffekte in F_1 der Populationskreuzung beträchtlich reduziert wären.

Ob größere Unterschiede in den Mustern der Genhäufigkeit verschiedener Populationen vorkommen, ist eine komplizierte Frage. Wenn eine sehr große Population während großer Zeiträume kontinuierlich über ein Gebiet mit relativ geringer Variation des Milieus verbreitet war, so wären in ihren Subpopulationen ähnliche Genhäufigkeiten zu erwarten. Wenn obige Bedingungen nicht erfüllt sind, oder besondere Komplikationen vorliegen, könnten die Populationen eine sehr verschiedene Struktur haben. Verschiedene Rassen könnten wegen Unterschieden in ihren Systemen von mutagenen und antimutagenen Faktoren weit verschiedene Muster von Mutationen liefern, deren Aequilibria durch verschiedene Selektion in einem verschiedenen genetischen Hintergrund mit Kontrollsystemen von verschiedener Effektivität modifiziert werden. Außerdem schaffen Oszillationen in der Populationsgröße leicht ein Subaequilibrium für die meisten genetischen Defekte und Unterschiede in den Mustern von Defekten (S. 158). Theoretisch sollte es dann eine sehr große Anzahl von Generationen dauern, bis die Aequilibriumshäufigkeit in der Mehrzahl der Loki wiederhergestellt ist. Unter diesen Umständen ist es durchaus möglich, daß eine partielle Aufhebung der Patenzeffekte an der bei Varietätskreuzungen beobachteten Heterosis beteiligt ist. Indessen ist es fraglich, ob eine solche Reduktion der Patenzeffekte hierbei oft eine größere Rolle spielt.

III. Effekte der Heterozygotie

1. Dominanz vs. Superdominanz

Seit 1911 bestand eine lebhafte Diskussion zwischen den Anhängern der Dominanztheorie und der Stimulationstheorie. In längeren Perioden sah es aus, als ob die Dominanztheorie den endgültigen Sieg gewinnen würde. Es folgten indessen Zeiten, in denen zahlreiche Forscher annahmen, daß die Wahrheit in der Mitte liegen könnte, indem sowohl Dominanz als auch Superdominanz zur Erklärung der Inzuchtdepression notwendig wäre. Aber gleichgültig welches der beiden Prinzipien den größeren Teil der Heterosis bedingt, bestehen fundamentale Unterschiede in ihrer Bedeutung. Die Dominanztheorie besagt schließlich nichts anderes, als daß in Heterozygoten normale Allele über defekte Allele dominieren. Im Gegensatz dazu hat die Stimulationstheorie enge Beziehungen zu fundamentalen Prinzipien der Biologie. Die stimulative Heterosis mag unter den Faktoren der Evolution den gleichen Rang haben wie Mutation und Selektion. Die Bedeutung dieser Aspekte der Heterosis würde auch keineswegs verringert, wenn wir finden würden, daß der größere Teil der Inzuchtdepression durch rezessive Defekte ausgelöst wird. Wir haben indessen keinerlei Anzeichen dafür gefunden, daß rezessive Defekte eine wesentliche Rolle für die Inzuchtdepression spielen.

Ältere Genmodelle. Es ist zweckmäßig, an Hand eines Modells die Vorstellungen zu veranschaulichen, die viele Autoren über die Effekte verschiedener durchschnittlicher Grade von Dominanz haben (Tab. 96). Wir verstehen aus dieser Tabelle, daß die Hybride aus der Kreuzung AA BB CC dd ee ff × aa bb cc DD EE FF bei einem Dominanzgrad der günstigen Gene von 50% den Mittelwert ihrer Eltern (12 Einheiten) erreichen. Überschreitet die Dominanz den Wert 50%, so zeigen die Hybride Heterosis. Bei einer durchschnittlichen Dominanz von 50—100% wäre nach Hull (1945, 1952) $F_1 < (P_1 + P_2)$, d. h. der Ertrag der F_1 erreicht nicht die Summe der Erträge beider Eltern. Überschreitet die Dominanz dagegen den Wert 100%, d. h. bei Superdominanz, so wird $F_1 > (P_1 + P_2)$. Da nun bei Mais die Hybride homozygoter

Tabelle 96.
Älteres Modell über den Effekt des durchschnittlichen Dominanzgrades auf die Leistungen der Hybride (Kreuzung AA BB CC dd ee ff × aa bb cc DD EE FF) bei additiver Genwirkung. Die mit großen Buchstaben bezeichneten günstigen Gene haben einen Effekt von je 4 Einheiten, die mit kleinen Buchstaben bezeichneten ungünstigen einen Effekt von Null

P_1 P_2	Gene Gene	A a	B b	C c	d D	e E	f F	Summe der Geneffekte
P_1	Geneffekte	4	4	4	0	0	0	12
P_2	Geneffekte	0	0	0	4	4	4	12
	Dominanzgrad							
	25%	1	1	1	1	1	1	6
	50%	2	2	2	2	2	2	12
F_1	75%	3	3	3	3	3	3	18
	100%	4	4	4	4	4	4	24
	125%	5	5	5	5	5	5	30
	200%	8	8	8	8	8	8	48

Linien in der Regel Erträge geben, die die Summe der elterlichen Erträge überschreiten, lag es nahe an Superdominanz zu denken. In Wirklichkeit kommen die verschiedensten Typen von Geninteraktion vor. Der Befund $F_1 > (P_1 + P_2)$ kann z. B. durch komplementäre Gene bedingt sein, im selben Sinne wie Kreuzung zweier weißblütiger Rassen in unzähligen Beispielen Hybride mit gefärbten Blüten geben kann.

Im übrigen ist das benutzte Modell im Prinzip ungeeignet für die Darstellung der bestehenden Verhältnisse. Der Ertrag der Hybride wird in erster Linie durch ihre synthetische Effektivität bestimmt. Die Beziehungen zwischen Dominanz der spaltenden Gene und Effektivität sind so komplex, daß sie sich kaum durch irgend ein Modell ausdrücken lassen. Wenn andererseits zwischen Heterozygotiegrad und Effektivität konkrete Beziehungen bestehen, so deutet dies darauf, daß durch Heterozygotie Stimulationen ausgelöst werden, vergleiche die Definition von Stimulation S. 334. Wenn eine solche Stimulation durch ein heterozygotes Genpaar als Superdominanz dieses Genpaares bezeichnet wird, so ist zu bedenken, daß es sich um aspezifische Effekte des betreffenden Genpaares handelt, die nichts mit dem Grad der Dominanz der Gene in ihren spezifischen Effekten zu tun hat. In einigen Fällen mag Superdominanz einen Grad von Dominanz bezeichnen. Öfter handelt es sich indessen um inkommensurable Erscheinungen, d. h. Superdominanz hat nichts mit Dominanzgraden zu tun. Wenn diese Erkenntnis noch nicht konsequent im vorliegenden Buch angewandt ist, so liegt dies daran, daß ältere Auffassungen eine gewisse Tendenz zu „Nachwirkungen“ haben. Im übrigen möchten wir davor warnen, komplexe genetisch/physiologische Situationen mit *mittleren* Dominanzgraden der Gene zu erklären. Jahrzehntelange Diskussionen auf solcher Grundlage haben keine Fortschritte gestattet.

2. Ausbau der Koppelungstheorie

An der Schwierigkeit oder Unmöglichkeit der Herstellung homozygot ertragreicher Typen kann Koppelung günstiger dominanter Gene mit Defekten beteiligt sein, wie dies die Koppelungstheorie der Heterosis behauptet (S. 232). Schon das einfache Modell von JONES (1917), Fig. 45, I, zeigt, in dem Maße wie es richtig sein mag, die außerordentliche Schwierigkeit der Herstellung homozygoter Kombinationen sämtlicher günstiger Gene. Diese Theorie wurde später auf verschiedene Weise ausgebaut und modifiziert. MATHER (1943, 1954) verteilt eine große Anzahl Plus- und Minusgene für bestimmte quantitative Charaktere über alle Chromosomen. Seine Theorie soll in erster Linie die Aufrechterhaltung (Speicherung) der genetischen Variabilität in den Populationen erklären. Werden für ein Merkmal sehr viele Plus- und Minusgene angenommen, so kann auch bei einem reichlichen Betrag an crossing-over die große Mehrzahl der Nachkommen eine mittlere Anzahl von beiden Gentypen haben. Wäre die Anzahl geringer, so könnte man dagegen annehmen, daß die Plus- und Minusgene vorzugsweise in Chromosomensegmenten mit wenig crossing-over liegen, so daß günstige Kombinationen dieser Gene sich relativ stabil erhalten. Wir nähern uns damit Schema III der Figur, das ein Supergen darstellen soll. Die verschiedenen Exemplare dieses Supergens würden sich ähnlich wie eine Serie von multiplen Allelen verhalten; bei ihren Homozygoten wären indessen gewisse Nachteile zu erwarten. In den Transheterozygoten der Pseudoallele (IV) sind die günstigen und ungünstigen Elemente noch näher zusammengerückt. Sie repräsentieren jetzt nach einer Auffassung benachbarte Loki, nach einer anderen Subloki eines komplexen Lokus. Schließlich haben wir den Fall der komplementären Allele (V), in welchem die Defekte sehr nahe benachbarte, minimale Elemente eines Lokus darstellen, zwischen denen bei höheren Organismen keine, oder problematische Fälle von crossing-over beobachtet werden. Ihre Homozygoten sind defekt, aber ihre Heterozygoten normal oder subnormal.

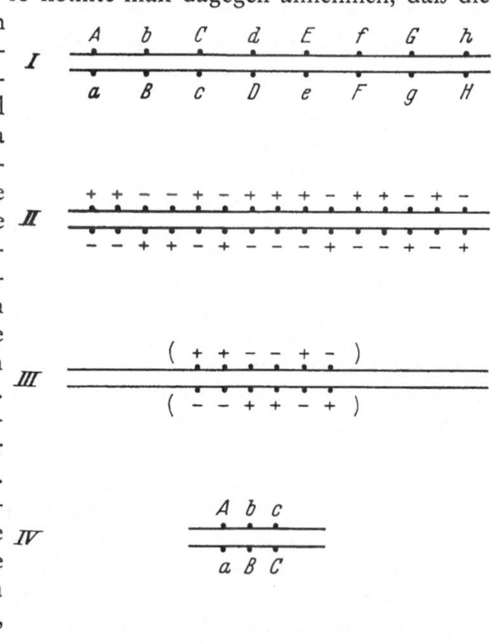

Fig. 45. Ausbau der Koppelungstheorie. I. Ursprüngliche Form der Theorie; II. MATHERs Theorie; III. Supergen (in Klammern); IV. Transheterozygoten von Pseudoallelen; V. „Komplementäre Allele“, Detailstruktur; weiße Kreise = defekte Atomgruppen. — Modell I und II ganze Chromosomenpaare, III—V zunehmend kleinere Chromosomensegmente

An dieser Stelle werden wir diese Modelle nicht im einzelnen diskutieren. Nur sei gesagt, daß die Modelle III—V formell ebenso gut heterotische Loki darstellen könnten, insofern als die Heterozygoten besser funktionieren als die Homozygoten. Für echte heterotische Loki gehört indessen noch dazu, daß diese Heterozygotie eine generelle stimulatorische Erhöhung der Effektivität ermöglicht. Alle Modelle erklären formell die Inzuchtdepression. Die Schwierigkeit besteht in der Entstehung und Verbreitung von Chromosomensegmenten, die voll von Plus- und Minusgenen sind. Hierüber sagt BRIEGER (1950), daß mit Hilfe der Prinzipien der Populationsgenetik gezeigt werden kann, daß kein genügend effektives Zuchtsystem existiert, das es erlauben würde, eine genügende Anzahl von subvitalen und letalen Mutationen in den Populationen anzusammeln, um Inzuchterscheinungen mit Hilfe der Dominanztheorie zu erklären (vgl. auch S. 406). Im übrigen ist es bei der fundamentalen Bedeutung der Stimuli für die Auslösung energetischer Reserven bei allen Lebewesen eine sehr naheliegende Annahme, daß solche Stimuli auch von Genen ausgehen können. Die Beantwortung der Frage, durch welchen Mechanismus die genetischen Stimulationen in hohem Grade mit Heterozygotie verknüpft sind, muß der Zukunft überlassen werden.

3. Modell des heterotischen Systems

Wir wollen jetzt annehmen, daß in einer Population 100 heterotische Loki vorkommen, und daß jeder Lokus zwei Allele A^+ und A^- mit Genhäufigkeiten von 0,8 bzw. 0,2 besitzt. Die selektiven Nachteile der Homozygoten könnten z. B. $s = 0{,}01$ und $t = 0{,}04$ betragen. Dann hätten im Gleichgewicht die Individuen der Population im Durchschnitt folgende Konstitution:

Anzahl Loki vom Typus	A^-A^-	A^-A^+	A^+A^+	
	4	32	64	$W = 1$.

In diesem Gleichgewicht hätte die Population als Ganzes einen selektiven Wert von 1. Die verschiedenen Individuen sind indessen heterozygot in verschiedenen Mustern von Genen. Durch Inzucht würde die Anzahl der homozygoten Minusallele im Durchschnitt auf 20 erhöht. Kreuzungen zwischen unausgelesenen Inzuchtlinien würden im Mittel eine Heterozygotie in 32 Loki erzeugen. Indessen könnte man leicht Kombinationen von Inzuchten aussuchen, die in F_1 eine erniedrigte Minushomozygotie und eine erhöhte Anzahl heterozygoter Loki ergeben. Hierdurch würde die Effektivität der Hybride verbessert. Eine weitere Erhöhung der Effektivität sollte möglich sein, wenn in den Hybriden die heterotischen Loki besonders harmonisch auf die wichtigeren Entwicklungsprozesse verteilt sind. Auf diese Weise läßt sich einfach erklären, daß Inzuchten aus der gleichen Population Hybride ergeben können, mit einem gegenüber dem Populationsmittel um 20—30% erhöhten Ertrag. Mit der Dominanztheorie lassen sich solche Fälle von Transheterosis innerhalb der Populationen nicht ungezwungen erklären.

Das obige Schema hat auch Interesse für die Erklärung der Selektionseffekte. Auswahl von besonders fertilen S_0-Pflanzen kann Individuen mit erhöhter Heterozygotie erfassen und dann bei Inzucht zu einer besonders kräftigen Depression führen. Selektion in verschiedene andere Richtungen können zur Fixierung bestimmter Plus- oder Minusallele führen und damit den Heterozygotiegrad und die Fertilität der resultierenden Populationen herabsetzen. Intensive Selektionen könnten mit Hilfe der Gene des heterotischen Systems den Phänotyp in die verschiedensten Richtungen verschieben, aber stets auf Kosten des Heterozygotiegrades (vgl. S. 303). Auf diese Weise macht eine jede Population einen gewissen Widerstand gegen Verschiebung ihrer Mittelwerte in beliebige Richtungen. Weniger intensive Selektionen könnten im Laufe genügender Zeit mit Hilfe von Genen des peripheren Systems oder anderer geeigneter Gentypen eine ähnliche Verschiebung des Phänotyps bewirken ohne den Heterozygotiegrad zu reduzieren.

4. Heterozygotiegrad und Ertrag

Für die genetische Analyse der Heterosis hätten die genauen Beziehungen zwischen dem berechneten Heterozygotiegrad und dem Ertrag beträchtliches Interesse. Für die Analyse dieses Problems liegen vier Typen von Untersuchungen vor: a) Untersuchungen über Inzuchtdepression von $S_0 - S_{ho}$; b) Versuche, in denen die

Erträge in F_1 und F_2 in multiplen Kreuzungen und synthetischen Varietäten mit den Erwartungen nach der Formel von WRIGHT verglichen werden; c) Rückkreuzungen zu einem homozygoten recurrenten Elter; d) Kreuzungssysteme verschiedener Art.

Kritische Untersuchungen über die Zunahme der Inzuchtdepression von $S_0 - S_{ho}$ stoßen auf große Schwierigkeiten, da der Ertrag in sukzessiven Jahren stark durch das Wetter beeinflußt wird, und die Sensibilität gegenüber klimatischen Oszillationen mit steigendem Inzuchtgrad zunimmt, da ferner zur Ermittlung des typischen Verhaltens und der Variationsbreite genügend große Gruppen von unausgelesenen Linien aus mehreren Varietäten unter gleichen Bedingungen fortgesetzt werden müßten, und da bei der langjährigen Inzucht unvermeidlich gewisse selektive Prozesse stattfinden, deren Natur und Intensität unbekannt sind. Bei dieser automatischen Inzuchtselektion werden zweifellos viele Defekte eliminiert; andererseits könnten auch wertvolle Ertragsgene verloren gehen, weil sie auf niedrigem Ertragsniveau disharmonische Effekte haben. Eine nicht unbeträchtliche Beeinflussung der automatischen Selektion durch Kulturmaßnahmen ist anzunehmen; hierüber wissen wir jedoch wenig. Aus allen diesen Gründen erlauben die bisher vorliegenden Erfahrungen über Inzuchtkurven nur begrenzte Schlüsse. — Die umfangreichen Studien über F_2 von mehrfachen Kreuzungen und synthetischen Varietäten geben wertvolle, aber ebenfalls begrenzte Schlüsse, die an anderer Stelle besprochen werden. Über die Rückkreuzungsmethode vergleiche S. 396.

Als Beispiele für einen vierten Typus von Untersuchungen erwähnen wir eine Arbeit von SENTZ et al. (1954). Diese Autoren stellten mit Hilfe von zwei verschiedenen einfachen Kreuzungen zwischen langjährigen Inzuchtlinien zwei verschiedene „Populationen“ her, d. h. in diesem Zusammenhang Systeme von Kreuzungen, die von gleichen Eltern abstammen. Innerhalb jeder der beiden Populationen wurden auf diese Weise 5 Inzuchtstufen verwirklicht, nämlich die folgenden:

% Heterozygotie	Material		
0%	P_1 und P_2, elterliche Inzuchten.		
100%	F_1	$= P_1 \times P_2$	
50%	F_2		
	B_1	$= F_1 \times P_1 = (P_1 \times P_2) \times P_1$	Erste Rückkreuzungen
	B_2	$= F_1 \times P_2 = (P_1 \times P_2) \times P_2$	
25%	B_{11}	$= B_1 \times P_1 = [(P_1 \times P_2) \times P_1] \times P_1$	Zweite Rückkreuzungen
	B_{22}	$= B_2 \times P_2 = [(P_1 \times P_2) \times P_2] \times P_2$	
75%	B_{21}	$= B_2 \times P_1 = [(P_1 \times P_2) \times P_2] \times P_1$	Doppelte Rückkreuzungen
	B_{12}	$= B_1 \times P_2 = [(P_1 \times P_2) \times P_1] \times P_2$	

Durch jede Rückkreuzung wird ebenso wie durch jede Selbstung der Heterozygotiegrad auf die Hälfte herabgesetzt. In den doppelten Rückkreuzungen ergibt sich ein Heterozygotiegrad von 75% dadurch, daß Individuen, die 75% der Gene des einen Elters besitzen, mit dem anderen Elter gekreuzt werden. — Die beiden „Populationen“ wurden vier Jahre hindurch an mehreren Lokalitäten geprüft. In den verschiedenen Versuchen wurden ziemlich verschiedene Kurven erhalten. Die eine Population gab z. B. in 1950 und 1951, wie Fig. 46, A anzeigt, einen ziemlich steilen Anstieg zwischen den Stufen 0—25%, einen flacheren von 25—75%, und wiederum einen steileren von 75—100%. In den beiden anderen Jahren waren die Kurven mehr gradlinig. Die zweite Population aus einer anderen Kreuzung (B) reagierte in verschiedener Weise auf die Jahre. Wegen dieser starken Genotyp/Milieu-Interaktionen lassen sich aus einzelnen Versuchen keine sicheren Schlüsse ziehen. Im größeren Teil der Versuche wurde jedoch ein relativ flacher Anstieg der Kurve im Intervall 25—75% gefunden, besonders in der Stufe 25—50%.

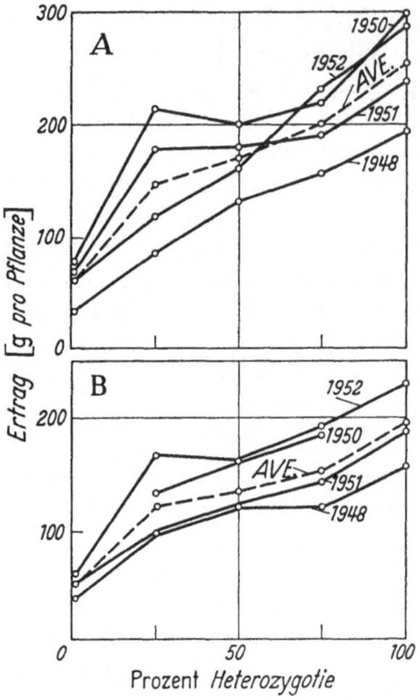

Fig. 46. Beziehungen zwischen Heterozygotiegrad und Samenertrag (Gramm/Pflanze) in den „Populationen" A und B (vgl. Text) in verschiedenen Jahren. Nach SENTZ et. al. 1954

STRINGFIELD (1950) stellte aus vier Inzuchtlinien ein System von Kreuzungen und Rückkreuzungen her, in dem die Heterozygotiestufen 0, 50, 75 und 100% realisiert wurden. Zwischen 4 Linien lassen sich 6 einfache, 12 Dreilinien- und 3 doppelte Kreuzungen herstellen. Kreuzungen der 6 einfachen Hybride mit beiden Elterntypen geben 12 Typen von Rückkreuzungen usw. Alle diese Typen von Kreuzungen wurden ausgeführt und die Erträge der Nachkommenschaften in vergleichenden Versuchen geprüft. Bei Proportionalität zwischen berechneter Heterozygotie und Ertrag würden auf Grundlage der gegebenen Erträge der Inzuchten und ihrer Hybride für die übrigen Kreuzungstypen die in der letzten Spalte von Tab. 97 angegebenen Erträge zu erwarten sein. Die gefundenen Erträge der F_2 und der doppelten Kreuzung zweier Hybride mit einem gemeinsamen Elter $(A \times B) \times (A \times C)$ stimmen ausgezeichnet mit der Erwartung überein. Die Erträge der Rückkreuzungen liegen jedoch höher als erwartet. Die beiden Rückkreuzungstypen $(P_1 \times P_2) \times P_1$ und $(P_1 \times P_2) \times P_2$ sollten zwar verschiedene Erträge geben, im Mittel sollten sie indessen die gleichen Erträge geben wie F_2, da die gleichen Genpaare spalten und in der Gesamtheit der beiden Kreuzungstypen AA×Aa und Aa×aa für jedes Genpaar eine ähnliche Spaltung in 1 AA : 2 Aa : 1 aa erfolgt wie in F_2.

Tabelle 97.
Beziehungen zwischen Heterozygotiegrad und Ertrag in Kreuzungen zwischen vier Inzuchtlinien von Mais. Nach STRINGFIELD, 1950

Heterozygotiegrad	Klasse von Kreuzungen	Anzahl Kreuzungen	Ertrag bu/acre	
			gefunden	erwartet
0%	Geschwister innerhalb der Linien	4	41,5 ± 0,45	—
50%	F_2 von einfachen Kreuzungen	6	62,2 ± 0,98	63,2 + 0,61
	Rückkreuzungen	12	67,9 ± 1,20	63,2 ± 0,61
75%	(A × B) × (A × C). . . .	12	75,2 ± 1,00	74,1 ± 0,72
100%	F_1 von einfachen Kreuzungen	6	84,9 ± 1,14	—
	Dreilinienkreuzungen . . .	12	84,9 ± 1,18	84,9 ± 1,14
	Doppelte Kreuzungen . . .	3	81,9 ± 0,74	84,9 ± 1,14

Wenn wir eine Reihe von anderen Literaturangaben überblicken, so finden wir oft mehr oder weniger stark ausgeprägte Abweichungen von der theoretisch erwarteten Proportionalität zwischen Reduktion des Heterozygotiegrades und Ertrages. Ziemlich allgemein finden wir im linken Teil der Ertragskurve (Fig. 46), etwa im Heterozygotie-Intervall 0—25%, einen steilen Anstieg. Dies bedeutet, daß ein gewisses Minimum von Heterozygotie besonders wichtig für die Effektivität des Organismus ist. Der rechte Teil der Kurve, etwa das Intervall 75—100%, ist leider sehr wenig untersucht. Die Neigung dieses Kurventeils scheint indessen bei verschiedenen Rassen und Arten stark zu variieren, von sehr flach bis steil. Objekte mit steiler Neigung dieses Kurventeils sollten erhöhte Wahrscheinlichkeit für bedeutende Transheterosis bei weiterer Steigerung des Heterozygotiegrades haben. Es handelt sich somit um ein wichtiges Problem. — Eine starke Beeinflussung der Ertragskurve durch das Milieu ist nach allem, was wir über Beziehungen zwischen Heterosis und Milieu wissen, selbstverständlich. Wenn verschiedene Heterozygotie-Intervalle ungleich auf dasselbe Milieu reagieren, so sollte dies weitere Möglichkeiten für die Analyse der Heterosis geben.

IV. Interaktionen

JINKS (1955) und MATHER (1955 a, b) heben hervor, daß überall, wo man mit geeigneten biometrischen Methoden Anzeichen von Überdominanz findet, auch gleichzeitig Anzeichen von Interaktionen angetroffen werden. Offenbar findet häufig eine gleichzeitige Verstärkung von Geninteraktion und Superdominanz statt. In vielen Fällen mag es sich um verschiedene Aspekte desselben Phänomens handeln. Eine hohe spezifische Kombinationseignung (S. 369) beruht nach der Auffassung vieler Autoren auf Interaktionen von Genen. Versucht man jedoch die vorteilhaften Genkombinationen homozygot herzustellen, wird man in der Mehrzahl der Fälle auf den Aspekt von Superdominanz aufmerksam. Hier werden wir solche Komplikationen durch einige charakteristische Beispiele veranschaulichen.

1. Interaktionen bei Sorghum

Die eigentümlichen Interaktionen der Gene Ma_1, Ma_2, Ma_3 bei *Sorghum*, die die Blütezeit bei Tageslängen von über 12 Stunden verspäten, wurden schon S. 64 und S. 105 diskutiert. In Tab. 98 soll noch gezeigt werden, daß Heterozygotie im Genpaar Ma_1ma_1 je nach dem genetischen Hintergrund sehr verschiedene Effekte hat.

Tabelle 98.

Effekte des Genpaares Ma_1-ma_1 in verschiedenem genetischem Hintergrund bei Milovarietäten von Sorghum vulgare und ihren Hybriden. Links allgemeine, abgerundete Angaben, rechts zwei spezifische Kreuzungen. Nach QUINBY und KARPER, 1946

Genotypen	Tage bis Anthesis	Tage bis Anthesis	Anzahl Stengel	Gesamtgewicht der Samenähren in Gramm
ma ma ma_2ma_2 ma_3ma_3	50	51,2	2,01	93,6
Ma ma — — — —	82!	83,2	2,21	148,9
Ma Ma — — — —	70	70,2	2,06	129,9
ma ma ma_2ma_2 Ma_3Ma_3	50			
Ma ma — — — —	92!			
Ma Ma — — — —	82			
ma ma Ma_2Ma_2 ma_3ma_3	50	49,8	1,20	90,7
Ma ma — — — —	94	93,3	2,70!	240,4!
Ma Ma — — — —	98	95,5	1,73	149,7
ma ma Ma_2Ma_2 Ma_3Ma_3	50			
Ma ma — — — —	94			
Ma Ma — — — —	98			

Wenn wir nur die Entwicklungsdauer betrachten, so sehen wir, daß Ma_1 in den ersten beiden Hintergründen die Blütezeit heterozygot noch stärker verspätet als homozygot und in diesem problematischen Sinne Superdominanz zeigt, während es in den beiden anderen Hintergründen nicht vollständig dominant ist. Unvollständige Dominanz in später Blütezeit ist aber mit besonders kräftiger Heterosis in Anzahl Stengel und Samenertrag verbunden (61% über dem besseren Elter).

Bei anderen *Sorghum*-Formen wurden Paare von Genotypen gefunden, die sich ausschließlich durch ein Genpaar unterscheiden, das die Blütezeit beeinflußt. Daß keine weiteren Gene spalten, geht daraus hervor, daß man aus Kreuzungen der beiden Glieder eines solchen Paares nur die beiden Elterntypen in genau der ursprünglichen Form wiedergewinnt. Werden solche Paare mit anderen *Sorghum*-Varietäten gekreuzt, so können ihre beiden Glieder recht verschiedene Hybride ergeben, wie aus folgendem Beispiel hervorgeht:

Kreuzung	F_1-Pflanzen, relative Erträge
Ma_4Ma_4-Kalo × Kafir	100
ma_4ma_4-Kalo × Kafir	137
Ma Ma -Hegari × Kafir	100
Ma^eMa^e-Hegari × Kafir	131

In beiden Beispielen gibt das rezessive Glied des Paares Hybride, die bei fast identischer Entwicklungsdauer einen beträchtlichen Mehrertrag geben. In anderen Kreuzungen können sich diese Paare ganz verschieden verhalten. Während Ma^e-Hegari in Kreuzungen mit Kafir die besseren Hybride gibt, erzeugt es in Milo-Kreuzungen die schlechteren Hybride. Dies ist ein neues Beispiel für eine kräftige, unberechenbare Interaktion eines Genpaares mit dem Hintergrunde (Quinby und Karper, 1948).

2. Interaktionen bei Drosophila

Für das Studium der Interaktionen hat *Drosophila* den besonderen Vorteil, daß sich mit Hilfe spezieller Methoden leicht alle möglichen homozygoten und heterozygoten Kombinationen von ganzen Chromosomen zweier verschiedener Rassen herstellen lassen, wobei jeder Austausch zwischen rassenfremden Chromosomen effektiv verhindert werden kann. Robertson und Reeve (1952—1955) haben für mehrere Paare von Rassen vollständige Serien von Chromosomenkombinationen hergestellt. Teils handelte es sich um unausgelesene wilde Stämme und Inzuchtlinien aus solchen, teils um Linien, die auf hohe oder niedrige Körper- und Flügellänge ausgelesen waren. Da mit den verschiedenen Paaren von Linien ganz verschiedene und oft entgegengesetzte Erfahrungen gemacht wurden, ist es schwer eine allgemeine Übersicht über dieses Material zu geben. Aber gerade diese Verschiedenartigkeit der Ergebnisse hat großes Interesse, um die Bedeutung der unberechenbaren Interaktionen kennen zu lernen.

In Versuchen, in denen die Chromosomen eines intensiv auf hohe Flügellänge selektionierten *Drosophila*stammes heterozygot in eine unausgelesene Standardrasse eingelagert wurden, wurde z. B. bemerkt, daß einzelne Chromosomen aus der langflügeligen Rasse die Flügellänge des Hybrides etwas erhöhen. Wenn aber alle drei großen Chromosomen heterozygot eingelagert wurden, so hatte dies einen kräftigeren Effekt als die Summe der Einzeleffekte. In diesem Falle ist die Wirkung mehrerer Chromosomen also nicht nur additiv, sondern interaktiv darüber hinaus verstärkt.

Ganz andere Erfahrungen wurden an Kombinationen der Chromosomen der Linien N und D gemacht, von denen erstere unausgelesen, letztere auf kleine Flügel ausgelesen war. Lehrreich ist ein Vergleich folgender Typen:

Chromosomenpaar I	II	III		Flügellänge
DD	DD	DD	=	Kontrolle (kleinflügelig)
DD	DD	DN	=	0,190 mm länger als Kontrolle
DD	DN	DD	=	0,194 mm länger als Kontrolle
DD	DN	DN	=	0,215 mm länger als Kontrolle
DD	NN	NN	=	0,221 mm länger als Kontrolle

In diesen Formeln steht D und N für die entsprechenden Chromosomen aus den D- und N-Stämmen. Die heterozygote Einführung eines dritten oder zweiten Chromosoms aus dem normalen Stamme N in den kleinflügeligen D hatte eine kräftige Wirkung. Die gleichzeitige heterozygote oder homozygote Anwesenheit des Chromosoms II und III aus dem normalen Stamm gab dagegen nur eine unbedeutende Verstärkung dieses Effektes. Die Einzeleffekte dieser Chromosomen addieren sich also nicht. Offenbar kann bei Interaktionen von diesem Typus eine beträchtliche genetische Variabilität verborgen bleiben (ROBERTSON, 1954).

In Versuchen mit unselektionierten Inzuchtlinien, in denen die Heterosis in Größe und Eiertrag studiert wurde, wurden ähnliche Erfahrungen gemacht. Bei Einlagerung eines einzelnen X-Chromosoms aus dem Stamme C in den Hintergrund des Stammes B wurde die volle Heterosis der F_1 von B×C erhalten. Die Einführung mehrerer Chromosomen vergrößerte nicht den Effekt. Im Gegensatz hierzu hatte die Einführung eines B-Chromosoms in den Stamm C sehr wenig Wirkung, bei heterozygoter Einführung mehrerer B-Chromosomen war jedoch die Gesamtwirkung größer als die Summe der Einzeleffekte. Chromosomensubstitutionen im Hintergrund B und C verhalten sich also auf entgegengesetzte Weise. In dem einen Fall wurden starke, aber nicht additive Einzeleffekte erhalten, in dem anderen schwache, aber mehr als additive Wirkungen.

Die Substitution homozygoter Chromosomenpaare hat in verschiedenem Hintergrund manchmal entgegengesetzte Wirkung. Einige homozygote Kombinationen wie CC·BB·BB und BB·BB·CC (diese Buchstaben geben ähnlich wie im Schema S. 354 die Herkunft der Chromosomenpaare I—III an) sind ebenso groß wie die F_1 der Hybride B×C, was als eine *homozygote Stimulation* bezeichnet werden könnte!

ROBERTSON (1955) betont, daß chromosomale Analysen dieser Art nur zu einem geringen Teil den Umfang und die Vielseitigkeit der Interaktionen zwischen den Genen erfassen, da nur eine begrenzte Anzahl von Kombinationen zwischen ganzen Chromosomen studiert werden, und die teils positiven teils negativen Interaktionen zwischen den Genen sich zum großen Teil aufheben. Dies ist zweifellos richtig, wie die extremen Interaktionen anzeigen, die in vielen Selektionsversuchen angetroffen werden.

V. Genomale Effekte

Allgemeines. Bei Kreuzung verschiedener Rassen ist ein Kombinationseffekt zu erwarten. Mit steigender Differenz der gekreuzten Formen sollte sich dieser Effekt vergrößern. Die kombinierten Gene zeigen indessen nicht nur additive Wirkungen, sondern auch verschiedenartige Interaktionen. Es kombinieren sich nicht nur einfache Merkmale der Eltern, sondern auch komplexe, die auf zahlreichen Genen beruhen. Es ist daher im Prinzip anzunehmen, daß durch Vereinigung zweier verschiedener Genome sich größere Leistungen erzielen lassen als durch Vereinigung zweier sehr ähnlicher Genome. In vielen Beispielen erhöht die Kombination ungleicher Genome die Vigor der Hybride auf extreme Werte, wofür eine Reihe von Arthybriden Zeugnis geben. In anderen Fällen mag eine starke potentielle Heterosis durch Disharmonie einiger weniger Gene oder durch verschiedene andere Effekte reduziert werden, wie z. B. die Erfahrungen über komplementäre Letalfaktoren lehren. Einige Typen von solchen Hemmungen lassen sich künstlich leicht überwinden. Zahlreiche Artkreuzungen werden z. B. durch künstliche Aufzucht der F_1-Embryonen ermöglicht. In einem hohen Prozent der Fälle erhält man hierbei statt früh absterbender Embryonen heterotische Hybride. Andere Typen von Hemmungen ließen sich vermutlich durch Mutagene beseitigen.

Mit steigender genetischer Distanz der Elterntypen kann die Bedeutung der Gene für das Zustandekommen der Heterosis zurücktreten, während die Fähigkeiten *integrierter Genome* in den Vordergrund treten. Dies zeigt sich deutlich an der Deszendenz der Hybride, indem eine Heterosis, die durch relativ selbständige Effekte zahlreicher Gene bedingt wird, in F_2 und späteren Generationen zum großen Teil aufrechterhalten bleiben kann, eine Heterosis, die auf Koordination der Gene zu funktionellen Genkomplexen und ganzen Genomen beruht, dagegen in F_2 leicht niedergebrochen und häufig in ihr Gegenteil verwandelt wird. Genische und genomale Effekte lassen sich indessen nicht reinlich unterscheiden. Wir können nur sagen, daß bei steigender Distanz der Eltern der genomale Aspekt der Heterosis verstärkt wird. Die genomalen Effekte lassen sich wiederum von etwas verschiedenen Gesichtspunkten betrachten. Wenn wir betonen, daß in F_2 die harmonischen Beziehungen zwischen den Genen der elterlichen Genome niedergebrochen werden, so können wir von einem *Harmonieeffekt* sprechen. Die Kombination integrierter Genkomplexe, die die Anpassungsfähigkeiten des Hybrides erweitert oder seine Effektivität erhöht, könnten wir z. B. als *Integrationseffekt* bezeichnen; die allgemeine Tendenz einer steigenden Heterosis bei einem Teil der F_1-Kombinationen mit zunehmender elterlicher Distanz als *Divergenzeffekt*. Da dasselbe Material sich indessen von verschiedenen Gesichtspunkten aus betrachten läßt und genomale Effekte sich nicht reinlich von anderen Effekten trennen lassen, müssen wir auf eine systematische Behandlung dieser Probleme verzichten, indem wir in geeignetem Zusammenhang auf ihre verschiedenen Aspekte zurückkommen.

Rassenkreuzungen. Bei *Drosophila* wurde die Heterosis der Hybride geographischer Rassen ziemlich eingehend studiert, VETUKHIV (1953, 1956) zeigte, daß solche Hybride eine erhöhte Vitalität und Fertilität besitzen. Diese Transheterosis wird in F_2 niedergebrochen, indem die Werte der F_2 unter die der Elternpopulationen herabsinken. WALLACE (1955) kommt bei ähnlichen Untersuchungen zu dem Schluß, daß die Heterosis von Interpopulationshybriden auf Heterozygotie in integrierten Genkomplexen beruht. Durch Rekombination werden diese Komplexe zerstört und damit die auf ihnen beruhende Heterosis. BRNCIC (1954) zeigte mit Hilfe spezieller Methoden, daß der Niederbruch dieser Heterosis zum großen Teil auf crossing-over beruht.

Bei Pflanzen ist es bekannt, daß zahlreiche heterotische Art- und Rassenhybride ein mehr oder minder hohes Prozent von disharmonischen, schwächlichen oder letalen Kombinationen abspalten. Diese Verhältnisse sind leicht zu erklären. Betrachten wir z. B. zwei verwandte Arten, die unter verschiedenen ökologischen Bedingungen leben, die eine z. B. an trockenen, sonnigen Standorten, die andere an feuchten, schattigen. Die natürliche Selektion sucht in jedem Chromosomenlokus das Gen zu fixieren, das unter den gegebenen Bedingungen am besten funktioniert und am besten mit dem Restgenotyp harmoniert. Außerdem dürften sich innerhalb jeder Art einige neue Gene bilden, während andere verlorengehen. Ein Hybrid zwischen solchen Arten besitzt daher zwei in adaptiver Hinsicht ziemlich verschiedene Genome. Er kann durch die kombinierte Wirkung dieser Genome eine stark erhöhte Vigor und Anpassungsfähigkeit gewinnen. Die Manifestation der Heterosis ist jedoch an die Anwesenheit der beiden *intakten* Genome gebunden. Durch vegetative Vermehrung und in vielen Fällen auch durch Chromosomenverdoppelung kann sie unbegrenzte Zeit aufrechterhalten bleiben. Durch Spaltung und Rekombination wird sie leicht niedergebrochen. Denn die Gene des gleichen Genoms sind harmonisch aneinandergepaßt, während ihre Fähigkeit, mit den Genen eines fremden Genoms zusammenzuarbeiten, problematisch ist. Wenn sie in F_2 hierzu gezwungen werden, sind bei größerer Divergenz der Elternformen gewisse Schwierigkeiten zu erwarten.

Die Gensysteme verwandter Arten. Das eigentliche Problem besteht indessen nicht in dem Vorkommen von disharmonischen Kombinationen, sondern darin, daß sie in vielen Beispielen so wenig in Erscheinung treten. Bei einem großen Teil der Rassen- und Artkreuzungen zeigt die F_2 und spätere Generationen noch die Hälfte der Transheterosis der F_1-Hybride oder zumindestens sind heterotische Segregate nicht selten. Hieraus geht deutlich hervor, daß die verwandten Arten in der Regel sehr ähnliche Systeme von biochemischen Standardgenen besitzen. In dem folgenden Schema vergleichen wir einen biochemischen Pfadweg bei zwei Arten:

Art 1 A – – – B – – – C – – – D – – – E – – – F
Art 2 A′ – – – B′ – – – C′ – – – D′ – – – E′ – – – F′

Wenn das Gen A′ ein anderes Produkt liefern würde als das Gen A, so wäre die Kombination A′ – – – B ..... in der Regel letal, da das Gen B aus Art 1 nicht das Produkt von Gen A′ aus Art 2 verarbeiten könnte. Es ist unter solchen Umständen klar, daß das Funktionieren der F_2-Individuen voraussetzt, daß praktisch alle Loki der beiden Arten identische Produkte liefern. Nur die peripheren Gene, deren Erzeugnisse nicht weiter verarbeitet werden oder geringere Bedeutung haben, können z. T. verschiedene Substanzen geben.

Dies bedeutet indessen keineswegs, daß die „markierten" und „nicht markierten" Gene identisch zu sein brauchen. Es mag sich um aspezifische Allele handeln, die sich in ihren Kontrollelementen unterscheiden. A und A′ erzeugen also dasselbe Produkt, in bezug auf Beginn und Intensität ihrer Reaktion könnten sie etwas verschieden auf Faktoren des Milieus oder des Idiotypus reagieren. In solchen aspezifischen Effekten können die Gene verschiedener Arten offenbar relativ leicht zusammenarbeiten. Einzelne Disharmonien werden dadurch abgeschwächt, daß in bezug auf solche Effekte in der Regel Serien von pseudopolymeren Genen vorkommen. Außerdem erhöhen starke heterotische Effekte die Stabilität der Entwicklung.

Genmodelle. Es mag schließlich zweckmäßig sein, die Beziehungen zwischen den wichtigsten Effekten, die Heterosis bedingen, durch kurze Formeln zu veranschaulichen.

Effekt				Art der Heterosis
1. Reversion	AA bb × aa BB	⟶	Aa Bb	cis
2. Kombination . .	CC dd × cc DD	⟶	Cc Dd	trans
3. Heterozygotie . .	$H^+ H^+ \times H^- H^-$	⟶	$H^+ H^-$	cis und trans
4. Integration . . .	II KK × I′ I′ K′ K′	⟶	(IK + I′ K′)	trans

Die rezessiven Gene a und b repräsentieren Defekte von sehr geringer Genhäufigkeit; c und d dagegen sind weit verbreitete oder fixierte Gene der elterlichen Populationen. Beim Heterozygotieeffekt ist H^+ ein Standardallel, H^- ein weit verbreitetes Allel, das zusammen mit H^+ eine Stimulation auslöst. Beim Integrationseffekt funktionieren die elterlichen Kombinationen der Gene besser als ihre Rekombinationen. Bei vollständiger Anwesenheit beider Komplexe in F_1 addieren sich indessen ihre Effekte. — Neben den genannten Effekten kommen mehrere andere vor, z. B. komplementäre Interaktionen der Gene beider Eltern. Bei Kreuzung stärker verschiedener Elterntypen sollten alle genannten Effekte und oft auch mehrere andere gleichzeitig am Werk sein.

VI. Heterosis bei autogamen Objekten

1. Beispiele

Obwohl bei autogamen Objekten nicht alle Kreuzungen heterotische Hybride ergeben, so tut es doch die Mehrzahl. Ziemlich auffällige heterotische Effekte sind z. B. bei der Tomate beschrieben. Powers (1945, 1952) fand z. B., daß der Durchschnitt aller 45 hybriden Kombinationen zwischen 10 Tomatensorten den Durchschnitt der Eltern im Ertrag um 59% übertraf. Der beste Hybrid übertraf sogar die beste kommerzielle Varietät um 300%. Es liegen zwar eine größere Anzahl Untersuchungen über die genetische und physiologische Grundlage der Heterosis bei der Tomate vor; die theoretische Bedeutung dieser Analysen wird jedoch durch besondere Komplikationen des Objektes beschränkt. Die Kulturtomate hat sich anscheinend in relativ kurzer Zeit aus einer allogamen Wildart in eine autogame Pflanze verwandelt, so daß die heutigen Varietäten partiell den Charakter von Inzuchtlinien haben. Bei gärtnerischen Gewächsen interessieren ferner oft rezessive Gene, die die Qualität verbessern, aber den Ertrag vermindern. Die Vegetationszeit ist häufig zu kurz, so daß die Erträge mehr durch die frühe Blüte als durch den Ertragsgenotyp bestimmt werden. Die ungewöhnliche Variation in der Fruchtgröße bei verschiedenen Tomatenvarietäten schafft andere Komplikationen. Die kräftigen Mehrerträge der Hybride, die durch Faktoren solcher Art bewirkt werden können, haben von einem genetisch/biologischen Standpunkt zum großen Teil eine artifizielle Natur. Ohne genaueste Kenntnis einer Reihe von Faktoren läßt sich ein solches Material schwer für allgemeine Theorien auswerten. Wegen der zuständigen Literatur verweisen wir auf RICK (1956). WILLIAMS (1959 a, b) hebt ebenfalls hervor, daß es unzweckmäßig ist, Kreuzungen zwischen Linien, die rezessive Defekte besitzen, für allgemeine Studien über Heterosis zu benutzen. Bei diallelen Kreuzungen zwischen 18 Inzuchtlinien wurden die stärksten „Grade von Heterosis" (relativ zum Elternmittel) bei Hybriden der schlechtesten Eltern gefunden.

Gerste scheint ein günstigeres Objekt für die Analyse der Heterosis bei autogamen Pflanzen zu sein. Allerdings fällt es schwer, den relativen Ertrag der F_1-Hybride festzustellen, da in Kreuzungen vom gewöhnlichen Typus nur wenige Samen erhalten werden und die Kastration das Gewicht dieser Samen um 40% erniedrigt, was den Ertrag der Hybride beeinträchtigen könnte (HAGBERG, 1953). Diese Schwierigkeit kann durch Benutzung pollensteriler Formen als Samenelter der Kreuzung umgangen werden. In einem solchen Versuch fanden SUNESON und RIDDLE (1944), daß der Durchschnitt des Ertrages von 7 Hybriden 20% über dem Mittel ihrer Eltern lag. IMMER (1941) verglich den Ertrag der F_1-F_4 von 6 Gerstenkreuzungen mit dem Mittel der Eltern mit folgendem Resultat:

F_1	F_2	F_3	F_4
127%	124%	113%	105%

Die Werte der F_1 und F_4 sind hierbei jedoch statistisch weniger sicher als die der mittleren Generationen. HAGBERG (1953) untersuchte die Kurve der Inzuchtdepression von 5 Gerstenkreuzungen von F_1-F_6. Der Ertrag sank von F_1-F_5 etwa 20% unter das Mittel der Eltern und noch stärker unter den Wert der heterotischen F_1. Dieses interessante Material ist indessen nur kurz beschrieben. — Die starke Begünstigung heterozygoter Segmente in späteren Generationen von Gerstenramschen wurde schon S. 190 diskutiert.

Bei Weizen kreuzten SIKKA et al. (1959) eine besonders ertragreiche Varietät (P_1) mit 12 anderen Varietäten (P_2). Für die sukzessiven Generationen wurden im Mittel aller Kreuzungen folgende Erträge erhalten:

P_1	P_2	F_1	F_2	F_3
17,01	13,27	23,80	17,49	15,66
15,14 (Mittel P_1, P_2)				

Auf eine kräftige Heterosis in F_1 erfolgte ein rasches Absinken in F_2 und F_3. Beim Lein fand CARNAHAN (1947), daß im Mittel von 16 Kreuzungen F_1 einen 40% höheren Ertrag hatte als die Eltern und F_2 einen 26% höheren.

2. Diskussion

Offenbar sind die autogamen Blütenpflanzen vor längerer oder kürzerer Zeit aus allogamen Vorfahren entstanden. Bei dem allmählichen Übergang von Allogamie zu Autogamie wurden alle größeren rezessiven Defekte eliminiert und wahrscheinlich auch fast alle kleineren. Außerdem mußten andere, wichtigere Ursachen der Inzuchtdepression eliminiert oder kompensiert werden. Dies könnte auf ganz verschiedenen

Wegen geschehen. Das heterotische System könnte z. B. rückgebildet werden, die negativen Kontrollen, die sonst eine übertriebene Aktivität hindern, könnten abgeschwächt werden, heterozygote Stimulationen könnten durch homozygote ersetzt werden. Schließlich könnte durch divergente Differenzierung der weiblichen und männlichen Gameten ein Substitut für die Heterozygotie geschaffen werden. Die Analyse der Heterosis autogamer Objekte sollte ein besonderes Interesse haben, da wegen Abschwächung einiger Komponenten der Heterosis und wegen Abwesenheit von exzessiver Inzuchtdepression andere Komponenten sich um so leichter erfassen lassen sollten. Auch haben diese Probleme eine hohe Bedeutung für die Züchtung auf Ertrag. Leider hat man bisher wenig Gewicht darauf gelegt, die genetischen Grundlagen dieser Heterosis systematisch zu untersuchen. Die vorliegenden Fragmente lassen sich schwer zu einem einheitlichen Bild zusammensetzen.

Die immerhin ziemlich beträchtliche Heterosis der F_1-Hybride, die sich in ihrer Größe in vielen Fällen mit der *Transheterosis* der Maishybride vergleichen läßt und in vielen Fällen dieselbe übertrifft, deutet darauf hin, daß das System der heterotischen Loki noch zum großen Teil vorhanden ist. Das Herabsinken des durchschnittlichen Ertrages in F_{ho} unter das Niveau der Eltern, die allgemeine Erfahrung, daß sich aus Kreuzungen ertragreicher Eltern leicht Linien mit niedrigeren Erträgen, aber nur sehr schwer solche mit höheren Erträgen auslesen lassen, kann als eine Art von Inzuchtdepression aufgefaßt werden. Die ertragreichen Sorten sind vielleicht besonders günstige Kombinationen von Plus- und Minusallelen der heterotischen Loki. Wenn solche Sorten verschiedene adaptive Gipfel darstellen, sollte es schwierig sein, aus ihren Kreuzungen verbesserte Sorten hervorzubringen. Indem in der Deszendenz solcher Kreuzungen die Harmonie der Genkombinationen erniedrigt wird und es schwer fällt, gleich harmonische Kombinationen auszulesen wie die elterlichen, stoßen wir hier auch auf eine genomale Komponente des Ertrages. Die starke Erniedrigung der Fertilität zweizeiliger Segregate in Kreuzungen sechszeiliger Gersten mit zweizeiligen (S. 260) könnte in diesem Sinne interpretiert werden. Bei distanten Kreuzungen kann der Disharmonieeffekt noch stärker in den Vordergrund treten. — Im großen und ganzen bieten die Erfahrungen an autogamen Objekten eine Stütze für die Stimulationstheorie der Heterosis und für die Theorie der residuellen Effektivität.

VII. Hybride Populationen

1. Kreuzungen freibestäubter Maisvarietäten

Bei Kreuzungen von diesem Typus wird ein Muster von unausgelesenen S_0-Pflanzen der einen Varietät kastriert und mit der Pollenmischung aus einem ebenfalls unausgelesenen Muster von Pflanzen aus der anderen Varietät bestäubt. Die Erfahrungen über solche Kreuzungen sind verschieden je nach Herkunft und Beziehungen der gekreuzten Varietäten. LONNQUIST und GARDNER (1961) fanden bei diallelen Kreuzungen zwischen 9 Varietäten aus den nördlichen Teilen der Vereinigten Staaten für das Mittel sämtlicher Hybride einen Mehrertrag von 4% über dem Elternmittel. Nach GRIFFEE (1922) gaben die Hybride von 146 Sortenkreuzungen einen Mehrertrag von 11,7%. ROBINSON et al. (1955, 1956) finden für diallele Kreuzungen zwischen 6 freibestäubten nordkarolinischen Maisvarietäten (southern prolific varieties) einen Mehrertrag (über Elternmittel) von 19,9% (Tab. 99). Besonders starke heterotische Effekte wurden nach WELLHAUSEN (1960) bei Kreuzung verschiedener mexikanischer Maisvarietäten gefunden. Der beste Hybrid ging aus Kreuzung zweier Rassen hervor, die an ganz verschiedene Höhenlagen angepaßt waren, nämlich 2200 und 50 Meter über dem Meeresniveau. Aus solchen Ergebnissen erkennt man, daß es viel leichter ist, starke heterotische Effekte bei Kreuzung von Rassen zu erhalten, die an verschiedene ökologische Bedingungen angepaßt sind, als bei Kreuzung von Rassen, die unter ähnlichen ökologischen Bedingungen leben. Indessen sind noch andere Faktoren am Grade der Heterosis beteiligt. Denn bei den Kreuzungen von Tab. 99 handelt es sich um Varietäten, die in benachbarten Gebieten entstanden und an ähnliche ökologische Bedingungen angepaßt sind, und doch geben sie im Mittel eine nicht unbeträchtliche Heterosis.

Tabelle 99.
Relative Erträge von 6 freibestäubten nordkarolinischen Maisvarietäten und ihren 15 Hybriden. Die Erträge der Varietäten sind auf das Mittel der 6 Varietäten (= 100) bezogen, die Erträge der Hybride auf das Mittel der respektiven beiden Eltern (= 100)

Varietät	frei bestäubt	Gekreuzt mit Varietät					
		Weekly	Jarwis	Simpson	Indian Chief	Biggs	Lathams
Weekly . . .	114,5	—	119,3	115,4	127,5	104,6	110,0
Jarwis . . .	110,7	119,3	—	116,6	129,1	106,6	109,9
Simpson . .	103,1	115,4	116,6	—	124,1	109,2	125,0
Indian Chief	96,9	127,5	129,1	124,1	—	132,3	146,2
Biggs . . .	96,9	104,6	106,6	109,2	132,3	—	123,0
Lathams . .	78,1	110,0	109,9	125,0	146,2	123,0	—

Pollak et al. (1957) verglichen für drei von den obigen Kreuzungen die Erträge der Eltern mit denen von F_1, F_2 und den Rückkreuzungen zu beiden Eltern (Tab. 100).

Tabelle 100.
Vergleich der Erträge (lb/plants) von Eltern, F_1, F_2 und Rückkreuzungen für drei Maishybride. Nach Pollak et al., 1957

Hybrid	Weekly × Indian Chief	Jarwis × Weekly	Jarwis × Indian Chief	Mittel
Mittel Eltern .	0,42	0,37	0,36	0,383
F_1	0,50	0,44	0,40	0,447
F_2	0,47	0,40	0,39	0,420
Mittel BC . .	0,44	0,42	0,38	0,413

Von dem mittleren Mehrertrag der Hybride von 16,5% blieb reichlich die Hälfte in F_2 erhalten, fast ebensoviel in den Rückkreuzungen. Die F_2 wurde hierbei durch Kreuzbestäubungen innerhalb der F_1-Population hergestellt.

2. Evolution der Maisvarietäten

Allgemeines. Da nach Erfahrungen an Varietätskreuzungen und synthetischen Varietäten rund 50% des Mehrertrages der F_1 bei freier Bestäubung in späteren Generationen erhalten bleiben kann, entstand das Problem der automatischen Ertragsverbesserung der Maispflanze im Gefolge wiederholter spontaner und künstlicher Kreuzung von Varietäten. Nach Wellhausen (1960) befanden sich die Maistypen, deren Überreste in vor 7000 Jahren bewohnten Höhlen in Mexico gefunden wurden, in den ersten Stadien der Domestikation der wilden Maispflanze. Sie hatten minimale Erträge. Diese frühen Maistypen wurden durch den Menschen durch ganz Mittelamerika und in Teile von Nord- und Südamerika verbreitet. In isolierten Teilen verschiedener Gebiete entwickelten sich verschiedene Varietäten. Durch Zufälle trafen gelegentlich Rassen aus benachbarten Regionen zusammen und hybridisierten. Später kreuzten sie sich auch mit stärker differenzierten Rassen aus Südamerika. Durch solche distanten Kreuzungen entstanden in Mexico einige hochproduktive Varietäten.

Für die mexikanischen Rassen und Varietäten von Mais lassen sich Stammbäume aufstellen, die den wahrscheinlichen Ursprung der fortgeschrittenen Typen durch drei bis vier sukzessive Kreuzungen primitiverer Formen beschreiben, die zum großen Teil noch in gewissen Gebieten existieren (MANGELSDORF, 1952). In diesen Stammbäumen ist jedes Produkt einer angenommenen Hybridisierung entweder ertragreicher oder besser an sein natürliches Gebiet angepaßt als beide präsumptiven Elternrassen. Erfahrungen mit künstlicher Wiederholung solcher Kreuzungen deuten darauf hin, daß die volle Heterosis der hybriden Populationen nicht immer unmittelbar nach der Kreuzung auftritt, sondern manchmal erst durch natürliche Selektion entfaltet wird. In einigen Fällen zeigte ein Hybrid keine nennenswerte Heterosis im Verbreitungsgebiet der Eltern, aber eine sehr kräftige Heterosis in einer neuen Umgebung (WELLHAUSEN, 1952).

Alle diese Untersuchungen deuten darauf hin, daß die Weiterentwicklung der Maispflanze zum großen Teil in einer zyklisch wiederholten Differenzierung von neuen Rassen in der Nachkommenschaft von Rassenhybriden bestand. Es scheint, daß bei der fortschreitenden Differenzierung der neuen Rasse eine stabilisierende Selektion erfolgt, die eine immer bessere Anpassung an die bestehende Umwelt ermöglicht, die aber gleichzeitig die Anpassung an andere Bedingungen erschwert. Mit steigender Divergenz zwischen verschiedenen Rassen entsteht indessen auch eine Voraussetzung für einen Grad von Heterosis, der bei erneuter Kreuzung die Existenz einer hybriden Population mit erweiterten Anpassungsmöglichkeiten erlaubt.

Die Varietäten des Maisgürtels (Corn Belt). Die heutigen Varietäten aus dem nordamerikanischen Maisgürtel haben sich nach ANDERSON und BROWN (1952) im Laufe des vorigen Jahrhunderts aus den Hybriden von zwei sehr verschiedenen Maistypen entwickelt, dem „südlichen Zahnmais" und dem „nördlichen Hartmais" (southern dents and northern flints). Das letzte Stück ihres Stammbaumes wird durch Fig. 47 wiedergegeben. Die nördlichen Hartmaistypen stammen vermutlich von der

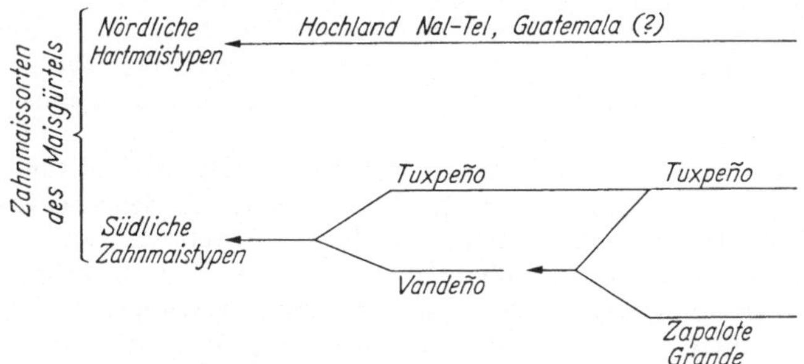

Fig. 47. Letzter Teil des Stammbaumes der Varietäten des Maisgürtels. Nach WELLHAUSEN (1956), vereinfacht

Nal-Tel Rasse aus dem Hochland von Guatemala. Die südlichen Zahnmaistypen entstanden aus Kreuzungen der mexikanischen Rassen Tuxpeño und Vandeño, von denen letztere wiederum ein Produkt von Tuxpeño und Zapalote Grande ist (WELLHAUSEN, 1952, 1956).

Die nördlichen Hartmais- und die südlichen Zahnmaistypen, die sich nach ANDERSON und BROWN (1952) in morphologischer Hinsicht ebenso stark unterscheiden, wie sonst entfernt verwandte Arten derselben Gattung, geben fertile Hybride von extremer Vigor. In F_2 spalten jedoch viele minderwertige Typen ab. Es scheint, daß in diesem Fall die volle Fertilität der hybriden Populationen erst realisiert werden konnte, nachdem die natürliche Selektion aus dem Rohmaterial einen stabileren Typus herangezüchtet hatte. Auch heute ist indessen in diesen mehr als hundertjährigen Varietäten des Maisgürtels das Keimplasma der beiden Ausgangsformen noch nicht vollständig gemischt, was sich besonders an der relativ häufigen Abspaltung von Typen zeigt, die in einer Reihe von Charakteren eine relativ große Ähnlichkeit mit den „northern flints" oder „southern dents" zeigen. Eine solche ziemlich lose, aber statistisch nachweisbare Assoziation elterlicher Charaktere ließe sich am ehesten erklären, wenn in den Chromosomen der heutigen Maispflanzen noch eine Anzahl Segmente der Ausgangsrassen vorkommen, die nicht durch crossing-over gemischt worden sind. Dies deutet darauf hin, daß ein Teil der Differenzen zwischen den Elterntypen auf Chromosomensegmenten mit *sehr wenig crossing-over* liegen. Wenn ein Individuum eine relativ hohe Anzahl solcher ursprünglicher Segmente aus der einen Elternform erhielt, so verstärken diese gegenseitig ihre Effekte und erzeugen daher eine ziemlich hohe Ähnlichkeit mit dem betreffenden Elterntypus. Erscheinungen von dieser Art sind auch charakteristisch für *„Introgression"*, das Eindringen des Keimplasmas aus einer Art in das einer fremden Art infolge gelegentlicher Kreuzung, ein Phänomen, das von E. ANDERSON und seiner Schule bei zahlreichen Objekten studiert wurde. An der Verbreitung und Erhaltung intakter Genblöcke aus einer fremden Art ist vermutlich Heterosis beteiligt (ANDERSON, 1949, 1956).

Divergenz und Heterosis. In einer besonderen Versuchsreihe klassifizierten ANDERSON und BROWN (1952) eine größere Anzahl Inzuchtlinien aus Varietäten des Maisgürtels auf Grundlage ihrer Ähnlichkeit mit den beiden Ausgangstypen „northern flints" und „southern dents" in spezifischen morphologischen Charakteren. Es zeigte sich, daß eine nicht unbeträchtliche Korrelation ($r = 0{,}40$) bestand zwischen dem Grade der Divergenz der Kreuzungseltern im Sinne dieser Klassifikation, also Annäherung an entgegengesetzte Ausgangstypen, und den Erträgen ihrer Hybride. Diese Erfahrungen legen den Gedanken nahe, bewußt Elterntypen auszulesen, die in dieser spezifischen Richtung divergieren. Eine ähnliche Erfahrung machte WELLHAUSEN (1952) in Mexico, indem er fand, daß zwei Inzuchtlinien aus der Rasse Celaya, die besonders fertile Hybride ergaben, völlig verschiedene Kolbentypen besaßen, die stark in Richtung auf die Rassen Tabloncillo und Tuxpeño divergierten, die die mutmaßlichen Eltern der hybriden Rasse Celaya darstellen. In beiden Beispielen weichen die Kolbentypen der Linienpaare so stark von dem mittleren Typus der hybriden Population ab, daß sie von Züchtern, die dieses Problem nicht kennen, automatisch kassiert worden wären.

Nach der Auffassung von ANDERSON und BROWN ist ein Teil der Heterosis der Ausgangshybride vom Typus northern flints × southern dents gewissermaßen in erhöhte Fertilität der freibestäubten Rassen des Corn Belt verwandelt worden. Der Rest läßt sich nur mühsam und unvollständig in der Transheterosis der Hybride gewisser Linien der Varietäten des Maisgürtels wiedergewinnen. Um die Divergenz der Eltern auszunützen, wäre es vielleicht am besten, von neuem auf das Ausgangsmaterial zurückzugreifen und die Aufgabe in bewußter, planmäßiger Arbeit zu lösen. Aber es dürften in verschiedenen Teilen der Welt noch viele andere divergente Maistypen vorkommen, die nach Überwindung gewisser Schwierigkeiten zur progressiven Erhöhung des Heterosisniveaus angewandt werden können (vgl. GRIFFING und LINDSTROM, 1954, S. 372).

Nach WELLHAUSEN (1960) repräsentieren die natürlichen hybriden Populationen nur einen sehr geringen Bruchteil der zwischen den verschiedenen Rassen und Varietäten möglichen Hybride. Nach Erforschung der vorhandenen Rassen kann man jetzt daran denken, die existierende Divergenz zwischen diesen Typen in systematischer Weise zur Erhöhung des Ertrages auszunützen. WELLHAUSEN diskutiert eine Reihe von Punkten, auf die hierbei zu achten ist.

3. „Beimischungen" zu Inzuchtstämmen

CARSON (1958) benutzte zu einem Populationsexperiment zwei *Drosophila*-stämme, einen Laboratoriumsstamm der homozygot in den fünf rezessiven Mutationen des Chromosoms III war, se, ss, k, e^s, ro, und einen Stamm von normalem Phänotyp, Oregon R. Beide Stämme besaßen vermutlich beträchtliche Inzuchtkoeffizienten. Ein einziges F_1-Männchen aus Kreuzung dieser beiden Stämme wurde in eine Population eingeführt, die aus je 25 ♀♀ und ♂♂ des obigen multiplen Mutantstammes bestand. Populationen mit einer „Beimischung“ dieser Art wurden eine große Anzahl von Generationen in Populationskäfigen aufgezogen und mit unter identischen Bedingungen aufgezogenen Kulturen der beiden Ausgangsstämme verglichen. Alle Populationen erhielten stets die gleiche, knapp zugemessene Nahrungsmenge, so daß Unterschiede in der Populationsgröße und in der wöchentlichen Produktion von neuen Individuen nur durch die genetisch/physiologische Effektivität der Population bedingt war. Es zeigte sich, daß die Einführung eines einzigen F_1-Individuums in die Population des Mutantstammes innerhalb von drei Generationen zu einer dreifach erhöhten Produktion von neuen Individuen führte und daß diese erhöhte Produktivität eine große Anzahl von folgenden Generationen unverändert fortbestand. Im Durchschnitt wurde die folgende wöchentliche Produktion von neuen Individuen erhalten:

Mutantstamm	Oregon R	„Mischstamm“
63	151	186

Durch die Beimischung eines F_1-Individuums erhielten die rezessiven Allele des Mutantstammes eine initiale Genhäufigkeit von 0,99. Für ro, se und ss wurden später Aequilibria errichtet bei $q=0{,}40$, 0,20 und 0,12. Aus Ergebnissen dieser Art läßt sich schließen, daß die Chromosomensegmente des fremden Genoms so kräftige Heterosis bedingten, daß sie sich sehr rasch in der Population verbreiteten, bis für jedes Segment eine Aequilibriumshäufigkeit erreicht war. Unter solchen Umständen verändert ein einziges beigemischtes Genom rasch vollständig die genetische Struktur der Population. Die Produktivität des Mischstammes erreicht nicht nur die des ursprünglich sehr viel effektiveren Stammes Oregon R, sondern überschreitet sie mit 23%. Im einzelnen sind die Ergebnisse wegen Komplikationen nicht schematisch zu verallgemeinern. Beide Ausgangsstämme hatten z. B. den Charakter von partiellen Inzuchten, nicht von panmiktischen Populationen. Literaturangaben deuten ferner darauf hin, daß vier von den im obigen Experiment benutzten Mutationen eine Tendenz für heterotische Effekte haben. Immerhin zeigen solche Ergebnisse, daß unter geeigneten Umständen Veränderungen in der Genhäufigkeit mit überraschender Geschwindigkeit stattfinden. Auf ähnliche Weise sollten auch in natürlichen Populationen Beimischungen von Individuen fremder Rassen oder Arten unter geeigneten Umständen einen großen Einfluß auf die Struktur der Populationen bekommen können, eine Konklusion die mit den Erfahrungen über Introgression (S. 126) im Einklang steht.

Literatur

Anderson, E.: Introgressive hybridization. 109 S. New York: John Wiley 1949.

— Character association analysis as a tool for the plant breeder. Brookhaven Symp. Biol. **9**, 123—140 (1956).

—, and W. L. Brown: Origin of corn belt maize and its genetic significance. In: Gowen: Heterosis, Chapter 8. (1952).

Brieger, F. G.: The genetic basis of heterosis in maize. Genetics **35**, 420—445 (1950).

Brncic, D.: Heterosis and the integration of the genotype in geographic populations of Drosophila pseudoobscura. Genetics **39**, 77—88 (1954)..

Bruce, A. B.: The Mendelian theory of heredity and the augmentation of vigour. Sci. **32**, 627—628 (1910).

Carnahan, H. L.: Combining ability in flax (Linum usitatissimum). M. S. Thesis, Univ. of Minnesota, 1947 (cfr. Gowen: Heterosis, p. 52).

Carson, H. L.: Increase in fitness in experimental populations resulting from heterosis. Proc. nat. Acad. Sci. (Wash.) **44**, 1136—1141 (1958).

Crow, J. F.: Alternative hypotheses of hybrid vigor. Genetics **33**, 477—487 (1948).

— Dominance and overdominance. In: Gowen: Heterosis, Chapter 18 (1952).

Fleming, A. A., G. M. Kozelnicky, and E. B. Brown: Cytoplasmic effects on agronomic characters in a double-cross maize hybrid. Agronomy J. **52**, 112—115 (1960).

Griffee, F.: First generation corn varietal crosses. J. Amer. Soc. Agron. **14**, 18—27 (1922).

Hagberg, A.: Heterosis in barley. Hereditas **39**, 325—348 (1953).

— Further studies on and discussion of the heterosis phenomenon. Hereditas **39**, 349—380 (1953).

Haldane, J. B. S.: The effect of variation on fitness. Amer. Natur. **71**, 337—349 (1937).

Hoen, K., and R. H. Andrew: Performance of corn hybrids with various ratios of flint-dent germ plasm. Agronomy J. **51**, 451—454 (1959).

Hull, F. H.: Recurrent selection for specific combining ability in corn. J. Amer. Soc. Agron. **37**, 134—145 (1945).

— Recurrent selection and overdominance. In: Gowen: Heterosis, Chapter 28 (1952).

Immer, F. R.: Relation between yielding ability and homozygosis in barley crosses. Agronomy J. **33**, 200—206 (1941).

Jinks, J. L.: A survey of the genetical basis of heterosis in a variety of diallel crosses. Heredity **9**, 223—238 (1955).

Jones, D. F.: Dominance of linked factors as a means of accounting for heterosis. Genetics **2**, 466—479 (1917).

— The effects of inbreeding and crossbreeding upon development. Conn. Agr. exp. St. Bull. **207**, 1—100 (1918).

Lonnquist, J. H., and C. O. Gardner: Heterosis in intervarietal crosses in maize and its implication in breeding procedures. Crop Sci. **1**, 179—183 (1961).

Mangelsdorf, P. C.: Hybridization in the evolution of maize. In: Gowen: Heterosis, Chapter 11 (1952).

Mather, K.: Polygenic inheritance and natural selection. Biol. Rev. **18**, 32—64 (1943).

— The genetical units of continuous variation. Proc. 9th int. Congr. Genet. **1**, 106—123 (1954).

— The genetical basis of heterosis. Proc. roy. Soc. B **144**, 143—150 (1955).

— Response to selection. Cold Spr. Harb. Symp. quant. Biol. **20**, 158—165 (1955).

Mazoti, L. B.: Caracteres citoplasmáticos heredables derivados del híbrido de Euchlena por Zea. Rev. invest. agric. argent. **8**, 175—183 (1954).

Michaelis, P.: Plasmavererbung und Heterosis. Z. Pflanzenz. **30**, 250—275 (1951).

— Cytoplasmic inheritance in Epilobium and its theoretical significance. Adv. Genet. **6**, 287—402 (1954).

Pollak, E., H. F. Robinson, and R. E. Comstock: Inter-population hybrids in open-pollinated varieties of maize. Amer. Natur. **91**, 387—393 (1957).

Powers, L.: An expansion of Jones's theory for the explanation of heterosis. Amer. Natur. **78**, 275—280 (1944).

— Relative yields of inbred lines and F_1 hybrids of tomato. Bot. Gaz. **106**, 247—268 (1945).

— Gene recombination and heterosis. In: Gowen: Heterosis, Chapter 19 (1952).

Quinby, J. R., and R. E. Karper: Heterosis in Sorghum resulting from the heterozygous condition of a single gene that affects duration of growth. Amer. J. Bot. **33**, 716—721 (1946).

— — The effects of different alleles on the growth of Sorghum hybrids. J. Amer. Soc. Agron. **40**, 255—259 (1948).

Reeve, E. C. R.: Studies in quantitative inheritance. III. Heritability and genetic correlation in progeny tests using different mating systems. J. Genet. **51**, 520—542 (1953).

—, and F. W. Robertson: Studies in quantitative inheritance. II. Analysis of a strain of Drosophila melanogaster selected for long wings. J. Genet. **51**, 276—316 (1953).

Rendel, J. M.: Heterosis. Amer. Natur. **87**, 129—138 (1953).

Richey, F. D.: The inequality in reciprocal corn crosses. J. Amer. Soc. Agron. **12**, 185—196 (1920).

— Bruce's explanation of hybrid vigour. J. Heredity **36**, 243—244 (1945).

Rick, C. M.: Cytogenetics of the tomato. Adv. Genet. **8**, 267—382 (1956).

Robertson, F. W.: Studies in quantitative inheritance. V. Chromosome analyses of crosses between selected and unselected lines of different body size in Drosophila melanogaster. J. Genet. **52**, 494—520 (1954).

— Selection response and the properties of genetic variation. Cold Spr. Harb. Symp. quant. Biol. **20**, 166—176 (1955).

—, and E. C. R. Reeve, Studies in quantitative inheritance. I. The effect of selection of wing and thorax length in Drosophila melanogaster. J. Genet. **50**, 414—448 (1952).

Robertson, F. W., and E. Reeve: Studies in quantitative inheritance. IV. The effect of substituting chromosomes from selected strains in different genetic backgrounds in Drosophila melanogaster. J. Genet. **51**, 586—610 (1953).

— — Studies in quantitative inheritance. VIII. Further analysis of heterosis in crosses between inbred lines of Drosophila melanogaster. Z. Vererbungsl. **86**, 439—458 (1955).

Robinson, H. F., and R. E. Comstock: Analysis of genetic variability in corn with reference to probable effects of selection. Cold Spr. Harb. Symp. quant. Biol. **20**, 127—136 (1955).

— —, A. Khalil, and P. H. Harvey: Dominance versus overdominance in heterosis: Evidence from crosses between open-pollinated varieties of maize. Amer. Natur. **90**, 127—131 (1956).

Sentz, J. C., H. F. Robinson, and R. E. Comstock: Relation between heterozygosis and performance in maize. Agronomy J. **46**, 514—520 (1954).

Sikka, S. M., K. B. L. Jain, and K. S. Parmar: Evaluation of the potentialities of wheat crosses based on mean parental and early generation values. Indian J. Genet. Plant Breed. **19**, 150—170 (1959).

Sprague, G. F.: Heterosis. In: Loomis: Growth and differentiation in plants, Ch. 7. Ames, Iowa: Iowa State College Press 1953.

St. John, R. R.: A comparison of reciprocal top crosses in corn. J. Amer. Soc. Agron. **26**, 721—724 (1934).

Stringfield, G. H.: Heterosis and hybrid vigor in maize. Agronomy J. **42**, 145—152 (1950).

— Fertility restauration and yield in maize. Agronomy J. **50**, 215—218 (1958).

Suneson, C. A., and O. C. Riddle: Hybrid vigor in barley. J. Amer. Soc. Agron. **36**, 57—61 (1944).

Vetukhiv, M.: Viability of hybrids between local populations of Drosophila pseudoobscura. Proc. nat. Acad. Sci. (Wash.) **39**, 30—34 (1953).

— Fecundity of hybrids between geographic populations of Drosophila pseudoobscura. Evolution **10**, 139—146 (1956).

Wallace, B.: Inter-population hybrids in Drosophila melanogaster. Evolution **9**, 302—316 (1955).

Wellhausen, E. J.: Heterosis in a new population. In: Gowen: Heterosis, Ch. 27 (1952).

— Improving American corn with exotic germ plasm. Proc. 11th annual Hybrid Corn industry-research conference: 85—96 (1956).

— Variation of maize in Mexico and Central America, its present and future utilization. Eucarpia, 1st Meeting of "Maize" Section, FAO, Rome 1960: 38—45.

Williams, W.: Heterosis and the genetics of complex characters. Nature **184**, 527—530 (1959).

— The isolation of 'pure lines' from F_1-hybrids of tomato, and the problem of heterosis in inbreeding crop species. J. Agric. Sci. **53**, 347—353 (1959 b).

Kapitel 18

Heterosis III: Kombinationseignung

I. Allgemeines

1. Einfache Kreuzungen

Die Aufgabe der Heterosiszüchtung beim Mais besteht gewöhnlich darin, aus einer großen Zahl von Inzuchtlinien die besten einfachen Kreuzungen herzustellen und aus diesen wiederum die besten doppelten. Nun fällt es schwer, den Wert der Inzuchtlinien für die Erzeugung ertragreicher Hybride aus den Eigenschaften der Inzuchtlinien selbst zu beurteilen. Eine gewisse Korrelation zwischen dem Ertrag der Inzuchtlinien und dem ihrer Hybride besteht zwar. Diese äußert sich indessen besonders darin, daß Kreuzungen zwischen zwei schlechten Inzuchtlinien in der Regel schlechte Hybride geben. Teilen wir die Inzuchtlinien in gute und schlechte ein, d. h. hier ertragreiche und wenig ertragreiche, und vergleichen wir die Kreuzungen innerhalb und zwischen den Gruppen, so würden wir vielleicht in Form eines Schemas in relativen Werten folgendes Ergebnis erhalten:

Kreuzungstypus	Ertrag der Hybride	
schlecht × schlecht	80	
schlecht × gut	105	(85—125)
gut × gut	110	

Die Kombination schlecht × gut gibt also im Durchschnitt fast so ertragreiche Hybride wie gut × gut; sie hat jedoch eine große Variationsbreite und kann einige besonders gute Hybride einschließen (HULL, 1952). Dennoch ist es offenbar zweckmäßig, die weniger fertilen Inzuchten zu kassieren, da sie im Durchschnitt schlechtere Hybride ergeben, und da das Arbeiten mit solchen Linien unbequem und kostspielig ist.

Wenn nun die schlechteren Linien kassiert sind, so wird unter den übrigen die Korrelation zwischen den Erträgen der Linien und ihrer Hybride so gering, daß sie praktisch wenig Bedeutung hat. Der Wert der Inzuchtlinien muß daher durch Kreuzungen festgestellt werden. Nun lassen sich zwischen n Linien $n \cdot (n-1)/2$ einfache Kreuzungen herstellen; zwischen 100 Linien wären dies 4950 Kombinationen. Es würde außerordentlich viel Mühe kosten, alle diese Hybride herzustellen und in vergleichenden Prüfungen ihre Erträge zu bestimmen. Indessen ist es strenggenommen nicht nötig, eine Linie mit 100 anderen zu kreuzen, um ihren Wert als Kreuzungselter zu beurteilen. Hierzu genügt es, sie etwa mit 10 anderen Linien zu kreuzen. Denn eine Linie, die sich im Durchschnitt von 10 Kreuzungen bewährt hat, würde sich mit hoher Wahrscheinlichkeit auch im Mittel der 90 übrigen Kreuzungen bewähren. Unter diesen Umständen ließen sich die 100 Inzuchtlinien durch Kreuzung mit einer geeigneten Gruppe von 10 Inzuchtlinien, sogenannten *Testlinien,* beurteilen. Dies würde die Arbeit von 4950 auf $100 \times 10 = 1000$ Kreuzungen reduzieren.

In Testkreuzungen von dieser Art verhalten die verschiedenen Linien sich sehr verschieden, indem einige in allen oder der Mehrzahl der Kreuzungen Hybride mit guten Erträgen geben, andere Hybride mit mittleren oder schlechten Erträgen. Man sagt, daß diese Linien eine gute bzw. mittlere und schlechte Kombinationseignung (combining ability) haben. Wenn man mit Hilfe solcher Prüfungen Inzuchtlinien von hoher Kombinationseignung identifiziert, und diese Linien untereinander kreuzt, so erhält man Hybride von deutlich überdurchschnittlicher Fertilität; gleichzeitig steigt hiermit die Wahrscheinlichkeit, einige besonders fertile Kombinationen zu entdecken.

Obgleich die obige Methode der Bestimmung der Kombinationseignung recht genau ist, ist sie für praktische Zwecke zu umständlich. Es hat sich nun gezeigt, daß die Kombinationseignung sich mit fast derselben Genauigkeit auf eine wesentlich einfachere Weise prüfen läßt, nämlich durch sogenannte *„topcrosses"* (Topkreuzungen), die in Kreuzungen der zu prüfenden Inzuchtlinien (Testlinge) mit einer geeigneten freibestäubten *Testvarietät* bestehen. Statt mit einer Gruppe von 10 anderen Inzuchten wird die Linie also mit einer einzigen Varietät gekreuzt. Praktisch ist es sehr einfach, 100 Inzuchtlinien mit der gleichen Varietät zu kreuzen. Die Inzuchten werden zu diesem Zweck alternierend mit Reihen einer freibestäubten Varietät auf einem isolierten Kreuzungsblock ausgepflanzt; eine Reihe für jede Inzucht genügt. Die Reihen der Inzuchten werden durch sorgfältige Entfernung der männlichen Infloreszenzen kastriert, während die Reihen der Testvarietät als Pollenelter (Pollinator) dienen. Die gekreuzten Kolben innerhalb jeder Inzucht werden kombiniert (gemischt) und geben ein ausreichendes Material für exakte Ertragsprüfungen in replikaten Versuchen.

Bei der Kreuzung Inzucht × Varietät wird der Gamettypus einer jeden homozygoten Linie mit zahllosen, verschiedenen Gamettypen aus der heterozygoten Varietät kombiniert. Auf diese Weise kann eine ebenso gründliche Prüfung der Kombinationseignung der Inzuchtlinien erfolgen, als wenn dieselben mit einer großen

Anzahl von Testlinien gekreuzt werden. JENKINS und BRUNSON (1932) verglichen die Leistungen einer größeren Anzahl von Inzuchten in Serien von einfachen Kreuzungen und in Varietätskreuzungen. Sie fanden eine so hohe Korrelation in den Ergebnissen dieser beiden Prüfungsmethoden, daß geschlossen wurde, daß Inzucht/Varietätskreuzungen sich mit großem Vorteil zur Bestimmung der Kombinationseignung benutzen lassen. Seit jener Zeit wurde es allgemein üblich, alle neuen Inzuchten, die genügenden Ertrag und befriedigende agronomische Eigenschaften zeigen, zunächst durch Topkreuzungen auf Kombinationseignung zu prüfen, und nur Linien mit hinreichender Kombinationseignung für die weiteren Züchtungsarbeiten zu verwenden. Es lohnt sich indessen nicht, hierbei zu strenge Forderungen zu stellen, da erfahrungsgemäß viele Linien, die bei vorläufigen Kreuzungen nur mäßige Vorteile zeigen, hervorragende Hybride geben. Die Linien, die ein gewisses Minimum von Kombinationseignung besitzen, müssen dann in allen möglichen Kombinationen gekreuzt werden, um die besten Kombinationen ausfindig zu machen.

Die Arbeitsersparung, die durch die vorläufigen Prüfungen ermöglicht wird, geht aus folgender Betrachtung hervor. Wenn von einem Muster von 200 neuen Inzuchtlinien 100 wegen ungenügender Erträge oder unbefriedigender agronomischer Eigenschaften kassiert werden, und von den restierenden Linien 50—75% wegen unzulänglicher Kombinationseignung, so braucht man nur die möglichen hybriden Kombinationen für 25—50 Linien zu prüfen. Hierdurch wird die Anzahl der möglichen Hybride von 19 900 für das ursprüngliche Muster auf 300—1225 reduziert, also auf 1,5—6,2%.

2. Doppelte Kreuzungen

Während sich zwischen n Linien $n \cdot (n-1)/2$ einfache Kreuzungen herstellen lassen, sind nach einem bekannten mathematischen Prinzip zwischen den gleichen Linien $\frac{n!}{r! \cdot (n-r)!}$ mehrfache Kreuzungen möglich, wobei r die Anzahl der zu einem Hybrid vereinigten Linien angibt. Während sich z. B. zwischen 15 Linien 105 einfache Hybride ($r=2$) erzeugen lassen, gibt es 1365 doppelte Hybride ($r=4$). Diese Zahl wäre übrigens noch mit 3 zu multiplizieren, da jede Kombination von 4 Linien die Herstellung von drei verschiedenen doppelten Hybriden erlaubt (siehe unten).

Zwischen vier Linien 1, 2, 3, 4 sind 6 einfache und 3 doppelte Kreuzungen möglich. Für jede doppelte Kreuzung, z. B. $(1\times2)\times(3\times4)$, gibt es zwei *parentale* Kreuzungen, d. h. die aktuellen Eltern des doppelten Hybrides, und vier *nicht-parentale* Kreuzungen, in diesem Beispiel 1×3, 1×4, 2×3, 2×4. Die praktische Erfahrung hat gezeigt, daß der Ertrag einer doppelten Kreuzung die beste Korrelation mit dem Durchschnitt der vier nicht-parentalen Kreuzungen zeigt. Diese Korrelation ist höher als die zwischen doppeltem Hybrid und Mittel aller sechs einfachen Kreuzungen.

Formell wird dieser Befund nach JENKINS (1934) damit erklärt, daß in jedem doppelten Hybrid die Gene der vier Elternlinien sich nur mit den Allelen der beiden Linien vereinigen, die an der entgegengesetzten Kreuzung beteiligt sind, indem die Genpaare der einfachen Kreuzungen spalten. Dies ließe sich an Hand des folgenden Modells veranschaulichen. Wir nehmen an, daß je zwei von den elterlichen Linien die Formel AA bb und aa BB besitzen (ihre sonstigen Unterschiede berücksichtigen wir hier nicht) und daß beide Typen einen relativen Ertrag von 100 geben. Hybride mit zwei dominanten Genen hätten dagegen einen Ertrag von 120. Von den sechs zwischen diesen Linien möglichen Kreuzungen würden vier Eltern von ungleicher Formel hinsichtlich dieser beiden Gene kombinieren, zwei Kreuzungen dagegen Eltern von gleicher Formel. Erstere würden Hybride vom Ertrage 120 geben, letztere vom Ertrage 100. Der Durchschnitt aller Hybride hat den Wert 113,3. Von den drei Typen von doppelten Hybriden wären in diesem Beispiel zwei hinsichtlich der studierten Gene identisch. Wir hätten daher nur zwei Fälle zu unterscheiden, je nachdem gleichartige (I) oder verschiedenartige (II) Eltern für die einfachen Kreuzungen benutzt waren:

Fall I.

P	(AA bb × AA bb) (aa BB × aa BB)
Einfache Hybride	AA bb (100) × aa BB (100)
Doppelte Hybride	Aa Bb (120)
Mittel der vier nicht-parentalen Hybride	120

Fall II.

P	(AA bb × aa BB) (AA bb × aa BB)
Einfache Hybride	Aa Bb (120) × Aa Bb (120)
Doppelte Hybride	9 AB (120) : 3 Ab (100) : 3 aB (100) : 1 ab (80)
Mittel	110
Mittel der vier nicht-parentalen Hybride	110

In beiden Fällen würden die vier nicht-parentalen Kreuzungen dieselben Mittelwerte geben wie die doppelten Hybride des Modelles. Sie geben also eine bessere Übereinstimmung als das Mittel der sechs möglichen einfachen Kreuzungen. Fall I wird praktisch leicht eintreffen, wenn die beiden zu einer einfachen Kreuzung benutzten Linien partiell verwandt sind oder eine geringe Divergenz zeigen. Dann werden die Erträge der einfachen Kreuzungen zwar reduziert, die der doppelten aber nicht, vorausgesetzt, daß zwischen den beiden Paaren von Elternlinien keine Verwandtschaft besteht.

In Übereinstimmung mit einem solchen Modell wählt man praktisch von den drei Paaren einfacher Kreuzungen, die für eine Gruppe von vier Linien in Betracht kommen, dasjenige mit den *geringsten Erträgen* als parentale Kreuzungen des doppelten Hybrids, da auf diese Weise der Durchschnitt für die vier nicht-parentalen Hybride, der erfahrungsgemäß für den Ertrag entscheidend ist, erhöht wird. Ein Beispiel für die Berechnung der drei Typen von doppelten Hybriden, die sich aus vier Linien herstellen lassen, auf Grundlage der Erträge der einfachen Kreuzungen wird in Tab. 101 gezeigt. Dieses Beispiel stammt aus einem Experiment von ANDERSON (1938),

Tabelle 101.

Berechnung der Erträge der drei in der obersten Zeile angegebenen doppelten Hybride aus den vier Inzuchtlinien 23, 24, 26, 27 auf Grundlage des Mittels der vier nicht-parentalen einfachen Kreuzungen. Die unterste Zeile gibt die gefundenen Erträge der doppelten Hybride. Nach ANDERSON, 1938

(23 × 24) × (26 × 27)		(23 × 26) × (24 × 27)		(23 × 27) × (24 × 26)	
Einfache Kreuzung	Ertrag	Einfache Kreuzung	Ertrag	Einfache Kreuzung	Ertrag
23 × 26	62,6	23 × 24	41,7	23 × 24	41,7
23 × 27	70,8	23 × 27	70,8	23 × 26	62,6
24 × 26	65,6	26 × 24	65,6	27 × 24	72,1
24 × 27	72,1	26 × 27	64,2	27 × 26	64,2
Mittel . .	67,8		60,6		60,2
Gefunden	68,8		62,4		62,0

in dem die Erträge der 10 einfachen Hybride und der 5×3 = 15 doppelten Hybride, die sich aus den fünf Inzuchtlinien mit den Bezeichnungen 23, 24, 26, 27, 28 herstellen lassen, verglichen wurden. Die Tabelle beschreibt nur eine der fünf Gruppen zu je

den aktuellen Erträgen der doppelten Hybride und den auf Grundlage der vier nichtparentalen einfachen Kreuzungen berechneten Erträgen gefunden. In jeder der fünf Gruppen zu je drei doppelten Hybriden gab der doppelte Hybrid mit dem berechneten größten Ertrag auch den größten wirklichen Ertrag. Der Korrelationskoeffizient für die berechneten und wirklichen Erträge der 15 doppelten Hybride betrug $r = 0{,}90$. In Tab. 101 bemerke man, daß es zur Erzielung des höchsten Ertrages notwendig ist, die besonders schlechte Kreuzung 23×24 als elterliche Kreuzung des doppelten Hybrides zu benutzen.

Die praktische Erfahrung hat gezeigt, daß die Übereinstimmung der berechneten und wirklichen Erträge der doppelten Hybride so groß ist, daß die Auffindung der aussichtsreichen doppelten Kreuzungen im wesentlichen zu einer Rechenaufgabe wird, wenn die Erträge der einfachen Kreuzungen bekannt sind. Kennt man z. B. die Erträge der 105 einfachen Hybride von 15 Inzuchtlinien, so mag es genügen von den 4095 möglichen doppelten Kreuzungen 10—20 näher zu untersuchen, die nach der Berechnung die größten Erträge haben sollten.

Praktisch lassen sich durch doppelte Kreuzungen etwa dieselben Erträge erzielen wie durch einfache. Erstere sind indessen stabiler in ihren Erträgen, indem sie weniger auf Milieufaktoren reagieren. Wenn man eine Reihe von einfachen und doppelten Kreuzungen vergleicht, so erhält man gewöhnlich den höchsten Ertrag aus einer einfachen Kreuzung, aber in verschiedenen Jahren oder an verschiedenen Lokalitäten ist es selten dieselbe Kreuzung. Wegen ihrer größeren Stabilität werden viele doppelte Kreuzungen über sehr weite Areale angebaut (JONES, 1958). Vergleiche auch S. 373.

3. Allgemeine und spezifische Kombinationseignung

Wenn eine Gruppe von Inzuchtlinien zu einer Serie von Kreuzungen benutzt wird (vergleiche z. B. Tab. 103, S. 377), so geben ihre Hybride z. T. recht verschiedene Erträge. Wenn Linie A z. B. Hybride mit 20% höheren Erträgen gibt als der Durchschnitt der Hybride, so sagt man, daß ihre allgemeine Kombinationseignung 120% beträgt. Wenn die allgemeine Kombinationseignung aller Linien bekannt ist, so kann man für jede Einzelkreuzung eine bestimmte Erwartung aufstellen, die dem Mittel der Kombinationseignung der beiden Eltern entspricht. Aus Kreuzung von Linien mit den Werten 120 und 90 erwarten wir einen Hybrid, dessen Ertrag 105% des Gesamtmittels der Hybride entspricht. Von dieser allgemeinen Erwartung finden wir indessen zahlreiche größere oder kleinere Abweichungen. Eine Linie mit guter Kombinationseignung kann in einigen Kreuzungen unerwartet schlechte Hybride geben oder umgekehrt. Die Abweichungen von den auf Grund der allgemeinen Kombinationseignung erwarteten Werten werden statistisch als Ausdruck einer spezifischen Kombinationseignung aufgefaßt. Wenn z. B. die obige Kreuzung von Linien mit den Werten 120% und 90% statt eines Hybrides mit 105% einen solchen mit 93% ergibt, so würde die Differenz 93% — 105% = —12% auf der spezifischen Kombinationseignung dieser beiden Linien beruhen, die sich als Interaktion zwischen diesen Linien auffassen läßt, unter der Voraussetzung, daß sie statistisch gesichert ist.

Mit Hilfe der Varianzanalyse kann man für Serien von Kreuzungen von Inzuchtlinien, die in replikaten Parzellen geprüft wurden, die relativen Anteile der Varianz in den Erträgen bestimmen, die durch allgemeine und durch spezifische Kombinationseignung sowie durch das Milieu bedingt werden. Wenn man zu solchen Versuchen ein unausgelesenes Muster von Inzuchtlinien benutzt, so macht man im allgemeinen die Erfahrung, daß der größere Teil der genetischen Varianz im Ertrage der Hybride durch allgemeine Kombinationseignung bedingt ist. Untersucht man indessen ein Muster von Linien, die schon auf Grundlage von Testkreuzungen auf hohe allgemeine

Kombinationseignung ausgelesen sind, so wird die Varianz ihrer hybriden Kombinationen oft in erster Linie durch spezifische Kombinationseignung bedingt. In Übereinstimmung mit dieser Erfahrung sucht der Züchter zunächst ein Muster von Linien von hoher allgemeiner Kombinationseignung zu beschaffen und dann in diesem Material die kräftigsten positiven Ausschläge von spezifischer Kombinationseignung aufzufinden, d. h. Hybride, deren Erträge über der Erwartung liegen (SPRAGUE und TATUM, 1942; LONNQUIST und RUMBAUGH, 1958).

Man hat die Auffassung, daß die allgemeine Kombinationseignung auf günstigen dominanten Genen beruht, die in der Mehrzahl der Kreuzungen eine additive Wirkung zeigen. Die spezifische Kombinationseignung wird dagegen auf nicht-additive Effekte wie Geninteraktion und Superdominanz zurückgeführt, da solche Effekte in verschiedenen Kreuzungen verschiedene Ausschläge geben sollten. Mit solchen Annahmen sollte man indessen sehr vorsichtig sein, da konventionelle Erklärungen manchmal die objektive Analyse der Ursachen erschweren. In verschiedenem Material mag Kombinationseignung verschiedene idiotypische Grundlagen haben und in einem gegebenen Fall mögen Effekte von verschiedener Natur beteiligt sein.

Im übrigen ist zu beachten, daß Abweichungen vom additiven Schema der Kombinationseignung zum Teil auf Milieu/Genotyp-Interaktionen beruhen. Falls die Erträge der Hybride nur in einem Jahr und an einer Lokalität studiert werden, können solche Interaktionen leicht als spezifische Kombinationseignung aufgefaßt werden. Durch Prüfung der Hybride in einer Reihe von Jahren und an mehreren Lokalitäten kann die spezifische Kombinationseignung sicherer erfaßt werden. Ein Problem, das in diesem Zusammenhang große Bedeutung hat, ist ob die spezifische Kombinationseignung in vielen Fällen empfindlicher auf das Milieu reagiert als die allgemeine Kombinationseignung. Wenn nämlich Gene in spezifischen Kombinationen besonders günstige oder ungünstige Wirkungen entfalten, so könnten solche Kombinationen auch relativ stark auf das Milieu antworten (ROJAS und SPRAGUE, 1952; SPRAGUE, 1955 a, b; MATZINGER et al., 1959).

Wenn man dieselbe Kollektion von Hybriden an verschiedenen Lokalitäten oder in verschiedenen Jahren untersucht, so kann man die Erfahrung machen, daß die relative Bedeutung der allgemeinen und der spezifischen Kombinationseignung stark variiert. An einer Lokalität können diese beiden Komponenten etwa gleich große Anteile der Varianz bedingen, an einer anderen Lokalität dagegen kann die spezifische Kombinationseignung etwa fünfmal so große Ausschläge geben als die allgemeine. Besonders gilt dieses, wenn einige der Linien schlecht an eine der Lokalitäten angepaßt sind und daher in übertriebener Weise auf diese Lokalität reagieren. Solche Erfahrungen lehren uns, daß zwischen der statistisch ermittelten Kombinationseignung oder ihren Komponenten und gewissen genetischen Grundlagen oft nur lose Beziehungen bestehen.

4. Inzuchteffekte

Es ist eine allgemeine Erfahrung, daß Linien, die einen gewissen Grad von Verwandtschaft besitzen, indem sie z. B. aus F_2 derselben Kreuzung isoliert wurden, weniger ertragreiche Hybride geben als unverwandte Linien. HAYES und JOHNSON (1939) analysierten dieses Problem auf folgende Weise. Sie kreuzten je eine Inzuchtlinie verschiedener Varietäten, die wir hier mit A, B, C, D, E bezeichnen, und isolierten in der geselbsteten Deszendenz der Hybride eine Anzahl neue Inzuchten, die wir je nach der Kreuzung aus der sie stammen, mit AB1, AB2, AB3, CD1, CD2, CE1 wiedergeben. Zwischen diesen neuen Inzuchtlinien stellten sie Gruppen von Kreuzungen her. In Gruppe I hatten die hierzu benutzten Linienpaare keinen der ursprünglichen Kreuzungseltern gemeinsam, in Gruppe II und III hatten sie einen bzw. beide Kreuzungseltern gemeinsam. In Form eines Schemas läßt sich dies auf folgende Weise wiedergeben:

Ursprüngliche Kreuzung zwischen Inzuchtlinien verschiedener Varietäten	Neue Inzuchtlinien
A × B	AB 1, AB 2, AB 3
C × D	CD 1, CD 2, CD 3
C × E	CE 1, CE 2, CE 3
Neue Kreuzungen	Beispiele
Gruppe I	AB 1 × CD 1, AB 2 × CD 3
Gruppe II	CD 1 × CE 1, CD 2 × CE 3
Gruppe III	CD 1 × CD 2, CD 1 × CD 3

Bei einem Vergleich dieser drei Gruppen von Kreuzungen mit den Erträgen zweier kommerzieller Hybride wurde folgendes Ergebnis erhalten:

Gruppe	Anzahl Hybride untersucht	Gleichwertig oder höhere Erträge	Signifikant niedrigere Erträge
I	43	28	15
II	15	6	9
III	15	1	14

Diese Ergebnisse zeigen, daß mit steigendem Verwandtschaftsgrad der elterlichen Linien der Ertrag der Hybride zunehmend reduziert wird. Da der Heterozygotiegrad von Gruppe I bis Gruppe III abnehmen sollte, handelt es sich um einen Inzuchteffekt. Dieser Effekt beruht nicht darauf, daß die neuen Linien aus denselben Varietäten stammen, sondern, daß sie aus Kreuzungen der gleichen Inzuchtlinien innerhalb dieser Varietäten stammen und daher gemeinsame Vorfahren besitzen.

Da die modernen Maislinien zum großen Teil durch wiederholte Kreuzungen einer begrenzten Anzahl von hervorragenden älteren Linien entstanden sind, können zwischen ihnen verwandtschaftliche Beziehungen bestehen, die in Kreuzungen innerhalb dieses Kreises von Linien gewisse Inzuchteffekte verursachen. Zur Vermeidung solcher Effekte sollte man die Linien von Anfang an in zwei oder drei getrennte Gruppen stellen, indem man streng darauf achtet, daß zwischen den Linien verschiedener Gruppen keine verwandtschaftlichen Beziehungen entstehen. Dann sind zwar Inzuchteffekte in den Hybriden innerhalb der Gruppen zu erwarten, nicht aber bei Kreuzungen von Linien aus verschiedenen Gruppen. Vergleiche hierüber auch den Abschnitt reziproke Konvergenzzüchtung S. 397.

5. Divergenz

Ebenso oder noch größere Bedeutung wie die Kombinationseignung hat die genetische Divergenz der zu kreuzenden Linien. Es ist eine allgemeine Erfahrung, daß Linien aus derselben oder aus ähnlichen Varietäten weniger ertragreiche Hybride geben als Kombinationen von Linien aus stärker verschiedenen Varietäten. Mit steigender Divergenz der Varietäten steigt die Wahrscheinlichkeit für besonders ertragreiche Hybride, indem die Interaktionen zwischen den Genomen der Hybride immer kräftiger werden und häufig, wenn auch durchaus nicht immer, positive Ausschläge geben, d. h. Vigor und Ertrag erhöhen. Die Genome bestimmter Gruppen von divergenten Varietäten, wie z. B. die Maisvarietäten vom Flint- und Denttypus (Hart- und Zahnmais), zeichnen sich durch besonders günstige Interaktionen aus, also eine Art von spezifischem Divergenzeffekt. Ein interessantes Beispiel hierfür gibt Andres

(1952). Zwischen je 15 besseren Linien vom Flint- und Denttypus wurde eine größere Anzahl von Kreuzungen ausgeführt mit folgendem Resultat:

Kombination	Anzahl Kreuzungen	Ertrag relativ zu einem Standard
Flint × Flint	42	117,5 ± 3,6
Dent × Dent	34	121,6 ± 2,9
Flint × Dent	87	142,5 ± 4,4

Im übrigen wurde die Entstehung der heutigen Maisvarietäten des nordamerikanischen Maisgürtels aus Kreuzung der „southern dents" und „northern flints" und die Bedeutung dieser Abstammung für die Heterosisprobleme der genannten Varietäten schon im vorigen Kapitel diskutiert.

Im Weltsortiment von Maissorten gibt es außerordentlich verschiedene Maistypen, die z. T. mit hoher Effektivität an die verschiedensten ökologischen Bedingungen angepaßt sind. Zweifellos gibt es bei der Kombination von derartigen verschiedenen Genomen viele Möglichkeiten für besonders hohe Divergenzeffekte. Die kräftige Heterosis, die „exotische" Maislinien mit den Linien des Maisgürtels ergeben können, war schon lange bekannt. Solche Hybride fanden jedoch bisher keine Anwendung, da sie zu weit von den anerkannten agronomischen Standards abwichen. GRIFFING und LINDSTROM (1954) fanden indessen, daß sich durch Kreuzung einer mexikanischen Linie mit 2—3 Linien des Maisgürtels partiell exotische Linien mit 25—50% mexikanischem Keimplasma herstellen lassen, die sich durch hohe Fertilität auszeichnen und besonders ertragreiche Hybride mit akzeptablen agronomischen Charakteren geben. Sie kommen auf Grund ihrer Erfahrungen zu dem Schluß, daß die beste Methode darin besteht: "maximizing genetic divergence of the parent material while at the same time minimizing the phenotypic divergence from the established agronomic standards". Außer mexikanischem Material lassen sich verschiedene andere Herkünfte benutzen. Wenn auch die Ausnützung solcher Divergenzeffekte vorläufig noch auf große Schwierigkeiten stößt, ist anzunehmen, daß im Laufe längerer Zeitperioden die entscheidenden Fortschritte auf diesem Wege ermöglicht werden (cfr. WELLHAUSEN, 1960).

Wenn je zwei Maislinien aus stärker verschiedenen Varietäten zu einem doppelten Hybrid vereinigt werden sollen, so hat nach ECKHARDT und BRYAN (1940 a, b) die Art der Kombination einen beträchtlichen Einfluß auf den Ertrag. Wenn die Linien aus der einen Varietät mit A und B bezeichnet werden, die der anderen mit X und Y, so gibt in der Regel (A×B)×(X×Y) bessere Erträge als (A×X)×(B×Y). Im ersteren Fall ist nämlich die genetische Divergenz zwischen den beiden Eltern der doppelten Kreuzung weit größer als im letzteren. Gleichzeitig kann die erstere Kombination von großer Bedeutung sein, um eine übertriebene Aufspaltung in der Nachkommenschaft zu verhindern. Das gleiche Prinzip erweist sich im übrigen als vorteilhaft, wenn man Linien von ungleicher Reifezeit oder Höhe für einen doppelten Hybrid benutzen will. Wenn zwei frühe Linien mit E und E′ bezeichnet werden, zwei späte mit L und L′, so gibt die Kreuzung (L×L′)×(E×E′) in der Regel eine gleichförmigere Nachkommenschaft als die Kombination (L×E)×(L′×E′).

6. Kreuzungstypen

Obgleich bei Mais gewöhnlich doppelte Hybride angebaut werden, lassen sich bei verschiedenen Objekten oder zu verschiedenen Zwecken ganz verschiedene Typen von Kreuzungen benutzen, nämlich Topkreuzungen, einfache Kreuzungen, Dreilinienkreuzungen, doppelte Kreuzungen, multiple Kreuzungen, synthetische Varietäten etc.

LINDSTROM (1931) untersuchte die Eigenschaften von Inzucht/Varietätskreuzungen (Topkreuzungen). In einem Versuch wurden je 5—6 Kolben der freibestäubten

Varietät Krug, einer der besten Varietäten für Iowa, mit dem Pollen aus Inzuchtlinien aus verschiedenen anderen Varietäten bestäubt. Die 5—6 Kolben aus der Kreuzung einer jeden Linie wurden kombiniert und die Erträge der Hybride in replikaten Versuchen bestimmt. Ein großer Teil der Inzuchtlinien gab in solchen Kreuzungen höhere Erträge als die Varietät Krug selbst. Einzelne solche „inbred sires" hatten eine besonders günstige Wirkung auf die Nachkommenschaft, indem diese sich durch größere Einförmigkeit, Standfestigkeit und Resistenz gegen Krankheiten auszeichnete. Durch Auswahl geeigneter Inzuchten kann die Varietät nach den verschiedensten Richtungen hin modifiziert werden. LINDSTROM empfahl aus diesen Gründen Inzucht/Varietätskreuzungen für die Herstellung kommerziellen Saatgutes. Obwohl diese Methode bei Mais wenig praktische Anwendung gefunden hat, könnte sie für andere Kulturpflanzen ein beträchtliches Interesse haben, besonders in den ersten Phasen der Heterosiszüchtung bei Objekten mit langer Dauer der Generationen.

Einfache Hybride werden bei Mais für spezielle Zwecke benutzt, für die eine größere Einförmigkeit in Reife und Qualität des Produktes von höherer Bedeutung ist als die Kosten des Saatgutes, z. B. für die Produktion von Zuckermais für die Konservenindustrie. Da die Erträge der einfachen Hybride zum Teil stärker durch das Milieu beeinflußt werden, ist es zweckmäßig, diese Hybride an mehreren Lokalitäten und mehrere Jahre hindurch zu prüfen. Die größeren Schwankungen in den Erträgen beruhen zum Teil darauf, daß der einfache Hybrid nur einen einzigen Genotyp darstellt, während doppelte Hybride zahlreiche verschiedene Genotypen umfassen. Für den doppelten Hybrid besteht daher die Möglichkeit, daß Milieufaktoren, die einige Genotypen benachteiligen, andere Genotypen begünstigen, wodurch der Gesamteffekt des Milieus abgemildert wird. — Eine Dreilinienkreuzung (A×B)×C besteht in der Kreuzung eines einfachen Hybrides mit einer Inzuchtlinie. Da der einfache Hybrid meist als weiblicher Elter benutzt wird, sollte die Inzuchtlinie genügend Pollen produzieren. Über Dreilinienkreuzungen mit überraschend hohen Erträgen berichtet WELLHAUSEN (1960).

Als multiple Hybride bezeichnet man die F_1 von Kreuzungen, an denen mehr als vier Linien beteiligt sind, z. B. die F_1 einer vierfachen Kreuzung (A×B)·(C×D)× (E×F)·(G×H). Die Erträge solcher Kreuzungen können denen von doppelten Hybriden gleichkommen, wenn die Linien derartig kombiniert werden, daß die letzte Kreuzung den größten Divergenzeffekt hat (SPRAGUE und JENKINS, 1943). Die späteren Generationen von multiplen Kreuzungen haben den Charakter von synthetischen Varietäten. Hierunter versteht man eine Population, die aus einer Gruppe von ausgelesenen Linien hergestellt wurde, zwischen denen eine freie Kreuzbefruchtung stattfinden kann. Zur Errichtung der Population können z. B. gleiche Samenmengen von allen Linien gemischt werden und der Bestand auf einem isolierten Gelände mehrere Generationen hindurch angebaut werden. Besser ist es jedoch, mit einer künstlichen Interkreuzung der Linien zu starten.

7. Tester

Zur Bestimmung der Kombinationseignung von Inzuchtlinien werden verschiedene Typen von Testeltern benutzt, nämlich:

Inzuchtlinien	Einfache Kreuzungen
Varietäten	Doppelte Kreuzungen
Synthetische Varietäten	Multiple Kreuzungen

Wie in Abschnitt 1 hervorgehoben, ist die Prüfung einer Inzuchtlinie durch Kreuzung mit einer Varietät sehr viel einfacher als durch Kreuzung mit einer Gruppe von anderen Inzuchten. Um die Effektivität dieser beiden Typen von Prüfungen zu vergleichen, führten JENKINS und BRUNSON (1932) umfangreiche Untersuchungen mit einer größeren Anzahl von Inzuchten aus. Zu diesem Zwecke wurden die Inzuchten auf Grund ihrer Reifezeit, Samenmerkmale, Habitus und zum Teil auch ihrer Abstammung zu Gruppen zusammengefaßt, die relativ ähnliche Linien enthielten. Jede solche Gruppe wurde zu zwei Typen von Kreuzungen benutzt und die Erträge dieser beiden Kreuzungsserien verglichen. In einer Versuchsserie, die 48 in vier Gruppen eingeteilte Linien umfaßte, wurde z. B. eine jede Linie einerseits mit je 10 anderen Linien, andererseits mit einer freibestäubten Varietät gekreuzt. Die Linien der vier verschiedenen Gruppen wurden hierbei mit verschiedenen Varietäten gekreuzt. Ein Vergleich der Erträge der Hybride in diesen beiden Typen von Kreuzungen ergab für die 48 geprüften Linien eine Korrelation von $r = 0{,}83$. Wenn angenommen wird, daß Kreuzung einer Inzucht mit einem Muster von 10 unverwandten Inzuchten einen relativ genauen Wert für die generelle Kombinationseignung dieser Linien gibt, so zeigen die hohen Korrelationen der Testkreuzungen mit einem Muster von Inzuchten und mit einer freibestäubten Varietät, daß letztere Methode ebenfalls ein guter Wertmesser für die generelle Kombinationseignung sein kann.

Indessen hat es sich gezeigt, daß die Auswahl einer geeigneten freibestäubten Varietät manchmal Schwierigkeiten macht. Bei Prüfung derselben Gruppe von Inzuchten mit zwei verschiedenen Testvarietäten wurde nämlich gefunden, daß hierbei die *Rangordnung* der Inzuchtlinien sehr verschieden ausfallen kann. Es kommt auch vor, daß die Inzuchtlinien, die in den Testkreuzungen eine hohe Kombinationseignung zeigten, in Kreuzungen untereinander unbefriedigende Hybride geben. Auf Grund solcher Erfahrungen wird von einigen Autoren empfohlen, jede Kollektion von Inzuchtlinien mit zwei oder drei Testvarietäten zu prüfen und den Wert der Linien auf Grundlage des Mittels ihrer Testkreuzungen zu beurteilen.

Man untersuchte auch die Brauchbarkeit anderer Typen von Testern, z. B. einfache, doppelte und multiple Kreuzungen. MATZINGER (1953) prüfte z. B. 8 Inzuchtlinien mit drei Typen von Testern, nämlich zwei doppelten Kreuzungen, den vier einfachen Kreuzungen und den acht Inzuchtlinien, die an diesen beiden doppelten Kreuzungen beteiligt waren. Es zeigte sich, daß diese drei Typen von Testern die Inzuchtlinien im wesentlichen auf die gleiche Weise klassifizieren, wenn Durchschnitte für sämtliche Tester desselben Typus genommen werden. Mit anderen Worten ist eine Prüfung durch acht Inzuchtlinien oder vier einfache Kreuzungen als Testeltern ebenso zuverlässig wie eine Prüfung durch zwei doppelte Kreuzungen. Prüfung durch eine einzelne Inzuchtlinie ist dagegen von zweifelhaftem Wert.

GROGAN und ZUBER (1957) fanden in ähnlicher Weise, daß 57 F_2-Segregate aus einer Kreuzung in sehr ähnlicher Weise durch das Mittel der Testungen mit zwei doppelten Kreuzungen beurteilt wurden, wie durch das Mittel der vier einfachen Kreuzungen, aus denen die beiden doppelten Kreuzungen hergestellt waren. Einzeln klassifizieren die vier einfachen Kreuzungen die F_2-Segregate auf recht verschiedene Weise. Eine von diesen vier einfachen Kreuzungen gab indessen fast genau dieselbe Rangordnung wie das Mittel der beiden doppelten Kreuzungen. Man kann also zufällig auf eine einfache Kreuzung stoßen, die gut als Tester zu verwenden ist; in der Regel ist jedoch eine einfache Kreuzung weniger zuverlässig.

Im Anschluß an solche Versuche entsteht die Frage, ob man statt zwei doppelter Kreuzungen eine vierfache Kreuzung als Tester benutzen kann. Eine solche sollte nämlich mindestens den gleichen Wert als Tester haben, wie das Mittel der 8 Inzuchtlinien oder der vier einfachen Kreuzungen aus denen sie zusammengesetzt ist (JENKINS und BRUNSON, 1932; KELLER, 1949). Oder man kann noch einen Schritt weitergehen und eine synthetische Varietät als Tester anwenden, da eine solche noch mehr Inzuchtlinien enthält. Es ist nämlich sehr viel einfacher, ein Muster von Linien mit einer synthetischen Varietät zu testen, als mit den zahlreichen Linien, aus denen sie hergestellt ist.

Wenn man als Tester Varietäten benutzt, so sollten dieselben an die betreffende Region adaptiert sein; gleiches gilt für doppelte oder multiple Kreuzungen. Viele Forscher sind indessen der Ansicht, daß es noch besser wäre, synthetische Varietäten aus den besten regionalen Inzuchtlinien als Tester zu gebrauchen, da die Testkreuzungen dann mit größerer Wahrscheinlichkeit Linien auslesen würden, die vorzüglich mit den bestehenden Linien kombinieren (Green, 1948). Eine solche Testung in Relation zu einem *bestimmten Zweck* kann in vielen Fällen noch wesentlich wichtiger sein. Wenn z. B. die Absicht besteht, ein Muster von Linien aus verschiedenen Varietäten mit den Linien einer Varietät X zu kreuzen, so wäre die Varietät X selbst vermutlich der beste Tester. Wenn Linien der Varietät A mit Linien der Varietät B gekreuzt werden sollen, so wäre für jedes Sortiment von Linien die andere Varietät als Tester zu verwenden. Wenn eine ausgezeichnete einfache Kreuzung zur Verfügung steht, und Linien gesucht werden, die zusammen mit dieser einfachen Kreuzung eine gute Dreilinien- oder doppelte Kreuzung ergeben, so wäre der einfache Hybrid selbst der beste Testelter.

Im Prinzip wird durch eine Testung nur die Kombinationseignung *mit dem Tester* selbst ermittelt. Hohe Kombinationseignung bedeutet also streng genommen nur hohe Erträge in den Testkreuzungen. Ist der Tester eine freibestäubte Varietät, so ist anzunehmen, daß Inzuchtlinien, die in den Testkreuzungen hohe Erträge geben, auch mit Linien, die aus dieser Testvarietät isoliert werden, gut kombinieren, also ertragreiche Hybride geben. In ähnlicher Weise ist anzunehmen, daß Inzuchten, die sich bei Testung mit einer synthetischen Varietät auszeichnen, auch mit Linien, aus denen die synthetische Varietät hergestellt wurde und Linien, die sich aus derselben extrahieren lassen, gut kombinieren. Durch Extrapolation läßt sich ferner schließen, daß die auf diese Weise ermittelte hohe Kombinationseignung auch bis zu einem gewissen Grade in Hybriden der getesteten Linien mit ähnlichen Linien aus anderen Varietäten zum Ausdruck kommen würde, die an dieselbe Region angepaßt sind und sich in Eigenschaften und Zusammensetzung des Keimplasmas nicht zu stark vom „Standard" der Region entfernen. Solche Extrapolationen sind jedoch im gegebenen Falle nachzuprüfen; es ist also nachzuweisen, daß der Tester praktische Fortschritte ermöglicht. Die obigen Betrachtungen gelten indessen nur für das komplizierte Problem der Testung des Ertragpotentials.

Für die Mehrzahl der übrigen Eigenschaften ist die Auswahl eines Testers unvergleichlich viel einfacher. Der Tester sollte nämlich alle Defekte haben, die man zu eliminieren wünscht. Wenn man Linien von besonders hoher Standfestigkeit auslesen will, so wählt man also einen Tester von sehr schlechter Standfestigkeit, weil ein solcher Tester Unterschiede in der Standfestigkeit der zu prüfenden Linien besonders klar zum Ausdruck bringen kann. Eine überdurchschnittliche Standfestigkeit, die in normalen Jahren bei den Linien selbst kaum zum Ausdruck kommen kann, läßt sich auf diese Weise leicht entdecken. Der Tester hat in diesem Fall ungefähr den Effekt wie ein ungünstiges Milieu, in dem die Standfestigkeit der Linien auf eine harte Probe gestellt wird. Dieses Prinzip gilt für zahlreiche andere Eigenschaften, besonders für Resistenz gegen Parasiten. Wird Resistenz gegen eine bestimmte Pilz- oder Bakterienkrankheit gewünscht, so sollte der Tester susceptibel für den spezifischen Parasiten oder möglicherweise spezifische Rassen desselben sein. Sprague (1946 b) empfiehlt daher, den Gebrauch von besonderen synthetischen Varietäten als Tester, die aus unbefriedigenden Linien für den betreffenden Charakter hergestellt werden.

Es liegt nahe anzunehmen, daß dieses Prinzip sich auch bei der Ertragsprüfung anwenden ließe. Wenn wir Versuche betrachten, in denen n (z. B. 10) Linien in allen möglichen Kombinationen gekreuzt sind, so findet man nicht selten, daß für diese

Gruppe von Linien diejenige mit dem schlechtesten Ertrag oder mit der schlechtesten Kombinationseignung den besten Tester darstellen würde, da in ihren Hybriden das Potential der übrigen Linien am deutlichsten zum Ausdruck kommt, während die Linie mit dem besten Ertrag der schlechtesten Tester wäre (vgl. S. 378). Indessen hat der Ertrag offenbar eine so komplexe Grundlage, daß wir mit diesem Prinzip allein nicht weiterkommen. Theoretisch wäre anzunehmen, daß man das Ertragspotential auf Grund der Testung mit einer Gruppe von Spezialtestern, sowohl solche von hohem als auch von niedrigem Ertrag, ermitteln könnte, und daß sich mehr Aufschlüsse aus dem Muster der Reaktionen gegenüber den einzelnen Testern als aus den Durchschnittswerten erzielen ließen. Eine Testung der Linien mit einem Muster von Milieutypen wäre auch von Bedeutung. Solche komplexen Prüfungen kämen indessen vorläufig nur für theoretische Untersuchungen in Betracht. Über praktische Probleme der Testung sei auf SPRAGUE (1955 a) verwiesen.

8. Korrelationen zwischen Charakteren der Inzuchtlinien und ihren Leistungen in Kreuzungen

Zahlreiche Untersuchungen liegen vor über Korrelationen zwischen Vigor und Ertrag der Inzuchtlinien und ihren Leistungen in einfachen Kreuzungen oder in Varietätskreuzungen (Literatur bei SPRAGUE, 1946 a). Gewöhnlich werden hierbei signifikante Korrelationen gefunden, die jedoch in verschiedenen Mustern von Linien wechselnde Größe haben. Besonderes Interesse haben die Untersuchungen von HAYES und JOHNSON (1939), in denen die Beziehungen zwischen 12 Charakteren in 110 Inzuchtlinien sowie den Erträgen dieser Linien in Varietätskreuzungen (Topkreuzungen) studiert wurden (Tab. 102). Aus dieser Tabelle sehen wir, daß die 9 ersteren

Tabelle 102.
Korrelationen zwischen 12 Charakteren (No. 1—12) von 110 Inzuchtlinien und ihren Erträgen (No. 15) in Inzucht/Varietätskreuzungen. Nach HAYES und JOHNSON, 1939

	Korrelierte Charaktere											
No.	2	3	4	5	6	7	8	9	10	11	12	15
1	0,51	0,61	0,48	0,65	0,62	0,55	0,38	0,37	0,22	0,07	−0,06	0,47
2	—	0,76	0,44	0,48	0,43	0,40	0,26	0,19	0,36	0,25	0,08	0,27
3	0,76	—	0,43	0,54	0,50	0,41	0,35	0,33	0,22	0,15	−0,01	0,41
4	0,44	0,43	—	0,50	0,44	0,48	0,40	0,29	0,18	0,20	0,08	0,29
5	0,48	0,54	0,50	—	0,76	0,51	0,60	0,41	0,21	0,15	0,04	0,45
6	0,43	0,50	0,44	0,76	—	0,55	0,74	0,39	0,29	0,19	0,03	0,54
7	0,40	0,41	0,48	0,51	0,55	—	0,54	0,24	0,27	0,21	0,15	0,41
8	0,26	0,35	0,40	0,60	0,74	0,54	—	0,26	0,22	0,20	0,07	0,45
9	0,19	0,33	0,29	0,41	0,39	0,24	0,26	—	0,20	0,00	0,03	0,19
10	0,36	0,22	0,18	0,21	0,29	0,27	0,22	0,20	—	0,35	0,32	0,26
11	0,25	0,15	0,20	0,15	0,19	0,21	0,20	0,00	0,35	—	0,64	0,25
12	0,08	−0,01	0,08	0,04	0,03	0,15	0,07	0,03	0,32	0,64	—	0,28

1. Date silked.
2. Plant height.
3. Ear height.
4. Leaf area.
5. Pulling resistance.
6. Root volume.
7. Stalk diameter.
8. Total brace roots.
9. Tassel index.
10. Pollen yield.
11. Grain yield.
12. Ear length.
15. Yielding ability of inbred-variety crosses.

Signifikanter Wert von r auf Niveau 0,05 = 0,19,
auf Niveau 0,01 = 0,25.
Multipler Wert von R für Erträge in Topkreuzungen und 12 Charakteren der Inzucht = 0,67.

Charaktere, die alle als Anzeichen von Vigor der Linien gelten dürfen, fast ausnahmslos untereinander positive Korrelationen zeigen, die in der großen Mehrzahl der Fälle hochgradig signifikant sind. Dieselben Charaktere zeigen relativ schwache

Korrelationen mit dem Ertrag der Inzuchtlinien, aber wesentlich stärkere mit den Erträgen in Inzucht/Varietätskreuzungen, d. h. mit der Kombinationseignung der Linien. Der Ertrag der Inzuchtlinien zeigt nur eine mäßige Korrelation mit ihren Leistungen in Varietätskreuzungen ($r=0{,}25$). Sehr eigentümlich ist das Verhalten des Merkmals No. 12, Kolbenlänge. Dieser Charakter, der für den Ertrag der Inzuchtlinien von besonders großer Bedeutung ist ($r=0{,}64$), zeigt keine signifikante Korrelationen mit Charakter 1—9 und nur eine mäßige Korrelation mit der Kombinationseignung ($r=0{,}28$). Zusammen geben die 12 studierten Charaktere einen multiplen Korrelationskoeffizienten von $R=0{,}67$ mit den Erträgen in Inzucht/Varietätskreuzungen. Hieraus läßt sich statistisch schließen, daß unter den Bedingungen des Experimentes $0{,}67^2=44\%$ der Varianz des Ertrages in den Inzucht/Varietätskreuzungen von den zwölf Charakteren der Inzuchten abhängig war. Da die Unterschiede der Inzuchtlinien in diesen Charakteren erblicher Natur sind, geben die genannten Korrelationen gleichzeitig gewisse Aufschlüsse über die erbliche Grundlage der Kombinationseignung. Vermutlich dürfte nicht nur die Größe der Korrelationen, sondern auch das Muster derselben Bedeutung für die Analyse der Heterosis haben.

9. Partielle Regressionen

Tab. 103 gibt die Erträge von 9 nach dem Grade ihrer Fertilität angeordneten S_5-Linien aus der Varietät Krug und von den 36 zwischen ihnen möglichen F_1-Hybriden (LONNQUIST, 1953). Es besteht eine deutliche Korrelation zwischen Ertrag

Tabelle 103.

Erträge von 9 S_5-Linien aus der Varietät Krug und ihren Kombinationen von einfachen Kreuzungen. Versuch des Jahres 1952, Lincoln, Nebr. Gesamtmittel der Kreuzungen 98,6 bu/acre. Vergleiche sonst S. 386. Nach LONNQUIST, 1953

S_5-Linien Bezeichnungen	L 1	L 20	L 14	H 19	L 22	H 32	H 27	H 6	H 17
1	—	89	82	84	90	103	96	114	114
20	89	—	87	85	86	97	96	109	115
14	82	87	—	70	76	94	86	87	117
19	84	85	70	—	90	96	99	111	107
22	90	86	76	90	—	97	97	104	109
32	103	97	94	96	97	—	110	106	125
27	96	96	86	99	97	110	—	104	112
6	114	109	87	111	104	106	104	—	102
17	114	115	117	107	109	125	112	102	—
Mittel F_1 (Ertrag)	96,4	95,7	87,4	92,8	93,6	103,5	100,1	104,8	112,9
Rang in Kombinationseignung . . .	5	6	9	8	7	3	4	2	1
S_5-Linien, Ertrag . .	25	27	33	38	48	56	64	68	72
bp	0,67	0,56	0,45	0,63	0,47	0,42	0,37	—0,09	—0,10

der Inzuchtlinien und Durchschnittserträgen ihrer Hybride, obwohl die Rangordnung in diesen beiden Charakteren nicht identisch ist. Innerhalb einer jeden Spalte der Tabelle haben die Hybride einen gemeinsamen und einen verschiedenen Elter. Man kann daher innerhalb einer jeden solchen Gruppe von Kreuzungen den gemeinsamen Elter als einen Tester für den Wert der anderen Linien in hybrigen Kombinationen mit diesem Elter betrachten. Wenn man innerhalb einer solchen Gruppe die partiellen Regressionen *bp* für Erträge der Hybride auf die Erträge des nicht-gemeinsamen Elters berechnet (vgl. Lehrbücher der Statistik), so hat man hierin ein Mittel, um die Erblichkeit des Ertrages letzterer Eltern zu analysieren (GRIFFING, 1950). Je größer bp, desto höher sollte der Erblichkeitsgrad sein. Wir sehen aus dem unteren Teil der Tabelle, daß mit zunehmendem Ertrag des gemeinsamen Elters der Wert von *bp* von 0,67 bis auf eine negative Größe herabsinkt. Bei den Kreuzungen der am schlechtesten fertilen Inzuchtlinie 1 mit einer Serie von anderen Inzuchten hat also der Ertrag letzterer großen Einfluß auf die Leistungen der Hybride. Bei Kreuzung der besten Inzuchtlinie 17 dagegen ist der Ertrag der zweiten Linie gleichgültig oder hat sogar negativen Effekt. — Die hohen partiellen Koeffizienten der schlechteren Linien deuten darauf, daß die günstigen dominanten Gene der besseren Linien in den Hybriden zur vollen Geltung kommen. Die schwach negativen Koeffizienten der beiden besten Linien würden in ähnlicher Weise durch die Annahme erklärt, daß diese Linien fast alle günstigen dominanten Gene enthalten und daß ihre Kombinationen mit einer mittleren oder schlechten Linie vielleicht eine leichte Tendenz haben, günstige Interaktionen mit einem Aspekt von Superdominanz zu erzeugen. HULL (1952) hat eine Anzahl Beispiele von solchen diallelen Linienkreuzungen statistisch analysiert und die etwas variablen Ergebnisse im Sinne von Dominanz und Superdominanz der beteiligten Gene interpretiert. Die in solchen Untersuchungen gefundenen Kurven der partiellen Regressionskoeffizienten haben zweifellos theoretisches und praktisches Interesse; sichere Interpretationen sind indessen zur Zeit noch nicht möglich.

10. Analyse von F_2-Generationen

Einige Autoren haben versucht, die genetische Grundlage der Kombinationseignung durch Kreuzung von Linien von hoher und niedriger Kombinationseignung zu analysieren. GREEN (1948 a, b) stellte z. B. zwischen je zwei Inzuchtlinien von hoher und niedriger Kombinationseignung die folgenden Kreuzungen her:

Eltern	(I 198×M14)	(I 198×KB397)	(KB397×Ill. 4226)
	hoch hoch	hoch niedrig	niedrig niedrig

In F_2 dieser drei Kreuzungen wurden Proben zu je 83 Individuen durch Testkreuzungen mit zwei Testern (einer ertragreichen doppelten Kreuzung und einer relativ wenig ertragreichen Varietät) geprüft und die Kombinationseignung jedes Individuums auf Grundlage des Mittels seiner beiden Testkreuzungen berechnet. Die Ergebnisse sind in Tab. 104 zusammengestellt. Die durchschnittliche Kombinations-

Tabelle 104.
Distribution der Testerträge in zweijährigen Testungen von je 83 F_2-Individuen aus drei Kreuzungen. Spielräume der Klassen von der Größe einer Standardabweichung. Nach GREEN, 1948

F_2 von	Klassenmittel in Standardabweichungen über und unter dem Durchschnitt des Gesamtmaterials								
	−4	−3	−2	−1	0	+1	+2	+3	Mittel
hoch × hoch	—	—	3	6	27	18	24	5	+0,8
hoch × niedrig	—	2	2	18	24	27	10	—	+0,2
niedrig × niedrig	4	10	19	22	19	8	1	—	—1,2

eignung der F_2 aus hoch×hoch ist nicht signifikant von derjenigen der F_2 aus hoch×niedrig verschieden, während die durchschnittliche Kombinationseignung der F_2 aus niedrig×niedrig deutlich geringer ist als die der beiden ersteren Kreuzungen.

Der Unterschied zwischen den drei F_2-Generationen geht indessen am deutlichsten hervor, wenn wir nur die Klassen +2 und +3 Standardabweichungen über dem Mittel des Gesamtmaterials betrachten. Wir sehen dann, daß in den drei Familien 29, 10 und 1 Individuen in dieses Intervall fallen. Die Aussichten, Individuen mit überdurchschnittlicher Kombinationseignung auszulesen ist also höher in F_2 aus hoch×hoch.

In anderen Untersuchungen dieser Art wurden ähnliche Ergebnisse erhalten (HAYES und JOHNSON, 1939). Wenn berücksichtigt wird, daß wegen der Umständlichkeit solcher Untersuchungen nur die F_2-Generationen von einigen wenigen Kreuzungen untersucht werden können und die Besonderheiten der Kreuzungseltern das Ergebnis beeinflussen, versteht man, daß die Analysen von F_2-Populationen wenig Aufschlüsse über die Vererbung der Kombinationseignung geben.

II. Selektion in spaltenden Inzuchtlinien

1. Allgemeines

Die genetische Grundlage der Kombinationseignung sollte wesentlich komplizierter sein, als die des Ertrages, da es sich nicht um eine Leistung an und für sich, sondern um Leistungen in hybriden Kombinationen handelt. Besonders kompliziert sollten die Verhältnisse sein, wenn es sich um hybride Kombinationen mit einem stark heterogenen Tester handelt. Trotz dieser unzweifelhaft vorhandenen Komplikationen ist andererseits die allgemeine Kombinationseignung ein stabileres Merkmal, da sie wenig durch Inzucht modifiziert wird, jedenfalls unvergleichlich viel weniger als der Ertrag der Linien selbst. Die Kombinationseignung heterozygoter Genotypen gibt auch in der Regel signifikante Ausschläge auf Selektion nach beiden Richtungen, wenn geeignete Methoden benutzt werden, und sie stabilisiert sich mit zunehmender Homozygotie. Unter diesen Umständen eignen sich Selektionen weit besser als Kreuzungen, um die erbliche Natur der Kombinationseignung festzustellen, obwohl man auf diese Weise schwer die Struktur ihrer Erblichkeit analysieren kann.

Wichtige Untersuchungen über das Verhalten der Kombinationseignung bei Inzucht wurden von JENKINS (1935) ausgeführt. Ihm standen Maiskolben von S_1-S_8 aus je 14 Inzuchtlinien zweier Maisvarietäten, Iodent und Lancaster Surecrop, zur Verfügung. Dieses Material stammte aus einem üblichen Selektionsprogramm, wobei auf Ertrag von gesunden Maiskörnern, allgemeine Vigor, wünschenswerter Pflanzentypus und Standfestigkeit ausgelesen war, und zwar hauptsächlich zwischen Nachkommenschaften. Das ganze Material wurde im gleichen Jahr von neuem ausgesät, wobei für jede Generation der 28 Linien Samen von je zwei Kolben ausgesät wurden, darunter der ursprünglich ausgelesene Kolben, der zur Fortsetzung der Linie benutzt worden war, und ein Geschwisterkolben. Jede der ausgesäten Familien wurde dadurch getestet, daß Pollen von 10—12 Individuen zur Bestäubung eines passenden Musters von Pflanzen der Varietät Krug verwendet wurde; es handelt sich also um typische Topkreuzungen. Tab. 105 gibt eine Übersicht über die Testerträge

Tabelle 105.
Übersicht über Erträge in Testkreuzungen in S_1-S_8 von 7 Inzuchtlinien der Varietät Iodent. Prüfungen des Jahres 1932. Nach JENKINS, 1935

Inzucht-linie	Testerträge (bu/acre) in den angegebenen Generationen der Inzucht							
	S_1	S_2	S_3	S_4	S_5	S_6	S_8	Mittel
I 154 A	84,5	80,3	90,0	94,9	85,8	81,2	81,9	85,5
I 182	76,7	85,6	85,9	98,8	96,9	94,9	100,5	91,3
I 185 B	63,4	80,1	81,3	72,7	70,2	79,5	77,7	75,0
I 197 A 1	76,6	91,0	84,0	68,9	92,5	79,1	75,5	81,1
I 234	74,2	87,3	78,4	88,9	91,9	89,6	89,2	85,6
I 238	73,4	86,4	81,4	80,3	87,8	89,1	81,5	82,8
I 252	95,6	88,8	96,9	90,6	73,6	92,2	85,4	89,0
Mittel	77,8	85,6	85,4	85,0	85,5	86,5	84,5	

von 7 verschiedenen Inzuchtlinien, die lückenlos in allen Generationen von S_1 bis S_8, mit Ausnahme von S_7 geprüft wurden. Aus diesen Ergebnissen läßt sich schließen, daß die Selektion höchstens in S_1 einen Effekt hatte, indem die Mittel der Generationen S_2-S_8 sich genau auf dem gleichen Niveau halten (siehe unterste Zeile der Tabelle).

Weiter ergibt sich hieraus, daß die Inzucht als solche keinen Einfluß auf die Kombinationseignung hatte, wenn man von der unwahrscheinlichen Alternative absieht, daß entgegengesetzte Effekte von Selektion und Inzucht sich im Mittel jeder Generation genau aufheben. In den Mittelwerten der verschiedenen Linien (letzte Spalte) und im Verhalten der Linien in den einzelnen Generationen findet man deutliche Unterschiede, die sich z. T. schwer interpretieren lassen.

Wenn wir in den Tabellen von JENKINS das Verhalten der Inzuchtlinien in den sukzessiven Generationen studieren, so finden wir kräftige *Oszillationen*, und zwar oszillieren verschiedene Linien auf ungleiche Weise, die beiden Geschwisterfamilien jeder Linie aber auf ähnliche Weise. Im folgenden Schema werden z. B. für die 7 Iodentlinien die Testerträge der beiden Geschwisterlinien in S_4 mit dem Testertrag

Linie	154 A	182	185B	197A1	234	238	252
Familie 1	+ 4,9	+ 12,9	— 8,6	— 15,1	+ 10,5	— 1,1	— 6,3
Familie 2	+ 10,6	+ 8,2	— 6,2	— 12,9	+ 9,1	— 4,3	— 8,0

ihres gemeinsamen S_3-Elters verglichen. Positive Werte zeigen eine Erhöhung des Testertrages in S_4, negative eine Erniedrigung. Solche Befunde zeigen, daß verschiedene Linien ungleichartig, Geschwisterlinien dagegen auf relativ gleichartige Weise auf einen unbekannten Faktor reagieren. Es kann sich nicht um die Witterung des Testjahres handeln, wie ein Vergleich der verschiedenen, im selben Jahr getesteten Generationen zeigt.

Aus der statistischen Analyse seines Materials zog JENKINS eine Reihe von viel diskutierten Schlüssen. Er nahm an, daß die Individualität der Inzuchtlinien in bezug auf ihre Kombinationseignung schon in sehr frühen Generationen fixiert wird. Unterschiede zwischen den Inzuchtlinien beruhten im wesentlichen auf der Konstitution der Ausgangspflanzen. Diese sollten gewöhnlich heterozygot in einer größeren Anzahl günstiger dominanter Gene sein und Inzucht, vielleicht in Verbindung mit Selektion, sollte innerhalb jeder Linie sehr bald eine für die Linie charakteristische Anzahl günstiger Gene und damit auch ihre Kombinationseignung fixieren. Es wurde ferner geschlossen, daß der übliche Typus der visuellen Selektion in den spaltenden Generationen der Inzuchtlinien nicht zu einer nennenswerten Verbesserung der Kombinationseignung führt. Diese Selektion mag indessen verhindern, daß ein Absinken der Kombinationseignung erfolgt. Unter diesen Umständen sollte in der Züchtung das Hauptgewicht auf die Erfassung von Ausgangspflanzen von hoher Kombinationseignung auf Grund von Testungen gelegt werden, und damit auf eine Selektion zwischen den Linien und nicht innerhalb der Linien. Hiermit wird das wichtige Prinzip der *frühen Testungen* aufgestellt.

Die obige Interpretation stößt indessen auf Schwierigkeiten. Wenn ein Satz von *n* Linien von $S_0 - S_{ho}$ weitergeführt wird, so sollte dies nach RICHEY (1950) die Unterschiede in der Kombinationseignung dieser Linien vergrößern, was auch die Selektion

Generation	Anzahl günstiger Gene[1] Darunter Anzahl Individuen in jeder Klasse											N
	0	0,5	1	1,5	2	2,5	3	3,5	4	4,5	5	
S_1												
halbe Dominanz	1	10	45	120	210	252	210	120	45	10	1	1024
volle Dominanz	1		15		90		270		405		243	1024
S_{ho}	32		160		320		320		160		32	1024

[1] Halbdominante Gene werden in der Tabelle als halbe Gene gezählt.

erleichtern würde. Betrachten wir z. B. vorstehendes Modell der Verteilung der Phänotypen in S_1 und S_{ho} aus einer in fünf günstigen Genen heterozygoten Ausgangspflanze. Wenn diese fünf Gene die Kombinationseignung bestimmen, so sollte die

Distribution derselben in S_1 am ehesten der Linie für halbe Dominanz folgen, indem AA-Individuen in der Kreuzung AA×aa 100% Aa-Nachkommen ergeben, Aa-Individuen nur 50%. Die Distribution in S_{ho} würde dagegen der untersten Linie des Schemas entsprechen. Demnach sollte die Distribution der Kombinationseignung in S_1 und S_{ho} nach den Binomen $(1+1)^{2n}$ und $(1+1)^n$ berechnet werden, wobei n gleich Anzahl der günstigen Gene.

Aus dieser Betrachtung folgt, daß es wesentlich leichter sein sollte, die Genotypen mit der besten Kombinationseignung in S_{ho} auszulesen als in S_1. Wenn wir statt 5 günstiger Gene 50—100 annehmen, so wäre es zwar ziemlich schwer, in S_{ho} eine wesentlich verbesserte Form auszulesen, aber noch viel schwerer in S_1. Dieses Prinzip wird kaum wesentlich durch Koppelungen zwischen günstigen und ungünstigen Genen gestört, da rezessive Defekte bei Kreuzungen unverwandter Linien aufgehoben werden. Die Statistiker sind hinsichtlich dieser Probleme zu ähnlichen Schlüssen gekommen, indem sie hervorheben, daß die Unterschiede in der Kombinationseignung der Linien durch Inzucht verschärft werden sollten, und zwar besonders die Unterschiede in spezifischer Kombinationseignung.

Diese theoretischen Konklusionen stehen indessen in scharfem Konflikt mit den praktischen Erfahrungen. Nach WELLHAUSEN (1952, 1960) ist es nie definitiv bestimmt worden, ob ertragreiche Hybride sich leichter mit homozygoten oder mit heterozygoten Linien erhalten lassen. Hybride von S_3-Linien geben im Mittel nicht höhere Erträge als solche von S_1-Linien. Nach WELLHAUSEN et al. (1955) ist es bisher nicht gelungen, Hybride von S_4- oder S_5-Linien zu finden, die die Kreuzungen von S_1-Linien übertreffen. Man kann zwar die Kombinationseignung einer S_1-Linie durch Selektion in den folgenden Generationen verbessern. Vielleicht gilt dies indessen nicht für die besten S_1-Linien oder irgend eine Komplikation erschwert die praktische Ausnützung der Selektionserfolge. Aus solchen und anderen Befunden versteht man, daß die üblichen Vorstellungen über die genetische Grundlage der Kombinationseignung revidiert werden müssen.

2. Variation der Kombinationseignung in S_0-Populationen und innerhalb von S_1-Linien

JENKINS (1940) verglich die Variationsbreite der Kombinationseignung von S_0-Pflanzen der Varietät Krug mit derjenigen von S_1-Pflanzen innerhalb von S_1-Familien mit folgendem Resultat:

	Mittel der Testerträge	Standard-abweichung	Variations-koeffizient
S_0-Pflanzen	91,1	7,3	8,0
S_1-Pflanzen	62,7	2,8	4,5

Als Tester diente die Varietät Krug selbst. Die Standardabweichung der Testerträge von S_0-Pflanzen ist fast dreimal so groß wie diejenige von S_1-Pflanzen innerhalb von S_1-Familien. Da die Testung der beiden Generationen unter verschiedenen Umständen erfolgte und sehr verschiedene Mittelwerte ergab, ist es zweckmäßiger die Variabilitätskoeffizienten der Testerträge zu vergleichen. Obgleich der gefundene Unterschied von normaler Größe sein könnte, ist die Beweiskraft der Zahlen wegen sehr verschiedener Struktur der beiden Experimente gering.

SPRAGUE (1946 b, 1952) untersuchte die Kombinationseignung von 167 S_0-Pflanzen aus der Stiff-Stalked-Synthetic, einer ursprünglich aus 16 besonders standfesten Linien hergestellten Varietät, indem er mit ihrem Pollen je 10 Pflanzen aus dem Tester Iowa 13 bestäubte. Außerdem wurden in 6 S_1-Familien, deren Eltern sich auf den ganzen Bereich der Kombinationseignung der S_0-Generation verteilten (Tab. 106), je 20 Individuen mit dem genannten Tester geprüft. Die Ergebnisse waren folgende:

	Variationsbereich der Erträge in den Testkreuzungen	Differenz notwendig für Signifikanz auf Niveau 0,05
S_0-Population 1940	61,8 — 100,8	9,6 bu/acre
S_1-Generation 1942	88,2 — 114	8,0
Mittel der S_1-Familien.	94,1 — 105,9	1,8

Von dem Variationsbereich der beiden Generationen kann ein beträchtlicher Teil durch den Versuchsfehler bedingt sein.

Die Variabilität der Kombinationseignung innerhalb der 6 S_1-Familien wird in Tab. 106 näher beschrieben. In dem günstigeren Jahre 1942 mit höheren Erträgen

Tabelle 106.
Distribution der Testerträge in 6 S_1-Familien zu je 20 Individuen aus der Stiff-Stalked-Synthetic Varietät von Mais. SPRAGUE, 1946 b

Bezeichnung der Familie	Testkreuzungen		Distribution der Testerträge					
	1940 S_0-Elter	1942 S_1-Mittel	87,5	92,5	97,5	102,5	107,5	112,5
278	100,8	105,9	—	—	3	5	9	3
295	92,9	104,6	—	1	2	8	7	2
393	92,9	102,2	—	—	6	10	3	1
130	82,5	103,3	—	—	6	5	8	1
227	73,5	94,1	4	8	5	3	—	—
407	64,9	97,3	1	5	9	5	—	—

scheint die Variabilität der Testerträge eingeengt zu sein. Die Mittel der Testerträge der 6 S_1-Familien variieren im Bereich 94,1—105,9. In dieser S_1 läßt sich jedoch nur eine Gruppe von 4 Familien mit hohen Testerträgen (Mittel 104,0) von einer Gruppe von 2 Familien mit niedrigen Testerträgen (Mittel 95,7) unterscheiden. Die Differenzen der Familienmittel innerhalb der Gruppen, die in die Intervalle 102,2—105,9 und 94,1—97,3 fallen, sind nicht signifikant. Statistisch haben jedoch die beiden S_1-Familien mit niedriger Kombinationseignung den Effekt, daß sich für die Werte der S_0-Eltern und S_1-Mittel eine Korrelation von $r = 0{,}85$ ergibt.

Da die Kombinationseignung nicht mit großer Genauigkeit bestimmt und die Generationen nicht im gleichen Jahr getestet wurden, erlauben diese Befunde keinen Vergleich der Variabilität der Kombinationseignung innerhalb der Ausgangspopulation und innerhalb von S_1-Familien. Nach RICHEY (1947) würde sich der züchterische Nutzen der Testungen in diesem und in einem zweiten Beispiel darauf beschränken, daß sie es erlauben, eine Minderzahl von S_0-Pflanzen von schlechter Kombinationseignung auszuschalten. Dies könnte indessen unter Umständen einen nicht unbeträchtlichen Wert haben.

MATZINGER et al. (1959) untersuchten mit großer Gründlichkeit die Kombinationseignung von 10 nicht in bezug auf Ertrag ausgelesenen S_1-Linien aus einer aus 16 Linien hergestellten synthetischen Varietät. Zwischen diesen 10 S_1-Linien wurden die 45 möglichen Kreuzungen hergestellt, die dann während 3 Jahre an 3 Lokalitäten geprüft wurden. Von diesen 9 Experimenten (d. h. Ertragsprüfungen), fiel eins aus, so daß sich 8 auswerten ließen. Wenn die Kombinationseignung jeder Linie durch das Mittel ihrer 9 Kreuzungen beurteilt wurde, so ergab sich, daß in fast allen 8 Experimenten signifikante Unterschiede in der Kombinationseignung der Linien gefunden wurden. Das Verhältnis von genereller zu spezifischer Kombinationseignung variierte stark, gewöhnlich verursachte die spezifische einen größeren Teil der Varianz. Bei der kombinierten Analyse des Gesamtmaterials wurden keine signifikanten Effekte der generellen Kombinationseignung gefunden, dagegen hochgradig signifikante der spezifischen. Anscheinend zeigt letztere in diesem Beispiel eine beträchtlich höhere Stabilität gegenüber Einflüssen des Milieus als erstere. Kurz ausgedrückt geht aus dieser Untersuchung hervor, daß 10 S_0-Pflanzen signifikante Unterschiede in ihrer spezifischen Kombinationseignung zeigten, dagegen keine in ihrer generellen Kombinationseignung. Soweit solche Befunde nicht auf zufälligen Komplikationen beruhen, widersprechen sie Konklusionen auf Grundlage weniger gründlicher Analysen sowie gewöhnlichen theoretischen Vorstellungen.

Wenn wir die Literatur überblicken, so müssen wir sagen, daß wir über das äußerst wichtige Problem der relativen Variationsbreite der Kombinationseignung in S_0-Populationen und innerhalb von S_1-Familien schlecht orientiert sind. Indessen läßt sich leicht konstatieren, daß zwischen den S_0-Pflanzen der Populationen oft bedeutende Unterschiede im Ertragspotential bestehen, wie im folgenden gezeigt werden soll.

3. Die Individualität der Inzuchtlinien hinsichtlich Kombinationseignung

Die Vorstellung von JENKINS, daß die Inzuchten schon in den ersten Generationen ihre Individualität in bezug auf Kombinationseignung erwerben, mag mehr oder weniger richtig sein, obgleich nur wenig einwandfreies Material zur Beurteilung dieser Frage vorliegt. Inzucht als solche oder in Verbindung mit der üblichen visuellen Selektion auf agronomische Charaktere bewirkt keine durchschnittliche Verschlechterung der Kombinationseignung eines Musters von Linien. Ob hierbei die Mehrzahl der Linien sich gleich verhalten, oder ob sich ein unterschiedliches Verhalten der einzelnen Linien im Gesamteffekt ausgleicht, ist noch nicht entschieden.

Autodiploidie. Interesse haben in diesem Zusammenhang auch THOMPSONs Versuche (1954) über die Kombinationseignung von homozygoten Diploiden, sogenannten Autodiploiden, die durch spontane Chromosomenverdoppelung in Sektoren von monoploiden Maispflanzen entstanden waren (Tab. 107). In einer dieser Versuchsserien

Tabelle 107.
Vergleich der Kombinationseignung homozygoter Diploider (AD) mit der von Inzuchtlinien aus der gleichen Varietät. Nach THOMPSON, 1954

Material		Anzahl geprüfter Linien		Testerträge	
		AD	Inzuchten	AD	Inzuchten
Golden Cross Bantham	1950	23	37 S_1	61,8	62,2
Stiff Stalk Synthetic	1951	31	35 S_5	58,4	58,1
	1952	43	38 S_5	103,8	103,8

wurde die Kombinationseignung von 23 in der Varietät Golden Cross Bantham (ein Zuckermais) aufgesuchten Autodiploiden mit derjenigen eines unausgelesenen Materials von S_1-Linien aus der gleichen Varietät verglichen. Das Ergebnis der Testkreuzungen beider Gruppen von Linien mit dem gleichen Tester zeigt klar, daß die absolute Homozygotie ersterer Linien keinen Einfluß auf den Ertrag der Hybride hat. In den übrigen beiden Serien wird gefunden, daß Autodiploide aus der Stiff Stalked Synthetic im Durchschnitt genau dieselben Testerträge geben wie unausgelesene Muster von S_5-Linien aus der gleichen Varietät. Ein solches Ergebnis deutet einerseits darauf hin, daß die ursprünglichen Monoploiden einer unausgelesenen Probe von Gameten der synthetischen Varietät entsprechen und daß andererseits die Aufzucht der Inzuchten von $S_1 - S_5$ keine Selektion auf Kombinationseignung mit sich führte. In allen Experimenten war überdies nicht nur der Mittelwert, sondern auch die Distribution der Werte bei Autodiploiden und Inzuchten sehr ähnlich. — Man beachte indessen, daß die obigen Schlüsse vielleicht nur für moderne Maissorten gelten, die aus verbesserten Inzuchtlinien erzeugt wurden und daher ein hohes Inzuchtminimum haben.

S_1-Linien. Daß Inzuchten schon in der ersten Generation eine gewisse Individualität erhalten, die durch die Konstitution der sie erzeugenden S_0-Pflanze bedingt ist, geht deutlich aus der großen Nützlichkeit von S_1-Linien für die Herstellung von einfachen und doppelten Kreuzungen hervor. Nach WELLHAUSEN (1952, 1960) und WELLHAUSEN et al. (1955) werden S_1-Linien in Mexico in großem Umfang zur Herstellung kommerzieller Hybride benutzt und es ist bisher noch nicht gelungen, Kreuzungen von S_4- und S_5-Linien aufzufinden, die die Hybride von S_1-Linien im Ertrag übertreffen.

Die für diese Zwecke sich bewährenden S_1-Linien werden nicht als solche benutzt, sondern erst durch „kontrollierte Geschwisterkreuzungen“ vermehrt, bis ein genügendes Material zur Verfügung steht, das im Kühlschrank eine Reihe von Jahren gelagert werden kann. Die Vermehrungsgenerationen werden mit Sib_1, Sib_2, Sib_3 ... bezeichnet. Hierbei werden z. B. in jeder Linie 10 kastrierte Pflanzen mit einer Pollenmischung aus 10 „Geschwisterpflanzen“ bestäubt, was ungenau als *composite sibbing* bezeichnet wird. Nur in Sib_0 handelt es sich um Vollgeschwister, in den folgenden Generationen um Verwandte abnehmender Grade. Wenn eine genügende Anzahl von Geschwisterpflanzen benutzt und Auslese vermieden wird, sollte bei dieser Vermehrung nur ein geringer Heterozygotieverlust stattfinden. Bei $n = 10$ ♀♀ + 10 ♂♂ wäre nur eine Abnahme von $1/2n = 1/40$ pro Generation zu erwarten, so daß der Charakter der Linien als S_1-Linien im wesentlichen aufrechterhalten bliebe.

In einem besonderen Versuch wurde die Kombinationseignung von 28 ursprünglichen S_1-Linien mit derjenigen, der von ihnen abstammenden Sib_3-Linien durch Kreuzungen mit dem gleichen Tester verglichen. Es ergab sich, daß in 9 von diesen Linien während der drei Generationen von „Geschwisterpaarung“ signifikative Veränderungen stattgefunden hatten. In 5 von ihnen war die Kombinationseignung verbessert, in 4 dagegen verschlechtert. Die Veränderungen im Ertrag der Testkreuzungen waren von keinen Unterschieden in sichtbaren agronomischen Charakteren begleitet. Trotz solcher Änderungen lassen sich S_1-Linien mit großem Vorteil für die Herstellung von doppelten Hybriden benutzen. Diese Erfahrungen haben natürlich großes Interesse für andere Kulturpflanzen, besonders für solche von längerer Generationsdauer.

Korrelationen $S_1 - S_3$. Daß beträchtliche Unterschiede im Ertragspotential der S_0-Pflanzen freibestäubter Varietäten bestehen, zeigt sich deutlich an den hohen Korrelationen, die WELLHAUSEN und WORTMAN (1954) für Testerträge von S_1-Linien und den Mittelwerten der von ihnen abgeleiteten S_3-Linien fanden (Tab. 108). Das Ausgangsmaterial bestand aus Mustern von S_1-Linien, die auf hohe allgemeine Kombinationseignung und gute agronomische Charaktere ausgelesen waren. In S_2 und S_3 erfolgte nur die übliche visuelle Selektion. Die besseren S_3-Linien wurden dann zusammen mit den respektiven S_1-Eltern mit den gleichen Testern geprüft. Wie die

Tabelle 108.
Korrelationskoeffizienten für Testerträge von S_1-Linien versus mittlere Testerträge der von ihnen abstammenden Gruppen von S_3-Linien in Experimenten des Jahres 1950 an 6 Lokalitäten. Alle Korrelationen signifikant auf Niveau 0,01. Nach WELLHAUSEN und WORTMAN, 1954

Lokalität (Mexico)	Anzahl getesteter S_1-Familien		Korrelationskoeffizient r	
	1 Tester	2 Tester	1 Tester	2 Tester
Chapingo, Mex.	131	40	0,64	0,68
Martinez de la Torre, Ver. . . .	51		0,59	
Olutla, Ver.	27		0,48	
Ciudad Victoria, Tamps.. . . .	38		0,74	
Ciudad Obregón, Son.	37		0,72	
Jalaxtoc, Mor.	41	20	0,46	0,73

Tabelle zeigt, kann die Korrelation durch Prüfung mit zwei verschiedenen Testvarietäten erhöht werden. — Die Korrelationen sind in diesem Material so hoch, daß eine Testung der Ausganspflanzen von Inzuchtlinien durchaus vorteilhaft erscheint.

4. Progressive Selektion in Inzuchtlinien auf Grund von Testungen

LONNQUIST (1950, 1953) untersuchte die Wirkung von progressiver divergenter Selektion auf Kombinationseignung in Inzuchtlinien der Maisvarietät Krug (Fig. 48). Als Ausgangsmaterial dienten je drei S_1-Linien, die in Kreuzungen mit dem „single cross tester" Wf9×M14 eine hohe bzw. niedrige Kombinationseignung gezeigt hatten. Innerhalb jeder dieser 6 Familien wurde eine Anzahl Pflanzen geselbstet und außerdem als Polleneltern mit dem genannten Tester gekreuzt. Auf Grund dieser Prüfungen wurde in jeder S_1-Familie je ein Individuum mit hohem und mit niedrigem Testertrag als Ausgangspflanzen für getrennte Sublinien gewählt, in denen progressiv auf hohe bzw. niedrige Kombinationseignung mit dem genannten Tester selektioniert wurde.

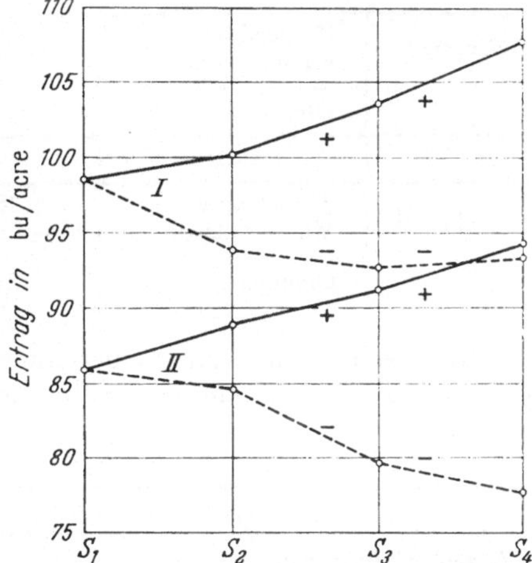

Fig. 48. Effekt divergenter Selektion auf Kombinationseignung mit dem Tester Wf9 × M14 mit Ausgangsmaterial (je drei S_1-Familien) von hoher (I) und niedriger (II) Kombinationseignung. + und —, bzw. Plus- und Minusselektionen. Cfr. Tab. 109. Die Kurven bezeichnen die Erträge in den Testkreuzungen sukzessiver Generationen (S_1—S_4). Nach LONNQUIST 1950

Die Figur zeigt, daß gleichgültig ob eine S_1-Familie hohe oder niedrige Kombinationseignung besitzt, eine Selektion nach beiden Richtungen hin effektiv ist. Die Plusselektionen schreiten gleich gut von einem niedrigen wie von einem hohen Ausgangspunkt fort. Die Minusselektionen schreiten etwas besser von einem niedrigen Ausgangspunkt fort, was indessen auf Zufall beruhen kann. Gleichzeitig sehen wir die hohe Bedeutung eines guten Ausgangspunktes für die Selektion. Denn erst nach vier Generationen von intensiver Selektion erreichen die Plusselektionen aus der Niedriggruppe den Wert der Minusselektionen aus der Hochgruppe und es ist fraglich, ob sie bei Fortsetzung der Selektion das Ausgangsniveau der Hochgruppe erreichen würden. Wenn sich diese mit einem relativ knappen Material erhaltenen Ergebnisse verallgemeinern lassen, so sprechen sie deutlich zum Vorteil einer Testung von S_0-Pflanzen, da diese der Selektion einen Vorsprung gibt, der nur mühsam oder überhaupt nicht auf andere Weise zu erreichen ist. — Der Umstand, daß sich die obigen S_1-Linien mit hoher und niedriger Kombinationseignung aus einem besonders kleinen Ausgangsmaterial, nämlich 36 S_1-Familien der Varietät Krug, auslesen ließen, gibt diesen Befunden erhöhtes Interesse. Offenbar ist es in einigen Varietäten nicht schwierig, durch Testung große Unterschiede im Ertragspotential der S_0-Pflanzen nachzuweisen.

Die Kurven der Fig. 48 gelten für Mittelwerte von je drei Sublinien. Im einzelnen können sich die Familien etwas verschieden verhalten, wie Tab. 109 zeigt. In einigen Linien ist die Selektion weit effektiver als in anderen. Obgleich die Antwort auf divergente Selektion einigermaßen symmetrisch war, wurde in einer Familie kein Fortschritt in der Minusrichtung erzielt.

Um zu prüfen, ob die Erhöhung der Kombinationseignung relativ zum Tester Wf9×M14 auch mit erhöhten Erträgen in gewöhnlichen Linienkreuzungen verbunden ist, wurden 5 von S_1-S_5 progressiv auf hohe und 4 progressiv auf niedrige Testerträge ausgelesene S_5-Linien in allen möglichen Kombinationen untereinander gekreuzt. Die Erträge der 9 S_5-Linien und ihrer 36 Hybride im Jahre 1952 sind in Tab. 103 (S. 377) zusammengestellt, indem Hochselektionen in der obersten Zeile mit

Tabelle 109.
Gesamteffekt (bu/acre) divergenter Selektion auf Testerträge in S_1 bis S_4 von sechs Linien. Die Linien der Gruppen I und II stammen von Ausgangspflanzen von hoher bzw. niedriger Kombinationseignung. Vergleiche Fig. 48. Nach LONNQUIST, 1953

	Linie Nr.	6	17	27	Mittel
Gruppe I	Plusselektion Minusselektion	+ 8,4 — 6,1	+ 8,4 + 1,8	+ 10,9 — 11,5	+ 9,2 — 5,3
	Divergenz	14,5	6,6	22,4	14,5
	Linie Nr.	1	14	22	Mittel
Gruppe II	Plusselektion Minusselektion	+ 15,7 — 12,1	+ 4,6 — 8,8	+ 4,3 — 4,1	+ 8,2 — 8,3
	Divergenz	27,8	13,4	8,4	16,5

H, Niedrigselektionen mit L bezeichnet sind. Diese Kreuzungen gehören zu drei Gruppen, die in zweijährigen Prüfungen, 1951 und 1952, die folgenden Mittelwerte gaben:

Gruppe	hoch × hoch	hoch × niedrig	niedrig × niedrig
Anzahl Kreuzungen	10	19	6
Mittlerer Ertrag bu/acre	91,9	82,1	70,2

Offenbar modifiziert in diesem Beispiel progressive Selektion auf Grundlage von Testungen auch die Erträge in den Kreuzungen der ausgelesenen Linien untereinander auf ziemlich effektive Weise.

5. Visuelle Selektion in geselbsteten Inzuchtlinien

In der Mehrzahl der bisher beschriebenen Experimente wurde visuelle Selektion vom üblichen Typus auf Vigor, agronomische Charaktere, Resistenz gegen Krankheiten usw. vorgenommen. Die allgemeine Konklusion ist, daß eine solche Selektion die Kombinationseignung der spaltenden Generationen von Inzuchtlinien nicht wesentlich modifiziert und auf jeden Fall viel geringere Effekte hat als eine auf Grund von Testungen vorgenommene Auslese. Im übrigen sind die Auffassungen etwas verschieden. Einige Autoren haben keinen Einfluß der visuellen Selektion auf die Kombinationseignung gefunden, während andere eine leichte Verbesserung für wahrscheinlich halten. Die verschiedenen Erfahrungen können von der Art des Ausgangsmaterials, dem Umfang der Experimente, der Art der visuellen Selektion und dem Inzuchtniveau der Population abhängig sein.

Die hohen multiplen Korrelationen, die zwischen Kombinationseignung und zahlreichen sichtbaren Charakteren der Inzuchten bestehen (vgl. Tab. 102), lassen sich nach SPRAGUE und MILLER (1952) schwer in der Züchtung ausnützen, da gewöhnlich gleichzeitig auf eine große Anzahl Charaktere selektioniert wird, weshalb das Selektionsdifferential für die einzelnen Charaktere gering ist. Ferner wird der Ertrag gewöhnlich nicht direkt, sondern indirekt durch eine visuelle Komponente bestimmt, was eine Illusion sein kann (cfr. MCKENZIE und LAMBERT, 1961). Schließlich gibt man in der Praxis den verschiedenen Charakteren nicht das gleiche Gewicht wie in den multiplen Korrelationskoeffizienten. — Hierzu käme noch, daß die Korrelationen während der spaltenden Generationen durch Heterozygotiegrad und Selektionseffekte modifiziert werden, und zwar in verschiedenem Material auf verschiedene Weise.

Wellhausen (1952) fand in mexikanischen Maispopulationen verschiedener Rassen — ähnlich wie Richey (1950) an nordamerikanischem Material — daß die Vigor der S_1-Linien ein praktisch sehr wichtiges Anzeichen für hohe Kombinationseignung darstellt. Er empfiehlt daher unter einer sehr großen Anzahl S_1-Linien eine drastische Selektion vorzunehmen und nur die besten von ihnen direkt auf Kombinationseignung zu prüfen. In späteren Generationen zeigt die Vigor immer geringere Korrelationen mit der Kombinationseignung und sie ist praktisch schon in S_2 unbrauchbar für die Abschätzung derselben.

Wenn man jedoch von einem Muster von rigoros auf agronomische Charaktere und Kombinationseignung ausgelesenen S_1-Linien ausgeht, so kann man in geeigneten Fällen durch visuelle Selektion eine gewisse weitere Verbesserung der Kombinationseignung erzielen. Osler et al. (1958) bewiesen dies durch einen Vergleich der Kreuzungen bestimmter Kombinationen von S_4-Linien mit den entsprechenden Kombinationen ihrer S_1-Eltern. Es wurden hierbei stets bestimmte Kreuzungspaare verglichen. Wenn A und B zwei Inzuchtlinien darstellen, so bestand ein Kreuzungspaar aus $S_1(A) \times S_1(B)$ und $S_4(A) \times S_4(B)$. Eine Übersicht über diese Versuche wird in Tab. 110 wiedergegeben. Hier bedeutet S_A „advanced generations", meist S_3 oder S_4. Die

Tabelle 110.
Ertragsdifferenzen von $S_1 \times S_1$-Kreuzungen versus $S_4 \times S_4$-Kreuzungen der gleichen Inzuchtlinien.
Nach Osler et al., 1958

Art der Kreuzung	Generation	Anzahl Kreuzungspaare verglichen	Mittlere Erträge und Differenzen	
L × L	$S_1 \times S_1$ $S_A \times S_A$	20	68,8 73,2	4,4
L × I	$S_1 \times S_1$ $S_A \times S_A$	77	69,7 76,5	6,8
I × I	$S_1 \times S_1$ $S_A \times S_A$	37	62,0 71,0	9,0

Linien werden eingeteilt in lokale Linien L aus Varietäten in der Nachbarschaft der Versuchsstation und introduzierte Linien I aus benachbarten Staaten Mexicos, aber von gleicher Höhenlage. Wie aus dieser Tabelle hervorgeht, hatte die visuelle Selektion zwischen S_1 und S_A einen größeren Effekt auf die Kombinationseignung der introduzierten Linien als auf diejenige der lokalen. Von 12 untersuchten I-Linien wurden 11 signifikant in ihrer Kombinationseignung verbessert, von 7 L-Linien 4.

Um den starken Abfall der Korrelation zwischen Vigor und Kombinationseignung von S_1 zu S_2 zu erklären, nimmt Wellhausen (1952) an, daß der Komplex von Ertragsgenen zwar noch einen gewissen Einfluß auf die Leistungen der S_1 hat, in späteren Generationen aber wegen der immer größeren Anzahl von fixierten bottleneck-Genen nicht mehr zum Ausdruck kommt. Wenn indessen bedacht wird, daß in den S_1-Pflanzen schon 50% der bottleneck-Gene fixiert sind und weitere Fixierung solcher Gene an und für sich vermutlich geringere Ausschläge gibt, reicht diese Erklärung nicht aus. Es wäre daher eher anzunehmen, daß der Heterozygotiegrad in S_1 noch genügt, um in Verbindung mit Nachwirkungen mütterlicher Gene noch eine partielle Manifestation des Genkomplexes für Kombinationseignung im Ertrage der Individuen zu erlauben, in S_2 dagegen nur in sehr viel schwächerem Grade. Außerdem ist zu berücksichtigen, daß Serien von pseudopolymeren Genen erst in späteren Generationen stärkere Effekte bekommen. Wenn die S_0-Pflanze z. B. die Konstitution Aa Bb Cc Dd hat, so ist die Kombination aa bb cc dd in S_{ho} 16mal häufiger als in S_1.

Die S_1 hat einen Inzuchtkoeffizienten von 0,50. Die Frage liegt nahe, ob bei Koeffizienten von 0,25—0,15, z. B. in F_2 einer Kreuzung von zwei oder drei S_1-Linien, eine effektivere und mehrfach wiederholbare direkte Selektion auf die mit Kombinationseignung korrelierten Vigorkomponenten möglich wäre. Dies würde die Ertragszüchtung bei Mais und anderen Pflanzen in hohem Grade vereinfachen (vgl. S. 408).

III. Recurrente Selektion auf Kombinationseignung

1. Einleitung

Um die in einer großen Population von allogamen Objekten vorhandenen günstigen Gene anzusammeln, scheint im Prinzip recurrente Selektion eine geeignete Methode zu sein. Das Wesen dieser Methode ist schon in Kapitel 14 diskutiert. In wenigen Worten handelt es sich um eine „Zygotenselektion" mit sorgfältiger Interkreuzung der ausgelesenen Zygoten. Die auf Grundlage von geeigneten Kriterien oder Prüfungen erfaßten Genotypen dürfen also nicht durch eine unkontrollierte Pollenmischung verdünnt sein. Falls sich die Prüfung der Pflanzen auf die gewünschten Eigenschaften nicht vor der Blütezeit vornehmen läßt, kann ihre Isolierung gegen fremden Pollen entweder durch vegetative Vermehrung oder durch Selbstung erfolgen. Bei Mais werden die zu prüfenden Pflanzen geselbstet. Bei Selektion auf Kombinationseignung erfolgt die Prüfung durch Kreuzungen mit einem geeigneten Tester. Hierbei kann die zu prüfende Pflanze als weiblicher Elter dienen, indem z. B. bei zweikolbigen Individuen der eine Kolben für die Selbstung, der andere für die Testkreuzung dient. Gewöhnlich benutzt man indessen die Testlinge als männliche Eltern (Fig. 49) oder man beurteilt die Kombinationseignung einer S_0-Pflanze auf Grundlage des Mittels der Testkreuzungen ihrer S_1-Nachkommen. Die Termini Kombinationseignung von S_0-Pflanzen und von S_1-Linien werden unter diesen Umständen oft in dem selben Sinne benutzt. — Obwohl eine solche Gleichsetzung als eine theoretische Selbstverständlichkeit erscheinen mag, wäre es freilich für die Analyse der Heterosisprobleme erwünscht, sie aufs genaueste nachzuprüfen, da man hierbei Gelegenheit hätte, eventuelle Komplikationen zu entdecken.

Die S_1-Linien mit besserer Kombinationseignung dienen nun als Ausgangsmaterial für eine synthetische Population. Dabei lassen sich zwei Verfahren anwenden. Erstens kann man gleiche Samenmengen von allen ausgelesenen Linien mischen und diese Mischung auf einer isolierten Parzelle aussäen, wo die Linien sich selber in allen möglichen Kombinationen kreuzen. Zweitens kann man je eine Reihe von n ausgelesenen Linien aussäen und alle $n \cdot (n-1)/2$ möglichen Kreuzungen zwischen diesen Linien durch kontrollierte Pollinierung herstellen. Dabei ist in jeder dieser Kreuzungen eine genügende Anzahl weiblicher Eltern aus der einen S_1-Linie mit einer Pollenmischung von einer ähnlichen Anzahl Pflanzen aus der anderen Linie zu bestäuben.

Das aus spontanen oder kontrollierten Kreuzungen der ausgelesenen S_1-Linien erhaltene Samenmaterial wird gewöhnlich gemischt und als erste synthetische Generation, Syn-1, des ersten Zyklus von recurrenter Selektion ausgesät. Diese Syn-1 hat also den Charakter einer F_1 aus diallelen Kreuzungen zwischen S_1-Linien. Die folgenden Generationen, die durch freie Bestäubung innerhalb dieser Population auf einer isolierten Parzelle hergestellt werden, werden als Syn-2, Syn-3 ... bezeichnet. In Syn-1, Syn-2 oder einer der folgenden Generationen kann man auf gleiche Weise den zweiten Zyklus von recurrenter Selektion einleiten, indem man eine genügende Anzahl von Pflanzen selbstet und auf geeignete Weise auf Kombinationseignung prüft. Aus den auf Grund der Prüfungen ausgelesenen S_1-Linien wird auf die angegebene Weise die Syn-1 des zweiten Zyklus hergestellt.

Je nach dem Zweck der Selektion unterscheidet man recurrente Selektion auf allgemeine Kombinationseignung, recurrente Selektion auf spezifische Kombinationseignung und reziproke recurrente Selektion. Diese Methoden unterscheiden sich vor allem durch die Wahl des Testers, mit dessen Hilfe der betreffende Typus von Kombinationseignung abgeschätzt wird. Bei richtiger Wahl des Testers sollte nach üblicher Auffassung in der Intercross-Population die Häufigkeit der in allgemeinen oder spezifischen hybriden Kombinationen günstig wirkenden Ertragsgene durch jeden Testungsschritt erhöht werden, so daß die sukzessiven Selektionen auf einem immer höheren Niveau stattfinden.

Zukünftige Untersuchungen müssen eine wichtige Frage aufklären: Welchen Effekt hat die relative und die absolute Anzahl der ausgelesenen Pflanzen auf den Erfolg der Selektion während einer großen Anzahl von Zyklen? Es besteht zur Zeit eine Tendenz, als Ausgangsmaterial eines Experimentes etwa 100 S_0-Pflanzen zu testen, um die besten 10 S_1-Familien auszulesen (Fig. 49). In den folgenden Zyklen wird dieses Verhältnis wiederholt. Es ist indessen anzunehmen, daß man sehr verschiedene Ergebnisse erhalten würde, wenn man in einem Falle 10 gute S_0-Individuen unter 100 identifiziert, in einem anderen 1000 unter 5000. Letztere Auslese würde vielleicht langsamer, aber sicherer fortschreiten, und schließlich zu bedeutend größeren Erfolgen führen. Andererseits hat man bei der üblichen Methode die Gelegenheit, die Basis der Selektion dadurch zu erweitern, daß man aus der gleichen Ausgangspopulation mehrere Muster von 100 S_0-Pflanzen in getrennten Experimenten recurrent selektioniert, um schließlich die besseren resultierenden synthetischen Populationen zu mischen oder zu kreuzen.

2. Recurrente Selektion auf generelle Kombinationseignung

Allgemeines. In Kapitel 14 wurde schon der erste Zyklus von LONNQUISTS Experiment über recurrente Selektion in der Maisvarietät Krug besprochen. LONNQUIST und MCGILL (1956) geben eine Übersicht über eine Anzahl Experimente, die

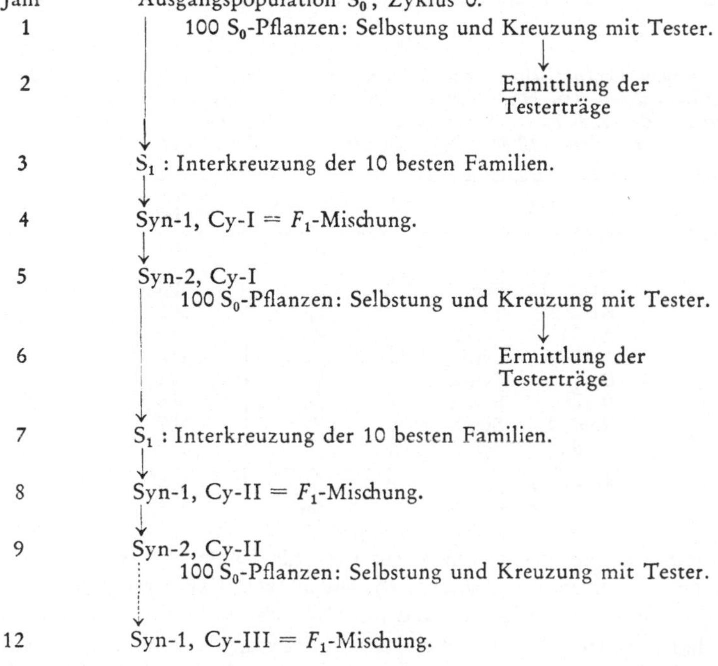

Fig. 49. Allgemeines Schema für recurrente Selektion auf generelle Kombinationseignung

bis zum zweiten Zyklus fortgesetzt waren. Die Methodik der Selektion variierte in den einzelnen Experimenten. Im allgemeinen wurde jedoch ein Verfahren angewandt, das sich schematisch durch Fig. 49 wiedergeben läßt. Ein jeder Zyklus der recurrenten Selektion nimmt vier Jahre in Anspruch. Im ersten Jahr werden, wie erwähnt, etwa 100 S_0-Pflanzen geselbstet und gleichzeitig als Polleneltern mit je 10 Individuen des Testers gekreuzt. Im zweiten Jahr wird durch Ermittlung der Testerträge die generelle Kombinationseignung der 100 S_0-Pflanzen bestimmt. Im dritten Jahr werden die 10 besten S_1-Familien in allen möglichen Kombinationen miteinander gekreuzt und durch Mischung gleicher Anteile Samen aus jeder Kreuzung das Samenmaterial für die erste synthetische Generation des Zyklus I hergestellt. Diese erzeugt durch freie Bestäubung an einem isolierten Ort das Samenmaterial für Syn-2 des gleichen Zyklus. Dann werden alle genannten Maßnahmen wiederholt, wie aus der Figur zu ersehen ist.

Dieses Schema wird indessen von anderen Autoren auf verschiedene Weise modifiziert. Es ist wahrscheinlich besser mindestens zweijährige Testungen zu benutzen, d. h. das durch Kreuzung der S_0-Pflanzen mit dem Tester hergestellte Material wird in zwei Jahren ausgesät und das Mittel der Testerträge in den beiden Jahren gilt als Maßstab für die Kombinationseignung der S_0-Pflanzen. Hierdurch wird jeder Zyklus um ein Jahr verlängert. Andererseits besteht eine gewisse Tendenz, die Syn-2 Generation zu schleifen, indem Individuen aus Syn-1 zu Selbstung und Testung benutzt werden. — Zur Bestimmung der generellen Kombinationseignung läßt sich die Syn-1 oder Syn-2 des gleichen Zyklus als Tester benutzen (LONNQUIST und RUMBAUGH, 1958). Öfter wird hierzu jedoch eine nicht verwandte synthetische Varietät verwendet.

Ergebnisse. Im Mittel der Experimente von LONNQUIST und MCGILL (1956) mit mehreren Varietäten gab der erste Zyklus recurrenter Selektion eine Erhöhung des Ertrages um 13% gegenüber der elterlichen Varietät und außerdem eine starke Erhöhung der Standfestigkeit der Pflanzen. Im zweiten Zyklus wurde eine noch kräftigere Erhöhung des Ertrages erzielt, wie aus Tab. 111 hervorgeht. Dies wird

Tabelle 111.
Relative Leistungen synthetischer Populationen des ersten (I) und zweiten (II) Zyklus bei Vergleich mit dem doppelten Hybriden U. S. 13, in vier Prüfungen der Jahre 1954 und 1955. Mittlerer Ertrag von U. S. 13 in diesen Experimenten 104,7 bu/acre, Feuchtigkeit des Kornes bei Ernte 18,8%. Nach LONNQUIST und MCGILL, 1956

Population	Körnerertrag	Feuchtigkeit bei Ernte
U. S. 13	100	100
Krug I, Syn-2	87	96
Krug II, Syn-2	98	101
A I, Syn-2	85	113
A II, Syn-2	102	112
B I, Syn-2	72	97
B II, Syn-2	88	94
Reid I, Syn-2	86	107
Reid II, Syn-2	95	113
Mittel, Cyklus I	82	103
Cyklus II	96	105

durch Vergleich mit der doppelten Kreuzung U.S. 13 gezeigt, einer der besten und ertragreichsten doppelten Kreuzungen. Im Mittel von Experimenten mit vier Varietäten gaben die Syn-2 des Zyklus I und II 82% bzw. 96% des Ertrages von U.S. 13.

Um Anhaltspunkte für die Kombinationseignung dieser synthetischen Populationen zu gewinnen, wurden dieselben in allen möglichen Kombinationen miteinander gekreuzt. Im Mittel dieser 6 *Populationskreuzungen* gab der erste Zyklus genau denselben Ertrag wie U.S. 13, der zweite Zyklus dagegen einen um 6 bu/acre höheren Ertrag. Um diese Ergebnisse voll zu würdigen, ist zu bemerken, daß die

Tabelle 112.
Übersicht über diallele Kreuzungen von vier synthetischen Populationen (Syn-2) in Zyklus I und II von recurrenter Selektion auf generelle Kombinationseignung. — Die Zahlen der Tabelle sind Mittelwerte für je drei Hybride der links angegebenen Population. % F., S. g., K. a. = Prozent Feuchtigkeit bei Ernte, Stengel gelagert (stalk lodged), Kolben abgefallen. Nach LONNQUIST und McGILL, 1956

Hybride der Population	Zyklus I				Zyklus II			
	Ertrag	% F.	% S. g.	% K. a.	Ertrag	% F.	% S. g.	% K. a.
Krug, Syn-2	109,1	18,5	8,6	2,2	114,4	18,9	5,1	1,7
Reid, Syn-2	109,4	18,9	8,0	2,0	111,0	19,5	5,8	1,5
A, Syn-2	108,7	19,2	7,5	2,4	114,7	19,9	5,2	1,0
B, Syn-2	106,2	18,4	7,9	1,1	118,5	18,7	4,5	2,6
Mittel der Hybride .	108,4	18,8	8,0	1,9	114,6	19,2	5,2	1,7
U.S. 13, Kontrolle .	108,4	19,0	5,2	5,1	108,4	19,0	5,2	5,1

Kreuzung zweier Populationen nach allgemeiner Auffassung etwa dem Mittelwert der Kreuzungen unausgelesener Muster von Inzuchten aus der einen Population mit solchen aus der anderen entspricht. Bei Kreuzung der besten Linien aus beiden Populationen und durch Erfassung der besten Kombinationen solcher Linien wären bedeutende Mehrerträge darüber hinaus zu erwarten. Kurz gesagt darf man nach diesen Ergebnissen Hoffnung haben, daß mit Hilfe recurrenter Selektion auf generelle Kombinationseignung bald Hybride von wesentlich erhöhtem Ertragsniveau hergestellt werden.

Untersuchungen bei Melilotus officinalis. Die bedeutende Effektivität von phänotypisch recurrenter Selektion auf Erhöhung des Grüngewichtes der Pflanze bei *Melilotus officinalis* wurde S. 284 diskutiert. JOHNSON (1952, 1956) konnte indessen zeigen, daß auch recurrente Selektion auf generelle Kombinationseignung bei diesem Objekt gute Erfolge gab. Die benutzte Methodik schließt sich ziemlich nahe an das allgemeine Schema von Fig. 49 an. Die Ergebnisse sind in Tab. 113 zusammengefaßt.

Tabelle 113.
Testerträge in sukzessiven Zyklen recurrenter Selektion bei Melilotus officinalis. Alle Angaben gelten für Grünerträge im Herbst des ersten Jahres in Prozenten der Werte der freibestäubten Varietät Madrid, aus der dieses Material ausgelesen wurde. Nach JOHNSON, 1956

Geprüfte Generation	Anzahl Pflanzen getestet	Mittel der Testerträge	Ausgewählte Pflanzen	
			Anzahl	Mittel der Testerträge
Cy- 0, Syn-2 . . .	62	91,9	10	116,1
Cy- I, Syn-2 . . .	75	121,1	10	146
Cy-II, Syn-2 . . .	55	152 (110—200)		

Das Material bietet einige interessante Besonderheiten. Das Ausgangsmaterial (Cy-0) bestand aus 1500 S_0-Pflanzen der Varietät Madrid. Im ersten und zweiten Lebensjahr wurden alle agronomisch unerwünschten Pflanzen entfernt, so daß nur 200 Pflanzen übrig blieben. Von diesen wurde versucht, sowohl Samen aus Selbstung als auch aus freier Bestäubung zu ernten. Wegen der geringen Selbstfertilität des Objektes lieferten nur 62 Individuen genügend geselbstete Samen. Die *Testung* dieser

62 Individuen geschah dadurch, daß ihre Nachkommenschaften aus freier Bestäubung auf Grünertrag geprüft wurden. Diese einfache Methode gilt als eine Prüfung auf generelle Kombinationseignung. Die Testerträge der ausgelesenen 62 S_0-Individuen zeigten ein sehr niedriges Mittel, nur 92% des Ertrages der gleichzeitig als Kontrolle ausgesäten Elternpopulation, aber eine sehr große Variationsbreite (cfr. Fig. 50).

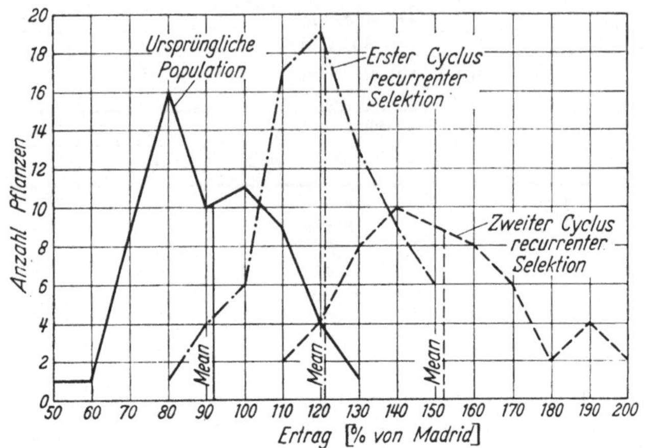

Fig. 50. Häufigkeitsverteilung der Testerträge in der ursprünglichen (einmal phänotypisch ausgelesenen) Varietät Madrid von *Melilotus officinalis* und im ersten und zweiten Zyklus recurrenter Selektion auf generelle Kombinationseignung. Vgl. Tab. 113. Nach JOHNSON 1956

Dieser negative Erfolg der phänotypischen Selektion wird vom Autor damit erklärt, daß bei der ersten Auslese in der freibestäubten Varietät Madrid das Hauptgewicht auf den Grünertrag des zweiten Jahres gelegt wurde, während in allen Testungen der Grünertrag des ersten Jahres als Maßstab diente. Immerhin führte diese Komplikation dazu, daß die 10 ausgelesenen S_0-Pflanzen sowohl auf Grünertrag des ersten als auch des zweiten Jahres ausgelesen waren, und das mag direkt oder indirekt ein großer Vorteil gewesen sein.

Wir sehen aus Tab. 113, daß das Testmittel des ersten Zyklus (121,1) höher lag als das der ausgelesenen Eltern aus Zyklus 0 (116,1). Eine entsprechende Erfahrung wurde für das Mittel des zweiten Zyklus gemacht. So zeigt sich also, daß in beiden Zyklen reichlich 100% des Selektionsdifferentials der Kombinationseignung erblich ist. In jedem Zyklus geschah die Testung durch Nachkommen aus freier Bestäubung. Auf diese Weise diente die Syn-2 des ersten und zweiten Zyklus als Testelter für die Individuen des betreffenden Zyklus. Falls es sich um ein vegetatives Merkmal handelt wie Grünertrag, mag diese Art von Testung besonders vorteilhaft sein. Die auffällig hohe Variationsbreite der Testerträge des zweiten Zyklus (Fig. 50) deutet darauf, daß noch keine Reduktion der Variabilität stattgefunden hat, so daß von weiteren Zyklen noch beträchtliche Fortschritte zu erwarten sind.

3. Recurrente Selektion auf spezifische Kombinationseignung

Es ist offenbar oft mit großen Schwierigkeiten verbunden, mit den üblichen Methoden die generelle Kombinationseignung bis über ein gewisses Niveau hinaus zu erhöhen. Wenn eine Anzahl Inzuchten mit befriedigender genereller Kombinationseignung zur Verfügung stehen, sollte man versuchen, unter den hybriden Kombinationen dieser Linien die höchsten Gipfel von spezifischer Kombinationseignung aufzusuchen und dieselben noch mit speziellen Methoden zu erhöhen.

Eine Methode für die systematische Verbesserung der spezifischen Kombinationseignung hat HULL schon 1945 vorgeschlagen, nämlich folgende:

1. Jahr. Etwa 100 Pflanzen einer Varietät werden geselbstet. Außerdem wird jede dieser Pflanzen als Pollenelter mit einem homozygoten Tester gekreuzt.

2. Jahr. Die 100 Testkreuzungen werden auf Ertrag geprüft.

3. Jahr. Von jeder der 10 Pflanzen, die in den Testkreuzungen mit der spezifischen homozygoten Linie die besten Erträge gaben, wird eine Reihe von S_1-Nachkommen ausgesät und zahlreiche Kreuzungen zwischen, aber nicht innerhalb der Reihen ausgeführt. Das Samenmaterial aus diesen Kreuzungen wird gemischt und dient als Ausgangsmaterial für den folgenden Zyklus der Selektion, der auf ähnliche Weise durchgeführt wird. Eine Anzahl von Zyklen folgen kontinuierlich aufeinander, solange eine Verbesserung der Testerträge festgestellt wird. Als Handelsware dient die Kreuzung der laufenden Population (current crossbred lot) mit der Testlinie.

Theoretisch hat die Methode gewisse Vorteile und Nachteile, die in der Literatur eingehend diskutiert sind (SPRAGUE, 1955 a; GOWEN, 1952). Durch einen homozygoten Tester erzielt man eine stabile, gerichtete Selektion. Man sammelt in der Kreuzungspopulation alle Gene an, die in Hybriden mit dem Tester einen günstigen Effekt erzeugen. Im Laufe mehrerer Zyklen sollte durch die ständige Akkumulation solcher Gene ein hoher Endeffekt erzeugt werden, d. h. bei Kreuzungen der selektierten Population oder von Inzuchten, die aus derselben extrahiert werden, mit dem benutzten homozygoten Tester sind besonders hohe Erträge zu erwarten.

Über die Methode von HULL liegen nur begrenzte Untersuchungen vor, die z. T. mehr eine theoretische Erforschung der Genaktion und -Interaktion zum Ziel hatten als praktische Zwecke. Aus den Untersuchungen von SPRAGUE et al. (1959) und PENNY (1959) läßt sich schließen, daß sich mit dieser Methode, wie erwartet, die spezifische Kombinationseignung einer Population zu einer homozygoten Inzucht beträchtlich erhöhen läßt. Die eigentliche Bedeutung der Hullschen Methode dürfte indessen auf einem anderen Gebiet liegen, über das bisher nur wenig Veröffentlichungen vorliegen. Wenn man als Tester statt einer homozygoten Linie eine einfache Kreuzung benutzt, so sollte die recurrente Selektion die spezifische Kombinationseignung der Population zu diesem Tester progressiv erhöhen. Unter diesen Umständen ist anzunehmen, daß sich aus der Population Inzuchtlinien extrahieren lassen, die besonders gut mit dem Tester kombinieren. Diese Methode wäre daher zweckmäßig, um gute Dreilinienkreuzungen aufzufinden und um eine oder zwei Linien, die an einer bekannten doppelten Kreuzung beteiligt sind, durch bessere zu ersetzen.

4. Reziproke recurrente Selektion

COMSTOCK et al. (1949) schlagen zu dem Zweck, sowohl die allgemeine als auch die spezifische Kombinationseignung auf die beste Weise auszunützen, die in Fig. 51 angegebene Methode vor.

Als Ausgangsmaterial dienen zwei verschiedene Varietäten A und B, von denen gute Hybride zu erwarten sind. Eine Anzahl Pflanzen aus A werden geselbstet und außerdem mit Varietät B gekreuzt. In gleicher Weise werden eine Anzahl Pflanzen aus B geselbstet und mit Varietät A gekreuzt. Die beiden Sätze von Testkreuzungen werden im folgenden Jahr geprüft. Auf Basis dieser Testungen werden die besten Pflanzen in beiden Varietäten bestimmt. Nun werden zwischen den auf diese Weise ausgelesenen S_1-Linien innerhalb jeder Gruppe alle möglichen Kreuzungen ausgeführt und aus dem gemischten Samenmaterial jeder Gruppe die beiden synthetischen Populationen A I und B I hergestellt. Diese dienen dann als Ausgangsmaterial für den folgenden Zyklus von recurrenter Selektion.

Obgleich die beiden Populationen *dauernd getrennt* gehalten werden, werden sie *relativ zueinander* selektioniert. In jedem Zyklus werden in A nur S_1-Linien zur Fortsetzung der Population zugelassen, die in Testkreuzungen mit Population B vom gleichen Zyklus eine gute Kombinationseignung zeigen und umgekehrt. Kommerzieller Samen wird schließlich aus Kreuzungen vom Typus $(A_1 \times A_2) \times (B_1 \times B_2)$ her-

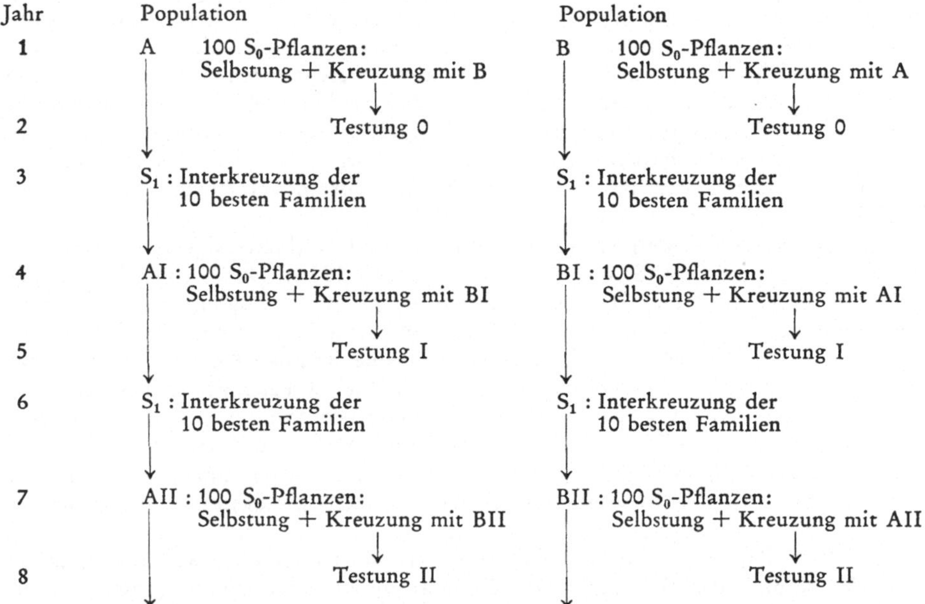

Fig. 51. Schema der reziproken recurrenten Selektion. AI, AII . . . synthetische Populationen des bzw. ersten und zweiten Zyklus. Testung = Ermittlung der Testerträge

gestellt, indem zunächst innerhalb der Populationen Inzuchtlinien extrahiert werden und die einfachen Kreuzungen stets zwischen zwei Linien derselben Population hergestellt werden, die doppelten zwischen einfachen Hybriden aus verschiedenen Populationen.

Da die Tester von heterogener Natur sind, wird mindestens in den ersten Zyklen vorzugsweise auf allgemeine Kombinationseignung ausgelesen. Da diese Auslese jedoch eine Relation zum zukünftigen Gebrauch des Materials hat, hat sie gleichzeitig auch einen spezifischen Aspekt. In dem Maße, wie die Auslese fortschreitet und die Zunahme der generellen Kombinationseignung verlangsamt, sollte die Auslese auf spezifische Kombinationseignung intensiviert werden, indem die beiden Populationen in immer höherem Maße auf komplementäre Funktionen in den Hybriden ausgelesen werden. Reziproke recurrente Selektion hat biologisch den Charakter von Koadaption. Vom theoretischen Standpunkt aus hat sie gegenüber der recurrenten Selektion auf allgemeine und spezifische Kombinationseignung beträchtliche Vorteile (Robinson und Comstock, 1955). Sie ist auch zweckmäßig für die Selektion von agronomischen Charakteren, da die Testkreuzungen zwischen denselben elterlichen Populationen stattfinden, wie in den zukünftigen Hybriden.

Über ein praktisches Experiment mit der Methode der reziproken recurrenten Selektion berichtet Collier (1959). Wegen einiger Komplikationen lassen sich diese Versuche schwer einwandfrei interpretieren. Die beiden benutzten Maisvarietäten Ferguson's Yellow Dent und Yellow Surcropper, reagierten verschieden auf diese Form von Selektion. In letzterer Population lag das Mittel der Testerträge nach zwei Zyklen von recurrenter Selektion (vgl. Fig. 51 unter Testung II) über dem Ertragsniveau der beiden besten kommerziellen Hybride der Region. Dieser Befund deutet darauf hin, daß die benutzte Methode große Fortschritte erlaubt. Weitere Untersuchungen sind indessen abzuwarten. Vorläufige Erfahrungen mit Varianten dieser Methode bei Roggen werden als günstig beurteilt (FERWERDA, 1956). — Für die theoretische Erforschung der Heterosis wären zunächst einfachere Modelle zu empfehlen, indem man z. B. als Ausgangsmaterial für die Populationen nur je eine S_1-Linie aus beiden Varietäten nimmt.

5. Ein Vorschlag von HULL (1952)

Nach HULL geschieht die heutige Maiszüchtung in drei Stufen: Selektion zwischen Inzuchten auf Grund ihrer eigenen Phänotypen; Selektion zwischen Inzuchten auf allgemeine Kombinationseignung; Selektion zwischen spezifischen F_1-Kombinationen der ausgelesenen Inzuchten. Der Maiszüchter benutzt diese drei Verfahren in der genannten Reihenfolge, dann kreuzt er seine Elitelinien und beginnt einen neuen Zyklus. Jeder dieser Zyklen erfordert eine große Anzahl von Jahren. Auf lange Sicht handelt es sich jedoch um eine (vermutlich nicht besonders effektive) Form von recurrenter Selektion. HULL schlägt nun vor, daß man diese drei Typen von Selektion getrennt in parallelen Kulturen studieren sollte, um ihre spezifischen Effekte auf die Erzeugung guter Hybride festzustellen.

Für die Selektion zwischen Inzuchten auf Grund ihrer Phänotypen könnte man z. B. S_2-Linien benutzen. Eine große Anzahl S_0-Pflanzen der Ausgangspopulation werden geselbstet, offenbar minderwertige S_1-Familien werden kassiert und in S_2 werden auf Grund ihrer Erträge in replikaten Versuchen etwa 50 Familien zurückbehalten. Die Selektion geschieht ausschließlich zwischen, nicht innerhalb der Familien. Aus den 50 besseren S_2-Familien wird eine synthetische Population hergestellt, in der ein neuer Zyklus durch Selbsten zahlreicher S_0-Pflanzen beginnt. Zahlreiche solche Zyklen sollten aufeinander folgen, bis die Selektion ineffektiv wird. Nach HULL besteht kein Grund dazu anzunehmen, daß eine physiologische Barriere besteht, die das Erreichen des Ertragsniveaus der Elitehybride verhindern würde. Die Selektion auf hohen Ertrag wird nach HULL durch Dominanz und Überdominanz gestört. Dieses Hindernis wird jedoch zum größeren Teil durch zwei Selbstungen eliminiert, indem der Heterozygotiegrad auf 25% reduziert wird. Man selektioniert also vorzugsweise zwischen homozygoten Geneffekten (?).

Für das Studium der Selektion auf allgemeine Kombinationseignung sollte die Varietät selbst als Tester dienen. S_0- oder S_n-Pflanzen sind mit mehreren Pflanzen der Varietät zu testen. S_0-Pflanzen wären gleichzeitig zu selbsten. Die Eltern der Elitetestkreuzungen werden zu einer verbesserten Varietät kombiniert, die auch als Tester für den nächsten Zyklus dient. Auch dieser Versuch sollte so viele Zyklen fortgesetzt werden, bis die Selektion ineffektiv wird. — Der dritte Versuch, in dem der Effekt von recurrenter Selektion auf spezifische Kombinationseignung studiert werden soll, kann nach dem früher beschriebenen Schema (S. 392) erfolgen, indem innerhalb der Kreuzungspopulation jede Selektion vermieden wird, die nicht auf Testung basiert ist.

Unzweifelhaft wäre es sehr zu begrüßen, wenn die von HULL vorgeschlagene Analyse und geeignete Varianten derselben in großem Umfang realisiert würde. Die Effekte der erstgenannten Methode, phänotypische Selektion zwischen Inzuchten, sollten indessen in parallelen Versuchen bei den verschiedensten Niveaus der Inzucht studiert werden, wie $F = 0{,}125$, 0,25, 0,375, ... 0,875, 1,0.

Literatur

siehe Kapitel 19, S. 416.

Kapitel 19
Weitere Methoden und Probleme der Züchtung

I. Methoden der Selektion

1. Rückkreuzungsmethode

a) Studium der Inzuchtdepression

RICHEY und SPRAGUE (1931) studierten die Erträge in der ersten bis sechsten Rückkreuzung zwischen zwei Inzuchten von Mais. In Tab. 114, linke Hälfte, sind die Nachkommenschaften aus der ersten, zweiten, dritten ... Rückkreuzung mit

Tabelle 114.
Erträge in progressiven Rückkreuzungen und in Kreuzungen von Individuen der Rückkreuzungsfamilien mit dem nicht recurrenten Elter. n = Anzahl untersuchter Familien; Hz = theoretischer Heterozygotiegrad. Nach RICHEY und SPRAGUE, 1931

Kreuzung	*n*	Hz	Ertrag	Erwartet	Kreuzung	*n*	Hz	Ertrag	Erwartet[1]
R × N	6	100	19,7 ± 0,7						
R_2 × N	6	50	11,7 ± 0,5	11,7	(N × R)F_2	2	50	9,4 ± 0,6	
R_3 × N	6	25	8,2 ± 0,4	7,6	N × (N × R_2)	6	75	13,5 ± 0,3	13,6
R_4 × N	6	12,5	7,2 ± 0,3	5,6	N × (N × R_3)	6	87,5	15,7 ± 0,4	15,7
R_5 × N	6	6,25	5,8 ± 0,3	4,6	N × (N × R_4)	6	93,75	17,5 ± 0,4	16,7
R_6 × N	2	3,12	4,5 ± 0,2	4,1	N × (N × R_5)	3	96,88	18,3 ± 0,4	17,3
R_7 × N	1	1,56	4,6 ± 0,2		N × (N × R_6)	1	98,44	17,4 ± 0,2	17,5
R × s	5	0	3,6 ± 0,2		(N × R)F_1	6	100	17,8 ± 0,5	

[1] Auf Grund der Werte für F_1 und F_2 berechnet; letzterer Wert etwas problematisch.

R_2×N, R_3×N, R_4×N ... wiedergegeben. R und N beziehen sich hierbei auf den recurrenten bzw. nicht-recurrenten Elter einer Serie von Rückkreuzungen. Bei jeder Rückkreuzung mit ein und derselben homozygoten Elternlinie R sollte der Heterozygotiegrad genau wie bei Selbstungen auf die Hälfte reduziert werden und der Ertrag sollte nach demselben Prinzip abnehmen wie theoretisch bei progressiver Selbstung. Die Übereinstimmung zwischen den gefundenen Erträgen und den erwarteten ist relativ gut, indem erstere in den Rückkreuzungen nur leicht über den letzteren liegen.

In jeder der obigen Rückkreuzungen wurde außerdem eine Anzahl Individuen mit dem nicht-recurrenten Elter gekreuzt, siehe rechte Hälfte der Tabelle. Hierbei sollte in jeder Generation die Differenz zwischen dem Heterozygotiegrad der Eltern und demjenigen von F_1 (d. h. 100%) halbiert werden. Die Erträge sollten sich daher asymptotisch dem Wert der F_1 nähern, wie es auch gefunden wurde.

b) Selektion auf Vigor

Eine gute Übereinstimmung zwischen Befund und Erwartung wird jedoch nur angetroffen, wenn während der Rückkreuzungen jede Selektion auf Vigor vermieden wird. Die Effekte einer Selektion auf Vigor wurden von RICHEY (1946) in einem besonderen Experiment studiert, dessen Ergebnisse in Tab. 115 schematisch zusammengefaßt sind. Die Tabelle umfaßt Gruppen von Rückkreuzungen zu drei verschiedenen Inzuchten, darunter F. Die Kreuzungen C×F und H×F wurden z. B. viermal zur Linie F als recurrentem Elter rückgekreuzt. Die Produkte dieser Rückkreuzungen, sogenannte regenerierte Linien *(recovered lines)* bezeichnen wir mit C×F5 und H×F5 oder kurz mit CF5 und HF5. Nun wurden aus verschiedenen BC_1-Pflanzen derselben Kreuzung durch getrennte, parallele Rückkreuzungsserien mit demselben recurrenten Elter Gruppen von verwandten regenerierten Linien hergestellt, die wir durch Buchstaben wie a, b, c unterscheiden, also CaF5, CbF5 usw. Diese regenerierten Linien wurden einerseits geselbstet (wie CaF5 · S_1), andererseits untereinander gekreuzt. Dabei sind Kreuzungen von Linien zu unterscheiden, die den gleichen oder verschiedene nicht-recurrente Eltern haben, siehe Formeln der Tabelle.

Tabelle 115.
Relative und absolute Erträge von Inzuchten von Mais und von Kreuzungen verschiedener Verwandtschaftsgrade. Nach RICHEY, 1946

Typus von Linien und Kreuzungen	Recurrente Eltern (Inzuchten)	Regenerierte Linien		
		Selbstungen	Kreuzungen Nicht-recurrenter Elter: gleich	verschieden
Formel (z. B.)	± S_{10}	CaF5 · S_1	CaF5 × CbF5	CaF5 × HaF5
Anzahl Linien bzw. Kreuzungen .	3	17	22	20
Theoretischer Heterozygotiegrad .	0	3,12	±6	6,25
Relativer Ertrag	100	130	182	191
Ertrag bu/acre	15,8	20,6	28,8	30,1

Die Befunde der Tabelle sind überraschend. Theoretisch sollten die regenerierten Linien nach vier Rückkreuzungen relativ zur F_1 einen Heterozygotiegrad von 6,25% besitzen. Kreuzungen zwischen regenerierten Linien mit verschiedenem und mit gleichem nicht-recurrenten Elter (aber mit gleichem recurrenten Elter) sollten diesen Heterozygotiegrad nicht bzw. schwach herabsetzen, während Selbstung ihn auf die Hälfte reduzieren sollte. Aus der Tabelle sehen wir, daß in den vier Gruppen von Linien oder Kreuzungen die Erträge bei zunehmendem Heterozygotiegrad in richtiger Rangordnung ansteigen. Aber die Ausschläge der Heterozygotie sind weit größer als erwartet. Auch wenn wir annehmen, daß die Selektion auf Vigor eine sehr effektive Selektion auf Heterozygotie darstellt, sind die Ergebnisse überraschend. Indessen mögen bei dem sehr niedrigen Inzuchtminimum dieser Linien die Reste von Heterozygotie eine verstärkte Wirkung haben.

Obgleich sich aus den obigen Versuchen nicht viel schließen läßt, zeigen sie deutlich, daß die Rückkreuzungsmethode wichtige Möglichkeiten für die Erforschung der Heterosisprobleme bietet. Besonderes Interesse hätte es z. B. die Ertragspotentiale der regenerierten Linien durch mehrere Selbstungen zu analysieren. Zweifellos ist es in vielen Fällen möglich, durch Rückkreuzungen günstige Gene für Ertrag aus dem nicht-recurrenten Elter in den recurrenten einzuführen. Wenn man aber versucht, dies durch Auslese auf Vigor zu erzielen, besteht die Gefahr, Segmente auszulesen, die heterozygot den Ertrag erhöhen, homozygot ihn aber erniedrigen. Entweder sollte man aus derselben Rückkreuzungsserie zahlreiche regenerierte Linien ohne Selektion herstellen und die Prüfungen an den fertigen Produkten vornehmen, oder man sollte während der Rückkreuzungen auf Grund von geeigneten Testungen selektionieren.

2. Reziproke Konvergenzzüchtung

Wenn zwei Inzuchtlinien einen ausgezeichneten Hybrid ergeben, entsteht natürlich die Frage, bis zu welchem Grad es möglich ist, den hohen Ertrag homozygot zu fixieren. Theoretisch wäre es (nach klassischer Auffassung) möglich, den Teil des Mehrertrages, der auf Dominanz der in beiden Eltern anwesenden günstigen Gene beruht, homozygot zu realisieren, dagegen nicht den durch überdominante Gene oder heterozygote Interaktionen bedingten Anteil. Zur Untersuchung des theoretischen und praktischen Aspektes dieses Problems hat RICHEY (1927) eine Methode vorgeschlagen, die als reziproke Konvergenzzüchtung bezeichnet wird, und die im Prinzip in reziproken Rückkreuzungen zweier Linien A und B besteht. Durch Serien von

Rückkreuzungen, z. B. $A \times B_4$ und $A_4 \times B$, lassen sich einige günstige Gene von A in B einlagern und umgekehrt. Durch Selbstungen lassen sich diese Gene fixieren, so daß wir verbesserte Linien erhalten, die wir mit A(b) und B(a) bezeichnen, indem der nicht-recurrente Elter in den kleinen Buchstaben der Klammern angegeben ist. Die regenerierten (verbesserten) Linien der beiden Rückkreuzungsserien sollten etwas ähnlicher geworden sein als die ursprünglichen Linien A und B. Die besten Linien vom Typus A(b) und B(a) können von neuem gekreuzt werden und in diesem zweiten Zyklus lassen sich weitere günstige Gene des einen Typus in den anderen einführen und umgekehrt. Im Laufe mehrerer Zyklen sollten dadurch die Typen A(b) und B(a) immer ähnlicher werden, indem sie gegen einen theoretischen Grenztypus AB konvergieren, der sämtliche günstigen Gene beider Eltern kombiniert.

Die obige Methode wurde von MURPHY (1942) relativ gründlich nachgeprüft mit optimistischen aber nicht endgültigen Ergebnissen. Ein weiterer Versuch wurde von SPRAGUE et al. (1959) unternommen. Diese Autoren stellten mit Hilfe von zwei Zyklen von reziproker Konvergenzzüchtung aus zwei originalen Inzuchten B2 und K4 bzw. 9 und 6 regenerierte Linien ersterer und letzterer Inzucht her. Zum Teil gaben diese regenerierten Linien höhere Erträge als die originalen Inzuchten, was durch ihren höheren Heterozygotiegrad erklärt werden kann. Zwischen den regenerierten Linien beider Typen wurden alle $9 \times 6 = 54$ möglichen Intergruppen-Hybride hergestellt. Es zeigte sich indessen, daß keiner dieser Hybride so ertragreich war wie der ursprüngliche Hybrid B2×K4. Aus Befunden solcher Art versteht man, daß die verwandtschaftlichen Beziehungen, die durch reziproke Konvergenzzüchtung zwischen zwei Gruppen von Linien entstehen, in den Hybriden zwischen Linien dieser Gruppen Inzuchteffekte auslösen, die man schwer durch Selektion beseitigen kann.

Nach HAYES et al. (1946) läßt sich jedoch reziproke Konvergenzzüchtung für die Verbesserung von doppelten Hybriden benutzen. LONNQUIST (1960) konnte dies an einem einfacheren Beispiel bestätigen. Die einfache Kreuzung Wf9×38–11 wird in größtem Umfang als Samenelter für doppelte Kreuzungen benutzt, darunter auch den bekannten doppelten Hybrid U.S. 13. Da einer der Eltern, Wf9, wegen schlechter Pollenproduktion in vielen Gegenden schwer zu vermehren ist, wurde an seine Verbesserung durch Konvergenzzüchtung gedacht. Im folgenden werden diese Linien kurz als 9 und 38 bezeichnet. Für den genannten Zweck wurde folgendes Kreuzungsschema benutzt:

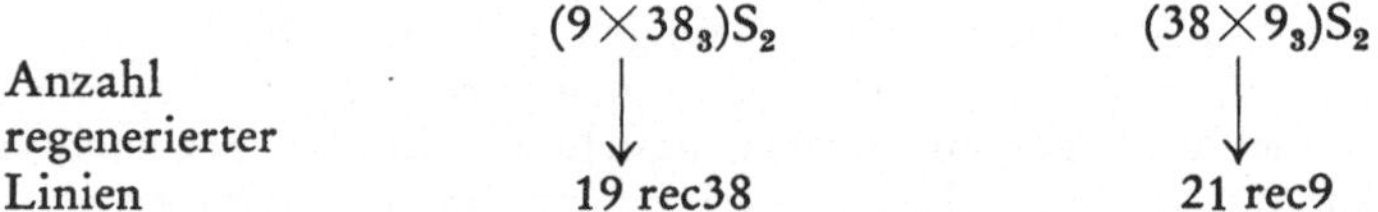

Die F_1 wurde also zweimal zu beiden Eltern rückgekreuzt, worauf zwei Selbstungen folgten. Die auf diese Weise hergestellten regenerierten (recovered) Linien, 19 vom Typus rec38 und 21 vom Typus rec9, wurden getestet, indem sie sowohl mit dem recurrenten als auch dem nicht-recurrenten Elter gekreuzt wurden. Die Linien, die im Mittel beider Kreuzungen die besten Leistungen zeigten, wurden dann zu Kreuzungen zwischen den Gruppen, also vom Typus rec38×rec9, benutzt.

Die beste Kombination von regenerierten Linien wurde dann mit dem ursprünglichen Hybrid Wf9×38–11 verglichen, indem beide Hybride als weibliche Eltern mit 5 nicht verwandten einfachen Hybriden gekreuzt wurden. In diesen fünf Paaren von doppelten Kreuzungen wurden folgende Erträge erhalten:

						Mittel
Wf9×38–11	107,4	104,7	104,2	96,1	101,2	102,7
rec. Wf9×rec. 38–11	110,2	112,2	113,5	107,5	115,8	111,8

Hieraus geht hervor, daß die Konvergenzzüchtung die Kombinationseignung der einfachen Kreuzung Wf9×38–11 so stark verbessert hat, daß die neue Ausgabe dieses Hybrides in doppelten Kreuzungen einen 9% höheren Ertrag gab. Interessant ist hierbei, daß der Ertrag der ausgelesenen Kombination von regenerierten Linien selbst nicht erhöht war.

Prinzip der Konvergenzzüchtung. Wir könnten annehmen, daß die ursprüngliche einfache Kreuzung folgendem Schema entspricht:

AA bb CC dd × aa BB cc DD → Aa Bb Cc Dd

Wenn die günstigen Gene dominant sind, sollte der einfache Hybrid maximalen Ertrag haben. Für die doppelte Kreuzung ergibt sich indessen der Nachteil, daß die günstigen Gene heterozygot sind und daher nur in der Hälfte der Nachkommen anwesend sind. Der Effekt der Konvergenzzüchtung könnte im Prinzip folgender sein:

$(Wf9 \times 38-11_3)S_2$ $(38-11 \times Wf9_3)S_2$

AA bb CC dd × aa BB cc DD aa BB cc DD × AA bb CC dd

↓ ↓

AA BB cc DD . . . . × . . . . AA bb CC DD

rec. 38 – 11 ↓ rec. Wf9

AA Bb Cc DD

Einfacher Hybrid

Indem die regenerierten Linien mehr günstige Gene besitzen als die ursprünglichen, geben sie auch einfache Hybride, die in einem Teil der günstigen Gene homozygot sind. Im allgemeinen dürfte hierdurch nicht die Fertilität der Inzuchten und ihrer einfachen Kreuzungen verbessert werden. Im Gegenteil wird durch fast unvermeidliche Inzuchteffekte der Ertrag der einfachen Hybride verschlechtert. Aber solche Inzuchteffekte werden in der doppelten Kreuzung aufgehoben, so daß die Erhöhung des Ertragspotentials sich manifestieren kann.

Wenn mehrere Autoren hervorheben, daß die regenerierten Linien mit *beiden Eltern* zu testen sind, so läßt sich das am kürzesten durch folgendes Schema erklären:

AA bb × aa BB

AA BB . . . AA bb . . . aa BB . . . aa bb

Wenn wir die vier homozygoten Kombinationen nur mit einem der Eltern kreuzen, z. B. dem linken in dem obigen Schema, so würde der Hybrid der dritten Kombination heterozygot in zwei Genen sein und könnte daher die stärkste Heterosis zeigen und ein gutes Ertragspotential vortäuschen. Kreuzen wir dagegen mit beiden Eltern, so sind die Hybride der vier Kombinationen im Durchschnitt beider Kreuzungen heterozygot in je einem Gen; aber die erste Kombination hätte den Vorteil, daß beide ihre Hybride die zwei günstigen Gene besitzen. Auf diese Weise könnten wir bei zweiseitiger Testung die beste der vier Kombinationen leichter identifizieren.

Obgleich die Nützlichkeit reziproker Konvergenzzüchtung in einigen Fällen klar erwiesen ist, ist diese Methode für allgemeinere Zwecke reichlich kompliziert. Es entsteht somit die Frage, ob man nicht mit anderen, einfacheren Methoden rascher zum Ziel kommt (vgl. RUDORF, 1958). Hierzu ist zu sagen, daß die meisten Erfahrungen, die mit reziproker Konvergenzzüchtung gewonnen sind (z. B. das Prinzip der zweiseitigen Testung), sich auch für die sehr viel einfachere Methode der *Rückkreuzung* verwenden lassen, von deren planmäßigem Ausbau sich größere Fortschritte erwarten lassen.

3. Gametenselektion im Sinne STADLERs

Die ursprünglich von STADLER (1944) vorgeschlagene Methode der „Gametenselektion" (ein Spezialfall des allgemeinen Begriffes Gametenselektion) wird jetzt vorzugsweise zur Verbesserung einzelner Linien in doppelten Hybriden benutzt. Das

Prinzip dieser Methode ist folgendes. In einem doppelten Hybrid kann leicht bestimmt werden, ob eine der Komponenten etwas minderwertig ist, indem man jede Linie mit den beiden an der entgegengesetzten Kreuzung beteiligten Linien kreuzt. Wenn z. B. für den doppelten Hybrid (A×B)×(C×D) die niedrigen Erträge der Kreuzungen (A×C) und (A×D) anzeigen, daß die Linie A minderwertig ist, so kann man versuchen diese Linie durch „Gametenselektion" zu verbessern.

Zu diesem Zweck wird die Linie A mit einer geeigneten freibestäubten Varietät V gekreuzt. Eine passende Anzahl F_1-Pflanzen, z. B. 100, werden durch Kreuzung mit dem einfachen Hybriden (C×D) auf ihre spezifische Kombinationseignung mit diesem Hybrid geprüft, wie in nachstehendem Schema erklärt wird.

(A×V)F_1×(C×D)	verglichen mit A×(C×D)
↓	
(A×V)F_2×(C×D)	verglichen mit A×(C×D)
↓	
(A×V)F_3	
↓	
(A×V)F_6×(C×D)	verglichen mit A×(C×D)
↓	
[(A×V)F_7×B]×(C×D) ... =(AV×B)×(C×D)	verglichen mit (A×B)×(C×D)

Die verschiedenen (A×V)-Individuen verhalten sich in solchen Testungen sehr verschieden. Die Unterschiede zwischen ihnen können nur durch die aus der Varietät stammenden Gameten bedingt sein, da der andere Elter homozygot ist. Diejenigen F_1-Individuen, die höhere Testerträge geben als die Linie A in einer entsprechenden Testung, lassen sich nun als Kombinationen des Genoms A mit einem Gameten aus der Varietät V betrachten, der eine bessere Kombinationseignung mit dem Tester (C×D) hat als das Genom A selbst. Um solche wertvollen Gameten aus der Varietät auszunützen, müssen die zu testenden F_1-Pflanzen gleichzeitig geselbstet werden. Von den F_1-Pflanzen mit den höchsten Testerträgen werden F_2-Familien aufgezogen, die in gleicher Weise getestet werden. Aus den besseren F_2-Pflanzen können durch einige Selbstungen höhere Inzuchtgenerationen hergestellt werden, z. B. F_6, bis eine neue Testung erfolgt. Aus der besten Linie AV kann dann, z. B. in F_7, ein verbesserter doppelter Hybrid (AV×B)×(C×D) hergestellt werden.

In der theoretischen Begründung der Methode der Gametenselektion geht STADLER von der Betrachtung aus, daß gute Gameten in einer freibestäubten Varietät unvergleichlich viel häufiger sein sollten als gute Zygoten. Wenn z. B. ein gewisses Niveau von Kombinationseignung unter den Gameten eine Häufigkeit von 0,01 hat, so sollte die Häufigkeit von Zygoten von gleicher Qualität nur $0{,}01^2 = 0{,}0001$ betragen. Es ist jedoch fraglich, ob diese Erklärung zutreffend ist. Einige Forscher heben hervor, daß Gametenselektion einfach eine Anwendung des Prinzips der frühen Testung ist (dessen genetische Grundlage in Wirklichkeit unbekannt ist).

Die gewöhnliche Quelle neuen Keimplasmas, um weit gebrauchte Inzuchten zu verbessern, waren nach LONNQUIST und McGILL (1954) andere bewährte Inzuchten. Hierdurch wird die Verwandtschaft zwischen den besseren Linien rasch erhöht, was wegen partieller Inzuchteffekte die Nützlichkeit der verbesserten Linien in hybriden Kombinationen einschränkt. Bei Gametenselektion kann dagegen die zu verbessernde Linie mit einer völlig fremden Varietät gekreuzt werden. Solche Varietäten können nach LONNQUIST und McGILL ein hohes Prozent superiorer Gameten liefern. Je nach den Bedürfnissen kann man indessen die gewünschten Gameten aus ganz verschiedenen Quellen holen, wie synthetischen Varietäten, einfachen Kreuzungen oder Inzuchtlinien.

Gametenselektion hat enge Beziehungen zu anderen Methoden, z. B. zu bestimmten Formen von reziproker Konvergenzzüchtung, wie HAYES et al. (1946) ausführlich diskutieren. Vorläufige Ergebnisse mit der Methode der Gametenselektion sind bemerkenswert, erlauben aber noch kein endgültiges Urteil (PINNEL et al., 1952; LONNQUIST und McGILL, 1954; HAYES et al., 1955).

II. Folgegenerationen von Kreuzungen

1. Einfache und mehrfache Kreuzungen

Bei Kreuzungen zwischen zwei homozygoten Inzuchtlinien sollte die „hybride Vigor", d. h. in diesem Zusammenhang die Differenz im Ertrag zwischen F_1 und Mittel der Eltern, in F_2 auf die Hälfte reduziert werden und in den folgenden Generationen konstant verbleiben, vorausgesetzt, daß die Deszendenz sich panmiktisch vermehrt. Wenn außer der Kreuzbefruchtung ein gewisses Prozent Selbstung erfolgt, so sinkt der Heterozygotiegrad im Laufe der Generationen etwas herab, indem er sich dem halben Wert des Kreuzbefruchtungsprozentes nähert. Bei 95% Fremdbefruchtung und 5% Selbstbefruchtung wäre daher ein Grenzwert von etwa 47,5% Heterozygotie zu erwarten und damit ein entsprechender Anteil der „hybriden Vigor". Bei Mais ist das Prozent spontaner Selbstung indessen so gering, daß man es gewöhnlich nicht in den Berechnungen berücksichtigt.

Bei Hybriden zwischen n homozygoten Linien wird nach einer bekannten Formel von WRIGHT (1922) der Ertrag von F_1 bis F_2 um $1/n$ der hybriden Vigor reduziert. Also ist:

$$F_2 = \overline{F}_1 - \frac{\overline{F}_1 - \overline{P}}{n}\,.$$

Die Formel wird mit etwas verschiedenen Symbolen geschrieben, deren Bedeutung jedoch dieselbe ist. Der Strich über den Generationen hebt hervor, daß es sich um das Mittel der betreffenden Generation handelt. Bei einer doppelten Kreuzung wäre $\overline{P}$ gleich dem Mittel der vier an den einfachen Kreuzungen beteiligten Inzuchtlinien, $\overline{F}_1$ gleich dem Mittel der 6 zwischen diesen Linien möglichen einfachen Kreuzungen. Bei einfachen, Dreilinien- und doppelten Kreuzungen wäre demnach in F_2 eine Reduktion der hybriden Vigor um 50, 33,3 bzw. 25% zu erwarten. NEAL (1935) verglich z. B. die Erträge in F_1 und F_2 von 10 einfachen, 4 Dreilinien- und 10 doppelten Kreuzungen und fand eine Erniedrigung der hybriden Vigor um 47,6, 36,8 bzw. 25,8% in naher Übereinstimmung mit der Erwartung. KIESSELBACH (1930) verglich

Tabelle 116.

Vergleich der Erträge von 14 Inzuchtlinien und von 21 zwischen diesen Linien hergestellten Hybriden in $F_1 - F_3$. KIESSELBACH, 1930

Generation	Anzahl Linien bzw. Hybride	Ertrag bu/acre	Reduktion der „hybriden Vigor"
P-Linien	14	24,0	
F_1	21	57	
F_2	21	38,4	$\frac{57-38,4}{57-24} = 0,56$
F_3	21	37,8	0,58

die Erträge von 14 Inzuchtlinien und von $F_1 - F_3$ von 21 zwischen diesen Linien hergestellten einfachen Kreuzungen (Tab. 116). Die Erträge der durch „composite sibbing" hergestellten Generationen F_2 und F_3 waren sehr ähnlich, während von

F_1 zu F_2 ein bedeutender Abfall, 56% der hybriden Vigor, erfolgte. Eine begrenzte Anzahl ähnlicher Untersuchungen sind veröffentlicht (KIESSELBACH, 1960).

2. Synthetische Populationen aus Inzuchten

WRIGHTS Formel gilt indessen nicht nur für F_2 und Folgegenerationen von Kreuzungen, sondern auch für synthetische Populationen, die durch Mischung von n Inzuchtlinien hergestellt werden, vorausgesetzt, daß durch systematische Interkreuzung aller beteiligten Linien das Aequilibrium der Genhäufigkeit erreicht ist. Auf Grundlage von WRIGHTS Formel nahm man zunächst an, daß die Reduktion der hybriden Vigor von $\bar{F}_1$ zu F_2 bzw. zum Aequilibrium am geringsten wäre, wenn n groß wäre, wenn also viele Linien gemischt würden. Indessen stehen gewöhnlich nur eine relativ geringe Anzahl von Linien zur Verfügung, die im Mittel aller Kreuzungen einen hohen Wert für F_1 ergeben. KINMAN und SPRAGUE (1945) berechneten auf Grund der bekannten Erträge von 10 Inzuchtlinien und der von den 45 zwischen ihnen möglichen Hybride mit Hilfe der Formel von WRIGHT die Erträge der synthetischen Populationen, die bei Mischung der 2, 3, 4... Linien mit der besten Kombinationseignung in gegenseitigen Kreuzungen zu erwarten wären, mit folgendem Ergebnis:

Anzahl Linien	2	3	4	5	6	7	8	10
Berechnete Erträge	65,3	76,1	79,3	80,2	80,2	79,0	77,9	74,7

In diesem Beispiel wäre es also vorzuziehen, die synthetische Varietät aus den 5—6 besten Linien herzustellen.

Praktisch kann man rechnen, daß synthetische Varietäten aus guten Inzuchtlinien etwa dieselben Erträge geben, wie bessere freibestäubte Varietäten. Nur durch systematische Arbeit lassen sich synthetische Varietäten herstellen, die sich dem Ertragsniveau der kommerziellen Hybride nähern. Über einen relativ erfolgreichen Fall berichten HAYES et al. (1944). Zwischen 20 Inzuchtlinien wurden alle hybriden Kombinationen hergestellt und die 8 Linien ausgewählt, die im Mittel der gegenseitigen Kreuzungen die besten Erträge gaben. Durch Mischung von je 75 Samen aus allen 28 hybriden Kombinationen dieser 8 Linien wurde eine synthetische Varietät hergestellt, die in dreijährigen Prüfungen an 10 Lokalitäten mit einem Standardhybriden (Minhybrid 403) und einer freibestäubten Varietät verglichen wurden. Das Ergebnis wird in Tab. 117 relativ zu einer Kontrolle (Minhybrid 403) angegeben, da die Prüfungen sich auf verschiedene Jahresperioden verteilen.

Tabelle 117.
Vergleich einer synthetischen Varietät mit ihrem Ausgangsmaterial sowie mit einem Standardhybriden und einer freibestäubten Varietät. HAYES et al., 1944

Jahre	Material	Relative Erträge	% Feuchtigkeit
1941—1943	Mittel von 8 Inzuchtlinien	44,9	
1940—1941	Mittel von 28 Kreuzungen	110,2	
1942—1944	Minhybrid 403 (Kontrolle)	100	24,9
1942—1944	Synthetische Varietät	103,9	27,2
1942—1944	Freibestäubte Varietät	83,2	25,9

Nach WRIGHTS Formel wäre für diese synthetische Varietät ein Ertrag von $110{,}2 - \frac{110{,}2 - 44{,}9}{8} = 102\%$ der Kontrolle Minhybrid 403 zu erwarten; gefunden wurde 103,9%. Der Erfolg dieses Experimentes beruht offenbar darauf, daß die Kombinationseignung der implizierten Linien auf die direkteste Weise ermittelt wurde, nämlich durch diallele Kreuzungen. Dennoch ist es fraglich, ob die synthetische

Varietät dem doppelten Hybrid gleichwertig ist, da der hohe Ertrag vielleicht, wie das erhöhte Feuchtigkeitsprozent der Kolben andeutet, durch eine verlängerte Entwicklungsdauer ermöglicht wurde, und da die synthetische Varietät anscheinend nicht an Stelle der doppelten Hybride angebaut wird. — In mexikanischem Material ließen sich synthetische Varietäten herstellen, deren Erträge 15—26% über dem Niveau der besten freibestäubten regionalen Varietäten lagen (WELLHAUSEN, 1960).

3. Andere Typen von synthetischen Populationen

Obgleich die Formel von WRIGHT ursprünglich für die Mischung homozygoter Linien ausgearbeitet wurde, gilt sie auch für synthetische Populationen aus den frühen Inzuchtgenerationen. Nun ist nach der Formel $F_2 = \bar{F}_1 - (\bar{F}_1 - \bar{P})/n$ der Ertrag der F_2 auch von dem mittleren Ertrag der benutzten Elternlinien abhängig und die einfachste Weise, um $\bar{P}$ zu erhöhen, ist den Grad der Inzucht zu senken. Homozygote Linien geben etwa 25—45% des Ertrages der freibestäubten Varietät, gute S_1-Linien dagegen 75—80% (WELLHAUSEN und ROBERTS, 1949). Wenn die F_1 einen Mehrertrag von 30% gegenüber der Varietät zeigt, so sollten wir für F_2 von doppelten Kreuzungen zwischen den besten Linien folgende relative Erträge erwarten:

Homozygote Linien	$F_2 = 130 - (130 - 45)/4 = 108{,}75$
S_1-Linien	$F_2 = 130 - (130 - 80)/4 = 117{,}50$

WELLHAUSEN (1954) berichtet für mexikanisches Material über doppelte Hybride zwischen S_1-Linien, die 30% höhere Erträge gaben als eine gute Varietät und in späteren Generationen noch 15—20% höhere Erträge zeigten.

Synthetische Populationen werden häufig auch aus Mustern von S_0-Pflanzen aus der gleichen Varietät oder durch Kreuzung solcher Muster aus verschiedenen Varietäten errichtet.

Bei Mais versteht man unter synthetischen Varietäten gewöhnlich nur solche, die aus mehr als vier Ausgangslinien hergestellt sind. Im Prinzip verhält sich jedoch eine panmiktische Deszendenz einer doppelten oder einfachen Kreuzung im wesentlichen wie eine synthetische Population, abgesehen davon, daß das Inzuchtniveau eine höhere Lage hat, nämlich bzw. 0,25 und 0,50. Auf diesem Niveau bleibt es erhalten, wenn jede der sukzessiven Generationen von einer genügenden Anzahl Eltern erzeugt wird. — Während die panmiktische Deszendenz einer F_2-Familie, die durch Kreuzung zweier homozygoter Linien hergestellt wurde, als synthetische Population aus diesen beiden Linien betrachtet werden kann, oder in ähnlicher Weise wie die panmiktische Deszendenz einer S_1-Familie als eine synthetische Population aus zwei Gameten verschiedenen Ursprunges (die die S_0-Pflanze erzeugten), ist die Deszendenz einer F_3-Familie gleichwertig mit einer synthetischen Population aus zwei „halben Inzuchtlinien“. Ihr Inzuchtniveau ist $F = 0{,}75$ und nur die Hälfte der ursprünglichen Gendifferenzen spalten. — Spezialtypen von synthetischen Populationen lassen sich durch Mischung homozygoter Linien in ungleichen Verhältnissen herstellen, cfr. Kap. 12 IV.

4. Bedeutung synthetischer Populationen

Bei Mais werden synthetische Populationen im allgemeinen nicht als solche angebaut, da sie im Ertrag den kommerziellen Hybriden unterlegen sind. Bei anderen Objekten, bei denen die Herstellung von Hybriden mit gewissen technischen Schwierigkeiten verbunden ist, haben synthetische Varietäten größere Bedeutung, da sie im Ertrag die freibestäubten Varietäten übertreffen können und ihre übrigen Eigenschaften durch Zusammensetzung des Ausgangsmaterials weitgehend reguliert werden können.

Bei Mais gelten synthetische Varietäten als wertvolle Genreservoire. Aus der Stiff-Stalked Synthetic, die aus besonders standfesten Linien zusammengesetzt wurde, ließen sich z. B. später eine Reihe von Linien extrahieren, die sich durch hohe Erträge und hervorragende Standfestigkeit auszeichneten (SPRAGUE und JENKINS, 1943). In ähnlicher Weise kann man synthetische Varietäten für die verschiedensten Zwecke herstellen und auf diese Weise den Erfolg von künftigen Selektionen vorbereiten. Die verschiedensten Typen von recurrenter Selektion bauen auf speziellen Typen von synthetischen Populationen auf.

Synthetische Populationen zeigen anscheinend eine gewisse Stabilität in ihrer Genhäufigkeit. Die Gene ihres Ausgangsmaterials bleiben in der Regel zahlreiche Generationen in der Population erhalten, obwohl gewisse Verschiebungen in der Genhäufigkeit vorkommen können. In späteren Generationen sind die Gene der Ausgangsformen weit *besser rekombiniert* als in F_2, was die Möglichkeiten der Selektion beträchtlich verbessern sollte (vgl. Kap. 11). Im Ertrag scheinen die synthetischen Populationen von F_2 ab eine beträchtliche Stabilität gegenüber der natürlichen Selektion zu zeigen, obwohl einige Fälle bekannt sind, in denen sich ihr Ertrag oder ihre Kombinationseignung im Laufe von einigen Generationen verbessert hat. Bei künstlicher Selektion können sie positiv reagieren, wie aus LONNQUISTs Versuchen mit Massenselektion innerhalb mehrerer aus S_0-Pflanzen von hoher Kombinationseignung zusammengestellter Populationen hervorgeht (LONNQUIST und MCGILL, 1956). Über die Anwendungsmöglichkeiten synthetischer Populationen für die Ertragszüchtung sind wir jedoch nur unvollkommen orientiert. Genaue Kenntnisse über das Verhalten der Gene in synthetischen Populationen könnten von entscheidender Bedeutung für die Züchtung sein.

5. Die Bedeutung der Formel von WRIGHT $\overline{F}_2 = \overline{F}_1 - \frac{\overline{F}_1 - \overline{P}}{n}$

a) Kreuzung homozygoter Linien

Betreffend die strenge mathematische Ableitung der Formel von WRIGHT verweisen wir auf diesen Autor (1922). Hier soll nur versucht werden, die Bedeutung dieser Formel für einige Probleme zu diskutieren, wobei wir mit dem einfachsten Falle beginnen, der Kreuzung zweier homozygoter Linien. A—a sei eins der zahlreichen Genpaare, die zwei Inzuchtlinien differenzieren. Wird die Deszendenz der Kreuzung AA×aa progressiv geselbstet, so enthält die F_2 25% aa, die F_{ho} 50% aa. Wird indessen die Deszendenz des Hybrides durch Kreuzbefruchtung vermehrt, so haben die späteren Generationen genau so wie die F_2 25% aa-Individuen. Nach F_2 findet also keine weitere Abnahme des Heterozygotiegrades statt und die Inzuchtdepression sollte sich konstant auf dem Niveau 50% halten, d. h. in der Mitte von F_1 und F_{ho}. Dies ergibt sich auch aus der Formel von WRIGHT, wenn n, die Anzahl der gekreuzten Linien, gleich 2 gesetzt wird.

In der obigen Ableitung ist a das Symbol für den ganzen Satz von ungünstigen rezessiven Genen einer Inzuchtlinie. Da verschiedene Inzuchtlinien verschiedene Sätze von rezessiven Genen enthalten, wäre die Kreuzung zweier Inzuchtlinien aus der gleichen Varietät mit der Formel AA bb × aa BB wiederzugeben. Dies verändert jedoch nicht das Prinzip der obigen Ableitung, indem für jedes der spaltenden Gene die rezessiven Homozygoten in F_2 und in panmiktischen Folgegenerationen eine Häufigkeit von 25% hätten, in F_{ho} von geselbsteten Deszendenzen dagegen eine Häufigkeit von 50%. Bei streng additiver Wirkung der Gene wäre daher die Inzuchtdepression in F_2 gleich der Hälfte der Depression in F_{ho}, weshalb $F_2 = F_1 - (F_1 - P)/2$.

Würden wir nun 6 unverwandte Linien zu einem synthetischen Stamme vereinigen, so sollten diese Linien 6 verschiedene Sätze von rezessiven ungünstigen Genen besitzen. Da ein bestimmtes rezessives Gen gewöhnlich nur in einer der Ausgangslinien vorhanden wäre, so sollte es in der synthetischen Population eine Genhäufigkeit von 1/6, d. h. 5A : 1a, besitzen, weshalb in F_2 und panmiktischen Folgegenerationen eine phänotypische Spaltung in 35A : 1a vorliegen würde, statt 27A : 9a bei einer 2-Linienkreuzung. Die durch a bedingte Depression der Population sollte also durch die größere Anzahl von Ausgangslinien auf ein Neuntel reduziert werden. Wenn wir indessen bedenken, daß 6 Linien dreimal so viele Defekte enthalten wie 2 Linien, so erwarten wir als Gesamteffekt der rezessiven Gene in einer 6-Linien-Population ein Drittel der Inzuchtdepression der 2-Linien-Population. Dasselbe würde sich aus der Formel von WRIGHT ergeben, wenn wir n gleich 6 setzen. Als zahlenmäßiges Beispiel wählen wir homozygote Linien, die 40% des normalen Ertrages geben und F_1-Hybride von 100% erzeugen. Nach WRIGHTs Formel wären für synthetische Populationen aus 2 und aus 6 Linien folgende Erträge zu erwarten.

2-Linien: $F_2 = 100 - (100 - 40)/2 = 70$
6-Linien: $F_2 = 100 - (100 - 40)/6 = 90$

Wir haben oben aus Bequemlichkeitsgründen die Inzuchtdepression im Sinne der Dominanztheorie erklärt. Wenn wir stattdessen die Reduktion des Heterozygotiegrades betrachten, so kommen wir zu demselben Ergebnis. Bei Kreuzung zweier homozygoter Linien wird in der resultierenden Population die Heterozygotie der F_1 auf 1/2 reduziert, bei Kreuzung von 6 Linien auf 5/6. Dies läßt sich leicht an einfachen Genmodellen zeigen.

Kombinationseffekt bei einfachen und mehrfachen Hybriden. Die theoretischen Aussichten für die F_1 von einfachen und doppelten Hybriden sind insofern die gleichen, als in dem einen Fall in F_1 100% der günstigen dominanten Gene zweier homozygoter Elternlinien vereinigt sind, im anderen Fall 50% der Gene aus vier homozygoten Eltern. Während indessen die F_1 der einfachen Hybride homogen ist, findet in „F_1" der doppelten Kreuzung eine partielle Spaltung statt. Die Aussichten für F_2 und die Folgegenerationen sind verschieden, wie das folgende Beispiel zeigt. Wir nehmen an, daß uns vier homozygote Linien aus verschiedenen Varietäten zur Verfügung stehen, die gleichwertig sind, sich aber durch verschiedene Lage eines günstigen Gens unterscheiden, etwa wie:

AA bb cc dd . . . aa BB cc dd . . . aa bb CC dd . . . aa bb cc DD.

Wenn wir diese Linien zu einfachen und doppelten Kreuzungen benutzen, so wäre die mittlere Anzahl dominanter Gene je Individuum von P bis F_2 folgende:

Kreuzung	P	F_1	F_2	
2-Linien	1	2	1,5	$= 2 - 1/2$
4-Linien	1	2	1,75	$= 2 - 1/4$
n-Linien	1	2		$= 2 - 1/n$

Aus dieser Betrachtung sehen wir, daß die theoretische Reduktion des Kombinationseffektes von F_1 zu F_2 ebenso wie die Inzuchtdepression der Formel von WRIGHT entspricht. Diese Formel macht keinen Unterschied zwischen zwei verschiedenen Typen von dominanten Genen, den normalen Allelen der seltenen rezessiven Defekte und den günstigen Genen, die in einem Teil der Linien vorhanden sind, in anderen aber nicht.

Kreuzung ausgelesener Linien. Wenn wir aus einem großen Muster von Inzuchtlinien die Linien mit der besten Kombinationseignung in gegenseitigen Kreuzungen auslesen, so können wir in F_1 eine kräftige Transheterosis erwarten. Für synthetische Populationen, die wir aus den besten 2, 4 und 10 Linien herstellen, könnten wir z. B. schematisch die nachstehend angegebenen Erträge annehmen.

Nach allgemeiner Auffassung, die im folgenden Schema zum Ausdruck gebracht ist, ist es recht schwierig, eine größere Anzahl von Linien zu finden, die im Mittel ihrer diallelen Kreuzungen einen Ertrag geben, der wesentlich über dem Niveau der freibestäubten

Varietät liegt. Es entsteht nun die wichtige Frage, worauf das rasche Absinken von $\bar{F}_1$ bei steigendem n beruht.

Anzahl Linien n	$\bar{F}_1 - \frac{\bar{F}_1 - \bar{P}}{n} = F_2$
2	$140 - \frac{140-40}{2} = 90$
4	$136 - \frac{136-40}{4} = 112$
10	$115 - \frac{115-35}{10} = 107$
∞	$100 - \frac{100-25}{\infty} = 100$

Zunächst wollen wir annehmen, daß diese Ertragsverminderung durch rezessive Defekte bedingt ist. Falls die Wahrscheinlichkeit, daß zwei unausgelesene, nichtverwandte Inzuchten keinen gemeinsamen Defekt besitzen, 0,5 beträgt, so wäre es nicht möglich 10 Linien zu finden, die in keiner Kombination rezessive Defekte zeigen. Aber sollten diese Defekte eine wesentliche Herabsetzung des Ertrages verursachen, so müßten sie so große Effekte haben, daß sie leicht zu identifizieren wären. Nehmen wir dagegen an, daß zwei unausgelesene Linien im Durchschnitt mehrere kleinere Defekte gemeinsam haben, so müßten die Defekte eine überraschend hohe Genhäufigkeit in der Population haben. So kommen wir zu dem Ergebnis, daß sich das Herabsinken des Wertes von $\bar{F}_1$ nicht durch rezessive Defekte erklären läßt.

Mit dem Kombinationseffekt lassen sich diese Verhältnisse auch nicht befriedigend erklären. Denn es sollte nicht besonders schwierig sein, aus verschiedenen Varietäten 10—20 Inzuchten mit einer überdurchschnittlichen Anzahl günstiger dominanter Gene auszulesen, die in diallelen Kreuzungen hohe Mittelwerte versprechen. Dagegen ist es relativ einfach, den raschen Abfall von $\bar{F}_1$ mit steigender Anzahl interkreuzter Linien auf Grundlage der *Stimulationstheorie* der Heterosis zu verstehen. Es ist offenbar schwer eine große Anzahl von Kombinationen der Gene des heterotischen Systems herzustellen, die in diallelen Kreuzungen maximale Erträge geben. Die meisten heterotischen Loki haben vermutlich eine relativ niedrige Anzahl von Allelen und im allgemeinen ist nicht zu erwarten, daß alle Kombinationen solcher Allele stärkere heterotische Effekte ergeben.

b) Kreuzungen zwischen freibestäubten Varietäten

Wird eine Kreuzung zwischen einer geringen Anzahl von S_0-Pflanzen zweier Varietäten hergestellt, so treten in F_2 gewisse Inzuchteffekte auf. Werden jedoch viele S_0-Pflanzen aus beiden Varietäten miteinander gekreuzt und F_1 und Folgegenerationen aus Kreuzbefruchtung zwischen zahlreichen Elternpflanzen propagiert, so kann diese Depression fast auf Null herabgesetzt werden, indem sie indirekt proportional mit der effektiven Anzahl der Elternindividuen ist (S. 156). Während z. B. zwei Elternindividuen in F_2 25% der maximalen Depression ($F_1 - F_{\text{ho}}$) ergeben, wäre bei 40 Eltern nach der Formel 1/2N nur 1,25% der maximalen Depression zu erwarten. Sehen wir von dieser Depression ab, so können wir für synthetische Populationen aus 2 bzw. n Elternvarietäten die folgenden Formeln benutzen, in denen $T = F_1 - \bar{P}$ die Transheterosis bezeichnet[1]:

$$F_2 = F_1 - \frac{F_1 - \bar{P}}{2} = F_1 - T/2 = \bar{P} + T/2\,; \qquad F_2 = \bar{F}_1 - \frac{\bar{F}_1 - \bar{P}}{n} = \bar{F}_1 - T/n = \bar{P} + \frac{n-1}{n} \cdot T.$$

[1] Vgl. Kombinationseffekt bei einfachen und mehrfachen Hybriden, S. 405.

Bei Kreuzung zweier freibestäubter Varietäten läßt sich also theoretisch die Hälfte der Transheterosis in den folgenden Generationen bewahren, praktisch manchmal etwas mehr (S. 360 sowie WELLHAUSEN, 1954).

c) Kreuzungen von S_1-Linien

Wenn zwei ausgelesene S_1-Linien 70—80% des normalen Ertrages haben, die S_{ho} 30—40% und F_1 in Beispielen (a) ohne und (b) mit Transheterosis 100% und 130%, so wäre nach der Formel von WRIGHT etwa:

$$\text{(a)}\quad F_2 = 100 - (100 - 70)/2 = 85,$$
$$\text{(b)}\quad F_2 = 130 - (130 - 80)/2 = 105.$$

Für eine doppelte Kreuzung von vier S_1-Linien vom letzteren Typus wäre

$$F_2 = 130 - (130 - 80)/4 = 117{,}5.$$

Ob zwei S_0-Pflanzen oder zwei S_1-Linien gekreuzt werden, hat keinen Einfluß auf die Genhäufigkeit in der Deszendenz und daher auf den Ertrag derselben. Die beiden S_0-Pflanzen könnten mit Formeln wie Aa BB und AA Bb wiedergegeben werden. Bei Kreuzung ihrer S_1-Linien wird für jedes differierende Genpaar eine Spaltung vom Typus (AA + 2Aa + aa)×AA erhalten, was einer Genhäufigkeit von 3A : 1a entspricht und in der nächsten Generation eine phänotypische Spaltung in 15A : 1a ergibt. Dies würde für A-a ein Achtel der maximalen Inzuchtdepression ergeben. Da wegen der Entstehung der Population aus zwei Eltern doppelt so viele Gene spalten wie in der einzelnen S_1-Linie, erhöht sich die Depression auf 25%.

Man bemerke, daß eine synthetische Population aus Kreuzung zweier S_0-Pflanzen oder S_1-Linien theoretisch dieselbe Depression ergibt, wie eine solche aus 4 homozygoten Linien. S_0-Pflanzen besitzen nämlich im Durchschnitt dieselbe Heterozygotie wie F_1-Hybride von zwei zufälligen homozygoten Linien aus derselben Population.

Bemerkung. Aus der relativ hohen Übereinstimmung der nach der Formel von WRIGHT berechneten theoretischen Erwartungen mit den aktuellen Befunden geht hervor, daß die Inzuchtdepression in Populationen dieser Art in der Regel eine gute Proportionalität mit der berechneten Abnahme des Heterozygotiegrades zeigt. Diese Proportionalität kann gleich gut im Sinne der Dominanz- und der Stimulationstheorie erklärt werden. Interaktionen verschiedener Art gleichen sich zum größten Teil dadurch aus, daß für $\bar{F}_1$ das Mittel sämtlicher möglichen F_1-Kombinationen zwischen n Linien und für $\bar{P}$ das Mittel aller Eltern benutzt wird. Im übrigen wird bei steigendem Wert von n die Formel automatisch weniger empfindlich. Wenn man z. B. in der Formel $115 - (115 - 35)/10$ (S. 406) den Nenner 10 durch 8 ersetzt, so hat dies nur einen geringen Effekt. Schließlich ist zu bemerken, daß die Übereinstimmung zwischen Befund und Erwartung dadurch verbessert sein mag, daß sich verschiedenartige Komplikationen mit Effekten in entgegengesetzter Richtung im Durchschnitt zum größeren Teil aufheben.

III. Probleme der Züchtungsgenetik

1. Inzuchtniveau und Inzuchtrate

In der Pflanzengenetik und Züchtung liegen zwar zahlreiche Untersuchungen über die Effekte von Selbstung vor, aber nur wenige systematische Arbeiten über andere Formen von Inzucht. Die Methoden der Tierzüchtung, in der die verschiedensten Systeme von Inzucht angewendet werden, sind den meisten botanischen Genetikern unbekannt. Und doch mögen einige dieser Systeme auch für die Pflanzenzüchtung beträchtliches Interesse haben.

In der Tierzüchtung wird in der Regel bei einem gewissen Inzuchtniveau gearbeitet, das zwar in sukzessiven Generationen etwas variieren kann, aber doch für die betreffenden Zuchten oft charakteristische Mittelwerte hat, indem es z. B. einem Inzuchtkoeffizienten von $F = 0{,}20 - 0{,}25$ entspricht. Es wird angenommen, daß die Selektion durch ein solches Inzuchtniveau wesentlich erleichtert wird. Besonders gilt dies für seltene rezessive Defekte, die bei Inzucht häufiger homozygot abspalten als bei $F = 0$. Dies erleichtert ein frühzeitiges Entdecken von Defekten aller Art und das Reinigen der Populationen von denselben. Aber Inzucht begünstigt nicht nur Homozygotie der rezessiven Gene, sondern in gleicher Weise die der partiell und vollständig dominanten und kann außerdem Interaktionen zwischen homozygoten Genen zum Vorschein bringen, die bei $F = 0$ selten sind oder sich schlecht manifestieren. Alle solche Verhältnisse müssen die Effektivität der Selektion beeinflussen.

Auch für botanische Objekte mag ein gewisses Inzuchtniveau wesentliche Vorteile haben. Es ist z. B. möglich, daß bei einem Inzuchtkoeffizienten von $F = 0{,}15 - 0{,}20$ die Ausschläge heterotischer Gene und Genkombinationen soweit gedämpft sind, daß andere Typen von Ertragsgenen besser zu ihrem Recht kommen. Es ist möglich, daß ein solcher Inzuchtgrad eine bessere Differenzierung der Genotypen gestattet. Die große Mehrzahl der Genkombinationen kann bei $F = 0$ praktisch dieselben Erträge geben, so daß in vielen Fällen überhaupt keine oder nur eine sehr launenhafte Korrelation zwischen genotypischen Ertragspotentialen und aktuellen Erträgen gefunden wird. Bei $F = 0{,}20$ mag der durchschnittliche Ertrag um 15% gesenkt sein; aber ein Teil der Genotypen mögen sich jetzt deutlicher und stabiler vom Rest abheben, indem sie sich jetzt auf einen großen Teil der Ertragskurve vom rechten Ende bis weit unter das Mittel verteilen.

WELLHAUSEN (1952) betont, daß zwischen Vigor der S_1-Linien und ihrer Kombinationseignung noch bedeutsame Korrelationen bestehen, während schon in S_2 die Korrelationen so stark abgeschwächt sind, daß sie praktisch wertlos werden. Bei *Melilotus officinalis* hat der Grünertrag der S_1-Linien eine besonders hohe Korrelation mit ihrer Kombinationseignung in diesem Merkmal (JOHNSON und HOOVER, 1953). Aber ein Inzuchtkoeffizient von 0,50 wie er in einer S_1-Linie vorliegt, ist schon sehr hoch und es besteht durchaus die Möglichkeit, daß bei $F = 0{,}15 - 0{,}25$ weit bessere Korrelationen zwischen Ertragspotential und Vigor bestehen. Außerdem ist bei progressiver Selbstung nur einmal Gelegenheit auf dem Niveau 0,50 zu selektionieren. Es wäre anzunehmen, daß vielfach wiederholte Selektion bei demselben oder bei mäßig zunehmendem Inzuchtgrad bedeutende Vorteile hätte. Bei hoher Inzuchtrate (: Zunahme des Inzuchtgrades) sind nämlich die selektiven und physiologischen Anpassungsmöglichkeiten des Restgenotyps und des Plasmas an die selektionierten Genkombinationen herabgesetzt, was zu vorübergehenden oder dauernden Störungen der verschiedensten Art führen mag. Indem hierdurch die normale Manifestation der Ertragsgenotypen vollständig maskiert werden könnte, wird die künstliche Selektion vielleicht ineffektiv oder unter Umständen direkt nachteilig.

2. Parzelleninzucht (plot inbreeding)

Über mögliche Vorteile der Anwendung einer milden Inzuchtrate bei Mais liegt eine bemerkenswerte Untersuchung von MACAULAY (1928) vor, einem kanadischen Geschäftsmann, der sich für Tierzucht und Maisveredlung interessierte. Die Methodik bestand darin, daß von einzelnen Kolben abstammende Nachkommenschaften zu je 200—250 Individuen auf isolierten Parzellen ausgesät wurden. Als Isolierungsmaterial diente ein 10—12 Meter breiter Gürtel von einer späten, hohen Maisvarietät. Die spontane Kreuzung zwischen solchen Parzellen war gering (vgl. S. 245). In jeder Parzelle wurde ein oder mehrere besonders gute Kolben ausgelesen, wobei in erster

Linie die Länge und der Umfang derselben berücksichtigt wurden, da große Kolben praktisch ertragreiche Linien bedeuten. Außer der Auslese innerhalb der Parzellen geschah eine Auslese zwischen den Parzellen, wobei auf frühe Reifezeit, Einförmigkeit etc. geachtet wurde.

Das Inzuchtsystem, das dadurch zustande kommt, daß eine Reihe von Generationen hindurch ein einzelner, innerhalb einer isolierten Parzelle bestäubter Kolben ausgelesen wird, entspricht im wesentlichen der Halbgeschwisterpaarung der Tierzucht (vgl. S. 245). Nach Li (1955) beträgt die Inzuchtrate bei dieser Fortpflanzungsart 0,110. Verglichen mit Selbstung handelt es sich also um eine sehr milde, aber dennoch progressive Form von Inzucht. Auf Grund von 8jährigen Versuchen kam Macaulay zu einem günstigen Urteil über diese Methode. Die Maisstämme wurden zunehmend einheitlicher ohne Verlust an Vitalität und Fertilität. Es können sogar auf diese Weise Stämme erzeugt werden, die ihrem freibestäubten Ausgangsmaterial in vieler Hinsicht überlegen sind. Die wenigen bei dieser Methode vorkommenden spontanen Kreuzungen zwischen den Parzellen haben geringeren Effekt als in Selbstungsparzellen, da sie keine stärkere Heterosis verursachen. Um die eventuellen Wirkungen solcher Kreuzungen herabzusetzen, wurden verwandte Parzellen nebeneinander angebaut. Falls die spontanen Kreuzungen dann wirklich zu überlegenen Pflanzen führen, mag das ein Vorteil für die Methode sein.

Es ist zu bedauern, daß keine intensive Erforschung dieser Methode stattgefunden hat (cfr. Jenkins, 1937). In dem Maße wie die Konklusionen von Macaulay als richtig angesehen werden dürfen, ließen sie sich theoretisch etwa auf folgende Weise erklären: 1. Die Dämpfung der Heterosis durch Inzucht mag die Selektion erleichtern. 2. Bei Parzelleninzucht erfolgt gleichzeitig mit der direkten Selektion auf gute weibliche Fertilität eine indirekte Auslese auf harmonisch zusammenpassende Pollengenotypen (S. 439), indem schlecht zusammenpassende Genotypen zur Kassierung der Parzelle führen würden; zumindestens ein Teil der Parzellen sollte frei von nachteiligen Pollengenotypen sein. 3. Von der zweiten oder dritten Generation der Selektion ab wird die Nachkommenschaftsbeurteilung wegen der größeren Einheitlichkeit der Pollenmischung innerhalb der Parzellen erleichtert. Zu stark variable oder zu schlechte Parzellen sind deutlicher zu erkennen, da die Defekte der Linien nicht durch Bestäubung mit einer Pollenmischung aus der Gesamtpopulation maskiert werden wie bei Massenselektion. Ferner wird z. B. schlechte Keimfähigkeit leichter entdeckt. 4. Die für ear-to-row Selektion anzunehmende Auslese von Mutterpflanzen, die der generellen Pollenmischung gegenüber eine gute spezifische Kombinationseignung zeigen, wird vermieden. 5. Die langsamere Selektion und die größeren Parzellen erleichtern das Auffinden von geeigneten crossovers.

Man bemerke, daß die Methode der Parzelleninzucht verschiedene Varianten zuläßt. Um auf irgend einem Stadium der Selektion die Zunahme der Inzucht zu verzögern, können statt eines zwei oder drei Kolben pro Parzelle ausgesät werden. Um bei Abwesenheit von Replikationen die Sicherheit der Nachkommenschaftsbeurteilung zu erhöhen, kann man einzelne Reihen der Parzelle mit einer Kontrolle bepflanzen, wozu sich ein Muster von plasmatisch pollensterilen Maislinien eignen sollte. — Varianten dieser Methode könnten sich für Selektion auf Erhöhung des Inzuchtminimums eignen, ein Aspekt der noch nicht untersucht worden ist.

3. Gameten -versus Zygotenselektion

Bei *Drosophila* kann man mit Hilfe einer besonderen Technik ohne Schwierigkeiten vollständig homozygote Genotypen herstellen. Da in solchen Genotypen die Chromosomenkomplemente individueller Gameten bestimmter Ausgangsindividuen verdoppelt sind, haben die homozygoten Genotypen in genetischer Hinsicht den

Charakter von „personifizierten Gameten". Selektion zwischen solchen Genotypen hätte den Charakter von Gametenselektion, und zwar in einem allgemeineren Sinne als bei STADLERs sogenannter Gametenselektion. Im Prinzip wäre es möglich, obgleich schwieriger, derartige personifizierten Gameten bei Mais herzustellen (S. 249). Bei Mais gibt es jedoch einen anderen Typus von personifizierten Gameten, nämlich die haploiden Pflanzen aus deren diploiden Sektoren fertile *„autodiploide"* Linien entstehen. Diese Methode wird vermutlich früher oder später zu hoher Effektivität verbessert. Unter diesen Umständen hätte es beträchtliches Interesse, die Vorteile und Nachteile der Gametenselektion kennen zu lernen (RICHEY, 1947). Hier begnügen wir uns indessen damit, auf eine der Anwendungsmöglichkeiten der Autodiploiden hinzuweisen.

Nach THOMPSONs Untersuchungen (S. 383) zeigen autodiploide Linien von Mais in ihrer Kombinationseignung dieselben Mittelwerte und Distribution wie unausgelesene Muster von S_1- oder S_5-Linien aus der gleichen Varietät. Für die Herstellung von Hybriden zeigen sie also keine Vorteile oder Nachteile gegenüber gewöhnlichen Inzuchtlinien. Sie wären dagegen besonders nützlich für recurrente Selektion auf Erhöhung des *Inzuchtminimums,* ein Problem, das man in der Zukunft als eine gesonderte Züchtungsaufgabe betrachten sollte, die unabhängig von der Selektion auf verbesserte Kombinationseignung zu studieren ist. Zu diesem Zweck könnte man z. B. aus einem Muster von autodiploiden Linien auf Grundlage sorgfältiger Prüfungen die ertragreichsten auswählen und durch diallele Kreuzungen derselben eine synthetische Population herstellen. Aus dieser könnte man neue autodiploide Linien herstellen, was gleichzeitig eine effektive Selektion auf erhöhte Häufigkeit und Fertilität von Monoploiden wäre. Aus den besten autodiploiden Linien des Zyklus I stellt man das Ausgangsmaterial für Zyklus II her usw.

Bei dieser Selektion sollte nur der Ertrag der Linien, nicht ihre Kombinationseignung berücksichtigt werden. In parallelen Experimenten könnte man indessen untersuchen, welchen Effekt Ausschaltung oder Begünstigung von Linien, deren Hybride stärkere Grade von Heterosis zeigen, auf das Ergebnis der recurrenten Selektion haben. Die Vorteile der Autodiploiden für derartige Selektionen beruhen nicht nur auf der wesentlich *rascheren* Folge der Generationen, die sie ermöglichen, sondern auch auf der *reinlicheren* Arbeit, die ihre absolute Homozygotie gestattet. Diese sollte nämlich eine Störung der Selektion durch heterotische Loki und verschiedene Typen von Interaktionen ausschließen, Faktoren, die beide auf einem niedrigen Niveau der Heterozygotie relativ große Schwierigkeiten machen können.

4. Adaptive Gipfel — Multiple Konvergenz

WRIGHT (1932) führte den Begriff der adaptiven Gipfel der Genkombinationen in die genetische Evolutionslehre ein. Die verschiedenen Rassen und Populationen einer Art suchen sich an verschiedene ökologische Bedingungen anzupassen, indem in verschiedenen Umgebungen verschiedene Genkombinationen ausgelesen werden. Wenn solche vorteilhaften Kombinationen im Laufe der Zeit durch eine stabile Selektion vervollkommnet sind, so bilden sie gewissermaßen adaptive Gipfel, die durch adaptive Täler getrennt sind, d. h. Genkombinationen die einen geringeren Grad von Anpassung an ihre Umwelt gewähren. Im folgenden Zusammenhang stellen wir uns vor, daß von der unendlich großen Anzahl von Kombinationen der Gene mit größeren Effekten nur ein sehr geringes Prozent eine ausgeprägt günstige Wirkung hat. Wenn solche Kombinationen durch Auslese entsprechender Komplexe von modifizierenden Genen verbessert worden sind, so bilden sie adaptive Gipfel. Um jeden dieser Gipfel gruppiert sich eine größere Anzahl ähnlicher und mehr oder minder gleichwertiger Kombinationen, während eine noch weit größere Anzahl mittelmäßiger oder schlechter Kombinationen gewissermaßen die adaptiven Ebenen und Täler erfüllt. Hochgezüchtete Kultursorten entsprechen in ähnlicher Weise adaptiven Gipfeln, die alten Landsorten der Getreidearten mehr oder weniger einer adaptiven Ebene. Die Aufgabe der Züchter bestand darin, günstige Genkombinationen, die gewissermaßen Hügel in der Ebene darstellen, aufzufinden und durch geeignete Methoden in Gipfelkombinationen zu verwandeln. Verschiedene Gipfel mögen trotz Gleichwertigkeit im Ertrag manchmal auf der Basis von sehr verschiedenen Kombinationen größerer Gene errichtet sein.

Die Vorstellung der adaptiven Gipfel hat eine fundamentale Bedeutung für die Theorie der Züchtung. In manchen Fällen lohnt es sich z. B., die Züchtung mehr als dies bisher der Fall war um bestimmte adaptive Gipfel zu konzentrieren. Wir müssen nämlich annehmen, daß viele Ertragsgene bald positiven, bald negativen Wert haben, je nachdem in welchem genetischen System sie sich befinden. Um solche Gene überhaupt auszunützen, muß man sie relativ zu einem bestimmten adaptiven Gipfel auslesen.

Die gegebene Methode für die Verbesserung eines adaptiven Gipfels ist ein System, das Richey (1946) als *multiple Konvergenzzüchtung* bezeichnete. Durch Rückkreuzungen in Verbindung mit geeigneten Prüfungen können vorteilhafte Gene aus den verschiedensten Rassen in ein und dieselbe adaptierte Varietät eingeführt werden. Primär erhält man auf diese Weise eine größere Anzahl regenerierter Linien der adaptierten Varietät, die sich durch einige wenige Gene oder Genkombinationen aus der verschiedensten Herkunft unterscheiden. Einige dieser regenerierten Linien mögen an und für sich wertvoll sein, andere wertvolle Kombinationen entdeckt man bei der systematischen Interkreuzung der regenerierten Linien. Inzuchten aus der besten Kombination könnten als neuer recurrenter Elter für Rückkreuzungen mit den verschiedensten anderen Rassen benutzt werden.

Unfraglich ließen sich auf diesem Wege adaptive Gipfel während langer Perioden kontinuierlich etwas erhöhen und vor allem verbreitern. Aber die Möglichkeit dieser Methode ist dennoch begrenzt. Das normale Ertragsniveau einer Varietät hängt nämlich von integrierten Gensystemen ab, die zwar empfindlich auf defekte Stellen reagieren, die aber in weit geringerem Maße von einzelnen günstigen Genen beeinflußt werden, wenn wir von den komplexen Problemen der Auslösung residueller Effektivität absehen. Eine wesentliche Erhöhung des Ertragsniveaus ist am ehesten bei Kreuzung divergenter Rassen zu erwarten. Die hohe Bedeutung des Divergenzeffektes bei der Evolution der heutigen Maisvarietäten und die weiten Perspektiven, die für eine planmäßige Ausnützung dieses Effektes bestehen, wurden schon in den beiden letzten Kapiteln diskutiert. Wenn die Divergenzzüchtung sich anscheinend besser für mexikanische Maistypen eignet als für nordamerikanische, so sind dies vermutlich nur vorübergehende Erscheinungen. Denn die primäre Grundlage für das Ertragsniveau der heutigen Hybride des nordamerikanischen Maisgürtels bestand allem Anschein nach in dem Divergenzeffekt bei Kreuzung zweier zentralamerikanischer Maistypen (S. 361).

Die entscheidenden Fortschritte sind vermutlich bei Kreuzungen von Typen zu erwarten, die durch Anpassung an extreme Bedingungen entweder eine erhöhte generelle Effektivität erworben haben, die in ihren Hybriden noch intensiviert wird, oder die besondere Fähigkeiten erworben haben, welche sich kombinieren lassen. Bei Kreuzungen solcher divergenter Typen sind zahlreiche unberechenbare Interaktionen zu erwarten. Neben vielen nachteiligen Effekten sollten gelegentlich auch einige Interaktionen vorkommen, die der Züchtung neue Möglichkeiten von größter Reichweite bieten. Ihre Entdeckung und Ausnützung mag indessen mit großen Schwierigkeiten verbunden sein, indem günstige Effekte oft durch andere ungünstige maskiert werden. Man sollte sich daher von vornherein darüber klar sein, daß man die größten Möglichkeiten leicht übersieht, wenn man nicht mit adäquaten Methoden nach ihnen sucht.

Im Sinne der obigen Betrachtungen läßt sich für Züchtung auf längste Sicht eine andere Form von multipler Konvergenz empfehlen, nämlich *zyklische Populationskreuzungen*. Durch Kreuzung einer adaptierten Varietät mit zahlreichen fremden lassen sich neue adaptive Gipfel schaffen, die sich um die ursprüngliche adaptierte Varietät als zentralen Gipfel gruppieren. Durch diallele Kreuzungen zwischen diesen Gipfeln können einige erhöhte Gipfel erzeugt werden. Schließlich können die höchsten adaptiven Gipfel, die in verschiedenen Regionen nach diesem Prinzip geschaffen sind, untereinander gekreuzt werden.

5. Das Problem der heterotischen Loki

Wenn überdominante Gene einen entscheidenden Einfluß auf den Ertrag der Hybride haben, so sollten sie die Züchtung von ertragreichen homozygoten Linien hochgradig komplizieren. Nun ist anzunehmen, daß es in einem großen Teil der heterotischen Loki Plus- und Minusgene hinsichtlich des Ertrages gibt. Es sollte nicht besonders schwierig sein, Linien zu finden, die in fast allen wichtigeren heterotischen Loki ein Plusallel besitzen und daher eine relativ gute Fertilität haben. Wenn wir z. B. die Kreuzungen der Tab. 103 betrachten, so liegt es nahe anzunehmen, daß in der ertragreichen und gut kombinierenden Linie H17 vorzugsweise Plusallele ausgelesen sind, in mehreren der schlechteren Linien dagegen ein höheres Prozent Minusallele. Es ist unter diesen Umständen anzunehmen, daß man durch Auslese der Plusallele sich dem Ertragsniveau der freibestäubten Varietäten nähern kann, ohne indessen dasselbe zu erreichen.

Die weitere Züchtung hängt von der noch unbekannten Funktion der heterotischen Loki ab. Wenn die Annahme richtig ist, daß diese Loki in erster Linie einen beschleunigten Beginn der zentralen metabolischen Aktivitäten erlauben, indem Heterozygotie in aspezifischen Allelen eines Lokus eine frühere Aktivierung eines biochemischen Pfadweges bewirkt als Homozygotie im gleichen Lokus, so ergeben sich z. B. folgende Möglichkeiten. Obgleich es für die Natur am einfachsten ist, die vorliegende Aufgabe durch Kombination des normalen Allels mit einem anderen Allel zu lösen, gibt es bestimmte Allele, die die Aufgabe ebensogut homozygot lösen würden. Oder aber die Aufgabe läßt sich auf zwei Loki verteilen. Wenn z. B. das heterozygote Genpaar der Formel A^xA^y entspricht, indem x und y aspezifische Kontrollelemente darstellen, so sollte die Funktion ebensogut oder besser durch Kombinationen wie $A^xA^x\ B^yB^y$ ausgeführt werden. Viele andere Modelle geben ebenso gute Möglichkeiten. Worauf es in diesem Zusammenhang ankommt ist, daß der Ersatz einer heterozygoten Stimulation durch eine homozygote eine komplizierte Aufgabe ist, die eine planmäßige Züchtung mit einer geeigneten Methodik voraussetzt. Am besten hierfür erscheint die Methode der multiplen Konvergenz. Wenn in den stabilen Hintergrund einer hochgezüchteten homozygoten Linie eine große Anzahl von Genen und Genkombinationen der verschiedensten Herkunft eingeführt werden oder wenn die zahlreichen auf diese Weise hergestellten regenerierten Linien mit einigen Genen der verschiedensten Herkunft miteinander gekreuzt werden, so sollte sich bei Benutzung moderner chromosomaler Technik (ANDERSON, 1956) Schritt für Schritt für jeden der betreffenden Loki ein brauchbarer oder verbesserter Ersatz heterozygoter Geneffekte finden lassen.

6. Züchtung von Inzuchtlinien

Die unbefriedigenden Erfahrungen, die im Zeitraum 1900—1930 mit der ear-to-row Methode bei der Ertragszüchtung der Maispflanze gemacht wurden, führten dazu, daß man sich bald auf die Ausnützung der Heterosis konzentrierte. Für diese neue

Methode, deren Bedeutung von 1933 ab in steil ansteigender Kurve zunahm, wurden zahlreiche Inzuchtlinien benötigt. Die große Mehrzahl der Inzuchtlinien aus dieser Periode wurde direkt aus freibestäubten Varietäten durch Selbstung in Verbindung mit visueller Selektion isoliert. Obgleich diese Linien eine niedrige Fertilität zeigten und in der Regel andere Defekte hatten, gaben sie doppelte Hybride deren Erträge nicht wesentlich von dem Mittel der heutigen Hybride übertroffen werden. Als die Fortschritte in der Auswahl der hybriden Kombinationen zum Stillstand kamen, begann man die bisherigen Elitelinien zu kreuzen und in ihrer Nachkommenschaft nach besseren Linien zu suchen. Es begann somit gegen 1940 der sogenannte *zweite Zyklus* in der Herstellung verbesserter Inzuchtlinien und einige Jahre später der dritte Zyklus. Diese Zyklen bestanden jetzt nach HULL (1952) aus drei Schritten, nämlich der Herstellung von neuen Inzuchtlinien in der Deszendenz von Kreuzungen zwischen den bisherigen Elitelinien, der Testung der agronomisch besseren von diesen neuen Linien auf allgemeine Kombinationseignung und der systematischen Kreuzung der Linien mit genügenden Testerträgen, um die höchsten Ausschläge von spezifischer Kombinationseignung zu finden.

In zwei oder drei Zyklen wurde eine wesentliche Verbesserung der Inzuchten in fast allen Charakteren erzielt. Die Standfestigkeit, die Resistenz gegen zahlreiche Krankheiten, und der Ertrag wurden beträchtlich erhöht, die Anpassung an die Umgebung, die Widerstandskraft gegen ungünstige Milieufaktoren verschiedener Art wurden verbessert; Höhe, Habitus und Kolbentypus der Pflanzen wurden nach Wunsch modifiziert. Trotz solcher bedeutungsvoller Fortschritte in der Qualität der Inzuchten gelang es nicht, die Erträge ihrer Hybride wesentlich zu erhöhen. Im Gegenteil, es zeigte sich, daß viele von den Inzuchten, die in den zwanziger Jahren dieses Jahrhunderts hergestellt waren, so vorzügliche Hybride gaben, daß sie sich nicht durch neuere Linien ersetzen ließen, obwohl in der Zwischenzeit Zehntausende von neuen Linien geprüft waren (JENKINS, 1951). Es zeigte sich auch, daß im zweiten Zyklus die Korrelationen zwischen Erträgen in Testkreuzungen und in Linienkreuzungen bedeutend geringer waren als im ersten Zyklus (JOHNSON und HAYES, 1940).

Auf Grund der relativ unbefriedigenden Erfahrungen mit den Hybriden des zweiten und dritten Zyklus begann man bald nach neuen Methoden zu suchen, um die allgemeine und spezifische Kombinationseignung der Inzuchten zu verbessern. Von den vielen Methoden, die seit Beginn der vierziger Jahre vorgeschlagen sind, sind bisher nur wenige in größerem Umfang geprüft worden. Vorläufige Ergebnisse deuten darauf hin, daß einige dieser Methoden in naher Zukunft beachtliche Fortschritte erlauben werden, wie in anderen Abschnitten diskutiert. Eine vollständige und rationelle Erfassung der vorliegenden Möglichkeiten dürfte indessen eine systematische Erforschung der Probleme der quantitativen Genetik und ihrer physiologischen Grundlage voraussetzen.

IV. Technische Probleme

1. Blütenbiologie

Die Heterosis ist eine allgemeine Erscheinung im Tier- und Pflanzenreich. Ihre praktische Ausnützung kann indessen auf eine Reihe von technischen Schwierigkeiten stoßen, die bei Pflanzen in erster Linie von der Blütenbiologie und der Vermehrungsart abhängen. Pflanzen, die selbststeril sind oder sich leicht kastrieren lassen und eine große Anzahl Samen je Kreuzung geben, sind die bequemsten Objekte für die Heterosiszüchtung, Selbstbestäuber mit kleinen Blüten und nur je einem Samen je Blüte sind die unbequemsten. Wenn künstliche Kreuzungen auf Schwierigkeiten stoßen, wird man versuchen, spontane Kreuzungen auszunützen. Eine natürliche

Kreuzbefruchtung von 50% genügt in vielen Fällen, wie BURTON (1948) für *Pennisetum glaucum* zeigte. Bei diesem Objekt gaben Mischungen von 50—90% Hybridsamen mit Elternsamen etwa denselben Mehrertrag wie 100% Hybridsamen, unter der Voraussetzung, daß die Samen genügend dicht gesät werden. Dann werden nämlich nur die besser vitalen Hybride am Leben bleiben.

2. Männliche Sterilität

Die allgemeinste Lösung des Kreuzungsproblems besteht in der Anwendung pollensteriler Formen. Cytoplasmatische Pollensterilität ist vorzuziehen, da sie in geeigneten Kombinationen 100% pollensterile Nachkommen gibt. Die Bedeutung dieser Sterilität für die Heterosiszüchtung wird von VAN DER KLEY (1954), GABELMAN (1956) und DUVICK (1959) diskutiert. Bei Anwendung männlich steriler Linien wird die ungewollte Selbstung auf einen Bruchteil eines Prozentes reduziert, während bei künstlicher Kastrierung in Praxis über 5% Selbstung vorkommen kann, was die Erträge des Saatgutes bisweilen reduziert.

Der die Sterilität bedingende plasmatische Faktor sei mit (S) bezeichnet, der entsprechende normale Faktor mit (N); m sei ein rezessives Gen, das in Verbindung mit (S) männliche Sterilität bedingt, in Verbindung mit (N) dagegen normale Fertilität. In der Kreuzung (S) mm ♀×(N) mm ♂ wären 100% der Nachkommen steril, da die „cytoplasmatischen“ Faktoren (S) und (N) nur durch die Eizellen vererbt werden. Dies stört nicht, wenn man die vegetativen Teile der Pflanze kommerziell ausnützt. Bei Gewächsen, die wegen ihrer Samen kultiviert werden, kann man doppelte Kreuzungen nach folgendem Schema herstellen:

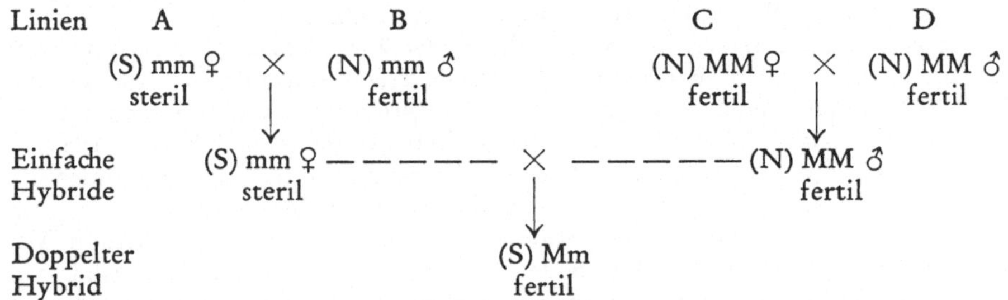

Praktisch braucht man eine genügende Anzahl Linien von den drei verschiedenen Typen (S) mm, (N) mm und (N) MM. Der Plasmafaktor (S) läßt sich durch Rückkreuzungsserien bequem in eine beliebige Anzahl von Linien einführen. Auch die Gene M und m kann man ohne besondere Schwierigkeiten in andere Linien übertragen.

Cytoplasmatisch pollensterile Typen entstehen vermutlich ab und zu bei den meisten Objekten. Wenn eine solche Form gefunden wird, so sollte zunächst ihre Reaktion mit allen disponiblen Inzuchtlinien geprüft werden. Ein Beispiel hierfür geben ROGERS und EDWARDSON (1952). In einer S_2-Familie der Maisvarietät Golden June wurde eine einzelne pollensterile Pflanze angetroffen. Eine Rückkreuzungsserie derselben mit der Inzuchtlinie Tx 203 gab zunächst eine pollensterile Ausgabe letzterer Inzucht, Tx 203ms. Bei weiblichen Rückkreuzungen von Tx 203ms mit 33 Maislinien als recurrente Eltern gaben 20 Linien völlig pollensterile Nachkommenschaften, 10 wechselnde Prozente normaler und partiell bis total steriler Nachkommen, während 3 Linien 100% normale Individuen gaben. Letztere drei Linien waren offenbar homozygot in einem oder mehreren Faktoren, die wie M im obigen Schema die Fertilität im (S)-Plasma restaurieren. (Wegen solcher *„Restorer genes“* vgl. JONES, 1956 und STRINGFIELD, 1958.)

Eine Anzahl doppelter Kreuzungen wurden mit dem obigen Material hergestellt. Wenn die Kreuzung dem Modell

$$[(S)\,mm \times (N)\,mm]\,♀ \times [(N)\,mm \times (N)\,MM]\,♂$$

entsprach, d. h. wenn nur eine der vier Inzuchten die Fähigkeit hatte, die Pollenfertilität zu restaurieren, so wurden etwa 30% fertile Hybride erhalten. Für praktische Zwecke ist dies genug, um eine vollständige Befruchtung der Nachkommenschaft zu sichern. Hatten dagegen beide Inzuchten des Pollinators diese Fähigkeit, so waren 100% der Nachkommen pollenfertil. Die männlich sterilen Linien lassen sich leicht auf isolierten Parzellen vermehren, die gleichzeitig einen isogenen fertilen Typus mit normalem Plasma enthalten, so daß die Kreuzung (S) mm×(N) mm stattfindet.

Die plasmatische Pollensterilität verschlechtert beim Mais im allgemeinen nicht die Erträge der Hybride, manchmal bedingt sie im Gegenteil eine leichte Erhöhung derselben. In amerikanischen Samenkatalogen erscheinen seit einigen Jahren Heterosisvarietäten von Tomaten und Zwiebeln, die mit Hilfe von männlichen sterilen Linien hergestellt werden und bedeutende Mehrerträge geben.

3. Die Verwendung von Klonen (Polycrosses)

Bei vielen Objekten läßt sich am leichtesten ein großes Samenmaterial aus der Kreuzung zweier S_0-Pflanzen erhalten, wenn man dieselben vegetativ vermehrt und ihre Klone nebeneinander auf isolierten Parzellen anbaut. Wenn ein Muster von ausgelesenen Klonen auf einem isolierten Kreuzungsblock ausgepflanzt ist und diese Klone sich in annähernd panmiktischer Weise gegenseitig befruchten, so wird das auf diese Weise erhaltene Samenmaterial als „Polycrosses“ bezeichnet. Zur Sicherung einer hinreichend gleichmäßigen Kreuzung der Klone kann es nötig sein, das Material in mehreren Replikationen mit zufälliger Anordnung der Klone anzubauen und die Ernte aller Parzellen des gleichen Klons zu mischen.

Tysdal und Crandall (1948) verglichen den Wert verschiedener Methoden für die Bestimmung der Kombinationseignung von Alfalfa-Klonen. Bei diesem Objekt ist Kreuzbefruchtung vorherrschend. Bei Auswahl von Klonen mit hoher Selbststerilität kann man bei Anbau verschiedener Klone in alternierenden Reihen mehr als 95% F_1-Hybride erhalten. Folgende Methoden wurden benutzt:

a) Einfache Kreuzungen durch Nebeneinanderpflanzen zweier Klone auf isolierten Parzellen.

b) Testkreuzungen: Jeder Klon wurde in alternierenden Reihen mit der Varietät Arizona Common als Testelter ausgepflanzt.

c) Polycrosses: Etwa 60 ausgelesene Klone wurden auf einem großen Isolierungsblock ausgepflanzt; jeder Klon wurde hierbei für sich geerntet. Mehrere Replikationen wurden benutzt.

Mit dem durch diese Methoden erzeugten Samenmaterial wurden Prüfungen des Futterertrages, der Resistenz gegen zwei Krankheiten und gegen Kälte ausgeführt. In allen vier Merkmalen war die Rangordnung einer Reihe geprüfter Klone ungefähr dieselbe, gleichgültig mit welcher der drei Methoden die Hybride hergestellt waren. Die Polycrossmethode wird unter diesen Umständen wegen ihrer größeren Einfachheit zur Bestimmung der Kombinationseignung vorgezogen.

Die Alfalfa-Klone, die sich in den Polycrosses ausgezeichnet hatten, konnten mit großem Vorteil direkt zu Hybriden oder zu synthetischen Varietäten kombiniert werden und dabei einen großen Teil ihrer Heterosis im Futterertrag auf die kommenden Generationen übertragen. Polycross-Nachkommenschaften bilden schließlich eine ausgezeichnete Quelle für neue Selektionen. Pflanzen des zweiten und dritten Zyklus waren viel besser als die ursprünglichen Selektionen und produzierten bessere Hybride und synthetische Varietäten.

TYSDAL und CRANDALL nehmen an, daß Polycrosses ebenso geeignet sind wie Selbstungen, um die erbliche Konstitution der Klone in bezug auf agronomische Charaktere zu bestimmen. Ein großer Teil der Klone gibt nämlich Polycrosses mit schlechten Eigenschaften; nur einige wenige geben Polycrosses, die in allen wesentlichen Eigenschaften befriedigend sind. Außerdem haben Polycrosses gegenüber Selbstungen den Vorteil, daß sie die Kombinationseignung der Klone bestimmen. — Wegen zahlreicher Untersuchungen ähnlicher Art bei Futterpflanzen oder anderen Kulturgewächsen sei auf die Lehrbücher der Pflanzenzüchtung verwiesen, da uns in erster Linie die genetischen Aspekte der Heterosis interessieren.

Literatur

ANDERSON, D. C.: The relation between single and double cross yields in corn. J. Amer. Soc. Agron, **30**, 209—211 (1938).

ANDERSON, E. G.: The application of chromosomal techniques to maize improvement. Brookhaven Symp. Biol. **9**, 23—36 (1956).

ANDRÉS, J. M.: Heterosis in maíces dentados y córneos. Idia 1952 (54), Junio: 16.

BURTON, G. W.: The performance of various mixtures of hybrid and parent inbred Pearl Millet, Pennisetum glaucum (L) R.BR. J. Amer. Soc. Agron. **40**, 908—915 (1948).

Cold Spring Harbor Symposia on Quantitative Biology, Vol. 20: Population Genetics: The nature and causes of genetic variability in populations. 1955.

COLLIER, J. W.: Three cycles of reciprocal recurrent selection. Proc. 14th Annual Hybrid Corn Industry-Resarch Conference. 12—23, 1959.

COMSTOCK, R. E., H. F. ROBINSON, and P. H. HARVEY: A breeding procedure designed to maximum use of both general and specific combining ability. Agronomy J. **41**, 360—367 (1949).

DUVICK, D. N.: Genetic and environmental interactions with cytoplasmic pollen sterility of corn. Proc. 14th Annual Hybrid Corn Industry-Research Conference: 42—52, 1959.

ECKHARDT, R. C., and A. A. BRYAN: Effect of method of combining the four inbred lines of a double cross of maize upon the yield and variability of the resulting double crosses. J. Amer. Soc. Agron. **32**, 347—353 (1940).

— — Effect of the method of combining two early and two late inbred lines of corn upon the yield and variability of the resulting double crosses. J. Amer. Soc. Agron. **32**, 645—656 (1940).

FERWERDA, F. P.: Recurrent selection as a breeding procedure for rye and other cross-fertilized plants. Euphytica **5**, 175—184 (1956).

GABELMAN, W. H.: Male sterility in vegetable breeding. Brookhaven Symp. Biol. **9**, 113—122 (1956).

GOWEN, J. W.: Heterosis. Ames, Iowa: Iowa State College Press 1952. 552 S.

GREEN, J. M.: Relative value of two testers for estimating top cross performance in segregating maize progenies. J. Amer. Soc. Agron. **40**, 45—57 (1948).

— Inheritance of combining ability in maize hybrids. J. Amer. Soc. Agron. **40**, 58—63 (1948).

GRIFFING, B.: Analysis of quantitative gene action by constant parent regression and related techniques. Genetics **35**, 303—321 (1950).

—, and E. W. LINDSTROM: A study of the combining abilities of corn inbreds having varying proportions of corn belt and non-corn-belt germ plasms. Agronomy J. **46**, 545—552 (1954).

GROGAN, C. O., and M. S. ZUBER: A comparative study of top cross tester parents of maize. Agronomy J. **49**, 68—72 (1957).

HAYES, H. K., and I. J. JOHNSON: The breeding of improved selfed lines of corn. J. Amer. Soc. Agron. **31**, 710—724 (1939).

—, E. H. RINKE, and Y. S. TSIANG: The development of a synthetic variety of corn from inbred lines. J. Amer. Soc. Agron. **36**, 998—1000 (1944).

— — — Experimental study of convergent improvement and backcrossing in corn. Minn. Agr. exp. St. Tech. Bull. **172**, 40 pp. (1946).

—, F. R. IMMER, and D. C. SMITH: Methods of Plant Breeding. New York: McGraw-Hill 1955.

HULL, F. H.: Recurrent selection for specific combining ability in corn. J. Amer. Soc. Agron. **37**, 134—145 (1945).

— Recurrent selection and overdominance. In: GOWEN: Heterosis, Ch. 28 (1952).

Jenkins, M. T.: Methods of estimating performance of double crosses in corn. J. Amer. Soc. Agron. **26**, 199—204 (1934).

— The effect of inbreeding and of selection within inbred lines of maize upon the hybrids made after successive generations of selfing. Iowa St. Coll. J. Sci. **9**, 429—450 (1935).

— Corn improvement. U. S. Dept. Agric. Yearbook **1937**, 455—522.

— The segregation of genes affecting yield in maize. J. Amer. Soc. Agron. **32**, 55—63 (1940).

— Corn breeding research — whither bound. Proc. 6th Annual Hybrid Corn Industry-Research Conference: 42—52, 1951.

—, and A. M. Brunson: Methods of testing inbred lines in crossbred combinations. J. Amer. Soc. Agron. **24**, 523—530 (1932).

Johnson, I. J.: Effectiveness of recurrent selection for general combining ability in sweetclover, Melilotus officinalis. Agronomy J. **44**, 476—481 (1952).

— Further progress in recurrent selection for general combining ability in sweetclover. Agronomy J. **48**, 242—243 (1956).

—, and H. K. Hayes: The value in hybrid combinations of inbred lines of corn selected from single crosses by the pedigree method of breeding. J. Amer. Soc. Agron. **32**, 479—485 (1940).

—, and M. M. Hoover: Comparative performance of actual and predicted synthetic varieties in sweetclover. Agronomy J. **45**, 595—598 (1953).

Jones, D. F.: Genic and cytoplasmic control of pollen abortion in maize. Brookhaven Symp. Biol. **9**, 101—112 (1956).

— Heterosis and homeostasis in evolution and in applied genetics. Amer. Natural. **92**, 321—328 (1958).

Keller, K. R.: A comparison involving the number of, and relationship between, testers in evaluating inbred lines in maize. Agronomy J. **43**, 323—331 (1949).

Kiesselbach, T. A.: The use of advanced generation hybrids as parents of double cross seed corn. J. Amer. Soc. Agron. **22**, 614—626 (1930).

— Performance of advanced generations of corn hybrids. Agronomy J. **52**, 29—32 (1960).

Kinman, M. L., and G. F. Sprague: Relation between number of parental lines and theoretical performance of synthetic varieties of corn. J. Amer. Soc. Agron. **37**, 341—351 (1945).

Kley, F. K. van der: Male sterility and its importance in breeding heterosis varieties. Euphytica **3**, 117—124 (1954).

Li, Ching Chun: Population genetics. University Chicago Press 1955.

Lindstrom, E. W.: Prepotency of inbred sires on commercial varieties of maize. J. Amer. Soc. Agron. **23**, 652—661 (1931).

Lonnquist, J. H.: The effect of selecting for combining ability within segregating lines of corn. Agronomy J. **42**, 503—508 (1950).

— Heterosis and yield of grain in maize. Agronomy J. **45**, 539—542 (1953).

— Modifying double-cross hybrid corn performance through convergent improvement. Agronomy J. **52**, 226—228 (1960).

—, and D. P. McGill: Gamete selection from selected zygotes in corn breeding. Agronomy J. **46**, 147—151 (1954).

— — Performance of corn synthetics in advanced generations of synthesis and after two cycles of recurrent selection. Agronomy J. **48**, 249—253 (1956).

—, and M. D. Rumbaugh: Relative importance of test sequence for general and specific combining ability in corn breeding. Agronomy J. **50**, 541—544 (1958).

Macaulay, T. B.: The improvement of corn by selection and plot-inbreeding. J. Hered. **19**, 57—72 (1928).

Matzinger, D. F.: Comparison of three types of testers for the evaluation of inbred lines of corn. Agronomy J. **45**, 493—495 (1953).

—, G. F. Sprague, and C. C. Cockerham: Diallel crosses of maize in experiments repeated over locations and years. Agronomy J. **51**, 346—350 (1959).

McKenzie, R. I. H., and J. W. Lambert: A comparison of F_3 lines and their related F_6 lines in two barley crosses. Crop Sci. **1**, 246—249 (1961).

Murphy, R. P.: Convergent improvement with four inbred lines of corn. J. Amer. Soc. Agron. **34**, 138—151 (1942).

Neal, N. P.: The decrease in yielding capacity in advanced generations of hybrid corn. J. Amer. Soc. Agron. **27**, 666—670 (1935).

Osler, R. D., E. J. Wellhausen, and G. Palacios: Effect of visual selection during inbreeding upon combining ability in corn. Agronomy J. **50**, 45—48 (1958).

PENNY, L. H.: Improving combining ability by recurrent selection. Proc. 14th Annual Hybrid Corn Industry-Research Conference 7—11 (1959).

PINNELL, E. L., E. H. RINKE, and H. K. HAYES: Gamete selection for specific combining ability. In: GOWEN: Heterosis, Ch. 24. 1952.

RICHEY, F. D.: The convergent improvement of selfed lines of corn. Amer. Natur. **61**, 430—449 (1927).

— Multiple convergence as a means of augmenting the vigor and yield of inbred lines of corn. J. Amer. Soc. Agron. **38**, 936—940 (1946).

— Corn breeding: Gamete selection, the Oenothera method, and related miscellany. J. Amer. Soc. Agron. **39**, 403—411 (1947).

— Corn breeding. Adv. Genet. **3**, 159—192 (1950).

—, and G. F. SPRAGUE: Experiments on hybrid vigor and convergent improvement in corn. U. S. Dept. Agric. Tech. Bull. 267 (1931).

ROBINSON, H. F., and R. E. COMSTOCK: Analysis of genetic variability in corn with reference to probable effects of selection. Cold Spr. Harb. Symp. quant. Biol. **20**, 127—136 (1955).

ROGERS, J. S., and J. R. EDWARDSON: The utilization of cytoplasmic male sterile inbreds in the production of corn hybrids. Agronomy J. **44**, 8—13 (1952).

ROJAS, B. A., and G. F. SPRAGUE: A comparison of variance components in corn yield trials. III. General and specific combining ability and their interaction with locations and years. Agronomy J. **44**, 462—467 (1952).

RUDORF, W.: Kreuzungszüchtung. In: ROEMER und RUDORF: Handbuch der Pflanzenzüchtung, I, 497—562 (1958).

SPRAGUE, G. F.: An estimation of the number of top-crossed plants required for adequate representation of a corn variety. J. Amer. Soc. Agron. **31**, 11—16 (1939).

— The experimental basis for hybrid maize. Biol. Rev. **21**, 101—120 (1946 a).

— Early testing of inbred lines of corn. J. Amer. Soc. Agron. **38**, 108—117 (1946 b).

— Early testing and recurrent selection. In: GOWEN: Heterosis, Ch. 26. 1952.

— Corn breeding. In: SPRAGUE: Corn and corn improvement, Ch. 5. New York: Academic Press 1955 a.

— Problems in the estimation and utilization of genetic variability. Cold Spr. Harb. Symp. quant. Biol. **20**, 87—92 (1955 b).

—, and M. T. JENKINS: A comparison of synthetic varieties, multiple crosses, and double crosses in corn. J. Amer. Soc. Agron. **35**, 137—147 (1943).

—, and P. A. MILLER: The influence of visual selection during inbreeding on combining ability in corn. Agronomy J. **44**, 258—262 (1952).

—, W. A. RUSSEL, and L. H. PENNY: Recurrent selection for specific combining ability and type of gene action involved in yield heterosis in corn. Agronomy J. **51**, 392—394 (1959).

— — — Further studies on convergent improvement in corn. Genetics **44**, 341—346 (1959).

—, and L. A. TATUM: General versus specific combining ability in single crosses of corn. J. Amer. Soc. Agron. **34**, 923—932 (1942).

STADLER, L. J.: Gamete selection in corn breeding. J. Amer. Soc. Agron. **36**, 988—989 (1944).

STRINGFIELD, G. H.: Fertility restauration and yield in maize. Agronomy J. **50**, 215—218 (1958).

THOMPSON, D. L.: Combining ability of homozygous diploids of corn, relative to lines derived by inbreeding. Agronomy J. **46**, 133—136 (1954).

TYSDAL, H. M., and B. H. CRANDALL: The polycross progeny performance as an index of the combining ability of alfalfa clones. J. Amer. Soc. Agron. **40**, 293—306 (1948).

WELLHAUSEN, E. J.: Heterosis in a new population. In: GOWEN: Heterosis, Ch. 27. 1952.

— Modern corn breeding and production in Mexico. Phytopathol. **44**, 391—395 (1954).

— Variation of maize in Mexico and Central America, its present and future utilization. Eucarpia, 1st Meeting of „Maize" Section, FAO, Rome, 1960: 38—45.

—, and L. M. ROBERTS: Methods used and results obtained in corn improvement in Mexico. Iowa Agr. exp. Sta. Res. Bull. **371**, 525—537 (1949).

—, and L. S. WORTMAN: Combining ability of S_1 and derived S_3 lines of corn. Agronomy J. **46**, 86—89 (1954).

— —, and E. PETERNIANI: Comparison of original and third generation sibbed seed-stocks of S_1 lines of corn. Agronomy J. **47**, 136—138 (1955).

WRIGHT, S.: The effects of inbreeding and crossbreeding on guinea-pigs III. Crosses between highly inbred lines. U. S. Dept. Agr. Bull. **1121** (1922).

— The roles of mutation, inbreeding, crossbreeding and selection in evolution. Proc. 6th int. Congr. Genet. **1**, 356—366 (1932).

Kapitel 20

Das System der Variabilität

I. Die Variabilität der Kulturpflanzen [1]

Seit VAVILOVS (1928) systematischer Durchforschung aller Teile der Erde wissen wir, daß die Variabilität der Pflanzengattungen und Arten, und zwar insbesondere die der Kulturpflanzen, sich nicht gleichmäßig über die Areale der Kontinente verteilt, sondern in bestimmten Regionen, den sogenannten Zentren der Mannigfaltigkeit, des Formenreichtums oder der Gene, außerordentlich viel höher ist als in anderen. Die wichtigeren Mannigfaltigkeitszentren befinden sich in gebirgigen Zonen der Tropen und Subtropen, wie Teile von China, Indien, Kleinasien, Transkaukasien, Iran, Äthiopien, Mittelamerika und Peru. Solche Gebiete zeichnen sich in der Regel durch einen großen Reichtum an wilden Arten aus. In den Mannigfaltigkeitszentren der verschiedensten Kulturpflanzen finden wir nicht nur eine ungewöhnlich hohe Anzahl von Varietäten der betreffenden Art, sondern wir finden auch in der Regel viele ihrer nächsten Verwandten unter den wilden Spezies. Nach VAVILOV ist das Variabilitätszentrum einer Kulturpflanze zugleich das Ursprungsgebiet der Art, von dem sie sich später nach allen Richtungen hin verbreitet hat. In dem Maße, wie die Art sich von ihrem Zentrum entfernt, vermindert sich ihr Formenreichtum, indem nur eine begrenzte Auswahl unter den ursprünglichen Formen in den abweichenden klimatischen und edaphologischen Bedingungen anderer Zonen sich behaupten können. Gewisse Komplikationen entstehen allerdings dadurch, daß viele Arten außer dem primären Variabilitätszentrum ein oder mehrere sekundäre haben, d. h. Regionen, in denen die Art nach ihrer Zuwanderung von neuem einen hohen Formenreichtum entwickelte. In größerer Entfernung von ihren primären und sekundären Zentren kann die Art dagegen in weiten Gebieten eine außerordentliche Gleichförmigkeit zeigen.

VAVILOVS Annahme, daß die primären Variabilitätszentren den Ursprungszentren der Arten entsprechen, hat zu einer lebhaften Diskussion geführt (SCHIEMANN, 1951; STEBBINS, 1950; TAKAHASHI, 1955). Die Annahme, daß eine Art in ihrem Ursprungszentrum, wo sie und ihre Verwandten während großer Zeiträume gelebt haben, eine hohe Variabilität entwickelt, ist durchaus naheliegend. Überraschend ist dagegen die große Leichtigkeit, mit der sich in weit getrennten Gebieten *sekundäre* Variabilitätszentren ausbilden. Es gibt z. B. Variabilitätszentren für amerikanische Gewächse wie Mais und Bohne in bestimmten asiatischen Regionen, wo sie erst vor einigen Jahrhunderten eingeführt sein können. HARLAN (1956) fand bei einer Sammlungsreise nach Kleinasien, daß innerhalb der größeren Regionen, die VAVILOVS Mannigfaltigkeitszentren entsprechen, kleinere Gebiete vorkommen, die sich durch besonders hohe Variabilität auszeichnen, sogenannte *Mikrozentren.* Auf Grund solcher Erfahrungen nimmt HARLAN an, daß die Zentren der Mannigfaltigkeit in erster Linie auf einer ungewöhnlich intensiven Aktivität „evolutionärer Kräfte" beruhen, die in der Gegenwart in diesen Arealen operieren. Einige der Mikrozentren scheinen vorzügliche Gelegenheit für das Studium gegenwärtiger Evolutionsprozesse zu bieten. Nach HARLAN haben die Mannigfaltigkeitszentren der kultivierten Arten auch eine gewisse Ähnlichkeit mit den Populationen vielfacher Ramsche oder mit natürlichen Populationen, in denen eine introgressive Hybridisation stattfindet, d. h. wo im Gefolge gelegentlicher Kreuzungen Gene und Genkombinationen einer Art sich in Populationen einer anderen ausbreiten (ANDERSON, 1949, 1956).

[1] CHESTER, 1951; SCHIEMANN, 1932, 1951.

Eine besondere Eigentümlichkeit der Genzentren der Kulturpflanzen ist das Vorkommen einer großen Anzahl der verschiedensten Typen von auffälligen *dominanten* Charakteren, während in den peripheren Teilen der Verbreitungsgebiete in erster Linie rezessive Merkmale gefunden werden. Die Genzentren scheinen somit auch Zentren für die Ausbildung von dominanten, normalen Genen zu sein, ein Vorgang, der sich bisher noch nicht im Experiment beobachten ließ.

Die älteren europäischen Landsorten der autogamen Getreidearten Weizen, Hafer und Gerste, die bis gegen Ende des vorigen Jahrhunderts einige tausend Kilometer von ihren Genzentren entfernt angebaut wurden, waren äußerlich zwar sehr einförmig, wenn man ihre begrenzte Variationsbreite mit dem imponierenden Formenreichtum in den Regionen der Genzentren vergleicht. Indessen zeigte eine genauere Analyse, daß jede von diesen Landsorten aus Hunderten von reinen Linien zusammengesetzt war, die zwar meist kleinere, aber charakteristische und konstante Unterschiede in zahlreichen Eigenschaften zeigten, wie Samengröße und Ertrag, Dichte der Ähren, Wuchstypus, Halmsteife, Resistenz gegen die verschiedensten Typen von Krankheiten. Eine solche Landsorte enthielt ein reichhaltiges Ausgangsmaterial für Selektionen in die verschiedensten Richtungen. Die primitiveren Züchtungsmethoden bis Mitte oder Ende des vorigen Jahrhunderts verhinderten also nicht das Fortbestehen einer ziemlich beträchtlichen, wenn auch weniger auffälligen genetischen Variabilität. Die meisten von diesen alten Landsorten sind jetzt völlig verschwunden, indem sie durch einige wenige homogene ertragreiche Linien ersetzt wurden. Mit dem Verlust der alten Landsorten haben wir leider auch ein äußerst wertvolles Ausgangsmaterial für Selektionsarbeiten verloren. Viele praktisch wichtige Gene und Genotypen, die in solchen Landsorten vorzukommen pflegten, müssen heutzutage in entlegenen Teilen der Erde aufgesucht werden, wo noch relativ primitive Landsorten angebaut werden.

Leider kann man sich auch nicht auf das Fortbestehen der Variabilitätszentren verlassen. Die türkische Provinz Cilicien galt früher als ein Variabilitätszentrum für Flachs. Im Jahre 1948 konnte jedoch HARLAN (1956) keine einzige einheimische Flachsvarietät mehr antreffen, da alle durch eine rostresistente argentinische Varietät ersetzt worden waren. Das Variabilitätszentrum für Mais in Mexico wird vielleicht innerhalb weniger Jahre durch den alleinigen Anbau von Maishybriden zum Verschwinden gebracht.

Der Anbau einer Kulturpflanze außerhalb ihrer Heimat kann unter Umständen rasch zur Ausbildung eines einheitlichen Typus und zum Verlust der Variabilität führen. Die aus dem Mittelmeer stammende gelbe Lupine, die erst nach 1840 im nordwestlichen Europa angebaut wurde, entwickelte sich in Richtung auf langsamen Wuchs auf dem Jugendstadium, Blattreichtum und späte, einheitliche Samenreife. Eine Differenzierung in verschiedene Typen fand hierbei nicht statt. Heutzutage findet man innerhalb dieses Materials keine genügende Variabilität für züchterische Zwecke und muß daher auf die Wildformen des westlichen Mittelmeeres zurückgreifen, unter denen die meisten wünschenswerten Eigenschaften noch anzutreffen sind (LAMBERTS, 1955).

Sehr interessant in diesem Zusammenhang ist auch die Geschichte der Milo-Varietäten von *Sorghum vulgare* im Süden der Vereinigten Staaten (KARPER und QUINBY, 1946). Die heutigen Varietäten stammen vermutlich alle von einer einzigen Varietät Giant ab, die 1885 nach Texas eingeführt wurde, indem sie alle auf Kombinationen von 7 Mutationen beruhen, die nach 1885 stattfanden. Drei von diesen Mutationen (ma, ma_2, ma_3 abgeleitet von maturity) bestimmen den Zeitpunkt der Blütenbildung und damit die Dauer des Wuchses, Anzahl von Internodien und Höhe der Pflanze. Zwei Mutationen (dw_1 und dw_2 abgeleitet von dwarf) verkürzen die Internodien, ohne ihre Anzahl zu beeinflussen. Eine bedingt den Unterschied gelbes-

weißes Perikarp, und eine gewährt Resistenz gegen die Phytium-Wurzelfäule. Außer diesen praktisch wichtigen Mutationen wird indessen keine weitere genetische Variabilität innerhalb der Milogruppe angetroffen. Selektion innerhalb dieser Gruppe hat so wenig Erfolg, daß dies den Züchter zur Verzweiflung bringen kann. Es gelingt auch nicht, Gene aus anderen *Sorghum*-Gruppen in Milo einzulagern, da Milo sich in dieser Hinsicht wie eine Art verhält, die in der Deszendenz einer Artkreuzung sich nicht in ihrer ursprünglichen Form regenerieren läßt. Der Befund, daß außer 7 auffälligen, scharf spaltenden Mutationen keine andere genetische Variabilität sich ausgebildet hat, ist als ein genetisch äußerst interessantes, aber vermutlich extremes Beispiel zu betrachten. Verschiedene Objekte verhalten sich in dieser Hinsicht sehr verschieden.

II. Bausteine der Evolution

Nach allgemeiner Auffassung beruht die Evolution der Arten auf Mutation und Selektion. Wie in Kapitel 9 näher diskutiert, deutet wenig darauf, daß das gewöhnliche Muster der rezessiven Mutationen eine größere Rolle für die Evolution spielt. Viel wahrscheinlicher ist es, daß ein Spezialtypus von Mutationen, der durch transposable *Kontrollelemente* induziert wird, das wichtigste Ausgangsmaterial für die Selektion liefert. Eine solche Mutabilität ist nicht von allgemeinem (gleichmäßigem) Vorkommen, sondern tritt nur unter speziellen Bedingungen, die wir noch wenig kennen, in den Vordergrund. Sie erzeugt in speziellen Genen gerade solche Serien von Allelen, wie sie für die natürliche Variation charakteristisch sind. Sie erklärt auch die großen Unterschiede in Grad und Natur der Variabilität der Populationen.

Untersuchungen bei verschiedenen natürlichen Rassen und Arten zeigen, daß bei einigen Objekten die Variation durch zahlreiche kleinere Gendifferenzen bedingt wird, die man fast als Isoallele bezeichnen könnte, bei anderen dagegen durch eine begrenzte Anzahl von Genen mit relativ auffälligen Effekten. Diese Befunde stehen nicht im Gegensatz. Denn die „größeren Allele“ mögen sich durch Serien von sukzessiven Mutationen entwickelt haben, wodurch ursprüngliche Isoallele eine divergente Entwicklung nahmen. Die einzelnen Mutationsschritte sind in selektiver Hinsicht etwa neutral. Sie addieren sich indessen im Laufe längerer Zeiten zu größeren Effekten. Der wichtigste Angriffspunkt der Selektion ist zwischen evolutionierten Genen von sehr verschiedener Komplexität (S. 197). Diese Form von Variabilität beruht in erster Linie auf Genen des peripheren Systems. Wenn Standardloki variieren, so betrifft dies vermutlich nicht ihre funktionellen Teile, sondern ihre aspezifischen Kontrollelemente.

Ein Teil der Variabilität mag durch unfixierte Loki bedingt sein. Hierunter verstehen wir Gene, die sich etwa wie die Knoten der Maischromosomen verhalten würden. Man kennt bisher 22 Positionen, in denen Knoten vorhanden sein können, gewöhnlich aber fehlen. Sie vererben sich genau wie dominante Gene. In diesem Zusammenhang haben auch Untersuchungen an Speicheldrüsenchromosomen eines Mückenhybrides Interesse, die eine größere Anzahl feinerer Unterschiede an einzelnen Bändern nachweisen (KEYL, 1957). Nachdem MCCLINTOCK (1956) die Erzeugung von modifizierenden Genen durch das Kontrollelement Spm bei Mais nachgewiesen hat, muß man die Frage stellen, ob in den Chromosomen ein geeignetes Ausgangsmaterial für die Entstehung von modifizierenden Genen vorhanden ist. Das genetische System besitzt vielleicht unter gewissen Bedingungen eine etwas größere Anpassungsfähigkeit als man es bisher angenommen hat. In einigen langdauernden Selektionsexperimenten mag ein größerer Teil der modifizierenden Gene während der Selektion entstanden sein. Indessen können in anderen Fällen sehr verschiedene Gentypen, wie Isoallele und aspezifische Allele verschiedener Kategorien von Loki als modifizierende Faktoren dienen.

„Plasmamutationen“ spielen vielleicht eine große Rolle für die Evolution. Wie in Kapitel 5 diskutiert, dürfte zumindestens ein Teil der sogenannten plasmatischen Faktoren auf den Chromosomen lokalisiert sein. Durch eine geringe Erhöhung der Resistenz gegen Wegdifferenzierung, Inaktivierung oder Konversion bei Bildung der männlichen Gameten werden sie vermutlich automatisch in Gene oder mit Genen assoziierte genetische Elemente verwandelt. Plasmafaktoren könnten daher vorübergehende Neuerwerbungen in der genetischen Konstitution der Art sein (S. 76). Im übrigen gibt es außer „Plasmagenen“ viele verschiedene Typen von extragenen Faktoren von partieller oder totaler Übertragbarkeit auf die Nachkommen. Einige von diesen Typen brauchen mehrere Generationen, um sich in einer Deszendenz durchzusetzen. Obgleich wir noch wenig Verständnis für das Wesen solcher Faktoren besitzen, mag es unpraktisch sein, sie als seltene Ausnahmen zu betrachten, die man übersehen darf.

Aus dem obigem werden wir verstehen, daß die Selektion auf sehr verschiedenartige Unterschiede einwirken kann. Abgesehen von „extragenen“ oder „prägenen“ Differenzen kann sie jedes Stadium in der Evolution der Gene erfassen, von ursprünglichen Unterschieden einfachster Natur bis zu den komplexen Unterschieden hochevolutionierter Gene. In den früheren und mittleren Stadien der Evolution alleler Gene mag das Muster der Variabilität eines Lokus mehr von der Art der Mutabilität abhängen als von der Selektion, indem eine Anzahl sukzessiver Änderungen in peripheren Genen an und für sich neutrale Effekte haben und nur durch die Auslese auf Divergenz (siehe unten) verschiedene Werte bekommen. In diesem Zusammenhang interessiert besonders, daß unter gewissen Umständen, deren Natur wir nicht exakt kennen, in einer Population eine extreme Variabilität von genetischen Differenzen verschiedenster Komplexität erzeugt werden kann.

III. Aufrechterhaltung der Variabilität

Normalerweise wird die Variabilität durch die Selektion auf einem Niveau gehalten, das je nach Art der Mutabilität, Konstellation der selektiven Komponenten und Einstellung der genetischen Kontrollen eine sehr verschiedene Lage haben kann. Abgesehen von einer geeigneten Form von Mutabilität, die die Voraussetzungen der Variabilität erzeugt, wird ein hohes Niveau von Variabilität durch folgende Faktoren begünstigt:

	Vgl. Seite
1. Zentrifugale, oszillierende und ähnliche Formen von Selektion	295 f.
2. Heterosis	334 f.
3. Selektive Befruchtung	335
4. Kooperation	193 f.
5. Parasitismus	422
6. Parasitische oder symbiotische Gene	127
7. Spezifische Interaktionen	423, 410 f.

Wenn die Selektion innerhalb einer Population stets denselben Typus begünstigen würde, so sollte dies ziemlich rasch zur Fixierung dieses Typus führen. Wenn aber in verschiedenen benachbarten Standorten, die die Population bewohnt, oder in sukzessiven Jahren ganz verschiedene Genotypen ausgelesen werden, so wird hierdurch eine gewisse Variabilität in der Population aufrecht erhalten. Die Effekte von Heterosis, selektiver Befruchtung und Kooperation haben wir an anderer Stelle diskutiert. Über das Vorkommen und die relative Bedeutung der sehr verschiedenartigen Formen von selektiver Befruchtung sind wir allerdings schlecht orientiert.

Die Parasiten sind sehr wichtige Faktoren für die Aufrechthaltung der genetischen Heterogenität. Indem sie in den Populationen in erster Linie die gewöhnlicheren

Genotypen angreifen, begünstigen sie das Überleben von stärker divergenten Formen. Nach BORLAUG (1959) besitzen die Maispopulationen in tropischen Regionen von Mexico eine derartige Heterogenität, daß sie auf diese Weise gegen ernste Epidemien von Rostpilzen geschützt sind, obwohl die klimatischen Bedingungen ideell für die Entwicklung solcher Epidemien sind. Wenn ein Rosttypus z. B. nur jede zehnte Maispflanze angreifen kann, so schreitet der Rostangriff so langsam vorwärts, daß es nicht zu einer verheerenden Epidemie kommt. In einigen Fällen werden direkt nachteilige Gene durch Parasiten begünstigt, wenn sie größere Resistenz gegen dieselben gewähren. Beim Menschen werden z. B. Heterozygoten der Sichelzellen-Anämie (Si si) in schwächerem Grade von der Malaria angegriffen als die normalen Homozygoten. Dies hat dazu geführt, daß in stark von Malaria infestierten Gebieten dieser rezessive Letalfaktor eine erhöhte Genhäufigkeit hat.

Das klassische Beispiel für parasitäre Gene sind die akzessorischen Chromosomen. Indessen hat eine jede Auslösung von residueller Effektivität durch nachteilige Gene einen parasitären Aspekt. Aber in ähnlicher Weise wie Parasitismus sich in Symbiose verwandeln kann, gibt es jeden Übergang zwischen parasitären und symbiotischen Genen. In diesem Sinne besteht sowohl bei Polymorphie in qualitativen Charakteren als auch bei Heterosis in quantitativen ein gewisser Aspekt von symbiotischen Funktionen der beteiligten Gene.

Schließlich entstehen in jeder größeren Population durch günstige Interaktionen der Gene in spezifischen Kombinationen zumindestens Andeutungen zu adaptiven Gipfeln, die einen gewissen Beitrag für die Aufrechterhaltung der genetischen Variabilität geben.

IV. Speicherung und Maskierung der Variabilität

Die vorhandene genetische Variabilität tritt gewöhnlich nicht in ihrem vollen Umfang in Erscheinung, sondern sie wird auf verschiedene Weise verborgen und gespeichert und kann dann bei Bedarf zum Vorschein gebracht werden. DARLINGTON und MATHER (1949) sprechen in diesem Zusammenhang von der reversiblen Umwandlung von potentieller Variabilität in freie Variabilität. An der Speicherung der Variabilität sind z. B. folgende Faktoren beteiligt:

1. Geographische Speicher,
2. Dominanz,
3. Polymerie und Pseudopolymerie,
4. Koppelung,
5. Latenz und Inaktivierung,
6. Kontrollsysteme.

Wenn in verschiedenen Populationen derselben Art verschiedene Gene fixiert sind oder Gene eine sehr ungleiche Häufigkeit haben, so ist dies eine geographische Speicherung der Variabilität. Die genetische Variabilität läßt sich indessen durch die übrigen Faktoren auch innerhalb der Populationen speichern. Durch Dominanz werden z. B. zahlreiche rezessive Gene an ihrer Manifestation gehindert. Wenn pluricate Gene vorliegen, so spalten die mehrfach rezessiven Phänotypen in stark herabgesetzter Häufigkeit ab. Besonders wichtig ist die Pseudopolymerie der heterotischen und anderer Loki. Wenn für eine Serie von pseudopolymeren Genen Aa Bb Cc die drei rezessiven Allele eine Genhäufigkeit von 0,2 haben, so würde der Typus aa bb cc in der Population in einer Häufigkeit von $0{,}2^6 = 1 : 15\,625$ abspalten. Auf diesem Wege kann sehr viel potentielle Variabilität verborgen bleiben. — Falls einige genetische Funktionen die Anwesenheit einer größeren Anzahl gleichsinniger Gene erfordern, so könnte eine echte Polymerie vorliegen. Wegen der gleichen oder ähnlichen Effekte solcher Gene kann die Funktion des einzelnen Gens durch andere Gene derselben Serie ersetzt werden, was eine gewisse Variabilität solcher Loki innerhalb der gleichen oder verschiedener Populationen erleichtern würde. Vielleicht sind solche Serien von Genen an der Produktion gewisser Bausubstanzen und an der Ausbildung morphologischer Strukturen beteiligt.

Weiter könnten für die wichtigeren Charaktere Serien von gekoppelten Plus- und Minusgenen in mehreren Chromosomen bestehen, etwa nach Art des folgenden Schemas. Die große Mehrzahl der Genotypen enthält für die meisten dieser Charaktere

$$\frac{(+-+)\ (-+-)}{(-+-)\ (+-+)}$$

etwa die normale Balanze von Plus- und Minusgenen, so daß sie sich nicht zu weit von den Mittelwerten ihrer Populationen entfernen. Koppelungen (im Schema durch Klammern angedeutet) erschweren die Abspaltung von Segmenten mit nur Plus- oder Minusgenen. Da solche „extremen" Segmente von der natürlichen Selektion benachteiligt werden, wird diese eigentümliche Balanzierung der Segmente und Genome dauernd im wesentlichen aufrechterhalten und auf diese Weise ein großes Reservoir für genetische Variabilität geschaffen. Dies ist eine schematisierte Wiedergabe einer bekannten Theorie von MATHER (1943, 1954—1956).

In genreichen Segmenten mit sehr wenig crossing-over kann natürlich sehr viel potentielle Variabilität verborgen bleiben, indem diese Gene nicht rekombiniert werden. Sehr oft wird hierdurch allerdings im Gegenteil eine erhöhte Variabilität ermöglicht. Wenn z. B. zwei seltene komplementäre Gene A und B in Koppelungsphase in einem Chromosomensegment vereinigt sind $\frac{AB}{ab}$, so wird der komplementäre Charakter ungleich häufiger in der Population auftreten als bei unabhängiger Spaltung dieser Gene. Aller Wahrscheinlichkeit nach entsprechen viele komplexe Gene gekoppelten komplementären Genen (vgl. STEPHENS, 1951, 1955). Aber eine solche freie Variabilität könnte unter anderen Umständen durch Erhöhung der crossover-Häufigkeit in den betreffenden Segmenten zum größten Teil in potentielle Variabilität umgewandelt werden.

Es ist denkbar, daß innerhalb der Gene sehr viel Variabilität gespeichert ist. Wenn ein Gen z. B. aus 32 parallelen DNA-Fäden besteht, so brauchen diese nicht identisch zu sein. Durch gelegentliche Aussortierung dieser Fäden könnten sehr viele neue Allele entstehen. Ist dagegen das Gen in der Längsrichtung des Chromosoms mehrfach in nicht identischer Form wiederholt, so kann eine ähnliche Variation durch exceptionelles crossing-over erzeugt werden. Hinsichtlich ihrer Struktur mag es viele Typen von Genen geben.

In Kapitel 15 hatten wir hervorgehoben, daß in den Populationen der Kulturpflanzen viele latente Gene vorkommen, die sich z. B. wegen ungeeigneter Milieuverhältnisse nicht manifestieren können, und daß bei vielen Arten zahlreiche Gene vermutlich in ihren spezifischen Funktionen inaktiviert worden sind. Falls diese Inaktivierung nicht endgültig ist, könnte unter Umständen durch Reaktivierung solcher Chromosomensegmente eine ungewöhnlich starke Variabilität ausgelöst werden.

Das genetische Kontrollsystem mag bei verschiedenen Objekten oder für verschiedene Charaktere einen verschiedenen Spielraum für die Aktivität modifizierender Gene frei lassen. Je nachdem es hart und unnachgiebig auf die optimale Stärke in allen Reaktionen eingestellt ist, oder in elastischer Weise erst stärkere Abweichungen von der Norm zu unterdrücken sucht, ist ein ganz verschiedener Typus von Variabilität zu erwarten. In extremen Beispielen mag das Kontrollsystem die Manifestation der erblichen Variabilität in den meisten quantitativen Charakteren fast unterdrücken.

V. Monomorphe und polymorphe Populationen

Über die in den Genzentren aktiven evolutionären Kräfte lassen sich nur Vermutungen äußern. Es ist anzunehmen, daß die Arten in den Genzentren einen genügend großen Überschuß an Anpassung (Konkurrenzfähigkeit, synthetischer und residueller Effektivität) besitzen, so daß sie sich relativ große Abweichungen von der Norm in den verschiedensten Charakteren erlauben dürfen, ohne hierdurch in ihrem Fortbestehen gefährdet zu sein. Unter solchen Umständen bildet sich leicht ein Typus von evolutionärer Mutabilität aus, der unter anderen Umständen mehr nachteilig als vorteilhaft sein dürfte. Der Überschuß an Anpassung entsteht vielleicht nicht am Variabilitätszentrum selbst, sondern in einer benachbarten Region, die sich durch Standorte mit in Raum und Zeit stark variablen, bald günstigen, bald ungünstigen Bedingungen auszeichnet. In einer solchen Region gibt es Voraussetzungen für die Entstehung hochadaptabler Typen. Mit der Vielseitigkeit der „adaptablen Genkomplexe" mögen die evolutionären Perspektiven der Art in exponentieller Funktion zunehmen. Gelangt eine solche hochadaptable Form in ein besonders günstiges Milieu, so muß der Überschuß an Effektivität in Variabilität umgewandelt werden, wobei die Parasiten kräftig mithelfen. Es entsteht dabei ein großer Reichtum an neuen divergenten Formen mit komplexen, dominanten, polymorphen Loki. Einige von diesen Typen können sich mit der Zeit zu neuen Arten entwickeln. Für das Vordringen in entfernte Gebiete paßt vielleicht besser die ursprüngliche weniger variable, aber hochadaptable Form.

Wenn bei Vordringen in neue Gebiete mit ungünstigeren Bedingungen der Überschuß an Effektivität reduziert wird, kann unter Umständen die Selektion in Richtung auf den besten Genotyp gehen, wodurch eine extreme Einförmigkeit entstehen kann. Besonders leicht kann dies anscheinend mit Kulturpflanzen geschehen, die weit außerhalb ihrer Heimat angebaut werden, wie es in den oben genannten Beispielen bei *Lupinus luteus* und *Sorghum vulgare* der Fall war.

Die Beschaffenheit natürlicher Populationen hängt von dem Gleichgewicht zweier entgegengesetzter Gruppen von selektiven Tendenzen ab, *stabilisierenden* und *diversifizierenden*. Erstere bestreben den für das betreffende Milieu besten Typus auszulesen und das Kontrollsystem auf diesen Typus einzustellen, was schließlich zu einer völligen Einförmigkeit der Population und daher zum Aussterben der Art führen würde. Letztere, die schon S. 422 angeführt sind, versuchen die Variabilität zu erhöhen. Mehrere von ihnen erhöhen indessen nicht nur die Variabilität der Populationen, sondern auch ihre *Kohärenz*. Wenn nicht die Heterosis, unterstützt durch selektive Befruchtung und Kooperation, Hybride oder Hybridisierung divergenter Typen begünstigen würde, so würde die Art sehr frühzeitig in zahlreiche Kleinarten ohne evolutionäre Möglichkeiten gespalten. Denn wichtige Voraussetzungen für die Bildung lebensfähiger neuer Typen und für die Erwerbung komplexer neuer Fähigkeiten wie komplexe Gene, Switchgene und zugehörige Genkomplexe, werden erst in langen Zeitperioden innerhalb größerer Populationen geschaffen (S. 125, 197).

VI. Die erbliche Belastung der Populationen

Die Frage nach der erblichen Belastung der Populationen spielt eine große Rolle für das Problem der Ursachen der Inzuchtdepression und Heterosis. Hier müssen wir uns mit einigen Bemerkungen begnügen. Greenberg und Crow (1960) finden, daß die Belastung der *Drosophila*-Populationen mit kleineren Defekten nicht so groß ist, wie man es früher dachte. Sie schließen daraus, daß Mutationen mit kleineren Effekten entweder nicht häufiger sind als letale Mutationen oder daß sie wegen eines höheren Dominanzgrades rascher aus den Populationen eliminiert werden. Hierzu ist zu sagen, daß gewöhnliche *Drosophila*-Mutationen heterozygot deutliche Effekte hervorbringen, wenn man dieselben mit technischen Methoden bestimmt statt mit dem Auge. Obwohl diese an und für sich nachteiligen Effekte in einem subhomozygoten Hintergrund durch Stimulationen maskiert werden können, geschieht dies kaum in einem Hintergrund von normalem Heterozygotiegrade. Es ist im Gegenteil denkbar, daß das System der heterotischen Loki dazu beiträgt, die Selektion gegen heterozygote Mutationen zu *verschärfen*. Für jeden Defekt, der heterozygot stimuliert, mag es mehrere normale Genpaare geben, die noch besser stimulieren.

Weiter ist ganz allgemein anzunehmen, daß die natürliche Selektion bei diploiden Organismen auf Anwesenheit von zwei effektiven Allelen in jedem Lokus ausliest. Wenn in genetischen Experimenten ein normales Allel in den meisten Loki ausreichend erscheint, so übersehen wir vermutlich das Vorkommen von besonderen Umständen, unter denen zwei normale Allele eine bessere Funktion des Organismus erlauben als ein einziges. Wenn in einem Lokus nur ein Gen funktioniert, so mag dies an und für sich völlig ausreichen; da aber das Kontrollsystem auf zwei Allele in diesem Lokus eingestellt ist, mag es dann ein wenig zu stark hemmen, mit sehr komplexen Effekten auf das Gesamtsystem, die wir in der Regel nicht bemerken.

Bei Pflanzen gibt es bei den meisten Objekten in der Regel genügend Inzucht, z. B. Geschwisterkreuzung, um die Gleichgewichtshäufigkeit rezessiver Mutantallele auf einen Bruchteil herabzusetzen. Die ziemlich intensive Selektion in der haploiden Phase, besonders im männlichen Geschlecht, dürfte auch viel zur Bereinigung der Populationen von ihrer genetischen Belastung beitragen. Rezessive Defekte, die sich bis zu einer hohen Gleichgewichtshäufigkeit ausbreiten, kommen zwar vor, sind aber vielleicht eher als Ausnahmen zu betrachten. Diese Vorstellung braucht indessen nicht für unnatürliche Kategorien von Mutationen zu gelten, z. B. für solche die durch Atombomben oder chemische Mutagene ausgelöst werden. Im übrigen handelt es sich um komplexe Probleme, über die wir noch keine Übersicht haben.

Literatur

Anderson, E.: Introgressive hybridization. New York: John Wiley 1949. 109 S.

— Character association analysis as a tool for the plant breeder. Brookhaven Symp. Biol. **9**, 123—140 (1956).

Boerger, A.: La conservación de los genes vegetales y el futuro agrícola mundial. Bol. Cent. Coop. cient. (Montevideo) **7**, 26—35 (1953).

Borlaug, N. E.: The use of multilineal or composite varieties to control airborne epidemic diseases of self-pollinated crop plants. First int. Wheat Genet. Symp. 12—27. Univ. Manitoba, Canada (1959).

Chester, K. S.: Selected writings of N. I. Vavilov. The origin, variation, immunity and breeding of cultivated plants. Chronica Botanica, Vol. 13, 366 S., Waltham, Mass., 1951.

Darlington, C. D., and K. Mather: The Elements of Genetics. London: Allen and Unwin 1949.

Greenberg, R., and J. F. Crow: A comparison of the effect of lethal and detrimental chromosomes from Drosophila populations. Genetics **45**, 1153—1168 (1960).

Harlan, J. R.: Distribution and utilization of natural variability in cultivated plants. Brookhaven Symp. Biol. **9**, 191—208 (1956).

Karper, R. E., and J. R. Quinby: The history and evolution of Milo in the United States. J. Amer. Soc. Agron. **38**, 441—453 (1946).

Keyl, H. G.: Untersuchungen am Karyotypus von Chironomus thummi. I. Karte der Speicheldrüsenchromosomen von Ch. th. thummi und die cytologische Differenzierung der Subspezies Ch. th. thummi und Ch. th. piger. Chromosoma **8**, 739—756 (1957).

Lamberts, H.: Broadening the basis for the breeding of yellow sweet lupine. Euphytica **4**, 97—106 (1955).

Mather, K.: 1943—1955, siehe Literatur zu Kapitel 17.

— Polygenic mutation and variation in populations. Proc. roy. Soc. B **145**, 293—297 (1956).

McClintock, B.: Controlling elements and the gene. Cold Spr. Harb. Symp. quant. Biol. **21**, 197—216 (1956).

Schiemann, E.: Entstehung der Kulturpflanzen. Handb. Vererbgs.wiss. III, 377 S. Berlin: Borntraeger 1932.

SCHIEMANN, E.: New results on the history of cultivated cereals. Heredity 5, 305—320 (1951).
STEBBINS, G. L.: Variation and Evolution in Plants. New York: Columbia Univ. Press 1950.
STEPHENS, S. G.: „Homologous" genetic loci in Gossypium. Cold Spr. Harb. Symp. quant. Biol. 16, 131—142 (1951).
— Symposium on pseudoallelism and the theory of the gene, „Summary, synthesis, and critique". Amer. Natur. 89, 117—122 (1955).
TAKAHASHI, R.: The origin and evolution of cultivated barley. Adv. Genet. 7, 227—266 (1955).
VAVILOV, N. I.: Geographische Genzentren unserer Kulturpflanzen. Z. Vererbungsl. I, 342—369 (1928).

Kapitel 21

Diskussionen und Konklusionen

I. Die genetischen Grundlagen des Ertrages

1. Anzahl der effektiven Gene

In der quantitativen Genetik war es seit längeren Zeiten üblich, aus der Art der Variationskurven in $F_1 - F_n$ relativ zur Kurve der Eltern Rückschlüsse über die Anzahl der spaltenden Gene zu machen. Auf solcher Grundlage wurden oft für einfachere Charaktere ein Dutzend von Genen angenommen, weshalb man für den wesentlich komplizierter bedingten Ertrag leicht Hunderte von Genen verantwortlich machte. Es soll hier nicht bezweifelt werden, daß in Kreuzungen nicht verwandter Typen eine große Anzahl von Genen spalten können. Ob diese Gene indessen unter gewöhnlichen Umständen einen nennenswerten Einfluß auf den Ertrag bekommen, ist eine andere Frage.

JENKINS nahm z. B. an, daß die Individualität der Inzuchtlinien hinsichtlich Kombinationseignung darauf beruht, daß die Ausgangspflanzen heterozygot in einer sehr großen, aber verschiedenen Anzahl von Genen sind, und daß Inzucht, vielleicht in Verbindung mit visueller Selektion, die Tendenz hat, in jeder Linie eine für dieselbe charakteristische modale Anzahl günstiger Gene zu fixieren. Andere Verhältnisse sprechen indessen gegen eine solche Vorstellung. Die beträchtliche Variabilität der Kombinationseignung unter S_0-Pflanzen aus derselben Population (S. 385), der gute Erfolg von progressiver Selektion auf Kombinationseignung in $S_0 - S_5$ von Inzuchtlinien, die umfangreichen und variierten Erfahrungen über den Wert früher Testungen, auf denen die verschiedenen Methoden der recurrenten Selektion aufbauen, die großen Unterschiede im Ertrag von Inzuchtlinien aus derselben Population, alle diese Verhältnisse sind weit einfacher mit der Annahme zu erklären, daß nur eine mäßige Anzahl von Genen einen entscheidenden Einfluß auf Ertrag und Kombinationseignung hat, und daß diese Gene in den Populationen nicht so selten sind wie rezessive Defekte, die durch den Mutationsdruck verbreitet werden, sondern daß sie eine mittlere Genhäufigkeit haben. Die relative Leichtigkeit mit der es gelingt, Hybride herzustellen, die den Ertrag der freibestäubten Varietäten um 30% übertreffen, in Verbindung mit der extremen Schwierigkeit, zehn von solchen Inzuchtlinien zu einer gleichfertilen synthetischen Varietät zusammenzusetzen, hat in diesem Zusammenhang besonderes Gewicht, vergleiche die Diskussion S. 406.

Die meisten Erfahrungen lassen sich auf relativ einfache Weise durch die Annahme erklären, daß die Fertilität allogamer Pflanzen zum großen Teil durch ein System heterotischer Loki kontrolliert wird, in ähnlicher Weise, wie dies eine Reihe von Autoren für Tiere angenommen haben (LERNER, 1954; DONALD, 1955; PENROSE, 1955). Wenn Inzucht ganz allgemein eine stärkere Reduktion der Fertilität als des vegetativen Wuchses bedingt, so dürfte dies darauf beruhen, daß normalerweise die

Reproduktion erst bei Überschreitung eines gewissen Niveaus von synthetischer Aktivität beginnt und daß Inzucht ein Herabsinken der Aktivität gegen oder unter dieses Niveau verursacht. Die Kontrollsysteme sind dafür berechnet, bei normalem Heterozygotiegrad unter den verschiedensten Milieuverhältnissen einen Überschuß an synthetischen Produkten relativ zur Größe der Pflanze zu erzeugen. Bei herabgesetzter Heterozygotie werden diese Beziehungen gestört.

2. Die Kontrolle der Fertilität

a) Physiologische und evolutionäre Aspekte

Die Fertilität steht im allgemeinen unter effektiver physiologischer Kontrolle, um ein gutes Ausreifen der befruchteten Samenanlagen zu sichern. Außerdem dürften genetisch festgelegte Kontrollmechanismen bestehen, die den Zweck haben, eine zu große Populationsdichte zu verhindern, die durch völlige Erschöpfung der anorganischen Nährstoffe und durch erhöhte Gefährdung durch Parasiten die Fortexistenz der Art in Frage stellen würde (S. 120). Schließlich mag es in der Konkurrenz mit anderen Arten oft notwendig sein, die vegetative Konkurrenzkraft auf Kosten der reproduktiven zu verbessern. Manchmal wird hierbei die „Fertilität" auf eine sehr indirekte Weise eingeschränkt, wie Spezialisierung auf gewisse Bodentypen, wie kalkreiche, wodurch die Art nur auf begrenzten Gebieten eine Überlegenheit gewinnt. Aber dies sind Spezialfälle. Eine allgemeinere Bedeutung für das vorliegende Problem hat möglicherweise ein von HOENER und DETURK (1938) postulierter Resistenzmechanismus gegen die Absorption von Nitraten, der unter gewöhnlichen Umständen nur eine bescheidene Nitrataufnahme zuläßt. Der Widerstand gegen Nitrataufnahme war bei der Illinois-Hoch-Protein-Selektion von Mais bedeutend geringer als bei der Niedrig-Protein-Selektion. Dieser Fall hat insofern besonderes Interesse, als hier niedriges Eiweißprozent, das mit niedriger metabolischer Aktivität korreliert ist, bei Kreuzungen einen hohen Grad von Dominanz zeigt (EAST und JONES, 1920; FREY, 1949), während in fast allen Beispielen anderer Art erhöhte metabolische Aktivität in den Hybriden dominiert. An und für sich muß erniedrigte Stickstoffaufnahme auch die Fertilität begrenzen, wenn auch sekundäre Prozesse in Inzuchtlinien diesen Effekt verdecken mögen. HOENER und DETURK nennen auch ein Beispiel, in dem zwei Maishybride, die auf phosphorarmem Boden keinen Unterschied zeigten, bei Phosphorzugabe sich verschieden verhielten, indem der eine schneller wuchs, früher reifte und höhere Erträge gab als der andere. Es ist im übrigen eine bekannte Erscheinung, daß an arme Böden angepaßte Rassen Düngergaben oft nur auf unvollständige Weise ausnützen (vgl. Tab. 89, S. 321). Erfahrungen dieser Art zeigen deutlich, daß bei natürlichen Arten die optimale metabolische Aktivität und damit die Fertilität ein gutes Stück unter dem an und für sich möglichen Niveau liegt und es ist anzunehmen, daß in vielen Fällen besondere Mechanismen vorhanden sind, die die physiologische Effektivität und die Fertilität bis weit unter dieses mögliche Niveau herabdrücken. Andererseits hebt aber die natürliche Selektion die Fertilität bis hart an das Niveau heran, das durch die bestehenden Kontrollsysteme erlaubt wird.

b) Genetische Aspekte

Die Kontrollsysteme sind offenbar an der Regulierung der Beziehungen zwischen Milieu und Produktivität beteiligt. Je besser sie diese Funktion erfüllen, desto besser wird das Milieu ausgenützt und desto geringer erscheint der Einfluß der Vererbung auf die Variation im Ertrag. Die gröbere und feinere Einstellung der physiologischen Kontrollmechanismen, die über Wuchs und Effektivität der Pflanze weitgehend entscheiden, erfolgt während kritischer Entwicklungsstadien auf Grundlage der allgemeinen physiologischen Lage. Ein großer Teil der phänotypischen Variabilität dürfte bei der Einstellung solcher Mechanismen verursacht werden, die dann normalerweise lange Perioden auf dem resultierenden Niveau arbeiten. Es ist zu vermuten, daß die Gene, die die physiologischen Kontrollen regulieren, ein koordiniertes System von Genen bilden. Zahlreiche andere Gene mögen unter gewissen Umständen durch Modifizierung der physiologischen Gleichgewichte einen Einfluß auf die Lage des Kontrollniveaus bekommen. Aber von noch größerer Bedeutung für das Verständnis der quantitativen Vererbung ist die normale Ausschaltung zahlloser Geneffekte durch die Kontrollmechanismen. Die geringe Korrelation zwischen individuellen Erträgen und Ertragspotentialen in den Populationen ertragreicher Kulturpflanzen zeigen, daß die meisten Genotypen eine so hohe Leistungsfähigkeit haben, daß der Ertrag gegen das jeweilig vorliegende Kontrollniveau gehoben wird, ohne daß gewöhnliche Gene die Gelegenheit bekommen, sich unter den gegebenen Bedingungen geltend zu machen.

Gensysteme. Es ist zur Zeit kaum möglich, eine einwandfreie Klassifikation der Gensysteme vorzunehmen. In diesem Zusammenhang genügt die folgende Einteilung:

1. System der peripheren Loki
2. System der Standardloki
3. Kontrollsysteme (im weiteren Sinne)
   a) Negative Kontrolle
   b) Positive Kontrolle
   c) System der heterotischen Loki
   d) Koordinierende Kontrolle
   e) Adaptive Kontrolle

Das System der peripheren Loki bedingt den größeren Teil der normalen Variabilität in qualitativen Charakteren. Die Standardloki verraten sich in erster Linie durch auffällige rezessive Defekte. Wenn wir bisher vom Kontrollsystem sprachen, haben wir diesen Terminus oft in einem engeren Sinne benutzt, der der *negativen* Kontrolle allein entspricht, d. h. einer Begrenzung der Reaktionen durch hemmende Mechanismen, die z. B. bei zu hoher Konzentration bestimmter Genprodukte in Funktion treten (S. 130). Unter einer positiven Kontrolle würden wir Gene verstehen, die eine zu schwache Produktion automatisch stimulieren. Die koordinierende und adaptive Kontrolle reguliert die Aktivität einer Serie von Genen relativ zu einer anderen bzw. relativ zum Milieu. Indem die verschiedenen Komponenten des Kontrollsystems ineinander übergreifen, handelt es sich z. T. nur um verschiedene Aspekte der Regulierung genetischer Aktivität, die wir im folgenden nicht konsequent unterscheiden.

Über die genetische Struktur des Kontrollsystems wissen wir wenig exaktes. An der negativen und positiven Kontrolle mögen spezifische Genfunktionen in beachtlichem Grade beteiligt sein. Die drei übrigen Komponenten des Kontrollsystems dürften dagegen in erster Linie auf *aspezifischen Kontrollelementen* beruhen, die mehr oder weniger die Natur der von McClintock bei Mais analysierten Kontrollelemente besitzen, wenn gebührend berücksichtigt wird, daß diese Autorin anomale Situationen studierte, die durch Störung solcher Kontrollsysteme bedingt wurden.

c) Modelle genetischer Kontrollen

Da die Standardloki eine vielfach stärkere Wirkung entfalten können als normalerweise zweckmäßig, ist anzunehmen, daß die wichtigeren biochemischen Pfadwege durch Kontrollen reguliert werden, die die betreffende Aktivität auf das geeignete Maß reduzieren können. Eine solche Kontrolle ist theoretisch auf verschiedenen Wegen möglich, z. B. dadurch, daß ein an der Reaktionskette teilnehmendes Gen eine begrenzte Stärke hat. Es führt die Reaktion bis zu einem bestimmten

Niveau der Intensität, aber trotz Fehlens von Widerständen nicht darüber hinaus. Diese Methode, die durch Modell I von Fig. 52 symbolisiert werden soll, mag für die Regulierung minder wichtiger Pfadwege brauchbar sein. Sie leidet indessen unter den Nachteilen, daß selbst leichtere Störungen der Genfunktion das Erreichen des optimalen Niveaus von Aktivität verhindern und daß die Annäherung an dieses Niveau oft zu langsam oder unregelmäßig erfolgen würde. In Modell II erlaubt die Abwesenheit eines solchen begrenzenden Gliedes der Reaktionskette einen raschen und sicheren Eintritt einer optimalen Aktivität, während eine Überproduktion durch Auslösung eines Hemmungsmechanismus (K) verhindert wird. Die Lage ist jedoch oft noch wesentlich komplizierter, indem andere Komponenten des Kontrollsystems zur Aktivierung oder Stimulierung der Pfadwege notwendig sein können. In Modell III erlaubt ein heterotisches Genpaar AA′ ein beschleunigtes Eintreten maximaler Aktivität. Die punktierte Verlängerung der Pfeile der Homozygoten in diesem Genpaar deutet an, daß diese auch dasselbe Niveau erreichen, aber später als die Heterozygoten. In Modell IV wird dagegen angenommen, daß das Niveau der Aktivität von der relativen Stärke der positiven und negativen Faktoren abhängig ist. Nur die Heterozygoten erreichen das maximale Niveau indem sie ein Gleichgewicht verschieben oder der Kontrolle etwas ausweichen. (Im übrigen sei der Leser auf die Diskussionen bei LERNER [1954] verwiesen.)

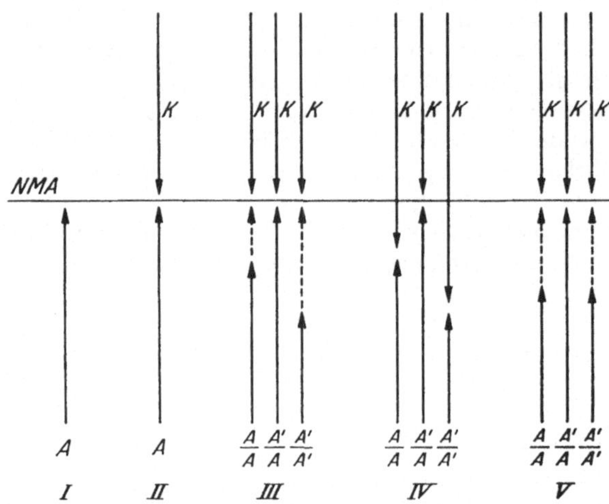

Fig. 52. Modelle genetischer Kontrollen. A = Symbol für positive Gene, K für hemmende Gene. NMA = Niveau maximaler Aktivität. — Die Möglichkeit, daß auch im System der negativen Kontrolle (K) heterotische Loki vorkommen, wird S. 431 diskutiert

Modell V stellt einen Spezialtypus von III dar, in welchem beide Homozygoten gleichwertig sind. Dieses Modell sollte eine besonders hohe Stabilität der Population gegen Selektion gewähren, indem bei Plusselektion nur Heterozygoten ausgelesen werden, bei Minusselektion gleich viele Individuen von beiden homozygoten Genotypen. Eine „Zygotenselektion“ (S. 276) in letzterer Richtung würde zwar zunächst einen kräftigen Ausschlag geben, der aber in der folgenden Generation durch Interkreuzung der beiden Genotypen in sein Gegenteil verwandelt würde. Die Oszillationen der Populationsmittel in Selektionsexperimenten mögen manchmal auf diesem Prinzip beruhen.

Man bemerke, daß für Modell III ein Überschuß heterotischer Loki Transheterosis ergibt, eine normale Anzahl dagegen das Niveau der freibestäubten Varietät. Bei Inzucht bis S_{ho} gibt ein Überschuß an AA- und A′A′-Homozygoten bzw. das Niveau der besseren und schlechteren Inzuchtlinien.

d) Kombinationseignung

Über die genetische Grundlage der generellen Kombinationseignung läßt sich viel spekulieren, aber in der Regel wenig beweisen. Wir haben unter diesen Umständen größeren Wert darauf gelegt, die Effekte der Selektion auf Grundlage von Testungen zu beschreiben, als dieselben zu erklären. Es scheint uns indessen, daß der Wert der

Testungen zum Teil auf Erfassung der Lage und Elastizität der negativen Kontrolle beruht. Daneben mögen in jedem Fall verschiedene andere Effekte eine Rolle spielen wie geeignete Kombination der Allele des heterotischen Systems. Daß gelegentlich einzelne Gene drastische Effekte auf die Kombinationseignung bekommen, geht aus den *Sorghum*-Beispielen S. 354 hervor. Über andere genetische Aspekte der Kombinationseignung vergleiche das alphabetische Sachregister.

Bei der Analyse dieser Probleme sollte man nie vergessen, daß eine Testung nur die Kombinationseignung mit dem Tester ermittelt, und daß in verschiedenem Material Kombinationseignung eine völlig verschiedene Basis haben mag. Unter diesen Umständen sollte die theoretische Forschung sich mehr um die direkt ermittelte Kombinationseignung konzentrieren, die zum späteren Gebrauch der Linien Beziehung hat, wie bei beabsichtigten Kreuzungen von Inzuchten mit einem bestimmten „single cross tester" oder mit Linien aus einer Testervarietät. Genetische Interpretationen indirekt bestimmter Kombinationseignung haben bestenfalls begrenzten Sinn und in minder günstigen Fällen keinen Sinn. Die praktischen Probleme werden manchmal besser auf Grundlage praktischer Erfahrungen gelöst.

e) Stabilität der Populationen

Ebenso wie das Individuum die Tendenz hat, sich in Richtung auf den Normaltypus der Art hin zu entwickeln, hat eine im Gleichgewicht befindliche Population die Tendenz, ihren Durchschnittstypus zu bewahren. Versuche die Eigenschaften einer Population durch einseitige Selektion zu ändern, treffen daher gewöhnlich auf einen gewissen Widerstand (S. 350). Hieran dürfte in erster Linie das System der heterotischen Loki beteiligt sein. Eine Selektion, die Genhäufigkeiten für Loki vom Typus III der Fig. 52 verschiebt, kann zwar hierdurch die quantitativen Eigenschaften eines Organismus nach den verschiedensten Richtungen hin modifizieren, aber auf Kosten von Inzuchtdepression. Bei Nachlassen der Selektion geht der Effekt zurück, falls nicht hierbei Gene fixiert worden sind oder idiotypische Änderungen anderer Natur stattgefunden haben. Wenn eine Population zum großen Teil ein gemeinsames „Plasma" besitzt, so könnte dieses komplexe Effekte auf die Genhäufigkeit haben, indem einerseits vorherrschende Gene und Genkombinationen wegen besserer Harmonie mit dem Plasma begünstigt werden, andererseits aber ein Teil der abweichenden Kombinationen durch Interaktionen mit dem Plasma Stimulationen auslösen könnten. Ersterer Faktor würde danach streben, den Mittelwert der Population zu stabilisieren, letzterer könnte eine gewisse Variabilität aufrechterhalten.

Pseudopolymerie im System der negativen Kontrolle ($K_1K_1\,K_2K_2\,K_3K_3$) könnte die Variabilität dämpfen, indem sie mehrfache Sicherungen gegen zu hohe Aktivität schafft. Der Ausfall von K_1 hätte keinen großen Effekt, indem in der Kombination $k_1k_1\,K_2K_2\,K_3K_3$ die Gene K_2 und K_3 in Funktion sind. Wenn die Glieder einer solchen Serie auf leicht verschiedenem Niveau kontrollieren, sind indessen gewisse Effekte der Selektion möglich, was z. B. für die Ertragszüchtung Bedeutung haben mag. — Im übrigen wäre es möglich, daß im System der negativen Kontrolle heterotische Loki besonderer Art vorkommen, indem z. B. KK′ erhöhte Vitalität hat. Loki von diesem Typus könnten eine besonders effektive Begrenzung der mittleren Fertilität einer Population ermöglichen, die auch eine hohe Stabilität gegenüber der Selektion gewährt (vgl. Fig. 52). Es wäre möglich, daß die Natur dieses Prinzip ausnützt, um zu starkes Oszillieren des Fertilitätsniveaus zu vermeiden, das für die Existenz der Art gefährlich sein könnte. Man bemerke, daß eine erhöhte Vitalität von KK′ auf aspezifischen Funktionen des Lokus beruhen könnte, die kontrollierende Wirkung dagegen auf spezifischen. Diese beiden Funktionen brauchen daher nicht korreliert zu sein. Wenn KK′ besser vital ist als KK und K′K′, so braucht ersterer Genotyp das Niveau der Aktivität nicht stärker zu erniedrigen.

Schließlich arbeiten mehrere Komponenten des Kontrollsystems als integrierte Gensysteme. Wegen der intimen und multiplen Koordination der Loki eines solchen Systems, mag die Einführung einzelner fremder Gene in solche Systeme oft mit Schwierigkeiten verbunden sein. Indem fremde Gene leicht ineffektiv verbleiben oder in ihrem neuen Hintergrund Störungen auslösen, mögen sie selektive Nachteile bekommen und daher rasch eliminiert werden. Solche Verhältnisse mögen ebenfalls zur Stabilität der Populationen beitragen.

f) Beziehungen zwischen Heterosis, Fertilität und Milieu

Von gewissen Gesichtspunkten aus hat es den Anschein, daß ein heterotisches Genpaar den selektiven Wert der Population erniedrigt. Wenn die selektiven Werte der Genotypen AA, AA' und A'A' mit bzw. 1-s, 1 und 1-t bezeichnet werden, so wird der selektive Wert der Population im Aequilibrium nach einer Formel von Wright (Wright, 1931; Crow, 1948, 1952) um den Betrag $\frac{s \cdot t}{s+t}$ erniedrigt. Für die Werte 1-s = 0,9 und 1-t = 0,8 erhalten wir somit $\frac{0{,}1 \times 0{,}2}{0{,}1+0{,}2} = 0{,}067$. Die Anwesenheit dieses einzigen heterotischen Genpaares sollte also den selektiven Wert der Gesamtpopulation um 6,7% erniedrigen, oder wenn wir bei Mais selektiven Wert und Ertrag gleichsetzen, den Ertrag um dieses Prozent reduzieren. Eine solche Erniedrigung erhalten wir jedoch nur, wenn wir den Wert A'A = 1 als Ausgangspunkt betrachten. Beurteilen wir indessen alle Werte relativ zu den AA-Homozygoten, so erhalten wir im Gegenteil eine Erhöhung des selektiven Wertes der Population um 3,7%. Es fragt sich nun, welcher Ausgangspunkt der korrekte ist.

Hierzu ist zu sagen, daß ein superdominantes Gen sich nicht in einer Population verbreiten kann, ohne unter den gegebenen Umständen ihren selektiven Wert zu erhöhen. Für eine Population, die sich im Gleichgewicht mit ihrer Umgebung befindet, und eine für diese Umgebung zweckmäßige mittlere Fertilität besitzt, ist keine Erhöhung der Fertilität durch superdominante Gene wahrscheinlich. Eine solche wäre am ehesten zu erwarten, wenn durch Änderung des Milieus eine höhere Fertilität vorteilhaft wird. Unter natürlichen Umständen würde eine Verbesserung der Fertilität, die auf diesem Wege zustande kommt, fast immer früher oder später rückgängig gemacht. Nun ist es relativ schwierig, heterotische Gene, die eine Population infiziert haben, durch Selektion vollständig zu entfernen. Für Genpaare vom Modell V, Fig. 52, kann dies fast unmöglich sein. Unter diesen Umständen muß ein großer Teil der heterotischen Loki früher oder später entweder durch Umwandlung derselben in polymorphe Loki oder durch entgegengesetzte Regulationen der negativen Kontrolle unschädlich gemacht werden. Da im letzteren Falle der heterotische Lokus in Funktion verbleibt, wird die Aufrechterhaltung der normalen Fertilität an die Anwesenheit einer mittleren Anzahl heterotischer Loki gebunden. Dies ist der Mechanismus, der die besonderen Relationen zwischen Heterosis und Fertilität zustande bringt.

Wenn eine solche Art in Kultur genommen wird, so erlauben die günstigeren Milieuverhältnisse eine verstärke Selektion auf höhere Fertilität. Heterotische Genpaare vom Typus III (S. 430), die zuvor fast ausgerottet waren, deren Glieder sich aber noch in getrennten Populationen befinden können, infizieren rasch von neuem die Populationen. Der durchschnittliche Heterozygotiegrad und damit die Fertilität werden erhöht. Gleichzeitig wird eine intensive Selektion auf Abschwächung der negativen Kontrolle eingeleitet, die aber gewöhnlich wesentlich langsamere Fortschritte macht.

Da Heterosis sich in erster Linie in einer beschleunigten Einleitung der Wuchsprozesse äußert, während in der Hauptwuchsphase Hybride und Homozygoten ähnliche Wuchsraten haben, ergibt sich, daß der Effekt der Heterozygotie dem Effekt von günstigem Milieu auf die einleitenden Wuchsprozesse gleichkommt. In diesen ersten Wuchsphasen zeigen nämlich die Hybride in einem relativ weitem Bereich von günstigen und ungünstigen Bedingungen die gleiche oder sogar eine höhere Aktivität wie die Homozygoten unter wesentlich günstigeren Bedingungen. Diese erniedrigte Empfindlichkeit der Hybride gegenüber dem Milieu führt zu einer herabgesetzten Variabilität der Individuen, die oft als Ausdruck einer erhöhten Stabilität der ontogenetischen Prozesse (Homeostasis) betrachtet wird.

Indem maximale Aktivität in den heterotischen Loki die Ausschaltung veralteter adaptiver Beziehungen zwischen Genotyp und Umwelt bedeuten kann, erkennen wir deutlich, daß bei dieser Betrachtung auch die *adaptive Komponente* (Aspekt) des Kontrollsystems zu berücksichtigen ist. Zur Zeit können wir indessen diese Zusammenhänge noch nicht im einzelnen ausformen.

II. Probleme der progressiven Inzucht

1. Allgemeines

Es ist schwer, den Effekt der visuellen Selektion auf Vigor in spaltenden Inzuchtlinien einwandfrei zu beurteilen, da gewöhnlich nicht vergleichbare unausgelesene Linien als Kontrolle aufgezogen werden. Wenn wir interessiert sind, bei allogamen Objekten einen möglichst hohen Anteil von Plusgenen zu fixieren, so mag Auslese auf Vigor in den ersten Generationen unzweckmäßig sein, so lange der Heterozgotiegrad größere Ausschläge gibt als die Art der fixierten Loki. In den folgenden Generationen sinkt zwar die Heterozygotie auf ein niedriges Niveau herab, aber die wenigen restierenden heterozygoten Loki können verstärkte Ausschläge geben.

Eine scharfe Auslese auf Vigor während der spaltenden Generationen dürfte in erster Linie auf Heterozygotie in besonders wichtigen Loki gerichtet sein, auf harmonische Beziehungen zwischen diesen Loki sowie auf geeignete Interaktionen zwischen Restgenotyp und ausgelesenen Loki. Dies nützt aber doch nicht viel, da die Linien schließlich doch homozygot werden und die homozygoten Genotypen vermutlich wenig durch solche Art von Selektion verbessert wurden. Selbst wenn die Selektion nicht das Mittel der S_{ho}-Linien erniedrigt hat (was man nicht unbedingt voraussetzen sollte), so hat sie doch aller Wahrscheinlichkeit nach die Variationsbreite der S_{ho} eingeengt und damit auch die Möglichkeiten für das Auffinden besonders ertragreicher Inzuchtlinien. Es ist denkbar, daß JENKINS Behauptung über die frühzeitige Individualität der Inzuchtlinien (S. 380) durch eine derartige künstliche Einengung der genetischen Variationsbreite nicht selten zur Realität wird.

Im folgenden bezeichnen wir die Plus- und Minusallele heterotischer Loki mit P bzw. M und unterscheiden demnach zwischen drei Typen heterotischer Loki, PP, PM und MM ($=H^+H^+$, H^+H^- und H^-H^-). Nun zeigen die Individuen einer S_0-Population eine gewisse Variationsbreite in der relativen Häufigkeit dieser drei Typen von Loki. Für Individuen von mittlerem und von stark überdurchschnittlichem Heterozygotiegrad könnten wir schematisch folgende Verteilung annehmen:

Heterozygotiegrad	Anzahl Loki vom Typus		
	PP	PM	MM
100% (mittlere Individuen)	64	32	4
125% (Superheterozygoten)	56	40	4

Wenn wir von S_0-Individuen beider Typen eine unausgelesene S_{ho} herstellen, so würde die S_{ho} der mittleren Individuen im Durchschnitt 20 Minusgene besitzen, die der Superheterozygoten dagegen 24. Diese Erhöhung der Anzahl MM-Loki wäre besonders deswegen nachteilig, weil die Häufigkeit ungünstiger pseudopolymerer Kombinationen in einer exponentiellen Kurve ansteigt. Wenn Auslese auf Vigor in S_0 Superheterozygotie in den *wichtigeren* Teilen des heterotischen Systems bedeutet, so würde dies eine zusätzliche Intensivierung der Nachteile bewirken.

In dem Maße wie obige Voraussetzungen in einem gegebenen Fall zutreffen, ergeben sich folgende Konklusionen. Auslese auf Vigor (Fertilität) zwischen S_0-Pflanzen hat eine direkt nachteilige Komponente, was allerdings nicht hindert, daß andere Komponenten einer solchen Auslese in günstiger Richtung wirken. Unter diesen Umständen mögen S_0-Pflanzen mit den besten Ertragspotentialen im Durchschnitt etwa mittlere Erträge haben. Auslese auf Vigor innerhalb von spaltenden Inzuchtlinien dürfte leicht wegen Einschränkung der Variationsbreite in S_{ho} nachteilige Effekte bekommen. Auslese zwischen S_1-Familien aus unausgelesenen S_0-Pflanzen wäre eher zu empfehlen.

2. Prinzip der zweiseitigen Testung

Theoretisch sollte es nicht besonders schwierig sein, die Inzuchten von „Minusgenen" zu befreien. Im folgenden vereinfachten Modell benutzen wir zwei homozygote Inzuchten I und II. In F_2 und folgenden Generationen der Kreuzung I×II werden Individuen geselbstet und außerdem durch Kreuzung mit beiden Elternlinien getestet. Pflanzen, die sich in der Summe der beiden Kreuzungen auszeichnen, werden für progressive Inzucht (z. B. Geschwisterkreuzung) oder recurrente Selektion benutzt. Die Vorteile einer Testung mit beiden Elternlinien gegenüber allen anderen Methoden der Testung bestehen darin, daß ein jedes spaltende Gen unabhängig von seinem Dominanzgrad in der Summe der beiden Testkreuzungen einen Ausschlag in der richtigen Richtung geben sollte, was eine sichere Auslese gestatten würde. Wir haben dies in Tab. 118 für 7 verschiedene Dominanzgrade eines günstigen Gens A zwischen +150% und −50% gezeigt.

Im linken Teil der Tabelle wird der Effekt eines Genpaares A–a auf den Ertrag der Individuen in der Kreuzung I×II bei verschiedenen Dominanzgraden angegeben. Das günstige Glied des Genpaares, dessen homozygoter Effekt zu 4 Einheiten angenommen wird, wird in der Tabelle stets mit A bezeichnet, gleichgültig ob es dominant oder rezessiv ist. Im rechten Teil der Tabelle ist der Effekt dieses Genpaares auf die Testerträge bei Kreuzung mit den beiden Elternlinien angegeben. Da die spaltenden Gene auf unbekannte Weise auf die beiden Testlinien, d. h. die Eltern I und II, verteilt sind, kann nur die Summe der beiden Kreuzungen von Nutzen sein.

Ein Vergleich der Zeilen der Tabelle für die beiden Tester AA und aa zeigt, daß in einseitigen Testungen einer der Tester je nach dem Dominanzgrad des spaltenden Gens einen falschen Ausschlag, keinen Ausschlag oder einen zu schwachen Ausschlag gibt. Nur bei streng intermediärer Vererbung sind beide Tester gleichwertig. Im Mittel der beiden Testkreuzungen wäre dagegen der Ausschlag bei jedem Dominanzgrad der gleiche. Wenn bedacht wird, daß ein einziges rezessives Minimumsgen (bottleneck gene), das in einer Inzuchtlinie fixiert wird, den weiteren Erfolg der Selektion verhindern kann, scheint die Nützlichkeit einer zweiseitigen Testung offensichtlich. Bei Spaltung vieler Gene wäre der Erfolg dieser Methode dennoch fraglich. Es könnten dann Varianten dieser Methode benutzt werden, bei denen die Anzahl der spaltenden Gene herabgesetzt wird. Dies könnte z. B. dadurch geschehen, daß als Linie I und II des obigen Schemas Linien geeigneter Verwandtschaftsgrade benutzt werden (vgl. Fig. 30, S. 247).

Statt einer Testung der auszulesenden Pflanzen mit den beiden elterlichen Inzuchten könnten sie auch auf einfachere Weise mit dem F_1-Hybriden I×II getestet werden. Theoretisch wäre diese zweite Prüfung bei Abwesenheit von Komplikationen gleichwertig in bezug auf die Geneffekte. Sie gibt jedoch keine Aufschlüsse über die Natur der Selektionseffekte relativ zu den beiden Elternlinien. Die Verhältnisse

Tabelle 118.
Schema zur Methode der Befreiung einer hybriden Deszendenz von ihren Minusgenen durch progressive Testung mit beiden Eltern. Die in der hybriden Population oder Linie spaltenden Gentypen sind zufällig auf die beiden Tester verteilt. Bei allen Dominanzgraden gibt für die Summe der beiden Testkreuzungen das günstige Gen einen positiven Ausschlag

Dominanzgrad des günstigen Gens	Effekt der Gene auf den Ertrag			Tester	Effekt der Gene auf Testerträge			
	AA ++	Aa +−	aa −−		AA	Aa	aa	Summe[1]
1. Superdominant 150% . .	4	6	0	AA	4	5	6	20
				aa	6	3	0	12
					10	8	6	
2. Dominant 100%	4	4	0	AA	4	4	4	16
				aa	4	2	0	8
					8	6	4	
3. Subdominant 75% . . .	4	3	0	AA	4	3,5	3	14
				aa	3	1,5	0	6
					7	5	3	
4. Halbdominant 50% . . .	4	2	0	AA	4	3	2	12
				aa	2	1	0	4
					6	4	2	
5. Subrezessiv 25%	4	1	0	AA	4	2,5	1	10
				aa	1	0,5	0	2
					5	3	1	
6. Rezessiv 0%	4	0	0	AA	4	2	0	8
				aa	0	0	0	0
					4	2	0	
7. Superrezessiv —50% . .	+4	—2	0	AA	+4	+1	—2	+ 4
				aa	—2	—1	0	— 4
					+2	0	—2	

[1] Gilt für die Summe der getesteten Kombinationen 1 AA : 2 Aa : 1 aa, also für 4 Individuen.

mögen im übrigen durch Nachwirkungen der Gene des F_1-Hybriden auf unbekannte Weise modifiziert werden. Für theoretische Analysen wäre es am besten, die Prüflinge sowohl mit beiden Eltern als auch mit F_1 zu testen, für praktische Zwecke mag in der Mehrzahl der Fälle Testung mit F_1 ausreichen.

3. Die Ausnützung des Milieus zur Elimination von Minusgenen

Im allgemeinen haben wir in unseren Modellen willkürlich angenommen, daß die Minusallele der heterotischen Loki eine Genhäufigkeit von 0,2 besitzen. Nun sind die selektiven Nachteile eines negativen Gens im allgemeinen stark abhängig vom Milieu, und zwar in der Weise, daß sie bei günstigem Milieu abgeschwächt werden, bei ungünstigem in beschleunigter Kurve ansteigen. Da die selektiven Nachteile der Plushomozygoten der heterotischen Loki in der Regel viel schwächer bei steigender Ungunst des Milieus zunehmen, ist auf Grund der Formel $p = t/(s+t)$ und $q = s/(s+t)$ anzunehmen, daß die Genhäufigkeit der Minusallele bei ungünstigem Milieu stark abfällt. Im folgenden haben wir für 100 heterotische Loki die Häufigkeit von Heterozygoten und Homozygoten bei verschiedener Genhäufigkeit zusammengestellt.

q	Anzahl Loki vom Typus PP	PM	MM
0,5	25	50	25
0,4	36	48	16
0,2	64	32	4
0,1	81	18	1
0,05	90,75	9	0,25

Mit steigender Ungunst des Milieus sollte der Heterozygotiegrad stark abfallen. Je nachdem man eine Population eine genügende Anzahl Generationen in verbessertes oder verschlechtertes Milieu bringt, sollte daher der mittlere Ertrag der homozygoten Inzuchten aus der Population beträchtlich erniedrigt bzw. erhöht werden. Es ist anzunehmen, daß man dieses Prinzip bei der Verbesserung der Inzuchten ausnützen könnte. Um zu verhindern, daß im ungünstigen Milieu auch einige nachteilige Gene fixiert werden, müßte man indessen vielleicht Selektionen aus dem schlechten Milieu jede dritte bis vierte Generation auch bei gutem Milieu prüfen.

4. Kreuzungen von guten und schlechten Inzuchten

Im folgenden nehmen wir an, daß wir aus einer Population drei Typen von homozygoten Inzuchten hergestellt haben, solche mit gutem, mittlerem und schlechtem Ertrag. Ihr heterotisches System könnte folgende prozentuelle Anteile von fixierten Plus- und Minusgenen besitzen:

Typus der Linie	PP	MM
gut	90	10
mittel	80	20
schlecht	70	30

Dazu kommen noch eine Anzahl Loki von Art des Modelles V, Fig. 52, die in diesem Zusammenhang weniger Interesse haben, da sie bei den drei Typen von Inzuchten eine gleichmäßige Erniedrigung des Inzuchtminimums bewirken würden. Wenn wir nun diese drei Typen von Inzuchten in allen 6 möglichen Kombinationen kreuzen, so läßt sich die Konstitution ihrer heterotischen Loki bei den Hybriden leicht berechnen, wie für die Kombination gut×schlecht gezeigt werden soll. Diese entspricht der Formel

$$(9P+1M)\times(7P+3M)=63\ PP+34\ PM+3\ MM.$$

Tabelle 119.
Schema für Kreuzungen guter, mittlerer und schlechter Inzuchten. EP, EM, EI, EK bzw. Effekte der PP-Loki, MM-Loki, Interaktion und Kombination. RO, Rangordnung. Weitere Erklärung im Text

Kreuzung	Anteil Loki vom Typus (%) PP	PM	MM	Größe verschiedener Effekte EP	EM	Summe	EI	EK	RO
gut × gut	81	18	1	—17	+12	—5	+	+10	1
gut × mittel . . .	72	26	2	— 8	+ 8	0	|	+ 5	2
gut × schlecht . .	63	34	3	+ 1	+ 4	+5	|	0	3
mittel × mittel . . .	*64*	*32*	*4*	0	0	0	|	0	4
mittel × schlecht . .	56	38	6	+ 8	— 8	0	↓	— 5	5
schlecht × schlecht . .	49	42	9	+15	—20	—5	—	—10	6

In Tab. 119 werden diese Kombinationen näher diskutiert. Für die Berechnung der Erträge dient die Kombination mittel×mittel als Ausgangspunkt. Bei der in F_1

dieser Kreuzung angegebenen Verteilung der Loki erhalten wir den mittleren Ertrag „Null". Jeder zusätzliche oder abwesende PP-Lokus erzeugt einen Effekt von -1 bzw. $+1$ Einheiten, jeder MM-Lokus einen solchen von -4 und $+4$. Ein solches Verhältnis der Geneffekte würde den selektiven Nachteilen bei einer Genhäufigkeit von $q=0{,}2$ entsprechen. Wenn wir nur die Effekte der anwesenden MM-Loki betrachten (Spalte EM), so erhalten wir eine Rangordnung für die sechs Gruppen von Kreuzungen, die den praktischen Erfahrungen entspricht. Berücksichtigen wir dagegen die Summe der Effekte von MM- und PP-Loki, so erhalten wir kein vernünftiges Ergebnis. Indessen sind noch zwei weitere Faktoren zu berücksichtigen. Mit steigender Anzahl der MM-Loki nimmt die Häufigkeit pseudopolymerer negativer Kombinationen in beschleunigter Kurve zu, was durch den Pfeil in Spalte EI angedeutet ist. Weiter haben ertragreiche Inzuchten in der Regel auch einen Überschuß an günstigen dominanten Genen, die einen Kombinationseffekt erzeugen. Jeder der beiden zusätzlichen Faktoren genügt, um die normale Rangordnung der hybriden Kombinationen, die sich schon bei alleiniger Berücksichtigung der MM-Loki ergeben würde, wiederherzustellen. — Ob das Vorkommen multipler Allele im System der heterotischen Loki zu einer wesentlichen Modifikation des obigen Modells führen würde, sei dahingestellt.

III. Probleme der Selektion

1. Allgemeines

Es ist von großer Bedeutung, alle Ursachen kennenzulernen, die den Erfolg der Massenselektion, der ear-to-row Selektion und ähnlicher Formen von Selektion mit partieller Nachkommenschaftsbeurteilung, auf erhöhten Samenertrag erschweren oder verhindern können. Wegen Unzulänglichkeit der vorliegenden Untersuchungen lassen sich leider nur eventuelle Ursachen angeben. Nun kann theoretisch das Fehlschlagen einer Selektion darauf beruhen, daß die ausgelesenen Genotypen keine besseren erblichen Qualitäten besitzen als der Rest der Population, oder daß ausgelesene bessere Genotypen durch eine entgegengesetzte natürliche Selektion wieder eliminiert werden. Vermutlich sind beide diese Ursachen beteiligt, d. h. die ausgelesenen Typen sind oft nur wenig oder nicht eindeutig besser und diese geringe Verbesserung wird durch die natürliche Selektion wieder rückgängig gemacht. Da diese beiden Prozesse sich nicht scharf trennen lassen, geben wir zunächst eine Liste über Faktoren, die die Selektion eventuell erschweren können.

1. Ungenaue Versuchstechnik, Fehlen von Replikationen.
2. Große Milieuvarianz.
3. Milieu/Genotyp-Interaktionen und dadurch bedingte Instabilität der Selektion in sukzessiven Jahren.
4. Negative, unzulängliche oder instabile Korrelationen zwischen Kriterien der Selektion und Ertragspotential.
5. Kontraselektion unter den ausgelesenen Genotypen.
6. Kontraselektion im Pollen.
7. Nachwirkungen.
8. Selektion auf Superdominanz, Superheterozygotie und spezifische Kombinationseignung.
9. Inzuchteffekte.
10. Begrenzung der Selektion durch Kontrollsysteme.

Da die Mehrzahl der obigen Faktoren in früheren Kapiteln eingehend besprochen sind, begnügen wir uns damit, die früheren Diskussionen an einigen Punkten zu erweitern und abzurunden.

2. Ausnützung und Steuerung natürlicher Selektion

Die Bedeutung der Umweltbedingungen für das Ergebnis einer Selektion wurde in Kapitel 14 diskutiert. Theoretisch erscheint es zweckmäßig, früher oder später zu einer bewußten Selektion auf erhöhte synthetische Effektivität der Genotypen überzugehen, indem man z. B. sowohl auf Leistungsfähigkeit unter ungünstigen Bedingungen als auch die Fähigkeit der vollen Ausnützung eines guten Milieus selektioniert. Von hohem Interesse wären ferner Untersuchungen über die selektiven Effekte der Kulturtechnik, wie tiefe und flache Aussaat, enger und weiter Abstand der Pflanzen. Auslese auf frühe und späte Keimung, bei hoher und niedriger Temperatur könnten wertvolle Kenntnisse ermitteln. Untersuchungen über Keimung bei hohem osmotischen Druck haben schon höchst interessante aber noch nicht ganz verständliche Ergebnisse gebracht (Buchinger, 1937; Fryxell, 1954; Dotzenko und Haus, 1960).

Bei der Ertragszüchtung ließen sich die Vorstellungen über das Wesen der Heterosis ausnützen. Wenn die Heterosis auf initialer Beschleunigung zentraler physiologischer Aktivitäten und relativer Unabhängigkeit derselben von den gewöhnlichen Milieufaktoren beruht, so könnte man die Aufmerksamkeit auf einleitende Stadien verschiedener Entwicklungsprozesse richten, wie die erste Hälfte der embryonalen Periode, Samenkeimung und Wuchs der Sämlinge, Bildung der Kolbeninitialen etc., und die Interaktionen dieser Stadien mit dem Milieu studieren. Rasche Keimung bei niedriger Temperatur mag z. B. ein positives Vorzeichen bedeuten. Bei der Suche nach besseren Kreuzungseltern sollte man auf Typen achten, die in ihrer natürlichen Umgebung an besonders rasche Einleitung von Aktivitäten auf spezifischen Entwicklungsstadien oder hohe allgemeine Wuchsgeschwindigkeit angepaßt sind. Besonderes Interesse hätten Typen, die gegen extreme Widerstände arbeiten müssen (z. B. arides Klima) und aus diesem Grunde auf erhöhte metabolische Effektivität gezüchtet sind.

3. Das Problem der „Unkrautgenotypen"

Es liegt nahe anzunehmen, daß Genotypen von niedrigem Ertrag aber hoher Konkurrenzfähigkeit, die wir hier als Unkrautgenotypen bezeichnen, ganz allgemein den Ertrag freibestäubter Populationen um einen gewissen Betrag erniedrigen. Es ist möglich, daß der Erfolg von recurrenter Selektion auf Kombinationseignung in erster Linie auf Erfassung und Ausschaltung solcher Unkrautgenotypen beruht. Die vollständige Ausschaltung derselben mag dabei wichtiger sein als eine Selektion auf hohen Ertrag. Eine bloße Erniedrigung ihrer Häufigkeit mag nicht genügen, da dieser Gewinn bei Nachlassen der Selektion automatisch wieder rückgängig gemacht wird.

Es ist anzunehmen, daß durch Ausschaltung eines Teils der unbequemsten Kontrollgene das allgemeine Niveau der Fertilität erhöht werden kann. Das neue Gleichgewicht mag indessen keine befriedigende Stabilität haben, wenn durch Beimischung, zufällige Kreuzung, Rekombination oder Mutation neue, aggressive Unkrautgenotypen entstehen können. Unter diesen Umständen mag es ein Vorteil sein, dem zukünftigen Auftreten von Unkrautgenotypen vorzubeugen, indem man bei Selektion auf höheren Ertrag nicht nur das Ertragspotential der Genotypen, sondern auch ihre Konkurrenzfähigkeit berücksichtigt. Guter Ertrag ist nicht notwendigerweise mit schlechter Konkurrenzfähigkeit verbunden, was Sakai (S. 183) beim Reis demonstrieren konnte. Einseitige Selektionen führen indessen automatisch zu einer Reihe von unerwünschten Nebeneffekten, die sich bei vorsichtigerer Selektion vermeiden lassen. Technisch wäre die Berücksichtigung der Konkurrenzfähigkeit relativ leicht durch Selektion in einem geeigneten Milieu (dichtes Auspflanzen, Mischung mit anderen Varietäten oder Arten usw.) zu erzielen. Beim Zuckerrohr hat es sich als sehr vorteilhaft erwiesen, die Sämlinge zunächst durch dichtes Auspflanzen auf ihre Konkurrenzfähigkeit zu selektionieren, bevor andere Prüfungen an der vegetativen Deszendenz der ausgelesenen Sämlinge vorgenommen werden (Mangelsdorf, 1953; Warner, 1953).

Auf Grund dieser Betrachtungen scheint es, daß es zur effektiven Erhöhung des Ertrages zweckmäßig wäre, durch Erzeugung genetischer Variabilität im Kontrollsystem Voraussetzungen für den Erfolg einer Selektion zu schaffen, außerdem eine Kontraselektion unter den ausgelesenen Zygoten und im Pollen zu vermeiden und einer zukünftigen Kontraselektion auf geeignete Weise vorzubeugen. In dem Maße wie solche Bedingungen erfüllt werden, mag die natürliche/mechanische Selektion automatisch in Richtung auf höheren Ertrag arbeiten, ein Umstand, der die Bedeutung dieser Probleme erhöht. Man sollte stets versuchen, Unvollkommenheiten einer künstlichen Selektion durch eine gesteuerte natürliche Selektion abzumildern.

4. Die Probleme des Pollens

Es ist möglich, daß besonders große Schwierigkeiten für die Züchtung in selektiven Prozessen bestehen, die den Pollen betreffen. Auf diesem Gebiet hat man eine große Mannigfaltigkeit von Komplikationen gefunden, weiß aber noch nicht, welchen Effekt diese praktisch auf die Struktur der Populationen bekommen. Es ist z. B. möglich, daß bei ear-to-row Selektion der größte Teil des Selektionsgewinnes im weiblichen Geschlecht durch kontraselektorische Prozesse der verschiedensten Art im Pollen wieder verloren geht. Es hat wenig Zweck schlechte Gene und Genkombinationen in den Eizellen herauszuwerfen, wenn sie bequem im Pollen zurückkehren können. Wegen unserer völlig unzulänglichen Übersicht über diese wichtigen Probleme mag unsere Diskussion reichlich hypothetisch erscheinen.

Im Durchschnitt großer Populationen und langer Perioden erzeugt jede Pflanze eine funktionierende Eizelle und ein Pollenkorn, alle anderen Gameten werden auf irgend einem Stadium vor oder nach der Gametenbildung eliminiert. Im Einzelfalle kommen aber starke Abweichungen vom allgemeinen Durchschnitt vor. Ein Genotyp, der drei funktionelle Pollenkörner aber null Eizellen oder umgekehrt produziert, würde sich theoretisch zu hoher Gleichgewichtshäufigkeit ausbreiten. Bei Mais besteht ein gewisser sexueller Antagonismus, der besonders bei Inzucht in Erscheinung tritt (S. 222). Typen mit hervorragenden Samenerträgen sind oft schlechte Pollenproduzenten und umgekehrt. Die Variationsbreite in der Quantität des erzeugten Pollens ist enorm. Dazu kommen bedeutende Unterschiede in der Qualität des Pollens. Wenn Bestäubungen mit sorgfältigen Mischungen gleicher Anteile Pollens von zwei Elterntypen ausgeführt werden, kann der eine Pollenelter dennoch die große Mehrzahl der Nachkommen erzeugen.

Wenn man annimmt, daß bei progressiver ear-to-row Selektion die Pollenqualität sich der Qualität der ausgelesenen Kolben annähert, so kann man sich hierin irren. Denn wenn die Zygoten z. B. von einer 100fach größeren Anzahl Vaterpflanzen als Mutterpflanzen abstammen, so erzeugen erstere eine größere erbliche Variabilität als letztere. Auf diesem Wege kann das unausgelesene Geschlecht einen größeren Einfluß auf die Nachkommenschaft bekommen als das ausgelesene. Die große Variabilität in der Deszendenz gibt vielleicht Gelegenheit für die Entstehung von aggressiven Pollengenotypen, die sich in jeder Generation von neuem durchsetzen. Aus diesem Grunde wäre es zweckmäßig, bei ear-to-row Selektion das Sexualverhältnis der Auslese zu regulieren. Die Anzahl der Polleneltern kann z. B. durch Kastrierung von 9/10 der Pflanzen reduziert werden. Noch besser wäre es außer den freibestäubten Kolben einige geselbstete zu ernten. Indem die Nachkommen ersterer kastriert werden, dienen die Nachkommen letzterer als Pollinatoren. Das günstigste Sexualverhältnis der Auslese mag 1 ♂ : 5 ♀♀ betragen statt 100 ♂♂ : 1 ♀.

Die Qualität des Pollens hat komplexe Grundlagen. Teils hängt sie vom väterlichen Genotyp ab, teils von den Genomen der einzelnen Pollenkörner. Dazu kommen nichterbliche, halberbliche oder indirekt erbliche Komponenten. Bei Besprechung der pseudogamen Heterosis haben wir betont, daß die Heterosis des hybriden Endosperms sich auf die nicht-hybriden Embryonen überträgt und in denselben starke Stimulationen auslöst, die sich mehrere Jahre hindurch am Wuchs der Pflanzen erkennen lassen. Es besteht die Möglichkeit, daß bei normaler sexueller Fortpflanzung die Spermakerne derartig differenziert werden können, daß sie auch in Kombination mit genetisch relativ ähnlichen sekundären Embryosackkernen oder Eizellen Stimulationen ähnlicher Natur auslösen. Unter diesen Umständen kommt es in Betracht, daß eine Modifizierung der Differenzierungsprozesse in den Spermakernen durch Milieu oder genetische Faktoren Durchschnitt und Variationsbreite der Nachkommenschaft und damit auch die Kombinationseignung beeinflussen würde. Die Kombinationseignung hat vermutlich eine beträchtliche nichterbliche oder halberbliche Komponente, was z. B. aus Kreuzungen von Monoploidlinien hervorgeht (cfr. SCHULER und SPRAGUE, 1956; SPRAGUE et al., 1960).

Um die Art der Probleme anzudeuten, die sich auf diesem Gebiete ergeben, wollen wir folgendes Beispiel benutzen. Bei Testkreuzungen von S_1-Pflanzen als Polleneltern mit einem Muster von S_0-Pflanzen aus der gleichen Varietät fand SPRAGUE (1939), daß ein Teil der Unterschiede in den Testerträgen der S_1-Pflanzen auf ihrer ungleichen Übertragung der Keimfähigkeit beruhte. Wenn diese Befunde nicht durch eine zufällige Komplikation bedingt wurden, sind sie auffällig. Denn es fällt schwer anzunehmen, daß die getesteten S_1-Pflanzen zum Teil dominante Gene für schlechte Keimfähigkeit besaßen, da solche Gene sofort durch die natürliche Selektion eliminiert werden. Nehmen wir indessen an, daß erbliche oder nichterbliche Faktoren eine schlechte Differenzierung der Spermakerne bewirkten und daß hierdurch die Vigor der aus diesen Spermakernen erzeugten Zygoten beeinflußt wurde, so haben wir eine akzeptable Erklärung.

Die komplizierten und variierten Probleme der Pollenschlauchkonkurrenz und der selektiven Befruchtung, die wir hier nicht im einzelnen diskutieren können, haben vermutlich eine beträchtliche praktische Bedeutung. Auf Grund von umfangreichen Untersuchungen kam JONES (1928) zu dem Ergebnis, daß Pollenschläuche, die in der Nachkommenschaft Heterosis erzeugen, benachteiligt werden, und zwar in stärkerem Grade solche mit höheren Heterosispotentialen. Obgleich JONES' Versuchsmaterial Komplikationen enthält, die die Reichweite seiner Konklusionen fraglich machen, darf man seine Befunde nicht übersehen. Als primären Effekt der Heterosis würden wir zwar eher eine rasche Keimung und schnelleren Wuchs der Pollenkörner erwarten. Andererseits mögen in vielen Fällen die Pollenkörner durch sexuellen Antagonismus im Gefolge der Heterosis geschwächt sein.

Ob im Pollen eine Selektion für oder gegen das Ertragspotential stattfindet, läßt sich auf besonders einfache Weise konstatieren. Man braucht zu diesem Zweck nur den Effekt von reichlicher und spärlicher Bestäubung auf den Ertrag der Nachkommenschaft zu vergleichen. Besonderes Interesse hätte es, bei progressiver Selbstung den Effekt dieser beiden Bestäubungsarten auf das Inzuchtminimum zu studieren. — Im übrigen bestehen im Pollen sehr verschiedene Möglichkeiten für „screening" (Absieben) von Genotypen. Für diesen Zweck könnte man z. B. Keimungstemperatur und Geschwindigkeit, osmotische Konzentrationen, Alter des Pollens und zahlreiche andere Faktoren benutzen, darunter auch das in der *Oenothera*-Genetik als Affinität bezeichnete Phänomen (HAUSTEIN, 1955).

Auf Grund der obigen Diskussion möchten wir annehmen, daß es zweckmäßig wäre, geeignete Kriterien für Pollenqualität als Komponente des Ertragspotentials auszuarbeiten. Hierzu ist indessen noch viel Forschungsarbeit notwendig, da dieses Problem meistens übersehen worden ist.

5. Nachwirkungen

Einige Gene brauchen eine volle Generation, um sich zu manifestieren. Charakteristisch ist der Fall „grandchildless" (gs gs) bei *Drosophila subobscura* (SPURWAY, 1948). Wenn durch die Kreuzung gs/+ × gs/+ Weibchen vom Typus gs gs abspalten, so sind diese selbst normal, aber sämtliche ihre Nachkommen sind steril, auch wenn sie die Konstitution gs/+ haben. In diesem Beispiel muß das Genpaar gs gs eine Generation in einem Weibchen anwesend sein, um einen Effekt auszulösen. In einem Männchen ist es wirkungslos, denn die Kreuzung gs/+ × gs/gs ♂ gibt normale Nachkommen. In anderen Fällen muß ein Gen sogar mehrere Generationen in mütterlicher Linie wirken, um zur vollen Expression zu gelangen (vgl. das *Datura*-Beispiel S. 84).

Unter diesen Umständen ist es nicht immer gleichgültig, ob ein Gen durch Eizellen oder Pollen vererbt wird. Im ersteren Fall kann es unterstützt durch mütterliche Nachwirkung von Anfang an in voller Stärke wirken, im letzteren Falle entfaltet es vielleicht erst langsam seine Effekte. Die Dedifferenzierung der männlichen Gameten hat indessen einen zweifachen Effekt: Einerseits führt sie leicht zu einem verspäteten Eintritt einer spezifischen Genfunktion, andererseits kann sie aspezifisch eine heterotische Stimulation auslösen, die sich sofort geltend macht.

Man glaube nicht, daß Nachwirkungen von Genen so seltene Ausnahmen darstellen, daß wir sie im Gesamtbild der quantitativen Vererbung übersehen dürfen. Wenn auch die Anzahl analysierter Beispiele mit auffälligeren Nachwirkungen gering ist, so ist zu vermuten, daß Andeutungen von Nachwirkungen oder Nachwirkungen mit variabler Manifestation in einem großen Teil der Kreuzungen auftreten. Nachwirkungen heterotischer oder dominanter Gene für Ertrag und Vigor mögen leicht zu einer falschen Beurteilung des Ertragspotentials führen. Es kommt z. B. in Betracht, daß eine stärkere Konzentration gewisser Gentypen, die in der ersten Generation günstig wirkte, in den folgenden durch Intensivierung ihrer Effekte nachteilig wird. Wenn ein Gen in mütterlicher Linie in der zweiten oder dritten Generation nachteilig wird, in väterlicher Linie aber vorteilhaft verbleibt, so könnte es sich bis zu relativ hoher Aequilibriumshäufigkeit ausbreiten.

In theoretischen und praktischen Selektionen ist man z. T. dazu übergegangen, dieselbe Familie zwei oder mehr Jahre zu prüfen, um das Ertragspotential sicherer zu erfassen. Um irreführende Effekte der Nachwirkung zu vermeiden, mag es indessen in manchen Fällen besser sein, Nachkommenschaftsprüfungen auf mindestens zwei Generationen zu erstrecken, statt dieselbe Generation in zwei Jahren zu prüfen.

Literatur

BUCHINGER, A.: Die Saugkraft als Selektionsfaktor in der Weizenzüchtung mit besonderer Berücksichtigung grundlegender Fragen auf dem Gebiete der Saugkraftbestimmung. Zschr. Zücht. A, 21, 148—200 (1937).

CROW, J. F.: Alternative hypotheses of hybrid vigor. Genetics **33**, 477—487 (1948).

— Dominance and overdominance. In: GOWEN: Heterosis, Ch. 18. 1952.

DONALD, H. P.: Controlled heterozygosity in livestock. Proc. roy. Soc. B **144**, 192—203 (1955).

DOTZENKO, A. D., and T. E. HAUS: Selection of alfalfa lines for their ability to germinate under high osmotic pressure. Agronomy J. **52**, 200—201 (1960).

EAST, E. M., and D. F. JONES: Genetic studies on the protein content of maize. Genetics **5**, 543—610 (1920).

FREY, K. J.: The inheritance of protein and certain of its components in maize. Agronomy J. **41**, 113—118 (1949).

FRYXELL, P. A.: A procedure of possible value in plant breeding. Agronomy J. **46**, 433—434 (1954).

HAUSTEIN, E.: Neuere Arbeiten zur Befruchtungsphysiologie. (Besprechungen). Z. Bot. **43**, 253—261 (1955).

HOENER, I. R., and E. E. DETURK: The absorption and utilization of nitrate nitrogen during vegetative growth by Illinois high protein and Illinois low protein corn. J. Amer. Soc. Agron. **30**, 232—243 (1938).

JONES, D. F.: Selective fertilization. 163 S. Univ. Chicago Press 1928.
LERNER, I. M.: Genetic homeostasis. 134 S. Edinburgh: Oliver and Boyd 1954.
MANGELSDORF, A. J.: Sugar cane breeding in Hawaii. Part II. 1921—1952. Hawaiian Plant. Rec. **14**, 101—137 (1953).
PENROSE, L. S.: Evidence of heterosis in man. Proc. roy. Soc. B **144**, 203—215 (1955).
SCHULER, J. F., and G. F. SPRAGUE: Natural mutations in inbred lines of maize and their heterotic effect. II. Comparison of mother line vs. mutant when outcrossed to unrelated inbreds. Genetics **41**, 281—291 (1956).
SPRAGUE, G. F.: An estimation of the number of top-crossed plants required for adequate representation of a corn variety. J. Amer. Soc. Agron. **31**, 11—16 (1939).
—, W. A. RUSSEL, and L. H. PENNY: Mutations affecting quantitative traits in the selfed progeny of doubled monoploid maize stocks. Genetics **45**, 855—866 (1960).
SPURWAY, H.: Genetics and cytology of Drosophila subobscura. IV: An extreme example of delay in gene action, causing sterility. J. Genet. **49**, 126—140 (1948).
WARNER, J. N.: The evolution of a philosophy on sugar cane breeding in Hawaii. Hawaiian Plant. Rec. **14**, 139—162 (1953).
WRIGHT, S.: Evolution in Mendelian populations. Genetics **16**, 97—159 (1931).

Allgemeine Literatur

A. Züchtung

[*1*] ÅKERMAN, Å., O. TEDIN, K. FRÖIER, and R. O. WHYTE: Svalöf 1886—1946. Lund: Carl Bloms Boktrykkeri. 389 S. 1948.
[*2*] ALLARD, R. W.: Principles of plant breeding. New York: John Wiley 1960.
[*3*] BABCOCK, E. B., and R. E. CLAUSEN: Genetics in relation to agriculture. New York: McGraw-Hill 1927.
[*4*] Brookhaven Symposia in Biology, No. 9: Genetics in plant breeding. Upton, N. Y.: Brookhaven National Laboratory 1956.
[*5*] DE HAAN, H.: Old and new books dealing with general plant breeding. Euphytica **7**, 197—221 (1958).
[*6*] — Old and new books dealing with general plant breeding. II. First addition. Euphytica **8**, 252—259 (1959).
[*7*] HAYES, H. K., F. R. IMMER, and D. C. SMITH: Methods of plant breeding. New York: McGraw-Hill 1955.
[*8*] JUGENHEIMER, R. W.: Hybrid maize breeding and seed production. FAO Agricultural development paper No. 62; Rome 1958.
[*9*] KUCKUCK, H., und A. MUDRA: Lehrbuch der allgemeinen Pflanzenzüchtung. Stuttgart: Hirzel 1950.
[*10*] POEHLMAN, J. M.: Breeding field crops. New York: Henry Holt 1959.
[*11*] RICHEY, F. D.: Corn breeding. Adv. Genet. **3**, 159—192 (1950).
[*12*] ROEMER, TH., und W. RUDORF: Handbuch der Pflanzenzüchtung, Band I—VI. Berlin und Hamburg: Paul Parey 1958.
[*13*] RUDORF, W.: Kreuzungszüchtung. Handbuch der Pflanzenzüchtung **I**, 497—562 (1958).
[*14*] SÁNCHEZ-MONGE PARELLADA, E.: Fitogenética. Mejora de plantas. Barcelona: Colección Agrícola Salvat 1954.
[*15*] SCHEIBE, A.: Einführung in die allgemeine Pflanzenzüchtung. Stuttgart: Eugen Ulmer 1951.
[*16*] SPRAGUE, G. F. (ed.): Corn and corn improvement. New York: Academic Press 1955.
[*17*] — Corn breeding. In: Corn and corn improvement, Chapter 5. 1955.

B. Statistik und Versuchstechnik

[*18*] BONNIER, G., und O. TEDIN: Biologische Variationsanalyse. Hamburg und Berlin: Paul Parey 1959.
[*19*] CLARK, CH. E.: An introduction to statistics. New York: John Wiley 1953.
[*20*] COCHRAN, W. G., and G. M. COX: Experimental designs. 2nd ed. New York: John Wiley 1957.
[*21*] COX, D. R.: Planning of experiments. New York: John Wiley 1958.
[*22*] FISHER, R. A.: Statistical methods for research workers. 11th ed. Edinburgh: Oliver and Boyd 1950.
[*23*] — The design of experiments. 6th ed. Edinburgh: Oliver and Boyd 1951.
[*24*] —, and F. YATES: Statistical tables for biological, agricultural and medical research. 4th ed. Edinburgh: Oliver and Boyd 1953.
[*25*] GOULDEN, C. H.: Methods of statistical analysis. 2nd ed. New York: John Wiley 1952.

[26] Li, J. C. R.: Introduction to statistical inference. Ann Arbor, Michigan: Edwards Brothers 1957.
[27] Mather, K.: Statistical analysis in biology. London: Methuen 1949.
[28] Mudra, A.: Statistische Methoden für landwirtschaftliche Versuche. Hamburg: Paul Parey 1958.
[29] Rundfeldt, H.: Die Prüfung der wichtigsten Verfahren in Feldversuchen an Hand von Modellen. Z. Pflanzenzüchtung 32, 301—354 (1953).
[30] Snedecor, G. W.: Statistical methods. 5th ed. Ames, Iowa: Iowa State College Press 1956.
[31] Steel, G. D., and J. H. Torrie: Principles and procedures of statistics. New York: McGraw-Hill 1961.
[32] Weber, E.: Grundriß der biologischen Statistik für Naturwissenschaftler, Landwirte und Mediziner. 3. Aufl. Jena: Gustav Fischer 1957.
[33] Wishart, J., and H. G. Sanders: Principles and practice of field experimentation. Techn. Commun. 18 of the Commonwealth Bureau of Plant Breeding and Genetics, 2nd ed. Cambridge: 1955.
[34] Zimmermann, K.: Technik des Versuchswesens und der Pflanzenzüchtung. 3. Aufl. Leipzig: S. Hirzel 1955.

C. Biometrische Genetik

[35] Cold Spring Harbor Symposia on Quantitative Biology, Vol. 20, 1955: Population genetics: The nature and causes of genetic variability in populations.
[36] Falconer, D. S.: Introduction to quantitative genetics. Edinburgh: Oliver and Boyd 1960.
[37] Kempthorne, O.: An introduction to genetics statistics. New York: John Wiley 1957.
[38] Le Roy, O.: Statistische Methoden der Populationsgenetik. Ein Grundriß für Genetiker, Agronomen und Biomathematiker. Basel: Birkhäuser Verlag 1960.
[39] Mather, K.: Biometrical Genetics. New York: Dover Publications 1949.
[40] Reeve, E. C. R., and C. H. Waddington (eds.): Quantitative inheritance. London: H. M. S. O. 1952.
[41] Wright, S.: The genetics of quantitative variability. In Reeve and Waddington (eds.): Quantitative inheritance. S. 5—41, 1952.
[42] Wricke, G.: Über die Methoden zur Wirkungsweise quantitativer Gene. Züchter **25**, 262—274 (1955).
[43] Schnell, F. W.: Vererbungsanalysen bei quantitativer Merkmalsvariation. In: Roemer und Rudorf, Handbuch der Pflanzenzüchtung, **I**, 815—832 (1958).

Namenverzeichnis

Die *kursiven* Seitenzahlen beziehen sich auf die Literaturverzeichnisse am Schluß jedes Kapitels.

Sachverzeichnis[1]

[1] Ein Sternchen (*) hat die Bedeutung „siehe (auch) unter" unmittelbar folgendem Terminus. In Verbindungen wie „genetische *Belastung" wird meist auf „Belastung, genetische" hingewiesen.